개발자와 **DBA**를 위한
Real MySQL

개발자와 **DBA**를 위한
Real MySQL

지은이 **이성욱**

펴낸이 **박찬규** | 엮은이 **이대엽** | 디자인 **북누리** | 표지디자인 **아로와 & 아로와나**

펴낸곳 **위키북스** | 전화 031-955-3658, 3659 | 팩스 031-955-3660
주소 **경기도 파주시 교하읍 문발로 115, 세종출판벤처타운 #311**

가격 45,000 | 페이지 1040 | 책규격 188 x 240 x 43

초판 발행 2012년 05월 08일 | 5쇄 발행 2018년 12월 20일
ISBN 978-89-92939-00-3 (93560)

등록번호 **제406-2006-000036호** | 등록일자 2006년 05월 19일
홈페이지 wikibook.co.kr | 전자우편 wikibook@wikibook.co.kr

이 도서의 국립중앙도서관 출판시도서목록 CIP는
e—CIP 홈페이지 | http://www.nl.go.kr/cip.php에서 이용하실 수 있습니다.
CIP제어번호: 2012001924

Real MySQL

2010년에 접어들면서 수많은 NoSQL 도구가 대용량 데이터 저장에 최적인 것처럼 온라인 사이트들을 장식했다. 예전에 오라클 데이터베이스가 그래 왔던 것처럼 말이다. 많은 사람들이 유행을 좇아 NoSQL을 공부하고 있지만, 안타깝게도 우리가 익숙하게 사용하고 있는 SNS(Social Networking Service)나 SNG(Social Networking Game) 서비스에서 대용량의 핵심 데이터가 최적화된 MySQL 데이터베이스에서 관리된다는 사실을 알고 있는 사람은 많지 않다.

이 책을 저술하고 있는 지금도 NoSQL에 대한 사람들의 관심은 상당한 것 같다. 어떤 사람들은 곧 NoSQL이 RDBMS를 모든 부문에서 대체할 것이라고 생각하기도 한다. 물론 저자도 HBase와 같은 데이터 저장 소프트웨어에 대해서는 상당한 관심을 두고 있다. 카산드라나 HBase, 그리고 몽고DB와 같은 NoSQL 도구가 최고인 것처럼 언급되곤 했지만, 그 인기의 이면에는 부족한 관리 도구나 기대 이하의 성능으로 비롯되는 괴로움들이 있는 것도 사실이다. 그리고 몽고DB나 카산드라는 유명세에 비하면 사용처가 그다지 많지는 않다. 현재 시점에서 그나마 사람들의 관심을 유지하고 있는 것은 HBase 정도이지 않을까 싶다. HBase를 포함한 NoSQL 도구는 INSERT나 UPDATE와 같은 쓰기 처리가 MySQL에 비해 빠르지만, SELECT와 같은 조회 쿼리는 MySQL 서버만큼 고성능으로 처리하지 못하는 단점이 있다. 지금으로서는 HBase 같은 NoSQL 도구와 MySQL 서버는 그 용도가 나름 명백히 나뉜다고 볼 수 있다. NoSQL 도구의 사용법뿐 아니라 서비스 특성별로 적절한 솔루션을 선정하는 혜안도 필요한 것이다.

오라클이나 MSSQL과 같은 상용 데이터베이스와 비교해도 MySQL 서버의 성능이나 효율성은 전혀 손색이 없다. 예전에는 서비스의 가입자 수나 사용자의 수에 비례해 데이터의 양이 늘어났지만, 최근에는 소셜 네트워크 관련 기능이 많이 구현되면서 가입자나 사용자의 몇십 배에서 몇백 배 수준으로 데이터의 양이 늘어나는 경향이 있다. 이처럼 기하급수적으로 늘어나는 데이터를 값 비싼 기업용 대형 장비와 소프트웨어를 사용해 관리하기란 거의 불가능한 일이다. 10원을 벌기 위해 100원을 투자할 회사는 없으니 말이다. MySQL 서버는 비용에 대한 부담이 없으며, 다른 상용 데이터베이스 서버와 동등하거나 더 우월한 성능을 제공하므로 최근의 소셜 네트워크 관련 업무 여건에 너무도 잘 들어맞는다.

하지만 아직 한국에서는 MySQL의 효용성이 별로 알려져 있지도 않을 뿐더러 주로 사용하는 곳도 일부 포털 위주의 회사로 제한적이다. 심지어 지금도 MySQL 서버는 설치하고 기본 설정 파일로 기동해서 사용하면 되는 정도의 간단한 데이터베이스로 생각하는 사용자가 많다. 아마도 데이터베이스 관리를 하고 있는 DBA 중에서도 상당수가 그렇게 느끼고 있을지도 모른다. 이제는 MySQL에 대한 그런 선입관을 버려야 할 때다. 예전에 MySQL이 지니고 있던 MyISAM을 벗어나야 할 때이며, MySQL의 InnoDB는 오라클이 지닌 대부분의 기능과 안정성을 제공하고 있다는 사실을 받아들여야 한다. 지금의 MySQL 서버는 예전 MySQL 4.x 버전만큼 단순하지 않으며, 쿼리를 최적화하기 위해 다른 데이터베이스 못지 않은 공부와 준비가 필요하다. SQL 문장에 따옴표 하나를 찍었는지 아닌지에 따라서도 쿼리의 성능은 몇 백배까지 달라질 수 있다. 지금까지 지니고 있었던 생각으로 MySQL 서버를 사용한다면 초당 몇만 쿼리를 처리해 내는 고성능 MySQL 서버는 결코 얻지 못할 것이다.

이 책이 독자들에게 MySQL의 모든 것을 전달하지는 못할 수도 있다. 하지만 개발자로서, 또는 데이터베이스 관리자로서 MySQL을 사용하기 위해 알고 있어야 할 MySQL 서버의 사용법이나 주의사항에 대해 전반적인 지식과 경험을 전해줄 것이라고 믿는다. 또한 독자 한 사람 한 사람의 생각과 경험이 달라서, 글로 저자의 의도를 100% 전달한다는 것은 어려움이 있을 것으로 생각한다. 그래서 이 책을 위한 카페를 별도로 개설할 예정이며, 책에서 설명하는 내용 가운데 이해하기 어렵거나 책에 언급된 내용이 아니더라도 MySQL을 사용하면서 느끼는 어려움이 있다면 카페를 통해 도움을 드리겠다.

이 책은 전체 17개의 장으로 구성돼 있는데, MySQL 서버의 안쪽부터 바깥쪽으로 살펴보는 순서대로 구성돼 있다. 그래서 MySQL을 관리해야 하는 DBA가 목표인 독자는 이 책의 모든 내용을 순서대로 읽으면서 공부하면 좋을 것이다. 하지만 MySQL을 이용하는 애플리케이션을 개발하는 독자라면 관심 대상이나 업무 역할에 따라 공부할 순서나 중요도를 적절히 조절할 필요가 있다.

아래의 내용은 대략적으로 공부하는 순서를 초, 중, 고급으로 구분해서 나열한 것인데, MySQL을 체계적으로 살펴보고자 한다면 아래의 순서가 조금은 도움될 것이다.

필수 내용

6장 _ 실행 계획
7장 _ 쿼리 작성 및 최적화
8장 _ 확장 검색
9장 _ 사용자 정의 변수
11장 _ 스토어드 루틴
13장 _ 프로그램 연동
14장 _ 데이터 모델링
15장 _ 데이터 타입
16장 _ 베스트 프랙티스

중급 내용

5장 _ 인덱스
10장 _ 파티션
12장 _ 쿼리 종류별 잠금

고급 내용

2장 _ 설치와 설정
3장 _ 아키텍처
4장 _ 트랜잭션과 격리 수준
17장 _ 응급처치

이 책의 내용이나 MySQL 관련된 질의 응답은 아래의 카페를 참조하자.

• 네이버 카페명: RealMySQL

• 카페 URL: http://cafe.naver.com/realmysql

또한 이 책의 예제를 테스트하려면 예제 데이터베이스를 준비해야 하는데, 필요한 파일은 카페의 아래 위치에서 내려받을 수 있다.

• RealMySQL 카페 〉 자료실 〉 [RealMySQL] 예제 테스트용 데이터베이스 덤프 파일

• RealMySQL 카페 〉 자료실 〉 [RealMySQL] 책의 예제 프로그램 소스 코드

이 책에서 사용하는 예제 데이터베이스의 ERD와 각 테이블의 구조는 다음과 같다.

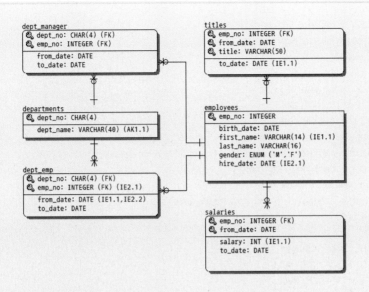

```
CREATE TABLE 'departments' (
  'dept_no' char(4) NOT NULL,
  'dept_name' varchar(40) NOT NULL,
  PRIMARY KEY ('dept_no'),
  KEY 'ux_deptname' ('dept_name')
) ENGINE=InnoDB;

CREATE TABLE 'employees' (
  'emp_no' int(11) NOT NULL,
  'birth_date' date NOT NULL,
  'first_name' varchar(14) NOT NULL,
  'last_name' varchar(16) NOT NULL,
  'gender' enum('M','F') NOT NULL,
  'hire_date' date NOT NULL,
  PRIMARY KEY ('emp_no'),
  KEY 'ix_firstname' ('first_name'),
  KEY 'ix_hiredate' ('hire_date')
) ENGINE=InnoDB;

CREATE TABLE 'salaries' (
  'emp_no' int(11) NOT NULL,
  'salary' int(11) NOT NULL,
  'from_date' date NOT NULL,
  'to_date' date NOT NULL,
```

```
      PRIMARY KEY ('emp_no','from_date'),
      KEY 'ix_salary' ('salary')
) ENGINE=InnoDB;

CREATE TABLE 'dept_emp' (
   'emp_no' int(11) NOT NULL,
   'dept_no' char(4) NOT NULL,
   'from_date' date NOT NULL,
   'to_date' date NOT NULL,
   PRIMARY KEY ('dept_no','emp_no'),
   KEY 'ix_fromdate' ('from_date'),
   KEY 'ix_empno_fromdate' ('emp_no','from_date')
) ENGINE=InnoDB;

CREATE TABLE 'dept_manager' (
   'dept_no' char(4) NOT NULL,
   'emp_no' int(11) NOT NULL,
   'from_date' date NOT NULL,
   'to_date' date NOT NULL,
   PRIMARY KEY ('dept_no','emp_no')
) ENGINE=InnoDB;

CREATE TABLE 'titles' (
   'emp_no' int(11) NOT NULL,
   'title' varchar(50) NOT NULL,
   'from_date' date NOT NULL,
   'to_date' date DEFAULT NULL,
   PRIMARY KEY ('emp_no','from_date','title'),
   KEY 'ix_todate' ('to_date')
) ENGINE=InnoDB;

CREATE TABLE 'employee_name' (
   'emp_no' int(11) NOT NULL,
   'first_name' varchar(14) NOT NULL,
   'last_name' varchar(16) NOT NULL,
   PRIMARY KEY ('emp_no'),
   FULLTEXT KEY 'fx_name' ('first_name','last_name')
) ENGINE=MyISAM;

CREATE TABLE 'tb_dual' (
   'fd1' tinyint(4) NOT NULL,
   PRIMARY KEY ('fd1')
) ENGINE=InnoDB;
```

04
트랜잭션과 잠금

05
인덱스

06
실행 계획

07
쿼리 작성 및 최적화

08
확장 기능

09
사용자 정의 변수

15
데이터 타입

16
베스트 프랙티스

17
응급 처치

부록 A
MySQL 5.1(InnoDB Plugin 1.0)의 새로운 기능

부록 B
MySQL 5.5(InnoDB Plugin 1.1)의 새로운 기능

부록 C
MySQL 5.6의 새로운 기능

01

소개

1.1 MySQL 소개

이미 많은 사람들이 알고 있듯이 지금의 MySQL은 소스가 공개된 오픈소스 데이터베이스이지만 MySQL이 처음부터 오픈소스였던 것은 아니다. MySQL의 역사는 1979년 스웨덴의 TcX라는 회사의 터미널 인터페이스 라이브러리인 UNIREG로부터 시작된다. UNIREG는 1994년 웹 시스템의 데이터 베이스로 사용하기 시작하면서 MySQL 버전 1.0이 완성됐지만 아직은 TcX 사내에서만 사용되다가, 비로소 1996년에 일반인에게 공개됐다. 그리고 2000년 TcX에서 MySQL을 개발한 중심 인물(몬티와 데이빗)이 MySQL AB라는 회사로 독립함과 동시에 FPL(Free Public License) 라이선스 정책으로 바뀌고, 드디어 2006년 최종적으로 현재와 같은 두 가지 라이선스 정책을 취하게 되었다. 이후에 모두 잘 알고 있듯이 썬마이크로시스템즈로 인수되고, 다시 오라클로 인수됐지만 특별한 라이선스 정책의 변화 는 없는 상태다.

현재 MySQL의 라이선스 정책은 "MySQL 엔터프라이즈 버전"과 "MySQL 커뮤니티 버전"으로 두 가 지이며, 별도의 라이선스 계약 없이 일반 사용자가 내려받아 사용하는 버전은 "MySQL 커뮤니티 버전" 이다. 결국 MySQL은 100% 무료는 것은 아닌 것이다. 하지만 MySQL의 엔터프라이즈 버전과 커뮤니 티 버전의 소스코드는 동일했다. 단, 지금까지 엔터프라이즈 버전과 커뮤니티 버전의 차이는 얼마나 자 주 패치 버전이 릴리즈되느냐 정도였다. 커뮤니티 버전은 당연히 소스코드가 공개돼 있었고, 엔터프라 이즈 버전도 라이선스 계약을 맺은 사용자에게는 소스코드를 공개했다. 그런데 2011년 2월 MySQL 5.5 GA(General Available) 버전부터는 엔터프라이즈 버전의 소스코드가 공개되지 않을 것이라는 사실 을 알게 됐다(유료 사용자에게도). 그럼에도 커뮤니티 버전은 여전히 소스코드가 공개될 것이라는 답변 을 오라클사로부터 들었는데, 사실 이는 MySQL 커뮤니티 버전이 오픈소스라는 점을 감안하면 당연한 일이다.

아마도 이제부터는 오라클에서 MySQL 엔터프라이즈 버전에는 오라클 DBMS에서 사용되던 알고리 즘이나 코드를 덧붙여 상품 가치를 높이려는 전략을 구사할 것으로 본다. 이제 곧 MySQL은 좋든 싫든 큰 변화를 맞이할 것으로 보인다. 머지 않아 MySQL은 오라클의 기술력으로 또 한번 크게 업그레이드 될 기회를 맞이하게 될 것이다.

그렇게 하찮게 시작된 MySQL은 GPL 컨트리뷰터(Contributor)와 PHP + Apache의 힘을 얻어, 어 느새 가장 많이 사용되는 오픈소스 DBMS로 자리 잡았으며, 다른 상용 DBMS와 비교해도 상당한 시 장 점유율을 유지하고 있다. 2006년 에반스 데이터나 가트너 그룹의 설문 조사에 의하면 MySQL은

34% 정도 사용되고 있다고 조사됐다. 아래의 조사 결과는 사용 중인 DBMS를 복수로 응답한 결과인데, 동시에 많은 장비에 설치되어 사용된다는 MySQL의 특성을 감안하면 실제 MySQL 인스턴스의 수는 다른 DBMS보다 훨씬 높을 것이다. 그리고 조인비전(JoinVision)이라는 조사 기관의 결과를 보면 MySQL의 사용량은 다른 어떤 DBMS보다 빠르게 증가하고 있다는 사실을 알 수 있다.

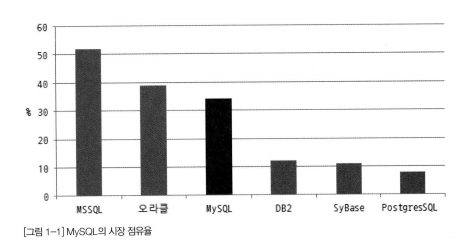

[그림 1-1] MySQL의 시장 점유율

위와 같은 결과를 보면 이제 MySQL이 성능이나 안정성에서 상당 부분 인정받고 있으며, 그만한 가치를 발휘하고 있음을 증명한다고 할 수 있다.

1.2 왜 MySQL인가?

다른 DBMS에 비해 MySQL의 경쟁력은 무엇이고 왜 MySQL을 사용해야 할까?

MySQL과 오라클을 비교해 본다면 당연히 MySQL의 경쟁력은 가격이나 비용일 것이다. 물론 지금까지는 오라클과 MySQL을 사용하는 시장 자체가 완전히 달랐다. 즉 MySQL이 사용될 만한 규모의 시스템에 군이 오라클을 선택하지 않을 것이며, 오라클을 사용해야 할 만큼의 규모에 달하는 시스템에 MySQL을 선택하지는 않을 것이다. 언제까지 이러한 현상이 지속될지는 모르겠지만, 최근 SNS 서비스가 부각되면서 조금씩 데이터의 특성이 변해가고 있다 지금까지 오라클은 데이터의 집중화를 유도해 왔다. 오라클 DBMS를 사용하는 회사는 모두 대형 엔터프라이즈 장비를 구매하고 값비싼 스토리지를 도입해서 분산돼 있던 데이터를 모두 하나의 장비로 긁어모으는 통합(컨솔리데이션) 위주로 데이터를 관리해 왔다. 이러한 관리 방식의 장점은 애플리케이션에서 분산된 데이터를 조회하지 않아도 되므로 개발 생산성이 높아진다.

하지만 이는 한두 대의 장비(장비의 가격을 제쳐 두고)로 모든 데이터를 다 관리할 수 있을 때는 가능하지만, 지금은 한두 대의 장비만으로 모든 데이터를 관리하는 곳은 극히 드물다. 지금 여러분이 웹에서 입력하는 검색어 또는 이동하는 페이지의 경로, 그리고 하루에 평균 1~3시간 동안 하는 온라인 게임만 보더라도 여러분의 모든 동작(키보드 이벤트)이 대부분 DBMS에 저장될 것이다. 이러한 모든 것들이 정보이며, 이러한 정보는 다시 가공을 거쳐 웹 페이지의 내용 혹은 게임의 완성도나 품질을 높이는 자료로 활용된다. 어떻게 이처럼 수많은 데이터를 하나의 장비에 모두 저장하고 가공해 낼 수 있겠는가? 그렇다면 이제는 적어도 한두 대의 장비에 데이터를 긁어 모으는 것은 해결책이 되지 못할 것이다. 데이터를 한두 대의 장비로 집중화하는 것은 위험을 집중화하고 장애의 범위를 여러 서비스로 확산하는 역효과를 빚어낸다.

그리고 하나 더 고려해야 할 사항은 데이터를 저장하는 데 필요한 비용이다. 회사에서는 이처럼 대량으로 발생하는 데이터를 저장하는 데 얼마나 많은 비용을 지불할 수 있을까? 100원을 벌기 위해 110원을 지불할 회사는 없다는 것이 MySQL을 선택해야 하는 이유일 것이다. MySQL의 목표는 태생부터 고급 엔터프라이즈급 장비가 아니다. 그래서인지 MySQL은 소규모 장비를 확장(Scale-out)해서 사용하는 데 주력해왔다. MySQL의 복제 구성은 오라클의 데이터 가드와는 비교할 수 없을 정도로 유연하고 간단하다. 또한 수많은 장비에 대한 관리 비용도 비교할 수 없을 정도로 저렴하다.

그러면 MySQL과 MSSQL(Microsoft SQL Server)을 비교해 보면 어떨까? MSSQL과 비교하더라도 여전히 MySQL은 비용면에서 장점이 있다. 하지만 여기에 더해 MySQL은 윈도우 서버를 포함한 다양한 플랫폼에서 사용할 수 있다는 장점이 있다. 반면 MSSQL은 오로지 윈도우 계열의 플랫폼에서만 사용할 수 있으며, 윈도우 운영체제 자체를 사용하는 데 드는 비용도 무시할 수 없다. 그리고 MSSQL과 MySQL 가운데 어떤 DBMS가 더 빠를까와 같이 DBMS 종류별로 성능을 비교한다는 것은 상당히 변수가 많기 때문에 이런 비교는 별로 의미가 없다. 기본적으로 MySQL과 InnoDB 스토리지 엔진의 잠금 방식이나 트랜잭션 관리 능력, 그리고 동시성 처리 능력은 MSSQL과 비교해 뒤처지지 않는다. 주로 MSSQL과 MySQL은 시스템의 규모보다는 플랫폼(운영체제)에 따라 선택되는 경향이 크다. 그리고 우리나라에서는 한 시스템에 필요한 구성요소가 함께 도입될 때가 많은데, 윈도우 기반의 게임 서버는 주로 윈도우 기반의 MSSQL을 사용할 때가 많고 자바 기반의 웹 서비스에서는 MySQL이 주로 사용된다. 하지만 일본에서는 MySQL이 웹 서비스뿐 아니라 게임용 데이터 베이스로도 많이 사용되고 있는데, 이는 MySQL이 게임 서버용으로도 손색이 없음을 의미한다.

오라클이나 MySQL과 같이 안정적인 DBMS의 경우, 성능은 DBMS의 벤더보다는 어떻게 해당 DBMS 를 사용하느냐에 좌우되는 경우가 많다. 아직까지는 오픈소스라는 이유로 소규모 회사에서 MySQL 을 선호하는 경향이 있다. 하지만 소규모 회사에는 전문적인 DBA 조직이 없을 때가 많고 그로 인해 DBMS의 기능이나 성능을 제대로 활용하지 못할 때가 많다. 또한 고객들의 중요 정보(대표적으로 금전 적인 정보)를 오픈소스인 MySQL에 저장한다는 것을 쉽게 납득하지 못하는 것 같다. 또한 MySQL은 공식적인 기술 지원을 받을 수 없다고 생각하는 경우도 많은 것 같다. 하지만 이 모든 것은 잘못된 생각 이다. MySQL은 훨씬 저렴한 비용으로 구축할 수 있고, 더 높은 성능을 낼 수 있으며, 더 높은 수준의 기술 지원도 가능해졌다는 점을 잊지 말자. MySQL의 성능이나 기능이 부족하다고 생각하는 것은 성 능 자체의 문제보다 우리의 잘못된 선입견 때문인 것이다.

인터넷을 통해 언제든지 해외 사이트를 방문하고 외국의 서비스를 이용할 수 있었지만, 얼마 전까지만 해도 각 국가별로 보이지 않는 방어막 같은 것이 있었다. 그래서 한국 사람은 한국에서 서비스되는 웹 서비스를 이용하는 것이 당연한 것처럼 여겨져 왔다. 하지만 최근의 소셜 네트워킹 서비스나 스마트 폰 의 영향으로 많은 웹 서비스 시장은 전 세계적으로 확장됐다. 머지 않아 많은 웹 서비스나 스마트폰 애 플리케이션이 하나의 국가에 국한되지 않고 전 세계 사용자가 사용하는 것을 전제로 개발될 것이다. 그 렇다면 이처럼 수많은 고객의 데이터를 저장하는 DBMS도 지금까지 걱정하지 않았던 문제(최근 들어 이미 크게 부각되고 있는)를 고민해야 할 것이다. 한 가지 확실한 것은 이러한 문제의 해결책이 최소한 데이터 통합은 아니라는 것이다.

02

설치와 설정

MySQL은 엔터프라이즈 버전과 커뮤니티 버전으로 나뉘며, MySQL 5.5까지는 두 버전 모두 소스코드가 공개돼 있으므로 언제든지 필요하면 소스코드를 직접 컴파일해서 MySQL 서버를 사용할 수 있다. 물론 플랫폼(운영체제)에 맞게 이미 컴파일돼 있는 패키지를 내려받아 설치하는 것도 가능하다. 또한 MySQL 5.5 버전까지 엔터프라이즈 버전과 커뮤니티 버전의 소스코드가 동일했기 때문에 커뮤니티 버전을 사용하는 데 특별히 부족함이 없었다. 하지만 MySQL 5.5 버전부터 엔터프라이즈 버전은 소스코드가 제공되지 않을 것이라는 답변을 오라클로부터 들었다. MySQL 5.5 버전부터는 커뮤니티 버전과 엔터프라이즈 버전의 기능이 달라질 것으로 예상되지만 여전히 커뮤니티 버전의 소스코드는 공개될 것으로 보인다. MySQL 5.5 버전이 최근(2011년 상반기)에 공개됐기 때문에 이 버전이 안정화되는 데 필요한 1~2년 동안의 기간을 고려하면 지금까지 이야기한 내용은 대략 3년 후에나 고민할 문제일 것이다.

이번 장에서는 소스코드를 컴파일해서 MySQL을 설치하는 방법과 기본적인 MySQL 설정 방법을 알아본다. 윈도우 버전은 소스코드 형태로 제공되지 않으므로 이미 컴파일되어 패키징돼 있는 MySQL 서버를 내려받아야 한다. 이번 장에서 언급하는 MySQL 컴파일은 리눅스를 포함한 유닉스 계열의 운영체제에만 적용되는 사항이지만 MySQL의 설정 관련된 설명은 어떤 운영체제에서든 공통적으로 적용되는 내용이므로 꼭 한번 읽어보길 바란다. 이번 장에서 예로 설명하는 컴파일 옵션이나 설정 파일의 내용은 지금까지의 개인적인 경험으로 봤을 때 최적의 설정이지만 절대적으로 모든 시스템에 적합한 설정은 아닐 수도 있다는 점을 잊지 말자. 하지만 여러분이 처음으로 서비스를 위한 MySQL 서버를 구축해야 한다면, 그리고 어떻게 설정해야 할지 잘 모르겠다면 이번 장에서 제공하는 기본 설정을 사용해 보는 것도 좋다.

2.1 MySQL 다운로드

우선 플랫폼(운영체제) 종류별로 이미 컴파일되어 패키징된 MySQL을 내려받거나 MySQL 소스코드를 내려받을지 선택해야 한다. 엔터프라이즈 버전과 커뮤니티 버전은 내려받는 사이트가 다르다. 커뮤니티 버전은 예전과 동일한 방식으로 내려받을 수 있다. 하지만 엔터프라이즈 버전은 오라클의 "e-Delivery"라는 방식으로 다운로드되는데, 이메일 주소와 간단한 회사 정보를 이용해 오라클 사이트에 회원 가입을 해야 한다. 그리고 실제 MySQL을 내려받을 때는 "온라인 수출"에 동의하고 내려받는 방식이다. 우선 http://www.mysql.com/downloads/ 사이트를 방문해 커뮤니티 버전을 내려받는 경우에는 "MySQL Community Server" 링크를 클릭하고, 엔터프라이즈 버전이 필요한 경우에는 "MySQL Enterprise Edition"을 선택하면 된다.

MySQL 커뮤니티 버전이나 엔터프라이즈 버전 모두 이미 컴파일되어 패키징된 MySQL 서버를 내려받을 때는 플랫폼(운영체제)을 먼저 선택해야 한다. 주로 가능한 플랫폼으로는 리눅스와 FreeBSD, 그리고 마이크로소프트 윈도우와 애플의 맥 OS가 있으며, 오라클의 솔라리스 유닉스 운영체제용으로 컴파일되어 준비돼 있다. 각 운영체제별로 32비트와 64비트로 나뉘므로 적절한 아키텍처와 운영체제를 선택해서 내려받을 수 있다. 데비안 계열의 우분투에 설치할 때는 Linux-Generic을 선택하면 된다. 지금까지 출시된 MySQL은 리눅스나 솔라리스 유닉스 중심으로 최적화돼 있었다. 하지만 MySQL이 오라클로 인수된 이후부터 윈도우용 MySQL의 최적화에 상당히 많은 투자를 하고 있기 때문에 이제 곧 윈도우에서도 최적화된 MySQL 서버가 출시될 것으로 기대된다.

MySQL 엔터프라이즈 버전은 별도의 라이선스 계약이 없어도 회원 가입 후 내려받아 사용하는 데 별도의 제약이 없다. 하지만 e-Delivery를 통해 내려받은 MySQL 엔터프라이즈 버전은 라이선스가 없는 경우 공식적으로는 30일간 시험용으로만 허용된 버전이다. 오라클과 별도의 라이선스 계약을 한 경우에는 "My Oracle Support" 사이트를 통해 온라인으로 질의응답이 가능하며, "My Oracle Support"사이트에서도 새로운 버전의 MySQL 서버를 내려받을 수 있는데, e-Delivery보다는 빨리 최신 버전을 내려받을 수 있다.

만약 개인적으로 MySQL 학습이 목적이라면 윈도우용 MySQL의 MSI(Microsoft Installer) 버전을 내려받는 것이 편리하며, MySQL 서버를 직접 컴파일하고자 할 때는 "Source Code"를 선택하고 "Generic Linux (Architecture independent), Compressed TAR Archive"를 선택해 내려받으면 된다. 소스파일은 플랫폼에 의존적이지 않으며, 컴파일을 위해 오토 툴(configure 명령)이 make 파일을 생성하는 동안 적절히 플랫폼에 맞는 옵션을 적용해 각 플랫폼에 맞게 컴파일될 수 있게 만들어주기 때문에 크게 고민할 필요는 없다. 버전을 선택할 때도 개인적인 MySQL 학습이 목적이라면 가장 최신 버전(MySQL 5.5)을 선택하는 것이 좋고, 서비스용 MySQL을 내려받는 경우에는 현재 최신 안정 버전(MySQL 5.1)을 선택하는 것이 좋다. MySQL 5.5는 아직 출시된 지 얼마 되지 않아 아마도 출시 후 1~2년이 지나는 2012년 후반이나 2013년 초쯤이면 안정 버전이 되고 널리 사용될 것으로 보인다.

2.2 MySQL 서버 설치

이 책에서는 모든 운영체제에 대한 설치 방법을 모두 소개하기는 어렵기 때문에 윈도우와 리눅스의 RPM 패키지와 소스코드로 설치하는 방법만 살펴보겠다. 설치는 레드햇(RedHat) 계열의 CentOS를 기준으로 설명하겠다. 데비안 계열의 운영체제에서는 조금 차이가 있겠지만 비슷한 절차로 진행되기 때문에 크게 어렵지 않다. 또, 인터넷에서도 관련 자료를 쉽게 구할 수 있을 것이다.

2.2.1 리눅스에 설치

RPM으로 설치

RPM으로 설치하는 경우에는 설치하고자 하는 운영체제를 먼저 선택해야 한다. 일반적으로 많이 사용하는 인텔 계열에서는 아키텍처가 32비트냐 64비트냐에 따라 "x86, 32-bit" 또는 "x86, 64-bit"를 선택한 후 레드햇이나 CentOS의 버전이 4.x인 경우와 5.x인 경우를 구분해 내려받을 대상을 선택하면 된다. 여기서는 "Red Hat & Oracle Enterprise Linux 5 (x86, 64-bit), RPM Package"의 "MySQL Server" RPM 패키지를 내려받겠다. 만약 클라이언트 또는 MySQL 관련 공유 라이브러리만 필요하다면 "Client Utilities" 또는 "Shared Components"를 내려받으면 된다.

내려받은 RPM 패키지는 아주 간단히 설치할 수 있다.

```
shell> rpm -ivh MySQL-server-5.5.15-1.rhel5.x86_64.rpm
```

삭제 또한 rpm 명령을 이용해 설치된 RPM 패키지의 이름을 확인한 후 손쉽게 삭제할 수 있다.

```
shell> rpm -qa | grep MySQL-server
→ MySQL-server-5.5.15-1.rhel5
shell> rpm -e MySQL-server-5.5.15-1.rhel5
```

이렇게 RPM 패키지로 설치된 경우 MySQL 서버의 각 디렉터리가 루트("/") 디렉터리로부터 분산되어 설치되므로 특정 디렉터리에 모든 관련 파일을 관리하는 데 익숙한 사용자에게는 불편할 수 있다. RPM으로 설치할 경우 주요 파일의 저장 위치를 한번 살펴보자.

```
/etc/init.d/mysql        MySQL 서버 시작 스크립트
/etc/my.cnf              MySQL 서버 설정 파일
/usr/bin/mysqld_safe     MySQL 감시 프로세스(엔젤 프로세스)
/usr/sbin/mysqld         MySQL 서버 프로그램
/usr/lib64/mysql         MySQL 공유 라이브러리(64비트)
/usr/lib/mysql           MySQL 공유 라이브러리(32비트)
/usr/share/man           관련 man 페이지 매뉴얼
```

이 가운데 가장 중요한 파일은 MySQL 서버 설정 파일인 "/etc/my.cnf"이다. 이 설정 파일을 변경해 데이터 디렉터리나 기타 관련 파일 및 MySQL 서버의 설정을 적절히 변경한 후 MySQL 서버를 시작하면 된다. MySQL 서버를 시작하거나 종료하는 방법은 MySQL 서버를 소스로부터 설치한 경우와 동일하므로 아래 내용을 참고한다.

소스로부터 설치

MySQL 5.1 버전 또는 그 이전 버전과 MySQL 5.5 이후의 버전은 소스의 컴파일 방식이 많이 달라졌다. MySQL 5.1과 그 이전 버전은 모두 GNU make 도구를 사용했지만, MySQL 5.5 버전부터는 CMake라는 도구를 이용한다. 우선 GNU make 도구를 사용하는 MySQL 5.1의 컴파일 순서를 한번 살펴보자. 어떤 make 도구든 관계 없이, 컴파일하는 작업은 플랫폼에 맞게 사용할 API를 선택하도록 Makefile을 생성하는 configure 단계와 실제 소스코드 파일을 컴파일하는 make 단계로 나눌 수 있다. 다음 예제는 MySQL 5.1 버전의 소스를 64비트 리눅스(CentOS 5.4)에서 GNU make 도구를 이용해 configure하는 예제다.

[예제 2-1] MySQL 5.1 버전용 Makefile 생성 스크립트(64비트)

```
./configure \
    '--prefix=/usr/local/mysql'\
    '--localstatedir=/usr/local/mysql/data'\
    '--libexecdir=/usr/local/mysql/bin'\
    '--with-comment=Toto mysql standard 64bit'\
    '--with-server-suffix=-toto_standard'\
    '--enable-thread-safe-client'\
    '--enable-local-infile'\
    '--enable-assembler'\
    '--with-pic'\
    '--with-fast-mutexes'\
    '--with-client-ldflags=-static'\
    '--with-mysqld-ldflags=-static'\
    '--with-big-tables'\
    '--with-readline'\
    '--with-extra-charsets=complex'\
    '--with-plugins=partition,archive,blackhole,csv,federated,heap,myisam,myisammrg,inno
db_plugin'\
    '--with-zlib-dir=bundled'\
    'CC=gcc' 'CXX=gcc' 'CFLAGS=-02' 'CXXFLAGS=-02'
```

MySQL 소스코드를 내려받아 압축을 푼 후, 소스코드 디렉터리로 이동해 이 명령을 실행한다. 여기서 지정한 옵션은 가장 기본적인 옵션에 해당하며, 다른 옵션으로 어떤 것이 있는지 궁금하다면 "./configure --help" 명령으로 configure 과정에서 설정 가능한 내용을 확인할 수 있다. 예제에서 지정한 configure 옵션은 거의 대부분 MySQL의 기본 configure 옵션이다. 중요한 옵션 몇 가지만 살펴보자.

--prefix

MySQL 서버를 설치할 디렉터리를 지정한다. 여기에 설정한 디렉터리가 MySQL 서버의 홈 디렉터리가 된다. 또한 이렇게 prefix 옵션으로 설정된 디렉터리 정보는 빌드된 MySQL 서버나 클라이언트 및 관련 유틸리티 프로그램에 모두 내장되므로 해당 프로그램이 실행될 때 prefix에 설정된 값을 홈 디렉터리로 인식한다.

--localstatedir

MySQL 서버의 데이터 파일과 각종 정보성 파일의 기본 위치를 결정한다. 여기서 정보성 파일이란 각종 로그 파일과 복제를 위한 바이너리 및 릴레이 로그의 실행 상태 등과 같은 보조 파일을 의미한다.

--libexecdir

서버의 실행 프로그램(mysqld)과 클라이언트(mysql) 및 기타 유틸리티 프로그램이 설치되는 위치다.

--with-comment, --with-server-suffix

MySQL 서버에 로그인하면 처음에 출력되는 기본적인 정보성 내용 가운데 MySQL 서버의 버전과 관련된 내용이 있는데, 여기에 설정된 내용은 그러한 버전 정보에 코멘트를 추가하는 옵션이다. 예제와 같이 코멘트를 추가하면 MySQL에 로그인할 때 다음과 같이 출력될 것이다.

```
Server version: 5.1.54-nhn_standard2-log Toto mysql standard 64bit
```

--with-extra-charsets

MySQL 서버에서 추가로 어떤 문자집합(Character set)을 더 포함할지를 선택하는 옵션으로, 필요한 문자집합을 나열하면 된다. 특별히 지정하지 않고 여러 가지 문자집합을 혼용할 계획이라면 complex라고 설정하고 euckr과 같이 지정된 문자집합 위주로 사용할 예정이라면 euckr과 같이 특정 문자집합을 지정하면 된다.

--with-plugins

MySQL 5.1부터는 플러그인 스토리지 엔진 모델을 채택하고 있다. 어떤 스토리지 엔진을 사용할 수 있는지는 configure --help 명령으로 자세히 확인할 수 있는데, 기본적으로 예제 2-2의 "--with-plugins"에 명시된 스토리지 엔진은 포함시키는 것이 좋다. 그리고 innodb와 innodb_plugin가 혼동될 수 있는데, innodb는 플러그인 이전의 InnoDB 스토리지 엔진이며 innodb_plugin은 플러그인 버전의 InnoDB를 의미한다. InnoDB 플러그인 버전이 더 많은 기능과 개선점을 갖추고 있으므로 innodb_plugin을 선택하길 권장한다.

다음 예제는 32비트 리눅스(CentOS 5.4)에서 GNU make로 configure하는 예제다.

[예제 2-2] MySQL 5.1 버전용 Makefile 생성 스크립트(32비트)

```
shell> cd mysql-5.1.54
shell> ./configure \
```

```
'--prefix=/usr/local/mysql'\
'--localstatedir=/usr/local/mysql/data'\
'--libexecdir=/usr/local/mysql/bin'\
'--with-comment=Totomysql standard 32bit'\
'--with-server-suffix=-toto_standard'\
'--enable-thread-safe-client'\
'--enable-local-infile'\
'--enable-assembler'\
'--with-pic'\
'--with-fast-mutexes'\
'--with-client-ldflags=-static'\
'--with-mysqld-ldflags=-static'\
'--with-big-tables'\
'--with-readline'\
'--with-extra-charsets=complex'\
'--with-plugins=partition,archive,blackhole,csv,heap,myisam,myisammrg,innodb_plugin'\
'CC=gcc' 'CXX=gcc' 'CFLAGS=-O2 -mcpu=i686'\
'CPPFLAGS=-I/usr/local/include' \
'CXXFLAGS=-O2 -mcpu=i686 -felide-constructors'\
'LDFLAGS=-L/usr/local/lib'
```

32비트의 경우 64비트와 크게 다르지 않고 컴파일러 옵션만 조금 달라졌다.

이와 같이 configure를 실행하면 현재 플랫폼에 맞게 사용할 수 있는 라이브러리나 API로 컴파일될 수 있게 Makefile이 만들어진다. 이때 원하는 기능 혹은 더 나은 라이브러리나 시스템의 기능을 사용할 수 있게 설정됐는지 등을 점검할 수 있는데, 운영체제에 대한 심층적인 지식이 없어도(configure 도구가 적절히 더 나은 기능을 선택해주므로) 마지막 과정에서 에러가 발생하지 않았다면 순서대로 make 명령과 make install 명령만 실행하면 된다. make 명령은 소스코드를 컴파일하고 링크하는 역할을 하며, make install은 make 명령으로 만들어진 이진 실행 프로그램을 configure의 prefix로 지정해 준 디렉터리로 복사하는 작업을 수행한다.

그러면 이제 CMake 도구를 이용해 MySQL 5.5를 빌드하는 예제를 한번 살펴보자. 대부분의 리눅스 운영체제에는 CMake 도구가 설치돼 있지 않다. 그래서 우선 CMake 도구를 설치해야 하는데, CMake에 대한 자세한 내용은 홈페이지(http://www.cmake.org)를 참고한다. MySQL 5.5를 빌드하려면 CMake 2.6 이상의 버전이 필요하다. MySQL을 설치하려는 플랫폼이 레드햇 계열의 리눅스(CentOS 포함)라면 "cmake-2.6.4-5.elx.x.x86_64.rpm"을 설치하면 된다.

CMake 도구로 MySQL을 빌드하는 것이 처음이라면 make 파일을 생성하거나 빌드 도중 문제가
발생할 때가 많은데, 잘 해결되지 않는 경우에는 MySQL 포지의 CMake 관련 웹 사이트(http://
forge.mysql.com/wiki/CMake)를 참고한다. CMake가 설치됐다면 다음과 같이 configure를 실행
하면 된다.

[예제 2-3] CMake를 이용한 Makefile 생성 스크립트(MySQL 5.5부터)

```
shell> cd mysql-5.5.8
shell> mkdir build_target
shell> cd build_target
shell> rm -rf *
shell> cmake .. \
  '-DCMAKE_INSTALL_PREFIX=/usr/local/mysql' \
  '-DWITH_COMMENT=Toto mysql standard x86_64' \
  '-DINSTALL_SBINDIR=/usr/local/mysql/bin' \
  '-DINSTALL_BINDIR=/usr/local/mysql/bin' \
  '-DINSTALL_LAYOUT=STANDALONE' \
  '-DMYSQL_DATADIR=/usr/local/mysql/data' \
  '-DSYSCONFDIR=/usr/local/mysql/etc' \
  '-DINSTALL_SCRIPTDIR=/usr/local/mysql/bin' \
  '-DWITH_INNOBASE_STORAGE_ENGINE=1' \
  '-DWITH_ARCHIVE_STORAGE_ENGINE=1' \
  '-DWITH_BLACKHOLE_STORAGE_ENGINE=1' \
  '-DWITH_PERFSCHEMA_STORAGE_ENGINE=1' \
  '-DWITH_FEDERATED_STORAGE_ENGINE=1' \
  '-DWITH_PARTITION_STORAGE_ENGINE=1' \
  '-DENABLE_DEBUG_SYNC=0' \
  '-DENABLED_LOCAL_INFILE=1' \
  '-DENABLED_PROFILING=1' \
  '-DWITH_DEBUG=0' \
  '-DWITH_LIBWRAP=0' \
  '-DWITH_READLINE=1' \
  '-DWITH_SSL=0' \
  '-DCMAKE_BUILD_TYPE=RelWithDebInfo' \
  '-DCMAKE_C_FLAGS=-O2' \
  '-DCMAKE_CXX_FLAGS=-O2'
```

GNU make와는 달리 CMake는 컴파일된 오브젝트 파일만 별도의 디렉터리에 관리하기 때문에 소스
코드 디렉터리에 "build_target"이라는 별도의 디렉터리(디렉터리의 이름은 임의로 정해도 무방함)를

만들고, 해당 디렉터리로 이동해 cmake 명령을 실행하면 된다. cmake가 특별한 문제 없이 완료되면 MySQL 5.1과 같이 make와 make install 명령을 실행하면 된다.

주의 MySQL을 직접 컴파일해서 설치할 때는 MySQL 서버의 각 디렉터리에 대한 권한 설정에 주의해야 한다. 만약 MySQL 서버를 리눅스의 루트(root) 계정이나 MySQL 서버를 컴파일하고 설치(make install)한 계정이 아니라 별도의 운영체제 계정으로 기동할 계획이라면 아래와 같이 디렉터리의 권한 변경이 필요하다. 만약 MySQL 서버를 "mysql"이라는 별도의 리눅스 사용자 계정으로 기동하고 싶다면 아래와 같은 권한 변경 작업이 필요하다.

```
shell> groupadd dba
shell> useradd -g dba mysql

shell> chown -R root  /usr/local/mysql
shell> chown -R mysql /usr/local/mysql/data
shell> chown -R mysql /usr/local/mysql/tmp
shell> chown -R mysql /usr/local/mysql/logs
shell> chgrp -R dba   /usr/local/mysql
```

위의 리눅스 셸 스크립트는 "dba"라는 사용자 그룹을 만들고, "dba" 사용자 그룹에 "mysql"이라는 리눅스 사용자 계정을 생성한다. 그리고 MySQL 디렉터리(/usr/local/mysql) 아래의 각 디렉터리에 대해 mysql 사용자가 접근해야 하는 디렉터리에 대해서만 최소한의 권한을 부여하는 것이다. MySQL 서버를 처음 설치하고 시작할 때 가끔 MySQL 서버가 시작하지 못하는 문제가 발생하는데, 이는 주로 디렉터리의 권한이 원인일 때가 많다.

2.3절, "서버 설정"(44쪽)에서 살펴볼 MySQL 설정 파일의 예제에서도 리눅스의 관리자 계정(root)이 아닌 mysql이라는 계정으로 MySQL 서버를 시작하는 방법을 설명한다. 그러므로 이 책의 내용과 같이 직접 설치를 진행한다면 위와 같이 MySQL 서버의 각 디렉터리 권한을 변경하자.

MySQL 서버가 실행되려면 권한이나 테이블의 메타 정보를 관리하는 시스템 테이블이 필요한데, MySQL 서버를 직접 컴파일해서 설치할 때는 이러한 테이블을 사용자가 직접 생성해야 한다. 이것들은 MySQL 서버의 bin 디렉터리에 있는 mysql_install_db라는 스크립트를 이용해 생성할 수 있다. mysql_install_db 스크립트는 두 가지 방법으로 실행할 수 있다.

my.cnf 파일이 이미 준비돼 있을 때

mysql_install_db 명령은 MySQL 서버의 홈 디렉터리와 데이터 디렉터리 정보가 필요한데, 이 두 가지 정보는 모두 my.cnf 파일에서도 꼭 명시돼야 하는 정보다. 그래서 만약 이미 my.cnf 설정 파일이 준비돼 있을 때는 mysql_install_db 스크립트를 실행할 때 my.cnf 파일의 경로를 함께 입력하면 된다.

```
shell> cd /usr/local/mysql
shell> bin/mysql_install_db --defaults-file=./etc/my.cnf
```

my.cnf 파일 없을 때

아직 my.cnf 파일이 준비되지 않았다면 mysql_install_db 스크립트를 실행하면서 MySQL 서버의 홈 디렉터리와 데이터 디렉터리를 옵션으로 입력하면 된다. "--user" 옵션은 MySQL 서버를 기동할 때 사용할 운영체제의 사용자 계정을 명시하면 된다. root 사용자로 MySQL 서버를 기동할 것이라면 "--user" 옵션은 입력하지 않아도 된다. 만약 다음 예제와 같이 "--user" 옵션으로 MySQL 서버를 기동할 운영체제 계정을 명시할 때는 반드시 이 사용자가 "basedir"나 "datadir"에 대해 읽기와 쓰기 권한을 가지고 있어야 한다는 것에 주의하자. 디렉터리의 권한 설정은 위에서 언급한 디렉터리 권한 관련 주의 사항을 참고한다.

```
shell> cd /usr/local/mysql
shell> bin/mysql_install_db --user=mysql --basedir=/usr/local/mysql \
                            --datadir=/usr/local/mysql/data
```

위와 같이 mysql_install_db 명령이 정상적으로 실행되면 다음과 같이 실행 결과의 윗 부분에 "OK"라는 메시지가 출력된다. 만약 "OK"가 출력되지 않고 에러가 발생한다면 my.cnf 파일의 내용이나 디렉터리의 권한을 다시 한번 확인한다.

```
shell> mysql_install_db …

Installing MySQL system tables...
OK

Filling help tables...
OK

…
```

2.2.2 윈도우에 설치 (MSI)

윈도우에 설치하는 경우에도 아키텍처가 32비트인지 64비트인지 확인한 후 "x86, 32-bit" 또는 "x86, 64-bit"의 MSI 버전을 내려받으면 된다. MySQL 5.1 버전을 내려받는 경우에는 필수적인 프로그램만 포함된 "mysql-essential-5.1.58-win32.msi"을 내려받고, MySQL 5.5 버전을 설치하려고 할 때는 "mysql-5.5.15-win32.msi"를 내려받는다. 두 버전 모두 설치 과정은 거의 동일하므로 MySQL 5.1 버전의 설치 과정을 간단히 살펴보겠다. 이 책에 실은 화면은 선택사항이 있는 화면만 표시한 것이므로 별도의 선택사항이 없는 단계는 "Next"나 "동의(I accept …)"를 클릭해 다음 화면으로 이동하면 된다.

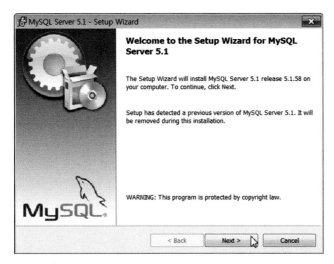

[그림 2-1] 윈도우용 MySQL 설치 시작

설치 유형을 선택하는 화면에서는 "Custom"을 선택해 MySQL 홈 디렉터리나 클라이언트 프로그램이
설치될 디렉터리를 직접 선택할 수 있게 하자.

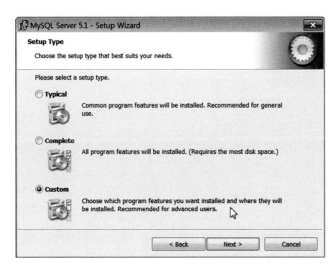

[그림 2-2] 설치 유형 선택(Custom 항목 선택)

다음과 같이 디렉터리를 선택하는 화면에서는 각 설치 항목("MySQL Server", "MySQL Server Datafiles", "Client Programs")을 선택해 우측 하단의 "Change..." 버튼으로 MySQL 서버나 클라이언트 프로그램, 그리고 MyISAM 데이터 파일이 저장될 위치를 변경할 수 있다. 세 설치 항목의 경로는 모두 윈도우 탐색기에서 한두 번의 클릭으로 찾아갈 수 있는 디렉터리로 변경하는 것이 좋다. 특히 "MySQL Server Datafiles" 항목은 기본값이 사용자의 홈 디렉터리로 돼 있는데, 이렇게 설정하면 찾아가기도 쉽지 않을뿐더러 윈도우 버전에 따라 디렉터리의 경로가 달라지기 때문에 상당히 혼동스러울 수 있다. 그래서 "MySQL Server Datafiles" 항목의 경로도 "MySQL Server"와 같은 경로로 설정하는 것이 좋다. 윈도우에서 대량의 데이터를 저장하고 서비스용으로 사용할 계획이라면 별도로 준비된 파티션에 데이터 파일이 저장될 수 있게 "MySQL Server Datafiles" 항목은 별도의 파티션을 설정한다.

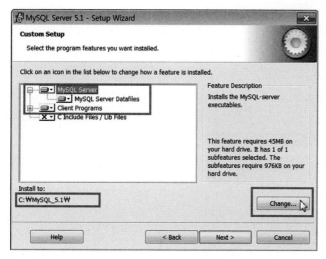

[그림 2-3] 설치 디렉터리 선택

설치 디렉터리를 선택하고 나면 MySQL 서버의 기본 설정을 할 것인지 선택하는 화면이 나온다. 기본 설정 화면에서는 MySQL 서버의 설정 작업, MySQL 서버를 윈도우의 서비스에 등록할지 여부, 그리고 MySQL 서버와 클라이언트 프로그램이 저장된 디렉터리를 윈도우의 경로에 추가할지 선택하는 작업을 한다. 물론 대부분의 작업이 다음 장에서 다룰 "서버 설정"과 중복되지만, 윈도우에서 MySQL의 서버 설정은 GUI로 진행되므로 간략하게 살펴보겠다.

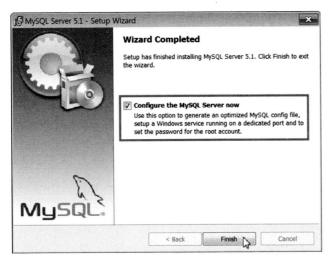

[그림 2-4] MySQL 서버 설정 선택

"Standard Configuration"을 선택하면 기본 설정을 모두 적용한 후 그림 2-13에 나온 윈도우 서비스 등록 선택 화면으로 바로 이동하고, "Detailed Configuration"을 선택하면 문자집합이나 서버 용도 등과 같은 설정을 진행하게 된다. 먼저 "Detailed Configuration"을 선택하고 다음 화면으로 이동하자.

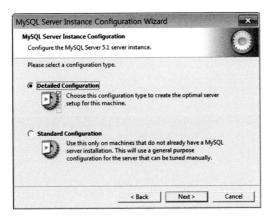

[그림 2-5] 설정 유형 선택

그림 2-6에서는 MySQL이 어떤 용도의 컴퓨터에 설치되는지 선택하는데, 여기서 선택한 사항에 따라 MySQL 서버가 사용할 메모리의 양의 결정된다. "Developer Machine"을 선택하면 PC와 같이 소규모 컴퓨터에서 최소한의 메모리를 사용하게 되지만 "Server Machine"과 "Dedicated MySQL Server Machine"은 PC가 아닌 서버급 컴퓨터에 맞게 메모리를 사용하게 된다. MySQL을 설치할 컴퓨터를 MySQL 서버 전용으로 사용할 계획이라면 "Dedicated MySQL Server Machine"을 선택하자.

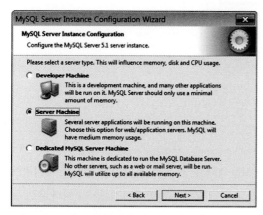

[그림 2-6] MySQL 서버 규모 선택

일반적으로 MySQL 서버는 웹 서버와 같이 OLTP(온라인 트랜잭션 처리)용으로 많이 사용하므로 "Transactional Database Only"로 선택하자.

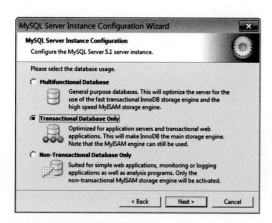

[그림 2-7] MySQL 서버 용도 선택

다음으로 InnoDB의 데이터 파일이 저장될 디렉터리를 선택하는데, 특별히 구분하지 않고 MyISAM과 InnoDB가 함께 저장될 수 있게 다음 그림과 같이 선택한다. 그러면 현재 설정에서 InnoDB의 데이터 파일은 "C:/MySQL_5.1/data/"에 저장될 것이다. 윈도우에서 대량의 데이터를 저장하고 서비스용으로 사용할 계획이라면 별도로 준비한 파티션에 데이터 파일이 저장될 수 있게 설정한다.

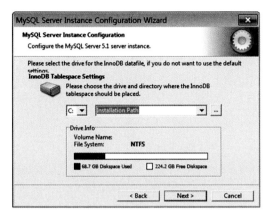

[그림 2-8] InnoDB 데이터 디렉터리 선택

조금 의미를 이해하기 어렵지만, 다음 화면은 MySQL 서버에서 동시에 몇 개 정도의 쿼리가 실행될지 선택하는 화면이다. 일단 복잡하게 생각하지 말고(나중에 "서버 설정" 절에서 다시 언급하겠다) 하단의 "Manual Setting"을 선택하고 "Concurrent connections"를 10 정도로 지정한다.

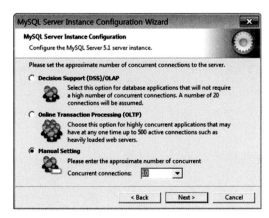

[그림 2-9] 동시 쿼리 실행 개수 지정

그림 2-10에 나온 화면에서는 MySQL 서버의 포트를 선택한다. MySQL 서버의 기본 포트는 3306이
다. 하지만 꼭 3306을 사용해야 하는 것은 아니므로 사용 가능한 포트로 변경해도 무방하다. 그리고
"Enable Strict Mode"는 우선 해제하자. 이 내용 또한 "서버 설정" 절에서 다시 언급하겠다.

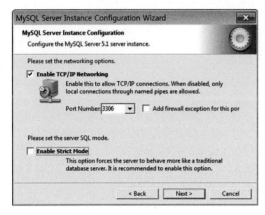

[그림 2-10] MySQL 서버 포트 지정

그림 2-11은 MySQL 서버에서 기본으로 사용할 문자집합을 선택하는 화면이다. 제일 하단의 "매뉴얼
선택"을 클릭하고 한글만 필요한 경우에는 "euckr"을 선택한다. 그렇지 않고 모든 언어를 지원하고 싶
을 때는 "utf8"을 선택한다. 여기서 "euckr"을 선택하는 것은 기본 문자집합을 설정하는 것이지 모든
테이블이 "euckr"만 지원할 수 있게 설정하는 것은 아니다. 이렇게 설정하더라도 테이블이나 칼럼에서
별도의 문자집합을 지정해 사용할 수 있다.

[그림 2-11] 문자집합 선택

그림 2-12에서 MySQL 서버를 윈도우 서비스로 등록할지 여부와 MySQL 실행 프로그램의 경로를 윈도우 경로에 추가할지 선택한다.

[그림 2-12] 윈도우 서비스 등록 선택

이제 윈도우에 MySQL 서버를 설치하는 과정이 모두 끝났다. 다음 화면의 두 번째 줄에 있는 MySQL 설정 파일(my.ini)의 경로를 기억해 두자. 다음 절에서 다룰 "서버 설정"과 관련된 사항은 모두 이 파일을 대상으로 설명한 내용이며, 필요 시 파일의 내용을 변경하려면 이 파일(my.ini)을 직접 메모장과 같은 텍스트 편집기로 수정해야 한다.

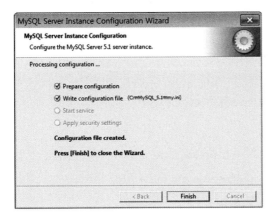

[그림 2-13] MySQL 서버 설정 완료

2.3 서버 설정

MySQL 서버는 단 하나의 설정 파일만 사용한다. 리눅스를 포함한 유닉스 계열에서는 my.cnf라는 이름을 사용하고 윈도우 계열에서는 my.ini라는 이름을 쓰는데, 이 파일의 이름은 변경할 수 없다. MySQL 서버는 시작될 때만 이 설정 파일을 참조하는데, 이 설정 파일의 경로가 딱 하나로 고정돼 있는 것은 아니다. MySQL 서버는 지정된 여러 개의 디렉터리를 순차적으로 탐색하면서 처음 발견된 my.cnf 파일을 사용하게 된다.

또한 직접 MySQL을 컴파일해서 설치한 경우에는 이 디렉터리가 다르게 설정될 수도 있다. 만약 여러분이 사용 중인 MySQL 서버가 어느 디렉터리에서 my.cnf 파일을 읽는지 궁금하다면 다음과 같이 실행해 보면 된다. mysqld 프로그램은 MySQL 서버의 실행 프로그램으로, 실제 MySQL 서버를 기동할 수도 있으므로 주의해서 사용해야 한다. 특히, --verbose와 --help 옵션 중 하나라도 빠뜨리고 실행하면 MySQL 서버가 기동한다. 가능하다면 두 번째 예제처럼 mysql 클라이언트 프로그램(첫 번째 예제의 mysqld 서버 프로그램이 아닌)으로 확인해 보는 것이 좋은데, 이때는 --verbose 옵션을 빼고 실행해도 무방하다.

```
shell> mysqld --verbose --help
...
Default options are read from the following files in the given order:
/etc/my.cnf /etc/mysql/my.cnf /usr/local/mysql/etc/my.cnf ~/.my.cnf
...

shell> mysql --help
...
Default options are read from the following files in the given order:
/etc/my.cnf /etc/mysql/my.cnf /usr/local/mysql/etc/my.cnf ~/.my.cnf
...
```

둘 다 상당히 많은 내용이 출력된다. 내용 상단에 "Default options are read ..."라는 부분을 보면 MySQL 서버나 클라이언트 프로그램이 어디에 있는 my.cnf(또는 my.ini) 파일을 참조하는지 확인할 수 있다. 위 예제에서는 다음과 같은 순서대로 파일을 찾고 있다.

1. /etc/my.cnf 파일
2. /etc/mysql/my.cnf 파일
3. /usr/local/mysql/etc/my.cnf 파일
4. ~/.my.cnf 파일

실제 MySQL 서버는 단 하나의 설정 파일(my.cnf)만 사용하지만 설정 파일이 위치한 디렉터리는 여러 곳일 수 있다는 것이다. 이러한 특성은 MySQL 사용자를 상당히 혼란스럽게 하는 부분이기도 하다. 만약 실수로 1번과 2번 디렉터리에 각각 my.cnf 파일을 만든 경우, MySQL 서버가 어느 디렉터리의 my.cnf 파일을 참조해서 기동했는지 알아내기가 쉽지 않다. 이러한 경우에는 위 예제의 명령으로 MySQL 서버가 어느 디렉터리의 my.cnf 파일을 먼저 읽는지(우선순위가 높은지)를 확인할 수 있다. 이러한 파일 가운데 1, 2, 4번 파일은 어느 MySQL에서나 동일하게 검색하는 경로이며, 3번 파일은 컴파일될 때 MySQL 프로그램에 내장된 경로다. 즉, 컴파일할 때 설정한 MySQL의 홈 디렉터리(MySQL 서버를 컴파일할 때 "--prefix" 옵션에 명시한 디렉터리)나 MySQL 홈 디렉터리 밑의 etc 디렉터리에 있는 "my.cnf" 파일이 표시된다.

주로 MySQL 서버용 설정 파일은 1번이나 3번을 사용하는데, 하나의 장비(서버 머신)에 2개 이상의 MySQL 서버(인스턴스)를 실행하는 경우에는 1번과 2번은 충돌이 발생할 수 있으므로 3번 파일을 주로 사용한다. 그리고 하나의 장비에 2개 이상의 MySQL 서버(인스턴스)를 실행하는 mysqld_multi라는 프로그램이 있지만 그러자면 MySQL의 설정 파일 그룹을 따로 명시해야 한다. MySQL 서버를 여러 인스턴스로 서비스한 경험은 별로 없으며, 그렇게 사용하는 곳도 거의 보지 못했다. 이런 혼란과 실수를 막기 위해 MySQL 서버의 설정 파일(my.cnf 또는 my.ini)의 경로는 특정 디렉터리를 표준화하고 단 하나의 설정 파일만 유지하는 것이 좋다.

2.3.1 설정 파일의 구성

MySQL 설정 파일은 하나의 my.cnf나 my.ini 파일에 여러 개의 설정 그룹을 담을 수 있으며, 대체로 바이너리 프로그램 이름을 그룹명으로 사용한다. 예를 들어, mysqld_safe 프로그램은 "[mysqld_safe]" 설정 그룹을, mysqld 프로그램은 설정 그룹의 이름이 "[mysqld]"인 영역을 참조한다.

```
[client]
default-character-set = utf8

[mysql]
socket              = /usr/local/mysql/tmp/mysql.sock
port                = 3304

[mysqldump]
socket              = /usr/local/mysql/tmp/mysql.sock
port                = 3305
```

```
[mysqld_safe]

[mysqld]
socket              = /usr/local/mysql/tmp/mysql.sock
port                = 3306
```

이 예제는 간략한 MySQL 설정 파일의 구성을 보여주는데, 이 설정 파일이 MySQL 서버만을 위한 설정 파일이라면 [mysqld] 그룹만 명시해도 무방하다. 하지만 MySQL 서버뿐 아니라 MySQL 클라이언트나 백업을 위한 mysqldump 프로그램이 실행될 때도 이 설정 파일을 공용으로 사용하고 싶다면 [client]와 [mysql] 또는 [mysqldump] 등의 그룹을 함께 설정해 둘 수 있다. 일반적으로 각 그룹을 사용하는 프로그램은 성격이 다르며, 각 프로그램이 필요로 하는 설정이 상이하므로 이 예제처럼 중복되는 설정이 나열되는 경우는 거의 없지만, socket이나 port와 같은 설정은 모든 프로그램에 공통적으로 필요한 설정값이라서 위와 같이 각 설정 그룹에 여러 번 설정된 것이다.

이 예제의 설정 파일을 사용하는 MySQL 서버(mysqld) 프로그램은 3306 포트를 사용한다. 하지만 MySQL 클라이언트(mysql) 프로그램은 3304번 포트를 이용해 MySQL 서버에 접속하려고 할 것이다. 즉, 설정 파일의 각 그룹은 같은 파일을 공유하지만 서로 무관하게 적용된다는 의미다. 하지만 예외로 [client]라는 그룹이 있는데, 이 그룹은 MySQL 서버(mysqld와 mysqld_safe)를 제외한 대부분의 클라이언트 프로그램이 공유하는 영역이다. MySQL 클라이언트(mysql) 프로그램이나 MySQL 백업 프로그램인 mysqldump 프로그램 등은 모두 클라이언트 프로그램의 분류에 속하기 때문에 [client] 설정 그룹을 공유하며 동시에 각각 자기 자신의 그룹도 함께 읽어서 사용한다. 즉, 이 예제에서 mysqldump 프로그램은 [client] 설정 그룹과 [mysqldump] 설정 그룹을 함께 참조한다는 의미다. mysqld_safe라는 프로그램은 MySQL 서버가 비정상적으로 종료됐을 때 재시작하는 일만 하는 프로세스이므로 일반적으로 [mysqld_safe] 설정 그룹은 잘 사용되지 않는다. 하지만 MySQL 서버의 타임존을 설정하거나 할 때는 [mysqld_safe] 설정 그룹을 꼭 이용해야 한다.

2.3.2 MySQL 시스템 변수의 특징

MySQL 서버는 기동하면서 설정 파일의 내용을 읽어 메모리나 작동 방식을 초기화하고, 접속된 사용자를 제어하기 위해 이러한 값을 별도로 저장해 둔다. MySQL 서버에서는 이렇게 저장된 값을 변수(Variable)라고 표현하며, 더 정확하게는 시스템 변수라고 한다. 각 시스템 변수는 다음 예제와 같이 MySQL 서버에 접속해 "SHOW VARIABLES" 또는 "SHOW GLOBAL VARIABLES"라는 명령으로 확인할 수 있다.

```
mysql> SHOW GLOBAL VARIABLES;
+-------------------------------------------+-------------------+
| Variable_name                             | Value             |
+-------------------------------------------+-------------------+
| auto_increment_increment                  | 1                 |
| auto_increment_offset                     | 1                 |
| autocommit                                | ON                |
| automatic_sp_privileges                   | ON                |
| back_log                                  | 100               |
| basedir                                   | /usr/local/mysql  |
| big_tables                                | OFF               |
| binlog_cache_size                         | 5242880           |
| binlog_direct_non_transactional_updates   | OFF               |
| binlog_format                             | STATEMENT         |
...
```

시스템 변수(설정) 값이 어떻게 MySQL 서버와 클라이언트에 영향을 미치는지 판단하려면 각 변수가 글로벌 변수인지 세션 변수인지 구분할 수 있어야 한다. 그리고 이를 위해서는 우선 글로벌 변수와 세션 변수가 무엇이고 서로 어떤 관계가 있는지 명확히 이해해야 한다. MySQL 서버의 매뉴얼에서 시스템 변수(Serever System Variables)를 설명한 페이지(http://dev.mysql.com/doc/refman/5.1/en/server-system-variables.html)를 보면 MySQL 서버에서 제공하는 모든 시스템 변수의 목록과 간단한 설명을 참고할 수 있다. 설명 페이지에 있는 각 변수 항목은 아래의 표와 같은 형식으로 구성돼 있다. (물론 이 예제에 표시되지 않은 시스템 변수가 훨씬 더 많지만 여기서는 시스템 변수를 나타낸 표를 이해하는 방법을 설명하기 위해 몇 가지만 표시했다.)

[MySQL 서버 시스템 변수]

Name	Cmd-Line	Option file	System Var	Var Scope	Dynamic
autocommit	Yes	Yes	Yes	Session	Yes
basedir	Yes	Yes	Yes	Global	No
date_format			Yes	Both	No
general-log	Yes	Yes			Yes
- Variable:general_log			Yes	Global	Yes

각 시스템 변수에 포함된 5가지 선택사항의 의미는 다음과 같다.

Cmd-Line

MySQL 서버의 명령행 인자로 설정될 수 있는지 여부를 나타낸다. 즉, 이 값이 "Yes"이면 명령행 인자로 이 시스템 변수의 값을 변경하는 것이 가능하다는 의미다.

Option file

MySQL의 설정 파일인 my.cnf(또는 my.ini)로 제어할 수 있는지 여부를 나타낸다. 옵션 파일이나 설정 파일 또는 컨 피규레이션 파일 등은 전부 my.cnf(또는 my.ini) 파일을 지칭하는 것으로 같은 의미로 사용된다.

System Var

시스템 변수인지 아닌지 여부를 나타낸다. MySQL 서버의 설정 파일을 작성할 때 각 변수명에 사용된 하이픈('-')이나 언더스코어('_')의 구분에 주의해야 한다. 이는 MySQL 서버가 예전부터 수많은 사람들의 손을 거쳐오면서 생긴 일관 성 없는 변수의 명명 규칙 때문이다. 어떤 변수는 하이픈으로 구분되고 어떤 시스템 변수는 언더스코어로 구분되는 등 상당히 애매모호한 부분들이 있는데, 뒤늦게 이런 부분을 언더스코어로 통일하려는 단계이다 보니 지금과 같은 현상 이 나타나는 것이다. 그래서 설정 파일이나 MySQL 서버의 명령행 인자로는 하이픈으로 구분된 변수명을 사용하지만 MySQL 서버가 시작된 이후 MySQL 서버 내에서는 언더스코어로 구분된 변수명으로 통용되는 경우가 종종 있는데, 이러한 경우에는 System Var 항목의 값이 비어 있다. 예를 들어, 표의 가장 아래에 있는 general-log라는 설정 변 수는 MySQL 서버의 명령행 인자로 설정될 때는 하이픈으로 구분된 "general-log"라는 이름을 쓰지만 MySQL 서 버 내에서 통용되는 이름은 언더스코어로 구분된 "general_log"라는 이름이다. 그래서 이러한 경우에는 시스템 변수 표에서 두 가지 경우가 모두 표시되는데 MySQL 서버 내에서 통용되는 이름은 "-Variable:"이라는 추가 내용이 붙어 있음을 확인할 수 있다.

Var Scope

시스템 변수의 적용 범위를 나타낸다. 이 시스템 변수가 영향을 미치는 곳이 MySQL 서버 전체(global, 글로벌 또는 전역)를 대상으로 하는지, 아니면 MySQL 서버와 클라이언트 간의 커넥션(Session, 세션 또는 커넥션)만인지 구분한 다. 그리고 어떤 변수는 세션과 글로벌 범위에 모두 적용되기도 한다. 이와 관련된 내용은 아래에서 좀 더 설명하겠다.

Dynamic

시스템 변수가 동적인지 정적인지 구분하는 변수이며, 동적 변수와 정적 변수의 차이는 별도로 설명하겠다.

2.3.3 글로벌 변수와 세션 변수

MySQL의 시스템 변수는 적용 범위에 따라 글로벌 변수와 세션 변수로 나뉘며, 때로는 동일한 변수 이 름이 글로벌 변수뿐 아니라 세션 변수에도 존재할 때가 있다. 이러한 경우 MySQL 매뉴얼에는 "Both" 라고 표시돼 있다.

- 글로벌 범위의 시스템 변수는 하나의 MySQL 서버 인스턴스에서 전체적으로 영향을 미치는 시스템 변수를 의미하며, 주로 MySQL 서버 자체에 관련된 설정일 때가 많다. 대표적으로 MySQL 서버에서 단 하나만 존재하는 쿼리 캐시의 크기(query_cache_size) 또는 MyISAM의 키 캐시 크기(key_buffer_size), 그리고 InnoDB의 InnoDB 버퍼 풀의 크기(innodb_buffer_pool_size) 등이 가장 대표적인 글로벌 영역의 시스템 변수다.

- 세션 범위의 시스템 변수는 MySQL 클라이언트가 MySQL 서버에 접속할 때 기본적으로 부여하는 옵션의 기본값을 제어하는 데 사용된다. 다른 DBMS에서도 거의 비슷하겠지만 MySQL에서도 각 클라이언트가 처음에 접속하면 기본적으로 부여하는 디폴트 값을 가지고 있다. 클라이언트가 별도로 그 값을 변경하지 않은 경우에는 그대로 값이 유지되지만 클라이언트의 필요에 따라 개별 커넥션 단위로 다른 값으로 변경할 수 있는 것이 세션 변수다. 각 클라이언트에서 쿼리 단위로 자동 커밋을 수행할지 여부를 결정하는 AutoCommit 변수가 대표적인 예라고 볼 수 있다. AutoCommit을 ON으로 설정해 두면 해당 서버에 접속하는 모든 커넥션은 기본적으로 자동 커밋 모드로 시작되지만 각 커넥션에서 AutoCommit 모드를 OFF로 변경해 비활성화할 수 있다. 이러한 세션 변수는 각 커넥션별로 설정값을 서로 다르게 지정할 수 있으며, 한번 연결된 커넥션의 세션 변수는 서버에서 강제로 변경할 수 없다.

- 세션 범위의 시스템 변수 가운데 MySQL 서버의 설정 파일(my.cnf 또는 my.ini)에 명시해 초기화할 수 있는 변수는 대부분 범위가 "Both"라고 명시돼 있다. 이렇게 "Both"로 명시된 세션 변수는 MySQL 서버가 기억만 하고 있다가 실제 클라이언트와의 커넥션이 생성되는 순간에 해당 커넥션의 기본값으로 사용되는 값이다. 그리고 순수하게 범위가 세션(Session)이라고 명시된 시스템 변수는 MySQL 서버의 설정 파일에 초기 값을 명시할 수 없으며, 커넥션이 만들어지는 순간부터 해당 커넥션에서만 유효한 설정 변수를 의미한다.

2.3.4 동적 변수와 정적 변수

MySQL 서버의 시스템 변수는 MySQL 서버가 기동 중인 상태에서 변경 가능한지 여부에 따라 동적 변수와 정적 변수로 구분된다. MySQL 서버의 시스템 변수는 디스크에 저장돼 있는 설정 파일(my.cnf 또는 my.ini)을 변경하는 경우와 이미 기동 중인 MySQL 서버의 메모리에 있는 MySQL 서버의 시스템 변수를 변경하는 경우로 구분할 수 있다. 디스크에 저장된 설정 파일의 내용은 변경하더라도 MySQL 서버가 재시작하기 전에는 적용되지 않는다. 하지만 SHOW 명령으로 MySQL 서버에 적용된 변수 값을 확인하거나 SET 명령을 이용해 값을 바꿀 수도 있다. 만약 변수명을 정확히 모른다면 SQL 문장의 LIKE처럼 SHOW 명령에서 "%" 문자를 이용해 패턴 검색을 하는 것도 가능하다.

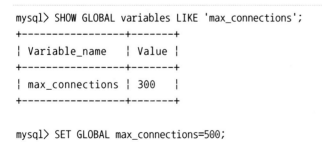

```
mysql> SHOW GLOBAL variables LIKE 'max_connections';
+-----------------+-------+
| Variable_name   | Value |
+-----------------+-------+
| max_connections | 300   |
+-----------------+-------+

mysql> SET GLOBAL max_connections=500;
```

```
mysql> SHOW GLOBAL variables LIKE 'max_connections';
+-----------------+-------+
| Variable_name   | Value |
+-----------------+-------+
| max_connections | 500   |
+-----------------+-------+
```

하지만 SET 명령을 통해 변경되는 시스템 변수 값이 MySQL의 설정 파일인 my.cnf(또는 my.ini) 파일에 반영되는 것은 아니기 때문에 현재 기동 중인 MySQL의 인스턴스에서만 유효하다. MySQL 서버가 재시작하면 다시 설정 파일의 내용으로 초기화되기 때문에 설정을 영구히 적용하려면 my.cnf 파일도 반드시 변경해야 한다. SHOW나 SET 명령에서 GLOBAL 키워드를 사용하면 글로벌 시스템 변수의 목록과 내용을 읽고 변경할 수 있으며, GLOBAL 키워드를 빼면 자동적으로 세션 변수를 조회하고 변경한다.

일반적으로 글로벌 시스템 변수는 MySQL 서버의 기동 중에는 변경할 수 없는 것이 많지만 실시간으로 변경할 수 있는 것도 있다. my.cnf 설정 파일을 변경해야 하는 경우, 항상 MySQL 서버를 재시작하는 경우가 많은데, 사실 변경하고자 하는 값이 동적 변수라면 SET 명령으로 간단히 변수 값을 변경할 수 있으며, 굳이 MySQL 서버를 재시작하지 않아도 된다. 하지만 이처럼 동적으로 시스템 변수 값을 변경하더라도 MySQL 서버가 my.cnf 파일까지 업데이트해 주지는 않는다. 그래서 변경된 값을 앞으로 계속 유지하려면 my.cnf 파일도 직접 변경해야 한다.

시스템 변수의 범위가 "Both"인 경우(글로벌이면서 세션 변수인)에는 글로벌 시스템 변수의 값을 변경해도 이미 존재하는 커넥션의 세션 변수 값은 변경되지 않고 그대로 유지된다. 동적으로 변경 가능한 join_buffer_size라는 "Both" 타입 변수로 한번 확인해 보자.

```
mysql> SHOW GLOBAL variables LIKE 'join_buffer_size';
+------------------+---------+
| Variable_name    | Value   |
+------------------+---------+
| join_buffer_size | 2097152 |
+------------------+---------+

mysql> SHOW variables LIKE 'join_buffer_size';
+------------------+---------+
| Variable_name    | Value   |
+------------------+---------+
| join_buffer_size | 2097152 |
+------------------+---------+
```

```
mysql> SET GLOBAL join_buffer_size=2093056;

mysql> SHOW GLOBAL variables LIKE 'join_buffer_size';
+------------------+---------+
| Variable_name    | Value   |
+------------------+---------+
| join_buffer_size | 2093056 |
+------------------+---------+

mysql> SHOW variables LIKE 'join_buffer_size';
+------------------+---------+
| Variable_name    | Value   |
+------------------+---------+
| join_buffer_size | 2097152 |
+------------------+---------+
```

join_buffer_size의 글로벌 변수 값은 2093056으로 변경됐지만 현재 커넥션의 세션 변수는 예전의 값
인2097152를 그대로 유지하고 있음을 확인할 수 있다. MySQL의 시스템 변수 가운데 동적인 변수만
이렇게 SET 명령을 이용해 변경하는 것이 가능하다. SET 명령으로 새로운 값을 설정할 때는 설정 파일
에서처럼 MB나 GB와 같이 단위 표기법을 사용할 수 없지만 "2*1024*1024"와 같은 수식은 사용할 수
있다.

2.3.5 my.cnf 설정 파일

MySQL을 직접 컴파일하거나 패키지 형태로 설치했다면 다음으로 MySQL 설정 파일을 작성해야 한
다. MySQL의 설정 파일의 내용은 상당히 많은 편이지만 성능에 크게 영향을 미치는 요소는 그리 많지
않다. 지금부터 예제 설정 파일에서 중요한 사항들을 위주로 살펴보겠다. 만약 MySQL 서버를 처음 사
용하기 시작했거나 설정 내용에 익숙하지 않다면 여기서 소개하는 예제를 수정해서 사용해 보는 것도
좋다. 단 모든 종류의 서비스에 적합한 설정 파일은 있을 수 없으므로 여기서 설명하는 중요 내용은 반
드시 각자의 시스템에 맞게 변경해야 한다는 점을 잊지 말자.

이 책에서는 MySQL 설정 파일을 각 그룹별로 나눠서 설명했지만 실제 여러분이 사용할 때는 예제의
내용을 모두 합쳐서 하나의 my.cnf 파일(또는 my.ini)로 저장해서 사용하면 된다. MySQL 서버 설정
파일의 표기법이나 설정법은 버전별로 차이가 크다. 따라서 항상 my.cnf 파일의 설정을 변경했다면
MySQL 서버가 재시작된 후 MySQL 서버의 에러 로그를 확인해 잘못 설정된 변수가 있거나 이름이나
설정 방법이 잘못되어서 무시된 변수가 있는지 확인하는 것이 중요하다.

[mysqld] 설정 그룹

my.cnf 설정 파일에서 가장 중요한 설정 그룹은 MySQL 서버에 대한 [mysqld] 그룹이다. 또한 이 그룹의 설정 내용이 가장 많고 복잡하다. 다음에서 설명하는 설정 예는 InnoDB 플러그인을 사용하는 MySQL 5.1 버전을 기준으로 작성했으며, 다음과 같이 MySQL 서버의 각 디렉터리를 구분했다. (이 설정을 그대로 이용하려면 예제에 나온 디렉터리가 준비돼 있어야 한다.)

```
/usr/local/mysql        ## MySQL 홈 디렉터리
    \ bin               ## MySQL 서버와 클라이언트 및 유틸리티가 저장된 디렉터리
    \ data              ## MySQL 서버의 데이터 파일(MyISAM 및 InnoDB의 모든 데이터 파일)
    \ logs              ## 바이너리 로그와 릴레이 로그를 포함한 각종 로그 디렉터리
    \ tmp               ## MySQL의 내부 임시 테이블이나 소켓 파일이 저장되는 디렉터리
    \ 기타 디렉터리...
```

> **참고**
>
> 일반적으로 MySQL 서버는 외부 저장 스토리지(SAN이나 DAS 장비)를 잘 사용하지 않고 장비의 로컬 디스크(인터널 디스크)를 많이 사용한다. 로컬 디스크의 경우 사용 가능한 디스크 개수가 상당히 제한적이어서 이러한 디스크를 모두 묶어 RAID 1+0로 구성하는 것이 일반적이므로 각 디렉터리 간의 I/O 분배가 그다지 중요하지 않다. 만약 DAS 장비나 SAN을 사용한다면 데이터 파일이 저장되는 data 디렉터리에 가장 많은 대역폭을 할당해야 한다.
>
> 그리고 복제가 구성돼 있고 장비가 마스터용 장비라면 바이너리 로그가 저장되는 logs 디렉터리에 충분한 대역폭을 할당해야 한다. 그리고 내부적으로 임시 테이블을 생성하는 작업이 많다면 tmp 디렉터리에도 충분한 대역폭을 할당해야 한다. 하지만 tmp 디렉터리는 빠른 접근이 중요하기 때문에 SAN과 같은 안정성 위주의 장치보다는 RAMDAC과 같이 메모리 맵 파일 시스템이나 SSD 또는 로컬 디스크를 사용하는 편이 더 낫다.

다음은 [mysqld] 설정 그룹의 전체 내용이다. 가능한 모든 설정이 나열돼 있으며, 설령 기본값이더라도 명시적으로 my.cnf 파일에 설정했다. 기본값을 사용하는 파라미터를 my.cnf 파일에 명시할지 여부는 여러분의 선택이다. 저자는 중요하다고 생각되는 설정값은 언제든지 변경될 수 있기 때문에 기본값을 사용한다고 하더라도 my.cnf 파일에 명시해 두는 편이다. 그리고 [mysqld] 설정 그룹 내에서도 MySQL 전체에 적용되는지 또는 특정 스토리지 엔진에만 적용되는지에 따라 소분류로 구분해 뒀기 때문에 설정 내용을 찾거나 이해하기가 쉬울 것이다.

[예제 2-4] MySQL 설정 파일

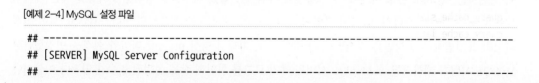

```
## -------------------------------------------------------------------------
## [SERVER] MySQL Server Configuration
## -------------------------------------------------------------------------
```

```
[mysqld]
## MySQL 서버 기본 옵션----------------------------------------------------------------
server-id               = 1

user                    = mysql
port                    = 3306
basedir                 = /usr/local/mysql
datadir                 = /usr/local/mysql/data
tmpdir                  = /usr/local/mysql/tmp
socket                  = /usr/local/mysql/tmp/mysql.sock

character-set-server    = utf8
collation-server        = utf8_general_ci
default-storage-engine  = InnoDB
skip-name-resolve
skip-external-locking

## MySQL 스케줄러를 사용하려면 아래 event-scheduler 옵션을 ON으로 변경
event-scheduler         = OFF
sysdate-is-now

back_log                = 100
max_connections         = 300
max_connect_errors      = 999999
thread_cache_size       = 50
table_open_cache        = 400
wait_timeout            = 28800

max_allowed_packet      = 32M
max_heap_table_size     = 32M
tmp_table_size          = 512K

sort_buffer_size        = 128K
join_buffer_size        = 128K
read_buffer_size        = 128K
read_rnd_buffer_size    = 128K

query_cache_size        = 32M
query_cache_limit       = 2M

group_concat_max_len    = 1024
```

```
## 마스터 MySQL 서버에서 "레코드 기반 복제"를 사용할 때는 READ-COMMITTED 사용 가능
## 복제에 참여하지 않는 MySQL 서버에서는 READ-COMMITTED 사용 가능
## 그 외에는 반드시 REPEATABLE-READ로 사용
transaction-isolation    = REPEATABLE-READ


## InnoDB 플러그인 옵션 ----------------------------------------------------------
innodb_use_sys_malloc        = 1
innodb_stats_on_metadata     = 1
innodb_stats_sample_pages    = 8
innodb_max_dirty_pages_pct   = 90
innodb_adaptive_hash_index   = 1
innodb_file_format           = barracuda
innodb_strict_mode           = 0
innodb_io_capacity           = 600
innodb_write_io_threads      = 4
innodb_read_io_threads       = 4
innodb_autoinc_lock_mode     = 1
innodb_adaptive_flushing     = 1
innodb_change_buffering      = inserts
innodb_old_blocks_time       = 500
ignore_builtin_innodb

## 아래의 plugin-load 설정(innodb 플러그인 라이브러리 목록까지 포함)은
## 반드시 한 줄에 모두 작성해야 함
plugin-load=innodb=ha_innodb_plugin.so;innodb_trx=ha_innodb_plugin.so;innodb_locks=ha_
innodb_plugin.so;innodb_lock_waits=ha_innodb_plugin.so;innodb_cmp=ha_innodb_plugin.
so;innodb_cmp_reset=ha_innodb_plugin.so;innodb_cmpmem=ha_innodb_plugin.so;innodb_cmpmem_
reset=ha_innodb_plugin.so

## InnoDB 기본 옵션 ------------------------------------------------------------
## InnoDB를 사용하지 않는다면 innodb_buffer_pool_size를 최소화하거나
## InnoDB 스토리지 엔진을 기동하지 않도록 설정
innodb_buffer_pool_size      = 10G
innodb_additional_mem_pool_size = 16M
innodb_file_per_table        = 1
innodb_data_home_dir         = /usr/local/mysql/data
innodb_data_file_path        = ib_system:100M:autoextend
innodb_autoextend_increment  = 100
innodb_log_group_home_dir    = /usr/local/mysql/data
innodb_log_buffer_size       = 16M
innodb_log_file_size         = 1024M
innodb_log_files_in_group    = 2
innodb_support_xa            = OFF
```

```
innodb_thread_concurrency     = 0
innodb_lock_wait_timeout      = 60
innodb_flush_log_at_trx_commit = 1
innodb_force_recovery         = 0
innodb_flush_method           = O_DIRECT
innodb_doublewrite            = 1
innodb_sync_spin_loops        = 20
innodb_table_locks            = 1
innodb_thread_sleep_delay     = 1000
innodb_max_purge_lag          = 0
innodb_commit_concurrency     = 0
innodb_concurrency_tickets    = 500


## MyISAM 옵션  ----------------------------------------------------------------
## InnoDB를 사용하지 않고 MyISAM만 사용한다면 key_buffer_size를 4GB까지 설정
key_buffer_size               = 32M
bulk_insert_buffer_size       = 32M
myisam_sort_buffer_size       = 1M
myisam_max_sort_file_size     = 2G
myisam_repair_threads         = 1
myisam_recover
ft_min_word_len               = 3


## 로깅 옵션 ----------------------------------------------------------------
pid-file                      = /usr/local/mysql/logs/mysqld.pid
log-warnings                  = 1
log-error                     = /usr/local/mysql/logs/mysqld


## General 로그를 사용하려면 아래 설정은 그대로 유지하고
## MySQL 서버에 로그인한 후 "SET GLOBALgeneral_log=1" 명령으로 활성화
general_log                   = 0
general_log_file              = /usr/local/mysql/logs/general_query.log


log_slow_admin_statements
slow-query-log                = 1
long_query_time               = 1
slow_query_log_file           = /usr/local/mysql/logs/slow_query.log


## 복제 옵션 ----------------------------------------------------------------
## 만약 현재 서버가 마스터 MySQL이라면 아래의 주석을 해제
# log-bin                     = /usr/local/mysql/logs/binary_log
# binlog_cache_size           = 128K
# max_binlog_size             = 512M
```

```
# expire_logs_days          = 14
# log-bin-trust-function-creators = 1
# sync_binlog               = 1

## 현재 서버가 슬레이브 MySQL이라면 아래 주석을 해제
# relay-log                 = /usr/local/mysql/logs/relay_log
# relay_log_purge           = TRUE
# read_only

## 현재 서버가 슬레이브이면서 마스터 MySQL인 경우
## 현재 MySQL 서버로 복제되는 쿼리를 바이너리 로그에 저장하려면 아래 주석을 해제
# log-slave-updates
```

server-id

MySQL이 내부적으로 자기 자신을 식별하는 아이디 값이다. 일반적으로 1보다 큰 정수 값을 설정하는데, 설정되는 값이 1이냐 10000이냐는 중요하지 않고 하나의 복제 그룹 내에서 유일한 값이기만 하면 된다.

user

MySQL이 설치된 서버의 운영체제 계정을 입력한다. MySQL 서버는 입력된 운영체제 계정으로 MySQL 인스턴스를 실행한다. 특별히 명시되지 않으면 MySQL 서버를 실행한 운영체제의 계정으로 MySQL 인스턴스를 실행한다. 일반적으로 MySQL 서버는 운영체제의 관리자 계정으로 실행하지 않는 것이 좋은데, 이는 MySQL 서버가 원격으로 해킹을 당하는 경우 피해를 최소화하기 위해서다.

basedir

MySQL 서버의 홈 디렉터리를 명시한다. my.cnf 설정 파일에서 여러 가지 용도의 파일에 대해 경로를 명시하게 되는데, 특별히 절대 경로가 사용되지 않고 상대 경로나 파일명만 명시되는 경우 여기에 설정된 값이 기본 디렉터리가 된다.

datadir

MyISAM의 데이터 파일이 저장되는 디렉터리다. InnoDB 이외에 별도의 데이터 디렉터리를 지정하지 않는 스토리지 엔진(CSV 스토리지 엔진이나 Archive 스토리지 엔진과 같이)은 이 디렉터리가 데이터 디렉터리가 된다. InnoDB는 별도의 파라미터를 통해 데이터 파일의 경로를 지정한다.

tmpdir

MySQL 서버는 정렬이나 그룹핑과 같은 처리를 위해 내부적으로 임시 테이블을 생성한다. tmpdir은 내부 임시 테이블의 데이터 파일이 저장되는 위치이며, 이 디렉터리에 생성되는 데이터 파일은 쿼리가 종료되면 자동으로 삭제된다. 여기서 이야기하는 내부 임시 테이블은 사용자가 "CREATE TEMPORARY TABLE"로 생성하는 임시 테이블과는 성격이 다르며, 사용자의 의도와는 관계없이 MySQL이 내부적으로 필요에 의해 생성하는 임시 테이블을 의미한다.

character-set-server, collation-server

MySQL 서버의 기본 문자집합을 설정한다. 별도로 DB나 테이블 또는 칼럼에서 사용할 문자집합을 재정의(오버라이드)하지 않으면 이 문자집합이 사용된다. 그리고 기본적으로 MySQL에서 문자열 칼럼에서 대소문자 구분은 하지 않는 것이 기본이다. 기본적으로 모든 문자열 칼럼에서 대소문자를 구분하도록 처리하고 싶다면 collation-server에 "utf8_bin"과 같은 콜레이션을 설정한다. 문자집합이나 콜레이션과 관련된 더 자세한 설명은 15.1절, "문자열(CHAR와 VARCHAR)"(866쪽)을 참고한다.

default-storage-engine

MySQL 서버 내에서 기본적으로 사용할 스토리지 엔진을 정의한다. 사용자가 테이블을 생성할 때 어떤 스토리지 엔진을 사용할지 정의하지 않으면 여기에 정의된 스토리지 엔진을 사용하는 테이블이 생성된다. 하지만 이 값으로 MySQL 서버가 내부적으로 생성하는 임시 테이블의 스토리지 엔진을 결정하지는 못한다. MySQL 서버가 내부적으로 생성하는 임시 테이블은 MyISAM 스토리지 엔진만 사용한다. 이는 MySQL 5.5에서도 동일하다.

skip-name-resolve

클라이언트가 MySQL 서버에 접속하면 MySQL 서버는 해당 클라이언트가 접속이 허용된 사용자인지 확인하기 위해 클라이언트의 IP 주소를 이용해 역으로 DNS명을 가져와야 하는데, 이러한 작업은 생각보다 시간이 걸리는 작업이다. 이 옵션을 지정하면 빠른 접속을 위해 이러한 역 DNS 검색(Reverse lookup)을 하지 않는다. 이 옵션은 별도로 값을 설정하는 것이 아니라 이 설정 변수명 자체가 name-resolve 작업을 비활성화한다는 의미를 내포하기 때문에 변수명만 명시하면 역 DNS 검색이 비활성화된다. 하지만 이 변수를 설정하면 역 DNS 검색이 수행되지 않기 때문에 접속 가능한 사용자를 명시할 때 도메인이나 호스트명을 사용할 수 없다. 즉 "GRANT ..ON .. TO 'toto'@'client.name.com'"과 같이 사용자의 호스트 부분에 IP 이외의 내용을 사용할 수 없다("localhost"는 예외적으로 계속 사용할 수 있다). 성능상의 이유로 역 DNS 검색은 비활성화해서 사용하는 것이 일반적이다.

event-scheduler

MySQL 5.1부터는 유닉스의 크론(cron)과 같이 일정 시간에 반복되는 작업을 목적으로 이벤트 스케줄러라는 기능을 사용할 수 있다. 이벤트 스케줄러는 MySQL 내에서 실행되는 별도의 스레드를 필요로 한다. 이벤트 스케줄러를 사용할 계획이 없다면 이 변수의 값으로 OFF를 설정하면 된다. 반대로 사용하고 싶은 경우 ON으로 설정하면 이벤트 스케줄러용 스레드가 실행된다.

sysdate-is-now

MySQL에서 현재 시간을 가져오는 함수로 sysdate()와 now() 함수가 있는데, 이 두 함수는 사용자에게는 동일한 것처럼 보이지만 사실은 내부적으로 큰 차이가 있다. 자세한 내용은 397쪽의 "현재 시각 조회(NOW, SYSDATE)"를 참고하기 바란다. 이 설정은 이러한 사용자의 실수를 없애고자 sysdate() 함수가 now() 함수와 동일하게 작동하도록 만드는 것이다. 만약 sysdate()의 독특한 작동 방식이 꼭 필요하지 않거나 잘 모르겠다면 이 설정을 꼭 포함시킨다.

back_log

수많은 클라이언트가 한꺼번에 MySQL 서버로 접속을 시도하면 MySQL 서버의 인증을 거칠 때까지 기다리게 되는데, 이때 몇 개까지의 커넥션을 대기 큐에 담아 둘지 결정하는 설정이다. 여러 클라이언트가 동시에 연결 요청을 하는 경우가 있다면 이 값을 적절히 늘리는 것이 방법이겠지만 무한정 늘리는 것은 좋지 않다. 하지만 이제는 서버의 처리 능력이 상당히 빨라졌기 때문에 크게 주의를 기울여야 하는 설정은 아니다.

max_connections

MySQL 서버가 최대한 허용할 수 있는 클라이언트의 연결 수를 제한하는 설정이다. 많은 사용자가 이 값을 몇 천으로 설정하는데, 정말 그 정도까지 커넥션이 필요한지 잘 생각해 봐야 한다. 정상적인 경우라면 아무런 문제가 없겠지만 한두 개의 무거운 쿼리가 자원을 모두 써버리거나 일시적으로 많은 사용자가 쿼리를 실행하는 경우 MySQL 서버의 응답은 자연히 느려질 것이다. 그렇게 되면 웹 서버나 애플리케이션에서는 밀려드는 사용자의 요청을 처리하기 위해 더 많은 커넥션을 생성하게 된다. 결국 MySQL 서버는 더 많은 SQL 처리 요청을 받지만 MySQL 서버가 처리할 수 있는 작업에는 한계가 있기 때문에 결국 응답 불능의 상태에 빠진다. 이 시나리오가 MySQL 서버가 죽게 되는 가장 일반적인 시나리오인데, max_connections 값을 수천 수만으로 늘릴수록 MySQL 서버가 응답 불능 상태로 빠질 가능성이 높아지며, 이 설정값을 낮출수록 MySQL 서버가 응답할 수 없게 될 확률이 줄어든다.

웹 서버나 애플리케이션에서 이러한 에러에 대해 잘 처리해 뒀다면 MySQL 서버와 웹 서버 모두 사용자 폭주 상태에 있더라도 살아남을 수 있을 것이다. MySQL 서버가 죽든 웹 서버가 죽든 서비스가 안 되는 것은 똑같은 거 아니냐고 생각하는 독자도 있다. 하지만 이는 전혀 다른 상황이다. 웹 서버는 영구적인 데이터를 관리하지 않기 때문에 죽으면 다시 살리면 그만이지만 MySQL 서버는 영구적인 데이터를 관리하기 때문에 잘못되면 지금까지 저장한 고객의 정보가 다 사라져 버릴 가능성도 있다. 그래서 가능하다면 max_connections는 정상적인 서비스가 가능한 범위 내에서 설정해 두는 것이 좋다. max_connections 설정은 동적으로 변경할 수 있으므로 커넥션이 부족하다면 그때 변경해 주면 된다. 또한 요즘 웹 서버는 커넥션 풀을 많이 사용하는데, 터무니없이 많은 커넥션을 보유하는 경우도 상당히 많다. 어떤 서비스에 웹 서버가 20대라면 한 서버당 커넥션이 100개씩이라고 해도 2000개의 커넥션이 필요하다. 커넥션 풀에서도 적절한 커넥션 개수의 설정이 중요하다. MySQL 서버의 max_connections 설정은 이러한 위험을 막는 최후의 보루라는 점을 기억해야 한다.

thread_cache_size

MySQL 서버에서 스레드와 커넥션은 거의 같은 의미로 사용되곤 하지만 사실 커넥션은 클라이언트와 서버와의 연결 그 자체를 의미하며, 스레드는 해당 커넥션으로부터 오는 작업 요청을 처리하는 주체다. 최초 클라이언트로부터 접속 요청이 오면 MySQL 서버는 스레드를 준비해 그 커넥션에 작업 요청을 처리해 줄 스레드를 매핑하는 형태다. 아무리 스레드가 경량이라 하더라도 생성하는 데는 시간과 CPU 처리가 필요하기 때문에 커넥션이 종료되어 불필요해진 스레드를 MySQL 서버는 그냥 제거하지 않고 스레드 풀(커넥션 풀과 동일한 개념)에 저장해 뒀다가 새로운 접속 요청이 오면 해당 커넥션에 스레드를 할당할 수 있게 보관한다. thread_cache_size 설정 변수는 최대 몇 개까지의 스레드를 스레드 풀에 보관할지 결정한다.

요즘 웬만한 웹 서버나 애플리케이션 서버는 커넥션 풀을 유지하기 때문에 한꺼번에 대량의 커넥션 요청이 발생하지는 않을 것이다. 따라서 이 값을 그리 크게 유지할 필요는 없을 것으로 보인다. 만약 웹 서버나 애플리케이션 서버에서 커넥션 풀을 사용하지 않는다면 이 값을 크게 유지하는 것이 좋다. 하지만 MySQL 서버가 스레드를 캐시해 두려면 메모리가 필요하기 때문에 가능하다면 이 값을 크게 늘리기보다는 클라이언트 프로그램이 커넥션 풀을 사용할 수 있게 개발하는 것이 좋다.

wait_timeout

MySQL 서버에 연결된 클라이언트가 wait_timeout에 지정된 시간 동안 아무런 요청 없이 대기하는 경우 MySQL 서버는 해당 커넥션을 강제로 종료해 버린다. 이 설정값의 시간 단위는 초이며, 28800초(8시간)가 기본값으로 설정돼 있다. MySQL 서버와 웹 서버(또는 다른 클라이언트 애플리케이션이 실행되는 서버) 사이에는 수많은 네트워크 단계를 거치기 때문에 커넥션이 예상보다 짧은 시간 내에 종료된다든지 하는 문제는 사실 MySQL 서버 자체의 문제라기보다는 각 서버의 운영체제에 설정된 idle-timeout 등의 문제인 경우가 더 많다. 만약 MySQL 서버 앞쪽에 L4와 같은 로드 밸런스용 장비가 있다면 그러한 장비의 idle-timeout도 반드시 확인해 안정적인 커넥션이 유지되는지 확인해야 한다. 이러한 네트워크의 불안정이나 예상 외의 timeout 시간과 관련해서는 운영체제의 keep-alive 설정 등도 함께 확인하는 것이 좋다.

> **참고**
> KeepAlive란 네트워크를 통해 만들어진 TCP 커넥션을 계속 유효한 상태(살아 있게)로 유지하는 것을 의미하는데, MySQL 서버의 커넥션도 TCP 기반이므로 운영체제의 KeepAlive 관리 대상이 된다. 운영체제에서는 커넥션이 유효한지 확인하기 위해 원격지의 컴퓨터와 체크 메시지(HeartBeat과 같은)를 주고받는데, 이 과정을 KeepAlive 프로브(probe)라고 한다. 일반적인 운영체제에는 TCP 커넥션에 대해 얼만큼의 시간 간격을 두고 KeepAlive 프로브를 실행할지, 그리고 KeepAlive 프로브가 몇번 연속 실패했을 때 해당 커넥션을 종료시킬지 등을 설정할 수 있다. 특히 MySQL 서버가 L4와 같이 사용되는 경우에는 L4에 설정된 타임아웃 시간보다 MySQL 서버가 설치된 운영체제의 KeepAlive 프로브 간격을 더 낮게(짧은 시간) 설정해 주는 것이 좋다.

max_allowed_packet

네트워크 문제나 MySQL 서버 또는 클라이언트의 버그로 인해 잘못된 패킷이 MySQL 서버로 전달될 경우 MySQL 서버에 심각한 문제를 일으킬 수 있다. 이러한 문제점을 없애고자 MySQL 서버는 모든 클라이언트의 패킷이 max_allowed_packet 설정값에 지정된 크기 이하일 것으로 간주하고 처리한다. 만약 max_allowed_packet이 32MB로 설정된 서버에서 실행해야 할 쿼리 문장이 그 이상이 되는 경우에는 이 값을 더 큰 값으로 변경해야 한다. 이러한 문제는 BLOB나 TEXT 타입의 칼럼에 상당히 큰 데이터를 저장해야 하는 경우에 주로 발생한다.

MySQL 서버와 통신할 때 클라이언트가 MySQL 서버로 쿼리 요청을 보내는 경우에는 무조건 하나의 패킷만 사용할 수 있으며, 쿼리의 실행 결과는 여러 개의 패킷으로 나눠서 전달받게 된다. 그래서 이 설정값은 클라이언트가 서버로 요청하는 쿼리 문장의 길이보다 큰 값으로만 설정하기만 하면 된다.

max_heap_table_size

메모리(Memory) 스토리지 엔진을 사용한 메모리 테이블은 힙(Heap) 테이블이라고도 하기 때문에 변수의 이름에 "heap_table"이란 단어가 사용된 것이다. 만약 빠른 처리를 위해 메모리 테이블을 사용한다면 값을 그에 맞게 적절히 변경하는 편이 좋다. 여기서 메모리 테이블이라 함은 사용자가 스토리지 엔진을 Memory로 지정해 CREATE TABLE로 생성한 테이블뿐만 아니라 MySQL이 사용자의 쿼리를 처리하기 위해 내부적으로 생성하는 임시 테이블도 포함된다.

tmp_table_size

tmp_table_size는 임시 테이블의 최대 크기를 제어하는 설정값이다. MySQL에서 임시 테이블은 저장 매체의 종류에 따라 크게 디스크에 저장되는 임시 테이블과 메모리에 저장되는 임시 테이블로 구분할 수 있는데, tmp_table_size 설정값은 메모리에 생성되는 임시 테이블만을 제어한다. 그리고 사용자가 직접 CREATE TABLE … ENGINE=MEMORY 명령으로 메모리에 생성한 테이블은 임시 테이블이 아니므로 tmp_table_size 설정과는 무관하다. 임시 테이블에 대한 더 자세한 내용은 6.3.5절. "임시 테이블(Using temporary)"(354쪽)을 참고한다.

sort_buffer_size

MySQL에서는 인덱스를 이용하거나 별도의 메모리나 디스크 공간에 결과를 저장해 정렬을 수행할 수 있다. 인덱스를 이용하는 경우는 정렬된 상태로 저장된 인덱스를 순서대로 읽기만 하는 것을 의미하며, 실제 정렬 알고리즘이 실행되는 것이 아니라서 상당히 빠르게 처리된다. 하지만 정렬을 목적으로 인덱스를 사용할 수 없는 경우에는 정렬 대상 데이터를 메모리나 디스크의 버퍼에 저장해 정렬 알고리즘(일반적으로 퀵 소트 알고리즘 사용)을 통해 데이터를 정렬한다. 이 경우 대상 건수가 적다면 상당히 빠르게 처리되지만 그렇지 않다면 상당히 많은 시간이 소요된다.

일반적인 DBMS에서 가장 큰 부하를 일으키는 사용자 요청이 정렬(순수한 정렬이나 그룹핑 작업으로 인한) 작업인데, sort_buffer_size는 인덱스를 사용할 수 없는 정렬에 메모리 공간을 얼마나 할당할지 결정하는 설정값이다. 많은 사용자가 이 메모리 공간이 커지면 커질수록 정렬이 빨라질 거라고 생각하지만 실제 수많은 벤치마킹의 결과를 보면 절대 그렇지 않다(자세한 내용은 6.3.2절. "ORDER BY 처리(Using filesort)"의 "소트 버퍼(Sort buffer)"(332쪽)를 참고하자. sort_buffer_size로 가장 적절한 설정값은 64KB 수준에서 512KB 정도다. 그 이상을 넘어서 2MB 이상을 설정하면 더 느려지는 현상도 발생한다.

이 크기가 작아지면 작아질수록 디스크를 사용할 확률이 높아지고 커지면 커질수록 각 클라이언트 스레드가 사용하는 메모리의 양이 커져서 메모리 낭비가 심해진다. 항상 DBMS의 최대 병목 지점은 디스크이므로 이를 위해(메모리 낭비가 발생하더라도) sort_buffer_size를 조금 크게 설정하는 방법도 생각할 수 있다. 하지만 MySQL 서버는 정렬이나 임시 테이블 생성 시 필요 이상으로 메모리를 할당해서 낭비가 발생할 때가 많으므로 64KB에서 512KB 사이로 설정하길 권장한다.

join_buffer_size

조인 버퍼는 MySQL에서 조인이 발생할 때마다 사용되는 버퍼가 아니다. 적절한 조인 조건이 없어서 드리븐 테이블의 검색이 풀 테이블 스캔으로 유도되는 경우에 조인 버퍼가 사용된다. 일반적으로 이런 경우에는 "Using join buffer"라는 내용이 실행 계획에 표시된다. 실제 서비스용 쿼리에서 이러한 풀 테이블 스캔은 거의 발생하지 않으므로 정상적으로 튜닝된 시스템에서는 이 버퍼가 거의 사용되지 않는다고 볼 수 있다. 이 값 또한 그리 큰 값을 설정할 필요가 없으며, 특별한 요건이 없다면 128KB에서 512KB 사이로 결정해서 적용하면 된다.

read_buffer_size

MySQL 매뉴얼에는 풀 테이블 스캔이 발생하는 경우 사용하는 버퍼라고 표시돼 있지만 많은 스토리지 엔진에서 다른 용도로 사용하기도 하기 때문에 정체를 명확히 하기 어려운 버퍼 중 하나다. read_buffer_size를 16KB부터 32MB까지 늘려가면서 풀 테이블 스캔을 실행해 보면, 128KB로 설정했을 때 가장 빠른 성능을 보여주는 것을 알 수 있다.

read_rnd_buffer_size

MySQL에서 인덱스를 사용해 정렬할 수 없을 경우 정렬 대상 데이터의 크기에 따라 Single-pass 또는 Two-pass 알고리즘 중 하나를 사용한다(자세한 내용은 6.3.2절, "ORDER BY 처리(Using filesort)"의 "정렬 알고리즘"(334쪽)을 참고하자). 정렬 대상 데이터가 큰 경우에는 Two-pass 알고리즘을 사용하는데, 이 알고리즘은 정렬 기준 칼럼 값만 가지고 정렬을 수행하며, 정렬이 완료되면 다시 한번 데이터를 읽어야 한다. 이때 정렬 순서대로 데이터를 읽을 때 동일 데이터 페이지(블럭)에 있는 것들을 모아서 한번에 읽는다면 더 빠르게 데이터를 가져올 수 있을 것이다. 읽어야할 데이터 레코드를 버퍼링하는 데 필요한 것이 read_rnd_buffer이며, 이 버퍼의 크기를 결정하는 것이 read_rnd_buffer_size다.

일반적으로 정렬해야 할 대상 레코드가 크지 않다면 Single-pass 알고리즘으로 정렬되기 때문에 이때는 read_rnd_buffer가 사용되지 않을 것이다. 이 버퍼 또한 64KB에서 128KB 수준으로 설정하는 것이 좋다. 만약 웹 환경이 아니라 데이터웨어하우스 용도의 MySQL 서버에서 정렬해야 할 레코드의 크기가 크고 건수가 많다면 이 값을 더 늘려서 실행하면 도움될 것이다.

sort_buffer_size, join_buffer_size, read_buffer_size, read_rnd_buffer_size

이 4개의 버퍼 메모리는 세션 범위의 변수이므로 MySQL 서버는 커넥션(세션)별로 설정된 크기의 메모리 공간을 각각 할당하게 된다. 평균 커넥션이 500개인 MySQL 서버에서 이 4개의 버퍼 크기로 각각 2MB씩 할당했다고 해보자. 그러면 하나의 커넥션이 최대 8MB(2MB 메모리 공간을 4개 사용)씩 사용하게 되며, 최악의 경우 4GB(500개의 커넥션이 8MB씩 사용)의 메모리를 사용할 것이다. 이런 최악의 시나리오까지 고민할 필요는 없지만 세션 단위로 할당되는 메모리 버퍼는 절대 불필요하게 크게 설정하지 않는 것이 좋다. 특정 커넥션에서만 대량의 레코드를 배치 형태로 처리해야 한다면 해당 세션에서만 이 버퍼값을 변경하는 방법으로 해결할 수 있다. 이러한 설정값은 전부 세션 범위의 설정값임과 동시에 동적으로 변경 가능한 변수라는 사실을 기억하자.

query_cache_size, query_cache_limit

쿼리 캐시에 관련된 캐시의 크기를 설정하는 설정값이다(쿼리 캐시에 대한 자세한 내용은 3.1.7절, "쿼리 캐시"(114쪽)를 참고한다). 쿼리 캐시는 무조건 크게 설정하는 것이 항상 좋은 것은 아니다. 아무리 메모리가 많이 장착됐다고 하더라도 128MB 이상은 설정하지 않는 것이 좋다. 데이터가 절대 변경되지 않고 읽기 전용으로만 사용된다면 이 값을 128MB에서 조금씩 더 크게 늘리면서 성능을 확인한 후 확장하는 편이 좋다. 메모리가 충분하지 않거나 테이블의 데이터가 빈번하게 변경된다면 64MB 이상으로는 설정하지 않는 것이 좋다.

group_concat_max_len

MySQL에서는 GROUP_CONCAT()이라는 함수로 GROUP BY된 레코드의 특정 칼럼 값이나 표현식을 구분자로 연결(Concatenation)해 가져오는 것이 가능하다. 이때 이 설정값으로 지정된 크기 이상의 연결은 불가능하다. 하지만 GROUP_CONCAT() 함수가 작동하는 도중 이 버퍼가 부족한 경우에는 경고가 발생하게 되는데, JDBC 드라이버를 사용하는 자바 프로그램에서는 SQLWarning이 아니라 SQLException이 발생해 에러로 처리된다는 점에 주의해야 한다. 이 버퍼 또한 세션 단위의 버퍼이므로 주의해서 적절한 값으로 설정해야 한다.

transaction-isolation

트랜잭션의 격리 수준을 결정하는 설정값으로 기본값은 REPEATABLE-READ다. 사용 가능한 값은 READ-UNCOMMITTED와 READ-COMMITTED, 그리고 REPEATABLE-READ와 SERIALIZABLE인데, 가장 일반적으로 사용 가능한 격리 수준은 REPEATABLE-READ와 READ-COMMITTED다. MySQL 서버의 트랜잭션 격리 수준에 대한 자세한 설명은 4.5절, "MySQL의 격리 수준"(191쪽)을 참고하자 또한 트랜잭션 격리 수준에 따른 성능 차이는 4.5.5절, "REPEATABLE READ 격리 수준과 READ COMMITTED 격리 수준의 성능 비교"(198쪽)에서 간단하게 설명하고 있으므로 함께 참고하자.

plugin-load (MySQL 5.1 InnoDB Plugin 버전)

MySQL 5.0까지는 모든 스토리지 엔진이 MySQL 서버와 같이 컴파일돼야 했고, 결과적으로 MySQL 버전에 종속적일 수밖에 없었다. 하지만 MySQL 5.1 버전부터는 스토리지 엔진에 플러그인 개념이 도입되어 MySQL 서버의 버전과 스토리지 엔진의 버전을 따로 선택할 수 있는 구조로 바뀌었다. 즉 사용 중인 MySQL 5.1 버전에 InnoDB 스토리지 엔진의 1.0 또는 1.1을 바꿔서 사용하는 것이 가능하다는 것이다. 아직은 MySQL 서버의 이러한 플러그인 개념의 성숙도가 높지 않아서 조금 제한적이기는 하지만(MySQL 버전에 따라서 사용 가능한 플러그인 스토리지 엔진의 버전이 제한적임), 곧 이러한 플러그인 개념이 정착되면 상당히 유연하게 InnoDB 스토리지 엔진만 업그레이드하는 것이 가능해질 것이다.

이 설정 옵션은 MySQL 서버가 기동되면서 어떠한 스토리지 엔진을 로드할지 결정하는 옵션이다. 이 설정 옵션의 값은 조금 길어질 수 있는데, 그래도 반드시 한 줄에 모두 작성해야 한다. 즉 엔터와 같은 뉴라인 문자가 포함돼서는 안된다. MySQL 서버에서 사용할 플러그인은 "plugin-load" 설정에 명시해야 하며, 이 설정값을 입력하는 규칙은 아래와 같다.

```
plugin-load=플러그인이름1=플러그인라이브러리 ; 플러그인이름2=플러그인라이브러리 ; ....
```

참고로 MySQL 5.5 버전부터는 MySQL이 오라클로 인수되면서 InnoDB 스토리지 엔진(InnoDB 스토리지 엔진은 MySQL이 오라클로 인수되기 이전부터 오라클의 소유였음)의 안정성이나 성능이 인정받아 디폴트 스토리지 엔진으로 채택됐다. 따라서 MySQL 5.5부터는 InnoDB 스토리지 엔진을 활성화하기 위해 설정 파일에 "plugin-load" 옵션으로 플러그인 설정을 별도로 추가하지 않아도 된다.

ignore_builtin_innodb(MySQL 5.1에서만 사용)

MySQL 5.1 버전에는 MySQL 5.0과 같은 방식으로 빌트 인(built-in) 버전의 InnoDB 스토리지 엔진과 MySQL 5.1에서 새로 도입된 플러그인 버전의 InnoDB 스토리지 엔진 두 가지가 함께 포함돼 있다. 그래서 MySQL 5.1에서 플러그인 버전의 InnoDB를 사용하려면 빌트 인 버전의 InnoDB 스토리지 엔진은 무시하고 플러그인 버전의 InnoDB를 활성화해야 한다. 우선 빌트 인 버전의 InnoDB를 무시하기 위해 ignore_builtin_innodb 옵션을 설정해야 한다.

innodb_buffer_pool_size

InnoDB 스토리지 엔진에서 가장 중요한 옵션이다. InnoDB 스토리지 엔진의 버퍼 풀은 디스크의 데이터를 메모리에 캐싱함과 동시에 데이터의 변경을 버퍼링하는 역할을 수행한다. 일반적으로 innodb_buffer_pool_size는 운영체제나 MySQL 클라이언트에 대한 서버 스레드가 사용할 메모리를 제외하고 남는 거의 모든 메모리 공간을 설정한다. 세션 단위의 메모리("sort_buffer_size, join_buffer_size, read_buffer_size, read_rnd_buffer_size"를 설명할 때 언급한)와 커넥션의 개수로 클라이언트를 위한 서버 스레드의 최대 메모리 사용량을 예측해 볼 수는 있다.

하지만 이 예측치는 최대 사용 가능한 메모리 크기이므로 상당히 현실성이 떨어지며, 실제 사용하는 메모리는 쿼리의 특성에 따라서 달라진다. 그래서 일반적으로 50~80%까지의 수준에서 innodb_buffer_pool_size를 설정한다. 이 또한 낮은 값부터 설정해 조금씩 크게 변경해 가면서 적절한 값을 찾는 것이 좋다. 하지만 innodb_buffer_pool은 정적 변수라서 변경을 적용하려면 MySQL 서버를 재시작해야 하기 때문에 그렇게 쉽게 변경할 만한 종류의 설정은 아니다. MySQL에서 메모리 관련 설정값은 모두 모아서 다시 한번 일괄적으로 설명하겠다.

innodb_additional_mem_pool_size

MySQL 자체적으로 각 테이블의 메타 정보를 메모리에 관리하지만 InnoDB 스토리지 엔진도 자체적으로 각 테이블의 메타 정보나 통계 정보를 내부적으로 별도로 가지고 있다. 이 설정 변수는 그러한 메타 정보나 통계 정보가 저장되는 공간의 크기를 결정하는 옵션이다. 일반적으로 데이터베이스의 테이블 개수가 1000개 미만이라면 16MB 정도, 그 이상인 경우에는 32MB 정도로 설정하면 특별히 문제 없이 작동할 것이다.

innodb_file_per_table

InnoDB 스토리지 엔진을 사용하는 테이블은 "*.ibd"라는 확장자로 생성되는데, 오라클과 같이 테이블 스페이스라는 개념을 사용한다. 오라클처럼 모든 테이블을 하나의 테이블 스페이스에 모아서 생성하는 방법도 가능하며, 테이블 단위로 테이블 스페이스를 할당하는 방법도 가능하다. 이 변수를 1로 설정하면 테이블 단위로 각각 1개씩 데이터 파일과 테이블 스페이스를 생성해 데이터를 저장한다. 이 값이 0으로 설정되면 하나의 테이블 스페이스(시스템 테이블 스페이스라고 한다)에 모든 테이블의 데이터가 저장된다.

하나의 테이블 스페이스에 모든 테이블이 저장되는 경우에는 테이블이 삭제(DROP 또는 TRUNCATE)되어도 테이블 스페이스가 점유하던 공간을 운영체제로 반납하지 않는다. 하지만 테이블 단위의 테이블 데이터 파일과 테이블 스페이스가 할당되는 경우에는 해당 공간이 다시 반납되기 때문에 innodb_file_per_table 설정은 주로 1로 설정해서 사용한다. 이 값이 자주 변경되면 어떤 테이블은 통합된 테이블 스페이스(시스템 테이블 스페이스)에 저장되고 어떤 테이블은 자체적인 테이블 스페이스에 저장되어 상당히 관리가 복잡해질 수 있기 때문에 가능하면 서비스가 시작된 이후에는 변경하지 않는 것이 좋다.

만약 innodb_flush_method 시스템 설정값을 O_DIRECT로 사용한다면 innodb_file_per_table 옵션은 1로 설정해 테이블별로 별도의 데이터 파일을 사용하게 하는 것이 좋다.

innodb_data_home_dir

InnoDB 스토리지 엔진을 사용하는 테이블에 대한 데이터 파일이 저장될 위치를 설정하는 옵션이다. 일반적으로 MySQL의 기본 데이터 저장 디렉터리와 동일하게 설정해서 사용한다.

innodb_data_file_path

InnoDB에서 데이터는 크게 시스템 데이터와 사용자 데이터로 나눌 수 있다. 시스템 데이터는 사용자가 생성한 각 테이블에 대한 메타 정보나 트랜잭션을 위한 Undo와 같이 InnoDB 스토리지 엔진이 임의적으로 만들어낸 것을 의미하며, 사용자 데이터는 일반적으로 SQL로 생성하고 변경하는 테이블의 데이터를 의미한다. 시스템 데이터는 항상 시스템 테이블 스페이스에 저장되며, 시스템 테이블 스페이스는 innodb_data_file_path에 명시된 파일에 생성된다.

하지만 사용자 데이터는 innodb_file_per_table 옵션에 따라 조금 다른데, innodb_file_per_table 옵션이 1로 설정되면 사용자 데이터는 innodb_data_file_path와 관계없이 테이블별로 별도의 파일을 사용하게 된다. 만약 innodb_file_per_table이 0의 값으로 설정되면 모든 테이블의 데이터가 innodb_data_file_path 변수에 설정된 파일로 저장된다. 이 설정값은 단순히 파일명만 기재하는 것이 아니라 파일의 이름과 초기 파일의 크기, 그리고 자동 확장을 사용할지 여부를 콜론(':')으로 구분해서 작성해야 한다.

예를 들어 "innodb_data_file_path=ib_system:100M:autoextend"와 같이 설정했다면 초기 크기가 100MB이고 이름이 "ib_system"인 데이터 파일을 사용하며, 필요 시 파일의 용량은 자동적으로 늘어(autoextend)나도록 설정하는 것이다. 일반적으로 innodb_file_per_table은 1로 설정되므로 innodb_data_file_path에 설정되는 파일에는 시스템 테이블 스페이스만 저장되는데, 이 경우에는 필요 시 자동으로 확장되므로 100MB 정도 크기의 파일 하나만 할당해도 충분하다. 그리고 필요한 경우에는 자동으로 테이블 스페이스가 확장되도록 autoextend 옵션을 마지막에 붙인다.

시스템 테이블 스페이스는 오랜 시간 동안 실행되는 트랜잭션이 많은 서비스에서는 10GB까지 확장되는 경우도 있다. 한번 확장된 InnoDB 시스템 테이블 스페이스는 다시 줄어들지 않는다. innodb_file_per_table 옵션을 0으로 설정해서 사용할 계획이라면 이 시스템 테이블 스페이스를 여러 개의 파일로 분산(가능하다면 디스크의 위치도 분산)하고 적절한 파일 크기와 자동 확장 옵션을 추가하는 편이 좋다.

innodb_log_group_home_dir

InnoDB와 같이 트랜잭션을 지원하는 RDBMS는 ACID 보장과 동시에 성능 향상을 목적으로 데이터의 변경 이력을 별도의 파일에 순차적으로 기록해 두는데, 이를 "트랜잭션 로그" 또는 "Redo 로그"라고 한다. 이 로그는 사람이 읽을 수 있는 로그가 아니라 MySQL 서버가 갑자기 종료됐거나 했을 때 이전의 잘못된 내용이나 종료되지 않은 트랜잭션을 InnoDB 스토리지 엔진이 다시 복구하기 위한 용도로 사용된다. 일반적으로 "로그"라고 하면 서버가 관리자에게 자신의 상태를 알려주고자 정보성으로 기록하는 파일을 연상하는 경우가 많지만 데이터베이스의 "Redo 로그"에는 데이터 파일보다 더 중요한 정보가 담겨 있다. 이 설정값은 이러한 InnoDB로해당 파일의 저장 경로를 설정하는 값으로 리두(Redo) 로그라고도 한다.

innodb_log_buffer_size

InnoDB 스토리지 엔진에서 데이터가 변경될 때 해당 변경사항을 바로 리두 로그에 기록하면 디스크의 입출력 요청이 너무 빈번해지기 때문에 비효율적이다. 이럴 경우 메모리에 일시적으로 로그를 버퍼링하게 되는데, 이때 사용할 버퍼의 크기를 설정하는 옵션이다. 이 옵션은 세션 단위가 아니기 때문에 MySQL 서버에서 하나의 메모리 버퍼만 생성된다. 일반적으로 16~32MB 정도면 충분하다.

innodb_log_file_size, innodb_log_files_in_group

InnoDB의 리두 로그 파일은 1개 이상의 파일로 구성되며 순환하면서 사용된다. innodb_log_file_size는 리두 로그 파일 하나의 크기이고, innodb_log_files_in_group은 이러한 파일을 몇 개나 사용할지 설정하는 값이다. 만약 innodb_log_file_size를 1024MB로 설정하고 innodb_log_files_in_group을 2로 설정하면 리두 로그 파일은 전체 2개의 파일로 구성되며, 전체 리두 로그 공간은 1024MB * 2가 된다. InnoDB 스토리지 엔진은 이 두 개의 파일을(물리적으로는 별도의 파일이지만) 논리적으로 각 파일의 시작과 끝을 연결해서 순환 큐(Circular queue)와 같이 사용한다.

이 값이 너무 작게 설정되면 InnoDB의 버퍼 풀로 설정된 메모리 공간이 아무리 많아도 제대로 활용하지 못하게 되며 InnoDB 전체를 비효율적으로 작동하게 만들어 버릴 만큼 중요한 요소라서 설정에 주의해야 한다. 데이터의 변경 빈도에 따른 차이는 있겠지만 일반적으로 InnoDB의 버퍼 풀이 10GB 이상이면 리두 로그 파일의 개수에 관계없이 전체 공간이 2GB에서 4GB 수준이면 적절하고, 버퍼 풀이 10GB 이하라면 리두 로그 파일의 전체 크기는 2GB 이하로 설정하면 된다.

데이터를 변경하는 쿼리가 아주 빈번하게 실행된다면 전체 로그의 크기를 4GB 정도로 늘려서 설정하는 것이 좋다. MySQL 5.1까지는 로그 파일의 크기를 최대 4GB까지만 설정할 수 있지만 MySQL 5.6 버전부터는 4GB 이상을 설정할 수 있게 개선됐다. 전체 리두 로그는 대부분의 RDBMS에서 성능 향상을 위해 사용하는 메커니즘이기 때문에 인터넷에서 쉽게 관련 자료를 찾아볼 수 있다.

innodb_lock_wait_timeout

InnoDB에서 잠금 획득을 위해 최대 대기할 수 있는 시간(초 단위)을 설정한다. 이 옵션에 설정된 시간 동안 잠금을 기다리게 되면 InnoDB 스토리지 엔진이 "Lock wait timeout exceed" 오류를 발생시키고 쿼리를 실패 처리하게 된다. 이 오류가 발생했다 하더라도 트랜잭션 자체가 롤백되지는 않기 때문에 다시 한번 쿼리를 실행하면 된다. "Lock wait timeout exceed" 에러는 InnoDB의 레코드 잠금끼리만 발생하며, InnoDB 테이블에 대한 쿼리가 테이블 잠금을 기다리는 경우에는 타임 아웃이 적용되지 않는다.

이 값은 일반적으로 50초로 설정돼 있는데, MySQL 5.0에서는 이 설정을 변경하려면 MySQL 서버를 재시작할 필요가 있으며, MySQL 5.1 이상에서는 언제든지 SET 명령으로 대기 시간을 늘리거나 줄일 수 있다.

innodb_flush_log_at_trx_commit

InnoDB에서 트랜잭션이 커밋될 때마다 로그(리두 로그)를 디스크에 플러시할지 결정하는 옵션이다. 유닉스 계열에서 C/C++로 프로그램을 작성해본 경험이 있다면 fsync()나 fdatasync()라는 시스템 콜 함수를 잘 알고 있을 것이다. 설정값의 이름 중 'flush'는 이러한 파일 동기화 함수를 호출한다는 것을 의미한다. 지금까지 프로그램을 작성하면서는 잘 느끼지 못했을 수도 있지만 작은 데이터를 상당히 빈번하게 디스크에 기록하는 시스템에서는 이 디스크 동기화 함수가 DBMS의 부하를 결정할 정도다. 대부분의 RDBMS에서 병목은 디스크이며, 디스크의 병목을 일으키는 주원인이 빈번한 fsync()나 fdatasync() 시스템 콜이다. 그렇다고 이 디스크 동기화가 불필요하다는 의미는 아니다. 디스크의 데이터를 동기화하지 않으면 유사시에 사용자가 커밋한 데이터가 손실되거나 손상될 가능성이 있기 때문에 트랜잭션 보장을 위해서는 반드시 커밋할 때 디스크의 데이터를 동기화하는 것이 당연하다.

하지만 만약 상당히 많은 양의 데이터를 처리하지만 데이터는 조금 손실돼도 무방한 DBMS라면 이 값을 0으로 설정해 디스크 입출력의 성능을 대폭 개선할 수 있다. 물론 이 경우 운영체제에 문제가 있어서 갑자기 다운되거나 한다면 4~5초 정도의 데이터는 손실될 수 있다는 사실을 반드시 기억해야 한다. InnoDB 스토리지 엔진이 직접 디스크 동기화를 호출하지 않으면 운영체제에서 적절한 시점에 데이터 동기화를 호출하는데, 이 시간이 대략 4~5초 정도다. 앞에서 말한 4~5초 간의 데이터 손실은 이 시간을 의미한다.

innodb_flush_method

어떤 운영체제에서든 디스크에 데이터를 쓰는 작업은 크게 "운영체제의 버퍼로 기록"하는 작업과 "버퍼의 내용을 디스크로 복사"하는 2단계로 나뉜다. 이 두 가지 단계의 작업을 어떻게 조합하느냐에 따라 3가지 관점으로 쓰기 방식을 나눠 볼 수 있다.

첫 번째로, 두 단계의 작업을 동시에 같이 실행하는 방식을 "동기(Sync) IO"라고 하며, 1단계와 2단계 작업을 각각 다른 시점에 실행하는 방식을 "비동기(Aysnc) IO"라고 한다. 물론 Sync와 Async는 쓰기 함수의 호출(커널 콜)이 언제 반환하는지를 의미하기도 하지만 큰 맥락으로 보면 동일한 내용으로 이해하면 된다.

두 번째로, 데이터가 변경되면 그와 동시에 파일의 변경 일시와 같은 메타 정보도 함께 변경하게 되는데, 이렇게 데이터와 파일의 메타데이터를 한꺼번에 변경하는 방식을 "fsync"라 하며, 파일의 메타 정보는 무시하고 순수하게 사용자의 데이터만 변경하는 방식을 "fdatasync"라고 한다.

세 번째로, 디스크 쓰기의 두 단계 작업 중에서 "운영체제의 버퍼 기록" 단계를 생략하고 바로 사용자의 데이터를 디스크로 쓰는 경우도 있는데, 이를 특별히 "다이렉트(direct) IO"라고 표현한다. innodb_flush_method는 InnoDB 스토리지 엔진이 로그 파일과 데이터 파일을 어떤 방식으로 디스크에 기록하고 동기화할지를 결정한다.

유닉스 계열 운영체제에서는 O_DSYNC와 O_DIRECT, 그리고 fdatasync 값을 설정할 수 있으며, 윈도우 계열 운영체제에서는 async_unbuffered로 고정돼 있어 사용자가 변경할 수 없다. MySQL 5.1.23 이하 버전에서는 O_DSYNC와 O_DIRECT, 그리고 fdatasync를 사용자가 설정할 수 있었지만, MySQL 5.1.24 이상 버전에서는 O_DSYNC와 O_DIRECT만 명시적으로 설정할 수 있으며, 아무것도 설정하지 않는 경우 묵시적으로 fdatasync가 기본값으로 사용된다. O_DSYNC는 사용자 데이터와 메타데이터까지 "동기(Sync) IO" 방식으로 기록하도록 설정하는 것이며, O_DIRECT는 사용자 데이터와 메타데이터까지 "동기(Sync) IO" 방식으로 버퍼를 거치지 않는 "다이렉트(direct) IO" 방식으로 기록하도록 설정하는 것이다. fdatasync는 O_DSYNC로 설정됐을 때와 동일하지만 파일의 메타데이터는 변경하지 않게 하는 설정인데, InnoDB 내부적으로 거의 동일하게 작동하는 것으로 구현돼 있다.

디스크로부터 읽혀지는 데이터는 운영체제의 캐시에 담아두고 다시 읽기 요청이 발생하면 디스크로부터 읽지 않고 캐시의 내용을 반환하는 형태로 성능을 개선하게 되지만, InnoDB는 운영체제의 캐시보다 더 체계적이고 효율적인 캐시(InnoDB 버퍼 풀)를 이미 가지고 있기 때문에 운영체제의 캐시가 별로 도움이 되지 않는다. innodb_flush_method

를 O_DIRECT로 설정하면 운영체제의 불필요한 캐시를 막고 캐시를 위한 메모리 낭비도 제거할 수 있다. 하지만 서버에 RAID 컨트롤러(캐시 메모리가 장착된)가 없거나 데이터 스토리지로 SAN을 사용할 때는 O_DIRECT를 사용하지 않는 것이 좋다.

innodb_old_blocks_time

MySQL 5.0의 InnoDB 엔진에서 관리하는 버퍼 풀의 모든 페이지는 하나의 리스트로 관리된다. 이 버퍼 풀의 리스트는 앞에서부터 5/8 지점을 기준으로, 앞쪽 영역을 "young" 또는 "new" 영역이라고 하고, 뒤쪽의 3/8 영역을 "old" 영역이라고 한다. 또한 앞쪽의 5/8 영역의 리스트를 MRU 리스트(Most recently used list), 뒤쪽의 3/8 영역의 리스트를 LRU 리스트(Least recently used list)라고도 한다. InnoDB에서 버퍼 풀의 페이지를 이렇게 3/8 지점으로 나눈 것은 풀 테이블 스캔이나 인덱스 풀 스캔이 실행될 때 아주 빈번히 사용되는 중요한 페이지가 버퍼 풀에서 제거되지 않게 하기 위해서다. 즉, 견고한 버퍼 풀을 구축하기 위해 디스크에서 처음 읽혀진 페이지는 먼저 LRU 리스트로 등록된다. 그리고 그 이후 포그라운드 스레드에 의해 해당 페이지가 사용되면 MRU 리스트로 옮겨지는 것이다.

하지만 풀 테이블 스캔이나 인덱스 풀 스캔과 같이 대량의 데이터 페이지를 읽고 처리하는 쿼리에서는 순간적으로만 그 페이지가 필요하고 그 이후에는 거의 사용되지 않는 것이 일반적이다. 그런데 문제는 지금까지의 버퍼 풀 관리 알고리즘에서는 풀 테이블 스캔이나 인덱스 풀 스캔으로 읽혀진 모든 페이지가 LRU 리스트로 등록됐다가 즉시 MRU 리스트로 옮겨진다는 것이다. 그래서 버퍼 풀의 더 자주 사용되는 데이터 페이지가 제거될 가능성이 높은 것이다. 이처럼 풀 테이블 스캔이나 인덱스 풀 스캔으로부터 버퍼 풀에서 자주 사용되는 페이지가 제거되는 것을 막기 위해 LRU 리스트에서 MRU 리스트로 옮겨지기 전에 innodb_old_blocks_time 시스템 설정값의 시간(밀리초) 동안 대기하게 한다.

key_buffer_size

InnoDB 스토리지 엔진에서 가장 중요한 설정값이 innodb_buffer_pool_size라면 MyISAM 스토리지 엔진에서 가장 중요한 설정값은 key_buffer_size다. InnoDB의 버퍼 풀은 인덱스와 모든 데이터 페이지에 대해 캐시와 버퍼의 역할을 동시에 수행하지만 MyISAM의 키 버퍼는 주로 인덱스에 대해서만 캐시 역할을 한다. key_buffer_size는 인덱스만 캐시하기 때문에 InnoDB의 버퍼 풀만큼 크게 메모리를 할당해서는 안 된다. 일반적으로 전체 메모리의 30~50% 정도로 설정하고 나머지 메모리 공간은 운영체제의 캐시를 위해 메모리를 비워둬야 한다. innodb_buffer_pool이나 key_buffer_size는 둘 다 각 스토리지 엔진에서 가장 중요한 역할을 하기 때문에 많은 메모리를 할당하게 되는데, MyISAM 테이블도 사용하고 InnoDB 테이블도 사용한다면 innodb_buffer_pool과 key_buffer_size를 위한 메모리 공간을 적절히 나눠서 설정해야 한다.

general_log, general_log_file

MySQL에는 DBMS 서버에서 실행되는 모든 쿼리를 로그 파일로 기록하는 기능이 있는데, 이 로그를 쿼리 로그 또는 제너럴(General) 로그라고 한다. MySQL 5.0까지는 이 로그를 활성화하거나 비활성화하려면 MySQL 서버를 다시 시작해야 했지만 MySQL 5.1부터는 general_log 설정이 글로벌 동적 변수로 개선됐다.

그래서 general_log_file 설정에 로그를 기록할 파일의 경로를 설정해 두면 서비스 도중이라도 general_log 시스템 변수 값을 1 또는 0으로 변경하면서 로그의 기록을 활성화하거나 비활성화할 수 있다. 즉, 쿼리 로그를 사용하지 않더라도 general_log_file에는 쿼리 로그용 파일을 설정하고 general_log는 0으로 설정해 두면 향후 필요한 상황에서 언제든지 쿼리 로그를 MySQL 서버를 재시작하지 않고도 손쉽게 활성화해서 사용할 수 있다. 서버에서 상당히 많은 쿼리를 수행하고 있다면(쿼리 로그를 기록하는 데 모든 컴퓨팅 자원을 다 사용해 버릴 수도 있기 때문에) 쿼리 로그는 사용하지 않는 편이 좋다.

slow-query-log, long_query_time, slow_query_log_file

MySQL에서는 지정된 시간 이상으로 쿼리가 실행되는 경우 해당 쿼리를 별도의 로그 파일로 남긴다. 이러한 로그를 슬로우 쿼리 로그라고 한다. 이 슬로우 쿼리는 어떤 쿼리를 가장 먼저 튜닝해야 할지를 알려주는 중요한 자료이므로 반드시 활성화하고 MySQL 서버를 느리게 만드는 쿼리를 찾아내는 데 사용하자. slow-query-log는 슬로우 쿼리 로그를 활성화할지 비활성화할지 결정하는 설정값이다. slow-query-log 설정 또한 general_log 시스템 변수와 같이 글로벌 동적 변수라서 언제든지 켜고 끌 수 있는 설정값이다. long_query_time는 초 단위 값을 설정하고, 설정된 시간 이상 소요되는 쿼리는 모두 slow_query_log_file에 설정된 로그 파일로 기록한다.

log_slow_admin_statements

ALTER TABLE ... 등과 같은 DDL(Data Definition Language) 문장의 슬로우 쿼리 로그 기록 여부를 설정한다. 이 설정을 활성화하면 언제 어떤 DDL 문장이 실행됐는지 슬로우 쿼리 로그 파일을 통해 확인하는 것이 가능하다.

log-bin, max_binlog_size, expire_logs_days

MySQL에서 복제를 구축하려면 반드시 바이너리 로그를 사용해야 한다. 바이너리 로그는 마스터 MySQL 서버에서만 기록하며, 슬레이브 MySQL 서버는 마스터에서 기록된 바이너리 로그를 가져와서 재실행(Replay)하는 형태로 마스터와 슬레이브 간의 데이터를 동기화한다. log-bin 옵션에는 바이너리 로그의 파일명(정확히는 바이너리 로그 파일의 Prefix를 설정)을 설정한다. max_binlog_size는 최대 바이너리 로그 파일의 크기를 제한하고, expire_logs_days는 쓸모없는 오래된 바이너리 로그를 며칠까지 보관할지 결정한다. expire_logs_days는 날짜 수를 입력하며, 7로 설정할 경우 바이너리 로그를 일주일만 보관하고 이전의 로그 파일은 모두 자동으로 삭제한다.

binlog_cache_size

바이너리 로그의 내용도 즉시 디스크에 기록하는 것이 아니라 메모리의 임시 공간에 잠깐 버퍼링했다가 디스크로 기록한다. binlog_cache_size는 이 버퍼링용 메모리의 크기를 설정하는 변수다. 특별히 SQL 문장이 길거나 대용량 칼럼에 대한 처리가 많지 않다면 대략 56KB~256KB 정도로 설정하고, 필요하다면 조금씩 늘려가면서 조정하면 된다. binlog_cache_size로 할당되는 메모리 공간도 커넥션별로 생성되므로, 너무 크게 할당하지 않는 것이 좋다.

log-bin-trust-function-creators

바이너리 로그가 활성화된 MySQL에서 스토어드 함수를 생성하는 경우 "바이너리 로그로 인한 복제가 안전하지 않다"는 에러 메시지를 내보내고 함수 생성이 실패할 수 있다. 이때 이 설정값을 활성화해 두면 위와 같은 경고를 무시하고 스토어드 함수를 생성할 수 있다.

sync_binlog

MySQL에서 성능 문제가 발생하는(특히 디스크 성능에서) 두 요소는 InnoDB 리두 로그의 동기화와 바이너리 로그의 동기화다. 그 중에서도 특히 바이너리 로그의 동기화는 상당한 부하를 만들어 내는 편이다. MySQL에서 디스크로부터 발생하는 읽기 부하는 주로 인덱스나 데이터 파일에서 발생하며, 쓰기 부하는 바이너리 로그와 리두 로그에서 발생한다. 바이너리 로그와 리두 로그가 사용하는 디스크 입출력 대역폭은 서비스의 종류에 따라 다르겠지만 일반적인 (작은 트랜잭션이 빈번하게 발생하는) OLTP 시스템에서는 대략 7:3이나 8:2 정도 된다. MySQL에서 복제를 구성하는 데 필요한 바이너리 로그가 그만큼 많은 디스크 자원을 사용하고 있는 것이다.

MySQL이 복제로 구성된다고 하더라도 데이터의 변경은 항상 마스터 MySQL에서만 이뤄져야 하기 때문에 마스터 MySQL의 쓰기 부하를 분산할 수 있는 방법이 없다. 그런데 여기에 더해 마스터 MySQL에서는 바이너리 로그까지 기록해야 하기 때문에 디스크 쓰기 부하가 더 커지는 것이다. sync_binlog 옵션은 1로 설정될 경우 트랜잭션이 커밋될 때마다 바이너리 로그를 디스크에 플러시(동기화)한다. 그리고 0으로 설정하면 디스크에 기록은 하지만 MySQL 서버가 플러시(동기화)를 하지 않기 때문에 운영체제의 버퍼까지만 기록하고 즉시 처리를 완료한다(MySQL에서 플러시를 하지 않으면 대체로 4~5초 정도 간격으로 운영체제에서 자동으로 데이터를 플러시하게 된다). 0이나 1이 아닌 양의 수를 설정하면 그 수만큼의 트랜잭션을 모아 바이너리 로그를 디스크에 플러시한다.

이 값을 0으로 설정할지 1로 설정할지는 복제가 얼마나 중요한 역할을 하느냐에 따라 달라진다. 0으로 설정하면 MySQL 서버의 성능은 상당히 올라가겠지만 마스터 MySQL 서버가 다운되거나 장애가 발생했을 때 바이너리 로그가 손실되어 마스터와 슬레이브의 데이터가 달라질 가능성이 커진다. 하지만 1로 설정하면 바이너리 로그의 손실은 줄어들지만 마스터 MySQL 서버의 성능은 떨어진다. 서비스의 중요도나 전체적인 부하에 따라 0으로 설정할지 1로 설정할지 적절히 결정하는 것이 중요하다.

relay-log, relay_log_purge

마스터 MySQL에서 바이너리 로그를 생성한다면 슬레이브 MySQL에서는 마스터의 바이너리 로그를 읽어와서 릴레이 로그라는 파일을 생성한다. (자세한 내용은 3.1.6절. "복제(Replication)"(111쪽)을 참조). 슬레이브 MySQL에서 CHANAGE MASTER 명령을 실행하면 슬레이브 MySQL은 기본 경로에 릴레이 로그를 생성하게 되는데, 이때 릴레이 로그의 경로를 변경하려면 명시적으로 relay-log 옵션을 설정하면 된다. 또한 이미 실행이 완료된 릴레이 로그는 더는 MySQL 서버에서 필요하지 않은데, relay_log_purge 옵션을 "TRUE"나 "1"로 설정하면 더는 필요하지 않은 오래된 릴레이 로그를 자동으로 삭제하게 된다.

log-slave-updates

MySQL 서버 복제 구성에서 하나의 MySQL 서버가 슬레이브이면서 동시에 마스터가 될 수도 있다. 이러한 경우에 다른 마스터로부터 바이너리 로그를 가져와서 재실행되는 쿼리가 자기 자신의 바이너리 로그에 기록되게 할지 여부를 결정하는 옵션이다. 복잡한 형태의 복제를 구성하는 경우에는 반드시 필요할 설정이므로 잘 기억해 두는 편이 좋다.

read_only

일반적인 웹 서비스와 같이 MySQL 복제가 사용된 경우, 데이터의 변경은 마스터 MySQL에서 실행하고, 단순히 조회만 하는 트랜잭션은 슬레이브 장비에서 실행하게 한다. 이처럼 복제가 구성된 상태에서 슬레이브의 데이터가 마스터와 관계없이 변경되면 서로 충돌할 수 있기 때문에 슬레이브 MySQL 서버는 읽기 전용으로 만드는 것이 일반적인데, 이럴 때 사용하는 설정 변수가 read_only 옵션이다. 이 옵션 또한 글로벌 동적 변수라서 필요한 경우 SET 명령으로 바로 읽기 전용을 해제할 수도 있다.

InnoDB와 관련된 설정 변수 가운데 중요한 것들도 많지만 상당히 설명하기가 난해한 설정인 관계로 모두 생략하고 메모리나 디스크 동기화 관련 내용만 설명했다. 나머지 설명하지 않은 설정 변수라 하더라도 중요하지 않다고 생각해서는 안 되며, 정확한 작동 원리를 모른다면 예제 설정 파일의 값을 그대로 사용하길 권장한다. 또한 여기에 설정된 값은 대부분 MySQL의 기본값이다. 기본값은 절대 그대로 사용하면 안 된다는 생각을 하는 사용자도 있는 듯한데, 절대 그렇지 않다. MySQL 서버에 내장된 기본값은 가장 일반적인 환경에서 최적으로 작동하는 값을 최고의 전문가들이 설정해 둔 것이라서 가능한 한 여러분의 운영 환경에서 벗어나지 않는다면 기본값을 유지하는 것이 좋다.

[client] 설정 그룹

[client] 설정 그룹에는 mysql이나 mysqldump 등과 같은 MySQL 클라이언트 프로그램이 공통적으로 사용하는 옵션을 기록한다. 대표적으로 MySQL 서버 접속을 위한 소켓 파일의 경로나 MySQL 서버의 포트 정보 등을 다음과 같이 공통적으로 설정해 둘 수 있다.

```
## ------------------------------------------------------------------------------
## [CLIENT] MySQL Common Client Configuration
## ------------------------------------------------------------------------------
[client]
socket                 = /usr/local/mysql/tmp/mysql.sock
port                   = 3306
```

[mysql] 설정 그룹

```
## ------------------------------------------------------------------------------
## [MYSQL CLIENT] MySQL Command line client(mysql) Configuration
## ------------------------------------------------------------------------------
[mysql]
default-character-set = utf8
no-auto-rehash
show-warnings
prompt=\u@\h:\d\_\R:\m:\\s>
pager="less -n -i -F -X -E"
```

주로 GUI 도구를 이용해 MySQL 서버에 원격으로 접속한다면 [client] 설정 그룹이나 [mysql] 설정 그룹이 별로 유용하지 않을 수 있지만 GUI 클라이언트가 아닌 MySQL 클라이언트를 주로 사용하는 경우라면 위의 설정은 상당히 유용하다.

no-auto-rehash

MySQL 클라이언트에서도 리눅스의 셸에서와 같이 "탭" 키를 이용해 테이블이나 칼럼명의 자동 완성 기능을 이용할 수 있는데, 이 기능을 위해 MySQL 클라이언트는 서버에 접속됨과 동시에 테이블이나 칼럼의 이름을 모두 읽어와서 분석을 해야 한다. 하지만 이는 DB에 테이블이 많은 경우 상당한 시간이 소요된다. 그래서 테이블의 개수가 많거나 자동 완성 기능을 사용하지 않는다면 이 옵션을 설정해 그러한 분석 작업을 하지 않도록 설정할 수 있다.

show-warnings

SQL 명령을 실행하고 난 이후 에러는 없지만 경고가 있는 경우에는 항상 "show warnings;" 명령을 통해 어떤 경고가 있었는지 확인하는 작업이 필요하다. show-warnings 설정을 활성화하면 경고가 발생했을 때 경고 메시지를 자동으로 출력해준다.

prompt

MySQL 클라이언트를 사용하다 보면 현재 어느 DB를 사용하고 있는지 또는 SQL 문장이 언제(몇 시 몇 분에) 실행 됐는지 확인해야 할 때가 꼭 있다. 그래서 MySQL의 SQL 프롬프트에 시간이 출력되게 해 두면 상당히 도움될 때가 많다. MySQL의 프롬프트를 위와 같이 설정해 두면 MySQL에 로그인하는 순간부터 프롬프트가 다음과 같이 바뀐다.

```
root@localhost:mysql 14:11:01>
```

pager

이 설정 또한 GUI에서는 별로 의미가 없지만 mysql 클라이언트를 사용해 접속할 때는 무심코 실행한 SELECT 명령 하나로 인해 온종일 화면에 레코드와 칼럼 데이터만 출력되는 경우가 발생한다. 이때 MySQL 클라이언트의 페이저를 설정해 두면 서버로부터 전달되는 결과를 손쉽게 페이징해서 확인할 수 있다. 물론 다음 페이지를 보려면 스페이스 키를 눌러야 하는 불편함은 있지만 끝없이 출력되는 SELECT 쿼리 결과 때문에 MySQL 클라이언트를 강제 종료 시키지는 않아도 된다.

"show processlist"와 같은 명령을 실행하면 전체 프로세스 1000개가 동시에 출력된다고 가정해 보자. 하지만 출력된 결과에서 특정 IP에서 접속된 프로세스만 보거나 특정 상태의 프로세스만 보는 것은 거의 불가능에 가까운데, 이런 경우에는 페이저를 grep으로 설정해 사용하면 된다. 물론 이는 유닉스 계열에서만 사용 가능한 옵션이지만 상당히 유용하다. pager를 "grep 'localhost'"로 변경했다가 다시 원래대로 되돌리려면 nopager라는 명령을 실행하면 된다.

```
root@localhost:mysql 14:16:24> PAGER grep 'localhost';
PAGER set to 'grep 'localhost''

root@localhost:mysql 14:16:37> SHOW PROCESSLIST;
| 80 | root | localhost | mysql | Query   |   0 | NULL | show processlist |

root@localhost:mysql 14:16:43>NOPAGER;
PAGER set to stdout
```

```
root@localhost:mysql 14:16:51> SHOW PROCESSLIST;
+----+------+-----------+-------+---------+------+-------+------------------+
| Id | User | Host      | db    | Command | Time | State | Info             |
+----+------+-----------+-------+---------+------+-------+------------------+
| 80 | root | localhost | mysql | Query   |    0 | NULL  | show processlist |
+----+------+-----------+-------+---------+------+-------+------------------+
```

메모리 크기에 따른 MySQL 서버 설정 변경

MySQL 서버에서는 특히 메모리 관련된 설정이 중요하다. 또한 MySQL에서는 스토리지 엔진별로 주요 메모리 공간이 공유되지 않기 때문에 사용하는 스토리지 엔진에 맞게 메모리 사용을 제한하는 것이 중요하다. 여기서는 MySQL 장비에 장착된 물리적인 메모리 크기에 따라 InnoDB와 MyISAM, 그리고 Memory 스토리지 엔진의 메모리를 할당하는 방법을 살펴보겠다.

여기서 제시되는 설정값은 클라이언트용 스레드가 사용하는 각 메모리 공간(sort_buffer_size, join_buffer_size, read_buffer_size, read_rnd_buffer_size 그리고 각 클라이언트 스레드별로 할당돼 있는 네트워크 버퍼와 기타 공간)이 다음과 같이 최대 1~2MB 수준으로 설정된 것을 기준으로 한다. 만약 sort_buffer_size나 join_buffer_size 또는 다른 설정이 여기에 설정한 것보다 더 크게 설정됐다면 적절히 주요 스토리지 엔진의 메모리 사용량을 낮춰 줄 필요도 있다. 여기서 제시하는 설정이 항상 최고의 성능을 보장하지는 않겠지만 메모리 설정을 어디서부터 시작해야 할지 모르겠다면 이 예시를 가지고 조금씩 변경해 가면서 튜닝하는 방법도 좋을 것이다.

클라이언트 스레드의 메모리 설정

```
tmp_table_size          = 512K

sort_buffer_size        = 128K
join_buffer_size        = 256K
read_buffer_size        = 256K
read_rnd_buffer_size    = 128K
```

InnoDB 스토리지 엔진만 사용하는 경우의 innodb_buffer_pool_size 설정

장착된 물리 메모리 / 커넥션 수(평상시)	4GB	8GB	16GB
~ 100개	1.5~2 GB	5 GB	11 GB
100 ~ 500	1.5 GB	4 GB	10 GB

500 ~ 1000	1 GB	3 GB	9 GB
1000 ~ 1500		2.5~3 GB	8 GB

위 값을 설정하면 운영체제가 사용해야 하는 기본적인 메모리와 클라이언트 스레드가 사용할 공간을 제외한 나머지 공간을 최대한 InnoDB가 사용할 수 있을 것이다. 만약의 경우를 대비해 어느 정도 여유 메모리 공간을 남겨 두는 형태지만, 튜닝되지 않은 쿼리가 많은 MySQL 서버라면 여기에 설정된 메모리보다 조금 작게 설정해야 하는 경우도 있다.

서비스에서 InnoDB만 사용하고 MyISAM 테이블을 절대 사용하지 않는다 하더라도 권한이나 사용자 정보를 관리하는 mysql DB의 테이블은 모두 MyISAM이므로 key_buffer_size 설정 변수는 최소 32MB 정도로 유지하는 편이 좋다. PC에서 테스트용으로 설치하는 경우에는 innodb_buffer_pool_size를 32~64MB 정도로 설정해서 사용해도(쿼리가 비교적 느리게 실행되겠지만) 특별히 문제없이 잘 작동한다.

MyISAM 스토리지 엔진만 사용하는 경우의 key_buffer_size 설정

장착된 물리 메모리 커넥션 수(평상시)	4GB	8GB	16GB
~ 100개	1 GB	3 GB	4 GB + 보조 2 GB
100 ~ 500	1 GB	3 GB	4 GB + 보조 1 GB
500 ~ 1000	0.5 GB	2 GB	4 GB + 보조 1 GB
1000 ~ 1500	0.5 GB	2 GB	4 GB

MyISAM 스토리지 엔진의 key_buffer_size는 최대 4GB까지 설정할 수 있다. 더 설정하고 싶다면 새로운 키 캐시(또는 키 버퍼)를 할당해야 하며, 새로 정의된 버퍼는 기본 키 캐시가 아니므로 이 키 캐시를 사용할 인덱스를 별도로 지정해야 한다. 만약 다중 키 캐시를 사용하기로 했다면 자세한 내용은 3.1.7절, "쿼리 캐시"(114쪽)를 참조하자. 그리고 더 자세한 내용이 궁금하다면 MySQL의 매뉴얼 (http://dev.mysql.com/doc/refman/5.1/en/multiple-key-caches.html)도 같이 한번 참조하기 바란다. MyISAM 테이블만 사용하는 경우 키 캐시는 인덱스만 캐싱하는 역할을 수행한다. 하지만 데이터 파일은 MySQL에서 캐시를 하는 것이 아니라 운영체제의 캐시를 사용하기 때문에 MyISAM 테이블을 많이 사용하는 경우에는 운영체제의 캐시를 위해 메모리를 충분히 비워둬야 한다.

InnoDB를 사용하지 않고 MyISAM 테이블만 사용한다면 skip_innodb 옵션을 설정해 InnoDB 스토리지 엔진 자체를 비활성화하는 것이 좋다. 만약 InnoDB가 skip_innodb 옵션으로 비활성화되거나 컴파일될 때부터 포함되지 않았다면 "innodb_"로 시작되는 옵션을 MySQL 서버가 인식하지 못해 my.cnf 파일에서 제거해야 한다.

PC에서 테스트용으로 설치하는 경우에는 key_buffer_size를 32~64MB 정도로 설정해서 사용해도 (쿼리가 비교적 느리게 실행되겠지만) 특별히 문제없이 잘 작동한다.

> **주의** Memory 스토리지 엔진만 사용한다면 max_heap_table_size 옵션만 적절한 값(메모리 테이블 가운데 가장 큰 테이블의 크기)으로 설정하면 된다. Memory 스토리지 엔진은 가변 길이 칼럼을 지원하지 않으므로 테이블에 필요한 메모리 공간을 계산하기가 쉽다. 만약 레코드의 각 타입별로 최대 길이를 구하고 그 값에 저장 가능한 레코드 건수를 곱한 값이 max_heap_table_size가 될 것이다. 이 이외에 별도로 미리 할당해 둬야 하는 버퍼나 캐시 공간은 필요치 않다. 그리고 사용자의 모든 테이블이 Memory 엔진을 사용한다 하더라도 MySQL의 권한 관련 테이블이 MyISAM이라서 key_buffer_size는 32MB 정도로 설정한다.

2.4 MySQL 서버의 시작과 종료

이제 MySQL 서버의 설치 및 설정을 완료했으므로 MySQL 서버를 시작하고 종료하는 법, 그리고 mysql 클라이언트 프로그램을 이용해 간단하게 접속되는지 테스트해 보자.

2.4.1 시작과 종료

유닉스 계열 운영체제에서 RPM 패키지로 MySQL을 설치했다면 자동으로 /etc/init.d/mysql 스크립트 파일이 생성되기 때문에 이 스크립트를 이용해 MySQL을 기동하거나 종료하는 것이 가능하다. 윈도우 인스톨러 버전의 MySQL을 설치했다면 설치 중 선택사항으로 윈도우의 서비스로 MySQL을 등록할 수 있다. 하지만 MySQL 소스 파일을 직접 컴파일해서 설치했다면 MySQL의 시작과 종료를 위해 시작 스크립트를 /etc/init.d/ 디렉터리로 복사하는 작업이 필요하다.

mysql 시작 스크립트 파일은 MySQL이 설치된 디렉터리의 share/mysql/mysql.server라는 파일로 저장돼 있는데, 이 파일을 /etc/init.d/ 디렉터리로 복사하고 적절히 실행 권한을 부여하면 된다. 리눅스 운영체제가 종료되거나 시작될 때 MySQL 서버도 자동으로 종료되거나 시작되게 하려면 리눅스의 chkconfig 명령으로 서비스에 등록하면 된다.

```
Shell> cd ${MYSQL_HOME}
shell> cp share/mysql/mysql.server /etc/init.d/mysql
shell> chkconfig mysql on
```

MySQL 시작 스크립트가 리눅스의 서비스로 등록돼 있는 경우와 그렇지 않은 경우 각각 다음과 같이 MySQL 서버를 시작하고 종료할 수 있다.

```
## 리눅스 서비스로 등록되지 않은 경우
shell> /etc/init.d/mysql start
shell> /etc/init.d/mysql stop

## 리눅스 서비스로 등록된 경우
shell> service mysql start
shell> service mysql stop
```

만약 이런저런 사정으로 두 가지 방법 모두 불가능하다면 다음과 같이 직접 mysqld_safe 스크립트를 실행해 MySQL 서버를 기동할 수도 있다.

```
shell> /usr/local/mysql/bin/mysqld_safe --defaults-file=/etc/my.cnf&
```

MySQL 서버가 시작되면 기동되는 두 개의 프로세스 가운데 mysqld라는 프로그램의 프로세스가 실제 서비스를 하는 MySQL 데몬 프로세스이며, mysqld_safe라는 프로세스는 버그나 실수로 MySQL 서버 데몬 프로세스(mysqld)가 비정상적으로 종료되는 경우 다시 기동하는 역할(이런 역할의 프로세스를 Watcher 또는 Angel-Process라고도 한다)을 한다.

MyISAM 스토리지 엔진은 내부적인 작동 방식이 상당히 간단하기 때문에 SQL 문장이 실행됨과 동시에 데이터가 모두 데이터 파일로 기록된다. 하지만 InnoDB 스토리지 엔진은 실제 트랜잭션이 정상적으로 COMMIT되어도 데이터 파일에 내용이 적용되지 않고 로그 파일(리두 로그)에만 기록돼 있을 수 있다. 심지어 MySQL 서버가 종료되고 다시 시작된 이후에도 계속 이 상태로 남아 있을 수도 있다. 사용량이 많은 MySQL 서버의 InnoDB 스토리지 엔진은 이런 현상이 더 일반적인데, 이는 결코 비정상적인 상황이 아니다. 하지만 MySQL 서버가 종료될 때 InnoDB 스토리지 엔진이 모든 커밋된 내용을 데이터 파일에 기록하고 종료하게 할 수도 있는데, 이 경우에는 다음과 같이 MySQL 서버의 옵션을 변경하고 MySQL 서버를 종료하면 된다.

```
mysql> SET GLOBAL innodb_fast_shutdown=0;
shell> mysqladmin -uroot -p shutdown
```

이렇게 모든 커밋된 데이터를 데이터 파일에 적용하고 종료하는 것을 클린 셧다운(Clean shutdown)이라고 표현한다. 클린 셧다운으로 종료되면 다시 MySQL 서버가 기동할 때 InnoDB 스토리지 엔진이 별도의 트랜잭션 복구 과정을 진행하지 않기 때문에 빠르게 시작할 수 있고 InnoDB의 로그(리두로그) 파일이 없어진(삭제된) 경우에도 정상적으로 기동된다.

2.4.2 서버 연결 테스트

MySQL 서버가 시작됐다면 서버에 직접 접속해보자. MySQL 서버에 접속하는 방법은 MySQL 서버 프로그램(mysqld)과 함께 설치된 MySQL 기본 클라이언트 프로그램인 mysql을 실행하면 된다. 다음과 같이 여러 가지 형태의 명령행 인자를 넣어 접속을 시도할 수 있다.

```
shell> mysql -uroot -p --host=localhost --socket=/tmp/mysql.sock
shell> mysql -uroot -p --host=127.0.0.1 --port=3306
shell> mysql -uroot -p
```

첫 번째 예제는 MySQL 소켓 파일을 이용해 접속하는 예제다. 두 번째 예제는 TCP/IP를 통해 127.0.0.1(로컬 호스트)로 접속하는 예제인데, 이 경우에는 포트를 명시하는 것이 일반적이다. 로컬 서버에 설치된 MySQL이 아니라 원격 호스트에 있는 MySQL 서버에 접속할 때는 반드시 두 번째 방법을 사용해야 한다. MySQL 서버에 접속할 때는 호스트를 localhost로 명시하는 것과 127.0.0.1로 명시하는 것은 각각 의미가 다르다. localhost를 사용할 때는 항상 소켓 파일을 통해 데이터를 주고받게 되는데, 이는 "Unix domain socket"을 이용하는 방식으로 TCP/IP를 통한 통신이 아니라 유닉스의 프로세스 간 통신(IPC)의 일종이다. 하지만 127.0.0.1을 사용하는 경우에는 자기 서버를 가리키는 루프 백(loopback) IP이긴 하지만 TCP/IP 통신 방식을 사용하는 것이다.

세 번째 방식은 별도로 호스트 주소와 포트를 명시하지 않는다. 이 경우에는 디폴트로 호스트는 localhost가 되며 소켓 파일을 사용하게 되는데, 소켓 파일의 위치는 MySQL 서버의 설정 파일에서 읽어서 사용한다. MySQL 서버가 기동될 때 만들어지는 유닉스 소켓 파일은 MySQL 서버를 재시작하지 않으면 다시 만들어 낼 수 없기 때문에 일부러 삭제하지 않는 것이 좋다. 유닉스나 리눅스 셸에서 mysql을 실행하는 경우에는 mysql 클라이언트 프로그램의 경로를 PATH 환경변수에 등록해 둔다.

MySQL 서버에 접속했다면 "SHOW DATABASES" 명령과 MySQL 서버에 기본으로 생성돼 있는 test 데이터베이스를 살펴보자. 처음 설치된 MySQL 서버에는 root라는 관리자 계정이 준비돼 있으며, 비밀번호는 설정돼 있지 않기 때문에 별도로 비밀번호를 입력하지 않고도 접속할 수 있다.

```
shell> mysql -uroot -p
Enter password: <비밀번호 입력 없이 엔터>
Welcome to the MySQL monitor.  Commands end with ; or \g.
Your MySQL connection id is 9
Server version: 5.1.54-toto_standard-log Toto mysql standard 64bit

Copyright (c) 2000, 2010, Oracle and/or its affiliates. All rights reserved.
This software comes with ABSOLUTELY NO WARRANTY. This is free software,
and you are welcome to modify and redistribute it under the GPL v2 license

Type 'help;' or '\h' for help. Type '\c' to clear the current input statement.

root@localhost:(none) 21:19:57>
```

MySQL 서버에 접속되면 바로 위의 마지막 줄과 같이 MySQL 프롬프트를 확인할 수 있다. MySQL 프롬프트는 설정에 따라 조금 다를 수 있지만 만약 2.3.5절, "my.cnf 설정 파일"(51쪽)의 예제 설정을 사용했다면 위와 같이 접속된 MySQL 계정과 현재 데이터베이스, 그리고 시간이 표시될 것이다. 이제 MySQL 서버에 어떤 데이터베이스가 준비돼 있는지 한번 확인해 보고, 그 중에서 기본적으로 존재하는 test 데이터베이스로 들어가 보자.

```
root@localhost:(none) 21:19:57>SHOW DATABASES;
+--------------------+
| Database           |
+--------------------+
| information_schema |
| mysql              |
| test               |
+--------------------+
3 rows in set (0.00 sec)

root@localhost:(none) 21:23:48>USE test;
root@localhost:test 21:23:51>
```

"SHOW DATABASES" 명령으로 데이터베이스의 목록을 조회해 보면 "information_schema"와 "mysql", "test"라는 데이터베이스가 표시될 것이다. MySQL 쿼리의 키워드는 대소문자를 구분하지 않기 때문에 소문자로만 명령을 입력해도 무방하다. 여기서 "information_schema"는 MySQL 서버에 존재하는 오브젝트(테이블이나 칼럼, 스토어드 프로시저나 함수 등)의 정보를 담고 있는 메타 정보 테이블이 저장된 데이터베이스다. 이 데이터베이스의 테이블은 모두 MyISAM 스토리지 엔진을 사용하고 있지만 디스크상에 "information_schema"라는 이름의 데이터베이스는 존재하지 않는다.

mysql 데이터베이스는 information_schema 데이터베이스와 중복된 정보도 조금 있지만 가장 중요한 보안과 관련된 내용이 주로 저장돼 있다. 그 밖에 접속 가능한 호스트나 계정 정보, 그리고 각 계정별 권한 등이 저장돼 있다. test 데이터베이스는 말 그대로 테스트 용도의 데이터베이스로서 일반적으로 서비스용 MySQL에서는 불필요하므로 삭제해 버린다. 그리고 기본적으로 MySQL 서버의 권한 정보에 "test"라는 단어가 들어간 데이터베이스는 누구든지 볼 수 있게 권한이 설정돼 있다. 서비스용 MySQL에서는 이 권한도 삭제해 주는 것이 좋다.

```
root@localhost:test 21:25:12>USE mysql;
root@localhost:mysql 21:25:12>SELECT * FROM user\G
*************************** 1. row ***************************
                 Host: %
                   Db: test\_%
                 User:
...

root@localhost:mysql 21:25:16> DELETE FROM db WHERE user='' AND host='%' AND db LIKE
'test%';
root@localhost:mysql 21:25:17> FLUSH PRIVILEGES;
```

다시 test 데이터베이스로 이동해 테이블을 생성해 보거나 INSERT 또는 UPDATE 등의 기본적인 명령을 실행해보자.

```
root@localhost:test 21:36:30> USE test;
root@localhost:test 21:36:37> CREATE TABLE tb_test(fd1 INT, fd2 VARCHAR(100), PRIMARY
KEY(fd1)) ENGINE=INNODB;
Query OK, 0 rows affected (0.09 sec)

root@localhost:test 21:36:47>DESC tb_test;
+-------+--------------+------+-----+---------+-------+
| Field | Type         | Null | Key | Default | Extra |
+-------+--------------+------+-----+---------+-------+
| fd1   | int(11)      | NO   | PRI | 0       |       |
| fd2   | varchar(100) | YES  |     | NULL    |       |
+-------+--------------+------+-----+---------+-------+
2 rows in set (0.01 sec)

root@localhost:test 21:36:55> INSERT INTO tb_test(fd1,fd2) VALUES (1,'test');
Query OK, 1 row affected (0.04 sec)
```

```
root@localhost:test 21:37:08> SELECT * FROM tb_test;
+-----+------+
| fd1 | fd2  |
+-----+------+
|   1 | test |
+-----+------+
1 row in set (0.00 sec)

root@localhost:test 21:37:15> UPDATE tb_test SET fd2='test1' WHERE fd1=1;
Query OK, 1 row affected (0.03 sec)
Rows matched: 1  Changed: 1  Warnings: 0

root@localhost:test 21:37:27> SELECT * FROM tb_test;
+-----+-------+
| fd1 | fd2   |
+-----+-------+
|   1 | test1 |
+-----+-------+
1 row in set (0.00 sec)

root@localhost:test 21:37:29>
```

2.5 MySQL 복제 구축

MySQL복제는 상당히 유연하면서도 간단한 구조다. 또한 복제를 구축하는 작업 자체도 그다지 복잡하지 않다. 우선 복제를 구축하고자 하는 MySQL 서버가 준비돼 있어야 한다. 여기서는 마스터 MySQL의 호스트명이 "host_master"이고 슬레이브 MySQL의 호스트명이 "host_slave"라고 하고 둘 모두 포트는 기본 포트인 3306을 사용한다고 해보자. MySQL 복제의 내부적인 구조나 처리 방식이 궁금하다면 먼저 3.1.6절, "복제(Replication)"(111쪽)를 참고한다.

2.5.1 설정 준비

MySQL 복제를 구축하려면 복제 그룹 내에 속한 각 MySQL 서버가 중복되지 않는 server-id 값을 가지고 있어야 한다. 또한 마스터 MySQL 서버는 반드시 바이너리 로그가 활성화돼 있어야 한다. 우선이 두 가지 사항이 우선적으로 MySQL 서버의 설정 파일에 적용된 상태에서 MySQL 서버가 시작해야한다. 또한 추가적으로 바이너리 로그의 동기화 방법을 지정하려면 sync_binlog 설정을 사용하면 된다. 바이너리 로그 파일의 크기와 바이너리 로그를 캐시하기 위한 메모리 크기를 추가로 지정해 줄 수도 있다. "log-bin-trust-function-creators" 설정값은 마스터 MySQL에서 스토어드 함수나 트리거를 생성할 때 발생하는 경고 메시지를 제거하기 위해 적용해 두었다.

```
[mysqld]
server-id = 101
log-bin                 = binary_log
sync_binlog             = 1
binlog_cache_size       = 5M
max_binlog_size         = 512M
expire_logs_days        = 14
log-bin-trust-function-creators = 1
...
```

슬레이브 MySQL 서버도 중복되지 않는 server-id를 가져야 한다. 슬레이브 MySQL에서는 릴레이 로그가 생성되는데, 릴레이 로그를 저장할 디렉터리나 더는 필요하지 않은 릴레이 로그를 자동으로 삭제하려면 "relay-log"와 "relay_log_purge" 옵션을 추가로 설정해야 한다. 또한 슬레이브 MySQL 서버는 일반적으로 읽기 전용으로 사용되므로 read_only 설정도 함께 사용하는 편이 좋다.

```
[mysqld]
server-id               = 102
relay-log               = relay_log
relay_log_purge         = TRUE
read_only
```

마스터와 슬레이브의 설정 파일에 각각 위의 예제 설정을 모두 적용하는 것을 권장하고, 필수적으로 적용해야 하는 것은 server-id와 마스터 MySQL의 log-bin 설정값이다.

마스터의 바이너리 로그와 슬레이브의 릴레이 로그를 별도의 디렉터리로 저장하려면 log-bin 설정과 relay-log 값을 다음 예제와 같이 절대 경로로 파일명까지 설정하면 된다.

```
log-bin                 = /var/mysql/binary_log
```

마스터 MySQL에서 바이너리 로그가 정상적으로 기록되고 있는지는 다음과 같이 마스터 MySQL 서버에 로그인해서 "SHOW MASTER STATUS"라는 명령을 실행하면 된다.

```
root@localhost:(none) 22:49:40>SHOW MASTER STATUS;
+------------------+----------+--------------+------------------+
| File             | Position | Binlog_Do_DB | Binlog_Ignore_DB |
+------------------+----------+--------------+------------------+
| binary_log.000269 | 82379498 |              |                  |
+------------------+----------+--------------+------------------+
```

이 결과값으로 현재 사용(기록)되고 있는 바이너리 로그 파일의 이름은 "binary_log.000269"이며, 해당 파일에서 현재까지 기록된 바이너리 로그의 위치는 82379498라는 점을 알 수 있다. 여기서 바이너리 로그의 위치(Position)는 실제 파일의 바이트 수를 의미하는 값이지만 크게 신경 쓰지 말고 그냥 위치 값이라고 생각하면 된다. MySQL 서버가 트랜잭션 쿼리를 계속 처리하고 있는 중이라면 이 값은 계속 증가할 것이다.

2.5.2 복제 계정 준비

슬레이브 MySQL이 마스터로부터 바이너리 로그를 가져오려면 마스터 MySQL 서버에 접속해 로그인해야 하는데, 이때 슬레이브가 사용할 계정을 복제용 계정이라고 한다. 복제용 계정은 마스터 MySQL에 미리 준비돼 있어야 하며, 이 계정은 반드시 "REPLICATION SLAVE" 권한을 가지고 있어야 한다. 그래서 "repl_user"라는 복제 계정을 아래와 같이 마스터 MySQL 서버에 생성하자.

```
mysql> CREATE USER 'repl_user'@'%' IDENTIFIED BY 'slavepass';
mysql> GRANT REPLICATION SLAVE ON *.* TO 'repl_user'@'%';
```

2.5.3 데이터 복사

이제 마스터 MySQL의 데이터를 슬레이브 MySQL 서버로 가져와서 적재해야 하는데, MySQL Enterprise backup이나 mysqldump 등을 이용해 데이터를 슬레이브 MySQL로 복사하면 된다. 일반적으로 데이터가 크지 않다면 mysqldump를 많이 사용하므로 mysqldump로 복사하는 방법을 예제로 살펴보자. 다음 명령은 한 줄로 입력해야 하며, 반드시 "--single-transaction"과 "--master-data=2" 옵션을 추가하자.

--single-transaction 옵션은 테이블이나 레코드 잠금을 걸지 않고 InnoDB 테이블을 백업할 수 있게 해 준다. 여기서 중요한 것은 백업이 시작되는 시점의 바이너리 로그 정보(바이너리 로그 파일명과 위치)를 알 수 있어야 하는데, --master-data=2 옵션은 바이너리 로그의 정보를 백업 파일에 같이

기록하게 해주기 때문에 꼭 포함시킨다. master-data 옵션은 바이너리 로그의 위치를 확인하기 위해 꼭 필요하지만, 이 옵션은 mysqldump 프로그램이 "FLUSH TABLES WITH READ LOCK" 명령으로 MySQL 서버의 글로벌 리드 락(모든 테이블에 읽기 잠금)을 걸게 한다. 글로벌 리드 락은 바이너리 로그의 위치를 순간적으로 고정시키기 위해서만 사용되는데, 장시간 수행되는 쿼리가 있다면 "FLUSH TABLES WITH READ LOCK" 명령이 모든 테이블의 잠금을 거는 데 많은 시간이 걸릴 수도 있다.

```
shell> mysqldump -uroot -p --opt --single-transaction --hex-blob --master-data=2
--routines --triggers --all-databases > master_data.sql
```

덤프가 완료되면 master_data.sql 파일을 슬레이브용 MySQL 서버로 옮겨서 다음과 같이 적재를 시작한다. 다음 예제는 master_data.sql 파일이 /tmp 디렉터리에 준비돼 있다고 가정한 적재 명령이다.

```
mysql> SOURCE /tmp/master_data.sql
```

2.5.4 복제 시작

이제 모든 준비가 완료됐고, 복제를 시작하기만 하면 된다. 그전에 지금 마스터와 슬레이브의 데이터 상태가 어떤지, 복제를 시작하면 어떻게 동기화가 진행되는지 그림으로 간단히 살펴보자.

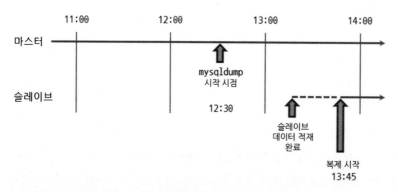

[그림 2-14] 마스터와 슬레이브의 데이터 상태(슬레이브에 데이터 적재 완료 시점)

그림 2-14를 보면서 "슬레이브 데이터 적재 완료" 시점의 마스터와 슬레이브의 데이터 상태가 어떻게 다른지, 마스터와 슬레이브의 데이터를 어떻게 동기화할지 한번 살펴보자. 우선 마스터 MySQL에서 12:30분부터 mysqldump를 이용해 마스터의 데이터를 백업받아 13시 20분쯤에 슬레이브에 모두 적재했다. 그러면 슬레이브의 데이터 적재가 완료된 13시 20분 시점에서 보면 슬레이브의 데이터는 마스터의 데이터보다 50분이 지연된 상태다.

이제 다음으로 넘어가서 마스터와 슬레이브의 복제를 시작해보자. 복제를 시작하는 명령은 CHANGE MASTER 명령으로, mysqldump로 백업받은 파일의 헤더 부분에서 해당 명령어를 참조할 수 있다. 백업받은 파일은 크기가 크기 때문에 vi 같은 텍스트 편집기보다는 less와 같은 페이지 단위의 뷰어를 이용해 여는 것이 좋다. less 명령으로 첫 번째 페이지만 참조하면 되기 때문에 바로 "q" 키를 눌러 less 명령을 종료하고 위로부터 대략 22번째 줄에 있는 "CHANGE MASTER"로 시작하는 줄만 텍스트 편집기에 복사해둔다.

```
shell> less /tmp/master_data.sql

...
--
-- Position to start replication or point-in-time recovery from
--

-- CHANGE MASTER TO MASTER_LOG_FILE='binary_log.000007', MASTER_LOG_POS=2741;
```

이제 편집기에 복사해 둔 내용에 마스터 MySQL 서버의 호스트명, 포트, 복제용 사용자 계정, 비밀번호를 다음과 같이 추가해 복제 시작 명령을 준비한다.

```
CHANGE MASTER TO MASTER_LOG_FILE='binary_log.000007',
    MASTER_LOG_POS=2741,master_host='host_master',master_port=3306,
    master_user='repl_user',master_password='slavepass'
```

이 명령을 그대로 슬레이브 MySQL 서버에 로그인해서 실행한 뒤 "SHOW SLAVE STATUS" 명령을 실행해 보면 복제 관련 정보가 슬레이브 MySQL에 등록돼 있는 것을 확인할 수 있다. 하지만 Slave_IO_Running와 Slave_SQL_Running가 "No"로 돼 있는 것은 복제 관련 정보가 등록만 된 것이지 동기화가 시작되지는 않았음을 보여 준다. 이 상태에서 "START SLAVE" 명령을 한번 실행(위의 그림에서 보면 START SLAVE 명령이 13:45분에 실행된 것임)하면 위의 두 스레드가 Yes로 값이 바뀌면서 슬레이브는 가능한 한 빨리 12:30분부터 13:45분까지의 데이터 차이를 마스터로부터 가져와 적용하게 된다.

```
mysql> SHOW SLAVE STATUS\G
*************************** 1. row ***************************
            Slave_IO_State: ...
               Master_Host: host_master
               Master_User: repl_user
               Master_Port: 3306
```

```
         Connect_Retry: 60
       Master_Log_File: binary_log.000007
    Read_Master_Log_Pos: 2741
...
       Slave_IO_Running: No
      Slave_SQL_Running: No
...
```

마스터 MySQL 서버에서 12:30분부터 13:45까지 변경된 데이터가 그리 많지 않다면 동기화는 몇 분이내에 완료되지만 데이터가 많다면 생각보다 시간이 걸릴 수도 있다. "SHOW SLAVE STATUS" 명령의 결과값에 표시되는 "Seconds_Behind_Master"의 상태 값이 0이 되면 마스터와 슬레이브의 데이터가 완전히 동기화됐음을 의미한다.

만약 "START SLAVE" 명령을 실행했는데도 Slave_IO_Running과 Slave_SQL_Running 상태가 Yes로 변경되지 않는다면 마스터 MySQL 서버의 호스트명이나 포트 또는 슬레이브용 접속 계정과 비밀번호가 잘못 입력됐을 가능성이 상당히 높기 때문에 그 정보가 제대로 입력됐는지 확인하는 것이 좋다. 또한 마스터 MySQL과 슬레이브 MySQL 간에 네트워크상의 문제가 없는지도 확인해 보는 것이 좋다.

2.6 권한 관리

MySQL에서 사용자 계정을 생성하는 방법이나 각 계정의 권한을 설정하는 방법은 다른 DBMS와는 조금 차이가 있다. 대표적으로 MySQL의 사용자 계정은 단순히 사용자의 아이디뿐 아니라 해당 사용자가 어느 IP에서 접속하고 있는지도 확인한다. 또한 MySQL에서는 권한을 묶어서 관리하는 롤(Role)의 개념이 존재하지 않기 때문에 일반적으로 모든 권한을 사용자에게 부여해 버릴 때가 많다. 여기서는 MySQL 사용자의 인증 방법이나 꼭 필요한 권한만 부여하는 방법 등을 살펴보겠다. MySQL에서 제공되는 이러한 권한 체계만 잘 적용해도 기본적인 데이터베이스의 보안은 유지될 수 있을 것이다.

2.6.1 사용자의 식별

MySQL의 사용자는 다른 DBMS와는 조금 다르게 사용자의 계정뿐 아니라 사용자의 접속 지점(클라이언트가 실행된 호스트 명이나 도메인 또는 IP 주소)도 계정의 일부가 된다. 따라서 MySQL에서 계정을 언급할 때는 다음과 같이 항상 아이디와 호스트가 같이 명시돼야 한다. 아이디나 IP 주소를 감싸는 역따옴표(`)는 MySQL에서 식별자를 감싸는 따옴표 역할을 하는데 이는 종종 그냥 홑따옴표(')로도 자주 바뀌어서 사용된다. 다음의 사용자 계정은 항상 MySQL 서버가 기동 중인 로컬 호스트에서 svc_id라는 아이디로 접속할 때만 사용될 수 있는 계정이다. 만약 사용자 계정에 다음과 같은 계정만 등록돼 있다면 다른 컴퓨터로부터는 svc_id라는 아이디로 접속할 수 없음을 의미한다.

```
'svc_id'@'127.0.0.1'
```

만약 모든 외부 컴퓨터로부터 접속이 가능한 사용자 계정을 생성하고자 한다면 사용자 계정의 호스트 부분을 "%" 문자로 대체하면 된다. 즉 "%" 문자는 모든 IP 또는 모든 호스트 명을 의미한다. 사용자 계정 식별에서 또 한 가지 주의해야 할 점은 서로 동일한 아이디가 있을 때 MySQL 서버가 해당 사용자의 인증을 위해 어떤 계정을 선택하느냐다. 예를 들어 다음과 같은 사용자 계정이 있는 MySQL 서버가 있다고 해보자.

```
'svc_id'@'192.168.0.10'  (이 계정의 비밀번호는 123)
'svc_id'@'%'             (이 계정의 비밀번호는 abc)
```

IP 주소가 192.168.0.10인 PC에서 이 MySQL 서버에 접속할 때 MySQL 서버가 첫 번째 계정 정보를 이용해 인증을 실행할지 아니면 두 번째 계정 정보를 이용할지에 따라 이 접속은 성공할 수도 있고 실패할 수도 있다. MySQL은 둘 중에서 어떤 것을 선택할까? 권한이나 계정 정보에 대해 MySQL은 범위가 가장 작은 것을 항상 먼저 선택한다. 즉, 위의 두 계정 정보 가운데 범위가 좁은 것은 "%"가 포함되지 않은 svc_id@192.168.0.10이기 때문에 IP가 명시된 계정 정보를 이용해 이 사용자를 인증하게 된다. 이 사용자가 IP가 192.168.0.10인 PC에서 svc_id라는 아이디와 abc라는 비밀번호로 로그인하면 "비밀번호가 일치하지 않는다"라는 이유로 접속이 거절될 것이다. 의도적으로 이런 중첩된 계정을 생성하지는 않겠지만 실수로 자주 이런 현상이 발생하게 되므로 사용자 계정을 생성할 때 주의해야 한다.

2.6.2 권한

MySQL에서는 여러 가지 권한(Privileges)이 존재하는데, 이 권한을 묶어서 DBA라든지 BACKUP이라는 권한 그룹(Role)으로 관리하는 기능은 제공하지 않는다. 모든 사용자는 하나하나의 권한을 가지고 있을 뿐이다. 그래서 매번 사용자 계정을 새로이 생성하거나 사용자 계정의 권한을 변경할 때는 권한 아이템을 하나씩 제어해야 하는데, 이는 상당히 귀찮은 작업이 될 수 있다. 이럴 경우 권한을 미리 묶어서 템플릿처럼 만들어 두면 아주 유용하다.

우선 MySQL에서 사용 가능한 권한으로 어떤 것이 있는지 한번 살펴보자.

권한 명	범위	버전	설명
ALTER	로컬	MySQL 5.0 이상	테이블 스키마 변경
ALTER ROUTINE	로컬	MySQL 5.0 이상	스토어드 프로시저 변경
CREATE	로컬	MySQL 5.0 이상	테이블 생성
CREATE ROUTINE	로컬	MySQL 5.0 이상	스토어드 프로시저 생성
CREATE TEMPORARY TABLES	로컬	MySQL 5.0 이상	임시 테이블 생성
CREATE VIEW	로컬	MySQL 5.0 이상	뷰 생성
DELETE	로컬	MySQL 5.0 이상	레코드 삭제
DROP	로컬	MySQL 5.0 이상	테이블 삭제
EVENT	로컬	MySQL 5.1 이상	이벤트 생성 및 변경
EXECUTE	로컬	MySQL 5.0 이상	프로시저 실행
INDEX	로컬	MySQL 5.0 이상	인덱스 생성과 삭제
INSERT	로컬	MySQL 5.0 이상	레코드 INSERT
LOCK TABLES	로컬	MySQL 5.0 이상	테이블 잠금(InnoDB 테이블의 레코드 잠금 아님)
SELECT	로컬	MySQL 5.0 이상	레코드 SELECT
SHOW VIEW	로컬	MySQL 5.0 이상	뷰의 생성 스크립트 조회
TRIGGER	로컬	MySQL 5.1 이상	트리거 생성과 삭제
UPDATE	로컬	MySQL 5.0 이상	레코드 UPDATE
GRANT OPTION	로컬	MySQL 5.0 이상	권한 부여 옵션
ALL [PRIVILEGES]	전역	MySQL 5.0 이상	GRANT OPTION 권한을 제외한 여기에 명시된 모든 권한
CREATE USER	전역	MySQL 5.0 이상	사용자 생성
FILE	전역	MySQL 5.0 이상	MySQL 서버에서 파일 접근(SELECT INTO OUTFILE..., LOAD DATA IN ...)
PROCESS	전역	MySQL 5.0 이상	프로세스의 목록과 각 프로세스의 실행 쿼리 조회(SHOW PROCESSLIST)
RELOAD	전역	MySQL 5.0 이상	로그 및 권한 또는 테이블 정보에 대한 FLUSH 명령 사용 권한

REPLICATION CLIENT	전역	MySQL 5.0 이상	SHOW MASTER[SLAVE] STATUS 명령의 사용
REPLICATION SLAVE	전역	MySQL 5.0 이상	복제를 위해 바이너리 로그를 읽어갈 수 있는 권한(복제용 사용자 계정이 가져야 하는 권한)
SHOW DATABASES	전역	MySQL 5.0 이상	DB의 목록 조회 권한
SHUTDOWN	전역	MySQL 5.0 이상	MySQL 서버의 종료 권한
SUPER	전역	MySQL 5.0 이상	밑의 추가 설명 참조
USAGE	전역	MySQL 5.0 이상	아무런 권한이 없는 사용자도 생성할 수 있으며, 이런 사용자는 주로 SSL을 통해 사용를 설정하거나 글로벌 권한을 아무것도 가지지 않는 경우에 자주 사용된다.

명시된 권한에서 바탕색이 있는 권한은 순수하게 DB 관리와 연관된 권한이므로 일반 사용자나 서비스 계정에 부여할 때는 주의가 필요하다.

SUPER

SUPER 권한은 유닉스의 root 사용자와 같은 권한을 의미하지는 않지만 특정한 상황에서는 제한을 넘어서서 뭔가 작업을 할 수 있는 권한이다. read_only 설정으로 인해 읽기 전용으로 설정된 MySQL 서버에서 데이터를 변경할 수 있으며, max_connections 제한으로 더는 커넥션을 생성할 수 없는 상황에서도 SUPER 권한을 가진 사용자에 대해 단 1개의 커넥션을 더 생성할 수 있다. 또한 MySQL 5.0(TRIGGER 권한이 없는 버전)에서 트리거를 생성하거나 삭제하는 데 필요한 권한이다. 사실 MySQL 서버에서 가장 애매모호한 권한을 꼽으라면 SUPER 권한일 것이다. 좀 특이한 상황에서 필요한 권한은 모두 SUPER에 할당해 뒀다는 느낌이 든다. 가능하면 일반 사용자나 서비스 계정에는 SUPER 권한을 부여하지 않는 것이 좋다.

전역 권한과 로컬 권한

위의 표에서 권한의 범위라는 것이 있다. MySQL에서 각 권한의 범위는 전역이나 로컬 중 하나이며, 전역 권한은 DB나 테이블 단위의 권한이 아니라 MySQL의 서버 전역적으로 작동하는 권한을 의미한다. MySQL 서버의 프로세스나 복제에 관련된 정보와 같이 테이블이나 칼럼이 아니라 MySQL 서버 전체에 영향을 미치는 권한은 모두 전역 권한으로 분류돼 있다. 로컬 권한은 기본적으로는 DB 단위로 부여하는 권한이지만 테이블이나 칼럼 단위까지 부여할 수 있다. 하지만 MySQL에서는 권한을 칼럼 단위로 부여하지 않는 것이 성능상 좋다.

MySQL의 사용자 계정 초기화

MySQL에서 root 사용자 계정은 기본적으로 모든 권한을 가지고 있는 것으로 초기화돼 있다. 처음 설치된 MySQL 서버에는 비밀번호가 없는 root 계정과 아이디가 없는 계정도 있다. 따라서 항상 새로운 MySQL을 설치하면 모든 사용자 계정을 삭제하고 다시 재설정할 것을 권장한다. 또, MySQL의 관리자 계정은 항상 root인 것으로 생각하는 사용자가 많은데, 이는 초기에 설치된 MySQL의 root 계정이 모든 권한을 가지고 있게 되어 있기 때문이다. MySQL에서 "root"라는 이름의 계정이 항상 필요한 것은 아니기 때문에 필요하다면 MySQL 서버의 관리자 계정을 "admin"으로 변경해도 무방하다(단 관리자로서 필요한 권한은 모두 별도로 부여해야 한다).

권한 부여

다른 사용자에게 권한을 부여할 때는 GRANT SQL 문장을 사용한다. GRANT 문장은 다음과 같은 문법으로 작성하는데, 각 권한의 특성(범위)에 따라 GRANT 문장의 ON 절에 명시되는 오브젝트(DB나 테이블)의 내용이 바뀌어야 한다.

```
mysql> GRANT privilege_list ON db.TABLE TO 'user'@'host';
mysql> GRANT privilege_list ON db.TABLE TO 'user'@'host' IDENTIFIEID BY 'password'
          WITH GRANT OPTION;
```

GRANT 문장이 실행될 때, 지정된 사용자가 존재하지 않으면 먼저 해당 사용자를 생성하고 권한을 부여한다. 이런 경우에는 IDENTIFIED BY 절을 이용해 사용자의 비밀번호까지 설정할 수 있다. "GRANT OPTION" 권한은 다른 권한과 달리 GRANT 문장의 마지막에 "WITH GRANT OPTION"을 이용해 부여한다. privilege_list에는 구분자(,)를 써서 위의 표에 명시된 권한 여러 개를 동시에 명시할 수 있다. TO 키워드 뒤에는 권한을 부여할 대상 사용자를 명시하고, ON 키워드 뒤에는 어떤 DB의 어떤 오브젝트에 권한을 부여할지 결정할 수 있는데, 권한의 범위에 따라 사용하는 방법이 달라진다. 간단하게 예제를 한번 살펴보자.

글로벌 권한

```
mysql> GRANT SUPER ON *.* TO 'user'@'localhost';
```

글로벌 권한은 특정 DB나 테이블에 부여될 수 없기 때문에 글로벌 권한을 부여할 때 GRANT 명령의 ON 절에는 항상 "*.*"를 사용하게 된다. "*.*"은 모든 DB의 모든 오브젝트(테이블과 스토어드 프로시저나 함수 등)를 의미한다. SUPER 같은 글로벌 권한은 DB 단위나 오브젝트 단위로 부여할 수 있는 권한이 아니라서 항상 "*.*"로만 대상을 사용할 수 있다.

DB 권한

```
mysql> GRANT EVENT ON *.* TO 'user'@'localhost';
mysql> GRANT EVENT ON employees.* TO 'user'@'localhost';
```

DB 권한은 특정 DB에 대해서만 권한을 부여하거나 서버에 존재하는 모든 DB에 대해 권한을 부여할 수 있기 때문에 위의 예제와 같이 ON 절에 "*.*"이나 "employees.*" 모두 사용할 수 있다.

하지만 DB 권한만 부여하는 경우에는(DB 권한은 테이블에 대해 부여할 수 없기 때문에) employees.department 와 같이 테이블까지 명시할 수 없다. 순수하게 DB 수준에서만 부여될 수 있는 권한은 EVENT밖에 없지만 DB 권한은 서버에 전체적으로 모든 DB에 적용할 수 있으므로 대상에 "*.*"을 사용할 수 있다. 또한 특정 DB에 대해서만 권한을 부여하는 것도 가능하기 때문에 "db.*"로 대상을 설정하는 것도 가능하다. 하지만 오브젝트 권한처럼 "db.table"로 오브젝트(테이블)까지 명시할 수는 없다.

오브젝트 권한

```
mysql> GRANT SELECT,INSERT,UPDATE,DELETE ON *.* TO 'user'@'localhost';
mysql> GRANT SELECT,INSERT,UPDATE,DELETE ON employees.* TO 'user'@'localhost';
mysql> GRANT SELECT,INSERT,UPDATE,DELETE ON employees.department TO 'user'@'localhost';
```

오브젝트 권한은 첫 번째 예제와 같이 서버의 모든 DB에 대해 권한을 부여하는 것도 가능하며, 두 번째 예제와 같이 특정 DB의 오브젝트에 대해서만 권한을 부여하는 것도 가능하다. 그리고 세 번째 예제와 같이 특정 DB의 특정 테이블에 대해서만 권한을 부여하는 것도 당연히 가능하다. 오브젝트 권한은 서버 전체적으로 모든 오브젝트에 권한을 부여하고자 대상을 "*.*"로 사용하는 것도 가능하며, 특정 DB 내의 모든 오브젝트에 대해 적용할 수도 있으므로 "db.*"과 같이 사용할 수 있다.

테이블의 특정 칼럼에 대해서만 권한을 부여하는 경우에는 GRANT 문장의 문법이 조금 달라져야 한다. 칼럼에 부여할 수 있는 권한은 DELETE를 제외한 INSERT와 UPDATE, 그리고 SELECT로 3가지이며, 각 권한의 뒤에 칼럼을 명시하는 형태로 부여한다. employees DB의 department 테이블에서 dept_name 칼럼을 업데이트할 수 없도록 권한을 부여하려면 다음과 같이 GRANT 구문을 사용하면 된다. 이 경우 SELECT나 INSERT는 모든 칼럼에 대해 수행할 수 있지만 UPDATE는 dept_name 칼럼에 대해서만 수행할 수 있다.

```
mysql> GRANT SELECT,INSERT,UPDATE(dept_name) ON employees.department TO 'user'@'localhost';
```

여러 가지 레벨이나 범위로 권한을 설정하는 것이 가능하지만 테이블이나 칼럼 단위의 권한은 잘 사용하지 않는다. 칼럼 단위의 권한이 하나라도 설정되면 나머지 모든 테이블의 모든 칼럼에 대해서도 권한 체크를 하기 때문에 칼럼 하나에 대해서만 권한을 설정하더라도 결과적으로 성능에 좋지 않은 영향을 끼친다. 칼럼 단위의 접근 권한이 꼭 필요하다면 GRANT로 해결하기보다는 테이블에서 권한을 허용하고자 하는 칼럼만으로 별도의 뷰(VIEW)를 만들어 사용하는 방법을 권장한다. 뷰도 하나의 테이블로 인식되기 때문에 뷰를 만들어 두면 뷰의 칼럼에 대해 권한을 체크하지 않고 뷰 자체에 대한 권한만 체크하게 된다.

MySQL의 관리자 계정 준비

root라는 관리자 계정은 너무 많이 알려져 있기 때문에 별도의 아이디를 이용해 관리자 계정을 준비하는 것이 좋다. 다음 예제에서는 admin이라는 아이디를 관리자 계정으로 사용하는데, 이 또한 보안상 그리 바람직하진 않다. 만약 적당한 관리자 계정 이름을 골랐다면 권한은 고민할 필요없이 모든 권한을 부여하면 된다. 마지막으로 로컬 서버에서만 관리자 계정 접속이 가능하도록 'admin'@'localhost'와 'admin'@'127.0.0.1'만 허용했다.

```
mysql> GRANT ALL ON *.* TO 'admin'@'localhost' identified BY 'adminpass' WITH GRANT OPTION;
mysql> GRANT ALL ON *.* TO 'admin'@'127.0.0.1' identified BY 'adminpass' WITH GRANT OPTION;

mysql> UPDATE mysql.user SET grant_priv='Y' WHERE USER='root';
mysql> FLUSH PRIVILEGES;
```

위의 두 명령은 아이디가 admin인 관리자 계정을 생성하는 명령이다. 가끔 특정 버전에서의 버그 때문에 위의 명령으로도 GRANT 권한이 추가되지 않을 때가 있다. 이 문제를 해결하기 위해(세 번째 줄의 명령으로) 강제로 user 테이블에 GRANT 옵션을 부여하고 마지막으로 FLUSH PRIVILEGES 명령으로 권한을 적용했다.

MySQL 백업용 계정

데이터베이스 백업은 필수다. 백업을 DB 관리자 계정으로 실행할 필요는 없다. 다만, 백업 계정의 비밀 번호는 스크립트 파일에 노출될 수밖에 없기 때문에 최소 권한을 가지도록 별도로 준비하는 것이 좋다.

```
mysql> GRANT LOCK TABLES,RELOAD,REPLICATION CLIENT,
       SELECT, SHOW DATABASES, SHOW VIEW
       ON *.* TO 'backup'@'127.0.0.1' identified BY 'backuppass';

mysql> GRANT LOCK TABLES,RELOAD,REPLICATION CLIENT,
       SELECT, SHOW DATABASES, SHOW VIEW
       ON *.* TO 'backup'@'localhost' identified BY 'backuppass';
```

MySQL의 서비스용 계정 준비

서비스 계정은 백업용 계정과 같이 스크립트나 애플리케이션의 설정 파일에 아이디와 비밀번호가 암호화되지 않고 기록될 때가 많기 때문에 전체 데이터베이스에 대한 권한은 허용하지 않는 것이 좋다. 그나마 백업용 계정은 MySQL 서버의 로컬에서만 사용되지만 서비스용 계정은 웹 서버와 같은 애플리케이션이 작동하는 서버에 위치하기 때문에 더 노출되기가 쉽다. 따라서 서비스용 계정은 최소한으로 부여하는 것이 가장 좋다.

```
mysql> GRANT FILE,PROCESS,RELOAD,REPLICATION CLIENT,REPLICATION SLAVE,
       SHOW DATABASES ON *.* TO 'svc_user'@'%' identified BY 'svc_userpass';

mysql> GRANT
       ALTER, ALTER ROUTINE, CREATE, CREATE ROUTINE, CREATE VIEW, DROP, INDEX, SHOW VIEW,
```

```
CREATE TEMPORARY TABLES, DELETE, EXECUTE, INSERT, LOCK TABLES, SELECT, UPDATE
ON 'svc_db_name'.* TO 'svc_user'@'%';
```

우선 위의 첫 번째 명령으로 서비스용 계정을 생성하고, 그 계정에 전역적으로 부여돼야 하는 FILE
이나 PROCESS와 같은 권한도 부여했다. 하지만 서비스용 계정으로 MySQL 서버의 프로세스 목록
을 조회하거나 복제 관련 정보를 조회하지 않는다면 서비스용 계정의 전역 권한은 "FILE" 권한만으로
도 충분하다. 그리고 절대 SUPER 권한은 부여하지 않도록 주의하자. 그리고 서비스용 계정이 접속
해 쿼리를 실행해야 하는 DB별로 두 번째 명령을 실행하자. 이 명령에서도 서비스용 계정으로 테이블
이나 인덱스 또는 스토어드 프로그램을 생성하지 않아도 된다면 두 번째 명령의 첫 번째 줄에 있는 권
한(ALTER, ALTER ROUTINE, CREATE, CREATE ROUTINE, CREATE VIEW, DROP, INDEX,
SHOW VIEW)은 부여하지 않는 것이 좋다.

2.7 예제 데이터 적재

나중에 실행 계획이나 쿼리 작성 부분에서 예제로 사용하는 데이터베이스를 생성하는 방법을 알
아보자. 예제 데이터베이스에서 사용할 데이터는 Giuseppe Maxia가 만든 MySQL용 테스트
데이터인데, https://launchpad.net/test-db/에서 배포하고 있으며, 데이터 덤프 파일은 화
면 오른쪽의 "employees-db-full-1.0.6"(http://launchpad.net/test-db/employees-
db-1/1.0.6/+download/employees_db-full-1.0.6.tar.bz2)을 클릭해서 내려받으면 된다.
employees-db-full-1.0.6버전의 데이터 파일은 이 책의 카페(http://cafe.naver.com/realmysql)
자료실에서도 다운로드 할 수 있으므로, 위의 사이트에서 다룬로드가 어렵다면 카페를 이용하자. 내려
받은 파일의 압축을 풀면 여러 가지 테스트용 데이터베이스 집합이 나오는데, 그 중에서 "employees.
sql" SQL 파일을 이용해 데이터를 적재하면 된다. 더 자세한 내용은 MySQL 홈페이지(http://dev.
mysql.com/doc/employee/en/employee.html)에서 확인할 수 있으니 참고한다.

이제 준비된 MySQL 서버에 "employees.sql" 파일을 이용해 다음과 같이 데이터를 적재하자.
"employees.sql" 파일에서 나머지 테이블의 데이터를 적재하기 위해 각 *.dump 파일을 호출하기 때
문에 다른 데이터 파일도 모두 같은 디렉터리에 준비돼 있어야 한다.

```
shell> tar jxvf employees_db-full-1.0.6.tar.bz2
shell> cd employees_db
shell> mysql -uroot -p
root@localhost:employees 22:35:25> SOURCE employees.sql
```

이 명령이 실행되면서 데이터베이스나 테이블의 생성 관련 정보 및 데이터 적재에 관련된 여러 가지 메시지가 출력되므로 정상적으로 적재 작업이 진행되는지 확인할 수 있다. 적재 작업이 완료된 후 다음과 같이 데이터베이스 내에 준비된 테이블의 목록과 주요 테이블의 건수를 한번 조회해 보자. 그리고 마지막으로 "SHOW CREATE TABLE" 명령으로 각 테이블이 InnoDB 스토리지 엔진을 사용하도록 만들어졌는지도 함께 확인하자.

```
root@localhost:employees 22:38:55> SHOW TABLES;
+---------------------+
| Tables_in_employees |
+---------------------+
| departments         |
| dept_emp            |
| dept_manager        |
| employees           |
| salaries            |
| titles              |
+---------------------+
6 rows in set (0.00 sec)

root@localhost:employees 22:39:02> SELECT COUNT(*) FROM employees;
+----------+
| COUNT(*) |
+----------+
|   300024 |
+----------+

root@localhost:employees 22:39:31> SELECT COUNT(*) FROM salaries;
+----------+
| COUNT(*) |
+----------+
|  2844047 |
+----------+

root@localhost:employees 22:41:33> SHOW CREATE TABLE employees\G
*************************** 1. row ***************************
       Table: employees
Create Table: CREATE TABLE 'employees' (
  'emp_no' int(11) NOT NULL,
  'birth_date' date NOT NULL,
  'first_name' varchar(14) NOT NULL,
  'last_name' varchar(16) NOT NULL,
```

```
  'gender' enum('M','F') NOT NULL,
  'hire_date' date NOT NULL,
  PRIMARY KEY ('emp_no')
) ENGINE=InnoDB DEFAULT CHARSET=utf8
```

이제 데이터는 모두 적재됐지만 이 책에서 사용하기에 적절하지 않은 인덱스 구성이나 불필요한 외래 키가 설정돼 있어서 다시 한번 정리하는 작업이 필요하다. 이 작업은 다음과 같이 직접 명령을 실행하거나 이 책의 예제로 제공되는 "employees_schema_modification.sql" 파일을 동일하게 실행하면 된다. 명령의 실행이 완료된 후 salaries 테이블의 내용을 확인해 외래키 제약이 없어졌는지 확인해 보자.

```
root@localhost:employees 22:40:06>SOURCE employees_schema_modification.sql

root@localhost:employees 22:46:16> SHOW CREATE TABLE employees\G
*************************** 1. row ***************************
       Table: salaries
Create Table: CREATE TABLE 'salaries' (
  'emp_no' int(11) NOT NULL,
  'salary' int(11) NOT NULL,
  'from_date' date NOT NULL,
  'to_date' date NOT NULL,
  PRIMARY KEY ('emp_no','from_date'),
  KEY 'emp_no' ('emp_no')
) ENGINE=InnoDB DEFAULT CHARSET=utf8
```

또한 이 스크립트는 전문 검색 예제로 필요한 employee_name이라는 테이블과 "tb_dual"이라는 테이블도 생성하므로 간단하게 "SHOW CREATE TABLE" 명령으로 테이블의 내용을 한번 확인해 두자.

2.8 전문 검색을 위한 MySQL 설치

전문 검색(Fulltext Search)이란 문자열 데이터(문서나 문장 또는 단어 형태의 데이터)에서 원하는 검색어가 포함돼 있는지 검색하고 검색어와 일치하는 결과를 가져오는 것을 말한다. 일반적으로 B-Tree 나 해시 인덱스는 단어 형태나 문장 형태의 문자열 데이터를 전체 일치 또는 전방(Prefix) 일치 형태로 검색하는 방식에 적합한 구조다. 따라서 대용량의 문서나 문장에서 특정한 검색어가 포함돼 있는지 찾아내는 작업은 상당히 비효율적으로 작동하게 된다. 이러한 문제점을 해결하기 위해 전문 검색 엔진이 출현하게 된 것이다. MySQL에도 내장된 전문 검색 엔진도 있지만 띄어쓰기나 문장 부호 등과 같은 구분자(StopWord)로 구분된 단어만 검색할 수 있으므로 정확히 원하는 바를 검색하기가 어려울 때가 많다. 여기서는 MySQL의 빌트인 전문 검색 엔진을 대체할 만한 새로운 플러그인을 소개한다.

2.8.1 MySQL의 내장 전문 검색 엔진

MySQL에 내장된 전문 검색 엔진은 별도의 추가 설정이나 컴파일 없이 바로 사용할 수 있게 준비돼 있으므로 설치할 때 특별히 전문 검색 엔진에 대해 별도로 작업할 사항은 없다.

2.8.2 MySQL 5.0 버전의 트리톤 설치

MySQL 빌트인 전문 검색 엔진은 최근에서야 비로소 UTF-8 문자집합을 지원하기 시작했기에 그 이전까지는 멀티바이트 문자를 사용하는 아시아권에서는 사용하기가 적합하지 않았다. 이런 문제점을 해결하고자 일본의 몇몇 회사에서 합작해 일본어를 포함한 UTF-8 문자집합을 지원하는 전문 검색 엔진을 개발했는데, 이것이 트리톤(Tritonn)이다. 또한 MySQL 내장 전문 검색 엔진이 구분자 기반의 전문 검색 엔진인 반면 트리톤은 N-그램(n-Gram) 방식의 전문 검색 엔진이라서 띄어쓰기나 문장 부호와 같은 구분자에 대한 정의가 필요치 않으며, 구분자 방식의 전문 검색 엔진보다 훨씬 더 검색 정확도가 높은 편이다. 또한 검색 엔진의 성능 또한 빌트인 검색 엔진보다 빠르다. 트리톤에 대한 더 자세한 내용은 홈페이지(http://qwik.jp/tritonn/)나 8.1.3절, "트리톤 전문 검색"(578쪽)을 참고하자.

여기서는 트리톤을 설치하는 방법을 간단히 알아보겠다. 트리톤은 소스코드 패치를 통해 설치할 수 있기 때문에 MySQL의 모든 버전에 대해 트리톤 기능을 사용할 수 있는 것은 아니다. 즉 트리톤을 사용하려면 MySQL 5.0.87의 커뮤니티 버전만 사용할 수 있다. 만약 MySQL 5.1 또는 그 이상의 버전에서 전문 검색 엔진을 사용하고 싶다면 2.8.3절, "MySQL 5.1 버전의 mGroonga 설치"(97쪽) 부분을 참고하자.

트리톤 다운로드

우선 트리톤 다운로드 페이지(http://qwik.jp/tritonn/download.html)를 방문해 트리톤 소스코드나 이미 빌드된 RPM을 내려받자. 아마도 사이트가 일본어여서 조금 어려울 수 있지만 RPM의 경우에는 운영체제에 맞는 버전을 내려받아 MySQL의 RPM 패키지와 동일하게 설치하면 된다. 또한 직접 컴파일할 때는 tritonn-1.0.12-mysql-5.0.87.tar.gz 파일을 내려받는다. 트리톤 사이트의 다운로드 페이지에는 이미 컴파일된 파일과 소스 파일의 이름이 똑같이 존재하므로 파일을 내려받을 때 컴파일된 것이 아닌 소스 파일을 다운로드하자. 이 파일명에서 "tritonn-1.0.12"는 트리톤의 버전이며,

"mysql-5.0.87"은 MySQL의 버전을 의미한다. 즉, 이 소스 파일은 5.0.87 버전의 MySQL 커뮤니티 버전에 트리톤 1.0.12 버전의 코드를 (소스코드 레벨에서) 패치해 둔 파일임을 의미한다. 이미 트리톤의 소스코드가 패치돼 있기 때문에 별도의 소스코드 패치 작업은 필요치 않다. 또한 트리톤은 내부적으로 세나(Senna)라는 인덱싱 라이브러리를 사용하기 때문에 세나 홈페이지(http://sourceforge.jp/projects/senna/releases/)에서 세나 소스 파일인 "senna-1.1.5.tar.gz"를 내려받는다. 사용자 입장에서 세나 라이브러리나 기능을 직접 사용할 필요는 없기 때문에 세나에 대한 소개는 생략한다.

트리톤 컴파일 및 설치

트리톤의 코드가 패치된 MySQL 5.0.87 버전의 소스코드로 컴파일해서 설치하는 방법을 살펴보겠다. 트리톤을 컴파일하기 전에 먼저 내려받은 세나 소스를 컴파일해서 설치해야 한다. 세나는 다음과 같이 간단히 컴파일하고 설치할 수 있다. "mecab"은 일본어 분석 기능을 위한 라이브러리라서 일본어에 대한 구문 분석이 필요치 않으면 세나를 컴파일하는 과정에서 "--without-mecab" 옵션을 설정해 이 기능을 제거한다.

```
shell> tar zxvf senna-1.1.5.tar.gz
shell> cd senna-1.1.5
shell> ./configure --prefix=/usr --without-mecab
shell> make
shell> make install

## /usr/bin/senna 파일을 확인해 세나가 정상적으로 설치됐는지 확인
shell> ls -al /usr/bin/senna
```

"make install"까지 완료한 후 "/usr/bin/senna" 파일이 존재하는지 확인(세나가 제대로 컴파일되고 설치됐는지)하고 MySQL을 컴파일하는 과정으로 넘어간다. 트리톤이 포함된 MySQL 소스코드도 표준 MySQL과 크게 다르지 않은 과정과 옵션으로 컴파일하고 설치할 수 있다.

```
shell> tar zxvf tritonn-1.0.12-mysql-5.0.87.tar.gz
shell> cd tritonn-1.0.12-mysql-5.0.87
shell> ./configure \
    '--prefix=/usr/local/mysql'\
    '--localstatedir=/usr/local/mysql/data'\
    '--libexecdir=/usr/local/mysql/bin'\
    '--with-comment=MySQL 5.0.87 tritonn 1.0.12 64bit'\
    '--with-server-suffix=-tritonn_64'\
```

```
'--enable-thread-safe-client'\
'--enable-local-infile'\
'--enable-assembler'\
'--with-pic'\
'--with-fast-mutexes'\
'--with-client-ldflags=-static'\
'--with-mysqld-ldflags=-static'\
'--with-zlib-dir=bundled'\
'--with-big-tables'\
'--with-readline'\
'--with-innodb'\
'--with-federated-storage-engine'\
'--with-extra-charsets=complex'\
'--enable-shared'\
'--with-senna'\
'--without-mecab'\
'CC=gcc'\
'CXX=gcc'
```

표준 MySQL의 configure 옵션과 동일하며, "--with-senna"와 "--without-mecab" 부분만 더
추가됐다. configure가 완료되면 표준 MySQL의 빌드 과정과 동일하게 "make"와 "make install" 명
령으로 컴파일하고 설치할 수 있다.

```
shell> make
shell> make install

## 설치된 트리톤이 포함된 MySQL 디렉터리 확인
shell> ls -al /usr/local/mysql
```

MySQL 설정 파일(my.cnf)을 변경하거나 시작 스크립트를 준비하는 것과 같은 나머지 작업은 표준
MySQL을 설치하는 것과 동일하므로 2.2.1절, "리눅스에 설치"(30쪽)를 참고하자.

트리톤 설치 확인

트리톤이 포함된 MySQL에서 전문 검색 엔진을 사용하려면 MyISAM 스토리지 엔진을 이용해 테이블
을 생성해야 한다. 모든 설치가 완료됐다면 MySQL 서버에 로그인해 간단히 트리톤의 N-그램 인덱스
를 사용하는 테이블을 만들고 쿼리를 한번 실행해 본다. 이와 관련된 자세한 내용은 8.1절, "전문 검색"
(567쪽)을 참고하자.

2.8.3 MySQL 5.1 버전의 mGroonga 설치

트리톤은 MySQL 소스코드를 패치해서 컴파일하는 방식으로만 설치할 수 있다. 이런 이유로 트리톤을 사용하려면 선택할 수 있는 MySQL의 버전이 제한적일 수밖에 없다. 이러한 문제를 해결하기 위해 트리톤의 후속 모델로 Groonga라는 전문 검색 엔진이 출시된 것이다. 하지만 Groonga는 MySQL과 전혀 연관없이 독립적으로 실행되는 소프트웨어인데, MySQL에 익숙한 사용자를 위해 mGroonga라는 플러그인을 함께 제공하고 있다. 이와 관련된 자세한 내용은 3.7.2절, "mGroonga 전문 검색 엔진(플러그인)"(155쪽)과 8.1.4절, "mGroonga 전문 검색"(584쪽)을 참고하자.

mGroonga 다운로드

Groonga의 최신 버전은 1.2.4이며, mGroonga의 현재 최신 버전은 0.8이다. 현재 mGroonga 프로젝트는 상당히 활발하게 진행되고 있으므로 이 책을 보는 시점에는 훨씬 이후의 버전이 출시됐을 가능성이 높다. 만약 테스트를 하거나 설치할 때 mGroonga의 버전이 0.8 이후의 버전이라 하더라도 설치 방법은 크게 달라지지 않을 것이므로 이 책을 참고하면 새로운 버전을 설치하는 데 크게 어려움이 없을 것이다.

> **참고**
> 현재 mGroonga는 2.01 버전까지 릴리즈되었으며, 설치 방법은 이 책에서 소개하는 방법과 크게 다르지 않다. 또한 mGroonga 2.01 버전은 MySQL 5.1뿐만 아니라 5.5 버전까지 지원하므로, MySQL 서버의 버전에 크게 제한받지 않고 mGroonga를 사용할 수 있게 되었다. 자세한 설치 방법은 "http://mroonga.github.com/docs/install.html" 사이트를 참조하도록 하자.

사용자가 Groonga를 직접 조작할 필요는 없다. 하지만 mGroonga에서 Groonga 라이브러리를 사용하기 때문에 우선 Groonga 홈페이지(http://packages.groonga.org)에서 Groonga 라이브러리를 내려받아 설치한다. 이 책에서는 CentOS 5.x에서 mGroonga를 설치할 것이므로 http://packages.groonga.org/centos/5/x86_64/Packages/에서 아래의 라이브러리를 내려받는다.

```
groonga-doc-1.2.4-0.x86_64.rpm
groonga-libs-1.2.4-0.x86_64.rpm
groonga-plugin-suggest-1.2.4-0.x86_64.rpm
mecab-0.98-1.x86_64.rpm
groonga-tokenizer-mecab-1.2.4-0.x86_64.rpm
groonga-1.2.4-0.x86_64.rpm
groonga-devel-1.2.4-0.x86_64.rpm
```

그리고 mGroonga 홈페이지(http://mroonga.github.com/)로 이동해 mGroonga 스토리지 엔진 소스 파일(groonga-storage-engine-0.8.tar.gz)을 내려받는다.

Groonga의 매뉴얼은 홈페이지(http://groonga.org/docs/)에서 온라인으로 참조할 수 있으며, mGroonga도 별도의 홈페이지(http://mroonga.github.com/docs/index.html)에서 참조할 수 있으므로 한번쯤 사이트를 방문해 보자. Groonga 매뉴얼은 별로 참조할 필요가 없겠지만 mGroonga의 매뉴얼은 자주 필요할 것이다. 일본어에 익숙지 않아도 번역 기능이 제공되는 브라우저를 이용하면 쉽게 한글로 번역해서 참조할 수 있다(일본어는 한국어와 상당히 구조나 어휘가 비슷해서 자동 번역해서 참고하는 데 전혀 무리가 없다).

mGroonga 컴파일 및 설치

mGroonga를 컴파일하는 데 필요한 Groonga 라이브러리를 먼저 설치해야 한다. 한국어를 위한 전문 검색 엔진에서는 불필요한 것들도 있으므로 다음에서 언급하는 RPM만 순서대로 설치한다. Groonga 라이브러리에서는 추가적으로 루비 프로그램 언어를 사용하므로 CentOS의 yum과 같은 패키지 인스톨러를 이용해 루비 패키지를 먼저 설치한다.

```
shell> yum install ruby.x86_64

shell> rpm -ivh groonga-doc-1.2.4-0.x86_64.rpm
shell> rpm -ivh groonga-libs-1.2.4-0.x86_64.rpm
shell> rpm -ivh groonga-plugin-suggest-1.2.4-0.x86_64.rpm
shell> rpm -ivh mecab-0.98-1.x86_64.rpm
shell> rpm -ivh groonga-tokenizer-mecab-1.2.4-0.x86_64.rpm

shell> rpm -ivh groonga-1.2.4-0.x86_64.rpm
shell> rpm -ivh groonga-devel-1.2.4-0.x86_64.rpm
```

Groonga 라이브러리 설치가 완료되면 MySQL 스토리지 엔진인 mGroonga를 컴파일한다. mGroonga를 컴파일할 때는 MySQL 서버의 소스코드(헤더 파일과 라이브러리 파일)가 필요하므로 현재 mGroonga를 사용하고자 하는 MySQL 버전의 소스(헤더 파일과 라이브러리)도 미리 준비해 둔다. 이제 다음과 같이 mGroonga를 대상으로 configure와 make만 실행하면 된다. mGroonga의 Makefile을 만들기 위해 configure를 실행할 때는 MySQL 소스 디렉터리(--with-mysql-source)와 mysql_config 유틸리티의 경로(--with-mysql-config)를 옵션으로 명시해야 한다. mysql_config 유틸리티는 일반적으로 mysql 프로그램이 있는 위치에 함께 들어 있는데, 이 유틸리티는 C/C++로 작성된 프로그램을 빌드하는 데 필요한 컴파일 옵션을 자동으로 생성해주는 프로그램이다.

그리고 한국어를 위한 전문 검색만 사용할 경우 "--without-mecab"으로 일본어 분석 기능을 제거한다.

```
shell> tar zxvf groonga-storage-engine-0.8.tar.gz
shell> cd groonga-storage-engine-0.8

shell> ./configure \
--with-mysql-source=/tmp/mysql-5.1.54 \
--with-mysql-config=/usr/local/mysql/bin/mysql_config \
 --without-mecab

shell> make
shell> make install
```

"make"로 mGroonga의 컴파일이 완료되면 "make install"을 실행하고, 정상적으로 설치됐는지 MySQL 홈 디렉터리의 내용을 확인해 보자. 출력되는 라이브러리 파일의 마지막에 있는 버전은 컴파일한 mGroonga의 버전에 따라 달라질 수 있다.

```
## 디렉터리의 파일 확인
shell> ls -al /usr/local/mysql/lib/mysql/plugin/ha_groonga.so*

/usr/local/mysql/lib/mysql/plugin/ha_groonga.so -> ha_groonga.so.0.0.0
/usr/local/mysql/lib/mysql/plugin/ha_groonga.so.0 -> ha_groonga.so.0.0.0
/usr/local/mysql/lib/mysql/plugin/ha_groonga.so.0.0.0
```

위와 같이 MySQL 홈 디렉터리에 정상적으로 설치됐다면 MySQL 서버에 로그인해서 다음과 같이 mGroonga 플러그인을 등록한다.

```
mysql> INSTALL PLUGIN groonga SONAME 'ha_groonga.so';
mysql> CREATE FUNCTION last_insert_grn_id RETURNS INTEGER SONAME 'ha_groonga.so';
```

첫 번째 명령은 mGroonga를 이용해 groonga 스토리지 엔진을 MySQL 서버에 등록하는 명령이다. 하지만 "INSTALL PLUGIN ..." 명령은 MySQL 서버가 재시작될 때마다 매번 mGroonga 스토리지 엔진을 MySQL 서버에 등록해야 하는데, 아래와 같이 my.cnf 설정 파일에 mGroonga를 플러그인으로 불러오도록 설정하면 MySQL이 시작될 때 자동으로 mGroonga 스토리지 엔진을 불러온다.

```
plugin-load=groonga=ha_groonga.so
```

두 번째 명령은 mGroonga 스토리지 엔진의 테이블에 INSERT된 자동 증가 값을 가져오는 함수를 등록하는 명령인데, 한 번만 실행해서 등록해 주면 된다. 사용하지 않는다면 굳이 등록하지 않아도 된다.

mGroonga 설치 확인

mGroonga는 MySQL의 플러그인 스토리지 엔진이라서 "SHOW PLUGINS" 명령이나 "SHOW ENGINES" 명령으로 정상적으로 MySQL 서버에 등록됐는지 확인할 수 있다.

```
mysql> SHOW PLUGINS;
+-------------------+---------+----------------+---------------------+-------------+
| Name              | Status  | Type           | Library             | License     |
+-------------------+---------+----------------+---------------------+-------------+
| partition         | ACTIVE  | STORAGE ENGINE | NULL                | GPL         |
| MEMORY            | ACTIVE  | STORAGE ENGINE | NULL                | GPL         |
| MyISAM            | ACTIVE  | STORAGE ENGINE | NULL                | GPL         |
| InnoDB            | ACTIVE  | STORAGE ENGINE | ha_innodb_plugin.so | GPL         |
| groonga           | ACTIVE  | STORAGE ENGINE | ha_groonga.so       | PROPRIETARY |
...
+-------------------+---------+----------------+---------------------+-------------+

mysql> SHOW ENGINES;
+------------+----------+-------------------------------+--------------+------+------------+
| Engine     | Support  | Comment                       | Transactions | XA   | Savepoints |
+------------+----------+-------------------------------+--------------+------+------------+
| MyISAM     | YES      | Default engine as of MySQL 3.2..| NO         | NO   | NO         |
| MEMORY     | YES      | Hash based, stored in memory, ..| NO         | NO   | NO         |
| FEDERATED  | NO       | Federated MySQL storage engine..| NULL       | NULL | NULL       |
| groonga    | YES      | Fulltext search, column base  ..| NO         | NO   | NO         |
| InnoDB     | DEFAULT  | Supports transactions, row-lev..| YES        | YES  | YES        |
...
+------------+----------+-------------------------------+--------------+------+------------+
```

위와 같이 정상적으로 mGroonga 스토리지 엔진이 등록됐다면 582쪽의 "mGroonga 전문 검색"의 내용을 참조해 간단한 테스트를 실행하고, 기능을 체크해본다.

03
아키텍처

3.1 MySQL 아키텍처

이번 장에서 거창하게 MySQL의 내부 구조를 뜯어보자는 것은 아니다. 이 장의 목적은 MySQL의 쿼리를 작성하고 튜닝할 때 필요한 기본적인 MySQL의 구조를 훑어 보는 데 있다. MySQL은 다른 DBMS에 비해 구조가 상당히 독특하다. 사용자 입장에서 보면 거의 차이가 느껴지지 않지만 이러한 독특한 구조 때문에 다른 DBMS에서는 가질 수 없는 엄청난 혜택을 누릴 수도 있으며, 반대로 다른 DBMS에서는 문제되지 않을 것들이 가끔 문제가 되기도 한다.

3.1.1 MySQL의 전체 구조

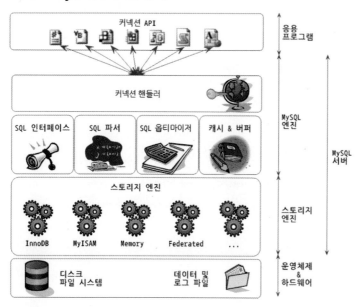

[그림 3-1] MySQL 서버의 전체 구조

MySQL은 일반 상용 RDBMS에서 제공하는 대부분의 접근법을 모두 지원한다. MySQL 고유의 C API부터 시작해 JDBC나 ODBC, 그리고 .NET의 표준 드라이버를 제공하며, 이러한 드라이버를 이용해 C/C++, PHP, 자바, 펄, 파이썬, 루비나 .NET 및 코볼까지 모든 언어를 이용해 MySQL 서버에서 쿼리를 사용할 수 있게 지원한다.

MySQL 서버는 크게 MySQL 엔진과 스토리지 엔진으로 구분해서 볼 수 있다. 이 책에서는 MySQL의 쿼리 파서나 옵티마이저 등과 같은 기능을 스토리지 엔진과 구분하고자 그림 3-1에서는 "MySQL 엔진"과 "스토리지 엔진"으로 구분했다. 그리고 이 둘을 모두 합쳐서 그냥 MySQL 또는 MySQL 서버라고 표현하겠다.

MySQL 엔진

MySQL 엔진은 클라이언트로부터의 접속 및 쿼리 요청을 처리하는 커넥션 핸들러와 SQL 파서 및 전처리기, 그리고 쿼리의 최적화된 실행을 위한 옵티마이저가 중심을 이룬다. 그리고 성능 향상을 위해 MyISAM의 키 캐시나 InnoDB 의 버퍼 풀과 같은 보조 저장소 기능이 포함돼 있다. 또한, MySQL은 표준 SQL(ANSI SQL-92) 문법을 지원하기 때문에 표준 문법에 따라 작성된 쿼리는 타 DBMS와 호환되어 실행될 수 있다.

스토리지 엔진

MySQL 엔진은 요청된 SQL 문장을 분석하거나 최적화하는 등 DBMS의 두뇌에 해당하는 처리를 수행하고, 실제 데이터를 디스크 스토리지에 저장하거나 디스크 스토리지로부터 데이터를 읽어오는 부분은 스토리지 엔진이 전담한다. MySQL 서버에서 MySQL 엔진은 하나지만 스토리지 엔진은 여러 개를 동시에 사용할 수 있다. 다음 예제와 같이 테이블이 사용할 스토리지 엔진을 지정하면 이후 해당 테이블의 모든 읽기 작업이나 변경 작업은 정의된 스토리지 엔진이 처리한다.

```
mysql> CREATE TABLE test_table (fd1 INT, fd2 INT) ENGINE=INNODB;
```

위 예제에서 test_table은 InnoDB 스토리지 엔진을 사용하도록 정의했다. 이제 test_table에 대해 INSERT, UPDATE, DELETE, SELECT, … 등의 작업이 발생하면 InnoDB 스토리지 엔진이 그러한 처리를 담당하게 된다.

핸들러 API

MySQL 엔진의 쿼리 실행기에서 데이터를 쓰거나 읽어야 할 때는 각 스토리지 엔진에게 쓰기 또는 읽기를 요청하는데, 이러한 요청을 핸들러(Handler) 요청이라고 하고, 여기서 사용되는 API를 핸들러 API라고 한다. InnoDB 스토리지 엔진 또한 이 핸들러 API를 이용해 MySQL 엔진과 데이터를 주고받는다. 이 핸들러 API를 통해 얼마나 많은 데이터(레코드) 작업이 있었는지는 "SHOW GLOBAL STATUS LIKE 'Handler%';" 명령으로 확인할 수 있다.

3.1.2 MySQL 스레딩 구조

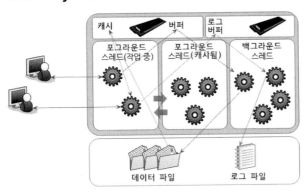

[그림 3-2] MySQL의 스레딩 모델

MySQL 서버는 프로세스 기반이 아니라 스레드 기반으로 작동하며, 크게 포그라운드(Foreground) 스레드와 백그라운드(Background) 스레드로 구분할 수 있다.

포그라운드 스레드(클라이언트 스레드)

포그라운드 스레드는 최소한 MySQL 서버에 접속된 클라이언트의 수만큼 존재하며, 주로 각 클라이언트 사용자가 요청하는 쿼리 문장을 처리하는 것이 임무다. 클라이언트 사용자가 작업을 마치고 커넥션을 종료하면, 해당 커넥션을 담당하던 스레드는 다시 스레드 캐시(Thread pool)로 되돌아간다. 이때 이미 스레드 캐시에 일정 개수 이상의 대기 중인 스레드가 있으면 스레드 캐시에 넣지 않고 스레드를 종료시켜 일정 개수의 스레드만 스레드 캐시에 존재하게 한다. 이렇게 스레드의 개수를 일정하게 유지하게 만들어주는 파라미터가 thread_cache_size다.

포그라운드 스레드는 데이터를 MySQL의 데이터 버퍼나 캐시로부터 가져오며, 버퍼나 캐시에 없는 경우에는 직접 디스크의 데이터나 인덱스 파일로부터 데이터를 읽어와서 작업을 처리한다. MyISAM 테이블은 디스크 쓰기 작업까지 포그라운드 스레드가 처리하지만(MyISAM도 지연된 쓰기가 있지만 일반적인 방식은 아님), InnoDB 테이블은 데이터 버퍼나 캐시까지만 포그라운드 스레드가 처리하고, 나머지 버퍼로부터 디스크까지 기록하는 작업은 백그라운드 스레드가 처리한다.

백그라운드 스레드

MyISAM의 경우에는 별로 해당 사항이 없는 부분이지만 InnoDB는 여러 가지 작업이 백그라운드로 처리된다. 대표적으로 인서트 버퍼(Insert Buffer)를 병합하는 스레드, 로그를 디스크로 기록하는 스레드, InnoDB 버퍼 풀의 데이터를 디스크에 기록하는 스레드, 데이터를 버퍼로 읽어들이는 스레드, 그리고 기타 여러 가지 잠금이나 데드락을 모니터링하는 스레드가 있다. 이러한 모든 스레드를 총괄하는 메인 스레드도 있다.

모두 중요한 역할을 하지만 그중에서도 가장 중요한 것은 로그 스레드(Log thread)와 버퍼의 데이터를 디스크로 내려쓰는 작업을 처리하는 쓰기 스레드(Write thread)일 것이다. 쓰기 스레드는 윈도우용 MySQL 5.0에서부터 1개 이상을 설정할 수 있었지만 리눅스나 유닉스 계열 MySQL에서는 5.1 버전부터 쓰기 스레드의 개수를 1개 이상으로 지정할 수 있게 됐다. 이 쓰기 스레드의 개수를 지정하는 파라미터는 innodb_write_io_threads이며, 읽기 스레드(Read thread)의 개수를 지정하는 파라미터는 innodb_read_io_threads다. InnoDB에서도 데이터를 읽는 작업은 주로 클라이언트 스레드에서 처리되기 때문에 읽기 스레드는 많이 설정할 필요가 없지만, 쓰기 스레드는 아주 많은 작업을 백그라운드로 처리하기 때문에 일반적인 내장 디스크를 사용할 때는 2~4 정도, DAS나 SAN과 같은 스토리지를 사용할 때는 4개 이상으로 충분히 설정해 해당 스토리지 장비가 충분히 활용될 수 있게 하는 것이 좋다.

SQL 처리 도중 데이터의 쓰기 작업은 지연(버퍼링)되어 처리될 수 있지만 데이터의 읽기 작업은 절대 지연될 수 없다(사용자가 SELECT 쿼리를 실행했는데, "요청된 SELECT는 10분 뒤에 결과를 돌려주겠다"라고 응답을 보내는 DBMS는 없다). 그래서 일반적인 상용 DBMS에는 대부분 쓰기 작업을 버퍼링해서 일괄 처리하는 기능이 탑재돼 있으며 InnoDB 또한 이러한 방식으로 처리한다. 하지만 MyISAM은 그렇지 않고 사용자 스레드가 쓰기 작업까지 함께 처리하도록 설계돼 있다. 이러한 이유로 InnoDB에서는 INSERT와 UPDATE 그리고 DELETE 쿼리로 데이터가 변경되는 경우, 데이터가 디스크의 데이터 파일로 완전히 저장될 때까지 기다리지 않아도 된다. 하지만 MyISAM에서 일반적인 쿼리는 쓰기 버퍼링 기능을 사용할 수 없다.

> **참고** MySQL에서 사용자 스레드와 포그라운드 스레드는 똑같은 의미로 사용된다. 클라이언트가 MySQL 서버에 접속하게 되면 MySQL 서버는 그 클라이언트의 요청을 처리해 줄 스레드를 생성해 그 클라이언트에게 할당해 준다. 이 스레드는 DBMS의 앞단에서 사용자(클라이언트)와 통신하기 때문에 포그라운드 스레드라고 하며, 또한 사용자가 요청한 작업을 처리하기 때문에 사용자 스레드라고도 한다.

3.1.3 메모리 할당 및 사용 구조

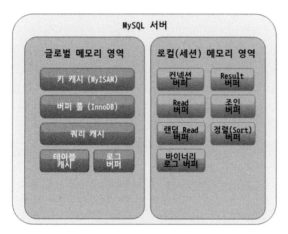

[그림 3-3] MySQL의 메모리 사용 및 할당 구조

MySQL에서 사용되는 메모리 공간은 크게 글로벌 메모리 영역과 로컬 메모리 영역으로 구분할 수 있다. 글로벌 메모리 영역의 모든 메모리 공간은 MySQL 서버가 시작되면서 무조건 운영체제로부터 할당된다. 운영체제의 종류에 따라 다르겠지만 요청된 메모리 공간을 100% 할당해줄 수도 있고, 그 공간만큼 예약해두고 필요할 때 조금씩 할당해주는 경우도 있다. 각 운영체제의 메모리 할당 방식은 상당히 복잡하며, MySQL 서버가 사용하고 있는 정확한 메모리 양을 측정하는 것 또한 쉽지 않다. 그냥 단순하게 MySQL의 파라미터로 설정해 둔 만큼 운영체제로부터 메모리를 할당받는다고 생각하는 것이 좋을 듯하다.

글로벌 메모리 영역과 로컬 메모리 영역의 차이는 MySQL 서버 내에 존재하는 많은 스레드가 공유해서 사용하는 공간인지 아닌지에 따라 구분되며 각각 다음과 같은 특성이 있다.

글로벌 메모리 영역

일반적으로 클라이언트 스레드의 수와 무관하게 일반적으로는 하나의 메모리 공간만 할당된다. 단, 필요에 따라 2개 이상의 메모리 공간을 할당받을 수도 있지만 클라이언트의 스레드 수와는 무관하며, 생성된 글로벌 영역이 N개라 하더라도 모든 스레드에 의해 공유된다.

로컬 메모리 영역

세션 메모리 영역이라고도 표현하며, MySQL 서버상에 존재하는 클라이언트 스레드가 쿼리를 처리하는 데 사용하는 메모리 영역이다. 대표적으로 그림 3-3의 커넥션 버퍼와 정렬(소트) 버퍼 등이 있다. 그림 3-2에서 볼 수 있듯이 클라이언트가 MySQL 서버에 접속하면 MySQL 서버에서는 클라이언트 커넥션으로부터의 요청을 처리하기 위해 스레드를 하나씩 할당하게 되는데, 클라이언트 스레드가 사용하는 메모리 공간이라고 해서 클라이언트 메모리 영역이라고도 한다. 클라이언트와 MySQL 서버와의 커넥션을 세션이라고 하기 때문에 로컬 메모리 영역을 세션 메모리 영역이라고도 표현한다.

로컬 메모리는 각 클라이언트 스레드별로 독립적으로 할당되며 절대 공유되어 사용되지 않는다는 특징이 있다. 일반적으로 글로벌 메모리 영역의 크기는 주의해서 설정하지만 소트 버퍼와 같은 로컬 메모리 영역은 크게 신경 쓰지 않고 설정하는데, 최악의 경우(가능성은 희박하지만)에는 MySQL 서버가 메모리 부족으로 멈춰 버릴 수도 있으므로 적절한 메모리 공간을 설정하는 것이 중요하다. 로컬 메모리 공간의 또 한 가지 중요한 특징은 각 쿼리의 용도별로 필요할 때만 공간이 할당되고 필요하지 않은 경우에는 MySQL이 메모리 공간을 할당조차도 하지 않을 수도 있다는 점이다. 대표적으로 소트 버퍼나 조인 버퍼와 같은 공간이 그러하다. 그리고 로컬 메모리 공간은 커넥션이 열려 있는 동안 계속 할당된 상태로 남아 있는 공간도 있고(커넥션 버퍼나 결과 버퍼) 그렇지 않고 쿼리를 실행하는 순간에만 할당했다가 다시 해제하는 공간(소트 버퍼나 조인 버퍼)도 있다.

3.1.4 플러그인 스토리지 엔진 모델

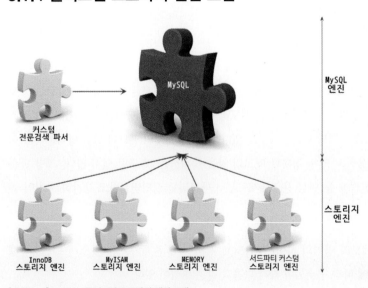

[그림 3-4] MySQL 플러그인 스토리지 엔진 모델

MySQL의 독특한 구조 중 대표적인 것이 바로 플러그인 모델이다. 플러그인해서 사용할 수 있는 것이 스토리지 엔진만 가능한 것은 아니다. MySQL 5.1부터는 전문 검색 엔진을 위한 검색어 파서(인덱싱할 키워드를 분리해내는 작업)도 플러그인 형태로 개발해서 사용할 수 있다. MySQL은 이미 기본적으로 많은 스토리지 엔진을 가지고 있다. 하지만 이 세상의 수많은 사용자의 요구조건을 만족시키기 위해 기본적으로 제공되는 스토리지 엔진 이외에 부가적인 기능을 더 제공하는 스토리지 엔진이 필요할 수 있으며, 이러한 요건을 기초로 다른 전문 개발 회사 또는 여러분이 직접 스토리지 엔진을 제작하는 것도 가능하다.

MySQL에서 쿼리가 실행되는 과정을 크게 그림 3-5와 같이 나눈다면 거의 대부분의 작업이 MySQL 엔진에서 처리되고, 마지막 "데이터 읽기/쓰기" 작업만 스토리지 엔진에 의해 처리된다(만약 여러분이 아주 새로운 용도의 스토리지 엔진을 만든다 하더라도 DBMS의 전체 기능이 아닌 일부분의 기능만 수행하는 엔진을 작성하게 된다는 의미다).

[그림 3-5] MySQL 엔진과 스토리지 엔진의 처리 영역

그림 3-5의 각 처리 영역에서 "데이터 읽기/쓰기" 작업은 거의 대부분 1건의 레코드 단위로 처리된다(예를 들어 특정 인덱스의 레코드 1건 읽기 또는 마지막 읽었던 레코드의 다음 또는 이전 레코드 읽기와 같이). 그리고 MySQL을 사용하다 보면 "핸들러(Handler)"라는 단어를 자주 접하게 될 것이다. 핸들러라는 단어는 MySQL 서버의 소스코드로부터 넘어온 표현인데, 이는 우리가 매일 타고 다니는 자동차로 비유해 보면 쉽게 이해할 수 있다. 사람이 핸들(운전대)을 이용해 자동차를 운전하듯이, 프로그래밍 언어에서는 어떤 기능을 호출하기 위해 사용하는 운전대와 같은 역할을 하는 객체를 핸들러(또는 핸들러 객체)라고 표현한다. MySQL 서버에서는 MySQL 엔진은 사람 역할을 하고, 각 스토리지 엔진은 자동차 역할을 하게 되는데, MySQL 엔진이 스토리지 엔진을 조정하기 위해 핸들러라는 것을 사용하게 된다.

MySQL에서 핸들러라는 것은 개념적인 내용이라서 완전히 이해하지 못하더라도 크게 문제되진 않지만 최소한 MySQL 엔진이 각 스토리지 엔진에게 데이터를 읽어오거나 저장하도록 명령하려면 핸들러를 꼭 통해야 한다는 점만 기억하자. 나중에 MySQL 서버의 상태 변수라는 것을 배우게 될 텐데, 이러한 상태 변수 가운데 "Handler_"로 시작하는 것(대표적으로 Handler_read_rnd_next 같은)이 많다는 사실을 알게 될 것이다. 그러면 "Handler_"로 시작되는 상태 변수는 "MySQL 엔진이 각 스토리지 엔진에게 보낸 명령의 횟수를 의미하는 변수"라고 이해하면 된다. MySQL에서 MyISAM이나 InnoDB와 같이 다른 스토리지 엔진을 사용하는 테이블에 대해 쿼리를 실행하더라도 MySQL의 처리 내용은 대부분 동일하며, 단순히 (그림 3-5의 마지막 단계인) "데이터 읽기/쓰기" 영역의 처리만 차이가 있을 뿐이다. 실질적인 GROUP BY나 ORDER BY 등 많은 복잡한 처리는 스토리지 엔진 영역이 아니라 MySQL 엔진의 처리 영역인 "쿼리 실행기"에서 처리된다.

그렇다면 MyISAM이나 InnoDB 스토리지 엔진 가운데 뭘 사용하든 별 차이가 없는 것 아닌가, 라고 생각할 수 있지만 그렇진 않다. 여기서 설명한 내용은 아주 간략하게 언급한 것일 뿐이고, 단순히 보이는 "데이터 읽기/쓰기" 작업 처리 방식이 얼마나 달라질 수 있는가를 이 책의 남은 부분을 통해 느끼게 될 것이다. 여기서 중요한 내용은 '하나의 쿼리 작업은 여러 하위 작업으로 나뉘는데, 각 하위 작업이 MySQL 엔진 영역에서 처리되는지 아니면 스토리지 엔진 영역에서 처리되는지 구분할 줄 알아야 한다.'는 점이다. 사실 여기서는 스토리지 엔진의 개념을 설명하기 위한 것도 있지만 각 단위 작업을 누가 처리하고 "MySQL 엔진 영역"과 "스토리지 엔진 영역"의 차이를 설명하는 데 목적이 있다.

이제 설치돼 있는 MySQL 서버(mysqld)에서 지원되는 스토리지 엔진이 어떤 것이 있는지 확인해보자.

```
mysql> SHOW ENGINES;
+------------+----------+------------------------+--------------+-----+------------+
| Engine     | Support  | Comment                | Transactions | XA  | Savepoints |
+------------+----------+------------------------+--------------+-----+------------+
| ndbcluster | DISABLED | Clustered, fault-to... | YES          | NO  | NO         |
| MRG_MYISAM | YES      | Collection of ident... | NO           | NO  | NO         |
| BLACKHOLE  | YES      | /dev/null storage e... | NO           | NO  | NO         |
| CSV        | YES      | CSV storage engine ... | NO           | NO  | NO         |
| MEMORY     | YES      | Hash based, stored ... | NO           | NO  | NO         |
| FEDERATED  | YES      | Federated MySQL sto... | YES          | NO  | NO         |
| ARCHIVE    | YES      | Archive storage eng... | NO           | NO  | NO         |
| InnoDB     | YES      | Supports transactio... | YES          | YES | YES        |
| POSTGRES   | YES      | Postgres storage en... | NO           | NO  | NO         |
| MyISAM     | DEFAULT  | Default engine as o... | NO           | NO  | NO         |
+------------+----------+------------------------+--------------+-----+------------+
```

Support 칼럼에 표시될 수 있는 값은 아래 4가지다.

YES

MySQL 서버(mysqld)에 해당 스토리지 엔진이 포함돼 있고, 사용 가능으로 활성화된 상태임

DEFAULT

"YES"와 동일한 상태이지만 필수 스토리지 엔진임을 의미함(즉 이 스토리지 엔진이 없으면 MySQL이 시작되지 않을 수도 있음을 의미한다)

NO

현재 MySQL 서버(mysqld)에 포함되지 않았음을 의미함

DISABLED

현재 MySQL 서버(mysqld)에는 포함됐지만 파라미터에 의해 비활성화된 상태임

MySQL 서버(mysqld)에 포함되지 않은 스토리지 엔진(Support 칼럼이 NO로 표시되는)을 사용하려면 MySQL 서버를 다시 빌드(컴파일)해야 한다. 하지만 여러분의 MySQL 서버가 적절히 준비만 돼 있다면 플러그인 형태로 빌드된 스토리지 엔진 라이브러리를 내려받아 끼워 넣기만 하면 사용할 수 있다. 또한 플러그인 형태의 스토리지 엔진은 손쉽게 업그레이드할 수 있다. 스토리지 엔진뿐 아니라 모든 플러그인의 내용은 다음과 같이 확인할 수 있다. 이 명령으로 스토리지 엔진뿐 아니라 전문 검색용 파서와 같은 플러그인도 (만약 설치돼 있다면) 확인할 수 있다.

```
mysql> SHOW PLUGINS;
+------------+--------+----------------+--------+
| Name       | Status | Type           | Library |
+------------+--------+----------------+--------+
| MEMORY     | ACTIVE | STORAGE ENGINE | NULL   |
| MyISAM     | ACTIVE | STORAGE ENGINE | NULL   |
| InnoDB     | ACTIVE | STORAGE ENGINE | NULL   |
| MRG_MYISAM | ACTIVE | STORAGE ENGINE | NULL   |
+------------+--------+----------------+--------+
```

3.1.5 쿼리 실행 구조

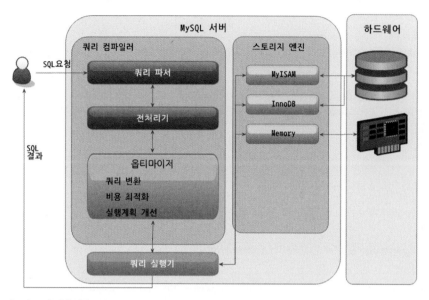

[그림 3-6] 쿼리 실행 구조

그림 3-6은 쿼리를 실행하는 관점에서 MySQL의 구조를 간략하게 그림으로 표현한 것이며, 다음과 같이 기능별로 나눠볼 수 있다.

파서

파서는 사용자 요청으로 들어온 쿼리 문장을 토큰(MySQL이 인식할 수 있는 최소 단위의 어휘나 기호)으로 분리해 트리 형태의 구조로 만들어 내는 작업을 의미한다. 쿼리 문장의 기본 문법 오류는 이 과정에서 발견되며 사용자에게 오류 메시지를 전달하게 된다.

전처리기

파서 과정에서 만들어진 파서 트리를 기반으로 쿼리 문장에 구조적인 문제점이 있는지 확인한다. 각 토큰을 테이블 이름이나 칼럼 이름 또는 내장 함수와 같은 개체를 매핑해 해당 객체의 존재 여부와 객체의 접근권한 등을 확인하는 과정을 이 단계에서 수행한다. 실제 존재하지 않거나 권한상 사용할 수 없는 개체의 토큰은 이 단계에서 걸러진다.

옵티마이저

옵티마이저란 사용자의 요청으로 들어온 쿼리 문장을 저렴한 비용으로 가장 빠르게 처리할지 결정하는 역할을 담당하는데, DBMS의 두뇌에 해당한다고 볼 수 있다. 이 책에서 이야기하고자 하는 내용은 대부분 옵티마이저가 선택하는 내용을 설명하는 것이며, 어떻게 하면 옵티마이저가 더 나은 선택을 할 수 있게 유도하는가를 알려주는 것이라고 생각해도 될 정도로 옵티마이저의 역할은 중요하고 영향 범위 또한 아주 넓다.

실행 엔진

옵티마이저가 두뇌라면 실행 엔진과 핸들러는 손과 발에 비유할 수 있다(좀 더 재미있게 회사로 비유한다면 옵티마이저는 회사의 경영진, 실행 엔진은 중간 관리자, 핸들러는 각 업무의 실무자로 비유해 볼 수 있다). 실행 엔진이 하는 일을 더 쉽게 이해할 수 있게 간단하게 예를 들어서 살펴보자. 옵티마이저가 GROUP BY를 처리하기 위해 임시 테이블을 사용하기로 결정했다고 해보자.

1. 실행 엔진은 핸들러에게 임시 테이블을 만들라고 요청.
2. 다시 실행 엔진은 WHERE 절에 일치하는 레코드를 읽어오라고 핸들러에게 요청.
3. 읽어온 레코드들을 1번에서 준비한 임시 테이블로 저장하라고 다시 핸들러에게 요청.
4. 데이터가 준비된 임시 테이블에서 필요한 방식으로 데이터를 읽어 오라고 핸들러에게 다시 요청
5. 최종적으로 실행 엔진은 결과를 사용자나 다른 모듈로 넘김.

즉, 실행 엔진은 만들어진 계획대로 각 핸들러에게 요청해서 받은 결과를 또 다른 핸들러 요청의 입력으로 연결하는 역할을 수행한다.

핸들러(스토리지 엔진)

위에서 잠깐 언급한 것처럼 핸들러는 MySQL 서버의 가장 밑단에서 MySQL 실행 엔진의 요청에 따라 데이터를 디스크로 저장하고 디스크로부터 읽어 오는 역할을 담당한다. 핸들러는 결국 스토리지 엔진을 의미하며 MyISAM 테이블을 조작하는 경우에는 핸들러가 MyISAM 스토리지 엔진이 되고, InnoDB 테이블을 조작하는 경우에는 핸들러가 InnoDB 스토리지 엔진이 된다.

3.1.6 복제(Replication)

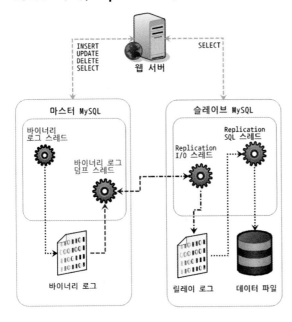

[그림 3-7] 복제의 동기화 절차

데이터베이스의 데이터가 살수록 대용량화돼 가는 것을 생각하면 확장성(Scalability)은 DBMS에서 아주 중요한 요소다. MySQL은 확장성을 위한 다양한 기술을 제공하는데 그중에서 가장 일반적인 방법이 복제(Replication)다. MySQL의 복제는 거의 2000년도부터 제공됐기 때문에 타 DBMS의 복제보다 훨씬 이전부터 제공된 기능이며 또한 그만큼 안정적이다.

MySQL의 복제는 레플리케이션(Replication)이라고도 하는데, 복제는 2대 이상의 MySQL 서버가 동일한 데이터를 담도록 실시간으로 동기화하는 기술이다. 일반적으로 MySQL의 복제에는 INSERT나 UPDATE와 같은 쿼리를 이용해 데이터를 변경할 수 있는 MySQL 서버와 SELECT 쿼리로 데이터를 읽기만 할 수 있는 MySQL 서버로 나뉜다. MySQL에서는 쓰기와 읽기의 역할로 구분해, 전자를 마스터(Master)라고 하고 후자를 슬레이브(Slave)라고 하는데(이러한 역할별 명칭은 DBMS 종류별로 조금씩 차이가 있다), 일반적으로 MySQL 서버의 복제에서는 마스터는 반드시 1개이며 슬레이브는 1개 이상으로 구성될 수 있다.

하나의 MySQL이 일반적으로는 마스터 또는 슬레이브 가운데 하나의 역할만을 수행하지만 때로는 MySQL 서버 하나가 마스터이면서 슬레이브 역할까지 수행하도록 설정하는 것도 가능하다. 또한 마스터용 MySQL 프로그램과 슬레이브용 MySQL 프로그램이 정해져 있는 것은 더더욱 아니다. 마스터나 슬레이브라는 것은 단지 그 서버의 역할 모델을 지칭하는 것일 뿐이다. MySQL의 복제를 구성하는 방법은 2.5절, "MySQL 복제 구축"(79쪽)에서 이미 언급했으므로 생략하겠다.

마스터(Master)

기술적으로는 MySQL의 바이너리 로그가 활성화되면 어떤 MySQL 서버든 마스터가 될 수 있다. 애플리케이션의 입장에서 본다면 마스터 장비는 주로 데이터가 생성 및 변경, 삭제되는 주체(시작점)라고 볼 수 있다. 일반적으로 MySQL 복제를 구성하는 경우 복제에 참여하는 여러 서버 가운데 변경이 허용되는 서버는 마스터로 한정할 때가 많다. 그렇지 않은 경우 복제되는 데이터의 일관성을 보장하기 어렵기 때문이다. 마스터 서버에서 실행되는 DML(데이터를 조작하는 문장)과 DDL(스키마를 변경하는 문장) 가운데 데이터의 구조나 내용을 변경하는 모든 쿼리 문장은 바이너리 로그에 기록한다. 슬레이브 서버에서 변경 내역을 요청하면 마스터 장비는 그 바이너리 로그를 읽어 슬레이브로 넘긴다. 마스터 장비의 프로세스 가운데 "Binlog dump"라는 스레드가 이 일을 전담하는 스레드다. 만약 하나의 마스터 서버에 10개의 슬레이브가 연결돼 있다면 "Binlog dump" 스레드는 10개가 표시될 것이다.

슬레이브(Slave)

데이터(바이너리 로그)를 받아 올 마스터 장비의 정보(IP주소와 포트 정보 및 접속 계정)를 가지고 있는 경우 슬레이브가 된다(마스터나 슬레이브라고 해서 별도의 빌드 옵션이 필요하거나 프로그램을 별도로 설치해야 하는 것은 아니다). 마스터 서버가 바이너리 로그를 가지고 있다면 슬레이브 서버는 릴레이 로그를 가지고 있다. 일반적으로 마스터와 슬레이브의 데이터를 동일한 상태로 유지하기 위해 슬레이브 서버는 읽기 전용(2.3.5절, "my.cnf 설정 파일"(51쪽)의 read_only 파라미터를 참조)으로 설정할 때가 많다. 슬레이브 서버의 I/O 스레드는 마스터 서버에 접속해 변경 내역을 요청하고, 받아 온 변경 내역을 릴레이 로그에 기록한다. 그리고 슬레이브 서버의 SQL 스레드가 릴레이 로그에 기록된 변경 내역을 재실행(Replay)함으로써 슬레이브의 데이터를 마스터와 동일한 상태로 유지한다. I/O 스레드(Slave_IO_Thread)와 SQL 스레드(Slave_SQL_Thread)는 마스터 MySQL에서는 기동되지 않으며, 복제가 설정된 슬레이브 MySQL 서버에서 자동적으로 기동하는 스레드다.

복제를 사용할 경우 주로 잘못 생각하거나 간과하는 부분이 있는데 최소한 다음 사항에 대해서는 주의해야 한다.

슬레이브는 하나의 마스터만 설정 가능

MySQL의 복제에서 하나의 슬레이브는 하나의 마스터만 가질 수 있다. 이 제약사항만 피할 수 있다면 상당히 다양한 형태의 구성으로 데이터를 복제할 수 있다. 하나의 마스터에 N개의 슬레이브가 일반적인 형태이며 그 밖에 링(Ring) 형태나 트리(Tree) 형태의 구성도 가능하다. 그리고 많이 사용하진 않지만 마스터-마스터 형태의 복제도 사용된다. 마스터-마스터 형태에는 사실 2개의 MySQL 서버 모두 마스터이면서 슬레이브가 되는 형태로 구성되는 것이다. 더 자세한 복제의 구성 형태에 대해서는 16.9.1절. "MySQL 복제의 형태"(951쪽)를 참조하자.

마스터와 슬레이브의 데이터 동기화를 위해 슬레이브는 읽기 전용으로 설정

마스터와 슬레이브로 복제가 구성된 상태에서 데이터는 마스터로 접속해서 변경해야 하는데, 사용자 실수나 애플리케이션 오류로 인해 슬레이브로 접속해서 실행하는 경우가 가끔 발생한다. 만약 운 나쁘게도 일부 변경 작업은 마스터에서 실행되고 일부는 슬레이브에서 실행되고 있었다면 데이터 동기화에 상당한 노력이 필요할지도 모른다. 이러한 사용자 실수를 막기 위해 슬레이브는 읽기 전용(read_only 설정 파라미터)으로 설정하는 것이 일반적이다.

슬레이브 서버용 장비는 마스터와 동일한 사양이 적합

많은 사용자가 착각하는 부분이기도 한데, 슬레이브 서버용 장비는 마스터 서버용 장비보다 한 단계 낮은 장비로 선택하려고 할 때가 있다. 하지만 마스터 서버에서 수많은 동시 사용자가 실행한 데이터 변경 쿼리 문장이 슬레이브 서버에서는 하나의 스레드로 모두 처리돼야 한다(이 부분은 지금의 구조상 피해 갈 방법이 없다). 그래서 변경이 매우 잦은 MySQL 서버일수록 마스터 서버의 사양보다 슬레이브 서버의 사양이 더 좋아야 마스터에서 동시에 여러 개의 스레드로 실행된 쿼리가 슬레이브에서 지연되지 않고 하나의 스레드로 처리될 수 있다. 하지만 데이터 변경은 데이터 조회보다는 1/10 이하 수준으로 유지되는 것이 일반적이므로 마스터 서버와 슬레이브 서버를 같은 사양으로 유지할 때가 많다. 또한, 슬레이브 서버는 마스터 서버가 다운된 경우 그에 대한 복구 대안으로 사용될 때도 많기 때문에 사양을 동일하게 맞추는 경우가 대부분이다.

복제가 불필요한 경우에는 바이너리 로그 중지

바이너리 로그를 작성하기 위해 MySQL이 얼마나 많은 자원을 소모하고 성능이 저하되는지 잘 모르는 사용자가 많다. 바이너리 로그를 안정적으로 기록하기 위해 갭 락(Gap lock)을 유지하고, 매번 트랜잭션이 커밋될 때마다 데이터를 변경시킨 쿼리 문장을 바이너리 로그에 기록해야 한다(어떤 경우에는 바이너리 로그에 정확히 기록되고 나서야 사용자가 요청한 쿼리 문장이 완료될 때도 있다). 바이너리 로그를 기록하는 작업은 AutoCommit이 활성화된 MySQL 서버에서 더 심각한 부하로 나타날 때가 많다. 특히 트랜잭션을 지원하지 않는 MyISAM 테이블은 항상 AutoCommit 모드로 작동하기 때문에 InnoDB 테이블보다 바이너리 로그를 기록하는 데 더 많은 자원을 사용하게 된다. 바이너리 로그가 성능에 끼치는 영향은 16.11.2절. "운영체제의 파일 시스템 선정"(966쪽)을 참고하자.

바이너리 로그와 트랜잭션 격리 수준(Isolation level)

바이너리 로그 파일은 어떤 내용이 기록되느냐에 따라 STATEMENT 포맷 방식과 ROW 포맷 방식이 있다. STATEMENT 방식은 바이너리 로그 파일에 마스터에서 실행되는 쿼리 문장을 기록하는 방식이며, ROW 포맷은 마스터에서 실행된 쿼리에 의해 변경된 레코드 값을 기록하는 방식이다. MySQL 5.0 이하 버전까지는 STATEMENT 방식만 제공됐었는데, 이 방식에서는 마스터와 슬레이브의 데이터 일치를 위해 REPEATABLE READ 격리 수준만 사용 가능하다. "MySQL 5.0 + STATEMENT 포맷의 바이너리 로그 + REPEATABLE READ 격리 수준" 환경에서는 "INSERT INTO .. SELECT .. FROM .." 형태의 쿼리 문장을 사용할 때 주의해야 한다. 자세한 내용은 12.2.2 절, "INSERT 쿼리의 잠금"(716쪽)을 참조하자.

> **참고**
>
> MySQL의 복제는 마스터에서 처리된 내용이 바이너리 로그로 기록되고, 그 내용이 슬레이브 MySQL 서버로 전달되어 재실행되는 방식으로 처리된다. MySQL 5.0까지는 바이너리 로그에는 마스터 MySQL 서버에서 실행된 SQL 문장이 그대로 기록되고, 슬레이브 MySQL 서버에서 똑같은 SQL 문장이 재실행되는 방식만 지원됐다. MySQL 5.1부터는 MySQL 5.0과 같이 SQL 문장을 기록하는 방법과 마스터에서 변경된 데이터 레코드를 기록하는 두 가지 방법을 제공한다. 바이너리 로그 파일에 SQL 문장을 기록하는 방식을 문장 기반 복제(Statement based replication)라고 하며, 변경된 레코드를 바이너리 로그에 기록하는 방식을 레코드 기반의 복제(Row based replication)라고 한다.
>
> SQL 기반의 복제는 아무리 데이터의 변경을 많이 유발하는 쿼리라 하더라도 SQL 문장 하나만 슬레이브로 전달되므로 네트워크 트래픽을 많이 유발하지는 않는다. 하지만 SQL 기반의 복제가 정상적으로 작동하려면 REPEATABLE-READ 이상의 트랜잭션 격리 수준을 사용해야 하며, 그로 인해 InnoDB 테이블에서는 레코드 간의 간격을 잠그는 갭락이나 넥스트 키 락이 필요해진다. 반면 레코드 기반의 복제는 마스터와 슬레이브 MySQL 서버 간의 네트워크 트래픽을 많이 발생시킬 수 있지만 READ-COMMITTED 트랜잭션 격리 수준에서도 작동할 수 있으며 InnoDB 테이블에서 잠금의 경합은 줄어든다.

3.1.7 쿼리 캐시

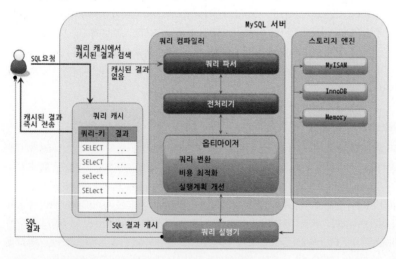

[그림 3-8] 쿼리 캐시 구조

쿼리 캐시(Query Cache)는 타 DBMS에는 없는 MySQL의 독특한 기능 중 하나로서 적절히 설정만 해두면 상당한 성능 향상 효과를 얻을 수 있다. 여러 가지 복잡한 처리 절차와 꽤 큰 비용을 들여 실행된 결과를 쿼리 캐시에 담아 두고, 동일한 쿼리 요청이 왔을 때 간단하게 쿼리 캐시에서 찾아서 바로 결과를 내려 줄 수 있기 때문에 기대 이상의 효과를 거둘 수 있다. 하지만 항상 그렇듯이 이 쿼리 캐시에도 장단점이 있으므로 적절한 조율이 중요하다. 쿼리 캐시는 단어의 의미와는 달리 SQL 문장을 캐시하는 것이 아니라 쿼리의 결과를 메모리에 캐시해 두는 기능이다. 쿼리 캐시의 구조는 간단한 키와 값의 쌍으로 관리되는 맵(Map)과 같은 데이터 구조로 구현돼 있다. 여기서 키를 구성하는 요소 가운데 가장 중요한 것은 쿼리 문장 자체일 것이며, 값은 해당 쿼리의 실행 결과가 될 것이다. 그림 3-8에서 쿼리 캐시 안의 작은 표와 같이 생각해볼 수 있겠다.

하지만 데이터베이스에서 쿼리를 처리할 때는 상당히 많은 부분의 처리 절차가 있다. 이를 전부 무시하고 동일한 쿼리 문장이 요청됐다고 그냥 캐시된 결과를 보내서는 안 된다. 쿼리 캐시의 결과를 내려 보내주기 전에 반드시 다음과 같은 확인 절차를 거쳐야 한다.

1. 요청된 쿼리 문장이 쿼리 캐시에 존재하는가?
2. 해당 사용자가 그 결과를 볼 수 있는 권한을 가지고 있는가?
3. 트랜잭션 내에서 실행된 쿼리인 경우, 그 결과가 가시 범위 내의 트랜잭션에서 만들어진 결과인가? (InnoDB의 경우)
4. 쿼리에 사용된 기능(내장 함수나 저장 함수 등)이 캐시돼도 동일한 결과를 보장할 수 있는가?
   4.1 CURRENT_DATE, SYSDATE, RAND 등과 같이 호출 시점에 따라 결과가 달라지는 요소가 있는가?
   4.2 프리페어 스테이트먼트의 경우 변수가 결과에 영향을 미치지 않는가?
5. 캐시가 만들어지고 난 이후 해당 데이터가 다른 사용자에 의해 변경되지 않았는가?
6. 쿼리에 의해 만들어진 결과가 캐시하기에 너무 크지 않은가?
7. 그 밖에 쿼리 캐시를 사용하지 못하게 만드는 요소가 사용됐는가?

물론 이 밖에도 더 세세한 쿼리 캐시 비교 검색 과정이 있지만, 생략하고 우선 이 내용을 조금 더 자세히 살펴보자.

요청된 쿼리 문장이 쿼리 캐시에 존재하는가?

그림 3-8에서도 알 수 있듯이, 쿼리 캐시는 MySQL의 어떠한 처리보다 앞 단에 위치하며, 캐시된 결과를 찾기 위해 쿼리 문장을 분석해서 복잡한 비교 과정을 거치는 것이 아니기 때문에 아주 간단하고 빠르게 진행된다. 비교 방식은 그냥 요청된 쿼리 문장 자체가 동일한지 여부를 비교하는 것이다. 여기서 비교하는 대상으로는 공백이나 탭과 같은 문자까지 모두 포함되며, 대소문자까지 완전히 동일해야 같은 쿼리로 인식한다. 결론적으로 애플리케이션의 전체 쿼리 가운데 동일하거나 비슷한 작업을 하는 쿼리는 하나의 쿼리로 통일해 문자열로 관리하는 것이 좋다. 그렇다고 무리하게 쿼

리를 통합하라는 것은 아니며, 적절히 추가 비용이 없이 변경이 가능한 것들은 통합하라는 것이다. 동일한 쿼리가 여러 곳에서 정의되어 사용되면 어느 순간에 각 쿼리가 달라지고(공백이나 개행 문자 하나라도) 그렇게 되면 쿼리 캐시를 공유하지 못하게 된다.

해당 사용자가 그 결과를 볼 수 있는 권한을 가지고 있는가?

어떤 사용자가 요청한 쿼리에 대해 동일한 쿼리 결과가 쿼리 캐시에 저장돼 있더라도 이 사용자가 해당 테이블의 읽기 권한이 없다면 쿼리 캐시의 결과를 보여줘서는 안 되기 때문에 이런 확인 작업은 당연한 것이다.

트랜잭션 내에서 실행된 쿼리인 경우 가시 범위 내에 있는 결과인가?

InnoDB의 모든 트랜잭션은 각 트랜잭션 ID를 갖게 된다. 트랜잭션 ID는 트랜잭션이 시작된 시점을 기준으로 순차적으로 증가하는 6바이트 숫자 값이어서 트랜잭션 ID 값을 비교해 보면 어느 쪽이 먼저 시작된 트랜잭션인지 구분할 수 있다. InnoDB에서는 트랜잭션 격리 수준을 준수하기 위해 각 트랜잭션은 자신의 ID보다 ID 값이 큰 트랜잭션에서 변경한 작업 내역이나 쿼리 결과는 참조할 수 없다. 이를 트랜잭션의 가시 범위라고 한다. 쿼리 캐시도 그 결과를 만들어 낸 트랜잭션의 ID가 가시 범위 내에 있을 때만 사용할 수 있는 것이다.

CURRENT_DATE(), SYSDATE(), RAND() 등과 같이 호출 시점에 따라 결과가 달라지는 요소가 있는가?

SYSDATE()나 RAND() 같은 함수는 동일 사용자가 동일 쿼리를 실행하더라도 호출하는 시간에 따라 결과가 달라진다. 또한 이런 내장 함수뿐 아니라 NOT DETERMINISTIC 옵션으로 정의된 스토어드 루틴이 사용된 쿼리도 시점에 따라 결과가 달라질 가능성이 있다. 스토어드 루틴의 NOT DETERMINITIC 옵션과 관련해서는 11.3.3절, "DETERMINISTIC과 NOT DETERMINISTIC 옵션"(698쪽)을 참고한다. 그래서 호출될 때마다 결과 값이 달라지는 CURRENT_DATE()나 SYSDATE(), 그리고 RAND()와 같은 내장 함수뿐 아니라 NOT DETERMINISTIC으로 정의된 스토어드 함수 등은 사용하지 않는 편이 쿼리 캐시의 효율을 높이는 데 도움된다.

프리페어 스테이트먼트의 경우 변수가 결과에 영향을 미치지 않는가?

프리페어 스테이트먼트(바인드 변수가 사용된 쿼리)의 경우에는 쿼리 문장 자체에 변수("?")가 사용되기 때문에 쿼리 문장 자체로 쿼리 캐시를 찾을 수가 없다. 여기서 한 가지 주의해야 할 사항은 프로그램 코드에서는 프리페어 스테이트먼트를 사용했다 하더라도 실제 MySQL 서버에서는 프리페어 스테이트먼트 형태로 실행되지 않는다는 점이다. 진정한 프리페어 스테이트먼트를 사용하려면 프로그램의 소스코드에서 데이터베이스 커넥션을 생성할 때 특별한 옵션을 사용해야만 한다. 이를 서버 사이드(Server side) 프리페어 스테이트먼트라고 하는데, MySQL 5.0까지는 프리페어 스테이트먼트로 실행된 쿼리는 쿼리 캐시를 사용할 수 없었지만 MySQL 5.1부터는 이러한 제약이 없어졌다. 서버 사이트 프리페어 스테이트먼트에 대해서는 13.1.2절, "MySQL Connector/J를 이용한 개발"의 "프리페어 스테이트먼트의 종류"(750쪽)를 참조하자.

캐시가 만들어지고 난 이후 해당 데이터가 다른 사용자에 의해 변경되지 않았는가?

쿼리 결과가 쿼리 캐시에 저장된 이후 데이터가 변경되면 어떻게 될까? 당연히 이미 변경된 데이터를 캐시하는 것은 의미가 없기 때문에 데이터를 제거(무효화, Invalidation)해야 한다. 위에서도 잠깐 언급한 것처럼 쿼리 캐시는 빠른 처리를 위해 아주 단순하게 작동하도록 설계돼 있다. 따라서 쿼리 캐시에 있는 데이터를 무효화하는 작업은 레코드 단위가 아닌 테이블 단위로 처리된다. 만약 쿼리 캐시를 1GB로 아주 크게 설정하고, 하나의 테이블로부터 조회된 데이터로 쿼리 캐시를 꽉 채웠다고 해보자. 그런데 해당 테이블에 새로운 레코드를 한 건 INSERT하면 MySQL 서버는 쿼리 캐시에 채워져 있는 1GB의 내용을 모두 제거해야 할 것이다. 이 작업은 아무리 메모리 작업이라 해도 상당한 시간이 소모될 것이다.

더욱이 쿼리 캐시는 절대 여러 스레드에서 동시에 변경할 수 없기 때문에 다른 스레드는 쿼리 캐시 삭제 작업이 완료될 때까지 기다려야 한다. 많은 사용자가 쿼리 캐시를 위한 메모리 공간은 무조건 크게 설정하면 좋다고 생각하지만 이러한 이유로 적절한 크기 이상으로 설정할 경우 캐시 자체가 부하의 원인이 될 가능성도 있다. 여기서 적절한 크기라 함은 일반적으로 32M ~ 64MB 정도다.

주의

그리고 이와 관련해서 한 가지 더 주의해야 할 사항이 있다. 사용자들이 조회한 횟수를 보여주는 칼럼을 가지고 있는 게시판 테이블이 있다고 해보자. 애플리케이션에서는 항상 이 테이블로부터 SELECT를 실행하기 전에 UPDATE로 조회 수를 증가시켜야 할 것이다. 그러면 어떤 현상이 발생할까? 이 테이블로부터 SELECT한 결과를 쿼리 캐시에 저장했는데, 그 뒤에 실행된 UPDATE 쿼리에 의해 바로 쿼리 캐시에서 삭제돼 버리는 현상이 발생하는 것이다.

즉, 이 테이블은 절대 쿼리 캐시를 사용할 수 없고, 쿼리 캐시에 저장하고 삭제하는 오버헤드만 추가하는 꼴이 돼 버리는 것이다. UPDATE와 SELECT의 쿼리 순서를 변경해도 마찬가지다. 이런 경우에는 조회수 칼럼을 다른 테이블로 분리하거나 또는 조회수를 일정한 횟수만큼 누적한 후 한꺼번에 업데이트하는 편이 좋다(일반적으로 후자가 좋다). 테이블 3개를 조인해서 하나의 쿼리로 작성한 경우와, 각 테이블별로 쿼리를 하나씩 쪼개서 작성한 경우를 가정해 보자. 전자의 경우에는 3개의 테이블 가운데 하나만 변경돼도 쿼리 캐시를 사용할 수 없지만 후자의 경우에는 3개의 쿼리 가운데 여전히 2개의 쿼리는 쿼리 캐시를 사용할 수 있다. 그래서 가끔은 복잡하게 하나의 쿼리로 필요한 모든 데이터를 가져오도록 쿼리를 작성하는 것보다 잘게 쪼개는 것이 더효율적일 수도 있다.

쿼리에 의해 만들어진 결과가 캐시하기에 너무 크지 않은가?

쿼리 캐시의 전체 크기를 64MB로 설정했는데, 만약 어떤 쿼리 하나가 60MB 정도의 쿼리 결과를 만들어내면 하나의 쿼리 때문에 쿼리 캐시를 다 소모해 버릴 수 있다. 이러한 현상을 예방하고자 특정한 크기 미만의 쿼리 결과만 캐시하도록 설정하는 시스템 파라미터가 있다. 이 설정 파라미터의 이름은 query_cache_limit이며, 값은 1~2M 미만으로 설정하는 것이 일반적이다. MySQL은 이 파라미터로 설정된 크기 미만의 쿼리 결과만 캐시한다. 결론적으로 쿼리가 결과를 만들어내는 데 많은 시간과 자원이 필요하지만 만들어진 결과의 크기가 작을수록 쿼리 캐시를 더 효율적으로 사용할 수 있기 때문에 GROUP BY나 DISTINCT, 그리고 COUNT()와 같은 집합 함수의 결과가 쿼리 캐시를 사용하기에 아주 적합하다.

그 밖에 쿼리 캐시를 사용하지 못하게 만드는 요소가 사용됐는가?

위에서 언급한 사항 말고도 쿼리 캐시를 사용하지 못하게 하는 요소로는 다음과 같은 것이 있다.

- 임시 테이블(Tempoary table)에 대한 쿼리

- 사용자 변수의 사용
  쿼리에 사용자 변수를 사용하면 프리페어 스테이트먼트와 동일한 효과가 발생하므로 MySQL이 쿼리 캐시를 사용하지 못하게 한다.

- 칼럼 기반의 권한 설정

- LOCK IN SHARE MODE 힌트
  SELECT 문장의 끝에 붙여서 조회하는 레코드에 공유 잠금(읽기 락)을 설정하는 쿼리

- FOR UPDATE 힌트
  SELECT 문장의 끝에 붙여서 조회하는 레코드에 배타적 잠금(쓰기 락)을 설정하는 쿼리

- UDF(User Defined Function)의 사용

- 독립적인 SELECT 문장이 아닌 일부분의 서브 쿼리

- 스토어드 루틴(Procedure, Function, Trigger)에서 사용된 쿼리(독립적인 쿼리라 하더라도)

- SQL_NO_CACHE 힌트
  SELECT 문장에서 SELECT 키워드 뒤에 붙이는 힌트로서, 이 힌트가 사용되면 쿼리 캐시를 사용하지 않는다. 애플리케이션에서 사용되는 쿼리에 의도적으로 이 힌트를 사용하는 경우는 거의 없으며, 대신 쿼리의 성능을 시험할 때 자주 사용한다.

이렇게 쿼리 캐시를 사용하지 못하게 하는 수많은 제약사항이 있음에도 여전히 쿼리 캐시는 그만큼의 효과를 충분히 얻을 수 있는 훌륭한 기능이다. MySQL 서버에서 실행되는 작업은 대부분 MySQL 서버의 상태 변수에 누적되어 기록되기 때문에 아래와 같이 "SHOW GLOBAL STATUS" 명령을 이용해 쿼리 캐시가 얼마나 사용됐고 MySQL 서버에서 SELECT 쿼리가 얼마나 실행됐는지 등에 대한 정보를 확인해 볼 수 있다. 이 상태 값 중에서 Qcache_hits와 Com_select 상태 값을 이용해 쿼리 캐시가 얼마나 효율적으로 사용되고 있는지 조사해 볼 수 있다. Qcache_hits는 쿼리 캐시로 처리된 SELECT 쿼리의 수를 의미하며, Com_select는 쿼리 캐시에서 결과를 찾지 못해서 MySQL 서버가 쿼리를 실행한 횟수를 의미한다. 즉, Com_select 값과 Qcache_hits 값을 더하면 MySQL 서버로 요청된 모든 SELECT 문장의 총 합이 되는 것이다.

```
mysql> SHOW GLOBAL STATUS LIKE 'Qcache%';
+-------------------------+----------+
| Variable_name           | Value    |
+-------------------------+----------+
| Qcache_free_blocks      | 838      |
| Qcache_free_memory      | 64759552 |
| Qcache_hits             | 21474569 |
| Qcache_inserts          | 68300488 |
| Qcache_lowmem_prunes    | 0        |
| Qcache_not_cached       | 48608444 |
| Qcache_queries_in_cache | 1532     |
| Qcache_total_blocks     | 3934     |
+-------------------------+----------+
```

```
mysql> SHOW GLOBAL STATUS LIKE 'Com_select';
+---------------+-----------+
| Variable_name | Value     |
+---------------+-----------+
| Com_select    | 123205141 |
+---------------+-----------+
```

쿼리 캐시 히트율(%) = Qcache_hits / (Qcache_hits + Com_select) * 100

쿼리 캐시의 히트율이 20% 이상이면 일반적으로 쿼리 캐시를 사용하는 것이 좋다고 이야기하기도 하는데, 이보다 낮은 수치가 나온 경우도 사용하는 것이 좋을 때가 있다. 쿼리 캐시 히트율은 쿼리 캐시가 얼마나 실행 시간을 줄이고 컴퓨팅 자원을 절약해줬는지를 나타내는 수치가 아니기 때문이다. 1%의 쿼리캐시 히트율이라 하더라도 해당 쿼리가 사용하는 자원이나 시간이 아주 크다면 쿼리 캐시는 그만큼 가치있는 일을 했다고 볼 수 있기 때문이다. MySQL 서버에서 쿼리 캐시를 사용하지 않기로 했다면 컨피규레이션 파일의 설정 파라미터를 다음과 같이 변경하면 된다(이 두 파라미터를 동시에 설정해야 메모리 낭비도 없고, MySQL 서버가 쿼리 캐시를 검색하거나 제거하는 데 필요한 오버헤드도 줄일 수 있다).

```
query_cache_size = 0
query_cache_type = 0
```

3.2 InnoDB 스토리지 엔진 아키텍처

지금까지 MySQL의 전체적인 구조를 살펴봤다. 이번 절에서는 MySQL의 스토리지 엔진 가운데 가장 많이 사용되는 InnoDB 스토리지 엔진을 간단히 살펴보자. InnoDB는 MySQL에서 사용할 수 있는 스토리지 엔진 중에서 거의 유일하게 레코드 기반의 잠금을 제공하고 있으며, 때문에 높은 동시성 처리가 가능하고 또한 안정적이며 성능이 뛰어나다. 간단히 InnoDB의 구조를 그림으로 살펴보자.

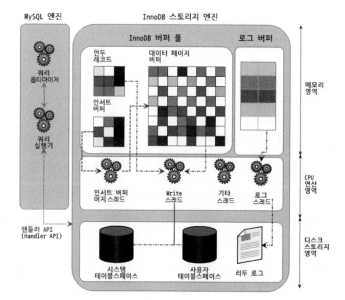

[그림 3-9] InnoDB 구조

3.2.1 InnoDB 스토리지 엔진의 특성

프라이머리 키에 의한 클러스터링

InnoDB의 모든 테이블은 기본적으로 프라이머리 키를 기준으로 클러스터링되어 저장된다. 즉, 프라이머리 키 값
의 순서대로 디스크에 저장된다는 뜻이며, 이로 인해 프라이머리 키에 의한 레인지 스캔은 상당히 빨리 처리될 수 있
다. 결과적으로 쿼리의 실행 계획에서 프라이머리 키는 기본적으로 다른 보조 인덱스에 비해 비중이 높게 설정(쿼리
의 실행 계획에서 다른 보조 인덱스보다 프라이머리 키가 선택될 확률이 높음)된다. 오라클 DBMS의 IOT(Index
organized table)와 동일한 구조가 InnoDB에서는 일반적인 테이블의 구조가 되는 것이다. 클러스터 키에 대해서는
5.9절, "클러스터링 인덱스"(250쪽)에서 다시 상세히 다루겠다.

잠금이 필요 없는 일관된 읽기(Non-locking consistent read)

InnoDB 스토리지 엔진은 MVCC(Multi Version Concurrency Control)라는 기술을 이용해 락을 걸지 않고 읽기
작업을 수행한다. 락을 걸지 않기 때문에 InnoDB에서 읽기 작업은 다른 트랜잭션이 가지고 있는 락을 기다리지도 않
는다. 읽기 작업이 가능하다(SERIALIZABLE 격리 수준은 제외). MVCC에 대한 내용은 조금 뒤에 더 자세히 다루겠
다.

외래 키 지원

외래 키에 대한 지원은 InnoDB 스토리지 엔진 레벨에서 지원하는 기능으로 MyISAM이나 MEMORY 테이블에서
는 사용할 수 없다. 외래 키는 여러 가지 제약사항 탓에 인해 실무에서는 잘 사용하지 않기 때문에 그렇게 필수적이지
는 않지만 개발 환경의 데이터베이스에서는 좋은 가이드 역할을 할 수 있다. InnoDB에서 외래 키는 부모 테이블과 자

식 테이블 모두 해당 칼럼에 인덱스 생성이 필요하고, 변경 시에는 반드시 부모 테이블이나 자식 테이블에 데이터가 있는지 체크하는 작업이 필요하므로 잠금이 여러 테이블로 전파되고, 그로 인해 데드락이 발생할 때가 많다.

자동 데드락 감지

InnoDB는 그래프 기반의 데드락 체크 방식을 사용하기 때문에 데드락이 발생함과 동시에 바로 감지되고, 감지된 데드락은 관련 트랜잭션 중에서 ROLLBACK이 가장 용이한 트랜잭션(ROLLBACK을 했을 때 복구 작업이 가장 작은 트랜잭션, 즉 레코드를 가장 적게 변경한 트랜잭션)을 자동적으로 강제 종료해 버린다. 따라서 데드락 때문에 쿼리가 제한시간(Timeout)에 도달한다거나 슬로우 쿼리로 기록되는 경우는 많지 않다.

자동화된 장애 복구

InnoDB에는 손실이나 장애로부터 데이터를 보호하기 위한 여러 가지 메커니즘이 탑재돼 있다. 그러한 메커니즘을 이용해 MySQL 서버가 시작될 때, 완료되지 못한 트랜잭션이나 디스크에 일부만 기록된 데이터 페이지(Partial write) 등에 대한 일련의 복구 작업이 자동으로 진행된다. 더 자세한 내용은 17.3절. "MySQL 복구(데이터 파일 손상)"(990쪽)이나 MySQL 매뉴얼의 "innodb_force_recovery" 파라미터의 내용을 참조한다.

오라클의 아키텍처 적용

InnoDB 스토리지 엔진의 기능은 오라클 DBMS의 기능과 상당히 비슷한 부분이 많다. 대표적으로 MVCC 기능이 제공된다는 것과 언두(Undo) 데이터가 시스템 테이블 스페이스에 관리된다는 것, 그리고 테이블 스페이스의 개념 등이 있으며 이 이외에도 상당히 흡사한 부분이 많아서 오라클에 익숙한 사용자에게는 InnoDB의 많은 부분들이 상당히 친숙할 것이다.

3.2.2 InnoDB 버퍼 풀

InnoDB 스토리지 엔진에서 가장 핵심적인 부분으로, 디스크의 데이터 파일이나 인덱스 정보를 메모리에 캐시해 두는 공간이다. 쓰기 작업을 지연시켜 일괄 작업으로 처리할 수 있게 해주는 버퍼 역할도 같이 한다. 일반적인 애플리케이션에서는 INSERT나 UPDATE 그리고 DELETE와 같이 데이터를 변경하는 쿼리는 데이터 파일의 이곳저곳에 위치한 레코드를 변경하기 때문에 랜덤한 디스크 작업을 발생시킨다. 하지만 버퍼 풀이 이러한 변경된 데이터를 모아서 처리하게 되면 랜덤한 디스크 작업의 횟수를 줄일 수 있다.

MyISAM 키 캐시가 인덱스의 캐시만을 주로 처리하는 데 비해 InnoDB의 버퍼 풀은 데이터와 인덱스 모두 캐시하고 쓰기 버퍼링의 역할까지 모두 처리하고 있는 것이다. 그 밖에도 InnoDB의 버퍼 풀은 많은 백그라운 작업의 기반이 되는 메모리 공간이다. 따라서 InnoDB의 버퍼 풀 크기를 설정하는 파라미터(innodb_buffer_pool_size)는 신중하게 설정하는 것이 좋다. 일반적으로 전체 물리적인 메모리의 80% 정도를 InnoDB의 버퍼 풀로 설정하라는 내용의 게시물도 있는데, 그렇게 단순하게 설정해서

되는 값은 아니며 운영체제와 각 클라이언트 스레드가 사용할 메모리도 충분히 고려해서 설정해야 한다. 일반적으로 전체 장착된 물리 메모리의 50~80% 수준에서 버퍼 풀의 메모리 크기를 결정한다.

InnoDB 버퍼 풀은 아직 디스크에 기록되지 않은 변경된 데이터를 가지고 있다(이러한 데이터를 가지고 있는 페이지를 더티 페이지(Dirty page)라고 한다). 이러한 더티 페이지는 InnoDB에서 주기적으로 또는 어떤 조건이 되면 체크포인트 이벤트가 발생하는데, 이때 Write 스레드가 필요한 만큼의 더티 페이지만 디스크로 기록한다. 체크포인트가 발생한다고 해서 버퍼 풀의 모든 더티 페이지를 디스크로 기록하는 것은 아니다.

3.2.3 언두(Undo) 로그

언두 영역은 UPDATE 문장이나 DELETE와 같은 문장으로 데이터를 변경했을 때 변경되기 전의 데이터(이전 데이터)를 보관하는 곳이다. 예를 들어 다음과 같은 업데이트 문장을 실행했다고 해보자.

```
mysql> UPDATE member SET name='홍길동' WHERE member_id='1';
```

위 문장이 실행되면 트랜잭션을 커밋하지 않아도 실제 데이터 파일(데이터/인덱스 버퍼) 내용은 "홍길동"으로 변경된다. 그리고 변경되기 전의 값이 "벽계수"였다면, 언두 영역에는 "벽계수"라는 값이 백업되는 것이다. 이 상태에서 만약 사용자가 커밋하게 되면 현재 상태가 그대로 유지되고, 롤백하게 되면 언두 영역의 백업된 데이터를 다시 데이터 파일(데이터/인덱스 버퍼)로 복구한다.

언두의 데이터는 크게 두 가지 용도로 사용되는데, 첫 번째 용도가 바로 위에서 언급한 트랜잭션의 롤백 대비용이다. 두 번째 용도는 트랜잭션의 격리 수준을 유지하면서 높은 동시성을 제공하는 데 사용된다. 트랜잭션의 격리 수준이라는 개념이 있는데, 이는 동시에 여러 트랜잭션이 데이터를 변경하거나 조회할 때, 한 트랜잭션의 작업 내용이 다른 트랜잭션에 어떻게 보여질지를 결정하는 기준이다. 격리 수준과 언두의 두 번째 사용법에 대한 자세한 설명은 4.5.3절, "REPEATABLE READ"(195쪽)에 나온 예제를 참조하자.

3.2.4 인서트 버퍼(Insert Buffer)

RDBMS에서 레코드가 INSERT되거나 UPDATE될 때는 데이터 파일을 변경하는 작업뿐 아니라 해당 테이블에 포함된 인덱스를 업데이트하는 작업도 필요하다. 그런데 인덱스를 업데이트하는 작업은 랜덤하게 디스크를 읽는 작업이 필요하므로 테이블에 인덱스가 많다면 이 작업은 상당히 많은 자원을 소모하게 된다. 그래서 InnoDB는 변경해야 할 인덱스 페이지가 버퍼 풀에 있으면 바로 업데이트를 수행하지만, 그렇지 않고 디스크로부터 읽어와서 업데이트해야 한다면 이를 즉시 실행하지 않고 임시 공간에 저장해 두고 바로 사용자에게 결과를 반환하는 형태로 성능을 향상시키게 되는데, 이때 사용하는 임시 메모리 공간을 인서트 버퍼(Insert Buffer)라고 한다.

사용자에게 결과를 전달하기 전에 반드시 중복 여부를 체크해야 하는 유니크 인덱스는 인서트 버퍼를 사용할 수 없다. 인서트 버퍼에 임시로 저장돼 있는 인덱스 레코드 조각은 이후 백그라운드 스레드에 의해 병합되는데, 이 스레드를 인서트 버퍼 머지 스레드(Merge thread)라고 한다. MySQL 5.5 이전 버전까지는 INSERT 작업에 대해서만 이러한 버퍼링이 가능했는데, MySQL 5.5부터는 INSERT나 DELETE로 인해 키를 추가하거나 삭제하는 작업에 대해서도 버퍼링이 될 수 있게 개선됐다. 또 MySQL 5.5 이전 버전에서는 별도의 파라미터 설정 없이 기본적으로 기능이 활성화됐지만 MySQL 5.5부터는 innodb_change_buffering이라는 설정 파라미터가 새로 도입되어 작업의 종류별로 인서트 버퍼를 활성화할 수 있으며, 인서트 버퍼가 비효율적일 때는 인서트 버퍼를 사용하지 않게 설정할 수 있도록 개선됐다.

3.2.5 리두(Redo) 로그 및 로그 버퍼

쿼리 문장으로 데이터를 변경하고 커밋하면 DBMS는 데이터의 ACID를 보장하기 위해 즉시 변경된 데이터의 내용을 데이터 파일로 기록해야 한다. 하지만 이러한 데이터 파일의 변경 작업은 순차적으로 많은 데이터를 한꺼번에 변경하는 것이 아니고 랜덤하게 디스크에 기록해야 하기 때문에 디스크를 상당히 바쁘게 만드는 작업이다. 그래서 이러한 부하를 줄이기 위해 대부분의 DBMS에는 변경된 데이터를 버퍼링해 두기 위해 InnoDB 버퍼 풀과 같은 장치가 포함돼 있다. 하지만 이 장치만으로는 ACID를 보장할 수 없는데 이를 위해 변경된 내용을 순차적으로 디스크에 기록하는 로그 파일을 가지고 있다. 더 정확한 명칭은 리두 로그이며, 일반적으로 DBMS에서 로그라 하면 이 리두 로그를 지칭하는 경우가 많다.

MySQL 서버 자체가 사용하는 로그 파일은 사람들의 눈으로 확인할 수 있는 내용이 아니라서 편집기로 열어볼 수 없으며, 열어볼 필요도 없다. 리두 로그 덕분에 DBMS 데이터는 버퍼링을 통해 한꺼번에 디스크에 변경된 내용을 처리할 수 있고 그로 인해 상당한 성능 향상을 기대할 수 있게 됐다. 하지만 사용량(특히 변경 작업)이 매우 많은 DBMS 서버의 경우에는 이 리두 로그의 기록 작업이 큰 문제가 되는데, 이러한 부분을 보완하기 위해 최대한 ACID 속성을 보장하는 수준에서 버퍼링하게 된다. 이러한 리두 로그 버퍼링에 사용되는 공간이 로그 버퍼다.

로그 버퍼의 크기는 일반적으로 1~8MB 수준에서 설정하는 것이 적합한데, 만약 BLOB이나 TEXT와 같이 큰 데이터를 자주 변경하거나 하는 경우에는 더 크게 설정하는 것이 좋다.

> **주의** ACID는 데이터베이스에서 트랜잭션의 무결성을 보장하기 위해 반드시 필요한 4가지 요소(기능)를 의미한다.
>
> "A"는 Atomic의 첫 글자로, 트랜잭션은 원자성 작업이어야 함을 의미한다.
>
> "C"는 Consistent의 첫 글자로, 일관성을 의미한다.
>
> "I"는 Isolated 에서 온 첫 글자로, 격리성을 의미한다.
>
> "D"는 Durable의 첫 글자이며, 한번 저장된 데이터는 지속적으로 유지돼야 함을 의미한다.
>
> 일관성과 격리성은 쉽게 정의하기는 힘들지만, 이 두 가지 속성은 서로 다른 두 개의 트랜잭션에서 동일 데이터를 조회하고 변경하는 경우에도 상호 간섭이 없어야 한다는 것을 의미한다.

3.2.6 MVCC(Multi Version Concurrency Control)

일반적으로 레코드 레벨의 트랜잭션을 지원하는 DBMS가 제공하는 기능이며, MVCC의 가장 큰 목적은 잠금을 사용하지 않는 일관된 읽기를 제공하는 데 있다. InnoDB는 언두 로그를 이용해 이 기능을 구현한다. 여기서 멀티 버전이라 함은 하나의 레코드에 대해 여러 개의 버전이 동시에 관리된다는 의미다. 이해를 위해 격리 수준(Isolation level)이 READ_COMMITTED인 MySQL 서버에서 InnoDB 스토리지 엔진을 사용하는 테이블의 데이터 변경을 어떻게 처리하는지 그림으로 한번 살펴보자.

우선 다음과 같은 테이블에 한 건의 레코드를 UPDATE해서 발생하는 변경 작업 및 절차를 확인해 보자.

```
mysql> CREATE TABLE member (
    m_id INT NOT NULL,
    m_name VARCHAR(20) NOT NULL,
    m_area VARCHAR(100) NOT NULL,

    PRIMARY KEY (m_id),
    INDEX ix_area (m_area)
);

mysql> INSERT INTO member (m_id, m_name, m_area) VALUES (12,'홍길동','서울');
mysql> COMMIT;
```

INSERT 문이 실행되면, 데이터베이스의 상태는 그림 3-10과 같은 상태로 바뀔 것이다.

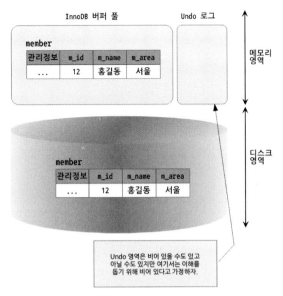

[그림 3-10] InnoDB의 버퍼 풀과 데이터 파일의 상태

그림 3-11은 MEMBER 테이블에 UPDATE 문장이 실행될 때의 처리 절차다.

```
mysql> UPDATE member SET m_area='경기' WHERE m_id=12;
```

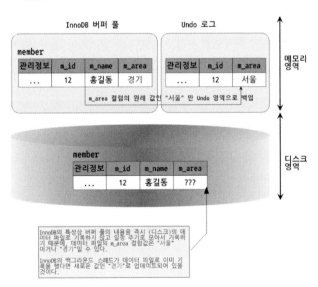

[그림 3-11] UPDATE 후 InnoDB 버퍼 풀과 데이터 파일 및 언두 영역의 변화

UPDATE 문장이 실행되면 커밋 실행 여부와 관계 없이, InnoDB의 버퍼 풀은 새로운 값인 "경기"로 업데이트된다. 그리고 디스크의 데이터 파일에는 체크포인트나 InnoDB의 Write 스레드에 의해 새로운 값으로 업데이트돼 있을 수도 있고 아닐 수도 있다(InnoDB가 ACID를 보장하기 때문에 일반적으로는 InnoDB의 버퍼 풀과 데이터 파일은 동일한 상태라고 가정해도 무방하다).

아직 COMMIT이나 ROLLBACK이 되지 않은 상태에서 다른 사용자가 다음 같은 쿼리로 작업 중인 레코드를 조회하면 어디에 있는 데이터를 조회할까?

```
mysql> SELECT * FROM member WHERE m_id=12;
```

이 질문에 대한 답은 MySQL 초기화 파라미터에 설정된 격리 수준(Isolation level)에 따라 다르다. 만약 격리 수준이 READ_UNCOMMITTED인 경우에는 InnoDB 버퍼 풀이나 데이터 파일로부터 변경되지 않은 데이터를 읽어서 반환한다. 즉, 데이터가 커밋됐든 아니든 변경된 상태의 데이터를 반환한다. 그렇지 않고 READ_COMMITTED나 그 이상의 격리 수준(REPEATABLE_READ, SERIALIZABLE)인 경우에는 아직 커밋되지 않았기 때문에 InnoDB 버퍼 풀이나 데이터 파일에 있는 내용 대신 변경되기 이전의 내용을 보관하고 있는 언두 영역의 데이터를 반환한다. 이러한 과정을 DBMS에서는 MVCC라고 표현한다. 즉, 하나의 레코드(회원번호가 12인 레코드)에 대해 2개의 버전이 유지되고, 필요에 따라 어느 데이터가 보여지는지 여러 가지 상황에 따라 달라지는 구조다. 여기서는 한 개의 데이터만 가지고 설명했지만 관리해야 하는 예전 버전의 데이터는 무한히 많아질 수 있다(트랜잭션이 길어지면 언두에서 관리하는 예전 데이터가 삭제되지 못하고 오랫동안 관리돼야 하며, 자연히 언두 영역이 저장되는 시스템 테이블 스페이스의 공간이 많이 늘어나야 하는 상황이 발생할 수도 있다).

지금까지 UPDATE 쿼리가 실행되면 InnoDB 버퍼 풀은 즉시 새로운 데이터로 변경되며 기존의 데이터는 언두(Undo)로 복사되는 과정까지 살펴봤는데, 이 상태에서 COMMIT 명령을 실행하면 InnoDB는 더 이상의 변경 작업 없이 지금의 상태를 영구적인 데이터로 만들어 버린다. 하지만 만약 롤백을 실행하면 InnoDB는 언두 영역에 있는 백업된 데이터를 InnoDB 버퍼 풀로 다시 복구하고, 언두 영역의 내용을 삭제해 버린다. 커밋이 된다고 언두 영역의 백업 데이터가 항상 바로 삭제되는 것은 아니다. 이 언두 영역을 필요로 하는 트랜잭션이 더는 없을 때 비로소 삭제된다.

3.2.7 잠금 없는 일관된 읽기(Non-locking consistent read)

InnoDB에서 격리 수준이 SERIALIZABLE이 아닌 READ-UNCOMMITTED나 READ-COMMITTED 그리고 REPEATABLE-READ 수준인 경우 INSERT와 연결되지 않은 순수한 읽기(SELECT) 작업은 다른 트랜잭션의 변경 작업과 관계없이 항상 잠금을 대기하지 않고 바로 실행된다. 그림 3-12에서 특정 사용자가 레코드를 변경하고 아직 커밋을 수행하지 않았다 하더라도 이 변경 트랜잭션이 다른 사용자의 SELECT 작업을 방해하지 않는다. 이를 "잠금 없는 일관된 읽기"라고 표현하며, InnoDB에서는 변경되기 전의 데이터를 읽기 위해 언두(Undo) 로그를 사용한다.

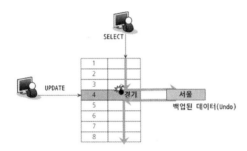

[그림 3-12] 잠겨진 레코드 읽기

오랜 시간 동안 활성 상태인 트랜잭션으로 인해 MySQL 서버가 느려지거나 문제가 발생할 때가 가끔 있는데, 바로 이러한 일관된 읽기를 위해 언두 로그를 삭제하지 못하고 계속 유지해야 하기 때문에 발생하는 문제다. 따라서 트랜잭션이 시작됐다면 가능한 빨리 롤백이나 커밋을 통해 트랜잭션을 완료하는 것이 좋다.

3.2.8 InnoDB와 MyISAM 스토리지 엔진 비교

지금까지는 MyISAM이 기본 스토리지 엔진으로 사용되는 경우가 많았다. 하지만 MySQL 5.5부터는 InnoDB 스토리지 엔진이 기본 스토리지 엔진으로 채택됐다. 기본 스토리지 엔진이 MyISAM이었기 때문인지는 모르겠지만 MySQL을 사용하는 많은 서비스가 별다른 고민 없이 MyISAM을 기본 스토리지 엔진으로 선택했다. 하지만 InnoDB 스토리지 엔진은 MyISAM과 비교할 수준이 아닐 정도로 많은 특징과 기능을 가지고 있으며 안정성 또한 MyISAM에 비할 바가 못 된다.

MyISAM 스토리지 엔진이 인덱스를 위한 키 캐시를 가지고 있지만 데이터 자체는 운영체제의 캐시에 의존하는 반면 InnoDB 스토리지 엔진은 자체적인 버퍼 풀을 가지고 좀 더 업무 특성에 맞는 캐싱이나 비퍼링을 수행한다. 트랜잭션 관리는 언급할 필요도 없고, 레코드 수준의 잠금 관리로 인해 동시성도 MyISAM을 훨씬 능가한다. 그나마 MyISAM의 전문 검색 기능이 MyISAM을 선택할 이유를 만들어주기는 하겠지만 사실 검색 기능 또한 제약이 심하다. 이미 전문 검색을 위해서는 스핑크스(Sphinx)나 트리튼과 같은 다른 서드파티 소프트웨어를 많이 사용하는 편이다. 혹시나 아직도 MyISAM이 빠를 것이라고 생각하는 사용자가 있다면 직접 테스트해볼 것을 권장한다. 필요한 작업이 읽기뿐이라 하더라도 말이다.

sysbench 도구를 이용해 복잡한 형태의 쿼리가 포함된 트랜잭션으로 벤치마킹해본 결과는 다음과 같다. 대체로 MyISAM에 비해 InnoDB가 월등한 성능을 보여준다는 것을 확인할 수 있다. 여기서 수치는 초당 트랜잭션의 처리 수이며, 평균적으로 하나의 트랜잭션에는 대략 10개 정도의 INSERT, UPDATE 그리고 DELETE와 SELECT 등의 다양한 쿼리가 포함돼 있다.

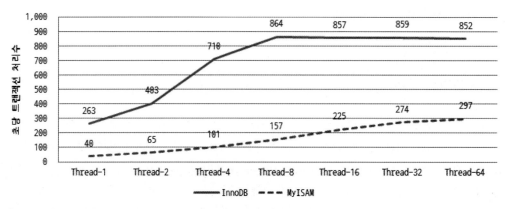

[그림 3-13] InnoDB 스토리지 엔진과 MyISAM 스토리지 엔진의 성능 비교

InnoDB 스토리지 엔진과 MyISAM 스토리지 엔진 비교와 관련한 좀 더 신뢰성 있는 자료는 "MySQL 퍼포먼스 블로그" 사이트의 성능 테스트 게시물(http://www.mysqlperformanceblog.com/2007/01/08/innodb-vs-myisam-vs-falcon-benchmarks-part-1/)을 참고하자. 참고로 이 게시물이 없어질지도 모른다는 걱정에 간단히 내용을 텍스트로 정리해서 옮겨 놓았다. 다음 내용을 보면 느낄 수 있겠지만 MyISAM과 InnoDB의 성능 비교는 무의미해 보일 정도로 차이가 난다는 사실을 알 수 있다. 단 한 가지 InnoDB의 단점이라면 MyISAM 보다 MySQL 서버의 설정 튜닝이 아주 조금 까다롭다는 것이다. 하지만 이 책을 통해 쉽게 극복할 수 있을 것이다.

읽기 방법	성능 비교
프라이머리 키 (데이터 파일 읽기 포함)	InnoDB가 6-9% 정도 빠름 벤치마킹 사용 쿼리 SELECT name FROM $tableName WHERE id = %d
보조 인덱스 (데이터 파일 읽기 포함)	64개 이하의 동시 스레드에서는 비슷함 그 이상의 동시 스레드에서는 InnoDB가 400~500% 빠름 벤치마킹 사용 쿼리 SELECT name FROM $tableName WHERE country_id = %d
보조 인덱스 (데이터 파일 읽기 포함 + LIMIT 사용)	256개 동시 스레드 이하에서는 InnoDB가 25~50% 빠름 그 이상에서는 거의 비슷함 벤치마킹 사용 쿼리 SELECT name FROM $tableName WHERE country_id = %d LIMIT 5
보조 인덱스 (커버링 인덱스)	InnoDB가 평균 30% 정도 빠름 벤치마킹 사용 쿼리 SELECT state_id FROM $tableName WHERE country_id = %d
보조 인덱스 (커버링 인덱스 + LIMIT 사용)	256개 동시 스레드 이하에서는 InnoDB가 80% 정도 빠름 그 이상에서는 거의 비슷함 벤치마킹 사용 쿼리 SELECT state_id FROM $tableName WHERE country_id = %d LIMIT 5
프라이머리 키 (커버링 인덱스)	성능 차이 없음 벤치마킹 사용 쿼리 SELECT id FROM $tableName WHERE id = %d
프라이머리 키 레인지 스캔 (일부 범위)	InnoDB가 200~2600% 빠름 벤치마킹 사용 쿼리 SELECT min(dob) FROM $tableName WHERE id between %d and %d
프라이머리 키 레인지 스캔 (전체 범위)	256개 동시 스레드 이하에서는 InnoDB가 30% 정도 빠름 그 이상에서는 MyISAM이 5% 정도 빠름 벤치마킹 사용 쿼리 SELECT count(id) FROM $tableName WHERE id between %d and %d
보조 인덱스 레인지 스캔 (데이터 읽기 포함)	동시 처리 스레드가 128개 이하에서는 성능 차이 없음 그 이상에서는 InnoDB가 600% 정도 빠름 벤치마킹 사용 쿼리 SELECT name FROM $tableName WHERE country_id = %d and state_id between %d and %d

보조 인덱스 레인지 스캔 (데이터 읽기 포함 + LIMIT)	InnoDB가 평균 10% 정도 빠름 벤치마킹 사용 쿼리 SELECT name FROM $tableName WHERE country_id = %d and state_id between %d and %d LIMIT 50
보조 인덱스 레인지 스캔 (커버링 인덱스)	InnoDB가 20~30% 정도 빠름 벤치마킹 사용 쿼리 SELECT city FROM $tableName WHERE country_id = %d and state_id between %d and %d
보조 인덱스 레인지 스캔 (커버링 인덱스 + LIMIT)	InnoDB가 20~30% 정도 빠름 벤치마킹 사용 쿼리 SELECT city FROM $tableName WHERE country_id = %d and state_id between %d and %d LIMIT 50
풀 테이블 스캔	InnoDB가 20% 정도 빠름 벤치마킹 사용 쿼리 SELECT min(dob) FROM $tableName

이 테스트를 수행하기 위해 준비된 테이블의 구조는 아래와 같다. 그리고 데이터는 대략 1,000,000건
으로 350MB 정도의 디스크를 사용했다고 명시돼 있다.

```
CREATE TABLE IF NOT EXISTS $tablename (
    id INT(10) UNSIGNED NOT NULL AUTO_INCREMENT,
    name VARCHAR(64) NOT NULL DEFAULT '',
    email VARCHAR(64) NOT NULL DEFAULT '',
    PASSWORD VARCHAR(64) NOT NULL DEFAULT '',
    dob DATE DEFAULT NULL,
    address VARCHAR(128) NOT NULL DEFAULT '',
    city VARCHAR(64) NOT NULL DEFAULT '',
    state_id TINYINT(3) UNSIGNED NOT NULL DEFAULT '0',
    zip VARCHAR(8) NOT NULL DEFAULT '',
    country_id SMALLINT(5) UNSIGNED NOT NULL DEFAULT '0',

    PRIMARY KEY (id),
    UNIQUE KEY email (email),
    KEY country_id (country_id,state_id,city)
);
```

참고로 위에서 설명한 테스트 결과를 여러분이 사용하고 있는 MySQL 서버의 성능과 비교하는 것은
무의미하다. 데이터의 특성도 다르고 장비나 MySQL 서버의 튜닝 상태도 다르기 때문이다. 표 내용 중

"커버링 인덱스"나 "풀 테이블 스캔" 또는 "레인지 스캔" 등과 같은 단어에 익숙하지 않다면 6.2.4절, "type 칼럼"(280쪽)을 참조하자.

3.2.9 InnoDB와 MEMORY(HEAP) 스토리지 엔진 비교

MEMORY 스토리지 엔진의 가장 큰 장점은 데이터와 인덱스를 모두 메모리에 저장하기 때문에 저장 작업이나 읽기 작업이 매우 빠르다는 것이다. 하지만 이 내용을 동시성 높은 것으로 오해하는 사용자가 많다. MEMORY 스토리지 엔진을 사용하는 테이블은 레코드 수준의 잠금이 아니라 테이블 수준의 잠금을 이용하게 된다. 이는 동시에 두 개 이상의 클라이언트가 테이블의 변경할 수 없음을 의미한다.

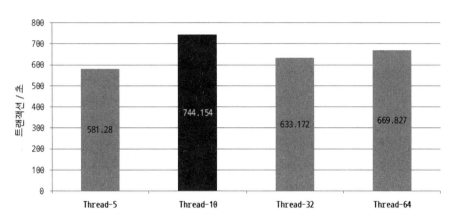

[그림 3-14] MEMORY 스토리지 엔진의 성능 벤치마킹(sysbench, 100만 건 레코드)

이 벤치마킹 결과에 의하면 MEMORY 스토리지 엔진은 동시 스레드 10개일 때 가장 빠른 성능을 내며, 이때도 초당 744번 정도의 트랜잭션을 처리한다. 대략 100만 건의 레코드가 저장된 MEMORY 테이블의 크기는 500MB로, 크진 않았지만 생각보다 낮은 성능을 보여줬다. MEMORY 스토리지 엔진 테이블에 1000만 건의 데이터를 입력하고 테스트했을 때는 초당 평균 250번 정도의 트랜잭션을 처리하는 것으로 결과가 나왔다. 벤치마킹이 실행되는 동안 "SHOW PROCESSLIST" 명령으로 MySQL 서버의 프로세스 리스트를 확인해 본 결과 대부분의 프로세스가 변경을 위해 테이블 잠금을 기다리고 있는 것으로 나타났다. 다음 결과를 보면 30번 프로세스가 현재 sbtest라는 테이블을 변경하고 있기 (State='Updating') 때문에 다른 클라이언트의 UPDATE 명령은 처리되지 못하고 모두 대기하고 있음을 알 수 있다.

```
root@localhost:sb_memory 16:04:16> SHOW PROCESSLIST;
+----+--------+-----------+---------+------+----------+------------------------------------------+
| Id | User   | db        | Command | Time | State    | Info                                     |
+----+--------+-----------+---------+------+----------+------------------------------------------+
|  1 | root   | sb_memory | Query   |   0  | NULL     | show processlist                         |
| 24 | syuser | sb_memory | Execute |   0  | Locked   | UPDATE sbtest set k=k+1 where id=500282  |
| 25 | syuser | sb_memory | Execute |   0  | Locked   | UPDATE sbtest set k=k+1 where id=499040  |
| 26 | syuser | sb_memory | Execute |   0  | Locked   | UPDATE sbtest set k=k+1 where id=501978  |
| 27 | syuser | sb_memory | Execute |   0  | Locked   | UPDATE sbtest set k=k+1 where id=502489  |
| 28 | syuser | sb_memory | Execute |   0  | Locked   | UPDATE sbtest set k=k+1 where id=503675  |
| 29 | syuser | sb_memory | Execute |   0  | Locked   | UPDATE sbtest set k=k+1 where id=503262  |
| 30 | syuser | sb_memory | Execute |   0  | Updating | UPDATE sbtest set k=k+1 where id=536736  |
| 31 | syuser | sb_memory | Execute |   0  | Locked   | UPDATE sbtest set k=k+1 where id=495684  |
| 32 | syuser | sb_memory | Execute |   0  | Locked   | UPDATE sbtest set k=k+1 where id=503203  |
...
+----+--------+-----------+---------+------+----------+------------------------------------------+
```

다음으로 동일한 쿼리를 이용한 InnoDB 스토리지 엔진의 벤치마크 결과를 확인해 보자. 그림 3-15에 나와 있는 결과를 보면 알 수 있듯이 InnoDB 스토리지 엔진은 동시 스레드가 32개인 경우 최대 성능을 보여줬으며 이때 처리된 초당 트랜잭션 수도 MEMORY 스토리지 엔진의 15배가 넘는 수준을 보여준다. InnoDB 스토리지 엔진의 테이블은 일부러 MEMORY 테이블보다 10배인 1000만 건을 대상으로 테스트했지만 훨씬 더 높은 성능을 보여준다.

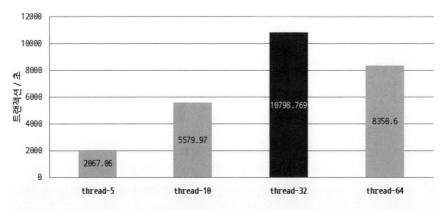

[그림 3-15] InnoDB 스토리지 엔진의 성능 벤치마킹(sysbench, 1000만 건 레코드)

벤치마킹 테스트에서 하나의 트랜잭션은 INSERT, DELETE, SELECT 문장을 각각 1개씩, 그리고 UPDATE 문장을 2개 가지고 있었다. 또한 InnoDB의 데이터와 인덱스도 모두 메모리(InnoDB 버퍼 풀)에 적재될 수 있게 innodb_buffer_pool_size를 대략 10GB 정도로 충분히 할당했다.

벤치마크 결과에서도 알 수 있듯이 메모리가 충분하다면 테이블 수준의 잠금을 사용하는 MEMORY 스토리지 엔진보다 레코드 수준의 잠금을 사용하는 InnoDB 스토리지 엔진이 훨씬 빠른 트랜잭션 처리를 보장해 준다. MEMORY 테이블은 여러 커넥션에 의해 읽기 위주로 사용되는 경우 또는 단일 커넥션으로 사용될 때는 적합하지만 동시에 많은 커넥션이 트랜잭션을 유발하는 OLTP 환경에서는 적합하지 않다.

3.3 MyISAM 스토리지 엔진 아키텍처

MyISAM 스토리지 엔진의 성능에 영향을 미치는 요소인 키 캐시와 운영체제의 캐시/버퍼에 대해 살펴보자.

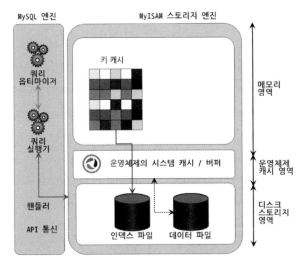

[그림 3-16] MyISAM 스토리지 엔진 구조

3.3.1 키 캐시

InnoDB의 버퍼 풀과 비슷한 역할을 하는 것이 MyISAM의 키 캐시(Key cache, 키 버퍼라고도 불림)다. 하지만 이름 그대로 MyISAM 키 캐시는 인덱스만 대상으로 작동하며 또한 인덱스의 디스크 쓰기 작업에 대해서만 부분적으로 버퍼링 역할을 한다. 키 캐시가 얼마나 효율적으로 작동하는지는 다음 수식으로 간단히 확인해 볼 수 있다.

```
키 캐시 히트율(Hit rate) = 100 - (Key_reads / Key_read_requests * 100)
```

Key_reads는 인덱스를 디스크에서 읽어들인 횟수를 저장하는 상태 변수이며, Key_read_requests
는 키 캐시로부터 인덱스를 읽은 횟수를 저장하는 상태 변수다. 이 상태 값을 알아보려면 다음과 같이
"SHOW GLOBAL STATUS" 명령을 사용하면 된다.

```
mysql> SHOW GLOBAL STATUS LIKE 'Key%';
+-----------------------+-------+
| Variable_name         | Value |
+-----------------------+-------+
| Key_blocks_not_flushed | 0     |
| Key_blocks_unused      | 13    |
| Key_blocks_used        | 1     |
| Key_read_requests      | 4     |
| Key_reads              | 1     |
| Key_write_requests     | 0     |
| Key_writes             | 0     |
+-----------------------+-------+
```

매뉴얼에서는 일반적으로 키 캐시를 이용한 쿼리의 비율(히트율, Hit rate)을 99% 이상으로 유지하라
고 권장한다. 만약 히트율이 99% 미만이라면 키 캐시를 조금 더 크게 설정하는 것이 좋다. 하지만 32
비트 운영체제와 64비트 운영체제 모두 하나의 키 캐시에 4GB 이상의 메모리 공간을 설정할 수 없다.
만약 4GB 이상의 키 캐시를 할당하고 싶다면 기본(Default) 키 캐시 이외에 별도의 명명된(이름이 붙
은) 키 캐시 공간을 설정해야 한다. 기본(Default) 키 캐시 공간을 설정하는 파라미터는 "key_buffer_
size"다.

```
key_buffer_size = 4GB
kbuf_board.key_buffer_size = 2GB
kbuf_comment.key_buffer_size = 2GB
```

위와 같이 설정하면 기본(Default) 키 캐시 4GB와 "kbuf_board"와 "kbuf_comment"라는 이름의 키
캐시가 각각 2GB씩 생성된다 하지만 기본 키 캐시 이외의 명명된 키 캐시 영역은 아무런 설정을 해주
지 않으면 메모리 할당만 해두고 사용하지 않게 된다는 점에 주의해야 한다. 즉, 기본(Default)이 아닌
명명된 추가 키 캐시는 어떤 인덱스를 캐시할지 MySQL(MyISAM 스토리지 엔진)에게 알려줘야 한다
(왜 키 캐시의 이름을 kbuf_board와 kbuf_comment로 지정했는지 이해될 것이다). 그럼 명명된 각
키 캐시에 게시판 테이블(board)의 인덱스와 코멘트 테이블(comment)의 인덱스가 캐시되도록 설정
해 보자.

```
CACHE INDEX board IN kbuf_board;
CACHE INDEX comment IN kbuf_comment;
```

이렇게 설정하면 비로소 board 테이블의 인덱스는 kbuf_board 키 캐시를, comment 테이블의 인덱스는 kbuf_commnet 키 캐시를 사용할 수 있다. 나머지 테이블의 인덱스는 예전과 동일하게 기본 키 캐시를 사용한다. 키 캐시에 대한 더 자세한 설명은 MySQL 매뉴얼의 "Multiple Key caches" 부분을 참고하자.

3.3.2 운영체제의 캐시 및 버퍼

MyISAM 테이블의 인덱스는 키 캐시를 이용해 디스크를 검색하지 않고도 충분히 빠르게 검색할 수 있다. 하지만 MyISAM 테이블의 데이터는 디스크로부터의 I/O를 해결해 줄 만한 어떠한 캐시나 버퍼링 기능이 MyISAM 스토리지 엔진에는 없다. 그래서 MyISAM 테이블의 데이터 읽기이나 쓰기 작업은 항상 운영체제의 디스크 읽기 또는 쓰기 작업으로 요청될 수밖에 없다. 물론 대부분의 운영체제는 디스크로부터 읽고 쓰는 파일에 대한 캐시나 버퍼링 메커니즘을 가지고 있기 때문에 MySQL 서버가 요청하는 디스크 읽기 작업을 위해 매번 디스크의 파일을 읽지는 않는다.

운영체제의 캐시 기능은 InnoDB와 같이 데이터의 특성을 알고 전문적으로 캐시나 버퍼링을 하지는 못하지만 그래도 여전히 없는 것보다는 낫다. 운영체제의 캐시 공간은 남는 메모리를 사용하는 것이 기본 원칙이다. 전체 메모리가 8GB인데 MySQL이나 다른 애플리케이션에서 메모리를 모두 사용해 버린다면 운영체제가 캐시 용도로 사용할 수 있는 메모리 공간이 없어져 버린다. 이런 경우에는 MyISAM 테이블의 데이터를 캐시하지 못하게 되며, 결론적으로 MyISAM 테이블에 대한 쿼리 처리가 느려진다. 만약 데이터베이스에서 MyISAM 테이블을 주로 사용하고 있다면 운영체제가 사용할 수 있는 캐시 공간을 위해 충분한 메모리를 비워둬야 이러한 문제를 방지할 수 있다.

MyISAM이 주로 사용되는 MySQL에서 일반적으로 키 캐시는 최대 물리 메모리의 40% 이상을 넘지 않게 설정하고, 나머지 메모리 공간은 운영체제가 자체적인 파일 시스템을 위한 캐시 공간을 마련할 수 있게 해주는 것이 좋다.

3.4 MEMORY 스토리지 엔진 아키텍처

MEMORY 스토리지 엔진은 HEAP 스토리지 엔진이라고도 하는데, 이름 그대로 데이터를 메모리에 저장하는 것이 특징이다. MEMORY 스토리지 엔진은 데이터의 크기가 작고 아주 빠른 처리가 필요한 경우에만 적합한 스토리지 엔진이다.

3.4.1 주의 사항

MEMORY 스토리지 엔진을 사용할 경우 주의해야 할 사항이 몇 가지 있는데 간단하게 하나씩 살펴보자.

테이블의 최대 크기

다른 스토리지 엔진을 이용한 테이블과는 달리, MEMORY 스토리지 엔진을 사용하는 테이블은 저장할 수 있는 데이터의 최대 용량이 정해져 있다. 최대 데이터 크기는 max_heap_table_size 파라미터로 정의한다. max_heap_table_size를 16MB로 설정했다면, 이때 생성된 MEMORY 테이블은 16MB 이상 데이터를 가질 수 없으며, 그이상의 데이터를 INSERT하려고 하면 데이터 저장이 실패하고 에러 메시지가 출력된다. max_heap_table_size 변수는 글로벌 변수임과 동시에 세션 변수이고 동적으로 변경 가능한 변수라서 해당 커넥션에서만 파라미터를 재설정할 수 있다.

고정 길이 칼럼만 지원

MEMORY 테이블의 모든 칼럼은 항상 고정 길이로만 생성된다. 즉 VARCHAR(100)와 같은 타입의 칼럼을 만들어도 CHAR(100)과 동일하게 공간이 할당된다는 의미다. 따라서 MEMORY 테이블에서는 불필요하게 너무 큰 데이터 타입을 사용하지 않는 것이 좋다. 가능하면 칼럼의 크기는 최소한으로 결정하는 것이 메모리 공간을 절약하는 데 많은 도움이 된다. 이 내용은 나중에 임시 테이블 최적화에서도 자주 나오므로 꼭 기억해둬야 한다.

BLOB이나 TEXT와 같은 LOB(Large Object) 타입은 지원하지 않음

MEMORY 테이블은 BLOB나 TEXT와 같은 대용량 칼럼을 사용할 수 없다. 데이터를 메모리에 저장하기 때문에 어떻게 보면 당연한 제약사항인 듯하다. 이 제약사항 또한 나중에 임시 테이블을 최적화할 때 상당히 자주 접할 것이다.

MEMORY 테이블은 기본적으로 해시 인덱스 사용

InnoDB나 MyISAM 테이블을 생성할 때 별다른 내용을 명시하지 않고 인덱스를 생성하면 기본적으로 B-Tree 인덱스가 생성되지만 MEMORY 스토리지 엔진을 사용하는 테이블은 해시 인덱스를 생성한다. 해시 인덱스와 B-Tree 인덱스에 대한 자세한 설명과 주의사항은 5.3절, "B-Tree 인덱스"(208쪽)를 참조하자.

3.4.2 MEMORY 스토리지 엔진의 용도

사용자가 명시적으로 MEMORY 테이블을 정의해서 사용할 때도 있지만, 사실 MEMORY 테이블은 MySQL 엔진이 쿼리를 처리하는 과정에서 임시로 생성되는 임시 테이블(Temporary table) 용도로 더 자주 사용된다. 임시 테이블의 특징은 해당 커넥션에서만 유효하다는 점이다(해당 커넥션에서만 테이블을 볼 수 있고 조작할 수 있다). 항상 MEMORY 테이블로 임시 테이블을 만드는 것은 아니지만, 대부분의 경우 MEMORY 스토리지 엔진을 사용해 임시 테이블을 생성한다. 임시 테이블에 대한 내용은 6.3.5절, "임시 테이블(Using temporary)"(354쪽)에서 다시 한 번 자세히 다루겠다.

3.5 NDB 클러스터 스토리지 엔진

NDB 클러스터는 다른 스토리지 엔진과는 작동 방식이나 용도가 많이 다르다. NDB는 "Network DataBase"의 줄임말로 네트워크를 통해 데이터 분산을 지원하는 스토리지 엔진이라는 의미로 붙여진 이름인데, 일반적으로는 NDB 또는 NDB 클러스터라고 한다. 하지만 NDB 클러스터는 데이터의 분산 이나 그로 인한 성능 향상보다는 가용성에 집중된 스토리지 엔진이다. NDB 클러스터는 그 자체만으로 도 상당한 분량을 차지하는 내용이라서 이 책에서는 기본적인 아키텍처나 성능에 관련된 부분만 살펴 보겠다. 여기서 언급되는 NDB 클러스터의 아키텍처나 특성을 이해한다면 매뉴얼이나 기타 웹 사이트 를 더 쉽게 참조할 수 있을 것이다. 만약 NDB 클러스터를 도입을 고려하고 있다면 여기서 언급하는 내 용이 결정하는 데 많이 도움될 것이다.

3.5.1 NDB 클러스터의 특성

NDB 클러스터 스토리지 엔진은 InnoDB나 MyISAM과 같은 범용적인 스토리지 엔진과는 많은 차이 점이 있으며, 용도가 명확한 편이다. NDB 클러스터의 몇 가지 주요 특성을 살펴보자.

무공유(Shared-nothing) 클러스터링

NDB 클러스터는 클러스터 그룹 내의 모든 노드가 아무것도 공유하지 않는 무공유(Shared-nothing) 아키텍처로 구현돼 있다. 오라클의 RAC(Real Application 클러스터)는 데이터의 저장소(스토리지)를 공유하는 형태로 구현되는데, 여기서 공유한다는 것은 그 클러스터 그룹에서 하나만 존재한다는 것을 의미함과 동시에 SPoF(Single Point of Failure)가 된다는 것을 의미한다. 하지만 NDB 클러스터는 데이터를 저장하는 스토리지도 분산되어 관리되기 때문에 하나의 데이터 저장소가 작동을 멈추더라도 서비스에 영향을 미치지 않는다.

NDB 클러스터는 관리 노드(Management node)와 데이터 노드(Data node), 그리고 SQL 노드(API 노드라고도 함)로 구성되는데, 3가지 종류의 노드 모두 이중화해서 구현할 수 있기 때문에 SPoF가 되 는 부분을 제거할 수 있다. 클러스터의 각 노드에 대해서는 다시 살펴보겠다. NDB 클러스터는 이러한 무공유 클러스터링 아키텍처로 정기적인 유지보수 작업(스키마 변경이나 노드 추가와 같은)을 감안한 다고 하더라도 99.999%의 가용성을 보장한다.

메모리 기반의 스토리지 엔진

NDB 클러스터는 메모리를 기본 데이터 스토리지로 사용한다. 물론 최근의 NDB 클러스터는 디스크 기반의 스토리지도 지원하지만 클러스터 노드 간의 빠른 데이터 동기화를 위해 메모리를 사용하는 것이 일반적이다. NDB 클러스터는 데이터 스토리지까지 분산하기 때문에 각 노드의 물리적 메모리를 모두 합친 것이 실제 저장 가능한 최대 용량이 된다. 물론 메모리를 데이터 저장소로 사용하면 디스크보다는 저장 가능한 데이터 용량이 제한적이겠지만 NDB 클러스터의 주 용도를 감안하면 특별히 문제되지 않는다.

또한 데이터의 저장소가 메모리라서 클러스터의 모든 데이터 저장소가 동시에 재시작된다면 클러스터의 모든 데이터는 사라지는 것이 당연해 보인다. 물론 클러스터의 모든 데이터 저장소가 동시에 멈춘다는 것도 상상하기 힘든 경우겠지만 NDB 클러스터는 주기적으로 메모리의 모든 데이터를 디스크로 내려 쓰고 있으며, InnoDB 스토리지 엔진과 같이 트랜잭션 로그를 디스크에 기록하는 식으로 작동한다. 그래서 NDB 클러스터가 재기동할 때 디스크의 데이터를 이용해 종료 직전의 데이터를 복구할 수 있게 돼 있다. 또한 NDB 클러스터는 메모리의 데이터를 서비스 도중에 실시간으로 백업할 수 있는 기능도 제공하므로 다른 스토리지 엔진보다 더 많은 안전 장치를 보유하고 있다고 볼 수 있다. 그리고 클러스터를 여러 그룹으로 만들어 클러스터 그룹 간의 데이터 복제를 할 수 있는 기능도 지원한다.

자동화된 페일 오버(Fail-over)

NDB 클러스터는 모든 구성 노드가 서로의 상태를 계속 체크하고 있기 때문에 특정 노드에 문제가 발생해도 다른 사용 가능한 노드가 그 역할을 이어받는 형태로 페일 오버가 가능하다. 이러한 페일 오버 처리는 일반적인 상황에서 1초 이내에 완료되기 때문에 사용자가 느끼는 장애 상태는 그다지 길지 않을 것이다. 물론 모든 경우에 대해 이러한 페일 오버가 가능한 것은 아닌데, 어떤 경우에 데이터 손실이 발생하는지 또는 어떤 경우에 페일 오버가 될 수 없는지는 141쪽 "데이터 노드 간의 파티션 관리"에서 다시 한번 살펴보겠다.

분산된 데이터 저장소간의 동기 방식(Sync) 복제

NDB 클러스터에서 데이터 저장소는 분산되어 관리되는데, 각 데이터 저장소는 전체 데이트를 N등분해서 자신이 전담하는 파티션(프라이머리 파티션)과 백업으로 보조 파티션(세컨드리 파티션)을 구성한다. 물론 이러한 작동 방식은 클러스터의 설정에 따라 조금은 달라질 수 있지만 기본적인 작동 방식은 동일하다. 각 데이터 저장소는 분산된 서로의 데이터를 동기화해야 하는데 NDB 클러스터는 비동기 방식(Async)이 아닌 동기 방식(Sync)으로 서로의 데이터를 전달한다. 동기 방식(Sync)이란 클러스터의 모든 데이터 노드에 변경된 데이터가 전달되어 완전히 저장되고 나서야 트랜잭션이 완료될 수 있음을 의미한다. 여기서 설명하는 저장소 간의 데이터 동기화는 일반적인 MySQL의 복제와는 다른 기능이라는 데 주의해야 한다.

온라인 스키마 변경

NDB 클러스터에서는 테이블에 칼럼이나 인덱스를 추가하면서 동시에 INSERT나 UPDATE와 같은 DML 쿼리를 처리할 수 있다. 이를 온라인 스키마 변경이라고 하는데 이 기능은 NDB 6.2 버전부터 지원된다. 온라인 스키마 변경 기능을 사용하는 방법은 ALTER TABLE이나 CREATE INDEX 명령에 ONLINE 키워드를 사용하면 된다. ONLINE 키워드를 사용하지 않은 스키마 변경 쿼리(DDL)인 경우, NDB 클러스터가 온라인으로 처리할 수 있는지 여부를 판단해 온라인 처리가 가능하다면(직접 ONLINE 키워드를 명시한 경우와 같이) NDB 클러스터가 자동으로 온라인 방식으로 처리한다. 스키마 변경으로 서비스를 멈춰야 한다는 것은 가용성을 저해하는 요소이며, 따라서 NDB 클러스터에서 온라인 스키마 변경은 기본 요건이라고 볼 수 있다.

NoSQL(MySQL과의 독립성)

NDB 클러스터에 NoSQL이라는 개념은 조금 이해하기가 어려울 수도 있겠지만, 사실 NDB 클러스터는 NoSQL의 원조라고 볼 수 있다. 3.5.2절, "NDB 클러스터의 아키텍처"(140쪽)에서 다시 한번 언급하겠지만 NDB 클러스터는 처음 출발할 때부터 지금까지 MySQL과는 별도로 작동하는 데이터 저장소다. 이는 MySQL 서버가 없어도 다른 NoSQL 도구와 같이 NDB 클러스터를 사용할 수 있다는 것을 의미한다. 하지만 SQL과 같은 표준 인터페이스가 없다면 프로그램 개발이 어려워지는 것은 물론이고, NDB 클러스터의 관리나 운영을 위해 프로그램을 개발해야 할 것이다. 이러한 단점을 보완하기 위해 NDB 클러스터는 MySQL 서버와 결합되어 SQL 표준 인터페이스를 지원하도록 구현된 것이다. 지금 사용되는 대부분의 NoSQL 도구는 RDBMS와 같은 엄격한 트랜잭션을 지원하지 않는다. 사실 NoSQL의 성능은 다분히 이러한 허술한 관리 방법(?)에서 나오는 것이기도 하다. 하지만 NDB 클러스터는 대부분의 NoSQL 기능을 지원하면서 트랜잭션에 레코드 기반의 잠금까지 제공하는데, 이는 NDB 클러스터의 큰 장점이라고 볼 수 있다.

여기서 언급한 NDB 클러스터의 독립성은 단순히 작동 방식이 그러하다는 것이지 NDB 클러스터가 트리톤(Tritonn)이나 mGroonga(밑에서 언급할 전문 검색 엔진)와 같이 별도로 제3의 회사에서 개발되고 배포되는 모듈이라는 의미는 아니다. NDB 클러스터는 여전히 MySQL과 같이 오라클사에서 개발되어 제공되는 모듈이다.

네트워크 DB

이름에서도 알 수 있듯이 NDB 클러스터는 내부적으로 데이터를 저장하고 읽기 위해 네트워크를 기반으로 작동한다. 이는 하나의 서버에서 모든 처리가 일어나는 MyISAM이나 InnoDB 스토리지 엔진과는 상당히 다른 개념이다.

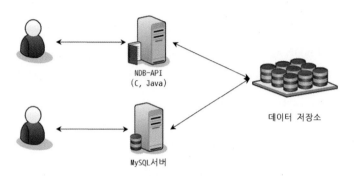

[그림 3-17] 네트워크 기반의 NDB 클러스터 작동 방식

3.5.2 NDB 클러스터의 아키텍처

이제 NDB 클러스터가 어떻게 MySQL과 연동되고 어떻게 작동하는지 내부를 조금 살펴보자. 아마도 NDB 클러스터의 특성을 설명하면서 아키텍처와 관련된 내용을 많이 언급했는데, 이해하기가 쉽지 않았을 것이다. 여기서는 그림을 통해 NDB 클러스터의 특성을 살펴보겠다.

NDB 클러스터 노드의 종류

NDB 클러스터는 관리 노드(Management node)와 데이터 노드, 그리고 SQL 노드로 구성되는데, 각 노드는 SPoF를 방지하기 위해 모두 이중화될 수 있도록 구현돼 있다. 일반적으로 각 노드는 하나의 물리적인 장비로 매핑되지만 반드시 그래야 하는 것은 아니다. 여기서 언급하는 노드는 하나의 프로세스로 매핑해서 이해하면 된다. 테스트를 위해 NDB 클러스터를 설치하는 경우, 하나의 물리적 장비에 여러 개의 노드를 설치할 수도 있다. DB 6.1.1 이전 버전까지는 종류에 관계없이 클러스터 내의 모든 노드는 63개까지만 설치할 수 있었지만, NDB 6.1.1 버전부터는 255개의 노드까지 설치할 수 있다.

관리 노드(Management node)

관리 노드는 실제 NDB 클러스터가 정상 상태에서 서비스되는 도중에는 거의 하는 일이 없다(시스템의 자원 사용률이 낮다는 뜻이지 중요하지 않다는 의미는 아니다). 관리 노드는 NDB 클러스터의 전체적인 구조에 대한 정보를 다른 노드에게 전파하거나 각 노드의 장애 상황을 전파하는 역할을 담당한다. 그래서 관리 노드는 주로 NDB 클러스터가 처음 시작하거나 새로운 노드를 추가/제거할 때 반드시 필요하다. NDB 클러스터 내의 각 노드에 대한 IP 주소나 포트 번호와 같은 정보와 각 노드의 주요 환경 설정 값은 관리 노드에만 있다. 데이터 노드는 어떻게 데이터를 관리할지 어느 SQL 노드로부터 접속을 받아들일지에 대한 모든 정보를 관리 노드에게서 전달받는다. 그래서 관리 노드가 멈춘(접속 불가능한 상태) 상태에서 데이터 노드나 SQL 노드를 시작하면 클러스터에 참여하지 못하게 된다. 또한 관리 노드는 중재자(Arbitrator) 역할을 수행한다. 중재자 역할이란 클러스터의 노드 간 통신이 되지 않는 경우 데이터 노드가 서로 자기의 역할을 잘못 판단하게 되면 데이터의 일관성이 손상되는데, 이러한 문제를 방지하는 기능을 의미한다.

데이터 노드(Data node)

NDB 클러스터의 핵심이라고 할 수 있는 데이터 노드는 클러스터에 대한 전반적인 작업을 수행하는 노드다. 대표적으로는 데이터를 저장하는 스토리지를 관리하고 SQL 노드에서 오는 데이터 조작 요청을 모두 처리한다. 또한 SQL 노드가 아닌 API 노드(표준 SQL이 아닌 C/C++ 또는 자바를 이용해 데이터를 조작하는 API를 사용하는 클라이언트)의 요청도 처리한다. 기본적으로 데이터에 관련된 모든 요청을 데이터 노드가 처리한다고 이해하면 된다. 하지만 데이터 노드가 시작하는 데 필요한 정보는 관리 노드의 IP와 포트 번호밖에 없으며, 나머지 필요한 모든 설정 정보는 관리 노드에서 가져와 데이터 노드가 어떻게 작동할지 결정한다. 하나의 클러스터에서 데이터 노드는 최대 48개까지 추가될 수 있다.

데이터 노드는 내부적으로 데이터의 클러스터링을 위해 데이터를 쪼개고(파티션, Partition) 해당 데이터를 복사해서 백업(레플리카, Replica)해둔다. 클러스터의 모든 데이터는 아래 그림과 같이 테이블 단위로 수직(Vertical)으로 파티션되어 각 데이터 노드에 분산되는데, 이때 테이블은 프라이머리 키 값에 의해 자동으로 파티션된다. 물론 필요한 경우라면 테이블을 파티션하는 방법을 사용자가 직접 결정할 수도 있다.

emp_no	birth_date	first_name	last_name	gender	hire_date	
10001	1953-09-02	Georgi	Facello	M	1986-06-26	
10002	1964-06-02	Bezalel	Simmel	F	1985-11-21	
10003	1959-12-03	Parto	Bamford	M	1986-08-28	파티션-1
10004	1954-05-01	Chirstian	Koblick	M	1986-12-01	
10005	1955-01-21	Kyoichi	Maliniak	M	1989-09-12	
10006	1953-04-20	Anneke	Preusig	F	1989-06-02	
10007	1957-05-23	Tzvetan	Zielinski	F	1989-02-10	
10008	1958-02-19	Saniya	Kalloufi	M	1994-09-15	파티션-2
10009	1952-04-19	Sumant	Peac	F	1985-02-18	
10010	1963-06-01	Duangkaew	Piveteau	F	1989-08-24	

[그림 3-18] 데이터 파티션 예제

SQL 노드(SQL node, API node)

NDB 클러스터에 접속해 데이터를 읽고 쓰는 방법은 MySQL 서버를 통해 SQL 문법으로 처리할 수도 있지만 자바나 C 같은 프로그래밍 언어를 이용해 클러스터의 데이터를 조작할 수도 있다. 후자의 방법은 NDB API를 이용하는 방법으로 API 노드라고 표현한다. 반면 MySQL 서버를 이용해 NDB 클러스터에 접속하는 경우를 SQL 노드라 한다.

관리 노드와 데이터 노드는 클러스터에서 필수 항목이지만 데이터를 읽고 쓰기 위한 클라이언트 부분은 SQL 노드와 API 노드 중에서 취사선택해서 사용할 수 있다. 하지만 SQL 노드가 없다면 NDB 클러스터에 관리되는 데이터를 직접 확인하거나 변경하는 방법은 없으며, 어떤 일회성 작업이더라도 프로그램을 작성해야 할 것이다.

NDB 클러스터의 SQL 노드로 MySQL 서버를 사용하면 다른 DBMS에서와 같이 SQL 문장을 사용할 수 있다. 또한 MySQL 서버의 NDB 클라이언트 모듈이 요청된 SQL 문장을 분석해 NDB 클러스터가 이해할 수 있는 형태의 명령으로 재조립해서 데이터 노드로 요청하고, 다시 데이터 노드로부터의 결과를 MySQL 포맷으로 변환해서 반환하게 된다. 그리고 데이터 노드에는 어떠한 보안적인 절차도 마련돼 있지 않아서 지정된 IP를 통해 누구나 접속할 수 있고, 기타 쿼리 캐시와 같은 보조적인 기능을 전혀 가지고 있지 않다. SQL 노드 없이 API 노드만 사용하는 경우라면 NoSQL 도구와 같이 빠른 처리가 가능하겠지만, 이러한 보조적인 기능을 포기하거나 직접 구현해야 할 것이다.

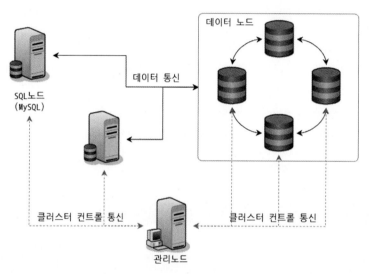

[그림 3-19] 각 노드 간의 연동

일반적으로 NDB 클러스터와 MySQL 서버는 별도의 버전 체계하에 배포된다. NDB 클러스터의 배포판에는 해당 NDB 클러스터의 버전에 부합되는 NDB 클라이언트 라이브러리를 포함해 컴파일된 MySQL 서버가 함께 배포된다. 대표적으로 "mysql-5.1.56 ndb-7.1.15"와 같은 식으로 버전이 표시되는데, 이는 MySQL 버전은 5.1.56이며, 함께 빌드된 NDB 클라이언트 라이브러리는 7.1.15라는 것을 의미한다. 이 버전은 관리 노드에서 "show" 명령으로 각 노드의 상태와 동시에 확인해 볼 수 있다. NDB 클러스터를 사용하고 싶을 때는 별도로 MySQL 서버를 빌드하기보다는 NDB 클러스터와 같이 배포된 MySQL을 사용하면 NDB API의 충돌을 쉽게 피해 갈 수 있다.

SQL 노드는 사용자의 요청을 처리하기 위해 데이터 노드에 접속하는데, 별도의 설정이 없으면 기본적으로 커넥션은 1개로만 유지된다. 하지만 커넥션이 1개라는 것은 동시에 실행 가능한 트랜잭션이 1개로 제한되는 것과 동일한 의미다. 만약 NDB 클러스터를 사용하고 싶다면 SQL 노드의 MySQL 설정 파일(my.cnf)에 반드시 "ndb-cluster-connection-pool" 시스템 설정 값을 적절히 증가시켜서 설정하는 것을 잊지 말자. 참고로 이어서 소개할 벤치마크에서 각 SQL 노드는 데이터 노드와 8개에서 16개의 커넥션을 가진 상태에서 진행됐다.

데이터 노드 간의 파티션 관리

하나의 클러스터에 데이터 노드는 2개 이상 존재할 수 있으며, 각 데이터 노드는 클러스터 전체 데이터의 일부(파티션)만 가진다. 아래 그림 3-20, 그림 3-21, 그림 3-22에서 쉽게 알 수 있듯이 각 데이터 노드는 2개의 파티션으로 구성된다. 이는 NDB 클러스터의 설정(NoOfReplicas)을 통해 변경할 수 있는데 현재 출시된 대부분의 NDB 클러스터에서 실질적으로 가능한 값은 1 또는 2다. 그런데 레플리카(Replica)가 1인 경우에는 클러스터 내에서 데이터를 한 세트(카피)만 유지하기 때문에 클러스터의 가용성을 얻을 수 없게 된다. 따라서 실제로 사용될 수 있는 레플리카의 수는 2가 유일하다고 볼 수 있다.

NDB 클러스터는 데이터 노드가 손상되어도 서비스가 가능하도록 클러스터 데이터를 파티션해서 각 파티션을 최소 2개 이상의 데이터 노드에 복제해둔다. 또한 원활한 관리를 위해 데이터 노드를 노드 그룹으로 나누는데, 노드 그룹에는 반드시 1개 이상의 데이터 노드가 존재해야 하며, 노드 그룹에 속한 데이터 노드는 항상 동일한 데이터 파티션을 가진다. 데이터 노드의 수가 2개나 4개 또는 6개인 경우에 데이터의 파티션이 어떻게 만들어지고 이 파티션들이 어떻게 관리되는지 그림으로 한번 살펴보자.

아래 그림 3-20 , 그림 3-21, 그림 3-22에서 하나의 데이터 노드는 2개의 영역으로 나뉘는데 그 중에서 윗부분이 원본 파티션을 의미하며, 아랫부분이 백업된 파티션을 의미한다. NDB 클러스터에서 원본 파티션을 프라이머리(Primary) 파티션이라고도 하며, 백업된 파티션을 세컨드리(Secondary) 파티션이라고도 한다. 흰색의 화살표는 데이터가 변경될 때 프라이머리 파티션의 데이터가 변경되고 그 후 세컨드리 파티션의 데이터가 변경되는 것을 보여준다. 이처럼 프라이머리 파티션의 데이터와 세컨드리 파티션의 데이터 변경은 분산 트랜잭션(Distributed transaction)으로 처리되며, 이 역할은 분산 트랜잭션 코디네이터(Coordinator)가 담당한다.

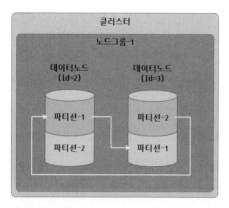

[그림 3-20] 데이터 노드가 2개인 경우 데이터 파티션의 분산(레플리카 2개)

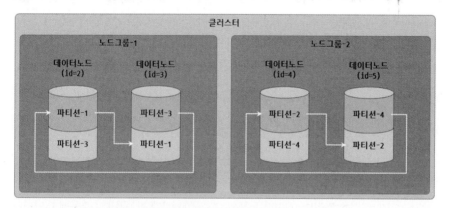

[그림 3-21] 데이터 노드가 4개인 경우 데이터 파티션의 분산(레플리카 2개)

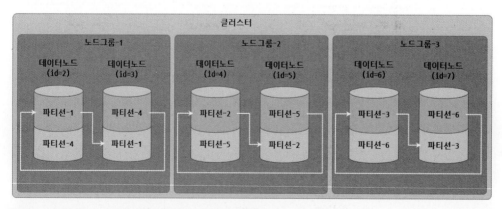

[그림 3-22] 데이터 노드가 6개인 경우 데이터 파티션의 분산(레플리카 2개)

그림에서 언급된 노드 그룹과 각 노드에 포함된 파티션은 명시적으로 설정할 수 있는 내용이 아니며, 데이터 노드의 개수와 레플리카의 개수에 따라 내부적으로 자동 결정된다. 각 데이터 노드는 부여된 아이디 값의 순번대로 노드 그룹이 결정되며, 별도로 노드 아이디를 부여하지 않았다면 관리 노드에 등록된 순서대로 아이디가 부여된다. 클러스터 전체적으로, 하나의 노드 그룹에는 2개의 데이터 노드가 포함되며(레플리카가 2로 고정돼 있기 때문), 다시 하나의 데이터 노드는 2개의 파티션(프라이머리 파티션과 세컨드리 파티션)으로 구성된다. 동일 노드 그룹에 존재하는 2개의 데이터 노드에는 사실 동일한 데이터가 저장된다. 하지만 각 데이터 노드는 동일 노드 그룹에 존재하는 2개의 데이터 노드는 사실 동일한 2개의 파티션으로 구성되지만 서로 엇갈리게 프라이머리와 세컨드리 파티션을 보유하게 된다. 그리고 전체 데이터를 몇 개의 파티션으로 만들지는 데이터 노드의 수로 결정된다. 데이터 노드가 6개라면 전체 데이터를 6등분해서 모든 데이터 노드가 1개의 프라이머리 파티션을 가짐과 동시에 1개의 백업(세컨드리) 파티션으로 구성된다. 하나의 노드 그룹에 속한 모든 데이터 노드가 동시에 멈추지 않는 이상 클러스터는 서비스 가능한 상태를 유지한다.

결론적으로 데이터 노드의 수와 레플리카의 설정 값에 의해 노드 그룹과 파티션의 수는 다음과 같이 결정된다. 현재 버전에서 실제 사용 가능한 레플리카 수는 1개 또는 2개 뿐이라서 고민할 필요가 없지만, 이런 제한을 고려하지 않는다면(향후 버전에서) 레플리카의 값은 전체 데이터 노드의 수를 나눠서 몫이 정수로 떨어지는 수만 레플리카의 수로 사용할 수 있다. 다음 표의 마지막 열에 있는 "설정 가능한 레플리카 수"가 이를 의미한다. 레플리카의 수는 파티션의 카피본을 몇 개로 유지할지 결정하는 값이라서 이 값이 클수록 가용성은 높아지지만 더 많은 메모리 공간을 사용할 것이다.

데이터 노드 수	레플리카 수	노드 그룹의 수	노드 그룹당 데이터 노드 수	파티션 개수	설정 가능한 레플리카 수
2	2	1	2	2	1, 2
4	2	2	2	4	1, 2, 4
6	2	3	2	6	1, 2, 3, 6
8	2	4	2	8	1, 2, 4, 8
10	2	5	2	10	1, 2, 5, 10
12	2	6	2	12	1, 2, 3, 4, 6, 12

3.5.3 클러스터 간의 복제 구성

NDB 클러스터에도 MySQL의 복제(레플리케이션)를 적용할 수 있는데, 이런 경우는 특별히 클러스터 간 복제라고 표현한다. 이 클러스터 간의 복제는 MySQL의 복제 개념을 NDB 클러스터에 그대로 적용한 것인데, 사실 순수하게 MySQL 서버의 바이너리 로그만으로는 클러스터 간의 복제가 작동하는 것은 아니다. NDB 클러스터에는 2개 이상의 MySQL 서버(SQL node)가 동시에 쓰기와 읽기용 쿼리를 처리하게 된다.

MySQL에서 2개 이상의 MySQL 서버로부터 발생한 바이너리 로그를 동시에 발생 시점 순으로 하나의 슬레이브 MySQL 서버로 보낼 수 없다는 것은 이미 알고 있을 것이다. 이러한 문제점을 해결하기 위해 NDB 클러스터의 데이터 노드는 자기 자신에게 발생한 데이터 변경에 대한 내용을 MySQL 서버(SQL 노드)로 피드백을 주게 되며, 이 피드백을 받은 MySQL 서버(SQL node)에서 그러한 내용을 자기 자신의 바이너리 로그에 기록하는 방식으로 클러스터 전체의 데이터 변경에 대한 바이너리 로그가 생성된다. NDB 클라이언트 모듈이 포함된 MySQL 서버(SQL node)에는 "NDB Binlog injector"라는 스레드가 활성화되는데, 이 스레드가 데이터 노드로부터 받은 피드백을 바이너리 로그에 병합하는 역할을 담당한다.

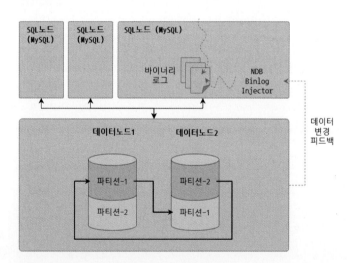

[그림 3-23] NDB 클러스터의 바이너리 로그 생성 방식

NDB 클러스터의 바이너리 로그는 다른 클러스터 그룹으로 복제할 수도 있으며, 또는 NDB 클러스터가 아니라 일반 InnoDB 스토리지 엔진을 사용하는 테이블로 복제할 수도 있다. NDB 클러스터는 여러 개의 데이터 노드와 SQL 노드(MySQL)로 구성된다. 하지만 NDB 클러스터에 복제를 적용하는 경우에는 NDB 클러스터의 각 노드가 복제의 마스터나 슬레이브 역할을 하는 것이 아니라, NDB 클러스

터 그룹 자체가 마스터나 슬레이브의 역할을 담당한다. 또한 NDB 클러스터에 복제를 적용하는 경우 마스터나 슬레이브가 모두 NDB 클러스터가 아니어도 무방하다. 즉, 마스터는 NDB 클러스터지만 슬레이브는 InnoDB 스토리지 엔진을 사용하는 MySQL 서버일 수도 있다는 것을 의미하며, 이처럼 복제를 구성할 경우 NDB 클러스터의 장점과 InnoDB의 장점을 모두 얻을 수 있다.

또한 2개 이상의 NDB 클러스터 그룹을 마스터-마스터 복제 형태로 운용할 수도 있다. 클러스터의 데이터 변경이 너무 빈번해서 복제 지연이 발생한다면 하나의 클러스터 그룹에서 2개 이상의 SQL 노드에 바이너리 로그를 기록하게 해서 복제를 여러 개의 채널로 구현할 수도 있다. 이러한 내용은 이 책에서 다루는 범위를 벗어나기 때문에 더 이상의 내용은 생략한다. 더 자세한 내용은 MySQL 매뉴얼의 "MySQL Cluster Replication"(http://dev.mysql.com/doc/mysql-cluster-excerpt/5.1/en/mysql-cluster-replication.html)을 참조하자.

3.5.4 NDB 클러스터의 성능

NDB 클러스터는 가용성을 높이는 것이 주 목적이지만, 그렇다고 성능을 무시할 수는 없다. 간단하게 그림 3-24, 그림 3-25, 그림 3-26, 그림 3-27과 같은 구성의 NDB 클러스터에 Sysbench를 이용해 성능을 확인해 본 결과를 한번 살펴보자. 우선 벤치마크를 실행한 NDB 클러스터 구성이 중요한데, 데이터 노드는 2개만으로 구성했으며, SQL 노드를 2개부터 4개 8개까지 늘려 가면서 테스트를 실행해 봤다. 데이터 노드의 수를 2개로만 테스트한 이유는 SQL 노드의 수가 증가해도 데이터 노드의 CPU 사용량이 크게 증가하지 않았기 때문이다. 물론 이는 테스트를 한 쿼리 자체가 프라이머리 키 기반의 쿼리 문장이었기 때문이기도 하다. 이 테스트에서 Sysbench는 SQL 노드에서 실행됐으며 데이터 노드는 원격 서버에 있는 환경으로 구축했다. 테스트에 사용된 모든 장비에는 인텔 쿼드 코어 CPU(Xeon L5630 2.1GHz) 2개와 16GB 메모리가 장착돼 있었다.

그림 3-24는 각 SQL 노드가 데이터 노드와의 커넥션을 8개씩 가진 상태에서 SQL 노드마다 하나의 Sysbench 프로세스를 기동해서 테스트한 환경을 보여준다.

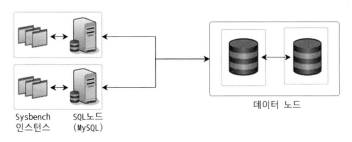

[그림 3-24] 데이터노드*2, SQL노드*2, Sysbench*2 테스트 환경

그림 3-25에 표현된 환경은 그림 3-24와 동일하지만 하나의 SQL 노드에 2개의 Sysbench 프로세스를 기동해서 테스트한 구성이다. 그림 3-24, 그림 3-26, 그림 3-27의 구성에서는 모두 테스트를 목적으로 SQL 노드당 하나의 sysbench 인스턴스를 이용했지만, 그림 3-25의 구성에서는 하나의 SQL 노드에 2개의 sysbench 인스턴스를 이용해 테스트를 진행했다. 그림 3-24, 그림 3-26, 그림 3-27의 성능을 비교하는 목적은 NDB 클러스터 자체(데이터 노드와 SQL 노드)의 성능을 분석하기 위함이다. 그리고 그림 3-25 구성의 벤치마크는(그림 3-24의 구성과 비교해 봄으로써) sysbench의 인스턴스 개수로 인해 NDB 클러스터의 최대 성능이 영향을 받는지 여부를 확인하는 것이 목적이다.

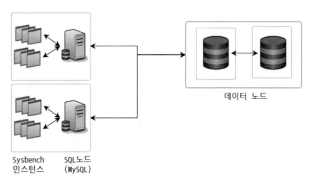

[그림 3-25]데이터노드*2, SQL노드*2, Sysbench*4 테스트 환경

그림 3-26은 첫 번째 테스트 환경과 동일한 구조로 SQL 노드의 수를 2배로 늘려서 4개의 SQL 노드에 대해 각각 Sysbench를 실행해 본 클러스터 구성이다.

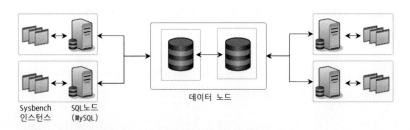

[그림 3-26] 데이터노드*2, SQL노드*4, Sysbench*4 테스트 환경

다음 그림 3-27은 그림 3-26의 환경에서는 SQL 노드만 두 배로 늘려서 테스트해 본 클러스터 구성이다.

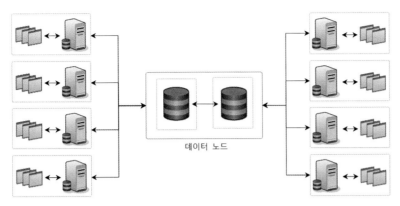

[그림 3-27] 데이터노드*2, SQL노드*8, Sysbench*8 테스트 환경

위의 4가지 환경에서 Sysbench로 500만 건의 데이터에 대한 벤치마크를 수행했으며, 그림 3-28에 있는 그래프에 위에 소개된 클러스터의 구성 순서대로 결과를 표시했다. 그래프의 수치는 각 Sysbench 프로그램이 처리한 초당 쿼리 수의 합계를 표시한 것이다. 아마도 왜 Sysbench 프로그램을 하나로만 테스트하지 않았는지 궁금할 것이다. 이에 질문의 답은 NDB 클러스터의 이름에 있다. NDB 클러스터는 네트워크를 통해 작동하는 DB라서 프라이머리 키 기반의 SQL 문장 하나 하나가 InnoDB만큼 빠르게 처리되지는 못할 것이다. 이는 Sysbench 프로그램 하나로는 제한된 성능밖에 얻을 수 없음을 의미하는데, 그렇다고 "이 결과가 NDB 클러스터의 성능이다"라고 하는 것은 말이 안 된다. 만약 Sysbench를 하나만 실행해서 결과를 보면 처리 성능은 낮은 것으로 보일 것이다. 하지만 테스트 도중 데이터 노드의 CPU 사용률은 1%도 채 되지 않는다는 사실을 알 수 있다. 그래서 여기서는 일부러 Sysbench를 SQL 노드의 개수만큼 동시에 실행한 것이다. 물론 동시에 시작해서 거의 동시에 테스트가 완료됐기에 모두 묶어서 하나의 테스트로 해석할 수 있는 것이다.

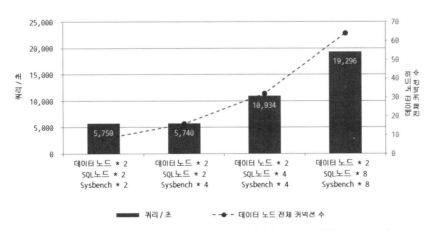

[그림 3-28] SQL 노드의 개수에 의한 NDB 클러스터의 성능 변화(읽기와 쓰기의 비율은 9:1로 테스트)

일반적으로 SQL 노드의 개수가 늘어날수록 성능이 선형적으로 증가한다는 사실을 알 수 있다. 하지만 첫 번째와 두 번째 클러스터 구성에서는 거의 변화가 없다. 이는 하나의 SQL 노드에 너무 많은 요청이 발생하는 경우 SQL 노드가 제대로 처리하지 못하는 동시성 문제가 있음을 의미한다. 일반적으로 MySQL 서버는 상당히 많은 동시 처리를 감당해 낼 수 있기 때문에 이 동시성 문제는 MySQL 서버에 내장된 NDB 클라이언트 라이브러리의 문제일 가능성이 높은 것으로 보인다. 그래프의 오른쪽 축은 SQL 노드에서 데이터 노드로 접속하는 모든 커넥션의 개수를 의미한다.

이 성능 테스트가 진행되는 도중에도 클러스터의 모든 노드의 CPU 사용량은 10%를 넘지 않았으며, 데이터 노드의 경우 각 테스트 케이스에서 3%, 6~7%, 10% 정도 수준을 유지했다. 서비스의 특성별로 어느 정도의 CPU 자원이 필요할지는 직접 테스트해보고 데이터 노드의 성능이나 수를 적절히 결정하는 것이 좋다.

3.5.5 NDB 클러스터의 네트워크 영향

NDB 클러스터는 네트워크를 기반으로 작동하며, 위의 테스트 결과에서 알 수 있듯이 네트워크 전송 속도가 쿼리 성능에 상당한 영향을 미친다. 그림 3-29의 테스트 결과는 SQL 노드와 데이터 노드 간의 네트워크 전송 속도에 따른 성능 변화를 보여 준다.

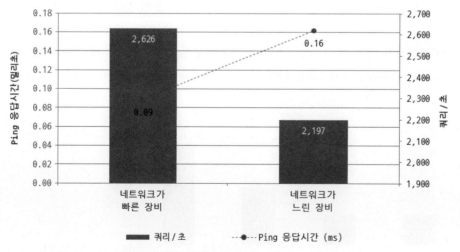

[그림 3-29] 네트워크 전송 속도에 따른 NDB 클러스터의 성능 변화

여기서는 SQL 노드와 데이터 노드 간의 전송 속도를 테스트했지만, 사실 데이터 노드 간의 네트워크 전송 속도도 매우 중요하다. 그래서 성능이 매우 민감한 서비스에 NDB 클러스터를 사용하는 경우에는 네트워크 인터페이스를 일반적인 이더넷 카드가 아니라 SCI(Scalable Coherent Interface)로 클러스터를 구성하기도 한다. SCI 인터페이스에 대한 더 자세한 내용은 Dolphin Interconnect 솔루션 (http://www.dolphinics.com/)을 참조하자.

3.5.6 NDB 클러스터의 용도

지금까지 살펴본 NDB 특성을 생각해 보면 NDB 클러스트의 용도는 상당히 명확하다는 것을 알 수 있다. NDB 클러스터는 에릭슨이라는 통신 회사 내의 작은 벤처로부터 시작된 프로젝트였다. 초기 개발 목적은 이동통신 사용자의 로그인 정보를 저장하는 데 있었는데, 가용성이 극대화된, 소위 세션 데이터 전용 데이터베이스를 만드는 것이 목적이었다. 그때도 그랬고 지금도 그렇지만 NDB 클러스터는 이러한 세션 전용 데이터베이스로 상당히 널리 사용되고 있다. 회원의 로그인 정보(세션 정보)는 회원의 수에 따라 발생 가능한 최대 건수를 예측할 수 있으므로 필요한 저장 공간(메모리)의 양이 고정적이다. 하지만 회원이 어떠한 요청을 할 때마다 그 회원이 로그인했는지 여부를 확인해야 하기 때문에 서비스를 운용하는 데 상당히 중요한 정보라는 것을 알 수 있다. 그래서 이런 세션 데이터를 관리하기 위해서는 InnoDB나 MyISAM과 같은 스토리지 엔진보다는 NDB 클러스터가 더 적합한 솔루션인 것이다.

3.6 TOKUDB 스토리지 엔진

TokuDB 스토리지 엔진(TokuTek, http://tokutek.com)은 개발된 지 오래되지 않았고, 아직 주목받고 있는 스토리지 엔진은 아니다. 하지만 여기서 따로 언급을 하는 이유는 저자가 개인적으로 생각해볼 때 그만큼의 가치가 있고 앞으로 상당히 활용도가 높아질 것으로 보이기 때문이다. TokuDB도 자체적인 인덱스나 데이터의 캐시 영역을 관리하기 때문에 대략적으로 TokuDB 스토리지 엔진의 부가적인 기능이나 복잡도는 InnoDB 스토리지 엔진보다는 MyISAM에 가까운 수준이다. 간단하게 TokuDB의 특징을 하나씩 살펴보자.

3.6.1 프랙탈 트리(Fractal Tree) 인덱스 지원

아마 많은 사용자에게 프랙탈 트리 인덱스는 생소할 것이다. 프랙탈 트리의 장점이나 처리 방식을 설명하기 전에 B-Tree의 단점을 먼저 살펴보자. B-Tree는 현재 DBMS의 인덱스 알고리즘으로 가장 많이 사용되고 가장 범용적인 목적으로 사용되는 인덱싱 알고리즘이다. 하지만 B-Tree에 새로운 인덱스 값을 저장하려면 상대적으로 많은 비용이 든다.

더 큰 단점은 인덱스 데이터의 단편화로 파생되는 문제다. 계속되는 데이터의 INSERT, UPDATE, DELETE 작업으로 인덱스 페이지(블록) 내에 사용되지 못하는 공간이 생기는데 이러한 현상을 단편화(Fragmentation)라고 한다. 즉, 단편화되지 않은 인덱스 페이지에는 인덱스 레코드 1,000개를 저장할 수 있는데, 단편화가 심한 경우에는 500개도 저장하지 못할 수도 있으며, 이로 인해 동일한 레코드 건 수를 조회하더라도 디스크에서 읽어야 할 인덱스 페이지의 수가 더 많아질 수 있고, 당연히 버퍼 풀과 같은 캐시 영역의 공간도 더 많이 차지할 수밖에 없다. 또한 시간이 지날수록 인덱스 페이지의 충전율(Fill Factor)이 떨어지는데 이러한 현상을 인덱스 에이징(Aging)이라고도 한다. 이러한 단편화로 인해 단일 레코드를 검색하는 방식은 문제가 없지만 범위 검색(Range scan)과 같은 작업에는 더 많은 디스크 읽기가 유발될 수 있다.

프랙탈 트리는 B-Tree와 거의 동일하게 범용적인 목적으로 사용될 수 있지만 B-Tree의 이러한 단점을 보완한 새로운 형태의 인덱싱 알고리즘이다. 프랙탈 트리 알고리즘은 MIT에서 최근에 개발한 알고리즘이며, 이 알고리즘을 사용한 TokuDB는 프랙탈 트리의 알고리즘 개발자가 설립한 회사에서 출시한 스토리지 엔진이다. 프랙탈 트리에 대한 더 자세한 설명은 5.6절, "Fractal-Tree 인덱스"(241쪽)를 참조한다.

3.6.2 대용량 데이터와 빠른 INSERT 처리

위에서도 잠깐 언급한 것처럼 프랙탈 트리는 인덱스에 새로운 레코드를 추가하는 작업이 상당히 빠르다. B-Tree에 새로운 레코드를 추가하는 작업은 상당한 랜덤 읽기와 쓰기 작업이 필요한 반면, 프랙탈 트리는 거의 순차 읽기와 쓰기 작업에 비교될 정도다. 그래서 프랙탈 트리 인덱스는 단일 레코드 조회 및 범위 레코드 조회에도 적합하며 그와 동시에 인덱스 레코드 추가 작업도 상당히 빠르다. 10억 건의 레코드가 저장된 128바이트 길이의 레코드 테이블에 INSERT한다고 가정했을 때 프랙탈 트리는 B-Tree보다 1,000개 가까이 빠르게 처리된다.

3.6.3 트랜잭션 및 잠금 처리

TokuDB는 역사와 안정성을 가진 스토리지 엔진은 아니다. 그래서 동시성이라는 면에서 볼 때 트랜잭션 처리나 잠금 처리가 InnoDB보다 뛰어나지는 않다. TokuDB는 레코드 수준의 잠금을 제공하지만 사실 TokuDB 4.x 버전까지는 거의 테이블 수준의 잠금을 사용하는 MyISAM보다 동시성이 떨어졌다. 하지만 조만간 어느 정도 수준까지의 동시성은 보완될 것으로 보인다. TokuDB는 InnoDB와 동일하게 레코드 기반의 잠금과 트랜잭션 처리를 지원한다. 하지만 트랜잭션의 격리 수준은 REPEATABLE_READ를 지원하지 않기 때문에 READ_UNCOMMITTED나 READ_COMMITTED를 사용해야 한다.

3.6.4 그 이외의 특징

TokuDB는 평균적으로 10~50배 정도 INSERT 작업이 빠르며, 또한 데이터와 인덱스를 모두 압축해서 저장하기 때문에 많은 Disk 공간을 차지하지 않는다. 일반적으로 압축 후 데이터 파일의 크기는 다른 스토리지 엔진에 비해 1/5 ~   1/15 수준으로 줄어든다 그만큼 디스크 읽기 요청이 덜 필요해지는 것이다. 또한 TokuDB는 대용량의 INSERT 작업을 주 목적으로 하기 때문에 대용량 파일 데이터를 로딩하는 데 상당한 성능을 보인다. 다른 스토리지 엔진에서는 제공하지 않는 멀티 스레드 로딩 같은 기능도 포함돼 있다. 그리고 마지막으로 데이터의 리커버리 또한 다른 스토리지 엔진의 추종을 불허할 정도인 것으로 소개되고 있다.

3.6.5 TokuDB의 주 용도

이 책에서 TokuDB를 다룬 이유는 단 하나다. 바로 TokuDB의 용도가 아주 명확하기 때문이다. TokuDB는 빠르게 증가하는 대용량 데이터를 관리하는 것이 주 특기다. 대표적인 예를 들면 다음과 같은 형태의 데이터를 관리하기에 아주 적합하다.

- SNS 기반의 대용량 테이블(동시성을 크게 요하지 않는)
- 실시간 웹페이지 클릭 분석
- 웹 서버나 게임 서버의 로그 분석
- 고성능 웹 크롤링
- 데이터웨어 하우스

위에서 나열한 서비스의 공통적인 특성은 대용량 데이터 분석이 필요하다는 점이다. 즉 OLTP와 같이 높은 동시성이 필요치 않은 시스템의 데이터베이스로 아주 적합하다는 것이다. 또한 타 시스템으로부터 수집된 정보를 순간적으로 적재해야 하는 이슈가 많은 경우에는 더 적합하다고 볼 수 있다. 결론적으로 아직 TokuDB는 성숙된 단계는 아니다. 하지만 가능성이 크다는 것은 확실해 보인다. TokuDB는 무료 소프트웨어는 아니지만 40GB 미만의 데이터에 대해서는 무료로 사용할 수 있다(데이터 크기가 40GB 이상이 됐다고 해서 스토리지 엔진이 멈추는 것은 아니므로 그러한 점에 대해서는 크게 걱정하지 않아도 된다). 만약 위와 같은 요건을 지닌 데이터베이스가 있고 처리 성능이나 데이터 크기 때문에 고민하고 있다면 지금이 TokuDB를 시험해 볼 좋은 기회일 것이다.

3.7 전문 검색 엔진

지금까지는 일반적인 용도의 데이터를 관리하는 스토리지 엔진 위주로 설명했다. 최근의 인터넷 서비스는 대부분 본문 검색이 기본적으로 포함되는 경우가 많은데, 이러한 요건은 전문 검색 엔진(Fulltext search engine) 없이는 구현하기가 쉽지 않다. 여기서는 한글을 지원하고, 어느 정도 수준의 성능을 보장하고 있는 트리톤(Tritonn)과 스핑크스(Sphinx)라는 검색엔진을 간단하게 살펴보겠다. 또한 트리톤의 후속 버전인 mGroonga(MySQL Groonga)에 대해서도 간략히 살펴보겠다.

3.7.1 트리톤 전문 검색 엔진

트리톤은 아시아권 언어를 지원하기 위해 일본에서 만들어진 전문 검색 엔진이다.

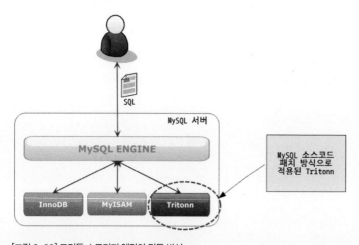

[그림 3-30] 트리톤 스토리지 엔진의 작동 방식

트리톤을 사용하려면 먼저 MySQL의 소스코드를 패치한 후, 다시 빌드(컴파일)해야 하며 그 이후에는 InnoDB와 같이 하나의 스토리지 엔진으로 사용할 수 있다. 한·중·일 아시아권 언어 지원이 강점이며 또한 세나(Senna) 라이브러리를 이용한 빠른 인덱싱과 검색을 제공한다. 또한 MySQL 서버의 전문 검색엔진과 달리 N-그램 방식의 인덱싱도 사용할 수 있다는 것이 가장 큰 장점이다. 만약 "드럼세탁기"라는 공백이 없는 데이터가 있다고 가정할 때 N-그램 방식으로 인덱싱된 경우에는 다음과 같은 쿼리로 이 레코드를 검색할 수 있지만 MySQL 서버의 구분자 기반 방식으로는 검색이 불가능하다.

```
mysql> SELECT * FROM appliance WHERE MATCH(name) AGAINST('세탁기' IN BOOLEAN MODE);
```

예제의 "MATCH(...) AGAINST ('...' IN BOOLEAN MODE)" 조건은 전문 검색용 쿼리 방식인데, 의미상으로는 "name LIKE '%세탁기%'"와 거의 동일한 조건식이다. 하지만 전문 검색 인덱스를 이용하려면 LIKE 연산자를 사용해서는 안 되고 반드시 "MATCH(...) AGAINST ('...' IN BOOLEAN MODE)" 연산자를 사용해야 한다.

3.7.2 mGroonga 전문 검색 엔진(플러그인)

트리톤은 MySQL 5.0.87 버전에서만 사용할 수 있다. 이는 트리톤이 소스 패치 형태로 컴파일되기 때문인데, 결국 트리톤과 MySQL 5.1 중에서 하나만 선택할 수 있는 것이다. MySQL 5.0.87 버전은 지금까지 나온 MySQL 중에서 가장 많이 사용된 버전 중 하나이며, 안정성 또한 상당히 높기 때문에 굳이 MySQL 5.1이나 MySQL 5.5를 사용해야 할 이유가 없다면 MySQL 5.0.87과 함께 트리톤의 전문 검색 엔진을 사용하는 것은 좋은 선택이라고 볼 수 있다. 하지만 MySQL 5.1이나 MySQL 5.5를 사용해야 한다면 트리톤을 포기해야 하는 것이다. 이러한 문제를 해결하기 위해 트리톤의 후속 모델로 Groonga라는 전문 검색 엔진이 출시됐다. 하지만 Groonga는 MySQL과 전혀 연관없이 독립적으로 기동하는 소프트웨어라서 MySQL에 익숙한 사용자를 위해 mGroonga라는 플러그인을 함께 제공한다.

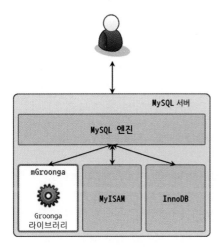

[그림 3-31] mGroonga 아키텍처

그림 3-31을 보면 알 수 있듯이 mGroonga는 MySQL에서 사용할 수 있는 하나의 스토리지 엔진이며, MySQL 외부에 별도의 Groonga 서버가 필요한 것이 아니라 MySQL 내에서 Groonga 라이브러리를 이용해 Groonga 의 전문 검색을 지원하는 형태로 구현돼 있다. 또한 mGroonga 스토리지 엔진은 칼럼 기반의 스토리지 엔진으로 구현돼 있어서 SQL 문장에서 사용하는 칼럼의 개수가 적을수록 빠른 성능을 보인다.

mGroonga는 스토리지 엔진 모드와 래퍼(Wrapper) 모드라는 두 가지 실행 모드가 있다. 그림 3-31의 구성이 스토리지 엔진 모드를 의미하는데, 이 모드에서는 groonga라는 별도의 스토리지 엔진을 이용해 테이블의 데이터를 저장한다. 래퍼(Wrapper) 모드는 그림 3-32에서 보는 것처럼 테이블의 데이터는 InnoDB나 MyISAM과 같은 기존의 스토리지 엔진을 사용하되, 전문 검색용 인덱스만 mGroonga 플러그인이 가지는 방식이다. 이 방식에서는 데이터는 InnoDB나 MyISAM으로 저장되지만 데이터를 변경하는 모든 쿼리는 mGroonga 플러그인을 거쳐 처리되기 때문에 래퍼(Wrapper) 모드라는 이름이 붙은 것이다.

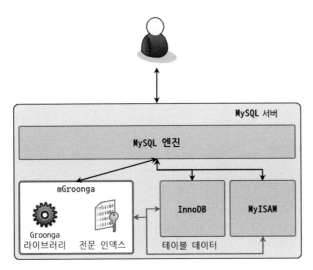

[그림 3-32] mGroonga 아키텍처(래퍼 모드)

위에서 설명한 mGroonga의 두 가지 실행 모드는 테이블을 생성할 때 결정하게 되므로 mGroonga의 설치 단계에서는 실행 모드를 고려하지 않아도 된다.

한 가지 주의해야 할 것은 현재 이 책을 쓰고 있는 시점에서 mGroonga의 가장 최신 버전이 0.8로 아직 안정 버전으로 보기에는 이르다는 점이다. 물론 기본적인 기능은 구현돼 있지만 안정성은 장담하기가 어려운 상태다. 하지만 여기서 mGroonga를 언급하는 것은 여러분이 이 책을 보게 되는 시점에는 mGroonga의 안정 버전이 나와있을 것으로 예상되기 때문이며, MySQL 빌트인 전문 검색 엔진을 대체할 만한 유일한 대안이 될 것으로 판단하기 때문이기도 하다.

3.7.3 스핑크스 전문 검색 엔진

스핑크스는 MySQL 서버와는 전혀 연관이 없이 자체적인 저장 공간을 가지고 별도의 프로세스로 작동하며, MySQL 서버를 통해 접근할 수 있는 인터페이스만 제공하는 형태의 스토리지 엔진이다.

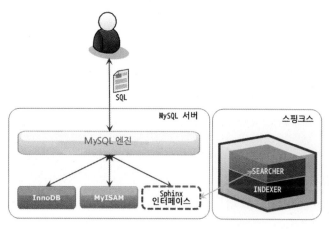

[그림 3-33] 스핑크스 스토리지 엔진의 작동 방식

스핑크스는 N-그램 방식의 인덱싱과 UTF-8 언어를 지원한다는 장점도 있지만 최대 강점은 분산 처리 기능이 상당히 뛰어나다는 것이다. 위 그림에서 보듯이 스핑크스 엔진은 MySQL과 직접적인 관계를 맺지 않고 외부에 따로 존재한다. 그래서 MySQL에 플러그인된 스핑크스 스토리지 엔진은 원격 스핑크스 서버에 접속하며, 하나의 검색 엔진(SEARCHER)에서 두 개 이상의 또 다른 스핑크스 검색 엔진(SEARCHER)으로 검색 요청을 하고 결과를 전달받을 수 있다. 스핑크스 검색 엔진에 대한 내용은 "MySQL 성능 최적화(2010, 위키북스)"의 "부록 C"에서 상당히 상세히 다루고 있으므로 필요하다면 참조하자.

3.8 MySQL 로그 파일

MySQL은 다른 상용 DBMS와 비교하면 DBA나 개발자를 위한 진단 도구가 상당히 부족한 편이다. 그렇지만 로그 파일을 이용하면 MySQL의 상태나 부하를 일으키는 원인을 찾아서 해결할 수 있다. 많은 사용자가 로그 파일의 내용을 무시하고 다른 방법으로 해결책을 찾으려고 노력하곤 하는데, 무엇보다 MySQL 서버에 문제가 생겼을 때는 다음에 설명하는 각 용도별 로깅 기능이나 로그 파일을 자세히 확인하는 습관을 들일 필요가 있다.

3.8.1 에러 로그 파일

MySQL이 실행되는 도중에 발생하는 에러나 경고 메시지가 출력되는 로그 파일이다. 에러 로그 파일의 위치는 MySQL 컨피규레이션 파일에 "log_error"라는 이름의 파라미터에 정의된 경로에 있는 파일이거나 별도로 정의되지 않은 경우에는 데이터 디렉터리("datadir" 파라미터에 설정된 디렉터리)에 ".err"이라는 확장자가 붙은 파일이다. 여러 가지 메시지가 다양하게 출력되지만 다음에 소개되는 메시지를 가장 자주 보게 될 것이다.

MySQL이 시작하는 과정과 관련된 정보성 및 에러 메시지

MySQL의 컨피규레이션 파일을 변경하거나 데이터베이스가 비정상적으로 종료된 이후 다시 시작하는 경우에는 반드시 MySQL 에러 로그 파일을 통해 설정된 변수의 이름이나 값이 명확하게 설정되고 의도한 바대로 적용됐는지 확인해야 한다. MySQL 서버가 정상적으로 기동했고("mysqld started" 메시지 확인), 새로 변경하거나 추가한 파라미터에 대한 특별한 에러나 경고성 메시지가 없다면 정상적으로 적용된 것으로 판단하면 된다. 그렇지 않고 특정 변수가 무시(ignore)된 경우에는 MySQL 서버는 정상적으로 기동하지만 해당 파라미터는 MySQL에 적용되지 못했음을 의미한다. 그리고 변수명을 인식하지 못하거나 설정된 파라미터 값의 내용을 인식하지 못하는 경우에는 MySQL 서버가 에러 메시지를 출력하고 시작하지 못했다는 메시지를 보여줄 것이다.

마지막으로 종료할 때 비정상적으로 종료된 경우 나타나는 InnoDB의 트랜잭션 복구 메시지

InnoDB의 경우에는 MySQL 서버가 비정상적 또는 강제적으로 종료됐다면 다시 시작되면서 완료되지 못한 트랜잭션을 정리하고 디스크에 기록되지 못한 데이터가 있다면 다시 기록하는 재처리 작업을 하게 된다. 이 과정에 대한 간단한 메시지가 출력되는데, 간혹 문제가 있어서 복구되지 못할 때는 해당 에러 메시지를 출력하고 MySQL은 다시 종료될 것이다. 일반적으로 이 단계에서 발생하는 문제는 상대적으로 해결하기가 어려운 문제점일 때가 많고, 때로는 innodb_force_recovery 파라미터를 0보다 큰 값으로 설정하고 재시작해야만 MySQL이 시작될 수도 있다. innodb_force_recovery 파라미터에 대한 자세한 내용은 17.3절, "MySQL 복구(데이터 파일 손상)"의 InnoDB 부분(990쪽)을 참조하거나 MySQL 매뉴얼을 참조하자.

쿼리 처리 도중에 발생하는 문제에 대한 에러 메시지

쿼리 도중 발생하는 문제점은 사전 예방이 어려우며, 주기적으로 에러 로그 파일을 검토하는 과정에서 알게 된다. 쿼리의 실행 도중 에러가 발생했다거나, 복제에서 문제가 될 만한 쿼리에 대한 경고 메시지가 에러 로그에 기록된다. 그래서 자주 에러 로그 파일을 검토하는 것이 데이터베이스의 숨겨진 문제점을 해결하는 데 많이 도움될 것이다.

비정상적으로 종료된 커넥션 메시지(Aborted connection)

어떤 데이터베이스 서버의 로그 파일을 보면 이 메시지가 상당히 많이 누적돼 있는 경우가 있다. 클라이언트 애플리케이션에서 정상적으로 접속 종료를 하지 못하고 프로그램이 종료된 경우, MySQL 서버의 에러 로그 파일에 이런 내용이 쌓인다. 물론, 중간에 네트워크에 문제가 있어서 의도하지 않게 접속이 끊어지는 경우에도 이런 메시지가 발생한다. 만약 이런 메시지가 아주 많이 발생한다면 애플리케이션의 커넥션 종료 로직을 한번 검토해볼 필요가 있다. max_connect_errors 시스템 변수 값이 너무 낮게 설정된 경우, 클라이언트 프로그램이 MySQL 서버에 접속하지 못하고 "Host 'host_name' is blocked"라는 에러가 발생할 수도 있다. 이 메시지는 클라이언트 호스트에서 발생한 에러(커넥션 실패나 강제 연결 종료와 같은)의 횟수가 max_connect_errors 변수의 값을 넘게 되면 발생하는데, 이에 대한 대처 방법은 17.14절, "MySQL 서버의 호스트 잠금"(1002쪽)를 확인해 보자.

InnoDB의 모니터링 명령이나 상태 조회 명령("SHOW ENGINE INNODB STATUS" 같은)의 결과 메시지

InnoDB의 테이블 모니터링이나 락 모니터링, 또는 InnoDB의 엔진 상태를 조회하는 명령은 상대적으로 큰 메시지를 에러 로그 파일에 기록한다. 만약 InnoDB의 모니터링을 활성화 상태로 만들어 두고 그대로 유지하는 경우에는 에러 로그 파일이 매우 커져서 파일 시스템의 공간을 다 사용해 버릴지도 모른다. 반드시 모니터링을 사용한 이후에는 다시 비활성화해서 에러 로그 파일이 커지지 않게 만들어야 한다.

MySQL의 종료 메시지

가끔 MySQL이 아무도 모르게 종료돼 있거나 때로는 아무도 모르게 재시작되어 버리는 경우를 본 적이 있을 것이다. 이런 경우 에러 로그 파일에서 MySQL이 마지막으로 종료되면서 출력한 메시지를 확인하는 것이 왜 MySQL 서버가 종료됐는지 확인하는 유일한 방법이다. 만약 누군가가 MySQL 서버를 종료시켰다면 에러 로그 파일에서 "Normal shutdown"이라는 메시지를 확인할 수 있을 것이다. 그렇지 않고 아무런 종료 관련 메시지가 없거나 스택 트레이스 (대표적으로 16진수의 주소값이 잔뜩 출력되는)와 같은 내용이 출력되는 경우에는 MySQL 서버가 세그먼테이션 폴트(Segmentation fault)로 비정상적으로 종료된 것으로 판단할 수 있다. 세그먼테이션 폴트로 종료된 경우에는 스택 트레이스의 내용을 최대한 참조해서 MySQL의 버그와 연관이 있는지 조사한 후 MySQL의 버전을 업그레이드하거나 회피책(WorkAround)을 찾는 것이 최적의 방법이다. 에러 로그에 대한 상세한 내용은 MySQL 매뉴얼의 "The Error Log" 절을 확인해 보자.

3.8.2 제너럴 쿼리 로그 파일(제너럴 로그 파일, General log)

가끔 MySQL 서버에서 실행되는 쿼리로 어떤 것들이 있는지 전체 목록을 뽑아서 검토해 볼 때가 있는데, 이때는 쿼리 로그를 활성화해서 쿼리를 쿼리 로그 파일로 기록하게 한 다음, 그 파일을 검토하면 된다. 쿼리 로그 파일에는 다음과 같이 시간 단위로 실행됐던 쿼리의 내용이 모두 기록된다. 슬로우 쿼리 로그와는 조금 다르게 제너럴 쿼리 로그는 실행되기 전에 MySQL이 쿼리 요청을 받으면 바로 기록하기 때문에 쿼리 실행 중에 에러가 발생해도 일단 로그 파일에 기록된다.

```
101012 13:52:53     2 Query  SELECT 'tab1'.* FROM 'tab1' WHERE (fd1 = 1) LIMIT 1
                    2 Query  SELECT 'tab1'.* FROM 'tab' WHERE (fd1 = 1) LIMIT 1
                    2 Query  SELECT 'tab2'.* FROM 'tab2' WHERE ( fd2 = 'fd_value') LIMIT 1
                    2 Query  SELECT * FROM tab3
                    2 Quit
```

쿼리 로그 파일은 MySQL 5.1.12 이전 버전에서는 컨피규레이션 파일에서 "general-log"라는 이름의 파라미터에 정의된 경로에 있는 파일이고, MySQL 5.1.12 이상의 버전에서는 "general_log_file"이라는 이름의 파라미터에 정의된 경로에 있는 파일이다. MySQL 5.1 이상에서는 쿼리 로그를 파일이 아닌 테이블에 저장하도록 설정할 수 있으므로 이 경우에는 파일이 아닌 테이블을 SQL로 조회해서 검토해야 한다. 쿼리 로그를 파일로 저장할지 테이블로 저장할지는 "log_output" 파라미터에 의해 결정된다. 제너럴 로그와 관련된 상세한 내용은 MySQL 매뉴얼의 "log_output 설정 파라미터"와 "The General Query Log" 절을 참조하자. 또한 로그 파일의 경로에 관련된 상세한 내용은 MySQL 매뉴얼의 "Selecting General Query and Slow Query Log Output Destinations"를 참조하자.

3.8.3 슬로우 쿼리 로그

MySQL 서버의 쿼리 튜닝은 크게 서비스가 적용되기 전에 전체적으로 튜닝하는 경우와 서비스 운영 중에 MySQL 서버의 전체적인 성능 저하를 검사하거나 또는 정기적인 점검을 위한 튜닝으로 나눌 수 있다. 전자의 경우에는 검토해야 할 대상 쿼리가 전부라서 모두 튜닝하면 되지만, 후자의 경우에는 어떤 쿼리가 문제의 쿼리인지 판단하기가 상당히 어렵다. 이런 경우에 서비스에서 사용되고 있는 쿼리 중에서 어떤 쿼리가 문제인지를 판단하는 데 슬로우 쿼리 로그가 상당히 많은 도움이 된다.

슬로우 쿼리 로그 파일에는 컨피규레이션에 정의한 시간(long_query_time 파라미터에 초 단위로 설정됨) 이상의 시간이 소요된 쿼리가 모두 기록된다. 슬로우 쿼리 로그는 MySQL이 쿼리를 실행한 후, 실제 소요된 시간을 기준으로 슬로우 쿼리 로그에 기록할지 여부를 판단하기 때문에 반드시 쿼리가 정상적으로 실행이 완료되어야 슬로우 쿼리 로그에 기록될 수 있다. 즉, 슬로우 쿼리 로그 파일에 기록되는 쿼리는 일단 정상적으로 실행이 완료됐고 실행하는 데 걸린 시간이 "long_query_time"에 정의된 초(Second)보다 많이 걸린 쿼리인 것이다.

MySQL 5.1 미만에서 슬로우 쿼리 로그를 설정하는 방법은 다음과 같다.

```
long_query_time = 1
log_slow_queries = /var/log/mysql-slow.log
```

MySQL 5.1 이상에서 슬로우 쿼리 로그를 설정하는 방법은 MySQL 5.0과 조금 다르게 "log-output" 설정 옵션을 이용해 쿼리를 파일로 기록할지 테이블로 기록할지 선택할 수 있다. log-output 옵션을 TABLE로 설정하면 제너럴 로그나 슬로우 쿼리 로그를 "mysql" DB의 테이블(general_log와 slow_log 테이블)에 저장하며, FILE로 설정하면 기존 버전과 같이 파일로 저장한다.

```
log-output = FILE 또는 TABLE
slow-query-log = 1
long_query_time = 1
slow_query_log_file=/var/log/mysql-slow.log
```

위와 같이 설정하면 실제 슬로우 쿼리 로그 파일에는 다음과 같은 형태로 내용이 출력된다. MySQL의 잠금 처리는 MySQL 엔진 레벨과 스토리지 엔진 레벨의 두 가지 레이어로 처리되는데, MyISAM이나 MEMORY 스토리지 엔진과 같은 경우에는 별도의 스토리지 엔진 레벨의 잠금을 가지지 않지만 InnoDB의 경우 MySQL 엔진 레벨의 잠금과 스토리지 엔진 자체적인 잠금을 가지고 있다. 위와 같은 이유로 슬로우 쿼리 로그에 출력되는 내용이 상당히 혼란스러울 수 있다.

```
# Time: 110202 12:13:14
# User@Host: root[root] @ localhost []
# Query_time: 15.407663  Lock_time: 0.000197 Rows_sent: 0  Rows_examined: 5
update tab set fd=100 where fd=10;
```

위의 슬로우 쿼리 로그 내용을 한번 확인해 보자. 이 내용은 슬로우 쿼리가 파일로 기록된 것을 일부 발췌한 내용인데, 테이블로 저장된 슬로우 쿼리도 내용은 동일하다. MySQL 5.0 이하 버전에서는 소요 시간(초 단위)에서 소수점 이하 부분은 무시되지만, MySQL 5.1 이상에서는 마이크로 초까지 표시된다. 하지만 MySQL 5.1 이상에서도 슬로우 쿼리 로그를 테이블로 기록하는 경우에는 MySQL 5.0 이하에서와 같이 소수점 이하의 부분은 무시된다(이는 MySQL에서 밀리초 이하를 관리할 수 있는 데이터 타입이 없기 때문이다).

- "Time" 항목은 쿼리가 시작된 시간이 아니라 쿼리가 종료된 시점을 의미한다. 그래서 쿼리가 언제 시작됐는지 확인하려면 "Time" 항목에 나온 시간에서 Query_time 만큼 빼야 한다.
- "User@Host"는 쿼리를 실행한 사용자의 계정이다.
- "Query_time"은 쿼리가 실행되는 데 걸린 전체 시간을 의미한다. 많이 혼동되는 부분 중 하나인 "Lock_time"은 사실 위에서 설명한 두 가지 레벨의 잠금 가운데 MySQL 엔진 레벨에서 관장하는 테이블 잠금에 대한 대기 시간만 표현한다. 위 예제의 경우, 이 UPDATE 문장을 실행하기 위해 0.000197초간 테이블 락을 기다렸다는 의미가 되는데, 여기서 한 가지 더 중요한 것은 이 값이 0이 아니라고 해서 무조건 잠금 대기가 있었다고 판단하기는 어렵다는 것이다. Lock_time에 표기된 시간은 실제 쿼리가 실행되는 데 필요한 잠금 체크와 같은 코드 실행 부분의 시간까지 모두 포함되기 때문이다. 즉, 이 값이 너무 작은 값이면 무시해도 무방하다.
- "Rows_examined"는 이 쿼리가 처리되기 위해 몇 건의 레코드에 접근했는지를 의미하며, "Rows_sent"는 실제 몇 건의 처리 결과를 클라이언트로 보냈는지를 의미한다. 일반적으로 "Rows_examined"의 레코드 건수는 높지만 "Rows_sent"에 표시된 레코드 건수가 상당히 적다면 이 쿼리는 조금 더 적은 레코드만 접근하도록 튜닝해 볼 가치가 있는 것이다(GROUP BY나 COUNT(), MIN(), MAX(), AVG() 등과 같은 집합 함수가 아닌 쿼리인 경우만 해당).

MyISAM이나 MEMORY 스토리지 엔진에서는 테이블 단위의 잠금을 사용하고 MVCC와 같은 메커니즘이 없기 때문에 SELECT 쿼리라 하더라도 Lock_time이 1초 이상 소요될 가능성이 있다. 하지만 가끔 InnoDB 테이블에 대한 SELECT 쿼리의 경우에도 Lock_time이 0이 아닌 경우가 발생할 수 있는데, 이는 InnoDB의 레코드 수준의 잠금이 아닌 MySQL 엔진 레벨에서 설정한 테이블 잠금 때문일 가능성이 높다. 그래서 InnoDB 테이블에만 접근하는 쿼리 문장의 슬로우 쿼리 로그에서는 Lock_time 값은 튜닝이나 쿼리 분석에 별로 도움이 되지 않는다.

그리고 왜 이렇게 설계됐는지는 잘 모르겠지만 사용자가 명시적으로 "LOCK TABLES tb_test" 명령으로 획득한 잠금을 기다리는 쿼리는 슬로우 쿼리 로그에 기록되지 않는다. 슬로우 쿼리 로그의 내용을 분석해 쿼리 단위로 평균을 산출해서 많이 실행된 쿼리 순서대로 정렬한 후 파일로 기록하는 스크립트도 있으므로, 만약 많은 슬로우 쿼리 로그를 분석해야 할 때는 참고한다. MySQL에 기본적으로 포함된 mysqlslowdump라는 프로그램으로도 이러한 분석이 가능하다. mysqlslowdump 프로그램의 사용법은 17.1.5절, "MySQL 서버의 슬로우 쿼리 분석"(985쪽)을 참고한다.

3.8.4 바이너리 로그와 릴레이 로그

바이너리 로그와 릴레이 로그의 용도나 목적은 위에서 복제의 구조를 설명하면서 언급했다. 바이너리 로그 파일은 마스터 MySQL 서버에 생성되고 릴레이 로그는 슬레이브 MySQL 서버에 생성된다는 것 말고는 바이너리 로그와 릴레이 로그 파일의 내용이나 포맷은 동일하다. 즉, 여기서부터 언급되는 내용은 바이너리 로그로 주로 설명되지만 릴레이 로그도 동일하게 적용할 수 있는 기능이다. 그리고 바이너리 로그에는 순수한 SELECT 문장과 같이 데이터의 구조나 내용을 변경하지 않는 쿼리는 기록되지 않는다.

가끔 바이너리 로그 파일의 내용을 열어서 눈으로 확인하거나 MySQL 서버에 다시 실행해야 할 때가 있는데, 바이너리 로그는 이름 그대로 이진 파일로 돼 있어서 사람의 눈으로 보거나 MySQL 서버에서 바로 실행할 수는 없다. 이진 형태의 바이너리 로그 파일을 텍스트 형태로 바꾸려면 MySQL 홈 디렉터리의 bin 디렉터리에 있는 mysqlbinlog라는 프로그램을 이용할 수 있는데, 기본적으로 mysqlbinlog는 특정 시간(또는 특정 바이너리 로그 위치)부터 특정 시간(또는 특정 바이너리 로그 위치)까지의 로그 내용을 SQL 형태로 읽어서 화면으로 출력하는 일만 할 수 있다.

다음 명령으로 바이너리 로그 파일의 전체 내용을 SQL 텍스트로 읽은 다음 다른 파일로 저장해서 확인할 수 있다.

```
shell> mysqlbinlog  binlog.0000012 > mysql-binlog.sql
```

날짜와 시간을 정해서 바이너리 로그 파일의 내용을 SQL 텍스트로 읽은 다음 다른 파일로 저장해서 확인할 수 있다. 이 명령은 주로 언제부터 언제까지 발생했던 쿼리 중에서 문제가 될 만한 쿼리를 찾아낼 때 사용된다.

```
shell> mysqlbinlog  --start-datetime="2011-01-18 10:00:00"  --stop-datetime="2011-01-18 10:10:00"
binlog.0000012 > mysql-binlog.sql
```

바이너리 로그 파일에서 특정 위치(포지션)만 뽑아서 SQL 문장을 만들어 낸 후, 그 결과를 다시 다른 파일로 저장할 수 있다. 이 명령은 복제가 실패했거나 장애로 인해 문제가 발생했을 때 바이너리 로그에 기록된 위치를 대략적으로 알고 있을 때 자주 사용된다.

```
shell> mysqlbinlog  --start-position=100000  --stop-position=200000
binlog.0000012 > mysql-binlog.sql
```

위와 같은 방식으로 텍스트 형태로 바꾼 바이너리 로그는 바로 MySQL에서 실행 가능한 형태로 만들어진다. 때로는 다음과 같은 명령으로 바이너리 로그의 SQL 내용을 텍스트 파일로 변환해 바로 MySQL에서 실행할 수도 있다

```
shell> mysqlbinlog  binlog.0000012 | mysql  - uroot  - p
```

또는

```
shell> mysqlbinlog  binlog.0000012 > mysql-binlog.sql
mysql> SOURCE mysql-binlog.sql
```

위 예제에서 시간이나 바이너리 로그의 위치로 시작 값 또는 종료 값만 설정할 수도 있다. 이 경우에는 인자로 지정한 바이너리 로그 파일의 처음부터 종료 값까지 또는 시작 값부터 로그 파일의 끝까지 SQL 텍스트를 분석해서 출력한다. 사용 중인 운영체제의 종류별로 가능한 방식을 선택해서 사용하면 된다.

04

트랜잭션과 잠금

이번 장에서는 MySQL의 동시성에 영향을 미치는 잠금(Lock)과 트랜잭션, 그리고 트랜잭션의 격리 수준(Isolation level)을 살펴보겠다. 트랜잭션은 작업의 완전성을 보장해 주는 것이다. 즉 논리적인 작업 셋을 모두 완벽하게 처리하거나 또는 처리하지 못할 경우에는 원 상태로 복구해서 작업의 일부만 적용되는 현상(Partial update)이 발생하지 않게 만들어주는 기능이다.

잠금(Lock)과 트랜잭션은 서로 비슷한 개념 같지만 사실 잠금은 동시성을 제어하기 위한 기능이고 트랜잭션은 데이터의 정합성을 보장하기 위한 기능이다. 하나의 회원 정보 레코드를 여러 커넥션에서 동시에 변경하려고 하는데 잠금이 없다면 하나의 데이터를 여러 커넥션에서 동시에 변경해버릴 수 있게 된다. 결과적으로 해당 레코드의 값은 예측할 수 없는 상태가 된다. 잠금은 여러 커넥션에서 동시에 동일한 자원(레코드나 테이블)을 요청할 경우 순서대로 한 시점에는 하나의 커넥션만 변경할 수 있게 해주는 역할을 한다. 격리 수준이라는 것은 하나의 트랜잭션 내에서 또는 여러 트랜잭션 간의 작업 내용을 어떻게 공유하고 차단할 것인지를 결정하는 레벨을 의미한다.

이번 장에서는 기본적인 잠금을 소개하고, 각 쿼리 문장의 패턴별로 사용하는 잠금은 12장의 "쿼리 종류별 잠금"에서 더 상세히 살펴보겠다.

4.1 트랜잭션

많은 사용자들이 트랜잭션에 대해 깊이 생각하거나 고민하기 싫어서 MyISAM을 주로 선택한다는 내용의 게시물을 자주 접하곤 한다. 하지만 사실은 MyISAM이나 MEMORY 같이 트랜잭션을 지원하지 않는 스토리지 엔진의 테이블이 더 많은 고민거리를 만들어 낸다. 이번 절에서는 트랜잭션을 지원하지 않는 MyISAM과 트랜잭션을 지원하는 InnoDB의 처리 방식 차이를 잠깐 살펴보고자 한다. 그리고 트랜잭션을 사용할 경우 주의해야 할 사항도 함께 살펴보겠다.

4.1.1 MySQL에서의 트랜잭션

트랜잭션은 꼭 여러 개의 변경 작업을 수행하는 쿼리가 조합됐을 때만 의미 있는 개념은 아니다. 트랜잭션은 하나의 논리적인 작업 셋에 하나의 쿼리가 있든 두 개 이상의 쿼리가 있든 관계없이 논리적인 작업 셋 자체가 100% 적용되거나(COMMIT을 실행했을 때) 또는 아무것도 적용되지 않아야(ROLLBACK 또는 트랜잭션을 ROLLBACK시키는 오류가 발생했을 때) 함을 보장해 주는 것이다.

간단한 예제로 트랜잭션 관점에서 InnoDB 테이블과 MyISAM 테이블의 차이를 살펴보자.

```
mysql> CREATE TABLE tab_myisam ( fdpk INT NOT NULL, PRIMARY KEY (fdpk) ) ENGINE=MyISAM;
mysql> INSERT INTO tab_myisam (fdpk) VALUES (3);

mysql> CREATE TABLE tab_innodb ( fdpk INT NOT NULL, PRIMARY KEY (fdpk) ) ENGINE=INNODB;
mysql> INSERT INTO tab_innodb (fdpk) VALUES (3);
```

위와 같이 테스트용 테이블에 각각 레코드 1건씩 저장한 후, AUTO-COMMIT 모드에서 다음 쿼리 문
장을 InnoDB 테이블과 MyISAM 테이블에서 각각 실행해 보자.

```
mysql> INSERT INTO tab_myisam (fdpk) VALUES (1),(2),(3);
mysql> INSERT INTO tab_innodb (fdpk) VALUES (1),(2),(3);
```

두 개의 스토리지 엔진에서 결과가 어떻게 다를까? 위 쿼리 문장의 테스트 결과는 다음과 같다.

```
mysql> INSERT INTO tab_myisam (fdpk) VALUES (1),(2),(3);
ERROR 1062 (23000): Duplicate entry '3' for key 'PRIMARY'

mysql> INSERT INTO tab_innodb (fdpk) VALUES (1),(2),(3);
ERROR 1062 (23000): Duplicate entry '3' for key 'PRIMARY'

mysql> SELECT * FROM tab_myisam;
+------+
| fdpk |
+------+
|    1 |
|    2 |
|    3 |
+------+

mysql> SELECT * FROM tab_innodb;
+------+
| fdpk |
+------+
|    3 |
+------+
```

두 INSERT 문장 모두 PRIMARY KEY 중복 오류로 쿼리가 실패했다. 그런데 두 테이블의 레코드를 조
회해 보면 MyISAM 테이블에는 오류가 발생했음에도 "1"과 "2"는 INSERT된 상태로 남아 있는 것을 확
인할 수 있다. 즉 MyISAM 테이블에 INSERT 문장이 실행되면서 차례대로 "1"과 "2"를 저장하고, 그다
음 "3"을 저장하려고 하는 순간 중복 키 오류(이미 "3"이 있기 때문)가 발생한 것이다. 하지만 MyISAM
에서 실행되는 쿼리는 이미 INSERT된 "1"과 "2"를 그대로 두고 쿼리 실행을 종료해 버린다.

MEMORY 스토리지 엔진이나 MERGE 스토리시 엔진을 사용하는 테이블도 MyISAM 테이블과 동일하게 작동한다. 하지만 InnoDB는 쿼리 중 일부라도 오류가 발생하면 전체를 원상태로 만들어 둔다는 트랜잭션의 원칙대로 INSERT 쿼리 문장을 실행하기 전 상태로 그대로 복구했다. MyISAM 테이블에서 발생하는 이러한 현상을 부분 업데이트(Partial Update)라고 표현하며, 이러한 부분 업데이트 현상은 테이블 데이터의 정합성을 맞추는 데 상당히 어려운 문제를 만들어 낸다.

어떤 사용자는 (특히 트랜잭션이 선택 사항인 MySQL의 경우) 트랜잭션을 상당히 골치 아픈 기능쯤으로 생각하지만 트랜잭션이란 그만큼 애플리케이션 개발에서 고민해야 할 문제를 줄여 주는 아주 필수적인 DBMS의 기능이라는 점을 기억해야 한다. 부분 업데이트 현상이 발생하면 실패한 쿼리로 인해 남은 레코드를 다시 삭제하는 재처리 작업이 필요해질 수 있다. 실행하는 쿼리가 하나 뿐이라면 재처리 작업은 간단할 것이다. 하지만 2개 이상의 쿼리가 실행되는 경우라면 실패에 대한 재처리 작업은 아래 예제와 같이 상당한 고민거리가 될 것이다.

```
INSERT INTO tab_a ...;
IF(_is_insert1_succeed){
    INSERT INTO tab_b ...;
    IF(_is_insert2_succeed){
        // 처리 완료
    }ELSE{
        DELETE FROM tab_a WHERE ...;
        IF(_is_delete_succeed){
            // 처리 실패 및 tab_a, tab_b 모두 원상 복구 완료
        }ELSE{
            // 해결 불가능한 심각한 상황 발생
            // 이제, 어떻게 해야 하나?
            // tab_b에 INSERT는 안 되고, 하지만 tab_a에는 INSERT되어 버렸는데, 삭제는 안 되고 ...
        }
    }
}
```

위 애플리케이션 코드가 장난처럼 작성해 둔 코드 같지만 트랜잭션이 지원되지 않는 MyISAM에 레코드를 INSERT할 때 위와 같이 하지 않으면 방법이 없다(만약 코드를 이렇게 작성하지 않았다면 반드시 부분 업데이트의 결과로 쓰레기 데이터가 테이블에 남아 있을 가능성이 있다. 하지만 위의 코드를 트랜잭션이 지원되는 InnoDB에서 한다고 가정하면 다음과 같은 간단한 코드로 완벽한 구현이 가능하다. 얼마나 깔끔한 코드로 바뀌었는가!(안 그래도 복잡한 IF .. ELSE .. 범벅의 프로그램 코드에 이런 데이터 클렌징 코드까지 넣어야 한다는 것은 정말 암담한 일일 것이다.)

```
try{
  START TRANSACTION;
  INSERT INTO tab_a ...;
  INSERT INTO tab_b ...;
  COMMIT;
}catch(exception){
  ROLLBACK;
}
```

4.1.2 주의사항

트랜잭션 또한 DBMS의 커넥션과 동일하게 꼭 필요한 최소의 코드에만 적용하는 것이 좋다. 이는 프로그램 코드에서 트랜잭션의 범위를 최소화하라는 의미다. 다음 내용은 사용자가 게시판에 게시물을 작성한 후 저장 버튼을 클릭했을 때 서버에서 처리하는 내용을 순서대로 정리한 것이다. 물론 실제로는 이 내용보다 훨씬 복잡하고 많은 내용이 있겠지만 여기서는 설명을 단순화하기 위해 조금 간단히 나열해봤다.

```
1) 처리 시작
 ==> 데이터베이스 커넥션 생성
 ==> 트랜잭션 시작
2) 사용자의 로그인 여부 확인
3) 사용자의 글쓰기 내용의 오류 여부 확인
4) 첨부로 업로드된 파일 확인 및 저장
5) 사용자의 입력 내용을 DBMS에 저장
6) 첨부 파일 정보를 DBMS에 저장
7) 저장된 내용 또는 기타 정보를 DBMS에서 조회
8) 게시물 등록에 대한 알림 메일 발송
9) 알림 메일 발송 이력을 DBMS에 저장
 <== 트랜잭션 종료(COMMIT)
 <== 데이터베이스 커넥션 반납
10) 처리 완료
```

위 처리 절차 중에서 DBMS의 트랜잭션 처리에 좋지 않은 영향을 끼치는 부분을 나눠서 살펴보자.

- 실제로 많은 개발자가 데이터베이스의 커넥션을 생성(또는 커넥션 풀에서 가져오는)하는 코드를 1번과 2번 사이에 구현하며 그와 동시에 "START TRANSACTION" 명령으로 트랜잭션을 시작한다. 그리고 9번과 10번 사이에서 트랜잭션을 COMMIT하고 커넥션을 종료(또는 커넥션 풀로 반납)한다. 실제로 DBMS에 데이터를 저장하는 작업 (트랜잭션)은 5번부터 시작된다는 것을 알 수 있다. 그래서 2번과 3번, 그리고 4번의 절차가 아무리 빨리 처리된다 하더라도 DBMS의 트랜잭션으로 포함시킬 필요는 없다. 일반적으로 데이터베이스 커넥션은 개수가 제한적이라서

각 단위 프로그램이 커넥션을 소유하는 시간이 길어질수록 사용 가능한 여유 커넥션의 개수는 줄어들 것이다. 그리고 어느 순간에는 각 단위 프로그램에서 커넥션을 가져가기 위해 기다려야 하는 상황이 발생할 수도 있다.

- 그리고 더 큰 위험은 8번 작업이라고 볼 수 있다. 메일 전송이나 FTP 파일 전송 작업 또는 네트워크를 통해 원격 서버와 통신하는 등과 같은 작업은 어떻게 해서든 DBMS의 트랜잭션 내에서 제거하는 것이 좋다. 프로그램이 실행되는 동안 메일 서버와 통신할 수 없는 상황이 발생한다면 웹 서버뿐 아니라 DBMS 서버까지 위험해지는 상황이 발생할 것이다.

- 또한 이 처리 절차에서 DBMS의 작업이 크게 4개가 있다. 사용자가 입력한 정보를 저장하는 5번과 6번 작업은 반드시 하나의 트랜잭션으로 묶어야 하며, 7번 작업은 저장된 데이터의 단순 확인 및 조회이므로 트랜잭션에 포함할 필요는 없다. 그리고 9번 작업은 조금 성격이 다르기 때문에 이전 트랜잭션(5번과 6번 작업)에 함께 묶지 않아도 무방해 보인다(물론 업무 요건에 따라 달라질 수 있는 부분이겠지만). 이러한 작업은 별도의 트랜잭션으로 분리하는 것이 좋다. 그리고 7번 작업은 단순 조회라고 본다면 별도로 트랜잭션을 사용하지 않아도 무방해 보인다.

이러한 내용을 적용해서 위의 처리 절차를 다시 한번 설계해 보자.

---

1) 처리 시작
2) 사용자의 로그인 여부 확인
3) 사용자의 글쓰기 내용의 오류 발생 여부 확인
4) 첨부로 업로드된 파일 확인 및 저장
 ⟹ 데이터베이스 커넥션 생성(또는 커넥션 풀에서 가져오기)
 ⟹ 트랜잭션 시작
5) 사용자의 입력 내용을 DBMS에 저장
6) 첨부 파일 정보를 DBMS에 저장
 ⟸ 트랜잭션 종료 (COMMIT)
7) 저장된 내용 또는 기타 정보를 DBMS에서 조회
8) 게시물 등록에 대한 알림 메일 발송
 ⟹ 트랜잭션 시작
9) 알림 메일 발송 이력을 DBMS에 저장
 ⟸ 트랜잭션 종료(COMMIT)
 ⟸ 데이터베이스 커넥션 종료(또는 커넥션 풀에 반납)
10) 처리 완료

위에서 보여준 예제가 최적의 트랜잭션 설계는 아닐 수 있으며, 구현하고자 하는 업무의 특성에 따라 크게 달라질 수 있다. 여기서 설명하려는 바는 프로그램의 코드가 데이터베이스 커넥션을 가지고 있는 범위와 트랜잭션이 활성화돼 있는 프로그램의 범위를 최소화해야 한다는 것이다. 또한 프로그램의 코드에서 라인 수는 한두 줄이라 하더라도 네트워크 작업이 있는 경우에는 반드시 트랜잭션에서 배제해야 한다. 이런 실수로 인해 DBMS 서버가 높은 부하 상태로 빠지거나 위험한 상태에 빠지는 경우가 빈번히 나타나곤 한다.

4.2 MySQL 엔진의 잠금

MySQL에서 사용되는 잠금은 크게 스토리지 엔진 레벨과 MySQL 엔진 레벨로 나눠볼 수 있다. MySQL 엔진은 MySQL 서버에서 스토리지 엔진을 제외한 나머지 부분으로 이해하면 되는데, MySQL 엔진 레벨의 잠금은 모든 스토리지 엔진에 영향을 미치게 되지만 스토리지 엔진 레벨의 잠금은 스토리지 엔진 간 상호 영향을 미치지는 않는다. MySQL 엔진에서는 테이블 데이터 동기화를 위한 테이블 락 말고도 사용자의 필요에 맞게 사용할 수 있는 유저 락과 테이블 명에 대한 잠금을 위한 네임 락이라는 것도 제공한다. 이러한 잠금의 특징과 이러한 잠금이 어떤 경우에 사용되는지 한번 살펴보자.

4.2.1 글로벌 락

글로벌 락(GLOBAL LOCK)은 "FLUSH TABLES WITH READ LOCK" 명령으로만 획득할 수 있으며, MySQL에서 제공하는 잠금 가운데 가장 범위가 크다. 일단 한 세션에서 글로벌 락을 획득하면 다른 세션에서 SELECT를 제외한 대부분의 DDL 문장이나 DML 문장을 실행하는 경우 글로벌 락이 해제될 때까지 해당 문장이 대기 상태로 남는다. 글로벌 락이 영향을 미치는 범위는 MySQL 서버 전체이며, 작업 대상 테이블이나 데이터베이스가 다르다 하더라도 동일하게 영향을 미친다. 여러 데이터베이스에 존재하는 MyISAM이나 MEMORY 테이블에 대해 mysqldump로 일관된 백업을 받아야 할 때는 글로벌 락을 사용해야 한다.

> **주 의** 글로벌 락을 거는 "FLUSH TABLES WITH READ LOCK" 명령은 실행과 동시에 MySQL 서버에 존재하는 모든 테이블의 잠금을 건다. "FLUSH TABLES WITH READ LOCK" 명령이 실행되기 전에 테이블이나 레코드에 쓰기 잠금을 걸고 있는 SQL이 실행되고 있었다면, 이 명령은 해당 테이블의 읽기 잠금을 걸기 위해 먼저 실행된 SQL이 완료되고 그 트랜잭션이 완료될 때까지 기다려야 한다. 그런데 "FLUSH TABLES WITH READ LOCK" 명령은 테이블에 읽기 잠금만 걸기 전에 먼저 테이블을 플러시해야 하기 때문에 테이블에 실행되고 있는 모든 종류의 쿼리가 완료돼야만 테이블을 플러시하고 잠금을 걸 수 있다. 그래서 장시간 SELECT 쿼리가 실행되고 있을 때는 "FLUSH TABLES WITH READ LOCK" 명령은 SELECT 쿼리가 종료될 때까지 기다려야만 한다.
>
> 장시간 실행되는 쿼리와 "FLUSH TABLES WITH READ LOCK" 명령이 최악의 케이스로 실행되면 MySQL 서버의 모든 테이블에 대한 INSERT나 UPDATE, 그리고 DELETE 쿼리가 아주 오랜 시간 동안 실행되지 못하고 기다려야 할 수도 있다. 글로벌 락은 MySQL 서버의 모든 테이블에 큰 영향을 미치기 때문에 웹 서비스용으로 사용되는 MySQL 서버에서는 가급적 사용하지 않는 것이 좋다. 또한 mysqldump 같은 백업 프로그램은 우리가 알지 못하는 사이에 이 명령을 내부적으로 실행하고 백업할 때도 있다. 만약 mysqldump를 이용해 백업을 수행한다면 mysqldump에서 사용하는 옵션에 따라 MySQL 서버에 어떤 잠금을 걸게 되는지 자세히 확인해보는 것이 좋다.

4.2.2 테이블 락(TABLE LOCK)

개별 테이블 단위로 설정되는 잠금이며, 명시적 또는 묵시적으로 특정 테이블의 락을 획득할 수 있다. 명시적으로는 "LOCK TABLES table_name [READ | WRITE]" 명령으로 특정 테이블의 락을 획득할 수 있다. 테이블 락은 MyISAM뿐 아니라 InnoDB 스토리지 엔진을 사용하는 테이블도 동일하게 설정할 수 있다. 명시적으로 획득한 잠금은 "UNLOCK TABLES" 명령으로 잠금을 반납(해제)할 수 있다. 명시적인 테이블 락도 특별한 상황이 아니면 애플리케이션에서 거의 사용할 필요가 없다. 명시적으로 테이블을 잠그는 작업은 글로벌 락과 동일하게 온라인 작업에 상당한 영향을 미치기 때문이다.

묵시적인 테이블 락은 MyISAM이나 MEMORY 테이블에 데이터를 변경하는 쿼리를 실행하면 발생한다. MySQL 서버가 데이터가 변경되는 테이블에 잠금을 설정하고 데이터를 변경한 후, 즉시 잠금을 해제하는 형태로 사용된다. 즉, 묵시적인 테이블 락은 쿼리가 실행되는 동안 자동적으로 획득됐다가 쿼리가 완료된 후 자동 해제된다. 하지만 InnoDB 테이블의 경우 스토리지 엔진 차원에서 레코드 기반의 잠금을 제공하기 때문에 단순 데이터 변경 쿼리로 인해 묵시적인 테이블 락이 설정되지는 않는다. 더 정확히는 InnoDB 테이블에도 테이블 락이 설정되지만 대부분의 데이터 변경(DML) 쿼리에서는 무시되고 스키마를 변경하는 쿼리(DDL)의 경우에만 영향을 미친다.

4.2.3 유저 락(USER LOCK)

GET_LOCK( ) 함수를 이용해 임의로 잠금을 설정할 수 있다. 이 잠금의 특징은 대상이 테이블이나 레코드 또는 AUTO_INCREMENT와 같은 데이터베이스 객체가 아니라는 것이다. 유저 락은 단순히 사용자가 지정한 문자열(String)에 대해 획득하고 반납(해제)하는 잠금이다. 유저 락은 자주 사용되지는 않는다. 예를 들어 데이터베이스 서버 1대에 5대의 웹 서버가 접속해서 서비스를 하고 있는 상황에서 5대의 웹 서버가 어떤 정보를 동기화해야 하는 요건처럼 여러 클라이언트가 상호 동기화를 처리해야 할 때 데이터베이스의 유저 락을 이용하면 쉽게 해결할 수 있다.

```
-- // "mylock"이라는 문자열에 대해 잠금을 획득한다.
-- // 이미 잠금이 사용 중이면 2초 동안만 대기한다.
mysql> SELECT GET_LOCK('mylock', 2);

-- // "mylock"이라는 문자열에 대해 잠금이 설정돼 있는지 확인한다.
mysql> SELECT IS_FREE_LOCK('mylock');
```

```
-- // "mylock" 이라는 문자열에 대해 획득했던 잠금을 반납(해제)한다.
mysql> SELECT RELEASE_LOCK('mylock');

-- // 3개 함수 모두 정상적으로 락을 획득하거나 해제한 경우에는 1을, 아니면 NULL이나 0을
반환한다.
```

또한 유저 락의 경우, 많은 레코드를 한 번에 변경하는 트랜잭션의 경우에 유용하게 사용할 수 있다. 배치 프로그램처럼 한꺼번에 많은 레코드를 변경하는 쿼리는 자주 데드락의 원인이 되곤 한다. 각 프로그램의 실행 시간을 분산하거나 프로그램의 코드를 수정해서 데드락을 최소화할 수는 있지만, 이는 간단한 방법이 아니며 완전한 해결책이 될 수도 없다. 이러한 경우에 동일 데이터를 변경하거나 참조하는 프로그램끼리 분류해서 유저 락을 걸고 쿼리를 실행하면 아주 간단히 해결할 수 있다.

4.2.4 네임 락

데이터베이스 객체(대표적으로 테이블이나 뷰 등)의 이름을 변경하는 경우 획득하는 잠금이다. 네임 락(NAME LOCK)은 명시적으로 획득하거나 해제할 수 있는 것이 아니고 "RENAME TABLE tab_a TO tab_b" 같이 테이블의 이름을 변경하는 경우 자동으로 획득하는 잠금이다. RENAME TABLE 명령의 경우 원본 이름과 변경될 이름 두 개 모두 한꺼번에 잠금을 설정한다. 또한 실시간으로 테이블을 바꿔야 하는 요건이 배치 프로그램에서 자주 발생하는데, 다음 예제를 잠깐 살펴보자.

```
-- // 배치 프로그램에서 별도의 임시 테이블(rank_new)에 서비스용 랭킹 데이터를 생성

-- // 랭킹 배치가 완료되면 현재 서비스용 랭킹 테이블(rank)을 rank_backup으로 백업하고
-- // 새로 만들어진 랭킹 테이블(rank_new)을 서비스용으로 대체하고자 하는 경우

mysql> RENAME TABLE rank TO rank_backup , rank_new TO rank;
```

위와 같이 하나의 RENAME TABLE 명령문에 두 개의 RENAME 작업을 한꺼번에 실행하면 실제 애플리케이션에서는 "Table not found 'rank'"와 같은 상황이 발생시키지 않고 적용하는 것이 가능하다. 하지만 이 문장을 아래와 같이 2개로 나눠서 실행하면 아주 짧은 시간이지만 'rank' 테이블이 존재하지 않는 순간이 생기게 되며, 그 순간에 실행되는 쿼리는 "Table not found 'rank'" 오류를 발생시킨다.

```
mysql> RENAME TABLE rank TO rank_backup;
mysql> RENAME TABLE rank_new TO rank;
```

4.3 MyISAM과 MEMORY 스토리지 엔진의 잠금

MyISAM이나 MEMORY 스토리지 엔진은 자체적인 잠금을 가지지 않고 MySQL 엔진에서 제공하는 테이블 락을 그대로 사용한다. 그리고 MyISAM이나 MEMORY 스토리지 엔진에서는 쿼리 단위로 필요한 잠금을 한꺼번에 모두 요청해서 획득하기 때문에 데드락이 발생할 수 없다. 별도로 표기하진 않지만 여기서 언급되는 잠금은 MyISAM 스토리지 엔진뿐 아니라 MySQL에서 기본적으로 제공되는 MEMORY나 ARCHIVE, 그리고 MERGE 등과 같은 스토리지 엔진에도 동일하게 적용된다.

4.3.1 잠금 획득

읽기 잠금

테이블에 쓰기 잠금이 걸려 있지 않으면 바로 읽기 잠금을 획득하고 읽기 작업을 시작할 수 있다.

쓰기 잠금

테이블에 아무런 잠금이 걸려 있지 않아야만 쓰기 잠금을 획득할 수 있고, 그렇지 않다면 다른 잠금이 해제될 때까지 대기해야 한다.

4.3.2 잠금 튜닝

테이블 락에 대한 작업 상황은 MySQL의 상태 변수를 통해 확인할 수 있다.

```
mysql> SHOW STATUS LIKE 'Table%';
+----------------------+---------+
| Variable_name        | Value   |
+----------------------+---------+
| Table_locks_immediate | 1151552 |
| Table_locks_waited    | 15324   |
+----------------------+---------+
```

위의 결과에서 "Table_locks_immediate"는 다른 잠금이 풀리기를 기다리지 않고 바로 잠금을 획득한 횟수이며, "Table_locks_waited"는 다른 잠금이 이미 해당 테이블을 사용하고 있어서 기다려야 했던 횟수를 누적해서 저장하고 있다. 현재 사용 중인 MySQL 서버에서 MyISAM이나 MEMORY 테이블을 사용하고 있다면 위의 상태 값을 조회해서 Table_locks_waited 값과 Table_locks_immediate의 비율을 비교해 보면 테이블 잠금을 대기하는 쿼리가 어느 정도인지 알아낼 수 있다.

```
잠금 대기 쿼리 비율 = Table_locks_waited / (Table_locks_immediate + Table_locks_waited) * 100;
```

위의 결과를 이 수식에 대입해 보면 (15324/(1151552+15324))*100 = 1.31%, 즉 쿼리 100개 중에서 1개는 잠금 대기를 겪고 있다는 것을 알 수 있다. 만약 이 수치가 높고 테이블 잠금 때문에 경합(Lock contention)이 많이 발생하고 있으면 자연히 처리 성능이 영향을 받고 있음을 의미하므로 테이블을 분리한다거나 InnoDB 스토리지 엔진으로 변환하는 방법을 고려해 보는 것이 좋다. InnoDB 스토리지 엔진의 경우에는 레코드 단위의 잠금을 사용하기 때문에 집계에 포함되지 않는다. 집계된 수치는 MyISAM이나 MEMORY 또는 MERGE 스토리지 엔진을 사용하는 테이블이 대상이 된다.

4.3.3 테이블 수준의 잠금 확인 및 해제

MyISAM이나 MEMORY 등과 같은 스토리지 엔진을 사용하는 테이블은 모두 테이블 단위의 잠금이므로 테이블을 해제하지 않으면 다른 클라이언트에서 그 테이블을 사용하는 것이 불가능하다. 하나의 테이블에서 전혀 다른 레코드라 하더라도 동시에 변경하는 것은 불가능하기 때문에 쿼리 처리의 동시성이 떨어지게 된다. MySQL에서 현재 어떤 테이블이 잠겨 있는지 확인하는 방법을 간단히 알아보자.

MySQL에서 테이블의 잠금을 획득하는 방법은 LOCK TABLES 명령을 이용해 명시적으로 획득하는 방법과 SELECT나 INSERT 또는 DELETE, 그리고 UPDATE 등(또는 DDL 명령)과 같은 쿼리 문장을 이용해 묵시적으로 획득하는 방법이 있다. 묵시적으로 잠금을 획득하는 방법은 쿼리가 실행되는 동안만 잠금을 획득하며(MyISAM이나 MEMORY 같이 테이블 수준의 잠금을 사용하는 스토리지 엔진은 모두 트랜잭션을 지원하지 않으므로 하나의 쿼리가 실행되는 동안만 락이 걸렸다가 쿼리가 완료되면서 즉시 락이 해제되는 것이다), 명시적인 방법은 UNLOCK TABLES 명령으로 해제하기 전에는 자동으로 해제되지 않는다. 다음은 명시적인 잠금 방법에 대한 예제다.

커넥션 1	커넥션 2	커넥션 3
LOCK TABLES employees READ;		
	UPDATE employees SET hire_date=NOW() WHERE emp_no=100001;	
		UPDATE employees SET birth_date= NOW(), hire_date=NOW() WHERE emp_no=100001;

위와 같이 3개의 커넥션에 순차적으로 각 쿼리를 실행해 보자. 커넥션 1의 LOCK TABLES 명령은 테이블의 잠금을 설정하고 바로 반환될 것이다. 하지만 커넥션 2와 커넥션 3은 employees 테이블의 잠금이 해제되기를 기다린다. 이 상태에서 MySQL에 접속해 SHOW OPEN TABLES 명령을 실행해 보자.

```
mysql> SHOW OPEN TABLES FROM employees;
+-----------+---------------+--------+-------------+
| Database  | Table         | In_use | Name_locked |
+-----------+---------------+--------+-------------+
| employees | employees     |      3 |           0 |
| employees | dept_manager  |      0 |           0 |
| employees | departments   |      0 |           0 |
| employees | titles        |      0 |           0 |
| employees | employee_name |      0 |           0 |
| employees | tb_sal1       |      0 |           0 |
| employees | salaries      |      0 |           0 |
| employees | dept_emp      |      0 |           0 |
| employees | tb_sal        |      0 |           0 |
+-----------+---------------+--------+-------------+

mysql> SHOW OPEN TABLES FROM employees LIKE 'employees';
+-----------+-----------+--------+-------------+
| Database  | Table     | In_use | Name_locked |
+-----------+-----------+--------+-------------+
| employees | employees |      3 |           0 |
+-----------+-----------+--------+-------------+
```

아무런 옵션 없이 "SHOW OPEN TABLES" 명령을 바로 실행하면 MySQL 서버의 모든 테이블에 대해 잠금 여부를 보여주고, 위의 첫 번째 예제와 같이 "FROM DB명"을 추가하면 해당 DB에 생성된 테이블에 대해 잠금 상태를 표시한다. 그리고 두 번째 예제와 같이 "FROM DB명 LIKE '패턴'"을 추가하면 해당 DB의 테이블 이름 가운데 패턴이 일치하는 테이블의 잠금 여부가 출력된다. "SHOW OPEN TABLES" 명령의 결과로 출력되는 "In_use" 값은 해당 테이블을 잠그고 있는 클라이언트의 수뿐만 아니라 그 테이블의 잠금을 기다리는 클라이언트의 수까지 더해서 출력된다. 그리고 "Name_locked"는 테이블 이름에 대한 네임 락(4.2.4절, "네임 락"(173쪽) 참고)이 걸려 있는지를 표시한다. 네임 락은 ALTER TABLE이나 RENAME 등과 같은 명령에 의한 잠금을 의미한다.

위 결과를 보면 어떤 테이블이 잠겨있는지 알 수 있지만 어떤 클라이언트의 커넥션이 잠금을 기다리고 있는지는 보여주지 않는데, 이를 확인하려면 "SHOW PROCESSLIST" 명령을 사용해야 한다. 다음 내용은 SHOW PROCESSLIST의 결과를 조금 보기 좋게 편집한 것이다.

```
mysql> SHOW PROCESSLIST;
+----+------+-----------+------+---------+------+--------+-----------------------------------+
| Id | User | Host      | db   | Command | Time | State  | Info                              |
+----+------+-----------+------+---------+------+--------+-----------------------------------+
|  1 | root | localhost | test | Sleep   |   46 |        | NULL                              |
|  3 | root | localhost | test | Query   |   22 | Locked | UPDATE employees SET hire_date=now() |
|    |      |           |      |         |      |        | WHERE emp_no=100001               |
|  4 | root | localhost | test | Query   |    7 | Locked | UPDATE employees                  |
|    |      |           |      |         |      |        | SET birth_date=now(), hire_date=now()|
|    |      |           |      |         |      |        | WHERE emp_no=100001               |
|  5 | root | localhost | NULL | Query   |    0 | NULL   | show processlist                  |
+----+------+-----------+------+---------+------+--------+-----------------------------------+
```

위 결과를 보면 Id가 3번인 클라이언트와 4번인 클라이언트의 State가 "Locked"라는 것으로 보아 테이블락을 기다리고 있다는 것을 알 수 있으며, Id가 1번인 클라이언트는 지금 아무것도 하고 있지 않다. 3번과 4번 클라이언트가 업데이트하고자 하는 테이블이 동일하게 employees인 것으로 보아 3번과 4번 클라이언트가 employees 테이블 잠금을 가지고 있지는 않다는 것을 알 수 있다. 그러므로 1번 클라이언트가 이 잠금을 가지고 있는 것이며, 이 경우에는 Id가 1번인 커넥션을 종료시키면 3번과 4번 커넥션이 차례대로 처리를 진행할 수 있다. 클라이언트를 종료시키는 방법은 "KILL QUERY 클라이언트_Id" 명령으로 클라이언트가 실행하고 있는 쿼리만 종료시키거나 "KILL 클라이언트_Id" 명령으로 클라이언트 커넥션을 종료시킬 수 있다.

4.4 InnoDB 스토리지 엔진의 잠금

InnoDB 스토리지 엔진은 MySQL에서 제공하는 잠금과는 별개로 스토리지 엔진 내부에서 레코드 기반의 잠금 방식을 탑재하고 있다. InnoDB는 레코드 기반의 잠금 방식 때문에 MyISAM보다는 훨씬 뛰어난 동시성 처리를 제공할 수 있다. 하지만 이원화된 잠금 처리 탓에 InnoDB 스토리지 엔진에서 사용되는 잠금에 대한 정보는 MySQL 명령을 이용해 접근하기가 상당히 까다롭다. MySQL 5.0 이하 버전에서 InnoDB의 잠금 정보를 진단할 수 있는 도구라고는 lock_monitor(innodb_lock_monitor라는 이름의 InnoDB 테이블을 생성하는 방법)를 이용한 "SHOW ENGINE INNODB STATUS" 명령이 전부다. 하지만 이 내용도 거의 어셈블리 코드를 보는 것 같아서 이해하기가 상당히 어렵다.

하지만 MySQL 5.1부터 InnoDB 플러그인 스토리지 엔진이 도입되면서부터 InnoDB의 트랜잭션과 잠금 그리고 잠금 대기중인 트랜잭션의 목록을 조회할 수 있는 방법이 도입됐다. MySQL 서버의 INFORMATION_SCHEMA라는 데이터베이스에 존재하는 INNODB_TRX, INNODB_LOCKS, INNODB_LOCK_WAITS라는 테이블을 조인해서 조회하면 현재 어떤 트랜잭션이 어떤 잠금을 대기하고 있고 해당 잠금을 어느 트랜잭션이 가지고 있는지 확인할 수 있으며, 장시간 잠금을 가지고 있는 클라이언트를 종료시키는 것도 가능하다.

4.4.1 InnoDB의 잠금 방식

아마도 인터넷을 통해 낙관적 잠금(Optimistic locking)이나 비관적 잠금(Pessimistic locking)이라는 표현을 자주 접했을 것이다. 낙관이나 비관이라는 말 자체는 어렵지 않지만 쉽게 이해되지 않는 개념 중 하나인 것 같아서 간단히 소개하고 넘어가겠다(사실 쿼리 개발이나 튜닝에는 크게 영향은 없는 듯하며, 기본 지식 정도로 익혀두면 좋을 듯하다).

비관적 잠금

현재 트랜잭션에서 변경하고자 하는 레코드에 대해 잠금을 획득하고 변경 작업을 처리하는 방식을 비관적 잠금이라고 한다. 이 처리 방식에서 느낄 수 있듯이 현재 변경하고자 하는 레코드를 다른 트랜잭션에서도 변경할 수 있다, 라는 비관적인 가정을 하기 때문에 먼저 잠금을 획득한 것이다. 그래서 비관적 잠금(Pessimistic locking)이라고 부른다. 일반적으로 높은 동시성 처리에는 비관적 잠금이 유리하다고 알려져 있으며 InnoDB는 비관적 잠금 방식을 채택하고 있다.

낙관적 잠금

낙관적 잠금에서는 기본적으로 각 트랜잭션이 같은 레코드를 변경할 가능성은 상당히 희박할 것이라고(낙관적으로) 가정한다. 그래서 우선 변경 작업을 수행하고 마지막에 잠금 충돌이 있었는지 확인해 문제가 있었다면 ROLLBACK 처리하는 방식을 의미한다.

4.4.2 InnoDB의 잠금 종류

InnoDB 스토리지 엔진은 레코드 기반의 잠금 기능을 제공하며, 잠금 정보가 상당히 작은 공간으로 관리되기 때문에 레코드 락이 페이지 락으로 또는 테이블 락으로 레벨업되는 경우(락 에스컬레이션)는 없다. 일반 상용 DBMS와는 조금 다르게 InnoDB 스토리지 엔진에서는 레코드 락뿐 아니라 레코드와 레코드 사이의 간격을 잠그는 갭(GAP) 락이라는 것이 존재하는데, 간단히 그림으로 살펴보자.

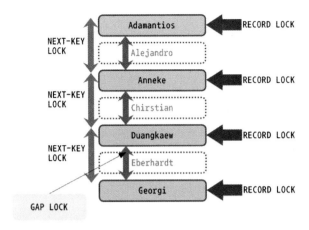

[그림 4-1] InnoDB 잠금의 종류(점선의 레코드는 실제 존재하지 않는 레코드를 가정한 것임)

레코드 락(Record lock, Record only lock)

레코드 자체만을 잠그는 것을 레코드 락이라고 하며, 다른 상용 DBMS의 레코드 락과 동일한 역할을 한다. 한 가지 중요한 차이는 InnoDB 스토리지 엔진은 레코드 자체가 아니라 인덱스의 레코드를 잠근다는 점이다. 만약 인덱스가 하나도 없는 테이블이라 하더라도 내부적으로 자동 생성된 클러스터 인덱스를 이용해 잠금을 설정한다. 많은 사용자가 간과하는 부분이지만 레코드 자체를 잠그느냐 아니면 인덱스를 잠그느냐는 상당히 크고 중요한 차이를 만들어 내기 때문에 다음에 다시 잠깐 예제로 다루겠다. InnoDB에서는 대부분 보조 인덱스를 이용한 변경 작업은 이어서 설명할 넥스트 키 락(Next key lock) 또는 갭 락(Gap lock)을 사용하지만, 프라이머리 키 또는 유니크 인덱스에 의한 변경 작업은 갭(Gap, 간격)에 대해서는 잠그지 않고 레코드 자체에 대해서만 락을 건다.

갭 락(Gap lock)

다른 DBMS와의 또 다른 차이가 바로 갭(GAP) 락이라는 것이다. 갭 락은 레코드 그 자체가 아니라 레코드와 바로 인접한 레코드 사이의 간격만을 잠그는 것을 의미한다. 갭 락의 역할은 레코드와 레코드 사이의 간격에 새로운 레코드가 생성(INSERT)되는 것을 제어하는 것이다. 갭 락이라는 것은 개념일 뿐이지 자체적으로 사용되지는 않고, 이어서 설명할 넥스트 키 락의 일부로 사용된다.

넥스트 키 락(Next key lock)

레코드 락과 갭 락을 합쳐 놓은 형태의 잠금을 넥스트 키 락이라고 한다. STATEMENT 포맷의 바이너리 로그를 사용하는 MySQL 서버에서는 REPEATABLE READ 격리 수준을 사용해야 한다. 또한 innodb_locks_unsafe_for_binlog 파라미터가 비활성화되면(파라미터 값이 0으로 설정되면) 변경을 위해 검색하는 레코드에는 넥스트 키 락 방식으로 잠금이 걸린다.InnoDB의 갭 락이나 넥스트 키 락은 바이너리 로그에 기록되는 쿼리가 슬레이브에서 실행될 때 마스터에서 만들어 낸 결과와 동일한 결과를 만들어내도록 보장하는 것이 주 목적이다. 그런데 의외로 넥스트 키 락과 갭 락으로 인해 데드락이 발생하거나 다른 트랜잭션을 기다리게 만드는 일이 자주 발생한다. 가능하다면 바이너리 로그 포맷을 ROW 형태로 바꿔서 넥스트 키 락이나 갭 락을 줄이는 것이 좋다. 하지만 아직 ROW 포맷의 바이너리 로그는 그다지 널리 사용되지 않기 때문에 안정성을 확인하는 것이 어려운 상태이며, 또한 STATEMENT 포맷의 바이너리 로그에 비해 로그 파일의 크기가 상당히 커질 가능성이 많다.

자동 증가 락(Auto increment lock)

MySQL에서는 자동 증가하는 숫자 값을 추출(채번)하기 위해 AUTO_INCREMENT라는 칼럼 속성을 제공한다. AUTO_INCREMENT 칼럼이 사용된 테이블에 동시에 여러 레코드가 INSERT되는 경우, 저장되는 각 레코드는 중복되지 않고 저장된 순서대로 증가한 일련번호 값을 가져야 한다. InnoDB 스토리지 엔진에서는 이를 위해 내부적으로 AUTO_INCREMENT 락이라고 하는 테이블 수준의 잠금을 사용한다.

AUTO_INCREMENT 락은 INSERT와 REPLACE 쿼리 문장과 같이 새로운 레코드를 저장하는 쿼리에서만 필요하며, UPDATE나 DELETE 등의 쿼리에서는 걸리지 않는다. InnoDB의 다른 잠금(레코드 락이나 넥스트 키 락)과는 달리, AUTO_INCREMENT 락은 트랜잭션과 관계없이 INSERT나 REPLACE 문장에서 AUTO_INCREMENT 값을 가져오는 순간만 AUTO_INCREMENT 락이 걸렸다가 즉시 해제된다. AUTO_INCREMENT 락은 테이블에서 단 하나만 존재하기 때문에 두 개의 INSERT 쿼리가 동시에 실행되는 경우 하나의 쿼리가 AUTO_INCREMENT 락을 걸게 되면 나머지 쿼리는 AUTO_INCREMENT 락을 기다려야 한다(AUTO_INCREMENT 칼럼에 명시적으로 값을 설정해 주더라도 자동 증가 락을 걸게 된다).

AUTO_INCREMENT 락은 명시적으로 획득하고 해제하는 방법은 없다. AUTO_INCREMENT 락은 아주 짧은 시간 동안만 걸렸다가 해제되는 잠금이라서 대부분의 경우 문제가 되지 않는다.

자동 증가 락에 대한 지금까지의 설명은 MySQL 5.0 이하 버전에 국한된 것이었다. MySQL 5.1 이상부터는 "innodb_autoinc_lock_mode"라는 파라미터를 이용해 자동 증가 락의 작동 방식을 변경할 수 있다.

- innodb_autoinc_lock_mode = 0

  MySQL 5.0과 동일한 잠금 방식으로 모든 INSERT 문장은 자동 증가 락을 사용한다.

- innodb_autoinc_lock_mode=1

  단순히 한 건 또는 여러 건의 레코드를 INSERT하는 SQL 중에서 MySQL 서버가 INSERT 되는 레코드의 건수를 정확히 예측할 수 있을 때는 자동 증가 락(Auto increment lock)을 사용하지 않고, 훨씬 가볍고 빠른 래치(뮤텍스)를 이용해 처리한다. 개선된 래치는 자동 증가 락과 달리 아주 짧은 시간 동안만 잠금을 걸고 필요한 자동 증가 값을 가져오면 즉시 잠금이 해제된다. 하지만 INSERT … SELECT와 같이, MySQL 서버가 건수를 (쿼리를 실행하기 전에) 예측할 수 없을 때는 MySQL 5.0에서와 같이 자동 증가 락을 사용하게 된다. 이때는 INSERT 문장이 완료되기 전까지는 자동 증가 락은 해제되지 않기 때문에 다른 커넥션에서는 INSERT를 실행하지 못하고 대기하게 된다. 이렇게 대량 INSERT가 수행될 때는 InnoDB 스토리지 엔진은 한번에 여러 개의 자동 증가 값을 한번에 할당받아서 INSERT되는 레코드에 사용한다. 그래서 대량 INSERT되는 레코드는 자동 증가 값이 누락되지 않고 연속되게 INSERT된다. 하지만 한번에 할당받은 자동 증가 값이 남아서 사용되지 못하면 폐기하므로 대량 INSERT 문장의 실행 이후에 INSERT되는 레코드의 자동 증가 값은 연속되지 않고 누락된 값이 발생할 수 있다.

  이 설정에서는 최소한 하나의 INSERT 문장으로 INSERT되는 레코드는 연속된 자동 증가 값을 가지게 된다. 그래서 이 설정 모드를 연속 모드(Consecutive mode)라고도 한다.

- innodb_autoinc_lock_mode=2

  innodb_autoinc_lock_mode가 2로 설정되면 InnoDB 스토리지 엔진은 절대 자동 증가 락을 걸지 않고 항상 경량화된 래치(뮤텍스)를 사용한다. 하지만 이 설정에서는 하나의 INSERT 문장으로 INSERT되는 레코드라 하더라도 연속된 자동 증가 값을 보장하지는 않는다. 그래서 이 설정 모드를 인터리빙 모드(Interleaved mode)라고도 한다. 이 설정 모드에서는 INSERT … SELECT와 같은 대량 INSERT 문장이 실행되는 중에도 다른 커넥션에서 INSERT를 수행할 수 있게 되므로 동시 처리 성능이 높아지게 된다. 하지만 이 설정에서 작동하는 자동 증가 기능은 유니크한 값이 생성된다는 것만 보장하며, 복제를 사용하는 경우에는 마스터와 슬레이브의 자동 증가 값이 달라질 가능성도 있기 때문에 주의하는 것이 좋다.

더 자세한 내용은 MySQL 매뉴얼의 "Configurable InnoDB Auto-Increment Locking"을 참조하길 바란다. 별로 관계없는 것 같지만 자동 증가 값은 한번 증가하면 절대 줄어들지 않는 이유가 AUTO_INCREMENT 잠금을 최소화하기 위해서다. 설령 INSERT 쿼리가 실패했더라도 한번 증가된 AUTO_INCREMENT 값은 다시 줄어들지 않고 그대로 남게 된다.

4.4.3 인덱스와 잠금

InnoDB의 잠금과 인덱스는 상당히 중요한 연관 관계가 있기 때문에 다시 한번 더 자세히 살펴보자. "레코드 락"을 소개하면서 잠깐 언급했듯이 InnoDB의 잠금은 레코드를 잠그는 것이 아니라 인덱스를 잠그는 방식으로 처리된다. 즉, 변경해야 할 레코드를 찾기 위해 검색한 인덱스의 레코드를 모두 잠가야 한다. 정확한 이해를 위해 다음 UPDATE 문장을 한번 살펴보자.

```
-- // 예제 데이터베이스의 employees 테이블에는 아래와 같이 first_name 칼럼만
-- // 멤버로 담긴 ix_firstname이라는 인덱스가 준비돼 있다.
-- // KEY ix_firstname (first_name)

-- // employees 테이블에서 first_name='Georgi'인 사원은 전체 253명이 있으며,
-- // first_name='Georgi'이고 last_name='Klassen'인 사원은 딱 1명만 있는 것을 아래 쿼리로
-- // 확인할 수 있다.
mysql> SELECT COUNT(*) FROM employees WHERE first_name='Georgi';
+----------+
|      253 |
+----------+

mysql> SELECT COUNT(*) FROM employees WHERE first_name='Georgi' AND last_name='Klassen';
+----------+
|        1 |
+----------+
```

```
-- // employees 테이블에서 first_name='Georgi'이고 last_name='Klassen'인 사원의
-- // 입사 일자를 오늘로 변경하는 변경하는 쿼리를 실행해보자.
mysql> UPDATE employees SET hire_date=NOW()
       WHERE first_name='Georgi' AND last_name='Klassen';
```

UPDATE 문장이 실행되면 1건의 레코드가 업데이트될 것이다. 하지만 이 1건의 업데이트를 위해 몇 개의 레코드에 락을 걸어야 할까? 이 UPDATE 문장의 조건에서 인덱스를 이용할 수 있는 조건은 first_name='Georgi'이며, last_name 칼럼은 인덱스에 없기 때문에 first_name='Georgi'인 레코드 253건의 레코드가 모두 잠긴다. 아마 오라클과 같은 DBMS에 익숙한 사용자라면 상당히 이상하게 생각할 것이며, 이러한 부분을 잘 모르고 개발하게 되면 MySQL 서버를 제대로 이용하지 못하게 될 것이다. 또한 이런 MySQL의 특성을 알지 못하면 "MySQL은 정말 이상한 DBMS다"라고 생각하게 될 것이다. 이 예제에서는 몇 건 안 되는 레코드만 잠그지만 UPDATE 문장을 위해 적절히 인덱스가 준비돼 있지 않다면 각 클라이언트 간의 동시성이 상당히 떨어져서 한 세션에서 UPDATE 작업을 하고 있는 중에는 다른 클라이언트는 그 테이블을 업데이트하지 못하고 기다려야 하는 상황이 발생할 것이다.

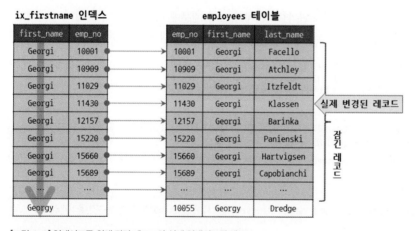

[그림 4-2] 업데이트를 위해 잠긴 레코드와 실제 업데이트된 레코드

만약 이 테이블에 인덱스가 하나도 없다면 어떻게 될까? 이러한 경우에는 테이블을 풀 스캔하면서 UPDATE 작업을 하는데, 이 과정에서 테이블에 있는 30여 만 건의 모든 레코드를 잠그게 된다. 이것이 MySQL의 방식인 것이며, 또한 MySQL의 InnoDB에서 인덱스 설계가 중요한 이유 또한 이 때문이다.

4.4.4 트랜잭션 격리 수준과 잠금

그림 4-2에서 살펴본 불필요한 레코드의 잠금 현상은 InnoDB의 넥스트 키 락 때문에 발생하는 것이다. 하지만 InnoDB에서 넥스트 키 락을 필요하게 만드는 주 원인은 바로 복제를 위한 바이너리 로그 때문이다. 아직 많이 사용되지는 않지만 레코드 기반의 바이너리 로그(Row based binary log)를 사용하거나 바이너리 로그를 사용하지 않는 경우에는 InnoDB의 갭 락이나 넥스트 키 락의 사용을 대폭 줄일 수 있다. InnoDB의 갭 락이나 넥스트 키 락을 줄일 수 있다는 것은 사용자의 쿼리 요청을 동시에 더 많이 처리할 수 있음을 의미한다.

다음 조합으로 MySQL 서버가 기동하는 경우에는 InnoDB에서 사용되는 대부분의 갭 락이나 넥스트 키 락을 제거할 수 있다.

버전	설정의 조합
MySQL 5.0	innodb_locks_unsafe_for_binlog=1 트랜잭션 격리 수준을 READ-COMMITTED로 설정
MySQL 5.1 이상	바이너리 로그를 비활성화 트랜잭션 격리 수준을 READ-COMMITTED로 설정
	레코드 기반의 바이너리 로그 사용 innodb_locks_unsafe_for_binlog=1 트랜잭션 격리 수준을 READ-COMMITTED로 설정

MySQL 5.0 버전에서는 바이너리 로그가 비활성화되지 않아도 트랜잭션의 격리 수준을 READ-COMMITTED로 설정하는 것이 가능했다. 그래서 바이너리 로그의 사용 여부와 관계 없이 innodb_locks_unsafe_for_binlog 시스템 설정 값을 1로 설정하고 트랜잭션의 격리 수준을 READ-COMMITTED로 설정해 대부분의 갭 락이나 넥스트 키 락을 제거할 수 있었다. 하지만 MySQL 5.1 이상의 버전에서는 바이너리 로그(문장 기반의 바이너리 로그의 경우만)가 활성화되면 최소 REPEATABLE-READ 이상의 격리 수준을 사용하도록 강제되고 있기 때문에 조금 내용이 달라진 것이다. 여기서 "대부분"의 갭 락이나 넥스트 키 락이 없어진다고 한 것은 이 조합의 설정에서도 유니크키나 외래키에 대한 갭 락은 없어지지 않기 때문이다.

또한 위 조합으로 설정되면 4.4.3절에서 언급했던 불필요한 잠금도 일부 없어진다. UPDATE 문장을 처리하기 위해 일치하는 레코드를 인덱스를 이용해 검색할 때, 우선 인덱스만을 비교해서 일치하는 레코드에 대해 배타적 잠금을 걸게 되지만, 그다음 나머지 조건을 비교해서 일치하지 않는 레코드는 즉시 잠금을 해제한다. 즉 그림 4-3에서 인덱스만으로 일치 여부를 판단하는 1차 비교 단계에서는 first_name='Georgi'인 레코드를 모두 잠그게 된다. 하지만 인덱스를 이용하지 않는 나머지 조건의 일치 여부를 판단하는 2차 비교에서 실제 업데이트 대상이 아니라는 것을 알게 됨과 동시에 1차 비교에서 걸었던 잠금을 해제한다. 최종적으로 이 쿼리는 first_name='Georgi' AND last_name='Klassen'인 레코드에 대해서만 배타적 잠금을 가지게 되며, 비효율적으로 불필요한 잠금이 생기는 현상은 없어지는 것이다.

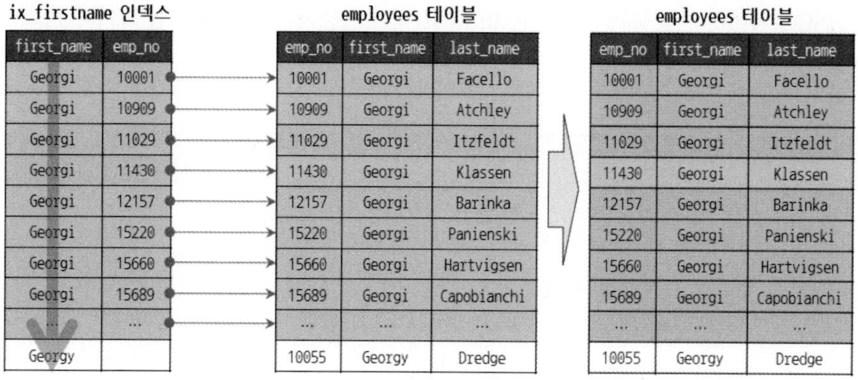

[그림 4-3] 갭 락이나 넥스트 키 락이 없어진 상태에서의 인덱스 잠금 방식

4.4.5 레코드 수준의 잠금 확인 및 해제

InnoDB 스토리지 엔진을 사용하는 테이블의 레코드 수준 잠금은 테이블 수준의 잠금보다는 조금 더 복잡하다. 테이블 잠금에서는 잠금의 대상이 테이블 자체이므로 쉽게 문제의 원인이 발견되고 해결될 수 있다. 하지만 레코드 수준의 잠금은 테이블의 레코드 각각에 잠금이 걸리므로 그 레코드가 자주 사용되지 않는다면 오랜 시간 동안 잠겨진 상태로 남아 있어도 잘 발견되지 않는다.

MySQL 5.0 이하 버전에서는 레코드 잠금에 대한 메타 정보(딕셔너리 테이블)를 제공하지 않기 때문에 더더욱 어렵게 만드는 부분이기도 하다. 하지만 MySQL 5.1부터는(더 정확하게는 InnoDB 플러그인 버전부터는) 레코드 잠금과 잠금 대기에 대한 조회가 가능하므로 쿼리 하나만 실행해 보면 잠금과 잠금 대기를 바로 확인할 수 있다. 그럼 버전별로 레코드 잠금과 잠금을 대기하고 있는 클라이언트의 정보를 확인하는 방법을 알아보자. 강제로 잠금을 해제하려면 KILL 명령을 이용해 MySQL 서버의 프로세스를 강제로 종료하면 된다. KILL 명령은 4.3.3절, "테이블 수준의 잠금 확인 및 해제"(175쪽)를 참조하자.

MySQL 5.0 이하의 잠금 확인 및 해제

MySQL 5.0 이하 버전의 InnoDB에서는 레코드 잠금을 기다리고 있는 것인지 쿼리를 실행하고 있는 것인지, 그리고 어떤 커넥션이 레코드 잠금을 가지고 있는지 찾아내는 것이 쉽지 않다. 우선 다음과 같은 잠금 시나리오를 가정해보자.

커넥션 1	커넥션 2	커넥션 3
BEGIN;		
UPDATE employees SET birth_date=NOW() WHERE emp_no=100001;		
	UPDATE employees SET hire_date=NOW() WHERE emp_no=100001;	
		UPDATE employees SET birth_date=NOW(), hire_date=NOW() WHERE emp_no=100001;

1번 커넥션에서 employees 테이블에서 프라이머리 키(emp_no)가 100001인 사원의 레코드를 업데이트하면서 쓰기 잠금을 획득하게 되며, 2번과 3번 커넥션은 각각 동일한 레코드를 변경하기 위해 쓰기 잠금을 기다리게 된다. 이 상태에서 우선 SHOW PROCESSLIST 명령의 결과를 한번 살펴보자.

```
mysql> SHOW PROCESSLIST;
+----+------+-----------+-----------+---------+------+----------+----------------------+
| Id | User | Host      | db        | Command | Time | State    | Info                 |
+----+------+-----------+-----------+---------+------+----------+----------------------+
|  1 | root | localhost | employees | Sleep   |   45 |          | NULL                 |
|  3 | root | localhost | employees | Query   |    2 | Updating | UPDATE employees     |
|    |      |           |           |         |      |          |   SET hire_date=now() |
|    |      |           |           |         |      |          |   WHERE emp_no=100001 |
|  4 | root | localhost | employees | Query   |    1 | Updating | UPDATE employees     |
|    |      |           |           |         |      |          |   SET birth_date=now(),|
|    |      |           |           |         |      |          |       hire_date=now() |
|    |      |           |           |         |      |          |   WHERE emp_no=100001 |
|  5 | root | localhost | employees | Query   |    0 | NULL     | show processlist     |
+----+------+-----------+-----------+---------+------+----------+----------------------+
```

위의 결과를 보면, 3번과 4번 커넥션이 실제 레코드 삼금을 대기하고 있는 프로세스이지만 State 값은 "Updating"으로 표시되어 잠금을 기다리는 것인지 실제 쿼리를 실행하고 있는 것인지 알 수 없다. 단, 느낌으로 State가 "Updating" 상태이면서 쿼리의 실행 시간(Time 칼럼의 값)이 2~3초 이상 된다면 "잠금 때문에 기다리고 있구나"라는 것을 알 수 있다. 단 UPDATE나 DELETE 문장이 적절히 프라이머리 키나 인덱스를 이용할 수 있는 경우에 한해서 말이다. 인덱스를 이용할 수 없는 UPDATE나 DELETE 문장이라면 잠금 대기 없이 순수한 처리에만 그 이상의 시간이 소요될 수 있기 때문이다.

그럼 이보다 더 자세한 각 커넥션의 트랜잭션 상황을 살펴보기 위한 "SHOW ENGINE INNODB STATUS" 명령의 결과를 한번 살펴보자. 상당히 암호문 같은 내용이 출력될 것이다. 여기서 지금 관심을 가져야 할 부분은 "TRANSACTIONS" 섹션이므로 이 부분만 한번 살펴보자.

```
mysql> SHOW ENGINE INNODB STATUS\G
*************************** 1. row ***************************
...
...

-----------
TRANSACTIONS
-----------
Trx id counter 0 1781
Purge done for trx's n:o < 0 1777 undo n:o < 0 0
History list length 8
Total number of lock structs in row lock hash table 3
LIST OF TRANSACTIONS FOR EACH SESSION:
---TRANSACTION 0 1770, not started, OS thread id 5472 ❶
MySQL thread id 5, query id 225 localhost 127.0.0.1 root
show engine innodb status
---TRANSACTION 0 1780, ACTIVE 1 sec, OS thread id 5148 starting index read ❶
mysql tables in use 1, locked 1
LOCK WAIT 2 lock struct(s), heap size 320
MySQL thread id 3, query id 224 localhost 127.0.0.1 root Updating
UPDATE employees
SET birth_date=now(),
    hire_date=now()
WHERE emp_no=100001
------- TRX HAS BEEN WAITING 1 SEC FOR THIS LOCK TO BE GRANTED:
RECORD LOCKS space id 0 page no 10282 n bits 408 index 'PRIMARY' of table 'employees/
employees' trx id 0 1780 lock_mode
X locks rec but not gap waiting
Record lock, heap no 25 PHYSICAL RECORD: n_fields 8; compact format; info bits 0
```

```
  0: len 4; hex 800186a1; asc      ;; 1: len 6; hex 0000000006f2; asc        ;; 2: len 7;
hex 000000003c0d2a; asc    < *;;
 3: len 3; hex 8fb70a; asc      ;; 4: len 8; hex 4a61736d696e6f; asc Jasminko;; 5: len
14; hex 416e746f6e616b6f706f756c6f
f73; asc Antonakopoulos;; 6: len 1; hex 01; asc  ;; 7: len 3; hex 8f9599; asc      ;;


------------------
```
---TRANSACTION 0 1779, ACTIVE 2 sec, **OS thread id 3624 starting index read ❶**
```
mysql tables in use 1, locked 1
LOCK WAIT 2 lock struct(s), heap size 320
```
MySQL thread id 2, query id 223 localhost 127.0.0.1 root Updating
```
UPDATE employees
SET hire_date=now()
WHERE emp_no=100001
------- TRX HAS BEEN WAITING 2 SEC FOR THIS LOCK TO BE GRANTED:
RECORD LOCKS space id 0 page no 10282 n bits 408 index 'PRIMARY' of table 'employees/
employees' trx id 0 1779 lock_mode
X locks rec but not gap waiting
Record lock, heap no 25 PHYSICAL RECORD: n_fields 8; compact format; info bits 0
 0: len 4; hex 800186a1; asc      ;; 1: len 6; hex 0000000006f2; asc        ;; 2: len 7;
hex 000000003c0d2a; asc    < *;;
 3: len 3; hex 8fb70a; asc      ;; 4: len 8; hex 4a61736d696e6f; asc Jasminko;; 5: len
14; hex 416e746f6e616b6f706f756c6f
f73; asc Antonakopoulos;; 6: len 1; hex 01; asc  ;; 7: len 3; hex 8f9599; asc      ;;


------------------
```
---TRANSACTION 0 1778, ACTIVE 32 sec, **OS thread id 2116 ❶**
```
2 lock struct(s), heap size 320, undo log entries 1
```
MySQL thread id 1, query id 217 localhost 127.0.0.1 root
```
 ...
 ...
```

위 내용에서 "---TRANSACTION"으로 시작하는 줄(❶)부터 그다음 "---TRANSACTION" 줄 (❶)까지가 하나의 커넥션에 대한 정보를 의미하는데, 커넥션 단위의 트랜잭션을 의미하는 시작 줄은 두꺼운 볼드 체로 표시했다. "---TRANSACTION" 뒤의 숫자 2개는 트랜잭션의 번호를 의미(64비트 숫자를 상위 4바이트와 하위 4바이트를 구분해서 표시)하며, 그 뒤의 "ACTIVE .. sec" 또는 "not started"는 트랜잭션의 상태를 표시한다. 그리고 바로 다음이나 밑에 "MySQL thread id 〈숫자〉"라는 줄이 있는데, 여기서 숫자 값이 이 트랜잭션을 실행하고 있는 MySQL의 프로세스 아이디(커넥션 번호)다. "not started"는 트랜잭션이 시작되지 않았다는 의미이므로 무시해도 된다.

중요한 것은 레코드를 오랫동안 잠그고 있는 프로세스가 있는지 여부이므로 최대한 트랜잭션이 오랜 시간 동안 실행되고 있는 줄을 찾으면 되는 것이다. 트랜잭션의 상태가 ACTIVE이며, 그 뒤의 시간이 최대한 큰 값을 가진 트랜잭션을 찾으면 된다. 이 예제에서는 현재 활성화 상태(ACTIVE)인 것이 하단의 3개 트랜잭션이며, 이 중에서도 제일 아래의 트랜잭션이 32초 동안 실행되고 있음을 알 수 있다. 하지만 중요한 것은 각 트랜잭션이 어떤 잠금을 가지고 있는 여부인데, 안타깝게도 이를 명확하게 알려주지는 않는다.

그래서 트랜잭션이 활성화된 프로세스에서 실행하려고 하는 쿼리로, 필요한 잠금을 예측해 봐야 한다. 일반적으로 프로세스들은 공통적으로 특정 테이블의 레코드를 변경하거나 삭제하려고 하는 쿼리가 표시되는 것이 일반적인 상황이며, 그 중에서 활성화 상태이지만 아무런 SQL도 실행하지 않거나 혼자 독특하게 다른 테이블의 레코드를 기다리고 있는 트랜잭션이 있다면 이것이 문제의 원인일 가능성이 높다. 이와 같은 방법으로 문제의 원인으로 예상되는 트랜잭션을 찾으면, 해당 트랜잭션의 프로세스를 KILL 명령으로 종료하면 문제가 해결된다. 만약 가장 근본적인 원인에 해당하는 트랜잭션을 찾기가 어렵다면 오래 기다리고 있는 트랜잭션의 커넥션을 모두 종료해 버리는 것이 가장 빠른 해결책이 될 것이다.

MySQL 5.1 이상의 잠금 확인 및 해제

위에서도 봤겠지만 MySQL 5.0 이하 버전에서는 트랜잭션의 잠금을 추적하고 해결하는 것이 상당히 어렵다. 하지만 MySQL 5.1 버전부터는 이런 잠금이나 잠금을 대기하고 있는 트랜잭션에 대해 상세한 메타 정보를 제공한다. 다음은 앞 절에서 살펴본 것과 동일한 예제다.

커넥션 1	커넥션 2	커넥션 3
BEGIN;		
UPDATE employees SET birth_date=NOW() WHERE emp_no=100001;		
	UPDATE employees SET hire_date=NOW() WHERE emp_no=100001;	
		UPDATE employees SET birth_date=NOW(), hire_date=NOW() WHERE emp_no=100001;

"SHOW PROCESSLIST" 명령으로 출력되는 결과는 동일하다. 하지만 각 트랜잭션이 어떤 잠금을 기다리고 있는지, 기다리고 있는 잠금은 어떤 트랜잭션이 가지고 있는지를 쉽게 메타 정보를 통해 조회할 수 있다. 우선 MySQL 5.1부터는 INFORMATION_SCHEMA라는 DB에 INNODB_TRX라는 테이블과 INNODB_LOCKS, 그리고 INNODB_LOCK_WAITS라는 테이블이 준비돼 있다. 잠금이나 대기가 발생할 경우 InnoDB 스토리지 엔진에서 관련 정보를 계속 이 테이블로 업데이트하기 때문에 다음과 같이 간단히 SELECT해서 확인할 수 있다.

```
mysql> SELECT * FROM information_schema.innodb_locks;
*************************** 1. row ***************************
lock_id     : 34A7:78:298:25
lock_trx_id : 34A7
lock_mode   : X
lock_type   : RECORD
lock_table  : 'employees'.'employees'
lock_index  : 'PRIMARY'
lock_space  : 78
lock_page   : 298
lock_rec    : 25
lock_data   : 100001

...

mysql> SELECT * FROM information_schema.innodb_trx;
*************************** 1. row ***************************
trx_id                : 34A7
trx_state             : LOCK WAIT
trx_started           : 2011-08-10 14:46:55
trx_requested_lock_id : 34A7:78:298:25
trx_wait_started      : 2011-08-10 14:46:55
trx_weight            : 2
trx_mysql_thread_id   : 100
trx_query             :  UPDATE employees SET birth_date=now(), hire_date=now() WHERE
emp_no=100001

...
```

INNODB_LOCKS 테이블은 어떤 잠금이 존재하는지를 관리하며, INNODB_TRX 테이블은 어떤 트랜잭션이 어떤 클라이언트 (프로세스)에 의해 기동되고 있으며, 어떤 잠금을 기다리고 있는지를 관리한다. 그리고 INNODB_LOCK_WAITS 테이블은 잠금에 의한 프로세스 간의 의존 관계를 관리하게 된

나. 사실 이 테이블의 각 내용은 그다지 중요하지 않고, 이 3개의 데이블을 조합해서 어떤 커넥션이 어떤 커넥션을 기다리게 만드는지를 알아낼 수 있다는 것이 중요하다.

[예제 4-1] MySQL 5.1 이상에서 잠금 대기 체크

```
mysql> SELECT
  r.trx_id waiting_trx_id,
  r.trx_mysql_thread_id waiting_thread,
  r.trx_query waiting_query,
  b.trx_id blocking_trx_id,
  b.trx_mysql_thread_id blocking_thread,
  b.trx_query blocking_query
FROM information_schema.innodb_lock_waits w
  INNER JOIN information_schema.innodb_trx b ON b.trx_id = w.blocking_trx_id
  INNER JOIN information_schema.innodb_trx r ON r.trx_id = w.requesting_trx_id;


*************************** 1. row ***************************
waiting_trx_id   : 34A7
waiting_thread   : 100
waiting_query    : UPDATE employees SET birth_date=now(), hire_date=now() WHERE emp_
no=100001
blocking_trx_id  : 34A6
blocking_thread  : 99
blocking_query   : UPDATE employees SET hire_date=now() WHERE emp_no=100001


*************************** 2. row ***************************
waiting_trx_id   : 34A7
waiting_thread   : 100
waiting_query    : UPDATE employees SET birth_date=now(), hire_date=now() WHERE emp_
no=100001
blocking_trx_id  : 34A5
blocking_thread  : 18
blocking_query   : NULL


*************************** 3. row ***************************
waiting_trx_id   : 34A6
waiting_thread   : 99
waiting_query    : UPDATE employees SET hire_date=now() WHERE emp_no=100001
blocking_trx_id  : 34A5
blocking_thread  : 18
blocking_query   : NULL
```

이 쿼리의 결과에서 "waiting_.." 칼럼은 잠금을 기다리는 트랜잭션이나 프로세스를 의미하며, "blocking_.." 칼럼은 잠금을 해제하지 않아서 다른 트랜잭션을 막고(기다리게 하고) 있는 트랜잭션이나 프로세스를 의미한다. 위의 결과를 살펴보자.

- 첫 번째 레코드를 보면 트랜잭션 34A7번(커넥션 100번)이 트랜잭션 34A6번(커넥션 99번)을 기다리고 있다.
- 두 번째 레코드에서는 트랜잭션 34A7번(커넥션 100번)이 트랜잭션 34A5번(커넥션 18번)을 기다리고 있다.
- 세 번째 레코드에서는 트랜잭션 34A6번(커넥션 99번)이 트랜잭션 34A5번(커넥션 18번)을 기다리고 있다.

그런데 가장 중요한 트랜잭션 34A5번(커넥션 18번)에 대한 정보가 표시되지 않는데, 이 정보는 INNODB_TRX 테이블에서 trx_id='34A5'로 SELECT하면 알 수 있다. 중요한 것은 트랜잭션 34A5번(커넥션 18번)이 다른 트랜잭션의 진행을 막고 있다는 것이다. KILL 명령으로 18번 커넥션을 종료하면 다른 트랜잭션 처리를 재개할 수 있다.

위의 결과에서 한 가지 주의해야 할 것은 커넥션 2번의 쿼리는 커넥션 1번만 대기하지만(세 번째 레코드의 내용), 가장 마지막에 실행된 커넥션 3번의 쿼리는 커넥션 1번(두 번째 레코드의 내용)뿐 아니라 2번(첫 번째 레코드의 내용)도 기다리고 있는 것으로 표시된다는 것이다.

4.5 MySQL의 격리 수준

트랜잭션의 격리 수준(isolation level)이란 동시에 여러 트랜잭션이 처리될 때, 특정 트랜잭션이 다른 트랜잭션에서 변경하거나 조회하는 데이터를 볼 수 있도록 허용할지 말지를 결정하는 것이다. 격리 수준은 크게 "READ UNCOMMITTED", "READ COMMITTED", "REPEATABLE READ", "SERIALIZABLE"의 4가지로 나뉜다. "DIRTY READ"라고도 하는 READ UNCOMMITTED는 일반적인 데이터베이스에서는 거의 사용하지 않고, SERIALIZABLE 또한 동시성이 중요한 데이터베이스에서는 거의 사용되지 않는다. 4개의 격리 수준에서 순서대로 뒤로 갈수록 각 트랜잭션 간의 데이터 격리(고립) 정도가 높아지며, 동시에 동시성도 떨어지는 것이 일반적이라고 볼 수 있다. 격리 수준이 높아질수록 MySQL 서버의 처리 성능이 많이 떨어질 것으로 생각하는 사용자가 많은데, 사실 SERIALIZABLE 격리 수준이 아니라면 크게 성능의 개선이나 저하는 발생하지 않는다.

데이터베이스의 격리 수준을 이야기하면 항상 함께 언급되는 3가지 부정합 문제점이 있다. 이 3가지 부정합의 문제는 격리 수준의 레벨에 따라 발생할 수도 있고 발생하지 않을 수도 있다.

	DIRTY READ	NON-REPEATABLE READ	PHANTOM READ
READ UNCOMMITTED	발생	발생	발생
READ COMMITTED	발생하지 않음	발생	발생
REPEATABLE READ	발생하지 않음	발생하지 않음	발생 (InnoDB는 발생하지 않음)
SERIALIZABLE	발생하지 않음	발생하지 않음	발생하지 않음

SQL-92 또는 SQL-99 표준에 따르면 REPEATABLE READ 격리 수준에서는 PHANTOM READ 가 발생할 수 있지만, InnoDB에서는 독특한 특성 때문에 REPEATABLE READ 격리 수준에서도 PHANTOM READ가 발생하지 않는다. DIRTY READ나 NON-REPEATABLE READ, PHANTOM READ에 대한 내용은 각 격리 수준별 설명에서 소개하겠다. 일반적인 온라인 서비스 용도의 데이터베이스는 READ COMMITTED와 REPEATABLE READ 둘 중에서 하나를 사용한다. 오라클과 같은 DBMS에서는 주로 READ COMMITTED 수준을 많이 사용하며, MySQL에서는 REPEATABLE READ를 주로 사용한다. 여기서 설명되는 SQL 예제는 모두 AUTO_COMMIT이 OFF 상태에서 테스트할 수 있다.

4.5.1 READ UNCOMMITTED

READ UNCOMMITTED 격리 수준에서는 그림 4-4와 같이 각 트랜잭션에서의 변경 내용이 COMMIT이나 ROLLBACK 여부에 상관 없이 다른 트랜잭션에서 보여진다. 그림 4-4에서는 다른 트랜잭션이 사용자 B가 실행하는 SELECT 쿼리의 결과에 어떤 영향을 미치는지를 보여주는 예제다.

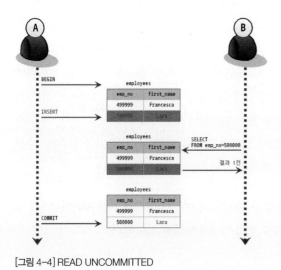

[그림 4-4] READ UNCOMMITTED

그림 4-4에서는 사용자 A는 emp_no가 500000이고 first_name이 "Lara"인 새로운 사원을 INSERT 하고 있다. 사용자 B가 변경된 내용을 커밋하기도 전에 사용자 B는 emp_no=500000인 사원을 검색 하고 있다. 하지만 사용자 B는 사용자 A가 INSERT한 사원의 정보를 커밋되지 않은 상태에서도 조회 할 수 있다. 그런데 문제는 만약 사용자 A가 처리 도중 알 수 없는 문제가 발생해 INSERT된 내용을 롤 백해버린다 하더라도 여전히 사용자 B는 "Lara"가 정상적인 사원이라고 생각하고 계속해서 처리하게 되리라는 것이다.

이처럼 어떤 트랜잭션에서 처리한 작업이 완료되지 않았는데도 다른 트랜잭션에서 볼 수 있게 되는 현상을 더티 리드(Dirty read)라 하고, 더티 리드가 허용되는 격리 수준이 READ UNCOMMITTED 다. 더티 리드 현상은 데이터가 나타났다가 사라졌다 하는 현상을 초래하므로 애플리케이션 개발자 와 사용자를 상당히 혼란스럽게 만들 것이다. 또한 더티 리드를 유발하는 READ UNCOMMITTED는 RDBMS 표준에서는 트랜잭션의 격리 수준으로 인정하지 않을 정도로 정합성에 문제가 많은 격리 수준 이다. MySQL을 사용한다면 최소한 READ COMMITTED 이상의 격리 수준을 사용할 것을 권장한다.

4.5.2 READ COMMITTED

READ COMMITTED는 오라클 DBMS에서 기본적으로 사용되는 있는 격리 수준이며, 온라인 서비스 에서 가장 많이 선택되는 격리 수준이다. 이 레벨에서는 위에서 언급한 더티 리드(Dirty read)와 같은 현상은 발생하지 않는다. 어떤 트랜잭션에서 데이터를 변경했더라도 COMMIT이 완료된 데이터만 다 른 트랜잭션에서 조회할 수 있기 때문이다. 그림 4-5는 READ COMMITTED 격리 수준에서 사용자 A가 변경한 내용이 사용자 B에게 어떻게 조회되는지 보여준다.

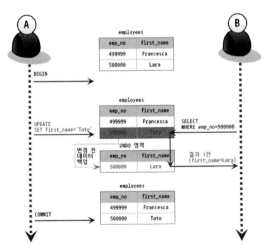

[그림 4-5] READ COMMITTED

그림 4-5에서 사용자 A는 emp_no=500000인 사원의 first_name을 "Lara"에서 "Toto"로 변경했는데, 이때 새로운 값인 "Toto"는 employees 테이블에 즉시 기록되고 이전 값인 "Lara"는 언두 영역으로 백업된다. 사용자 A가 커밋을 수행하기 전에 사용자 B가 emp_no=500000인 사원을 SELECT하면 조회된 결과의 first_name 칼럼의 값은 "Toto"가 아니라 "Lara"로 조회된다. 여기서 사용자 B의 SELECT 쿼리 결과는 employees 테이블이 아니라 언두 영역에 백업된 레코드에서 가져온 것이다. READ COMMITTED 격리 수준에서는 어떤 트랜잭션에서 변경한 내용이 커밋되기 전까지는 다른 트랜잭션에서 그러한 변경 내역을 조회할 수 없기 때문이다. 최종적으로 사용자 A가 변경된 내용을 커밋하면 그때부터는 다른 트랜잭션에서도 백업된 언두 레코드("Lara")가 아니라 새롭게 변경된 "Toto"라는 값을 참조할 수 있게 된다.

> **주의** 언두 레코드는 InnoDB의 시스템 테이블 스페이스의 언두 영역에 기록되는데, 언두 레코드는 트랜잭션의 격리 수준을 보장하기 위한 용도뿐 아니라 트랜잭션의 ROLLBACK에 대한 복구(이와 관련된 자세한 내용은 3.2.3절, "언두(Undo) 로그"(122쪽)를 참조)에도 사용된다.

READ COMMITTED 격리 수준에서도 "NON-REPEATABLE READ"("REPEATABLE READ"가 불가능하다)라는 부정합 문제가 있다. 그림 4-6은 "NON-REPEATABLE READ"가 왜 발생하고 어떤 문제를 만들어낼 수 있는지 보여준다.

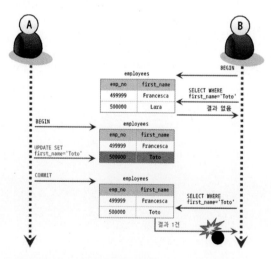

[그림 4-6] NOT-REPEATABLE READ

그림 4-6에서 처음 사용자 B가 BEGIN 명령으로 트랜잭션을 시작하고 first_name이 'Toto%'인 사용자를 검색했는데, 일치하는 결과가 없었다. 하지만 사용자 A가 사원번호가 500000인 사원의 이름을 "Toto"로 변경하고 커밋을 실행한 이후, 사용자 B는 똑같은 SELECT 쿼리로 다시 조회하면 이번에는 결과가 1건이 조회된다. 이는 별다른 문제가 없어 보이지만, 사실 사용자 B가 하나의 트랜잭션 내에서 똑같은 SELECT 쿼리를 실행했을 때는 항상 같은 결과를 가져와야 한다는 "REPEATABLE READ" 정합성에 어긋나는 것이다.

이러한 부정합 현상은 일반적인 웹 프로그램에서는 크게 문제되지는 않지만 하나의 트랜잭션에서 동일 데이터를 여러 번 읽고 변경하는 작업이 금전적인 처리와 연결되면 문제가 될 수도 있다. 예를 들어, 다른 트랜잭션에서 입금과 출금 처리가 계속 진행되고 있을 때 다른 트랜잭션에서 오늘 입금된 금액의 총합을 조회한다고 가정해보자. 그런데 "REPEATABLE READ"가 보장되지 않기 때문에 총합을 계산하는 SELECT 쿼리는 실행될 때마다 다른 결과를 가져올 것이다. 중요한 것은 사용 중인 트랜잭션의 격리 수준에 의해 실행하는 SQL 문장이 어떤 결과를 가져오게 되는지를 정확히 예측할 수 있어야 한다는 것이다. 그리고 당연히 이를 위해서는 각 트랜잭션의 격리 수준이 어떻게 작동하는지 알고 있어야 한다.

가끔 사용자 중에서 트랜잭션 내에서 실행되는 SELECT 문장과 트랜잭션 없이 실행되는 SELECT 문장의 차이를 혼동하는 경우가 있다. READ COMMITTED 격리 수준에서는 트랜잭션 내에서 실행되는 SELECT 문장과 트랜잭션 외부에서 실행되는 SELECT 문장의 차이가 별로 없다. 하지만 REPEATABLE READ 격리 수준에서는 기본적으로 SELECT 쿼리 문장도 트랜잭션 범위 내에서만 작동하는 것이다. 즉, "BEGIN TRANSACTION"으로 트랜잭션을 시작한 상태에서 온종일 동일한 쿼리를 반복해서 실행해봐도 동일한 결과만 보게 된다(아무리 다른 트랜잭션에서 그 데이터를 변경하고 COMMIT을 실행한다 하더라도 말이다). 별로 중요하지 않은 차이처럼 보이지만 이런 문제로 데이터의 정합성이 깨지고 그로 인해 애플리케이션의 버그가 발생하면 찾아내기가 쉽지 않다.

4.5.3 REPEATABLE READ

REPEATABLE READ는 MySQL의 InnoDB 스토리지 엔진에서 기본적으로 사용되는 격리 수준이다. 바이너리 로그를 가진 MySQL의 장비에서는 최소 REPEATABLE READ 격리 수준 이상을 사용해야 한다. 이 격리 수준에서는 READ COMMITTED 격리 수준에서 발생하는 "NON-REPEATABLE READ" 부정합이 발생하지 않는다. InnoDB 스토리지 엔진은 트랜잭션이 ROLLBACK될 가능성에 대비해 변경되기 전 레코드를 언두(Undo) 공간에 백업해두고 실제 레코드 값을 변경한다. 이러한 변

경 방식을 MVCC라고 하며, 이미 앞장에서 한번 설명한 내용이므로 잘 이해가 되지 않는다면 3.2.6
절, "MVCC(Multi Version Concurrency Control)(124쪽)"를 다시 한번 읽어 보자. REPEATABLE
READ는 이 MVCC를 위해 언두 영역에 백업된 이전 데이터를 이용해 동일 트랜잭션 내에서는 동일한
결과를 보여줄 수 있도록 보장한다. 사실 READ COMMITTED도 MVCC를 이용해 COMMIT되기 전
의 데이터를 보여준다. REPEATABLE READ와 READ COMMITTED의 차이는 언두 영역에 백업된
레코드의 여러 버전 가운데 몇 번째 이전 버전까지 찾아 들어가야 하는지에 있다.

모든 InnoDB의 트랜잭션은 고유한 트랜잭션 번호(순차적으로 증가하는 값)를 가지며, 언두 영역에 백
업된 모든 레코드에는 변경을 발생시킨 트랜잭션의 번호가 포함돼 있다. 그리고 언두 영역의 백업된 데
이터는 InnoDB 스토리지 엔진이 불필요하다고 판단하는 시점에 주기적으로 삭제한다. REPEATABLE
READ 격리 수준에서는 MVCC를 보장하기 위해 실행 중인 트랜잭션 가운데 가장 오래된 트랜잭션 번
호보다 트랜잭션 번호가 앞선 언두 영역의 데이터는 삭제할 수가 없다. 그렇다고 가장 오래된 트랜잭션
번호 이전의 트랜잭션에 의해 변경된 모든 언두 데이터가 필요한 것은 아니다. 더 정확하게는 특정 트
랜잭션 번호의 구간 내에서 백업된 언두 데이터가 보존돼야 하는 것이다.

그림 4-7은 REPEATABLE READ 격리
수준이 작동하는 방식을 보여준다. 우선
이 시나리오가 실행되기 전에 employees
테이블은 번호가 6인 트랜잭션에 의해
INSERT됐다고 가정하자. 그래서 그림
4-7에서 employees 테이블의 초기 두 레
코드는 트랜잭션 번호가 6인 것으로 표현
된 것이다. 그림 4-7의 시나리오에서는
사용자 A가 emp_no가 500000인 사원
의 이름을 변경하는 과정에서 사용자 B가
emp_no=500000인 사원을 SELECT할
때 어떤 과정을 거쳐서 처리되는지 보여
준다.

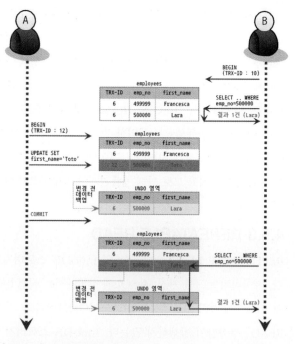

[그림 4-7] REPEATABLE READ

그림 4-7에서 사용자 A의 트랜잭션 번호는 12였으며 사용자 B의 트랜잭션의 번호는 10이었다. 이때 사용자 A는 사원의 이름을 "Toto"로 변경하고 커밋을 수행했다. 그런데 사용자 B가 emp_no=500000 인 사원을 A 트랜잭션이 변경을 실행하기 전과 변경을 실행한 후에 각각 한 번씩 SELECT했지만, A 트랜잭션이 변경을 수행하고 커밋을 했음에도 항상 변하지 않고 "Lara"라는 값을 SELECT한다. 사용자 B 가 BEGIN 명령으로 트랜잭션을 시작하면서 10번이라는 트랜잭션 번호를 부여받았는데, 그때부터 사용자 B의 10번 트랜잭션 안에서 실행되는 모든 SELECT 쿼리는 트랜잭션 번호가 10(자신의 트랜잭션 번호)보다 작은 트랜잭션 번호에서 변경한 것만 보게 된다.

그림 4-7에서는 언두 영역에 백업된 데이터가 하나만 있는 것으로 표현됐지만 사실 하나의 레코드에 대해 백업이 하나 이상 얼마든지 존재할수 있다. 만약 한 사용자가 BEGIN으로 트랜잭션을 시작하고 장시간 동안 트랜잭션을 종료하지 않으면 언두 영역이 백업된 데이터로 무한정 커질 수도 있다. 이렇게 언두에 백업된 레코드가 많아지면 MySQL 서버의 처리 성능이 떨어질 수 있다.

REPEATABLE READ 격리 수준에서도 다음과 같은 부정합이 발생할 수 있다. 그림 4-8에서는 사용자 A가 employees 테이블에 INSERT를 실행하는 도중에 사용자 B가 SELECT .. FOR UPDATE 쿼리로 employees 테이블을 조회했을 때 어떤 결과를 가져오는지 보여준다.

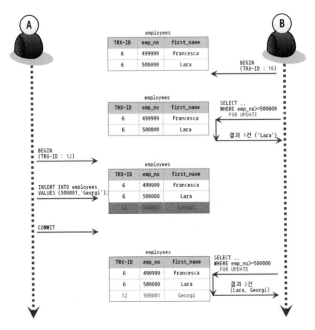

[그림 4-8] PHANTOM READ(ROWS)

그림 4-8에서 사용자 B는 BEGIN 명령으로 트랜잭션을 시작한 후, SELECT를 수행하고 있다. 그러므로 그림 4-7의 REPEATABLE READ에서 배운 것처럼 두 번의 SELECT 쿼리 결과는 똑같아야 한다. 하지만 그림 4-8에서 사용자 B가 실행하는 두 번의 SELECT .. FOR UPDATE 쿼리 결과는 서로 다르다. 이렇게 다른 트랜잭션에서 수행한 변경 작업에 의해 레코드가 보였다가 안 보였다가 하는 현상을 PHANTOM READ(또는 PHANTOM ROW)라고 한다. SELECT .. FOR UPDATE 쿼리는 SELECT 하는 레코드에 쓰기 잠금을 걸어야 하는데, 언두 레코드에는 잠금을 걸 수 없다. 그래서 SELECT .. FOR UPDATE나 SELECT .. LOCK IN SHARE MODE로 조회되는 레코드는 언두 영역의 변경 전 데이터를 가져오는 것이 아니라 현재 레코드의 값을 가져오게 되는 것이다.

4.5.4 SERIALIZABLE

가장 단순한 격리 수준이지만 가장 엄격한 격리 수준이다. 또한 그만큼 동시 처리 성능도 다른 트랜잭션 격리 수준보다 떨어진다. InnoDB 테이블에서 기본적으로 순수한 SELECT 작업(INSERT ... SELECT ... 또는 CREATE TABLE ... AS SELECT ... 가 아닌)은 아무런 레코드 잠금도 설정하지 않고 실행된다. InnoDB 매뉴얼에서 자주 나타나는 "Non-locking consistent read(잠금이 필요 없는 일관된 읽기)"라는 말이 이를 의미하는 것이다. 하지만 트랜잭션의 격리 수준이 SERIALIZABLE로 설정되면 읽기 작업도 공유 잠금(읽기 잠금)을 획득해야만 하며, 동시에 다른 트랜잭션은 그러한 레코드를 변경하지 못하게 된다. 즉, 한 트랜잭션에서 읽고 쓰는 레코드를 다른 트랜잭션에서는 절대 접근할 수 없는 것이다. SERIALIABLE 격리 수준에서는 일반적인 DBMS에서 일어나는 "PHANTOM READ"라는 문제가 발생하지 않는다. 하지만 InnoDB 스토리지 엔진에서는 REPEATABLE READ 격리 수준에서도 이미 "PHANTOM READ"가 발생하지 않기 때문에 굳이 SERIALIZABLE을 사용할 필요성은 없는 듯하다.

4.5.5 REPEATABLE READ 격리 수준과
READ COMMITTED 격리 수준의 성능 비교

실제 온라인 서비스 상황에서는 발생할 가능성이 거의 없지만 굳이 만들려고 한다면 REPEATABLE READ가 상당히 성능이 떨어지게 만들 수 있다. (예를 들어, 하나의 트랜잭션을 열어 그 트랜잭션에서 모든 테이블의 데이터를 SELECT한 후, 그대로 계속 놔두면 InnoDB의 언두(Undo) 영역이 계속 커져서 시스템 테이블스페이스의 I/O가 유발되는 경우가 대표적인 예다.) 하지만 이런 의도적인 경우가 아니라면 READ COMMITTED나 REPEATABLE READ 격리 수준의 성능 차이는 사실 크지 않다.

벤치마크 결과로는 1GB와 30GB 크기의 테이블에서는 REPEATABLE READ가 2% 정도 높은 성능을 보였고, 100GB 크기의 테이블에서는 READ COMMITTED가 7% 정도 높은 성능을 보이는 정도였다.

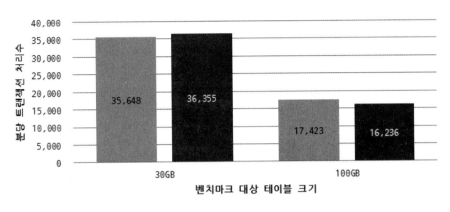

[그림 4-9] 격리 수준 (READ COMMITTED, REPEATABLE READ)별 성능(분당 트랜잭션 수 – TpM) 비교

마지막으로 한 가지 주의해야 할 점은 바이너리 로그(STATEMENT 포맷을 사용하는)가 활성화된 MySQL 서버에서는 READ COMMITTED 격리 수준을 사용할 수 없다는 것이다. MySQL 5.0 이하 버전에서는 경고 메시지를 출력하지는 않지만 그렇다고 안정적인 것은 아니며, MySQL 5.1부터는 경고 메시지를 출력하는 형태로 바뀌었다.

05

인덱스

인덱스는 데이터베이스 쿼리의 성능을 언급하면서 **빼놓을** 수 없는 부분이다. 이번 장에서는 MySQL 쿼리의 개발이나 튜닝을 설명하기 전에 MySQL에서 사용 가능한 인덱스의 종류 및 특성을 간단히 살펴보겠다. 각 인덱스의 특성과 차이는 상당히 중요하며, 물리 수준의 모델링을 할 때도 중요한 요소가 될 것이다. 다른 RDBMS에서 제공하는 모든 기능을 제공하지는 않지만, MySQL에서는 인덱싱이나 검색 방식에 따라 스토리지 엔진을 선택해야 할 수도 있기 때문에 여전히 인덱스에 대한 기본 지식은 중요하며, 쿼리 튜닝의 기본이 될 것이다. 또한 인덱스에만 의존적인 용어는 아니지만, 이번 장에서 자주 언급되는 "랜덤(Random) I/O"와 "순차(Sequential) I/O"와 같은 디스크 읽기 방식도 간단히 설명하고 넘어가겠다.

5.1 디스크 읽기 방식

컴퓨터의 CPU나 메모리와 같은 전기적 특성을 띤 장치의 성능은 짧은 시간 동안 매우 빠른 속도로 발전했지만 디스크와 같은 기계식 장치의 성능은 상당히 제한적으로 발전했다. 데이터베이스나 쿼리 튜닝에 어느 정도 지식을 갖춘 사용자가 많이 절감하고 있듯이, 데이터베이스의 성능 튜닝은 어떻게 디스크 I/O를 줄이느냐가 관건인 것들이 상당히 많다.

5.1.1 저장 매체

디스크의 읽기 방식을 살펴보기 전에 간단히 데이터를 저장할 수 있는 매체(Media)에 대해 살펴보자. 일반적으로 서버에 사용되는 저장 매체는 크게 3가지로 나뉜다.

- 내장 디스크(Internal Disk)
- DAS(Direct Attached Storage)
- NAS(Network Attached Storage)
- SAN(Storage Area Network)

내장 디스크는 개인용 PC의 본체 내에 장착된 디스크와 같은 매체다. 물론 서버용으로 사용되는 디스크는 개인 PC에 장착되는 것보다는 빠르고 안정적인 것들이다. 그리고 개인 PC와는 달리 데이터베이스 서버용으로 사용되는 장비는 일반적으로 4~6개 정도의 내장 디스크를 장착한다. 하지만 컴퓨터의 본체 내부 공간은 제한적이어서 장착할 수 있는 디스크의 개수가 적고 용량도 부족할 때가 많다.

내장 디스크의 용량 문제를 해결하기 위해 주로 사용하는 것이 DAS인데, DAS는 컴퓨터의 본체와는 달리 디스크만 있는 것이 특징이다. DAS 장치는 독자적으로 사용할 수 없으며, 컴퓨터 본체에 연결해서만 사용할 수 있다. DAS나 내장 디스크는 모두 SATA나 SAS와 같은 케이블로 연결되기 때문에 실제 사용자에게는 거의 같은 방식으로 사용되며, 성능 또한 내장 디스크와 거의 비슷하다. 최근의 DAS는 디스크를 최대 200개까지 장착할 수 있는 것들도 있기 때문에 대용량의 디스크가 필요한 경우에는 DAS가 적합하다. 하지만 DAS는 반드시 하나의 컴퓨터 본체에만 연결해서 사용할 수 있기 때문에 디스크의 정보를 여러 컴퓨터가 동시에 공유하는 것이 불가능하다.

내장 디스크와 DAS의 문제점을 동시에 해결하기 위해 주로 NAS와 SAN을 사용한다. DAS와 NAS의 가장 큰 차이는 여러 컴퓨터에서 동시에 사용할 수 있는지와 컴퓨터 본체와 연결되는 방식이다. 위에서도 살펴봤지만 DAS는 내장 디스크와 같이 컴퓨터 본체와 SATA나 SAS 또는 SCSI 케이블로 연결되지만, NAS는 TCP/IP를 통해 연결된다. NAS는 동시에 여러 컴퓨터에서 공유해서 사용할 수 있는 저장 매체이지만 SATA나 SAS 방식의 직접 연결보다는 속도가 매우 느리다.

SAN은 DAS로는 구축할 수 없는 아주 대용량의 스토리지 공간을 제공하는 장치다. SAN은 여러 컴퓨터에서 동시에 사용할 수 있을뿐더러 컴퓨터 본체와 광케이블로 연결되기 때문에 상당히 빠르고 안정적인 데이터 처리(읽고 쓰기)를 보장해준다. 하지만 그만큼 고가의 구축 비용이 들기 때문에 각 기업에서는 중요 데이터를 보관할 경우에만 일반적으로 사용한다.

NAS는 TCP/IP로 데이터가 전송되기 때문에 빈번한 데이터 읽고 쓰기가 필요한 데이터베이스 서버용으로는 거의 사용되지 않는다. 내장 디스크 → DAS→ SAN 순으로, 뒤로 갈수록 고사양 고성능이며, 구축 비용도 올라간다. 각 장치가 얼마나 많은 디스크 드라이브를 장착할 수 있는지, 그리고 어떤 방식으로 컴퓨터 본체에 연결되는지에 따른 구분일 뿐, 여기에 언급된 모든 저장 매체는 내부적으로 1개 이상의 디스크 드라이브를 장착하고 있다는 점은 같다. 대부분의 저장 매체는 디스크 드라이브의 플래터(Platter, 디스크 드라이브 내부의 데이터 저장용 원판)를 회전시켜서 데이터를 읽고 쓰는 기계적인 방식을 사용한다.

5.1.2 디스크 드라이브와 솔리드 스테이트 드라이브

컴퓨터에서 CPU나 메모리와 같은 주요 장치는 대부분 전자식 장치지만 디스크 드라이브는 기계식 장치다. 그래서 데이터베이스 서버에서는 항상 디스크 장치가 병목 지점이 된다. 이러한 기계식 디스크 드라이브를 대체하기 위해 전자식 저장 매체인 SSD(Solid State Drive)가 많이 출시되고 있다. SSD도 기존 디스크 드라이브와 같은 인터페이스(SATA나 SAS)를 지원하므로 내장 디스크나 DAS 또는 SAN 에 그대로 사용할 수 있다.

 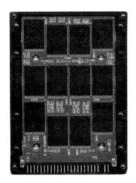

[그림 5-1] 디스크 드라이브(Disk Drive)와 솔리드 스테이트 드라이브(Solid State Drive)

SSD는 기존의 디스크 드라이브에서 데이터 저장용 플래터(원판)를 제거하고 대신 플래시 메모리를 장 착하고 있다. 그래서 디스크 원판을 기계적으로 회전시킬 필요가 없으므로 아주 빨리 데이터를 읽고 쓸 수 있다. 플래시 메모리는 전원이 공급되지 않아도 데이터가 삭제되지 않는다. 그리고 컴퓨터의 메모리 (D-Ram)보다는 느리지만 기계식 디스크 드라이브보다는 훨씬 빠르다.

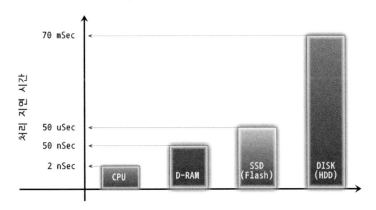

[그림 5-2] 주요 장치와 SSD의 성능 비교(수치가 클수록 느린 장치를 의미)

그림 5-2는 컴퓨터의 주요 부품별 처리 속도를 보여준다. Y축의 "처리 지연 시간"이란 요청된 작업을 처리하는 데 소요되는 시간을 의미하므로 이 값이 클수록 처리 속도가 느리다는 것을 의미한다. 그림

5-2에서 보는 것과 같이 메모리와 디스크의 처리 속도는 10만 배 이상의 차이를 보인다. 그에 비해 플래시 메모리를 사용하는 SSD는 1000배 가량의 차이를 보인다. 아직 시중에 판매되는 SSD는 대부분 기존 디스크보다는 용량이 적으며, 가격도 상당히 비싼 것이 흠이지만 조만간 SSD가 어느 정도는 디스크를 대체할 것으로 생각한다.

디스크의 헤더를 움직이지 않고 한번에 많은 데이터를 읽는 순차 I/O에서는 SSD가 디스크 드라이브보다 조금 빠르거나 거의 비슷한 성능을 보이기도 한다. 하지만 SSD의 장점은 기존의 디스크 드라이브보다 랜덤 I/O가 훨씬 빠르다는 것이다. 데이터베이스 서버에서 순차 I/O 작업은 그다지 비중이 크지 않고 랜덤 I/O를 통해 작은 데이터를 읽고 쓰는 작업이 대부분이므로 SSD의 장점은 DBMS용 스토리지에 최적이라고 볼 수 있다. 그림 5-3은 SSD와 디스크 드라이브에서 랜덤 I/O의 성능을 벤치마크해 본 것이다.

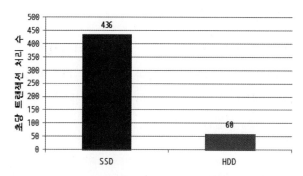

[그림 5-3] 솔리드 스테이트 드라이브(SSD)와 디스크 드라이브(HDD)의 성능 벤치마크

그림 5-3의 벤치마크 결과를 살펴보면 SSD는 초당 436개의 트랜잭션을 처리했지만 디스크 드라이브는 초당 60개의 트랜잭션밖에 처리하지 못했다. 이 벤치마크 결과는 저자가 간단히 준비한 데이터로 테스트한 내용이라서 실제 여러분의 애플리케이션에서는 어느 정도의 성능 차이를 보일지는 예측하기 어렵다. 하지만 일반적인 웹 서비스(OLTP) 환경의 데이터베이스에서는 SSD가 디스크 드라이브보다는 훨씬 빠르다. 물론 애플리케이션을 직접 벤치마킹해볼 수 있다면 더 나은 선택을 할 수 있을 것이다.

5.1.3 랜덤 I/O와 순차 I/O

랜덤 I/O라는 표현은 디스크 드라이브의 플래터(원판)를 돌려서 읽어야 할 데이터가 저장된 위치로 디스크 헤더를 이동시킨 다음 데이터를 읽는 것을 의미하는데, 사실 순차 I/O 또한 이 작업은 같다. 그렇다면 랜덤 I/O와 순차 I/O는 어떤 차이가 있을까? 그림 5-4를 잠깐 살펴보자.

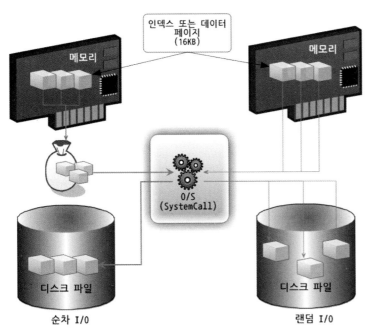

[그림 5-4] 순차 I/O와 랜덤 I/O 비교

순차 I/O는 3개의 페이지(16 x 3KB)를 디스크에 기록하기 위해 1번 시스템 콜을 요청했지만 랜덤 I/O는 3개의 페이지를 디스크에 기록하기 위해 3번 시스템 콜을 요청했다. 즉, 디스크에 기록해야 할 위치를 찾기 위해 순차 I/O는 디스크의 헤드를 1번 움직였고, 랜덤 I/O는 디스크 헤드를 3번 움직인 것이다. 디스크에 데이터를 쓰고 읽는 데 걸리는 시간은 디스크 헤더를 움직여서 읽고 쓸 위치로 옮기는 단계에서 결정된다. 결국 그림 5-4의 경우 순차 I/O는 랜덤 I/O보다 거의 3배 정도 빠르다고 볼 수 있다. 즉, 디스크의 성능은 디스크 헤더의 위치 이동 없이 얼마나 많은 데이터를 한 번에 기록하느냐에 의해 결정된다고 볼 수 있다. 그래서 여러 번 쓰기 또는 읽기를 요청하는 랜덤 I/O 작업이 훨씬 작업의 부하가 커지는 것이다. 데이터베이스 대부분의 작업은 이러한 작은 데이터를 빈번히 읽고 쓰기 때문에 MySQL 서버에는 그룹 커밋이나 바이너리 로그 버퍼 또는 InnoDB 로그 버퍼 등의 기능이 내장된 것이다.

> **참고** 이 책에서 소개하는 순차 I/O와 랜덤 I/O의 비교는 쉽게 이해할 수 있게 단순하게 비교해서 설명한 것이다. 랜덤 I/O나 순차 I/O 모두 파일에 쓰기를 실행하면, 반드시 동기화(fsync 또는 flush 작업)가 필요하다. 그런데 순차 I/O인 경우에도 이런 파일 동기화 작업이 빈번히 발생한다면 랜덤 I/O와 같이 비효율적인 형태로 처리될 때가 많다. 기업용으로 사용하는 데이터베이스 서버에는 캐시 메모리가 장착된 RAID 컨트롤러가 일반적으로 사용되는데, RAID 컨트롤러의 캐시 메모리는 아주 빈번한 파일 동기화 작업이 호출되는 순차 I/O를 효율적으로 처리될 수 있게 변환하는 역할을 하게 된다.

사실 쿼리를 튜닝해서 랜덤 I/O를 순차 I/O로 바꿔서 실행할 방법은 그다지 많지 않다. 일반적으로 쿼리를 튜닝하는 것은 랜덤 I/O 자체를 줄여주는 것이 목적이라고 할 수 있다. 여기서 랜덤 I/O를 줄인다는 것은 쿼리를 처리하는 데 꼭 필요한 데이터만 읽도록 쿼리를 개선하는 것을 의미한다.

> **참고** 인덱스 레인지 스캔은 데이터를 읽기 위해 주로 랜덤 I/O를 사용하며, 풀 테이블 스캔은 순차 I/O를 사용한다. 그래서 큰 테이블의 레코드 대부분을 읽는 작업에서는 인덱스를 사용하지 않고 풀 테이블 스캔을 사용하도록 유도할 때도 있다. 이는 순차 I/O가 랜덤 I/O보다 훨씬 빨리 많은 레코드를 읽어올 수 있기 때문인데, 이런 형태는 OLTP 성격의 웹 서비스보다는 데이터 웨어하우스나 통계 작업에서 자주 사용된다.

5.2 인덱스란?

많은 사람이 인덱스를 언급할 때는 항상 책의 제일 끝에 있는 찾아보기(또는 "색인")로 설명하곤 한다. 책의 마지막에 있는 "찾아보기"가 인덱스에 비유된다면 책의 내용은 데이터 파일에 해당한다고 볼 수 있다. 책의 찾아보기를 통해 알아낼 수 있는 페이지 번호는 데이터 파일에 저장된 레코드의 주소에 비유될 것이다. DBMS도 데이터베이스 테이블의 모든 데이터를 검색해서 원하는 결과를 가져오려면 시간이 오래 걸린다. 그래서 칼럼(또는 칼럼들)의 값과 해당 레코드가 저장된 주소를 키와 값의 쌍(key-Value pair)으로 인덱스를 만들어 두는 것이다. 그리고 책의 "찾아보기"와 DBMS의 인덱스의 공통점 가운데 중요한 것이 바로 정렬이다. 책의 찾아보기도 내용이 많아지면 우리가 원하는 검색어를 찾아내는 데 시간이 걸릴 것이다. 그래서 최대한 빠르게 찾아갈 수 있게 "ㄱ", "ㄴ", "ㄷ",…와 같은 순서대로 정렬돼 있는데, DBMS의 인덱스도 마찬가지로 칼럼의 값을 주어진 순서로 미리 정렬해서 보관한다.

인덱스의 또 다른 특성을 설명하고자 이제는 프로그래밍 언어의 자료구조로 인덱스와 데이터 파일을 비교해 가면서 살펴보자. 프로그래밍 언어별로 각 자료구조의 이름이 조금씩 다르긴 하지만 SortedList와 ArrayList라는 자료구조는 익숙할 정도로 많이 들어본 적이 있을 것이다. SortedList는 DBMS의 인덱스와 같은 자료구조이며, ArrayList는 데이터 파일과 같은 자료구조를 사용한다. SortedList는 저장되는 값을 항상 정렬된 상태로 유지하는 자료구조이며, ArrayList는 값을 저장되는 순서대로 그대로 유지하는 자료구조다. DBMS의 인덱스도 SortedList와 마찬가지로 저장되는 칼럼의 값을 이용해 항상 정렬된 상태로 유지한다. 데이터 파일은 ArrayList와 같이 저장된 순서대로 별도의 정렬 없이 그대로 저장해 둔다.

그러면 이제 SortedList의 장점과 단점을 통해 인덱스의 장점과 단점을 살펴보자. SortedList 자료구조는 데이터가 저장될 때마다 항상 값을 정렬해야 하므로 저장하는 과정이 복잡하고 느리지만, 이미 정렬돼 있어서 아주 빨리 원하는 값을 찾아올 수 있다. DBMS의 인덱스도 인덱스가 많은 테이블은 당연히 INSERT나 UPDATE 그리고 DELETE 문장의 처리가 느려진다. 하지만 이미 정렬된 "찾아보기"용 표(인덱스)를 가지고 있기 때문에 SELECT 문장은 매우 빠르게 처리할 수 있다.

결론적으로 DBMS에서 인덱스는 데이터의 저장(INSERT, UPDATE, DELETE) 성능을 희생하고 그 대신 데이터의 읽기 속도를 높이는 기능이다. 여기서도 알 수 있듯이 테이블의 인덱스를 하나 더 추가할지 말지는 데이터의 저장 속도를 어디까지 희생할 수 있는지, 읽기 속도를 얼마나 더 빠르게 만들어야 하는지의 여부에 따라 결정돼야 한다. SELECT 쿼리 문장의 WHERE 조건절에 사용되는 칼럼이라고 전부 인덱스로 생성하면 데이터 저장 성능이 떨어지고 인덱스의 크기가 비대해져서 오히려 역효과만 불러올 수 있다.

인덱스는 데이터를 관리하는 방식(알고리즘)과 중복 값의 허용 여부 등에 따라 여러 가지로 나눠 볼 수 있다. 이 분류는 인덱스를 좀 더 효율적으로 설명하기 위해 저자가 임의로 분류한 것이다. 이 책에서는 키(Key)라는 말과 인덱스(Index)는 같은 의미로 혼용해서 사용하겠다.

인덱스를 역할별로 구분해 본다면 프라이머리 키(Primary key)와 보조 키(Secondary key)로 구분해 볼 수 있다.

- 프라이머리 키는 이미 잘 알고 있는 것처럼 그 레코드를 대표하는 칼럼의 값으로 만들어진 인덱스를 의미한다. 이 칼럼(때로는 칼럼의 조합)은 테이블에서 해당 레코드를 식별할 수 있는 기준값이 되기 때문에 우리는 이를 식별자라고도 부른다. 프라이머리 키는 NULL 값을 허용하지 않으며 중복을 허용하지 않는 것이 특징이다.

- 프라이머리 키를 제외한 나머지 모든 인덱스는 보조 인덱스(Secondary Index)로 분류한다. 유니크 인덱스는 프라이머리 키와 성격이 비슷하고 프라이머리 키를 대체해서 사용할 수도 있다고 해서 대체 키라고도 하는데, 별도로 분류하기도 하고 그냥 보조 인덱스로 분류하기도 한다.

데이터 저장 방식(알고리즘)별로 구분하는 것은 사실 상당히 많은 분류가 가능하겠지만 대표적으로 B-Tree 인덱스와 Hash 인덱스로 구분할 수 있다. 그리고 최근 새롭게 Fractal-Tree 인덱스와 같은 알고리즘도 도입됐다. 물론 이 이외에도 수많은 알고리즘이 존재하지만 대표적으로 시중의 RDBMS에서 많이 사용하는 알고리즘은 이 정도일 것이다.

- B-Tree 알고리즘은 가장 일반적으로 사용되는 인덱스 알고리즘으로서, 상당히 오래전에 도입된 알고리즘이며 그만큼 성숙해진 상태다. B-Tree 인덱스는 칼럼의 값을 변형하지 않고, 원래의 값을 이용해 인덱싱하는 알고리즘이다.

- Hash 인덱스 알고리즘은 칼럼의 값으로 해시 값을 계산해서 인덱싱하는 알고리즘으로, 매우 빠른 검색을 지원한다. 하지만 값을 변형해서 인덱싱하므로, 전방(Prefix) 일치와 같이 값의 일부만 검색하고자 할 때는 해시 인덱스를 사용할 수 없다. Hash 인덱스는 주로 메모리 기반의 데이터베이스에서 많이 사용한다.

- Fractal-Tree 알고리즘은 B-Tree의 단점을 보완하기 위해 고안된 알고리즘이다. 값을 변형하지 않고 인덱싱하며 범용적인 목적으로 사용할 수 있다는 측면에서 B-Tree와 거의 비슷하지만 데이터가 저장되거나 삭제될 때 처리 비용을 상당히 줄일 수 있게 설계된 것이 특징이다. 아직 B-Tree 알고리즘만큼 안정적이고 성숙되진 않았지만 아마도 조만간 B-Tree 인덱스의 상당 부분을 대체할 수 있지 않을까 생각한다.

데이터의 중복 허용 여부로 분류하면 유니크 인덱스(Unique)와 유니크하지 않은 인덱스(Non-Unique)로 구분할 수 있다. 인덱스가 유니크한지 아닌지는 단순하게 같은 값이 1개만 존재하는지 1개 이상 존재할 수 있는지를 의미하지만 실제 DBMS의 쿼리를 실행해야 하는 옵티마이저에게는 상당히 중요한 문제가 된다. 유니크 인덱스에 대해 동등 조건(Equal, =)으로 검색한다는 것은 항상 1건의 레코드만 찾으면 더 찾지 않아도 된다는 것을 옵티마이저에게 알려 주는 효과를 낸다. 이뿐만 아니라 유니크 인덱스로 인한 MySQL의 처리 방식의 변화나 차이점은 상당히 많다. 이러한 부분은 인덱스와 쿼리의 실행 계획을 살펴보면서 배우게 될 것이다.

인덱스의 기능별로 분류해 본다면 전문 검색용 인덱스나 공간 검색용 인덱스 등을 예로 들 수 있을 것이다. 물론 이 밖에도 수없이 많이 인덱스가 있겠지만 MySQL을 사용할 때는 이 두 가지만으로도 충분할 것이다. 전문 검색이나 공간 검색용 인덱스는 뒤에서 좀 더 자세히 살펴보겠다.

5.3 B-Tree 인덱스

B-Tree는 데이터베이스의 인덱싱 알고리즘 가운데 가장 일반적으로 사용되고, 또한 가장 먼저 도입된 알고리즘이다. 하지만 아직도 가장 범용적인 목적으로 사용되는 인덱스 알고리즘이다. B-Tree에는 여러 가지 변형된 형태의 알고리즘이 있는데, 일반적으로 DBMS에서는 주로 B+-Tree 또는 B*-Tree가 사용된다. 인터넷상에서 쉽게 구할 수 있는 B-Tree의 구조를 설명한 그림 때문인지 많은 사람들이 B-Tree의 "B"가 바이너리(이진) 트리라고 잘못 생각하고 있다. 하지만 B-Tree의 "B"는 "Binary(이진)"의 약자가 아니라 "Balanced"를 의미한다는 점에 주의하자(때로는 사람의 이름에서 따왔다고 이야기하는 사람도 있지만).

B-Tree는 칼럼의 원래 값을 변형시키지 않고 (물론 값의 앞부분만 잘라서 관리하기는 하지만) 인덱스 구조체 내에서는 항상 정렬된 상태로 유지하고 있다. 전문 검색과 같은 특수한 요건이 아닌 경우, 대부분 인덱스는 거의 B-Tree를 사용할 정도로 일반적인 용도에 적합한 알고리즘이다.

5.3.1 구조 및 특성

B-Tree 인덱스를 제대로 사용하려면 B-Tree의 기본적인 구조는 알고 있어야 한다. B-Tree는 트리 구조의 최상위에 하나의 "루트 노드"가 존재하고 그 하위에 자식 노드가 붙어 있는 형태다. 트리 구조의 가장 하위에 있는 노드를 "리프 노드"라 하고, 트리 구조에서 루트 노드도 아니고 리프 노드도 아닌 중간의 노드를 "브랜치 노드"라고 한다. 데이터베이스에서 인덱스와 실제 데이터가 저장된 데이터는 따로 관리되는데, 인덱스의 리프 노드는 항상 실제 데이터 레코드를 찾아가기 위한 주소 값을 가지고 있다. 그림 5-6은 B-Tree 인덱스의 각 노드와 데이터 파일의 관계를 표현한 것이다.

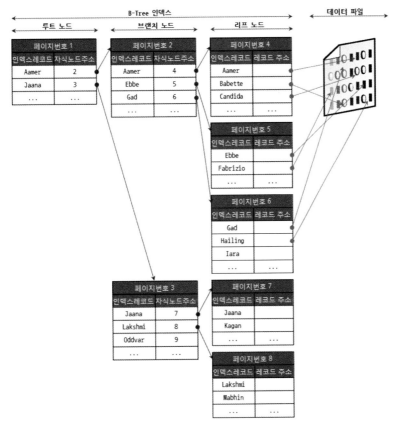

[그림 5-6] B-Tree 인덱스의 구조

그림 5-6에서와 같이 인덱스의 키값은 모두 정렬돼 있지만 데이터 파일의 레코드는 정렬돼 있지 않고 임의의 순서대로 저장돼 있다. 많은 사람이 데이터 파일의 레코드는 INSERT된 순서대로 저장되는 것으로 생각하지만 그렇지 않다. 만약 테이블의 레코드를 전혀 삭제나 변경 없이 INSERT만 수행한다면

맞을 수도 있다. 하지만 레코드가 삭제되어 빈 공간이 생기면 그다음의 INSERT는 가능한 삭제된 공간을 재활용하도록 DBMS가 설계되기 때문에 항상 INSERT된 순서로 저장되는 것은 아니다.

> **참고** 대부분 RDBMS의 데이터 파일에서 레코드는 특정 기준으로 정렬되지 않고 임의의 순서대로 저장된다. 하지만 InnoDB 테이블에서 레코드는 클러스터되어 디스크에 저장되므로 기본적으로 프라이머리 키 순서대로 정렬되어 저장된다. 이는 오라클의 IOT(Index organized table)나 MS-SQL의 클러스터 테이블과 같은 구조를 말한다. 다른 DBMS에서는 클러스터링 기능이 선택 사항이지만, InnoDB에서는 사용자가 별도의 명령이나 옵션을 선택하지 않아도 디폴트로 클러스터링 테이블이 생성된다. 클러스터링이란 비슷한 값들은 최대한 모아서 저장하는 방식을 의미하는데, 더 자세한 내용은 나중에 다시 살펴보겠다.

인덱스는 테이블의 키 칼럼만 가지고 있으므로 나머지 칼럼을 읽으려면 데이터 파일에서 해당 레코드를 찾아야 한다. 이를 위해 인덱스의 리프 노드는 데이터 파일에 저장된 레코드의 주소를 가지게 된다. 그림 5-7은 인덱스의 리프 노드와 데이터 파일의 이러한 관계를 보여준다.

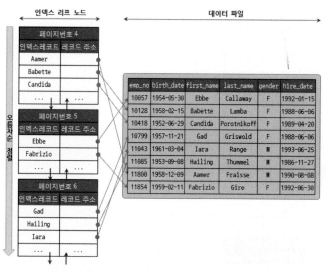

[그림 5-7] B-Tree의 리프 노드와 테이블 데이터 레코드

그림 5-7에서 "레코드 주소"는 DBMS 종류나 MySQL의 스토리지 엔진에 따라 의미가 달라진다. 오라클은 물리적인 레코드 주소가 되지만 MyISAM 테이블에서는 내부적인 레코드의 아이디(번호)를 의미한다. 그리고 InnoDB 테이블에서는 프라이머리 키에 의해 클러스터링되기 때문에 프라이머리 키값 자체가 주소 역할을 한다. 실제 MySQL 테이블의 인덱스는 항상 인덱스 칼럼 값과 주소 값(MyISAM의 레코드 아이디 값 또는 InnoDB의 프라이머리 키값)의 조합이 인덱스 레코드로 구성된다.

5.3.2 B-Tree 인덱스 키 추가 및 삭제

테이블의 레코드를 저장하거나 변경하는 경우, 인덱스 키 추가나 삭제 작업이 발생한다. 인덱스 키 추가나 삭제가 어떻게 처리되는지 알아두면 쿼리의 성능을 쉽게 예측할 수 있을 것이다. 또한, 인덱스를 사용하면서 주의해야 할 사항도 함께 살펴보겠다.

인덱스 키 추가

새로운 키값이 B-Tree에 저장될 때 테이블의 스토리지 엔진에 따라 새로운 키값이 즉시 인덱스에 저장될 수도 있고 그렇지 않을 수도 있다. B-Tree에 저장될 때는 저장될 키값을 이용해 B-Tree상의 적절한 위치를 검색해야 한다. 저장될 위치가 결정되면 레코드의 키값과 대상 레코드의 주소 정보를 B-Tree의 리프 노드에 저장한다. 만약 리프 노드가 꽉 차서 더는 저장할 수 없을 때는 리프 노드가 분리(Split)돼야 하는데, 이는 상위 브랜치 노드까지 처리의 범위가 넓어진다. 이러한 작업 탓에 B-Tree는 상대적으로 쓰기 작업(새로운 키를 추가하는 작업)에 비용이 많이 드는 것으로 알려졌다.

인덱스 추가로 인해 INSERT나 UPDATE 문장이 어떤 영향을 받을지 궁금해하는 사람이 많다. 하지만 이 질문에 명확하게 답변하려면 테이블의 칼럼 수, 칼럼의 크기, 인덱스 칼럼의 특성 등을 확인해야 한다. 대략적으로 계산하는 방법은 테이블에 레코드를 추가하는 작업 비용을 1이라고 가정하면 해당 테이블의 인덱스에 키를 추가하는 작업 비용을 1~1.5 정도로 예측하는 것이 일반적이다. 일반적으로 테이블에 인덱스가 3개(테이블의 모든 인덱스가 B-Tree라는 가정하에)가 있다면 이때 테이블에 인덱스가 하나도 없는 경우는 작업 비용이 1이고, 3개인 경우에는 5.5 정도의 비용(1.5 * 3 + 1) 정도로 예측해 볼 수 있다. 중요한 것은 이 비용의 대부분이 메모리와 CPU에서 처리하는 시간이 아니라 디스크로부터 인덱스 페이지를 읽고 쓰기를 해야 하기 때문에 시간이 오래 걸린다는 것이다.

MyISAM이나 Memory 스토리지 엔진을 사용하는 테이블에서는 INSERT 문장이 실행되면 즉시 새로운 키값을 B-Tree 인덱스에 반영한다. 즉 B-Tree에 키를 추가하는 작업이 완료될 때까지 클라이언트는 쿼리의 결과를 받지 못하고 기다리게 된다. MyISAM 스토리지 엔진은 "delay-key-write" 파라미터를 설정해 인덱스 키 추가 작업을 미뤄서(지연) 처리할 수 있는데, 이는 동시 작업 환경에서는 적합하지 않다. InnoDB 스토리지 엔진은 이 작업을 조금 더 지능적으로 처리하는데, 그림 5-8과 같이 상황에 따라 적절하게 인덱스 키 추가 작업을 지연시켜 나중에 처리할지, 아니면 바로 처리할지 결정한다.

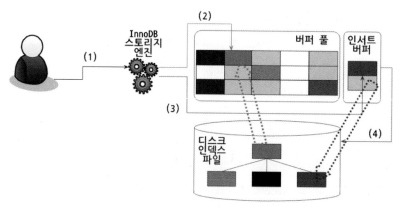

[그림 5-8] 인서트 버퍼의 처리

(1) 사용자의 쿼리 실행

(2) InnoDB의 버퍼 풀에 새로운 키값을 추가해야 할 페이지(B-Tree의 리프 노드)가 존재한다면 즉시 키 추가 작업 처리

(3) 버퍼 풀에 B-Tree의 리프 노드가 없다면 인서트 버퍼에 추가할 키값과 레코드의 주소를 임시로 기록해 두고 작업 완료(사용자의 쿼리는 실행 완료됨)

(4) 백그라운드 작업으로 인덱스 페이지를 읽을 때마다 인서트 버퍼에 머지해야 할 인덱스 키값이 있는지 확인한 후, 있다면 병합함(B-Tree에 인덱스 키와 주소를 저장).

(5) 데이터베이스 서버 자원의 여유가 생기면 MySQL 서버의 인서트 버퍼 머지 스레드가 조금씩 인서트 버퍼에 임시 저장된 인덱스 키와 주소 값을 머지(B-Tree에 인덱스 키와 주소를 저장)시킴

InnoDB 스토리지 엔진의 인서트 버퍼는 MySQL 5.1 이하에서는 INSERT로 인한 인덱스 키 추가 작업만 버퍼링 및 지연 처리를 할 수 있었다. 하지만 MySQL 5.5 이상의 버전에서는 INSERT뿐 아니라 DELETE 등에 의한 인덱스 키의 추가 및 삭제 작업까지 버퍼링해서 지연 처리할 수 있게 기능이 확장됐다. 그래서 MySQL 5.1 이하 버전에서는 이 기능을 인서트 버퍼링(Insert Buffering)이라고 했지만 MySQL 5.5 이상 버전부터는 체인지 버퍼링(Change Buffering)이라는 이름으로 바뀌었다. MySQL 5.5 이상 버전부터는 관련 설정 파라미터로 "innodb_change_buffering"이 새롭게 도입됐다. 인서트 버퍼에 의해 인덱스 키 추가 작업이 지연되어 처리된다 하더라도, 이는 사용자에게 아무런 악영향 없이 투명하게 처리되므로 개발자나 DBA는 이를 전혀 신경 쓰지 않아도 된다. MySQL 5.1 이하 버전에서는 자동으로 적용되는 기능이었지만 MySQL 5.5 이상 버전부터는 "innodb_change_buffering" 설정값을 이용해 키 추가 작업과 키 삭제 작업 중 어느 것을 지연 처리할지 설정해야 한다.

인덱스 키 삭제

B-Tree의 키값이 삭제되는 경우는 상당히 간단하다. 해당 키값이 저장된 B-Tree의 리프 노드를 찾아서 그냥 삭제 마크만 하면 작업이 완료된다. 이렇게 삭제 마킹된 인덱스 키 공간은 계속 그대로 방치하거나 또는 재활용할 수 있다. 인덱스 키 삭제로 인한 마킹 작업 또한 디스크 쓰기가 필요하므로 이 작업 역시 디스크 I/O가 필요한 작업이다. MySQL 5.5 이상의 버전의 InnoDB 스토리지 엔진에서는 이 작업 또한 버퍼링되어 지연 처리가 될 수도 있다. 처리가 지연된 인덱스 키 삭제 또한 사용자에게는 특별한 악영향 없이 MySQL 서버가 내부적으로 처리하므로 특별히 걱정할 것은 없다. MyISAM이나 Memory 스토리지 엔진의 테이블에서는 인서트 버퍼와 같은 기능이 없으므로 인덱스 키 삭제가 완료된 후 쿼리 실행이 완료된다.

인덱스 키 변경

인덱스의 키값은 그 값에 따라 저장될 리프 노드의 위치가 결정되므로 B-Tree의 키값이 변경되는 경우에는 단순히 인덱스상의 키값만 변경하는 것은 불가능하다. B-Tree의 키값 변경 작업은 먼저 키값을 삭제한 후, 다시 새로운 키값을 추가하는 형태로 처리된다. 키 값의 변경 때문에 발생하는 B-Tree 인덱스 키값의 삭제와 추가 작업은 위에서 설명한 절차대로 처리된다.

인덱스 키 검색

INSERT, UPDATE, DELETE 작업을 할 때 인덱스 관리에 따르는 추가 비용을 감당하면서 인덱스를 구축하는 이유는 바로 빠른 검색을 위해서다. 인덱스를 검색하는 작업은 B-Tree의 루트 노드부터 시작해 브랜치 노드를 거쳐 최종 리프 노드까지 이동하면서 비교 작업을 수행하는데, 이 과정을 "트리 탐색(Tree traversal)"이라고 한다. 인덱스 트리 탐색은 SELECT에서만 사용하는 것이 아니라 UPDATE나 DELETE를 처리하기 위해 항상 해당 레코드를 먼저 검색해야 할 경우에도 인덱스가 있으면 빠른 검색이 가능하다. B-Tree 인덱스를 이용한 검색은 100% 일치 또는 값의 앞부분(Left-most part)만 일치하는 경우에 사용할 수 있다. 부등호("◇") 비교나 값의 뒷부분이 일치하는 경우에는 B-Tree 인덱스를 이용한 검색이 불가능하다. 또한 인덱스를 이용한 검색에서 중요한 사실은 인덱스의 키값에 변형이 가해진 후 비교되는 경우에는 절대 B-Tree의 빠른 검색 기능을 사용할 수 없다는 것이다. 이미 변형된 값은 B-Tree 인덱스에 존재하는 값이 아니다. 따라서 함수나 연산을 수행한 결과로 정렬한다거나 검색하는 작업은 B-Tree의 장점을 이용할 수 없으므로 주의해야 한다.

InnoDB 스토리지 엔진에서 인덱스는 더 특별한 의미가 있다. InnoDB 테이블에서 지원하는 레코드 잠금이나 넥스트 키 락(갭 락)이 검색을 수행한 인덱스를 잠근 후 테이블의 레코드를 잠그는 방식으로 구현돼 있다. 따라서 UPDATE나 DELETE 문장이 실행될 때 테이블에 적절히 사용할 수 있는 인덱스가 없으면 불필요하게 많은 레코드를 잠근다. 심지어 테이블의 모든 레코드를 잠글 수도 있다. InnoDB 스토리지 엔진에서는 그만큼 인덱스의 설계가 중요하고 많은 부분에 영향을 미친다는 것이다.

5.3.3 B-Tree 인덱스 사용에 영향을 미치는 요소

B-Tree 인덱스는 인덱스를 구성하는 칼럼의 크기와 레코드의 건수, 그리고 유니크한 인덱스 키값의 개수 등에 의해 검색이나 변경 작업의 성능이 영향을 받는다.

인덱스 키값의 크기

InnoDB 스토리지 엔진은 디스크에 데이터를 저장하는 가장 기본 단위를 페이지(Page) 또는 블록(Block)이라고 하며, 디스크의 모든 읽기 및 쓰기 작업의 최소 작업 단위가 된다. 또한 페이지는 InnoDB 스토리지 엔진의 버퍼 풀에서 데이터를 버퍼링하는 기본 단위이기도 하다. 인덱스도 결국은 페이지 단위로 관리되며, 위의 B-Tree 그림에서 루트와 브랜치, 그리고 리프(Leaf) 노드를 구분한 기준이 바로 페이지 단위다.

이진(Binary) 트리는 각 노드가 자식 노드를 2개만 가지는데, 만약 DBMS의 B-Tree가 이진 트리라면 인덱스 검색이 상당히 비효율적일 것이다. 그래서 B-Tree의 "B"가 이진(Binary) 트리의 약자는 아니라고 강조했던 것이다. 일반적으로 DBMS의 B-Tree는 자식 노드의 개수가 가변적인 구조다. 그러면 MySQL의 B-Tree는 자식 노드를 몇 개까지 가질지가 궁금할 것이다. 그것은 바로 인덱스의 페이지 크기와 키 값의 크기에 따라 결정된다. InnoDB의 모든 페이지 크기는 16KB로 고정돼 있다(이를 변경하려면 소스 컴파일이 필요함). 만약 인덱스의 키가 16바이트라고 가정하면 다음 그림과 같이 인덱스 페이지가 구성될 것이다. 그림 5-9에서 자식 노드 주소라는 것은 여러 가지 복합적인 정보가 담긴 영역이며, 페이지의 종류별로 대략 6바이트에서 12바이트까지 다양한 크기의 값을 가질 수 있다. 여기서는 편의상 자식 노드 주소 영역이 평균적으로 12바이트로 구성된다고 가정하자.

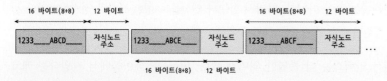

[그림 5-9] 인덱스 페이지의 구성

그림 5-9의 경우, 하나의 인덱스 페이지(16KB)에 몇 개의 키를 저장할 수 있을까? 계산해 보면 16*1024/(16+12) = 585개 저장할 수 있다. 최종적으로 이 경우는 자식 노드를 585개를 가질 수 있는 B-Tree가 되는 것이다. 그러면 인덱스 키값이 커지면 어떤 현상이 발생할까? 위의 경우에서 키값의 크기가 두 배인 32바이트로 늘어났다고 가정하면 한 페이지에 인덱스 키를 16*1024/(32+12) = 372개 저장할 수 있다. 만약 여러분의 SELECT 쿼리가 레코드 500개를 읽어야 한다면 전자는 인덱스 페이지 한 번으로 해결될 수도 있지만, 후자는 최소한 2번 이상 디스크로부터 읽어야 한다. 결국 인덱스를 구성하는 키값의 크기가 커지면 디스크로부터 읽어야 하는 횟수가 늘어나고, 그만큼 느려진다는 것을 의미한다.

또한, 인덱스 키 값의 길이가 길어진다는 것은 전체적인 인덱스의 크기가 커진다는 것을 의미한다. 하지만 인덱스를 캐시해 두는 InnoDB의 버퍼 풀이나 MyISAM의 키 캐시 영역은 크기가 제한적이기 때문에 하나의 레코드를 위한 인덱스 크기가 커지면 커질수록 메모리(버퍼 풀이나 키 캐시)에 캐시해 둘 수 있는 레코드 수는 줄어드는 것을 의미한다. 자연히 메모리의 효율이 떨어지게 되는 결과를 가져온다.

B-Tree 깊이

B-Tree 인덱스의 깊이(Depth)는 상당히 중요하지만 직접적으로 제어할 방법이 없다. 여기서는 인덱스 키값의 평균 크기가 늘어나면 어떤 현상이 추가로 더 발생하는지 알아보겠다. 그림 5-9의 예제를 다시 살펴보자. 인덱스의 B-Tree의 깊이가 3인 경우 최대 몇 개의 키값을 가질 수 있는지 한번 비교해 보자. 키값이 16바이트인 경우에는 최대 2억(585 * 585 * 585)개 정도의 키값을 담을 수 있지만 키값이 32바이트로 늘어나면 5천만(372 * 372 * 372) 개로 줄어든다. B-Tree의 깊이는 MySQL에서 값을 검색할 때 몇 번이나 랜덤하게 디스크를 읽어야 하는지와 직결되는 문제다. 결론적으로 인덱스 키값의 크기가 커지면 커질수록 하나의 인덱스 페이지가 담을 수 있는 인덱스 키값의 개수가 작아지고, 그 때문에 같은 레코드 건수라 하더라도 B-Tree의 깊이(Depth)가 깊어져서 디스크 읽기가 더 많이 필요하게 된다는 것을 의미한다.

여기서 언급한 내용은 사실 인덱스 키값의 크기는 가능하면 작게 만드는 것이 좋다는 것을 강조하기 위함이고, 실제로는 아무리 대용량의 데이터베이스라도 B-Tree의 깊이(Depth)가 4~5 이상까지 깊어지는 경우는 거의 발생하지 않는다.

선택도(기수성)

인덱스에서 선택도(Selectivity) 또는 기수성(Cardinality)은 거의 같은 의미로 사용되며, 모든 인덱스 키값 가운데 유니크한 값의 수를 의미한다. 전체 인덱스 키값은 100개인데, 그중에서 유니크한 값의 수는 10개라면 기수성은 10이다. 인덱스 키값 가운데 중복된 값이 많아지면 많아질수록 기수성은 낮아지고 동시에 선택도 또한 떨어진다. 인덱스는 선택도가 높을수록 검색 대상이 줄어들기 때문에 그만큼 빠르게 처리된다.

> **참고** 선택도가 좋지 않다고 하더라도 정렬이나 그룹핑과 같은 작업을 위해 인덱스를 만드는 것이 훨씬 나은 경우도 많다. 인덱스가 항상 검색에만 사용되는 것은 아니므로 여러 가지 용도를 고려해 적절히 인덱스를 설계할 필요가 있다.

country라는 칼럼과 city라는 칼럼이 포함된 tb_test 테이블을 예로 들겠다. tb_test 테이블의 전체 레코드 건수는 1만 건이며, country 칼럼으로만 인덱스가 생성된 상태에서 아래의 두 케이스를 살펴보자.

- 케이스 A : country 칼럼의 유니크한 값의 개수가 10개
- 케이스 B : country 칼럼의 유니크한 값의 개수가 1,000개

```
SELECT * FROM tb_test WHERE country='KOREA' AND city='SEOUL';
```

MySQL에서는 인덱스의 통계 정보(유니크한 값의 개수)가 관리되기 때문에 city 칼럼의 기수성은 작업 범위에 아무런 영향을 미치지 못한다. 위의 쿼리를 실행하면 A 케이스의 경우에는 평균 1,000건, B 케이스의 경우에는 평균적으로 10건이 조회될 수 있다는 것을 인덱스의 통계 정보(유니크한 값의 개수)로 예측할 수 있다. 만약 A 케이스와 B 케이스 모두 실제 모든 조건을 만족하는 레코드는 단 1건만 있었다면 A 케이스의 인덱스는 적합하지 않은 것이라고 볼 수 있다. A 케이스는 1건의 레코드를 위해 쓸모 없는 999건의 레코드를 더 읽은 것이지만, B 케이스는 9건만 더 읽은 것이다. 그래서 A 케이스의 경우 country 칼럼에 생성된 인덱스는 비효율적이다. 물론 필요한 만큼의 레코드만 정확하게 읽을 수 있다면 최상이겠지만, 현실적으로 모든 조건을 만족하도록 인덱스를 생성한다는 것은 불가능하므로 이 정도의 낭비는 무시할 수 있다.

각 국가의 도시를 저장하는 tb_city라는 테이블을 예로 들어보겠다. tb_city 테이블은 1만 건의 레코드를 가지고 있는데, country 칼럼에만 인덱스가 준비돼 있다. tb_city 테이블에는 국가와 도시가 중복해서 저장돼 있지 않다고 가정하자.

```
CREATE TABLE tb_city(
  country VARCHAR(10),
  city VARCHAR(10),
  INDEX ix_country (country)
);
```

tb_city 테이블에 아래와 같은 쿼리를 한번 실행해 보자. 이때 tb_city 테이블의 데이터 특성을 두 가지로 나눠서 내부적인 쿼리나 인덱스의 효율성을 살펴보겠다.

```
SELECT * FROM tb_test WHERE country='KOREA' AND city='SEOUL';
```

country 칼럼의 유니크 값이 10개일 때

country 칼럼의 유니크 값이 10개이므로 tb_city 테이블에는 10개 국가(country)의 도시(city) 정보가 저장돼 있는 것이다. MySQL 서버는 인덱스된 칼럼(country)에 대해서는 전체 레코드가 몇 건이며, 유니크한 값의 개수 등에 대한 통계 정보를 가지고 있다. 여기서 전체 레코드 건수를 유니크한 값의 개수로 나눠보면 하나의 키 값으로 검색했을 때 대략 몇 건의 레코드가 일치할지 예측할 수 있게 된다. 즉 이 케이스의 tb_city 테이블에서는 "country='KOREA'"라는 조건으로 인덱스를 검색하면 1000건(10,000/10)이 일치하리라는 것을 예상할 수 있다. 그런데 인덱스를 통해 검색된 1000건 가운데 city='SEOUL'인 레코드는 1건이므로 999건은 불필요하게 읽은 것으로 볼 수 있다.

country 칼럼의 유니크 값이 1000개일 때

country 칼럼의 유니크 값이 1000개이므로 tb_city 테이블에는 1000개 국가(country)의 도시(city) 정보가 저장돼 있는 것이다. 이 케이스에서도 전체 레코드 건수를 국가 칼럼의 유니크 값 개수로 나눠 보면 대략 한 국가당 대략 10개 정도의 도시 정보가 저장돼 있으리라는 것을 예측할 수 있다. 그래서 이 케이스에서는 tb_city 테이블에서 "country='KOREA'"라는 조건으로 인덱스를 검색하면 10건(10,000/1,000)이 일치할 것이며, 그 10건 중에서 city='SEOUL'인 레코드는 1건이므로 9건만 불필요하게 읽은 것이다.

위 두 케이스의 테이블에서 똑같은 쿼리를 실행해 똑같은 결과를 받았지만 사실 두 쿼리가 처리되기 위해 MySQL 서버가 수행한 작업 내용은 매우 크다는 것을 알 수 있다. 이처럼 인덱스에서 유니크한 값의 개수는 인덱스나 쿼리의 효율성에 큰 영향을 미치게 된다.

읽어야 하는 레코드의 건수

인덱스를 통해 테이블의 레코드를 읽는 것은 인덱스를 거치지 않고 바로 테이블의 레코드를 읽는 것보다 높은 비용이 드는 작업이다. 테이블에 레코드가 100만 건이 저장돼 있는데, 그중에서 50만 건을 읽어야 하는 쿼리가 있다고 가정해 보자. 이 작업은 전체 테이블을 모두 읽어서 필요 없는 50만 건을 버리는 것이 효율적일지, 인덱스를 통해 필요한 50만 건만 읽어 오는 것이 효율적일지 판단해야 한다. 인

텍스를 이용한 읽기의 손익 분기점이 얼마인지 판단할 필요가 있는데, 일반적인 DBMS의 옵티마이저에서는 인덱스를 통해 레코드 1건을 읽는 것이 테이블에서 직접 레코드 1건을 읽는 것보다 4~5배 정도 더 비용이 많이 드는 작업인 것으로 예측한다. 즉, 인덱스를 통해 읽어야 할 레코드의 건수(물론 옵티마이저가 판단한 예상 건수)가 전체 테이블 레코드의 20~25%를 넘어서면 인덱스를 이용하지 않고 직접 테이블을 모두 읽어서 필요한 레코드만 가려내는(필터링) 방식으로 처리하는 것이 효율적이다.

전체 100만 건의 레코드 가운데 50만 건을 읽어야 하는 작업은 인덱스의 손익 분기점인 20~25%보다 훨씬 크기 때문에 MySQL 옵티마이저는 인덱스를 이용하지 않고 직접 테이블을 처음부터 끝까지 읽어서 처리할 것이다. 이렇게 많은 레코드(전체 레코드의 20~25% 이상)를 읽을 때는 강제로 인덱스를 사용하도록 힌트를 추가해도 성능상 얻을 수 있는 이점이 없다. 물론 이러한 작업은 MySQL의 옵티마이저가 기본적으로 힌트를 무시하고 테이블을 직접 읽는 방식으로 처리하겠지만 기본적으로는 알고 있어야 할 사항이다.

5.3.4 B-Tree 인덱스를 통한 데이터 읽기

어떤 경우에 인덱스를 사용하도록 유도할지, 또는 사용하지 못하게 할지 판단하려면 MySQL(더 정확히는 각 스토리지 엔진)이 어떻게 인덱스를 이용(경유)해서 실제 레코드를 읽어 내는지 알고 있어야 할 것이다. 여기서는 MySQL이 인덱스를 이용하는 대표적인 방법 3가지를 살펴보겠다.

인덱스 레인지 스캔

인덱스 레인지 스캔은 인덱스의 접근 방법 가운데 가장 대표적인 접근 방식으로, 밑에서 설명할 나머지 2가지 접근 방식보다는 빠른 방법이다. 인덱스를 통해 레코드를 한 건만 읽는 경우와 한 건 이상을 읽는 경우를 각각 다른 이름으로 구분하지만, 이 절에서는 모두 묶어서 "인덱스 레인지 스캔"이라고 표현했다. 더 상세한 내용은 6장, "실행 계획"에서 다시 언급할 것이므로 그때 둘의 차이를 자세히 알아보자. 여기서는 인덱스 B-Tree의 필요한 영역을 스캔하는 데 어떤 작업이 필요한지만 이해할 수 있으면 충분할 것이다. 다음 쿼리를 예제로 살펴보자.

```
SELECT * FROM employees WHERE first_name BETWEEN 'Ebbe' AND 'Gad';
```

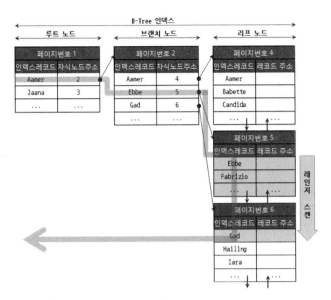

[그림 5-9] 인덱스를 이용한 레인지 스캔

인덱스 레인지 스캔은 검색해야 할 인덱스의 범위가 결정됐을 때 사용하는 방식이다. 검색하려는 값의 수나 검색 결과 레코드 건수와 관계없이 레인지 스캔이라고 표현한다. 그림 5-9의 화살표에서도 알 수 있듯이 루트 노드에서부터 비교를 시작해 브랜치 노드를 거치고 최종적으로 리프 노드까지 찾아 들어가야만 비로소 실제로 원하는 시작 지점을 찾을 수 있다. 일단 시작해야 할 위치를 찾으면 그때부터는 리프 노드의 레코드만 순서대로 읽으면 된다. 이처럼 차례대로 쭉 읽는 것을 스캔이라고 표현한다. 만약 스캔하다가 리프 노드의 끝까지 읽으면 리프 노드 간의 링크를 이용해 다음 리프 노드를 찾아서 다시 스캔한다. 그리고 최종적으로 스캔을 멈춰야 할 위치에 다다르면 지금까지 읽은 레코드를 사용자에게 반환하고 쿼리를 끝낸다. 그림 5-9에서 두꺼운 선은 스캔해야 할 위치 검색을 위한 비교 작업을 의미하며, 바탕색이 있는 리프 노드의 레코드 구간은 실제 스캔하는 범위를 표현한다.

그림 5-9는 실제로 인덱스만을 읽는 경우를 보여준다. 하지만 B-Tree 인덱스의 리프 노드를 스캔하면서 실제 데이터 파일의 레코드를 읽어 와야 하는 경우도 많은데, 이 과정을 좀 더 자세히 살펴보자.

[그림 5-10] 인덱스 레인지 스캔을 통한 데이터 레코드 읽기

B-Tree 인덱스에서 루트와 브랜치 노드를 이용해 특정 검색(스캔) 시작 값을 가지고 있는 리프 노드를 검색하고, 그 지점부터 필요한 방향(오름차순 또는 내림차순)으로 인덱스를 읽어 나가는 과정을 그림 5-10에서 확인할 수 있다. 가장 중요한 것은 어떤 방식으로 스캔하든 관계없이, 해당 인덱스를 구성하는 칼럼의 정순 또는 역순으로 정렬된 상태로 레코드를 가져온다는 것이다. 이는 별도의 정렬 과정이 수반되는 것이 아니라 인덱스 자체의 정렬 특성 때문에 자동으로 그렇게 된다는 것이다.

또 하나 그림 5-10에서 중요한 것은 인덱스의 리프 노드에서 검색 조건에 일치하는 건들은 데이터 파일에서 레코드를 읽어오는 과정이 필요하다는 것이다. 이때 리프 노드에 저장된 레코드 주소로 데이터 파일의 레코드를 읽어오는데, 레코드 한 건 한 건 단위로 랜덤 I/O가 한 번씩 실행된다. 그림 5-10에서처럼 3건의 레코드가 검색 조건에 일치했다고 가정하면 데이터 레코드를 읽기 위해 랜덤 I/O가 최대 3번이 필요한 것이다. 그래서 인덱스를 통해 데이터 레코드를 읽는 작업은 비용이 많이 드는 작업으로 분류되는 것이다. 그리고 인덱스를 통해 읽어야 할 데이터 레코드가 20~25%를 넘으면 인덱스를 통한 읽기보다 테이블의 데이터를 직접 읽는 것이 더 효율적인 처리 방식이 되는 것이다.

인덱스 풀 스캔

인덱스 레인지 스캔과 마찬가지로 인덱스를 사용하지만 인덱스 레인지 스캔과는 달리 인덱스의 처음부터 끝까지 모두 읽는 방식을 인덱스 풀 스캔이라고 한다. 대표적으로 쿼리의 조건절에 사용된 칼럼이 인덱스의 첫 번째 칼럼이 아닌 경우 인덱스 풀 스캔 방식이 사용된다. 예를 들어 인덱스는 (A, B, C) 칼럼의 순서대로 만들어져 있지만 쿼리의 조건절은 B 칼럼이나 C 칼럼으로 검색하는 경우다.

일반적으로 인덱스의 크기는 테이블의 크기보다 작으므로 직접 테이블을 처음부터 끝까지 읽는 것보다는 인덱스만 읽는 것이 효율적이다. 쿼리가 인덱스에 명시된 칼럼만으로 조건을 처리할 수 있는 경우 주로 이 방식이 사용된다. 인덱스뿐만이 아니라 데이터 레코드까지 모두 읽어야 한다면 절대 이 방식으로 처리되지 않는다. 간단하게 그림으로 인덱스 풀 스캔의 처리 방식을 살펴보자.

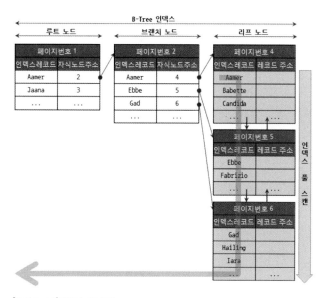

[그림 5-11] 인덱스 풀 스캔

그림 5-11에서 인덱스 풀 스캔의 예를 살펴볼 수 있다. 먼저 인덱스 리프 노드의 제일 앞 또는 제일 뒤로 이동한 후, 인덱스의 리프 노드를 연결하는 링크드 리스트(Linked list, 리프 노드 사이를 연결하는 세로로 그려진 두쌍씩의 화살표)를 따라서 처음부터 끝까지 스캔하는 방식을 인덱스 풀 스캔이라고 한다. 이 방식은 인덱스 레인지 스캔보다는 빠르지 않지만 테이블 풀 스캔보다는 효율적이다. 위에서도 언급했듯이 인덱스에 포함된 칼럼만으로 쿼리를 처리할 수 있는 경우 테이블의 레코드를 읽을 필요가 없기 때문이다. 인덱스의 전체 크기는 테이블 자체의 크기보다는 훨씬 작으므로 인덱스 풀 스캔은 테이블 전체를 읽는 것보다는 적은 디스크 I/O로 쿼리를 처리할 수 있다.

이 책에서 특별히 방식을 언급하지 않고 "인덱스를 사용한다"라고 표현한 것은 "인덱스 레인지 스캔"이나 밑에서 설명될 "루스 인덱스 스캔" 방식으로 인덱스를 사용한다는 것을 의미한다. 인덱스 풀 스캔 방식 또한 인덱스를 이용하는 것이지만 효율적인 방식은 아니며, 일반적으로 인덱스를 생성하는 목적은 아니기 때문이다. 또한 역으로 테이블 전체를 읽거나 인덱스 풀 스캔 방식으로 인덱스를 사용하는 경우는 "인덱스를 사용하지 못한다" 또는 "인덱스를 효율적으로 사용하지 못한다"라는 표현을 사용했다.

루스 인덱스 스캔

많은 사용자에게 루스(Loose) 인덱스 스캔이라는 단어는 상당히 생소할 것이다. 오라클과 같은 DBMS의 "인덱스 스킵 스캔"이라고 하는 기능과 작동 방식은 비슷하지만 MySQL에서는 이를 "루스 인덱스 스캔"이라고 한다. 하지만 MySQL의 루스 인덱스 스캔 기능은 아직은 제한적이다. 위에서 소개한 두 가지 접근 방법("인덱스 레인지 스캔"과 "인덱스 풀 스캔")은 "루스 인덱스 스캔"과는 상반된 의미에서 "타이트(Tight) 인덱스 스캔"으로도 분류한다. 루스 인덱스 스캔이란 말 그대로 느슨하게 또는 듬성듬성하게 인덱스를 읽는 것을 의미한다.

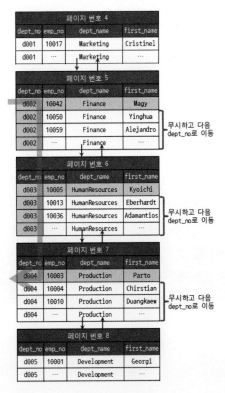

[그림 5-12] 루스 인덱스 스캔(dept_name과 first_name 칼럼은 참조용으로 표시됨)

루스 인덱스 스캔은 인덱스 레인지 스캔과 비슷하게 작동하지만, 중간마다 필요치 않은 인덱스 키값은 무시(SKIP)하고 다음으로 넘어가는 형태로 처리한다. 일반적으로 GROUP BY 또는 집합 함수 가운데 MAX( )또는 MIN( ) 함수에 대해 최적화를 하는 경우에 사용된다.

```
SELECT dept_no, MIN(emp_no)
FROM dept_emp
WHERE dep_no BETWEEN 'd002' AND 'd004'
GROUP BY dept_no;
```

이 쿼리에서 사용된 dept_emp 테이블은 dept_no와 emp_no 두 개의 칼럼으로 인덱스가 생성돼 있다. 또한 이 인덱스는 dept_no + emp_no의 값으로 정렬까지 돼 있어서 그림 5-12에서와 같이 dept_no 그룹별로 제일 첫 번째 레코드의 emp_no 값만 읽으면 되는 것이다. 즉 인덱스에서 WHERE 조건을 만족하는 범위 전체를 다 스캔할 필요가 없다는 것을 옵티마이저는 알고 있기 때문에 조건에 만족하지 않는 레코드는 무시하고 다음 레코드로 이동한다. 그림 5-12를 보면 인덱스 리프 노드를 스캔하면서 불필요한 부분(dept_no는 바탕 색칠이 되었지만 emp_no는 바탕 색칠이 되지 않은 레코드)은 그냥 무시하고 필요한 부분(레코드 전체가 바탕 색칠된 레코드)만 읽었음을 알 수 있다. 루스 인덱스 스캔을 사용하려면 여러 가지 조건을 만족해야 하는데, 이러한 제약 조건은 6장, "실행 계획"에서 자세히 언급하겠다.

5.3.5 다중 칼럼(Multi-column) 인덱스

지금까지 살펴본 인덱스들은 모두 1개의 칼럼만 포함된 인덱스였다. 하지만 실제 서비스용 데이터베이스에서는 2개 이상의 칼럼을 포함하는 인덱스가 더 많이 사용된다. 두 개 이상의 칼럼으로 구성된 인덱스를 다중 칼럼 인덱스라고 하며, 또한 2개 이상의 칼럼이 연결됐다고 해서 "Concatenated Index"라고도 한다. 그림 5-13은 2개 이상의 칼럼을 포함하는 다중 칼럼 인덱스의 구조를 보여준다.

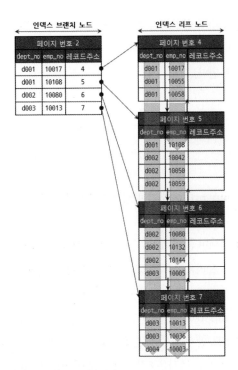

[그림 5-13] 다중 칼럼 인덱스

그림 5-13에서는 편의상 루트 노드는 생략했으나 실제로 데이터 레코드 건수가 작은 경우에는 브랜치 노드가 없는 경우도 있을 수 있다. 하지만 루트 노드와 리프 노드는 항상 존재한다. 그림 5-13은 다중 칼럼 인덱스일 때 각 인덱스 구성 칼럼값이 어떻게 정렬되어 저장되는지 설명하기 위해서다. 이 그림에서 중요한 것은 인덱스의 두 번째 칼럼은 첫 번째 칼럼에 의존해서 정렬돼 있다는 것이다. 즉, 두 번째 칼럼의 정렬은 첫 번째 칼럼이 똑같은 레코드에서만 의미가 있다는 것이다. 그림 5-13에서는 칼럼이 2개뿐이지만, 만약 칼럼이 4개인 인덱스를 생성한다면 세 번째 칼럼은 두 번째 칼럼에 의존해서 정렬되고 네 번째 칼럼은 다시 세 번째 칼럼에 의존해서 정렬된다는 것이다. 위의 예제에서 emp_no 값의 정렬 순서가 빠르다 하더라도 dept_no 칼럼의 정렬 순서가 늦다면 인덱스의 뒤쪽에 위치한다. 그래서 위의 그림에서 emp_no 값이 "10003"인 레코드가 인덱스 리프 노드의 제일 마지막(하단)에 위치하는 것이다. 다중 칼럼 인덱스에서는 인덱스 내에서 각 칼럼의 위치(순서)가 상당히 중요하며 또한 아주 신중히 결정해야 하는 이유가 바로 여기에 있다.

5.3.6 B-Tree 인덱스의 정렬 및 스캔 방향

인덱스 키값은 항상 오름차순으로만 정렬되지만 사실 그 인덱스를 거꾸로 끝에서부터 읽으면 내림차순으로 정렬된 인덱스로도 사용될 수 있다. 인덱스를 어느 방향으로 읽을지는 쿼리에 따라 옵티마이저가 실시간으로 만들어 내는 실행 계획에 따라 결정된다.

인덱스의 정렬

일반적인 상용 DBMS에서는 인덱스를 생성하는 시점에 인덱스를 구성하는 각 칼럼의 정렬을 오름차순 또는 내림차순을 설정할 수 있다. 안타깝게도 MySQL은 다음 예제와 같이 인덱스를 구성하는 칼럼 단위로 정렬 방식(ASC와 DESC)을 혼합해서 생성하는 기능을 아직까지 지원하지 않는다.

```
CREATE INDEX ix_teamname_userscore ON employees (team_name ASC, user_score DESC);
```

MySQL에서 위와 같은 명령으로 인덱스를 생성하면 아무 문제 없이 인덱스 생성은 가능하지만, 실제로는 ASC나 DESC 키워드를 무시하고 모든 칼럼이 오름차순(정순)으로만 정렬된다. MySQL에서 ASC 또는 DESC 키워드는 앞으로 만들어질 버전에 대한 호환성을 위해 문법상으로만 제공하는 것이다. 인덱스의 모든 칼럼을 오름차순(ASC)으로만 또는 내림차순(DESC)으로만 생성하는 것은 (인덱스를 앞으로 읽을지 뒤로 읽을지에 따라 해결되기 때문에) 아무런 문제가 되지 않는다. 하지만 가끔 인덱스를 구성하는 칼럼 가운데 오름차순(ASC)과 내림차순(DESC)을 혼합해서 만들어야 할 때가 있다. MySQL에서는 칼럼의 값을 역으로 변환해서 구현하는 것이 유일한 방법이다. 한 예로 다음 테이블을 살펴보자.

```
CREATE TABLE ranking (
  team_name VARCHAR(20),
  user_name VARCHAR(20),
  user_score INT,
  ...
  INDEX ix_teamname_userscore(team_name, user_score)
);
```

ranking 테이블에서 team_name 칼럼은 오름차순(ASC)으로 정렬하고 user_score는 높은 점수 순서(내림차순)대로 정렬해서 사용자를 조회하려면 어떻게 해야 할까?

```
SELECT team_name, user_name
FROM ranking
ORDER BY team_name ASC, user_score DESC ;
```

위와 같이 쿼리를 사용하면 원하는 결과는 조회할 수 있다. 하지만 이 쿼리는 실행의 최종 단계에서 레코드를 정렬하는 과정이 필요하므로 절대로 빠르게 처리할 수 없다. 그래서 이럴 때는 user_score의 값을 역으로 변환해서 저장하는 것이 현재로서는 유일한 방법이다. 즉 user_score 값을 그대로 음수로 만들어서 저장하는 것이다. 그러면 다음과 같이 ORDER BY의 정렬 조건을 모두 오름차순(ASC)으로 사용할 수 있게 되므로 별도의 정렬 작업 없이 인덱스를 읽기만 해도 정렬되어 출력되는 것이다. 값을 반대로 저장하는 자세한 방법은 7.4.8절, "ORDER BY"의 "여러 방향으로 동시 정렬"(470쪽)에 나온 예제를 참조하자.

```
SELECT team_name, user_name
FROM ranking ORDER BY team_name, user_score ;
```

참고로 ORDER BY의 칼럼에 별도로 ASC나 DESC가 명시되지 않으면 기본적으로 "ASC"가 생략된 것으로 판단하고 오름차순으로 정렬한다.

인덱스 스캔 방향

first_name 칼럼에 인덱스가 포함된 employees 테이블에 대해 다음 쿼리를 실행하는 과정을 한번 살펴보자. MySQL은 이 쿼리를 실행하기 위해 인덱스를 처음부터 오름차순으로 끝까지 읽어 first_name이 가장 큰(오름차순으로 읽었을 때 가장 마지막 레코드) 값 하나를 가져오는 걸까?

```
SELECT *
FROM employees ORDER BY first_name DESC LIMIT 1;
```

그렇지 않다. 인덱스는 항상 오름차순으로만 정렬돼 있지만 인덱스를 최소값부터 읽으면 오름차순으로 값을 가져올 수 있고, 최댓값부터 거꾸로 읽으면 내림차순으로 값을 가져올 수 있다는 것을 MySQL 옵티마이저는 이미 알고 있다. 그래서 위의 쿼리는 인덱스를 역순으로 접근해 첫 번째 레코드만 읽으면 된다. 그림 5-14는 인덱스를 정순으로 읽는 경우와 역순으로 읽는 경우를 보여준다.

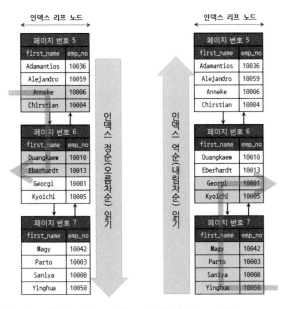

[그림 5-14] 인덱스의 오름차순(ASC)와 내림차순(DESC) 읽기

즉, 인덱스를 역순으로 정렬되게 할 수는 없지만 인덱스를 읽는 방향에 따라 오름차순 또는 내림차순 정렬 효과를 얻을 수 있다. 인덱스를 오름차순으로 읽으면 최종적으로 출력되는 결과 레코드는 자동으로 오름차순으로 정렬된 결과이며, 내림차순으로 읽으면 그 결과는 내림차순으로 정렬된 상태가 되는 것이다.

```
SELECT * FROM employees WHERE first_name>='Anneke'
ORDER BY first_name ASC LIMIT 4;

SELECT * FROM employees ORDER BY first_name DESC LIMIT 5;
```

위의 첫 번째 쿼리는 first_name 칼럼에 정의된 인덱스를 이용해 "Anneke"라는 레코드를 찾은 후, 오름차순으로 해당 인덱스를 읽으면서 4개의 레코드만 가져오면 아무런 비용을 들이지 않고도 원하는 정렬 효과를 얻을 수 있다. 두 번째 쿼리는 이와 반대로 employees 테이블의 first_name 칼럼에 정의된 인덱스를 역순으로 읽으면서 처음 다섯 개의 레코드만 가져오면 되는 것이다. 쿼리의 ORDER BY 처리나 MIN( ) 또는 MAX( ) 함수 등의 최적화가 필요한 경우, MySQL 옵티마이저는 인덱스의 읽기 방향을 전환해서 사용하도록 실행 계획을 만들어 낸다.

5.3.7 B-Tree 인덱스의 가용성과 효율성

쿼리의 WHERE 조건이나 GROUP BY 또는 ORDER BY 절이 어떤 경우에 인덱스를 사용할 수 있고 어떤 방식으로 사용할 수 있는지 식별할 수 있어야 한다. 그래야만 쿼리의 조건을 최적화하거나, 역으로 쿼리에 맞게 인덱스를 최적으로 생성할 수 있다. 여기서는 어떤 조건에서 인덱스를 사용할 수 있고 어떨 때 사용할 수 없는지 살펴보겠다. 또한 인덱스를 100% 활용할 수 있는지, 일부만 이용하게 되는지도 함께 살펴보겠다.

비교 조건의 종류와 효율성

다중 칼럼 인덱스에서 각 칼럼의 순서와 그 칼럼에 사용된 조건이 동등 비교("=")인지 아니면 크다(">") 또는 작다("<")와 같은 범위 조건인지에 따라 각 인덱스 칼럼의 활용 형태가 달라지며, 그 효율 또한 달라진다. 다음 예제를 한번 살펴보자.

```
SELECT * FROM dept_emp
WHERE dept_no='d002' AND emp_no >= 10114 ;
```

이 쿼리를 위해 dept_emp 테이블에 각각 칼럼의 순서만 다른 2가지 케이스로 인덱스를 생성했다고 가정하자. 위의 쿼리가 처리되는 동안 각 인덱스에 어떤 차이가 있었는지 살펴보자.

- 케이스 A : dept_no + emp_no
- 케이스 B : emp_no + dept_no

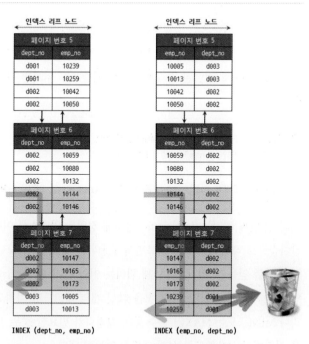

[그림 5-15] 인덱스의 칼럼 순서로 인한 쿼리 실행 내역의 차이

케이스 A는 "dept_no='d002' AND emp_no>=10144"인 레코드를 찾고, 그 이후에는 dept_no가 'd002'가 아닐 때까지 인덱스를 그냥 죽 읽기만 하면 된다. 이 경우에는 읽은 레코드가 모두 사용자가 원하는 결과임을 알 수 있다. 즉, 5건의 레코드를 찾는 데 꼭 필요한 5번의 비교 작업만 수행한 것이므로 상당히 효율적으로 인덱스를 이용한 것이다. 하지만 케이스 B는 우선 "emp_no>=10144 AND dept_no='d002'"인 레코드를 찾고, 그 이후 모든 레코드에 대해 dept_no='d002'인지 비교하는 과정을 거쳐야 한다. 이처럼 인덱스를 통해 읽은 레코드가 나머지 조건에 맞는지 비교하면서 취사선택하는 작업을 "필터링"이라고도 한다. 최종적으로는 dept_no='d002' 조건을 만족(필터링)하는 레코드 5건을 가져온다. 즉 이 경우에는 5건의 레코드를 찾기 위해 7번의 비교 과정을 거친 것이다. 왜 이런 현상이 발생했을까? 그 이유는 그림 5-13 "다중 칼럼 인덱스"에서 설명한 다중 칼럼 인덱스의 정렬 방식(인덱스의 N번째 키값은 N-1번째 키값에 대해서 다시 정렬됨) 때문이다. 케이스 A 인덱스에서 2번째 칼럼인 emp_no는 비교 작업의 범위를 좁히는 데 도움을 준다. 하지만 케이스 B 인덱스에서 2번째 칼럼인 dept_no는 비교 작업의 범위를 좁히는 데 아무런 도움을 주지 못하고, 단지 쿼리의 조건에 맞는지 검사하는 용도로만 사용됐다.

공식적인 명칭은 아니지만 케이스 A의 두 조건(dept_no='d002' 와 emp_no>=10144)과 같이 작업의 범위를 결정하는 조건을 "작업 범위 결정 조건"이라 하고, 케이스 B의 "dept_no='d002'" 조건과 같이 비교 작업의 범위를 줄이지 못하고 단순히 거름종이 역할만 하는 조건을 "필터링 조건" 또는 "체크 조건"이라고 표현한다. 결국, 케이스 A에서 dept_no 칼럼과 emp_no 칼럼은 모두 "작업 범위 결정 조건"에 해당하지만 케이스 B에서는 emp_no 칼럼만 "작업 범위 결정 조건"이고, dept_no 칼럼은 "필터링 조건"으로 사용된 것이다. 작업 범위를 결정하는 조건은 많으면 많을수록 쿼리의 처리 성능을 높이지만 체크 조건은 많다고 해서 (최종적으로 가져오는 레코드는 작게 만들지 몰라도) 쿼리의 처리 성능을 높이지는 못한다. 오히려 쿼리 실행을 더 느리게 만들 때가 많다.

인덱스의 가용성

B-Tree 인덱스의 특징은 왼쪽 값에 기준(Left-most)해서 오른쪽 값이 정렬돼 있다는 것이다. 여기서 왼쪽이라 함은 하나의 칼럼 내에서뿐만 아니라 다중 칼럼 인덱스의 칼럼에 대해서도 함께 적용된다.

- 케이스 A : INDEX (first_name)
- 케이스 B : INDEX (dept_no, emp_no)

그림 5-16에서는 정렬만 표현했지만, 사실은 이 정렬이 빠른 검색의 전제 조건이다. 즉 하나의 칼럼으로 검색해도 값의 왼쪽 부분이 없으면 인덱스 레인지 스캔 방식의 검색이 불가능하다. 또한 다중 칼럼 인덱스에서도 왼쪽 칼럼의 값을 모르면 인덱스 레인지 스캔을 사용할 수 없다.

케이스 A의 인덱스가 지정된 employees 테이블에 대해 다음과 같은 쿼리가 어떻게 실행되는지 한번 살펴보자.

[그림 5-16] 왼쪽 값(Left-most)을 기준으로 정렬

```
SELECT * FROM employees WHERE first_name LIKE '%mer';
```

이 쿼리는 인덱스 레인지 스캔 방식으로 인덱스를 이용할 수는 없다. 그 이유는 first_name 칼럼에 저장된 값의 왼쪽부터 한 글자씩 비교해 가면서 일치하는 레코드를 찾아야 하는데, 조건절에 주어진 상수 값("%mer")에는 왼쪽 부분이 고정되지 않았기 때문이다. 따라서 정렬 우선순위가 낮은 뒷부분의 값만으로는 왼쪽 기준(Left-most) 정렬 기반의 인덱스인 B-tree에서는 인덱스의 효과를 얻을 수 없다.

케이스 B의 인덱스가 지정된 dept_emp 테이블에 대해 다음 쿼리가 어떻게 실행되는지 한번 살펴보자.

```
SELECT * FROM dept_emp WHERE emp_no>=10144;
```

인덱스가 (dept_no, emp_no) 칼럼 순서대로 생성돼 있다면 인덱스의 선행 칼럼인 dept_no 값 없이 emp_no 값으로만 검색하면 인덱스를 효율적으로 사용할 수 없다. 케이스 B의 인덱스는 다중 칼럼으로 인덱스가 만들어졌기 때문에 dept_no에 대해 먼저 정렬한 후, 다시 emp_no 칼럼값으로 정렬돼 있기 때문이다. 여기서는 간단히 WHERE 조건절에 대한 내용만 언급했지만 인덱스의 왼쪽 값 기준 규칙은 GROUP BY 절이나 ORDER BY 절에도 똑같이 적용된다. GROUP BY나 ORDER BY에 대해서는 나중에 다시 자세히 살펴보겠다.

가용성과 효율성 판단

기본적으로 B-Tree 인덱스의 특성상 다음 조건에서는 사용할 수 없다. 여기서 사용할 수 없다는 것은 작업 범위 결정 조건으로 사용할 수 없다는 것을 의미하며, 경우에 따라서는 체크 조건으로 인덱스를 사용할 수는 있다.

NOT-EQUAL로 비교된 경우 ("〈〉", "NOT IN", "NOT BETWEEN", "IS NOT NULL")

.. WHERE column 〈〉 'N'

.. WHERE column NOT IN (10,11,12)

.. WHERE column IS NOT NULL

LIKE '%??' (앞부분이 아닌 뒷부분 일치) 형태로 문자열 패턴이 비교된 경우

.. WHERE column LIKE '%승환'

.. WHERE column LIKE '_승환'

.. WHERE column LIKE '%승%'

스토어드 함수나 다른 연산자로 인덱스 칼럼이 변형된 후 비교된 경우

.. WHERE SUBSTRING(column,1,1) = 'X'

.. WHERE DAYOFMONTH(column) = 1

NOT-DETERMINISTIC 속성의 스토어드 함수가 비교 조건에 사용된 경우

.. WHERE column = deterministic_function()

더 자세한 내용은 11장, "스토어드 프로그램"(647쪽) 참조

데이터 타입이 서로 다른 비교(인덱스 칼럼의 타입을 변환해야 비교가 가능한 경우)

.. WHERE char_column = 10

더 자세한 내용은 15장, "데이터 타입"(866쪽) 참조

문자열 데이터 타입의 콜레이션이 다른 경우

.. WHERE utf8_bin_char_column = euckr_bin_char_column

더 자세한 내용은 15.1.4절, "콜레이션(Collation)"(876쪽) 참조

다른 일반적인 DBMS에서는 NULL 값은 인덱스에 저장되지 않지만 MySQL에서는 NULL 값도 인덱스로 관리된다. 다음과 같은 WHERE 조건도 작업 범위 결정 조건으로 인덱스를 사용한다.

```
.. WHERE column IS NULL ..
```

다중 칼럼으로 만들어진 인덱스는 어떤 조건에서 사용될 수 있고, 어떤 경우에는 절대 사용될 수 없는지 살펴보자. 다음과 같은 인덱스가 있다가 가정해 보자.

```
INDEX ix_test ( column_1, column_2, column_3, .., column_n )
```

작업 범위 결정 조건으로 인덱스를 사용하지 못하는 경우

column_1 칼럼에 대한 조건이 없는 경우

column_1 칼럼의 비교 조건이 위의 인덱스 사용 불가 조건 중 하나인 경우

작업 범위 결정 조건으로 인덱스를 사용하는 경우(i는 2보다 크고 n보다 작은 임의의 값을 의미)

column_1 ~ column_(i-1) 칼럼까지 Equal 형태("=" 또는 "IN")로 비교

column_i 칼럼에 대해 다음 연산자 중 하나로 비교

  Equal("=" 또는 "IN")

  크다 작다 형태(">" 또는 "<")

  LIKE로 좌측 일치 패턴(LIKE '승환%')

위의 2가지 조건을 모두 만족하는 쿼리는 column_1부터 column_i까지는 범위 결정 조건으로 사용되고, column_i부터 column_n까지의 조건은 체크 조건으로 사용된다. 인덱스를 사용하는 경우와 그렇지 않은 상황에 해당하는 쿼리의 조건 몇 가지를 예제로 살펴보자.

```
-- // 다음 쿼리는 인덱스를 사용할 수 없음
.. WHERE column_1 <> 2

-- // 다음 쿼리는 column_1과 column_2까지 범위 결정 조건으로 사용됨
.. WHERE column_1 = 1 AND column_2 > 10

-- // 다음 쿼리는 column_1, column_2, column_3까지 범위 결정 조건으로 사용됨
.. WHERE column_1 IN (1,2) AND column_2 = 2 AND column_3 <= 10

-- // 다음 쿼리는 column_1, column_2, column_3까지 범위 결정 조건으로,
-- // column_4는 체크 조건으로 사용됨
.. WHERE column_1 = 1 AND column_2 = 2 AND column_3 IN (10,20,30) AND column_4 <> 100

-- // 다음 쿼리는 column_1, column_2, column_3, column_4까지 범위 결정 조건으로 사용됨
-- // 좌측 패턴 일치 LIKE 비교는 크다 또는 작다 비교와 동급으로 생각하면 될 듯하다.
.. WHERE column_1 = 1 AND column_2 IN (2,4) AND column_3 = 30 AND column_4 LIKE '김승%'

-- // 다음 쿼리는 column_1, column_2, column_3, column_4, column_5 칼럼까지
-- // 모두 범위 결정 조건으로 사용됨
.. WHERE column_1 = 1 AND column_2 = 2 AND column_3 = 30
         AND column_4 = '김승환' AND column_5 = '서울'
```

작업 범위 결정 조건으로 인덱스를 사용하는 쿼리 패턴은 이 밖에도 상당히 많이 있겠지만, 대표적인 것들을 기억해 두면 좀 더 효율적인 쿼리를 쉽게 작성할 수 있을 것이다. 또한 여기서 설명하는 내용은 모두 B-Tree 인덱스의 특징이므로 MySQL뿐 아니라 대부분의 RDBMS에도 동일하게 적용된다.

5.4 해시(Hash) 인덱스

해시 인덱스는 B-Tree만큼 범용적이지 않지만 고유의 특성과 용도를 지닌 인덱스 가운데 하나다. 해시 인덱스는 동등 비교 검색에는 최적화돼 있지만 범위를 검색한다거나 정렬된 결과를 가져오는 목적으로는 사용할 수 없다. 일반적인 DBMS에서 해시 인덱스는 메모리 기반의 테이블에 주로 구현돼 있으며 디스크 기반의 대용량 테이블용으로는 거의 사용되지 않는다는 특징이 있다. 해시 인덱스 알고리즘은 테이블의 인덱스뿐 아니라 InnoDB의 버퍼 풀에서 빠른 레코드 검색을 위한 어댑티브 해시 인덱스(Adaptive Hash Index)로 사용되기도 하고, 오라클과 같은 DBMS에서는 조인에 사용되기도 한다. 해시 인덱스는 주로 메모리 기반의 테이블에서 주로 사용되지만 기본적인 특성은 반드시 알아두자.

5.4.1 구조 및 특성

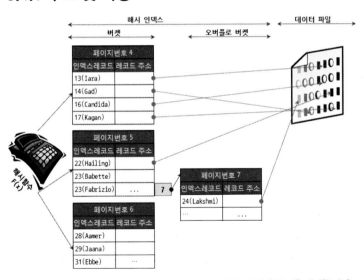

[그림 5-17] 해시 인덱스(괄호 안의 값은 해시 함수가 실행되기 이전의 원본 값을 예시한 것임)

해시 인덱스의 큰 장점은 실제 키값과는 관계없이 인덱스 크기가 작고 검색이 빠르다는 것이다. 위의 그림에서 보는 것처럼 해시 인덱스는 트리 형태의 구조가 아니므로 검색하고자 하는 값을 주면 해시 함수를 거쳐서 찾고자 하는 키값이 포함된 버켓을 알아낼 수 있다. 그리고 그 버켓 하나만 읽어서 비교해 보면 실제 레코드가 저장된 위치를 바로 알 수 있다. 그래서 트리 내에서 여러 노드를 읽어야 하지만 레 코드의 주소를 알아 낼 수 있는 B-Tree보다 상당히 빨리 결과를 가져올 수 있다.

또한 해시 인덱스는 원래의 키값을 저장하는 것이 아니라 해시 함수의 결과(일반적으로는 단순 숫자 값)만을 저장하므로 키 칼럼의 값이 아무리 길어도 실제 해시 인덱스에 저장되는 값은 4~8바이트 수준 으로 상당히 줄어든다. 그래서 해시 인덱스는 B-Tree 인덱스보다는 상당히 크기가 작은 편이다.

해시 인덱스에서 가장 중요한 것은 해시 함수로, 입력된 키값이 어디에 저장될지를 결정하는 함수다. 해시 함수의 결과 값의 범위가 넓으면 그만큼 버켓이 많이 필요해져서 공간의 낭비가 커지고, 값의 범 위가 너무 작으면 충돌되는 경우가 너무 많이 발생해 해시 인덱스의 장점이 사라진다. 여기서 충돌이 라 함은 입력 값은 다르지만 해시 함수의 결과 값이 같은 경우를 의미한다. 아래의 간단한 예제를 살 펴보자.

```
해시 함수 F(value) = CRC32(value) % 10

F('Banette') = 7
F('Aamer') = 9
F('Jaana') = 9
...
```

CRC16이라는 함수의 결과 값을 10으로 나눈 결과 나머지 값을 취하는 것으로 해시 함수를 정의했다 고 해보자. 위의 예제에서 "Jaana"와 "Aamer"는 입력 값은 다르지만 결과 값은 똑같이 9라는 것을 알 수 있다. 이렇게 입력 값은 다르지만 해시 값이 같은 경우를 "충돌"이라고 표현한다. 해시 함수 결과 값 의 범위가 좁으면 필요한 버켓의 개수가 적어지지만 충돌이 많이 발생한다. 반대로 해시 함수 결과 값 의 범위가 넓으면 버켓의 개수가 많이 필요하지만 충돌이 줄어든다. 검색을 위한 해시 인덱스에서는 충 돌이 많이 발생하면 할수록 검색의 효율이 떨어진다. 위의 예제에서 "Banette"를 검색하는 경우는 해 시 값이 7인 것을 검색하므로 1건만 일치하지만, "Aamer"를 검색하는 경우에는 해시 값이 9인 것을 검색하므로 2건이 일치한다. 하지만 후자는 실제로 값이 "Aamer"가 아닌 경우("Jaana")가 포함돼 있어서 필터링 과정이 필요하며 자연히 검색 성능은 느려진다.

참고 해시 알고리즘은 여러 가지 목적으로 사용될 수 있지만 DBMS에서는 대표적으로 검색을 위한 인덱스와 테이블의 파티셔닝 용도로 사용된다. 검색을 위해 해시 알고리즘이 사용되는 경우에는 해시 함수의 결과 값이 범위가 넓어야 충돌이 줄어들고 그만큼 검색 성능이 높아진다. 하지만 테이블의 파티셔닝 용도로 사용되는 경우에는 해시 함수가 필요한 파티션의 개수만큼만 만들어내도록 설계해야 하므로 해시 함수의 결과 값의 범위를 좁게 사용한다. MySQL의 해시 파티션은 이러한 해시 알고리즘을 이용해 테이블을 파티셔닝하는 기능이다.

이번 절에서는 이론적인 해시 함수의 특성을 살펴봤다. MEMORY 스토리지 엔진이나 NDB 클러스터와 같이 해시 인덱스를 지원하는 스토리지 엔진에서는 이미 해시 함수를 내장하고 있고 모든 처리를 자동으로 해주기 때문에 실제 사용자가 해시 함수를 생성하거나 개발해야 하는 것은 아니다. 하지만 가끔 해시 인덱스를 지원하지 않는 InnoDB 스토리지 엔진에서 해시 인덱스처럼 작동하도록 테이블을 만들어야 할 때도 있다. 여기서 살펴본 내용을 토대로 인위적인 해시 함수를 이용해 B-Tree 인덱스를 해시 인덱스처럼 작동하도록 구현하는 것이 가능하므로 예를 들어서 살펴본 것이다. 더 자세한 내용은 16.4절, "큰 문자열 칼럼의 인덱스(해시)"(928쪽)를 참고한다.

5.4.2 해시 인덱스의 가용성 및 효율성

해시 인덱스는 빠른 검색을 제공하지만 키값 자체가 변환되어 저장되기 때문에 범위를 검색하거나 원본값 기준으로 정렬할 수 없다. 해시 인덱스는 이렇게 원본 키값이 변환되어 저장되기 때문에 B-Tree와는 달리 어떤 방식으로도 해시 인덱스를 사용하지 못하는 경우도 발생한다. 각 예제를 통해 해시 인덱스의 효율성을 살펴보자.

작업 범위 제한 조건으로 해시 인덱스를 사용하는 쿼리

다음 패턴의 쿼리는 동등 비교 조건으로 값을 검색하고 있으므로 해시 인덱스의 빠른 장점을 그대로 이용할 수 있다. IN 연산자도 결국 여러 개의 동등 비교로 풀어서 처리할 수 있기 때문에 같은 효과를 얻을 수 있다.

```
SELECT .. FROM tb_hash WHERE column = '검색어' ;
SELECT .. FROM tb_hash WHERE column <=> '검색어';
SELECT .. FROM tb_hash WHERE column IN ('검색어1', '검색어2');
SELECT .. FROM tb_hash WHERE column IS NULL;
SELECT .. FROM tb_hash WHERE column IS NOT NULL;
```

"〈⇒〉"는 "NULL-Safe Equal" 연산자라고 하는데, 비교 양쪽의 값이 NULL이 있을 때를 제외하고는 "=" 연산자와 똑같다. 더 자세한 내용은 7.3.2절, "MySQL 연산자"(385쪽)를 참조하자.

해시 인덱스를 전혀 사용하지 못하는 쿼리

아래와 같은 형태의 크다 또는 작다 기반의 검색은 어떠한 방법으로도 해시 인덱스를 사용할 수 없다. 즉 작업 범위 결정 조건뿐 아니라 체크 조건의 용도로도 전혀 사용할 수 없다. 대체로 범위 비교나 부정형 비교는 해시 인덱스를 사용할 수 없다.

```
SELECT .. FROM tb_hash WHERE column >= '검색어';
SELECT .. FROM tb_hash WHERE column BETWEEN 100 AND 120;
SELECT .. FROM tb_hash WHERE column LIKE '검색어%';
SELECT .. FROM tb_hash WHERE column <> '검색어';
```

해시 인덱스에서 하나 더 꼭 기억해야 할 주의사항이 있다. 다중 칼럼으로 생성된 해시 인덱스에서도 모든 칼럼이 동등 조건으로 비교되는 경우에만 인덱스를 사용할 수 있다는 점이다. 아래와 같이 member_id 칼럼과 session_id 칼럼을 결합한 해시 인덱스를 가진 tb_session이 있을 때, 이 테이블에 member_id만 동등 조건으로 비교되는 경우에는 ix_memberid_sessionid 인덱스를 사용할 수 없다. 많이 실수하는 부분이므로 기억해 두자.

```
CREATE TABLE tb_session (
  session_id BIGINT NOT NULL,
  member_id CHAR(20) NOT NULL,
  ...
  INDEX ix_memberid_sessionid (member_id, session_id) using HASH
) ENGINE=MEMORY;

SELECT * FROM tb_session WHERE member_id='user_nickname';
```

MEMORY 스토리지 엔진에서는 특별히 인덱스의 알고리즘을 명시하지 않으면 기본적으로 해시 인덱스가 적용된다. 인덱스에 대한 자세한 내용은 "SHOW INDEX FROM tb_session" 명령으로 확인할 수 있다.

5.5 R-Tree 인덱스

아마도 MySQL의 공간 인덱스(Spatial Index)라는 말을 한번쯤 들어본 적이 있을 것이다. 공간 인덱스는 R-Tree 인덱스 알고리즘을 이용해 2차원의 데이터를 인덱싱하고 검색하는 목적의 인덱스다. 기본적인 내부 메커니즘은 B-Tree와 흡사하다. B-Tree는 인덱스를 구성하는 칼럼의 값이 1차원의 스칼라값인 반면, R-Tree 인덱스는 2차원의 공간 개념 값이라는 것이다.

최근 GPS나 지도 서비스를 내장하는 스마트 폰이 대중화되면서 SNS 서비스가 GIS와 GPS에 기반을 둔 서비스로 확장되고 있기도 하다. 이러한 위치 기반의 서비스를 구현하는 방법은 여러 가지가 있겠지만 MySQL의 공간 확장(Spatial Extension)을 이용하면 간단하게 이러한 기능을 구현할 수 있다. MySQL의 공간 확장에는 아래와 같이 크게 3가지 기능이 포함돼 있다.

- 공간 데이터를 저장할 수 있는 데이터 타입
- 공간 데이터의 검색을 위한 공간 인덱스(R-Tree 알고리즘)
- 공간 데이터의 연산 함수(거리 또는 포함 관계의 처리)

이번 장에서는 공간 인덱스를 이해하는 데 필요한 기본적인 내용과 R-Tree 알고리즘을 살펴보겠다. 더 자세한 내용은 8.2절, "공간 검색"(587쪽)을 참고한다.

5.5.1 구조 및 특성

MySQL은 공간 정보의 저장 및 검색을 위해 여러 가지 기하학적 도형(Geometry) 정보를 관리할 수 있는 데이터 타입을 제공한다. 대표적으로 MySQL에서 지원하는 데이터 타입은 그림 5-18과 같다.

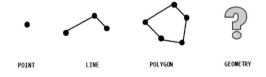

[그림 5-18] GEOMETRY 데이터 타입

그림 5-18의 마지막에 있는 GEOMETRY 타입은 나머지 3개 타입의 수퍼 타입으로, POINT와 LINE, 그리고 POLYGON 객체 모두 저장할 수 있다.

공간 정보의 검색을 위한 R-Tree 알고리즘을 이해하려면 MBR이라는 개념을 알고 있어야 한다. MBR이란 Minimum Bounding Rectangle의 약자로 해당 도형을 감싸는 최소 크기의 사각형을 의미하는데, 이 사각형들의 포함 관계를 B-Tree 형태로 구현한 인덱스가 R-Tree 인덱스다.

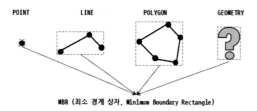

[그림 5-19] 최소 경계 상자(MBR, Minimum Bounding Rectangle)

간단히 R-Tree의 구조를 살펴보자. 그림 5-20과 같은 도형(공간 데이터)이 있다고 해보자.

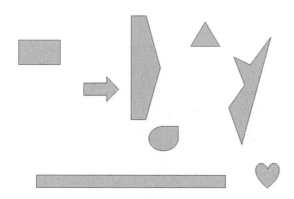

[그림 5-20] 공간(Spatial) 데이터

여기에는 표시되지 않았지만 단순히 X좌표와 Y좌표만 있는 포인트 데이터 또한 하나의 도형 객체가 될수 있다. 이러한 도형이 저장됐을 때 만들어지는 인덱스의 구조를 이해하려면 우선 이 도형들의 MBR이 어떻게 되는지 알아볼 필요가 있다. 그림 5-21은 이 도형들의 MBR을 3개의 레벨로 나눠서 그려본것이다.

- 최 상위 레벨 : R1, R2
- 차상위 레벨 : R3, R4, R5, R6
- 최 하위 레벨 : R7 ~ R14

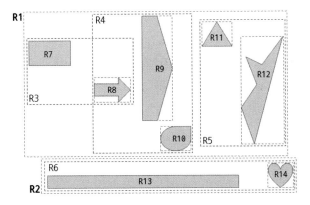

[그림 5-21] 공간(Spatial) 데이터의 MBR

최하위 레벨의 MBR(각 도형을 제일 안쪽에서 둘러싼 점선 상자)은 각 도형 데이터의 MBR을 의미한
다. 그리고 차상위 레벨의 MBR은 중간 크기의 MBR(도형 객체의 그룹)이다. 그림 5-21의 예제에서 최
상위 MBR은 R-Tree의 루트 노드에 저장되는 정보가 되며, 차상위 그룹 MBR은 R-Tree의 브랜치 노
드가 된다. 마지막으로 각 도형의 객체는 리프 노드에 저장되므로, 그림 5-22와 같이 R-Tree 인덱스
의 내부를 표현할 수 있다.

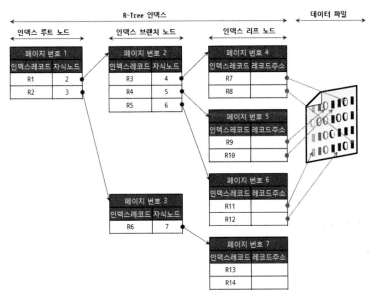

[그림 5-22] 공간(R-Tree, Spatial) 인덱스 구조

5.5.2 R-Tree 인덱스의 용도

R-Tree는 위에서 언급한 MBR 정보를 이용해 B-Tree 형태로 인덱스를 구축하므로 Rectangle의 "R" 과 B-Tree의 "Tree"를 섞어서 R-Tree라는 이름이 붙여졌으며, 공간(Spatial) 인덱스라고도 한다. 일 반적으로는 WGS84(GPS) 기준의 위도, 경도 좌표 저장에 주로 사용된다. 하지만 위도, 경도 좌표뿐 아 니라 CAD/CAM 소프트웨어 또는 회로 디자인 등과 같이 좌표 시스템에 기반을 둔 정보에 대해서는 모두 적용할 수 있다.

그림 5-21에서도 알 수 있듯이, R-Tree는 각 도형(더 정확히는 도형의 MBR)의 포함 관계를 이용 해 만들어진 인덱스다. 따라서 Contains( ) 또는 Intersect( ) 등과 같은 포함 관계를 비교하는 함수로 검색을 수행하는 경우에만 인덱스를 이용할 수 있다. 대표적으로는 "현재 사용자의 위치로부터 반경 5km 이내의 음식점 검색" 등과 같은 검색에 사용할 수 있다. 현재 출시되는 버전의 MySQL에서는 거 리를 비교하는 Distance( ) 함수를 지원하지 않으므로 Contains( )나 Intersect( )를 이용해 거리 기반 의 비교를 사용한다.

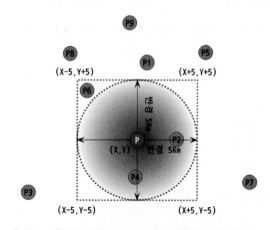

[그림 5-23] 특정 지점을 기준으로 사각 박스 이내의 위치를 검색

그림 5-23에서 가운데 위치한 "P"가 기준점이다. 기준점으로부터 반경 거리 5km 이내의 점(위치)들을 검색하려면 우선 사각 점선의 상자에 포함되는(Contains 또는 Intersect 함수 이용) 점들을 검색하면 된다. 여기서 Contains( )나 Intersect( ) 연산은 사각형 박스와 같은 다각형(Polygon)으로만 연산할 수 있으므로 반경 5km를 그리는 원을 포함하는 최소 사각형으로 포함 관계 비교를 수행한 것이다. 하 지만 점 "P6"은 기준점 P로부터 반경 5km 이상 떨어져 있지만 최소 사각형 내에는 포함된다. P6을 빼 고 결과를 조회하려면 조금 더 복잡한 비교가 필요하다. 만약 P6을 결과에 포함해도 무방하다면 다음 쿼리와 같이 Contains( )나 Intersect( ) 비교만 수행하는 것이 좋다.

```
SELECT * FROM tb_location
WHERE CONTAINS(px, 사각상자);  -- // 공간 좌표 Px가 사각 상자에 포함되는지 비교
```

만약 P6을 반드시 제거해야 한다면 다음과 같이 Contains( ) 비교의 결과를 다시 한번 필터링해야 한다. 물론 MySQL에서는 아직 Distance( ) 함수를 제공하지 않으므로 거리를 계산하는 함수를 직접 구현해야 한다. Distance( ) 함수의 구현 방법은 8장, "확장 검색"에서 다시 살펴보겠다.

```
SELECT * FROM tb_location
WHERE CONTAINS(px, 사각상자)  -- // 공간 좌표 Px가 사각 상자에 포함되는지 비교
  AND DISTANCE(p, px)<=5km;
```

5.6 Fractal-Tree 인덱스

인터넷이 발전하면서 데이터의 양이 급증하고 있는데, 하드웨어의 성능은 그만큼 따라가지 못하는 것이 현실이다. 기계식 장치에 데이터를 저장하고 있는 이상 그 처리 성능은 제한적일 수밖에 없다. 더구나 최근에는 SNS 서비스까지 가세하면서, 기존의 데이터 증가량은 사용자 수에 비례했다면 최근의 데이터 증가량은 사용자 수의 곱으로 증가하는 추세다. 하드웨어뿐 아니라 DBMS의 B-Tree 인덱스 알고리즘 또한 한계에 도달한 것으로 보인다. 특히 B-Tree 인덱스 알고리즘은 대략 40여년 전에 고안된 알고리즘이라는 것을 고려하면 이제는 Fractal-Tree가 지금의 데이터에 맞는 인덱스 알고리즘이지 않을까, 라는 생각도 든다.

Fractal-Tree는 아주 최근에 개발된 기술인데, 안타깝게도 독점적인 특허로 등록된 알고리즘이어서 아직 많은 DBMS에 구현되지 못하고 있다. 현재는 TokuTek(http://tokutek.com)이라는 회사에서 개발된 MySQL의 스토리지 엔진인 TokuDB에만 적용돼 있다. 결론적으로 대용량으로 변해가는 DBMS 업계에서 어느 정도의 해결책을 제시해 줄 인덱싱 알고리즘으로 생각된다. 그래서 이 책에서도 Fractal-Tree에 대해 간단히 언급하고자 한다.

5.6.1 Fractal-Tree의 특성

B-Tree 인덱스에서 인덱스 키를 검색하거나 변경하는 과정 중에 발생하는 가장 큰 문제는 디스크의 랜덤 I/O가 상대적으로 많이 필요하다는 것이다. Fractal-Tree는 이러한 B-Tree의 단점을 최소화하고, 이를 순차 I/O로 변환해서 처리할 수 있다는 것이 가장 큰 장점이다. 그래서 Fractal-Tree를 스트리밍(Streaming) B-Tree라고도 한다. Fractal-Tree는 인덱스 키가 추가되거나 삭제될 때 B-Tree

인덱스보다 더 많은 정렬 작업이 필요하며, 이 때문에 더 많은 CPU 처리가 필요할지도 모른다. 하지만 인덱스의 단편화가 발생하지 않도록 구성할 수 있고, 인덱스 키값을 클러스터링하기 때문에 B-Tree보다는 대용량 테이블에서 높은 성능을 보장한다. 또한 B-Tree 인덱스는 일정 수준을 넘어서면 급격한 성능 저하가 발생하는데, Fractal-Tree는 이런 급격한 성능 저하 현상이 없다.

오랜 시간 동안 데이터가 변경되면서 단편화가 발생하고, 그 때문에 인덱스의 효율이 떨어지는 현상을 에이징(Aging)이라고 한다. 이러한 현상 때문에 테이블이나 인덱스 최적화(옵티마이즈)하는데 Fractal-Tree에서는 이러한 현상이 발생하지 않기 때문에 별도의 최적화 작업이 필요하지 않다.

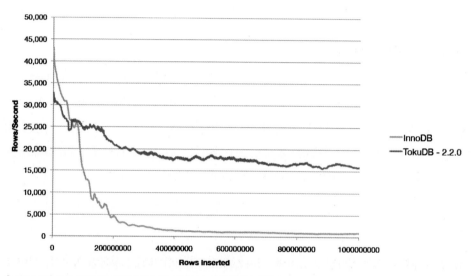

[그림 5-24] 10억 건의 레코드 INSERT 성능 비교(TokuDB 홈페이지 참조)

그림 5-24는 단순히 10억 건의 레코드를 테이블에 INSERT하는 작업을 벤치마킹한 결과다. 이 그림에서 알 수 있듯이 Fractal Tree를 사용하는 TokuDB의 경우에는 InnoDB와 같은 급격한 성능 저하 현상이 나타나지 않는다. InnoDB의 성능이 급격하게 떨어지는 시기는 아마도 InnoDB 버퍼 풀보다 데이터와 인덱스의 크기가 커지면서 본격적으로 CPU 바운드 작업에서 IO 바운드 작업으로 넘어가는 시점일 것이다.

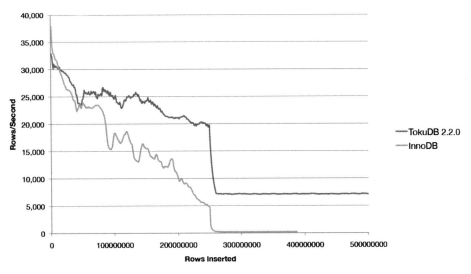

[그림 5-25] 5억 건의 레코드를 INSERT와 DELETE 할 때의 성능 비교(TokuDB 홈페이지 참조)

그림 5-25는 전체 5억 건의 레코드 가운데 2억 5천만 건까지는 INSERT만 수행하고 그 이후부터는 INSERT와 DELETE를 동시에 실행하는 경우를 벤치마킹한 결과다. 레코드 건수가 많아질수록 InnoDB의 B-Tree보다는 TokuDB의 Fractal-Tree가 빠르게 반응하는 것을 확인할 수 있다.

이 벤치마크에서 사용된 TokuDB는 출시된 지 얼마 되지 않았기 때문에 동시 처리 능력이 InnoDB보다는 훨씬 떨어지는 상태다. 이 벤치마크는 단순히 1~2개의 스레드로 INSERT와 DELETE 쿼리의 성능만 테스트한 결과라서 TokuDB가 많이 빠르게 측정된 것이다. 만약 많은 스레드로 복합적인 성능을 테스트했다면 Fractal-Tree를 사용하는 TokuDB의 성능은 훨씬 낮게 나온다는 점을 확인할 수 있다. 하지만 이는 TokuDB 스토리지 엔진의 문제이지 Fractal-Tree 자체의 문제는 아니다. Fractal-Tree의 평균적인 처리 능력은 이론적으로 B-Tree보다 400배 가량 빠르며, 실제로도 TokuDB의 키 추가 및 삭제 작업은 InnoDB보다 100배 가량 빠른 처리 속도를 보여준다. TokuDB의 동시성 처리가 안정적으로 구현된다면 MySQL에서 TokuDB의 위상은 상당히 높아질 것이다.

5.6.2 Fractal-Tree의 가용성과 효율성

Fractal-Tree의 또 다른 장점은 B-Tree의 장점을 그대로 Fractal-Tree도 가지고 있다는 것이다. 그래서 현재 B-Tree로 생성된 인덱스를 Fractal-Tree로 변경해도 충분히 동일한 효과를 얻을 수 있다. 또한 B-Tree에서 인덱스를 효율적으로 사용하지 못하는 쿼리는 Fractal-Tree에서 적용되더라도 같은 결과를 보인다고 할 수 있다. B-Tree를 Fractal-Tree로 변환하더라도 별도의 학습이 필요하지 않은 것도 큰 장점이라고 볼 수 있다.

앞으로 TokuDB가 어떻게 변화해 갈지 모르겠지만 지금의 TokuDB는 동시성이 떨어지기 때문에 웹 서비스와 같은 OLTP 환경에는 아직 적용하기에 무리가 있다. 하지만 OLAP이나 DW와 같은 대용량 분석 시스템에는 상당히 적합할 것으로 보인다. 또한 Fractal-Tree가 적용된 DBMS는 MySQL의 TokuDB가 유일하므로 Fractal-Tree를 사용하려면 TokuDB 스토리지 엔진으로 테이블을 생성하는 방법밖에 없다.

5.7 전문 검색(Full Text search) 인덱스

지금까지 앞서 설명한 인덱스 알고리즘은 일반적으로 크지 않은 데이터 또는 이미 키워드화돼 있는 작은 값에 대한 인덱싱 알고리즘이었다. 대표적으로 MySQL의 B-Tree 인덱스는 실제 칼럼의 값이 1MB라 하더라도 1MB 전체의 값을 인덱스 키로 사용하는 것이 아니라 1,000바이트(MyISAM) 또는 767바이트(InnoDB)까지만 잘라서 인덱스 키로 사용한다. 또한 B-Tree 인덱스의 특성에서도 알아봤듯이 전체 일치 또는 좌측 일부 일치와 같은 검색만 가능하다.

문서의 내용 전체를 인덱스화해서 특정 키워드가 포함된 문서를 검색하는 전문(Full Text) 검색에는 InnoDB나 MyISAM 스토리지 엔진에서 제공하는 일반적인 용도의 B-Tree 인덱스를 사용할 수 없다. 문서 전체에 대한 분석과 검색을 위한 이러한 인덱싱 알고리즘을 전문 검색(Full Text search) 인덱스라고 하는데, 전문 검색 인덱스는 일반화된 기능의 명칭이지 전문 검색 알고리즘의 이름을 지칭하는 것은 아니다. 전문 검색 인덱스에는 문서의 키워드를 인덱싱하는 기법에 따라 크게 구분자(Stopword)와 N-그램으로 나눠서 생각해 볼 수 있다. 이 이외의 알고리즘은 그다지 알려지지도 않고 특히나 MySQL에서 사용할 수 있는 것이 없다.

5.7.1 인덱스 알고리즘

전문 검색에서는 문서 본문의 내용에서 사용자가 검색하게 될 키워드를 분석해 내고, 빠른 검색용으로 사용할 수 있게 이러한 키워드로 인덱스를 구축한다. 키워드의 분석 및 인덱스 구축에는 여러 가지 방법이 있을 수 있다. 여기서는 MySQL 모든 버전에서 기본적으로 제공하는 전문 검색 엔진의 인덱스 방식인 구분자와 MySQL이 아닌 서드파티에서 제공하는 (주로 MySQL 5.0 미만에서는 소스코드 패치, 그 이후 버전에서는 플러그인 형태로 적용) 전문 검색 기능에서 주로 제공하는 N-그램 방식에 대해 살펴보겠다.

구분자(Stopword) 기법

전문의 내용을 공백이나 탭(띄어쓰기) 또는 마침표와 같은 문장 기호, 그리고 사용자가 정의한 문자열을 구분자로 등록한다. 구분자 기법은 이처럼 등록된 구분자를 이용해 키워드를 분석해 내고, 결과 단어를 인덱스로 생성해 두고 검색에 이용하는 방법을 말한다. 일반적으로 공백이나 쉼표 또는 한국어의 조사 등을 구분자로 많이 사용한다. MySQL의 내장 전문 검색(FullText search) 엔진은 구분자 방식만으로 인덱싱할 수 있다.

구분자 기법은 문서의 본문으로부터 키워드를 추출해 내는 작업이 추가로 필요할 뿐, 내부적으로는 B-Tree 인덱스를 그대로 사용한다. 전문 검색 인덱스의 많은 부분은 B-Tree의 특성을 따르지만 전문 검색 엔진을 통해 조회되는 레코드는 검색어나 본문 내용으로 정렬되어 조회되지는 않는다. 전문 검색에서 결과의 정렬은 일치율(Match percent)이 높은 순으로 출력되는 것이 일반적이다.

> **참고** 구분자 기법으로 전문 검색을 사용할 때는 문장 기호뿐 아니라 특정 단어를 일부러 구분자로 등록할 수도 있다. 예를 들어 MySQL 매뉴얼을 페이지 단위로 잘라서 테이블에 저장하고 전문 검색을 구현한다고 해보자. 이 경우 테이블의 모든 레코드에는 "MySQL"이라는 단어가 포함돼 있을 것이다. 이 경우 "MySQL"이라는 단어로 검색하면 테이블의 모든 레코드가 일치하므로 검색의 효과가 없어진다. 이럴 때는 "MySQL"이라는 단어를 구분자에 등록하고 전문 검색 인덱스에 포함하지 않게 해주는 것이 좋다.
>
> 많은 인터넷 사이트에서 "Stopword"를 "불용어"로 해석하고 있지만, 이보다는 "구분자"라는 표현이 더 적절한 해석이라고 볼 수 있다. 이 기법의 알고리즘에서 "Stopword"는 "검색에 사용할 수 없다"보다는 "검색어를 구분해 주는 기준(문장 기호나 특정 문자열)이다"의 의미가 더 강하기 때문이다.

N-그램(n-Gram) 기법

하지만 각 국가의 언어는 띄어쓰기가 전혀 없다거나 문장 기호가 전혀 다른 경우가 허다하다. 이런 다양한 언어에 대해 하나의 규칙을 적용해 키워드를 추출해내기란 쉽지 않다. 또한 구분자 방식은 추출된 키워드의 일부(키워드의 뒷부분)만 검색하는 것은 불가능하다는 단점도 있다. 이러한 부분을 보완하기 위해 지정된 규칙이 없는 전문도 분석 및 검색을 가능하게 하는 방법이 N-그램이라는 방식이다.

N-그램이란 본문을 무조건적으로 몇 글자씩 잘라서 인덱싱하는 방법이다. 구분자에 의한 방법보다는 인덱싱 알고리즘이 복잡하고, 만들어진 인덱스의 크기도 상당히 큰 편이다. 트리톤(Tritonn)이나 스핑크스(Sphinx)에서는 다른 인덱싱 방법도 제공하지만, 이 알고리즘이 주로 사용된다. N-그램에서 n은 인덱싱할 키워드의 최소 글자(또는 바이트) 수를 의미하는데, 일반적으로는 2글자 단위로 키워드를 쪼

개서 인덱싱하는 2-Gram(또는 Bi-Gram이라고도 한다) 방식이 많이 사용된다. 여기서도 2글자 키워드 방식의 2-Gram 위주로 알아보겠다.

2-Gram 인덱싱 기법은 2글자 단위의 최소 키워드에 대한 키를 관리하는 프론트엔드(Front-end) 인덱스와 2글자 이상의 키워드 묶음(n-SubSequence Window)을 관리하는 백엔드(Back-end) 인덱스 2개로 구성된다. 인덱스의 생성 과정은 그림 5-26과 같이, 2가지 단계로 나눠서 처리된다.

- 첫 번째 단계로, 문서의 본문을 2글자보다 큰 크기로 블록을 구분해서 백엔드 인덱스(3)를 생성
- 두 번째 단계로, 백엔드 인덱스의 키워드들을 2글자씩 잘라서 프론트엔드 인덱스(6)를 생성

최종적으로, 그림 5-26의 3번과 6번 표는 정규화 과정을 거쳐 B-Tree 알고리즘으로 인덱싱된다.

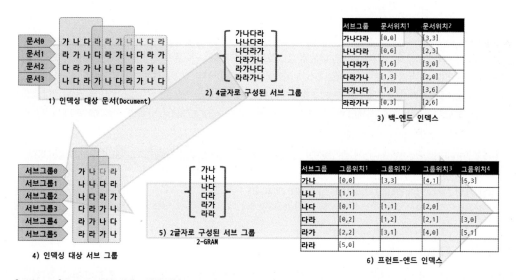

[그림 5-26] 2-Gram 전문 인덱스 생성 과정

인덱스의 검색 과정은 전문 인덱스의 생성과는 반대로, 입력된 검색어를 2바이트 단위로 동일하게 잘라서 프론트엔드 인덱스를 검색한다. 그 결과를 대상 후보 군으로를 선정하고, 백엔드 인덱스를 통해 최종 검증을 거쳐 일치하는 결과를 가져온다.

5.7.2 구분자와 N-그램의 차이

실제 사용자가 보는 구분자와 N-그램의 가장 큰 차이는 검색 결과에 있다. 아래와 같은 데이터가 포함된 테이블을 예로 살펴보자.

doc_id	doc_body
1	중고 아이폰 3G 팝니다.
2	아이폰 3Gs 구해 봅니다.
3	애플아이폰 3Gs 싸게 팝니다.

위 테이블의 doc_body 칼럼에 전문 검색 인덱스를 생성하고, 다음 쿼리를 실행하면 결과는 어떻게 달라질지 한번 살펴보자.

```
SELECT * FROM tb_test WHERE MATCH(doc_body) AGAINST('아이폰' IN BOOLEAN MODE);
```

구분자 방식 (MySQL 내장 전문 검색 엔진)

doc_id	doc_body
1	중고 아이폰 3G 팝니다.
2	아이폰 3Gs 구해 봅니다.

N-그램 방식 (트리톤 스토리지 엔진)

doc_id	doc_body
1	중고 아이폰 3G 팝니다.
2	아이폰 3Gs 구해 봅니다.
3	애플아이폰 3Gs 싸게 팝니다.

MySQL 내장 전문 검색 엔진이 사용하는 구분자 방식의 검색에서는 반드시 구분자를 기준으로 삼아 왼쪽 일치 기준으로 비교 검색을 실행한다. 그래서 검색어 ("아이폰") 앞에 다른 단어("애플")가 연결돼 있으면 이는 찾아낼 수 없다. 하지만 N-그램은 모든 데이터에 대해 무작위로 2바이트씩 인덱스를 생성하므로 검색이 가능한 것이다. 구분자의 이러한 제약은 쇼핑몰과 같은 웹 서비스에서 상품의 이름을 검색할 때 상당한 제한 사항이 될 수도 있다.

다음으로, N-그램 방식의 트리톤 전문 검색 엔진과 구분자 방식의 MySQL 빌트 인(Built-in) 전문 검색 엔진의 성능과 인덱스의 크기도 한번 비교해 보자. 우선 N-그램 전문 검색 인덱스는 구분자 방식보다 인덱스의 크기가 크다는 것을 그림 5-27의 벤치마크 결과로 알 수 있다.

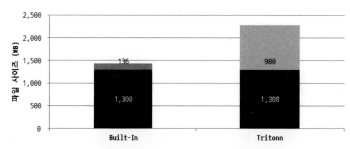

[그림 5-27] 인덱스 알고리즘별 데이터와 인덱스 크기(그래프의 상단부가 인덱스 크기)

또한, 인덱스를 생성하는 과정이 복잡하므로 전문 인덱스에 키워드를 추가하거나 삭제하는 데 시간도 많이 걸린다는 사실을 그림 5-28의 벤치마크 결과로 알 수 있다.

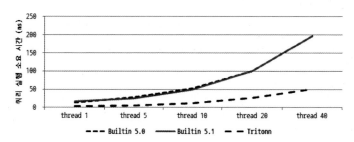

[그림 5-28] 인덱스 알고리즘별 인덱스 생성 소요 시간

하지만 전문 검색을 수행하는 데 걸리는 시간은 2-Gram 알고리즘의 트리톤이 2~3배 이상 빠르며, 클라이언트의 동시 실행 쿼리 수가 많아질수록 그 차이는 더 벌어진다는 것을 그림 5-29의 벤치마크 결과로 알 수 있다.

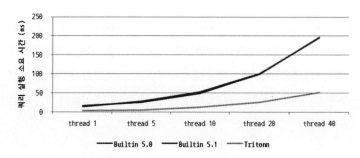

[그림 5-29] 인덱스 알고리즘별 성능

그림 5-29의 벤치마크에서는 트리톤뿐 아니라 MySQL 5.0과 5.1의 버전별 빌트 인 검색 엔진을 구분해서 테스트했다. 이렇게 구분해서 벤치마크를 진행한 이유는 MySQL 5.1 매뉴얼에 언급된 내용을 확인해보기 위해서다. MySQL 매뉴얼에서는 MySQL 5.1의 전문 검색 엔진이 MySQL 5.0보다 5~10배 정도 더 빨라졌다고 언급하고 있다. 하지만 이번 벤치마크에서는 어떠한 성능 차이도 보이지 않았다.

그림 5-30은 전문 검색에서 검색어 길이에 따른 성능 변화를 한번 확인해 본 것이다. 트리톤과 MySQL 빌트인 전문 검색 엔진 모두 검색어의 길이(바이트 수)가 길어질수록 생각보다 많은 성능 저하가 발생한다는 점을 알 수 있다. 특히 MySQL의 빌트인 전문 검색은 검색어 길이가 커질수록 쿼리의 성능이 더 심하게 느려지는 것을 알 수 있다.

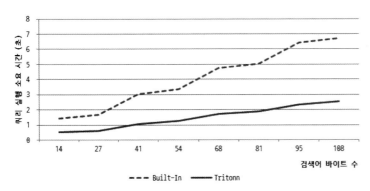

[그림 5-30] 검색어 바이트 수와 쿼리 실행 소요 시간의 관계

5.7.3 전문 검색 인덱스의 가용성

전문 검색 인덱스를 사용하려면 반드시 그에 맞는 구문을 사용해야 한다. 다음과 같이 테이블의 doc_body 칼럼에 전문 검색 인덱스를 생성했다고 해보자.

```
CREATE TABLE tb_test (
  doc_id INT,
  doc_body TEXT,
  PRIMARY KEY (doc_id),
  FULLTEXT KEY fx_docbody (doc_body)
) ENGINE=MyISAM;
```

다음과 같은 검색 쿼리로도 원하는 검색 결과를 얻을 수 있을 것이다. 하지만 전문 검색 인덱스를 이용해 효율적으로 쿼리가 실행된 것이 아니라 테이블을 처음부터 끝까지 읽는 풀 테이블 스캔으로 쿼리를 처리한다.

```
SELECT * FROM tb_test WHERE doc_body LIKE '%애플%' ;
```

전문 검색 인덱스를 사용하려면 반드시 MATCH (…) AGAINST (…) 구문으로 검색 쿼리를 작성해야 하며, MATCH 절의 괄호에 포함되는 내용은 반드시 사용할 전문 검색 인덱스에 정의된 칼럼이 모두 명시돼야 한다. 트리톤이나 스핑크스 같은 서드파티 스토리지 엔진 또한 "MATCH (…) AGAINST (…)"의 기본 구문을 그대로 사용할 수 있다. 또한 서드파티 스토리지 엔진들은 추가적인 키워드나 문법을 더 지원하므로 반드시 해당 소프트웨어의 매뉴얼을 참조하는 것이 좋다.

5.8 비트맵 인덱스와 함수 기반 인덱스

MySQL 스토리지 엔진 가운데 비트맵 인덱스와 함수 기반(Function based) 인덱스를 지원하는 스토리지 엔진은 없다. 비트 맵 인덱스에 대한 대안은 없지만 함수 기반의 인덱스는 쉽게 우회해서 구현할 수 있다. 테이블에 함수의 결과 값을 저장하기 위한 칼럼을 추가하고, 그 칼럼에 인덱스를 생성해서 사용하면 된다. 조금은 불편하겠지만 다른 DBMS의 함수 기반 인덱스와 같은 효과를 얻을 수 있다. 실제로 길이가 상당히 긴 칼럼에 대한 동등 비교 검색을 위해서는 문자열의 해시 값을 생성해서 별도의 칼럼에 저장하고 해당 칼럼에 인덱스를 생성하는 방식을 많이 사용한다. 이에 대한 자세한 예제는 16.4절, "큰 문자열 칼럼의 인덱스(해시)"(928쪽)에 나온 예제를 참조하자.

5.9 클러스터링 인덱스

클러스터란 여러 개를 하나로 묶는다는 의미로 주로 사용되는데, 지금 설명하고자 하는 인덱스의 클러스터링도 그 의미를 크게 벗어나지 않는다. 인덱스에서 클러스터링은 값이 비슷한 것들을 묶어서 저장하는 형태로 구현되는데, 이는 주로 비슷한 값들을 동시에 조회하는 경우가 많다는 점에 착안한 것이다. MySQL에서 클러스터링 인덱스는 InnoDB와 TokuDB 스토리지 엔진에서만 지원하며, 나머지 스토리지 엔진에서는 지원되지 않으므로 이번 절의 내용은 대부분 이 두 가지 스토리지 엔진에만 해당한다.

5.9.1 클러스터링 인덱스

클러스터링 인덱스는 테이블의 프라이머리 키에 대해서만 적용되는 내용이다. 즉 프라이머리 키값이 비슷한 레코드끼리 묶어서 저장하는 것을 클러스터링 인덱스라고 표현한다. 여기에서 중요한 것은 프라이머리 키값에 의해 레코드의 저장 위치가 결정된다는 것이다. 또한 프라이머리 키값이 변경된다면 그 레코드의 물리적인 저장 위치가 바뀌어야 한다는 것을 의미하기도 한다. 프라이머리 키값으로 클러스터링된 테이블은 프라이머리 키값 자체에 대한 의존도가 상당히 크기 때문에 신중히 프라이머리 키를 결정해야 한다.

클러스터링 인덱스는 프라이머리 키값에 의해 레코드의 저장 위치가 결정되므로 사실 인덱스 알고리즘이라기보다 테이블 레코드의 저장 방식이라고 볼 수도 있다. 그래서 "클러스터링 인덱스"와 "클러스터 테이블"은 동의어로 사용되기도 한다. 또한 클러스터링의 기준이 되는 프라이머리 키는 클러스터 키라고도 표현한다. 일반적으로 InnoDB와 같이 항상 클러스터링 인덱스로 저장되는 테이블은 프라이머리 키 기반의 검색이 매우 빠르며, 대신 레코드의 저장이나 프라이머리 키의 변경이 상대적으로 느릴 수밖에 없다.

> **주 의**
> 일반적으로 B-Tree 인덱스도 인덱스 키값으로 이미 정렬되어 저장된다. 이 또한 어떻게 보면 인덱스의 키값으로 클러스터링 된 것으로 생각할 수 있다. 하지만 이런 일반적인 B-Tree 인덱스를 클러스터링 인덱스라고 부르지 않는다. 테이블의 레코드가 프라이머리 키값으로 정렬되어 저장된 경우만을 "클러스터링 인덱스" 또는 "클러스터링 테이블"이라고 한다.

그림 5-31은 클러스터링 테이블의 특성을 이해하기 쉽게 클러스터 테이블의 구조를 그림으로 표현한 것이다.

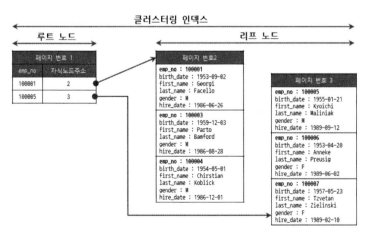

[그림 5-31] 클러스터링 테이블(인덱스) 구조

그림 5-31의 클러스터링 인덱스 구조를 보면 클러스터링 테이블의 구조 자체는 일반 B-Tree와 많이 비슷하게 닮아 있다. 하지만 B-Tree의 리프 노드와는 달리 그림 5-31의 클러스터링 인덱스의 리프 노드에는 레코드의 모든 칼럼이 같이 저장돼 있음을 알 수 있다. 즉 클러스터링 테이블은 그 자체가 하나의 거대한 인덱스 구조로 관리되는 것이다.

그림 5-31의 클러스터 테이블에서 다음 쿼리와 같이 프라이머리 키(employees 테이블의 emp_no 칼럼)를 변경하는 문장이 실행되면 클러스터 테이블의 데이터 레코드에는 어떤 변화가 일어날까?

```
UPDATE tb_test SET emp_no=10002 WHERE emp_no=10007;
```

그림 5-31에서는 emp_no가 10007인 레코드는 3번 페이지에 저장돼 있음을 확인할 수 있다. 하지만 그림 5-32에서는 emp_no가 10002로 변경되면서 2번 페이지로 이동한 것을 알 수 있다. 실제로 프라이머리 키의 값이 변경되는 경우는 거의 없을 것이다. 여기서는 클러스터 테이블에서 프라이머리 키값의 중요성을 다시 한번 강조하고, 클러스터 테이블의 작동 방식을 설명하기 위해 프라이머리 키값의 변경 과정을 한번 살펴본 것이다.

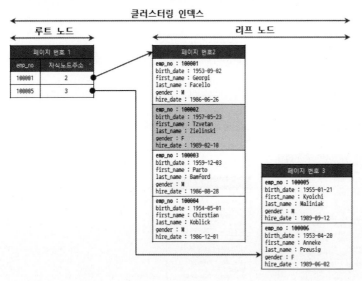

[그림 5-32] 업데이트 문장이 실행된 이후의 데이터 구조

MyISAM 테이블이나 기타 InnoDB를 제외한 테이블의 데이터 레코드는 프라이머리 키나 인덱스 키값이 변경된다고 해서 실제 데이터 레코드의 위치가 변경되지는 않는다. 데이터 레코드가 INSERT될 때 데이터 파일의 끝에 (또는 임의의 빈 공간)에 저장된다. 이렇게 한번 결정된 위치는 절대 바뀌지 않고, 레코드가 저장된 주소는 MySQL 내부적으로 레코드를 식별하는 아이디로 인식된다. 레코드가 저장된 주소를 로우 아이디(ROW-ID)라고 표현하며, 일부 DBMS에서는 이 값을 사용자가 직접 조회하거나 쿼리의 조건으로 사용할 수 있다. 하지만 MySQL에서는 사용자에게 노출되지 않는다.

그러면 프라이머리 키가 없는 InnoDB 테이블은 어떻게 클러스터 테이블로 구성될까? 프라이머리 키가 없는 경우에는 InnoDB 스토리지 엔진이 다음의 우선순위대로 프라이머리 키를 대체할 칼럼을 선택한다.

1. 프라이머리 키가 있으면 기본적으로 프라이머리 키를 클러스터 키로 선택
2. NOT NULL 옵션의 유니크 인덱스(UNIQUE INDEX) 중에서 첫 번째 인덱스를 클러스터 키로 선택
3. 자동으로 유니크한 값을 가지도록 증가되는 칼럼을 내부적으로 추가한 후, 클러스터 키로 선택

InnoDB 스토리지 엔진이 적절한 클러스터 키 후보를 찾지 못해서 내부적으로 자동 증가 칼럼을 추가한 경우, 자동 추가된 칼럼은 사용자에게 노출되지 않으며, 쿼리 문장에 명시적으로 사용할 수 없다. 즉, 프라이머리 키나 유니크 인덱스가 전혀 없는 InnoDB 테이블에서는 아무런 의미 없는 숫자 값으로 클러스터링이 되고 있는 것이며, 이것은 우리에게 아무런 혜택을 주지 않는다. InnoDB 테이블에서 프라이머리 키는 클러스터링 인덱스의 기준이 된다. 클러스터링 인덱스는 (InnoDB 테이블별로) 단 한 번만 가질 수 있는 엄청난 혜택이므로 가능하다면 프라이머리 키를 명시하자.

5.9.2 보조 인덱스(Secondary index)에 미치는 영향

프라이머리 키가 데이터 레코드의 저장에 미치는 영향을 알아봤다. 이제 프라이머리 키가 보조 인덱스 (Secondary index)에 어떤 영향을 미치는지 한번 살펴보자.

MyISAM이나 MEMORY 테이블과 같은 클러스터링되지 않은 테이블은 INSERT될 때 한번 저장된 공간에서 절대 이동하지 않는다. 데이터 레코드가 저장된 주소는 내부적인 레코드 아이디(ROWID) 역할을 한다고 언급한 바 있다. 그리고 프라이머리 키나 보조 인덱스의 각 키는 그 주소(ROWID)를 이용해 실제 데이터 레코드를 찾아온다. 그래서 MyISAM 테이블이나 MEMORY 테이블에서는 프라이머리 키와 보조 인덱스는 구조적으로 아무런 차이가 없다. 그렇다면 InnoDB 테이블에서 보조 인덱스가 실제

레코드가 저장된 주소를 가지고 있다면 어떻게 될까? 클러스터 키값이 변경될 때마다 데이터 레코드의 주소가 변경되고 그때마다 해당 테이블의 모든 인덱스에 저장된 주소 값을 변경해야 할 것이다. 이런 번거로움을 방지하고자 InnoDB 테이블(클러스터 테이블)의 모든 보조 인덱스는 해당 레코드가 저장된 주소가 아니라 프라이머리 키값을 저장하도록 구현돼 있다.

Employees 테이블에서 first_name 칼럼으로 검색하는 경우 프라이머리 키로 클러스터링된 InnoDB 와 그렇지 않은 MyISAM에서 어떤 차이가 있는지 한번 살펴보자.

```
CREATE TABLE employees (
  emp_no INT NOT NULL,
  first_name VARCHAR(20) NOT NULL,
  PRIMARY KEY (emp_no),
  INDEX ix_firstname (first_name)
);

SELECT * FROM employees WHERE first_name='Aamer';
```

MyISAM
ix_firstname 인덱스를 검색해서 레코드의 주소를 확인
레코드의 주소를 이용해 최종 레코드를 가져 옴

InnoDB
ix_firstname 인덱스를 검색해 레코드의 프라이머리 키값을 확인
프라이머리 키값을 이용해 다시 한번 테이블을 검색한 후 최종 레코드를 가져옴

InnoDB가 MyISAM보다 조금 더 복잡하게 처리된다는 것을 알 수 있다. 하지만 InnoDB 테이블에서 프라이머리 키로 레코드를 읽어 오는 과정은 매우 빠르게 처리되므로 성능을 걱정할 필요는 없다.

5.9.3 클러스터 인덱스의 장점과 단점

지금까지 클러스터 인덱스의 특성을 설명하면서 클러스터 인덱스의 장단점을 조금씩 언급했다. 여기서는 MyISAM과 같은 일반 클러스터 되지 않은 일반 프라이머리 키와 클러스터 인덱스를 비교했을 때의 상대적인 장단점을 정리해 보자.

장점
- 프라이머리 키(클러스터 키)로 검색할 때 처리 성능이 매우 빠름(특히, 프라이머리 키를 범위 검색하는 경우 매우 빠름)

- 테이블의 모든 보조 인덱스가 프라이머리 키를 가지고 있기 때문에 인덱스만으로 처리될 수 있는 경우가 많음(이를 커버링 인덱스라고 한다. 더 자세한 내용은 6장, "실행 계획"에 다시 설명됨)

단점

- 테이블의 모든 보조 인덱스가 클러스터 키를 갖기 때문에 클러스터 키값의 크기가 클 경우 전체적으로 인덱스의 크기가 커짐
- 보조 인덱스를 통해 검색할 때 프라이머리 키로 다시 한번 검색해야 하므로 처리 성능이 조금 느림
- INSERT할 때 프라이머리 키에 의해 레코드의 저장 위치가 결정되기 때문에 처리 성능이 느림
- 프라이머리 키를 변경할 때 레코드를 DELETE하고 INSERT하는 작업이 필요하기 때문에 처리 성능이 느림

5.9.4 클러스터 테이블 사용 시 주의사항

MyISAM과 같이 클러스터링되지 않은 테이블에 비해 InnoDB(클러스터 테이블)에서는 조금 더 주의해야 할 사항이 있다.

클러스터 인덱스 키의 크기

클러스터 테이블의 경우. 모든 보조 인덱스가 프라이머리 키(클러스터 키) 값을 포함한다. 그래서 프라이머리 키의 크기가 커지면 보조 인덱스도 자동으로 크기가 커진다. 하지만 일반적으로 테이블에 보조 인덱스가 4~5개 정도 생성된다는 것을 고려하면 보조 인덱스 크기는 급격히 증가한다. 5개의 보조 인덱스를 가지는 테이블의 프라이머리 키가 10바이트인 경우와 50바이트인 경우를 한번 비교해 보자.

프라이머리 키 크기	레코드 하나당 증가하는 인덱스 크기	100만 건의 레코드를 저장했을 때 증가하는 인덱스 크기
10 바이트	10 바이트 * 5 = 50 바이트	50 바이트 * 1,000,000 = 47 MB
30 바이트	50 바이트 * 5 = 250 바이트	250 바이트 * 1,000,000 = 238 MB

레코드 한 건 한 건을 생각하면 50바이트쯤이야 대수롭지 않지만 레코드 건수가 100만 건만 돼도 인덱스의 크기가 거의 190MB(238MB - 47MB)나 증가했다. 1,000만 건이 되면 1.9GB가 증가한다. 또한 인덱스가 커질수록 같은 성능을 내기 위해 그만큼의 메모리가 더 필요해진다는 뜻이므로 InnoDB 테이블의 프라이머리 키는 신중하게 선택해야 한다.

프라이머리 키는 AUTO-INCREMENT보다는 업무적인 칼럼으로 생성할 것(가능한 경우)

다시 한 번 강조하지만 InnoDB의 프라이머리 키는 클러스터 키로 사용되며, 이 값에 의해 레코드의 위치가 결정된다. 즉, 프라이머리 키로 검색하는 경우(특히 범위로 많은 레코드를 검색하는 경우) 클러스터되지 않은 테이블에 비해 매우 빠르게 처리될 수 있음을 의미한다. MyISAM과 같이 클러스터되지 않는 테이블에서는 사실 프라이머리 키로 뭘 선택해도 성능의 차이는 별로 없을 수 있지만 InnoDB에서는 엄청난 차이를 만들어 낸다. 또한 프라이머리 키는 그 의미만

큼이나 중요한 역할을 하기 때문에 대부분 검색에서 상당히 빈번하게 사용되는 것이 일반적이다. 그러므로 설령 그 칼럼의 크기가 크더라도 업무적으로 해당 레코드를 대표할 수 있다면 그 칼럼을 프라이머리 키로 설정하는 것이 좋다.

프라이머리 키는 반드시 명시할 것

가끔 프라이머리 키가 없는 테이블을 자주 보게 되는데, 가능하면 AUTO_INCREMENT 칼럼을 이용해라도 프라이머리 키는 설정하길 권장한다. InnoDB 테이블에서 프라이머리 키를 정의하지 않으면 AUTO_INCREMENT와 같은 자동 증가 칼럼을 내부적으로 추가한다. 하지만 이렇게 자동으로 추가된 칼럼은 사용자에게 보이지 않기 때문에 SQL에서 전혀 사용할 수가 없다. 즉, InnoDB 테이블에 프라이머리 키를 정의하지 않는 경우와 AUTO_INCREMENT 칼럼을 생성하고 프라이머리 키로 설정하는 것이 결국 똑같다는 것이다. 그렇다면 사용자가 사용할 수 있는 값(AUTO_INCREMENT 값)을 프라이머리 키로 설정하는 것이 좋을 것이다.

AUTO-INCREMENT 칼럼을 인조 식별자로 사용할 경우

여러 개의 칼럼이 복합으로 프라이머리 키가 만들어지는 경우 프라이머리 키의 크기가 길어질 때가 가끔 있다. 하지만 프라이머리 키의 크기가 길어도 보조 인덱스가 필요치 않다면 그대로 프라이머리 키를 사용하는 것이 좋다. 만약 보조 인덱스도 필요하고 프라이머리 키의 크기도 길다면 AUTO-INCREMENT 칼럼을 추가하고, 이를 프라이머리 키로 설정하면 된다. 이렇게 프라이머리 키를 대체하기 위해 인위적으로 추가된 프라이머리 키를 인조 식별자(Surrogate key)라고 한다. 그리고 로그 테이블과 같이 조회보다는 INSERT 위주의 테이블들은 AUTO_INCREMENT를 이용한 인조 식별자를 프라이머리 키로 설정하는 것이 성능 향상에 도움이 된다.

5.10 유니크 인덱스

유니크란 사실 인덱스라기보다는 제약 조건에 가깝다고 볼 수 있다. 말 그대로 테이블이나 인덱스에 같은 값이 2개 이상 저장될 수 없음을 의미하는데, MySQL에서는 인덱스 없이 유니크 제약만 설정할 방법이 없다. 유니크 인덱스에서 NULL도 저장될 수 있는데, NULL은 특정의 값이 아니므로 2개 이상 저장될 수 있다. MySQL에서 프라이머리 키는 기본적으로 NULL을 허용하지 않는 유니크 속성이 자동으로 부여된다. MyISAM이나 MEMORY 테이블에서 프라이머리 키는 사실 NULL이 허용되지 않는 유니크 인덱스와 같지만 InnoDB 테이블의 프라이머리 키는 클러스터 키의 역할도 하므로 유니크 인덱스와는 근본적으로 다르다.

5.10.1 유니크 인덱스와 일반 보조 인덱스의 비교

유니크 인덱스와 유니크하지 않은 일반 보조 인덱스는 사실 인덱스의 구조상 아무런 차이점이 없다. 유니크 인덱스와 일반 보조 인덱스의 읽기와 쓰기를 성능 관점에서 한번 살펴보자.

인덱스 읽기

많은 사람이 유니크 인덱스가 빠르다고 생각한다. 하지만 이것은 사실이 아니다. 어떤 책에서는 유니크 인덱스는 1건만 읽으면 되지만 유니크하지 않은 일반 보조 인덱스에서는 한 번 더 읽어야 하므로 느리다고 이야기한다. 하지만 유니크하지 않은 보조 인덱스에서 한 번 더 해야 하는 작업은 디스크 읽기가 아니라 CPU에서 칼럼값을 비교하는 작업이기 때문에 이는 성능상의 영향이 거의 없다고 볼 수 있다. 유니크하지 않은 보조 인덱스는 중복된 값이 허용되므로 읽어야 할 레코드가 많아서 느린 것이지, 인덱스 자체의 특성 때문에 느린 것이 아니라는 것이다. 즉, 레코드 1건을 읽는 데 0.1초가 걸렸고 2건을 읽을 때 0.2초가 걸렸다고 했을 때 후자를 느리게 처리됐다고 할 수 없는 것과 같은 이치다.

하나의 값을 검색하는 경우, 유니크 인덱스와 일반 보조 인덱스는 사용되는 실행 계획이 다르다. 하지만 이는 인덱스의 성격이 유니크한지 아닌지에 따른 차이일 뿐 큰 차이는 없다. 1개의 레코드를 읽으나 2개 이상의 레코드를 읽으냐의 차이만 있다는 것을 의미할 뿐, 읽어야 할 레코드 건수가 같다면 성능상의 차이는 미미하다.

인덱스 쓰기

새로운 레코드가 INSERT되거나 인덱스 칼럼의 값이 변경되는 경우에는 인덱스 쓰기 작업이 필요하다. 그런데 유니크 인덱스의 키값을 쓸 때는 중복된 값이 있는지 없는지 체크하는 과정이 한 단계 더 필요하다. 그래서 일반 보조 인덱스의 쓰기보다 느리다. 그런데 MySQL에서는 유니크 인덱스에서 중복된 값을 체크할 때는 읽기 잠금을 사용하고, 쓰기를 할 때는 쓰기 잠금을 사용하는데 이 과정에서 데드락이 아주 빈번히 발생한다. 유니크 인덱스로 인한 데드락에 대한 자세한 내용은 12.3.2절, "패턴 2(유니크 인덱스 관련)"(728쪽)를 참고한다.

InnoDB 스토리지 엔진에는 인덱스 키의 저장을 버퍼링하기 위해 인서트 버퍼(Insert Buffer)가 사용된다. 그래서 인덱스의 저장이나 변경 작업이 상당히 빨리 처리되지만 안타깝게도 유니크 인덱스는 반드시 중복 체크를 해야 하므로 작업 자체를 버퍼링하지 못한다. 이 때문에 유니크 인덱스는 일반 보조 인덱스보다 더 느려진다.

5.10.2 유니크 인덱스 사용 시 주의사항

꼭 필요한 경우라면 유니크 인덱스를 생성하는 것은 당연하다. 하지만 더 성능이 좋아질 것으로 생각하고 불필요하게 유니크 인덱스를 생성하지는 않는 편이 좋다. 그리고 하나의 테이블에서 같은 칼럼에 유니크 인덱스와 일반 인덱스를 각각 중복해서 생성해 둔 경우가 가끔 있는데, MySQL의 유니크 인덱스는 일반 다른 인덱스와 같은 역할을 하므로 중복해서 인덱스를 생성할 필요는 없다. 즉, 다음과 같은 테이블에서 이미 nick_name이라는 칼럼에 대해서는 유니크 인덱스인 "ux_nickname"이 있기 때문에 ix_nickname 인덱스는 필요하지 않다. 이미 유니크 인덱스도 일반 보조 인덱스와 같은 역할을 동일하게 수행할 수 있으므로 다음과 같이 중복해서 보조 인덱스를 만들어 줄 필요는 없다.

```
CREATE TABLE tb_unique (
  id INTEGER NOT NULL,
  nick_name VARCHAR(100),
  PRIMARY KEY (id),
```

```
  UNIQUE INDEX ux_nickname (nick_name),
  INDEX ix_nickname (nick_name)
);
```

그리고 가끔, 똑같은 칼럼에 대해 프라이머리 키와 유니크 인덱스를 동일하게 생성한 테이블도 있는데, 이 또한 불필요한 중복이므로 주의하자. 이 밖에도 유니크 인덱스는 쿼리의 실행 계획이나 테이블의 파티셔닝에 미치는 영향이 있는데, 자세한 내용은 6장, "실행 계획"과 10장, "파티션"에서 다루겠다.

결론적으로 유일성이 꼭 보장돼야 하는 칼럼에 대해서는 유니크 인덱스를 생성하되, 꼭 필요하지 않다면 유니크 인덱스보다는 유니크하지 않은 보조 인덱스를 생성하는 방법도 한 번씩 고려해 보자.

5.11 외래키

MySQL에서 외래키는 InnoDB 스토리지 엔진에서만 생성할 수 있으며, 외래키 제약이 설정되면 자동으로 연관되는 테이블의 칼럼에 인덱스까지 생성된다. 외래키가 제거되지 않은 상태에서는 자동으로 생성된 인덱스를 삭제할 수 없다.

InnoDB의 외래키 관리에는 중요한 두 가지 특징이 있다.

- 테이블의 변경(쓰기 잠금)이 발생하는 경우에만 잠금 경합(잠금 대기)이 발생한다.
- 외래키와 연관되지 않은 칼럼의 변경은 최대한 잠금 경합(잠금 대기)을 발생시키지 않는다.

```
CREATE TABLE tb_parent (
  id INT NOT NULL,
  fd VARCHAR(100) NOT NULL,
  PRIMARY KEY (id)
) ENGINE=INNODB;

CREATE TABLE tb_child (
  id INT NOT NULL,
  pid INT DEFAULT NULL,  -- // parent.id 칼럼 참조
  fd VARCHAR(100) DEFAULT NULL,
  PRIMARY KEY (id),
  KEY ix_parentid (pid),
  CONSTRAINT child_ibfk_1 FOREIGN KEY (pid) REFERENCES tb_parent (id) ON DELETE CASCADE
) ENGINE=INNODB;
```

```
INSERT INTO tb_parent VALUES (1, 'parent-1'), (2, 'parent-2');
INSERT INTO tb_child VALUES (100, 1, 'child-100');
```

위와 같은 테이블에서 언제 자식 테이블의 변경이 잠금 대기를 하게 되고, 언제 부모 테이블의 변경이
잠금 대기를 하게 되는지 예제로 살펴보자.

5.11.1 자식 테이블의 변경이 대기하는 경우

작업번호	커넥션-1	커넥션-2
1	BEGIN;	
2	UPDATE tb_parent SET fd='changed-2' WHERE id=2;	
3		BEGIN;
4		UPDATE tb_child SET pid=2 WHERE id=100;
5	ROLLBACK;	
6		Query OK, 1 row affected (3.04 sec)

이 작업에서 1번 커넥션에서 먼저 트랜잭션을 시작하고 부모(tb_parent) 테이블에서 id=2인 레코드
에 UPDATE를 실행한다. 이 과정에서 1번 커넥션이 tb_parent 테이블에서 id=2인 레코드에 대해 쓰
기 잠금을 획득한다. 그리고 2번 커넥션에서 자식 테이블(tb_child)의 외래키 칼럼(부모의 키를 참조
하는 칼럼)인 pid를 2로 변경하는 쿼리를 실행해보자. 이 쿼리(작업번호 4번)는 부모 테이블의 변경 작
업이 완료될 때까지 대기한다. 다시 1번 커넥션에서 ROLLBACK이나 COMMIT으로 트랜잭션을 종
료하면 2번 커넥션의 대기 중이던 작업이 즉시 처리되는 것을 확인할 수 있다. 즉 자식 테이블의 외래
키 칼럼의 변경(INSERT, UPDATE)은 부모 테이블의 확인이 필요한데, 이 상태에서 부모 테이블의 해
당 레코드가 쓰기 잠금이 걸려 있으면 해당 쓰기 잠금이 해제될 때까지 기다리게 되는 것이다. 이것이
InnoDB의 외래키 관리의 첫 번째 특징에 해당한다.

만약 자식 테이블의 외래키(pid)가 아닌 칼럼(tb_child 테이블의 fd 칼럼과 같은)의 변경은 외래키로
인한 잠금 확장(바로 위에서 살펴본 예제와 같은)이 발생하지 않는다. 이는 InnoDB의 외래키의 두 번
째 특징에 해당한다.

5.11.2 부모 테이블의 변경 작업이 대기하는 경우

작업번호	커넥션-1	커넥션-2
1	BEGIN;	
2	UPDATE tb_child SET fd='changed-100' WHERE id=100;	
3		BEGIN;
4		DELETE FROM tb_parent WHERE id=1;
5	ROLLBACK;	
6		Query OK, 1 row affected (6.09 sec)

변경하는 테이블의 순서만 변경해서 같은 예제를 만들어 봤다. 첫 번째 커넥션에서 부모 키 "1"을 참조하는 자식 테이블의 레코드를 변경하면 tb_child 테이블의 레코드에 대해 쓰기 잠금을 획득한다. 이 상태에서 2번 커넥션에서 tb_parent 테이블의 레코드를 삭제하려면 이 쿼리(작업번호 4번)는 tb_child 테이블의 레코드에 대한 쓰기 잠금이 해제될 때까지 기다려야 한다. 이는 자식 테이블(tb_child)이 생성될 때 정의된 외래키의 특성(ON DELETE CASCADE) 때문에 부모 레코드가 삭제되면 자식 레코드도 동시에 삭제되도록 작동하기 때문이다.

데이터베이스에서 외래 키를 물리적으로 생성하려면 이러한 현상으로 인한 잠금 경합까지 고려해 개발을 진행하는 것이 좋다. 이처럼 물리적으로 외래키를 생성하면 자식 테이블에 레코드가 추가되는 경우 해당 참조키가 부모 테이블에 있는지 확인한다는 것은 이미 다들 알고 있을 것이다. 하지만 물리적인 외래키의 고려 사항은, 이러한 체크 작업이 아니라 이런 체크를 위해 연관 테이블에 읽기 잠금을 걸어야 한다는 것이다. 또한 이렇게 잠금이 다른 테이블로 확장되면 그만큼 전체적으로 쿼리의 동시 처리에 영향을 미친다.

5.12 기타 주의사항

스토리지 엔진별 지원 인덱스 목록

인덱스는 MySQL 엔진 레벨이 아니라 스토리지 엔진 레벨에 포함되는 영역이므로 스토리지 엔진의 종류별로 사용 가능한 인덱스의 종류가 다르다. 간단히 스토리지 엔진별로 지원 가능한 인덱스 알고리즘은 아래와 같다.

스토리지 엔진	인덱스 알고리즘(종류)
MyISAM	B-Tree, R-Tree(Spatial-index), Fulltext-index
InnoDB	B-Tree
Memory	B-Tree, Hash
TokuDB	Fractal-Tree
NDB (MySQL Cluster)	Hash, B-Tree

analyze와 optimize의 필요성

MyISAM이나 InnoDB 테이블의 경우, 인덱스에 대한 통계 정보를 관리하고 각 통계 정보를 기반으로 쿼리의 실행 계획을 수립한다. 인덱스에 대한 통계 정보는 아래와 같이 확인할 수 있다.

```
root@localhost:test > SHOW INDEX FROM tb_test;
+---------+..+------------+..+-------------+..+-------------+..+------------+..
| Table   |..| Key_name   |..| Column_name |..| Cardinality |..| Index_type |..
+---------+..+------------+..+-------------+..+-------------+..+------------+..
| tb_test |..| PRIMARY    |..| fd1         |..|           4 |..| BTREE      |..
| tb_test |..| ix_fd2_fd3 |..| fd2         |..|           4 |..| BTREE      |..
| tb_test |..| ix_fd2_fd3 |..| fd3         |..|           4 |..| BTREE      |..
+---------+..+------------+..+-------------+..+-------------+..+------------+..
```

보기 쉽게 중요하지 않은 정보는 ".."으로 줄여서 표기했다. 여기서 가장 중요한 칼럼은 Cardinality 항목이다. InnoDB와 MyISAM 모두 거의 칼럼의 Cardinality에 의존해서 실행 계획을 수립한다.

MySQL의 인덱스 통계 정보에서 기억해야 할 점은 사용자나 DB 관리자도 모르는 사이에 통계 정보가 상당히 자주 업데이트된다는 것이다. 그래서 쿼리의 실행 계획을 최적화하거나 동일하게 유지하기 위해 별도로 통계 정보를 백업했다가 복구하는 작업은 할 수도 없을뿐더러, 한다 해도 별로 의미가 없다. MySQL 서버가 테이블을 처음으로 열거나 대량의 데이터 변경 또는 테이블의 구조 변경(DDL)이 실행되면 통계 정보를 자동으로 갱신한다.

가끔은 쿼리의 실행 계획이 의도했던 것과는 너무 다르게 만들어질 때가 있다. 이런 경우는 인덱스의 통계 정보가 실제와는 너무 다르게 수집되어 MySQL이 실행 계획을 엉뚱하게 만들어 버리게 되는 것이다. 이렇게 통계 정보가 크게 잘못되는 경우는 다음과 같을 때 자주 발생하는데, 이런 경우에는 ANALYZE 명령으로 통계 정보를 다시 수집해 보는 것이 좋다.

• 테이블의 데이터가 별로 없는 경우(주로 개발용 데이터베이스)
• 단시간에 대량의 데이터가 늘어나거나 줄어든 경우

06
실행 계획

어떤 일을 하기 위해서는 계획이 반드시 필요하다. 예를 들어 외국 여행을 간다고 가정해 보자. 우선 비행기를 타고 경유를 할지, 직항으로 갈지 결정해야 한다. 그리고 인천 공항과 김포 공항, 혹은 김해 공항 중 어디서 출발할지 선택해야 한다. 다음으로 집에서 공항까지 가는 교통편을 결정해야 한다. 막상 여행지에 도착하면 더 많은 경로나 결정이 필요하다. 같은 장소를 가는 데도 다양한 방법과 경로가 존재하는 것이다.

DBMS의 쿼리 실행 또한 같은 결과를 만들어 내는 데 한 가지 방법만 있는 것은 아니다. 아주 많은 방법이 있지만 그중에서 어떤 방법이 최적이고 최소의 비용이 소모될지 결정해야 한다. 여행할 때도 인터넷이나 전화로 버스나 기차의 시간표를 참조해서 비용이나 소요 시간 등 요모조모 따져보고 본인이 직접 결정할 것이다. DBMS에서도 쿼리를 최적으로 실행하기 위해 각 테이블의 데이터가 어떤 분포로 저장돼 있는지 통계 정보를 참조하며, 그러한 기본 데이터를 비교해 최적의 실행 계획을 수립하는 작업이 필요하다. DBMS에서는 옵티마이저가 이러한 기능을 담당한다.

MySQL에서는 EXPLAIN이라는 명령으로 쿼리의 실행 계획을 확인할 수 있는데, 여기에는 많은 정보가 출력된다. 이번 장에서는 실행 계획에 표시되는 내용이 무엇을 의미하고 MySQL 서버가 내부적으로 어떤 작업을 하는지 자세히 살펴보겠다. 그리고 끝으로 어떤 실행 계획이 좋고 나쁜지도 간단히 살펴보겠다.

6.1 개요

어떤 DBMS든지 쿼리의 실행 계획을 수립하는 옵티마이저는 가장 복잡한 부분으로 알려져 있으며, 옵티마이저가 만들어 내는 실행 계획을 이해하는 것 또한 상당히 어려운 부분이다. 하지만 그 실행 계획을 이해할 수 있어야만 실행 계획의 불합리한 부분을 찾아내고, 더욱 최적화된 방법으로 실행 계획을 수립하도록 유도할 수 있다. 실행 계획을 살펴보기 전에, 먼저 알고 있어야 할 몇 가지 부분을 살펴보자.

6.1.1 쿼리 실행 절차

MySQL 서버에서 쿼리가 실행되는 과정은 크게 3가지로 나눌 수 있다.

1. 사용자로부터 요청된 SQL 문장을 잘게 쪼개서 MySQL 서버가 이해할 수 있는 수준으로 분리한다.

2. SQL의 파싱 정보(파스 트리)를 확인하면서 어떤 테이블부터 읽고 어떤 인덱스를 이용해 테이블을 읽을지 선택한다.

3. 두 번째 단계에서 결정된 테이블의 읽기 순서나 선택된 인덱스를 이용해 스토리지 엔진으로부터 데이터를 가져온다.

첫 번째 단계를 "SQL 파싱(Parsing)"이라고 하며, MySQL 서버의 "SQL 파서"라는 모듈로 처리한다. 만약 SQL 문장이 문법적으로 잘못됐다면 이 단계에서 걸러진다. 또한 이 단계에서 "SQL 파스 트리"가 만들어진다. MySQL 서버는 SQL 문장 그 자체가 아니라 SQL 파스 트리를 이용해 쿼리를 실행한다.

두 번째 단계는 첫 번째 단계에서 만들어진 SQL 파스 트리를 참조하면서, 다음과 같은 내용을 처리한다.

- 불필요한 조건의 제거 및 복잡한 연산의 단순화
- 여러 테이블의 조인이 있는 경우 어떤 순서로 테이블을 읽을지 결정
- 각 테이블에 사용된 조건과 인덱스 통계 정보를 이용해 사용할 인덱스 결정
- 가져온 레코드들을 임시 테이블에 넣고 다시 한번 가공해야 하는지 결정

물론 이 밖에도 수많은 처리를 하지만, 대표적으로 이런 작업을 들 수 있다. 두 번째 단계는 "최적화 및 실행 계획 수립" 단계이며, MySQL 서버의 "옵티마이저"에서 처리한다. 또한 두 번째 단계가 완료되면 쿼리의 "실행 계획"이 만들어진다.

세 번째 단계는 수립된 실행 계획대로 스토리지 엔진에 레코드를 읽어오도록 요청하고, MySQL 엔진에서는 스토리지 엔진으로부터 받은 레코드를 조인하거나 정렬하는 작업을 수행한다.

첫 번째 단계와 두 번째 단계는 거의 MySQL 엔진에서 처리하며, 세 번째 단계는 MySQL 엔진과 스토리지 엔진이 동시에 참여해서 처리한다. 그림 6-1은 "SQL 파서"와 "옵티마이저"가 MySQL 전체적인 아키텍처에서 어느 위치에 있는지 보여준다.

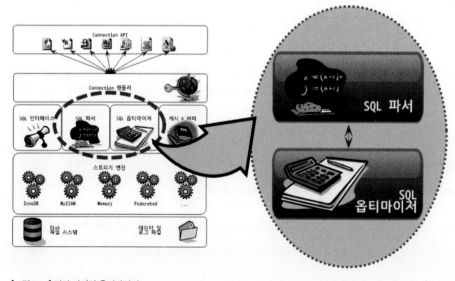

[그림 6-1] 쿼리 파서와 옵티마이저

6.1.2 옵티마이저의 종류

옵티마이저는 데이터베이스 서버에서 두뇌와 같은 역할을 담당하고 있다. 옵티마이저는 현재 대부분의 DBMS가 선택하고 있는 비용 기반 최적화(Cost-based optimizer, CBO) 방법과 예전 오라클에서 많이 사용됐던 규칙 기반 최적화 방법(Rule-based optimizer, RBO)으로 크게 나눠 볼 수 있다.

- 규칙 기반 최적화는 기본적으로 대상 테이블의 레코드 건수나 선택도 등을 고려하지 않고 옵티마이저에 내장된 우선순위에 따라 실행 계획을 수립하는 방식을 의미한다. 이 방식에서는 통계 정보(테이블의 레코드 건수나 칼럼 값의 분포도)를 조사하지 않고 실행 계획이 수립되기 때문에 같은 쿼리에 대해서는 거의 항상 같은 실행 방법을 만들어 낸다. 하지만 규칙 기반의 최적화는 이미 오래 전부터 많은 DBMS에서 거의 지원되지 않거나 업데이트되지 않은 상태로 그대로 남아 있는 것이 현실이다.
- 비용 기반 최적화는 쿼리를 처리하기 위한 여러 가지 가능한 방법을 만들고, 각 단위 작업의 비용(부하) 정보와 대상 테이블의 예측된 통계 정보를 이용해 각 실행 계획별 비용을 산출한다. 이렇게 산출된 각 실행 방법별로 최소 비용이 소요되는 처리 방식을 선택해 최종 쿼리를 실행한다.

규칙 기반 최적화는 각 테이블이나 인덱스의 통계 정보가 거의 없고, 상대적으로 느린 CPU 연산 탓에 비용 계산 과정이 부담스러웠기 때문에 사용되던 최적화 방법이다. 현재는 거의 대부분의 RDBMS가 비용 기반의 옵티마이저를 채택하고 있으며, MySQL 역시 마찬가지다.

6.1.3 통계 정보

비용 기반 최적화에서 가장 중요한 것은 통계 정보다. 통계 정보가 정확하지 않다면 전혀 엉뚱한 방향으로 쿼리를 실행해 버릴 수 있기 때문이다. 예를 들어 1억 건의 레코드가 저장된 테이블의 통계 정보가 갱신되지 않아서 레코드가 10건 미만인 것처럼 돼 있다면 옵티마이저는 실제 쿼리 실행 시에 인덱스 레인지 스캔이 아니라 테이블을 처음부터 끝까지 읽는 방식(풀 테이블 스캔)으로 실행해 버릴 수도 있다. 부정확한 통계 정보 탓에 0.1초에 끝날 쿼리가 1시간이 소요될 수도 있다.

MySQL 또한 다른 DBMS와 같이 비용 기반의 최적화를 사용하지만 다른 DBMS보다 통계 정보는 그리 다양하지 않다. 기본적으로 MySQL에서 관리되는 통계 정보는 대략의 레코드 건수와 인덱스의 유니크한 값의 개수 정도가 전부다. 오라클과 같은 DBMS에서는 통계 정보가 상당히 정적이고 수집에 많은 시간이 소요되기 때문에 통계 정보만 따로 백업하기도 한다. 하지만 MySQL에서 통계 정보는 사용자가 알아채지 못하는 순간순간 자동으로 변경되기 때문에 상당히 동적인 편이다. 하지만 레코드 건수가 많지 않으면 통계 정보가 상당히 부정확한 경우가 많으므로 "ANALYZE" 명령을 이용해 강제적으로 통계 정보를 갱신해야 할 때도 있다. 특히 이런 현상은 레코드 건수가 얼마 되지 않는 개발용 MySQL 서버에서 자주 발생한다.

MEMORY 테이블은 별도로 통계 정보가 없으며, MyISAM과 InnoDB의 테이블과 인덱스 통계 정보는 다음과 같이 확인할 수 있다. ANALYZE 명령은 인덱스 키값의 분포도(선택도)만 업데이트하며, 전체 테이블의 건수는 테이블의 전체 페이지 수를 이용해 예측한다.

```
SHOW TABLE STATUS LIKE 'tb_test'\G
SHOW INDEX FROM tb_test;
```

통계 정보를 갱신하려면 다음과 같이 ANALYZE를 실행하면 된다.

```
-- // 파티션을 사용하지 않는 일반 테이블의 통계 정보 수집
ANALYZE TABLE tb_test;

-- // 파티션을 사용하는 테이블에서 특정 파티션의 통계 정보 수집
ALTER TABLE tb_test ANALYZE PARTITION  p3;
```

ANALYZE를 실행하는 동안 MyISAM 테이블은 읽기는 가능하지만 쓰기는 안 된다. 하지만 InnoDB 테이블은 읽기와 쓰기 모두 불가능하므로 서비스 도중에는 ANALYZE을 실행하지 않는 것이 좋다. MyISAM 테이블의 ANALYZE는 정확한 키값 분포도를 위해 인덱스 전체를 스캔하므로 많은 시간이 소요된다. 이와는 달리 InnoDB 테이블은 인덱스 페이지 중에서 8개 정도만 랜덤하게 선택해서 분석하고 그 결과를 인덱스의 통계 정보로 갱신한다.

> **주 의**
> MySQL 5.1.38 미만 버전에서는 항상 랜덤하게 인덱스 페이지 8개만 읽어서 통계 정보를 수집하지만 MySQL 5.1.38 이상의 InnoDB 플러그인 버전에서는 분석할 인덱스 페이지의 개수를 "innodb_stats_sample_pages" 파라미터로 지정할 수 있다. 분석할 페이지 개수를 늘릴수록 더 정확한 통계 정보를 수집할 수 있겠지만 InnoDB의 통계 정보는 다른 DBMS보다 훨씬 자주 수집되며 서비스 도중에도 통계 정보가 수집될 수 있다.InnoDB의 통계 수집을 위한 인덱스 페이지 개수는 기본값 8개에서 2~3배 이상을 벗어나지 않도록 설정하는 것이 좋다.

6.2 실행 계획 분석

MySQL에서 쿼리의 실행 계획을 확인하려면 EXPLAIN 명령을 사용하면 된다. 아무런 옵션 없이 EXPLAIN 명령만 사용하면 기본적인 쿼리 실행 계획만 보인다. 하지만 EXPLAIN EXTENDED나 EXPLAIN PARTITIONS 명령을 이용해 더 상세한 실행 계획을 확인할 수도 있다. 추가 옵션을 사용하는 경우에는 기본적인 실행 계획에 추가로 정보가 1개씩 더 표시된다.

우선 기본 실행 계획을 제대로 이해할 수 있어야 하므로 옵션이 없는 "EXPLAIN" 명령으로 조회하는 실행 계획을 자세히 살펴보겠다. 그리고 마지막에 PARTITIONS나 EXTENDED 옵션의 실행 계획을 확인하는 방법을 설명하겠다.

EXPLAIN 명령은 다음과 같이 EXPLAIN 키워드 뒤에 확인하고 싶은 SELECT 쿼리 문장을 적으면 된다. 실행 계획의 결과로 여러 가지 정보가 표 형태로 표시된다. 실행계획 중에는 possible_keys 항목과 같이 내용은 길지만 거의 쓸모가 없는 항목도 있다. 이 책에서는 실행 계획의 여러 결과 중 꼭 필요한 경우를 제외하고는 모두 생략하고 표시했다. 또한 실행 계획에서 NULL 값이 출력되는 부분은 모두 공백으로 표시했다.

```
EXPLAIN
SELECT e.emp_no, e.first_name, s.from_date, s.salary
FROM employees e, salaries s
WHERE e.emp_no=s.emp_no
LIMIT 10;
```

EXPLAIN을 실행하면 쿼리 문장의 특성에 따라 표 형태로 된 1줄 이상의 결과가 표시된다. 표의 각 라인(레코드)은 쿼리 문장에서 사용된 테이블(서브 쿼리로 임시 테이블을 생성한 경우 그 임시 테이블까지 포함)의 개수만큼 출력된다. 실행 순서는 위에서 아래로 순서대로 표시된다(UNION이나 상관 서브 쿼리와 같은 경우 순서대로 표시되지 않을 수도 있다). 출력된 실행 계획에서 위쪽에 출력된 결과일수록(id 칼럼의 값이 작을수록) 쿼리의 바깥(Outer) 부분이거나 먼저 접근한 테이블이고, 아래쪽에 출력된 결과일수록(id 칼럼의 값이 클수록) 쿼리의 안쪽(Inner) 부분 또는 나중에 접근한 테이블에 해당된다. 하지만 쿼리 문장과 직접 비교해 가면서 실행 계획의 위쪽부터 테이블과 매칭해서 비교하는 편이 더 쉽게 이해될 것이다.

id	select_type	table	type	Key	key_len	ref	rows	Extra
1	SIMPLE	e	index	ix_firstname	44		300584	Using index
1	SIMPLE	s	ref	PRIMARY	4	employees. e.emp_no	4	

다른 DBMS와는 달리 MySQL에서는 필요에 따라 실행 계획을 산출하기 위해 쿼리의 일부분을 직접 실행할 때도 있다. 때문에 쿼리 자체가 상당히 복잡하고 무거운 쿼리인 경우에는 실행 계획의 조회 또

한 느려질 가능성이 있다. 그리고 UPDATE나 INSERT, DELETE 문장에 대해서는 실행 계획을 확인할 방법이 없다. UPDATE나 INSERT, DELETE 문장의 실행 계획을 확인하려면 WHERE 조건절만 같은 SELECT 문장을 만들어서 대략적으로 계획을 확인해 볼 수 있다.

이제부터는 실행 계획에 표시되는 각 칼럼이 어떤 것을 의미하는지, 그리고 각 칼럼에 어떤 값들이 출력될 수 있는지 하나씩 자세히 살펴보겠다.

6.2.1 id 칼럼

하나의 SELECT 문장은 다시 1개 이상의 하위(SUB) SELECT 문장을 포함할 수 있다. 다음 쿼리를 살펴보자.

```
SELECT ...
FROM (SELECT ... FROM tb_test1) tb1,
  tb_test2 tb2
WHERE tb1.id=tb2.id;
```

위의 쿼리 문장에 있는 각 SELECT를 다음과 같이 분리해서 생각해볼 수 있다. 이렇게 SELECT 키워드 단위로 구분한 것을 "단위 (SELECT) 쿼리"라고 표현하겠다.

```
SELECT ... FROM tb_test1;
SELECT ... FROM tb1, tb_test2 tb2 WHERE tb1.id=tb2.id;
```

실행 계획에서 가장 왼쪽에 표시되는 id 칼럼은 단위 SELECT 쿼리별로 부여되는 식별자 값이다. 이 예제 쿼리의 경우, 실행 계획에서 최소 2개의 id 값이 표시될 것이다.

만약 하나의 SELECT 문장 안에서 여러 개의 테이블을 조인하면 조인되는 테이블의 개수만큼 실행 계획 레코드가 출력되지만 같은 id가 부여된다. 다음 예제에서처럼 SELECT 문장은 하나인데 여러 개의 테이블이 조인되는 경우에는 id 값이 증가하지 않고 같은 id가 부여된다.

```
EXPLAIN
SELECT e.emp_no, e.first_name, s.from_date, s.salary
FROM employees e, salaries s
WHERE e.emp_no=s.emp_no
LIMIT 10;
```

id	select_type	table	type	key	key_len	ref	rows	Extra
1	SIMPLE	e	index	ix_firstname	44		300584	Using index
1	SIMPLE	s	ref	PRIMARY	4	employees. e.emp_no	4	

반대로 다음 쿼리의 실행 계획에서는 쿼리 문장이 3개의 단위 SELECT 쿼리로 구성돼 있으므로 실행 계획의 각 레코드가 각기 다른 id를 지닌 것을 확인할 수 있다.

```
EXPLAIN
SELECT
( (SELECT COUNT(*) FROM employees) + (SELECT COUNT(*) FROM departments) ) AS total_count;
```

id	select_type	table	type	key	key_len	ref	rows	Extra
1	PRIMARY							No tables used
3	SUBQUERY	departments	index	ux_deptname	123		9	Using index
2	SUBQUERY	employees	index	ix_hiredate	3		300584	Using index

6.2.2 select_type 칼럼

각 단위 SELECT 쿼리가 어떤 타입의 쿼리인지 표시되는 칼럼이다. select_type 칼럼에 표시될 수 있는 값은 다음과 같다.

SIMPLE

UNION이나 서브 쿼리를 사용하지 않는 단순한 SELECT 쿼리인 경우, 해당 쿼리 문장의 select_type은 SIMPLE로 표시된다(쿼리에 조인이 포함된 경우에도 마찬가지다). 쿼리 문장이 아무리 복잡하더라도 실행 계획에서 select_type이 SIMPLE인 단위 쿼리는 반드시 하나만 존재한다. 일반적으로 제일 바깥 SELECT 쿼리의 select_type이 SIMPLE로 표시된다.

PRIMARY

UNION이나 서브 쿼리가 포함된 SELECT 쿼리의 실행 계획에서 가장 바깥쪽(Outer)에 있는 단위 쿼리는 select_type이 PRIMARY로 표시된다. SIMPLE과 마찬가지로 select_type이 PRIMARY인 단위

SELECT 쿼리는 하나만 존재하며, 쿼리의 제일 바깥 쪽에 있는 SELECT 단위 쿼리가 PRIMARY로 표시된다.

UNION

UNION으로 결합하는 단위 SELECT 쿼리 가운데 첫 번째를 제외한 두 번째 이후 단위 SELECT 쿼리의 select_type은 UNION으로 표시된다. UNION의 첫 번째 단위 SELECT는 select_type이 UNION이 아니라 UNION 쿼리로 결합된 전체 집합의 select_type이 표시된다.

```
EXPLAIN
SELECT * FROM (
  (SELECT emp_no FROM employees e1 LIMIT 10)
  UNION ALL
  (SELECT emp_no FROM employees e2 LIMIT 10)
  UNION ALL
  (SELECT emp_no FROM employees e3 LIMIT 10)
) tb;
```

위 쿼리의 실행 계획은 다음과 같다. UNION이 되는 단위 SELECT 쿼리 3개 중에서 첫 번째(e1 테이블)만 UNION이 아니고, 나머지 2개는 모두 UNION으로 표시돼 있다. 대신 UNION의 첫 번째 쿼리는 전체 UNION의 결과를 대표하는 select_type으로 설정됐다. 여기서는 세 개의 서브 쿼리로 조회된 결과를 UNION ALL로 결합해 임시 테이블을 만들어서 사용하고 있으므로 UNION ALL의 첫 번째 쿼리는 DERIVED라는 select_type을 갖는 것이다.

id	select_type	table	type	key	key_len	ref	rows	Extra
1	PRIMARY	\<derived2\>	ALL				30	
2	DERIVED	e1	index	ix_hiredate	3		300584	Using index
3	UNION	e2	index	ix_hiredate	3		300584	Using index
4	UNION	e3	index	ix_hiredate	3		300584	Using index
	UNION RESULT	\<union2,3,4\>	ALL					

DEPENDENT UNION

DEPENDENT UNION select_type 또한 UNION select_type과 같이 쿼리에 UNION이나 UNION ALL로 집합을 결합하는 쿼리에서 표시된다. 그리고 여기서 DEPENDENT는 UNION이나 UNION

ALL로 결합된 단위 쿼리가 외부의 영향에 의해 영향을 받는 것을 의미한다. 다음의 예제 쿼리를 보면 두 개의 SELECT 쿼리가 UNION으로 결합됐으므로 select_type에 UNION이 표시된 것이다. 그런데 UNION로 결합되는 각 쿼리를 보면 이 서브 쿼리의 외부(Outer)에서 정의된 employees 테이블의 emp_no 칼럼을 사용하고 있음을 알 수 있다. 이렇게 내부 쿼리가 외부의 값을 참조해서 처리될 때 DEPENDENT 키워드가 select_type에 표시된다.

```
EXPLAIN
SELECT
  e.first_name,
  ( SELECT CONCAT('Salary change count : ', COUNT(*)) AS message
      FROM salaries s WHERE s.emp_no=e.emp_no
    UNION
    SELECT CONCAT('Department change count : ', COUNT(*)) AS message
      FROM dept_emp de WHERE de.emp_no=e.emp_no
  ) AS message
FROM employees e
WHERE e.emp_no=10001;
```

위 예제는 조금 억지스럽긴 하지만 UNION에 사용된 SELECT 쿼리에 아우터에 정의된 employees 테이블의 emp_no 칼럼이 사용됐기 때문에 DEPENDENT UNION이라 select_type에 표시된 것이다.

id	select_type	table	type	key	key_len	ref	rows	Extra
1	PRIMARY	e	const	PRIMARY	4	const	1	
2	DEPENDENT SUBQUERY	s	ref	PRIMARY	4	const	17	Using index
3	DEPENDENT UNION	de	ref	ix_empno_fromdate	3		1	Using where; Using index
	UNION RESULT	⟨union2,3⟩	ALL					

주의 하나의 단위 SELECT 쿼리가 다른 단위 SELECT를 포함하고 있으면 이를 서브 쿼리라고 표현한다. 이처럼 서브 쿼리가 사용된 경우에는 외부(Outer) 쿼리보다 서브 쿼리가 먼저 실행되는 것이 일반적이며, 대부분이 이 방식이 반대의 경우보다 빠르게 처리된다. 하지만 select_type에 "DEPENDENT" 키워드를 포함하는 서브 쿼리는 외부 쿼리에 의존적이므로 절대 외부 쿼리보다 먼저 실행될 수가 없다. 그래서 select_type에 "DEPENDENT" 키워드가 포함된 서버 쿼리는 비효율적인 경우가 많다.

UNION RESULT

UNION 결과를 담아두는 테이블을 의미한다. MySQL에서 UNION ALL이나 UNION (DISTINCT) 쿼리는 모두 UNION의 결과를 임시 테이블로 생성하게 되는데, 실행 계획상에서 이 임시 테이블을 가리키는 라인의 select_type이 UNION RESULT다. UNION RESULT는 실제 쿼리에서 단위 쿼리가 아니기 때문에 별도로 id 값은 부여되지 않는다.

```
EXPLAIN
SELECT emp_no FROM salaries WHERE salary>100000
UNION ALL
SELECT emp_no FROM dept_emp WHERE from_date>'2001-01-01';
```

id	select_type	table	Type	key	key_len	ref	rows	Extra
1	PRIMARY	salaries	Range	ix_salary	4		171094	Using where; Using index
2	UNION	dept_emp	Range	ix_fromdate	3		10458	Using where; Using index
	UNION RESULT	<union1,2>	ALL					

위 실행 계획의 마지막 "UNION RESULT" 라인의 table 칼럼은 "<union1,2>"로 표시돼 있는데, 이것은 그림 6-2와 같이 id가 1번인 단위 쿼리의 조회 결과와 id가 2번인 단위 쿼리의 조회 결과를 UNION 했다는 것을 의미한다.

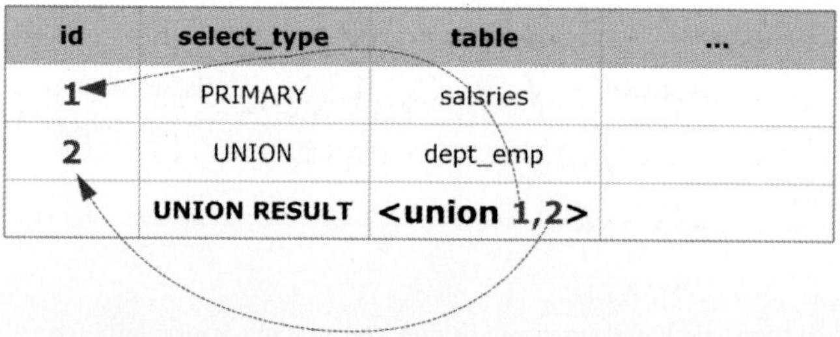

[그림 6-2] UNION RESULT의 <union N,M>이 가리키는 것

SUBQUERY

일반적으로 서브 쿼리라고 하면 여러 가지를 통틀어서 이야기할 때가 많은데, 여기서 SUBQUERY라고 하는 것은 FROM 절 이외에서 사용되는 서브 쿼리만을 의미한다.

```
EXPLAIN
SELECT
  e.first_name,
  (SELECT COUNT(*) FROM dept_emp de, dept_manager dm WHERE dm.dept_no=de.dept_no) AS cnt
FROM employees e
WHERE e.emp_no=10001;
```

id	select_type	table	type	key	key_len	ref	rows	Extra
1	PRIMARY	e	const	PRIMARY	4	const	1	
2	SUBQUERY	dm	index	PRIMARY	16		24	Using index
2	SUBQUERY	de	ref	PRIMARY	12	employees.dm.dept_no	18603	Using index

MySQL의 실행 계획에서 FROM 절에 사용된 서브 쿼리는 select_type이 DERIVED라고 표시되고, 그 밖의 위치에서 사용된 서브 쿼리는 전부 SUBQUERY라고 표시된다. 그리고 이 책이나 MySQL 매뉴얼에서 사용하는 "파생 테이블"이라는 단어는 DERIVED와 같은 의미로 이해하면 된다.

> **참 고**
>
> 서브 쿼리는 사용되는 위치에 따라 각각 다른 이름을 지니고 있다.
>
> - **중첩된 쿼리(Nested Query)**
>
>   SELECT 되는 칼럼에 사용된 서브 쿼리를 네스티드 쿼리라고 한다.
>
> - **서브 쿼리(Sub Query)**
>
>   WHERE 절에 사용된 경우에는 일반적으로 그냥 서브 쿼리라고 한다.
>
> - **파생 테이블(Derived)**
>
>   FROM 절에 사용된 서브 쿼리를 MySQL에서는 파생 테이블이라고 하며, 일반적으로 RDBMS 전체적으로 인라인 뷰(Inline View) 또는 서브 셀렉트(Sub Select)라고 부르기도 한다.
>
> 또한 서브 쿼리가 반환하는 값의 특성에 따라 다음과 같이 구분하기도 한다.
>
> - **스칼라 서브 쿼리(Scalar SubQuery)**
>
>   하나의 값만(칼럼이 단 하나인 레코드 1건만) 반환하는 쿼리
>
> - **로우 서브 쿼리(Row Sub Query)**
>
>   칼럼의 개수에 관계없이 하나의 레코드만 반환하는 쿼리

DEPENDENT SUBQUERY

서브 쿼리가 바깥쪽(Outer) SELECT 쿼리에서 정의된 칼럼을 사용하는 경우를 DEPENDENT SUBQUERY라고 표현한다. 다음의 예제 쿼리를 한번 살펴보자.

```
EXPLAIN
SELECT e.first_name,
  (SELECT COUNT(*)
   FROM dept_emp de, dept_manager dm
   WHERE dm.dept_no=de.dept_no AND de.emp_no=e.emp_no) AS cnt
FROM employees e
WHERE e.emp_no=10001;
```

이럴 때는 안쪽(Inner)의 서브 쿼리 결과가 바깥쪽(Outer) SELECT 쿼리의 칼럼에 의존적이라서 DEPENDENT라는 키워드가 붙는다. 또한 DEPENDENT UNION과 같이 DEPENDENT SUBQUERY 또한 외부 쿼리가 먼저 수행된 후 내부 쿼리(서브 쿼리)가 실행돼야 하므로 (DEPENDENT 키워드가 없는) 일반 서브 쿼리보다는 처리 속도가 느릴 때가 많다.

id	select_type	table	type	key	key_len	ref	rows	Extra
1	PRIMARY	e	const	PRIMARY	4	const	1	
2	DEPENDENT SUBQUERY	de	ref	ix_empno _fromdate	4		1	Using index
2	DEPENDENT SUBQUERY	dm	ref	PRIMARY	12	de.dept_no	1	Using index

DERIVED

서브 쿼리가 FROM 절에 사용된 경우 MySQL은 항상 select_type이 DERIVED인 실행 계획을 만든다. DERIVED는 단위 SELECT 쿼리의 실행 결과를 메모리나 디스크에 임시 테이블을 생성하는 것을 의미한다. select_type이 DERIVED인 경우에 생성되는 임시 테이블을 파생 테이블이라고도 한다. 안타깝게도 MySQL은 FROM 절에 사용된 서브 쿼리를 제대로 최적화하지 못할 때가 대부분이다. 파생 테이블에는 인덱스가 전혀 없으므로 다른 테이블과 조인할 때 성능상 불리할 때가 많다.

```
EXPLAIN
SELECT *
FROM
```

```
(SELECT de.emp_no FROM dept_emp de) tb,
  employees e
WHERE e.emp_no=tb.emp_no;
```

사실 위의 쿼리는 FROM 절의 서브 쿼리를 간단히 제거하고 조인으로 처리할 수 있는 형태다. 실제로 다른 DBMS에서는 이렇게 쿼리를 재작성하는 형태의 최적화 기능도 제공한다. 하지만 다음 실행 계획을 보면 알 수 있듯이 MySQL에서는 FROM 절의 서브 쿼리를 임시 테이블로 만들어서 처리한다.

id	select_type	table	type	key	key_len	ref	rows	Extra
1	PRIMARY	\<derived2\>	ALL				331603	
1	PRIMARY	e	eq_ref	PRIMARY	4	tb.emp_no	1	
2	DERIVED	de	index	ix_fromdate	3		334868	Using index

MySQL 6.0 이상 버전부터는 FROM 절의 서브 쿼리에 대한 최적화 부분이 많이 개선될 것으로 알려졌으며 다들 많이 기대하는 상태다. 하지만 그전까지는 FROM 절의 서브 쿼리는 상당히 신경 써서 개발하고 튜닝해야 한다. 현재 많이 사용되는 MySQL 5.0, 5.1 버전에서는 조인이 상당히 최적화돼 있는 편이다. 가능하다면 DERIVED 형태의 실행 계획을 조인으로 해결할 수 있게 바꿔주는 것이 좋다.

> **주의** 쿼리를 튜닝하기 위해 실행 계획을 확인할 때 가장 먼저 select_type 칼럼의 값이 DERIVED인 것이 있는지 확인해야 한다. 다른 방법이 없어서 서브 쿼리를 사용하는 것은 피할 수 없다. 하지만 조인으로 해결할 수 있는 경우라면 서브 쿼리보다는 조인을 사용할 것을 강력히 권장한다. 실제로 기능을 조금씩 단계적으로 추가하는 형태로 쿼리를 개발한다. 이러한 개발 과정 때문에 대부분의 쿼리가 조인이 아니라 서브 쿼리 형태로 작성되는 것이다. 물론 이런 절차로 개발하는 것이 생산성은 높겠지만 쿼리의 성능은 더 떨어진다. 쿼리를 서브 쿼리 형태로 작성하는 것이 편하다면 반드시 마지막에는 서브 쿼리를 조인으로 풀어서 고쳐 쓰는 습관을 들이자. 그러면 어느 순간에는 서브 쿼리로 작성하는 단계 없이 바로 조인으로 복잡한 쿼리를 개발할 수 있을 것이다.

UNCACHEABLE SUBQUERY

하나의 쿼리 문장에서 서브 쿼리가 하나만 있더라도 실제 그 서브 쿼리가 한 번만 실행되는 것은 아니다. 그런데 조건이 똑같은 서브 쿼리가 실행될 때는 다시 실행하지 않고 이전의 실행 결과를 그대로 사용할 수 있게 서브 쿼리의 결과를 내부적인 캐시 공간에 담아둔다. 여기서 언급하는 서브 쿼리 캐시는 쿼리 캐시나 파생 테이블(DERIVED)와는 전혀 무관한 기능이므로 혼동하지 않도록 주의하자. 간단히 SUBQUERY와 DEPENDENT SUBQUERY가 캐시를 사용하는 방법을 비교해 보자.

- SUBQUERY는 바깥쪽(Outer)의 영향을 받지 않으므로 처음 한 번만 실행해서 그 결과를 캐시하고 필요할 때 캐시된 결과를 이용한다.
- DEPENDENT SUBQUERY는 의존하는 바깥쪽(Outer) 쿼리의 칼럼의 값 단위로 캐시해두고 사용한다.

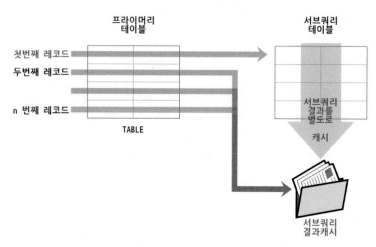

[그림 6-3] SUBQUERY와 DEPENDENT SUBQUERY의 결과 캐시

그림 6-3은 select_type이 SUBQUERY인 경우 캐시를 사용하는 방법을 표현한 것이다. 이 그림에서는 캐시가 처음 한 번만 생성된다는 것을 알 수 있다. 하지만 DEPENDENT SUBQUERY는 서브 쿼리 결과가 딱 한 번만 캐시되는 것이 아니라 외부(Outer) 쿼리의 값 단위로 캐시가 만들어지는(즉, 위의 그림이 차례대로 반복되는 구조) 방식으로 처리된다.

select_type이 SUBQUERY인 경우와 "UNCACHEABLE SUBQUERY"는 이 캐시를 사용할 수 있느냐 없느냐에 차이가 있다. 서브 쿼리에 포함된 요소에 의해 캐시 자체가 불가능할 수가 있는데, 이 경우 select_type이 UNCACHEABLE SUBQUERY로 표시된다. 캐시를 사용하지 못하도록 하는 요소로는 대표적으로 다음과 같은 것들이 있다.

- 사용자 변수가 서브 쿼리에 사용된 경우
  사용자 변수에 대한 자세한 내용은 9장, "사용자 정의 변수"(597쪽)를 참조하자.
- NOT-DETERMINISTIC 속성의 스토어드 루틴이 서브 쿼리 내에 사용된 경우
- NOT-DETERMINISTIC 속성은 11장, "스토어드 루틴"(647쪽)을 참조하자.
- UUID()나 RAND()와 같이 결과값이 호출할 때마다 달라지는 함수가 서브 쿼리에 사용된 경우

다음은 사용자 변수(@status)가 사용된 쿼리 예제다. 이 경우 WHERE 절에 사용된 단위 쿼리의 select_type은 UNCACHEABLE SUBQUERY로 표시되는 것을 확인할 수 있다.

```
EXPLAIN
SELECT *
FROM employees e
WHERE e.emp_no = (
        SELECT @status FROM dept_emp de WHERE de.dept_no='d005'
);
```

id	select_type	table	type	key	key_len	ref	rows	Extra
1	PRIMARY	e	ALL				300584	Using where
2	UNCACHEABLE SUBQUERY	de	ref	PRIMARY	12	const	53288	Using where; Using index

UNCACHEABLE UNION

이미 UNION과 UNCACHEABLE에 대해서는 충분히 설명했으므로 기본적인 의미는 쉽게 이해했을 것이다. UNCACHEABLE UNION이란 이 두 개의 키워드의 속성이 혼합된 select_type을 의미한다. UNCACHEABLE UNION은 MySQL 5.0에서는 표시되지 않으며, MySQL 5.1부터 추가된 select_ type이다.

6.2.3 table 칼럼

MySQL의 실행 계획은 단위 SELECT 쿼리 기준이 아니라 테이블 기준으로 표시된다. 만약 테이블의 이름에 별칭이 부여된 경우에는 별칭이 표시된다. 다음 예제 쿼리와 같이 별도의 테이블을 사용하지 않는 SELECT 쿼리인 경우에는 table 칼럼에 NULL이 표시된다.

```
EXPLAIN SELECT NOW();
EXPLAIN SELECT NOW() FROM DUAL;
```

id	select_type	table	type	key	key_len	ref	rows	Extra
1	SIMPLE	(NULL)						No tables used

참고 일부 DBMS에서는 SELECT 문장이 반드시 FROM 절을 가져야 하는 제약이 있다. 이를 위해 DUAL이라는 스칼라(칼럼 1개짜리 레코드 1개를 가지는) 값을 가지는 테이블을 사용하곤 하는데, MySQL에서는 FROM 절이 없어도 쿼리 실행에 특별히 문제가 되지는 않는다. 하지만 다른 DBMS와의 호환을 위해 "FROM DUAL"로 사용해도 문제없이 실행된다. 위 예제에서 두 번째 쿼리의 "FROM DUAL"은 없어도 무방하다. 즉, 첫 번째 쿼리와 두 번째 쿼리는 같은 쿼리다.

Table 칼럼에 〈derived〉 또는 〈union〉과 같이 "〈〉"로 둘러싸인 이름이 명시되는 경우가 많은데, 이 테이블은 임시 테이블을 의미한다. 또한 "〈〉" 안에 항상 표시되는 숫자는 단위 SELECT 쿼리의 id를 지칭한다. 다음 실행 계획을 한번 살펴보자.

id	select_type	table	type	Key	key_len	ref	rows	Extra
1	PRIMARY	〈derived2〉	ALL				10420	
1	PRIMARY	e	eq_ref	PRIMARY	4	de1.emp_no	1	
2	DERIVED	dept_emp	range	ix_fromdate	3		20550	

위의 예에서 첫 번째 라인의 table 칼럼의 값이 〈derived 2〉인데, 이것은 단위 SELECT 쿼리의 아이디가 2번인 실행 계획으로부터 만들어진 파생 테이블을 가리킨다. 단위 SELECT 쿼리의 id 2번(실행 계획의 최하위 라인)은 dept_emp 테이블로부터 SELECT된 결과가 저장된 파생 테이블이라는 점을 알 수 있다. 그림 6-4는 실행 계획의 table 칼럼에 표시된 정보를 해석하는 방법을 보여준다.

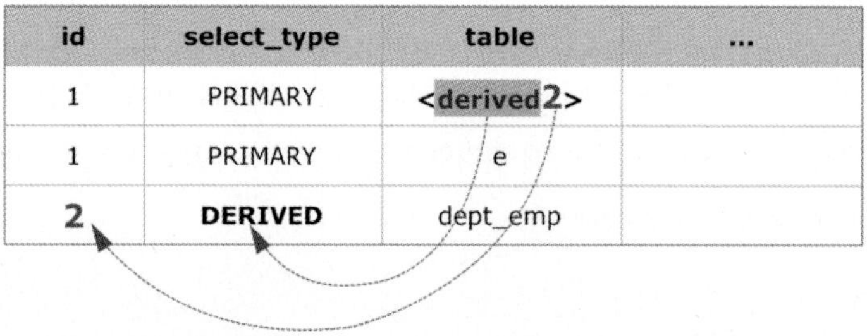

[그림 6-4] 〈derived N〉의 의미

지금까지 실행 계획의 id 칼럼과 select_type 그리고 table 칼럼을 살펴봤다. 이 3개의 칼럼은 실행 계획의 각 라인에 명시된 테이블이 어떤 순서로 실행되는지를 판단하는 근거를 표시해준다. 그러면 이 3개의 칼럼만으로 위의 실행 계획을 분석해 보자.

1. 첫 번째 라인의 테이블이 〈derived2〉라는 것으로 보아 이 라인보다 쿼리의 id가 2번인 라인이 먼저 실행되고 그 결과가 파생 테이블로 준비돼야 한다는 것을 알 수 있다.

2. 세 번째 라인의 쿼리 id 2번을 보면, select_type 칼럼의 값이 DERIVED로 표시돼 있다. 즉, 이 라인은 table 칼럼에 표시된 dept_emp 테이블을 읽어서 파생 테이블을 생성하는 것을 알 수 있다.

3. 세 번째 라인의 분석이 끝났으므로 다시 실행 계획의 첫 번째 라인으로 돌아가자.

4. 첫 번째 라인과 두 번째 라인은 같은 id 값을 가지고 있는 것으로 봐서 2개 테이블(첫 번째 라인의 〈derived2〉와 두 번째 라인의 e 테이블)이 조인되는 쿼리라는 사실을 알 수 있다. 그런데 〈derived2〉 테이블이 e 테이블보다 먼저(윗 라인에) 표시됐기 때문에 〈derived2〉가 드라이빙 테이블이 되고, e 테이블이 드리븐 테이블이 된다는 것을 알 수 있다. 즉, 〈derived2〉 테이블을 먼저 읽어서 e 테이블로 조인을 실행했다는 것을 알 수 있다.

이제 MySQL에서 쿼리의 실행 계획을 어떤 순서를 읽는지 대략 파악됐을 것이다. 방금 분석해 본 실행 계획의 실제 쿼리를 한 번 살펴보자.

```
SELECT *
FROM
  (SELECT de.emp_no FROM dept_emp de) tb,
  employees e
WHERE e.emp_no=tb.emp_no;
```

아직 실행 계획을 모두 공부한 것이 아니므로 쉽게 와 닿지는 않을 수 있지만 앞으로 계속 쿼리 문장과 실행 계획을 함께 살펴보면서 자연스럽게 익숙해질 테니 걱정하지 않아도 된다.

> **주의** MySQL은 다른 DBMS와 달리 FROM 절에 사용된 서브 쿼리(Derived, 파생 테이블)는 반드시 별칭을 가져야 한다. 그렇지 않으면 별칭이 부여되지 않았다는 에러 메시지가 출력되고 쿼리는 실행되지 않을 것이다. 쿼리를 작성하거나 실행 계획을 확인할 때는 임시 테이블의 별칭을 잊지 말고 명시해야 한다.
>
> ```
> mysql> SELECT dttm FROM (SELECT NOW() AS dttm);
> ERROR 1248 (42000): Every derived table must have its own alias
>
> mysql> SELECT dttm FROM (SELECT NOW() AS dttm) derived_table_alias;
> +---------------------+
> | datetime            |
> +---------------------+
> | 2011-02-05 14:57:23 |
> +---------------------+
> ```

6.2.4 type 칼럼

쿼리의 실행 계획에서 type 이후의 칼럼은 MySQL 서버가 각 테이블의 레코드를 어떤 방식으로 읽었는지를 의미한다. 여기서 방식이라 함은 인덱스를 사용해 레코드를 읽었는지 아니면 테이블을 처음부터 끝까지 읽는 풀 테이블 스캔으로 레코드를 읽었는지 등을 의미한다. 일반적으로 쿼리를 튜닝할 때 인덱스를 효율적으로 사용하는지 확인하는 것이 중요하므로 실행 계획에서 type 칼럼은 반드시 체크해야 할 중요한 정보다.

MySQL의 매뉴얼에서는 type 칼럼을 "조인 타입"으로 소개한다. 또한 MySQL에서는 하나의 테이블로부터 레코드를 읽는 작업도 조인처럼 처리한다. 그래서 SELECT 쿼리의 테이블 개수에 관계없이 실행 계획의 type 칼럼을 "조인 타입"이라고 명시하고 있다. 하지만 크게 조인과 연관 지어 생각하지 말고, 각 테이블의 접근 방식(Access type)으로 해석하면 된다.

실행 계획의 type 칼럼에 표시될 수 있는 값은 버전에 따라 조금씩 차이가 있을 수 있지만, 현재 많이 사용되는 MySQL 5.0과 5.1 버전에서는 다음과 같은 값이 표시된다.

- system
- const
- eq_ref
- ref
- fulltext
- ref_or_null
- unique_subquery
- index_subquery
- range
- index_merge
- index
- ALL

위의 12가지 접근 방법 중에서 하단의 ALL을 제외한 나머지는 모두 인덱스를 사용하는 접근 방법이다. ALL은 인덱스를 사용하지 않고, 테이블을 처음부터 끝까지 읽어서 레코드를 가져오는 풀 테이블 스캔 접근 방식을 의미한다. 하나의 단위 SELECT 쿼리는 위의 접근 방법 중에서 단 하나만 사용할 수 있다. 또한 index_merge를 제외한 나머지 접근 방법은 반드시 하나의 인덱스만 사용한다. 그러므로 실행 계획의 각 라인에 접근 방법이 2개 이상 표시되지 않으며, index_merge 이외의 type에서는 인덱스 항목에도 단 하나의 인덱스 이름만 표시된다.

이제 실행 계획의 type 칼럼에 표시될 수 있는 값을 위의 순서대로 하나씩 살펴보자. 참고로 위에 표시된 각 접근 방식은 성능이 빠른 순서대로 나열된 것(MySQL에서 부여한 우선순위임)이며, 각 type의 설명도 이 순서대로 진행할 것이다. MySQL 옵티마이저는 이런 접근 방식과 비용을 함께 계산해서 최소의 비용이 필요한 접근 방식을 선택한다.

system

레코드가 1건만 존재하는 테이블 또는 한 건도 존재하지 않는 테이블을 참조하는 형태의 접근 방법을 system이라고 한다. 이 접근 방식은 InnoDB 테이블에서는 나타나지 않고, MyISAM이나 MEMORY 테이블에서만 사용되는 접근 방법이다.

```
EXPLAIN
SELECT * FROM tb_dual;
```

id	select_type	table	type	key	key_len	ref	rows	Extra
1	SIMPLE	tb_dual	system				1	

위 예제에서 tb_dual 테이블은 레코드가 1건만 들어 있는 MyISAM 테이블이다. 만약 이 테이블을 InnoDB로 변환하면 결과는 어떻게 될까?

id	select_type	table	type	key	key_len	ref	rows	Extra
1	SIMPLE	tb_dual	index	PRIMARY	1		1	Using index

쿼리의 모양에 따라 조금은 다르겠지만 접근 방법(type 칼럼)이 ALL 또는 index로 표시될 가능성이 크다. system은 테이블에 레코드가 1건 이하인 경우에만 사용할 수 있는 접근 방법이므로 실제 애플리케이션에서 사용되는 쿼리의 실행 계획에서는 거의 보이지 않는다.

const

테이블의 레코드의 건수에 관계없이 쿼리가 프라이머리 키나 유니크 키 칼럼을 이용하는 WHERE 조건절을 가지고 있으며, 반드시 1건을 반환하는 쿼리의 처리 방식을 const라고 한다. 다른 DBMS에서는 이를 유니크 인덱스 스캔(UNIQUE INDEX SCAN)이라고도 표현한다.

```
EXPLAIN
SELECT * FROM employees WHERE emp_no=10001;
```

id	select_type	table	type	key	key_len	ref	rows	Extra
1	SIMPLE	employees	const	PRIMARY	4	const	1	

다음 예제와 같이 다중 칼럼으로 구성된 프라이머리 키나 유니크 키 중에서 인덱스의 일부 칼럼만 조건으로 사용할 때는 const 타입의 접근 방법을 사용할 수 없다. 이 경우에는 실제 레코드가 1건만 저장돼 있더라도 MySQL 엔진이 데이터를 읽어보지 않고서는 레코드가 1건이라는 것을 확신할 수 없기 때문이다.

```
EXPLAIN
SELECT * FROM dept_emp WHERE dept_no='d005';
```

프라이머리 키의 일부만 조건으로 사용할 때는 접근 방식이 const가 아닌 ref로 표시된다.

id	select_type	table	type	key	key_len	ref	rows	Extra
1	SIMPLE	dept_emp	ref	PRIMARY	12	const	53288	Using where

하지만 프라이머리 키나 유니크 인덱스의 모든 칼럼을 동등 조건으로 WHERE 절에 명시하면 다음 예제와 같이 const 접근 방법을 사용한다.

```
EXPLAIN
SELECT * FROM dept_emp WHERE dept_no='d005' AND emp_no=10001;
```

id	select_type	table	type	key	key_len	ref	rows	Extra
1	SIMPLE	dept_emp	const	PRIMARY	16	const,const	1	

> **참고**
>
> 실행 계획의 type 칼럼이 const인 실행 계획은 MySQL의 옵티마이저가 쿼리를 최적화하는 단계에서 모두 상수화한다. 그래서 실행 계획의 type 칼럼의 값이 "상수(const)"라고 표시되는 것이다. 다음의 예제 쿼리를 한번 살펴보자.
>
> ```
> EXPLAIN
> SELECT COUNT(*)
> FROM employees e1
> WHERE first_name=(SELECT first_name FROM employees e2 WHERE emp_no=100001);
> ```
>
> 위의 예제 쿼리에서 WHERE 절에 사용된 서브 쿼리는 employees(e2) 테이블의 프라이머리 키를 검색해서 first_name을 읽고 있다. 이 쿼리의 실행 계획은 다음과 같은데, 예상대로 e2 테이블은 프라이머리 키를 const 타입으로 접근한다는 것을 알 수 있다.

id	select_type	table	type	key	key_len	ref	rows	Extra
1	PRIMARY	e1	ref	ix_ firstname	44		247	Using where
2	SUBQUERY	e2	const	PRIMARY	4	const	1	

여기서 설명하는 것은 실제 이 쿼리는 옵티마이저에 의해 최적화되는 시점에 다음과 같은 쿼리로 변환된다는 것이다. 즉, 옵티마이저에 의해 상수화된 다음 쿼리 실행기로 전달되기 때문에 접근 방식이 const인 것이다.

```
SELECT COUNT(*)
FROM employees e1
WHERE first_name='Jasminko'; -- // Jasminko 는 사번이 100001인 사원의 first_name 값임
```

eq_ref

eq_ref 접근 방법은 여러 테이블이 조인되는 쿼리의 실행 계획에서만 표시된다. 조인에서 처음 읽은 테이블의 칼럼 값을, 그다음 읽어야 할 테이블의 프라이머리 키나 유니크 키 칼럼의 검색 조건에 사용할 때를 eq_ref라고 한다. 이때 두 번째 이후에 읽는 테이블의 type 칼럼에 eq_ref가 표시된다. 또한 두 번째 이후에 읽히는 테이블을 유니크 키로 검색할 때 그 유니크 인덱스는 NOT NULL이어야 하며, 다중 칼럼으로 만들어진 프라이머리 키나 유니크 인덱스라면 인덱스의 모든 칼럼이 비교 조건에 사용돼야만 eq_ref 접근 방법이 사용될 수 있다. 즉, 조인에서 두 번째 이후에 읽는 테이블에서 반드시 1건만 존재한다는 보장이 있어야 사용할 수 있는 접근 방법이다.

다음 예제 쿼리의 실행 계획을 살펴자. 우선 첫 번째 라인과 두 번째 라인의 id가 1로 같으므로 두 개의 테이블이 조인으로 실행된다는 것을 알 수 있다. 그리고 dept_emp 테이블이 실행 계획의 위쪽에 있으므로 dept_emp 테이블을 먼저 읽고 "e.emp_no=de.emp_no" 조건을 이용해 employees 테이블을 검색하고 있다. employees 테이블의 emp_no는 프라이머리 키라서 실행 계획의 두 번째 라인은 type 칼럼이 eq_ref로 표시된 것이다.

```
EXPLAIN
SELECT * FROM dept_emp de, employees e
WHERE e.emp_no=de.emp_no AND de.dept_no='d005';
```

id	select_type	table	type	key	key_len	ref	rows	Extra
1	SIMPLE	de	ref	PRIMARY	12	const	53288	Using where
1	SIMPLE	e	eq_ref	PRIMARY	4	employees.de.emp_no	1	

ref

ref 접근 방법은 eq_ref와는 달리 조인의 순서와 관계없이 사용되며, 또한 프라이머리 키나 유니크 키 등의 제약 조건도 없다. 인덱스의 종류와 관계없이 동등(Equal) 조건으로 검색할 때는 ref 접근 방법이 사용된다. ref 타입은 반환되는 레코드가 반드시 1건이라는 보장이 없으므로 const나 eq_ref보다는 빠르지 않다. 하지만 동등한 조건으로만 비교되므로 매우 빠른 레코드 조회 방법의 하나다.

```
EXPLAIN
SELECT * FROM dept_emp WHERE dept_no='d005';
```

id	select_type	table	type	key	key_len	ref	rows	Extra
1	SIMPLE	dept_emp	ref	PRIMARY	12	const	53288	Using where

위의 예에서는 dept_emp 테이블의 프라이머리 키를 구성하는 칼럼(dept_no+emp_no) 중에서 일부만 동등(Equal) 조건으로 WHERE 절에 명시됐기 때문에 조건에 일치하는 레코드가 1건이라는 보장이 없다. 그래서 const가 아닌 ref 접근 방법이 사용됐으며 실행 계획의 ref 칼럼 값에는 const가 명시됐다. 이 const는 접근 방식이 아니라, ref 비교 방식으로 사용된 입력 값이 상수('d005')였음을 의미한다. ref 칼럼의 내용은 밑에서 다시 한 번 살펴보겠다.

지금까지 배운 실행 계획의 type에 대해 간단히 비교하면서 다시 한 번 정리해 보자.

const
조인의 순서에 관계없이 프라이머리 키나 유니크 키의 모든 칼럼에 대해 동등(Equal) 조건으로 검색(반드시 1건의 레코드만 반환)

eq_req
조인에서 첫 번째 읽은 테이블의 칼럼값을 이용해 두 번째 테이블을 프라이머리 키나 유니크 키로 동등(Equal) 조건 검색(두 번째 테이블은 반드시 1건의 레코드만 반환)

ref

조인의 순서와 인덱스의 종류에 관계없이 동등(Equal) 조건으로 검색(1건의 레코드만 반환된다는 보장이 없어도 됨)

이 세 가지 접근 방식 모두 WHERE 조건절에 사용되는 비교 연산자는 동등 비교 연산자이어야 한다는 공통점이 있다. 동등 비교 연산자는 "=" 또는 "⟨=⟩"을 의미한다. "⟨=⟩" 연산자는 NULL에 대한 비교 방식만 조금 다를 뿐 "=" 연산자와 같은 연산자다. "⟨=⟩" 연산자에 대해서는 7장, "쿼리 작성 및 최적화"에서 자세히 살펴보겠다.

또한 세 가지 모두 매우 좋은 접근 방법으로 인덱스의 분포도가 나쁘지 않다면 성능상의 문제를 일으키지 않는 접근 방법이다. 쿼리를 튜닝할 때도 이 세 가지 접근 방법에 대해서는 크게 신경 쓰지 않고 넘어가도 무방하다.

fulltext

fulltext 접근 방법은 MySQL의 전문 검색(Fulltext) 인덱스를 사용해 레코드를 읽는 접근 방법을 의미한다. 지금 살펴보는 type의 순서가 일반적으로 처리 성능의 순서이긴 하지만 실제로 데이터의 분포나 레코드의 건수에 따라 빠른 순서는 달라질 수 있다. 이는 비용 기반의 옵티마이저에서 통계 정보를 이용해 비용을 계산하는 이유이기도 하다. 하지만 전문 검색 인덱스는 통계 정보가 관리되지 않으며, 전문 검색 인덱스를 사용하려면 전혀 다른 SQL 문법을 사용해야 한다. 그래서 MySQL 옵티마이저는 전문 인덱스를 사용할 수 있는 SQL에서는 쿼리의 비용과는 관계없이 거의 매번 fulltext 접근 방법을 사용한다. 물론, fulltext 접근 방법보다 명백히 빠른 const나 eq_ref 또는 ref 접근 방법을 사용할 수 있는 쿼리에서는 억지로 fulltext 접근 방법을 선택하지는 않는다.

MySQL의 전문 검색 조건은 우선순위가 상당히 높다. 쿼리에서 전문 인덱스를 사용하는 조건과 그 이외의 일반 인덱스를 사용하는 조건을 함께 사용하면 일반 인덱스의 접근 방법이 const나 eq_ref, 그리고 ref 가 아니면 일반적으로 MySQL은 전문 인덱스를 사용하는 조건을 선택해서 처리한다.

전문 검색은 "MATCH ... AGAINST ..." 구문을 사용해서 실행하는데, 반드시 해당 테이블에 전문 검색용 인덱스가 준비돼 있어야만 한다. 만약 테이블에 전문 인덱스가 없다면 쿼리는 오류가 발생하고 중지될 것이다. 다음의 "MATCH ... AGAINST ..." 예제 쿼리를 한 번 살펴보자.

```
EXPLAIN
SELECT *
FROM employee_name
```

```
WHERE emp_no=10001
   AND emp_no BETWEEN 10001 AND 10005
AND MATCH(first_name, last_name) AGAINST('Facello' IN BOOLEAN MODE);
```

위 쿼리 문장은 3개의 조건을 가지고 있다. 첫 번째 조건은 employee_name 테이블의 프라이머리 키를 1 건만 조회하는 const 타입의 조건이며, 두 번째 조건은 밑에서 설명할 range 타입의 조건이다. 그리고 마지막으로 세 번째 조건은 전문 검색(Fulltext) 조건이다. 이 문장의 실행 계획을 보면 다음과 같다.

Id	select_type	table	type	key	key_len	ref	rows	Extra
1	SIMPLE	employee_name	const	PRIMARY	4	const	1	Using where

최종적으로 MySQL 옵티마이저가 선택한 것은 첫 번째 조건인 const 타입의 조건이다. 만약 const 타입의 첫 번째 조건이 없으면 둘 중에서 어느 것을 선택할까? 다음의 실행 계획은 첫 번째 조건을 빼고 실행 계획을 확인해 본 결과다.

id	select_type	table	type	key	key_len	ref	rows	Extra
1	SIMPLE	employee_name	fulltext	fx_name	0		1	Using where

이번에는 range 타입의 두 번째 조건이 아니라 전문 검색(Fulltext) 조건인 세 번째 조건을 선택했다. 일반적으로 쿼리에 전문 검색 조건(MATCH ... AGAINST ...)을 사용하면 MySQL은 아무런 주저 없이 fulltext 접근 방식을 사용하는 경향이 있다. 하지만 지금까지의 경험으로 보면 전문 검색 인덱스를 이용하는 fulltext보다 일반 인덱스를 이용하는 range 접근 방법이 더 빨리 처리되는 경우가 더 많았다. 전문 검색 쿼리를 사용할 때는 각 조건별로 성능을 확인해 보는 편이 좋다.

ref_or_null

이 접근 방법은 ref 접근 방식과 같은데, NULL 비교가 추가된 형태다. 접근 방식의 이름 그대로 ref 방식 또는 NULL 비교(IS NULL) 접근 방식을 의미한다. 실제 업무에서 많이 보이지도 않고, 별로 존재감이 없는 접근 방법이므로 대략의 의미만 기억해두어도 충분하다.

```
EXPLAIN
SELECT * FROM titles WHERE to_date='1985-03-01' OR to_date IS NULL;
```

id	select_type	table	type	key	key_len	ref	rows	Extra
1	SIMPLE	titles	ref_or_null	ix_todate	4	const	2	Using where; Using index

unique_subquery

WHERE 조건절에서 사용될 수 있는 IN (subquery) 형태의 쿼리를 위한 접근 방식이다. unique_subquery의 의미 그대로 서브 쿼리에서 중복되지 않은 유니크한 값만 반환할 때 이 접근 방법을 사용한다.

```
EXPLAIN
SELECT * FROM departments WHERE dept_no IN (
    SELECT dept_no FROM dept_emp WHERE emp_no=10001);
```

id	select_type	table	type	key	key_len	ref	rows	Extra
1	PRIMARY	departments	index	ux_deptname	123		9	Using where; Using index
2	DEPENDENT SUBQUERY	dept_emp	unique_subquery	PRIMARY	16	func, const	1	Using index; Using where

위 쿼리 문장의 IN (subquery) 부분에서 subquery를 살펴보자. emp_no=10001인 레코드 중에서 부서 번호는 중복이 없기 때문에(dept_emp 테이블에서 프라이머리 키가 dept_no+emp_no이므로) 실행 계획의 두 번째 라인의 dept_emp 테이블의 접근 방식은 unique_subquery로 표시된 것이다.

index_subquery

IN 연산자의 특성상, IN (subquery) 또는 IN (상수 나열) 형태의 조건은 괄호 안에 있는 값의 목록에서 중복된 값이 먼저 제거돼야 한다. 방금 살펴본 unique_subquery 접근 방법은 IN (subquery) 조건의 subquery가 중복된 값을 만들어내지 않는다는 보장이 있으므로 별도의 중복을 제거할 필요가 없었다. 하지만 IN (subquery)에서 subquery가 중복된 값을 반환할 수는 있지만 중복된 값을 인덱스를 이용해 제거할 수 있을 때 index_subquery 접근 방법이 사용된다.

명확한 이해를 위해 index_subquery와 unique_subquery 접근 방법의 차이를 다시 한 번 정리해 보자.

unique_subquery

IN (subquery) 형태의 조건에서 subquery의 반환 값에는 중복이 없으므로 별도의 중복 제거 작업이 필요하지 않음

index_subquery

IN (subquery) 형태의 조건에서 subquery의 반환 값에 중복된 값이 있을 수 있지만 인덱스를 이용해 중복된 값을 제거할 수 있음

사실 index_subquery나 unique_subquery 모두 IN( ) 안에 있는 중복 값을 아주 낮은 비용으로 제거한다.

다음 쿼리에서 IN 연산자 내의 서브 쿼리는 dept_emp 테이블을 dept_no로 검색한다. dept_emp 테이블의 프라이머리 키가 (dept_no+emp_no)로 만들어져 있으므로 서브 쿼리는 프라이머리 키의 dept_no 칼럼을 'd001'부터 'd003'까지 읽으면서 dept_no 값만 가져오면 된다. 또한 이미 프라이머리 키는 dept_no 칼럼의 값 기준으로 정렬돼 있어서 중복된 dept_no를 제거하기 위해 별도의 정렬 작업이 필요하지 않다.

```
EXPLAIN
SELECT * FROM departments WHERE dept_no IN (
  SELECT dept_no FROM dept_emp WHERE dept_no BETWEEN 'd001' AND 'd003');
```

id	select_type	table	type	key	key_len	ref	rows	Extra
1	PRIMARY	departments	index	ux_deptname	122		9	Using where; Using index
2	DEPENDENT SUBQUERY	dept_emp	index _subquery	PRIMARY	12	func	18626	Using index; Using where

range

range는 우리가 익히 알고 있는 인덱스 레인지 스캔 형태의 접근 방법이다. range는 인덱스를 하나의 값이 아니라 범위로 검색하는 경우를 의미하는데, 주로 "〈, 〉, IS NULL, BETWEN, IN, LIKE" 등의 연산자를 이용해 인덱스를 검색할 때 사용된다. 일반적으로 애플리케이션의 쿼리가 가장 많이 사용하는 접근 방법인데, 이 책에서 소개되는 접근 방법의 순서상으로 보면 MySQL이 가지고 있는 접근 방법 중에서 상당히 우선순위가 낮다는 것을 알 수 있다. 하지만 이 접근 방법도 상당히 빠르며, 모든 쿼리가 이 접근 방법만 사용해도 어느 정도의 성능은 보장된다고 볼 수 있다.

```
EXPLAIN
SELECT dept_no FROM dept_emp WHERE dept_no BETWEEN 'd001' AND 'd003';
```

id	select_type	table	type	key	key_len	ref	rows	Extra
1	SIMPLE	dept_emp	range	PRIMARY	12		121890	Using where; Using index

주의 이 책에서 인덱스 레인지 스캔이라고 하면 const, ref, range라는 세 가지 접근 방법을 모두 묶어서 지칭하는 것임에 유의한다. 또한 "인덱스를 효율적으로 사용한다" 또는 "범위 제한 조건으로 인덱스를 사용한다"는 표현 모두 이 세 가지 접근 방법을 의미한다. 업무상 개발자나 DBA와 소통할 때도 const나 ref 또는 range 접근 방법을 구분해서 언급하는 경우는 거의 없으며, 일반적으로 "인덱스 레인지 스캔" 또는 "레인지 스캔"으로 언급할 때가 많다.

index_merge

지금까지 설명한 다른 접근 방식과는 달리 index_merge 접근 방식은 2개 이상의 인덱스를 이용해 각 각의 검색 결과를 만들어낸 후 그 결과를 병합하는 처리 방식이다. 하지만 여러 번의 경험을 보면 이름 만큼 그렇게 효율적으로 작동하는 것 같지는 않았다. index_merge 접근 방식에는 다음과 같은 특징 이 있다.

- 여러 인덱스를 읽어야 하므로 일반적으로 range 접근 방식보다 효율성이 떨어진다.
- AND와 OR 연산이 복잡하게 연결된 쿼리에서는 제대로 최적화되지 못할 때가 많다.
- 전문 검색 인덱스를 사용하는 쿼리에서는 index_merge가 적용되지 않는다.
- Index_merge 접근 방식으로 처리된 결과는 항상 2개 이상의 집합이 되기 때문에 그 두 집합의 교집합이나 합집 합 또는 중복 제거와 같은 부가적인 작업이 더 필요하다.

MySQL 매뉴얼에서 index_merge 접근 방법의 우선순위는 ref_or_null 바로 다음에 있다. 하지만 이 책에서는 위의 이유 때문에 우선순위의 위치를 range 접근 방식 밑으로 옮겼다. index_merge 접 근 방식이 사용될 때는 실행 계획에 조금 더 보완적인 내용이 표시되는데, 그 내용은 319쪽의 "Using sort_union(...), Using union(...), Using intersect(...)"에서 다시 언급하겠다.

다음은 두 개의 조건이 OR로 연결된 쿼리다. 그런데 OR로 연결된 두 개 조건이 모두 각각 다른 인덱 스를 최적으로 사용할 수 있는 조건이다. 그래서 MySQL 옵티마이저는 "emp_no BETWEEN 10001

AND 11000" 조건은 employees 테이블의 프라이머리 키를 이용해 조회하고, "first_name='Smith'"
조건은 ix_firstname 인덱스를 이용해 조회한 후 두 결과를 병합하는 형태로 처리하는 실행 계획을 만
들어 낸 것이다.

```
EXPLAIN
SELECT * FROM employees
WHERE emp_no BETWEEN 10001 AND 11000
    OR first_name='Smith';
```

id	select_type	table	type	key	key_len	ref	rows	Extra
1	SIMPLE	employees	index_merge	PRIMARY,ix_firstname	4,44		1521	Using union (PRIMARY,ix_firstname); Using where

index

index 접근 방법은 많은 사람이 자주 오해하는 접근 방법이다. 접근 방식의 이름이 index라서 MySQL
에 익숙하지 않은 많은 사람이 "효율적으로 인덱스를 사용하는구나"라고 생각하게 만드는 것 같다. 하
지만 index 접근 방식은 인덱스를 처음부터 끝까지 읽는 인덱스 풀 스캔을 의미한다. range 접근 방식
과 같이 효율적으로 인덱스의 필요한 부분만 읽는 것을 의미하는 것은 아니라는 점을 잊지 말자.

index 접근 방식은 테이블을 처음부터 끝까지 읽는 풀 테이블 스캔 방식과 비교했을 때 비교하는 레코
드 건수는 같다. 하지만 인덱스는 일반적으로 데이터 파일 전체보다는 크기가 작아서 풀 테이블 스캔보
다는 효율적이므로 풀 테이블 스캔보다는 빠르게 처리된다. 또한 쿼리의 내용에 따라 정렬된 인덱스의
장점을 이용할 수 있으므로 풀 테이블 스캔보다는 훨씬 효율적으로 처리될 수도 있다. index 접근 방법
은 다음의 조건 가운데 (첫 번째+두 번째) 조건을 충족하거나 (첫 번째+세 번째) 조건을 충족하는 쿼리
에서 사용되는 읽기 방식이다.

- range나 const 또는 ref와 같은 접근 방식으로 인덱스를 사용하지 못하는 경우
- 인덱스에 포함된 칼럼만으로 처리할 수 있는 쿼리인 경우(즉, 데이터 파일을 읽지 않아도 되는 경우)
- 인덱스를 이용해 정렬이나 그룹핑 작업이 가능한 경우(즉, 별도의 정렬 작업을 피할 수 있는 경우)

다음 쿼리는 아무런 WHERE 조건이 없으므로 range나 const 또는 ref 접근 방식을 사용할 수 없다. 하지만 정렬하려는 길림은 인덱스(ux_deptname)가 있으므로 별도의 정렬 처리를 피하려고 index 접근 방식이 사용된 예제다.

```
EXPLAIN
SELECT * FROM departments ORDER BY dept_name DESC LIMIT 10;
```

id	select_type	table	type	possible_keys	key	key_len	ref	rows	Extra
1	SIMPLE	departments	index		ux_deptname	123		9	Using index

이 예제의 실행 계획은 테이블의 인덱스를 처음부터 끝까지 읽는 index 접근 방식이지만 LIMIT 조건이 있기 때문에 상당히 효율적인 쿼리다. 단순히 인덱스를 거꾸로 (역순으로) 읽어서 10개만 가져오면 되기 때문이다. 하지만 LIMIT 조건이 없거나 가져와야 할 레코드 건수가 많아지면 상당히 느려질 것이다.

ALL

우리가 흔히 알고 있는 풀 테이블 스캔을 의미하는 접근 방식이다. 테이블을 처음부터 끝까지 전부 읽어서 불필요한 레코드를 제거(체크 조건이 존재할 때)하고 반환한다. 풀 테이블 스캔은 지금까지 설명한 접근 방법으로는 처리할 수 없을 때 가장 마지막에 선택되는 가장 비효율적인 방법이다.

다른 DBMS와 같이 InnoDB도 풀 테이블 스캔이나 인덱스 풀 스캔과 같은 대량의 디스크 I/O를 유발하는 작업을 위해 한꺼번에 많은 페이지를 읽어들이는 기능을 제공한다. InnoDB에서는 이 기능을 "리드 어헤드(Read Ahead)"라고 하며, 한 번에 여러 페이지를 읽어서 처리할 수 있다. 데이터웨어하우스나 배치 프로그램처럼 대용량의 레코드를 처리하는 쿼리에서는 잘못 튜닝된 쿼리(억지로 인덱스를 사용하도록 튜닝된 쿼리)보다 더 나은 접근 방법이 되기도 한다. 쿼리를 튜닝한다는 것이 무조건 인덱스 풀 스캔이나 테이블 풀 스캔을 사용하지 못하게 하는 것은 아니라는 점을 기억하자.

일반적으로 index와 ALL 접근 방법은 작업 범위를 제한하는 조건이 아니므로 빠른 응답을 사용자에게 보내 줘야 하는 웹 서비스 등과 같은 OLTP 환경에는 적합하지 않다. 테이블이 매우 작지 않다면 실제로 테이블에 데이터를 어느 정도 저장한 상태에서 쿼리의 성능을 확인해 보고 적용하는 것이 좋다.

참 고
MySQL에서는 연속적으로 인접한 페이지가 연속해서 몇 번 읽히게 되면 백그라운드로 작동하는 읽기 스레드
가 최대 한 번에 64개의 페이지씩 한꺼번에 디스크로부터 읽어들이기 때문에 한 번에 페이지 하나씩 읽어들이는 작업
보다는 상당히 빠르게 레코드를 읽을 수 있다. 이러한 작동 방식을 리드 어헤드(Read Ahead)라고 한다.

6.2.5 possible_keys

실행 계획의 이 칼럼 또한 사용자의 오해를 자주 불러일으키곤 한다. MySQL 옵티마이저는 쿼리를 처
리하기 위해 여러 가지 처리 방법을 고려하고 그중에서 비용이 가장 낮을 것으로 예상하는 실행 계획을
선택해서 쿼리를 실행한다. 그런데 possible_keys 칼럼에 있는 내용은 MySQL 옵티마이저가 최적의
실행 계획을 만들기 위해 후보로 선정했던 접근 방식에서 사용되는 인덱스의 목록일 뿐이다. 즉, 말 그
대로 "사용될 법했던 인덱스의 목록"인 것이다. 실제로 실행 계획을 보면 그 테이블의 모든 인덱스가 목
록에 포함되어 나오는 경우가 허다하기에 쿼리를 튜닝하는 데 아무런 도움이 되지 않는다. 그래서 실행
계획을 확인할 때는 Possible_keys 칼럼은 그냥 무시하자. 절대 Possible_keys 칼럼에 인덱스 이름
이 나열됐다고 해서 그 인덱스를 사용한다고 판단하지 않도록 주의하자.

6.2.6 key

Possible_keys 칼럼의 인덱스가 사용 후보였던 반면 Key 칼럼에 표시되는 인덱스는 최종 선택된 실
행 계획에서 사용하는 인덱스를 의미한다. 그러므로 쿼리를 튜닝할 때는 Key 칼럼에 의도했던 인덱
스가 표시되는지 확인하는 것이 중요하다. Key 칼럼에 표시되는 값이 PRIMARY인 경우에는 프라이
머리 키를 사용한다는 의미이며, 그 이외의 값은 모두 테이블이나 인덱스를 생성할 때 부여했던 고
유 이름이다.

실행 계획의 type 칼럼이 index_merge가 아닌 경우에는 반드시 테이블 하나당 하나의 인덱스만 이용
할 수 있다. 하지만 index_merge 실행 계획이 사용될 때는 2개 이상의 인덱스가 사용되는데, 이때는
Key 칼럼에 여러 개의 인덱스가 ","로 구분되어 표시된다. 위에서 살펴본 index_merge 실행 계획을
다시 한번 살펴보자. 다음의 실행 계획은 WHERE 절의 각 조건이 PRIMARY와 ix_firstname 인덱스
를 사용한다는 것을 알 수 있다.

id	select_type	table	type	key	key_len	ref	rows	Extra
1	SIMPLE	employees	index_merge	PRIMARY,ix_firstname	4,44		1521	…

그리고 실행 계획의 type이 ALL일 때와 같이 인덱스를 전혀 사용하지 못하면 Key 칼럼은 NULL로 표시된다.

> **참고** MySQL에서 프라이머리 키는 별도의 이름을 부여할 수 없으며, 기본적으로 PRIMARY라는 이름을 가진다. 그 밖의 나머지 인덱스는 모두 테이블을 생성하거나 인덱스를 생성할 때 이름을 부여할 수 있다. 실행 계획뿐 아니라 쿼리의 힌트를 사용할 때도 프라이머리 키를 지칭하고 싶다면 PRIMARY라는 키워드를 사용하면 된다.

6.2.7 key_len

key_len 칼럼은 많은 사용자가 쉽게 무시하는 정보지만 사실은 매우 중요한 정보 중 하나다. 실제 업무에서 사용하는 테이블은 단일 칼럼으로만 만들어진 인덱스보다 다중 칼럼으로 만들어진 인덱스가 더 많다. 실행 계획의 key_len 칼럼의 값은, 쿼리를 처리하기 위해 다중 칼럼으로 구성된 인덱스에서 몇 개의 칼럼까지 사용했는지 우리에게 알려 준다. 더 정확하게는 인덱스의 각 레코드에서 몇 바이트까지 사용했는지 알려주는 값이다. 그래서 다중 칼럼 인덱스뿐 아니라 단일 칼럼으로 만들어진 인덱스에서도 같은 지표를 제공한다.

다음 예제는 (dept_no+emp_no)로 두 개의 칼럼으로 만들어진 프라이머리 키를 포함한 dept_emp 테이블을 조회하는 쿼리다. 이 쿼리는 dept_emp 테이블의 프라이머리 키 중에서 dept_no만 비교하는 데 사용하고 있다.

```
EXPLAIN
SELECT * FROM dept_emp WHERE dept_no='d005';
```

id	select_type	table	type	key	key_len	ref	rows	Extra
1	SIMPLE	dept_emp	ref	PRIMARY	12	const	53288	Using where

그래서 key_len 칼럼의 값이 12로 표시된 것이다. 즉, dept_no 칼럼의 타입이 CHAR(4)이기 때문에 프라이머리 키에서 앞쪽 12바이트만 유효하게 사용했다는 의미다. 이 테이블의 dept_no 칼럼은 utf8 문자집합을 사용하고 있다. 실제 utf8 문자 하나가 차지하는 공간은 1바이트에서 3바이트까지 가변적이다. 하지만 MySQL 서버가 utf8 문자를 위해 메모리 공간을 할당해야 할 때는 문자에 관계없이 고정적으로 3바이트로 계산한다. 그래서 위의 실행 계획에서 key_len 칼럼의 값은 12바이트(4*3 바이트)가 표시된 것이다.

이제 똑같은 인덱스를 사용하지만 dept_no 칼럼과 emp_no 칼럼에 대해 각각 조건을 하나씩 가지고 있는 다음의 쿼리를 한번 살펴보자.

```
EXPLAIN
SELECT * FROM dept_emp WHERE dept_no='d005' AND emp_no=10001;
```

id	select_type	table	type	key	key_len	ref	rows	Extra
1	SIMPLE	dept_emp	const	PRIMARY	16	const,const	1	

dept_emp 테이블의 emp_no의 칼럼 타입은 INTEGER이며, INTEGER 타입은 4바이트를 차지한다. 위의 쿼리 문장은 프라이머리 키의 dept_no 칼럼뿐 아니라 emp_no까지 사용할 수 있게 적절히 조건이 제공됐다. 그래서 key_len 칼럼이 dept_no 칼럼의 길이와 emp_no 칼럼의 길이 합인 16이 표시된 것이다.

그런데 key_len의 값을 표시하는 기준이 MySQL의 버전별로 다르다. 다음 쿼리의 실행 계획을 MySQL 5.0.68 버전과 MySQL 5.1.54 버전에서 각각 확인해보자.

```
EXPLAIN
SELECT * FROM dept_emp WHERE dept_no='d005' AND emp_no <> 10001;
```

MySQL 5.0 이하의 버전
쿼리 문장은 프라이머리 키를 구성하는 emp_no와 dept_no의 조건을 줬지만 key_len 값은 12로 바뀌었다. 왜 16이 아닌 12로 줄어들었을까? 그 이유는 Key_len에 표시되는 값은 인덱스를 이용해 범위를 제한하는 조건의 칼럼까지만 포함되며, 단순히 체크 조건으로 사용된 칼럼은 key_len에 포함되지 않기 때문이다. 그래서 MySQL 5.0에서는 key_len 칼럼의 값으로 인덱스의 몇 바이트까지가 범위 제한 조건으로 사용됐는지 판단할 수 있다.

id	select_type	table	Type	key	key_len	Ref	Rows	Extra
1	SIMPLE	dept_emp	ref	PRIMARY	12	const	53298	Using where

MySQL 5.1 이상의 버전
MySQL 5.1 버전에서는 실행 계획의 key_len이 16으로 표시됐다. 하지만 type 칼럼의 값이 ref가 아니라 range로 바뀐 것을 확인할 수 있다. 하지만 "emp_no<>10001" 조건은 단순한 체크 조건임에도 key_len에 같이 포함되어 계산됐다. 결과적으로 MySQL 5.1에서는 key_len 칼럼의 값으로 인덱스의 몇 바이트까지가 범위 제한 조건으로 사용됐는지를 알아낼 수는 없다.

id	select_type	table	type	Key	key_len	ref	rows	Extra
1	SIMPLE	dept_emp	range	PRIMARY	16		53298	Using where

사실 두 버전 간의 차이는 MySQL 엔진과 InnoDB 스토리지 엔진의 역할 분담에 큰 변화가 생긴 것이 원인이다. MySQL 5.0에서는 범위 제한 조건으로 사용되는 칼럼만 스토리지 엔진으로 전달했다. 하지만 MySQL 5.1부터는 조건이 범위 제한 조건이든 체크 조건이든지 관계없이, 인덱스를 이용할 수만 하면 모두 스토리지 엔진으로 전달하도록 바뀐 것이다. MySQL에서는 이를 "컨디션 푸시 다운 (Condition push down)"이라고 하는데, 이에 대해서는 321쪽 "Using where"와 323쪽 "Using where with pushed condition"에서 자세히 살펴보겠다.

6.2.8 ref

접근 방법이 ref 방식이면 참조 조건(Equal 비교 조건)으로 어떤 값이 제공됐는지 보여 준다. 만약 상수 값을 지정했다면 ref 칼럼의 값은 const로 표시되고, 다른 테이블의 칼럼값이면 그 테이블 명과 칼럼 명이 표시된다. 이 칼럼에 출력되는 내용은 크게 신경쓰지 않아도 무방한데, 아래와 같은 케이스는 조금 주의해서 볼 필요가 있다.

가끔 쿼리의 실행 계획에서 ref 칼럼의 값이 "func"라고 표시될 때가 있다. 이는 "Function"의 줄임말로 참조용으로 사용되는 값을 그대로 사용한 것이 아니라, 콜레이션 변환이나 값 자체의 연산을 거쳐서 참조됐다는 것을 의미한다. 간단히 아래 예제 쿼리의 실행 계획을 한번 살펴보자.

```
EXPLAIN
SELECT *
FROM employees e, dept_emp de
WHERE e.emp_no=de.emp_no;
```

이 쿼리는 employees 테이블과 dept_emp 테이블을 조인하는데, 조인 조건에 사용된 emp_no 칼럼의 값에 대해 아무런 변환이나 가공도 수행하지 않았다. 그래서 이 쿼리의 실행 계획은 아래와 같이 ref 칼럼에 조인 대상 칼럼의 이름이 그대로 표시된다.

id	select_type	table	type	key	key_len	Ref	rows	Extra
1	SIMPLE	de	ALL				334868	
1	SIMPLE	e	eq_ref	PRIMARY	4	de.emp_no	1	

이번에는 위의 쿼리에서 조인 조건에 간단한 산술 표현식을 넣어 쿼리를 만들고, 실행 계획을 한번 확인해 보자.

```
EXPLAIN
SELECT *
FROM employees e, dept_emp de
WHERE e.emp_no=(de.emp_no-1);
```

위의 쿼리에서는 dept_emp 테이블을 읽어서 de.emp_no 값에서 1을 뺀 값으로 employees 조인하고 있다. 이 쿼리의 실행 계획에서는 ref 값이 조인 칼럼의 이름이 아니라 "func"라고 표시되는 것을 확인할 수 있다.

id	select_type	table	type	key	key_len	Ref	rows	Extra
1	SIMPLE	de	ALL				334868	
1	SIMPLE	e	eq_ref	PRIMARY	4	func	1	Using where

그런데 이렇게 사용자가 명시적으로 값을 변환할 때뿐만 아니라, MySQL 서버가 내부적으로 값을 변환해야 할 때도 ref 칼럼에는 "func"가 출력된다. 문자집합이 일치하지 않는 두 문자열 칼럼을 조인한다거나, 숫자 타입의 칼럼과 문자열 타입의 칼럼으로 조인할 때가 대표적인 예다. 가능하다면 MySQL 서버가 이런 변환을 하지 않아도 되도록 조인 칼럼의 타입은 일치시키는 편이 좋다.

6.2.9 rows

MySQL 옵티마이저는 각 조건에 대해 가능한 처리 방식을 나열하고, 각 처리 방식의 비용을 비교해 최종적으로 하나의 실행 계획을 수립한다. 이때 비용을 산정하는 방법은 각 처리 방식이 얼마나 많은 레코드를 읽고 비교해야 하는지 예측해 보는 것이다. 대상 테이블에 얼마나 많은 레코드가 포함돼 있는지 또는 각 인덱스 값의 분포도가 어떤지를 통계 정보를 기준으로 조사해서 예측한다.

MySQL 실행 계획의 rows 칼럼의 값은 실행 계획의 효율성 판단을 위해 예측했던 레코드 건수를 보여준다. 이 값은 각 스토리지 엔진별로 가지고 있는 통계 정보를 참조해 MySQL 옵티마이저가 산출해 낸 예상 값이라서 정확하지는 않다. 또한, rows 칼럼에 표시되는 값은 반환하는 레코드의 예측치가 아니라, 쿼리를 처리하기 위해 얼마나 많은 레코드를 디스크로부터 읽고 체크해야 하는지를 의미한다. 그래서 실행 계획의 rows 칼럼에 출력되는 값과 실제 쿼리 결과 반환된 레코드 건수는 일치하지 않는 경우가 많다.

다음 쿼리는 dept_emp 테이블에서 from_date가 "1985-01-01"보다 크거나 같은 레코드를 조회하는 쿼리다. 이 쿼리는 dept_emp 테이블의 from_date 칼럼으로 생성된 ix_fromdate 인덱스를 이용해 처리할 수도 있지만, 풀 테이블 스캔(ALL)을 선택했다는 것을 알 수 있다. 다음 쿼리의 실행 계획에서 rows 칼럼의 값을 확인해 보면 MySQL 옵티마이저가 이 쿼리를 처리하기 위해 대략 334,868건의 레코드를 읽어야 할 것이라고 예측했음을 알 수 있다. Dept_emp 테이블의 전체 레코드가 331,603건인 것을 고려한다면 레코드의 대부분을 비교해봐야 한다고 판단한 것이다. 그래서 MySQL 옵티마이저는 인덱스 레인지 스캔이 아니라 풀 테이블 스캔을 선택한 것이다.

```
EXPLAIN
SELECT * FROM dept_emp WHERE from_date>='1985-01-01';
```

id	select_type	table	type	possible_keys	key	key_len	ref	rows	Extra
1	SIMPLE	dept_emp	ALL	ix_fromdate				334868	Using where

그럼 이제 범위를 더 줄인 쿼리의 실행 계획을 한번 비교해 보자. 다음 쿼리의 실행 계획을 보면 MySQL 옵티마이저는 대략 292건의 레코드만 읽고 체크해 보면 원하는 결과를 가져올 수 있을 것으로 예측했음을 알 수 있다. 물론 그래서 실행 계획도 풀 테이블 스캔이 아니라 ranage로 인덱스 레인지 스캔을 사용한 것이다.

```
EXPLAIN
SELECT * FROM dept_emp WHERE from_date>='2002-07-01';
```

id	select_type	table	type	possible_keys	key	key_len	ref	rows	Extra
1	SIMPLE	dept_emp	range	ix_fromdate	ix_fromdate	3		292	Using where

이 예에서 옵티마이저는 from_date 칼럼의 값이 '2002-07-01'보다 큰 레코드가 292건만 존재할 것으로 예측했고, 이는 전체 테이블 건수와 비교하면 8.8%밖에 되지 않는다. 그래서 최종적으로 옵티마이저는 ix_fromdate 인덱스를 range 방식(인덱스 레인지 스캔)으로 처리한 것이다. 또한 인덱스에 포함된 from_date가 DATE 타입이므로 key_len은 3바이트로 표시됐다.

첫 번째 풀 테이블 스캔을 사용했던 예제 쿼리에 LIMIT 조건이 추가됐을 때 MySQL 옵티마이저가 예측하는 레코드 건수는 어떻게 변하는지 한번 살펴보자.

```
EXPLAIN
SELECT * FROM dept_emp WHERE from_date>='1985-01-01' LIMIT 10;
```

풀 테이블 스캔을 사용하면 rows 칼럼의 값이 334,868로 표시됐는데, LIMIT 10 조건을 추가하면 rows 칼럼의 값이 대략 반 정도로 줄어든 것을 알 수 있다. LIMIT가 포함되는 쿼리는 rows 칼럼에 표시되는 값이 오차가 너무 심해서 별로 도움이 되지 않는다는 것을 알 수 있다.

id	select_type	table	type	key	key_len	ref	rows	Extra
1	SIMPLE	dept_emp	range	ix_fromdate	3		167631	Using where

6.2.10 Extra

칼럼의 이름과는 달리, 쿼리의 실행 계획에서 성능에 관련된 중요한 내용이 Extra 칼럼에 자주 표시된다. Extra 칼럼에는 고정된 몇 개의 문장이 표시되는데, 일반적으로 2~3개씩 같이 표시된다. MySQL 5.0에서 MySQL 5.1로 업그레이드된 이후 추가된 키워드는 조금 있지만 MySQL 5.5는 MySQL 5.1과 거의 같다. MySQL 5.1에서 새로 추가된 키워드는 "(MySQL 5.1부터)"와 같이 태그를 붙여뒀으니 참고하기 바란다. 그럼 Extra 칼럼에 표시될 수 있는 문장을 하나씩 자세히 살펴보자. 여기서 설명하는 순서는 성능과는 무관하므로 각 문장의 순서 자체는 의미가 없다.

const row not found (MySQL 5.1부터)

쿼리의 실행 계획에서 const 접근 방식으로 테이블을 읽었지만 실제로 해당 테이블에 레코드가 1건도 존재하지 않으면 Extra 칼럼에 이 내용이 표시된다. Extra 칼럼에 이런 메시지가 표시되는 경우에는 테이블에 적절히 테스트용 데이터를 저장하고 실행 계획을 확인해보는 것이 좋다.

Distinct

Extra 칼럼에 Distinct 키워드가 표시되는 다음 예제 쿼리를 한번 살펴보자.

```
EXPLAIN
SELECT DISTINCT d.dept_no
FROM departments d, dept_emp de WHERE de.dept_no=d.dept_no;
```

id	select_type	table	type	key	key_len	Ref	rows	Extra
1	SIMPLE	d	index	ux_deptname	123	NULL	9	Using index; Using temporary
1	SIMPLE	de	ref	PRIMARY	12	employees.d.dept_no	18603	Using index; Distinct

위 쿼리에서 실제 조회하려는 값은 dept_no인데, departments 테이블과 dept_emp 테이블에 모두
존재하는 dept_no만 중복 없이 유니크하게 가져오기 위한 쿼리다. 그래서 두 테이블을 조인해서 그 결
과에 다시 DISTINCT 처리를 넣은 것이다.

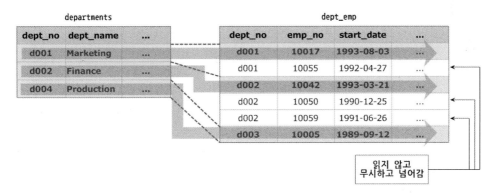

[그림 6–5] Distinct의 처리 방식

그림 6–5는 실행 계획의 Extra 칼럼에 Distinct가 표시되는 경우, 어떻게 처리되는지 보여준다. 쿼리
의 DISTINCT를 처리하기 위해 조인하지 않아도 되는 항목은 모두 무시하고 꼭 필요한 것만 조인했으
며, dept_emp 테이블에서는 꼭 필요한 레코드만 읽었다는 것을 표현하고 있다.

Full scan on NULL key

이 처리는 "col1 IN (SELECT col2 FROM …)"과 조건이 포함된 가진 쿼리에서 자주 발생할 수 있는데,
만약 col1 의 값이 NULL이 된다면 결과적으로 조건은 "NULL IN (SELECT col2 FROM …)"과 같이
바뀐다. SQL 표준에서는 NULL을 "알 수 없는 값"으로 정의하고 있으며, NULL에 대한 연산의 규칙까
지 정의하고 있다. 그 정의대로 연산을 수행하기 위해 이 조건은 다음과 같이 비교돼야 한다.

- 서브 쿼리가 1건이라도 결과 레코드를 가진다면 최종 비교 결과는 NULL
- 서브 쿼리가 1건도 결과 레코드를 가지지 않는다면 최종 비교 결과는 FALSE

이 비교 과정에서 col1이 NULL이면 풀 테이블 스캔(Full scan)을 해야만 결과를 알아낼 수 있다. Extra 칼럼의 "Full scan on NULL key"는 MySQL이 쿼리를 실행하는 중 col1이 NULL을 만나면 예비책으로 풀 테이블 스캔을 사용할 것이라는 사실을 알려주는 키워드다. 만약 "col1 IN (SELECT col2 FROM …)" 조건에서 col1이 NOT NULL로 정의된 칼럼이라면 이러한 예비책은 사용되지 않고 Extra 칼럼에도 표시되지 않을 것이다.

Extra 칼럼에 "Full scan on NULL key"를 표시하는 실행 계획을 한번 살펴보자.

```
EXPLAIN
SELECT d.dept_no, NULL IN (SELECT id.dept_name FROM departments id)
FROM departments d ;
```

id	select_type	table	type	key	key_len	Ref	rows	Extra
1	PRIMARY	d	index	ux_deptname	123	NULL	9	Using index
2	DEPENDENT SUBQUERY	id	index _subquery	ux_deptname	123	const	2	Using index; Full scan on NULL key

만약 칼럼이 NOT NULL로 정의되지는 않았지만 이러한 NULL 비교 규칙을 무시해도 된다면 col1이 절대 NULL은 될 수 없다는 것을 MySQL 옵티마이저에게 알려주면 된다. 가장 대표적인 방법으로는 이 쿼리의 조건에 "col1 IS NOT NULL"이라는 조건을 지정하는 것이다. 그러면 col1이 NULL이면 "col1 IS NOT NULL" 조건이 FALSE가 되기 때문에 "col1 IN (SELECT col2 FROM tb_test2)" 조건은 실행하지 않는다.

```
SELECT *
FROM tb_test1
WHERE col1 IS NOT NULL
        AND col1 IN (SELECT col2 FROM tb_test2);
```

"Full scan on NULL key" 코멘트가 실행 계획의 Extra 칼럼에 표시됐다고 하더라도, 만약 IN이나 NOT IN 연산자의 왼쪽에 있는 값이 실제로 NULL이 없다면 풀 테이블 스캔은 발생하지 않으므로 걱정하지 않아도 된다. 하지만 IN이나 NOT IN 연산자의 왼쪽 값이 NULL인 레코드가 있고, 서브 쿼리에 개별적으로 WHERE 조건이 지정돼 있다면 상당한 성능 문제가 발생할 수도 있다. 이에 대한 더 자세한 내용은 7.4.9절, "서브 쿼리"의 "WHERE 절에 NOT IN과 함께 사용된 서브 쿼리 – NOT IN (subquery)"(482쪽)를 꼭 참고하자.

> **주의** 여기서 사용된 쿼리는 단순히 예제를 만들어 내기 위해 작성한 쿼리다. 적절한 예제용 쿼리를 만들기 어려운 경우에는 조금 억지스러운 쿼리도 있을 수 있다. 때로는 그 실행 계획을 보여주기 위해 의미 없는 쿼리가 사용된 적도 있다. 하지만 설명을 위한 것이므로 "더 효율적으로 쿼리를 작성할 수 있는데, 왜 이렇게 쿼리를 작성했을까?"라는 의문으로 시간을 낭비하지 말자.

Impossible HAVING (MySQL 5.1부터)

쿼리에 사용된 HAVING 절의 조건을 만족하는 레코드가 없을 때 실행 계획의 Extra 칼럼에는 "Impossible HAVING" 키워드가 표시된다.

```
EXPLAIN
SELECT e.emp_no, COUNT(*) AS cnt
FROM employees e
WHERE e.emp_no=10001
GROUP BY e.emp_no
HAVING e.emp_no IS NULL;
```

위의 예제에서 HAVING 조건에 "e.emp_no IS NULL"이라는 조건이 추가됐지만, 사실 employees 테이블의 e.emp_no 칼럼은 프라이머리 키이면서 NOT NULL 타입의 칼럼이다. 그러므로 결코 e.emp_no IS NULL 조건을 만족할 가능성이 없으므로 Extra 칼럼에서 "Impossible HAVING"이라는 키워드를 표시한다. 여기서 보여준 예제에서는 이처럼 명확한 예제(실제 테이블 구조상으로 불가능한 조건)를 사용했지만 실제로 SQL을 개발하다 보면 이렇게 테이블 구조상으로 불가능한 조건뿐 아니라 실제 데이터 때문에 이런 현상이 발생하기도 하므로 주의해야 한다.

id	select_type	table	type	possible_keys	key	key_len	ref	rows	Extra
1	SIMPLE								Impossible HAVING

애플리케이션의 쿼리 중에서 실행 계획의 Extra 칼럼에 "Impossible HAVING" 메시지가 출력된다면 쿼리가 제대로 작성되지 못한 경우가 대부분이므로 쿼리의 내용을 다시 점검하는 것이 좋다.

06장 _ 실행 계획 **301**

Impossible WHERE (MySQL 5.1부터)

"Impossible HAVING"과 비슷하며, WHERE 조건이 항상 FALSE가 될 수밖에 없는 경우 "Impossible WHERE"가 표시된다.

```
EXPLAIN
SELECT * FROM employees WHERE emp_no IS NULL;
```

위의 쿼리에서 WHERE 조건절에 사용된 emp_no칼럼은 NOT NULL이므로 emp_no IS NULL 조건은 항상 FALSE가 된다. 이럴 때 쿼리의 실행 계획에는 다음과 같이 "불가능한 WHERE 조건"으로 Extra 칼럼이 출력된다.

id	select_type	table	type	possible_keys	key	key_len	ref	rows	Extra
1	SIMPLE								Impossible WHERE

Impossible WHERE noticed after reading const tables

위의 "Impossible WHERE"의 경우에는 실제 데이터를 읽어보지 않고도 바로 테이블의 구조상으로 불가능한 조건이라고 판단할 수 있었지만 다음 예제 쿼리는 어떤 메시지가 표시될까?

```
EXPLAIN
SELECT * FROM employees WHERE emp_no=0;
```

id	select_type	table	type	key	key_len	ref	rows	Extra
1	SIMPLE							Impossible WHERE noticed after reading const tables

이 쿼리는 실제로 실행되지 않으면 emp_no=0인 레코드가 있는지 없는지 판단할 수 없다. 그런데 이 쿼리의 실행 계획만 확인했을 뿐인데, 옵티마이저는 사번이 0인 사원이 없다는 것까지 확인한 것이다.

이를 토대로 MySQL이 실행 계획을 만드는 과정에서 쿼리의 일부분을 실행해 본다는 사실을 알 수 있다. 또한 이 쿼리는 employees 테이블의 프라이머리 키를 동등 조건으로 비교하고 있다. 이럴 때는 const 접근 방식을 사용한다는 것은 이미 살펴봤다. 쿼리에서 const 접근 방식이 필요한 부분은 실행 계획 수립 단계에서 옵티마이저가 직접 쿼리의 일부를 실행하고, 실행된 결과 값을 원본 쿼리의 상수로 대체한다.

```
SELECT *
FROM employees oe
WHERE oe.first_name=(
    SELECT ie.first_name
    FROM employees ie
    WHERE ie.emp_no=10001
);
```

즉, 위와 같은 쿼리를 실행하면 WHERE 조건절의 서브 쿼리는 (프라이머리 키를 통한 조회여서 const 접근 방식을 사용할 것이므로) 옵티마이저가 실행한 결과를 다음과 같이 대체한 다음, 본격적으로 쿼리를 실행한다.

```
SELECT *
FROM employees oe
WHERE oe.first_name='Georgi';
```

No matching min/max row (MySQL 5.1부터)

쿼리의 WHERE 조건절을 만족하는 레코드가 한 건도 없는 경우 일반적으로 "Impossible WHERE ..." 문장이 Extra 칼럼에 표시된다. 만약 MIN( )이나 MAX( )와 같은 집합 함수가 있는 쿼리의 조건절에 일치하는 레코드가 한 건도 없을 때는 Extra 칼럼에 "No matching min/max row"라는 메시지가 출력된다. 그리고 MIN( )이나 MAX( )의 결과로 NULL이 반환된다.

```
EXPLAIN
SELECT MIN(dept_no), MAX(dept_no)
FROM dept_emp WHERE dept_no='';
```

위의 쿼리는 dept_emp 테이블에서 dept_no 칼럼이 빈 문자열인 레코드를 검색하고 있지만 dept_no 칼럼은 NOT NULL이므로 일치하는 레코드는 한 건도 없을 것이다. 그래서 위 쿼리의 실행 계획의 Extra 칼럼에는 "No matching min/max row" 코멘트가 표시된다.

id	select_type	table	type	possible_keys	key	key_len	ref	rows	Extra
1	SIMPLE								No matching min/max row

Extra 칼럼에 출력되는 내용 중에서 "No matching ..."이나 "Impossible WHERE ..." 등의 메시지는 잘못 생각하면 쿼리 자체가 오류인 것처럼 오해하기 쉽다. 하지만 Extra 칼럼에 출력되는 내용은 단지 쿼리의 실행 계획을 산출하기 위한 기초 자료가 없음을 표현하는 것뿐이다. Extra 칼럼에 이러한 메시지가 표시된다고 해서 실제 쿼리 오류가 발생하는 것은 아니다.

no matching row in const table (MySQL 5.1부터)

다음 쿼리와 같이 조인에 사용된 테이블에서 const 방식으로 접근할 때, 일치하는 레코드가 없다면 "no matching row in const table"이라는 메시지를 표시한다.

```
EXPLAIN
SELECT *
FROM dept_emp de,
(SELECT emp_no FROM employees WHERE emp_no=0) tb1
WHERE tb1.emp_no=de.emp_no AND de.dept_no='d005';
```

이 메시지 또한 "Impossible WHERE ..."와 같은 종류로, 실행 계획을 만들기 위한 기초 자료가 없음을 의미한다.

id	select_type	table	type	key	key_len	ref	rows	Extra
1	PRIMARY							Impossible WHERE noticed after reading const tables
2	DERIVED							no matching row in const table

No tables used (MySQL 5.0의 "No tables"에서 키워드 변경됨)

FROM 절이 없는 쿼리 문장이나 "FROM DUAL" 형태의 쿼리 실행 계획에서는 Extra 칼럼에 "No tables used"라는 메시지가 출력된다. 다른 DBMS와는 달리 MySQL은 FROM 절이 없는 쿼리도 허용된다. 이처럼 FROM 절 자체가 없거나, FROM 절에 상수 테이블을 의미하는 DUAL(칼럼과 레코드를 각각 1개씩만 가지는 가상의 상수 테이블)이 사용될 때는 Extra 칼럼에 "No tables used"라는 메시지가 표시된다.

```
EXPLAIN SELECT 1;
EXPLAIN SELECT 1 FROM dual;
```

id	select_type	table	type	possible_keys	key	key_len	ref	rows	Extra
1	SIMPLE								No tables used

참고 MySQL에서는 FROM 절이 없는 쿼리도 오류 없이 실행된다. 하지만 오라클에서는 쿼리에 반드시 참조하는 테이블이 있어야 하므로 FROM 절이 필요없는 경우에 대비해 상수 테이블로 DUAL이라는 테이블을 사용한다. 또한 MySQL에서는 오라클과의 호환을 위해 FROM 절에 "DUAL"이라는 테이블을 명시적으로도 사용할 수도 있다. MySQL 옵티마이저가 FROM 절에 DUAL이라는 이름이 사용되면 내부적으로 FROM 절이 없는 쿼리 문장과 같은 방식으로 처리한다.

Not exists

프로그램을 개발하다 보면 A 테이블에는 존재하지만 B 테이블에는 없는 값을 조회해야 하는 쿼리가 자주 사용된다. 이럴 때는 주로 NOT IN (subquery) 형태나 NOT EXISTS 연산자를 주로 사용한다. 이러한 형태의 조인을 안티-조인(Anti-JOIN)이라고 한다. 똑같은 처리를 아우터 조인(LEFT OUTER JOIN)을 이용해도 구현할 수 있다. 일반적으로 안티-조인으로 처리해야 하지만 레코드의 건수가 많을 때는 NOT IN (subquery)이나 NOT EXISTS 연산자보다는 아우터 조인을 이용하면 빠른 성능을 낼 수 있다.

아우터 조인을 이용해 dept_emp 테이블에는 있지만 departments 테이블에는 없는 dept_no를 조회하는 쿼리를 예제로 살펴보자. 아래의 예제 쿼리는 departments 테이블을 아우터로 조인해서 ON절이 아닌 WHERE절에 아우터 테이블(departments)의 dept_no 칼럼이 NULL인 레코드만 체크해서 가져온다. 즉 안티-조인은 일반 조인(INNER JOIN)을 했을 때 나오지 않는 결과만 가져오는 방법이다.

```
EXPLAIN
SELECT *
FROM dept_emp de
  LEFT JOIN departments d ON de.dept_no=d.dept_no
WHERE d.dept_no IS NULL;
```

이렇게 아우터 조인을 이용해 안티-조인을 수행하는 쿼리에서는 Extra 칼럼에 Not exists 메시지가 표시된다. Not exists 메시지는 이 쿼리를 NOT EXISTS 형태의 쿼리로 변환해서 처리했음을 의미하는 것이 아니라 MySQL이 내부적으로 어떤 최적화를 했는데 그 최적화의 이름이 "Not exists"인 것이다. Extra 칼럼의 Not exists와 SQL의 NOT EXISTS 연산자를 혼동하지 않도록 주의하자.

id	select_type	table	type	key	key_len	ref	rows	Extra
1	SIMPLE	de	ALL				334868	
1	SIMPLE	d	eq_ref	PRIMARY	12	employees.de.dept_no	1	Using where; Not exists

Range checked for each record (index map: N)

두 개의 테이블을 조인하는 다음의 쿼리를 보면서 이 메시지의 의미를 이해해 보자. 조인 조건에 상수가 없고 둘 다 변수(e1.emp_no와 e2.emp_no)인 경우, MySQL 옵티마이저는 e1 테이블을 먼저 읽고 조인을 위해 e2를 읽을 때, 인덱스 레인지 스캔과 풀 테이블 스캔 중에서 어느 것이 효율적일지 판단할 수 없게 된다. 즉, e1 테이블의 레코드를 하나씩 읽을 때마다 e1.emp_no 값이 계속 바뀌므로 쿼리의 비용 계산을 위한 기준값이 계속 변하는 것이다. 그래서 어떤 접근 방법으로 e2 테이블을 읽는 것이 좋을지 판단할 수 없는 것이다.

```
EXPLAIN
SELECT *
FROM employees e1, employees e2
WHERE e2.emp_no >= e1.emp_no;
```

예를 들어 사번이 1번부터 1억까지 있다고 가정해 보자. 그러면 e1 테이블을 처음부터 끝까지 스캔하면서 e2 테이블에서 e2.emp_no >= e1.emp_no 조건을 만족하는 레코드를 찾아야 하는데, 문제는 e1.emp_no=1인 경우에는 e2 테이블의 1억건 전부를 읽어야 한다는 것이다. 하지만 e1.emp_no=100000000인 경우에는 e2 테이블을 한 건만 읽으면 된다는 것이다. 그림 6-6은 이 시나리오를 그림으로 표현해 둔 것이다.

그래서 e1 테이블의 emp_no가 작을 때는 e2 테이블을 풀 테이블 스캔으로 접근하고, e1 테이블의 emp_no가 큰 값일 때는 e2 테이블을 인덱스 레인지 스캔으로 접근하는 형태를 수행하는 것이 최적의 조인 방법일 것이다. 지금까지 설명한 내용을 줄여서 표현하면 "매 레코드마다 인덱스 레인지 스캔을 체크한다"라고 할 수 있는데, 이것이 Extra 칼럼에 표시되는 "Range checked for each record"의 의미다.

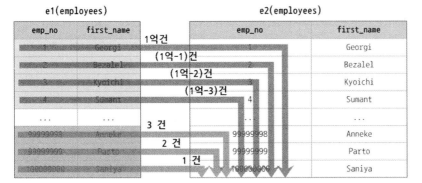

e1(employees)   e2(employees)

emp_no	first_name		emp_no	first_name
1	Georgi	1억건	1	Georgi
2	Bezalel	(1억-1)건	2	Bezalel
3	Kyoichi	(1억-2)건	3	Kyoichi
4	Sumant	(1억-3)건	4	Sumant
...	...		...	...
99999998	Anneke	3 건	99999998	Anneke
99999999	Parto	2 건	99999999	Parto
100000000	Saniya	1 건	100000000	Saniya

[그림 6-6] 각 레코드별로 range와 ALL 중에서 선택해야 하는 실행 계획

id	select_type	table	type	key	key_len	ref	rows	Extra
1	SIMPLE	e1	ALL		3		300584	Using index
1	SIMPLE	e2	ALL				300584	Range checked for each record (index map: 0x1)

Extra 칼럼의 출력 내용 중에서 "(index map: 0x1)"은 사용할지 말지를 판단하는 후보 인덱스의 순번을 나타낸다. "index map"은 16진수로 표시되는데, 이를 해석하려면 우선 이진수로 표현을 바꿔야 한다. 위의 실행 계획에서는 0x1이 표시됐는데, 이는 이진수로 바꿔도 1이다. 그래서 이 쿼리는 e2(employees) 테이블의 첫 번째 인덱스를 사용할지 아니면 풀 테이블을 스캔할지를 매번 판단한다는 것을 의미한다. 여기서 테이블의 첫 번째 인덱스란 "SHOW CREATE TABLE employees" 명령으로 테이블의 구조를 조회했을 때 제일 먼저 출력되는 인덱스를 의미한다.

그리고 쿼리 실행 계획의 type 칼럼의 값이 ALL로 표시되어 풀 테이블 스캔으로 처리된 것으로 해석하기 쉽다. 하지만 Extra 칼럼에 "Range checked for each record"가 표시되면 type 칼럼에는 ALL로 표시된다. 즉 "index map"에 표시된 후보 인덱스를 사용할지 여부를 검토해서, 이 후보 인덱스가 별로 도움이 되지 않는다면 최종적으로 풀 테이블 스캔을 사용하기 때문에 ALL로 표시된 것이다.

"index map"에 대한 이해를 돕기 위해 조금 더 복잡한 "index map"을 예제로 살펴보자. 우선 아래와 같이 인덱스가 여러 개인 테이블에 실행되는 쿼리의 실행 계획에서 "(index map: 0x19)"이라고 표시됐다고 가정하자.

```
CREATE TABLE tb_member(
    mem_id INTEGER NOT NULL,
    mem_name VARCHAR(100) NOT NULL,
    mem_nickname VARCHAR(100) NOT NULL,
    mem_region TINYINT,
    mem_gender TINYINT,
    mem_phone VARCHAR(25),
    PRIMARY KEY (mem_id),
    INDEX ix_nick_name (mem_nickname, mem_name),
    INDEX ix_nick_region (mem_nickname, mem_region),
    INDEX ix_nick_gender (mem_nickname, mem_gender),
    INDEX ix_nick_phone (mem_nickname, mem_phone)
);
```

우선 0x19 값을 비트(이진) 값으로 변환해 보면 11001이다. 이 비트 배열을 해석하는 방법은 다음 표와 같다. 이진 비트 맵의 각 자리 수는 "CREATE TABLE tb_member …" 명령에 나열된 인덱스의 순번을 의미한다.

자리수	다섯 번째 자리	네 번째 자리	세 번째 자리	두 번째 자리	첫 번째 자리
비트맵 값	1	1	0	0	1
지칭 인덱스	ix_nick_phone	ix_nick_gender	ix_nick_region	ix_nick_name	PRIMARY KEY

결론적으로 실행 계획에서 "(index map: 0x19)"의 의미는 위의 표에서 각 자리 수의 값이 1인 다음 인덱스를 사용 가능한 인덱스 후보로 선정했음을 의미한다.

- PRIMARY KEY
- ix_nick_gender
- ix_nick_phone

각 레코드 단위로 이 후보 인덱스 가운데 어떤 인덱스를 사용할지 결정하게 되는데, 실제 어떤 인덱스가 사용됐는지는 알 수 없다. 단지 각 비트 맵의 자리 수가 1인 순번의 인덱스가 대상이라는 것만 알 수 있다.

> **참고** 실행 계획의 Extra 칼럼에 "Range checked for each record"가 표시되는 쿼리가 많이 실행되는 MySQL 서버에서는 "SHOW GLOBAL STATUS" 명령으로 표시되는 상태 값 중에서 "Select_range_check"의 값이 크게 나타난다.

Scanned N databases(MySQL 5.1부터)

MySQL 5.0부터는 기본적으로 INFORMATION_SCHEMA라는 DB가 제공된다. INFORMATION_SCHEMA DB는 MySQL 서버 내에 존재하는 DB의 메타 정보(테이블, 칼럼, 인덱스 등의 스키마 정보)를 모아둔 DB다. INFORMATION_SCHEMA 데이터베이스 내의 모든 테이블은 읽기 전용이며, 단순히 조회만 가능하다. 실제로 이 데이터베이스 내의 테이블은 레코드가 있는 것이 아니라, SQL을 이용해 조회할 때마다 메타 정보를 MySQL 서버의 메모리에서 가져와서 보여준다. 이런 이유로 한꺼번에 많은 테이블을 조회할 경우 시간이 많이 걸린다.

MySQL 5.1부터는 INFORMATION_SCHEMA DB를 빠르게 조회할 수 있게 개선됐다. 개선된 조회를 통해 메타 정보를 검색할 경우에는 쿼리 실행 계획의 Extra 칼럼에 "Scanned N databases"라는 메시지가 표시된다. "Scanned N databases"에서 N은 몇 개의 DB 정보를 읽었는지 보여주는 것인데, N은 0과 1 또는 all의 값을 가지며 각각 의미는 다음과 같다.

- 0 : 특정 테이블의 정보만 요청되어 데이터베이스 전체의 메타 정보를 읽지 않음
- 1 : 특정 데이터베이스내의 모든 스키마 정보가 요청되어 해당 데이터베이스의 모든 스키마 정보를 읽음
- All : MySQL 서버 내의 모든 스키마 정보를 다 읽음

이 코멘트는 INFORMATION_SCHEMA 내의 테이블로부터 데이터를 읽는 경우에만 표시된다.

```
EXPLAIN
SELECT table_name
FROM information_schema.tables
WHERE table_schema = 'employees' AND table_name = 'employees';
```

위 쿼리는 employees DB의 employees 테이블 정보만 읽었기 때문에 employees DB 전체를 참조하지는 않았다. 그래서 다음과 같이 "Scanned 0 databases"로 Extra 칼럼에 표시된 것이다.

id	select_type	table	Type	..	key	..	..	..	Extra
1	SIMPLE	TABLES	ALL	..	TABLE_SCHEMA, TABLE_NAME	..	..	..	Using where; Skip_open_table; Scanned 0 databases

애플리케이션에서는 INFORMATION_SCHEMA DB에서 메타 정보를 조회하는 쿼리는 거의 사용하지 않으므로 실행 계획에 "Scanned N databases"라는 코멘트가 표시되는 쿼리는 거의 없을 것이다.

Select tables optimized away

MIN( ) 또는 MAX( )만 SELECT 절에 사용되거나 또는 GROUP BY로 MIN( ), MAX( )를 조회하는 쿼리가 적절한 인덱스를 사용할 수 없을 때 인덱스를 오름차순 또는 내림차순으로 1건만 읽는 형태의 최적화가 적용된다면 Extra 칼럼에 "Select tables optimized away"가 표시된다.

또한 MyISAM 테이블에 대해서는 GROUP BY 없이 COUNT(*)만 SELECT할 때도 이런 형태의 최적화가 적용된다. MyISAM 테이블은 전체 레코드 건수를 별도로 관리하기 때문에 인덱스나 데이터를 읽지 않고도 전체 건수를 빠르게 조회할 수 있다. 하지만 WHERE 절에 조건을 가질 때는 이러한 최적화를 사용하지 못한다.

```
EXPLAIN
SELECT MAX(emp_no), MIN(emp_no) FROM employees;
EXPLAIN
SELECT MAX(from_date), MIN(from_date) FROM salaries WHERE emp_no=10001;
```

id	select_type	table	type	possible_keys	key	key_len	ref	rows	Extra
1	SIMPLE								Select tables optimized away

첫 번째 쿼리는 employees 테이블에 있는 emp_no 칼럼에 인덱스가 생성돼 있으므로 "Select tables optimized away" 최적화가 가능하다. 그림 6-7은 employees 테이블의 emp_no 칼럼에 생성된 인덱스에서 첫 번째 레코드와 마지막 레코드만 읽어서 최솟값과 최댓값을 가져오는 것을 표현하고 있다.

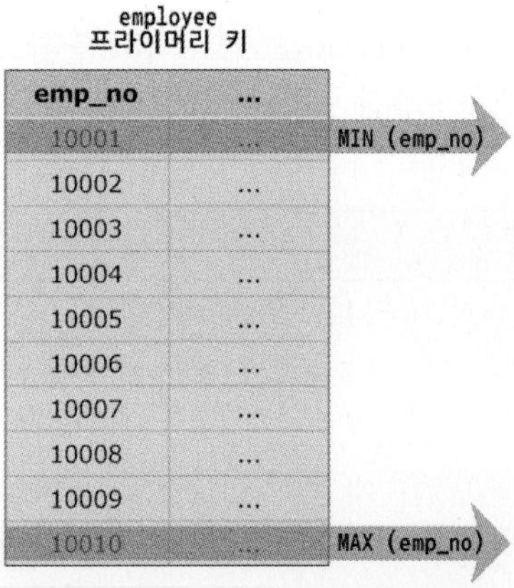

[그림 6-7] WHERE 조건 없는 MIN(), MAX() 쿼리의 최적화

두 번째 쿼리의 경우 salaries 테이블에 emp_no+from_date로 인덱스가 생성돼 있으므로 인덱스가 emp_no=10001인 레코드를 검색하고, 검색된 결과 중에서 오름차순 또는 내림차순으로 하나만 조회하면 되기 때문에 이러한 최적화가 가능한 것이다. 그림 6-8은 이 과정을 보여준다.

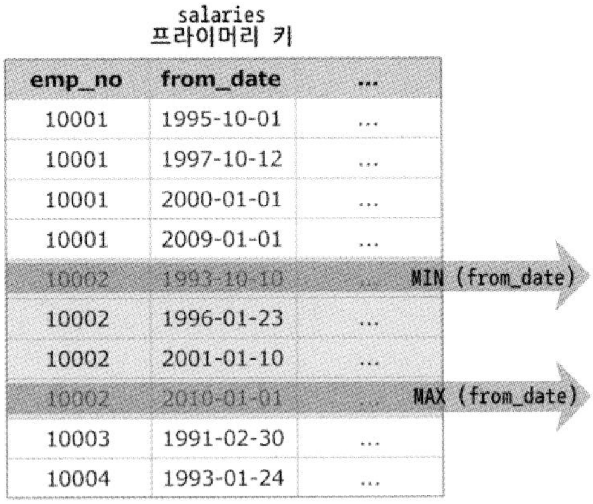

salaries
프라이머리 키

emp_no	from_date	...	
10001	1995-10-01	...	
10001	1997-10-12	...	
10001	2000-01-01	...	
10001	2009-01-01	...	
10002	1993-10-10	...	MIN (from_date)
10002	1996-01-23	...	
10002	2001-01-10	...	
10002	2010-01-01	...	MAX (from_date)
10003	1991-02-30	...	
10004	1993-01-24	...	

[그림 6-8] WHERE 조건이 있는 MIN(), MAX() 쿼리의 최적화

Skip_open_table, Open_frm_only, Open_trigger_only, Open_full_table(MySQL 5.1부터)

이 코멘트 또한 "Scanned N databases"와 같이 INFORMATION_SCHEMA DB의 메타 정보를 조회하는 SELECT 쿼리의 실행 계획에서만 표시되는 내용이다. 테이블의 메타 정보가 저장된 파일(*.FRM)과 트리거가 저장된 파일(*.TRG) 또는 데이터 파일 중에서 필요한 파일만 읽었는지 또는 불가피하게 모든 파일을 다 읽었는지 등의 정보를 보여준다. Extra 칼럼에 표시되는 메시지는 다음 4가지 중 하나이며, 그 의미는 다음과 같다.

- Skip_open_table: 테이블의 메타 정보가 저장된 파일을 별도로 읽을 필요가 없음
- Open_frm_only: 테이블의 메타 정보가 저장된 파일(*.FRM)만 열어서 읽음
- Open_trigger_only: 트리거 정보가 저장된 파일(*.TRG)만 열어서 읽음
- Open_full_table: 최적화되지 못해서 테이블 메타 정보 파일(*.FRM)과 데이터(*.MYD) 및 인덱스 파일(*.MYI)까지 모두 읽음

위의 내용에서 데이터(*.FRM) 파일이나 인덱스(*.MYI)에 관련된 내용은 MyISAM에만 해당하며, InnoDB 스토리지 엔진을 사용하는 테이블에는 적용되지 않는다.

unique row not found (MySQL 5.1부터)

두 개의 테이블이 각각 유니크(프라이머리 키 포함) 칼럼으로 아우터 조인을 수행하는 쿼리에서 아우터 테이블에 일치하는 레코드가 존재하지 않을 때 Extra 칼럼에 이 코멘트가 표시된다.

```
-- // 테스트 케이스를 위한 테스트용 테이블 생성
CREATE TABLE tb_test1 (fdpk INT, PRIMARY KEY(fdpk));
CREATE TABLE tb_test2 (fdpk INT, PRIMARY KEY(fdpk));
-- // 생성된 테이블에 레코드 INSERT
INSERT INTO tb_test1 VALUES (1),(2);
INSERT INTO tb_test2 VALUES (1);
EXPLAIN
SELECT t1.fdpk
FROM tb_test1 t1
  LEFT JOIN tb_test2 t2 ON t2.fdpk=t1.fdpk
WHERE t1.fdpk=2;
```

이 쿼리가 실행되면 tb_test2 테이블에는 fdpk=2인 레코드가 없으므로 다음처럼 "unique row not found"라는 코멘트가 표시된다.

id	select_type	table	type	key	key_len	ref	rows	Extra
1	SIMPLE	t1	const	PRIMARY	4	const	1	Using index
1	SIMPLE	t2	const	PRIMARY	4	const	0	unique row not found

Using filesort

ORDER BY를 처리하기 위해 인덱스를 이용할 수도 있지만 적절한 인덱스를 사용하지 못할 때는 MySQL 서버가 조회된 레코드를 다시 한 번 정렬해야 한다. ORDER BY 처리가 인덱스를 사용하지 못할 때만 실행 계획의 Extra 칼럼에는 "Using filesort" 코멘트가 표시되며, 이는 조회된 레코드를 정렬용 메모리 버퍼에 복사해 퀵 소트 알고리즘을 수행하게 된다. "Using filesort" 코멘트는 ORDER BY가 사용된 쿼리의 실행 계획에서만 나타날 수 있다.

```
EXPLAIN
SELECT * FROM employees ORDER BY last_name DESC;
```

hire_date 칼럼에는 인덱스가 없으므로 이 쿼리의 정렬 작업을 처리하기 위해 인덱스를 이용하는 것은 불가능하다. MySQL 옵티마이저는 레코드를 읽어서 소트 버퍼(Sort buffer)에 복사하고, 정렬해서 그 결과를 클라이언트에 보낸다.

id	select_type	table	type	possible_keys	key	key_len	ref	rows	Extra
1	SIMPLE	employees	ALL					300584	Using filesort

실행 계획의 Extra 칼럼에 "Using filesort"가 출력되는 쿼리는 많은 부하를 일으키므로 가능하다면 쿼리를 튜닝하거나 인덱스를 생성하는 것이 좋다. "Using filesort"는 중요한 부분이므로 6.3.2절, "ORDER BY 처리(USING FILESORT)"(331쪽)와 7.4.8절, "ORDER BY"(468쪽)에서 다시 자세히 다루겠다.

Using index(커버링 인덱스)

데이터 파일을 전혀 읽지 않고 인덱스만 읽어서 쿼리를 모두 처리할 수 있을 때 Extra 칼럼에 "Using index"가 표시된다. 인덱스를 이용해 처리하는 쿼리에서 가장 큰 부하를 차지하는 부분은 인덱스를 검색해 일치하는 레코드의 나머지 칼럼 값을 가져오기 위해 데이터 파일을 찾아서 가져오는 작업이다. 최악의 경우에는 인덱스를 통해 검색된 결과 레코드 한 건 한 건마다 디스크를 한 번씩 읽어야 할 수도 있다.

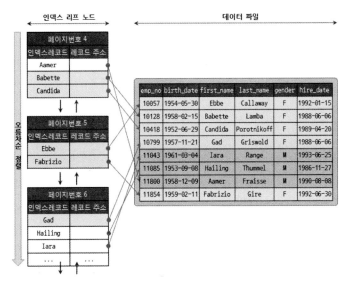

[그림 6-9] B-Tree 인덱스 검색 후, 데이터 레코드 읽기

그림 6-9와 같이 employees 테이블에 데이터가 저장돼 있고, 아래의 쿼리가 인덱스 레인지 스캔 접근 방식을 사용한다고 해보자. 만약 아래 쿼리가 인덱스 레인지 스캔으로 처리된다면 디스크에서 읽기 작업이 얼마나 필요한지 한 번 살펴보자.

```
SELECT first_name, birth_date
FROM employees WHERE first_name BETWEEN 'Babette' AND 'Gad';
```

id	select_type	table	type	key	key_len	ref	rows	Extra
1	SIMPLE	employees	range	ix_firstname	42		...	Using where

1. 이 예제 쿼리는 employees 테이블의 first_name 칼럼에 생성된 인덱스(ix_firstname)를 이용해 일치하는 레코드를 검색할 것이다.

2. 그리고 일치하는 레코드 5건에 대해 birth_date 칼럼의 값을 읽기 위해 각 레코드가 저장된 데이터 페이지를 디스크로부터 읽어야 한다.

실제 ix_firstname 인덱스에서 일치하는 레코드 5건을 검색하기 위해 디스크 읽기 3~4번만으로 필요한 인덱스 페이지를 모두 가져올 수 있다. 하지만 각 레코드의 나머지 데이터를 가져오기 위해 최대 5번의 디스크 읽기를 더 해야 한다. 물론 이 예제는 아주 간단하고 적은 개수의 레코드만 처리하기 때문에 디스크 읽기가 적지만 실제로 복잡하고 많은 레코드를 검색해야 하는 쿼리에서는 나머지 레코드를 읽기 위해 수백 번의 디스크 읽기가 더 필요할 수도 있다.

그럼 이제 birth_date 칼럼은 빼고 first_name 칼럼만 SELECT하는 쿼리를 한번 생각해보자. 이 쿼리도 마찬가지로 인덱스 레인지 스캔을 이용해 처리된다고 가정하자.

```
SELECT first_name
FROM employees WHERE first_name BETWEEN 'Babette' AND 'Gad';
```

id	select_type	table	type	key	key_len	ref	rows	Extra
1	SIMPLE	employees	range	ix_firstname	42		...	Using index

이 예제 쿼리에서는 employees 테이블의 여러 칼럼 중에서 first_name 칼럼만 사용됐다. 즉, first_name 칼럼만 있으면 이 쿼리는 모두 처리되는 것이다. 그래서 이 쿼리는 위의 첫 번째 예제 쿼리의 두 작업 중에서 1번 과정만 실행하면 된다. 필요한 칼럼이 모두 인덱스에 있으므로 나머지 칼럼이 저장된 데이터 파일을 읽어 올 필요가 없다. 이 쿼리는 디스크에서 4~5개의 페이지만 읽으면 되기 때문에 매우 빠른 속도로 처리된다.

두 번째 예제와 같이 인덱스만으로 쿼리를 수행할 수 있을 때 실행 계획의 Extra 칼럼에는 "Using index"라는 메시지가 출력된다. 이렇게 인덱스만으로 처리되는 것을 "커버링 인덱스(Covering index)"라고 한다. 인덱스 레인지 스캔을 사용하지만 쿼리의 성능이 만족스럽지 못한 경우라면 인덱스에 있는 칼럼만 사용하도록 쿼리를 변경해 큰 성능 향상을 볼 수 있다.

InnoDB의 모든 테이블은 클러스터링 인덱스로 구성돼 있다. 그리고 이 때문에 InnoDB 테이블의 모든 보조 인덱스는 데이터 레코드의 주소 값으로 프라이머리 키값을 가진다. 그림 6-9의 테이블이 만약 InnoDB 스토리지 엔진을 사용한다면 실제로 인덱스는 그림 6-10과 같이 저장될 것이다. 인덱스의 "레코드 주소" 값에 employees 테이블의 프라이머리 키인 emp_no 값이 저장된 것을 볼 수 있다.

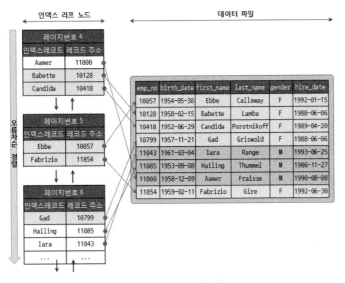

[그림 6-10] InnoDB에서의 B-Tree 인덱스와 데이터 레코드

InnoDB 테이블에서는 first_name 칼럼만으로 인덱스를 만들어도, 결국 그 인덱스에 emp_no 칼럼이 같이 저장되는 효과를 낸다. 이러한 클러스터링 인덱스 특성 때문에 쿼리가 "커버링 인덱스"로 처리될 가능성이 상당히 높다. 간단히 다음 쿼리를 한번 살펴보자. 이 예제 쿼리도 인덱스 레인지로 처리된다고 가정하자.

```
SELECT emp_no, first_name
FROM employees WHERE first_name BETWEEN 'Babette' AND 'Gad';
```

이 쿼리에도 위의 첫 번째나 두 번째 예제처럼 같은 WHERE 조건이 지정돼 있어서 first_name 칼럼의 인덱스를 이용해 일치하는 레코드를 검색할 것이다. 그런데 이 쿼리는 위의 두 번째 예제 쿼리와는 달리 first_name 칼럼 말고도 emp_no를 더 가져와야 한다. 하지만 emp_no는 employees 테이블의 프라이머리 키이기 때문에 이미 인덱스에 포함돼 있어 데이터 파일을 읽지 않아도 된다. 즉, InnoDB의 보조 인덱스에는 데이터 레코드를 찾아가기 위한 주소로 사용하기 위해 프라이머리 키를 저장해두는 것이지만, 더불어 추가 칼럼을 하나 더 가지는 인덱스의 효과를 동시에 얻을 수 있게 되는 것이다.

레코드 건수에 따라 차이는 있겠지만 쿼리를 커버링 인덱스로 처리할 수 있을 때와 그렇지 못할 때의 성능 차이는 수십 배에서 수백 배까지 날 수 있다. 하지만 무조건 커버링 인덱스로 처리하려고 인덱스에 많은 칼럼을 추가하면 더 위험한 상황이 초래될 수도 있다. 너무 과도하게 인덱스의 칼럼이 많아지면 인덱스의 크기가 커져서 메모리 낭비가 심해지고 레코드를 저장하거나 변경하는 작업이 매우 느려질 수 있기 때문이다. 너무 커버링 인덱스 위주로 인덱스를 생성하지는 않도록 주의하자.

접근 방법(실행 계획의 type 칼럼)이 eq_ref, ref, range, index_merge, index 등과 같이 인덱스를 사용하는 실행 계획에서는 모두 Extra 칼럼에 "Using index"가 표시될 수 있다. 즉 인덱스 레인지 스캔(eq_ref, ref, range, index_merge 등의 접근 방법)을 사용할 때만 커버링 인덱스로 처리되는 것은 아니다. 인덱스를 풀 스캔(index 접근 방법)을 실행할 때도 커버링 인덱스로 처리될 수 있는데, 이때도 똑같은 인덱스 풀 스캔의 접근 방법이라면 커버링 인덱스가 아닌 경우보다 훨씬 빠르게 처리된다.

> **주의** Extra 칼럼에 표시되는 "Using index"와 접근 방법(type 칼럼의 값)의 "index"를 자주 혼동할 때가 있는데, 사실 이 두 가지는 성능상 반대되는 개념이라서 반드시 구분해서 이해해야 한다. 이미 살펴봤듯이 실행 계획의 type 칼럼에 표시되는 "index"는 인덱스 풀 스캔으로 처리하는 방식을 의미하며, 이는 인덱스 레인지 스캔보다 훨씬 느린 처리 방식이다. 하지만 "Using index"는 커버링 인덱스가 사용되지 않는 쿼리보다는 훨씬 빠르게 처리한다는 것을 의미하는 메시지다. 커버링 인덱스는 실행 계획의 type에 관계없이 사용될 수 있다.

Using index for group-by

GROUP BY 처리를 위해 MySQL 서버는 그룹핑 기준 칼럼을 이용해 정렬 작업을 수행하고 다시 정렬된 결과를 그룹핑하는 형태의 고부하 작업을 필요로 한다. 하지만 GROUP BY 처리가 인덱스(B-Tree 인덱스에 한해)를 이용하면 정렬된 인덱스 칼럼을 순서대로 읽으면서 그룹핑 작업만 수행한다. 이렇게 GROUP BY 처리에 인덱스를 이용하면 레코드의 정렬이 필요하지 않고 인덱스의 필요한 부분만 읽으면 되기 때문에 상당히 효율적이고 빠르게 처리된다. GROUP BY 처리가 인덱스를 이용할 때 쿼리의 실행 계획에서는 Extra 칼럼에 "Using index for group-by" 메시지가 표시된다. GROUP BY 처리를 위해 인덱스를 읽는 방법을 "루스 인덱스 스캔"이라고 한다. 루스 인덱스 스캔에대해서는 5.3.4절 "B-Tree 인덱스를 통한 데이터 읽기"의 "루스 인덱스 스캔"(222쪽)에서 설명했으므로 잘 기억이 나지 않는다면 다시 한번 참조하자.

GROUP BY 처리를 위해 단순히 인덱스를 순서대로 쭉 읽는 타이트 인덱스 스캔과는 달리 루스 인덱스 스캔은 인덱스에서 필요한 부분만 듬성 듬성 읽는다.

타이트 인덱스 스캔(인덱스 스캔)을 통한 GROUP BY 처리

인덱스를 이용해 GROUP BY 절을 처리할 수 있더라도 AVG( )나 SUM( ) 또는 COUNT(*)와 같이 조회하려는 값이 모든 인덱스를 다 읽어야 할 때는 필요한 레코드만 듬성듬성 읽을 수가 없다. 이런 쿼리는 단순히 GROUP BY를 위해 인덱스를 사용하기는 하지만 이를 루스 인덱스 스캔이라고 하지는 않는다. 또한 이런 쿼리의 실행 계획에는 "Using index for group-by" 메시지가 출력되지 않는다.

```
EXPLAIN
SELECT first_name, COUNT(*) AS counter FROM employees GROUP BY first_name;
```

id	select_type	table	type	key	key_len	ref	rows	Extra
1	SIMPLE	employees	index	Ix_firstname	44		299809	Using index

루스 인덱스 스캔을 통한 GROUP BY 처리

단일 칼럼으로 구성된 인덱스에서는 그룹핑 칼럼 말고는 아무것도 조회하지 않는 쿼리에서 루스 인덱스 스캔을 사용할 수 있다. 그리고 다중 칼럼으로 만들어진 인덱스에서는 GROUP BY 절이 인덱스를 사용할 수 있어야 함은 물론이고 MIN()이나 MAX()와 같이 조회하는 값이 인덱스의 첫 번째 또는 마지막 레코드만 읽어도 되는 쿼리는 "루스 인덱스 스캔"이 사용될 수 있다. 이때는 인덱스를 듬성듬성하게 필요한 부분만 읽는다. 다음 예제 쿼리는 salaries 테이블의 (emp_no+from_date) 칼럼으로 만들어진 인덱스에서 각 emp_no 그룹별로 첫 번째 from_date 값(최솟값)과 마지막 from_date 값(최댓값)을 인덱스로부터 읽으면 되기 때문에 "루스 인덱스 스캔" 방식으로 처리할 수 있다.

```
EXPLAIN
SELECT emp_no, MIN(from_date) AS first_changed_date, MAX(from_date) AS last_changed_date
FROM salaries
GROUP BY emp_no;
```

id	select_type	table	type	key	key_len	ref	Rows	Extra
1	SIMPLE	salaries	range	PRIMARY	4		711129	Using index for group-by

GROUP BY에서 인덱스를 사용하려면 우선 GROUP BY 조건의 인덱스 사용 요건이 갖춰져야 한다. 하지만 그 이전에 WHERE 절에서 사용하는 인덱스에 의해서도 사용 여부가 영향을 받는다는 사실이 중요하다.

WHERE 조건절이 없는 경우

WHERE 절의 조건이 전혀 없는 쿼리는 GROUP BY와 조회하는 칼럼이 "루스 인덱스 스캔"을 사용할 수 있는 조건만 갖추면 된다. 그렇지 못한 쿼리는 타이트 인덱스 스캔(인덱스 스캔)이나 별도의 정렬 과정을 통해 처리된다.

WHERE 조건절이 있지만 검색을 위해 인덱스를 사용하지 못하는 경우

GROUP BY 절은 인덱스를 사용할 수 있지만 WHERE 조건절이 인덱스를 사용하지 못할 때는 먼저 GROUP BY를 위해 인덱스를 읽은 후, WHERE 조건의 비교를 위해 데이터 레코드를 읽어야만 한다. 그래서 이 경우도 "루스 인덱스 스캔"을 이용할 수 없으며, 타이트 인덱스 스캔(인덱스 스캔) 과정을 통해 GROUP BY가 처리된다. 다음의 쿼리는 WHERE 절은 인덱스를 사용하지 못하지만 GROUP BY가 인덱스를 사용하는 예제다.

```
EXPLAIN
SELECT first_name FROM employees
WHERE birth_date>'1994-01-01' GROUP BY first_name;
```

id	select_type	table	type	key	key_len	ref	Rows	Extra
1	SIMPLE	employees	index	ix_firstname	44		299809	Using where

WHERE 절의 조건이 있으며, 검색을 위해 인덱스를 사용하는 경우

하나의 단위 쿼리가 실행되는 경우에 index_merge 이외의 접근 방법에서는 단 하나의 인덱스만 사용할 수 있다. 그래서 WHERE 절의 조건이 인덱스를 사용할 수 있으면 GROUP BY가 인덱스를 사용할 수 있는 조건이 더 까다로워진다. 즉, WHERE 절의 조건이 검색하는 데 사용했던 인덱스를 GROUP BY 처리가 다시 사용할 수 있을 때만 루스 인덱스 스캔을 사용할 수 있다. 만약 WHERE 조건절이 사용할 수 있는 인덱스와 GROUP BY 절이 사용할 수 있는 인덱스가 다른 경우라면 일반적으로 옵티마이저는 WHERE 조건절이 인덱스를 사용하도록 실행 계획을 수립하는 경향이 있다. 때로는 전혀 작업 범위를 좁히지 못하는 WHERE 조건이라 하더라도 GROUP BY보다는 WHERE 조건이 먼저 인덱스를 사용할 수 있게 실행 계획이 수립된다.

```
EXPLAIN
SELECT emp_no
FROM salaries WHERE emp_no BETWEEN 10001 AND 200000
GROUP BY emp_no;
```

id	select_type	table	type	key	key_len	ref	Rows	Extra
1	SIMPLE	salaries	range	PRIMARY	4		207231	Using where; Using index for group-by

참 고 WHERE 절의 조건이 검색을 위해 인덱스를 이용하고, GROUP BY가 같은 인덱스를 사용할 수 있는 쿼리라 하더라도 인덱스 루스 스캔을 사용하지 않을 수 있다. 즉, WHERE 조건에 의해 검색된 레코드 건수가 적으면 루스 인덱스 스캔을 사용하지 않아도 매우 빠르게 처리될 수 있기 때문이다. 루스 인덱스 스캔은 주로 대량의 레코드를 GROUP BY하는 경우 성능 향상 효과가 있을 수 있기 때문에 옵티마이저가 적절히 손익 분기점을 판단하는 것이다.

다음 예제 쿼리는 바로 위에서 살펴본 쿼리와 같다. WHERE 절의 검색 범위만 더 좁혀졌는데, 실행 계획의 Extra 칼럼에 "Using index for group-by" 처리가 사라진 것을 확인할 수 있다.

```
EXPLAIN
SELECT emp_no
FROM salaries WHERE emp_no BETWEEN 10001 AND 10099
GROUP BY emp_no;
```

id	select_type	table	type	key	key_len	ref	Rows	Extra
1	SIMPLE	salaries	range	PRIMARY	4		1404	Using where; Using index

루스 인덱스 스캔은 DISTINCT나 GROUP BY가 포함된 쿼리에서 최적의 튜닝 방법이므로 잘 이해되지 않는다면 5.3.4절 "B-Tree 인덱스를 통한 데이터 읽기"의 "루스 인덱스 스캔"(222쪽)을 다시 한번 참조하자.

Using join buffer(MySQL 5.1부터)

일반적으로 빠른 쿼리 실행을 위해 조인이 되는 칼럼은 인덱스를 생성한다. 실제로 조인에 필요한 인덱스는 조인되는 양쪽 테이블 칼럼 모두가 필요한 것이 아니라 조인에서 뒤에 읽는 테이블의 칼럼에만 필요하다. MySQL 옵티마이저도 조인되는 두 테이블에 있는 각 칼럼에서 인덱스를 조사해고, 인덱스가 없는 테이블이 있으면 그 테이블을 먼저 읽어서 조인을 실행한다. 뒤에 읽는 테이블은 검색 위주로 사용되기 때문에 인덱스가 없으면 성능에 미치는 영향이 매우 크기 때문이다.

RDBMS에서 조인을 처리하는 방법은 2~3가지 정도 되지만 MySQL에서는 "중첩 루프 조인(Nested loop)" 방식만 지원한다. FROM 절에 아무리 테이블이 많아도 조인을 수행할 때 반드시 두 개의 테이블이 비교되는 방식으로 처리된다. 그리고 두 개의 테이블이 조인될 때 먼저 읽는 테이블을 드라이빙(Driving) 테이블이라고 하며, 뒤에 읽는 테이블을 드리븐(Driven) 테이블이라고 한다. 예를 들어 조인이 다음과 같은 순서로 수행되는 쿼리가 있다고 가정해 보자.

A → B → C

A 테이블과 B 테이블이 조인되는 과정에서 드라이빙 테이블은 A이며, 드리븐 테이블은 B다. 그리고 B와 C가 조인되는 과정에서 드라이빙 테이블은 B가 되고 드리븐 테이블은 C가 된다. 일반적으로 3개 이상의 여러 개 테이블이 조인되는 경우에도 가장 먼저 읽는 드라이빙 테이블이 어떤 테이블이냐 따라 성능이 많이 좌우된다(일반적으로 쿼리 전체적으로 가장 먼저 읽는 테이블을 드라이빙 테이블이라고 할 때가 많다)

가끔은 드라이빙 테이블을 아우터 테이블(Outer table), 드리븐 테이블을 이너 테이블(Inner table)이라고 표현하기도 한다. 조인에 대해서는 6.3.6절, "테이블 조인"(358쪽)에서 자세히 살펴보겠다.

조인이 수행될 때 드리븐 테이블의 조인 칼럼에 적절한 인덱스가 있다면 아무런 문제가 되지 않는다. 하지만 드리븐 테이블에 검색을 위한 적절한 인덱스가 없다면 드라이빙 테이블로부터 읽은 레코드의 건수만큼 매번 드리븐 테이블을 풀 테이블 스캔이나 인덱스 풀 스캔해야 할 것이다. 이때 드리븐 테이블의 비효율적인 검색을 보완하기 위해 MySQL 서버는 드라이빙 테이블에서 읽은 레코드를 임시 공간에 보관해두고 필요할 때 재사용할 수 있게 해준다. 읽은 레코드를 임시로 보관해두는 메모리 공간을 "조인 버퍼"라고 하며, 조인 버퍼가 사용되는 실행 계획의 Extra 칼럼에는 "Using join buffer"라는 메시지가 표시된다.

조인 버퍼는 join_buffer_size라는 시스템 설정 변수에 최대 사용 가능한 버퍼 크기를 설정할 수 있다. 만약 조인되는 칼럼에 인덱스가 적절하게 준비돼 있다면 조인 버퍼에 크게 신경 쓰지 않아도 된다. 그렇지 않다면 조인 버퍼를 너무 부족하거나 너무 과다하게 사용되지 않게 적절히 제한해두는 것이 좋다. 일반적인 온라인 웹 서비스용 MySQL 서버라면 조인 버퍼는 1MB 정도로 충분하며, 더 크게 설정해야 할 필요는 없다. 다음 예제 쿼리는 조인 조건이 없는 카테시안 조인을 수행하는 쿼리다. 이런 카테시안 조인을 수행하는 쿼리는 항상 조인 버퍼를 사용한다.

```
EXPLAIN
SELECT *
FROM dept_emp de, employees e
WHERE de.from_date>'2005-01-01' AND e.emp_no<10904;
```

id	select_type	table	type	possible_keys	key	key_len	ref	rows	Extra
1	SIMPLE	de	range	ix_fromdate	ix_fromdate	3		1	Using where
1	SIMPLE	e	range	PRIMARY	PRIMARY	4		1520	Using where; Using join buffer

참고 이 실행 계획은 버전별로 다른 실행 계획이 나올 가능성이 있으며, 지금의 실행 계획은 5.1에서 실행한 결과다. MySQL의 조인 처리 방식과 조인 버퍼를 이용한 조인에 대해 더 자세한 내용은 6.3.6절, "조인 처리"에서 다시 언급하겠다.

Using sort_union(...), Using union(...), Using intersect(...)

쿼리가 Index_merge 접근 방식(실행 계획의 type 칼럼의 값이 index_merge)으로 실행되는 경우에는 2개 이상의 인덱스가 동시에 사용될 수 있다. 이때 실행 계획의 Extra 칼럼에는 두 인덱스로부터 읽은 결과를 어떻게 병합했는지 조금 더 상세하게 설명하기 위해 다음 3개 중에서 하나의 메시지를 선택적으로 출력한다.

1. Using intersect(...)

   각각의 인덱스를 사용할 수 있는 조건이 AND로 연결된 경우 각 처리 결과에서 교집합을 추출해내는 작업을 수행했다는 의미다.

2. Using union(...)

   각 인덱스를 사용할 수 있는 조건이 OR로 연결된 경우 각 처리 결과에서 합집합을 추출해내는 작업을 수행했다는 의미다.

3. Using sort_union(...)

   Using union과 같은 작업을 수행하지만 Unsing union으로 처리될 수 없는 경우(OR로 연결된 상대적으로 대량의 range 조건들) 이 방식으로 처리된다. Using sort_union과 Using union의 차이점은 Using sort_union은 프라이머리 키만 먼저 읽어서 정렬하고 병합한 후에야 비로소 레코드를 읽어서 반환할 수 있다는 것이다.

Using union( )과 Using sort_union( )은 둘 다 충분히 인덱스를 사용할 수 있는 조건이 OR로 연결된 경우에 사용된다. Using union( )은 대체로 동등 비교(Equal)처럼 일치하는 레코드 건수가 많지 않을 때 사용되고, 각 조건이 크다 또는 작다와 같이 상대적으로 많은 레코드에 일치하는 조건이 사용되는 경우 Using sort_union()이 사용된다. 하지만 실제로는 레코드 건수에 거의 관계없이 각 WHERE 조건에 사용된 비교 조건이 모두 동등 조건이면 Using union()이 사용되며, 그렇지 않으면 Using sort_union()이 사용된다.

> **참고** MySQL 내부적으로 이 둘의 차이는 정렬 알고리즘에서 싱글 패스 정렬 알고리즘과 투 패스 정렬 알고리즘의 차이와 같다. Using union()이 싱글 패스 정렬 알고리즘을 사용한다면 Using sort_union()은 투 패스 정렬 알고리즘을 사용한다. 더 자세한 차이가 궁금하다면 334쪽 "정렬 알고리즘"의 "새로운 정렬 알고리즘(Single pass)"과 "예전 방식의 정렬 알고리즘(Two pass)"을 참고한다.

Using temporary

MySQL이 쿼리를 처리하는 동안 중간 결과를 담아 두기 위해 임시 테이블(Temporary table)을 사용한다. 임시 테이블은 메모리상에 생성될 수도 있고 디스크상에 생성될 수도 있다. 쿼리의 실행 계획에서 Extra 칼럼에 "Using temporary" 키워드가 표시되면 임시 테이블을 사용한 것인데, 이때 사용된 임시 테이블이 메모리에 생성됐었는지 디스크에 생성됐었는지는 실행 계획만으로 판단할 수 없다.

```
EXPLAIN
SELECT * FROM employees GROUP BY gender ORDER BY MIN(emp_no);
```

위의 쿼리는 GROUP BY 칼럼과 ORDER BY 칼럼이 다르기 때문에 임시 테이블이 필요한 작업이다. 인덱스를 사용하지 못하는 GROUP BY 쿼리는 실행 계획에서 "Using temporary" 메시지가 표시되는 가장 대표적인 형태의 쿼리다.

Id	select_type	Table	type	key	key_len	ref	rows	Extra
1	SIMPLE	employees	ALL				300584	Using temporary; Using filesort

> **주 의** 실행 계획의 Extra 칼럼에 "Using temporary"가 표시되지는 않지만, 실제 내부적으로는 임시 테이블을 사용할 때도 많다. Extra 칼럼에 "Using temporary"가 표시되지 않았다고 해서 임시 테이블을 사용하지 않는다라고 판단하지 않도록 주의해야 한다. 대표적으로 메모리나 디스크에 임시 테이블을 생성하는 쿼리는 다음과 같다.
>
> · FROM 절에 사용된 서브 쿼리는 무조건 임시 테이블을 생성한다. 물론 이 테이블을 파생 테이블(Derived table)이라고 부르긴 하지만 결국 실체는 임시 테이블이다.

- "COUNT(DISTINCT column1)"를 포함하는 쿼리도 인덱스를 사용할 수 없는 경우에는 임시 테이블이 만들어진다.
- UNION이나 UNION ALL이 사용된 쿼리도 항상 임시 테이블을 사용해서 결과를 병합한다.
- 인덱스를 사용하지 못하는 정렬 작업 또한 임시 버퍼 공간을 사용하는데, 정렬해야 할 레코드가 많아지면 결국 디스크를 사용한다. 정렬에 사용되는 버퍼도 결국 실체는 임시 테이블과 같다. 쿼리가 정렬을 수행할 때는 실행 계획의 Extra 칼럼에 "Using filesort"라고 표시된다.

그리고 임시 테이블이나 버퍼가 메모리에 저장됐는지, 디스크에 저장됐는지는 MySQL 서버의 상태 변수 값으로 확인할 수 있다. 임시 테이블에 대한 더욱 자세한 내용은 6.3.5절, "임시 테이블(Using temporary)"에서 살펴보겠다.

Using where

이미 MySQL의 아키텍처 부분에서 언급했듯이 MySQL은 내부적으로 크게 MySQL 엔진과 스토리지 엔진이라는 두 개의 레이어로 나눠서 볼 수 있다. 각 스토리지 엔진은 디스크나 메모리상에서 필요한 레코드를 읽거나 저장하는 역할을 하며, MySQL 엔진은 스토리지 엔진으로부터 받은 레코드를 가공 또는 연산하는 작업을 수행한다. MySQL 엔진 레이어에서 별도의 가공을 해서 필터링(여과) 작업을 처리한 경우에만 Extra 칼럼에 "Using where" 코멘트가 표시된다.

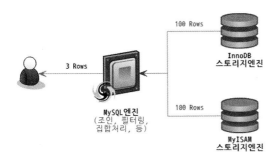

[그림 6-11] MySQL 엔진과 각 스토리지 엔진의 처리 차이

그림 6-11과 같이 각 스토리지 엔진에서 전체 200건의 레코드를 읽었는데, MySQL 엔진에서 별도의 필터링이나 가공 없이 그 데이터를 그대로 클라이언트로 전달하면 "Using where"가 표시되지 않는다. 226쪽 "비교 조건의 종류와 효율성"에서 작업 범위 제한 조건과 체크 조건의 구분을 언급한 바 있는데, 실제로 작업 범위 제한 조건은 각 스토리지 엔진 레벨에서 처리되지만 체크 조건은 MySQL 엔진 레이어에서 처리된다. 다음의 쿼리를 한번 살펴보자.

```
EXPLAIN
SELECT * FROM employees WHERE emp_no BETWEEN 10001 AND 10100 AND gender='F';
```

이 쿼리에서 작업 범위 제한 조건은 "emp_no BETWEEN 10001 AND 10100"이며 "gender='F'"는 체크 조건임을 쉽게 알 수 있다. 그런데 처음의 emp_no 조건만을 만족하는 레코드 건수는 100건이지만 두 조건을 모두 만족하는 레코드는 37건밖에 안 된다. 이는 스토리지 엔진은 100개를 읽어서 MySQL 엔진에 넘겨줬지만 MySQL 엔진은 그중에서 63건의 레코드를 그냥 필터링해서 버렸다는 의미다. 여기서 "Using where"는 63건의 레코드를 버리는 처리를 의미한다.

id	select_type	table	type	key	key_len	ref	rows	Extra
1	SIMPLE	employees	range	PRIMARY	4	NULL	100	Using where

MySQL 실행 계획에서 Extra 칼럼에 가장 흔하게 표시되는 내용이 "Using where"다. 그래서 가장 쉽게 무시해버리는 메시지이기도 하다. 실제로 왜 "Using where"가 표시됐는지 전혀 이해할 수 없을 때도 많다. 더욱이 MySQL 5.0에서는 프라이머리 키로 한 건의 레코드만 조회해도 "Using where"로 출력되는 버그가 있었다. 그래서 실행 계획의 Extra 칼럼에 표시되는 "Using where"가 성능상의 문제를 일으킬지 아닐지를 적절히 선별하는 능력이 필요한데, MySQL 5.1부터는 실행 계획에 Filtered 칼럼이 함께 표시되므로 쉽게 성능상의 이슈가 있는지 없는지를 알아낼 수 있다. 실행 계획에 Filtered 칼럼을 표시하고 분석하는 방법은 6.2.11절, "EXPLAIN EXTENDED(Filtered 칼럼)"(326쪽)에서 다시 자세히 다루겠다.

> **참고**
>
> 위의 쿼리 예제를 통해 인덱스 최적화를 조금 더 살펴보자. 위 처리 과정에서 최종적으로 쿼리에 일치하는 레코드는 37건밖에 안 되지만 스토리지 엔진은 100건의 레코드를 읽은 것이다. 상당히 비효율적인 과정이라고 볼 수 있다. 그런데 만약 employees 테이블에 (emp_no+gender)로 인덱스가 준비돼 있었다면 어떻게 될까? 이때는 두 조건 모두 작업 범위의 제한 조건으로 사용되어, 필요한 37개의 레코드만 정확하게 읽을 수 있다. 일반적으로 Extra 칼럼에 "Using where"가 표시되는 경우에는 MySQL 엔진에서 한번 필터링 작업을 했다는 것을 의미한다. 그리고 그와 동시에 스토리지 엔진에 쓸모 없는 일을 추가로 시켰다는 것을 의미한다. 이는 MySQL이 스토리지 엔진과 MySQL 엔진으로 이원화된 구조 때문에 발생하는 문제점으로 볼 수 있다.
>
> 똑같이 MySQL 엔진과 스토리지 엔진의 이원화된 구조 탓에 발생하는 문제점을 하나 더 살펴보자.
>
> ```
> CREATE TABLE tb_likefilter (
>   category INT,
>   name VARCHAR(30),
>   INDEX ix_category_name(category, name)
> );
> SELECT * FROM tb_likefilter WHERE category=10 AND name LIKE '%abc%';
> ```

위 쿼리의 경우, category 칼럼과 name 칼럼이 인덱스로 생성돼 있다. 하지만 name LIKE '%abc%' 조건은 작업 범위 제한 조건으로 사용되지 못한다. 이처럼 작업 범위 제한 조건으로 사용되지 못하는 조건은 스토리지 엔진에서 인덱스를 통해 체크되는 것이 아니라 MySQL 엔진에서 처리된다. 즉, 스토리지 엔진에서는 category=10을 만족하는 모든 레코드를 읽어서 MySQL 엔진으로 넘겨주고 MySQL 엔진에서 name LIKE '%abc%' 조건 체크를 수행해서 일치하지 않는 레코드는 버리는 것이다.

예를 들어, category=10을 만족하는 레코드가 100건, 그중에서 name LIKE '%abc%' 조건을 만족하는 레코드가 10건이라면 MySQL 엔진은 10건의 레코드를 위해 그 10배의 작업을 스토리지 엔진에 요청한다. 상당히 불합리한 처리 방식이기도 하지만 MySQL 5.0 이하의 버전에서는 피할 수 없는 문제점이었다. InnoDB나 MyISAM과 같은 스토리지 엔진과 MySQL 엔진은 모두 하나의 프로세스로 동작하기 때문에 성능에 미치는 영향이 그다지 크지 않다. 하지만 스토리지 엔진이 MySQL 엔진 외부에서 작동하는 NDB 클러스터는 네트워크 전송 부하까지 겹치기 때문에 성능에 미치는 영향이 더 큰 편이다.

MySQL 5.1의 InnoDB 플러그인 버전부터는 이원화된 구조의 불합리를 제거하기 위해 WHERE 절의 범위 제한 조건뿐 아니라 체크 조건까지 모두 스토리지 엔진으로 전달된다. 스토리지 엔진에서는 그 조건에 정확히 일치하는 레코드만 읽고 MySQL 엔진으로 전달하기 때문에 이런 비효율적인 부분이 사라진 것이다. 즉, MySQL 5.1부터는 위의 시나리오에서도 스토리지 엔진이 꼭 필요한 10건의 레코드만 읽게 되는 것이다. MySQL에서 이러한 기능을 "Condition push down"이라고 표현한다.

Using where with pushed condition

실행 계획의 Extra 칼럼에 표시되는 "Using where with pushed condition" 메시지는 "Condition push down"이 적용됐음을 의미하는 메시지다. MySQL 5.1부터는 "Condition push down"이 InnoDB나 MyISAM 스토리지 엔진에도 도입되어 각 스토리지 엔진의 비효율이 상당히 개선됐다고 볼 수 있다.

하지만 MyISAM이나 InnoDB 스토리지 엔진을 사용하는 테이블의 실행 계획에는 "Using where with pushed condition" 메시지가 표시되지 않는다. 이 메시지는 NDB 클러스터 스토리지 엔진을 사용하는 테이블에서만 표시되는 메시지다. 그림 6-12와 같이 NDB 클러스터는 MySQL 엔진의 외부에서 작동하는 스토리지 엔진이라서 스토리지 엔진으로부터 읽은 레코드는 네트워크를 통해 MySQL 엔진으로 전달된다. NDB 클러스터는 여러 개의 노드로 구성되는데, 그림 6-12에서 "SQL 노드"는 MySQL 엔진 역할을 담당하며, "데이터 노드"는 스토리지 엔진 역할을 담당한다. 그리고 데이터 노드와 SQL 노드는 네트워크를 통해 TCP/IP 통신을 한다. 그래서 실제 "Condition push down"이 사용되지 못하면 상당한 성능 저하가 발생할 수 있다.

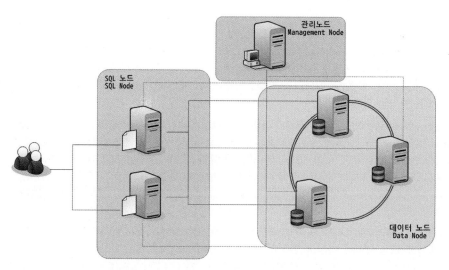

[그림 6-12] NDB 클러스터 아키텍처

실행 계획의 Extra 칼럼에 표시되는 "Using where with pushed condition"는 6.2.10절 "Extra"의 "Using where with pushed condition"(325쪽)을 참조하자.

6.2.11 EXPLAIN EXTENDED(Filtered 칼럼)

실행 계획의 Extra 칼럼에 표시되는 "Using where"의 의미는 이미 321쪽 "Using where"에서 자세히 설명했다. MySQL 5.1 이상 버전이라 하더라도 스토리지 엔진에서 최종적으로 사용자에게 전달되는 레코드만 가져오는 것은 아니다. 조인과 같은 여러 가지 이유로 여전히 각 스토리지 엔진에서 읽어 온 레코드를 MySQL 엔진에서 필터링하는데, 이 과정에서 버려지는 레코드가 발생할 수밖에 없다. 하지만 MySQL 5.1.12 미만의 버전에서는 MySQL 엔진에 의해 필터링 과정을 거치면서 얼마나 많은 레코드가 버려졌고, 그래서 얼마나 남았는지를 알 방법이 없었다.

MySQL 5.1.12 버전부터는 필터링이 얼마나 효율적으로 실행됐는지를 사용자에게 알려주기 위해 실행 계획에 Filtered라는 칼럼이 새로 추가됐다. 실행 계획에서 Filtered 칼럼을 함께 조회하려면 EXPLAIN 명령 뒤에 "EXTENDED"라는 키워드를 지정하면 된다. "EXTENDED" 키워드가 사용된 실행 계획 예제를 한번 살펴보자.

```
EXPLAIN EXTENDED
SELECT * FROM employees
WHERE emp_no BETWEEN 10001 AND 10100 AND gender='F';
```

"EXPLAIN EXTENDED" 명령을 사용해 쿼리의 실행 계획을 조회하면 다음과 같이 실행 계획의 "rows" 칼럼 뒤에 "Filtered"라는 새로운 칼럼이 같이 표시된다.

Id	select_type	Table	type	key	key_len	ref	rows	filtered	Extra
1	SIMPLE	employees	range	PRIMARY	4	NULL	100	20	Using where

실행 계획에서 filtered 칼럼에는 MySQL 엔진에 의해 필터링되어 제거된 레코드는 제외하고 최종적으로 레코드가 얼마나 남았는지의 비율(Percentage)이 표시된다. 위의 예제에서는 rows 칼럼의 값이 100건이고 filtered 칼럼의 값이 20%이므로, 스토리지 엔진이 전체 100건의 레코드를 읽어서 MySQL 엔진에 전달했는데, MySQL 엔진에 의해 필터링되고 20%만 남았다는 것을 의미한다. 즉, MySQL 엔진에 의해 필터링되고 남은 레코드는 20건(100건 * 20%)이라는 의미다. 여기에 출력되는 filtered 칼럼의 정보 또한 실제 값이 아니라 단순히 통계 정보로부터 예측된 값일 뿐이다(이 예제의 filtered 값은 설명을 위해 임의로 편집된 것임). 그림 6-13은 위의 쿼리가 실행되면서 스토리지 엔진과 MySQL 엔진에서 얼마나 레코드가 읽히고 버려졌는지를 표현한 것이다.

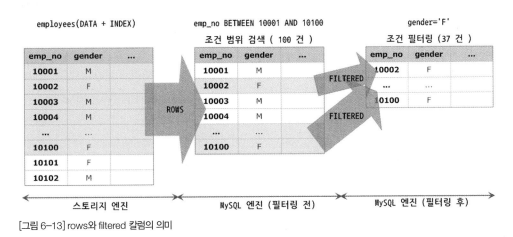

[그림 6-13] rows와 filtered 칼럼의 의미

6.2.12 EXPLAIN EXTENDED(추가 옵티마이저 정보)

EXPLAIN 명령의 EXTENDED 옵션은 숨은 기능이 하나 더 있다. MySQL 엔진에서 쿼리의 실행 계획을 산출하기 위해 쿼리 문장을 분석해 파스 트리를 생성한다. 또한 일부 최적화 작업도 이 파스 트리를 이용해 수행한다. "EXPLAIN EXTENDED" 명령의 또 다른 기능은 분석된 파스 트리를 재조합해서 쿼리 문장과 비슷한 순서대로 나열해서 보여주는 것이다. 간단히 예제를 한번 살펴보자.

```
EXPLAIN EXTENDED
SELECT e.first_name,
  (SELECT COUNT(*) FROM dept_emp de, dept_manager dm WHERE dm.dept_no=de.dept_no) AS cnt
FROM employees e
WHERE e.emp_no=10001;
```

EXPLAIN EXTENDED 명령을 실행하면 EXTENDED 옵션이 없을 때와 같이 쿼리의 실행 계획만 화면에 출력된다. 하지만 EXPLAIN EXTENDED 명령을 실행해 실행 계획이 출력된 직후, "SHOW WARNINGS" 명령을 실행하면 옵티마이저가 분석해서 다시 재조합한 쿼리 문장을 다음과 같이 확인할 수 있다.

```
mysql> SHOW WARNINGS;
SELECT 'Georgi' AS 'first_name',
(SELECT COUNT(0)
FROM 'employees'.'dept_emp' 'de'
JOIN 'employees'.'dept_manager' 'dm'
WHERE ('employees'.'de'.'dept_no' = 'employees'.'dm'.'dept_no')) AS 'cnt'
FROM 'employees'.'employees' 'e' WHERE 1
```

SHOW WARNINGS 명령으로 출력된 내용은 표준 SQL 문장이 아니다. 지금의 예제는 상당히 비슷하게 출력됐지만 최적화 정보가 태그 형태로 포함된 것들도 있으며 쉽게 알아보기는 어려운 경우도 많다. 위의 예제에서는 COUNT(*)가 내부적으로는 COUNT(0)으로 변환되어 처리된다는 것과 emp_no=10001 조건을 옵티마이저가 미리 실행해서 상수화된 값으로 'Georgi'가 사용됐다는 것도 알 수 있다.

EXPLAIN EXTENDED 명령을 이용해 옵티마이저가 쿼리를 어떻게 해석했고, 어떻게 쿼리를 변환했으며, 어떤 특수한 처리가 수행됐는지 등을 판단할 수 있으므로 알아두면 도움될 것이다.

6.2.13 EXPLAIN PARTITIONS(Partitions 칼럼)

EXPLAIN 명령에 사용할 수 있는 옵션이 또 하나 있는데, 이 옵션으로 파티션 테이블의 실행 계획 정보를 더 자세히 확인할 수 있다. 단순히 EXPLAIN 명령으로는 파티션 테이블이 어떻게 사용됐는지 확인할 수 없다. 하지만 EXPLAIN 명령 뒤에 PARTITIONS 옵션을 사용하면 쿼리를 실행하기 위해 테이블의 파티션 중에서 어떤 파티션을 사용했는지 등의 정보를 조회할 수 있다. 우선 다음의 예제를 한번 살펴보자.

```
CREATE TABLE tb_partition (
  reg_date DATE DEFAULT NULL,
  id INT DEFAULT NULL,
  name VARCHAR(50) DEFAULT NULL
) ENGINE=INNODB
partition BY range (YEAR(reg_date)) (
  partition p0 VALUES less than (2008) ENGINE = INNODB,
  partition p1 VALUES less than (2009) ENGINE = INNODB,
  partition p2 VALUES less than (2010) ENGINE = INNODB,
  partition p3 VALUES less than (2011) ENGINE = INNODB
);

EXPLAIN PARTITONS
SELECT * FROM tb_partition
WHERE reg_date BETWEEN '2010-01-01' AND '2010-12-30';
```

위 예제의 tb_partition 테이블은 reg_date 칼럼의 값을 이용해 년도별로 구분된 파티션 4개를 가진다. 그리고 이 테이블에서 reg_date 칼럼의 값이 "2010-01-01"부터 "2010-12-30"까지의 레코드를 조회하는 쿼리에 대해 실행 계획을 확인해 보자. 이 쿼리에서 조회하려는 데이터는 모두 2010년도 데이터이고 3번째 파티션인 p3에 저장돼 있음을 알 수 있다. 실제로 옵티마이저는 이 쿼리를 처리하기 위해 p3 파티션만 읽으면 된다는 것을 알아채고, 그 파티션에만 접근하도록 실행 계획을 수립한다. 이처럼 파티션이 여러 개의인 테이블에서 불필요한 파티션을 빼고 쿼리를 수행하기 위해 접근해야 할 것으로 판단되는 테이블만 골라내는 과정을 파티션 프루닝(Partition pruning)이라고 한다.

그렇다면 이 쿼리의 실행 계획이 정말 꼭 필요한 p3 파티션만 읽는지 확인해 볼 수 있어야 쿼리의 튜닝이 가능할 것이다. 이때 옵티마이저가 이 쿼리를 실행하기 위해 접근하는 테이블을 확인해 볼 수 있는 명령이 EXPLAIN PARTITIONS다. EXPLAIN PARTITIONS 명령으로 출력된 실행 계획에는 partitions라는 새로운 칼럼을 포함해서 표시한다. Partitions 칼럼에는 이 쿼리가 사용한 파티션 목록이 출력되는데, 예상했던 대로 p3 파티션만 참조했음을 알 수 있다.

id	select_type	table	partitions	type	key	key_len	ref	rows	Extra
1	SIMPLE	tb_partition	p3	ALL				2	Using where

EXPLAIN PARTITIONS 명령은 파티션 테이블에 실행되는 쿼리가 얼마나 파티션 기능을 잘 활용하고 있는지를 판단할 수 있는 자료를 제공한다. EXPLAIN 명령에서는 EXTENDED와 PARTITIONS 옵션을 함께 사용할 수 없다.

TO_DAYS() 함수는 입력된 날짜 값의 포맷이 잘못돼 있다면 NULL을 반환할 수도 있다. 이렇게 MySQL의 파티션 키가 TO_DAYS()와 같이 NULL을 반환할 수 있는 함수를 사용할 때는 쿼리의 실행 계획에서 partitions 칼럼에 테이블의 첫 번째 파티션이 포함되기도 한다. 레인지 파티션을 사용하는 테이블에서 NULL은 항상 첫 번째 파티션에 저장되기 때문에 실행 계획의 partitions 칼럼에 첫 번째 파티션도 함께 포함되는 것이다. 하지만 이렇게 실제 필요한 파티션과 테이블의 첫 번째 파티션이 함께 partitions 칼럼에 표시된다 하더라도 성능 이슈는 없으므로 크게 걱정하지 않아도 된다.

6.3 MySQL의 주요 처리 방식

지금까지 설명한 MySQL의 실행 계획 중에서 성능에 미치는 영향이 미미하거나 별로 사용되지 않는 것들도 있지만 성능에 아주 큰 영향을 미치는 것들도 많이 있었다. 이번 장에서는 성능에 미치는 영향이 큰 실행 계획과 연관이 있는 단위 작업에 대해 조금 더 자세히 살펴보자.

설명하는 내용 중에서 "풀 테이블 스캔"을 제외한 나머지는 모두 스토리지 엔진이 아니라 MySQL 엔진에서 처리되는 내용이다. 또한 MySQL 엔진에서 부가적으로 처리하는 작업은 대부분 성능에 미치는 영향력이 큰데, 안타깝게도 모두 쿼리의 성능을 저하시키는 데 한몫하는 작업이다. 스토리지 엔진에서 읽은 레코드를 MySQL 엔진이 아무런 가공 작업도 하지 않고 사용자에게 반환한다면 최상의 성능을 보장하는 쿼리가 되겠지만, 우리가 필요로 하는 대부분의 쿼리는 그렇지 않다. MySQL 엔진에서 처리하는 데 시간이 오래 걸리는 작업의 원리를 알아둔다면 쿼리를 튜닝하는 데 상당히 많은 도움이 될 것이다.

6.3.1 풀 테이블 스캔

풀 테이블 스캔은 인덱스를 사용하지 않고 테이블의 데이터를 처음부터 끝까지 읽어서 요청된 작업을 처리하는 작업을 의미한다. MySQL 옵티마이저는 다음과 같은 조건이 일치할 때 주로 풀 테이블 스캔을 선택한다.

- 테이블의 레코드 건수가 너무 작아서 인덱스를 통해 읽는 것보다 풀 테이블 스캔을 하는 편이 더 빠른 경우(일반적으로 테이블이 페이지 1개로 구성된 경우)
- WHERE 절이나 ON 절에 인덱스를 이용할 수 있는 적절한 조건이 없는 경우
- 인덱스 레인지 스캔을 사용할 수 있는 쿼리라 하더라도 옵티마이저가 판단한 조건 일치 레코드 건수가 너무 많은 경우(인덱스의 B-Tree를 샘플링해서 조사한 통계 정보 기준)
- 반대로, max_seeks_for_key 변수를 특정 값(N)으로 설정하면 MySQL 옵티마이저는 인덱스의 기수성(Cardinality)이나 선택도(Selectivity)를 무시하고, 최대 N건만 읽으면 된다고 판단하게 한다. 이 값을 작게 설정할수록 MySQL 서버가 인덱스를 더 사용하도록 유도함

일반적으로 테이블의 전체 크기는 인덱스보다 훨씬 크기 때문에 테이블을 처음부터 끝까지 읽는 작업은 상당히 많은 디스크 읽기가 필요하다. 그래서 대부분의 DBMS는 풀 테이블 스캔을 실행할 때 한꺼번에 여러 개의 블록이나 페이지를 읽어오는 기능이 있으며, 그 수를 조절할 수 있다. 하지만 MySQL에는 풀 테이블 스캔을 실행할 때 한꺼번에 몇 개씩 페이지를 읽어올지 설정하는 변수는 없다. 그래서 많은 사람은 MySQL이 풀 테이블 스캔을 실행할 때 디스크로부터 페이지를 하나씩 읽어 오는 것으로 생각할 때가 많다.

이것은 MyISAM 스토리지 엔진에는 맞는 이야기지만 InnoDB에서는 틀린 말이다. InnoDB 스토리지 엔진은 특정 테이블의 연속된 데이터 페이지가 읽히면 백그라운드 스레드에 의해 리드 어헤드(Read ahead) 작업이 자동으로 시작된다. 리드 어헤드란 어떤 영역의 데이터가 앞으로 필요해지리라는 것을 예측해서 요청이 오기 전에 미리 디스크에서 읽어 InnoDB의 버퍼 풀에 가져다 두는 것을 의미한다. 즉, 풀 테이블 스캔이 실행되면 처음 몇 개의 데이터 페이지는 포그라운드 스레드(Foreground thread, 클라이언트 스레드)가 페이지 읽기를 실행하지만 특정 시점부터는 읽기 작업을 백그라운드 스레드로 넘긴다. 백그라운드 스레드가 읽기를 넘겨받는 시점부터는 한번에 4개 또는 8개씩의 페이지를 읽으면서 계속 그 수를 증가시킨다. 이때 한 번에 최대 64개의 데이터 페이지까지 읽어서 버퍼 풀에 저장해 둔다. 포그라운 스레드는 미리 버퍼 풀에 준비된 데이터를 가져다 사용하기만 하면 되므로 쿼리가 상당히 빨리 처리되는 것이다.

MySQL 5.1의 InnoDB 플러그인 버전부터는 언제 리드 어헤드를 시작할지 시스템 변수를 이용해 변경할 수 있다. 그 시스템 변수의 이름이 "innodb_read_ahead_threshold"인데, 일반적으로 디폴트 설정으로도 충분하지만 데이터웨어하우스용으로 MySQL을 사용한다면 이 옵션을 더 낮은 값으로 설정해서 더 자주 리드 어헤드가 시작되도록 유도하는 것도 좋은 방법이다.

6.3.2 ORDER BY 처리(Using filesort)

레코드 1~2건을 가져오는 쿼리를 제외하면 대부분의 SELECT 쿼리에서 정렬은 필수적으로 사용된다. 데이터웨어 하우스처럼 대량의 데이터를 조회해서 일괄 처리하는 기능이 아니라면 아마도 레코드 정렬 요건은 대부분의 조회 쿼리에 포함돼 있을 것이다. 정렬을 처리하기 위해서는 인덱스를 이용하는 방법과 쿼리가 실행될 때 "Filesort"라는 별도의 처리를 이용하는 방법으로 나눌 수 있다.

	장점	단점
인덱스를 이용	INSERT, UPDATE, DELETE 쿼리가 실행될 때 이미 인덱스가 정렬돼 있어서 순서대로 읽기만 하면 되므로 매우 빠르다.	INSERT, UPDATE, DELETE 작업 시 부가적인 인덱스 추가/삭제 작업이 필요하므로 느리다. 인덱스 때문에 디스크 공간이 더 많이 필요하다. 인덱스가 개수가 늘어날수록 InnoDB의 버퍼 풀이나 MyISAM의 키 캐시용 메모리가 많이 필요하다.
Filesort 이용	인덱스를 생성하지 않아도 되므로 인덱스를 이용할 때의 단점이 장점으로 바뀐다 정렬해야 할 레코드가 많지 않으면 메모리에서 Filesort가 처리되므로 충분히 빠르다.	정렬 작업이 쿼리 실행 시 처리되므로 레코드 대상 건수가 많아질수록 쿼리의 응답 속도가 느리다.

물론 레코드를 정렬하기 위해 항상 "Filesort"라는 정렬 작업을 거쳐야 하는 것은 아니다. 이미 인덱스를 이용한 정렬은 이전 장에서 한번 살펴봤다. 하지만 다음과 같은 이유로 모든 정렬을 인덱스를 이용하도록 튜닝하기란 거의 불가능하다.

- 정렬 기준이 너무 많아서 요건별로 모두 인덱스를 생성하는 것이 불가능한 경우
- GROUP BY의 결과 또는 DISTINCT와 같은 처리의 결과를 정렬해야 하는 경우
- UNION의 결과와 같이 임시 테이블의 결과를 다시 정렬해야 하는 경우
- 랜덤하게 결과 레코드를 가져와야 하는 경우(때로는 인덱스를 이용할 수 있도록 개선할 수 있으며, 예제는 16.1절, "임의(랜덤) 정렬"(912쪽)을 참고하자.)

MySQL이 인덱스를 이용하지 않고 별도의 정렬 처리를 수행했는지는 실행 계획의 Extra 칼럼에 "Using filesort"라는 코멘트가 표시되는지로 판단할 수 있다. 여기서는 MySQL의 정렬이 어떻게 처리되는지 살펴보고자 한다. MySQL의 정렬 특성을 이해하면 쿼리를 튜닝할 때 어떻게 하면 조금이라도 더 빠른 쿼리가 될지 쉽게 판단할 수 있을 것이다.

소트 버퍼(Sort buffer)

MySQL은 정렬을 수행하기 위해 별도의 메모리 공간을 할당받아서 사용하는데, 이 메모리 공간을 소트 버퍼라고 한다. 소트 버퍼는 정렬이 필요한 경우에만 할당되며, 버퍼의 크기는 정렬해야 할 레코드의 크기에 따라 가변적으로 증가하지만 최대 사용 가능한 소트 버퍼의 공간은 sort_buffer_size라는 시스템 변수로 설정할 수 있다. 소트 버퍼를 위한 메모리 공간은 쿼리의 실행이 완료되면 즉시 시스템으로 반납된다.

여기까지는 아주 이상적인 부분만 이야기했지만 지금부터 정렬이 왜 문제가 되는지 살펴보자. 정렬해야 할 레코드가 아주 소량이어서 메모리에 할당된 소트 버퍼만으로 정렬할 수 있다면 아주 빠르게 정렬이 처리될 것이다. 하지만 정렬해야 할 레코드의 건수가 소트 버퍼로 할당된 공간보다 크다면 어떻게 될까? 이때 MySQL은 정렬해야 할 레코드를 여러 조각으로 나눠서 처리하는데, 이 과정에서 임시 저장을 위해 디스크를 사용한다.

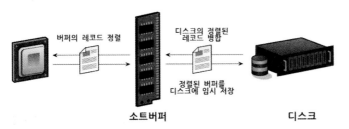

[그림 6-14] 소트 버퍼의 정렬과 디스크로 임시 저장 및 병합

그림 6-14처럼 메모리의 소트 버퍼에서 정렬을 수행하고, 그 결과를 임시로 디스크에 기록해 둔다. 그리고 그다음 레코드를 가져와서 다시 정렬해서 반복적으로 디스크에 임시 저장한다. 이처럼 각 버퍼 크기 만큼씩 정렬된 레코드를 다시 병합하면서 정렬을 수행해야 한다. 이 병합 작업을 멀티 머지(Multi-merge)라고 표현하며, 수행된 멀티 머지 횟수는 Sort_merge_passes라는 상태 변수(SHOW STATUS VARIABLES; 명령 참조)에 누적된다.

이 작업들이 모두 디스크의 쓰기와 읽기를 유발하며, 레코드 건수가 많을수록 이 반복 작업의 횟수가 많아진다. 소트 버퍼를 크게 설정하면 디스크를 사용하지 않아서 더 빨라질 것으로 생각할 수도 있지만 실제 벤치마크 결과로는 거의 차이가 없었다. 그림 6-15는 MySQL의 소트 버퍼 크기를 확장해가면서 쿼리를 실행해 본 결과 걸리는 시간을 측정한 것이다. 저자가 실행했던 벤치마크에서는 MySQL의 소트 버퍼 크기가 256KB에서 512KB 사이에서 최적의 성능을 보였으며, 그 이후로는 아무리 소트 버퍼 크기가 확장돼도 성능상 차이가 없었다. 하지만 8MB 이상일 때 성능이 조금 더 향상되는 것으로 벤치마킹됐다는 자료도 있는데, 이는 웹과 같은 OLTP 성격의 쿼리가 아니라 대용량의 정렬 작업에 해당하는 내용일 것으로 보인다. 소트 버퍼의 이러한 특성은 리눅스의 메모리 할당 방식이 원인일 것으로 예측하는 사람들이 많지만 정확한 원인은 확인된 바가 없다.

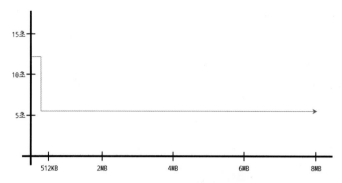

[그림 6-15] 소트 버퍼 크기에 따른 성능 변화

지금까지의 경험상, 소트 버퍼의 크기는 56KB에서 1MB 미만이 적절한 것으로 생각한다. 3.1.3절, "메모리 할당 및 사용 구조"(105쪽)에서 언급했듯이 MySQL은 글로벌 메모리 영역과 세션(로컬) 메모리 영역으로 나눠서 생각할 수 있는데, 정렬을 위해 할당받는 소트 버퍼는 세션 메모리 영역에 해당된다. 즉 소트 버퍼는 여러 클라이언트가 공유해서 사용할 수 있는 영역이 아니다. 커넥션이 많으면 많을수록, 정렬 작업이 많으면 많을수록 소트 버퍼로 소비되는 메모리 공간이 커짐을 의미한다. 소트 버퍼의 크기를 10~20MB와 같이 터무니없이 많이 설정할 수가 있다. 이럴 때 대량의 레코드를 정렬하는 쿼리가 여러 커넥션에서 동시에 실행되면 운영체제는 메모리 부족 현상을 겪는다. 더는 메모리 여유 공간이 없는 경우에는 운영체제의 OOM-Killer가 여유 메모리를 확보하기 위해 프로세스를 강제로 종료시킬 것이다. 그런데 OOK-Killer는 메모리를 가장 많이 사용하고 있는 프로세스를 강제 종료한다. 일반적으로 MySQL 서버가 가장 많은 메모리를 사용하기 때문에 강제 종료 1순위가 된다.

> **주 의**
> 소트 버퍼를 크게 설정해서 빠른 성능을 얻을 수는 없지만 디스크의 읽기와 쓰기 사용량은 줄일 수 있다. 그래서 MySQL 서버의 데이터가 많거나 디스크의 I/O 성능이 낮은 장비라면 소트 버퍼의 크기를 더 크게 설정하는 것이 도움될 수도 있다. 하지만 소트 버퍼를 너무 크게 설정하면 서버의 메모리가 부족해져서 MySQL 서버가 메모리 부족을 겪을 수도 있기 때문에 소트 버퍼의 크기는 적절히 설정하는 것이 좋다.

정렬 알고리즘

레코드를 정렬할 때, 레코드 전체를 소트 버퍼에 담을지 또는 정렬 기준 칼럼만 소트 버퍼에 담을지에 따라 (공식적인 명칭은 아니지만) 2가지로 정렬 알고리즘으로 나눠볼 수 있다.

싱글 패스(Single pass) 알고리즘

소트 버퍼에 정렬 기준 칼럼을 포함해 SELECT되는 칼럼 전부를 담아서 정렬을 수행하는 방법이며, MySQL 5.0 이후 최근 버전에서 도입된 정렬 방법이다.

```
SELECT emp_no, first_name, last_name
FROM employees
ORDER BY first_name;
```

위 쿼리와 같이 first_name으로 정렬해서 emp_no, first_name, last_name을 SELECT하는 쿼리를 싱글 패스 정렬 알고리즘으로 처리하는 절차를 그림으로 보면 다음과 같다.

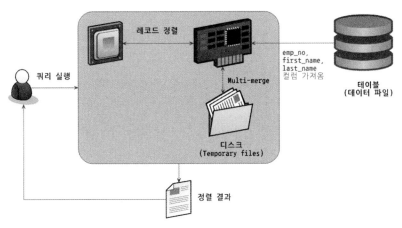

[그림 6-16] 새로운 방식(Single-pass)의 정렬 알고리즘

그림 6-16에서 알 수 있듯이, 처음 employees 테이블을 읽을 때 정렬에 필요하지 않은 last_name 칼럼까지 전부 읽어서 소트 버퍼에 담고 정렬을 수행한다. 그리고 정렬이 완료되면 정렬 버퍼의 내용을 그대로 클라이언트로 넘겨주는 과정을 볼 수 있다.

투 패스(Two pass) 알고리즘

정렬 대상 칼럼과 프라이머리 키값만을 소트 버퍼에 담아서 정렬을 수행하고, 정렬된 순서대로 다시 프라이머리 키로 테이블을 읽어서 SELECT할 칼럼을 가져오는 알고리즘으로, 예전 버전의 MySQL에서 사용하던 방법이다. 하지만 MySQL 5.0, 5.1 그리고 5.5 버전에서도, 특정 조건이 되면 이 방법을 사용한다.

그림 6-17은 같은 쿼리를 MySQL의 예전 방식인 투 패스 알고리즘으로 정렬하는 과정을 표현한 것이다. 처음 employees 테이블을 읽을 때는 정렬에 필요한 first_name 칼럼과 프라이머리 키인 emp_no만 읽어서 정렬을 수행했음을 알 수 있다. 이 정렬이 완료되면 그 결과 순서대로 employees 테이블을 한 번 더 읽어서 last_name을 가져오고, 최종적으로 그 결과를 클라이언트 쪽으로 넘기는 과정을 확인할 수 있다.

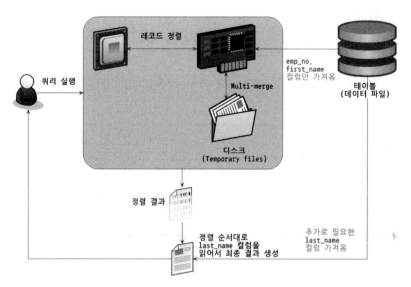

[그림 6-17] 예전 방식(Two-passes)의 정렬 알고리즘

MySQL의 예전 정렬 방식인 투 패스 알고리즘은 테이블을 (그것도 같은 레코드를) 두 번 읽어야 하기 때문에 상당히 불합리하지만 새로운 정렬 방식인 싱글 패스 알고리즘은 이러한 불합리가 없다. 하지만 싱글 패스 알고리즘은 더 많은 소트 버퍼 공간이 필요하다. 즉 대략 128KB의 정렬 버퍼를 사용한다면 이 쿼리는 투 패스 알고리즘에서는 대략 7,000건의 레코드를 정렬할 수 있지만 싱글 패스 알고리즘에서는 그것의 반 정도밖에 정렬할 수 없다. 물론 이것은 소트 버퍼 공간의 크기와 레코드의 크기에 의존적이다.

최근의 MySQL 5.x 버전에서는 일반적으로 새로운 정렬 알고리즘인 싱글 패스 방식을 사용한다. 하지만 MySQL 5.x 버전 이상이라고 해서 항상 싱글 패스 정렬 알고리즘을 사용하는 것은 아니다. 다음과 같을 때 싱글 패스 방식을 사용하지 못하고 투 패스 정렬 알고리즘을 사용한다.

- 레코드의 크기가 max_length_for_sort_data 파라미터로 설정된 값보다 클 때
- BLOB이나 TEXT 타입의 칼럼이 SELECT 대상에 포함할 때

얼핏 생각해 보면 예전 방식이 더 빠를 것도 같지만 항상 그런 것은 아니다. 싱글 패스 알고리즘(새로운 방식)은 정렬 대상 레코드의 크기나 건수가 작은 경우 빠른 성능을 보이며, 투 패스 알고리즘(예전 방식)은 정렬 대상 레코드의 크기나 건수가 상당히 많은 경우 효율적이라고 볼 수 있다.

정렬의 처리 방식

쿼리에 ORDER BY가 사용되면 반드시 다음 3가지 처리 방식 중 하나로 정렬이 처리된다. 일반적으로 밑쪽에 있는 정렬 방법으로 갈수록 처리가 느려진다.

정렬 처리 방법	실행 계획의 Extra 코멘트
인덱스 사용한 정렬	별도의 내용 표기 없음
드라이빙 테이블만 정렬 (조인이 없는 경우 포함)	"Using filesort"가 표시됨
조인 결과를 임시 테이블로 저장한 후, 임시 테이블에서 정렬	"Using temporary; Using filesort"가 같이 표시됨

먼저 옵티마이저는 정렬 처리를 위해 인덱스를 이용할 수 있을지 검토할 것이다. 만약 인덱스를 이용할 수 있다면 별도의 "Filesort" 과정 없이 인덱스를 순서대로 읽어서 결과를 반환한다. 하지만 인덱스를 사용할 수 없다면 WHERE 조건에 일치하는 레코드를 검색해 정렬 버퍼에 저장하면서 정렬을 처리(Filesort)할 것이다. 이때 MySQL 옵티마이저는 정렬 대상 레코드를 최소화하기 위해 다음 두 가지 방법 중 하나를 선택한다.

1. 드라이빙 테이블만 정렬한 다음 조인을 수행
2. 조인이 끝나고 일치하는 레코드를 모두 가져온 후 정렬을 수행

일반적으로 조인이 수행되면서 레코드 건수는 거의 배수로 불어나기 때문에 가능하다면 드라이빙 테이블만 정렬한 다음 조인을 수행하는 방법이 효율적이다. 그래서 두 번째 방법보다는 첫 번째 방법이 더 효율적으로 처리된다. 3가지 정렬 방법에 대해 하나씩 자세히 살펴보자.

인덱스를 이용한 정렬

인덱스를 이용한 정렬을 위해서는 반드시 ORDER BY에 명시된 칼럼이 제일 먼저 읽는 테이블(조인이 사용된 경우 드라이빙 테이블)에 속하고, ORDER BY의 순서대로 생성된 인덱스가 있어야 한다. 또한 WHERE 절에 첫 번째 읽는 테이블의 칼럼에 대한 조건이 있다면 그 조건과 ORDER BY는 같은 인덱스를 사용할 수 있어야 한다. 그리고 B-Tree 계열의 인덱스가 아닌 해시 인덱스나 전문 검색 인덱스 등에서는 인덱스를 이용한 정렬을 사용할 수 없다. 예외적으로 R-Tree도 B-Tree 계열이지만 특성상 이 방식을 사용할 수 없다. 여러 테이블이 조인되는 경우에는 네스티드-루프(Nested-loop) 방식의 조인에서만 이 방식을 사용할 수 있다.

인덱스를 이용해 정렬이 처리되는 경우에는 실제 인덱스의 값이 정렬돼 있기 때문에 인덱스의 순서대로 읽기만 하면 된다. 실제로 MySQL 엔진에서 별도의 정렬을 위한 추가 작업을 수행하지는 않는다. 다음 예제처럼 ORDER BY가 있건 없건 같은 인덱스를 레인지 스캔해서 나온 결과는 같은 순서로 출력되는 것을 확인할 수 있다. ORDER BY 절이 없어도 정렬이 되는 이유는 그림 6-18과 같이 employees 테이블의 프라이머리 키를 읽고, 그다음으로 salaries 테이블을 조인했기 때문이다.

```sql
SELECT * FROM employees e, salaries s
WHERE s.emp_no=e.emp_no
AND e.emp_no BETWEEN 100002 AND 100020
ORDER BY e.emp_no;

-- // emp_no 칼럼으로 정렬이 필요한데, 인덱스를 사용하면서 자동 정렬이 된다고
-- // 일부러 ORDER BY emp_no를 제거하는 것은 좋지 않은 선택이다.
SELECT * FROM employees e, salaries s
WHERE s.emp_no=e.emp_no
AND e.emp_no BETWEEN 100002 AND 100020;
```

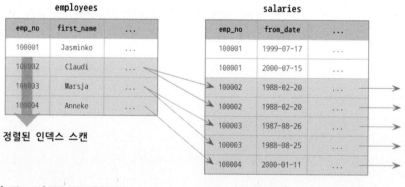

[그림 6-18] 인덱스를 이용한 정렬

ORDER BY 절을 넣지 않아도 자동으로 정렬된다고 해서 ORDER BY 절 자체를 쿼리에서 완전히 빼 버리고 쿼리를 작성하기도 한다. 혹시나 ORDER BY 절을 포함하면 MySQL 서버가 별도로 정렬 작업을 한 번 더 할까 봐 걱정스러워서다. 하지만 MySQL 서버는 정렬을 인덱스로 처리할 수 있다면 부가적으로 불필요한 정렬 작업을 수행하지 않는다. 그래서 인덱스로 정렬이 처리될 때는 ORDER BY가 쿼리에 명시된다고 해서 작업량이 더 늘지는 않는다.

또한, 어떤 이유 때문에 쿼리의 실행 계획이 조금 변경된다면 ORDER BY가 명시되지 않은 쿼리는 결과가 기대했던 순서대로 가져오지 못해서 애플리케이션의 버그로 연결될 수도 있다. 하지만 ORDER BY 절을 명시해두면 성능상의 손해가 없음은 물론이고 이런 예외 상황에서도 버그로 연결되지 않을 것이다.

위에서도 언급했듯이 인덱스를 사용한 정렬이 가능한 이유는 B-Tree 인덱스가 키값으로 정렬돼 있기 때문이다. 또한 조인이 네스티드-루프 방식으로 실행되기 때문에 조인 때문에 드라이빙 테이블의 인덱스 읽기 순서가 흐트러지지 않는다는 것이다. 하지만 조인이 사용된 쿼리의 실행 계획에 조인 버퍼(Join buffer)가 사용되면 순서가 흐트러질 수 있기 때문에 주의해야 한다. 조인 버퍼에 대해서는 363쪽 "조인 버퍼를 이용한 조인(Using join buffer)"에서 다시 자세히 살펴보겠다.

드라이빙 테이블만 정렬

일반적으로 조인이 수행되면 결과 레코드의 건수가 몇 배로 불어난다. 그래서 조인을 실행하기 전에, 첫 번째 테이블의 레코드를 먼저 정렬한 다음 조인을 실행하는 것이 정렬의 차선책이 될 것이다. 이 방법은 조인에서 첫 번째 읽히는 테이블(드라이빙 테이블)의 칼럼만으로 ORDER BY 절이 작성돼야 한다.

```
SELECT * FROM employees e, salaries s
WHERE s.emp_no=e.emp_no
  AND e.emp_no BETWEEN 100002 AND 100010
ORDER BY e.last_name;
```

우선 WHERE 절의 조건이 다음 두 가지 조건을 갖추고 있기 때문에 옵티마이저는 employees 테이블을 드라이빙 테이블로 선택할 것이다.

1. WHERE 절의 검색 조건("emp_no BETWEEN 100001 AND 100010")은 employees 테이블의 프라이머리 키를 이용해 검색하면 작업량을 줄일 수 있다.
2. 드리븐 테이블(salaries)의 조인 칼럼인 emp_no 칼럼에 인덱스가 있다.

검색은 인덱스 레인지 스캔으로 처리할 수 있지만 ORDER BY 절에 명시된 칼럼은 employees 테이블의 프라이머리 키와 전혀 연관이 없으므로 인덱스를 이용한 정렬은 불가능하다. 그런데 ORDER BY 절의 정렬 기준 칼럼이 드라이빙 테이블(employees)에 포함된 칼럼임을 알 수 있다. 옵티마이저는 드라이빙 테이블만 검색해서 정렬을 먼저 수행하고, 그 결과와 salaries 테이블을 조인한 것이다.

그림 6-19는 이 과정을 보여준다.

A. 인덱스를 이용해 "emp_no BETWEEN 100001 AND 100010" 조건을 만족하는 9건을 검색

B. 검색 결과를 last_name 칼럼으로 정렬을 수행(Filesort)

C. 정렬된 결과를 순서대로 읽으면서 salaries 테이블과 조인을 수행해서 86건의 최종 결과를 가져옴(그림 6-19의 오른쪽에 번호는 레코드가 조인되어 출력되는 순서를 의미).

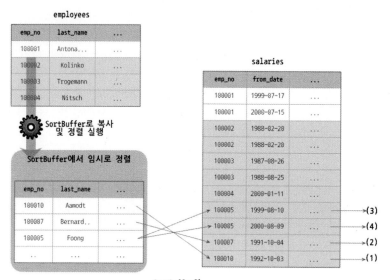

[그림 6-19] 조인의 첫 번째(드라이빙) 테이블만 정렬 실행

임시 테이블을 이용한 정렬

쿼리가 여러 테이블을 조인하지 않고, 하나의 테이블로부터 SELECT해서 정렬하는 경우라면 임시 테이블이 필요하지 않다. 하지만 2개 이상의 테이블을 조인해서 그 결과를 정렬해야 한다면 임시 테이블이 필요할 수도 있다. 위에서 살펴본 "드라이빙 테이블만 정렬"은 2개 이상의 테이블이 조인되면서 정렬이 실행되지만 임시 테이블을 사용하지 않는다. 하지만 그 밖의 패턴의 쿼리에서는 항상 조인의 결과를 임시 테이블에 저장하고, 그 결과를 다시 정렬하는 과정을 거친다. 이 방법은 정렬의 3가지 방법 가운데 정렬해야 할 레코드 건수가 가장 많아지기 때문에 가장 느린 정렬 방법이다. 다음 쿼리는 "드라이빙 테이블만 정렬"에서 살펴본 예제와 ORDER BY 절의 칼럼만 제외하고 같은 쿼리다. 이 쿼리도 "드라이빙 테이블만 정렬"과 같은 이유로 employees 테이블이 드라이빙 테이블로 사용되며, salaries 테이블이 드리븐 테이블로 사용될 것이다.

```sql
SELECT * FROM employees e, salaries s
WHERE s.emp_no=e.emp_no AND e.emp_no BETWEEN 100002 AND 100010
ORDER BY s.salary;
```

하지만 이번 쿼리에서는 ORDER BY 절의 정렬 기준 칼럼이 드라이빙 테이블이 아니라 드리븐 테이블(salaries)에 있는 칼럼이다. 즉 정렬이 수행되기 전에 반드시 salaries 테이블을 읽어야 하므로 이 쿼리는 반드시 조인된 데이터를 가지고 정렬할 수밖에 없다.

id	select_type	table	type	key	key_len	ref	rows	Extra
1	SIMPLE	e	range	PRIMARY	4		9	Using where; Using temporary; Using filesort
1	SIMPLE	s	ref	PRIMARY	4	e.emp_no	4	

쿼리의 실행 계획을 보면 Extra 칼럼에 "Using temporary; Using filesort"라는 코멘트가 표시된다. 이는 조인의 결과를 임시 테이블에 저장하고, 그 결과를 다시 정렬 처리했음을 의미한다. 그림 6–20은 이 쿼리의 처리 절차를 보여준다.

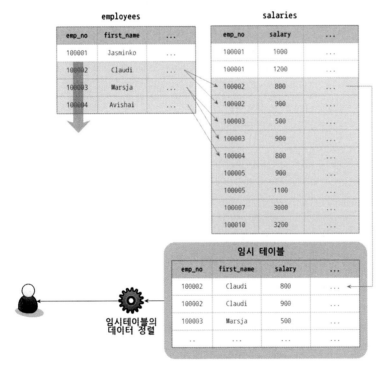

[그림 6–20] 임시 테이블을 이용한 정렬

정렬 방식의 성능 비교

주로 웹 서비스용 쿼리에서는 ORDER BY와 함께 LIMIT가 거의 필수적으로 사용되는 경향이 있다. 일반적으로 LIMIT는 테이블이나 처리 결과의 일부만 가져오기 때문에 MySQL 서버가 처리해야 할 작업량을 줄이는 역할을 한다. 그런데 ORDER BY나 GROUP BY와 같은 작업은 WHERE 조건을 만족하는 레코드를 LIMIT 건수만큼만 가져와서는 처리될 수 없다. 우선 조건을 만족하는 레코드를 모두 가져와서 정렬을 수행하거나 그룹핑 작업을 실행해야만 비로소 LIMIT로 건수 제한을 할 수 있다. WHERE 조건이 아무리 인덱스를 잘 활용하도록 튜닝해도 잘못된 ORDER BY나 GROUP BY 때문에 쿼리가 느려지는 경우가 자주 발생한다.

쿼리에서 인덱스를 사용하지 못하는 정렬이나 그룹핑 작업이 왜 느리게 작동할 수밖에 없는지 한번 살펴보자. 이를 위해 쿼리가 처리되는 방법을 "스트리밍 처리"와 "버퍼링 처리"라는 2가지 방식으로 구분해보자.

- 스트리밍(Streaming) 방식

  그림 6-21과 같이 서버 쪽에서 처리해야 할 데이터가 얼마나 될지에 관계없이 조건에 일치하는 레코드가 검색될 때마다 바로바로 클라이언트로 전송해주는 방식을 의미한다. 이 방식으로 쿼리를 처리할 경우 클라이언트는 쿼리를 요청하고 곧바로 원했던 첫 번째 레코드를 전달받을 것이다. 물론 가장 마지막의 레코드는 언제 받을지 알 수 없지만, 이는 그다지 중요하지 않다. 그림 6-21과 같이 쿼리가 스트리밍 방식으로 처리될 수 있다면 클라이언트는 MySQL 서버가 일치하는 레코드를 찾는 즉시 전달받기 때문에 동시에 데이터의 가공 작업을 시작할 수 있다. 웹 서비스와 같은 OLTP 환경에서는 쿼리의 요청에서부터 첫 번째 레코드를 전달받게 되기까지의 응답 시간이 중요하다. 스트리밍 방식으로 처리되는 쿼리는 쿼리가 얼마나 많은 레코드를 조회하느냐에 상관없이 빠른 응답 시간을 보장해 준다.

  또한 스트리밍 방식으로 처리되는 쿼리에서 LIMIT와 같이 결과 건수를 제한하는 조건들은 쿼리의 전체 실행 시간을 상당히 줄여줄 수 있다. 매우 큰 테이블을 아무런 조건 없이 SELECT만 해 보면 첫 번째 레코드는 아주 빨리 가져온다는 사실을 알 수 있다. 물론 서버에서는 쿼리가 아직 실행되고 있는 도중이라도 말이다. 이것은 풀 테이블 스캔의 결과가 아무런 버퍼링 처리나 필터링 과정 없이 바로 클라이언트로 스트리밍되기 때문이다. 이 쿼리에 LIMIT 조건을 추가하면 전체적으로 가져오는 레코드 건수가 줄어들기 때문에 마지막 레코드를 가져오기까지의 시간을 상당히 줄일 수 있다.

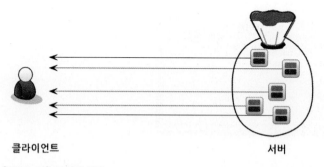

클라이언트　　　　　　　　　**서버**

[그림 6-21] 스트리밍 처리

스트리밍 처리는 어떤 클라이언트 도구나 API를 사용하느냐에 따라 그 방식에 차이가 있을 수도 있다. 대표적으로 JDBC 라이브러리를 이용해 "SELECT * FROM tb_bigtable"와 같은 쿼리를 실행하면 MySQL 서버는 레코드를 읽자마자 클라이언트로 그 결과를 전달할 것이다. 하지만 JDBC는 MySQL 서버로부터 받는 레코드를 일단 자체적인 버퍼에 모두 담아둔다. 그리고 마지막 레코드가 전달될 때까지 기다렸다가 모든 결과를 전달받으면 그때서야 비로소 클라이언트의 애플리케이션에 반환한다. 즉, MySQL 서버는 스트리밍 방식으로 처리해서 반환하지만 클라이언트의 JDBC 라이브러리가 버퍼링을 하는 것이다. 하지만 JDBC를 사용하지 않는 SQL 클라이언트 도구는 이러한 버퍼링을 하지 않기 때문에 아무리 큰 테이블이라 하더라도 첫 번째 레코드는 매우 빨리 가져온다.

JDBC 라이브러리가 자체적으로 레코드를 버퍼링하는 이유는 이 방식이 전체 처리량(Throughput)에서 뛰어나기 때문이다. 이 방식은 JDBC 라이브러리와 MySQL 서버가 대화형으로 데이터를 주고받는 것이 아니라 MySQL 서버는 데이터의 크기에 관계없이 무조건 보내고, JDBC MySQL 서버로부터 전송되는 데이터를 받아서 저장만 하므로 불필요한 네트워크 요청이 최소화되기 때문에 전체 처리량이 뛰어난 것이다.

하지만 JDBC의 버퍼링 처리 방식은 기본 작동 방식이며, 아주 대량의 데이터를 가져와야 할 때는 MySQL 서버와 JDBC 간의 전송 방식을 스트리밍 방식으로 변경할 수 있다. 스트리밍 방식은 13장, "프로그램 연동"에서 자세히 살펴보겠다.

- 버퍼링(Buffering) 방식

    ORDER BY나 GROUP BY와 같은 처리는 쿼리의 결과가 스트리밍되는 것을 불가능하게 한다. 우선 WHERE 조건에 일치하는 모든 레코드를 가져온 후, 정렬하거나 그룹핑을 해서 차례대로 보내야 하기 때문이다. MySQL 서버에서는 모든 레코드를 검색하고 정렬 작업을 하는 동안 클라이언트는 아무것도 하지 않고 기다려야 하기 때문에 응답 속도가 느려지는 것이다. 이 방식을 스트리밍의 반대 표현으로 버퍼링(Buffering)이라고 표현해 본 것이다.

    그림 6-22에서 보는 바와 같이 버퍼링 방식으로 처리되는 쿼리는 먼저 결과를 모아서 MySQL 서버에서 일괄 가공해야 하므로 모든 결과를 스토리지 엔진으로부터 가져올 때까지 기다려야 한다. 그래서 버퍼링 방식으로 처리되는 쿼리는 LIMIT처럼 결과 건수를 제한하는 조건이 있어도 성능 향상에 별로 도움이 되지 않는다. 네트워크로 전송되는 레코드의 건수를 줄일 수는 있지만 MySQL 서버가 해야 하는 작업량에는 그다지 변화가 없기 때문이다.

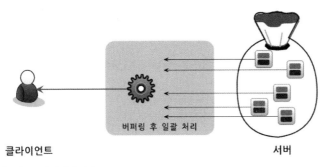

버퍼링 후 일괄 처리

클라이언트   서버

[그림 6-22] 버퍼링 처리

335쪽의 "정렬의 처리 방식"에서 언급한 ORDER BY의 3가지 처리 방식 가운데 인덱스를 사용한 정렬 방식만 스트리밍 형태의 처리이며, 나머지는 모두 버퍼링된 후에 정렬된다. 즉 인덱스를 사용한 정렬 방식은 LIMIT로 제한된 건수만큼만 읽으면서 바로바로 클라이언트로 결과를 전송해줄 수 있다. 하지만 인덱스를 사용하지 못하는 경우의 처리는 필요한 모든 레코드를 디스크로부터 읽어서 정렬한 후에야 비로소 LIMIT로 제한된 건수만큼 잘라서 클라이언트로 전송해줄 수 있음을 의미한다.

조인과 함께 ORDER BY 절과 LIMIT 절이 함께 사용될 경우, 정렬의 각 처리 방식별로 어떤 차이가 있는지 좀 더 자세히 살펴보자.

```sql
SELECT *
FROM tb_test1 t1, tb_test2 t2
WHERE t1.col1=t2.col1
ORDER BY t1.col2
LIMIT 10;
```

tb_test1 테이블의 레코드가 100건이고, tb_test2 테이블의 레코드가 1,000건(tb_test1의 레코드 1건당 tb_test2의 레코드가 10건씩 존재한다고 가정)이며, 두 테이블의 조인 결과는 전체 1,000건이라고 가정하고 정렬의 처리 방식별로 읽어야 하는 레코드 건수와 정렬을 수행해야 하는 레코드 건수를 비교해 보자.

- tb_test1이 드라이빙이 되는 경우

정렬 방식	읽어야 할 건수	조인 횟수	정렬해야 할 대상 건수
인덱스 사용	tb_test1 : 1건 tb_test2 : 10건	1번	0건
드라이빙 테이블만 정렬	tb_test1 : 100건 tb_test2 : 10건	10번	100건 (tb_test1 테이블의 레코드 건수만큼 정렬 필요)
임시 테이블 사용 후 정렬	tb_test1 : 100건 tb_test2 : 1000건	100번 (tb_test1 테이블의 레코드 건수만큼 조인 발생)	1,000건 (조인된 결과 레코드 건수를 전부 정렬해야 함)

- tb_test2가 드라이빙되는 경우

정렬 방식	읽어야 할 건수	조인 횟수	정렬해야 할 대상 건수
인덱스 사용	tb_test2 : 10건 tb_test1 : 10건	10번	0건
드라이빙 테이블만 정렬	tb_test2 : 1000건 tb_test1 : 10건	10번	1,000건 (tb_test2 테이블의 레코드 건수만큼 정렬 필요)
임시 테이블을 사용한 후 정렬	tb_test2 : 1000건 tb_test1 : 100건	1,000번 (tb_test2 테이블의 레코드 건수만큼 조인 발생)	1000건 (조인된 결과 레코드 건수를 전부 정렬해야 함)

어느 테이블이 먼저 드라이빙되어 조인되는지도 중요하지만 어떤 정렬 방식으로 처리되는지는 더 큰 성능 차이를 만든다. 가능하다면 인덱스를 사용한 정렬로 유도하고 그렇지 못하다면 최소한 드라이빙 테이블만 정렬해도 되는 수준으로 유도하는 것도 좋은 튜닝 방법이라고 할 수 있다.

> **참 고** 인덱스를 사용하지 못하고 별도로 Filesort 작업을 거쳐야 하는 쿼리에서 LIMIT 조건이 아무런 도움이 되지 못하는 것은 아니다. 정렬해야 할 대상 레코드가 1,000건인 쿼리에 LIMIT 10이라는 조건이 있다면 MySQL 서버는 1,000건의 레코드를 모두 정렬하는 것이 아니라 필요한 순서(ASC 또는 DESC)대로 정렬해서 상위 10건만 정렬이 채워지면 정렬을 멈추고 결과를 반환한다. 하지만 MySQL 서버는 정렬을 위해 퀵 소트 알고리즘을 사용한다. 이는 LIMIT 10을 만족하는 상위 10건을 정렬하기 위해 더 많은 작업이 필요할 수도 있음을 의미한다. 퀵 소트 알고리즘은 인터넷에서 쉽게 확인해볼 수 있으므로 한 번쯤 살펴보자.
>
> 결론적으로, 인덱스를 사용하지 못하는 쿼리를 페이징 처리에 사용하는 경우 LIMIT로 5~10건만 조회한다고 하더라도 쿼리가 기대만큼 아주 빨라지지는 않는다.

정렬 관련 상태 변수

MySQL 서버는 처리하는 주요 작업에 대해서는 해당 작업의 실행 횟수를 상태 변수로 저장하고 있다. 정렬과 관련해서도 지금까지 몇 건의 레코드나 정렬 처리를 수행했는지, 소트 버퍼 간의 병합 작업(멀티 머지)은 몇 번이나 발생했는지 등을 다음과 같은 명령으로 확인해 볼 수 있다.

```
mysql> SHOW SESSION STATUS LIKE 'Sort%';
+--------------------+--------+
|Variable name       | Value  |
+--------------------+--------+
|Sort_merge_passes   | 56     |
|Sort_range          | 0      |
|Sort_rows           | 279408 |
|Sort_scan           | 1      |
+--------------------+--------+

mysql> SELECT first_name, last_name
       FROM employees
       GROUP BY first_name, last_name;

mysql> SHOW SESSION STATUS LIKE 'Sort%';
+--------------------+--------+
|Variable name       | Value  |
+--------------------+--------+
|Sort_merge_passes   | 112    |
|Sort_range          | 0      |
|Sort_rows           | 558816 |
|Sort_scan           | 2      |
+--------------------+--------+
```

각 상태 값은 다음과 같은 의미가 있으며, 이 값들을 이용해 지금까지 MySQL 서버가 처리한 정렬 작업의 내용을 어느 정도 이해할 수 있다.

- Sort_merge_passes는 멀티 머지 처리 횟수를 의미한다.
- Sort_range는 인덱스 레인지 스캔을 통해 검색된 결과에 대한 정렬 작업 횟수다.
- Sort_scan은 풀 테이블 스캔을 통해 검색된 결과에 대한 정렬 작업 횟수다. Sort_scan과 Sort_range는 둘 다 정렬 작업 횟수를 누적하고 있는 상태 값이다.
- Sort_rows는 지금까지 정렬한 전체 레코드 건수를 의미한다.

이 예제의 결과를 해석해보면 대략 다음과 같은 내용을 알아낼 수 있다.

- 풀 테이블 스캔의 결과를 1번(2 − 1 = 1) 정렬
- 단위 정렬 작업의 결과를 56번(112 − 56 = 56) 병합 처리
- 전체 정렬된 레코드 건수는 279,408건(558,816 − 279,408 = 279,408)

6.3.3 GROUP BY 처리

GROUP BY 또한 ORDER BY와 같이 쿼리가 스트리밍된 처리를 할 수 없게 하는 요소 중 하나다. GROUP BY 절이 있는 쿼리에서는 HAVING 절을 사용할 수 있는데, HAVING 절은 GROUP BY 결과에 대해 필터링 역할을 수행한다. 일반적으로 GROUP BY 처리 결과는 임시 테이블이나 버퍼에 존재하는 값을 필터링하는 역할을 수행한다. GROUP BY에 사용된 조건은 인덱스를 사용해서 처리될 수 없으므로 HAVING 절을 튜닝하려고 인덱스를 생성하거나 다른 방법을 고민할 필요는 없다.

GROUP BY 작업도 인덱스를 사용하는 경우와 그렇지 못한 경우로 나눠 볼 수 있다. 인덱스를 이용할 때는 인덱스를 차례대로 이용하는 인덱스 스캔 방법과 인덱스를 건너뛰면서 읽는 루스 인덱스 스캔이라는 방법으로 나뉜다. 그리고 인덱스를 사용하지 못하는 쿼리에서 GROUP BY 작업은 임시 테이블을 사용한다.

인덱스 스캔을 이용하는 GROUP BY(타이트 인덱스 스캔)

ORDER BY의 경우와 마찬가지로 조인의 드라이빙 테이블에 속한 칼럼만 이용해 그룹핑할 때 GROUP BY 칼럼으로 이미 인덱스가 있다면 그 인덱스를 차례대로 읽으면서 그룹핑 작업을 수행하고 그 결과로 조인을 처리한다. GROUP BY가 인덱스를 사용해서 처리된다 하더라도 그룹 함수(Aggregation function) 등의 그룹값을 처리해야 해서 임시 테이블이 필요할 때도 있다. GROUP BY가 인덱스를 통해 처리되는 쿼리는 이미 정렬된 인덱스를 읽는 것이므로 6.3.3절, "GROUP BY 처리"(347쪽)에서 언급한 추가적인 정렬 작업은 필요하지 않다. 이런 그룹핑 방식을 사용하는 쿼리의 실행 계획에서는 Extra 칼럼에 별도로 GROUP BY 관련 코멘트(Using index for group-by)나 임시 테이블이나 정렬 관련 코멘트(Using temporary, Using filesort)가 표시되지 않는다.

루스(loose) 인덱스 스캔을 이용하는 GROUP BY

루스 인덱스 스캔 방식은 인덱스의 레코드를 건너뛰면서 필요한 부분만 가져오는 것을 의미하는데, 실행 계획의 "Using index for group-by" 코멘트를 설명하면서 한번 언급한 적이 있다. 루스 인덱스 스캔을 사용하는 다음 예제를 한번 살펴보자.

```
EXPLAIN
SELECT emp_no
FROM salaries
WHERE from_date='1985-03-01'
GROUP BY emp_no;
```

salaries 테이블의 인덱스는 (emp_no + from_date)로 생성돼 있으므로 위의 쿼리 문장에서 WHERE
조건은 인덱스 레인지 스캔 접근 방식으로 이용할 수 없는 쿼리다. 하지만 이 쿼리의 실행 계획은 다음
과 같이 인덱스 레인지 스캔(range 타입)을 이용했으며, Extra 칼럼의 메시지를 보면 GROUP BY 처
리까지 인덱스를 사용했다는 것을 알 수 있다.

id	select_type	Table	type	key	key_len	ref	rows	Extra
1	SIMPLE	salaries	range	PRIMARY	7		568914	Using where; Using index for group-by

MySQL 서버가 이 쿼리를 어떻게 실행했는지, 순서대로 하나씩 살펴보자.

1. (emp_no + from_date) 인덱스를 차례대로 스캔하면서, emp_no의 첫 번째 유일한 값(그룹 키) "10001"을 찾
   아낸다.
2. (emp_no + from_date) 인덱스에서 emp_no가 '10001'인 것 중에서 from_date 값이 '1985-03-01'인
   레코드만 가져온다. 이 검색 방법은 1번 단계에서 알아낸 "10001" 값과 쿼리의 WHERE 절에 사용된 "from_
   date='1985-03-01'" 조건을 합쳐서 "emp_no=10001 AND from_date='1985-03-01'" 조건으로 (emp_
   no + from_date) 인덱스를 검색하는 것과 거의 흡사하다.
3. (emp_no + from_date) 인덱스에서 emp_no의 그 다음 유니크한(그룹 키) 값을 가져온다.
4. 3번 단계에서 결과가 더 없으면 처리를 종료하고, 결과가 있다면 2번 과정으로 돌아가서 반복 수행한다.

이 예제가 잘 이해되지 않는다면 5.3.4절, "B-Tree 인덱스를 통한 데이터 읽기"의 "루스 인덱스 스캔"
(222쪽)을 함께 참조하자. MySQL의 루스 인덱스 스캔 방식은 단일 테이블에 대해 수행되는 GROUP
BY 처리에만 사용할 수 있다. 또한 프리픽스 인덱스(Prefix index, 칼럼값의 앞쪽 일부만으로 생성된
인덱스)는 루스 인덱스 스캔을 사용할 수 없다. 인덱스 레인지 스캔에서는 유니크한 값의 수가 많을수
록 성능이 향상되는 반면 루스 인덱스 스캔에서는 인덱스의 유니크한 값의 수가 적을수록 성능이 향상
된다. 즉, 루스 인덱스 스캔은 분포도가 좋지 않은 인덱스일수록 더 빠른 결과를 만들어낸다. 루스 인덱
스 스캔으로 처리되는 쿼리에서는 별도의 임시 테이블이 필요하지 않다.

루스 인덱스 스캔이 사용될 수 있을지 없을지 판단하는 것은 WHERE 절의 조건이나 ORDER BY 절이 인덱스를 사용할 수 있을지 없을지 판단하는 것보다는 더 어렵다. 여기서는 여러 패턴의 쿼리를 살펴보고, 루스 인덱스 스캔을 사용할 수 있는지 없는지 판별하는 연습을 해보자. 우선, (col1+col2+col3) 칼럼으로 생성된 tb_test 테이블을 가정해보자. 다음의 쿼리들은 루스 인덱스 스캔을 사용할 수 있는 쿼리다. 쿼리의 패턴을 보고, 어떻게 사용 가능한 것인지를 생각해 보자.

```
SELECT col1, col2 FROM tb_test GROUP BY col1, col2;
SELECT DISTINCT col1, col2 FROM tb_test;
SELECT col1, MIN(col2) FROM tb_test GROUP BY col1;
SELECT col1, col2 FROM tb_test WHERE col1 < const GROUP BY col1, col2;
SELECT MAX(col3), MIN(col3), col1, col2 FROM tb_test WHERE col2 > const GROUP BY col1, col2;
SELECT col2 FROM tb_test WHERE col1 < const GROUP BY col1, col2;
SELECT col1, col2 FROM tb_test WHERE col3 = const GROUP BY col1, col2;
```

다음의 쿼리는 루스 인덱스 스캔을 사용할 수 없는 쿼리 패턴이다.

```
-- // MIN()과 MAX() 이외의 집합 함수가 사용됐기 때문에 루스 인덱스 스캔은 사용 불가
SELECT col1, SUM(col2) FROM tb_test GROUP BY col1;

-- // GROUP BY에 사용된 칼럼이 인덱스 구성 칼럼의 왼쪽부터 일치하지 않기 때문에 사용 불가
SELECT col1, col2 FROM tb_test GROUP BY col2, col3;

-- // SELECT 절의 칼럼이 GROUP BY와 일치하지 않기 때문에 사용 불가
SELECT col1, col3 FROM tb_test GROUP BY col1, col2;
```

> **참고** 일반적으로 B-Tree 인덱스는 인덱스를 구성하는 칼럼이 왼쪽부터 일치하는 형태로 사용될 때만 사용할 수 있다. 하지만 루스 인덱스 스캔은 인덱스의 첫 번째 칼럼이 WHERE 조건이나 GROUP BY에 사용되지 않아도 B-Tree 인덱스를 사용할 수 있는 방식이기도 하다. 오라클과 같은 DBMS에서는 옵티마이저가 인덱스의 첫 번째 칼럼에 대한 조건을 마음대로 만들어서 추가하는 형태로 이런 기능이 구현돼 있다. 하지만 지금 출시되는 MySQL 5.0, 5.1, 그리고 5.5에서는 아직 루스 인덱스 스캔이 이렇게 인덱스를 사용할 수 있는 방법은 지원되지 않는다. MySQL의 루스 인덱스 스캔의 최적화는 아직 초기 수준이라고 볼 수 있다.

임시 테이블을 사용하는 GROUP BY

GROUP BY의 기준 칼럼이 드라이빙 테이블에 있든 드리븐 테이블에 있든 관계없이 인덱스를 전혀 사용하지 못할 때는 이 방식으로 처리된다. 다음 쿼리를 잠깐 살펴보자.

```
EXPLAIN
SELECT e.last_name, AVG(s.salary)
FROM employees e, salaries s
WHERE s.emp_no=e.emp_no
GROUP BY e.last_name;
```

이 쿼리의 실행 계획에서는 Extra 칼럼에 "Using temporary"와 "Using filesort" 메시지가 표시됐다.
이 실행 계획에서 임시 테이블이 사용된 것은 employees 테이블을 풀 스캔(ALL)하기 때문이 아니라
인덱스를 전혀 사용할 수 없는 GROUP BY이기 때문이다.

id	select_type	table	type	key	key_len	ref	rows	Extra
1	SIMPLE	e	ALL				300584	Using temporary; Using filesort
1	SIMPLE	s	ref	PRIMARY	4	e.emp_no	4	

그림 6-23은 이 실행 계획의 처리 절차를 표현해 둔 것이다.

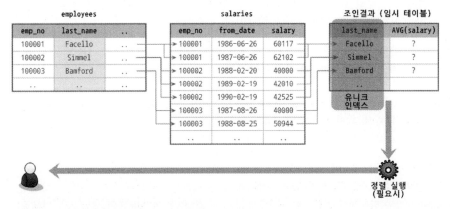

[그림 6-23] 임시 테이블을 이용한 GROUP BY 처리

1. Employees 테이블을 풀 테이블 스캔 방식으로 읽는다.

2. 1번 단계에서 읽은 employees 테이블의 emp_no 값을 이용해 salaries 테이블을 검색한다.

3. 2번 단계에서 얻은 조인 결과 레코드를 임시 테이블에 저장한다. 이 단계에서 사용되는 임시 테이블은 원본 쿼리에
   서 GROUP BY 절에 사용된 칼럼과 SELECT하는 칼럼만 저장한다. 이 임시 테이블에서 중요한 것은 GROUP
   BY 절에 사용된 칼럼으로 유니크 키를 생성한다는 점이다. 즉, GROUP BY가 임시 테이블로 처리되는 경우 사용
   되는 임시 테이블은 항상 유니크 키를 가진다.

4. 1번 단계부터 3번 단계를 조인이 완료될 때까지 반복한다. 조인이 완료되면 임시 테이블의 유니크 키 순서대로 읽어서 클라이언트로 전송된다. 만약, 쿼리의 ORDER BY 절에 명시된 칼럼과 GROUP BY 절에 명시된 칼럼이 같으면 별도의 정렬 작업을 수행하지 않는다. ORDER BY 절과 GROUP BY 절에 명시된 칼럼이 다르다면 Filesort 과정을 거치면서 다시 한번 정렬 작업을 수행한다.

6.3.4 DISTINCT 처리

특정 칼럼의 유니크한 값만을 조회하려면 SELECT 쿼리에 DISTINCT를 사용한다. DISTINCT는 MIN( ), MAX( ) 또는 COUNT( )와 같은 집합 함수와 함께 사용되는 경우와 집합 함수가 없는 경우로 두 가지로 구분해서 살펴보자. 이렇게 구분한 이유는 DISTINCT 키워드가 영향을 미치는 범위가 달라지기 때문이다. 그리고 집합 함수와 같이 DISTINCT가 사용되는 쿼리의 실행 계획에서 DISTINCT 처리가 인덱스를 사용하지 못할 때는 항상 임시 테이블이 필요하다. 하지만 실행 계획의 Extra 칼럼에는 "Using temporary" 메시지가 출력되지 않는다.

SELECT DISTINCT ...

단순히 SELECT 되는 레코드 중에서 유니크한 레코드만 가져오고자 하면 SELECT DISTINCT 형태의 쿼리 문장을 사용한다. 이 경우에는 GROUP BY와 거의 같은 방식으로 처리된다. 단지 차이는 SELECT DISTINCT의 경우에는 정렬이 보장되지 않는다는 것뿐이다. 다음의 두 쿼리는 정렬 관련 부분만 빼면 내부적으로 같은 작업을 수행한다. 그런데 사실 이 두 개의 쿼리는 모두 인덱스를 이용하기 때문에 부가적인 정렬 작업이 필요하지 않으며 완전히 같은 쿼리다. 하지만 인덱스를 이용하지 못하는 DISTINCT는 정렬을 보장하지 않는다.

```
SELECT DISTINCT emp_no FROM salaries;
SELECT emp_no FROM salaries GROUP BY emp_no;
```

DISTINCT를 사용할 때 자주 실수하는 것이 있다. DISTINCT는 SELECT하는 레코드(튜플)를 유니크하게 SELECT하는 것이지 칼럼을 유니크하게 조회하는 것이 아니다. 즉, 다음 쿼리에서 SELECT 하는 결과는 first_name만 유니크한 것을 가져오는 것이 아니라 (first_name+last_name) 전체가 유니크한 레코드를 가져오는 것이다.

```
SELECT DISTINCT first_name, last_name FROM employees;
```

가끔 DISTINCT를 다음과 같이 사용할 때도 있다.

```
SELECT DISTINCT(first_name), last_name FROM employees;
```

위의 쿼리는 얼핏 보면, first_name만 유니크하게 조회하고 last_name은 그냥 DISTINCT가 없을 때와 동일하게 조회하는 쿼리처럼 보인다. 그리고 실제로 상당히 그럴듯하게 아무런 에러 없이 실행되기 때문에 쉽게 실수할 수 있는 부분이다. 하지만 MySQL 서버는 DISTINCT 뒤의 괄호를 그냥 의미없이 사용된 괄호로 해석하고 제거해 버린다. DISTINCT는 함수가 아니므로 그 뒤의 괄호는 의미가 없는 것이다.

```
SELECT DISTINCT first_name, last_name FROM employees;
```

SELECT 절에 사용된 DISTINCT 키워드는 조회되는 모든 칼럼에 영향을 미친다. 절대로 SELECT하는 여러 칼럼 중에서 일부 칼럼만 유니크하게 조회하는 방법은 없다. 단, 이어서 설명할 DISTINCT가 집합 함수 내에 사용된 경우는 조금 다르다.

집합 함수와 함께 사용된 DISTINCT

COUNT( ) 또는 MIN( ), MAX( )와 같은 집합 함수 내에서 DISTINCT 키워드가 사용될 수 있는데, 이 경우에는 일반적으로 SELECT DISTINCT와 다른 형태로 해석된다. 집합 함수가 없는 SELECT 쿼리에서 DISTINCT는 조회하는 모든 칼럼의 조합이 유니크한 것들만 가져온다. 하지만 집합 함수 내에서 사용된 DISTINCT는 그 집합 함수의 인자로 전달된 칼럼 값들 중에서 중복을 제거하고 남은 값만을 가져온다.

```
EXPLAIN
SELECT COUNT(DISTINCT s.salary)
FROM employees e, salaries s
WHERE e.emp_no=s.emp_no
AND e.emp_no BETWEEN 100001 AND 100100;
```

이 쿼리는 내부적으로는 "COUNT(DISTINCT s.salary)"를 처리하기 위해 임시 테이블을 사용한다. 하지만 이 쿼리의 실행 계획에는 임시 테이블을 사용한다는 메시지는 표시되지 않는다. 이는 버그처럼 보이지만 MySQL 5.0, 5.1 그리고 5.5 모두 실행 계획의 Extra 칼럼에 "Using temporary"가 표시되지 않는다.

id	select_type	table	type	key	key_len	ref	rows	Extra
1	SIMPLE	e	range	PRIMARY	4		100	Using where; Using index
1	SIMPLE	s	ref	PRIMARY	4	e.emp_no	4	

위의 쿼리의 경우에는 employees 테이블과 salaries 테이블을 조인한 결과에서 salary 칼럼의 값만 저장하기 위한 임시 테이블을 만들어서 사용한다. 이때 임시 테이블의 salary 칼럼에는 유니크 인덱스가 생성되기 때문에 레코드 건수가 많아진다면 상당히 느려질 수 있는 형태의 쿼리다.

만약 위의 쿼리에 COUNT(DISTINCT …)를 하나 더 추가해서 다음과 같이 변경해보자. COUNT( ) 함수가 두 번 사용된 다음 쿼리의 실행 계획은 위의 쿼리와 똑같이 표시된다. 하지만 다음 쿼리를 처리하려면 s.salary 칼럼의 값을 저장하는 임시 테이블과 e.last_name 칼럼의 값을 저장하는 또 다른 임시 테이블이 필요하므로 전체적으로 2개의 임시 테이블을 사용한다.

```
SELECT COUNT(DISTINCT s.salary), COUNT(DISTINCT e.last_name)
FROM employees e, salaries s
WHERE e.emp_no=s.emp_no
AND e.emp_no BETWEEN 100001 AND 100100;
```

위의 쿼리는 DISTINCT 처리를 위해 인덱스를 이용할 수 없어서 임시 테이블이 필요했다. 하지만 다음 쿼리와 같이 인덱스된 칼럼에 대해 DISTINCT 처리를 수행할 때는 인덱스를 풀 스캔하거나 레인지 스캔하면서 임시 테이블 없이 최적화된 처리를 수행할 수 있다.

```
SELECT COUNT(DISTINCT emp_no) FROM employees;
SELECT COUNT(DISTINCT emp_no) FROM dept_emp GROUP BY dept_no;
```

id	select_type	table	type	key	key_len	ref	rows	Extra
1	SIMPLE	dept_emp	range	PRIMARY	16		334242	Using index

```
SELECT DISTINCT first_name, last_name
FROM employees
WHERE emp_no BETWEEN 10001 AND 10200;

SELECT COUNT(DISTINCT first_name), COUNT(DISTINCT last_name)
FROM employees
WHERE emp_no BETWEEN 10001 AND 10200;

SELECT COUNT(DISTINCT first_name, last_name)
FROM employees
WHERE emp_no BETWEEN 10001 AND 10200;
```

6.3.5 임시 테이블(Using temporary)

MySQL 엔진이 스토리지 엔진으로부터 받아온 레코드를 정렬하거나 그룹핑할 때는 내부적인 임시 테이블을 사용한다. "내부적"이라는 단어가 포함된 것은 여기서 이야기하는 임시 테이블은 "CREATE TEMPORARY TABLE"로 만든 임시 테이블과는 다르기 때문이다. 일반적으로 MySQL 엔진이 사용하는 임시 테이블은 처음에는 메모리에 생성됐다가 테이블의 크기가 커지면 디스크로 옮겨진다. 물론 특정 예외 케이스에는 메모리를 거치지 않고 바로 디스크에 임시 테이블이 만들어지기도 한다. 원본 테이블의 스토리지 엔진과 관계없이 임시 테이블이 메모리를 사용할 때는 MEMORY 스토리지 엔진을 사용하며, 디스크에 저장될 때는 MyISAM 스토리지 엔진을 이용한다.

MySQL 엔진이 내부적인 가공을 위해 생성하는 임시 테이블은 다른 세션이나 다른 쿼리에서는 볼 수 없으며 사용하는 것도 불가능하다. 사용자가 생성한 임시 테이블(CREATE TEMPORARY TABLE)과는 달리 내부적인 임시 테이블은 쿼리의 처리가 완료되면 자동으로 삭제된다.

임시 테이블이 필요한 쿼리

다음과 같은 패턴의 쿼리는 MySQL 엔진에서 별도의 데이터 가공 작업을 필요로 하므로 대표적으로 내부 임시 테이블을 생성하는 케이스다. 물론 이 밖에도 인덱스를 사용하지 못할 때는 내부 임시 테이블을 생성해야 할 때가 많다.

- ORDER BY와 GROUP BY에 명시된 칼럼이 다른 쿼리
- ORDER BY나 GROUP BY에 명시된 칼럼이 조인의 순서상 첫 번째 테이블이 아닌 쿼리

- DISTINCT와 ORDER BY가 동시에 쿼리에 존재하는 경우 또는 DISTINCT가 인덱스로 처리되지 못하는 쿼리
- UNION이나 UNION DISTINCT가 사용된 쿼리(select_type 칼럼이 UNION RESULT인 경우)
- UNION ALL이 사용된 쿼리(select_type 칼럼이 UNION RESULT인 경우)
- 쿼리의 실행 계획에서 select_type이 DERIVED인 쿼리

어떤 쿼리의 실행 계획에서 임시 테이블을 사용하는지는 Extra 칼럼에 "Using temporary"라는 키워드가 표시되는지 확인하면 된다. 하지만 "Using temporary"가 표시되지 않을 때도 임시 테이블을 사용할 수 있는데, 위의 예에서 마지막 3개 패턴이 그런 예다. 첫 번째부터 네 번째까지의 쿼리 패턴은 유니크 인덱스를 가지는 내부 임시 테이블이 만들어진다. 그리고 다섯 번째와 여섯 번째 쿼리 패턴은 유니크 인덱스가 없는 내부 임시 테이블이 생성된다. 일반적으로 유니크 인덱스가 있는 내부 임시 테이블은 그렇지 않은 쿼리보다 상당히 처리 성능이 느리다.

임시 테이블이 디스크에 생성되는 경우(MyISAM 스토리지 엔진을 사용)

내부 임시 테이블은 기본적으로는 메모리상에 만들어지지만 다음과 같은 조건을 만족하면 메모리에 임시 테이블을 생성할 수 없으므로 디스크상에 MyISAM 테이블로 만들어진다.

- 임시 테이블에 저장해야 하는 내용 중 BLOB(Binary Large Object)나 TEXT와 같은 대용량 칼럼이 있는 경우
- 임시 테이블에 저장해야 하는 레코드의 전체 크기나 UNION이나 UNION ALL에서 SELECT 되는 칼럼 중에서 길이가 512바이트 이상인 크기의 칼럼이 있는 경우
- GROUP BY나 DISTINCT 칼럼에서 512바이트 이상인 크기의 칼럼이 있는 경우
- 임시 테이블에 저장할 데이터의 전체 크기(데이터의 바이트 크기)가 tmp_table_size 또는 max_heap_table_size 시스템 설정 값보다 큰 경우

첫 번째부터 세 번째까지는 처음부터 디스크에 MyISAM 스토리지 엔진을 사용해서 내부 임시 테이블이 만들어진다. 하지만 네 번째는 처음에는 MEMORY 스토리지 엔진을 이용해 메모리에 내부 임시 테이블이 생성되지만 테이블의 크기가 시스템 설정 값을 넘어서는 순간 디스크의 MyISAM 테이블로 변환된다.

임시 테이블 관련 상태 변수

실행 계획상에서 "Using temporary"가 표시되면 임시 테이블을 사용했다는 사실을 수 있다. 하지만 임시 테이블이 메모리에서 처리됐는지 디스크에서 처리됐는지는 알 수 없으며, 몇 개의 임시 테이블이 사용됐는지도 알 수 없다. "Using temporary"가 한번 표시됐다고 해서 임시 테이블을 하나만 사용했

다는 것을 의미하지는 않는다. 임시 테이블이 디스크에 생성됐는지 메모리에 생성됐는지 파악하려면 MySQL 서버의 상태 변수(SHOW SESSION STATUS LIKE 'Created_tmp%';)를 확인해 보면 된다.

```
mysql> SHOW SESSION STATUS LIKE 'Created_tmp%';
+-----------------------+--------+
| Variable name         | Value  |
+-----------------------+--------+
| Created_tmp_disk_tables | 0    |
| Created_tmp_tables      | 2    |
+-----------------------+--------+

mysql> SELECT first_name, last_name
FROM employees
GROUP BY first_name, last_name;

mysql> SHOW SESSION STATUS LIKE 'Created_tmp%';
+-----------------------+--------+
| Variable name         | Value  |
+-----------------------+--------+
| Created_tmp_disk_tables | 1    |
| Created_tmp_tables      | 3    |
+-----------------------+--------+
```

위의 내용을 보면 쿼리를 실행하기 전에 "SHOW SESSION STATUS LIKE 'Created_tmp%';" 명령으로 임시 테이블의 사용 현황을 먼저 확인해 둔다. 그리고 SELECT 쿼리를 실행한 후, 다시 상태 조회 명령을 실행해 보면 된다. 예제의 두 상태 변수가 누적하고 있는 값의 의미는 다음과 같다.

Created_tmp_tables

쿼리의 처리를 위해 만들어진 내부 임시 테이블의 개수를 누적하는 상태 값. 이 값은 내부 임시 테이블이 메모리에 만들어졌는지 디스크에 만들어졌는지를 구분하지 않고 모두 누적한다.

Created_tmp_disk_tables

디스크에 내부 임시 테이블이 만들어진 개수만 누적해서 가지고 있는 상태 값.

이 예제에서 내부 임시 테이블의 사용 현황을 보자. 임시 테이블이 1개(3-2=1)가 생성됐는데, "Created_tmp_disk_tables" 상태 변수 값의 변화를 보면 해당 임시 테이블이 디스크에 만들어졌었음을 알 수 있다.

임시 테이블 관련 주의사항

레코드 건수가 많지 않으면 내부 임시 테이블이 메모리에 생성되고 MySQL의 서버의 부하에 크게 영향을 미치지는 않는다. 성능상의 이슈가 될만한 부분은 내부 임시 테이블이 MyISAM 테이블로 디스크에 생성되는 경우다.

```
SELECT * FROM employees GROUP BY last_name ORDER BY first_name;
```

이 쿼리는 GROUP BY와 ORDER BY 칼럼이 다르고, last_name 칼럼에 인덱스가 없기 때문에 임시 테이블과 정렬 작업까지 수행해야 하는 가장 골칫거리가 되는 쿼리 형태다.

id	select_type	table	type	key	key_len	ref	rows	Extra
1	SIMPLE	employees	ALL				300584	Using temporary; Using filesort

Rows 칼럼의 값을 보면 이 쿼리는 대략 처리해야 하는 레코드 건수가 30만 건 정도라는 사실을 알 수 있다. 이 실행 계획의 내부적인 작업 과정을 살펴보면 다음과 같다.

1. Employees 테이블의 모든 칼럼을 포함한 임시 테이블을 생성(MEMORY 테이블)

2. Employees 테이블로부터 첫 번째 레코드를 InnoDB 스토리지 엔진으로부터 가져와서

3. 임시 테이블에 같은 last_name이 있는지 확인

4. 같은 last_name이 없으면 임시 테이블에 INSERT

5. 같은 last_name이 있으면 임시 테이블에 UPDATE 또는 무시

6. 임시 테이블의 크기가 특정 크기보다 커지면 임시 테이블을 MyISAM 테이블로 디스크로 이동

7. Employees 테이블에서 더 읽을 레코드가 없을 때까지 2~6번 과정 반복(이 쿼리에서는 30만 회 반복)

8. 최종 내부 임시 테이블에 저장된 결과에 대해 정렬 작업을 수행

9. 클라이언트에 결과 반환

SELECT 절에 포함된 칼럼의 특징에 따라 3번 ~ 5번 과정은 조금씩 차이가 있지만 임시 테이블이 일반적으로 이러한 과정을 거친다고 생각하면 될 듯하다. 여기서 중요한 것은 임시 테이블이 메모리에 있는 경우는 조금 다르겠지만 디스크에 임시 테이블이 저장된 경우라면 30만 건을 임시 테이블로 저장하려면 적지 않은 부하가 발생하리라는 것이다. 가능하다면 인덱스를 이용해 처리하고, 처음부터 임시 테

이블이 필요하지 않게 만드는 것이 가장 좋다. 만약 이렇게 하기가 어렵다면 내부 임시 테이블이 메모리에만 저장될 수 있게 가공 대상 레코드를 적게 만드는 것이 좋다. 하지만 가공해야 할 데이터를 줄일 수 없다고 해서 tmp_table_size 또는 max_heap_table_size 시스템 설정 변수를 무조건 크게 설정하면 MySQL 서버가 사용할 여유 메모리를 내부 임시 테이블이 모두 사용해버릴 수도 있으므로 주의해야 한다.

임시 테이블이 MEMORY(HEAP) 테이블로 물리 메모리에 생성되는 경우에도 주의해야 할 사항이 있다. MEMORY(HEAP) 테이블의 모든 칼럼은 고정 크기 칼럼이라는 점이다. 만약, 위의 예제 쿼리에서 first_name 칼럼이 VARCHAR(512)라고 가정해보자. 실제 메모리 테이블에서 first_name 칼럼이 차지하는 공간은 512 * 3(문자집합을 utf8로 가정) 바이트가 될 것이다. 실제 first_name 칼럼의 값이 1글자이든 2글자이든 관계없이, 테이블에 정의된 크기만큼 메모리 테이블에서 공간을 차지한다는 것이다. 이러한 임시 테이블의 저장 방식 때문에 SELECT하는 칼럼은 최소화하고(특히 불필요하면 BLOB 이나 TEXT 칼럼은 배제하는 것이 좋음), 칼럼의 데이터 타입 선정도 가능한 한 작게 해주는 것이 좋다.

6.3.6 테이블 조인

MySQL은 다른 DBMS보다 조인을 처리하는 방식이 단순하다. 현재 릴리즈된 MySQL의 모든 버전에서 조인 방식은 네스트드-루프로 알려진 중첩된 루프와 같은 형태만 지원한다. 그리고 조인되는 각 테이블 간의 레코드를 어떻게 연결할지에 따라 여러 가지 종류의 조인으로 나뉜다.

조인의 종류

조인의 종류는 크게 INNER JOIN과 OUTER JOIN으로 구분할 수 있고, OUTER JOIN은 다시 LEFT OUTER JOIN과 RIGHT OUTER JOIN 그리고 FULL OUTER JOIN으로 구분할 수 있다. 그리고 조인의 조건을 어떻게 명시하느냐에 따라 NATURAL JOIN과 CROSS JOIN(FULL JOIN, CARTESIAN JOIN)으로도 구분할 수 있다.

조인의 처리에서 어느 테이블을 먼저 읽을지를 결정하는 것은 상당히 중요하며, 그에 따라 처리할 작업량이 상당히 달라진다. INNER JOIN은 어느 테이블을 먼저 읽어도 결과가 달라지지 않으므로 MySQL 옵티마이저가 조인의 순서를 조절해서 다양한 방법으로 최적화를 수행할 수 있다. 하지만 OUTER JOIN은 반드시 OUTER가 되는 테이블을 먼저 읽어야 하기 때문에 조인 순서를 옵티마이저가 선택할 수 없다.

JOIN (INNER JOIN)

일반적으로 "조인"이라 함은 INNER JOIN을 지칭하는데, 별도로 아우터 조인과 구분할 때 "이너 조인 (INNER JOIN)"이라고도 한다. MySQL에서 조인은 네스티드−루프 방식만 지원한다. 네스티드−루프 란 일반적으로 프로그램을 작성할 때 두 개의 FOR나 WHILE과 같은 반복 루프 문장을 실행하는 형태 로 조인이 처리되는 것을 의미한다.

```
FOR ( record1 IN TABLE1 ){      // 외부 루프 (OUTER)
    FOR ( record2 IN TABLE2 ){    // 내부 루프 (INNER)
      IF ( record1.join_column == record2.join_column ){
        join_record_found(record1.*, record2.*);
      }else{
        join_record_notfound();
      }
    }
  }
```

위의 의사 코드에서 알 수 있듯이 조인은 2개의 반복 루프로 두 개의 테이블을 조건에 맞게 연결해주는 작업이다(이 의사 코드의 FOR 반복문이 풀 테이블 스캔을 의미하는 것은 아니다). 두 개의 FOR 문 장에서 바깥쪽을 아우터(OUTER) 테이블이라고 하며, 안쪽을 이너(INNER) 테이블이라고 표현한다. 또한 아우터 테이블은 이너 테이블보다 먼저 읽어야 하며, 조인에서 주도적인 역할을 한다고 해서 드 라이빙(Driving) 테이블이라고도 한다. 이너 테이블은 조인에서 끌려가는 역할을 한다고 해서 드리븐 (Driven) 테이블이라고도 한다.

중첩된 반복 루프에서 최종적으로 선택될 레코드가 안쪽 반복 루프 (INNER 테이블)에 의해 결정되는 경우를 INNER JOIN이라고 한다. 즉, 두 개의 반복 루프를 실행하면서 TABLE2(INNER 테이블)에 "IF (record1.join_column == record2.join_column)" 조건을 만족하는 레코드만 조인의 결과로 가져 온다.

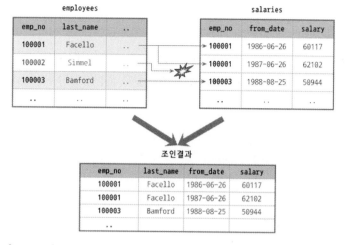

[그림 6-24] INNER JOIN에서 결과를 가져오는 방법

그림 6-24에서는 employees 테이블이 드라이빙 테이블이며, salaries 테이블이 드리븐 테이블이 되어 INNER JOIN이 실행된 결과를 가져오는 과정을 보여준다. INNER JOIN을 실행하는 과정에서 emp_no가 100002인 레코드는 salaries 테이블에 존재하지 않는다는 것을 알게 되고, 이렇게 짝을 찾지 못하는 레코드는(드라이빙 테이블에만 존재하는 레코드) 조인 결과에 포함되지 않는다.

OUTER JOIN

INNER JOIN에서 살펴본 의사 코드를 조금만 수정해서 살펴보자.

```
FOR ( record1 IN TABLE1 ){     // 외부 루프 (OUTER)
    FOR ( record2 IN TABLE2 ){    // 내부 루프 (INNER)
      IF ( record1.join_column == record2.join_column ){
        join_record_found(record1.*, record2.*);
      }else{
        join_record_found(record1.*, NULL);
      }
    }
}
```

위 코드에서 TABLE2에 일치하는 레코드가 있으면 INNER 조인과 같은 결과를 만들어내지만, TABLE2(INNER 테이블)에 조건을 만족하는 레코드가 없는 경우에는 TABLE2의 칼럼을 모두 NULL로 채워서 가져온다. 즉, INNER JOIN에서는 일치하는 레코드를 찾지 못했을 때는 TABLE1의 결과를 모두 버리지만 OUTER JOIN에서는 TABLE1의 결과를 버리지 않고 그대로 결과에 포함한다.

INNER 테이블이 조인의 결과에 전혀 영향을 미치지 않고, OUTER 테이블의 내용에 따라 조인의 결과가 결정되는 것이 OUTER JOIN의 특징이다. 물론 OUTER 테이블과 INNER 테이블의 관계(대표적으로 1:M 관계일 때)에 의해 최종 결과 레코드 건수가 늘어날 수는 있지만, OUTER 테이블의 레코드가 INNER 테이블에 일치하는 레코드가 없다고 해서 버려지지는 않는다. 그림 6-25는 OUTER JOIN의 처리 방식을 묘사하고 있는데, 이 그림에서 emp_no가 100002번인 레코드는 salaries 테이블에서 일치하는 레코드를 찾지 못했다. 하지만 emp_no가 100002번인 레코드는 최종 아우터 조인의 결과에 포함된다. 물론 이때 salaries 테이블에는 일치하는 레코드가 없으므로 최종 결과의 salaries 테이블 칼럼은 NULL로 채워진다.

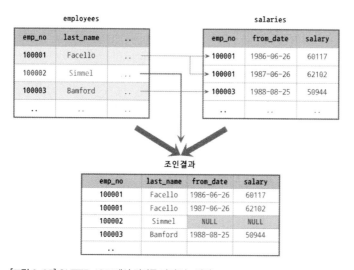

[그림 6-25] OUTER JOIN에서 결과를 가져오는 방법

그리고 OUTER JOIN은 조인의 결과를 결정하는 아우터 테이블이 조인의 왼쪽에 있는지 오른쪽에 있는지에 따라 LEFT OUTER JOIN과 RIGHT OUTER JOIN, 그리고 FULL OUTER JOIN으로 다시 나뉜다.

```
SELECT *
FROM employees e
  LEFT OUTER JOIN salaries s ON s.emp_no = e.emp_no;

SELECT *
FROM salaries s
  RIGHT OUTER JOIN employees e ON e.emp_no = s.emp_no;
```

위 예제에서 첫 번째 쿼리는 LEFT OUTER JOIN이며, 두 번째 쿼리는 RIGHT OUTER JOIN의 예제다. 두 쿼리의 차이점을 한번 비교해보자.

- 첫 번째 쿼리는 LEFT OUTER JOIN을 사용했는데, LEFT OUTER JOIN 키워드의 왼쪽에 employees 테이블이 사용됐고 오른쪽에 salaries 테이블이 사용됐기 때문에 employees가 아우터 테이블이 된다. 그래서 조인의 최종 결과는 salaries테이블의 레코드 존재 여부에 관계없이 employees 테이블의 레코드에 의해 결정된다.
- 두 번째 쿼리는 RIGHT OUTER JOIN이 사용됐으며, RIGHT OUTER JOIN 키워드를 기준으로 오른쪽에 employees 테이블이 사용됐고 왼쪽에 salaries 테이블이 사용됐으므로 employees 테이블이 아우터 테이블이 된다. 그래서 두 번째 쿼리의 최종 결과도 salaries 테이블의 레코드 존재 여부에 관계없이 employees 테이블의 레코드에 의해 결정된다.

예제의 두 쿼리는 각각 LEFT OUTER JOIN과 RIGHT OUTER JOIN을 사용했지만 결국 같은 처리 결과를 만들어내는 쿼리다. LEFT OUTER JOIN과 RIGHT OUTER JOIN은 결국 처리 내용이 같으므로 혼동을 막기 위해 LEFT OUTER JOIN으로 통일해서 사용하는 것이 일반적이다.

JOIN 키워드를 기준으로 왼쪽의 테이블도 OUTER JOIN을 하고 싶고, 오른쪽의 테이블도 OUTER JOIN을 하고 싶은 경우 사용하는 쿼리가 FULL OUTER JOIN인데, MySQL에서는 FULL OUTER JOIN을 지원하지 않는다. 하지만 INNER JOIN과 OUTER JOIN을 조금만 섞어서 활용하면 FULL OUTER JOIN과 같은 기능을 수행하도록 쿼리를 작성할 수 있다. 이 예제는 451쪽 "MySQL에서 FULL OUTER JOIN 구현"에서 소개하고 있으므로 참고한다.

LEFT OUTER JOIN에서는 쉽게 실수할 수 있는 부분들이 여러 가지 있다. 이제 LEFT OUTER JOIN을 사용할 때 어떤 부분에 주의해야 하고, 그런 실수를 막기 위해 어떻게 해야 할지 조금 더 자세히 살펴보겠다.

MySQL의 실행 계획은 INNER JOIN을 사용했는지 OUTER JOIN을 사용했는지를 알려주지 않으므로 OUTER JOIN을 의도한 쿼리가 INNER JOIN으로 실행되지는 않는지 주의해야 한다. 이 부분도 실수하기 쉬운 부분인데, OUTER JOIN에서 레코드가 없을 수도 있는 쪽의 테이블에 대한 조건은 반드시 LEFT JOIN의 ON 절에 모두 명시하자. 그렇지 않으면 옵티마이저는 OUTER JOIN을 내부적으로 INNER JOIN으로 변형시켜서 처리해 버릴 수도 있다. LEFT OUTER JOIN의 ON 절에 명시되는 조건은 조인되는 레코드가 있을 때만 적용된다. 하지만 WHERE 절에 명시되는 조건은 OUTER JOIN이나 INNER JOIN에 관계없이 조인된 결과에 대해 모두 적용된다. 그래서 OUTER JOIN으로 연결되는 테이블이 있는 쿼리에서는 가능하다면 모든 조건을 ON 절에 명시하는 습관을 들이는 것이 좋다.

```
SELECT *
FROM employees e
  LEFT OUTER JOIN salaries s ON s.emp_no=e.emp_no
WHERE s.salary > 5000;
```

위 쿼리의 LEFT OUTER JOIN 절과 WHERE 절은 서로 충돌되는 방식으로 사용된 것이다. OUTER JOIN으로 연결되는 테이블의 칼럼에 대한 조건이 ON 절에 명시되지 않고 WHERE 절에 명시됐기 때문이다. 그래서 MySQL 서버는 이 쿼리를 최적화 단계에서 다음과 같은 쿼리로 변경한 후 실행한다. MySQL 옵티마이저가 쿼리를 변경해버리면 원래 쿼리를 작성했던 사용자의 의도와는 다른 결과를 반환받는다.

```
SELECT *
FROM employees e
  INNER JOIN salaries s ON s.emp_no=e.emp_no
WHERE s.salary > 5000;
```

이런 형태의 쿼리는 다음 2가지 중의 한 방식으로 수정해야 쿼리 자체의 의도나 결과를 명확히 할 수 있다.

```
-- // 순수하게 OUTER JOIN으로 표현한 쿼리
SELECT *
FROM employees e
  LEFT OUTER JOIN salaries s ON s.emp_no=e.emp_no AND s.salary > 5000;

-- // 순수하게 INNER JOIN으로 표현한 쿼리
SELECT *
FROM employees e
INNER JOIN salaries s ON s.emp_no=e.emp_no
WHERE s.salary > 5000;
```

LEFT OUTER JOIN이 아닌 쿼리에서는 검색 조건이나 조인 조건을 WHERE 절이나 ON 절 중에서 어느 곳에 명시해도 성능상의 문제나 결과의 차이가 나지 않는다.

> **주 의** 오라클과 같은 DBMS에서는 OUTER JOIN 테이블에 대한 조건이라는 표기로 "(+)" 기호를 칼럼 뒤에 사용할 수도 있다. 하지만 MySQL은 이러한 형태의 표기법을 허용하지 않고 LEFT JOIN 또는 LEFT OUTER JOIN 절을 이용하는 SQL 표준 문법만을 지원한다.

카테시안 조인

카테시안 조인은 FULL JOIN 또는 CROSS JOIN이라고도 한다. 일반적으로는, 조인을 수행하기 위해 하나의 테이블에서 다른 테이블로 찾아가는 연결 조건이 필요하다. 하지만 카테시안 조인은 이 조인 조건 자체가 없이 2개 테이블의 모든 레코드 조합을 결과로 가져오는 조인 방식이다. 카테시안 조인은 조인이 되는 테이블의 레코드 건수가 1~2건 정도로 많지 않을 때라면 특별히 문제가 되지는 않는다. 하지만 레코드 건수가 많아지면 조인의 결과 건수가 기하급수적으로 늘어나므로 MySQL 서버 자체를 응답 불능 상태로 만들어버릴 수도 있다.

조인의 양쪽 테이블이 모두 레코드 1건인 쿼리를 제외하면, 애플리케이션에서 사용되는 카테시안 조인은 의도하지 않았던 경우가 대부분이다. N개 테이블의 조인이 수행되는 쿼리에서는 반드시 조인 조건은 N-1개(또는 그 이상)가 필요하며 모든 테이블은 반드시 1번 이상 조인 조건에 사용돼야 카테시안 조인을 피할 수 있다. 조인되는 테이블이 많아지고 조인 조건이 복잡해질수록 의도하지 않은 카테시안 조인이 발생할 가능성이 크기 때문에 주의해야 한다.

```
SELECT * FROM departments WHERE dept_no='d001';

SELECT * FROM employees WHERE emp_no=1000001;

SELECT d.*, e.*
FROM departments d, employees e
WHERE dept_no = 'd001' AND emp_no=1000001;
```

또한 카테시안 조인은 레코드 한 건만 조회하는 여러 개의 쿼리(전혀 연관이 없는 쿼리)를 하나의 쿼리로 모아서 실행하기 위해 사용되기도 한다. 위 예제의 첫 번째와 두 번째 쿼리는 각각 레코드 1건씩을 조회하지만 전혀 연관이 없다. 이 각각의 쿼리를 하나로 묶어서 실행하기 위해 세 번째 쿼리와 같이 하나의 쿼리로 두 테이블을 조인해서 한번에 결과를 가져오고 있다. 하지만 employees 테이블과 departments 테이블을 연결해주는 조인 조건은 없음을 알 수 있다. 위와 같이 2개의 쿼리를 하나의 쿼리처럼 빠르게 실행하는 효과를 얻을 수도 있다. 하지만 카테시안 조인으로 묶은 2개의 단위 쿼리가 반환하는 레코드가 항상 1건이 보장되지 않으면 아무런 결과도 못 가져오거나 또는 기대했던 것보다 훨씬 많은 결과를 받게 될 수도 있으므로 주의하자.

SQL 표준에서 CROSS JOIN은 카테시안 조인과 같은 조인 방식을 의미하지만 MySQL에서 CROSS JOIN은 INNER JOIN과 같은 조인 방식을 의미한다. MySQL에서 CROSS JOIN을 사용하는 경우 INNER JOIN과 같이 ON 절이나 WHERE 절에 조인 조건을 부여하는 것이 가능하며, 이렇게 작성된 CROSS JOIN은 INNER JOIN과 같은 방식으로 작동한다. 그래서 MySQL에서 CROSS JOIN은 카테시안 조인이 될 수도 있고, 아닐 수도 있다. 다음 두 예제는 같은 결과를 만들어 낸다.

```
SELECT d.*, e.*
FROM departments d
  INNER JOIN employees e ON d.emp_no=e.emp_no;

SELECT d.*, e.*
FROM departments d
  CROSS JOIN employees e ON d.emp_no=e.emp_no;
```

사실 MySQL에서 카테시안 조인과 이너 조인은 문법으로 구분되는 것이 아니다. 조인으로 연결되
는 조건이 적절히 있다면 이너 조인으로 처리되고, 연결 조건이 없다면 카테시안 조인이 된다. 그래서
CROSS JOIN이나 INNER JOIN을 특별히 구분해서 사용할 필요는 없다.

NATURAL JOIN

MySQL에서 INNER JOIN의 조건을 명시하는 방법은 여러 가지가 있다. 다음의 예제 쿼리를 한번 살
펴보자.

```
SELECT *
FROM employees e, salaries s
WHERE e.emp_no=s.emp_no;

SELECT *
FROM employees e
  INNER JOIN salaries s ON s.emp_no=e.emp_no;

SELECT *
FROM employees e
  INNER JOIN salaries s USING (emp_no);
```

위 예제의 세 쿼리는 모두 표기법만 조금 차이가 있을 뿐, 전부 같은 쿼리다. 세 번째의 "USING(emp_
no)"는 두 번째 쿼리의 "ON s.emp_no=e.emp_no"과 같은 의미로 사용된다. USING 키워드는 조인
되는 두 테이블의 조인 칼럼이 같은 이름을 가지고 있을 때만 사용할 수 있다.

여기서 살펴볼 NATURAL JOIN 또한 INNER JOIN과 같은 결과를 가져오지만 표현 방법이 조금 다른
조인 방법 중 하나다. 다음의 쿼리로 NATURAL JOIN의 특성을 살펴보자.

```
SELECT *
FROM employees e
  NATURAL JOIN salaries s;
```

위의 예제 쿼리도 employees 테이블의 emp_no 칼럼과 salaries 테이블의 emp_no 칼럼을 조인하는 쿼리다. NATURAL JOIN은 employees 테이블에 존재하는 칼럼과 salaries 테이블에 존재하는 칼럼 중에서 서로 이름이 같은 칼럼을 모두 조인 조건으로 사용한다. Employees 테이블과 salaries 테이블에는 이름이 같은 칼럼으로 emp_no만 존재하기 때문에 결국 "NATURAL JOIN salaries s"는 "INNER JOIN salaries s ON s.emp_no=e.emp_no"와 같은 의미다.

NATURAL JOIN은 조인 조건을 명시하지 않아도 된다는 편리함이 있지만 사실 각 테이블의 칼럼 이름에 의해 쿼리가 자동으로 변경될 수 있다는 문제가 있다. 즉, NATURAL JOIN으로 조인하는 테이블은 같은 칼럼명을 사용할 때 자동으로 조인의 조건으로 사용돼버릴 수 있다는 점을 항상 고려해야 한다. 또한, 애플리케이션이 변경되면서 테이블의 구조를 변경할 때도 NATURAL JOIN으로 조인되는 테이블이 있는지, 그리고 그 테이블의 칼럼과 비교하면서 같은 칼럼명이 존재하는지 확인해야 한다. 이는 상당히 성가신 작업이 될 것이며, 유지보수를 위한 비용만 높이는 역효과를 가져올 가능성이 크다. 단지 이러한 방식의 조인이 있다는 것만 알아두면 충분할 것으로 보인다.

Single-sweep multi join

MySQL의 네스티드-루프 조인을 자주 "Single-sweep multi join"이라고 표현하기도 한다. 예전의 MySQL 매뉴얼에서는 조인 방식을 "Single-sweep multi-join"이라고 설명했는데, 난해하다는 이유로 "네스티드-루프 조인"이라는 표현으로 바뀌었다. "Single-sweep multi-join"의 의미는 조인에 참여하는 테이블의 개수만큼 FOR나 WHILE과 같은 반복 루프가 중첩되는 것을 말한다. 다음 쿼리와 실행 계획을 예제로 살펴보자.

```
SELECT d.dept_name,e.first_name
FROM departments d, employees e, dept_emp de
WHERE de.dept_no=d.dept_no
  AND e.emp_no=de.emp_no;
```

위의 쿼리는 3개의 테이블을 조인하고 있는데, 이 쿼리의 실행 계획은 다음과 같다.

id	select_type	table	type	Key	key_len	Ref	rows	Extra
1	SIMPLE	d	index	ux_deptname	123	NULL	9	Using index
1	SIMPLE	de	ref	PRIMARY	12	employees.d.dept_no	18603	Using index
1	SIMPLE	e	eq_ref	PRIMARY	4	employees.de.emp_no	1	

이 실행 계획을 보면, 제일 먼저 d 테이블(departments)이 읽히고, 그다음으로 de 테이블(dept_emp), 그리고 e 테이블(employees)이 읽혔다는 사실을 알 수 있다. 또한 de 테이블과 e 테이블이 읽힐 때 어떤 값이 비교 조건으로 들어왔는지를 ref 칼럼에 표시하고 있다. 이 실행 계획을 FOR 반복문으로 표시해 보면 다음과 같다.

```
FOR ( record1 IN departments ){
    FOR ( record2 IN dept_emp  &&  record2.dept_no = record1.dept_no ){
        FOR ( record3 IN employees && record3.emp_no = record2.emp_no ){
            RETURN {record1.dept_name, record3.first_name}
        }
    }
}
```

위의 의사 코드에서 알 수 있듯이, 3번 중첩이 되긴 했지만 전체적으로 반복 루프는 1개다. 즉, 반복 루프를 돌면서 레코드 단위로 모든 조인 대상 테이블을 차례대로 읽는 방식을 "Single-sweep multi join"이라고 한다. MySQL 조인의 결과는 드라이빙 테이블을 읽은 순서대로 레코드가 정렬되어 반환되는 것이다. 조인에서 드리븐 테이블들은 단순히 드라이빙 테이블의 레코드를 읽는 순서대로 검색(Lookup)만 할 뿐이다.

조인 버퍼를 이용한 조인(Using join buffer)

조인은 드라이빙 테이블에서 일치하는 레코드의 건수만큼 드리븐 테이블을 검색하면서 처리된다. 즉, 드라이빙 테이블은 한 번에 쭉 읽게 되지만 드리븐 테이블은 여러 번 읽는다는 것을 의미한다. 예를 들어 드라이빙 테이블에서 일치하는 레코드가 1,000건이었는데, 드리븐 테이블의 조인 조건이 인덱스를 이용할 수 없었다면 드리븐 테이블에서 연결되는 레코드를 찾기 위해 1,000번의 풀 테이블 스캔을 해야 한다. 그래서 드리븐 테이블을 검색할 때 인덱스를 사용할 수 없는 쿼리는 상당히 느려지며, MySQL 옵티마이저는 최대한 드리븐 테이블의 검색이 인덱스를 사용할 수 있게 실행 계획을 수립한다.

그런데 어떤 방식으로도 드리븐 테이블의 풀 테이블 스캔이나 인덱스 풀 스캔을 피할 수 없다면 옵티마이저는 드라이빙 테이블에서 읽은 레코드를 메모리에 캐시한 후 드리븐 테이블과 이 메모리 캐시를 조인하는 형태로 처리한다. 이때 사용되는 메모리의 캐시를 조인 버퍼(Join buffer)라고 한다. 조인 버퍼는 join_buffer_size라는 시스템 설정 변수로 크기를 제한할 수 있으며, 조인이 완료되면 조인 버퍼는 바로 해제된다.

두 테이블이 조인되는 다음 예제 쿼리에서, 각각 테이블에 대한 조건은 WHERE 절에 있지만 두 테이블 간의 연결 고리 역할을 하는 조인 조건은 없다. 그래서 dept_emp 테이블에서 from_date>'1995-01-01'인 레코드(124,108 건)와 employees 테이블에서 emp_no<109004 조건을 만족하는 레코드(99,003건)는 카테시안 조인을 수행한다.

```
SELECT *
FROM dept_emp de, employees e
WHERE de.from_date>'1995-01-01' AND e.emp_no<109004;
```

그림 6-26은 이 쿼리가 조인 버퍼 없이 실행된다면 어떤 절차를 거쳐 결과를 가져오는지 보여준다. Dept_emp 테이블이 드라이빙 테이블이 되고, demployees 테이블이 드리븐 테이블이 되어 조인이 수행되는 것으로 가정했다.

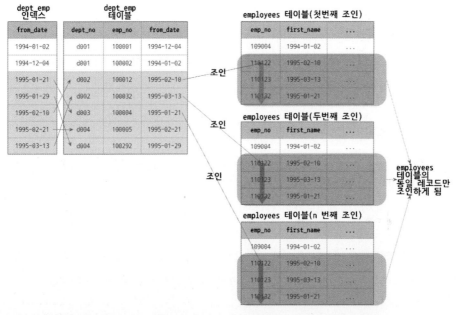

[그림 6-26] 조인 버퍼 없이 조인되는 경우 처리 내용

dept_emp 테이블에서 조건(from_date>'2000-01-01')을 만족하는 각 레코드별로 employees 테이블에서 "emp_no<109004" 조건을 만족하는 레코드 99,003건씩 가져온다. 그림 6-26을 보면 dept_emp 테이블의 각 레코드에 대해 employees 테이블을 읽을 때 드리븐 테이블에서 가져오는 결과는 매번 같지만 10,616번이나 이 작업을 실행한다는 것을 알 수 있다.

같은 처리를 조인 버퍼(Join buffer)를 사용하게 되면 어떻게 달라지는지 한번 살펴보자. 실제 이 쿼리의 실행 계획을 살펴보면 다음과 같이 dept_emp 테이블이 드라이빙 테이블이 되어 조인되고, employees 테이블을 읽을 때는 조인 버퍼(Join buffer)를 이용한다는 것을 Extra 칼럼의 내용으로 알 수 있다.

id	select_type	table	type	key	key_len	ref	rows	Extra
1	SIMPLE	de	range	ix_fromdate	3		20550	Using where
1	SIMPLE	e	range	PRIMARY	4		148336	Using where; Using join buffer

그림 6-27은 이 쿼리의 실행 계획에서 조인 버퍼가 어떻게 사용되는지 보여준다. 단계별로 잘라서 실행 내역을 한번 살펴보자.

1. dept_emp 테이블의 ix_fromdate 인덱스를 이용해 (from_date>'2000-01-01') 조건을 만족하는 레코드를 검색한다.
2. 조인에 필요한 나머지 칼럼을 모두 dept_emp 테이블로부터 읽어서 조인 버퍼에 저장한다.
3. employees 테이블의 프라이머리 키를 이용해 (emp_no<109004) 조건을 만족하는 레코드를 검색한다.
4. 3번에서 검색된 결과(employees)에 2번의 캐시된 조인 버퍼의 레코드(dept_emp)를 결합해서 반환한다.

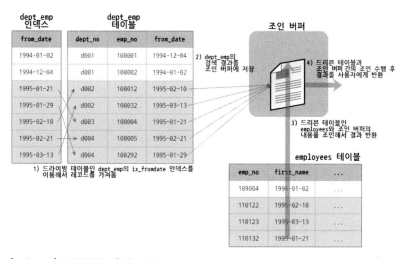

[그림 6-27] 조인 버퍼를 사용하는 조인

이 그림에서 중요한 점은 조인 버퍼가 사용되는 쿼리에서는 조인의 순서가 거꾸로인 것처럼 실행된다는 것이다. 위에서 설명한 절차의 "4"번 단계가, "employees" 테이블의 결과를 기준으로 dept_emp

테이블의 결과를 결합(병합)한다는 것을 의미한다. 실제 이 쿼리의 실행 계획상으로는 dept_emp 테이블이 드라이빙 테이블이 되고, employees 테이블이 드리븐 테이블이 된다. 하지만 실제 드라이빙 테이블의 결과는 조인 버퍼에 담아 두고, 드리븐 테이블을 먼저 읽고 조인 버퍼에서 일치하는 레코드를 찾는 방식으로 처리된다. 일반적으로 조인이 수행된 후 가져오는 결과는 드라이빙 테이블의 순서에 의해 결정되지만 조인 버퍼가 사용되는 조인에서는 결과의 정렬 순서가 흐트러질 수 있음을 기억해야 한다.

> **참고**
> 조인 버퍼가 사용되는 경우, 처음 읽은 테이블의 결과가 너무 많아서 조인 버퍼에 전부 담지 못하면 위의 1~4번까지의 과정을 여러 번 반복한다. 그리고 조인 버퍼에는 조인 쿼리에서 필요로 하는 칼럼만 저장되고, 레코드에 포함된 모든 칼럼(쿼리 실행에 불필요한 칼럼)은 저장되지 않으므로 상당히 효율적으로 사용된다고 볼 수 있다.

조인 관련 주의사항

MySQL의 조인 처리에서 특별히 주의해야 할 부분은 "실행 결과의 정렬 순서"와 "INNER JOIN과 OUTER JOIN의 선택"으로 2가지 정도일 것이다.

조인 실행 결과의 정렬 순서

일반적으로 조인으로 쿼리가 실행되는 경우, 드라이빙 테이블로부터 레코드를 읽는 순서가 전체 쿼리의 결과 순서에 그대로 적용되는 것이 일반적이다. 이는 네스티드-루프 조인 방식의 특징이기도 하다. 다음 쿼리를 한번 살펴보자.

```
SELECT de.dept_no, e.emp_no, e.first_name
FROM dept_emp de, employees e
WHERE e.emp_no=de.emp_no
  AND de.dept_no='d005' ;
```

이 쿼리의 실행 계획을 보면, dept_emp 테이블의 프라이머리 키로 먼저 읽었다는 것을 알 수 있다. 그리고 dept_emp 테이블로부터 읽은 결과를 가지고 employees 테이블의 프라이머리 키를 검색하는 과정으로 처리되었다.

id	select_type	table	type	key	key_len	ref	rows	Extra
1	SIMPLE	de	ref	PRIMARY	12	const	53288	Using where; Using index
1	SIMPLE	e	eq_ref	PRIMARY	4	de.emp_no	1	

이 실행 계획 순서대로 살펴보면 dept_emp 테이블의 프라이머리 키는 (dept_no+emp_no)로 생성돼 있기 때문에 dept_emp 테이블을 검색한 결과는 dept_no 칼럼 순서대로 정렬되고 다시 emp_no로 정렬되어 반환된다는 것을 예상할 수 있다. 그런데 이 쿼리의 WHERE 조건에 dept_no='d005'로 고정돼 있으므로 emp_no로 정렬된 것과 같다. 결국 이 쿼리는 "ORDER BY de.emp_no ASC"를 명시하지 않았지만 emp_no로 정렬된 효과를 얻을 수 있다. 주로 조인이 인덱스를 이용해 처리되는 경우에는 이러한 예측을 할 수 있다.

하지만 결과가 이 순서로 반환된 것은 옵티마이저가 여러 가지 실행 계획 중에서 위의 실행 계획을 선택했기 때문이다. 만약 옵티마이저가 다른 실행 계획을 선택했다면 이러한 결과는 보장되지 않는다. 당연히 인덱스를 이용해 검색하고 조인하는 것이 당연할 것 같은 쿼리에서도 테이블의 레코드 건수가 매우 적거나 통계 정보가 잘못돼 있을 때는 다른 실행 계획을 선택할 수도 있다. 이처럼 옵티마이저가 선택하는 실행 계획에 의존한 정렬은 피하는 것이 좋다. 쿼리의 실행 계획은 언제 변경될지 알 수 없기 때문이다. 테이블에 있는 대부분의 레코드가 어느 날 삭제됐다거나 인덱스가 삭제되거나 추가되어 실행 계획이 바뀌는 것은 충분히 가능한 일이기 때문이다.

위에서 살펴본 예제 쿼리에서 만약 사원 번호로 정렬되어 결과가 반환되기를 바란다면 반드시 "ORDER BY de.emp_no ASC" 절을 추가해서 정렬이 보장될 수 있게 하자. ORDER BY 절이 쿼리에 명시됐다고 해서 옵티마이저는 항상 정렬 작업을 수행하는 것이 아니다. 실행 계획상에서 이 순서를 보장할 수 있다면 옵티마이저가 자동으로 별도의 정렬 작업을 생략하고 결과를 반환한다. 만약 정렬이 보장되지 않는다면 강제로 정렬 작업을 통해 정렬을 보장해준다. ORDER BY 절이 사용된다고 해서 MySQL 서버가 항상 정렬을 수행하는 것은 아니다.

SQL 쿼리에서 결과의 정렬을 보장하는 방법은 ORDER BY 절을 사용하는 것밖에는 없다는 사실을 잊지 말자.

오라클과 같이 여러 가지 조인 방법을 제공하는 DBMS에서는 조인 방법에 따라 반환되는 결과의 정렬이 달라질 수도 있다. 그래서인지 오라클 DBMS는 업그레이드할 때마다 "ORDER BY"가 항상 문제가 되는 것 같다.

아주 가끔은 MySQL이 네스티드-루프 조인 방법만 가지고 있다는 것이 다행스럽게 느껴질 수도 있을 것이다. 하지만 네스티드-루프 조인에서도 조인 버퍼를 사용할 때는 드라이빙 테이블의 순서와 관계없이 결과의 정렬 순서가 흐트러질 수도 있다. 결론적으로 어떤 DBMS를 사용하든, 어떤 조인 방식이 사용되든, 정렬된 결과가 필요할 때는 ORDER BY 절을 명시하는 것이 정답일 것이다.

INNER JOIN과 OUTER JOIN의 선택

INNER JOIN은 조인의 양쪽 테이블 모두 레코드가 존재하는 경우에만 레코드가 반환된다. 하지만 OUTER JOIN은 아우터 테이블에 존재하면 레코드가 반환된다. 쿼리나 테이블의 구조를 살펴보면 OUTER JOIN을 사용하지 않아도 될 것을 OUTER JOIN으로 사용할 때가 상당히 많다. DBMS 사용자 가운데 INNER JOIN을 사용했을 때, 레코드가 결과에 나오지 않을까 걱정하는 사람들이 꽤 있는 듯하다. OUTER JOIN과 INNER 조인은 저마다 용도가 다르므로 적절한 사용법을 익히고 요구되는 요건에 맞게 사용하는 것이 중요하다.

때로는 그 반대로 OUTER JOIN으로 실행하면 쿼리의 처리가 느려진다고 생각하고, 억지로 INNER JOIN으로 쿼리를 작성할 때도 있다. 가끔 인터넷에도 OUTER JOIN과 INNER JOIN의 성능 비교를 물어보는 질문들이 자주 올라오곤 한다. 사실 OUTER JOIN과 INNER JOIN은 실제 가져와야 하는 레코드가 같다면 쿼리의 성능은 거의 차이가 발생하지 않는다. 다음의 두 쿼리를 한번 비교해보자. 이 두 쿼리는 실제 비교를 수행하는 건수나 최종적으로 가져오는 결과 건수가 같다(쿼리에 포함된 SQL_NO_CACHE와 STRAIGHT_JOIN은 조건을 같게 만들어주기 위해 사용된 힌트다. 쿼리의 힌트에 대해서는 나중에 자세히 알아볼 것이므로 여기서는 무시하자).

```
SELECT SQL_NO_CACHE STRAIGHT_JOIN COUNT(*)
FROM dept_emp de
    INNER JOIN employees e ON e.emp_no=de.emp_no;

SELECT SQL_NO_CACHE STRAIGHT_JOIN COUNT(*)
FROM dept_emp de
    LEFT JOIN employees e ON e.emp_no=de.emp_no;
```

저자의 PC에서 테스트해본 결과, 실행하는 데 걸린 대략적인 평균 시간은 INNER JOIN이 0.37초 정도이고, OUTER JOIN이 0.38초 정도였다. OUTER JOIN은 조인되는 두 번째 테이블(employees)

에서 해당 레코드의 존재 여부를 판단하는 별도의 트리거 조건이 한 번씩 실행되기 때문에 0.01초 정도 더 걸린 것으로 보인다. 그 밖에 어떤 성능상의 이슈가 될 만한 부분은 전혀 없다.

INNER JOIN과 OUTER JOIN은 성능을 고려해서 선택할 것이 아니라 업무 요건에 따라 선택하는 것이 바람직하다. 레코드가 결과에 포함되지 않을까 걱정스러운 경우라면, 테이블의 구조와 데이터의 특성을 분석해 INNER JOIN을 사용해야 할지 OUTER JOIN을 사용해야 할지 결정하자. 데이터의 정확한 구조나 특성을 모르고 OUTER JOIN을 사용한다면 얼마 지나지 않아서 잘못된 결과가 화면에 표시되는 현상이 발생할 것이다.

6.4 실행 계획 분석 시 주의사항

지금까지 MySQL에서 쿼리를 처리하는 방식이나 실행 계획에 대해 살펴봤다. 쿼리의 실행 계획만으로도 상당히 내용이 많아서 모두 기억하자면 상당히 힘들 것이다. 그래서 여기서는 쿼리의 실행 계획을 확인할 때 각 칼럼에 표시되는 값 중에서 특별히 주의해서 확인해야 하는 항목만 간략하게 정리했다.

6.4.1 Select_type 칼럼의 주의 대상

DERIVED

DERIVED는 FROM 절에 사용된 서브 쿼리로부터 발생한 임시 테이블을 의미한다. 임시 테이블은 메모리에 저장될 수도 있고 디스크에 저장될 수도 있다. 일반적으로 메모리에 저장하는 경우에는 크게 성능에 영향을 미치지 않지만, 데이터의 크기가 커서 임시 테이블을 디스크에 저장하면 성능이 떨어진다.

UNCACHEABLE SUBQUERY

쿼리의 FROM 절 이외의 부분에서 사용하는 서브 쿼리는 가능하면 MySQL 옵티마이저가 최대한 캐시되어 재사용될 수 있게 유도한다. 하지만 사용자 변수나 일부 함수가 사용된 경우에는 이러한 캐시 기능을 사용할 수 없게 만든다. 이런 실행 계획이 사용된다면 혹시 사용자 변수를 제거하거나 다른 함수로 대체해서 사용 가능할지 검토해보는 것이 좋다.

DEPENDENT SUBQUERY

쿼리의 FROM 절 이외의 부분에서 사용하는 서브 쿼리가 자체적으로 실행되지 못하고, 외부 쿼리에서 값을 전달받아 실행되는 경우 DEPENDENT SUBQUERY가 표시된다. 이는 서브 쿼리가 먼저 실행되지 못하고, 서브 쿼리가 외부 쿼리의 결과 값에 의존적이기 때문에 전체 쿼리의 성능을 느리게 만든다. 서브 쿼리가 불필요하게 외부 쿼리의 값을 전달받고 있는지 검토해서, 가능하다면 외부 쿼리와의 의존도를 제거하는 것이 좋다.

6.4.2 Type 칼럼의 주의 대상

ALL, index

index는 인덱스 풀 스캔을 의미하며, ALL은 풀 테이블 스캔을 의미한다. 둘 다 대상의 차이만 있지 전체 레코드를 대상으로 하는 작업 방식이라서 빠르게 결과를 가져오기는 어렵다. 일반적인 OLTP 환경에 적합한 접근 방식은 아니므로 새로운 인덱스를 추가하거나 쿼리의 요건을 변경해서 이러한 접근 방법을 제거하는 것이 좋다.

6.4.3 Key 칼럼의 주의 대상

- 쿼리가 인덱스를 사용하지 못할 때 실행 계획의 Key 칼럼에 아무 값도 표시되지 않는다. 쿼리가 인덱스를 사용할 수 있게 인덱스를 추가하거나, WHERE 조건을 변경하는 것이 좋다.

6.4.4 Rows 칼럼의 주의 대상

- 쿼리가 실제 가져오는 레코드 수보다 훨씬 더 큰 값이 Rows 칼럼에 표시되는 경우에는 쿼리가 인덱스를 정상적으로 사용하고 있는지, 그리고 그 인덱스가 충분히 작업 범위를 좁혀 줄 수 있는 칼럼으로 구성됐는지 검토해보는 것이 좋다. 인덱스가 효율적이지 않다면 충분히 식별성을 가지고 있는 칼럼을 선정해 인덱스를 다시 생성하거나 쿼리의 요건을 변경해보는 것이 좋다.

- Rows 칼럼의 수치를 판단할 때 주의해야 할 점은 LIMIT가 포함된 쿼리라 하더라도 LIMIT의 제한은 Rows 칼럼의 고려 대상에서 제외된다는 것이다. 즉 "LIMIT 1"로 1건만 SELECT 하는 쿼리라 하더라도 Rows 칼럼에는 훨씬 큰 수치가 표현될 수도 있으며, 성능상 아무런 문제가 없고 최적화된 쿼리일 수도 있다는 것이다.

6.4.5 Extra 칼럼의 주의 대상

실행 계획의 Extra 칼럼에는 쿼리를 실행하면서 처리한 주요 작업에 대한 내용이 표시되기 때문에 쿼리를 튜닝할 때 중요한 단서가 되는 내용이 많이 표시된다. 주요 키워드는 기억했다가 실행 계획상에 해당 단어가 표시될 때는 더 자세히 검토하는 것이 좋다.

쿼리가 요건을 제대로 반영하고 있는지 확인해야 하는 경우

- Full scan on NULL key
- Impossible HAVING(MySQL 5.1부터)
- Impossible WHERE(MySQL 5.1부터)
- Impossible WHERE noticed after reading const tables
- No matching min/max row(MySQL 5.1부터)
- No matching row in const table(MySQL 5.1부터)
- Unique row not found(MySQL 5.1부터)

위와 같은 코멘트가 Extra 칼럼에 표시된다면 우선 쿼리가 요건을 제대로 반영해서 작성됐거나 버그가 생길 가능성은 없는지 확인해야 한다. 또는 개발용 데이터베이스에 테스트용 레코드가 제대로 준비돼 있는지 확인해보는 것도 좋다. 이 항목들은 성능과 관계가 깊지 않고 단지 "그런 레코드가 없음"이라는 의미가 강하기 때문에 이 쿼리로 인한 버그의 가능성이 있을지를 집중적으로 검토하는 것이 좋다. 물론 쿼리가 업무적인 요건을 제대로 반영하고 있다면 무시해도 된다.

쿼리의 실행 계획이 좋지 않은 경우

- Range checked for each record (index map: N)
- Using filesort
- Using join buffer (MySQL 5.1부터)
- Using temporary
- Using where

위와 같은 코멘트가 Extra 칼럼에 표시된다면 먼저 쿼리를 더 최적화할 수 있는지 검토해보는 것이 좋다. 마지막의 Using where는 사실 대부분의 쿼리에서 표시되는 경향이 있기 때문에 그냥 지나치기 쉬운데, 만약 실행 계획의 Rows 칼럼의 값이 실제 SELECT되는 레코드 건수보다 상당히 높은 경우에는 반드시 보완해서 Rows 칼럼의 값과 실제 SELECT 되는 레코드의 수의 차이를 최대한 줄이는 것이 중요하다. 쿼리의 실행 계획에서 이러한 문구가 사라질 수 있다면 최선이겠지만 그렇지 않더라도 성능상 허용 가능하다면 넘어가도 좋을 듯하다. 단 반드시 자세히 검토해야 한다는 사실을 잊지 말자.

쿼리의 실행 계획이 좋은 경우

- Distinct
- Using index
- Using index for group-by

여기에 표시된 항목은 최적화되어 처리되고 있음을 알려주는 지표 정도로 생각하자. 특히 두 번째의 Using index는 쿼리가 커버링 인덱스로 처리되고 있음을 알려주는 것인데, MySQL에서 제공할 수 있는 최고의 성능을 보여줄 것이다. 만약 쿼리를 아무리 최적화해도 성능 요건에 미치지 못한다면 인덱스만으로 쿼리가 처리(커버링 인덱스)되는 형태로 유도해보는 것도 좋다.

07
쿼리 작성 및 최적화

애플리케이션에서 입력된 데이터를 데이터베이스에 저장하거나 또는 데이터베이스로부터 필요한 데이터를 가져오려면 반드시 SQL이라는 정형화된 문장을 사용해야 한다. 데이터베이스나 테이블의 구조를 변경하기 위한 문장을 DDL(Data Definition Language)이라고 하며, 테이블의 데이터를 조작(읽고, 쓰기)하기 위한 문장을 DML(Data Manipulation Language)이라고 표현하는데, 이 둘을 합쳐서 SQL이라고 한다. DML에는 다시 데이터의 조회(SELECT)와 저장(INSERT) 그리고 변경(UPDATE) 및 삭제(DELETE) 쿼리로 나뉘며, 이 밖에 REPLACE 또는 MERGE INTO 등과 같이 DBMS 벤더별로 제공되는 비표준 SQL도 있다. ANSI 표준에서는 데이터를 조회하는 SELECT를 쿼리(Query)라 하고, 데이터를 변경하는 INSERT와 UPDATE 그리고 DELETE와 같은 SQL을 스테이트먼트(Statement)라고 구분하기도 한다. 하지만 이 책에서는 특별히 구분하지 않고 모두 SQL 또는 쿼리로 표현하겠다.

애플리케이션에서 데이터를 저장 또는 조회하기 위해 데이터베이스와 통신할 때 데이터베이스 서버로 전달되는 것은 SQL뿐이다. SQL은 어떠한(What) 데이터를 요청하기 위한 언어이지, 어떻게(How) 데이터를 읽을지를 표현하는 언어는 아니므로 C나 자바와 같은 언어와 비교했을 때 상당히 제한적으로 느껴질 수 있다. 하지만 쿼리가 빠르게 수행되게 하려면 쿼리가 어떻게 데이터를 가져올지 예측할 수 있어야 한다. 그래서 SQL을 작성하는 방법이나 규칙은 물론, 내부적인 처리 방식(옵티마이저)에 대해 어느 정도의 지식이 필요한 것이다.

애플리케이션 코드를 튜닝해서 성능을 2배 개선한다는 것은 쉽지 않은 일이다. 하지만 DBMS에서 몇십 배에서 몇백 배의 성능 향상은 상당히 흔한 일이다. SQL 처리에서 "어떻게(How)"를 이해하고, 쿼리를 작성하는 것이 그만큼 중요하다는 것이다. 이번 장에서는 쿼리의 각 패턴별로 "어떻게 처리되는가?"를 살펴보겠다. 또한 많이 알려져 있진 않지만 프로그램 코드를 상당히 줄일 수 있는 유용한 쿼리 패턴도 함께 살펴보겠다.

7.1 쿼리와 연관된 시스템 설정

대소문자 구분, 문자열 표기 방법 등과 같은 SQL 작성 규칙은 MySQL 서버의 시스템 설정에 따라 달라진다. 이번 절에서는 MySQL 서버의 시스템 설정이 쿼리에 어떤 영향을 주는지 살펴보자. 그리고 MySQL의 예약어는 어떤 것이 있고, 이러한 예약어를 사용할 때 주의해야 할 사항은 무엇인지도 함께 살펴보겠다.

7.1.1 SQL 모드

MySQL 서버의 sql_mode라는 시스템 설정에는 여러 개의 값이 동시에 설정될 수 있다. 그중에서 대표적으로 SQL의 작성과 결과에 영향을 미치는 값은 어떤 것들이 있는지 살펴보자. MySQL 서버의 설정 파일에서 sql_mode를 설정할 때는 구분자(,)를 이용해 다음에 설명되는 키워드를 동시에 설정할 수 있다.

STRICT_ALL_TABLES

일반적으로 MySQL에서는 저장하려는 값의 길이가 칼럼의 길이보다 더 긴 경우라 하더라도 에러가 발생하지 않는다. 칼럼의 길이를 초과하는 부분은 버리고 저장 가능한 만큼만 칼럼에 저장한다. 물론 경고 메시지가 발생하지만 이를 관심 있게 보는 사용자는 많지 않을 것이다. 가끔 이것이 문제가 되기도 하는데, sql_mode 시스템 변수에 STRICT_ALL_TABLES가 설정되면 칼럼의 정해진 길이보다 큰 값을 저장할 때 경고가 아닌 오류가 발생하고 쿼리 실행이 중지된다.

STRICT_TRANS_TABLES

칼럼의 타입과 호환되지 않는 값을 저장할 때, MySQL 서버는 비슷한 값으로 최대한 바꿔서 저장하려고 한다. 하지만 STRICT_ALL_TABLES와 비슷하게 이러한 부분이 사용자를 오히려 더 혼란스럽게 하는 원인이 되기도 한다. STRICT_TRANS_TABLES를 설정하면 원하지 않는 데이터 타입의 변환이 필요할 때 MySQL 서버는 강제 변환하지 않고 에러를 발생시킨다.

TRADITIONAL

STRICT_TRANS_TABLES나 STRICT_ALL_TABLES와 비슷하지만 조금 더 엄격한 방법으로 SQL의 작동을 제어한다. STRICT_ALL_TABLES, STRICT_TRANS_TABLES, TRADITIONAL 등의 설정은 MySQL 서버가 조금 더 ANSI 표준 모드로 작동하도록 유도한다.

ANSI_QUOTES

MySQL에서는 문자열 값(리터럴)을 표현하기 위해 홑따옴표와 쌍따옴표를 동시에 사용할 수 있다. 하지만 오라클과 같은 DBMS에서는 홑따옴표는 문자열 값을 표기하는 데 사용하고, 쌍따옴표는 칼럼 명이나 테이블 명과 같은 식별자(Identifier)를 구분하는 용도로만 사용한다. 이 또한 MySQL에 익숙하지 않은 사용자에게는 혼란스러울 수 있다. 때로는 MySQL에 익숙하다 하더라도 하나의 SQL 문장에서 홑따옴표와 쌍따옴표가 엉켜 있으면 가독성이 떨어지기도 한다.

sql_mode 시스템 설정에 ANSI_QUOTES를 설정하면 홑따옴표만 문자열 값 표기로 사용할 수 있고, 쌍따옴표는 칼럼명이나 테이블명과 같은 식별자(Identifier)를 표기하는 데만 사용할 수 있다. 더 자세한 내용은 7.3.1절 "리터럴 표기법"(382쪽)을 참조하자.

ONLY_FULL_GROUP_BY

MySQL의 쿼리에서는 GROUP BY 절에 포함되지 않은 칼럼이더라도 집합 함수의 사용 없이 그대로 SELECT 절이나 HAVING 절에 사용할 수 있다. 이러한 부분도 SQL 표준이나 다른 DBMS와는 다른 동작 방식인데, sql_ mode 시스템 설정에 ONLY_FULL_GROUP_BY를 설정해서 SQL 문법에 조금 더 엄격한 규칙을 적용하게 된다. 이 설정에 대한 자세한 내용은 7.4.7절, "GROUP BY"(461쪽)에서 다시 언급하겠다.

PIPE_AS_CONCAT

MySQL에서 "||"는 OR 연산자와 같은 의미로 사용된다. 하지만 sql_mode 시스템 설정에 PIPE_AS_CONCAT 값을 설정하면 오라클과 같이 문자열 연결(CONCAT) 연산자로 사용할 수 있다.

PAD_CHAR_TO_FULL_LENGTH

MySQL에서는 CHAR 타입이라 하더라도 VARCHAR와 같이 유효 문자열 뒤의 공백 문자는 제거되어 반환된다. 이는 주로 애플리케이션 개발자에게 민감한 부분인데, 개인적으로 저자는 MySQL이 불필요한 공백 문자를 제거하는 방식이 더 편리한 것 같다. 하지만 CHAR 타입의 칼럼값을 가져오는 경우, 뒤쪽의 공백이 제거되지 않고 반환돼야 한다면 sql_mode 시스템 설정에 PAD_CHAR_TO_FULL_LENGTH를 추가하면 된다. 더 자세한 내용은 15.1절, "문자열(CHAR와 VARCHAR)"(866쪽)에서 언급하겠다.

NO_BACKSLASH_ESCAPES

MySQL에서도 일반적인 프로그래밍 언어에서처럼 역 슬래시 문자를 이스케이프 문자로 사용할 수 있다. sql_mode 시스템 설정에 NO_BACKSLASH_ESCAPES를 추가하면 역 슬래시를 문자의 이스케이프 용도로 사용하지 못한다. 이 설정을 활성화하면 백 슬래시 문자도 다른 문자와 동일하게 취급한다. 더 자세한 내용은 15.1절, "문자열(CHAR와 VARCHAR)"(866쪽)에서 언급하겠다.

IGNORE_SPACE

MySQL에서 스토어드 프로시저나 함수의 이름 뒤에 공백이 있으면 "스토어드 프로시저나 함수가 없습니다"라는 에러가 출력될 수도 있다. MySQL에서는 스토어드 프로시저나 함수명과 괄호 사이에 있는 공백까지도 스토어드 프로시저나 함수의 이름으로 간주한다. 이 동작 방식이 기본 모드이므로 몇 번이고 함수가 있는지 확인하기도 한다. sql_mode 시스템 설정에 IGNORE_SPACE를 추가하면 프로시저나 함수명과 괄호 사이의 공백은 무시한다.

ANSI

이 값은 위에서 설명한 여러 가지 옵션을 조합해서 MySQL 서버가 최대한 SQL 표준에 맞게 동작하게 만들어준다.

7.1.2 영문 대소문자 구분

MySQL 서버는 설치된 운영체제에 따라 테이블명의 대소문자를 구분한다. 이는 MySQL의 DB나 테이블이 디스크의 디렉터리나 파일로 맵핑되기 때문이다. 즉 윈도우에 설치된 MySQL에서는 대소문자를 구분하지 않지만 유닉스 계열의 운영체제에서는 대소문자를 구분한다. DB나 테이블명의 대소문자 구분은 가끔 윈도우에서 운영되던 MySQL 데이터를 리눅스로 가져오거나 그 반대의 경우 문제가 되기도 한다. MySQL 서버가 운영체제에 관계없이 대소문자 구분의 영향을 받지 않게 하려면 MySQL 서버의 설정 파일에 "lower_case_table_names" 시스템 변수를 설정하면 된다. 이 변수를 1로 설정하면 모두 소문자로만 저장되고, MySQL 서버가 대소문자를 구분하지 않게 해준다. 이 설정의 기본값은 0으로, DB나 테이블명에 대해 대소문자를 구분한다. 또한 이 설정 값에 2를 설정할 수도 있는데 이 경우에는 저장은 대소문자를 구분해서 하지만 MySQL의 쿼리에서는 대소문자를 구분하지 않게 해준다. 이러한 설정 자체를 떠나서 가능하면 초기 DB나 테이블을 생성할 때 대문자만 또는 소문자만으로 통일해서 사용하는 편이 좋다.

7.1.3 MySQL 예약어

만약 여러분이 생성하는 데이터베이스나 테이블, 그리고 칼럼의 이름을 예약어와 같은 키워드로 생성 하면 해당 칼럼이나 테이블을 SQL에서 사용하기 위해서는 항상 역따옴표(`)나 쌍따옴표로 감싸줘야 한다. 이는 프로그램을 개발할 때뿐만 아니라 관리 작업을 할 때도 상당히 성가신 일이 될 것이다. 또한 단순히 "문법이 틀리다"라는 형식의 에러만 출력하므로 SQL을 작성하는 개발자에게는 찾아내기 어려운 버그의 원인이 될 수도 있다. MySQL에서 이미 등록된 예약어의 개수는 적지 않으며, 예약어별로 문제가 되지 않는 키워드들도 있다.

이러한 예약어를 모두 구분해서 기억하기란 쉽지 않은 일이다. 매뉴얼을 통해 예약어인지 아닌지를 찾 아보는 것도 방법이지만, 가장 좋은 방법은 직접 MySQL에서 테이블을 생성해 보는 것이다. 이때 주의 해야 할 사항은 역따옴표(`)로 테이블이나 칼럼명을 둘러싸지 않고 테이블을 생성해야 한다는 것이다. 만약 역따옴표로 둘러싸고 테이블을 생성하는 경우 예약어를 사용했다고 하더라도 에러나 경고를 보여 주지 않고, 그대로 테이블을 생성해 버리기 때문이다. 항상 테이블을 생성할 때는 역따옴표로 테이블 이나 칼럼의 이름을 둘러싸지 않은 상태로 생성하길 권장한다. 그래야만 예약어인지 아닌지를 MySQL 서버가 에러로 알려주기 때문이다. 만약 테이블 생성이 실패하는 경우라면 해당 예약어는 역따옴표로 감싸지 않고는 사용할 수 없다는 것을 의미한다.

7.2 매뉴얼의 SQL 문법 표기를 읽는 방법

MySQL 매뉴얼에 명시된 SQL 문법은 사용할 수 있는 모든 키워드나 기능을 하나의 문장에 다 표기해 뒀기 때문에 한눈에 이해되지 않는다는 단점이 있다. 하지만 해당 버전에 맞는 SQL 문법을 참조하기에 는 매뉴얼만큼 정확한 자료가 없다. 그래서 더 정확하고 더 상세한 문법을 확인하려면 MySQL 매뉴얼의 SQL 문법을 참조하는 것이 좋다. 이번에는 MySQL 매뉴얼에서 SQL 문법을 표기하는 방법을 간단히 알아보자.

```
INSERT [LOW_PRIORITY | DELAYED | HIGH_PRIORITY] [IGNORE]
    [INTO] tbl_name
    SET col_name={expr | DEFAULT}, ...
    [ ON DUPLICATE KEY UPDATE
      col_name=expr
        [, col_name=expr] ... ]
```

[그림 7-1] MySQL 매뉴얼의 SQL 문법 표기

SQL에서 각 키워드는 그림 7-1과 같이 키워드나 표현식이 표기된 순서대로만 사용할 수 있다.

위 표기법에서 대문자로 표현된 단어는 모두 키워드를 의미한다. 키워드는 대소문자를 특별히 구분하지 않고 사용할 수 있다.

그림 7-1의 표기법에서 이탤릭체로 표현한 단어는 사용자가 선택해서 작성하는 토큰을 의미하는데 대부분 테이블명이나 칼럼명 또는 표현식을 사용한다. 이 항목이 SQL 키워드나 식별자(테이블이나 칼럼명 등)가 아니라면 MySQL 매뉴얼에서는 그 항목에 대해 그림 7-1과 같은 문법 표기를 다시 설명해 준다. 단말 노드도 중요 사항이나 주의사항이 있으면 매뉴얼의 하단에서 별도 설명이 추가되기 때문에 쉽게 참조할 수 있다.

대괄호("[]")는 해당 키워드나 표현식 자체가 선택 사항임을 의미한다. 즉 대괄호로 묶인 키워드나 표현식은 없어도 문법적인 오류를 일으키지 않으며, 있어도 문법적인 오류가 발생하지 않음을 의미한다.

파이프("|")는 앞과 뒤의 키워드나 표현식 중에서 단 하나만 선택해서 사용할 수 있음을 의미한다. 즉 그림 7-1에서, 첫 번째 라인의 LOW_PRIORITY와 DELAYED 그리고 HIGH_PRIORITY는 셋 중에서 단 하나만 선택해서 사용할 수 있음을 의미한다. 그런데 이 세 개의 키워드가 대괄호로 싸여 있기 때문에 INSERT 키워드와 INTO 키워드 사이에는 아무것도 사용하지 않거나 셋 중에서 하나만 사용할 수도 있다는 의미다.

중괄호("{}")는 괄호 내의 아이템 중에서 반드시 하나를 사용해야 하는 경우를 의미한다. 그림 7-1의 3번째 라인에서 "expr"이나 "DEFAULT" 중에서 반드시 하나는 사용해야 함을 의미한다.

"..." 표기는 앞에 명시된 키워드나 표현식의 조합이 반복될 수 있음을 의미한다. 그림 7-1의 마지막 라인에서 "..."은 ", col_name=expr"을 여러 번 반복해서 사용할 수 있음을 의미한다.

7.3 MySQL 연산자와 내장 함수

여타 DBMS에서 사용되는 기본적인 연산자는 MySQL에서도 거의 비슷하게 사용되지만 MySQL에서만 사용되는 연산자나 표기법이 있다. 여기엔 ANSI 표준 형태가 아닌 연산자가 많이 있는데, 이러한 부분은 MySQL을 처음 사용하는 사용자를 혼란스럽게 만들기도 하다. 이번 절에서는 MySQL에서만 사용 가능한 연산자도 함께 살펴보겠지만 가능하다면 SQL의 가독성을 높이기 위해 ANSI 표준 형태의 연산자를 사용하길 권장한다.

일반적으로 각 DBMS의 내장 함수는 거의 같은 기능을 제공하지만 이름이 호환되는 것은 거의 없다. 주요 내장 함수의 이름과 기능도 간략히 살펴보겠다.

7.3.1 리터럴 표기법

문자열

SQL 표준에서 문자열은 항상 홑따옴표(')를 사용해서 표시한다. 하지만 MySQL에서는 다음과 같이 쌍따옴표를 사용해서 문자열을 표기할 수도 있다.

```
SELECT * FROM departments WHERE dept_no='d001';
SELECT * FROM departments WHERE dept_no="d001";
```

또한, SQL 표준에서는 문자열 값에 홑따옴표가 포함돼 있을 때 홑따옴표를 두 번 연속해서 입력하면 된다. 하지만 MySQL에서는 쌍따옴표와 홑따옴표를 혼합해서 이러한 문제를 피해 가기도 한다. 마찬가지로 문자열 값이 쌍따옴표를 가지고 있을 때는 쌍따옴표를 두 번 연속해서 사용할 수 있다. 다음 예제 모두 MySQL에서 아무 문제없이 사용할 수 있는 문자열 표기 방법이다. 첫 번째와 두 번째 쿼리의 문자열 표기법은 SQL 표준이지만 세 번째와 네 번째 표기법은 MySQL에서만 지원되는 방식이다.

```
SELECT * FROM departments WHERE dept_no='d''001';
SELECT * FROM departments WHERE dept_no='d"001';
SELECT * FROM departments WHERE dept_no="d'001";
SELECT * FROM departments WHERE dept_no="d""001";
```

SQL에서 사용되는 식별자(테이블이나 칼럼명 등)가 키워드와 충돌할 때 오라클이나 MS-SQL에서는 쌍따옴표나 대괄호로 감싸서 충돌을 피하곤 한다. MySQL에서는 역따옴표로 감싸서 사용하면 예약어와의 충돌을 피할 수 있다.

```
CREATE TABLE tab_test ('table' VARCHAR(20) NOT NULL, ...);
SELECT 'column' FROM tab_test;
```

MySQL 서버의 *sql_mode* 시스템 변수 값에 "ANSI_QUOTES"를 설정하면 쌍따옴표는 문자열 리터럴 표기에 사용할 수 없다. 그리고 테이블명이나 칼럼명의 충돌을 피하려면 역따옴표(`)가 아니라 쌍따옴표를 사용해야 한다.

```
SELECT * FROM departments WHERE dept_no='d''001';
SELECT * FROM departments WHERE dept_no='d"001';

CREATE TABLE tab_test ("table" VARCHAR(20) NOT NULL, ...);
SELECT "column" FROM tab_test;
```

이 밖에도 MySQL 매뉴얼의 sql-mode 시스템 변수에 상당히 많은 모드가 있다. 전체적으로 MySQL의 고유한 방법은 배제하고, SQL 표준 표기법만 사용할 수 있게 강제하려면 *sql_mode* 시스템 변수 값에 "ANSI"를 설정하면 된다. 하지만 이 설정은 대부분 쿼리의 작동 방식에 영향을 미치므로 프로젝트 초기에 적용하는 것이 좋다. 운용 중인 애플리케이션에서 sql-mode 설정을 변경하는 것은 상당히 위험하므로 주의해야 한다.

숫자

숫자 값을 상수로 SQL에 사용할 때는 다른 DBMS와 마찬가지로 따옴표(' 또는 ") 없이 숫자 값을 입력하면 된다. 또한 문자열 형태로 따옴표를 사용하더라도 비교 대상이 숫자 값이거나 숫자 타입의 칼럼이면 MySQL 서버가 문자열 값을 숫자 값으로 자동 변환해준다. 하지만 이처럼 숫자 값과 문자열 값을 비교할 때는 한 가지 주의해야 할 사항이 있다. 서로 다른 타입으로 WHERE 조건 비교가 수행되는 다음 쿼리를 잠깐 살펴보자.

```
SELECT * FROM tab_test WHERE number_column='10001';
SELECT * FROM tab_test WHERE string_column=10001;
```

위 쿼리와 같이 두 비교 대상이 문자열과 숫자 타입으로 다를 때는 자동으로 타입의 변환이 발생한다. MySQL은 숫자 타입과 문자열 타입 간의 비교에서 숫자 타입을 우선시하므로 문자열 값을 숫자 값으로 변환한 후 비교를 수행한다.

첫 번째 쿼리는 주어진 상수값을 숫자로 변환하는데, 이때는 상수값 하나만 변환하므로 성능과 관련된 문제가 발생하지 않는다.

두 번째 쿼리는 주어진 상수값이 숫자 값인데 비교되는 칼럼은 문자열 칼럼이다. 이때 MySQL은 문자열 칼럼을 숫자로 변환해서 비교한다. 즉, string_column 칼럼의 모든 문자열 값을 숫자로 변환해서 비교를 수행해야 하므로 string_column에 인덱스가 있다 하더라도 이를 이용하지 못한다. 만약 string_column에 알파벳과 같은 문자가 포함된 경우에는 숫자 값으로 변환할 수 없으므로 쿼리 자체가 실패할 수도 있다.

원천적으로 이러한 문제점을 제거하려면 숫자 값은 숫자 타입의 칼럼에만 저장해야 한다. 아주 간단한 것 같지만 처음 데이터 모델이 생성된 이후 이런저런 변경을 거치다 보면 이처럼 간단한 규칙도 검사하지 못할 때가 허다하다. 주로 코드나 타입과 같은 값을 저장하는 칼럼에서 자주 이런 현상이 발생하므로 주의하자.

날짜

다른 DBMS에서 날짜 타입을 비교하거나 INSERT하려면 반드시 문자열을 DATE 타입으로 변환하는 코드가 필요하다. 하지만 MySQL에서는 정해진 형태의 날짜 포맷으로 표기하면 MySQL 서버가 자동으로 DATE나 DATETIME 값으로 변환하기 때문에 복잡하게 STR_TO_DATE( )와 같은 함수를 사용하지 않아도 된다.

```
SELECT * FROM dept_emp WHERE from_date='2011-04-29';
SELECT * FROM dept_emp WHERE from_date=STR_TO_DATE('2011-04-29','%Y-%m-%d');
```

첫 번째 쿼리와 같이 날짜 타입의 칼럼과 문자열 값을 비교하는 경우, MySQL 서버는 문자열 값을 DATE 타입으로 변환해서 비교한다. 두 번째 쿼리는 SQL에서 문자열을 DATE 타입으로 강제 변환해서 비교하는 예제인데, 이 두 쿼리의 차이점은 거의 없다. 첫 번째 쿼리와 같이 비교한다고 해서 from_date 타입을 문자열로 변환해서 비교하지 않기 때문에 from_date 칼럼으로 생성된 인덱스를 이용하는 데 문제가 되지 않는다.

불리언

BOOL이나 BOOLEAN이라는 타입이 있지만 사실 이것은 TINYINT 타입에 대한 동의어일 뿐이다. 테이블의 칼럼을 BOOL로 생성한 뒤에 조회해보면 칼럼의 타입이 BOOL이 아니라 TINYINT라는 점을 알 수 있다. MySQL에서는 다음 예제 쿼리와 같이 TRUE 또는 FALSE 형태로 비교하거나 값을 저장할 수 있다. 하지만 이는 BOOL 타입뿐 아니라 숫자 타입의 칼럼에도 모두 적용되는 비교 방법이다.

```
CREATE TABLE tb_boolean (bool_value BOOLEAN);
INSERT INTO tb_boolean VALUES (FALSE);
SELECT * FROM tb_boolean WHERE bool_value=FALSE;
SELECT * FROM tb_boolean WHERE bool_value=TRUE;
```

위의 쿼리에서 TRUE나 FALSE로 비교했지만 실제로는 값을 조회해 보면 0 또는 1 값이 조회된다. 즉, MySQL은 C/C++ 언어에서처럼 TRUE 또는 FALSE 같은 불리언 값을 정수로 맵핑해서 사용하는 것이다. 이때 MySQL에서는 FALSE가 C/C++ 언어에서처럼 정수 값 0이 되지만, TRUE는 C/C++ 언어와 달리 1만을 의미한다는 점에 주의해야 한다. 그래서 숫자 값이 저장된 칼럼을 TRUE나 FALSE로 조회하면 0이나 1 이외의 숫자 값은 조회되지 않는다

```
CREATE TABLE tb_boolean (bool_value BOOLEAN);

INSERT INTO tb_boolean VALUES (FALSE), (TRUE), (2), (3), (4), (5);
SELECT * FROM tb_boolean WHERE bool_value IN (FALSE, TRUE);
+------------+
| bool_value |
+------------+
|          0 |
|          1 |
+------------+
```

모든 숫자 값이 TRUE나 FALSE 두 개의 불리언 값으로 매핑되지 않는다는 것은 혼란스럽고 애플리케이션의 버그로 연결될 가능성이 크다. 만약 불리언 타입을 꼭 사용하고 싶다면 ENUM 타입으로 관리하는 것이 조금 더 명확하고, 실수할 가능성도 줄일 수 있다.

7.3.2 MySQL 연산자

동등(Equal) 비교 (=, <=>)

동등 비교는 다른 DBMS에서와 마찬가지로 "=" 기호를 사용해 비교를 수행하면 된다. 하지만 MySQL에서는 동등 비교를 위해 "<=>" 연산자도 제공한다. "<=>" 연산자는 "=" 연산자와 같으며, 부가적으로 NULL 값에 대한 비교까지 수행한다. MySQL에서는 이 연산자를 NULL-Safe 비교 연산자라고 하는데, "=" 연산자와 "<=>"의 차이를 예제로 살펴보자.

```
mysql> SELECT 1 = 1, NULL = NULL, 1 = NULL;
+-------+-------------+----------+
| 1 = 1 | NULL = NULL | 1 = NULL |
+-------+-------------+----------+
```

```
│    1 │          NULL │     NULL │
+------+------------+----------+

mysql> SELECT 1 <=> 1, NULL <=> NULL, 1 <=> NULL;
+---------+--------------+------------+
│ 1 <=> 1 │ NULL <=> NULL │ 1 <=> NULL │
+---------+--------------+------------+
│       1 │            1 │          0 │
+---------+--------------+------------+
```

위 예제 결과에서도 알 수 있듯이 NULL은 "IS NULL" 연산자 이외에는 비교할 방법이 없다. 그래서 첫 번째 쿼리에서 한쪽이 NULL이면 비교 결과도 NULL로 반환한 것이다. 하지만 Null-Safe 비교 연산자를 이용해 비교한 결과를 보면 양쪽 비교 대상 모두 NULL이라면 TRUE를 반환하고, 한쪽만 NULL이라면 FALSE를 반환한다. 즉 "<=>" 연산자는 NULL을 하나의 값으로 인식하고 비교하는 방법이라고 볼 수 있다.

부정(Not-Equal) 비교 (<>, !=)

"같지 않다" 비교를 위한 연산자는 "<>"를 일반적으로 많이 사용한다. 이와 함께 C/C++의 연산자인 "!="도 Not-Equal 연산자로 사용할 수 있다. 어느 쪽을 사용하든 특별히 문제가 되지는 않겠지만 하나의 SQL 문장에서 "<>"와 "!="가 혼용되면 가독성이 떨어지므로 통일해서 사용하는 방법을 권장한다.

NOT 연산자 (!)

TRUE 또는 FALSE 연산의 결과를 반대로(부정) 만드는 연산자로 "NOT"을 사용한다. 하지만 C/C++에서처럼 "!" 연산자를 같은 목적으로 사용할 수 있다. 사실 NOT이나 "!"는 불리언 값뿐만 아니라 숫자나 문자열 표현식에서도 사용할 수 있지만 부정의 결과 값을 정확히 예측할 수 없는 경우에는 사용을 자제하는 것이 좋다. 다음 예제로 NOT이나 "!" 연산자의 사용법을 살펴보자.

```
mysql> SELECT ! 1;
+----+
│ 0 │
+----+

mysql> SELECT !FALSE;
+--------+
│      1 │
+--------+
```

```
mysql> SELECT NOT 1;
+-------+
|     0 |
+-------+

mysql> SELECT NOT 0;
+-------+
|     1 |
+-------+

mysql> SELECT NOT (1=1);
+-----------+
|         0 |
+-----------+
```

AND(&&) 와 OR(||) 연산자

일반적으로 DBMS에서는 불리언 표현식의 결과를 결합하기 위해 AND나 OR를 사용한다. MySQL에서는 AND와 OR뿐 아니라 "&&"와 "||"의 사용도 허용하고 있다. "&&"는 AND 연산자와 같으며, "||"는 OR 연산자와 같다. 오라클에서는 "||"가 불리언 표현식의 결합 연산자가 아니라 문자열을 결합하는 연산자로 사용한다. 만약 오라클에서 운영되던 애플리케이션을 MySQL로 이관한다거나 문자열 결합 연산에 "||"를 사용하고 싶을 수도 있다. 이때는 sql_mode 시스템 변수 값에 PIPE_AS_CONCAT를 설정하면 된다. 물론 이 설정이 활성화되면 불리언 표현식을 결합할 때 "&&" 연산자는 사용할 수 있지만 "||" 연산자는 사용할 수 없다. SQL의 가독성을 높이기 위해 다른 용도로 사용될 수 있는 "&&" 연산자와 "||" 연산자는 사용을 자제하는 것이 좋다.

```
mysql> SET sql_mode='PIPES_AS_CONCAT';
mysql> SELECT 'abc' || 'def' AS concated_string;
+-----------------+
| concated_string |
+-----------------+
| abcdef          |
+-----------------+
```

나누기(/, DIV)와 나머지(%, MOD) 연산자

나누기 연산자는 일반적으로 알고 있는 "/" 연산자를 사용한다. 나눈 몫의 정수 부분만 가져오려면 DIV 연산자를 사용하고, 나눈 결과 몫이 아닌 나머지를 가져오는 연산자로는 "%" 또는 MOD 연산자(함수)를 사용한다. 다음의 간단한 예제로 쉽게 이해할 수 있을 것이다.

```
Mysql> SELECT 29 / 9;
+--------+
| 3.2222 |
+--------+

mysql> SELECT 29 DIV 9;
+----------+
|        3 |
+----------+

mysql> SELECT MOD(29,9);
+----------+
|        2 |
+----------+

mysql> SELECT 29 MOD 9;
+---------+
|       2 |
+---------+

mysql> SELECT 29 % 9;
+--------+
|      2 |
+--------+
```

REGEXP 연산자

문자열 값이 어떤 패턴을 만족하는지 확인하는 연산자이며, RLIKE는 REGEXP와 똑같은 비교를 수행하는 연산자다. RLIKE는 가끔 문자열 값의 오른쪽 일치용 LIKE 연산자(Right LIKE)로 혼동할 때가 있는데, MySQL의 RLIKE는 정규 표현식(Regular expression)을 비교하는 연산자라는 점을 기억하자. REGEXP 연산자를 사용하는 방법은 다음 예제와 같이 REGEXP 연산자의 좌측에 비교 대상 문자열 값 또는 문자열 칼럼, 그리고 우측에 검증하고자 하는 정규 표현식을 사용하면 된다.

다음 예제는 "abc"라는 문자열 값이 'x','y','z' 문자로 시작하는지 검증하는 표현식의 예다.

```
mysql> SELECT 'abc' REGEXP '^[x-z]';
+----------------------+
|                    0 |
+----------------------+
```

정규 표현식은 자바 또는 자바스크립트와 같은 언어에서 많이 사용되고 있기 때문에 정규 표현식 자체에 대한 자세한 소개는 생략하겠다. REGEXP 연산자의 정규 표현식은 POSIX 표준으로 구현돼 있어서 POSIX 정규 표현식에서 사용하는 패턴 키워드를 그대로 사용할 수 있다. 여기서는 대표적으로 많이 사용되는 심벌 몇 개를 소개하면서 마무리하고, 더 자세한 내용은 MySQL이나 POSIX 정규 표현식 매뉴얼을 참조하길 바란다.

^

문자열의 시작을 표시. 정규 표현식은 그 표현식에 일치하는 부분이 문자열의 시작이나 중간 또는 끝 부분 어디에 나타나든 관계없지만 "^" 심벌을 표현식의 앞쪽에 넣어 주면 반드시 일치하는 부분이 문자열의 제일 앞쪽에 있어야 함을 의미한다.

$

문자열의 끝을 표시. "^"와는 반대로 표현식의 끝 부분에 "$"를 넣어 주면 반드시 일치하는 부분이 문자열의 제일 끝에 있어야 함을 의미한다.

[]

문자 그룹을 표시. [zyz] 또는 [x-z]라고 표현하면 'x', 'y' 또는 'z' 문자 중 하나인지 확인하는 것이 된다. 대괄호는 문자열이 아니라 문자 하나와 일치하는지를 확인하는 것이다.

()

문자열 그룹을 표시. (xyz)라고 표현하면 세 문자 중 한 문자가 있는지 체크하는 것이 아니라 반드시 "xyz"가 모두 있는지 확인하는 것이다.

|

"|"로 연결된 문자열 중 하나인지 확인한다. abc|xyz라고 표현하면 "abc"이거나 "xyz"인지 확인하는 것이다.

.

어떠한 문자든지 1개의 문자를 표시하며, 정규 표현식으로 "..."이라고 표현했다면 3개의 문자(실제 문자의 값에 관계없이)로 구성된 문자열을 찾는 것이다.

*

이 기호 앞에 표시된 정규 표현식이 0 또는 1번 이상 반복될 수 있다는 표시다.

+

이 기호 앞에 표시된 정규 표현식이 1번 이상 반복될 수 있다는 표시다.

?

이 기호 앞에 표시된 정규 표현식이 0 또는 1번만 올 수 있다는 표시다.

위의 조합으로 몇 가지 간단한 패턴을 만들어 보자. 간단한 정규 표현식을 이용해 전화번호나 이메일 주소처럼 특정한 형태를 갖춰야 하는 문자열을 쉽게 검증할 수 있다.

[0-9]*

'0'~'9'까지의 숫자만 0 또는 1번 이상 반복되는 문자열을 위한 정규 표현

[a-z]*

'a'~'z'까지의 소문자 알파벳만 0 또는 1번 이상 반복되는 문자열을 위한 정규 표현

[a-zA-Z]*

'a'~'z'까지 그리고 'A'~'Z'까지 대소문자 알파벳만 0 또는 1번 이상 반복되는 문자열을 위한 정규 표현

[a-zA-Z0-9]*

영문 대소문자와 숫자만으로 구성된 문자열에 대한 정규 표현

^Tear

Tear 문자열로 시작하는 정규 표현

Tear$

Tear 문자열로 끝나는 정규 표현

^Tear$

Tear와 같은 문자열에 대한 정규 표현. 이 경우는 'T'로 시작하고 연속해서 ear이 나타나야 하며, 그 뒤에 아무런 문자가 없어야 한다.

REGEXP 연산자를 문자열 칼럼 비교에 사용할 때 REGEXP 조건의 비교는 인덱스 레인지 스캔을 사용할 수 없다. 따라서 WHERE 조건절에 REGEXP 연산자를 사용한 조건을 단독으로 사용하는 것은 성능상 좋지 않다. 가능하다면 범위를 줄일 수 있는 조건과 함께 REGEXP 연산자를 사용하길 권장한다.

> **주의** REGEXP나 RLIKE 연산자의 경우, 바이트 단위의 비교를 수행하므로 멀티 바이트 문자나 악센트가 포함된 문자에 대한 패턴 검사는 정확하지 않을 수도 있다. 알파벳이나 숫자 이외의 문자셋이 저장되는 칼럼에 REGEXP나 RLIKE를 사용할 때는 테스트를 충분히 하는 것이 좋다.

```
mysql> SELECT 'Ø' REGEXP ' ' AS result;
+--------+
|      0 |
+--------+

mysql> SELECT 'Ø' REGEXP '[ ]' AS result;
+--------+
|      1 |
+--------+
```

LIKE 연산자

REGEXP 연산자보다는 훨씬 단순한 문자열 패턴 비교 연산자이지만 DBMS에서는 LIKE 연산자를 더 많이 사용한다. REGEXP 연산자는 인덱스를 전혀 사용하지 못한다는 단점이 있지만, LIKE 연산자는 인덱스를 이용해 처리할 수도 있다. LIKE 연산자는 정규 표현식을 검사하는 것이 아니라 어떤 상수 문자열이 있는지 없는지 정도를 판단하는 연산자다. 다음 예제를 통해 LIKE 연산자의 사용법을 한번 살펴보자.

```
mysql> SELECT 'abcdef' LIKE 'abc%';
+--------------------+
|                  1 |
+--------------------+

mysql> SELECT 'abcdef' LIKE '%abc';
+--------------------+
|                  0 |
+--------------------+

mysql> SELECT 'abcdef' LIKE '%ef';
+--------------------+
|                  1 |
+--------------------+
```

LIKE에서 사용할 수 있는 와일드카드 문자는 "%"와 "_"가 전부다. REGEXP는 비교 대상 문자열의 일부에 대해서만 일치해도 TRUE를 반환하는 반면, LIKE는 항상 비교 대상 문자열의 처음부터 끝까지 일치하는 경우에만 TRUE를 반환한다.

%
0 또는 1개 이상의 모든 문자에 일치(문자의 내용과 관계없이)

_
정확히 1개의 문자에 일치(문자의 내용과 관계없이)

만약 와일드카드 문자인 '%'나 '_' 문자 자체를 비교한다면 ESCAPE 절을 LIKE 조건 뒤에 추가해 이스케이프 문자(Escape sequence)를 설정할 수 있다.

```
mysql> SELECT 'abc' LIKE 'a%';
+-----------------+
|               1 |
+-----------------+
```

```
mysql> SELECT 'a%' LIKE 'a%';
+----------------+
|              1 |
+----------------+
mysql> SELECT 'abc' LIKE 'a/%' ESCAPE '/';
+---------------------------+
|                         0 |
+---------------------------+
mysql> SELECT 'a%' LIKE 'a/%' ESCAPE '/';
+---------------------------+
|                         1 |
+---------------------------+
```

LIKE 연산자는 와일드카드 문자인 (%, _)가 검색어의 뒤쪽에 있다면 인덱스 레인지 스캔으로 사용할 수 있지만 와일드카드가 검색어의 앞쪽에 있다면 인덱스 레인지 스캔을 사용할 수 없으므로 주의해서 사용해야 한다.

```
EXPLAIN
SELECT COUNT(*)
FROM employees WHERE first_name LIKE 'Chirst%';
```

Employees 테이블에서 "Christ"로 시작하는 이름을 검색하려면 다음과 같이 인덱스 레인지 스캔을 이용해 검색할 수 있다.

id	select_type	table	type	key	key_len	ref	rows	Extra
1	SIMPLE	employees	range	ix_firstname	44		226	Using where; Using index

하지만 "rstian"으로 끝나는 이름을 검색할 때는 와일드카드가 검색어의 앞쪽에 있으면 인덱스의 Left-most 특성으로 인해 레인지 스캔을 사용하지 못하고 인덱스를 처음부터 끝까지 읽는 인덱스 풀 스캔 방식으로 쿼리가 처리됨을 알 수 있다.

```
EXPLAIN
SELECT COUNT(*)
FROM employees WHERE first_name LIKE '%rstian';
```

id	select_type	table	type	key	key_len	ref	rows	Extra
1	SIMPLE	employees	index	ix_firstname	44		300439	Using where; Using index

BETWEEN 연산자

BETWEEN 연산자는 "크거나 같다"와 "작거나 같다"라는 두 개의 연산자를 하나로 합친 연산자다. 이미 많이 알려진 연산자이므로 연산자 자체에 대한 설명은 생략한다.

BETWEEN 연산자는 다른 비교 조건과 결합해 하나의 인덱스를 사용할 때 주의해야 할 점이 있다. 동등 비교 연산자와 BETWEEN 연산자를 이용해 부서 번호와 사원 번호로 dept_emp 테이블을 조회하는 다음 쿼리를 한번 생각해 보자.

```
SELECT * FROM dept_emp
WHERE dept_no='d003' AND emp_no=10001;

SELECT * FROM dept_emp
WHERE dept_no BETWEEN 'd003' AND 'd005' AND emp_no=10001;
```

dept_emp 테이블에는 (dept_no+emp_no) 칼럼으로 인덱스가 생성돼 있다. 그래서 첫 번째 쿼리는 dept_no와 emp_no 조건 모두 인덱스를 이용해 범위를 줄여주는 방법으로 사용할 수 있다. 하지만 두 번째 쿼리에서 사용한 BETWEEN은 크다(〉) 또는 작다(〈) 연산자와 같이, 범위를 읽어야 하는 연산자라서 dept_no가 'd003'보다 크거나 같고 'd005'보다 작거나 같은 모든 인덱스의 범위를 검색해야만 한다. 결국 BETWEEN이 사용된 두 번째 쿼리에서 emp_no=10001 조건은 비교 범위를 줄이는 역할을 하지 못한다.

BETWEEN과 IN을 비슷한 비교 연산자로 생각는 사람도 있는데, 사실 BETWEEN은 크다와 작다 비교를 하나로 묶어둔 것에 가깝다. 그리고 IN 연산자의 처리 방법은 동등 비교(=) 연산자와 비슷하다. 그림 7-2는 이 IN과 BETWEEN 처리 과정의 차이를 보여주는데, IN 연산자는 여러 개의 동등 비교(=)를 하나로 묶은 것과 같은 연산자라서 IN과 동등 비교 연산자는 같은 형태로 인덱스를 사용하게 된다.

dept_no	emp_no
d002	499998
d003	10005
d003	10013
d003	499992
d004	10003
d004	10004
d004	499999
d005	10001
d005	10006
d005	10006
d005	499997
d006	10009

dept_no	emp_no
d002	499998
d003	10005
d003	10013
d003	499992
d004	10003
d004	10004
d004	499999
d005	10001
d005	10006
d005	10006
d005	499997
d006	10009

[그림 7-2] BETWEEN(왼쪽)과 IN(오른쪽)의 인덱스 사용 방법의 차이

BETWEEN 조건을 사용하는 위의 쿼리는 dept_emp 테이블의 (dept_no+emp_no) 인덱스의 상당히 많은 레코드(전체 데이터의 1/3)를 읽게 된다. 하지만 실제로 가져오는 데이터는 1건밖에 안 된다. 결국 이 쿼리는 10만 건을 읽어서 1건 반환하는 것이다. 그런데 이 쿼리를 다음과 같은 형태로 바꾸면 emp_no=10001 조건도 작업 범위를 줄이는 용도로 인덱스를 이용할 수 있게 된다.

```
SELECT * FROM dept_emp
WHERE dept_no IN ('d003', 'd004', 'd005') AND emp_no=10001;
```

BETWEEN이 선형으로 인덱스를 검색해야 하는 것과는 달리 IN은 동등(Equal) 비교를 여러 번 수행하는 것과 같은 효과가 있기 때문에 dept_emp 테이블의 인덱스(dept_no+emp_no)를 최적으로 사용할 수 있는 것이다.

이 예제에서처럼 여러 칼럼으로 인덱스가 만들어져 있는데, 인덱스 앞쪽에 있는 칼럼의 선택도가 떨어질 때는 IN으로 변경하는 방법으로 쿼리의 성능을 개선할 수도 있다. 실제 두 쿼리의 차이는 실행 계획을 통해서도 알 수 있다. 아래 예제 쿼리에서 사용된 "USE INDEX(PRIMARY)" 힌트는 단지 이 예제를 재현하기 위해 사용한 것일 뿐, BETWEEN과 IN 연산자의 처리 방법과는 전혀 무관하다.

```
SELECT * FROM dept_emp USE INDEX(PRIMARY)
        WHERE dept_no BETWEEN 'd003' AND 'd005' AND emp_no=10001;

SELECT * FROM dept_emp USE INDEX(PRIMARY)
        WHERE dept_no IN ('d003', 'd004', 'd005') AND emp_no=10001;
```

다음은 BETWEEN 연산자를 사용하는 첫 번째 예제 쿼리의 실행 계획이다.

id	select_type	table	type	key	key_len	ref	Rows	Extra
1	SIMPLE	dept_emp	range	PRIMARY	16		77140	Using where

그리고 다음은 BETWEEN 대신 IN 연산자를 사용한 두 번째 예제 쿼리의 실행 계획이다.

id	select_type	table	type	key	key_len	ref	rows	Extra
1	SIMPLE	dept_emp	range	emp_no	4		3	Using where

BETWEEN을 사용한 쿼리와 IN을 사용한 쿼리 둘다 인덱스 레인지 스캔을 하고 있지만, 실행 계획의 rows 칼럼에 표시된 레코드 건수는 매우 큰 차이가 있음을 알 수 있다. BETWEEN 비교를 사용한 쿼리에서는 부서 번호가 d003인 레코드부터 d005인 레코드의 전체 범위를 다 비교해야 하지만 IN을 사용한 쿼리에서는 부서 번호와 사원 번호가 ((d003, 10001), (d004, 10001), (d005, 1000)) 조합인 레코드만 비교해보면 되기 때문이다.

이 예제에서 dept_no는 가질 수 있는 값이 몇 개 되지 않기 때문에 손쉽게 BETWEEN을 IN 연산자로 개선할 수 있다. 그런데 IN 연산자에 사용할 상수 값을 가져오기 위해 별도의 SELECT 쿼리를 한번 더 실행해야 할 때도 있다. 이때는 적절한 쿼리를 한 번 더 실행해서 IN으로 변경했을 때 그만큼 효율이 있는지를 테스트해보는 것이 좋다. 그런데 IN 연산자에 채워줄 상수값을 따로 가져오지 않고, 다음처럼 IN (subquery) 형태로 쿼리를 변경하면 더 나쁜 결과를 가져올 수도 있기 때문에 IN(subquery) 형태로는 변형하지 않는 것이 좋다. IN(subquery)의 문제점에 대해서는 479쪽의 "WHERE 절에 IN과 함께 사용된 서브 쿼리 – IN (subquery)"에서 다시 살펴보겠다.

```
SELECT * FROM dept_emp
WHERE dept_no IN (
    SELECT dept_no
    FROM departments
    WHERE dept_no BETWEEN 'd003' AND 'd005')
  AND emp_no=10001;
```

가끔 다음 쿼리와 같이 BETWEEN 연산자를 사용한 경우와 "크다" "작다" 비교를 사용한 경우의 차이를 궁금해하는 사람들이 있다. 이 두 연산자의 차이를 간단히 쿼리로 한번 비교해보자.

```
SELECT * FROM employees WHERE emp_no BETWEEN 10001 AND 400000;
SELECT * FROM employees WHERE emp_no>=10001 AND emp_no<=400000;
```

BETWEEN 비교(다음 첫 번째 쿼리)는 하나의 비교 조건으로 처리하지만, 크다와 작다의 조합으로 비교하는 경우에는 두 개의 비교 조건으로 처리한다는 것이 가장 큰 차이일 것이다. 실제로 MySQL의 옵티마이저가 최적화해서 실행하기 직전의 쿼리를 봐도 (옵티마이저 내부적으로) BETWEEN 연산자를 크다 작다의 연산자로 변환하지 않고 BETWEEN을 그대로 유지한다는 것을 알 수 있다.

```
WHERE:( 'employees'.'emp_no' between 10001 and 400000)
WHERE:((('employees'.'emp_no' >= 10001) and ('employees'.'emp_no' <= 100000))
```

하지만 이 차이가 디스크로부터 읽어야 하는 레코드의 수가 달라질 정도의 차이를 만들어 내지는 않는다. 다만 읽어온 레코드를 CPU와 메모리 수준에서 비교하는 수준 정도의 차이가 있다고 볼 수 있다. 실제 위의 쿼리는 다음과 같은 결과를 보였다.

	emp_no BETWEEN 10001 AND 400000	emp_no>=10001 AND emp_no<=400000
평균 소요 시간	0.38 초	0.41 초

이 쿼리는 20여만 건의 결과를 가져오게 되는데, 대략 0.03초 정도 BETWEEN이 빠르게 실행된 것을 알 수 있다. 어찌됐건 이 차이는 디스크 작업의 차이가 아니라 CPU의 연산 차이로 발생하는 것이라서 크게 고려하지 않아도 된다.

IN 연산자

IN은 여러 개의 값에 대해 동등 비교 연산을 수행하는 연산자다. 여러 개의 값이 비교되지만 범위로 검색하는 것이 아니라 여러 번의 동등 비교로 실행하기 때문에 일반적으로 빠르게 처리된다. 다른 DBMS에 익숙한 사용자라면 IN 연산자가 상당히 최적화되어 처리될 수 있을 것으로 예상하는 경우가 많다. 하지만 MySQL에서 IN 연산자는 사용법에 따라 상당히 비효율적으로 처리될 때도 많다.

IN 연산자에 상수값을 입력으로 전달하는 경우는 다른 DBMS만큼 최적화해서 수행할 수 있다. 하지만 IN 연산자의 입력이 상수가 아니라 서브 쿼리인 경우에는 상당히 느려질 수 있다. IN의 인자로 상수가 사용되면 이 상수값이 쿼리의 입력 조건으로 사용하기 때문에 기대했던 대로 적절히 인덱스를 이용해 쿼리를 실행한다. 하지만 IN의 입력으로 서브 쿼리를 사용할 때는 서브 쿼리가 먼저 실행되어 그 결과 값이 IN의 상수 값으로 전달되는 것이 아니라, 서브 쿼리의 외부가 먼저 실행되고 IN(subquery)는 체크 조건으로 사용된다. 결과적으로 기대와는 달리 느려지는 경우가 많다.

여기서는 IN 연산자와 NOT IN 연산자의 입력으로 상수값이 사용되는 경우를 간단히 설명하고, IN이나 NOT IN의 입력으로 서브 쿼리가 사용되는 쿼리는 479쪽의 "WHERE 절에 IN과 함께 사용된 서브 쿼리 – IN(subquery)"에서 자세히 언급하겠다. 가장 일반적인 형태의 IN 연산자 사용법을 한번 살펴보자. 다음 쿼리는 사원 번호가 10001, 10101, 10203인 사원의 정보를 조회하는 쿼리다. 이 쿼리는 emp_no 칼럼에 적절히 인덱스만 준비돼 있다면 성능상 특별히 문제될 것이 없다. 일반적으로 이렇게 IN의 입력으로 상수를 사용한다면 IN의 입력으로 사용되는 상수를 수만 개 수준으로 사용하지 않는다면 문제가 되지 않는다.

```
SELECT *
FROM employees
WHERE emp_no IN (10001, 10002, 10003);
```

참고로 다음 예제와 같이 IN 연산자를 이용해 NULL 값을 검색할 수는 없다. 값이 NULL인 레코드를 검색하려면 NULL-Safe 연산자인 "<=>" 또는 IS NULL 연산자 등을 사용해야 한다.

```
SELECT *
FROM employees
WHERE emp_no IN (10001, 10002, NULL);
```

NOT IN의 실행 계획은 인덱스 풀 스캔으로 표시되는데, 동등이 아닌 부정형 비교라서 인덱스를 이용해 처리 범위를 줄이는 조건으로는 사용할 수 없기 때문이다. NOT IN 연산자가 프라이머리 키와 비교될 때 가끔 쿼리의 실행 계획에 인덱스 레인지 스캔으로 표시될 수도 있다. 하지만 이는 InnoDB 테이블에서 프라이머리 키가 클러스터링 키이기 때문일 뿐 실제 IN과 같이 효율적으로 실행된다는 것을 의미하지는 않는다.

7.3.3 MySQL 내장 함수

DBMS 종류에 관계없이 기본적인 기능의 SQL 함수는 대부분 동일하게 제공된다. 하지만 함수의 이름이나 사용법은 표준이 없으므로 DBMS별로 거의 호환되지 않는다. MySQL의 함수는 MySQL에서 기본적으로 제공하는 내장 함수와 사용자가 직접 작성해서 추가할 수 있는 사용자 정의 함수(UDF)로 구분된다. MySQL에서 제공하는 C/C++ API를 이용해 사용자가 원하는 기능을 직접 함수로 만들어 추가할 수 있는데, 이를 사용자 정의 함수라고 한다. 여기서 언급하는 내장 함수나 사용자 정의 함수는 스토어드 프로그램으로 작성되는 프로시저나 스토어드 함수와는 다르므로 혼동하지 않도록 주의하자.

NULL 값 비교 및 대체(IFNULL, ISNULL)

IFNULL( )은 칼럼이나 표현식의 값이 NULL인지 비교하고, NULL이면 다른 값으로 대체하는 용도로 사용할 수 있는 함수다. IFNULL( ) 함수에는 두 개의 인자를 전달하는데, 첫 번째 인자는 NULL인지 아닌지 비교하려는 칼럼이나 표현식을, 두 번째 인자로는 첫 번째 인자의 값이 NULL일 경우 대체할 값이나 칼럼을 설정한다. IFNULL( ) 함수의 반환값은 첫 번째 인자가 NULL이 아니면 첫 번째 인자의 값을, 첫 번째 인자의 값이 NULL이면 두 번째 인자의 값을 반환한다.

ISNULL( ) 함수는 이름 그대로, 인자로 전달한 표현식이나 칼럼의 값이 NULL인지 아닌지 비교하는 함수다. 반환되는 값은 인자의 표현식이 NULL이면 TRUE(1), NULL이 아니면 FALSE(0)를 반환한다. 두 함수의 사용법을 예제로 살펴보자.

```
mysql> SELECT IFNULL(NULL, 1);
+-----------------+
|               1 |
+-----------------+

mysql> SELECT IFNULL(0, 1);
+--------------+
|            0 |
+--------------+

mysql> SELECT ISNULL(0);
+-----------+
|         0 |
+-----------+

mysql> SELECT ISNULL(1/0);
+-------------+
|           1 |
+-------------+
```

현재 시각 조회(NOW, SYSDATE)

두 함수 모두 현재의 시간을 반환하는 함수로서 같은 기능을 수행한다. 하지만 NOW( )와 SYSDATE( ) 함수는 작동 방식에서 큰 차이가 있다. 하나의 SQL에서 모든 NOW( ) 함수는 같은 값을 가지지만 SYSDATE( ) 함수는 하나의 SQL 내에서도 호출되는 시점에 따라 결과 값이 달라진다.

다음 예제를 한번 살펴보자. 여기서 SLEEP( ) 함수는 2초 동안 대기하게 하는 함수로서 밑에서 다시 자세히 설명하겠다.

```
mysql> SELECT NOW(), SLEEP(2), NOW();
+---------------------+----------+---------------------+
| NOW()               | SLEEP(2) | NOW()               |
+---------------------+----------+---------------------+
| 2011-04-30 17:24:03 |        0 | 2011-04-30 17:24:03 |
+---------------------+----------+---------------------+

mysql> SELECT SYSDATE(), SLEEP(2), SYSDATE();
+---------------------+----------+---------------------+
| SYSDATE()           | SLEEP(2) | SYSDATE()           |
+---------------------+----------+---------------------+
| 2011-04-30 17:24:10 |        0 | 2011-04-30 17:24:12 |
+---------------------+----------+---------------------+
```

NOW( ) 함수를 사용한 첫 번째 예제에서는 두 번의 NOW( ) 함수 결과가 같은 값을 반환했다. 하지만 두 번째 예제에서 사용된 SYSDATE( ) 함수는 SLEEP( ) 함수의 대기 시간인 2초 동안의 차이가 있음을 알 수 있다.

SYSDATE( ) 함수는 이러한 특성 탓에 두 가지 큰 잠재적인 문제가 있다.

- 첫 번째로는 SYSDATE() 함수가 사용된 SQL은 복제가 구축된 MySQL의 슬레이브에서 안정적으로 복제(Replication)되지 못한다.
- 두 번째로는 SYSDATE() 함수와 비교되는 칼럼은 인덱스를 효율적으로 사용하지 못한다는 것이다.

두 번째 부분에 대해서는 다음 예제로 좀 더 자세히 알아보자.

```
EXPLAIN SELECT emp_no, salary, from_date, to_date
        FROM salaries WHERE emp_no=10001 AND from_date>NOW();
EXPLAIN SELECT emp_no, salary, from_date, to_date
        FROM salaries WHERE emp_no=10001 AND from_date>SYSDATE();
```

다음은 NOW( ) 함수를 사용하는 첫 번째 예제 쿼리의 실행 계획이다.

id	select_type	table	type	key	key_len	ref	Rows	Extra
1	SIMPLE	salaries	range	PRIMARY	7		1	Using where; Using index

그리고 다음은 NOW( ) 대신 SYSDATE( ) 연산자를 사용한 두 번째 예제 쿼리의 실행 계획이다.

id	select_type	table	type	key	key_len	ref	rows	Extra
1	SIMPLE	salaries	ref	PRIMARY	4	const	17	Using where

위의 예제를 살펴보면 첫 번째 쿼리는 emp_no와 from_date 칼럼 모두 적절히 인덱스를 사용했기 때문에 인덱스의 전체 길이인 7바이트를 모두 사용했지만, 두 번째 쿼리는 emp_no 칼럼만 인덱스를 사용했기 때문에 인덱스 중에서 emp_no에 속하는 4바이트만 레인지 스캔에 이용했다.

SYSDATE( ) 함수는 위에서도 언급했듯이 이 함수가 호출될 때마다 다른 값을 반환하므로 사실은 상수가 아니다. 그래서 인덱스를 스캔할 때도 매번 비교되는 레코드마다 함수를 실행해야 한다. 하지만 NOW( ) 함수는 쿼리가 실행되는 시점에서 실행되고 값을 할당받아서 그 값을 SQL 문장의 모든 부분에서 사용하게 되기 때문에 쿼리가 1시간 동안 실행되더라도 실행되는 위치나 시점에 관계없이 항상 같은 값을 보장할 수 있는 것이다.

꼭 필요한 때가 아니라면 SYSDATE( ) 함수를 사용하지 않는 편이 좋겠지만 이미 SYSDATE( ) 함수를 사용하고 있다면 MySQL 서버의 설정 파일(my.cnf나 my.ini 파일)에 sysdate-is-now 설정을 넣어주는 것이 이런 문제점을 제거하는 빠른 해결책일 것이다. sysdate-is-now가 설정되면 SYSDATE( ) 함수도 NOW( ) 함수와 같이 함수의 호출 시점에 관계없이 하나의 SQL에서는 같은 값을 갖게 된다. 사실 일반적인 웹 서비스에서는 특별히 SYSDATE( ) 함수를 사용해야 할 만한 이유가 없다. 시스템 설정 파일(my.cnf)에 sysdate-is-now 설정을 추가해서 SYSDATE( ) 함수가 NOW( ) 함수와 동일하게 작동하도록 설정할 것을 권장한다.

날짜와 시간의 포맷(DATE_FORMAT, STR_TO_DATE)

DATETIME 타입의 칼럼이나 값을 원하는 형태의 문자열로 변환해야 할 때는 DATE_FORMAT( ) 함수를 이용하면 된다. 날짜의 각 부분을 의미하는 지정자는 다음과 같다. 여기서는 대표적인 지정자만 나열했으며, 나머지 더 자세한 사항은 매뉴얼을 참조하자.

지정문자	내용
%Y	4자리 년도
%m	2자리 숫자 표시의 월(00 ~ 12)
%d	2자리 숫자 표시의 일자(00 ~ 31)

%H	2자리 숫자 표시의 시(00 ~ 23)
%i	2자리 숫자 표시의 분(00 ~ 59)
%s	2자리 숫자 표시의 초(00 ~ 59)

위의 지정자를 이용해 다음과 같이 필요한 포맷 또는 필요한 부분만의 문자열로 변환할 수 있다.

```
mysql> SELECT DATE_FORMAT(NOW(), '%Y-%m-%d') AS current_dt;
+------------+
| 2011-04-30 |
+------------+

mysql> SELECT DATE_FORMAT(NOW(), '%Y-%m-%d %H:%i:%s') AS current_dttm;
+---------------------+
| 2011-04-30 15:13:25 |
+---------------------+
```

SQL에서 표준 형태(년-월-일 시:분:초)로 입력된 문자열은 필요한 경우 자동적으로 DATETIME 타입으로 변환되어 처리된다. 물론 이 밖에도 자동으로 DATETIME으로 자동 변환이 가능한 형태가 있다. 하지만 그렇지 않은 형태는 MySQL 서버가 문자열에 사용된 날짜 타입의 포맷을 알 수 없으므로 명시적으로 날짜 타입으로 변환해 주어야 한다. 이때 STR_TO_DATE() 함수를 이용해 문자열을 DATETIME 타입으로 변환할 수 있다. 날짜의 각 부분을 명시하는 지정자는 DATE_FORMAT() 함수에서 사용했던 지정자와 동일하게 사용하면 된다.

```
mysql> SELECT STR_TO_DATE('2011-04-30','%Y-%m-%d') AS current_dt;
+------------+
| 2011-04-30 |
+------------+

mysql> SELECT STR_TO_DATE('2011-04-30 15:13:25','%Y-%m-%d %H:%i:%s') AS current_dttm;
+---------------------+
| 2011-04-30 15:13:25 |
+---------------------+
```

날짜와 시간의 연산(DATE_ADD, DATE_SUB)

특정 날짜에서 년도나 월일 또는 시간을 등을 더하거나 뺄 때는 DATE_ADD() 함수나 DATE_SUB() 함수를 사용한다. 사실 DATE_ADD() 함수로 더하거나 빼는 처리를 모두 할 수 있기 때문에 DATE_

SUB( )는 크게 필요하지 않다. DATE_ADD( ) 함수와 DATE_SUB( ) 함수 모두 두 개의 인자를 필요로 하는데, 첫 번째 인자는 연산을 수행할 날짜이며, 두 번째 인자는 더하거나 빼고자 하는 월의 수나 일자의 수 등을 입력하면 된다. 두 번째 인자는 INTERVAL n [YEAR, MONTH, DAY, HOUR, MINUTE, SECOND,..] 형태로 입력해야 한다. 여기서 n은 더하거나 빼고자 하는 차이 값이며, 그 뒤에 명시되는 단위에 따라 하루를 더할 것인지 한 달을 더할 것인지를 결정한다.

```
mysql> SELECT DATE_ADD(NOW(), INTERVAL 1 DAY) AS tomorrow;
+---------------------+
| 2011-05-01 15:21:33 |
+---------------------+

mysql> SELECT DATE_ADD(NOW(), INTERVAL -1 DAY) AS yesterday;
+---------------------+
| 2011-04-29 15:21:42 |
+---------------------+
```

단위는 대표적인 것들만 명시했으며 더 상세한 내용은 매뉴얼을 참조하자.

키워드	의미
YEAR	년도(중간의 숫자 값은 더하거나 뺄 년 수를 의미함)
MONTH	월(중간의 숫자 값은 더하거나 뺄 개월 수를 의미함)
DAY	일(중간의 숫자 값은 더하거나 뺄 일자 수를 의미함)
HOUR	시(중간의 숫자 값은 더하거나 뺄 시를 의미함)
MINUTE	분(중간의 숫자 값은 더하거나 뺄 분 수를 의미함)
SECOND	초(중간의 숫자 값은 더하거나 뺄 초 수를 의미함)
QUARTER	분기(중간의 숫자 값은 더하거나 뺄 분기의 수를 의미함)
WEEK	주(중간의 숫자 값은 더하거나 뺄 주 수를 의미함)

타임 스탬프 연산(UNIX_TIMESTAMP, FROM_UNIXTIME)

UNIX_TIMESTAMP( ) 함수는 '1970-01-01 00:00:00'로부터 경과된 초의 수를 반환하는 함수다. 다른 운영체제나 프로그래밍 언어에서도 같은 방식으로 타임스탬프를 산출하는 경우에는 상호 호환해서 사용할 수 있다. UNIX_TIMESTAMP( ) 함수는 인자가 없으면 현재 날짜와 시간의 타임스탬프 값을, 인자로 특정 날짜를 전달하면 그 날짜와 시간의 타임스탬프를 반환한다. FROM_UNIXTIME( ) 함수는

UNIX_TIMESTAMP( ) 함수와 반대로, 인자로 전달한 타임스탬프 값을 DATETIME 타입으로 변환하는 함수다.

```
mysql> SELECT UNIX_TIMESTAMP('2005-03-27 03:00:00');
+-------------+
|  1111860000 |
+-------------+

mysql> SELECT FROM_UNIXTIME(UNIX_TIMESTAMP('2005-03-27 03:00:00'));
+---------------------+
| 2005-03-27 03:00:00 |
+---------------------+
```

MySQL의 TIMESTAMP 타입은 4바이트 숫자 타입으로 저장되기 때문에 실제로 가질 수 있는 값의 범위는 '1970-01-01 00:00:01' ~ '2038-01-09 03:14:07'까지의 날짜 값만 가능하다. FROM_UNIXTIME( ) 함수나 UNIX_TIMESTAMP( ) 함수도 이 범위의 날짜안에서만 사용할 수 있다.

문자열 처리 (RPAD, LPAD / RTRIM, LTRIM, TRIM)

RPAD( )와 LPAD( ) 함수는 문자열의 좌측 또는 우측에 문자를 덧붙여서 지정된 길이의 문자열로 만드는 함수다. RPAD( ) 함수나 LPAD( ) 함수는 3개의 인자가 필요하다. 첫 번째 인자는 패딩 처리를 할 문자열이며, 두 번째 인자는 몇 바이트까지 패딩할 것인지, 세 번째 인자는 어떤 문자를 패딩할 것인지를 의미한다.

RTRIM( ) 함수와 LTRIM( ) 함수는 문자열의 우측 또는 좌측에 연속된 공백 문자(Space, NewLine, Tab 문자)를 제거하는 함수다. TRIM( ) 함수는 LTRIM( )과 RTRIM( )을 동시에 수행하는 함수다. 다음 예제를 통해 사용법을 살펴보자.

```
mysql> SELECT RPAD('Cloee', 10, '_');
+----------------------+
| Cloee_____           |
+----------------------+

mysql> SELECT LPAD('123', 10, '0');
+--------------------+
| 0000000123         |
+--------------------+
```

```
mysql> SELECT RTRIM('Cloee      ') AS name;
+-------+
| Cloee |
+-------+

mysql> SELECT LTRIM('      Cloee') AS name;
+-------+
| Cloee |
+-------+

mysql> SELECT TRIM('      Cloee      ') AS name;
+-------+
| Cloee |
+-------+
```

문자열 결합(CONCAT)

여러 개의 문자열을 연결해서 하나의 문자열로 반환하는 함수로, 인자의 개수는 제한이 없다. 숫자 값을 인자로 전달하면 문자열 타입으로 자동 변환한 후 연결한다. 만약 의도된 결과가 아닌 경우에는 명시적으로 CAST 함수를 이용해 타입을 문자열로 변환하는 편이 안전하다.

```
mysql> SELECT CONCAT('Georgi','Christian') AS name;
+---------------------+
| GeorgiChristian     |
+---------------------+

mysql> SELECT CONCAT('Georgi','Christian',2) AS name;
+---------------------+
| GeorgiChristian2    |
+---------------------+

mysql> SELECT CONCAT('Georgi','Christian',CAST(2 AS CHAR)) AS name;
+---------------------+
| GeorgiChristian2    |
+---------------------+
```

비슷한 함수로 CONCAT_WS( )라는 함수가 있는데, 각 문자열을 연결할 때 구분자를 넣어준다는 점을 제외하면 CONCAT( ) 함수와 같다. CONCAT_WS( ) 함수는 첫 번째 인자를 구분자로 사용할 문자로 인식하고, 두 번째 인자부터는 연결할 문자로 인식한다.

```
mysql> SELECT CONCAT_WS(',', 'Georgi','Christian') AS name;
+--------------------+
| Georgi,Christian   |
+--------------------+
```

GROUP BY 문자열 결합(GROUP_CONCAT)

COUNT( )나 MAX( ), MIN( ), AVG( ) 등과 같은 그룹함수(Aggregate, 여러 레코드의 값을 병합해서 하나의 값을 만들어내는 함수) 중 하나다. 주로 GROUP BY와 함께 사용하며, GROUP BY가 없는 SQL에서 사용하면 단 하나의 결과 값만 만들어낸다. GROUP_CONCAT( ) 함수는 값들을 먼저 정렬한 후 연결하거나 각 값의 구분자 설정도 가능하며, 여러 값 중에서 중복을 제거하고 연결하는 것도 가능하므로 상당히 유용하게 사용되는 함수다. 간단히 예제를 한번 살펴보자.

```
mysql> SELECT GROUP_CONCAT(dept_no) FROM departments;
+---------------------------------------------+
| d001,d002,d003,d004,d005,d006,d007,d008,d009 |
+---------------------------------------------+

mysql> SELECT GROUP_CONCAT(dept_no SEPARATOR '¦') FROM departments;
+---------------------------------------------+
| d001¦d002¦d003¦d004¦d005¦d006¦d007¦d008¦d009 |
+---------------------------------------------+

mysql> SELECT GROUP_CONCAT(dept_no ORDER BY dept_name DESC) FROM departments;
+---------------------------------------------+
| d007,d008,d006,d004,d001,d003,d002,d005,d009 |
+---------------------------------------------+

mysql> SELECT GROUP_CONCAT(DISTINCT dept_no ORDER BY dept_name DESC) FROM departments;
+-------------------------------------------------------+
| GROUP_CONCAT(DISTINCT dept_no ORDER BY dept_name DESC) |
+-------------------------------------------------------+
| d007,d008,d006,d004,d001,d003,d002,d005,d009          |
+-------------------------------------------------------+
```

- 첫 번째 예제는 가장 기본적인 형태의 GROUP_CONCAT() 함수의 사용법이다. 쿼리를 실행하면 departments 테이블의 모든 레코드에서 dept_no 칼럼의 값을 기본 구분자(,)로 연결한 값을 반환한다.
- 두 번째 예제는 첫 번째 예제와 같지만 각 dept_no의 값들을 연결할 때 사용한 구분자를 ","에서 "¦" 문자로 변경한 것이다.

- 세 번째 예제는 우선 dept_name 칼럼의 역순으로 정렬해서 dept_no 칼럼의 값을 연결해서 가져오는 쿼리다. 이 예제에서 GROUP_CONCAT() 함수 내에서 정의된 ORDER BY는 쿼리 전체적으로 설정된 ORDER BY와 무관하게 처리된다.
- 네 번째 쿼리는 세 번째 예제와 같지만 중복된 dept_no 값이 있다면 제거하고 유니크한 dept_no 값만을 연결해서 값을 가져오는 예제다.

GROUP_CONCAT() 함수는 지정한 칼럼의 값들을 연결하기 위해 제한적인 메모리 버퍼 공간을 사용한다. 어떤 쿼리에서 GROUP_CONCAT() 함수의 결과가 시스템 변수에 지정된 크기를 초과하면 쿼리에서 경고 메시지(Warning)가 발생한다. MySQL 클라이언트 또는 TOAD나 SQLyog과 같은 GUI 도구를 이용해 실행하는 경우 단순히 경고(Warning)만 발생하고 쿼리의 결과는 출력된다. 하지만 GROUP_CONCAT() 함수가 JDBC로 실행 될 때는 경고가 아니라 에러로 취급되어 SQLException 이 발생하므로 GROUP_CONCAT()의 결과가 지정된 버퍼 크기를 초과하지 않도록 주의해야 한다.

GROUP_CONCAT() 함수가 사용하는 메모리 버퍼의 크기는 group_concat_max_len 시스템 변수로 조정할 수 있다. 기본으로 설정된 버퍼의 크기가 1KB밖에 안 되기 때문에 GROUP_CONCAT() 함수를 자주 사용한다면 버퍼의 크기를 적절히 늘려서 설정해 두는 것도 좋다. 안타깝게도 몇 개까지의 레코드만 GROUP_CONCAT()을 적용한다거나 하는 옵션은 아직 없으므로 GROUP_CONCAT 버퍼의 크기는 필수적으로 점검해 두어야 한다.

값의 비교와 대체(CASE WHEN .. THEN .. END)

CASE WHEN은 함수가 아니라 SQL 구문이지만 여기서 함께 설명하겠다. CASE WHEN은 프로그래밍 언어에서 제공하는 SWITCH 구문과 같은 역할을 한다. CASE로 시작하고 반드시 END로 끝나야 하며, WHEN .. THEN .. 은 필요한 만큼 반복해서 사용할 수 있다.

크게 2가지 방법으로 사용할 수 있는데 예제를 통해 살펴보자. 다음 예제는 단순히 코드값을 실제 값으로 변환한다거나, 특정 일자를 기준으로 이전인지 이후인지 비교해 설명을 붙이는 용도로 CASE WHEN이 사용됐다. 여러 가지 용도로 사용될 수 있으며, 이 책의 다른 예제에서도 자주 사용되므로 그때그때 사용법을 참조하면 된다.

```
SELECT emp_no, first_name,
  CASE gender WHEN 'M' THEN 'Man'
              WHEN 'F' THEN 'Woman'
              ELSE 'Unknown'
  END AS gender
FROM employees LIMIT 10;
```

이 방법은 동등 연산자(=)로 비교할 수 있을 때 비교하고자 하는 칼럼이나 표현식을 CASE와 WHEN 키워드 사이에 두고, 비교 기준값을 WHEN 뒤에 입력해서 사용하는 방식이다. 이 방식은 일반적인 프로그래밍 언어의 SWITCH 문법과 같은 방식으로 사용한다.

```
SELECT emp_no, first_name,
  CASE WHEN hire_date<'1995-01-01' THEN 'Old'
       ELSE 'New'
  END AS gender
FROM employees LIMIT 10;
```

이 방식은 단순히 두 비교 대상 값의 동등 비교가 아니라 크다 또는 작다 비교와 같이 표현식으로 비교할 때 사용하는 방식이다. CASE와 WHEN 사이에는 아무것도 입력하지 않고, WHEN 절에 불리언 값을 반환할 수 있는 표현식을 적어 주면 된다.

CASE WHEN 구문에서 한 가지 재미있는 사실은 CASE WHEN 절이 일치하는 경우에만 THEN 이하의 표현식이 실행된다는 점이다. 다음 예제 쿼리는 "Marketing" 부서에 소속된 적이 있는 모든 사원의 가장 최근 급여를 조회하는 쿼리다. 이 쿼리는 2만여 건의 레코드를 조회하는데, 급여 테이블을 조회하는 서브 쿼리도 이 레코드 건수만큼 실행한다.

```
SELECT de.dept_no, e.first_name, e.gender,
  (SELECT s.salary FROM salaries s
     WHERE s.emp_no=e.emp_no
     ORDER BY from_date DESC LIMIT 1) AS last_salary
FROM dept_emp de, employees e
WHERE e.emp_no=de.emp_no
  AND de.dept_no='d001';
```

그런데 만약 성별이 여자인 경우에만 최종 급여 정보가 필요하고, 남자이면 그냥 이름만 필요한 경우를 한번 생각해 보자. 물론 이 쿼리를 그대로 사용하면서 남자일 때는 가져온 last_salary 칼럼을 그냥 버리면 된다. 하지만 남자인 경우는 salaries 테이블을 조회할 필요가 없는데, 서브 쿼리는 실행되므로 불필요한 작업을 하는 것이다. 이런 불필요한 작업을 제거하기 위해 CASE WHEN으로 서브 쿼리를 감싸주면 필요한 경우에만 서브 쿼리를 실행할 수 있다.

```
SELECT de.dept_no, e.first_name, e.gender,
  CASE
    WHEN e.gender='F' THEN
      (SELECT s.salary FROM salaries s
```

```
        WHERE s.emp_no=e.emp_no
        ORDER BY from_date DESC LIMIT 1)
     ELSE 0
   END AS last_salary
 FROM dept_emp de, employees e
 WHERE e.emp_no=de.emp_no
   AND de.dept_no='d001';
```

이렇게 쿼리를 변경하면 여자인 경우(gender='F')에만 서브 쿼리가 실행될 것이다. 물론 그 덕분에 남
자 사원의 수(만 2천여 번)만큼 서브 쿼리의 실행 횟수를 줄일 수 있게 된다.

타입의 변환(CAST, CONVERT)

프리페어 스테이트먼트를 제외하면 SQL은 텍스트(문자열) 기반으로 작동하기 때문에 SQL에 포함된
모든 입력 값은 문자열처럼 취급된다. 이럴 때 만약 명시적으로 타입의 변환이 필요하다면 CAST( ) 함
수를 이용하면 된다. CONVERT( ) 함수도 CAST( )와 거의 비슷하며, 단지 함수의 인자 사용 규칙만
조금 다르다.

CAST( ) 함수를 통해 변환할 수 있는 데이터 타입은 DATE, TIME, DATETIME, BINARY, CHAR,
DECIMAL, SIGNED INTEGER, UNSIGNED INTEGER다. 타입을 변환하는 예제를 잠깐 살펴보자.
CAST( ) 함수는 하나의 인자를 받아들이며, 그 하나의 인자는 다시 두 부분으로 나뉘어서 첫 번째 부분
에 타입을 변환할 값이나 표현식을, 두 번째 부분에는 변환하고자 하는 데이터 타입을 명시하면 된다.
첫 번째 부분과 두 번째 부분을 구분하기 위해 AS를 사용한다.

```
SELECT CAST('1234' AS SIGNED INTEGER) AS converted_integer;
SELECT CAST('2000-01-01' AS DATE) AS converted_date;
```

일반적으로 문자열과 숫자 그리고 날짜의 변환은 명시적으로 해주지 않아도 MySQL이 자동으로 필요한
형태로 변환하는 경우가 많다. 하지만 SIGNED나 UNSIGNED와 같은 부호 있는 정수 또는 부호 없는 정
수 값의 변환은 그렇지 않을 때가 많다. 이때는 다음 예제와 같이 명시적인 타입 변환을 해야 한다.

```
mysql> SELECT CAST(1-2 AS UNSIGNED);
+----------------------+
| 18446744073709551615 |
+----------------------+
```

```
mysql> SELECT 1-2;
+-----+
| -1 |
+-----+
```

CONVERT( ) 함수는 CAST( ) 함수와 같이 타입을 변환하는 용도와 문자열의 문자집합을 변환하는 용도라는 두 가지로 사용할 수 있다.

```
mysql> SELECT CONVERT(1-2 , UNSIGNED);
+-----------------------+
|   18446744073709551615 |
+-----------------------+

mysql> SELECT CONVERT('ABC' USING 'utf8');
+--------------------------+
| ABC                       |
+--------------------------+
```

타입 변환은 변환하려는 값이나 표현식을 첫 번째 인자로, 변환하려는 데이터 타입을 두 번째 인자로 적으면 된다. 문자열의 문자집합을 변경하려는 경우에는 하나의 인자를 받아들이는데, 이는 다시 두 부분으로 나눌 수 있다. 첫 번째 부분에는 변환하고자 하는 값이나 표현식, 그리고 두 번째 부분에는 문자집합의 이름을 지정하면 된다. 첫 번째와 두 번째 부분의 구분자로 USING 키워드를 명시해 주면 된다.

이진값과 16진수(Hex String) 문자열 변환(HEX, UNHEX)

HEX( ) 함수는 이진값을 사람이 읽을 수 있는(Human readable) 형태의 16진수의 문자열(Hex-string)로 변환하는 함수이고, UNHEX( ) 함수는 16진수의 문자열(Hex-string)을 읽어서 이진값(BINARY)으로 변환하는 함수다. 여기서 이진값은 사람이 읽을 수 있는 형태의 문자열이나 숫자가 아니라 바이너리 값이다. 이 함수의 사용법은 밑에서 다룰 MD5( ) 함수의 예제를 참조하기 바란다.

암호화 및 해시 함수(MD5, SHA)

MD5와 SHA 모두 비대칭형 암호화 알고리즘인데, 인자로 전달한 문자열을 각각 지정된 비트 수의 해시 값을 만들어내는 함수다. SHA( ) 함수는 SHA-1 암호화 알고리즘을 사용하며, 결과로 160비트(20바이트) 해시 값을 반환한다. MD5는 메시지 다이제스트(Message Digest) 알고리즘을 사용해 128비트(16바이트) 해시 값을 반환한다.

두 함수 모두 사용자의 비밀번호와 같은 암호화가 필요한 정보를 인코딩하는 데 사용되며, 특히 MD5( ) 함수는 말 그대로 입력된 문자열(Message)의 길이를 줄이는(Digest) 용도로도 사용된다. 두 함수의 출력 값은 16진수로 표시되기 때문에 저장하려면 저장 공간이 각각 20바이트와 16바이트의 두 배씩 필요하다. 그래서 암호화된 값을 저장해 두기 위해 MD5( ) 함수는 CHAR(32), SHA( ) 함수는 CHAR(40)의 타입을 필요로 한다.

```
mysql> SELECT MD5('abc');
+----------------------------------+
| 900150983cd24fb0d6963f7d28e17f72 |
+----------------------------------+

mysql> SELECT SHA('abc');
+------------------------------------------+
| a9993e364706816aba3e25717850c26c9cd0d89d |
+------------------------------------------+
```

저장 공간을 원래의 16바이트와 20바이트로 줄이고 싶다면 CHAR나 VARCHAR 타입이 아닌 BINARY 형태의 타입에 저장하면 된다. 이때는 칼럼의 타입을 BINARY(16) 또는 BINARY(20)으로 정의하고, MD5( ) 함수나 SHA( ) 함수의 결과를 UNHEX( ) 함수를 이용해 이진값으로 변환해서 저장하면 된다. BINARY 타입에 저장된 이진값을 사람이 읽을 수 있는 16진수 문자열로 다시 되돌릴 때는 HEX( ) 함수를 사용하면 된다. 다음은 MD5( ) 함수와 SHA( ) 함수의 결과를 HEX( )와 UNHEX( ) 함수를 이용해 문자열에서 이진값으로 또는 그 반대로 변환하는 예제다.

```
mysql> CREATE TABLE tab_binary (col_md5 BINARY(16), col_sha BINARY(20));
mysql> INSERT INTO tab_binary VALUES (UNHEX(MD5('abc')), UNHEX(SHA('abc')));
mysql> SELECT HEX(col_md5), HEX(col_sha) FROM tab_binary;
+----------------------------------+------------------------------------------+
| 900150983CD24FB0D6963F7D28E17F72 | A9993E364706816ABA3E25717850C26C9CD0D89D |
+----------------------------------+------------------------------------------+
```

MD5( ) 함수나 SHA( ) 함수는 모두 비대칭형 암호화 알고리즘이다. 이 두 함수의 결과 값은 중복 가능성이 매우 낮기 때문에 길이가 긴 데이터를 크기를 줄여서 인덱싱(해시)하는 용도로도 사용된다. 예를 들어 URL과 같은 값은 1KB를 넘을 때도 있으며 전체적으로 값의 길이가 긴 편이다. 이러한 데이터를 검색하려면 인덱스가 필요하지만, 긴 칼럼에 대해 전체 값으로 인덱스를 생성하는 것은 불가능(Prefix 인덱스 제외)할뿐더러 공간 낭비도 커진다. URL의 값을 MD5( ) 함수로 단축하면 16바이트로 저장할 수 있고, 이 16바이트로 인덱스를 생성하면 되기 때문에 상대적으로 효율적이다. 이에 대한 자세한 예제는 16.4절, "큰 문자열 칼럼의 인덱스(해시)"(928쪽)의 예제를 참조하자.

처리 대기 (SLEEP)

SLEEP( ) 함수는 프로그래밍 언어나 셸 스크립트 언어에서 제공하는 "sleep" 기능을 수행한다. DBMS는 빠르게 쿼리를 처리하는 것을 항상 최선으로 생각하는데, 쿼리 실행 도중 멈춰서 대기하는 기능이 왜 필요할까, 라고 생각할 수도 있다. 하지만 SQL의 개발이나 디버깅 용도로 잠깐 대기한다거나, 일부러 쿼리의 실행을 오랜 시간 동안 유지한다거나 할 때 상당히 유용한 함수다.

이 함수는 대기할 시간을 초 단위로 인자를 받으며, 특별히 어떠한 처리를 하거나 반환값을 넘겨주지 않는다. 단지 지정한 시간만큼 대기할 뿐이다. 다음 쿼리를 직접 한번 실행해보자. 다음에 설명하는 BENCHMARK( ) 함수와 같이 이러한 디버깅이나 테스트 용도의 함수는 뜻밖에 중요한 역할을 할 때가 있기 때문에 이런 함수가 있다는 것을 기억해 두는 것이 좋다.

```
SELECT SLEEP(10)
FROM employees
WHERE emp_no BETWEEN 10001 AND 10010;
```

SLEEP( ) 함수는 레코드의 건수만큼 SLEEP( ) 함수를 호출하기 때문에 위의 쿼리는 employees 테이블에서 조회되는 레코드 건수만큼 SLEEP( ) 함수를 호출한다. 결국 100초 동안 쿼리를 실행하는 셈이 된다.

벤치마크(BENCHMARK)

BENCHMARK( ) 함수는 SLEEP( ) 함수와 같이 디버깅이나 간단한 함수의 성능 테스트용으로 아주 유용한 함수다. BENCHMARK( ) 함수는 2개의 인자를 필요로 한다. 첫 번째 인자는 반복해서 수행할 횟수이며, 두 번째 인자로는 반복해서 실행할 표현식을 입력하면 된다. 두 번째 인자의 표현식은 반드시 스칼라 값을 반환하는 표현식이어야 한다. 즉 SELECT 쿼리를 BECHMARK( ) 함수에 사용하는 것도 가능하지만, 반드시 스칼라 값(하나의 칼럼을 가진 하나의 레코드)만 반환하는 SELECT 쿼리만 사용할 수 있다.

BENCHMARK( ) 함수의 반환값은 중요하지 않으며, 단지 지정한 횟수만큼 반복 실행하는 데 얼마나 시간이 소요됐는지가 중요할 뿐이다. 다음 예제를 보면 MD5( ) 함수를 10만 번 실행하는데, 0.2초의 시간이 소요된다는 것을 알 수 있다. 그리고 두 번째 예제는 employees 테이블에서 건수만 세는 SQL 문장의 성능을 확인해 볼 수 있다.

```
mysql> SELECT BENCHMARK(100000, MD5('abcdefghijk'));
+--------+
|      0 |
+--------+

1 row in set (0.20 sec)
mysql> SELECT BENCHMARK(100,
           (SELECT COUNT(*) FROM employees));
+--------+
|      0 |
+--------+
1 row in set (0.08 sec)
```

하지만 이렇게 SQL 문장이나 표현식의 성능을 BENCHMARK( ) 함수로 확인할 때는 주의해야 할 사항이 있다. "SELECT BENCHMARK(10, expr)"와 "SELECT expr"을 10번 직접 실행하는 것과는 차이가 있다는 것이다. SQL 클라이언트와 같은 도구로 "SELECT expr"을 10번 실행하는 경우에는 매번 쿼리의 파싱이나 최적화, 그리고 테이블 락이나 네트워크 비용 등이 소요된다. 하지만 "SELECT BENCHMARK(10, expr)"로 실행하는 경우에는 벤치마크 횟수에 관계없이 단 1번의 네트워크, 쿼리 파싱 및 최적화 비용이 소요된다는 점을 고려해야 한다.

또한 "SELECT BENCHMARK(10, expr)"를 사용하면 한 번의 요청으로 expr 표현식이 10번 실행되는 것이므로 이미 할당받은 메모리 자원까지 공유되고, 메모리 할당도 직접 "SELECT expr" 쿼리로 10번 실행하는 것보다는 1/10밖에 일어나지 않는다는 것이다. 그래서 위의 예제에서는 생각보다는 짧은 시간 내에 완료된 것이다. BENCHMARK( ) 함수로 얻은 쿼리나 함수의 성능은 그 자체로는 별로 의미가 없으며, 두 개의 동일 기능을 상대적으로 비교 분석하는 용도로 사용할 것을 권장한다.

IP 주소 변환(INET_ATON, INET_NTOA)

아마도 프로그래밍 경험이 있는 사용자라면 IP 주소가 4바이트의 부호 없는 정수(Unsigned integer)라는 것은 잘 알고 있을 것이다. 하지만 대부분의 DBMS에서는 IP 정보를 VARCHAR(15) 타입에 '.' 으로 구분해서 저장하고 있다. 이렇게 문자열로 저장된 IP 주소는 저장 공간을 훨씬 많이 필요로 한다. 게다가 일반적으로 IP 주소를 저장할 때 "127.0.0.1" 형태로 저장하므로 IP 주소 자체를 A, B, C 클래스로 구분하는 것도 불가능하다. 하지만 지금까지 어떠한 DBMS도 IP 주소를 저장하는 타입은 별도로 제공하지 않는다.

MySQL에서는 INET_ATON( ) 함수와 INET_NTOA( ) 함수를 이용해 IP 주소를 문자열이 아닌 부호 없는 정수 타입(UNSIGNED INTEGER)에 저장할 수 있게 제공한다. INET_ATON( ) 함수는 문자열로 구성된 IP 주소를 정수형으로 변환하는 함수이며, INET_NTOA( ) 함수는 정수형의 IP 주소를 사람이 읽을 수 있는 형태의 '.' 으로 구분된 문자열로 변환하는 함수다.

```
mysql> CREATE TABLE tab_accesslog ( access_dttm DATETIME, ip_addr INTEGER UNSIGNED);
mysql> INSERT INTO tab_accesslog VALUES (NOW(), INET_ATON('127.0.0.130'));
mysql> SELECT access_dttm, INET_NTOA(ip_addr) AS ip_addr
       FROM tab_accesslog
       WHERE ip_addr BETWEEN INET_ATON('127.0.0.128') AND INET_ATON('127.0.0.255');
+---------------------+-------------+
| access_dttm         | ip_addr     |
+---------------------+-------------+
| 2011-05-01 11:59:49 | 127.0.0.130 |
+---------------------+-------------+
```

위 예제는 IP 주소를 UNSIGNED INTEGER 타입에 저장하고, '127.0.0.128' ~ '127.0.0.255' 사이의 IP로부터 접근했던 이력만 조회해 보는 과정을 통해 어떻게 IP 주소를 저장하고 어떻게 검색할 수 있는지 보여준다.

MySQL 전용 암호화(PASSWORD, OLD_PASSWORD)

PASSWORD( )와 OLD_PASSWORD( ) 함수는 유용하기 때문에 여기서 언급하는 것이 아니라 일반 사용자가 사용해서는 안 될 함수이기 때문에 언급하는 것이다. MySQL의 초기 시절에는 DMBS 유저의 생성이나 삭제가 단순히 INSERT나 DELETE로 가능했기 때문에 이 함수들이 사용자에게 노출됐지만, 적어도 MySQL 5.x부터는 없어졌어야 할 함수가 아닐까 생각한다. 많은 사용자가 함수의 이름만 보고 회사의 고객 비밀번호를 암호화해서 저장하는 데 이 함수들을 사용하고 있었다. 사실 이 함수는 MySQL DBMS 사용자의 비밀번호를 암호화하는 기능의 함수다. 문제는 이 함수의 알고리즘이 MySQL 4.1.x부터 바뀌었고, 앞으로도 변경될 가능성이 있다는 것이다.

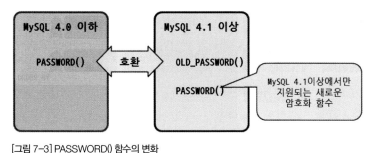

[그림 7-3] PASSWORD() 함수의 변화

그림 7-3과 같이 MySQL 4.0 이하 버전에서 사용되던 PASSWORD( ) 함수는 MySQL 4.1 이상의 버전에서는 OLD_PASSWORD( )로 이름이 바뀌었다. 그리고 MySQL 4.1 이상 버전의 PASSWORD( ) 함수는 전혀 다른 알고리즘으로 암호화하는 함수로 대체된 것이다. 다음 예제는 MySQL 4.0 이하 버전에서 PASSWORD( ) 함수를 실행한 결과다.

```
mysql> SELECT PASSWORD('mypass');
+--------------------+
| 6f8c114b58f2ce9e   |
+--------------------+
```

그리고 다음 예제는 MySQL 4.1 이상 버전에서 PASSWORD( ) 함수와 OLD_PASSWORD( ) 함수의 결과다.

```
mysql> SELECT PASSWORD('mypass');
+------------------------------------------+
| *6C8989366EAF75BB670AD8EA7A7FC1176A95CEF4 |
+------------------------------------------+

mysql> SELECT OLD_PASSWORD('mypass');
+----------------------+
| 6f8c114b58f2ce9e     |
+----------------------+
```

결국, MySQL 4.0 버전에서 회원의 비밀번호를 PASSWORD( ) 함수로 암호화하던 애플리케이션에서 MySQL DBMS만 5.0으로 업그레이드하면 이 서비스의 회원은 로그인할 수 없다. 그뿐만 아니라 MySQL를 업그레이드한 이후부터 가입한 회원은 이전 버전에서 가입한 회원과는 달리 새로운 알고리즘으로 암호화된 비밀번호를 갖게 된다. 즉, 하나의 고객 테이블에서 각 고객의 암호 알고리즘이 제각각이 되어 버리는 것이다.

더 큰 문제는 PASSWORD( )나 OLD_PASSWORD( ) 함수는 비대칭 암호화 알고리즘을 사용하기 때문에 암호화된 데이터에서 암호화되기 전의 평문을 다시 조립해 낼 수 없다는 것이다. 만약 지금 MySQL 4.0 버전을 사용하면서 PASSWORD( ) 함수를 회원의 비밀번호 암호화에 사용하고 있다면 MySQL 4.1 이상 버전으로 업그레이드할 때는 반드시 프로그램을 변경해서 PASSWORD( ) 함수를 사용하는 부분을 OLD_PASSWORD( )로 변경하는 것이 가장 빠르고 깔끔한 해법이다. 프로그램을 변경할 수 없다면 업그레이드된 MySQL의 시스템 설정 변수 파일(my.cnf)에 "old_passwords=1" 설정을 해 주어야 한다. 그러면 MySQL의 PASSWORD( ) 함수와 OLD_PASSWORD( ) 함수가 동일하게 예전 알고리즘으로 작동한다.

하지만 이 방법은 MySQL 클라이언트가 MySQL 서버에 접속할 때 사용하는 비밀번호의 암호화 방식까지 예전 방식의 알고리즘으로 변경하기 때문에 보안상 취약해지는 문제점도 고려해야 한다. 그나마 도움이 되는 것은 MySQL 4.1 이상 버전의 PASSWORD( ) 함수로 암호화된 경우에는 암호화된 값의 맨 앞에 "＊"가 붙게 되며, OLD_PASSWORD( ) 함수로 암호화된 경우에는 "＊"가 붙지 않는다는 점이다. 그래서 애플리케이션에서 어떤 암호화 함수를 사용했는지 알아내는 것이 가능하다는 것이다.

MySQL 서버는 4.1 이상인데, 여기에 접속하는 MySQL 클라이언트가 4.0 이하일 때는 서로 암호화 알고리즘이 일치하지 않아 로그인이 불가능한 경우가 있다. 이럴 때도 old_passwords 시스템 설정 변수를 "1"로 설정해 접속 가능하게 만들 수도 있다.

결론적으로 MySQL의 PASSWORD( ) 함수는 MySQL DBMS 유저의 비밀번호를 관리하기 위한 함수이지, 일반 서비스의 고객 정보를 암호화하기 위한 용도로는 적합하지 않다는 것이다. 서비스용 고객 정보를 암호화해야 할 때는 MD5( ) 함수나 SHA( ) 함수를 이용하는 것이 좋다.

VALUES( )

이 함수는 INSERT INTO … ON DUPLICATE KEY UPDATE … 형태의 SQL 문장에서만 사용할 수 있다. 이 SQL은 뒤에서도 다시 언급하겠지만 MySQL의 REPLACE와 비슷한 기능의 쿼리 문장인데, 프라이머리 키나 유니크 키가 중복되는 경우에는 UPDATE를 수행하고, 그렇지 않으면 INSERT를 실행하는 문장이다. 간단히 다음 예제를 한번 살펴보자.

```
INSERT INTO tab_statistics (member_id, visit_count)
SELECT member_id, COUNT(*) AS cnt
  FROM tab_accesslog
  GROUP BY member_id
ON DUPLICATE KEY
  UPDATE visit_count = visit_count + COUNT(*);
```

이 쿼리는 tab_accesslog 테이블의 모든 레코드를 member_id 칼럼으로 그룹핑해서 전체 건수를 tab_statistics 테이블에 INSERT한다. 그런데 만약 프라이머리 키(member_id)가 이미 존재한다면 단순히 그룹핑된 건수(cnt)를 visit_count에 더하고자 하는 쿼리다. 제일 밑의 UPDATE 구문에서는 그룹핑된 건수를 업데이트하기 위해 COUNT(*) 값을 알아야 하는데, UPDATE 절에서는 SELECT ···
GROUP BY 단위 쿼리의 일부가 아니므로 알아낼 방법이 없다. 이럴 때 다음 쿼리와 같이 VALUES( )
함수를 사용하면 해당 칼럼에 INSERT하려고 했던 값을 참조하는 것이 가능하다.

```
INSERT INTO tab_statistics (member_id, visit_count)
SELECT member_id, COUNT(*) AS cnt
  FROM tab_accesslog GROUP BY member_id
ON DUPLICATE KEY
  UPDATE visit_count = visit_count + VALUES(visit_count);
```

VALUES( ) 함수의 인자값으로는 INSERT 문장에서 값을 저장하려고 했던 칼럼의 이름을 입력하면 된
다.

COUNT()

COUNT( ) 함수는 다들 잘 알고 있듯이 결과 레코드의 건수를 반환하는 함수다. COUNT( ) 함수는
칼럼이나 표현식을 인자로 받으며, 특별한 형태로 "*"를 사용할 수도 있다. 여기서 "*"는 SELECT 절
에 사용될 때처럼 모든 칼럼을 가져오라는 의미가 아니라 그냥 레코드 자체를 의미하는 것이다. 실
제로 COUNT(*)이라고 해서 레코드의 모든 칼럼을 읽는 형태로 처리하지는 않는다. 그래서 굳이
COUNT(프라이머리 키 칼럼) 또는 COUNT(1)과 같이 사용하지 않고 COUNT(*)라고 표현해도 같은
속도로 처리된다.

MyISAM 스토리지 엔진을 사용하는 테이블은 항상 테이블의 메타 정보에 전체 레코드 건수를 관리하
고 있다. 그래서 "SELECT COUNT(*) FROM tb_table"과 같이 WHERE 조건이 없는 COUNT(*) 쿼
리는 MySQL 서버가 실제 레코드 건수를 세어 보지 않아도 바로 결과를 반환할 수 있기 때문에 빠르게
처리된다. 하지만 WHERE 조건이 있는 COUNT(*) 쿼리는 그 조건에 일치하는 레코드를 읽어 보지 않
는 이상 알 수 없으므로 일반적인 DBMS와 같이 처리된다. MyISAM 이외의 스토리지 엔진을 사용하
는 테이블(InnoDB 포함)에서는 WHERE 조건이 없는 COUNT(*) 쿼리라 하더라도 직접 데이터나 인
덱스를 읽어야만 레코드 건수를 가져올 수 있기 때문에 큰 테이블에서 COUNT( ) 함수를 사용하는 작
업은 주의해야 한다.

COUNT(*) 쿼리에서 가장 많이 하는 실수는 ORDER BY 구문이나 LEFT JOIN과 같은 레코드 건수를
가져오는 것과는 전혀 무관한 작업을 포함하는 것이다. 대부분 COUNT(*) 쿼리는 페이징 처리를 위

해 사용할 때가 많은데, 많은 개발자가 SELECT 쿼리를 그대로 복사해서 칼럼이 명시된 부분만 삭제하고 그 부분을 COUNT(*) 함수로 대체해서 사용하곤 한다. 그래서 단순히 COUNT(*)만 실행하는 쿼리임에도 ORDER BY가 포함돼 있다거나 별도의 체크 조건을 가지지도 않는 LEFT JOIN이 사용된 채로 실행될 때가 많다. COUNT(*) 쿼리에서 ORDER BY 절은 어떤 경우에도 필요치 않다. 그리고 LEFT JOIN 또한 레코드 건수의 변화가 없거나 아우터 테이블에서 별도의 체크를 하지 않아도 되는 경우에는 모두 제거하는 것이 성능상 좋다.

많은 사용자들이 일반적으로 칼럼의 값을 SELECT하는 쿼리보다 COUNT(*) 쿼리가 훨씬 빠르게 실행될 것으로 생각할 때가 많다. 하지만 인덱스를 제대로 사용하도록 튜닝하지 못한 COUNT(*) 쿼리는 페이징해서 데이터를 가져오는 쿼리보다 몇 배 또는 몇십 배 더 느리게 실행될 수도 있다. COUNT(*) 쿼리도 많은 부하를 일으키기 때문에 주의 깊게 작성해야 한다.

COUNT( ) 함수에서 한 가지 주의해야 할 점이 있다. 칼럼명이나 표현식이 인자로 사용되면 그 칼럼이나 표현식의 결과가 NULL이 아닌 레코드 건수만 반환한다. 예를 들어 "COUNT(column1)"이라고 SELECT 쿼리에 사용하면 column1이 NULL이 아닌 레코드의 건수를 가져온다. 그래서 NULL이 될 수 있는 칼럼을 COUNT( ) 함수에 사용할 때는 의도대로 쿼리가 작동하는지 확인하는 것이 좋다.

7.3.4 SQL 주석

MySQL에서는 SQL 표준에서 정의하고 있는 두 가지의 주석 표기 방식을 모두 사용할 수 있다.

```
-- 이 표기법은 한 라인만 주석으로 처리합니다.

/* 이 표기법은 여러 라인을
   주석으로 처리합니다. */
```

- 첫 번째 표기법은 하이픈(-) 문자를 연속해서 표기함으로써 그 라인만 주석으로 만드는 방법이다. 이 한 줄 주석 표기법에서 주의할 점은 연속된 하이픈 문자 뒤에 반드시 공백이 있어야 한다는 것이다.
- 두 번째 표기법은 "/*" 표시부터 "*/" 표시까지 라인 수에 관계없이 모두 주석으로 만드는 방법이다.

그리고 MySQL에서는 이 두 가지 방식 이외에 유닉스 셸 스크립트에서처럼 "#" 문자를 사용해서 한 라인을 주석으로 처리할 수 있다. "#"으로 주석을 표기하면 SQL 문장의 그 라인에서 "#" 문자 이후의 모든 내용은 주석으로 처리하기 때문에 "#" 문자를 여러 번 사용해도 무방하다. 하지만 가능하다면 표준 주석 표기법을 사용하는 것이 다른 DBMS와의 호환성이나 가독성에 좋을 것이다.

```
# 이 표기법도 MySQL에서는 한 라인만 주석으로 처리합니다.
```

여기까지는 MySQL의 순수 주석문 표기법이었으며, MySQL에서는 변형된 C 언어 스타일의 주석 표기법도 사용할 수 있다. 이 주석 표기법은 "/* ... */"를 이용해만 사용할 수 있는데, 주석을 시작하는 표시인 "/*" 뒤에 띄어쓰기 없이 "!" 문자를 연속해서 사용하는 것이다. 이 변형된 C 언어 스타일의 주석 표기법은 MySQL에서는 사실 주석으로 해석되는 것이 아니라 선택적인 처리나 힌트를 주는 두 가지 용도로 사용된다. 즉 "/*!"로 시작하는 주석에는 문법에 일치하지 않는 내용이 들어가면 MySQL에서는 에러를 발생시킨다는 것을 의미한다. 물론 MySQL 이외의 DBMS에서는 순수하게 주석으로 해석될 것이다.

```
SELECT /*! STRAIGHT_JOIN */
FROM employees e, dept_emp de
WHERE de.emp_no=e.emp_no LIMIT 20;
```

위의 예제에서 STRAIGHT_JOIN 키워드는 조인의 순서를 결정하는 힌트다. STRAIGHT_JOIN 힌트에 대해서는 나중에 자세히 살펴보겠다.

변형된 C 언어 스타일 주석의 또 다른 사용법은 버전에 따라서 선별적으로 기능이나 옵션을 적용하는 것이다. 다음 예제를 보면 "/*!" 주석 표기 뒤에 5자리 숫자가 나열돼 있다. 사실 이 숫자는 MySQL 서버의 버전을 의미한다. MySQL의 버전은 메이저 버전을 나타내는 1글자와 마이너 버전을 나타내는 2글자, 그리고 패치 버전으로 2글자를 사용해 전체 5글자의 숫자로 구성된다. 다음의 "50154"는 MySQL 5.01.54, 즉 5.1.54 버전을 의미한다.

```
CREATE /*! 50154 TEMPORARY */ TABLE tb_test ( fd INT, PRIMARY KEY(fd));
```

위의 예제는 간단한 CREATE TABLE 문장이지만 주석이 /*!로 시작되는 경우에는 이 주석 문장은 MySQL의 버전에 따라 주석이 될 수도 있고 실제 쿼리 문장의 일부가 될 수도 있다. 주석 기호 안에서 "!" 마크 뒤에 따라오는 값은 기준 버전이 된다. 그래서 위의 쿼리는 MySQL 서버의 버전에 따라 다음과 같이 두 가지 형태로 실행된다.

```
-- // MySQL 5.1.54 이상
CREATE TEMPORARY TABLE tb_test ( fd INT, PRIMARY KEY(fd));

-- // MySQL 5.1.54 미만
CREATE TABLE tb_test ( fd INT, PRIMARY KEY(fd));
```

그래서 MySQL 5.1.54 이상에서는 임시 테이블을 생성하고, 그 이하 버전에서는 일반 테이블을 생성한다.

MySQL 5.0에서 쿼리나 프로시저에 포함된 주석은 모두 삭제되기도 하는데, 변형된 C 언어 스타일의 주석은 이를 막기 위한 트릭으로도 사용된다. MySQL에서는 다른 주석은 모두 삭제해 버리지만(일반적인 쿼리 문장도 MySQL의 엔진을 한번 거친 쿼리에서는 주석이 모두 제거된다), 이 버전별 주석은 삭제하지 않는다. 그래서 스토어드 프로그램의 코드에 주석을 추가할 때 버전별 주석을 사용하되 기준 버전을 최댓값으로 설정해두면 MySQL은 항상 주석으로만 인식하지만 삭제하지는 않게 되는 것이다. 여기서 버전이 최대 5자리까지 표기할 수 있기 때문에 최댓값은 99999가 된다. 다음과 같이 주석을 추가하면 MySQL이 스토어드 프로그램을 컴파일해서 저장한 후에도 여전히 남아 있게 된다.

```
CREATE FUNCTION sf_getstring()
RETURNS VARCHAR(20) CHARACTER SET utf8
BEGIN
  /*!99999 이 함수는 문자집합 테스트용 프로그램임 */
  RETURN '한글 테스트';
END;;
```

7.4 SELECT

웹 서비스 같이 일반적인 OLTP 환경의 데이터베이스에서는 INSERT나 UPDATE와 같은 작업은 거의 레코드 단위로 발생하므로 성능상 문제가 되는 경우는 별로 없다. 하지만 SELECT는 여러 개의 테이블로부터 데이터를 조합해서 빠르게 가져와야 하기 때문에 여러 개의 테이블을 어떻게 읽을 것인가에 많은 주의를 기울여야 한다. 하나의 애플리케이션에서 사용되는 쿼리 중에서도 SELECT 쿼리의 비율은 높다. 이번 절에서는 SELECT 쿼리의 각 부분에 사용될 수 있는 기능을 성능 위주로 살펴보겠다.

7.4.1 SELECT 각 절의 처리 순서

이 책에서 SELECT 문장이라고 하면 SQL 전체를 의미한다. 그리고 SELECT 키워드와 실제 가져올 칼럼을 명시한 부분만 언급할 때는 SELECT 절이라고 표현하겠다. 여기서 절이란 우리가 주로 알고 있는 키워드(SELECT, FROM, JOIN, WHERE, GROUP BY, HAVING, ORDER BY, LIMIT)와 그 뒤에 기술된 표현식을 묶어서 말한다. 다음 예제는 여러 가지 절이 포함된 쿼리다.

```
SELECT s.emp_no, COUNT(DISTINCT e.first_name) AS cnt
FROM salaries s
    INNER JOIN employees e ON e.emp_no=s.emp_no
WHERE s.emp_no IN (100001, 100002)
GROUP BY s.emp_no
HAVING AVG(s.salary) > 1000
ORDER BY AVG(s.salary)
LIMIT 10;
```

이 쿼리 예제를 각 절로 나눠보면 다음과 같다. 하지만 이 책에서는 더 상세히 SQL의 위치를 언급할 때는 INNER JOIN 키워드나 그 뒤의 ON까지 구분해서 INNER JOIN 절 또는 ON 절이라고 표현하기도 한다. 이 구분이 쿼리를 튜닝하거나 분석하는 데 필요한 것이 아니라 편의상 구분한 것이므로 간단히 참고만 해두자.

- SELECT 절 : SELECT s.emp_no, COUNT(DISTINCT e.first_name) AS cnt
- FROM 절 : FROM salaries s INNER JOIN employees e ON e.emp_no=s.emp_no
- WHERE 절 : WHERE s.emp_no IN (100001, 100002)
- GROUP BY 절 : GROUP BY s.emp_no
- HAVING 절 : HAVING AVG(s.salary) > 1000
- ORDER BY 절 : ORDER BY AVG(s.salary)
- LIMIT 절 : LIMIT 10

위의 예제 쿼리는 SELECT 쿼리에 지정할 수 있는 대부분의 절을 포함돼 있다. 가끔 이런 쿼리에서 어느 절이 먼저 실행될지 예측하지 못할 때가 자주 있는데, 어느 절이 먼저 실행되는지를 모르면 처리 내용이나 처리 결과를 예측할 수 없다.

[그림 7-4] 각 쿼리 절의 실행 순서

그림 7-4에서 각 요소가 없는 경우는 가능하지만, 이 순서가 바뀌어서 실행되는 형태의 쿼리는 거의 없다(바로 밑에서 설명할 그림 7-5 제외). 또한 SQL에는 ORDER BY나 GROUP BY 절이 있다 하더라도 인덱스를 이용해 처리할 때는 그 단계 자체가 불필요하므로 생략된다.

[그림 7-5] 쿼리 각 절의 실행 순서(예외적으로 ORDER BY가 조인보다 먼저 실행되는 경우)

그림 7-5는 ORDER BY가 사용된 쿼리에서 예외적인 순서로 실행되는 경우를 보여준다. 이 경우는 첫 번째 테이블만 읽어서 정렬을 수행한 뒤에 나머지 테이블을 읽는데, 주로 GROUP BY 절이 없이 ORDER BY만 사용된 쿼리에서 사용될 수 있는 순서다.

그림 7-4나 그림 7-5에서 소개된 실행 순서를 벗어나는 쿼리가 필요하다면 서브 쿼리로 작성된 인라인 뷰(Inline View)를 사용해야 한다. 예를 들어 위의 쿼리에서 LIMIT를 먼저 적용하고 ORDER BY를 실행하고자 하면 다음과 같이 인라인 뷰를 사용해야 한다.

```
SELECT emp_no, first_name, max_salary
FROM (
  SELECT s.emp_no, COUNT(DISTINCT e.first_name) AS cnt
  FROM salaries s
    INNER JOIN employees e ON e.emp_no=s.emp_no
  WHERE s.emp_no IN (100001, 100002)
  GROUP BY s.emp_no
  HAVING MAX(s.salary) > 1000
  LIMIT 10
) temp_view
ORDER BY max_salary;
```

만약 LIMIT를 GROUP BY 전에 실행하고자 할 때도 마찬가지로 서브 쿼리로 인라인 뷰를 만들어서 그 뷰 안에서 LIMIT를 적용하고 바깥 쿼리(Outer 쿼리)에서 GROUP BY와 ORDER BY를 적용해야 한다. 하지만 이렇게 인라인 뷰가 사용되면 272쪽의 "DERIVED"에서 언급한 것처럼 임시 테이블이 사용되기 때문에 주의해야 한다. MySQL의 LIMIT는 오라클의 ROWNUM과 조금 성격이 달라서 WHERE 조건으로 사용하지 않고 항상 모든 처리의 결과에 대해 레코드 건수를 제한하는 형태로 사용한다.

7.4.2 WHERE 절과 GROUP BY 절, 그리고 ORDER BY 절의 인덱스 사용

WHERE 절의 조건뿐 아니라 GROUP BY나 ORDER BY 절도 인덱스를 이용해 빠르게 처리할 수 있다는 점은 이미 언급했다. 이번 절에서는 각 절에서 어떤 요건을 갖췄을 때 인덱스를 이용할 수 있는지 좀 더 자세히 살펴보겠다.

인덱스를 사용하기 위한 기본 규칙

WHERE 절이나 ORDER BY 또는 GROUP BY가 인덱스를 사용하려면 기본적으로 인덱스된 칼럼의 값 자체를 변환하지 않고 그대로 사용한다는 조건을 만족해야 한다. 인덱스는 칼럼의 값을 아무런 변환 없이 B-Tree에 정렬해서 저장한다. WHERE 조건이나 GROUP BY 또는 ORDER BY에서도 원본값을 검색하거나 정렬할 때만 B-Tree에 정렬된 인덱스를 이용한다. 즉 인덱스는 salary 칼럼으로 만들어져 있는데, 다음 예제의 WHERE 절과 같이 salary 칼럼을 가공한 후 다른 상수 값과 비교한다면 이 쿼리는 인덱스를 적절히 이용하지 못하게 된다.

```
SELECT * FROM salaries WHERE salary*10 > 150000;
```

사실 이 쿼리는 간단히 다음과 같이 변경해서 salary 칼럼의 값을 변경하지 않고 검색하도록 유도할 수 있지만 MySQL 옵티마이저에서는 인덱스를 최적으로 이용할 수 있게 표현식을 변환하지는 못한다.

```
SELECT * FROM salaries WHERE salary > 150000/10;
```

이러한 형태는 아주 단순한 예제이며, 칼럼값 여러 개를 곱하거나 더해서 비교해야 하는 복잡한 연산이 필요할 때는 미리 계산된 값을 저장할 별도의 칼럼을 추가하고 그 칼럼에 인덱스를 생성하는 것이 유일한 해결책이다. 결론적으로 인덱스의 칼럼을 변형해서 비교하는 경우에는 인덱스를 이용할 수 없게 된다는 점에 주의하자.

추가로 WHERE 절에 사용되는 비교 조건에서 연산자 양쪽의 두 비교 대상 값은 데이터 타입이 일치해야 한다. 사실 이 내용은 위에서 언급한 값 자체를 변환하지 않는다는 것과 같은 범주에 속하는 이야기다. 다음과 같은 간단하 쿼리로 이 내용을 한번 살펴보자.

```
CREATE TABLE tb_test (age VARCHAR(10), INDEX ix_age (age));
INSERT INTO tb_test VALUES ('1'), ('2'), ('3'), ('4'), ('5'), ('6'), ('7');
SELECT * FROM tb_test WHERE age=2;
```

위 예제에서 age라는 VARCHAR 타입의 칼럼이 지정된 테이블을 생성하고, 테스트용 레코드를 INSERT하자. 그리고 SELECT 쿼리의 실행 계획을 한번 확인해 보자. 이 쿼리는 분명히 age라는 칼럼에 인덱스가 준비돼 있어서 실행 계획의 type 칼럼에 "ref"나 "range"가 표시되어야 할 것으로 기대되지만 사실은 "index"라고 표시된다. "ref"나 "range"와 "index"의 차이가 잘 기억나지 않는다면 꼭 6장, "실행 계획"의 내용을 다시 확인하는 것이 좋다.

id	select_type	table	type	key	key_len	ref	rows	Extra
1	SIMPLE	tb_test	index	ix_age	33		7	Using where; Using index

그럼 왜 이 쿼리는 인덱스 레인지 스캔을 사용하지 못하고, 인덱스 풀 스캔을 사용했을까? 그 이유는 바로 age 칼럼의 데이터 타입(VARCHAR 타입)과 비교되는 값 2(INTEGER 타입)의 데이터 타입이 다르기 때문이다. 이렇게 비교되는 두 값의 타입이 문자열 타입(VARCHAR나 CHAR)과 숫자 타입(INTEGER)으로 다를 때 MySQL 옵티마이저가 내부적으로 문자열 타입을 숫자 타입으로 변환한 후 비교 작업을 처리하게 된다. 결국 문자열 타입인 age 칼럼이 숫자 타입으로 변환된 후 비교돼야 하므로 인덱스 레인지 스캔이 불가능한 것이다. 이 쿼리를 다음과 같이 변경하면 인덱스 레인지 스캔을 사용하도록 유도할 수 있다.

```
SELECT * FROM tb_test WHERE age='2';
```

id	select_type	table	type	key	key_len	ref	rows	Extra
1	SIMPLE	tb_test	ref	ix_age	33	const	1	Using where; Using index

저장하고자 하는 값의 타입에 맞춰서 칼럼의 타입을 선정하고, SQL을 작성할 때는 데이터의 타입에 맞춰서 비교 조건을 사용하길 권장한다. 데이터 타입이 조금이라도 다른 경우 최적화되지 못하는 현상은 현재 주로 사용되는 MySQL 5.0, 5.1, 그리고 5.5에서 모두 발생하는 문제다. 만약 이런 경우를 피할 수 없다면 비교 조건의 양쪽 값의 데이터 타입을 일치시켜야 한다.

WHERE 절의 인덱스 사용

WHERE 절의 조건이 인덱스를 사용할 수 있는 기준은 이미 5장, "인덱스"에서 살펴봤다. WHERE 조건이 인덱스를 사용하는 방법은 크게 범위 제한 조건과 체크 조건으로 두 가지 방식으로 구분해 볼 수 있는데, 둘 중에서 범위 제한 조건은 동등 비교 조건이나 IN으로 구성된 조건이 인덱스를 구성하는 칼럼과 얼마나 좌측부터 일치하는가에 따라 달라진다.

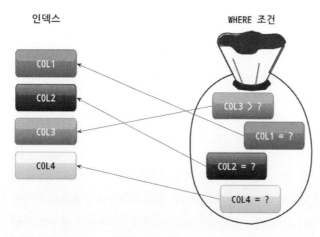

[그림 7-6] WHERE 조건의 인덱스 사용 규칙

그림 7-6에서 왼쪽은 4개의 칼럼이 순서대로 결합 인덱스로 생성돼 있는 것을 의미하며, 오른쪽은 SQL의 WHERE 절에 존재하는 조건을 의미한다. 이 그림에서 COL3의 조건이 동등 조건이 아닌 크다

작다 비교이므로 뒤 칼럼인 COL4의 조건은 범위 제한 조건으로 사용되지 못하고 체크 조건으로 사용된 것이다. WHERE 절에서의 각 조건이 명시된 순서는 중요치 않고, 그 칼럼에 대한 조건이 있는지 없는지가 중요한 것이다. 그래서 그림 7-6의 WHERE 조건은 주머니 아이콘으로 표시한 것이다. 이 내용이 잘 이해되지 않는다면 5.3.7절, "B-Tree 인덱스의 가용성과 효율성"(228쪽)을 다시 한번 참조하자. 지금까지 보여준 모든 WHERE 조건은 AND 연산자로 연결되는 경우를 가정한 것이며, 다음과 같이 OR 연산자가 있으면 처리 방법이 완전히 바뀐다.

```
SELECT *
FROM employees
WHERE first_name='Kebin' OR last_name='Poly';
```

위의 쿼리에서 first_name='Kebin' 조건은 인덱스를 이용할 수 있지만 last_name='Poly'는 인덱스를 사용할 수 없다. 만약 이 두 조건이 AND 연산자로 연결됐다면 first_name의 인덱스를 이용하겠지만, OR 연산자로 연결됐기 때문에 옵티마이저는 풀 테이블 스캔을 선택할 수밖에 없다. (풀 테이블 스캔)+(인덱스 레인지 스캔)의 작업량보다는 (풀 테이블 스캔) 한 번이 더 빠르기 때문이다. 이 경우 first_name과 last_name 칼럼에 각 인덱스가 있다면 index_merge 접근 방법으로 실행할 수 있다. 물론 이 방법은 풀 테이블 스캔보다는 빠르지만 여전히 제대로 된 인덱스 하나를 레인지 스캔하는 것보다는 느리다. WHERE 절에서 각 조건이 AND로 연결되면 읽어와야 할 레코드의 건수를 줄이는 역할을 하지만 각 조건이 OR로 연결되면 읽어서 비교해야 할 레코드가 더 늘어나기 때문에 WHERE 조건에 OR 연산자가 있다면 주의해야 한다.

GROUP BY 절의 인덱스 사용

SQL에 GROUP BY가 사용되면 인덱스의 사용 여부는 어떻게 결정될까? GROUP BY 절의 각 칼럼은 비교 연산자를 가지지 않으므로 범위 제한 조건이나 체크 조건과 같이 구분해서 생각할 필요는 없다. GROUP BY 절에 명시된 칼럼의 순서가 인덱스를 구성하는 칼럼의 순서와 같으면 GROUP BY 절은 일단 인덱스를 이용할 수 있다. 조금 풀어서 사용 조건을 정리해보면 다음과 같다. 여기서 설명하는 내용은 여러 개의 칼럼으로 구성된 다중 칼럼 인덱스를 기준으로 한다. 하지만 칼럼이 하나인 단일 칼럼 인덱스도 똑같이 적용된다.

- GROUP BY 절에 명시된 칼럼이 인덱스 칼럼의 순서와 위치가 같아야 한다.
- 인덱스를 구성하는 칼럼 중에서 뒷쪽에 있는 칼럼은 GROUP BY 절에 명시되지 않아도 인덱스를 사용할 수 있지만 인덱스의 앞쪽에 있는 칼럼이 GROUP BY 절에 명시되지 않으면 인덱스를 사용할 수 없다.
- WHERE 조건절과는 달리, GROUP BY 절에 명시된 칼럼이 하나라도 인덱스에 없으면 GROUP BY 절은 전혀 인덱스를 이용하지 못한다.

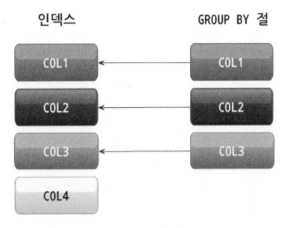

[그림 7-7] GROUP BY 절의 인덱스 사용 규칙

그림 7-7은 GROUP BY 절이 인덱스를 사용하기 위한 조건을 간단하게 보여준다. 그림 7-7의 왼쪽은 (COL1 + COL2 + COL3 + COL4)로 만들어진 인덱스를 의미하며, 오른쪽은 COL1부터 COL3을 순서대로 GROUP BY 절에 사용한 것을 의미한다. 이 그림에서 GROUP BY 절과 인덱스를 구성하는 칼럼의 순서가 중요하므로 주머니가 아니라 순서대로 표현된 것이다. 다음에 예시된 GROUP BY 절은 모두 그림 7-7의 인덱스를 이용하지 못하는 경우다.

```
... GROUP BY COL2, COL1
... GROUP BY COL1, COL3, COL2
... GROUP BY COL1, COL3
... GROUP BY COL1, COL2, COL3, COL4, COL5
```

위의 예제가 인덱스를 사용하지 못하는 원인을 살펴보자.

- 첫 번째와 두 번째 예제는 GROUP BY 칼럼이 인덱스를 구성하는 칼럼의 순서와 일치하지 않기 때문에 사용하지 못하는 것이다.
- 세 번째 예제는 GROUP BY 절에 COL3가 명시됐지만 COL2가 그 앞에 명시되지 않았기 때문이다.
- 네 번째 예제에서는 GROUP BY 절의 마지막에 있는 COL5가 인덱스에는 없어서 인덱스를 사용하지 못하는 것이다.

다음 예제는 GROUP BY 절이 인덱스를 사용할 수 있는 패턴이다. 다음의 예제는 WHERE 조건 없이 단순히 GROUP BY만 사용된 형태의 쿼리다.

```
... GROUP BY COL1
... GROUP BY COL1, COL2
... GROUP BY COL1, COL2, COL3
... GROUP BY COL1, COL2, COL3, COL4
```

WHERE 조건절에 COL1이나 COL2가 동등 비교 조건으로 사용된다면, GROUP BY 절에 COL1이나 COL2가 빠져도 인덱스를 이용한 GROUP BY가 가능할 때도 있다. 다음의 예제는 인덱스의 앞쪽에 있는 칼럼을 WHERE 절에서 상수로 비교하기 때문에 GROUP BY 절에 해당 칼럼이 명시되지 않아도 인덱스를 이용한 그룹핑이 가능한 예제다.

```
··· WHERE COL1='상수' ... GROUP BY COL2, COL3
··· WHERE COL1='상수' AND COL2='상수' ... GROUP BY COL3, COL4
··· WHERE COL1='상수' AND COL2='상수' AND COL3='상수' ... GROUP BY COL4
```

위 예제와 같이 WHERE 절과 GROUP BY 절이 혼용된 쿼리가 인덱스를 이용해 WHERE 절과 GROUP BY 절이 모두 처리될 수 있는지는 다음 예제와 같이 WHERE 조건절에서 동등 비교 조건으로 사용된 칼럼을 GROUP BY절로 옮겨보면 된다.

```
-- // 원본 쿼리
··· WHERE COL1='상수' ... GROUP BY COL2, COL3

-- // WHERE 조건절의 COL1 칼럼을 GROUP BY 절의 앞쪽으로 포함시켜 본 쿼리
··· WHERE COL1='상수' ... GROUP BY COL1, COL2, COL3
```

위의 예제에서 COL1은 상수 값과 비교되므로 "GROUP BY COL2, COL3"는 "GROUP BY COL1, COL2, COL3"와 똑같은 결과를 만들어 낸다. 이처럼 GROUP BY 절을 고쳐도 똑같은 결과가 조회된다면 WHERE 절과 GROUP BY 절이 모두 인덱스를 사용할 수 있는 쿼리로 판단하면 된다.

ORDER BY 절의 인덱스 사용

MySQL에서 GROUP BY와 ORDER BY는 처리 방법이 상당히 비슷하다. 그래서 ORDER BY 절의 인덱스 사용 여부는 GROUP BY의 요건과 거의 흡사하다. 하지만 ORDER BY는 조건이 하나 더 있는데, 정렬되는 각 칼럼의 오름차순(ASC) 및 내림차순(DESC) 옵션이 인덱스와 같거나 또는 정반대의 경우에만 사용할 수 있다. 여기서 MySQL의 인덱스는 모든 칼럼이 오름차순으로만 정렬돼 있기 때문에 ORDER BY 절의 모든 칼럼이 오름차순이거나 내림차순일 때만 인덱스를 사용할 수 있다. 인덱스의 모든 칼럼이 ORDER BY 절에 사용돼야 하는 것은 아니지만 인덱스에 정의된 칼럼의 왼쪽부터 일치해야 하는 것에는 변함이 없다. 그림 7-8은 ORDER BY 절이 인덱스를 이용하기 위한 요건을 보여준다.

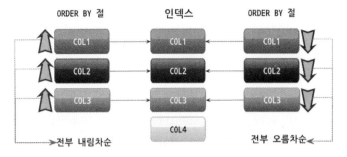

[그림 7-8] ORDER BY 절의 인덱스 사용 규칙

그림 7-8과 같은 인덱스에서 다음 예제의 ORDER BY 절은 인덱스를 이용할 수 없다. 참고로 ORDER BY 절에 ASC나 DESC와 같이 정렬 순서가 생략되면 오름차순(ASC)으로 해석한다.

```
... ORDER BY COL2, COL3
... ORDER BY COL1, COL3, COL2
... ORDER BY COL1, COL2 DESC, COL3
... ORDER BY COL1, COL3
... ORDER BY COL1, COL2, COL3, COL4, COL5
```

위의 각 예제가 인덱스를 사용하지 못하는 원인을 살펴보자.

- 첫 번째 예제는 인덱스의 제일 앞쪽 칼럼인 COL1이 ORDER BY 절에 명시되지 않았기 때문에 인덱스를 사용할 수 없다.
- 두 번째 예제는 인덱스와 ORDER BY 절의 칼럼 순서가 일치하지 않기 때문에 인덱스를 사용할 수 없다.
- 세 번째 예제는 ORDER BY 절의 다른 칼럼은 모두 오름차순인데, 두 번째 칼럼인 COL2의 정렬 순서가 내림차순이라서 인덱스를 사용할 수 없다.
- 네 번째 예제는 인덱스에는 COL1과 COL3 사이에 COL2 칼럼이 있지만 ORDER BY 절에는 COL2 칼럼이 명시되지 않았기 때문에 인덱스를 사용할 수 없다.
- 다섯 번째 예제는 인덱스에 존재하지 않는 COL5가 ORDER BY 절에 명시됐기 때문에 인덱스를 사용하지 못한다.

WHERE 조건과 ORDER BY(또는 GROUP BY) 절의 인덱스 사용

일반적으로 우리가 사용하는 쿼리는 WHERE 절을 가지고 있으며, 선택적으로 ORDER BY나 GROUP BY 절을 포함할 것이다. 쿼리에 WHERE 절만 또는 GROUP BY나 ORDER BY 절만 포함 돼 있다면 사용된 절 하나에만 초점을 맞춰서 인덱스를 사용할 수 있게 튜닝하면 된다. 하지만 일반적으로 애플리케이션에서 사용되는 쿼리는 그렇게 단순하지 않다. SQL 문장이 WHERE 절과 ORDER

BY 절을 가지고 있다고 가정했을 때 WHERE 조건은 A 인덱스를 사용하고 ORDER BY는 B 인덱스를 사용하는 것은 불가능하다. 이는 WHERE 절과 GROUP BY 절이 같이 사용된 경우와 GROUP BY와 ORDER BY가 같이 사용된 쿼리에서도 마찬가지다.

WHERE 절과 ORDER BY 절이 같이 사용된 하나의 쿼리 문장은 다음 3가지 중 한 가지 방법으로만 인덱스를 이용한다.

WHERE 절과 ORDER BY 절이 동시에 같은 인덱스를 이용

WHERE 절의 비교 조건에서 사용하는 칼럼과 ORDER BY 절의 정렬 대상 칼럼이 모두 하나의 인덱스에 연속해서 포함돼 있을 때 이 방식으로 인덱스를 사용할 수 있다. 이 방법은 나머지 2가지 방식보다 훨씬 빠른 성능을 보이기 때문에 가능하다면 이 방식으로 처리할 수 있게 쿼리를 튜닝하거나 인덱스를 생성하는 것이 좋다.

WHERE 절만 인덱스를 이용

ORDER BY 절은 인덱스를 이용한 정렬이 불가능하며, 인덱스를 통해 검색된 결과 레코드를 별도의 정렬 처리 과정(Filesort)을 거쳐서 정렬을 수행한다. 주로 이 방법은 WHERE 절의 조건에 일치하는 레코드의 건수가 많지 않을 때 효율적인 방식이다.

ORDER BY 절만 인덱스를 이용

ORDER BY 절은 인덱스를 이용해 처리하지만 WHERE 절은 인덱스를 이용하지 못한다. 이 방식은 ORDER BY 절의 순서대로 인덱스를 읽으면서, 레코드 한 건씩을 WHERE 절의 조건에 일치하는지 비교해 일치하지 않을 때는 버리는 형태로 처리한다. 주로 아주 많은 레코드를 조회해서 정렬해야 할 때는 이런 형태로 튜닝하기도 한다.

또한 WHERE 절에서 동등 비교(Equal) 조건으로 비교된 칼럼과 ORDER BY 절에 명시된 칼럼이 순서대로 빠짐없이 인덱스 칼럼의 왼쪽부터 일치해야 한다. WHERE 절에 동등 비교 조건으로 사용된 칼럼과 ORDER BY 절의 칼럼이 중첩되는 부분은 인덱스를 사용할 때 문제가 되지는 않는다. 하지만 중간에 빠지는 칼럼이 있으면 WHERE 절이나 ORDER BY 절 모두 인덱스를 사용할 수 없다. 이때는 주로 WHERE 절만 인덱스를 이용할 수 있다.

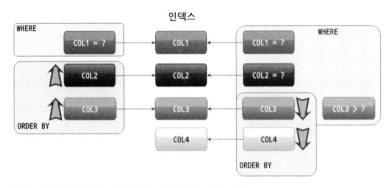

[그림 7-9] WHERE 절과 ORDER BY 절의 인덱스 사용 규칙

그림 7-9는 WHERE 절과 ORDER BY 절이 결합된 두 가지 패턴의 쿼리를 표현한 것이다. 그림 7-9의 오른쪽과 같이 ORDER BY 절에 해당 칼럼이 사용되고 있다면 WHERE 절에 동등 비교 이외의 연산자로 비교돼도 WHERE 조건과 ORDER BY 조건이 모두 인덱스를 이용할 수 있다. 일반적으로 WHERE 절에서 동등 비교로 사용된 칼럼과 ORDER BY 절의 칼럼이 인덱스를 구성하는 칼럼과 같은 순서대로 연속적으로 사용됐는지를 확인해야 한다. 그림 7-9의 왼쪽 패턴의 쿼리 예제를 한번 살펴보자.

```
SELECT *
FROM tb_test
WHERE col1=10 ORDER BY col2, col3;
```

이 예제 쿼리는 얼핏 보면 ORDER BY 절의 칼럼 순서가 인덱스의 칼럼 순서와 달라서 정렬할 때 인덱스를 이용하지 못할 것처럼 보인다. 이럴 때는 ORDER BY 절에, 인덱스의 첫 번째 칼럼인 col1 칼럼을 포함해서 다시 한번 쿼리를 작성하고 결과를 살펴보자.

```
SELECT *
FROM tb_test
WHERE col1=10 ORDER BY col1, col2, col3;
```

이 쿼리에서 WHERE 조건이 상수로 동등 비교를 하고 있기 때문에 ORDER BY 절에 col1 칼럼을 추가해도 정렬 순서에 변화가 없다. 즉, 이 쿼리는 변경되기 이전의 쿼리와 같다. 하지만 이렇게 변경된 쿼리에서는 WHERE 절과 ORDER BY 절이 동시에 인덱스를 이용할 수 있는지 여부를 더 쉽게 판단할 수 있다.

GROUP BY나 ORDER BY가 인덱스를 사용할 수 있을지 없을지 모호할 때는 이처럼 쿼리를 조금 변경한 쿼리와 원본 쿼리가 같은 순서나 결과를 보장하는지 확인해 보면 된다. 여기서 쿼리를 잠깐 변경해본 것은 이해를 돕기 위한 것일 뿐, 실제로 변경하기 이전과 이후의 쿼리 모두 MySQL 옵티마이저는 인덱스를 적절히 사용할 수 있게 실행 계획을 수립한다.

지금까지는 쉽게 설명하기 위해 동등 조건만 예로 들었지만 WHERE 조건절에서 범위 조건의 비교가 사용되는 쿼리를 한번 살펴보자.

```
SELECT * FROM tb_test WHERE col1 > 10 ORDER BY col1, col2, col3;
SELECT * FROM tb_test WHERE col1 > 10 ORDER BY col2, col3;
```

위의 첫 번째 예제 쿼리에서 col1>10 조건을 만족하는 col1 값은 여러 개일 수 있다. 하지만 ORDER BY 절에 col1부터 col3까지 순서대로 모두 명시됐기 때문에 인덱스를 사용해 WHERE 조건절과 ORDER BY 절을 처리할 수 있다. 하지만 두 번째 쿼리에서는 WHERE 절에서 col1이 동등 조건이 아니라 범위 조건으로 검색됐는데, ORDER BY 절에는 col1이 명시되지 않았기 때문에 정렬할 때는 인덱스를 이용할 수 없게 되는 것이다.

다음과 같이 WHERE 절과 ORDER BY 절에 명시된 칼럼의 순서가 일치하지 않거나 중간에 빠지는 칼럼이 있으면 인덱스를 이용해 WHERE 절과 ORDER BY 절을 모두 처리하기란 불가능하다.

```
... WHERE COL1=10 ORDER BY COL3, COL4
... WHERE COL1>10 ORDER BY COL2, COL3
... WHERE COL1 IN (1,2,3,4) ORDER BY COL2
```

지금까지는 WHERE 절과 ORDER BY 절 위주였지만 WHERE 절과 GROUP BY 절의 조합도 모두 똑같은 기준이 적용된다. WHERE 절과 ORDER BY나 GROUP BY 절의 조합에서 인덱스의 사용 여부를 판단하는 능력은 상당히 중요하므로 여러 가지 경우에 대해 직접 테스트해보는 것이 좋다.

GROUP BY 절과 ORDER BY 절의 인덱스 사용

GROUP BY와 ORDER BY 절이 동시에 사용된 쿼리에서 두 절이 모두 하나의 인덱스를 사용해서 처리되려면 GROUP BY 절에 명시된 칼럼과 ORDER BY에 명시된 칼럼이 순서와 내용이 모두 같아야 한다. GROUP BY와 ORDER BY가 같이 사용된 쿼리에서는 둘 중 하나라도 인덱스를 이용할 수 없을 때는 둘다 인덱스를 사용하지 못한다. 즉 GROUP BY는 인덱스를 이용할 수 있지만 ORDER BY가 인덱스를 이용할 수 없을 때 이 쿼리의 GROUP BY와 ORDER BY 절은 모두 인덱스를 이용하지 못한다. 물론 그 반대의 경우도 마찬가지다.

```
... GROUP BY COL1, COL2 ORDER BY COL2
... GROUP BY COL1, COL2 ORDER BY COL1, COL3
```

MySQL의 GROUP BY는 GROUP BY 칼럼에 대한 정렬까지 함께 수행하는 것이 기본 작동 방식이므로 GROUP BY와 ORDER BY 칼럼이 내용과 순서가 같은 쿼리에서는 ORDER BY 절을 생략해도 같은 결과를 얻게 된다. 물론, ORDER BY 절을 쿼리에 추가해도 별도의 추가 작업이 발생하지 않는다. 이와 관련된 자세한 내용은 7.4.7절, "GROUP BY"(461쪽)에서 다시 언급하겠다.

WHERE 조건과 ORDER BY 절, 그리고 GROUP BY 절의 인덱스 사용

WHERE 절과 GROUP BY 절, 그리고 ORDER BY 절이 모두 포함된 쿼리가 인덱스를 사용하는지 판단하는 방법을 알아보자. 다음과 같은 3개의 질문을 기본으로 해서 그림 7-10의 흐름을 적용해 보면 된다.

1. WHERE 절이 인덱스를 사용할 수 있는가?
2. GROUP BY 절이 인덱스를 사용할 수 있는가?
3. GROUP BY 절과 ORDER BY 절이 동시에 인덱스를 사용할 수 있는가?

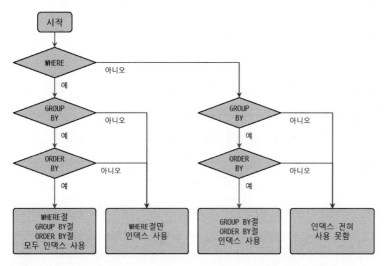

[그림 7-10] WHERE 조건과 ORDER BY 절, 그리고 GROUP BY 절의 인덱스 사용 여부 판단

7.4.3 WHERE 절의 비교 조건 사용 시 주의사항

WHERE 절에 사용되는 비교 조건의 표현식은 상당히 중요하다. 쿼리가 최적으로 실행되려면 적합한 인덱스와 함께 WHERE 절에 사용되는 비교 조건의 표현식을 적절하게 사용해야 한다. 그럴 때만 옵티마이저가 준비된 인덱스를 이용하도록 실행 계획을 수립할 수 있을 것이다.

NULL 비교

다른 DBMS와는 조금 다르게 MySQL에서는 NULL 값이 포함된 레코드도 인덱스로 관리된다. 이는 인덱스에서는 NULL을 하나의 값으로 인정해서 관리한다는 것을 의미한다. SQL 표준에서 NULL의 정의는 비교할 수 없는 값이다. 그래서 두 값이 모두 NULL을 가진다고 하더라도, 이 두 값이 같은지 비교하는 것이 불가능하다. 연산이나 비교에서 한쪽이라도 NULL이면 그 결과도 NULL이 반환되는 이유가 바로 여기에 있다. 쿼리에서 NULL인지 비교하려면 "IS NULL" 연산자를 사용해야 한다. 그 밖의 방법으로는 칼럼의 값이 NULL인지 알 수 있는 방법이 없다.

```
mysql> SELECT NULL=NULL;
+----------+
|     NULL |
+----------+

mysql> SELECT CASE WHEN NULL=NULL THEN 1 ELSE 0 END;
+----------+
|        0 |
+----------+

mysql> SELECT CASE WHEN NULL IS NULL THEN 1 ELSE 0 END;
+----------+
|        1 |
+----------+
```

다음 예제 쿼리의 NULL 비교가 인덱스를 사용하는 방법을 한번 살펴보자.

```
SELECT * FROM titles WHERE to_date IS NULL;
```

위의 쿼리는 to_date 칼럼이 NULL인 레코드를 조회하는 쿼리지만 to_date 칼럼에 생성된 ix_todate 인덱스를 ref 방식으로 적절히 이용하고 있음을 알 수 있다.

id	select_type	table	type	possible_keys	key	key_len	ref	Rows	Extra
1	SIMPLE	titles	ref	ix_todate	ix_todate	4	const	1	Using where; Using index

사실 칼럼의 값이 NULL인지 확인할 때는 ISNULL( ) 이라는 함수를 사용해도 된다. 하지만 ISNULL( ) 함수를 WHERE 조건에서 사용할 때는 주의해야 할 점이 있다. 다음의 예제 쿼리를 한번 살펴보자.

```
SELECT * FROM titles WHERE to_date IS NULL;
SELECT * FROM titles WHERE ISNULL(to_date);
```

```
SELECT * FROM titles WHERE ISNULL(to_date)=1;
SELECT * FROM titles WHERE ISNULL(to_date)=true;
```

위에 나열된 4개의 쿼리는 전부 정상적으로 to_date 칼럼이 NULL인지 판별해 낼 수 있는 쿼리다. 예제에서 첫 번째와 두 번째 쿼리는 titles 테이블의 ix_todate 인덱스를 레인지 스캔으로 사용할 수 있다. 하지만 세 번째와 네 번째 쿼리는 인덱스나 테이블을 풀 스캔하는 형태로 처리된다. NULL 비교를 할 때는 가급적 IS NULL 연산자를 사용하길 권장한다. 예상외로 세 번째나 네 번째 쿼리가 자주 사용되는데, 이러한 비교는 인덱스를 사용하지 못한다는 점을 확실히 알아두기 바란다.

문자열이나 숫자 비교

문자열 칼럼이나 숫자 칼럼을 비교할 때는 반드시 그 타입에 맞춰서 상수를 사용할 것을 권장한다. 즉 비교 대상 칼럼이 문자열 칼럼이라면 문자열 리터럴을 사용하고, 숫자 타입이라면 숫자 리터럴을 이용하는 규칙만 지켜주면 된다.

```
SELECT * FROM employees WHERE emp_no=10001;
SELECT * FROM employees WHERE first_name='Smith';
SELECT * FROM employees WHERE emp_no='10001';
SELECT * FROM employees WHERE first_name=10001;
```

첫 번째와 두 번째 쿼리는 적절히 타입을 맞춰서 비교를 수행했지만, 세 번째와 네 번째 쿼리는 칼럼의 타입과 비교 상수의 타입이 일치하지 않는 WHERE 조건이 포함돼 있다. 위 예제의 쿼리가 어떻게 실행되는지 쿼리별로 한번 살펴보자.

- 첫 번째와 두 번째 쿼리는 칼럼의 타입과 비교하는 상수값이 동일한 타입으로 사용됐기 때문에 인덱스를 적절히 이용할 수 있다.
- 세 번째의 쿼리는 emp_no 칼럼이 숫자 타입이기 때문에 문자열 상수값을 숫자로 타입 변환해서 비교를 수행하므로 특별히 성능 저하는 발생하지 않는다.
- 네 번째 쿼리는 first_name이 문자열 칼럼이지만 비교되는 상수값이 숫자 타입이므로 옵티마이저는 우선순위를 가지는 숫자 타입으로 비교를 수행하려고 실행 계획을 수립한다. 그래서 first_name 칼럼의 문자열을 숫자로 변환해서 비교를 수행한다. 하지만 first_name 칼럼의 타입 변환이 필요하기 때문에 ix_firstname 인덱스를 사용하지 못한다.

```
EXPLAIN
SELECT * FROM employees WHERE first_name=10001;
```

id	select_type	Table	type	possible_keys	key	key_len	ref	rows	Extra
1	SIMPLE	Employees	ALL	ix_firstname				300363	Using where

옵티마이저가 어떤 경우에 어떻게 타입 변환을 유도하는지 정확히 알고 있는 것도 필요하지만, 칼럼의 타입에 맞게 상수 리터럴을 비교 조건에 사용하는 것이 중요하다.

날짜 비교

SQL을 처음 접하거나, 익숙하지 않은 사용자가 가장 많이 실수하는 부분이 아마 날짜 타입의 비교가 아닐까 싶다. 특히나 MySQL에서는 날짜만 저장하는 DATE 타입과 날짜와 시간을 함께 저장하는 DATETIME과 TIMESTAMP 타입이 있으며, 시간만 저장하는 TIME이라는 타입도 있기 때문에 상당히 복잡하게 느껴질 수 있다. 이번 절에서는 자주 사용되는 DATE와 DATETIME 비교 방식과 함께 TIMESTMAMP와 DATETIME 비교에 대해 살펴보겠다.

DATE나 DATETIME과 문자열 비교

DATE나 DATETIME 타입의 값과 문자열을 비교할 때는 문자열 값을 자동으로 DATETIME 타입의 값으로 변환해서 비교를 수행한다. 다음 예제에서 첫 번째 쿼리는 DATE 타입의 hire_date 칼럼과 비교하기 위해 STR_TO_DATE() 함수를 이용해 "2011-07-23" 일자를 형변환했다. 하지만 이렇게 칼럼의 타입이 DATE나 DATETIME 타입이면 별도로 문자열을 DATE나 DATETIME 타입으로 명시적으로 변환하지 않아도 MySQL이 내부적으로 변환을 수행한다. 결과적으로 두 번째 예제도 첫 번째 예제와 동일하게 처리된다. 물론 첫 번째 쿼리와 두 번째 쿼리 모두 인덱스를 효율적으로 이용하기 때문에 성능과 관련된 문제는 고민하지 않아도 된다. DATETIME 타입도 DATA 타입과 마찬가지로 동작한다.

```
SELECT COUNT(*)
FROM employees
WHERE hire_date>STR_TO_DATE('2011-07-23','%Y-%m-%d');

SELECT COUNT(*)
FROM employees
WHERE hire_date>'2011-07-23';
```

그런데 가끔 위의 쿼리를 다음과 같이 작성하는 사람들이 있다. 이미 눈치챘겠지만 다음 쿼리는 hire_date 타입을 강제적으로 문자열로 변경시키기 때문에 인덱스를 효율적으로 이용하지 못한다. 가능하면 DATE나 DATETIME 타입의 칼럼을 변경하지 말고, 상수를 변경하는 형태로 조건을 사용하는 것이 좋다.

```
SELECT COUNT(*)
FROM employees
WHERE DATE_FORMAT(hire_date,'%Y-%m-%d') > '2011-07-23';
```

날짜 타입의 포맷팅뿐 아니라 칼럼의 값을 더하거나 빼는 함수로 변형한 후 비교해도 마찬가지로 인덱스를 이용할 수 없다.

```
SELECT COUNT(*)
FROM employees
WHERE DATE_ADD(hire_date, INTERVAL 1 YEAR) > '2011-07-23';

SELECT COUNT(*)
FROM employees
WHERE hire_date > DATE_SUB('2011-07-23', INTERVAL 1 YEAR);
```

위의 첫 번째 쿼리는 hire_date 칼럼을 DATE_ADD() 함수로 변형하기 때문에 인덱스를 사용할 수 없다. 첫 번째 쿼리의 경우에는 두 번째 쿼리와 같이 칼럼이 아니라 상수를 변형하는 형태로 쿼리를 작성해야 한다.

DATE와 DATETIME의 비교

DATETIME 값에서 시간 부분만 떼어 버리고 비교하려면 다음 예제와 같이 쿼리를 작성하면 된다. DATE() 함수는 DATETIME 타입의 값에서 시간 부분은 버리고 날짜 부분만 반환하는 함수다.

```
SELECT COUNT(*)
FROM employees
WHERE hire_date>DATE(NOW());
```

DATETIME 타입의 값을 DATE 타입으로 만들지 않고 그냥 비교하면 MySQL 서버가 DATE 타입의 값을 DATETIME으로 변환해서 같은 타입을 만든 다음 비교를 수행한다. 즉, 다음 예제에서 DATE 타입의 값 "2011-06-30"과 DATETIME 타입의 값 "2011-06-30 00:00:01"을 비교하는 과정에서는 "2011-06-30"을 "2011-06-30 00:00:00"으로 변환해서 비교를 수행한다.

```
mysql> SELECT
    STR_TO_DATE('2011-06-30','%Y-%m-%d') < STR_TO_DATE('2011-06-30 00:00:01','%Y-%m-%d
%H:%i:%s');
+------+
|    1 |
+------+

mysql> SELECT
    STR_TO_DATE('2011-06-30','%Y-%m-%d') >= STR_TO_DATE('2011-06-30 00:00:01','%Y-%m-%d
%H:%i:%s');
+------+
|    0 |
+------+
```

DATETIME과 DATE 타입의 비교에서 타입 변환은 인덱스의 사용 여부에 영향을 미치지 않기 때문에 성능보다는 쿼리의 결과에 주의해서 사용하면 된다.

DATETIME과 TIMESTAMP의 비교

DATE나 DATETIME 타입의 값과 TIMESTAMP의 값을 별도의 타입 변환없이 비교하면 문제 없이 작동하고 실제 실행 계획도 인덱스 레인지 스캔을 사용해서 동작하는 것처럼 보이지만, 사실은 그렇지 않다.

```
mysql> SELECT COUNT(*) FROM employees WHERE hire_date < '2011-07-23 11:10:12';
+----------+
|  300024  |
+----------+

mysql> SELECT COUNT(*) FROM employees WHERE hire_date < UNIX_TIMESTAMP();
+----------+
|        0 |
+----------+
```

UNIX_TIMESTAMP( ) 함수의 결과 값은 MySQL 내부적으로는 단순 숫자 값에 불과할 뿐이므로 두 번째 쿼리와 같이 비교해서는 원하는 결과를 얻을 수 없다. 이때는 반드시 비교 값으로 사용되는 상수 리터럴을 비교 대상 칼럼의 타입에 맞게 변환해서 사용하는 것이 좋다. 칼럼이 DATETIME 타입이라면 FROM_UNIXTIME( ) 함수를 이용해 TIMESTAMP 값을 DATETIME 타입으로 만들어서 비교해야 한다. 그리고 반대로 칼럼의 타입이 TIMESTAMP라면 UNIX_TIMESTAMP( ) 함수를 이용해 DATETIME을 TIMESTAMP로 변환해서 비교해야 한다.

```
mysql> SELECT COUNT(*) FROM employees WHERE hire_date < FROM_UNIXTIME(UNIX_TIMESTAMP());
+----------+
|  300024  |
+----------+
```

7.4.4 DISTINCT

특정 칼럼의 유니크한 값을 조회하려면 SELECT 쿼리에 DISTINCT를 사용한다. DISTINCT는 MIN( ), MAX( ) 또는 COUNT( )와 같은 집합 함수와 함께 사용하는 경우와, 집합 함수가 없이 사용하는 경우 두 가지로 구분해서 살펴보자. 이렇게 구분한 이유는 DISTINCT 키워드가 영향을 미치는 범위가 달라지기 때문이다. 그리고 집합 함수와 같이 DISTINCT가 사용되는 쿼리의 실행 계획에서 DISTINCT 처리가 인덱스를 사용하지 못할 때는 항상 임시 테이블이 있어야 한다. 하지만 실행 계획의 Extra 칼럼에는 "Using temporary" 메시지가 출력되지 않는다.

SELECT DISTINCT ...

단순히 SELECT되는 레코드 중에서 유니크한 레코드만 가져려면 SELECT DISTINCT 형태의 쿼리 문장을 사용한다. 이 경우에는 GROUP BY와 거의 같은 방식으로 처리된다. 단지 차이는 SELECT DISTINCT의 경우에는 정렬이 보장되지 않는다는 것뿐이다. 다음의 두 쿼리는 정렬 관련 부분만 빼면 내부적으로 같은 작업을 수행한다. 그런데 사실 이 두 개의 쿼리는 모두 인덱스를 이용하기 때문에 부가적인 정렬 작업이 필요하지 않으며 완전히 같은 쿼리다. 하지만 인덱스를 이용하지 못하는 DISTINCT의 경우 정렬을 보장하지 않는다.

```
SELECT DISTINCT emp_no FROM salaries;
SELECT emp_no FROM salaries GROUP BY emp_no;
```

그리고 DISTINCT를 사용할 때 자주 실수하는 부분이 있는데, DISTINCT는 SELECT되는 레코드(튜플)를 유니크하게 SELECT하는 것이지 칼럼을 유니크하게 조회하는 것이 아니다. 즉, 다음 쿼리에서 SELECT되는 결과는 first_name만 유니크한 것을 가져오는 것이 아니라 (first_name+last_name) 전체가 유니크한 레코드를 가져오는 것이다.

```
SELECT DISTINCT first_name, last_name FROM employees;
```

가끔 DISTINCT를 다음과 같이 사용할 때도 있다.

```
SELECT DISTINCT(first_name), last_name FROM employees;
```

위의 쿼리는 얼핏 보면 first_name만 유니크하게 조회하고 last_name은 그냥 DISTINCT 없이 조회하는 쿼리처럼 보인다. 그리고 실제로 상당히 그럴듯하게 아무런 에러 없이 실행되기 때문에 쉽게 실수할 수 있는 부분이다. 하지만 MySQL 서버는 DISTINCT 뒤의 괄호는 그냥 의미 없이 사용된 괄호로 해석하고 제거해 버린다. DISTINCT는 함수가 아니므로 그 뒤의 괄호는 의미가 없는 것이다.

```
SELECT DISTINCT first_name, last_name FROM employees;
```

SELECT 절에 사용된 DISTINCT 키워드는 조회되는 모든 칼럼에 영향을 미친다. 절대로 칼럼 일부만 유니크하게 조회하는 방법은 없다. 단, 밑에서 설명할 DISTINCT가 집합 함수 내에 사용된 경우는 조금 다르다.

집합 함수와 함께 사용된 DISTINCT

COUNT( ) 또는 MIN( ), MAX( )와 같은 집합 함수 내에서 DISTINCT 키워드가 사용될 때는 일반적으로 SELECT DISTINCT와 다른 형태로 해석된다. 집합 함수가 없는 SELECT 쿼리에서 DISTINCT는 조회되는 모든 칼럼의 조합 가운데 유일한 값만 가져온다. 하지만 집합 함수 내에서 사용된 DISTINCT는 그 집합 함수의 인자로 전달된 칼럼 값들 중에서 중복을 제거하고 남은 값만을 가져온다.

```
EXPLAIN
SELECT COUNT(DISTINCT s.salary)
FROM employees e, salaries s
WHERE e.emp_no=s.emp_no
AND e.emp_no BETWEEN 100001 AND 100100;
```

이 쿼리 실행 계획의 Extra 칼럼에는 출력되진 않지만 내부적으로는 "COUNT(DISTINCT s.salary)"의 처리에는 인덱스 대신 임시 테이블을 사용한다. 하지만 이 쿼리의 실행 계획에는 임시 테이블을 사용한다는 메시지는 표시되지 않는다. 버그처럼 보이지만, MySQL 5.0, 5.1 그리고 5.5 모두 실행 계획의 Extra 칼럼에 "Using temporary"가 표시되지 않는다.

id	select_type	table	type	Key	key_len	ref	rows	Extra
1	SIMPLE	e	range	PRIMARY	4		100	Using where; Using index
1	SIMPLE	s	ref	PRIMARY	4	e.emp_no	4	

위의 쿼리에서는 employees 테이블과 salaries 테이블을 조인한 결과에서 salary 칼럼의 값만 저장하기 위한 임시 테이블을 만들어서 사용한다. 이때 임시 테이블의 salary 칼럼에는 유니크 인덱스가 생성되기 때문에 레코드 건수가 많아진다면 상당히 느려질 수 있는 형태의 쿼리다.

위의 쿼리에 COUNT(DISTINCT …)을 하나 더 추가해서 다음과 같이 쿼리를 변경해보자. 이 쿼리의 실행 계획은 위의 쿼리와 똑같이 표시된다. 하지만 다음의 쿼리가 처리되려면 s.salary 칼럼의 값을 저장하는 임시 테이블과, e.last_name 칼럼의 값을 저장하는 또 다른 임시 테이블이 필요하기 때문에 전체적으로 2개의 임시 테이블을 사용한다.

```
SELECT COUNT(DISTINCT s.salary), COUNT(DISTINCT e.last_name)
FROM employees e, salaries s
WHERE e.emp_no=s.emp_no
AND e.emp_no BETWEEN 100001 AND 100100;
```

위의 쿼리는 DISTINCT 처리를 위해 인덱스를 이용할 수 없기 때문에 임시 테이블이 필요했던 것이다. 하지만 다음의 쿼리와 같이 인덱스된 칼럼에 대한 DISTINCT는 인덱스를 이용해 효율적으로 처리할 수 있다.

```
SELECT COUNT(DISTINCT emp_no) FROM employees;
SELECT COUNT(DISTINCT emp_no) FROM dept_emp GROUP BY dept_no;
```

id	select_type	table	type	key	key_len	ref	rows	Extra
1	SIMPLE	dept_emp	range	PRIMARY	16		334242	Using index

> **주 의**
>
> DISTINCT가 집합 함수 없이 사용된 경우와, 집합 함수 내에서 사용된 경우 쿼리의 결과가 조금씩 달라지기 때문에 그 차이를 정확하게 이해해야 한다. 다음 세 쿼리의 차이를 잘 기억해 두자.
>
> ```
> SELECT DISTINCT first_name, last_name
> FROM employees
> WHERE emp_no BETWEEN 10001 AND 10200;
>
> SELECT COUNT(DISTINCT first_name), COUNT(DISTINCT last_name)
> FROM employees
> WHERE emp_no BETWEEN 10001 AND 10200;
>
> SELECT COUNT(DISTINCT first_name, last_name)
> FROM employees
> WHERE emp_no BETWEEN 10001 AND 10200;
> ```

7.4.5 LIMIT n

LIMIT는 MySQL에만 존재하는 키워드이며, 오라클의 ROWNUM과 MS-SQL의 TOP n과 비슷하다. 하지만 오라클의 ROWNUM이나 MSSQL의 TOP n과는 작동 방식이 조금 다르기 때문에 주의하자.

우선 LIMIT가 사용된 예제 쿼리를 한번 살펴보자.

```
SELECT * FROM employees
WHERE emp_no BETWEEN 10001 AND 10010
ORDER BY first_name
LIMIT 0, 5;
```

위의 쿼리는 다음과 같은 순서대로 실행된다.

1. employees 테이블에서 WHERE 절의 검색 조건에 일치하는 레코드를 전부 읽어 온다.
2. 1번에서 읽어온 레코드를 first_name 칼럼 값에 따라 정렬한다.
3. 정렬된 결과에서 상위 5건만 사용자에게 반환한다.

오라클의 ROWNUM에 익숙한 사용자에게는 조금 이상하겠지만 MySQL의 LIMIT는 WHERE 조건이 아니기 때문에 항상 쿼리의 가장 마지막에 실행된다. LIMIT의 중요한 특성은 LIMIT에서 필요한 레코드 건수만 준비되면 바로 쿼리를 종료시킨다는 것이다. 즉, 위의 쿼리에서 모든 레코드의 정렬이 완료되지 않았다 하더라도 상위 5건까지만 정렬이 되면 작업을 멈춘다는 것이다.

다른 GROUP BY 절이나 DISTINCT 등과 같이 LIMIT가 사용됐을 때, 어떻게 작동하는지 다음의 쿼리로 조금 더 살펴보자.

```
SELECT * FROM employees LIMIT 0,10;
SELECT * FROM employees GROUP BY first_name LIMIT 0, 10;
SELECT DISTINCT first_name FROM employees LIMIT 0, 10;

SELECT * FROM employees
WHERE emp_no BETWEEN 10001 AND 11000
ORDER BY first_name LIMIT 0, 10;
```

- 첫 번째 쿼리에서 LIMIT가 없을 때는 employees 테이블을 처음부터 끝까지 읽는 풀 테이블 스캔을 실행할 것이다. 하지만 LIMIT 옵션이 있기 때문에 풀 테이블 스캔을 실행하면서 MySQL이 스토리지 엔진으로부터 10개의 레코드를 읽어들이는 순간 스토리지 엔진으로부터 읽기 작업을 멈춘다. 이렇게 정렬이나 그룹핑 또는 DISTINCT가 없는 쿼리에서 LIMIT 조건을 사용하면 쿼리가 상당히 빨리 끝날 수 있다.

- 두 번째 쿼리는 GROUP BY가 있기 때문에 GROUP BY 처리가 완료되고 나서야 LIMIT 처리를 수행할 수 있다. 인덱스를 사용하지 못하는 GROUP BY는 그룹핑과 정렬의 특성을 모두 가지고 있기 때문에 일단 GROUP BY 작업이 모두 완료돼야만 LIMIT를 수행할 수 있다. 결국 LIMIT가 GROUP BY와 함께 사용되는 경우에는 LIMIT 절이 있더라도 실질적인 서버의 작업 내용을 크게 줄여 주지는 못한다.

- 세 번째 쿼리에서 사용한 DISTINCT는 정렬에 대한 요건이 없이 유니크한 그룹만 만들어 내면 된다. MySQL은 스토리지 엔진을 통해 풀 테이블 스캔 방식을 이용해 employee 테이블 레코드를 읽어들임과 동시에 DISTINCT를 위한 중복 제거 작업(임시 테이블을 사용)을 진행한다. 이 작업을 반복적으로 처리하다가 유니크한 레코드가 LIMIT 건수만큼 채워지면 그 순간 쿼리를 멈춘다.

  예를 들어 employees 테이블의 레코드를 10건 읽었는데, first_name이 모두 달랐다면 유니크한 first_name 값 10개를 가져온 것이므로 employees 테이블을 더는 읽지 않고 쿼리를 완료한다는 것이다. DISTINCT와 함께 사용된 LIMIT는 실질적인 중복 제거 작업의 범위를 줄이는 역할을 하는 것이다. 이 쿼리에서는 10만 건의 레코드를 읽어야 할 작업을 10건만 읽어서 완료할 수 있게 했으므로 LIMIT 절이 작업량을 상당히 줄여준 것이다.

- 네 번째 쿼리는 employees 테이블로부터 WHERE 조건절에 일치하는 레코드를 읽은 후 first_name 칼럼의 값으로 정렬을 수행한다. 정렬을 수행하면서 필요한 10건이 완성되는 순간, 나머지 작업을 멈추고 결과를 사용자에게 반환한다. 정렬을 수행하기 전에 WHERE 조건에 일치하는 모든 레코드를 읽어 와야 하지만 읽어온 결과가 전부 정렬돼야 쿼리가 완료되는 것이 아니라 필요한 만큼만 정렬되면 된다는 것이다. 하지만 이 쿼리도 두 번째 쿼리와 같이 크게 작업량을 줄여주지는 못한다.

이 예제에서도 알 수 있듯이 쿼리 문장에 GROUP BY나 ORDER BY와 같은 전체 범위 작업이 선행되더라도 LIMIT 옵션이 있다면 크진 않지만 나름의 성능 향상은 있다고 볼 수 있다. 이 예제는 모두 ORDER BY나 DISTINCT, 그리고 GROUP BY가 인덱스를 적절히 이용하지 못하는 경우를 설명한 것이다. 만약 ORDER BY나 GROUP BY 또는 DISTINCT가 인덱스를 이용해 처리될 수 있다면 LIMIT 절은 꼭 필요한 만큼의 레코드만 읽도록 만들어주기 때문에 쿼리의 작업량을 상당히 줄여 준다.

LIMIT 옵션은 1개 또는 2개의 인자를 사용할 수 있는데, 인자가 1개인 경우에는 상위 n개의 레코드를 가져오며, 2개의 인자를 지정하는 경우에는 첫 번째 위치부터 두 번째 인자에 명시된 개수의 레코드를 가져온다. LIMIT 절에서 2개의 인자를 사용할 경우, 첫 번째 인자(시작 위치, 오프셋)는 0부터 시작한다는 것에 주의하자. LIMIT 10과 같이 인자가 1개인 경우는 사실 LIMIT 0, 10과 동일한 옵션이다. 다음 예제의 첫 번째 쿼리는 상위 10개의 레코드만, 두 번째 쿼리는 상위 11번 째부터 10개의 레코드를 가져온다.

```
SELECT * FROM employees LIMIT 10;
SELECT * FROM employees LIMIT 10, 10;
```

자주 부딪히는 LIMIT 제한 사항으로는 LIMIT의 인자로 표현식이나 별도의 서브 쿼리를 사용할 수 없다는 점이 있다. 이 제약은 MySQL 5.5를 포함한 현재 릴리즈된 모든 버전에서 동일하게 적용된다. 다음 예제 쿼리를 보면 쉽게 이해할 수 있을 것이다.

```
mysql> SELECT * FROM employees LIMIT (100-10);
ERROR 1064 (42000): You have an error in your SQL syntax; check the manual that
corresponds to your MySQL server version for the right syntax to use near '(100-10)' at
line 1
```

> **참고** 쿼리의 LIMIT 절에 가져올 레코드 건수를 명시하는데, 쿼리에 "LIMIT 0"가 사용되면 MySQL 옵티마이저는 쿼리를 실행하지 않고 최적화만 실행하고 즉시 사용자에게 응답을 보낸다. 이러한 형태의 쿼리는 커넥션 풀에서 커넥션의 유효성을 체크할 때 유용하게 사용할 수 있다.

7.4.6 JOIN

OUTER JOIN이나 INNER JOIN 등과 같은 JOIN의 여러 가지 유형에 대해서는 이미 6장, "실행 계획"에서 자세히 살펴봤다. 여기서는 JOIN이 어떻게 인덱스를 사용하는지에 대해 각 쿼리 패턴별로 자세히 살펴보자. 또한 JOIN의 유형별로 주의해야 할 사항도 함께 살펴보겠다.

JOIN의 순서와 인덱스

조인을 살펴보기 전에 인덱스 레인지 스캔으로 레코드를 읽는 작업을 다시 한번 간단히 정리해보자.

1. 인덱스에서 조건을 만족하는 값이 저장된 위치를 찾는다. 이 과정을 인덱스 탐색(Index seek)이라고 한다.
2. 1번에서 탐색된 위치부터 필요한 만큼 인덱스를 죽 읽는다. 이 과정을 인덱스 스캔(Index scan)이라고 한다.
3. 2번에서 읽어들인 인덱스 키와 레코드 주소를 이용해 레코드가 저장된 페이지를 가져오고, 최종 레코드를 읽어온다.

일반적으로 인덱스 풀 스캔이나 테이블 풀 스캔 작업은 인덱스 탐색(Index seek) 과정이 거의 없지만 실제 인덱스나 테이블의 모든 레코드를 읽기 때문에 부하가 높다. 하지만 인덱스 레인지 스캔 작업에서는 가져오는 레코드의 건수가 소량이기 때문에 인덱스 스캔(Index scan) 과정은 부하가 작지만 특정 인덱스 키를 찾는 인덱스 탐색(Index seek) 과정이 상대적으로 부하가 높은 편이다.

조인 작업에서 드라이빙 테이블을 읽을 때는 인덱스 탐색 작업을 단 한 번만 수행하고, 그 이후부터는 스캔만 실행하면 된다. 하지만 드리븐 테이블에서는 인덱스 탐색 작업과 스캔 작업을 드라이빙 테이블에서 읽은 레코드 건수만큼 반복한다. 드라이빙 테이블과 드리븐 테이블이 1:1로 조인되더라도 드리븐 테이블을 읽는 것이 훨씬 큰 부하를 차지하는 것이다. 그래서 옵티마이저는 항상 드라이빙 테이블이 아니라 드리븐 테이블을 최적으로 읽을 수 있게 실행 계획을 수립한다. 다음과 같이 employees 테이블과 dept_emp 테이블을 조인하는 쿼리로 이 내용을 한번 살펴보자.

```
SELECT *
FROM employees e, dept_emp de
WHERE e.emp_no=de.emp_no;
```

이 두 테이블의 조인 쿼리에서 employees 테이블의 emp_no 칼럼과 dept_emp 테이블의 emp_no 칼럼에 각각 인덱스가 있을 때와 없을 때 조인 순서가 어떻게 달라지는지 한번 살펴보자.

두 칼럼 모두 각각 인덱스가 있는 경우

employees 테이블의 emp_no 칼럼과 dept_emp 테이블의 emp_no 칼럼에 모두 인덱스가 준비돼 있을 때는 어느 테이블을 드라이빙으로 선택하든 인덱스를 이용해 드리븐 테이블의 검색 작업을 빠르게 처리할 수 있다. 이럴 때 옵티마이저가 통계 정보를 이용해 적절히 드라이빙 테이블을 선택하게 된다. 각 테이블의 통계 정보에 있는 레코드 건수에 따라 employees가 드라이빙 테이블이 될 수도 있고, dept_emp 테이블이 드라이빙 테이블로 선택될 수도 있다. 보통의 경우 어느 쪽 테이블이 드라이빙 테이블이 되든 옵티마이저가 선택하는 방법이 최적일 때가 많다.

employees.emp_no에만 인덱스가 있는 경우

employees.emp_no에만 인덱스가 있을 때 dept_emp 테이블이 드리븐 테이블로 선택된다면 employees 테이블의 레코드 건수만큼 dept_emp 테이블을 풀 스캔해야만 "e.emp_no=de.emp_no" 조건에 일치하는 레코드를 찾을 수 있다. 그래서 옵티마이저는 항상 dept_emp 테이블을 드라이빙 테이블로 선택하고, employees 테이블을 드리븐 테이블로 선택하게 된다. 이때는 "e.emp_no=100001"과 같이 employees 테이블을 아주 효율적으로 접근할 수 있는 조건이 있더라도 옵티마이저는 employees 테이블을 드라이빙 테이블로 선택하지 않을 가능성이 높다.

dept_emp.emp_no에만 인덱스가 있는 경우

위의 "employees.emp_no에만 인덱스가 있는 경우"와는 반대로 처리된다. 이때는 employees 테이블의 반복된 풀 스캔을 막기 위해 employees 테이블을 드라이빙 테이블로 선택하고 dept_emp 테이블을 드리븐 테이블로 조인을 수행하도록 실행 계획을 수립한다.

두 칼럼 모두 인덱스가 없는 경우

"두 칼럼 모두 각각 인덱스가 있는 경우"와 마찬가지로 어느 테이블을 드라이빙으로 선택하더라도 드리븐 테이블의 풀 스캔은 발생하기 때문에 옵티마이저가 적절히 드라이빙 테이블을 선택한다. 단 레코드 건수가 적은 테이블을 드리븐 테이블로 선택하는 것이 훨씬 효율적이다. 또한 드리븐 테이블을 읽을 때 조인 버퍼가 사용되기 때문에 실행 계획의 Extra 칼럼에 "Using join buffer"가 표시된다.

결국, 조인이 수행될 때 조인되는 양쪽 테이블의 칼럼에 모두 인덱스가 없을 때만 드리븐 테이블을 풀 스캔한다. 나머지는 드라이빙 테이블은 풀 테이블 스캔을 사용할 수는 있어도 드리븐 테이블을 풀 테이블 스캔으로 접근하는 실행 계획은 옵티마이저가 거의 만들어내지 않는다.

JOIN 칼럼의 데이터 타입

WHERE 절에 사용하는 조건 중에서 비교 대상 칼럼과 표현식의 타입을 반드시 함께 사용해야 하는 이유는 이미 자세히 살펴봤다. 하지만 이것은 테이블의 조인을 위한 조인 조건에서도 동일하다. 조인 칼럼 간의 비교에서 각 칼럼의 데이터 타입이 일치하지 않으면 인덱스를 효율적으로 이용할 수 없다. 다음 예제를 살펴보자.

```
CREATE TABLE tb_test1 (user_id INT, user_type INT, PRIMARY KEY(user_id));
CREATE TABLE tb_test2 (user_type CHAR(1), type_desc VARCHAR(10), PRIMARY KEY(user_type));

SELECT *
FROM tb_test1 tb1, tb_test2 tb2
WHERE tb1.user_type=tb2.user_type;
```

tb_test2 테이블의 user_type 칼럼은 프라이머리 키다. 이 쿼리는 최소한 드리븐 테이블은 프라이머리 키를 이용한 인덱스 레인지 스캔을 사용해 조인이 처리될 것으로 예상할 수 있다. 하지만 다음 표에서 보는 것처럼 이 쿼리의 실행 계획은 두 테이블 모두 풀 테이블 스캔으로 접근되고 있다. 게다가 드리븐 테이블(두번째 줄)의 Extra 칼럼에 "Using join buffer"가 표시된 것으로 봐서 조인 버퍼까지 사용됐다. 참고로 레코드 건수가 너무 적은 경우에는 옵티마이저가 인덱스를 사용할 수 있는 경우에도 풀 테이블 스캔을 사용하도록 실행 계획을 수립할 수 있다. 이 예제에서는 테스트용 데이터를 대략 30만 건 정도 저장해 두고, EXPLAIN 명령을 실행해서 실행 계획을 조회했다.

Id	select_type	table	type	..	key	key_len	Ref	rows	Extra
1	SIMPLE	tb1	ALL	..				300401	
1	SIMPLE	tb2	ALL	..				300260	Using where; Using join buffer

사실 이 문제는 이미 433쪽의 "문자열이나 숫자 비교"에서 자세히 살펴본 것과 같은 것이다. 이 쿼리에서는 비교 조건의 양쪽 항이 모두 테이블의 칼럼이라는 점만 다르다. 즉, 비교 조건에서 양쪽 항이 상

수이든 테이블의 칼럼이든 관계없이 비교 조건에서 인덱스를 사용하려면 양쪽 항의 데이터 타입을 일치시켜야 한다는 것은 마찬가지다. 이 쿼리에서는 tb_test2 테이블의 user_type 칼럼을 CHAR(1)에서 INT로 변환해서 비교를 수행한다. 그로 인해 인덱스의 변형이 필요하기 때문에 tb_test2 테이블의 인덱스를 제대로 사용할 수 없게 된 것이다.

옵티마이저는 드리븐 테이블이 인덱스 레인지 스캔을 사용하지 못하고, 드리븐 테이블의 풀 테이블 스캔이 필요한 것을 알고 조금이라도 빨리 실행되도록 조인 버퍼를 사용하게 된 것이다.

인덱스 사용에 영향을 미치는 데이터 타입 불일치는 CHAR 타입과 VARCHAR 타입 또는 INT 타입과 BIGINT 타입, 그리고 DATE 타입과 DATETIME 타입 사이에서는 발생하지 않는다. 즉, CHAR 타입과 VARCHAR 타입의 비교는 특별히 문제되지 않으며, INT 타입과 BIGINT 타입 또는 SMALLINT 타입과의 비교 등도 문제가 되지 않는다. 하지만 대표적으로 다음의 비교 패턴은 문제가 될 가능성이 높다.

- CHAR 타입과 INT 타입의 비교와 같이 데이터 타입의 종류가 완전히 다른 경우
- 같은 CHAR 타입이더라도 문자집합이나 콜레이션이 다른 경우
- 같은 INT 타입이더라도 부호(Sign)가 있는지 여부가 다른 경우

두 개의 테이블에서 같은 값을 저장하는 각 칼럼이 서로 다른 문자집합과 콜레이션으로 생성됐을 때 조인에 어떤 영향을 미치게 되는지 다음 예제 쿼리로 살펴보자.

```
CREATE TABLE tb_test1(
  user_id INT,
  user_type CHAR(1) collate utf8_general_ci,
  PRIMARY KEY(user_id)
);

CREATE TABLE tb_test2(
  user_type CHAR(1) collate latin1_general_ci,
  type_desc VARCHAR(10),
  INDEX ix_usertype (user_type)
);

SELECT *
FROM tb_test1 tb1, tb_test2 tb2
WHERE tb1.user_type=tb2.user_type;
```

위와 같이 tb_test1과 tb_test2 테이블을 생성하고, 두 테이블을 조인하는 쿼리의 실행 계획을 한번 살펴보자.

Id	select_type	table	type	..	key	key_len	ref	rows	Extra
1	SIMPLE	tb1	ALL	..				300401	
1	SIMPLE	tb2	ALL	..				300260	Using where; Using join buffer

드리븐 테이블을 풀 테이블 스캔하는 실행 계획으로 조인이 실행됐기 때문에 옵티마이저가 조인 버퍼를 사용했다. 기본적인 표준화 규칙을 가지고 데이터 모델링된 경우에는 이러한 케이스가 잘 발생하지 않지만 어떤 규칙이 없이 조금씩 조금씩 데이터 모델을 변경하다 보면 이런 현상이 자주 발생한다. 이럴 때는 칼럼의 문자집합과 콜레이션을 통일하는 것만이 유일한 해결책이다. 가능하다면 데이터베이스 모델에 대한 표준화 규칙을 수립하고, 규칙을 기반으로 설계를 진행한다면 이런 문제를 최소화할 수 있을 것이다. 만약 표준 규칙을 수립하기가 어렵다면 각 칼럼에 저장되는 데이터 타입에 맞게 칼럼의 타입을 선정하는 것이 중요하다. 그리고 조인이 수행되는 칼럼들끼리는 데이터 타입을 일치시키기 위해 최종 점검을 하는 것이 좋다.

> **주 의**
> MySQL 5.0 이상의 버전에서 문자집합은 같지만 콜레이션만 다른 칼럼끼리 비교하면 MySQL 서버는 오류를 발생시키고 쿼리가 중지된다. 다음의 에러 메시지는 Latin1_general_cs 콜레이션의 칼럼과 Latin1_general_ci 콜레이션의 칼럼을 비교했을 때 출력된 에러 메시지다. 두 개의 칼럼은 동일하게 Latin1 문자집합을 사용하지만 콜레이션은 다르다.
>
> ```
> ERROR 1267 (HY000): Illegal mix of collations (latin1_general_cs,IMPLICIT)
> and (latin1_general_ci,IMPLICIT) for operation '='
> ```
>
> 비교 대상 칼럼의 문자집합이 완전히 다를 때는 강제 문자집합 변환을 통해 비교를 수행한다. 하지만 이 과정에서는 인덱스를 효율적으로 사용하지 못한다. 문자집합이 동일하고 콜레이션만 다를 때는 비교 자체를 허용하지 않기 때문에 인덱스를 사용할 수 있지만 여전히 주의해야 한다.

OUTER JOIN의 주의사항

OUTER JOIN에서 OUTER로 조인되는 테이블의 칼럼에 대한 조건은 모두 ON 절에 명시해야 한다. 다른 DBMS에서는 "(+)" 기호를 이용해 아우터 테이블에 대한 비교 조건을 WHERE 절에 명시할 수도 있지만 MySQL에서는 이러한 문법을 지원하지 않는다. 조건을 ON 절에 명시하지 않고 다음 예제와 같이 OUTER 테이블의 칼럼이 WHERE 절에 명시하면 옵티마이저가 INNER JOIN과 같은 방법으로 처리한다.

```
SELECT * FROM employees e
  LEFT JOIN dept_manager mgr ON mgr.emp_no=e.emp_no
WHERE mgr.dept_no='d001';
```

다음과 같이 ON 절에 조인 조건은 명시했지만 OUTER로 조인되는 테이블인 dept_manager의 dept_no='d001' 조건을 WHERE 절에 명시한 것은 잘못된 조인 방법이다. 위의 LEFT JOIN이 사용된 쿼리는 WHERE 절의 조건 때문에 MySQL 옵티마이저가 LEFT JOIN을 다음 쿼리와 같이 INNER JOIN으로 변환해버린다.

```
SELECT * FROM employees e
  INNER JOIN dept_manager mgr ON mgr.emp_no=e.emp_no
WHERE mgr.dept_no='d001';
```

정상적인 OUTER 조인이 되게 만들려면 다음 쿼리와 같이 WHERE 절의 "mgr.dept_no='d001'" 조건을 LEFT JOIN의 ON 절로 옮겨야 한다.

```
SELECT * FROM employees e
  LEFT JOIN dept_manager mgr ON mgr.emp_no=e.emp_no AND mgr.dept_no='d001';
```

OUTER JOIN으로 연결되는 테이블에 대한 조건을 WHERE 절에 사용해야 할 때가 있다. 밑에서 살펴볼 "OUTER JOIN을 이용한 ANTI JOIN"에서 예제로 살펴보겠다.

OUTER JOIN과 COUNT(*)

페이징 처리를 위해 조건에 일치하는 레코드의 건수를 가져오는 쿼리에서 OUTER JOIN과 COUNT(*)를 자주 함께 사용하곤 한다. 일반적으로 페이징 처리는 테이블의 레코드를 가져오는 쿼리와 단순히 레코드 건수만 가져오는 쿼리가 쌍으로 사용된다. 그런데 주로 테이블의 레코드를 가져오는 쿼리에서 SELECT 절의 내용만 COUNT(*)로 바꿔서 일치하는 레코드 건수를 조회하는 쿼리를 만들기 때문에 불필요하게 OUTER JOIN으로 연결되는 테이블이 자주 있다. 만약 건수를 조회하는 쿼리에서 OUTER JOIN으로 조인된 테이블이 다음의 2가지 조건을 만족한다면 해당 테이블은 불필요하게 조인에 포함된 것이다. 조인에서 불필요한 테이블을 제거하면 같은 결과를 더 빠르게 가져올 수 있다.

- 드라이빙 테이블과 드리븐(OUTER 조인되는) 테이블의 관계가 1:1 또는 M:1 인 경우
- 드리븐(OUTER 조인되는) 테이블에 조인 조건 이외의 별도 조건이 없는 경우

위의 두 가지 조건 가운데 첫 번째는 OUTER JOIN으로 연결되는 테이블에 의해 레코드 건수가 더 늘어나지 않아야 한다는 것을 의미한다. 그리고 두 번째 조건은 OUTER JOIN으로 연결되는 테이블에 의해 레코드 건수가 더 줄어들지 않아야 한다는 것을 의미한다. 간단히 다음 예제를 살펴보자.

```
SELECT COUNT(*)
FROM dept_emp de LEFT JOIN employees e ON e.emp_no=de.emp_no
WHERE de.dept_no='d001';
```

위 쿼리의 조인에서 드라이빙 테이블(dept_emp)과 드리븐 테이블(employees)은 M:1 관계로 데이터가 저장되며, 드리븐 테이블에 대한 조건은 ON 절의 조인 조건밖에 없다. 결국 이 쿼리는 다음 쿼리와 같이 조인지 않고 dept_emp 테이블의 레코드 건수를 세는 것과 같은 결과를 가져온다. 하지만 성능 측면에서는 조인을 하지 않는 쿼리가 훨씬 빠르다.

```
SELECT COUNT(*)
FROM dept_emp de
WHERE de.dept_no='d001';
```

OUTER JOIN을 이용한 ANTI JOIN

두 개의 테이블에서 한쪽 테이블에는 있지만 다른 한쪽 테이블에는 없는 레코드를 검색할 때 ANTI JOIN을 이용한다. 다음 예제와 같이 tab_test2 테이블에는 있지만 tab_test1 테이블에는 존재하지 않는 레코드를 조회하는 쿼리를 생각해 보자.

```
CREATE TABLE tab_test1(id INT, PRIMARY KEY(id));
CREATE TABLE tab_test2(id INT);
INSERT INTO tab_test1 VALUES (1), (2), (3), (4);
INSERT INTO tab_test2 VALUES (1), (2);
```

이럴 때 일반적으로 사용하는 방법이 NOT IN을 사용하거나 NOT EXISTS를 사용하는 것이다.

```
SELECT t1.id FROM tab_test1 t1
WHERE t1.id NOT IN (SELECT t2.id FROM tab_test2 t2);

SELECT t1.id FROM tab_test1 t1
```

```
WHERE NOT EXISTS
  (SELECT 1 FROM tab_test2 t2 WHERE t2.id=t1.id);
```

지금까지 출시된 MySQL(MySQL 5.5 포함)에서는 서브 쿼리에 대한 최적화가 상당히 부족한 상황이다. 그래서 IN(subquery)나 NOT IN(subquery)도 상당히 비효율적으로 작동한다. 만약 조회하는 레코드 건수가 적다면 위와 같이 NOT EXISTS로 처리해도 별 문제가 없다. 하지만 처리해야 할 레코드 건수가 많다면 OUTER JOIN을 이용한 ANTI JOIN을 사용하는 방법이 좋은 해결책일 것이다.

```
SELECT t1.id
FROM tab_test1 t1
  LEFT JOIN tab_test2 t2 ON t1.id=t2.id
WHERE t2.id IS NULL;
```

tab_test2 테이블은 OUTER로 조인된 테이블이지만, WHERE 절에 t2.id IS NULL 조건이 명시됐다는 점을 눈여겨봐야 한다. tab_test1 테이블에 tab_test2를 OUTER로 조인하면 tab_test1의 모든 레코드를 가져오면서 tab_test2에 일치하는 레코드가 없다면 tab_test2 테이블의 모든 값을 NULL로 채워서 가져온다. 이 결과를 WHERE 조건으로 필터링하면서 tab_test2의 id 칼럼이 NULL인 것만 가져오고 나머지는 버린다. 즉, tab_test1 테이블에는 있지만 tab_test2에는 없는 id 값만 가져오는 것이다. 이러한 형태의 조인을 ANTI JOIN이라고도 표현한다.

NOT IN (subquery)를 ANTI JOIN으로 변환할 때 WHERE 절의 조건에는 반드시 NOT NULL인 칼럼을 선택해야 한다. 만약 WHERE 절에 IS NULL 조건에 사용되는 칼럼에 NULL이 저장돼 있다면 OUTER JOIN은 됐지만 WHERE 조건에 의해 걸러지지 않기 때문에 결과가 잘못될 수도 있기 때문이다. 일반적으로 WHERE 절의 IS NULL 조건은 조인 조건에 사용된 칼럼을 사용하는 것이 좋다.

하지만 모든 NOT IN(subquery) 형태의 쿼리를 OUTER JOIN을 이용한 ANTI JOIN으로 변환할 수 있는 것은 아니다. OUTER로 조인되는 테이블 때문에 레코드의 건수가 더 늘어나지 않을 때만 이렇게 변환할 수 있다. 이 예제에서는 드라이빙 테이블로 사용되는 tab_test1과 드리븐 테이블로 사용되는 tab_test2의 관계가 1:1이거나 M:1일 때만 사용할 수 있다. 만약 1:M이라면 NOT EXISTS를 OUTER JOIN으로 변경하면서 레코드 건수가 더 늘어나기 때문이다.

INNER JOIN과 OUTER JOIN의 선택

INNER JOIN은 조인의 양쪽 테이블 모두 레코드가 존재하는 경우에만 레코드가 반환된다. 하지만 OUTER JOIN은 아우터 테이블에 존재하면 레코드가 반환된다. 쿼리나 테이블의 구조를 살펴보면 OUTER JOIN을 사용하지 않아도 될 것을 OUTER JOIN으로 사용할 때가 상당히 많다. 때로는 그 반대로 OUTER JOIN으로 실행하면 쿼리의 처리가 느려진다고 생각하고, 억지로 INNER JOIN으로 쿼리를 작성하려는 경우도 있다. 가끔 인터넷에도 OUTER JOIN과 INNER JOIN의 성능 차이를 묻는 질문이 자주 올라오곤 한다. 사실 OUTER JOIN과 INNER JOIN은 실제 가져와야 하는 레코드가 같다면 쿼리의 성능은 거의 차이가 없다. 다음의 두 쿼리를 한번 비교해보자. 이 두 쿼리는 실제 비교를 수행하는 건수나 최종적으로 가져오는 결과 건수가 동일하다(쿼리에 포함된 SQL_NO_CACHE와 STRAIGHT_JOIN은 조건을 동일하게 만들어주기 위해 사용된 힌트다. 쿼리의 힌트에 대해서는 나중에 자세히 알아볼 것이므로 여기서는 무시한다).

```
SELECT SQL_NO_CACHE STRAIGHT_JOIN COUNT(*)
FROM dept_emp de
  INNER JOIN employees e ON e.emp_no=de.emp_no;

SELECT SQL_NO_CACHE STRAIGHT_JOIN COUNT(*)
FROM dept_emp de
  LEFT JOIN employees e ON e.emp_no=de.emp_no;
```

저자의 PC에서 테스트해본 결과 대략 실행 시간은 INNER JOIN이 0.37초 정도이며, OUTER JOIN이 평균적으로 0.38초 정도 걸렸다. OUTER JOIN의 경우에는 조인되는 두 번째 테이블(employees)에서 해당 레코드의 존재 여부를 판단하는 별도의 트리거 컨디션이 한 번씩 실행되기 때문에 0.01초 정도 더 걸린 것으로 보인다. 그 밖에 어떤 성능상의 문제가 될 만한 부분은 전혀 없다.

INNER JOIN과 OUTER JOIN은 성능을 고려해서 선택할 것이 아니라 업무 요건에 따라 선택하는 것이 좋다. 레코드가 누락될까 걱정된다면 테이블의 구조와 데이터의 특성을 분석해 INNER JOIN을 사용해야 할지 OUTER JOIN을 사용해야 할지 결정하자. 데이터의 정확한 구조나 특성을 모르고 OUTER JOIN을 사용한다면 얼마 지나지 않아서 잘못된 결과가 화면에 표시될 것이다.

FULL OUTER JOIN 구현

MySQL에서는 FULL OUTER JOIN 기능을 제공하지 않는다. 하지만 두 개의 쿼리 결과를 UNION으로 결합하면 FULL OUTER JOIN의 효과를 얻을 수 있다. 다음과 같은 2개의 테이블로 FULL OUTER JOIN을 구현하는 방법을 살펴보자.

```
CREATE TABLE tab_event (yearmonth CHAR(6), event_name VARCHAR(100));
CREATE TABLE tab_news (yearmonth CHAR(6), news_title VARCHAR(100));

INSERT INTO tab_event VALUES ('201102','Graduation party'),('201103','Birthday party');
INSERT INTO tab_news VALUES ('201103','Japan tsunami'),('201104','America tornado');
```

tab_event와 tab_news라는 두 개의 테이블을 월별로 조인해서 모든 레코드를 조회하고자 한다. 하지만 두 개의 테이블에는 교집합도 있지만 차집합도 가지고 있기 때문에 양쪽 테이블에 대해 OUTER JOIN을 해야 한다. 이처럼 양쪽 테이블 모두를 OUTER로 연결해서 결과를 가져와야 하는 조인을 FULL OUTER JOIN이라 하며, MySQL에서는 UNION을 이용해 쉽게 동일한 효과를 낼 수 있다.

```
SELECT e.yearmonth, e.event_name, n.news_title FROM tab_event e
  LEFT JOIN tab_news n ON n.yearmonth=e.yearmonth
UNION
SELECT n.yearmonth, e.event_name, n.news_title FROM tab_news n
  LEFT JOIN tab_event e ON e.yearmonth=n.yearmonth;
```

일반적으로 UNION은 두 집합의 결과에서 중복 제거가 필요하기 때문에 UNION ALL을 사용할 수 있다면 더 빠르게 처리될 것이다. 먼저 각 쿼리에서 중복을 미리 제거해 버리고, UNION ALL을 사용해 구현할 수도 있다.

```
SELECT e.yearmonth, e.event_name, n.news_title FROM tab_event e
    LEFT JOIN tab_news n ON n.yearmonth=e.yearmonth
UNION ALL
SELECT n.yearmonth, e.event_name, n.news_title FROM tab_news n
    LEFT JOIN tab_event e ON e.yearmonth=n.yearmonth
WHERE e.yearmonth IS NULL;
```

UNION이나 UNION ALL은 모두 내부적인 임시 테이블을 사용하므로 결과가 버퍼링돼야 하고, 그로 인해 쿼리가 느리게 처리된다. 버퍼링으로 인한 성능이 걱정된다면 뮤텍스(Mutex) 테이블을 사용하면 된다. 뮤텍스 테이블이란 copy_t라고도 많이 알려져 있는데, 단순히 레코드를 n개 만큼 복제하는 역할을 하는 테이블이다. 일반적으로 뮤텍스 테이블은 복제하고자 하는 수만큼 레코드를 갖게 되는데, 여기서는 숫자 칼럼 하나가 포함돼 있고 레코드는 단 2건인 뮤텍스 테이블을 이용하는 예제를 살펴보자.

```
-- // INTEGER 칼럼 1개만 포함된 mutex 테이블 생성
CREATE TABLE mutex (no INT NOT NULL, PRIMARY KEY(no));

-- // 현재 예제에서는 레코드를 한 번만 중복해서 생성하면 되므로 2개의 레코드를 INSERT
INSERT INTO mutex VALUES (0),(1);
```

뮤텍스 테이블이 준비되면 다음과 같이 쿼리를 변경해서 FULL OUTER JOIN의 효과를 얻을 수 있다.

```
SELECT IFNULL(e.yearmonth, n.yearmonth) AS yearmonth, e.event_name, n.news_title
FROM mutex m
    LEFT JOIN tab_event e ON m.NO=0
    LEFT JOIN tab_news n ON m.NO=1 OR n.yearmonth=e.yearmonth
    LEFT JOIN tab_event e2 ON m.NO=1 AND e2.yearmonth=n.yearmonth
WHERE n.yearmonth IS NULL OR e2.yearmonth IS NULL;
```

위의 쿼리에서 첫 번째와 두 번째 OUTER JOIN은 우선 필요한 기초 레코드를 만드는 데 사용됐다. 세
번째 OUTER JOIN과 WHERE 조건절은 첫 번째와 두 번째 OUTER JOIN 결과로 만들어진 레코드
가운데 불필요한 데이터를 걸러내는 데 사용됐다. 즉, tab_news 테이블과 tab_event 테이블에 존재
하는 중복을 제거하기 위해 세번째 OUTER JOIN이 필요한 것이다.

copy_t나 뮤텍스 테이블이라고 하는 레코드 복제용 테이블은 실제로 다른 용도로도 많이 활용될 수 있
다. 인터넷에서 자료를 찾아보고 여러 가지 활용법을 알아두면 많이 도움될 것이다.

조인 순서로 인한 쿼리 실패

MySQL에서는 ANSI 표준인 INNER JOIN이나 LEFT JOIN 구문을 기본 문법으로 제공한다. 또한
INNER JOIN은 다음과 같이 WHERE 절에 조인 조건을 명시하는 형태도 지원한다.

```
SELECT *
FROM dept_manager dm, dept_emp de, departments d
WHERE dm.dept_no=de.dept_no AND de.dept_no=d.dept_no;
```

ANSI 표준 조인 문법과 조인 조건을 WHERE 절에 명시하는 문법을 혼용하거나 ANSI 표준 표기법을
잘못 사용하면 ON 절의 조인 조건에 사용된 칼럼을 인식할 수 없다는 에러가 발생한다.

```
SELECT *
FROM dept_manager dm
INNER JOIN dept_emp de ON de.dept_no=d.dept_no
INNER JOIN departments d ON d.dept_no=de.dept_no;
   → ERROR 1054 (42S22): Unknown column 'd.dept_no' in 'on clause'

SELECT *
FROM dept_manager dm,
   (dept_emp de INNER JOIN departments d ON d.dept_no=dm.dept_no)
WHERE dm.dept_no=de.dept_no;
   → ERROR 1054 (42S22): Unknown column 'dm.dept_no' in 'on clause'
```

위의 두 예제는 모두 "칼럼을 인식할 수 없다"라는 에러 메시지와 함께 쿼리가 실패했다. 첫 번째 쿼리에서는 d.dept_no 칼럼이 INNER JOIN 키워드 좌우에 명시된 테이블의 칼럼이 아니고, 두 번째 쿼리에서는 dm.dept_no 칼럼이 INNER JOIN 키워드 좌우에 명시된 테이블의 칼럼이 아니라서 이러한 문제가 발생한다.

ANSI 표준의 JOIN 구문에서는 반드시 JOIN 키워드의 좌우측에 명시된 테이블의 칼럼만 ON 절에 사용될 수 있기 때문이다. 또한 MySQL의 버그 레포트에 등록돼 있기도 하지만 버그라기보다는 조인 조건이 잘못 사용된 것으로 봐야 할 듯하다. 위와 같은 에러가 발생하면 단순히 JOIN 구문의 순서나 ON 절의 조건을 조정해서 쉽게 해결할 수 있다.

예를 들어, 위의 첫 번째 쿼리가 dept_manager → dept_emp → departments 순서로 조인된다고 가정해보자. dept_manager → dept_emp 조인이 실행될 때는 dept_manager 테이블의 칼럼을 이용해 dept_emp 테이블을 검색하는 조건을 ON절에 작성하면 된다. 그리고 departments 테이블을 조인할 때는 이미 dept_manager와 dept_emp를 이미 읽었기 때문에 (dept_manager+dept_emp) → departments로 조인이 실행된다. departments 테이블의 ON 절에는 dept_manager나 dept_emp 테이블에 있는 아무 칼럼이나 사용해서 departments 테이블을 검색하는 조건을 작성하면 된다.

JOIN과 FOREIGN KEY

데이터베이스에 FOREIGN KEY가 생성돼 있어야만 조인을 할 수 있는 것인지 궁금해하는 게시물을 본 적이 있다. FOREIGN KEY는 조인과 아무런 연관이 없다. FOREIGN KEY를 생성하는 주 목적은 데이터의 무결성을 보장하기 위해서다. FOREIGN KEY와 연관된 무결성을 참조 무결성이라고 표현한다. 예를 들어, 부서 테이블과 사원 테이블이 있고, 사원 테이블에 이 사원이 소속된 부서 정보를 저장하는 칼럼이 있다. 이때 사원 테이블의 부서 코드는 반드시 부서 테이블에 존재하는 부서 정보만 사용해야 하는데, 이것이 바로 참조 무결성이다. 그런데 애플리케이션의 버그 등의 이유로 부서 테이블에는 존재하지 않는 부서 코드가 사원 테이블에 있을 수 있다. 이렇게 참조 무결성이 깨지는 문제를 DBMS 차원에서 막기 위해 FOREIGN KEY를 생성한다.

하지만 SQL로 테이블 간의 조인을 수행하는 것은 전혀 무관한 칼럼을 조인 조건으로 사용해도 문법적으로는 문제가 되지 않는다. 데이터 모델링을 할 때는 각 테이블 간의 관계는 필수적으로 그려 넣어야 한다. 하지만 그 데이터 모델을 데이터베이스에 생성할 때는 그 테이블 간의 관계는 FOREIGN KEY로 생성하지 않을 때가 더 많다. 하지만 테이블 간의 조인을 사용하기 위해 FOREIGN KEY가 필요한 것은 아니다.

지연된 조인(Delayed Join)

조인을 사용해서 데이터를 조회하는 쿼리에 GROUP BY 또는 ORDER BY를 사용할 때 각 처리 방법에서 인덱스를 사용한다면 이미 최적으로 처리되고 있을 가능성이 높다. 하지만 그렇지 못하다면 MySQL 서버는 우선 모든 조인을 실행하고 난 다음 GROUP BY나 ORDER BY를 처리할 것이다. 조인은 대체적으로 실행되면 될수록 결과 레코드 건수가 늘어난다. 그래서 조인의 결과를 GROUP BY 하거나 ORDER BY하면 조인을 실행하기 전의 레코드를 GROUP BY나 ORDER BY를 수행하는 것보다 많은 레코드를 처리해야 한다. 지연된 조인이란 조인이 실행되기 이전에 GROUP BY나 ORDER BY를 처리하는 방식을 의미한다. 주로 지연된 조인은 LIMIT가 같이 사용된 쿼리에서 더 큰 효과를 얻을 수 있다.

인덱스를 사용하지 못하는 GROUP BY와 ORDER BY 쿼리를 지연된 조인으로 처리하는 방법을 한번 살펴보자.

```
SELECT e.*
FROM salaries s, employees e
WHERE e.emp_no=s.emp_no
        AND s.emp_no BETWEEN 10001 AND 13000
GROUP BY s.emp_no
ORDER BY SUM(s.salary) DESC
LIMIT 10;
```

위 쿼리의 실행 계획은 다음과 같다. 실행 계획상으로는 employees 테이블을 드라이빙 테이블로 선택해서 "emp_no BETWEEN 10001 AND 13000" 조건을 만족하는 레코드 2999건을 읽고, salaries 테이블을 조인했다. 이때 조인을 수행한 횟수는 11,996번(2999 * 4) 정도라는 것을 알 수 있다. 그리고 조인의 결과 11,996건의 레코드를 임시 테이블에 저장하고 GROUP BY 처리를 통해 3000건으로 줄였다. 그리고 ORDER BY를 처리해서 상위 10건만 최종적으로 가져왔다.

Id	select_type	table	type	Key	key_len	ref	rows	Extra
1	SIMPLE	e	range	PRIMARY	4		2999	Using where; Using temporary; Using filesort
1	SIMPLE	s	ref	PRIMARY	4	e.emp_no	4	

이제 지연된 조인으로 변경한 쿼리를 한번 살펴보자. 다음 쿼리에서는 salaries 테이블에서 가능한 모든 처리(WHERE 조건 및 GROUP BY와 ORDER BY, 그리고 LIMIT까지)를 한 다음 그 결과를 임시테이블에 저장했다. 그리고 임시 테이블의 결과를 employees 테이블과 조인하도록 고친 것이다. 즉, 모든 처리를 salaries 테이블에서 수행하고, 최종 10건만 employees 테이블과 조인했다.

```
SELECT e.*
FROM
  ( SELECT s.emp_no
    FROM salaries s
    WHERE s.emp_no BETWEEN 10001 AND 13000
    GROUP BY s.emp_no
    ORDER BY SUM(s.salary) DESC
    LIMIT 10) x,
  employees e
WHERE e.emp_no=x.emp_no;
```

지연된 조인으로 변경한 쿼리의 실행 계획은 다음과 같다. 예상했던 대로 FROM 절에 서브 쿼리가 사용됐기 때문에 이 서브 쿼리의 결과는 파생 테이블(세 번째 줄의 DERIVED)로 처리됐다. 다음 실행 계획에서 FROM 절의 서브 쿼리를 위해 전체 57,790건의 레코드를 읽어야 한다고 나왔지만, 사실은 28,606건의 레코드만 읽으면 되는 쿼리다. 지연된 조인으로 변경된 이 쿼리는 salaries 테이블에서 28,606건의 레코드를 읽어 임시 테이블에 저장하고, GROUP BY 처리를 통해 3,000건으로 줄였다. 그리고 ORDER BY를 처리해 상위 10건만 임시 테이블(〈derived2〉)에 저장한다. 최종적으로 임시 테이블의 10건을 읽어서 employees 테이블과 조인을 10번만 수행해서 결과를 반환한다.

Id	select_type	Table	type	key	key_len	Ref	rows	Extra
1	PRIMARY	〈derived2〉	ALL				10	
1	PRIMARY	E	eq_ref	PRIMARY	4	x.emp_no	1	
2	DERIVED	S	range	PRIMARY	4		57790	Using where; Using temporary; Using filesort

지연된 조인으로 개선되기 전과 개선된 후의 쿼리가 어떻게 처리되는지 간략하게 살펴봤다. 물론 지연된 조인으로 개선된 쿼리는 임시 테이블(〈derived2〉)을 한 번 더 사용하기 때문에 느리다고 예상할 수도 있다. 하지만 임시 테이블에 저장할 레코드가 단 10건밖에 되지 않으므로 메모리를 이용해 빠르게

처리된다. 하지만 조인의 횟수를 비교해보면 지연된 조인으로 변경된 쿼리의 조인 횟수가 훨씬 적다는 사실을 알 수 있다. 개인 PC에서 간단히 테스트해본 결과, 원래 쿼리는 대략 0.05초 정도 걸렸으며, 지연된 조인으로 개선된 쿼리는 대략 0.02초 정도 걸렸다.

이번에는 웹 서비스에서 자주 사용되는 페이징 쿼리에서 지연된 조인을 어떻게 적용할 수 있는지 예제를 한번 살펴보자.

```
SELECT *
FROM dept_emp de, employees e
WHERE de.dept_no='d001' AND e.emp_no=de.emp_no
LIMIT 10;
```

위 쿼리는 "Marketing" 부서(부서 코드 'd001')에서 일했던 모든 사원의 정보를 조회하는 쿼리인데, 결과를 10건씩 잘라서 가져오기(페이징 처리) 위해서 LIMIT 10 조건이 같이 사용되었다. 위의 쿼리에서와 같이 "LIMIT 10"인 경우에는 아무런 문제가 없다. 하지만 두 번째 이후의 페이지로 넘어가면서 아래와 같이 쿼리가 바뀌어서 실행될 것이다.

```
SELECT *
FROM dept_emp de, employees e
WHERE de.dept_no='d001' AND e.emp_no=de.emp_no
LIMIT 100, 10;
```

이 쿼리는 dept_emp 테이블이 드라이빙 테이블이 되고, employees 테이블이 드리븐 테이블이 되어서 조인이 실행될 것이다. 우선 dept_emp 테이블에서 de.dept_no='d001'인 레코드를 한 건씩 읽으면서 employees 테이블과 조인하면서 LIMIT 100,10조건이 만족될 때까지 조인을 수행하게 된다. 즉 dept_emp 테이블에서 110건을 읽어서 110번 employees 테이블과 조인하게 되는 것이다. 하지만 최종적으로 사용자가 필요로 하는 데이터는 마지막 10건이므로, 조인을 해서 가져왔던 앞쪽 100건의 데이터는 불필요하게 읽은 것이 된다. 만약 페이징 처리에서 몇 백 페이지까지 넘어간다면 불필요하게 읽어야 할 데이터가 더 많아지게 되므로 다음 페이지로 넘어갈수록 느려지게 되는 것이다.

이 쿼리를 지연된 조인으로 처리하면 꼭 필요한 10건에 대해서만 employees 테이블과 조인하게 만들 수 있다. 우선 dept_emp 테이블에서 먼저 꼭 필요한 10개의 레코드만 조회하는 서브 쿼리(파생 테이블)를 만들고, 그 결과와 employees 테이블을 조인하면 된다.

```
SELECT *
FROM (SELECT * FROM dept_emp WHERE dept_no='d001' LIMIT 100,10) de,
     employees e
WHERE e.emp_no=de.emp_no;
```

dept_emp 테이블에서 100번째부터 10개의 레코드만 가져오는 서브 쿼리로 FROM 절의 dept_emp 테이블을 대체했다. 그리고 이 서브 쿼리의 결과가 저장된 임시 테이블의 레코드 10건과 employees 테이블을 조인했다. 즉, 꼭 필요한 레코드(실제로 반환해야 할 레코드)만 조인을 수행한 것이다. 이처럼 쿼리를 변경해서 불필요한 조인 100번을 없앤 것이다.

일반적으로 지연된 조인으로 쿼리를 개선했을 때 FROM 절의 서브 쿼리 결과가 저장되는 임시 테이블이 드라이빙 테이블이 되어 나머지 테이블과 조인을 수행하므로 임시 테이블에 저장되는 레코드 건수가 작업량에 커다란 영향을 미치게 된다. 그래서 파생 테이블에 저장돼야 할 레코드의 건수가 적으면 적을수록 지연된 조인의 효과가 커진다. 따라서 쿼리에 GROUP BY나 DISTINCT 등과 LIMIT 절이 함께 사용된 쿼리에서 상당히 효과적이다. 만약 테이블이 3개가 조인된다면 두 테이블의 조인 결과를 FROM 절의 서브 쿼리로 만들어 나머지 하나의 테이블에 대해서만 지연된 조인이 실행되도록 구현할 수도 있다.

지연된 조인은 경우에 따라서 상당한 성능 향상을 가져올 수 있지만 모든 쿼리를 지연된 조인 형태로 개선할 수 있는 것은 아니다. OUTER JOIN과 INNER JOIN에 대해 다음과 같은 조건이 갖춰져야만 지연된 쿼리로 변경해서 사용할 수 있다.

- LEFT (OUTER) JOIN인 경우 드라이빙 테이블과 드리븐 테이블은 1:1 또는 M:1 관계여야 한다
- INNER JOIN인 경우 드라이빙 테이블과 드리븐 테이블은 1:1 또는 M:1의 관계임과 동시에 (당연한 조건이겠지만) 드라이빙 테이블에 있는 레코드는 드리븐 테이블에 모두 존재해야 한다. 두 번째와 세 번째 조건은 드라이빙 테이블을 서브 쿼리로 만들고 이 서브 쿼리에 LIMIT를 추가해도 최종 결과의 건수가 변하지 않는다는 보증을 해주는 조건이기 때문에 반드시 정확히 확인한 후 적용해야 한다.

위의 예제나, 지금 개발하고 있는 페이징 쿼리를 지연된 쿼리로 한번 변경해보고, 성능 차이를 비교해보자. 이런 작업을 몇번 해보면 위의 두 조건이 어떤 의미인지 더 쉽게 이해할 수 있을 것이다.

> **주 의**
>
> 지연된 조인은 여기서 언급한 조인의 개수를 줄이는 것뿐만 아니라 GROUP BY나 ORDER BY 처리가 필요한 레코드의 전체 크기를 줄이는 역할도 한다. 첫 번째 GROUP BY와 ORDER BY가 포함된 예제 쿼리를 보면 지연된 조인으로 개선되기 전 쿼리는 salaries 테이블과 employees 테이블의 모든 칼럼을 임시 테이블에 저장하고 GROUP BY를 해야 한다. 하지만 지연된 조인으로 개선된 쿼리는 salaries 테이블의 칼럼만 임시 테이블에 저장하고 GROUP BY를 수행하면 되기 때문에 원래의 쿼리보다는 GROUP BY나 ORDER BY용 버퍼를 더 적게 필요로 한다.

조인 버퍼 사용으로 인한 정렬 흐트러짐

MySQL에서는 네스티드-루프 방식의 조인만 지원한다. 네스티드-루프 조인은 알고리즘의 특성상, 드라이빙 테이블에서 읽은 레코드의 순서가 다른 테이블이 모두 조인돼도 그대로 유지된다. 그래서 MySQL에서 조인을 사용하는 쿼리의 결과는 드라이빙 테이블을 읽은 순서로 정렬된다고 생각할 때가 많다. 실제로도 주어진 조건에 의해 드라이빙 테이블을 인덱스 스캔이나 풀 테이블 스캔을 하게 되고, 그때 드라이빙 테이블을 읽은 순서가 그대로 최종 결과에 반영된다.

하지만 조인이 실행되기 위해 조인 버퍼가 사용되면 이야기가 달라진다. 예를 들어 A, B라는 두 테이블이 순서대로 조인될 때, B 테이블을 읽을 때 조인 버퍼가 사용되면 실제 내부적으로 조인은 B 테이블에서 A 테이블로 실행된다. 그래서 결과가 B 테이블을 기준으로 한 것처럼 보일 수도 있다. 하지만 사실 조인 버퍼를 사용하면 결과는 B 테이블을 기준으로 정렬되지 않고 완전히 흐트러진다.

조인 버퍼가 사용되는 쿼리에서 결과가 어떤 순서로 출력되는지 한번 살펴보자.

```
SELECT e.emp_no, e.first_name, e.last_name, de.from_date
FROM dept_emp de, employees e
WHERE de.from_date>'2001-10-01' AND e.emp_no<10005;
```

위 쿼리의 실행 계획을 한번 살펴보자. employees 테이블이 조인에서 드라이빙 테이블로 사용했고, dept_emp 테이블로 조인을 할 때는 조인 버퍼를 사용했다.

Id	select_type	table	type	Key	key_len	ref	Rows	Extra
1	SIMPLE	e	range	PRIMARY	4		4	Using where
1	SIMPLE	de	range	ix_fromdate	3		2762	Using where; Using join buffer

네스티드 루프(Nested loop) 알고리즘만으로 조인을 처리하는 MySQL 서버에서는 조인에서 드라이빙 테이블을 읽은 순서대로 결과가 조회되는 것이 일반적이다. 즉, 이 예제에서는 employees 테이블의 프라이머리 키인 emp_no 값의 순서대로 조회돼야 한다. 하지만 이 쿼리의 결과는 emp_no 칼럼으로 정렬돼 있지 않다. 오히려 드리븐 테이블인 dept_emp 테이블을 읽을 때 사용한 ix_fromdate 인덱스(from_date 칼럼) 순서대로 정렬된 것처럼 보인다.

emp_no	first_name	last_name	from_date
10001	Georgi	Facello	2001-10-02
10002	Bezalel	Simmel	2001-10-02
10003	Parto	Bamford	2001-10-02
10004	Chirstian	Koblick	2001-10-02
10001	Georgi	Facello	2001-10-02
10002	Bezalel	Simmel	2001-10-02
10003	Parto	Bamford	2001-10-02
10004	Chirstian	Koblick	2001-10-02
...	...	...	...
10001	Georgi	Facello	2001-10-03
10002	Bezalel	Simmel	2001-10-03
10003	Parto	Bamford	2001-10-03
10004	Chirstian	Koblick	2001-10-03
10001	Georgi	Facello	2001-10-03
...	...	...	...

조인 버퍼를 사용한 조인은 드라이빙 테이블과 드리븐 테이블을 읽은 순서와는 거의 무관하게 결과를 출력한다. 이는 MySQL 서버가 조인 버퍼를 사용하는 방법을 다시 한번 살펴보면 이해할 수 있을 것이다. 조인 버퍼가 어떻게 사용되는지 잘 기억나지 않는다면 6.3.6절, "테이블 조인"(367쪽)의 "조인 버퍼를 이용한 조인(Using join buffer)"를 다시 한번 참조하자.

7.4.7 GROUP BY

GROUP BY는 특정 칼럼의 값으로 레코드를 그룹핑하고, 각 그룹별로 집계된 결과를 하나의 레코드로 조회할 때 사용한다. 이번에는 MySQL에서 GROUP BY를 사용할 때 함께 사용할 수 있는 유용한 기능과 주의사항 위주로 살펴보겠다.

GROUP BY 사용 시 주의사항

쿼리에 GROUP BY가 사용되면 그룹 키(GROUP BY 절에 명시된 칼럼)가 아닌 칼럼은 일반적으로 집합 함수를 감싸서 사용해야 한다. 오라클과 같은 DBMS에서는 이 규칙을 지키지 않으면 에러가 난다. 하지만 MySQL에서는 그룹 키가 아닌 칼럼이더라도 쿼리에서 집합 함수 없이 그냥 사용할 수 있다. 다음 예제를 한번 살펴보자.

```
SELECT first_name FROM employees GROUP BY gender;
SELECT first_name, last_name, COUNT(*)
FROM employees
GROUP BY first_name ORDER BY last_name;
```

위 2개의 예제 쿼리 모두 gender 칼럼으로 GROUP BY를 하고 있지만 SELECT 절이나 ORDER BY 절에는 GROUP BY 절에 명시되지 않은 first_name이나 last_name이라는 칼럼이 집합 함수로 감싸지지 않고 그대로 사용됐다. 오라클 DBMS에서는 허용되지 않지만 MySQL에서는 이렇게 GROUP BY를 사용해도 에러가 발생하지 않는다. 문제는 이 쿼리가 실행되면 first_name이라는 칼럼이 어떤 값을 가져올지 예측할 수 없다는 것이다.

첫 번째 쿼리는 gender로 GROUP BY를 수행했기 때문에 결과 레코드는 2건(남자와 여자)이 반환될 것이다. 하지만 SELECT하는 칼럼은 gender 칼럼이 아니라 first_name을 조회하고 있다. 여기서 반환되는 first_name은 남녀 성별로 한 건씩만 가져오긴 할 것이다. 하지만 가져온 first_name이 제일 큰 값인지, 제일 작은 값인지 아니면 중간의 값을 가져온 것인지 알 수 없다.

두 번째 쿼리 또한 first_name 칼럼으로 GROUP BY를 수행해서 결과의 last_name으로 정렬을 수행하고 있다. 이 결과 또한 first_name이 동일한 여러 사원들 중 어느 사원의 last_name을 가지고 정렬을 수행했는지 보장할 수 없는 쿼리다. 그래서 이 쿼리는 실제 조회된 결과를 살펴보면 last_name 칼럼의 값이 정렬되지 않은 채로 출력될 때도 있다.

이러한 GROUP BY 사용은 쿼리의 가독성을 떨어뜨린다. 처음 이 쿼리 작성자로부터 설명을 듣지 않는 한 쿼리로 무엇을 조회하고자 했는지 파악할 방법이 없다. 항상 이런 쿼리를 보면 이 쿼리의 작성자가 GROUP BY 처리에 대해 잘 모르고 이렇게 작성한 것인지, 아니면 알고 있으면서 정말로 아무 값이나 가지고 와도 되기 때문에 이렇게 개발한 것인지 궁금해진다. 가능하다면 GROUP BY 절에 명시되지 않은 칼럼은 반드시 집합 함수로 감싸서 사용하길 권장한다.

GROUP BY에 명시되지 않은 칼럼은 집합 함수로 감싸서만 사용할 수 있게 하는 것을 "FULL GROUP-BY"라고 한다. MySQL에서는 "FULL GROUP-BY"를 문법적으로 강제하는 방법도 제공한다. sql_mode 시스템 변수는 MySQL 서버의 여러 가지 실행 방법상의 모드를 설정할 수 있는데, 이 변수에 "ONLY_FULL_GROUP_BY" 값을 설정하면 "FULL GROUP-BY"만 사용할 수 있다. "FULL GROUP-BY" 모드의 MySQL 서버에서는 위의 두 예제 쿼리 모두 실행하지 못하고 문법 오류가 발생한다.

> **참고** 많은 사람들이 "FULL GROUP-BY"가 SQL-92나 SQL-99 표준이라고 주장한다. 하지만 SQL 표준에서는 GROUP BY에 대해 이렇게 명확하게 언급하고 있지 않기 때문에 "FULL GROUP-BY"만이 SQL 표준이라고 주장할 수는 없다. SQL 표준을 해석하는 차이에 따라 달라지기 때문이다.

GROUP BY .. ORDER BY NULL

다른 DBMS와는 달리 MySQL의 GROUP BY는 그룹핑 칼럼 순서대로 정렬까지 수행한다. 하지만 배치나 통계용 프로그램에서 사용하는 GROUP BY는 정렬이 필요하지 않을 때가 더 많다. 예를 들어 웹 서버의 액세스 로그를 테이블로 저장하고, 이 테이블로부터 각 사용자 단위로 페이지 요청 내역을 분석한다고 하자. 주로 이럴 때는 사용자별로 그룹핑은 하되 정렬은 필요치 않다. 하지만 많은 사용자가 MySQL의 GROUP BY가 그룹핑과 정렬 작업을 동시에 수행한다는 사실을 모른 채 사용하고 있다. 그런데 실제로 정렬 작업 때문에 GROUP BY가 많이 느려지는데, GROUP BY에서 정렬은 하지 않도록 쿼리를 작성할 수 있다.

MySQL에서 GROUP BY가 불필요한 정렬 작업을 하지 않게 하려면 GROUP BY를 수행할 때 "ORDER BY NULL"이라는 키워드를 사용해야 한다. GROUP BY된 결과가 크지 않다면 추가 정렬 여부와 상관없이 크게 성능 차이가 발생하지 않는다. 하지만 GROUP BY의 결과 건수가 많아지면 많아질수록 정렬 작업으로 인한 성능 저하가 커진다. 가져와야 할 레코드의 요건을 정확히 파악해서 정렬이 필요하지 않다면 ORDER BY NULL을 쿼리에 꼭 사용하자.

```
EXPLAIN
SELECT from_date
FROM salaries
GROUP BY from_date;
```

위 쿼리는 GROUP BY 절만 사용했지만 실제 실행 계획상에는 "Using filesort"까지 표시된 것으로 보아 별도의 정렬 작업이 동반됐음을 알 수 있다.

select_type	Table	type	..	Key	key_len	ref	rows	Extra
SIMPLE	Salaries	index	..	ix_salary	4		2844513	Using index; Using temporary; Using filesort

이 쿼리의 마지막에 "ORDER BY NULL"을 추가해서 쿼리의 실행 계획을 한번 살펴보자.

```
EXPLAIN
SELECT from_date
FROM salaries
GROUP BY from_date ORDER BY NULL;
```

이 쿼리의 실행 계획에서는 Extra 칼럼에 "Using filesort"가 사라졌다. 필요한 그룹핑 작업만 처리하고, 그 결과를 별도의 정렬 작업 없이 반환한 것이다.

select_type	table	type	possible_keys	key	key_len	ref	rows	Extra
SIMPLE	salaries	index		ix_salary	4		2844513	Using index; Using temporary

GROUP BY col1 ASC col2 DESC

거의 사용하지는 않지만 MySQL의 GROUP BY 절 칼럼에 정렬 순서를 명시할 수 있다. MySQL의 GROUP BY가 정렬까지 수행하기 때문에 이런 문법이 가능한 것이다. 다음과 같은 형태로 GROUP BY에 명시되는 칼럼에 대해 오름차순 또는 내림차순 키워드를 명시할 수 있다.

```
SELECT title, from_date
FROM titles
GROUP BY title DESC, from_date ASC ;
```

위 쿼리는 GROUP BY를 수행하고 다시 정렬을 수행하면서 title 칼럼은 내림차순으로, from_date는 오름차순으로 정렬하도록 명시한 예제다. 이 쿼리를 실행하면 다음과 같이 title 칼럼이 역순으로 정렬되어 출력되는 것을 확인할 수 있다.

title	from_date
Technique Leader	1985-02-02
..	
Staff	1990-07-19

GROUP BY 절의 칼럼에 명시하는 정렬 순서도 결국 ORDER BY에 명시되는 것과 동일하게 작동한다. 그래서 각 칼럼의 정렬 순서가 혼용되면 인덱스를 사용할 수 없게 되므로 주의해야 한다. 만약 GROUP BY 결과가 정렬돼야 한다면 GROUP BY 절의 칼럼에 정렬을 명시하는 것보다 별도의 ORDER BY 절을 사용하자. 많은 사용자가 GROUP BY가 정렬된다는 것에 익숙하지 않기 때문에 쿼리의 의미가 명확하게 전달되지 못할 수도 있다.

GROUP BY .. WITH ROLLUP

GROUP BY가 사용된 쿼리에서는 그룹핑된 그룹별로 소계를 가져올 수 있는 롤업(ROLLUP) 기능을 사용할 수 있다. ROLLUP으로 출력되는 소계는 단순히 최종 합만 가져오는 것이 아니라 GROUP BY에 사용된 칼럼의 개수에 따라 소계의 레벨이 달라진다. MySQL의 GROUP BY ... ROLLUP 쿼리는 엑셀의 피벗 테이블과 거의 동일한 기능으로 생각하면 된다. ROLLUP 쿼리의 결과를 보면서 살펴보자.

다음 쿼리는 dept_emp 테이블을 부서 번호로 그룹핑하는 예제 쿼리다.

```
SELECT dept_no, COUNT(*) FROM dept_emp
GROUP BY dept_no
  WITH ROLLUP;
```

WITH ROLLUP과 함께 사용된 GROUP BY 쿼리의 결과는 각 그룹별로 소계를 출력하는 레코드가 추가되어 표시된다. 소계 레코드의 칼럼값은 항상 NULL로 표시된다는 점에 주의해야 한다. 이 예제에서는 GROUP BY 절에 dept_no 칼럼 1개만 있기 때문에 소계가 1개만 존재하고 dept_no 칼럼값은 NULL로 표기됐다.

dept_no	count(*)
d001	20211
d002	17346
..	..
d009	23580
NULL	331603

GROUP BY 절에 칼럼이 2개인 다음 쿼리를 한번 살펴보자. 다음 쿼리는 사원의 first_name과 last_name으로 그룹핑하는 예제다.

```
SELECT first_name, last_name, COUNT(*)
FROM employees
GROUP BY first_name, last_name
  WITH ROLLUP;
```

이 쿼리의 결과는 다음과 같은데, GROUP BY 절에 칼럼이 2개로 늘어나면서 소계가 2단계로 표시됐다. 이 쿼리에서 ROLLUP 결과는 first_name 그룹별로 소계 레코드가 출력되고, 제일 마지막에 전체 총계가 출력된다. first_name 그룹별 소계 레코드의 first_name 칼럼은 NULL이 아니지만 last_name 칼럼의 값은 NULL로 채워져 있다. 마지막의 총계는 first_name과 last_name 칼럼이 모두 NULL로 채워져 있다. 소계나 총계 레코드는 항상 해당 그룹의 마지막에 나타난다.

first_name	last_name	count(*)
Aamer	Anger	1
Aamer	..	..
Aamer	NULL	228
Aamod	Andreotta	2
Aamod	..	..
Aamod	NULL	216
..	..	..
NULL	NULL	300024

안타깝게도 GROUP BY .. ROLLUP 기능은 ORDER BY와 함께 사용할 수 없다. 또한, ROLLUP 기능이 LIMIT와 함께 사용되는 경우에는 결과가 조금 혼란스러울 수 있다. 항상 GROUP BY .. WITH ROLLUP이 처리된 이후 LIMIT가 수행되므로 LIMIT로 페이징 처리를 하는 것은 주의해야 한다.

레코드를 칼럼으로 변환해서 조회

GROUP BY나 집합 함수를 통해 레코드를 그룹핑할 수 있지만 하나의 레코드를 여러 개의 칼럼으로 나누거나 변환하는 SQL 문법은 없다. 하지만 SUM( )이나 COUNT( )와 같은 집합 함수와 CASE WHEN ... END 구문을 이용해 레코드를 칼럼으로 변환하거나 하나의 칼럼을 조건으로 구분해서 2개 이상의 칼럼으로 변환하는 것은 가능하다.

레코드를 칼럼으로 변환

우선 다음과 같이 dept_emp 테이블을 이용해 부서별로 사원의 수를 확인하는 쿼리를 생각해 보자.

```
SELECT dept_no, COUNT(*) AS emp_count FROM dept_emp GROUP BY dept_no;
+---------+-----------+
| dept_no | emp_count |
+---------+-----------+
| d001    |     20211 |
| d002    |     17346 |
| d003    |     17786 |
| d004    |     73485 |
...
+---------+-----------+
```

위 쿼리로 부서 번호와 부서별 사원수를 그룹핑한 결과가 만들어졌다. 하지만 레포팅 도구나 OLAP과 같은 도구에서는 자주 이러한 결과를 반대로 만들어야 할 수도 있다. 즉 레코드를 칼럼으로 변환해야 하는 것이다. 이때는 위의 GROUP BY 쿼리 결과를 SUM(CASE WHEN ...) 기능을 이용해 한번 더 변환해주면 된다. 다음 예제를 한번 살펴보자.

```
SELECT
  SUM(CASE WHEN dept_no='d001' THEN emp_count ELSE 0 END) AS count_d001,
  SUM(CASE WHEN dept_no='d002' THEN emp_count ELSE 0 END) AS count_d002,
  SUM(CASE WHEN dept_no='d003' THEN emp_count ELSE 0 END) AS count_d003,
  SUM(CASE WHEN dept_no='d004' THEN emp_count ELSE 0 END) AS count_d004,
  SUM(CASE WHEN dept_no='d005' THEN emp_count ELSE 0 END) AS count_d005,
```

```
    SUM(CASE WHEN dept_no='d006' THEN emp_count ELSE 0 END) AS count_d006,
    SUM(CASE WHEN dept_no='d007' THEN emp_count ELSE 0 END) AS count_d007,
    SUM(CASE WHEN dept_no='d008' THEN emp_count ELSE 0 END) AS count_d008,
    SUM(CASE WHEN dept_no='d009' THEN emp_count ELSE 0 END) AS count_d009,
    SUM(emp_count) AS count_total
FROM (
  SELECT dept_no, COUNT(*) AS emp_count FROM dept_emp GROUP BY dept_no
) tb_derived;
```

위 쿼리의 결과로 다음과 같이 부서 정보와 부서별 사원의 수가 가로(레코드)가 아니라 세로(칼럼)로 변환된 것을 확인할 수 있다.

count_d001	count_d002	count_d003	count_d004	...	count_total
20211	17346	17786	73485	...	331603

변환의 원리는 간단하다. 우선 부서별로 9개의 레코드를 한 건의 레코드로 만들어야 하기 때문에 GROUP BY된 결과를 서브 쿼리로 만든 후 SUM( ) 함수를 적용했다. 즉, 9개의 레코드를 1건의 레코드로 변환한 것이다. 그리고 부서번호의 순서대로 CASE WHEN ... 구문을 이용해 각 칼럼에서 필요한 값만 선별해서 SUM( )을 했다.

이렇게 레코드를 칼럼으로 변환하는 작업을 할 때는 목적이나 용도에 맞게 COUNT, MIN, MAX, AVG, SUM 등의 함수를 사용하면 된다. 이 예제의 한 가지 단점은 부서 번호가 쿼리의 일부로 사용되기 때문에 만약 부서 번호가 변경되거나 추가되면 쿼리까지도 변경돼야 한다는 것이다. 이런 부분은 동적으로 쿼리를 생성해내는 방법 등으로 보완하면 된다.

하나의 칼럼을 여러 칼럼으로 분리

다시 위 쿼리로 돌아가보자. 다음 결과는 단순히 부서별로 전체 사원의 수만 조회할 수 있는 쿼리였다.

```
SELECT dept_no, COUNT(*) AS emp_count
FROM dept_emp GROUP BY dept_no;
```

SUM(CASE WHEN...) 문장은 특정 조건으로 소그룹을 나눠서 사원의 수를 구하는 용도로 사용할 수 있다. 다음 쿼리는 전체 사원 수와 함께 입사년도별 사원수를 구하는 쿼리다.

```
SELECT de.dept_no,
  SUM(CASE WHEN e.hire_date BETWEEN '1980-01-01' AND '1989-12-31' THEN 1 ELSE 0 END) AS
```

```
cnt_1980,
  SUM(CASE WHEN e.hire_date BETWEEN '1990-01-01' AND '1999-12-31' THEN 1 ELSE 0 END) AS
cnt_1990,
  SUM(CASE WHEN e.hire_date BETWEEN '2000-01-01' AND '2009-12-31' THEN 1 ELSE 0 END) AS
cnt_2000,
  COUNT(*) AS cnt_total
FROM dept_emp de, employees e
WHERE e.emp_no=de.emp_no
GROUP BY de.dept_no;
```

위 쿼리의 결과는 다음과 같이 1980년도, 1990년도, 그리고 2000년도의 부서별 입사자 수를 보여준다.

dept_no	cnt_1980	cnt_1990	cnt_2000	cnt_total
d001	11038	9171	2	20211
d002	9580	7765	1	17346
d003	9714	8068	4	17786
...				

dept_emp 테이블만으로는 사원의 입사 일자를 알 수 없으므로 employees 테이블을 조인했으며, 조인된 결과를 dept_emp 테이블의 dept_no 별로 GROUP BY를 실행했다. 그룹핑된 부서별 사원의 정보를 CASE WHEN으로 사원의 입사 연도를 구분해서 각 연도대별로 합계(SUM 함수)를 실행하면 원하는 결과를 얻을 수 있다. 이런 간단한 SQL 문장으로 상당히 많은 프로그램 코드를 줄일 수 있을 것이다. 그리고 이러한 형태의 쿼리에 WITH ROLLUP 기능을 같이 사용한다면 더 유용한 결과를 만들어낼 수 있을 것이다.

7.4.8 ORDER BY

ORDER BY는 검색된 레코드를 어떤 순서로 정렬할지 결정한다. 만약 ORDER BY 절이 사용되지 않으면 SELECT 쿼리의 결과는 어떤 순서로 정렬될까?

- 인덱스를 사용한 SELECT의 경우에는 인덱스의 정렬된 순서대로 레코드를 가져온다.
- 인덱스를 사용하지 못하고 풀 테이블 스캔을 실행하는 SELECT를 가정해보자. MyISAM 테이블은 테이블에 저장된 순서대로 가져오는데, 이 순서가 INSERT된 순서를 의미하는 것은 아니다. 일반적으로 테이블의 레코드가 삭제되면서 빈 공간이 생기고, INSERT되는 레코드는 항상 테이블의 마지막이 아니라 빈 공간이 있으면 그 빈 공간에 저장되기 때문이다. InnoDB의 경우에는 항상 프라이머리 키로 클러스터링돼 있기 때문에 풀 테이블 스캔의 경우에는 기본적으로 프라이머리 키 순서대로 레코드를 가져온다.

- SELECT 쿼리가 임시 테이블을 거쳐서 처리되면 조회되는 레코드의 순서를 예측하기는 어렵다.

ORDER BY 절이 없는 SELECT 쿼리 결과의 순서는 처리 절차에 따라 달라질 수 있다. 어떤 DBMS도 ORDER BY 절이 명시되지 않은 쿼리에 대해서는 어떠한 정렬도 보장하지 않는다. 예를 들어, 인덱스를 사용한 SELECT 쿼리이기 때문에 ORDER BY 절을 사용하지 않아도 된다, 라는 것은 잘못된 생각이다. 항상 정렬이 필요한 곳에서는 ORDER BY 절을 사용해야 한다.

ORDER BY에서 인덱스를 사용하지 못할 때는 추가적인 정렬 작업을 수행하고, 쿼리 실행 계획에 있는 Extra 칼럼에 "Using filesort"라는 코멘트가 표시된다. "Filesort"라는 단어에 포함된 "File"은 디스크의 파일을 이용해 정렬을 수행한다는 의미가 아니라 쿼리를 수행하는 도중에 MySQL 서버가 퀵 소트 정렬 알고리즘을 수행했다는 의미 정도로 이해하면 된다. 정렬 대상이 많은 경우에는 여러 부분으로 나눠서 처리하는데, 정렬된 결과를 임시로 디스크나 메모리에 저장해둔다. 하지만 실제로 메모리만 이용해 정렬이 수행됐는지 디스크의 파일을 이용했는지는 알 수 없다.

ORDER BY 사용법 및 주의사항

ORDER BY 절은 1개 또는 그 이상 여러 개의 칼럼으로 정렬을 수행할 수 있으며, 정렬 순서(오름차순, 내림차순)는 각 칼럼별로 다르게 명시할 수 있다. 일반적으로 정렬할 대상은 칼럼명이나 표현식으로 명시하지만 SELECT되는 칼럼의 순번을 명시할 수도 있다. 즉, "ORDER BY 2"라고 명시하면 SELECT되는 칼럼들 중에서 2번째 칼럼으로 정렬하라는 의미가 된다. 다음 2개의 쿼리는 동일한 정렬을 수행하게 된다. 이 예제에서 2번째 칼럼은 last_name이므로 ORDER BY last_name과 같은 의미가 되는 것이다.

```
SELECT first_name, last_name
FROM employees
ORDER BY last_name;

SELECT first_name, last_name
FROM employees
ORDER BY 2;
```

하지만 다음과 같이 ORDER BY 뒤에 숫자 값이 아닌 문자열 상수를 사용하는 경우에는 옵티마이저가 ORDER BY 절 자체를 무시한다. 칼럼명이라도 하더라도 다음 쿼리와 같이 따옴표를 이용해 문자 리터럴로 표시하면 상수값으로 정렬하라는 의미가 된다. 상수 값으로 정렬을 수행하는 것은 아무런 의미가 없으므로 옵티마이저는 이렇게 문자 리터럴이 ORDER BY 절에 사용되면 모두 무시해 버린다.

```
SELECT first_name, last_name
FROM employees
ORDER BY "last_name";
```

다른 DBMS에서 쌍따옴표는 식별자를 표현하기 위해 사용하지만 MySQL에서 쌍따옴표는 문자열 리터럴을 표현하는 데 사용된다. 만약 다른 DBMS에 익숙한 사용자라면 위와 같이 ORDER BY 절을 작성하면 last_name 칼럼으로 정렬될 것이라고 생각할 수도 있다. 하지만 MySQL의 기본 모드(sql_mode 시스템 변수의 기본 설정)에서 쌍따옴표는 문자열 리터럴로 인식된다. 결국 위의 쿼리는 문자열 리터럴 값으로 정렬하라는 의미가 되어버리는 것이다.

ORDER BY RAND()

가끔 이벤트 성격의 단순한 추첨 또는 임의의 사용자 조회와 같은 기능을 SQL을 이용해 처리할 때가 있다. 이때 가장 쉽게 사용할 수 있는 방법이 ORDER BY RAND( )다. ORDER BY RAND( )는 RAND( ) 함수로 발생되는 임의의 값을 각 레코드별로 부여하고, 그 임의값으로 정렬을 수행한다. 아주 간단하게 랜덤하게 레코드를 가져올 수 있기 때문에 ORDER BY RAND( )가 자주 사용되곤 한다.

하지만 여기서 이야기하려는 것은 이 기능의 장점이 아니라 문제점과 회피책이다. ORDER BY RAND( )를 이용한 임의 정렬이나 조회는 절대 인덱스를 이용할 수 없다. 정렬해야 할 레코드가 적으면 별달리 문제가 되지 않는다. 하지만 대량의 레코드를 대상으로 임의 정렬을 해야 할 때는 문제가 될 수 있다. 인덱스는 변수가 아닌 정해진 값을 순서대로 정렬해서 가지고 있기 때문에 인덱스를 이용한 임의 정렬은 구현할 수 없을 것이다. 하지만 반대로 테이블에 미리 임의 값을 별도의 칼럼으로 생성해 두고, 그 칼럼에 인덱스를 생성해 두면 손쉽게 인덱스를 이용한 임의 정렬을 구현할 수 있다. 이 방법에 대한 자세한 예제는 16.1절, "임의(랜덤) 정렬"(912쪽)을 참조하자.

여러 방향으로 동시 정렬

여러 개의 칼럼을 조합해서 정렬할 때 각 칼럼의 정렬 순서가 오름차순과 내림차순이 혼용되면 인덱스를 이용할 수 없다. 아직 MySQL이 내림차순과 오름차순이 혼용된 인덱스를 지원하지 않기 때문이다. 만약 ASC와 DESC가 혼용된 정렬이 인덱스를 사용하게 하려면 칼럼의 값 자체를 변형시켜 테이블에 저장하는 것이 유일한 해결책이다. 문자열 타입은 아직까지 별다른 방법이 없지만 숫자 타입이나 날짜 타입은 다음과 같이 변경해서 저장하면 된다.

- 숫자 타입의 값은 반대 부호(음수는 양수로, 양수는 음수로)로 변환해서 칼럼에 저장한다.
- 날짜 타입의 값은 타입 그 자체로 음수값을 가질 수 없다. 우선 DATETIME이나 DATE 타입의 값을 타임스탬프 타입으로 변환하면 정수 타입으로 변환할 수 있다. 이 값의 부호를 음수로 만들어서 저장한다.

다음 예제는 나이는 내림차순으로, 지역은 오름차순으로 해서 회원 정보를 저장하기 위해 일부러 테이블의 age 칼럼을 음수로 변환해서 저장하고 있다.

```
CREATE TABLE tb_member (
  region VARCHAR(20),
  age INT,
  INDEX ix_age_region (age, region)
);
INSERT INTO tb_member VALUES ('경기', -20);
INSERT INTO tb_member VALUES ('경기', -25);
INSERT INTO tb_member VALUES ('서울', -25);

-- // 나이는 역순으로, 지역은 정순으로 조회
SELECT (age * -1) AS age, region
FROM tb_member
ORDER BY age ASC, region ASC;
```

위의 쿼리는 ORDER BY 절의 두 칼럼이 모두 오름차순으로 정렬되기 때문에 tb_member 테이블의 ix_region_age 인덱스가 정렬된 순서와 동일하다. MySQL 서버는 별도의 정렬 작업을 수행하지 않고 인덱스만 읽기 때문에 빠르게 처리할 수 있다.

MySQL의 정렬에서 NULL은 항상 최소의 값으로 간주하고 정렬을 수행한다. 오름차순 정렬인 경우 NULL은 항상 제일 먼저 반환되며, 내림차순인 경우에는 제일 마지막에 반환된다. 만약 NULL에 대한 정렬 순서를 변경하려면 함수를 사용해서 값을 변형해야 한다. 하지만 인덱스를 이용한 정렬을 사용하지 못하게 할 수도 있으므로 주의해야 한다.

칼럼의 값을 반대로 저장할 수 없을 때는 정렬 작업을 여러 개의 쿼리로 나눠서 처리할 수도 있다. 나이 대신 이름이라는 칼럼이 포함된 tb_member 테이블을 예제로 살펴보자. 애플리케이션에서 필요로 하는 정렬은 이름을 먼저 오름차순으로 정렬하고 다시 지역을 내림차순으로 정렬하고자 한다. 역시 ORDER BY에 오름차순과 내림차순이 혼용됐기 때문에 인덱스를 이용할 수 없다.

```
CREATE TABLE tb_member (
  region VARCHAR(20),
  name VARCHAR(20),
  INDEX ix_name_region (name, region)
);

INSERT INTO tb_member VALUES ('경기', '홍길동');
INSERT INTO tb_member VALUES ('경기', '이철수');
INSERT INTO tb_member VALUES ('서울', '김영희');

SELECT * FROM tb_member
ORDER BY name ASC, region DESC;
```

위의 예제 테이블에서 name이나 region 칼럼은 모두 문자열 타입이라서 숫자와 같이 쉽게 반대값으로 변환할 수 없다. 이때는 애플리케이션에서 정렬하려는 쿼리를 쪼개서 실행함으로써 인덱스를 이용하도록 유도해볼 수 있다. 다음의 간단한 코드를 확인해보자.

```
ResultSet rs1 = stmt.executeQuery (
        "SELECT name FROM tb_member GROUP BY name ORDER BY name ASC");
while(rs1.next()){
  int currentName = rs1.getString("name");
  ResultSet rs2 = stmt1.executeQuery (
      "SELECT * FROM tb_member WHERE name="+ currentName +" ORDER BY region DESC");
  while(rs2.next()){
    // 여기서 rs2의 레코드를 순서대로 출력하면 그 결과가 최종 정렬된 순서임
    System.out.println (rs2);
  }
}
```

위의 예제 프로그램과 같이 내림차순 정렬과 오름차순 정렬을 별도의 쿼리로 분리해서 실행함으로써 "Filesort" 과정 없이 인덱스만으로 필요한 작업을 처리할 수 있게 됐다. 첫 번째 쿼리에서는 GROUP BY를 이용해 유니크한 이름만 오름차순으로 가져온다. 첫 번째 쿼리에서 사용된 GROUP BY와 ORDER BY는 모두 ix_name_region 인덱스를 이용하기 때문에 크지 않은 비용으로 빠르게 처리한다. 그리고 조회된 name 칼럼의 값 순서대로 두 번째 쿼리를 실행한다. 두 번째 쿼리에서는 WHERE 절에 있는 name 칼럼에서 동등 비교를 수행하고, region 칼럼에 대해서 역순으로 정렬해 결과를 가져온다. 두 번째 쿼리도 ix_name_region 인덱스를 사용하기 때문에 빠르게 결과를 가져올 수 있다. 만약 두 번째 쿼리가 인덱스를 사용할 수 있는지 의심이 된다면 다음 2개의 쿼리가 같은 결과를 만들어내는지 비교해 보면 된다. 다음의 첫 번째 쿼리는 예제 프로그램에서 사용된 쿼리이며, 두 번째 쿼리는

이해를 돕고자 조금 변형해본 쿼리다. 두 번째 쿼리에서는 ORDER BY 처리가 인덱스를 이용할 수 있다는 것을 쉽게 이해할 수 있다.

```
SELECT * FROM tb_member WHERE name='홍길동' ORDER BY region DESC;
SELECT * FROM tb_member WHERE name='홍길동' ORDER BY name DESC, region DESC;
```

이렇게 프로그램을 조금 바꿔서 오름차순과 내림차순이 혼용된 쿼리도 인덱스를 이용하게 할 수 있다. 이렇게 쿼리를 분리하는 방법은 조회해야 할 데이터가 다음과 같은 패턴일 때 유용한 방법이다.

- 정렬해야 할 레코드 건수가 너무 많아서 디스크를 이용해야 할 경우
- 첫 번째 정렬 칼럼에 중복된 값이 많아서 두 번째 쿼리의 반복 실행 횟수가 적은 경우

name 칼럼에 유니크한 값이 상당히 많을 때는 두 번째 쿼리의 실행 횟수가 너무 많아질 수 있기 때문에 MySQL 서버에서 직접 정렬을 수행하는 것보다 더 부하가 클 수도 있다. 정렬해야 할 레코드 건수가 적을 때는 MySQL 서버가 메모리를 이용해 빠르게 정렬 작업을 수행하므로 쿼리를 분리하는 편이 더 불리할 수도 있다는 데 주의하자.

> **주 의** MySQL의 인덱스 생성 문법에는 각 칼럼의 오름차순과 내림차순을 명시하는 것이 가능한 것처럼 돼 있다. 하지만 이는 단순히 다른 DBMS의 SQL과 호환성을 위한 문법일 뿐이며 실제 DESC 인덱스는 지원하지 않는다.

함수나 표현식을 이용한 정렬

하나 또는 여러 칼럼의 연산 결과를 이용해 정렬하는 것도 가능하다. 하지만 연산 결과에 의한 정렬은 인덱스를 사용할 수 없기 때문에 가능하다면 피하는 것이 좋다. 다음 예제를 한번 살펴보자.

```
SELECT * FROM employees ORDER BY emp_no;
SELECT * FROM employees ORDER BY emp_no+10;
```

예제의 첫 번째 쿼리는 employees 테이블의 프라이머리 키인 emp_no를 이용해 정렬을 수행하기 때문에 프라이머리 키 순서대로 읽기만 하면 된다. 하지만 두 번째 쿼리는 첫 번째 쿼리와 동일한 순서를 만들어 내는 쿼리임에도 옵티마이저는 이를 최적화하지 못하고 별도의 정렬 작업을 수행하게 된다. 만약 ORDER BY 절에 인덱스에 명시된 칼럼의 값을 조금이라도 변형(연산)시켜서 정렬을 수행하면 인덱스를 이용한 정렬이 불가능해진다는 점에 주의해야 한다.

표현식의 결과 순서가 칼럼의 원본 값 순서와 동일할 때

위 예제와 같이 ORDER BY 절의 표현식에 의해 변형된 값 자체가 변형 이전의 값과 순서가 동일하다면 변형되지 않은 칼럼을 그대로 사용해 주는 것이 인덱스를 이용한 정렬을 사용하는 유일한 방법이다.

표현식의 정렬 순서가 칼럼의 원본 값과 다른 경우(연산의 결과가 칼럼의 값에만 의존적인 경우)

미리 표현식의 연산 결과를 위한 별도의 칼럼을 추가해서 레코드가 INSERT되거나 UPDATE될 때 해당 칼럼을 계속 업데이트하는 방식이 최선이다. MySQL은 함수를 이용한 인덱스(Function based index)가 없기 때문에 표현식의 결과를 저장하는 별도의 칼럼을 생성해야 한다. 그리고 그 칼럼에 인덱스를 생성하고 표현식의 정렬이 필요할 때는 이미 연산 결과값이 저장된 칼럼으로 ORDER BY를 사용하는 것이다.

회원 테이블에서 나이가 30살을 기준으로 가까운 나이 순서대로 정렬하는 요건을 한번 생각해보자.

```
-- // 회원의 나이에 30을 뺀 후 그 절댓값으로 정렬
SELECT * FROM tb_member ORDER BY ABS(member_age - 30);
```

위 쿼리 문장에서 member_age 칼럼에 인덱스가 준비돼 있더라도 별도의 정렬(Filesort)을 거쳐야 한다. 하지만 ABS(member_age - 30) 표현식의 결과는 member_age 칼럼값에만 의존적이다. 다음과 같이 연산의 결과를 저장하는 member_age_diff 칼럼에 인덱스를 생성하고, 정렬을 수행하면 된다.

```
CREATE TABLE tb_member(
  member_id VARCHAR(20) NOT NULL,
  member_age SMALLINT NOT NULL,
  member_age_diff SMALLINT NOT NULL,
  ...
  INDEX ix_agediff (member_age_diff)
);

SELECT * FROM tb_member ORDER BY member_age_diff;
```

> **참고** 또한 URL과 같이 긴 문자열에 프라이머리 키나 보조 인덱스를 만들어야 할 때도 있다. 하지만 MySQL에서 인덱스 키는 최대 765바이트 이상을 넘을 수 없다는 제약이 있으며, 이로 인해 URL과 같이 긴 문자열은 앞 부분만 잘라서 인덱스를 생성한다. 이렇게 756바이트 크기로 앞 부분만 잘라서 인덱스를 만들더라도 인덱스의 크기는 작지 않다. 그래서 MD5와 같은 메시지 다이제스트(Message Digest) 알고리즘을 이용해 16바이트로 축소시켜 별도로 관리하는 방법을 사용하기도 한다.
>
> 테이블의 원본 칼럼으로부터 어떤 연산의 결과를 따로 저장하는 칼럼을 "추출 칼럼"이라고도 한다.

표현식의 정렬 순서가 칼럼의 원본 값과 다른 경우(연산의 결과가 칼럼 이외의 값에 의존적인 경우)

이러한 경우에는 어떠한 방식을 사용해도 인덱스를 이용해 정렬할 수 없다. 이번에는 기준 연령이 30 이 아닌 가변적인 경우의 쿼리를 가정해보자. 이럴 때는 해당 레코드에 포함된 칼럼 이외의 변수가 표 현식에 사용되어 레코드가 INSERT되거나 UPDATE될 때 미리 연산을 해두는 것 자체가 불가능하다.

```
SELECT * FROM tb_member ORDER BY ABS(member_age - ?);
```

이럴 때는 인덱스를 이용한 정렬이 불가능하기 때문에 ORDER BY 자체를 튜닝하기가 어렵다. 결국 WHERE 절의 조건을 최적화해서 정렬해야 할 레코드의 건수를 최대한 줄이는 형태로 튜닝하는 것이 좋다. 일반적으로 인덱스를 이용해 정렬할 수 없을 때는 쿼리가 가져오는 값의 크기가 크면 클수록 정 렬하는 데 더 많은 메모리가 필요하기 때문에 SELECT되는 칼럼을 최소화하는 것이 좋다.

7.4.9 서브 쿼리

쿼리를 작성할 때 서브 쿼리를 사용하면 단위 처리별로 쿼리를 독립시킬 수 있다. 조인처럼 여러 테이 블을 섞어두는 형태가 아니라서 쿼리의 가독성도 높아지며, 복잡한 쿼리도 손쉽게 작성할 수 있다. 하 지만 MySQL 서버는 서브 쿼리를 최적으로 실행하지 못할 때가 많다. 가장 대표적으로 FROM 절에 사 용되는 서브 쿼리나 WHERE 절의 IN (subquery) 구문은 가장 최신 버전인 MySQL 5.5에서도 그다지 효율적이지 않다.

서브 쿼리는 외부 쿼리에서 정의된 칼럼을 참조하는지 여부에 따라 상관 서브 쿼리와 독립 서브 쿼리로 나눌 수 있다.

상관 서브 쿼리(Correlated subquery)

서브 쿼리 외부에서 정의된 테이블의 칼럼을 참조해서 검색을 수행할 때 상관 서브 쿼리라고 한다. 상관 서브 쿼리는 독립적으로 실행되지 못하고, 항상 외부 쿼리가 실행된 후 그 결과값이 전달돼야만 서브 쿼리가 실행될 수 있다. 다음 예제에서 EXISTS 이하의 서브 쿼리에서는 dept_emp 테이블에서 지정된 기간 내에 부서가 변경된 사원을 검색하고 있다. 상관 서브 쿼리는 외부 쿼리보다 먼저 실행되지 못하기 때문에 일반적으로 상관 서브 쿼리를 포함하는 비교 조건 은 범위 제한 조건이 아니라 체크 조건으로 사용된다.

```
SELECT *
FROM employees e
WHERE EXISTS
    (SELECT 1
```

```
    FROM dept_emp de
  WHERE de.emp_no=e.emp_no
      AND de.from_date BETWEEN '2000-01-01' AND '2011-12-30')
```

독립 서브 쿼리(Self-Contained subquery)

다음의 예제 쿼리와 같이 외부 쿼리의 칼럼을 사용하지 않고 서브 쿼리에서 정의된 칼럼만 참조할 때 독립 서브 쿼리라고 한다. 독립 서브 쿼리는 공식적인 표현은 아니며, "Self-contained subquery"를 지칭하고자 이 책에서만 사용하는 용어이므로 주의하자. 독립 서브 쿼리는 외부의 쿼리와 상관없이 항상 같은 결과를 반환하므로 외부 쿼리보다 먼저 실행되어 외부 쿼리의 검색을 위한 상수로 사용되는 것이 일반적이다. 독립 서브 쿼리가 포함된 비교 조건은 범위 제한 조건으로 사용될 수 있다. 하지만 MySQL에서는 독립 서브 쿼리라 하더라도 효율적으로 처리되지 못할 때가 많은데, 여기서 하나씩 살펴보도록 하자.

```
SELECT de.dept_no, de.emp_no
FROM dept_emp de
WHERE de.emp_no=(SELECT e.emp_no
                   FROM employees e
                   WHERE e.first_name='Georgi' AND e.last_name='Facello' LIMIT 1)
```

서브 쿼리의 제약 사항

- 서브 쿼리는 대부분의 쿼리 문장에서 사용할 수 있지만 LIMIT 절과 LOAD DATA INFILE의 파일명에는 사용할 수 없다.

- 서브 쿼리를 IN 연산자와 함께 사용할 때에는 효율적으로 처리되지 못한다. 이 부분에 대해서는 다시 자세히 살펴보겠다.

- IN 연산자 안에서 사용하는 서브 쿼리에는 ORDER BY와 LIMIT를 동시에 사용할 수 없다.

- FROM 절에 사용하는 서브 쿼리는 상관 서브 쿼리 형태로 사용할 수 없다. 다음 예제 쿼리에서는 FROM 절의 서브 쿼리가 바깥에서 정의된 departments 테이블의 dept_no를 참조하고 있다. 하지만 이런 형태의 쿼리는 "칼럼을 인식할 수 없다"라는 오류 메시지를 발생시킨다.

```
mysql> SELECT *
      FROM departments d,
        (SELECT * FROM dept_emp de WHERE de.dept_no=d.dept_no) x
    WHERE d.dept_no=x.dept_no LIMIT 10;

ERROR 1054 (42S22): Unknown column 'd.dept_no' in 'where clause'
```

- 서브 쿼리를 이용해 하나의 테이블에 대해 읽고 쓰기를 동시에 할 수 없다. 다음 예제를 한번 살펴 보자.

```
mysql> UPDATE departments
         SET dept_name=(SELECT CONCAT(dept_name,'2') FROM departments WHERE dept_no='d009')
       WHERE dept_no='d001';

ERROR 1093 (HY000): You can't specify target table 'departments' for update in FROM clause
```

이 예제는 서브 쿼리를 이용해 departments 테이블을 읽고, 조회된 값을 다시 departments 테이블에 업데이트하는 쿼리다. 실제 읽는 레코드와 변경하는 레코드는 다른 레코드이지만 현재 모든 버전(MySQL 4.x, 5.x)의 MySQL에서는 이를 허용하지 않는다. 하지만 이러한 형태의 구문이 꼭 필요하다면 간단히 MySQL을 속일 수는 있다. departments 테이블을 읽는 서브 쿼리의 결과를 임시 테이블로 저장하도록 쿼리를 변경하는 것이다. 그러면 MySQL 서버는 임시 테이블을 읽어서 departments 테이블을 변경하는 것으로 인식하기 때문에 문제없이 처리된다.

```
mysql> UPDATE departments
         SET dept_name=(
           SELECT dept_name
           FROM (SELECT CONCAT(dept_name,'2')
           FROM departments WHERE dept_no='d009') tab_temp
         ) WHERE dept_no='d001';

Query OK, 0 rows affected (0.00 sec)
Rows matched: 1  Changed: 0  Warnings: 0
```

하지만 이런 방식은 별도의 임시 테이블이 필요한 작업이라서 피할 수 없는 경우에만 사용할 것을 권장한다. 또한 이런 형태의 쿼리는 자주 데드락의 원인이 되기도 하므로 사용할 때 주의해야 한다.

SELECT 절에 사용된 서브 쿼리

SELECT 절에 사용된 서브 쿼리는 내부적으로 임시 테이블을 만든다거나 쿼리를 비효율적으로 실행하도록 만들지는 않기 때문에 서브 쿼리가 적절히 인덱스를 사용할 수 있다면 크게 주의할 사항은 없다.

일반적으로 SELECT 절에 서브 쿼리를 사용하면 그 서브 쿼리는 항상 칼럼과 레코드가 하나인 결과를 반환해야 한다. 그 값이 NULL이든 아니든 관계없이 레코드가 1건이 존재해야 한다는 것인데, MySQL에서는 이 체크 조건이 조금은 느슨하다. 다음 예제로 한번 살펴보자.

```
mysql> SELECT emp_no, (SELECT dept_name FROM departments WHERE dept_name='Sales1')
         FROM dept_emp LIMIT 10;
10 rows in set (0.02 sec)
```

```
mysql> SELECT emp_no, (SELECT dept_name FROM departments)
        FROM dept_emp LIMIT 10;
ERROR 1242 (21000): Subquery returns more than 1 row

mysql> SELECT emp_no, (SELECT dept_no, dept_name FROM departments WHERE dept_
name='Sales1')
        FROM dept_emp LIMIT 10;
ERROR 1241 (21000): Operand should contain 1 column(s)
```

위 예제의 각 쿼리에서 주의할 점을 살펴보자.

- 첫 번째 쿼리에서 사용된 서브 쿼리는 항상 결과가 0건이다. 하지만 첫 번째 쿼리는 에러를 발생하지 않고, 서브 쿼리의 결과는 NULL로 채워져서 반환된다.
- 두 번째 쿼리에서 서브 쿼리가 2건 이상의 레코드를 반환하는 경우에는 에러가 나면서 쿼리가 종료된다.
- 세 번째 쿼리와 같이 SELECT 절에 사용된 서브 쿼리가 2개 이상의 칼럼을 가져오려고 할 때도 에러가 발생한다. 즉 SELECT 절의 서브 쿼리에는 로우 서브 쿼리를 사용할 수 없고 오로지 스칼라 서브 쿼리만 사용할 수 있다.

> **참고** 서브 쿼리는 만들어 내는 결과에 따라 스칼라 서브 쿼리(Scalar subquery)와 레코드 서브 쿼리(Record 또는 Row, 매뉴얼에서는 Row subquery로 소개하고 있음)로 구분할 수 있다. 스칼라 서브 쿼리는 레코드의 칼럼이 각각 하나인 결과를 만들어내는 서브 쿼리이며, 스칼라 서브 쿼리보다 레코드 건수가 많거나 칼럼 수가 많은 결과를 만들어 내는 서브 쿼리를 레코드 서브 쿼리 또는 로우(Row) 서브 쿼리라고 한다.

가끔 조인으로 처리해도 되는 쿼리를 SELECT 절의 서브 쿼리를 사용해서 작성할 때도 있다. 하지만 서브 쿼리로 실행될 때보다 조인으로 처리할 때가 훨씬 빠르기 때문에 가능하다면 조인으로 쿼리를 작성하는 것이 좋다. 다음 예제를 한번 살펴보자.

```
SELECT SQL_NO_CACHE
  COUNT(concat(e1.first_name,
              (SELECT e2.first_name FROM employees e2 WHERE e2.emp_no=e1.emp_no) )
      )
FROM employees e1;

SELECT SQL_NO_CACHE
  COUNT(concat(e1.first_name, e2.first_name) )
FROM employees e1, employees e2
WHERE e1.emp_no=e2.emp_no;
```

위의 두 예제 쿼리 모두 employees 테이블을 두 번씩 프라이머리 키를 이용해 참조하는 쿼리다. 물론 위 emp_no는 프라이머리 키라서 조인이나 서브 쿼리 중 어떤 방식을 사용해도 같은 결과를 가져온다. SQL_NO_CACHE는 성능을 비교해보기 위해 쿼리 캐시를 사용하지 않게 하는 힌트인데, 이는 나중에 다시 자세히 설명하겠다. 서브 쿼리를 사용한 첫 번째 쿼리는 0.73초가 평균적으로 걸렸지만, 조인을 사용한 두 번째 쿼리는 평균 0.42초가 걸렸다. 처리해야 하는 레코드 건수가 많아지면 많아질수록 성능 차이가 커지므로 가능하다면 조인으로 쿼리를 작성하길 권장한다.

WHERE 절에 단순 비교를 위해 사용된 서브 쿼리

서브 쿼리가 WHERE 절에서 사용될 때 어떻게 처리되는지 한번 살펴보자. 상관 서브 쿼리는 범위 제한 조건으로 사용되지 못하는데, 이는 MySQL을 포함한 일반적인 RDBMS에서도 모두 똑같다. 그리고 독립 서브 쿼리일 때는 서브 쿼리를 먼저 실행한 후 상수로 변환하고, 그 조건을 범위 제한 조건으로 사용하는 것이 일반적인 RDBMS의 처리 방식이다. 하지만 MySQL은 독립 서브 쿼리를 처리하는 방식은 조금 다르다. 다음의 예제로 MySQL이 독립 서브 쿼리를 처리하는 방법을 살펴보자.

```
SELECT * FROM dept_emp de
WHERE de.emp_no=
  (SELECT e.emp_no
   FROM employees e
   WHERE e.first_name='Georgi' AND e.last_name='Facello' LIMIT 1);
```

MySQL 5.1에서 위 예제 쿼리의 실행 계획은 다음과 같다.

id	select_type	table	type	key	key_len	ref	rows	Extra
1	PRIMARY	de	ALL				334868	Using where
2	SUBQUERY	e	ref	Ix_firstname	44	const	252	Using where

이 쿼리는 dept_emp 테이블을 풀 테이블 스캔으로 레코드를 한 건씩 읽으면서, 서브 쿼리를 매번 실행해서 서브 쿼리가 포함된 조건이 참인지 비교한다. 간단히 생각해봐도 서브 쿼리를 실행하고 그 결과 값을 외부 쿼리의 조건에 상수로 적용하면 훨씬 효율적일 텐데 말이다. 이는 MySQL 서버에서 서브 쿼리의 최적화가 얼마나 부족한지 잘 보여준다. 외부 쿼리의 비교 조건이 동등 비교가 아니라 크다 또는 작다와 같이 범위 비교 조건이더라도 결과는 마찬가지다.

그럼 이제 MySQL 5.5에서 위 예제 쿼리의 실행 계획을 한번 살펴보자.

id	select_type	table	type	Key	key_len	ref	rows	Extra
1	PRIMARY	de	ref	ix_empno_fromdate	4	const	1	Using where
2	SUBQUERY	e	ref	Ix_firstname	44		253	Using where

우선 실행 계획의 첫 번째 라인에서는 dept_emp 테이블을 읽기 위해 ix_empno_fromdate 인덱스를 필요한 부분만 레인지 스캔으로 읽었다는 것을 알 수 있다. 이는 두 번째 라인의 서브 쿼리가 먼저 실행되어 그 결과를 외부 쿼리 비교 조건의 입력으로 전달했음을 의미한다. MySQL 5.5에 와서야 비로소 서브 쿼리가 조금은 최적화된 것이라고 볼 수 있다. 간단히 예제 쿼리의 "WHERE de.emp_no=(subquery)" 조건의 비교 연산자를 크다 또는 작다 비교로 변경해서 실행 계획을 확인해 보면 크다 작다와 같은 범위 비교 연산자도 적절히 최적화되어 실행된다는 사실을 알 수 있다.

WHERE 절에 IN과 함께 사용된 서브 쿼리 – IN (subquery)

다음 예제와 같이 쿼리의 WHERE 절에 IN 연산자를 상수와 함께 사용할 때는 동등 비교와 똑같이 처리되기 때문에 상당히 최적화돼서 실행된다.

```
SELECT * FROM employees WHERE emp_no IN (10001, 10002, 10010);
```

하지만 IN의 입력으로 상수가 아니라 서브 쿼리를 사용하면 처리 방식이 많이 달라진다. 부서명이 "Finance"인 부서에 소속된 사원들의 사원 번호를 조회하는 다음 예제 쿼리를 한번 살펴보자.

```
SELECT * FROM dept_emp de
WHERE de.dept_no IN
  (SELECT d.dept_no FROM departments d WHERE d.dept_name='Finance');
```

위의 쿼리의 실행 계획을 한번 살펴보자. 다음 실행 계획에서 눈여겨봐야 할 곳은 첫 번째 줄의 type 칼럼이 ALL(풀 테이블 스캔)이라는 것과, 두 번째 줄의 select_type이 DEPENDENT SUBQUERY라는 것이다.

id	select_type	table	type	Key	key_len	ref	rows	Extra
1	PRIMARY	de	ALL				334868	Using where
2	DEPENDENT SUBQUERY	d	unique_ subquery	PRIMARY	12	func	1	Using index

예제 쿼리에서 사용된 서브 쿼리는 외부 쿼리와 전혀 연관이 없는 독립된 서브 쿼리인데, 왜 두 번째 줄의 select_type이 DEPENDENT SUBQUERY로 표시됐을까? 사실, 이 쿼리는 MySQL 옵티마이저에 의해 IN(subquery) 부분이 EXISTS (subquery) 형태로 변환되어 실행되기 때문에 실제로는 다음 쿼리를 실행하는 것과 동일하게 처리된다. 다음 쿼리에서 서브 쿼리 부분에 de.dept_no라는 칼럼이 조건으로 사용됐는데, 이는 MySQL 옵티마이저가 독립 서브 쿼리를 상관 서브 쿼리로 변경해서 실행했기 때문이다.

```
SELECT * FROM dept_emp de
WHERE EXISTS
  (SELECT 1 FROM departments d WHERE d.dept_name='Finance' AND d.dept_no=de.dept_no);
```

서브 쿼리가 상관 서브 쿼리로 변경됐기 때문에 외부 쿼리는 풀 테이블 스캔을 사용할 수밖에 없는 것이다. 그래서 실행 계획의 첫 번째 줄에 있는 type 칼럼의 값이 ALL로 표시된 것이다. 이 예제 쿼리의 서브 쿼리가 제대로 최적화됐다면, 이 쿼리는 다음과 같은 형태로 실행되면서 dept_emp 테이블의 프라이머리 키를 사용해서 처리될 수 있었다.

```
SELECT * FROM dept_emp de WHERE de.dept_no IN ('d002');
```

이와 같이 MySQL 5.0, 5.1, 그리고 5.5 버전까지 모든 버전에서 IN (subquery) 비교 작업은 최적화되지 못했다. 현재의 MySQL에서 IN (subquery) 형태의 비교는 다른 형태로 쿼리를 변경해서 사용하는 것이 좋다. 이때 서브 쿼리에서 사용하는 내부 테이블과 외부 쿼리에서 사용하는 외부 테이블의 관계에 따라 각각 개선하는 방법을 달리해야 하는데, 간단히 구분해서 살펴보자.

바깥 쪽 테이블(dept_emp)과 서브 쿼리 테이블(departments)의 관계가 1:1이거나 M:1인 경우

바깥 쪽 쿼리와 서브 쿼리를 조인으로 풀어서 작성해도 같은 결과가 보장되기 때문에 다음과 같이 조인으로 풀어서 작성하면 쉽게 성능을 개선할 수 있다. 실제로 이 예제 쿼리는 departments.dept_no : dept_emp.dept_no의 관계가 M:1이므로 서브 쿼리를 조인으로 개선할 수 있는 것이다.

```
SELECT de.*
FROM dept_emp de INNER JOIN departments d
  ON d.dept_name='Finance' AND d.dept_no=de.dept_no;
```

바깥 쪽 테이블(dept_emp)과 서브 쿼리 테이블(departments)의 관계가 1:M인 경우

바깥쪽 쿼리와 서브 쿼리를 조인으로 풀어서 작성하면 최종 결과의 건수가 달라질 수 있기 때문에 단순히 서브 쿼리를 조인으로 변경할 수 없다. 이럴 때는 다시 두 가지 방법으로 나눠서 개선할 수 있는데, 첫 번째는 다음 쿼리와 같이 조인 후 조인 칼럼(de.dept_no)으로 그룹핑해서 결과를 가져오는 방법이다.

```
SELECT de.*
FROM dept_emp de INNER JOIN departments d
  ON d.dept_name='Finance' AND d.dept_no=de.dept_no
GROUP BY de.dept_no;
```

이와 같이 GROUP BY를 추가해서 조인 때문에 발생한 중복 레코드를 강제로 제거한다. 이 예제 쿼리에서는 GROUP BY가 인덱스를 이용해 처리되기 때문에 서브 쿼리보다 성능을 상당히 향상시킬 수 있다.

하지만 서브 쿼리를 조인으로 변경하고 GROUP BY를 추가했지만 이 GROUP BY 처리가 인덱스를 이용하지 못할 수도 있다. 그러면 원래 서브 쿼리를 사용했을 때보다 더 느려질 가능성도 있다. 이럴 때는 두 번째 방법으로 원본 쿼리에서 서브 쿼리를 분리시켜서 2개의 쿼리를 실행하는 것이다. 우선 서브 쿼리를 먼저 실행해서 그 결과를 IN 연산자의 입력으로 사용하는 것이다. 간단히 다음의 프로그램 코드를 살펴보자. 크게 어려운 내용이 아니므로 쉽게 이해할 수 있을 것이다.

```
ResultSet rs = statement.executeQuery("SELECT d.dept_no FROM departments d "+
                            "WHERE d.dept_name='Finance'");
ResultSet rs1 = null;
StringBuffer inEnumBuffer = new StringBuffer();
while(rs.next()){
  inEnumBuffer.append(",' ").append(rs.getString("dept_no")).append("' ");
}

rs1 = statement.executeQuery("SELECT * FROM dept_emp " +
                            "WHERE dept_no IN ('" + inEnumBuffer.toString() + "')");
```

WHERE 절에 NOT IN과 함께 사용된 서브 쿼리 – NOT IN(subquery)

IN(subquery)보다 더 비효율적으로 처리되는 NOT IN(subquery) 형태의 쿼리를 한번 살펴보자. IN (subquery) 형태의 쿼리는 MySQL 옵티마이저가 EXISTS 패턴으로 변형해서 실행한다는 것은 이미 배웠다. 마찬가지로 NOT IN (subquery) 형태의 쿼리는 NOT EXISTS 형태의 구문으로 변환해서 실행한다. 다음 예제는 dept_emp 테이블에서 소속 부서가 "Finance"가 아닌 모든 레코드를 가져오는 쿼리다. 첫 번째 쿼리는 원래의 쿼리이고, 두 번째 쿼리는 원본 쿼리를 MySQL 옵티마이저가 최적화를 거쳐서 변환한 쿼리다.

```
SELECT * FROM dept_emp de
WHERE de.dept_no NOT IN
  (SELECT d.dept_no FROM departments d WHERE d.dept_name='Finance');

SELECT * FROM dept_emp de
```

```
WHERE NOT EXISTS
(SELECT 1 FROM departments d WHERE d.dept_name='Finance' AND d.dept_no=de.dept_no);
```

그런데 NOT IN 서브 쿼리에서는 조금 더 복잡한 문제가 있다. 만약 de.dept_no NOT IN (SELECT d.dept_no ...) 조건에서 de.dept_no가 NULL이 될 수 있다면 위와 같이 NOT IN (subquery) 형태의 쿼리를 NOT EXISTS 형태로 변환할 수 없게 된다. 이때는 쿼리의 실행 계획에서 Extra 칼럼에 "Full scan on NULL key"라는 메시지가 표시된다.

SQL 표준에서는 NULL을 "알 수 없는 값"으로 정의하는데, MySQL에서는 이러한 해석을 그대로 적용하고 있기 때문이다. 그래서 만약 de.dept_no가 NULL이면 다음의 두 가지 중 어떤 경우인지를 비교하는 작업을 수행하게 된다.

- **서브 쿼리가 결과 레코드를 한 건이라도 가진다면**

  NULL IN (레코드를 가지는 결과) ⟹ NULL

- **서브 쿼리가 결과 레코드를 한 건도 가지지 않는다면**

  NULL IN (빈 결과) ⟹ FALSE

결국 MySQL에서 NOT IN (subquery) 형태의 최적화는 왼쪽의 값이 NULL인지 아닌지에 따라 NOT EXISTS로 최적화를 적용할지 말지가 결정된다. 왼쪽의 값이 실제로 NULL이 아니라면 NOT EXISTS로 최적화되어 처리되므로 특별히 문제가 되지 않는다. 하지만 NULL이라면 MySQL 서버는 NOT EXISTS로 최적화를 수행하지 못하고 (위의 두 경우 중 어떤 경우인지를 판단하기 위해) NOT IN 연산자의 오른쪽에 위치한 서브 쿼리가 결과를 한 건이라도 가지는지 판단해야 한다. 이때 서브 쿼리를 실행해 결과가 한 건이라도 있는지 판단해야 할 때는 절대 인덱스를 사용할 수 없게 된다. 서브 쿼리 자체적으로 효율적으로 사용할 수 있는 인덱스가 있다 하더라도 말이다. 이는 옵티마이저가 NOT IN (subquery)를 최적화하기 위해 trigcond라는 선택적인 최적화 방법을 사용하기 때문이다.

NOT IN (subquery)에서 왼쪽의 값이 NULL이 되면 서브 쿼리는 항상 풀 테이블 스캔으로 처리되는데, 이미 위에서 언급한 것처럼 이때는 서브 쿼리의 실행 결과가 한 건이라도 존재하는지, 아니면 한 건도 존재하지 않는지만 판단하면 된다. 그래서 실제로 서브 쿼리가 아무런 조건을 가지지 않는다면 풀 테이블 스캔을 하지만 처음 레코드 한 건만 가져오면 되기 때문에 전혀 성능상 문제가 되지 않는다. 또한 서브 쿼리가 조회하는 테이블의 건수가 몇 건 되지 않는다면 이때도 문제가 되지 않는다. 그런데 서브 쿼리가 자체적인 조건을 가지고 있으면서 테이블의 건수가 많다면 상당히 많은 시간이 걸릴 수도 있다.

서브 쿼리는 풀 테이블 스캔을 통해 조건에 일치하는 레코드 한 건을 가져오는 방식으로 처리되므로 서브 쿼리의 자체 조건에 일치하는 레코드가 희박할수록 성능이 더 느려진다.

결론적으로 MySQL 옵티마이저는 NOT IN (subquery) 조건으로 인해 우리가 생각지 못했던 많은 부가 작업들이 내부적으로 처리되고 있는 것이다. 이러한 복잡성을 피하고 MySQL의 옵티마이저가 NULL에 대한 고려 없이 쿼리를 최적화할 수 있으려면 가급적 칼럼이 NULL 값을 가지지 않게 NOT NULL 옵션을 사용하는 것이 좋다.

> **주의** 사실, 다음 쿼리를 작성한 사용자는 NULL에 대한 부분은 전혀 고려하지 않았지만 MySQL 옵티마이저에게는 쓸데 없는 고민을 만들어준 것이다. 가능하다면 칼럼의 타입을 NOT NULL로 정의해주는 것이 좋으며, 그것이 어렵다면 다음과 같이 쿼리에 NULL이 없다는 것을 옵티마이저에게 알려주는 방법으로도 조금은 쿼리를 개선할 수 있다.
>
> ```
> SELECT * FROM dept_emp de
> WHERE de.dept_no IS NOT NULL
> AND de.dept_no NOT IN (SELECT d.dept_no FROM departments d WHERE d.dept_name='Finance');
> ```

지금까지 MySQL 옵티마이저가 NOT IN (subquery) 구문을 어떻게 처리하는지 살펴봤다. 그렇다면 NOT IN (subquery)은 어떻게 개선할 수 있을지 생각해 보자. NOT IN (subquery)도 IN (subquery)와 같이 JOIN으로 풀어서 작성하는 것이 가능하다. IN (subquery)은 INNER JOIN으로 개선했지만 NOT IN (subquery)은 LEFT JOIN을 사용해야 한다. LEFT JOIN으로 개선한 다음 쿼리를 한 번 살펴보자.

```
SELECT de.*
FROM dept_emp de
  LEFT JOIN departments d ON d.dept_name='Finance' AND d.dept_no=de.dept_no
WHERE d.dept_no IS NULL;
```

서브 쿼리의 테이블(departments)을 바깥 쪽 쿼리의 테이블(dept_emp)에 아우터 조인으로 연결하고, 그 결과에서 아우터 조인된 테이블(departments)의 조인 칼럼이 NULL인 레코드만 가져오는 형태로 개선했다. 이 쿼리는 ANTI-JOIN을 설명할 때 한번 살펴본 적이 있으므로 쉽게 이해할 수 있을 것이다. 결론적으로 이 쿼리는 dept_emp 테이블에는 존재하지만 departments 테이블에는 존재하지 않는 레코드를 가져오는 쿼리로 개선한 것이다.

이처럼 IN (subquery) 또는 NOT IN (subquery) 형태의 쿼리를 조인으로 풀어서 작성하는 방식은 처리 대상의 레코드 건수가 많아질수록 서브 쿼리보다 더 빠르게 처리되므로 기억해두는 것이 좋다. 하지만 반드시 직접 수행해서 쿼리의 성능을 비교한 후에 적용할 것을 권장한다.

FROM 절에 사용된 서브 쿼리

저자가 쿼리를 튜닝할 때는 가장 먼저 FROM 절의 서브 쿼리를 조인 쿼리로 바꾼다. FROM 절에 사용된 서브 쿼리는 항상 임시 테이블을 사용하므로 제대로 최적화되지 못하고 비효율적일 때가 많으며, 더구나 불필요하게 사용된 경우가 많기 때문이다.

FROM 절에 사용된 서브 쿼리의 최적화가 얼마나 부족한지 간단한 예제로 살펴보자. 다음 예제에서는 일반적인 형태의 서브 쿼리와 두 번 중첩된 서브 쿼리를 실행해보고, 각 쿼리가 실행되기 전과 후에 임시 테이블의 사용 횟수가 어떻게 변하는지 살펴보겠다. 임시 테이블의 생성 횟수는 MySQL 서버의 상태 변수의 변화를 관찰하면 된다. 상태 변수에 대한 자세한 내용은 354쪽의 "임시 테이블 관련 상태 변수"에서 자세히 언급했으므로 생략한다.

```
Mysql> SHOW STATUS LIKE 'Created_tmp%';
+-------------------------+-------+
| Variable_name           | Value |
+-------------------------+-------+
| Created_tmp_disk_tables | 0     |
| Created_tmp_files       | 0     |
| Created_tmp_tables      | 0     |
+-------------------------+-------+

mysql> SELECT SQL_NO_CACHE *
    FROM (SELECT * FROM employees WHERE emp_no IN (10001, 10002, 10100, 10201)) y;
mysql> SHOW STATUS LIKE 'Created_tmp%';
+-------------------------+-------+
| Variable_name           | Value |
+-------------------------+-------+
| Created_tmp_disk_tables | 0     |
| Created_tmp_files       | 0     |
| Created_tmp_tables      | 1     |
+-------------------------+-------+

mysql> SELECT * FROM (
        SELECT * FROM (
```

```
            SELECT * FROM employees WHERE emp_no IN (10001, 10002, 10100, 10201))x
        ) y;
mysql> SHOW STATUS LIKE 'Created_tmp%';
+------------------------+-------+
| Variable_name          | Value |
+------------------------+-------+
| Created_tmp_disk_tables | 0     |
| Created_tmp_files       | 0     |
| Created_tmp_tables      | 3     |
+------------------------+-------+
```

위 예제에서 사용된 SELECT 쿼리는 모두 별다른 조작이나 가공 없이, 괄호로 묶기만 했을 뿐이다. 예제의 첫 번째 SELECT 쿼리는 중첩되지 않게 서브 쿼리를 한 번만 사용했고 상태 변수의 임시 테이블 생성 횟수는 0에서 1로 증가됐다. 예제의 두 번째 SELECT 쿼리는 중첩된 서브 쿼리를 가지는 서브 쿼리를 FROM 절에 사용했다. 물론 이 두 번째 쿼리에서도 별다른 가공이나 필터링 없이 괄호만 사용했을 뿐이다. 그런데 이 쿼리가 실행된 후에 임시 테이블의 생성 횟수가 1에서 3으로 증가했다. 즉, 두 번째 쿼리를 실행하면서 임시 테이블이 2번 생성된 것이다.

위의 예제에서 두 번째 SELECT 쿼리의 실행 계획을 한번 살펴보자. 다음 실행 계획에서도 DERIVED 가 2번 표시되는 것을 알 수 있다. 여기서 DERIVED는 FROM 절에 사용된 서브 쿼리에만 나타나며, 우리가 흔히 인라인 뷰라고 하는 것을 의미한다. MySQL 옵티마이저는 인라인 뷰를 항상 메모리나 디스크에 임시 테이블 형태로 구체화(Materializing)한다.

id	select_type	table	type	..	key	key_len	ref	rows	Extra
1	PRIMARY	\<derived2\>	ALL					4	
2	DERIVED	\<derived3\>	ALL					4	
3	DERIVED	employees	range		PRIMARY	4		4	Using where

FROM 절에 사용된 서브 쿼리가 만들어 내는 데이터가 작거나, TEXT나 BLOB 등과 같은 대용량 칼럼이 없는 경우에는 메모리에 임시 테이블을 생성하기 때문에 그렇게 심각한 문제를 만들지는 않는다. 하지만 서브 쿼리가 반환하는 결과에 상당히 크거나 대용량 칼럼이 포함돼 있다면 메모리가 아닌 디스크에 임시 테이블을 만들게 되고, 그로 인해 디스크의 읽고 쓰기 작업이 더 병목 지점이 될 수 있다.

물론 임시 테이블이 메모리에 생성되더라도 동시에 쿼리를 실행하는 클라이언트가 많고 임시 테이블로 사용할 수 있는 메모리가 큰 값으로 설정된 경우에는 똑같이 문제가 될 수 있다. 사실 쿼리를 몇 번 튜닝하다 보면 FROM 절의 서브 쿼리가 꼭 필요해서 사용한 예는 별로 없다. 문법적이나 기능적으로 어쩔 수 없이 사용해야 하는 경우와, 지연된 조인과 같이 성능 개선을 해야 하는 경우 말고는 서브 쿼리를 조인으로 다시 풀어서 사용하는 것이 좋다.

> **주의** 가끔 MySQL 서버의 버그로 인해 실제로 쿼리에서 임시 테이블을 생성해서 사용했음에도 상태 변수 가운데 "Created_tmp_tables" 값이 증가하지 않을 때도 있으니 주의하자. 너무 "Created_tmp_tables" 상태 값을 신뢰하지는 말자. 가끔 의심도 해보면서 MySQL 서버를 디버그 모드로 실행해 출력되는 로그의 내용을 분석해보는 것도 좋다.

7.4.10 집합 연산

조인이 여러 테이블의 칼럼을 연결하는 것이라면 집합 연산은 여러 테이블의 레코드를 연결하는 방법이다. 이렇게 결과의 레코드를 확장하는 집합 연산자로는 UNION과 INTERSECT, 그리고 MINUS가 있다.

- UNION은 두 개의 집합을 하나로 묶는 역할을 한다. UNION 연산자는 다시 두 집합에서 중복되는 레코드를 제거할지 말지에 따라 UNION DISTINCT와 UNION ALL로 나뉜다.
- INTERSECT는 두 집합의 교집합을 반환한다.
- MINUS 연산자는 첫 번째 집합에서 두 번째 집합을 뺀 나머지 결과만 반환한다.

각 기능별 설명에서 언급하겠지만 집합 연산도 모두 임시 테이블이 필요한 작업이다. 집합 연산 대상 레코드 건수가 적다면 메모리에서 빠르게 처리되겠지만 레코드 건수가 많다면 디스크를 사용하기 때문에 성능상 문제가 될 수도 있다.

MySQL은 집합 연산자 가운데 가장 자주 사용되는 UNION 기능만 제공한다. 여기서는 UNION 집합 연산자에 대해 알아보고, MySQL에서 제공하지 않는 INTERSECT와 MINUS 기능을 어떻게 구현할 수 있는지도 살펴보겠다.

UNION(DISTINCT와 ALL)

집합 연산자 중에서는 UNION 연산자를 가장 많이 사용한다. 그런데 많은 사용자들이 UNION 처리에서 가장 중요한 두 집합 간의 중복 레코드에 대한 처리를 간과하고 SQL을 작성한다. UNION 키워드 다음에 DISTINCT 또는 ALL이라는 키워드를 추가해서 중복 레코드에 대한 처리 방법을 선택할 수 있다. UNION 키워드 뒤에 아무것도 명시하지 않으면 기본적으로 DISTINCT가 적용된다.

- UNION ALL은 두 개의 집합에서 중복된 레코드에 대해 별도의 처리 과정을 거치지 않고 바로 반환한다.
- UNION DISTINCT는 두 개의 집합에서 중복된 레코드를 제거한 후(두 집합의 레코드 가운데 중복된 레코드 중 하나는 버림) 합집합을 사용자에게 반환한다.

두 집합 간에 레코드가 중복인지 아닌지는 어떻게 판단할까? 여기서 집합이라 함은 UNION되는 두 쿼리의 실행 결과 셋을 의미한다. 즉 UNION을 수행해야 할 대상은 이미 임시 테이블로 만들어졌으며, 이 임시 테이블에는 중복 체크의 기준이 될 프라이머리 키가 없다. 그래서 집합 연산에서 레코드가 똑같은지 비교하려면 임시 테이블의 모든 칼럼을 비교해야 하는 것이다. UNION 연산은 대상 레코드 건수가 많아져도 처리 성능이 떨어지지만, 비교해야 하는 칼럼 값의 길이가 길어지면 더 느려진다.

UNION ALL이나 UNION (DISTINCT) 모두 두 집합의 합을 만들어 내기 위해 버퍼 역할을 하는 임시 테이블을 사용한다. 하지만 UNION ALL은 단순히 임시 테이블만 사용하는 반면 UNION (DISTINCT)는 집합의 모든 칼럼을 이용해 UNIQUE 인덱스를 생성한다. UNION ALL과 UNION (DISTINCT)의 차이는 단순히 유니크 인덱스를 가지느냐 아니냐의 차이지만 실제로 이 유니크 인덱스로 인한 성능 차이는 작지 않다. 두 집합 연산의 성능 비교를 위해 다음 두 예제 쿼리를 한번 살펴보자.

```
SELECT * FROM employees WHERE emp_no BETWEEN 10001 AND 200000
UNION
SELECT * FROM employees WHERE emp_no BETWEEN 200001 AND 500000;
➡ 14.76 sec

SELECT * FROM employees WHERE emp_no BETWEEN 10001 AND 200000
UNION ALL
SELECT * FROM employees WHERE emp_no BETWEEN 200001 AND 500000;
➡ 2.62 sec
```

쿼리의 수행 시간을 확인해보면 두 쿼리는 거의 6배 이상의 성능 차이가 난다는 사실을 알 수 있다. 일반적으로 UNION 연산자를 사용해야 한다는 것은 알지만 UNION 뒤에 옵션이 어떤 것이 있는지 모르는 사람들이 많다. 결국 사용자는 아무 옵션도 없이 UNION만 사용하는데, 운 나쁘게도 옵션이 없는 UNION은 UNION DISTINCT와 동일하므로 느린 집합 연산이 사용되는 것이다.

두 개의 쿼리는 절대 중복된 레코드가 발생할 수 없다는 것을 각 쿼리의 조건으로 알 수 있다. 그런데 중복된 레코드가 발생할 가능성이 없음에도 UNION ALL이 아니라 UNION (DISTINCT)이 사용된 경우가 의외로 많다. MySQL은 판단할 수 없지만 각 테이블 간의 관계나 구성 및 제약사항을 알고 있는 개발자나 DBA는 UNION하려는 두 집합이 중복된 레코드를 가지고 있는지 쉽게 알 수 있다. 만약 두 집합에서 중복된 결과가 있을 수 없다는 것이 보장된다면 UNION ALL 연산자를 이용해 MySQL 서버가 불필요하게 중복 제거 작업을 하지 않고 빨리 처리되게 할 수 있다.

만약 여러분이 작성한 쿼리에서 UNION (DISTINCT)를 사용하고 있다면 다시 한번 더 두 집합의 교집합 가능성을 고려해 보고, 그래도 교집합이 존재할 가능성이 있다면 어떻게 교집합을 제거하고 가져올 수 있을지 고민해서 UNION ALL로 바꾸는 것이 좋다. 그래도 방법이 없다면 UNION (DISTINCT)를 사용하자. 그리고 여러분이 작성한 쿼리에 UNION이 있다면 UNION을 기준으로 앞 뒤의 쿼리를 각 독립된 쿼리로 분리하자. 그리고 개별 쿼리를 별도로 실행하고, 그 결과를 애플리케이션에서 합치는 방법을 고려해 보자. 특히 집합의 크기가 크다면 이렇게 쿼리를 여러 개로 분리해서 실행하는 방법을 권장한다.

UNION이나 UNION ALL 모두 집합 연산에 임시 테이블을 사용하고 있다. 만약 임시 테이블이 어떻게 생성되고 사용되는지 아직도 잘 모르겠다면 6.3.4절, "DISTINCT 처리"(351쪽)를 다시 한번 참고한다.

가끔 ORDER BY가 사용된 쿼리를 UNION이나 UNION ALL로 결합하는 경우 "Incorrect usage of UNION and ORDER BY"라는 오류 메시지가 출력될 때도 있다. 이럴 때는 각 서브 쿼리를 괄호로 감싸고 그 결과를 UNION이나 UNION ALL로 처리해 주면 된다.

```
mysql> SELECT emp_no, first_name FROM employees ORDER BY first_name LIMIT 2
       union
       SELECT emp_no, first_name FROM employees ORDER BY emp_no LIMIT 2;
ERROR 1221 (HY000): Incorrect usage of UNION and ORDER BY

mysql> (SELECT emp_no, first_name FROM employees ORDER BY first_name LIMIT 2)
       UNION
       (SELECT emp_no, first_name FROM employees ORDER BY emp_no LIMIT 2);
+--------+------------+
| emp_no | first_name |
+--------+------------+
|  11800 | Aamer      |
|  11935 | Aamer      |
...
+--------+------------+
```

INTERSECT

INTERSECT 집합 연산은 두 개의 집합에서 교집합 부분만을 가져오는 쿼리다. INTERSECT 연산은 잘 생각해보면 INNER JOIN가 동일하다는 사실을 알 수 있다.

```
SELECT emp_no FROM dept_emp WHERE dept_no='d001'
INTERSECT
SELECT emp_no FROM dept_emp WHERE dept_no='d002';
```

이 쿼리는 "Marketing" 부서('d001')에 소속됐던 적도 있고, "Finance" 부서('d002')에 소속됐던 적도 있는 사원을 조회하는 쿼리다. 하지만 MySQL에서는 INTERSECT 집합 연산을 제공하지 않기 때문에 이 쿼리는 실행되지 않는다. 하지만 이러한 형태의 쿼리는 INNER JOIN으로 쉽게 해결할 수 있다. 또한 이렇게 INNER JOIN으로 개발할 때가 더 빠르게 처리될 것이다.

```
SELECT de1.emp_no
FROM dept_emp de1
  INNER JOIN dept_emp de2 ON de2.emp_no=de1.emp_no AND de2.dept_no='d001'
WHERE de1.dept_no='d002';
```

MINUS

MINUS 집합 연산자 또한 첫 번째 결과 집합에서 두 번째 결과 집합의 내용을 빼는 것이다. INTERSECT 연산자가 두 집합의 교집합만을 취하는 것과 반대로 MINUS 연산자는 첫 번째 결과 집합에서 교집합 부분만 제거한 결과를 반환하는 연산자다. 조금 표현을 바꾸면 첫 번째 집합에는 있지만 두 번째 집합에는 없는 레코드만을 가져오는 연산이다. 이렇게 조금 생각을 바꾸면 MySQL에서는 지원되지 않는 MINUS 집합 연산자를 쉽게 JOIN이나 EXISTS로 바꿔서 구현할 수 있음을 알 수 있다. 다음의 MINUS 연산자 예제를 한번 살펴보자.

```
SELECT emp_no FROM dept_emp WHERE dept_no='d001'
MINUS
SELECT emp_no FROM dept_emp WHERE dept_no='d002';
```

이 쿼리는 "Marketing" 부서('d001')에 소속됐던 적이 있는 사원 중에서 "Finance" 부서('d002')에서는 일을 한 적이 없는 사원만 조회하는 쿼리다. 이 내용을 간단히 NOT EXISTS를 이용해 구현해 보면 다음과 같다. 물론 IN (subquery)에서 본 예제처럼 NOT EXISTS는 NOT IN으로도 변환할 수 있다.

```
SELECT de1.emp_no FROM dept_emp de1
WHERE de1.dept_no='d001'
  AND NOT EXISTS (
    SELECT 1 FROM dept_emp de2
    WHERE de2.emp_no=de1.emp_no AND de2.dept_no='d002');
```

하지만 처리 대상 레코드 건수가 많아지면 많아질수록 NOT EXISTS 형태보다는 LEFT JOIN을 이용한 ANTI-JOIN 형태가 더 빠른 성능을 보여준다. 위의 쿼리를 ANIT-JOIN 형식으로 변환해 보자.

```
SELECT de1.emp_no FROM dept_emp de1
  LEFT JOIN dept_emp de2 ON de2.emp_no=de1.emp_no AND de2.dept_no='d002'
WHERE de1.dept_no='d001'
  AND de2.dept_no IS NULL;
```

이 쿼리를 살펴보면 "Marketing" 부서('d001')에 소속된 적이 있는 사원과 "Finance" 부서('d002')에 소속된 적이 있는 사원을 LEFT (OUTER) JOIN으로 조인한 결과에서 "de2.dept_no IS NULL" 조건으로 "Finance" 부서에서 일했던 적이 없는 사원만을 뽑아내면 MINUS 집합 연산자와 같은 결과를 가져올 수 있다.

7.4.11 LOCK IN SHARE MODE와 FOR UPDATE

InnoDB 테이블에 대해서는 레코드를 SELECT할 때 레코드에 아무런 잠금도 걸지 않는다. 하지만 SELECT 쿼리를 이용해 읽은 칼럼의 값을 애플리케이션에서 가공해서 다시 업데이트하고자 할 때는 다른 트랜잭션이 그 칼럼의 값을 변경하지 못하게 해야 할 때도 있다. 이럴 때는 레코드를 읽으면서 강제로 잠금을 걸어둘 필요가 있는데, 이때 사용하는 명령이 LOCK IN SHARE MODE와 FOR UPDATE다.

이 두 가지 명령은 전부 AUTO-COMMIT이 비활성화(OFF)된 상태 또는 BEGIN 명령이나 START TRANSACTION 명령으로 트랜잭션이 시작된 상태에서만 잠금이 유지된다.

- LOCK IN SHARE MODE는 SELECT된 레코드에 대해 읽기 잠금(공유 잠금, Shared lock)을 설정하고 다른 세션에서 해당 레코드를 변경하지 못하게 한다. 물론 다른 세션에서 잠금이 걸린 레코드를 읽는 것은 가능하다.
- FOR UPDATE 옵션은 쓰기 잠금(배타 잠금, Exclusive lock)을 설정하고, 다른 트랜잭션에서는 그 레코드를 변경하는 것뿐만 아니라 읽지도 못하게 한다.

LOCK IN SHARE MODE나 FOR UPDATE 명령은 SELECT 쿼리 문장의 마지막에 추가해서 다음 예제와 같이 사용하면 된다.

```
SELECT * FROM employees WHERE emp_no=10001 LOCK IN SHARE MODE;
SELECT * FROM employees WHERE emp_no=10001 FOR UPDATE;
```

물론, SELECT 쿼리가 다른 DBMS와 호환되게끔 다음과 같이 코멘트 형식으로 사용할 수도 있다.

```
SELECT * FROM employees WHERE emp_no=10001 /*! LOCK IN SHARE MODE */ ;
SELECT * FROM employees WHERE emp_no=10001 /*! FOR UPDATE */ ;
```

위와 같은 쿼리로 잠긴 레코드는 COMMIT이나 ROLLBACK 명령과 함께 해제되는데, 그 밖에 이 잠금만 해제하는 명령은 없다. 애플리케이션의 특성에 따른 차이는 있겠지만 지금까지의 경험으로 보면 FOR UPDATE나 LOCK IN SHARE MODE 명령을 사용한 쿼리는 잠금 경합을 꽤 많이 유발하고, 때로는 데드락을 일으키는 경우도 많았다. FOR UPDATE를 사용하려면 개발할 때뿐만 아니라 애플리케이션이 서비스 중에도 데드락이 발생하는지 모니터링하는 것이 좋다.

7.4.12 SELECT INTO OUTFILE

SELECT INTO .. OUTFILE 명령은 SELECT 쿼리의 결과를 화면으로 출력하는 것이 아니라 파일로 저장할 수 있다. SELECT INTO .. OUTFILE 명령은 테이블 단위로 데이터를 덤프받아서 적재하거나, 엑셀 파일이나 다른 DBMS로 옮길 때 유용하게 사용될 수 있다. 물론, SELECT INTO .. OUTFILE 명령의 여러 가지 옵션을 이용해 필요한 포맷의 데이터를 쉽게 만들 수 있다.

SELECT INTO .. OUTFILE 명령을 사용할 때 주의해야 할 점이 3가지가 있다.

- SELECT 결과는 MySQL 클라이언트가 아니라 MySQL 서버가 기동 중인 장비의 디스크로 저장된다.
- SELECT INTO .. OUTFILE 명령의 결과를 저장할 파일. 그리고 파일이 저장되는 디렉터리는 MySQL 서버를 기동 중인 운영체제의 계정이 쓰기 권한을 가지고 있어야 한다.
- 이미 동일 디렉터리에 동일 이름의 파일이 있을 때 SELECT INTO .. OUTFILE 명령은 기존 파일을 덮어쓰지 않고 에러를 발생시키고 종료한다.

SELECT INTO .. OUTFILE 명령의 기본적인 사용 예제를 한번 살펴보자. OUTFILE 옵션 뒤에는 결과를 저장할 파일 경로와 이름을 명시하고, FIELDS 옵션에는 각 칼럼값의 구분자를 LINES 옵션에는 각 레코드의 구분자를 명시한다.

```
SELECT emp_no, first_name, last_name
  INTO OUTFILE '/tmp/result.csv'
  FIELDS TERMINATED BY ','
  LINES TERMINATED BY ' \n'  -- // 윈도우에서는 '\r\n' 로 사용
FROM employees WHERE emp_no BETWEEN 10001 AND 10100;
```

위의 예제 쿼리로 생성된 /tmp/result.csv 파일의 내용은 다음과 같다.

```
10001,1953-09-02,Georgi,Facello,M,1986-06-26
10002,1964-06-02,Bezalel,Simmel,F,1985-11-21
10003,1959-12-03,Parto,Bamford,M,1986-08-28
10004,1954-05-01,Chirstian,Koblick,M,1986-12-01
...
```

만약 저장된 파일을 윈도우에서 사용하려면 레코드 분리자에 "\n" 대신 "\r\n"을 사용하면 된다. 그리고 윈도우에서는 'c:\\temp\\result.txt'와 같이 디렉터리 구분자는 역슬래시 문자를 두 번 사용해서 이스케이프 처리를 해야 한다.

그런데 만약 SELECT된 문자열 값이 구분자로 사용되고 있는 ","나 "\n" 등을 포함하고 있다면 나중에 값을 제대로 읽을 수가 없다. 만약 SELECT하는 칼럼의 값이 복잡한 문자열 값을 가지고 있다면 SELECT INTO .. OUTFILE 명령에 OPTIONALLY ENCLOSED BY라는 옵션을 사용해주는 것이 좋다. 이 옵션을 사용하면 OPTIONALLY ENCLOSED BY 옵션에 정의된 문자로 각 칼럼의 값을 감싸서 파일에 저장한다. 그리고 OPTIONALLY ENCLOSED BY 옵션을 명시하는 경우에는 ESCAPED BY 옵션도 같이 사용해주는 것이 좋다. ESCAPED BY 옵션은 칼럼의 문자열 값에 OPTIONALLY ENCLOSED BY에 정의된 문자를 포함하고 있을 때 어떻게 이스케이프 처리를 할지 설정한다. 내용이 조금 복잡한 듯하지만 다음 예제를 보면 쉽게 이해될 것이다.

```
SELECT emp_no, first_name, last_name
  INTO OUTFILE '/tmp/result.csv'
  FIELDS TERMINATED BY ','
    OPTIONALLY ENCLOSED BY '"' ESCAPED BY '"'
  LINES TERMINATED BY '\n'
FROM employees WHERE emp_no BETWEEN 10001 AND 10100;
```

위의 쿼리에서는 "OPTIONALLY ENCLOSED BY '"'" 옵션을 이용해 칼럼의 값을 쌍따옴표로 감싸서 저장했다. 위의 쿼리 결과 저장된 /tmp/result.csv 파일의 내용은 다음과 같다.

```
10001,"1953-09-02","Georgi","Facello","M","1986-06-26"
10002,"1964-06-02","Bezalel","Simmel","F","1985-11-21"
10003,"1959-12-03","Parto","Bamford","M","1986-08-28"
10004,"1954-05-01","Chirstian","Koblick","M","1986-12-01"
...
```

위 결과에서 문자열 칼럼의 값들은 모두 따옴표로 둘러싸여 있기 때문에 칼럼의 값이 필드 구분자나 라인 구분자를 포함하고 있더라도 문제없이 다른 프로그램에서 읽을 수 있다. 하지만 만약 칼럼의 값이 쌍따옴표를 가지고 있을 때는 똑같이 충돌이 발생할 수 있는데, 이를 위해 "ESCAPED BY '"'" 옵션을 사용한 것이다. 예를 들어, 실제 칼럼의 값이 G'eo"r,gi라는 값을 가지고 있었다면 파일의 내용은 다음과 같을 것이다.

```
10001,"1953-09-02","G'eo""r,gi","Facello","M","1986-06-26"
10002,"1964-06-02","Bezalel","Simmel","F","1985-11-21"
10003,"1959-12-03","Parto","Bamford","M","1986-08-28"
10004,"1954-05-01","Chirstian","Koblick","M","1986-12-01"
```

문자열 값에 따옴표가 사용된 경우에도 적절하게 (쌍따옴표 두 개를 이용해) 이스케이프 처리("")가 된 것을 확인할 수 있다. 이와 같이 쌍따옴표를 이프케이프 처리하는 방식은 엑셀에서 사용하는 방식이므로 SELECT INTO .. OUTFILE로 저장된 파일을 엑셀에서 열어 보거나 아니면 다시 MySQL 서버로 적재하더라도 아무런 문제없이 사용할 수 있다.

7.5 INSERT

MySQL에서 테이블에 레코드를 INSERT하는 방법은 여러 가지가 있다. 하나의 INSERT 문장으로 여러 레코드를 동시에 저장하거나 다른 테이블에서 여러 레코드를 조회해서 그 결과를 INSERT할 수도 있다. 또한 프라이머리 키나 유니크 키가 중복된 레코드는 중복 에러가 발생하지 않게 INSERT를 수행하지 않고 무시해버릴 수도 있다. 그리고 하나의 SQL 문장으로 중복된 레코드의 존재 여부에 따라 INSERT나 UPDATE를 선별적으로 실행할 수도 있다. 일반적인 웹 프로그램에서는 한 레코드씩 INSERT하는 것이 대부분이겠지만 배치 형태의 프로그램에서는 빠르게 많은 레코드를 INSERT해야 할 때가 많다. 이러한 요건에 적합한 INSERT 쿼리도 익혀두면 많은 성능 개선 효과를 얻을 수 있을 것이다.

7.5.1 INSERT와 AUTO_INCREMENT

MySQL에서는 순차적으로 증가하는 숫자 값을 가져오기 위해 AUTO_INCREMENT라는 기능을 제공한다. AUTO_INCREMENT는 테이블의 칼럼에 부여하는 옵션 형태로 사용하므로 자동 증가 기능은 하나의 테이블에서만 순차적으로 증가하게 된다. AUTO_INCREMENT는 테이블의 생성 스크립트에 포함되므로 관리하거나 사용하기가 간편하지만 여러 테이블에 동시에 사용할 수는 없다. 가끔 MySQL에서도 여러 테이블에 동시에 사용할 수 있는 AUTO−INCREMENT 기능이 필요할 때도 있는데, 이때는 일련번호 생성을 위한 별도의 테이블을 생성해서 사용할 수 있다. 이 방법에 대해서는 16.4 절 "MySQL에서 시퀀스 구현"에서 자세히 살펴보겠다.

AUTO_INCREMENT 제약 및 특성

우선 테이블의 칼럼에 AUTO_INCREMENT 속성을 부여하는 방법을 한번 살펴보자.

```
CREATE TABLE tb_autoincrement (
  member_id INT NOT NULL AUTO_INCREMENT,
  member_name VARCHAR(30) NOT NULL,
  PRIMARY KEY (member_id)
) ENGINE=INNODB;

INSERT INTO tb_autoincrement (member_name) VALUES ('Georgi Fellona');
INSERT INTO tb_autoincrement (member_id, member_name) VALUES (5, 'Georgi Fellona');
```

위의 첫 번째 INSERT 문장처럼, AUTO_INCREMENT 속성으로 정의된 칼럼은 별도로 값을 할당하지 않고 사용하는 것이 일반적이다. 첫 번째 쿼리에서 member_id 칼럼은 NOT NULL 칼럼임에도 별도의 값이 지정되지 않았다. 이때는 member_id 칼럼에 정의된 AUTO_INCREMENT의 현재 값을 자동으로 저장한다. 두 번째 INSERT 문장에서는 AUTO_INCREMENT 속성으로 정의된 member_id 칼럼에 강제로 값을 할당했다. 이때는 AUTO_INCREMENT가 현재 가진 값과는 관계없이 INSERT 문장에서 지정된 값을 칼럼에 저장한다. 만약 두 번째 형태의 INSERT 문장을 사용할 때 AUTO_INCREMENT의 현재 값을 저장하려면 AUTO_INCREMENT 속성의 칼럼에 NULL이나 0을 저장하면 된다.

예제의 첫 번째 INSERT 문장을 실행하면 테이블의 member_id 칼럼에 AUTO_INCREMENT의 현재값을 저장하고, AUTO_INCREMENT의 현재 값이 1 증가한다. 그런데 두 번째 INSERT 문장과 같이 임의의 값을 강제로 AUTO_INCREMENT 칼럼에 저장하면 다음의 2가지 방법으로 AUTO_INCREMENT의 현재 값이 갱신된다.

- 강제 저장한 값이 AUTO_INCREMENT의 현재 값보다 작을 때는 AUTO_INCREMENT의 현재 값이 변하지 않는다.
- 강제 저장한 값이 AUTO_INCREMENT의 현재 값보다 클 때는 AUTO_INCREMENT의 현재 값이 얼마였든지 관계없이 강제로 저장된 값에 1을 더한 값이 AUTO_INCREMENT의 다음 값으로 변경된다.

만약 AUTO_INCREMENT 칼럼에 0을 INSERT하려면 sql_mode라는 시스템 변수에 "NO_AUTO_VALUE_ON_ZERO" 값을 추가하면 된다.

테이블에서 AUTO_INCREMENT 칼럼을 사용할 때는 반드시 다음 규칙을 지켜야 한다.

- AUTO_INCREMENT 속성을 가진 칼럼은 반드시 프라이머리 키나 유니크 키의 일부로 정의돼야 한다.
- AUTO_INCREMENT 속성을 가진 칼럼 하나로 프라이머리 키를 생성할 때는 아무런 제약이 없다.
- 여러 개의 칼럼으로 프라이머리 키를 생성할 때
  - AUTO_INCREMENT 속성의 칼럼이 제일 앞일 때
    AUTO_INCREMENT 속성의 칼럼이 프라이머리 키의 제일 앞쪽에 위치하면 MyISAM이나 InnoDB 테이블에서 아무런 제약이 없다.
  - AUTO_INCREMENT 속성의 칼럼이 제일 앞이 아닐 때
    다음 예제에서, tb_test 테이블은 fd1과 fd2 칼럼으로 구성된 프라이머리 키만을 가지고 있다. MyISAM 테이블에서는 이와 같이 사용할 수 있지만 InnoDB 테이블에서는 이렇게 생성할 수 없다. InnoDB에서는 반드시 UNIQUE INDEX (fd2)와 같이 fd2로 시작하는 UNIQUE 키를 하나 더 생성해야만 한다.

```
CREATE TABLE tb_test (
  fd1 CHAR,
  fd2 INT AUTO_INCREMENT,
  PRIMARY KEY(fd1, fd2)
);
```

AUTO_INCREMENT 칼럼과 다른 일반 칼럼을 합쳐서 프라이머리 키를 생성하면 MyISAM과 InnoDB 테이블에서 AUTO_INCREMENT 값이 증가되는 방식이 달라진다. MyISAM에서는 AUTO_INCREMENT 칼럼을 프라이머리 키의 제일 앞에 정의하면 단순히 선형적으로 증가만 하지만, 프라이머리 키의 뒤쪽에 AUTO_INCREMENT 칼럼을 사용하면 앞쪽 칼럼의 값에 의존해서 증가한다. 다음 예제를 보면 쉽게 이해할 수 있을 것이다.

```
CREATE TABLE tb_innodb (
  fd1 CHAR,
  fd2 INT AUTO_INCREMENT,
```

```
    PRIMARY KEY(fd1, fd2),
    UNIQUE KEY (fd2)
) ENGINE=INNODB;

CREATE TABLE tb_myisam (
    fd1 CHAR,
    fd2 INT AUTO_INCREMENT,
    PRIMARY KEY (fd1, fd2)
) ENGINE=MyISAM;

INSERT INTO tb_innodb VALUES ('A',NULL), ('A',NULL), ('B',NULL), ('B',NULL);
INSERT INTO tb_myisam VALUES ('A',NULL), ('A',NULL), ('B',NULL), ('B',NULL);

mysql> SELECT * FROM tb_innodb;
+-----+-----+
| fd1 | fd2 |
+-----+-----+
| A   |   1 |
| A   |   2 |
| B   |   3 |
| B   |   4 |
+-----+-----+

mysql> SELECT * FROM tb_myisam;
+-----+-----+
| fd1 | fd2 |
+-----+-----+
| A   |   1 |
| A   |   2 |
| B   |   1 |
| B   |   2 |
+-----+-----+
```

AUTO_INCREMENT 값은 항상 1씩 증가하는 것은 아니다. MySQL 서버에는 auto_increment_increment와 auto_increment_offset 시스템 변수가 있는데, auto_increment_offset은 AUTO_INCREMENT 속성의 칼럼 초기 값을 정의하며, auto_increment_increment는 AUTO_INCREMENT 값이 증가할 때마다 얼마씩 증가시킬 것인지를 결정한다.

AUTO_INCREMENT 잠금

여러 커넥션에서 AUTO_INCREMENT를 동시에 사용할 때는 동기화 처리가 필요한데, 이를 위해 MySQL에서는 AutoIncrement 잠금이라는 테이블 단위의 잠금을 사용한다. 테이블 단위의 잠금이란 수백 개의 커넥션이 동시에 하나의 테이블에 INSERT 문장을 실행하고 있다 하더라도 특정 시점을 잘라서 보면 한 테이블의 AutoIncrement 잠금은 반드시 하나의 커넥션만 가질 수 있다는 것을 의미한다. InnoDB의 레코드 잠금은 트랜잭션이 COMMIT이나 ROLLBACK 명령으로 완료되지 않는 이상 잠금은 계속 유지된다. 하지만 AutoIncrement 잠금은 AUTO_INCREMENT의 현재 값을 가져올 때만 잠금이 걸렸다가 즉시 해제된다. 그래서 AutoIncrement 잠금은 테이블 단위의 잠금이긴 하지만 성능상 문제가 될 때는 거의 없다. 그리고 AUTO_INCREMENT 값이 INSERT 문장으로 한번 증가하면 해당 INSERT 문장을 포함하는 트랜잭션이 ROLLBACK되더라도 원래의 값으로 되돌아가지 않는다.

MySQL 5.1의 InnoDB 플러그인부터는 innodb_autoinc_lock_mode라는 시스템 설정을 이용해 InnoDB 테이블의 AUTO_INCREMENT 잠금 방식을 변경할 수 있다. 이 설정은 InnoDB 이외의 스토리지 엔진을 사용하는 테이블에는 영향을 미치지 않는다.

- innodb_autoinc_lock_mode를 0으로 설정하면 MySQL 5.0 버전의 AUTO_INCREMENT와 마찬가지로 항상 AutoIncrement 잠금을 걸고 한 번에 1씩만 증가된다.
- 1로 설정하면 단순히 레코드 한 건씩 INSERT를 하는 쿼리에서는 AutoIncrement 잠금을 사용하지 않고 뮤텍스를 이용해 더 가볍고 빠르게 처리한다. 하지만 하나의 INSERT 문장으로 여러 레코드를 INSERT하거나 LOAD DATA 명령으로 INSERT하는 쿼리에서는 AutoIncrement 잠금을 사용한다.
- 2로 설정하면 LOAD DATA와 같이 벌크로 INSERT하는 경우에 AUTO_INCREMENT 값을 적당히 미리 할당받아서 처리할 수 있으므로 가장 빠른 방식이다. 하지만 쿼리 기반의 복제(SBR, Statement Based Replication)를 사용하는 MySQL에서는 마스터 MySQL과 슬레이브 MySQL의 AUTO_INCREMENT가 동기화되지 못하는 문제점이 발생할 수 있으므로 주의해야 한다. 복제를 사용하지 않거나 레코드 기반의 복제(RBR, Record Based Replication)를 사용하는 MySQL 서버에서 사용할 수 있다. 또한 innodb_autoinc_lock_mode를 2로 설정하면 AUTO_INCREMENT 값이 연속적이지 않고 띄엄띄엄 반환될 수도 있다.

AUTO_INCREMENT 증가 값 가져오기

AUTO_INCREMENT는 지금까지 살펴본 일련번호를 칼럼에 저장하는 기능뿐 아니라 가장 최근에 저장된 AUTO_INCREMENT 값을 안전하게 조회할 수 있는 기능도 있다. 하지만 많은 사용자가 "SELECT MAX(member_id) FROM ..."과 같은 쿼리를 실행해 최댓값을 매번 조회하는 경우가 많다.

이렇게 MAX( ) 함수를 이용하는 방법은 상당히 잘못된 결과를 반환할 수도 있으므로 다음에서 살펴볼 방법을 사용하는 것이 좋다.

```
CREATE TABLE tb_autoincrement (
  seq_no INT NOT NULL AUTO_INCREMENT,
  name VARCHAR(30),
  PRIMARY KEY (seq_no)
);

INSERT INTO tb_autoincrement VALUES (NULL, 'Georgi Fellona');
SELECT LAST_INSERT_ID();
+------------------+
|                6 |
+------------------+
```

MySQL에서는 현재 커넥션에서 가장 마지막에 증가된 AUTO_INCREMENT값을 조회할 수 있게 LAST_INSERT_ID( )라는 함수를 제공한다. 위의 예제는 AUTO_INCREMENT 값을 증가시키는 INSERT 쿼리 문장을 실행하고, 그 이후에 LAST_INSERT_ID( )라는 함수를 실행하면 가장 마지막에 사용된 AUTO_INCREMENT 값을 반환하는 것을 보여준다. "SELECT MAX(..) .."와 같은 쿼리를 사용하면 현재 커넥션뿐 아니라 다른 커넥션에서 증가된 AUTO_INCREMENT 값까지 가져올 수 있으므로 사용하지 않는 것이 좋다. 하지만 LAST_INSERT_ID( ) 함수는 다른 커넥션에서 더 큰 AUTO_INCREMENT 값을 INSERT했다 하더라도 현재 커넥션에서 가장 마지막으로 INSERT된 AUTO_INCREMENT 값만 반환하기 때문에 안전하다.

LAST_INSERT_ID( ) 함수에 대해 하나 더 알고 있어야 할 사항이 있다. AUTO_INCREMENT 칼럼에 저장한 값을 가져오려면 "SELECT LAST_INSERT_ID( )" 쿼리를 실행해야 하는데, 이것은 또 한 번의 쿼리를 실행하는 것이므로 네트워크 전송이나 쿼리 실행 시간이 추가적으로 소요된다. 현재 사용 중인 JDBC 드라이버의 버전이 3.0 이상이라면(JDK 1.4 이상에서) 다음과 같이 자바의 Statement.getGeneratedKeys( )라는 함수를 이용해 추가적인 네트워크 통신 없이 저장된 AUTO_INCREMENT 값을 가져올 수 있다. 이 방식을 사용하려면 다음과 같이 Statement.executeUpdate( )나 PreparedStatement.prepareStatement( ) 함수를 호출할 때 별도의 설정 항목이 필요하다.

```
• Statement
int affectedRowCount = stmt.executeUpdate(
      "insert into tb_ai (fdpk, fddata) values (NULL, 'test')",
      Statement.RETURN_GENERATED_KEYS);
```

```
ResultSet rs = stmt.getGeneratedKeys();

String autoInsertedKey = (rs.next()) ? rs.getString(1) : null;

 • PreparedStatement
PreparedStatement pstmt = conn.prepareStatement(
        "insert into tb_ai (fdpk, fddata) values (NULL, ?)",
        Statement.RETURN_GENERATED_KEYS);
ResultSet rs = pstmt.getGeneratedKeys();
String autoInsertedKey = (rs.next()) ? rs.getString(1) : null;
```

MySQL JDBC Connector는 Connector-J 3.0.17부터 JDBC 3.0을 지원하기 때문에 사용하는 JDBC 드라이버의 버전이 이 이상이라면 별도의 서버 쿼리 없이 바로 AUTO_INCREMENT로 INSERT된 값을 가져올 수 있다.

물론 C API로 프로그램을 작성할 때도 다음 함수를 이용해 동일한 효과를 거둘 수 있다.

```
my_ulonglong mysql_insert_id(MYSQL *mysql)
```

AUTO_INCREMENT 칼럼이 있는 테이블에 INSERT를 한 번도 수행하지 않은 커넥션에서 AUTO_INCREMENT LAST_INSERT_ID( ) 함수를 실행하면 항상 0이 반환되므로 반환값에도 주의해야 한다. 또한, AUTO_INCREMENT 칼럼이 포함된 테이블에 INSERT할 때 0이나 NULL이 아닌 정수 값을 강제로 저장하면 LAST_INSERT_ID( ) 함수로 그 값을 가져올 수 없다. 다음 예제를 한번 살펴보자.

```
INSERT INTO tb_autoincrement VALUES (NULL, 'Lee');
SELECT LAST_INSERT_ID();
+-----------------+
|               1 |
+-----------------+

INSERT INTO tb_autoincrement VALUES (2, 'Kim');
SELECT LAST_INSERT_ID();
+-----------------+
|               0 |
+-----------------+
```

예제의 첫 번째 INSERT 문장에서는 자동 증가 칼럼에 NULL을 사용했기 때문에 자동으로 증가된 값이 seq_no 칼럼에 저장됐다. 이때는 INSERT 쿼리가 실행된 커넥션에서 LAST_INSERT_ID( )를 이용해 INSERT된 자동 증가 값을 조회할 수 있다. 예제의 두 번째 INSERT 문장에서는 seq_no 칼럼에 강제로 2를 저장했다. 하지만 이때는 LAST_INSERT_ID( ) 함수를 이용해 가장 마지막으로 INSERT된 자동 증가 칼럼의 값을 가져올 수 없다. 그런데 이처럼 강제적으로 0이나 NULL 이외의 값을 저장할 때도 다음과 같이 INSERT 문장을 실행하면 LAST_INSERT_ID( ) 함수를 이용해 AUTO_INCREMENT 칼럼에 저장된 값을 가져올 수 있다.

```
INSERT INTO tb_autoincrement VALUES (LAST_INSERT_ID(3), 'Lee');
SELECT LAST_INSERT_ID();
+------------------+
|                3 |
+------------------+
```

LAST_INSERT_ID( ) 함수는 사실 두 가지 용도로 사용할 수 있다. 위 예제에서 INSERT 문장의 LAST_INSERT_ID( ) 함수는 다음에 설명하는 두 번째 용도로 사용한 것이며, 두 번째 SELECT 쿼리에 사용한 LAST_INSERT_ID( ) 함수는 첫 번째 용도로 사용한 것이다.

- 인자를 지정하지 않은 LAST_INSERT_ID() 함수는 AUTO_INCREMENT 칼럼에 저장된 가장 마지막 자동 증가 값을 반환한다.
- 인자를 지정한 LAST_INSERT_ID() 함수는 인자로 전달된 숫자 값을 자동 증가 값으로 설정하고, 인자로 받은 숫자 값을 그대로 반환한다. 여기서 "자동 증가 값으로 설정"한다는 것은 테이블의 AUTO_INCREMENT의 현재 값을 바꾼다는 것이 아니라 현재 커넥션의 세션 변수를 인자로 받은 숫자 값으로 갱신한다는 것을 의미한다.

7.5.2 INSERT IGNORE

로그나 이력 성격의 테이블과 같이 프라이머리 키나 유니크 키가 중복되는 레코드는 그냥 버려도 무방할 때가 있다. 이때 INSERT 문장에 IGNORE 옵션만 추가하면 이렇게 프라이머리 키나 유니크 키로 인한 중복 에러가 발생해도 해당 레코드는 무시하고 계속 작업을 진행하게 할 수 있다.

또한 INSERT IGNORE 문장이 모든 에러에 대해 무시하는 것이 아니라는 점도 주의해야 한다. INSERT IGNORE 문장에서 에러가 발생할 때와 발생하지 않을 때를 살펴보자.

INSERT IGNORE 문장이 실패하고 에러가 발생할 때
칼럼과 값의 수가 전혀 일치하지 않는 경우가 대표적이다.

INSERT IGNORE 문장이 에러 없이 완료되지만 저장되지 않거나 값이 변형되어 저장되는 경우
- 값이 저장되지 않는 경우
  이미 테이블에 프라이머리 키나 유니크 키가 중복인 레코드가 존재한다면 레코드는 저장되지 않지만 쿼리 자체가 에러로 중지되지는 않는다. 또한 MySQL 5.1에서 파티션된 테이블에 INSERT IGNORE 문장을 사용하면 파티션 키가 적절하지 않아 저장될 파티션을 찾지 못할 때도 레코드는 저장되지 않지만 에러로 쿼리 실행이 중지되지는 않는다.

- 값이 변형되어 저장되는 경우

  칼럼에 입력해야 할 값이 칼럼의 타입과 다르거나 NOT NULL 칼럼에 NULL을 저장하려고 하면 MySQL 서버는 최대한 비슷한 타입으로 변환하거나 NULL 대신 빈 문자열("") 또는 0을 저장한다. 이때는 레코드가 테이블에 저장되며, 별도의 에러도 발생하지 않는다.

INSERT IGNORE 문장을 사용할 때는 저장하려는 값이 의도와 달리 변형되는지, 그리고 저장되는 건수가 얼마나 되는지 확인해 보는 것이 좋다. 그렇지 않으면 의도하지 않은 값이 저장되거나 한 건도 저장되지 않는 현상이 발생할 수도 있다. 그렇지만 별도로 검증을 하지 않으면 프로그램의 쿼리는 정상 실행이라고 결과를 반환할 것이다. 실제로는 에러 상황인데도 인식하지 못하고 넘어갈 수 있으며, 문제를 인식해도 어디서 무엇이 잘못됐는지 찾아내기 어려워질 수도 있다.

7.5.3 REPLACE

REPLACE 쿼리는 예전 버전부터 존재하던 MySQL 고유의 기능이며, 이 기능의 유용성 때문에 지금은 다른 DBMS에서도 비슷한 기능을 제공한다. REPLACE는 INSERT와 UPDATE의 기능을 묶은 쿼리와 같은 기능을 한다. 간단한 예제를 통해 REPLACE를 한번 살펴보자.

```
REPLACE INTO employees VALUES (10001, 'Brandon', 'Lee');

REPLACE INTO employees
SET emp_no=10001, first_name='Brandon', last_name='Lee';
```

우선 REPLACE 문장의 문법은 INSERT 문장과 크게 다르지 않다. 단순히 INSERT 키워드를 REPLACE로 변경한 것뿐이다. REPLACE 문장은 저장하려는 레코드가 중복된 레코드이면 UPDATE를 실행하고, 중복되지 않은 레코드이면 INSERT를 수행한다. 더 명확하게 따져보면 중복된 레코드가 이미 있으면 UPDATE를 실행하는 것이 아니라 테이블에 존재하는 중복된 레코드를 DELETE하고, 새로운 레코드를 INSERT하는 것이다.

REPLACE 문장에서 주의해야 할 점은 "중복된 레코드"에 대한 판정 기준이다. REPLACE 문장이 중복된 레코드를 찾을 때는 테이블의 모든 유니크 키에서 동일 값이 존재하는지를 비교한다. 만약 하나의 테이블에 프라이머리 키와 별도의 유니크 키가 있다면 프라이머리 키와 유니크 키 모두에 중복된 값이 존재하는지 체크한다. 다음 예제를 한번 살펴보자.

```
CREATE TABLE tb_replace (
  fd1 INT NOT NULL,
  fd2 INT NOT NULL,
  PRIMARY KEY (fd1),
  UNIQUE INDEX ux_fd2 (fd2)
);

INSERT INTO tb_replace (fd1, fd2) VALUES (1,1),(2,2),(3,3),(4,4),(5,5);
SELECT * FROM tb_replace;
+-----+-----+
| fd1 | fd2 |
+-----+-----+
|   1 |   1 |
|   2 |   2 |
|   3 |   3 |
|   4 |   4 |
|   5 |   5 |
+-----+-----+
```

테스트용 tb_replace 테이블을 생성하고 레코드를 저장한다. 이 테이블에 "REPLACE INTO tb_replace (fd1, fd2) VALUES (5,3);"이라는 문장을 실행하면 어떻게 될까? 우선, 이 레코드는 tb_replace 테이블에 존재하지 않는다. 하지만 이 레코드가 정상적으로 INSERT되려면 프라이머리 키 값이 5인 레코드와 유니크 키 값이 3인 레코드가 삭제돼야 한다.

```
REPLACE INTO tb_replace (fd1, fd2) VALUES (5,3);
➜ Query OK, 3 rows affected (0.01 sec)

SELECT * FROM tb_replace;
+-----+-----+
| fd1 | fd2 |
+-----+-----+
|   1 |   1 |
|   2 |   2 |
|   5 |   3 |
|   4 |   4 |
+-----+-----+
```

INSERT 후에 조회한 결과를 보면 예측했던 대로 tb_replace 테이블에서는 두 레코드가 삭제되고, 새로운 레코드가 INSERT됐다. 그래서 "REPLACE INTO tb_replace (fd1, fd2) VALUES (5,3);" 문장의 실행 결과, 영향을 받은 레코드 건수가 3건(3 rows affected)이라고 출력된 것이다.

> **주 의** 특히, AUTO_INCREMENT 속성의 칼럼을 프라이머리 키로 가지면서, 동시에 유니크 인덱스를 가지고 있는 테이블에 대해 REPLACE 쿼리를 사용할 때는 주의해야 한다. AUTO_INCREMENT 칼럼의 값이 마스터와 슬레이브에서 동일하게 복제되고 있는지 확인해보는 것이 좋다. 이는 밑에서 설명할 INSERT INTO … ON DUPLICATE KEY UPDATE … 쿼리에서도 마찬가지다. 그리고 다음의 3가지가 동시에 사용되면 현재 많이 사용되는 MySQL 5.0, 그리고 5.1에서는 AUTO_INCREMENT 값이 제대로 슬레이브로 복제되지 못하는 버그가 있으므로 특히 주의해야 한다.
> - AUTO_INCREMENT 프라이머리 키와 유니크 인덱스가 지정된 테이블
> - 위 테이블의 레코드가 변경될 때 트리거를 이용해 자동으로 다른 테이블로 레코드를 복사하는 기능
> - 위 테이블에 REPLACE 또는 INSERT INTO … ON DUPLICATE KEY UPDATE 쿼리 실행

REPLACE 쿼리는 중복된 레코드가 있을 때 기존 레코드를 삭제하고 새로이 레코드를 INSERT한다. 그래서 REPLACE 문장에서는 이미 존재하는 중복된 레코드의 칼럼 값을 참조(사용)할 수 없다. 이러한 REPLACE 문장의 단점을 해결하려면 INSERT INTO .. ON DUPLICATE KEY UPDATE 문장을 사용하면 된다.

7.5.4 INSERT INTO … ON DUPLICATE KEY UPDATE …

REPLACE 명령과 거의 흡사하게 작동하는 INSERT 쿼리다. REPLACE는 중복된 레코드를 DELETE하고 새롭게 INSERT하지만 INSERT INTO … ON DUPLICATE KEY UPDATE는 중복된 레코드를 DELETE하지 않고 UPDATE한다는 것이 유일한 차이다. 레코드의 중복 여부를 판정하는 기준은 REPLACE와 동일하므로 생략하겠다.

다음 예제와 같이 INSERT INTO … ON DUPLICATE KEY UPDATE … 문장에서는 테이블에 중복된 레코드가 존재할 때 기존 레코드의 칼럼값을 참조해서 업데이트하는 것이 가능하다.

```
CREATE TABLE tb_insertondup (
  fd1 INT NOT NULL,
  fd2 INT NOT NULL,
  PRIMARY KEY (fd1)
);
```

```
INSERT INTO tb_insertondup VALUES (1,1), (2,2);
INSERT INTO tb_insertondup (fd1, fd2) VALUES (1, 100) ON DUPLICATE KEY UPDATE
fd2=fd2+100;

SELECT * FROM tb_insertondup;
+-----+-----+
| fd1 | fd2 |
+-----+-----+
|   1 | 101 |
|   2 |   2 |
+-----+-----+
```

그리고 INSERT INTO … ON DUPLICATE KEY UPDATE 문장의 UPDATE 절에서만 사용 가능한
VALUES( )라는 함수가 있다. 다음 예제로 이 함수의 사용법을 간단히 살펴보자.

```
INSERT INTO tb_emp_stat (hire_year, emp_count)
SELECT
  YEAR(hire_date), COUNT(*)
FROM employees GROUP BY YEAR(hire_date)
ON DUPLICATE KEY UPDATE
  emp_count=VALUES(emp_count);
```

위 쿼리에서는 사원의 입사 년도별로 그룹핑해서 그 결과를 tb_emp_stat 테이블에 INSERT한다. 우
선 GROUP BY 절로 그룹핑된 결과값(YEAR 함수와 COUNT 함수의 결과)을 tb_emp_stat에 저
장한다. 그런데 만약 YEAR(hire_date) 값이 중복되면 COUNT(*) 값만 업데이트하는 쿼리다. 하지
만 UPDATE 절은 GROUP BY가 포함된 쿼리의 일부가 아니라서 "emp_count=COUNT(*)"와 같
이 사용할 수 없다. 이때 UPDATE 절에서 "VALUES(emp_count)"를 사용하면 VALUES(emp_
count)는 INSERT 절에서 emp_count 칼럼에 저장하려고 시도했던 값을 반환한다. 즉, 이 쿼리에서
VALUES(emp_count) 함수는 COUNT(*) 함수의 결과 값을 반환하는 것이다.

VALUES( ) 함수는 하나의 인자를 받는다. 인자로는 INSERT INTO … ON DUPLICATE KEY
UPDATE 문장으로 INSERT하거나 UPDATE하려는 테이블의 칼럼들 중에서 하나를 사용할 수 있다.
VALUES(칼럼명) 함수는 해당 칼럼에 저장하려고 시도했던 값을 참조할 수 있게 된다.

7.5.5 INSERT ... SELECT ...

다음과 같이 특정 테이블로부터 레코드를 읽어 그 결과를 INSERT하는 것도 가능하다. 이 쿼리의 SELECT 절에서는 JOIN이나 GROUP BY 등과 같이 일반적인 SELECT 쿼리에서 사용할 수 있는 대부분의 기능을 사용할 수 있다. 하지만 이 형태의 쿼리는 특정 테이블에서 읽은 데이터를 자기 자신에게 INSERT할 수는 없다. 즉 INSERT 대상 테이블과 SELECT 대상 테이블이 동일한 테이블인 경우 오류가 발생한다.

```
INSERT INTO temp_employees
SELECT * FROM employees LIMIT 10;
```

또 이 쿼리의 한 가지 단점은 읽는 테이블의 대상 레코드에 읽기 잠금이 필요하다는 것이다. 잠금에 대한 더 자세한 내용은 12.2.2절, "INSERT 쿼리의 잠금"(716쪽)을 참고한다.

7.5.6 LOAD DATA(LOCAL) INFILE ...

LOAD DATA INFILE ... 명령은 SELECT INTO OUTFILE ... 쿼리에 대응하는 적재 기능의 쿼리다. LOAD DATA INFILE ... 명령은 CSV 파일 포맷 또는 일정한 규칙을 지닌 구분자로 구분된 데이터 파일을 읽어 MySQL 서버의 테이블로 적재한다. LOAD DATA INFILE ... 명령은 데이터 파일에서 각 칼럼의 값을 읽어서 바로 저장하기 때문에 INSERT 문장으로 레코드를 저장하는 것보다 훨씬 빠르게 처리한다. 매뉴얼에는 일반적으로 INSERT 문장으로 저장하는 것보다 20배 정도 빠르다고 소개돼 있다.

이어서 각종 케이스별로 LOAD DATA INFILE 명령을 사용하는 방법을 예제로 살펴보자.

데이터 파일의 값과 테이블의 칼럼의 개수가 동일할 경우

LOAD DATA INFILE 명령은 파일로부터 읽은 데이터를 어떻게 변환해서 저장할 것인가를 설정하기 때문에 조금은 복잡한 편이다. 다음 예제를 통해 우선 간단한 LOAD DATA INFILE 명령의 사용법을 살펴보자.

```
LOAD DATA INFILE '/tmp/employees.csv'
IGNORE INTO TABLE employees
FIELDS
    TERMINATED BY ','
```

```
    OPTIONALLY ENCLOSED BY '"' ESCAPED BY '"'
LINES
    TERMINATED BY '\n'
    STARTING BY ''
(emp_no, birth_date, first_name, last_name, gender, hire_date) ;
```

LOAD DATA INFILE 문장에서 INTO 키워드 앞에는 IGNORE 또는 REPLACE 옵션을 사용할 수도 있다. IGNORE는 "INSERT IGNORE …" 명령과 같고, REPLACE 옵션은 REPLACE 명령과 마찬가지로 중복된 레코드가 있으면 기존의 레코드를 삭제하고 INSERT하는 방식으로 작동한다.

FIELDS … 절과 LINES … 절은 각 칼럼의 값이 ","로 구분돼 있으며, 문자열 칼럼의 값은 쌍따옴표로 둘러싸여 있고 각 레코드는 "\n"으로 구분돼 있음을 MySQL 서버에게 알려준다. 마지막 라인에서 칼럼 순서대로 나열한 것은 파일에서 읽은 각 칼럼의 값을 순서대로 "emp_no, birth_date, first_name, last_name, gender, hire_date" 칼럼에 저장하라는 의미다. 위의 LOAD DATA INFILE 문장에 대한 "/tmp/employees.csv" 파일은 다음과 같은 포맷으로 준비돼 있어야 한다.

```
10001,"1953-09-02","G'eo""r,gi","Facello","M","1986-06-26"
10002,"1964-06-02","Bezalel","Simmel","F","1985-11-21"
10003,"1959-12-03","Parto","Bamford","M","1986-08-28"
10004,"1954-05-01","Chirstian","Koblick","M","1986-12-01"
```

LOAD DATA INFILE 문장에 명시되는 데이터 파일은 항상 MySQL 서버가 기동 중인 장비의 디렉터리에 존재해야 한다. 하지만 INFILE 옵션 앞에 LOCAL이라는 키워드를 추가하면 MySQL 서버가 아니라 클라이언트 컴퓨터의 디스크에 있는 데이터 파일을 사용할 수도 있다. 또한, MySQL 서버나 클라이언트와 전혀 무관한 서버에 있는 데이터 파일을 URL 형태로 명시할 수도 있다.

> **참고** MySQL의 mysqlimport라는 프로그램은 내부적으로 LOAD DATA INFILE 명령을 이용해 데이터를 적재하기 때문에 데이터 파일의 내용을 아주 빠르게 테이블로 저장할 수 있다. 또한 MySQL 5.1.7부터는 mysqlimport 유틸리티에 "--use-threads" 옵션을 사용하면 병렬로 LOAD DATA INFILE 명령을 실행하기 때문에 파일이 많은 경우 빠르게 적재할 수 있다. LOAD DATA INFILE 명령이나 mysqlimport 유틸리티 모두 입력 파일은 CSV 포맷과 같이 구분자로 구분된 데이터 파일이어야 하므로 mysqldump 유틸리티를 이용해 덤프받은 파일은 mysqlimport나 LOAD DATA INFILE 문장을 사용할 수 없다.

데이터 파일의 값의 개수가 테이블의 칼럼 수보다 적은 경우

테이블의 칼럼 수는 6개인데 데이터 파일에 존재하는 값의 수가 5개뿐이라면 나머지 칼럼에 대해서는 LOAD DATA INFILE 문장의 마지막에 SET 절을 이용해 초기 값을 명시해야 한다. 물론 그 칼럼이 NULL이 허용된다면 SET 절에 명시하지 않아도 된다. 다음 예제는 데이터 파일에 birth_date 칼럼의 값이 없을 때 birth_date에 현재 시간을 저장하기 위해 "SET birth_date=NOW( )" 절을 추가해 적재하는 쿼리다.

```
LOAD DATA INFILE '/tmp/employees.csv'
IGNORE
INTO TABLE employees
FIELDS
    TERMINATED BY ','
    OPTIONALLY ENCLOSED BY '"' ESCAPED BY '"'
LINES
    TERMINATED BY '\n'
    STARTING BY ''
(emp_no, first_name, last_name, gender, hire_date)
SET birth_date=NOW();
```

LOAD DATA INFILE 명령의 입력 데이터는 다음과 같은 포맷으로 준비돼 있어야 한다. 이 예제 데이터 파일은 하나의 라인에 값이 5개만 존재하기 때문에 위의 LOAD DATA INFILE 명령에도 칼럼이 5개만 명시된 것이다.

```
10001,"G'eo""r,gi","Facello","M","1986-06-26"
10002,"Bezalel","Simmel","F","1985-11-21"
10003,"Parto","Bamford","M","1986-08-28"
10004,"Chirstian","Koblick","M","1986-12-01"
```

데이터 파일의 값 개수가 테이블의 칼럼 수보다 많은 경우

데이터 파일의 값의 개수가 테이블의 칼럼 수보다 많을 때는 불필요한 값은 읽어서 버리면 된다. 하지만 LOAD DATA INFILE 문장의 칼럼 수는 데이터 파일에 존재하는 값의 개수와 동일해야 한다. 테이블의 칼럼과 데이터 파일의 값이 일대일로 매치되지 않을 때는 일단 데이터 파일의 값을 사용자 변수로 읽어들이면 된다.

다음 예제는 데이터 파일의 값이 "사원번호, 사원전화번호, 생일, 이름1, 이름2, 성별, 입사일자" 순으로 저장돼 있지만 데이터 파일의 두 번째 값인 "사원전화번호"는 employees 테이블에 저장할 필요가 없는 예를 설명하고 있다. 파일에서 데이터를 읽을 때는 "사원전화번호"를 @emp_tel_no 변수에 담아서 사용하지 않고 버리는 예제다.

```
LOAD DATA INFILE '/tmp/employees.csv'
IGNORE
INTO TABLE employees
FIELDS
    TERMINATED BY ','
    OPTIONALLY ENCLOSED BY '"' ESCAPED BY '"'
LINES
    TERMINATED BY '\n'
    STARTING BY ''
(emp_no, @emp_tel_no, birth_date, first_name, last_name, gender, hire_date) ;
```

위의 LOAD DATA INFILE 문장에 대한 예제 데이터 파일의 내용은 다음과 같다.

```
10001,"010-1234-1234","1953-09-02","G'eo""r,gi","Facello","M","1986-06-26"
10002,"010-1234-1234","1964-06-02","Bezalel","Simmel","F","1985-11-21"
10003,"010-1234-1234","1959-12-03","Parto","Bamford","M","1986-08-28"
10004,"010-1234-1234","1954-05-01","Chirstian","Koblick","M","1986-12-01"
```

데이터 파일의 값을 연산해서 테이블의 칼럼에 저장하려는 경우

데이터 파일에 있는 값을 그대로 칼럼에 저장하는 것이 아니라 별도의 연산을 거친 후 테이블에 저장해야 할 때도 있다. 이때는 위에서 살펴본 사용자 변수에 값을 담는 방법과 SET 절을 이용하는 방법을 섞어서 사용하면 된다.

다음은 데이터 파일의 값이 "사원번호, 생일, 이름1, 중간이름, 이름2, 성별, 입사일자" 순으로 저장돼 있는데, 여기서 "이름1"은 first_name 칼럼에 그대로 저장하고, "중간이름"과 "이름2"를 합쳐서 last_name 칼럼에 저장하는 예제다. 우선 데이터 파일의 "중간이름"과 "이름2" 값을 각각 @middle_name과 @last_name 칼럼에 읽어들인 후 SET 절에서 두 개 변수의 값을 문자열 결합 함수를 이용해 last_name에 저장한다.

```
LOAD DATA INFILE '/tmp/employees.csv'
IGNORE
INTO TABLE employees
FIELDS
    TERMINATED BY ','
    OPTIONALLY ENCLOSED BY '"' ESCAPED BY '"'
LINES
    TERMINATED BY '\n'
    STARTING BY ''
(emp_no, birth_date, first_name, @middle_name, @last_name, gender, hire_date)
SET last_name=concat(@middle_name, ' ', @last_name);
```

위의 LOAD DATA INFILE 명령의 입력 데이터는 다음과 같다.

```
10001,"1953-09-02","G'eo""r,gi","mid1","Facello","M","1986-06-26"
10002,"1964-06-02","Bezalel","mid2","Simmel","F","1985-11-21"
10003,"1959-12-03","Parto","mid3","Bamford","M","1986-08-28"
10004,"1954-05-01","Chirstian","mid4","Koblick","M","1986-12-01"
```

데이터 파일이 MySQL 서버가 아닌 다른 컴퓨터에 있을 경우

적재하려는 데이터 파일이 MySQL 서버가 아니라 다른 원격 컴퓨터에 있을 때는 LOCAL 키워드를 추가해 LOAD DATA INFILE 문장을 사용하면 된다. 기본적으로 LOAD DATA LOCAL INFILE 문장이 실행되면 MySQL 서버는 적재할 데이터 파일이 MySQL 서버의 디스크가 아니라 클라이언트의 디스크에 있다고 판단한다. 그리고 MySQL 클라이언트나 JDBC 드라이버는 그 데이터 파일을 찾아서 MySQL 서버로 업로드한 후 파일을 테이블에 적재한다.

소스 데이터베이스에서 데이터 파일을 받아서 가공한 후 다른 타겟 데이터베이스에 적재하는 배치 프로그램을 한번 가정해 보자. 이러한 처리를 위해서는 그림 7-11과 같은 복잡한 과정을 거쳐야 할 것이다. 이 과정에서 더 큰 문제는 각 프로그램이 얼마 동안 실행될지 모르며, 또한 모두 종속 관계를 가지고 있기 때문에 작업의 시작 시간을 결정하기가 어렵다는 것이다. 자바 프로그램에서 JDBC 드라이버를 사용해 LOAD DATA LOCAL INFILE … 명령을 사용할 때는 파일 경로에 URL을 사용할 수도 있다. 파일 경로에 URL을 사용할 수 있다는 것은 데이터 파일이 MySQL 서버와 클라이언트 컴퓨터 이외의 호스트에 위치할 수도 있다는 의미다.

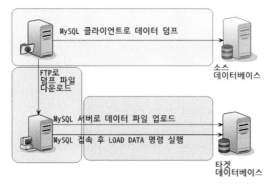

[그림 7-11] FTP나 rcp, scp로 파일을 가져와서 적재하는 경우의 흐름도

하지만 HTTP 프로토콜을 이용해 제3의 서버에서 데이터 파일을 가져와 다시 원격지의 MySQL 서버에 적재할 수 있다면 작업을 상당히 간단히 만들 수 있다. 그와 동시에 에러나 장애에 대한 감지도 하나의 배치 프로그램에서만 해주면 되기 때문에 상당히 많은 부분이 간단해진다. 결국 그림 7-11의 복잡한 과정이 그림 7-12와 같이 단순화되는것이다.

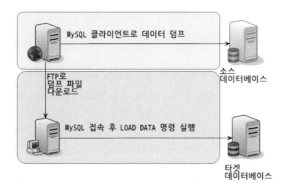

[그림 7-12] LOAD DATA LOCAL INFILE… 명령으로 파일을 가져와서 적재하는 경우의 흐름도

간단히 다음 예제를 한번 살펴보자.

```
Connection conn = DriverManager.getConnection(
        "jdbc:mysql://mysql_server_ip:3306/employees?allowUrlInLocalInfile=true",
        userid, userpassword);
Statement stmt = conn.createStatement();
stmt.executeUpdate("LOAD DATA LOCAL INFILE 'http://another-server-url/employees.csv' "
    + "IGNORE "
    + "INTO TABLE temp_employees "
```

```
+ "FIELDS "
+ "   TERMINATED BY ',' "
+ "   OPTIONALLY ENCLOSED BY '\"' ESCAPED BY '\"' "
+ "LINES "
+ "   TERMINATED BY '\r\n' "
+ "   STARTING BY '' "
+ " (emp_no, birth_date, first_name, last_name, gender, hire_date) ");
```

여기서 중요한 것은 LOAD DATA INFILE 명령의 입력으로 URL을 사용하려면 JDBC 커넥션을 생성할 때 allowUrlInLocalInfile 옵션이 true로 설정돼 있어야 한다는 점이다. 보안상의 이유로 기본값이 false로 설정돼 있기 때문에 이 옵션을 true로 바꾸지 않으면 LOAD DATA LOCAL INFILE 'URL' … 명령을 사용할 수 없다.

LOAD DATA INFILE의 성능 향상

LOAD DATA INFILE 명령으로 대량의 데이터를 적재할 때 더욱 빠른 처리를 위해서는 다음 옵션들도 함께 사용하는 것이 좋다. AUTO-COMMIT 모드와 FOREIGN KEY와 관련된 내용은 InnoDB 테이블에 해당하는 내용이며, 유니크 인덱스는 모든 스토리지 엔진의 테이블에 해당하는 내용이다.

AUTO-COMMIT

InnoDB 스토리지 엔진에서는 트랜잭션을 사용할 수 있다. AUTO-COMMIT이 활성화(true)된 상태에서는 레코드 단위로 INSERT될 때마다 COMMIT을 실행하는데, 이 작업은 매번 레코드 단위로 로그 파일의 디스크 동기화(FLUSH) 작업을 발생시킨다. 단순히 쿼리 문장을 하나씩 실행하는 경우에는 크게 영향이 없을 수도 있지만 대량으로 INSERT 문장이 실행하는 경우에는 매번 레코드 단위로 디스크 동기화 작업을 하게 되면서 디스크의 I/O에 상당히 많은 부하를 일으킨다.

AUTO-COMMIT 모드를 비활성화(FALSE)하면 레코드가 INSERT될 때마다 디스크에 플러시하는 작업을 피할 수 있다. 그리고 COMMIT을 실행하는 시점에서야 비로소 버퍼링됐던 내용을 디스크에 플러시하게 된다. 이는 InnoDB의 로그(Redo log)파일뿐 아니라 바이너리 로그에도 똑같이 영향을 미치게 된다. AUTO-COMMIT 모드 변경은 다음 예제와 같이 사용하면 된다.

```
SET autocommit = 0;
LOAD DATA ...
COMMIT;
SET autocommit = 1;
```

우선 첫 번째 명령으로 AUTO-COMMIT을 비활성화하고, 데이터 적재를 위해 LOAD DATA INFILE 문장을 실행한다. 그리고 LOAD DATA INFILE 문장이 완료되면 세 번째 명령을 이용해 다시 원래대로 AUTO-COMMIT 모드를 활성화하면 된다. 프로그램을 작성하는 각 언어별로 AUTO-COMMIT 모드를 변경하는 API를 이용하면 된다. 물론 JDBC에서는 위의 문장을 바로 실행해도 무방하다.

> **주의** 많은 사용자들이 AUTO-COMMIT 모드가 가장 빠를 것으로 생각하고, 일부러 InnoDB 테이블에서도 AUTO-COMMIT 모드를 활성화해서 사용할 때가 많다. 실제로 매번 쿼리가 실행될 때마다 InnoDB의 로그나 바이너리 로그를 플러시(동기화)를 실행한다는 것은 결국 디스크 부하를 가중시키는 것이므로 더 느리게 작동한다는 사실을 기억해야 한다.

UNIQUE INDEX

만약 대량으로 데이터를 적재하는 대상 테이블에 UNIQUE 인덱스가 있다면 매번 레코드 단위로 중복 체크가 발생한다. 중복 체크라는 것은 결국 INSERT를 수행하기 전에 SELECT를 한 번씩 더 실행해야 한다는 것을 의미한다. unique_checks 설정을 변경해 중복 체크를 건너뛰도록 설정할 수 있다. 물론 적재되는 데이터의 중복이 없다는 것을 꼭 먼저 확인해야 한다. 이처럼 유니크 인덱스의 중복 체크 작업을 비활성화하면 중복 체크를 위한 SELECT를 생략할 수 있을 뿐더러 유니크 인덱스에 대해서도 InnoDB의 인서트 버퍼(Insert buffer)를 사용할 수 있기 때문에 상당히 많은 디스크 I/O를 줄일 수 있다. unique_checks 설정을 변경하는 방법은 다음과 같다.

```
SET unique_checks = 0;
LOAD DATA ...
SET unique_checks = 1;
```

FOREIGN KEY

데이터를 적재하는 테이블에 FOREIGN KEY가 있다면 매번 레코드의 INSERT 시점마다 FOREIGN KEY 값이 존재하는지 여부를 확인해야 한다. 이 작업 또한 상당한 디스크 I/O를 유발한다. foreign_key_checks 설정을 변경하면 FOREIGN KEY의 무결성 체크를 수행하지 않고 바로 적재할 수 있다. 물론 이 경우 또한 FOREIGN KEY의 무결성을 해치는 데이터가 없다는 것을 먼저 확인해야 한다. foreign_key_checks 설정을 변경하는 방법은 다음과 같다.

```
SET foreign_key_checks = 0;
LOAD DATA ...
SET foreign_key_checks = 1;
```

LOAD DATA 명령의 문자집합 처리

LOAD DATA 명령을 이용해 파일을 테이블에 적재할 때는 특별히 문자 셋에 주의해야 한다. 먼저 LOAD DATA 명령으로 적재하려는 데이터 파일이 어떤 문자집합으로 저장됐는지 알고 있어야 한다. 그렇지 않으면 한글이나 일본어와 같이 아시아권 언어는 깨진 상태로 테이블에 적재될 수도 있다. 일반적으로 한글 윈도우에서 별다른 설정 없이 저장했다면 MS949 문자집합인 경우가 많다. 그 밖에 별도로 문자집합을 지정했다면 UTF-8일 가능성이 높다.

만약 데이터 파일의 문자집합이 무엇인지 명확히 알지 못한다면 윈도우의 메모장과 같은 프로그램으로 열어서 "다른 이름으로 저장" 메뉴를 클릭하면 그림 7-13과 같은 팝업창이 표시된다. 여기서 "문자 코드"나 "인코딩"이 무엇인지 확인하면 쉽게 알아낼 수 있다.

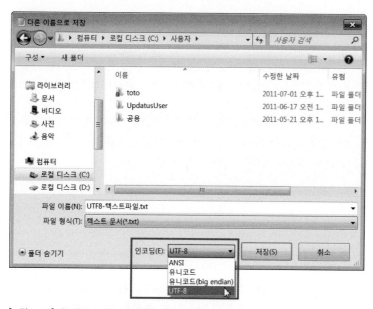

[그림 7-13] 메모장으로 파일 인코딩 확인

만약 데이터 파일의 문자집합이 MS949 또는 EUC-KR이었다고 해보자. LOAD DATA 명령에 별도로 문자집합을 지정하지 않는 경우라면 적재하려는 데이터 파일의 문자집합은 MySQL 클라이언트의 문자집합과 일치해야 한다. 우선 MySQL 커넥션의 문자집합을 다음과 같이 SHOW 명령으로 확인해보자.

```
mysql> SHOW VARIABLES LIKE 'character_set_%';
+------------------------+---------------------------------+
| Variable_name          | Value                           |
+------------------------+---------------------------------+
| character_set_client   | utf8                            |
| character_set_connection | utf8                          |
| character_set_results  | utf8                            |
+------------------------+---------------------------------+
```

지금은 모두 utf8로 설정돼 있지만 적재하려는 데이터 파일의 문자집합이 MS949나 EUC-KR이라면 클라이언트와 커넥션의 문자집합을 euckr로 변환하는 것이 좋다.

```
mysql> SET NAMES 'euckr';

mysql> SHOW VARIABLES LIKE 'character_set_%';
+--------------------------+---------------------------------+
| Variable_name            | Value                           |
+--------------------------+---------------------------------+
| character_set_client     | euckr                           |
| character_set_connection | euckr                           |
| character_set_results    | euckr                           |
+--------------------------+---------------------------------+
```

이제 커넥션이나 클라이언트의 문자집합이 euckr로 변경됐기 때문에 별다른 문자집합 조정 없이 LOAD DATA INFILE 명령으로 파일의 데이터를 테이블로 적재할 수 있다. 만약 이처럼 클라이언트나 커넥션의 문자집합을 변경하기 어렵다면 LOAD DATA 명령에서 데이터 파일의 문자집합을 명시할 수 있다.

```
LOAD DATA INFILE '/tmp/employees.csv'
IGNORE
INTO TABLE employees CHARACTER SET 'euckr'
FIELDS
    TERMINATED BY ','
    OPTIONALLY ENCLOSED BY '"' ESCAPED BY '"'
...
```

데이터 파일의 문자집합이 UTF-8이라면 EUC-KR 대신 utf8을 사용해 커넥션이나 클라이언트의 문자집합을 변경하면 된다.

```
mysql> SET NAMES 'utf8';
```

또는 LOAD DATA 명령에서 파일의 문자집합을 utf8로 변경해도 된다.

```
LOAD DATA INFILE '/tmp/employees.csv'
IGNORE
INTO TABLE employees CHARACTER SET 'utf8'
FIELDS
```

```
    TERMINATED BY ','
    OPTIONALLY ENCLOSED BY '"' ESCAPED BY '"'
...
```

7.6 UPDATE

UPDATE 문장은 하나의 테이블에서 레코드 한 건 또는 여러 건의 값을 변경하는 형태가 자주 사용된다. 하지만 MySQL에서는 이런 기본적인 UPDATE 말고도 정렬해서 업데이트한다거나 여러 테이블을 조인해서 2개 이상의 테이블을 동시에 변경하는 처리도 가능하다. 여러 테이블을 조인해서 업데이트할 때는 조인 순서가 중요한데, UPDATE 문장에서 조인의 순서를 변경하는 방법도 함께 살펴보겠다.

7.6.1 UPDATE ··· ORDER BY ··· LIMIT n

UPDATE는 WHERE 조건절에 일치하는 모든 레코드를 업데이트하는 것이 일반적인 처리 방식이다. 하지만 MySQL에서는 UPDATE 문장에 ORDER BY 절과 LIMIT 절을 동시에 사용해 특정 값으로 정렬해서 그 중에서 상위 몇 건만 업데이트하는 것도 가능하다.

> **주 의** 만약 복제를 위해 바이너리 로그가 기록되는 MySQL 서버(복제 마스터)에서 ORDER BY가 포함된 UPDATE 문장을 실행하면 다음과 같은 경고 메시지가 MySQL 서버의 에러 로그에 쌓인다. 물론 바이너리 로그의 포맷이 RBR(Record based replication)일 때는 문제가 되지 않는다.
>
> ```
> Note (Code 1592): Statement may not be safe to log in statement format.
> ```
>
> 이 경고 메시지가 발생하는 것은 ORDER BY에 의해 정렬되더라도 중복된 값은 순서가 마스터와 슬레이브에서 달라질 수도 있기 때문인데, 프라이머리 키로 정렬하면 문제는 없지만 여전히 경고 메시지는 쌓인다. 복제가 구축된 MySQL 서버에서 ORDER BY가 포함된 UPDATE 문장을 사용할 때는 주의하자.
>
> 또한 ORDER BY와 LIMIT 절이 동시에 포함된 UPDATE나 DELETE 문장을 자바 프로그램에서 실행하면 MySQL 서버의 버전에 따라 에러가 발생할 수도 있다. 그러므로 반드시 사용하는 버전에 맞게 테스트해보자. MySQL 5.0 버전까지는 특별히 문제가 없었지만 MySQL 5.1 이상의 버전에서는 말썽을 부릴 때가 있다. 만약 MySQL 서버를 5.0에서 5.10이나 5.5로 업그레이드할 때는 애플리케이션에서 이런 유형의 쿼리를 사용하고 있는지 점검해서 중점적으로 확인하는 것이 좋다.

ORDER BY를 포함하는 UPDATE 문장의 간단한 예제를 한번 살펴보자. 다음 예제 쿼리는 salary 값을 내림차순으로 정렬하면서 연봉을 기준으로 상위 10명의 연봉을 10% 인상하는 쿼리다.

```
UPDATE salaries
  SET salary=salary * 1.1
ORDER BY salary DESC LIMIT 10;
```

나중에 소개할 MySQL의 사용자 변수를 이러한 ORDER BY를 포함하는 UPDATE 문장에 적용하면 아주 유용한 UPDATE 문장을 만들 수 있다. 간단히 다음 UPDATE 문장을 한번 살펴보자.

```
SET @ranking:=0;

UPDATE salaries
  SET ranking=( @ranking := @ranking + 1 )
ORDER BY salary DESC;
```

위 예제의 첫 번째 SET 문장은 사용자 변수값을 0으로 초기화하는 것이다. 그리고 두 번째 UPDATE 문장은 salaries 테이블을 salary 칼럼값의 역순으로 정렬한 뒤 ranking 칼럼에 연봉 순위를 매기는 쿼리다. 애플리케이션에서 게임의 랭킹이나 순서를 부여하는 기능을 직접 개발한다면 고민해야 할 사항도 많고 개발해야 할 프로그램 코드의 양도 만만치 않을 것이다. 하지만 이런 기능을 UPDATE 문장 하나로 해결할 수 있다는 것은 개발자에게 상당히 많은 도움이 될 것이다.

주의 MySQL 사용자 변수는 사용 시 반드시 주의해야 할 내용이 있으므로 사용자 변수를 사용하는 쿼리를 사용하고 싶다면 꼭 9장, "사용자 변수"에서 주의사항과 사용법을 참조하자.

LIMIT 절은 있지만 ORDER BY 절이 없는 UPDATE 문장은 복제에서 마스터 역할을 하는 MySQL 서버에서는 사용하지 않는 편이 좋다. 이런 유형의 쿼리는 WHERE 조건절에 일치하는 레코드 가운데 일부를 변경하지만 레코드의 정렬 규칙이 없기 때문에 업데이트 대상으로 선정된 레코드가 마스터와 슬레이브에서 100% 달라질 수밖에 없다.

7.6.2 JOIN UPDATE

두 개 이상의 테이블을 조인해 조인된 결과 레코드를 업데이트하는 쿼리를 JOIN UPDATE라고 한다. 조인된 테이블 중에서 특정 테이블의 칼럼값을 이용해 다른 테이블의 칼럼에 업데이트해야 할 때 JOIN UPDATE를 주로 사용한다. 또는 꼭 다른 테이블의 칼럼값을 참조하지 않더라도 조인되는 양쪽 테이블에 공통적으로 존재하는 레코드만 찾아서 업데이트하는 용도로도 사용할 수 있다.

일반적으로 JOIN UPDATE는 조인되는 모든 테이블에 대해 읽기 참조만 되는 테이블은 읽기 잠금이 걸리고, 칼럼이 변경되는 테이블은 쓰기 잠금이 걸린다. 그래서 JOIN UPDATE 문장이 웹 서비스와 같은 OLTP 환경에서는 데드락을 유발할 가능성이 높으므로 많이 사용하지 않는 것이 좋다. 하지만 배치 프로그램이나 통계용 UPDATE 문장에서는 유용하게 사용할 수 있다.

우선 간단한 JOIN UPDATE 예제를 위해 다음과 같이 테이블을 생성하고, JOIN UPDATE 예제를 한 번 실행해 보자.

```
CREATE TABLE tb_test1 (emp_no INT, first_name VARCHAR(14), PRIMARY KEY(emp_no));
INSERT INTO tb_test1 VALUES (10001, NULL), (10002, NULL), (10003, NULL), (10004, NULL);

UPDATE tb_test1 t1, employees e
SET t1.first_name=e.first_name
WHERE e.emp_no=t1.emp_no;
```

위의 예제 쿼리는 임시로 생성한 tb_test1 테이블과 employees 테이블을 사원 번호로 조인한 다음, employees 테이블의 first_name 칼럼의 값을 tb_test1 테이블의 first_name 칼럼으로 복사하는 쿼리다. 그런데 JOIN UPDATE 쿼리도 2개 이상의 테이블을 우선 조인해야 하므로 테이블의 조인 순서에 따라 UPDATE 문장의 성능이 달라질 수 있다. 그래서 실행 계획을 확인하는 것이 좋은데, 문제는 MySQL에서는 UPDATE 문장에 대해서는 실행 계획을 확인할 수 없다는 것이다. 이럴 때는 UPDATE 쿼리를 다음과 같이 SELECT 쿼리로 변경해 실행 계획을 확인해볼 수밖에 없다.

```
SELECT * FROM tb_test1 t1, employees e
WHERE e.emp_no=t1.emp_no;
```

이제 GROUP BY가 포함된 JOIN UPDATE에 대해 조금 살펴보자. 다음 예제의 첫 번째 쿼리는 테스트를 목적으로 departments 테이블에 emp_count 칼럼을 추가한 것이다. departments 테이블에 추가된 emp_count는 해당 부서에 소속된 사원의 수를 저장하기 위한 칼럼이다.

```
ALTER TABLE departments ADD emp_count INT;

UPDATE departments d, dept_emp de
SET d.emp_count=COUNT(*)
WHERE de.dept_no=d.dept_no
GROUP BY de.dept_no;
```

위의 GROUP BY를 포함한 JOIN UPDATE는 dept_emp 테이블에서 각 부서별로 사원의 수를 세어 departments 테이블의 emp_count 칼럼에 업데이트하기 위해 만든 쿼리다. dept_emp 테이블에서 부서별로 사원의 수를 세기 위해 GROUP BY가 사용된 것을 알 수 있다. 하지만 이 쿼리는 작동하지 않고 에러를 발생시킬 것이다. JOIN UPDATE 문장에서는 GROUP BY나 ORDER BY 절을 사용할 수 없기 때문이다. 그러면 이 작업을 처리하려면 어떻게 해야 할까? 바로 이렇게 문법적으로 지원하지 않는 SQL에 대해 서브 쿼리를 이용한 파생 테이블을 사용하는 것이다. 이 JOIN UPDATE 문장을 서브 쿼리를 이용해 다시 작성해 보자.

```
UPDATE departments d,
  (SELECT de.dept_no, COUNT(*) AS emp_count FROM dept_emp de GROUP BY de.dept_no) dc
SET d.emp_count=dc.emp_count
WHERE dc.dept_no=d.dept_no;
```

위의 예제 쿼리에서는 우선 서브 쿼리로 dept_emp 테이블을 dept_no로 그룹핑하고, 그 결과를 파생 테이블로 저장했다. 그리고 이 결과와 departments 테이블을 조인해 departments 테이블의 emp_count 칼럼에 업데이트한 것이다. 이미 조인에서 배웠지만 이 예제 쿼리와 같이 일반 테이블이 조인될 때는 임시 테이블이 드라이빙 테이블이 되는 것이 일반적으로 빠른 성능을 보여준다. MySQL의 옵티마이저가 최적의 조인 방향을 잘 알아서 선택하겠지만 혹시라도 원하는 조인의 방향을 옵티마이저에게 알려주고 싶다면 다음과 같이 JOIN UPDATE 문장에 STRAIGHT_JOIN이라는 키워드를 사용하면 된다.

```
UPDATE (SELECT de.dept_no, COUNT(*) as emp_count FROM dept_emp de GROUP BY de.dept_no) dc
  STRAIGHT_JOIN departments d ON dc.dept_no=d.dept_no
SET d.emp_count=dc.emp_count;
```

여기에 사용된 STRAIGHT_JOIN 키워드는 조인의 순서를 지정하는 MySQL 힌트이기도 하지만 INNER JOIN 또는 LEFT JOIN과 같이 조인 키워드로 사용되기도 한다. INNER JOIN이나 LEFT JOIN 키워드는 사실 테이블의 조인 순서를 결정하는 키워드는 아니다. 하지만 STRAIGHT_JOIN 키워드는 조인의 순서를 결정하는 키워드다. STRAIGHT_JOIN 키워드 왼쪽에 명시된 테이블이 드라이빙 테이블이 되며, 우측의 테이블은 드리븐 테이블이 된다. 힌트로 사용되는 STRAIGHT_JOIN 키워드는 나중에 자세히 더 알아보겠다.

7.7 DELETE

DELETE 문장도 UPDATE 문장과 비슷하게, 테이블 하나에 대해 1~2건의 레코드를 삭제하는 용도로 사용한다. 하지만 DELETE 문장도 위에서 설명한 UPDATE 문장과 마찬가지로 조인을 이용해 두 개 이상의 테이블에서 동시에 레코드를 삭제하거나, 정렬해서 상위 몇 건만 삭제하는 기능이 모두 가능하다.

7.7.1 DELETE ⋯ ORDER BY ⋯ LIMIT n

DELETE 문장에서 ORDER BY 절이나 LIMIT 절을 사용하는 방법은 UPDATE 문장과 같다.

```
DELETE FROM employees ORDER BY first_name LIMIT 10;
```

물론 UPDATE 문장과 같이 바이너리 로그를 기록하는 마스터 MySQL에서 ORDER BY와 LIMIT 절이 동시에 지정된 DELETE 문장을 사용하면 경고 메시지를 에러 로그 파일에 기록한다. 또한 마스터와 슬레이브 MySQL에서 다른 레코드를 삭제할 가능성에 대해서도 똑같은 주의가 필요하다.

7.7.2 JOIN DELETE

JOIN DELETE를 이용하면 여러 테이블을 조인해 레코드를 삭제하는 것이 가능하다. JOIN DELETE 문장을 사용하려면 단일 테이블의 DELETE 문장과는 조금 다른 문법으로 쿼리를 작성해야 한다. 우선 3개의 테이블을 조인해서 그 중 하나의 테이블에서만 레코드를 삭제하는 예제를 살펴보자.

```
DELETE e
FROM employees e, dept_emp de, departments d
WHERE e.emp_no=de.emp_no AND de.dept_no=d.dept_no
  AND d.dept_no='d001';
```

위 예제는 employees, dept_emp, departments라는 3개의 테이블을 조인한 다음, 조인이 성공한 레코드에 대해 employees 테이블의 레코드만 삭제하는 쿼리다. 일반적으로 하나의 테이블에서 레코드를 삭제할 때는 "DELETE FROM 테이블명 …"과 같은 문법으로 사용하지만, JOIN DELETE 문장에서는 JOIN DELETE와 FROM 절 사이에 삭제할 테이블을 명시해야 한다. 이 예제에서는 조인을 위해 FROM 절에는 employees와 dept_emp, 그리고 departments 테이블을 명시했고, DELETE와 FROM 절 사이에는 실제로 삭제할 employees 테이블의 별명만 명시했다.

JOIN DELETE 문장으로 하나의 테이블에서만 레코드를 삭제할 수 있는 것은 아니다.

```
DELETE e, de
FROM employees e, dept_emp de, departments d
WHERE e.emp_no=de.emp_no AND de.dept_no=d.dept_no
  AND d.dept_no='d001';

DELETE e, de, d
FROM employees e, dept_emp de, departments d
WHERE e.emp_no=de.emp_no AND de.dept_no=d.dept_no
  AND d.dept_no='d001';
```

위 예제에서 첫 번째 쿼리는 employees와 dept_emp, 그리고 departments 테이블을 조인해서 employees와 dept_emp 테이블에서 동시에 레코드를 삭제하는 쿼리이며, 두 번째 쿼리는 3개의 테이블 모두 삭제하는 예제다. 물론 JOIN DELETE 또한 JOIN UPDATE와 마찬가지로 SELECT 쿼리로 변환해서 실행 계획을 확인해 볼 수 있다. 만약 옵티마이저가 적절한 조인 순서를 결정하지 못한다면 다음 예제와 같이 STRAIGHT_JOIN 키워드를 이용해 조인의 순서를 옵티마이저에게 지시할 수 있다.

```
DELETE e, de, d
FROM departments d
    STRAIGHT_JOIN dept_emp de ON de.dept_no=d.dept_no
    STRAIGHT_JOIN employees e ON e.emp_no=de.emp_no
WHERE d.dept_no='d001';
```

7.8 스키마 조작 (DDL)

데이터베이스의 구조 및 정의를 생성하거나 변경하는 쿼리를 DDL(Data Definition Language)이라고 한다. 스토어드 프로시저나 함수, 그리고 DB나 테이블 등을 생성하거나 변경하는 대부분의 명령이 DDL에 해당한다. 이런 DDL 가운데 인덱스나 칼럼을 추가하고 삭제하는 작업은 테이블의 모든 레코드를 임시 테이블로 복사하면서 처리되므로 매우 주의해야 한다. MySQL 5.1부터는 InnoDB 테이블의 구조를 변경하는 DDL은 많이 개선되면서 인덱스를 생성하거나 삭제하는 작업은 테이블의 레코드를 복사하지 않고 처리된다. 여기서는 중요 DDL 문의 문법과 함께 어떤 DDL 문이 특히 느리고 큰 부하를 유발하는지도 함께 살펴보겠다.

이 예제에서도 필요한 경우 대괄호("[]")를 사용한 곳이 있는데, 이는 MySQL 매뉴얼의 대괄호와 동일하게 선택적인 키워드를 의미한다.

7.8.1 데이터베이스

MySQL에서 하나의 인스턴스는 1개 이상의 데이터베이스를 가질 수 있는데, MySQL의 데이터베이스는 단순히 테이블을 모아서 그룹으로 만들어 둔다는 개념으로 사용한다. 그래서 데이터베이스 단위로 변경하거나 설정하는 DDL 명령은 그다지 많지 않다. 데이터베이스에 설정할 수 있는 옵션은 기본 문자집합이나 콜레이션을 설정하는 정도이므로 간단하다.

데이터베이스 생성

```
CREATE DATABASE [IF NOT EXISTS] employees;
CREATE DATABASE [IF NOT EXISTS] employees CHARACTER SET utf8;
CREATE DATABASE [IF NOT EXISTS] employees CHARACTER SET utf8 COLLATE utf8_general_ci;
```

첫 번째 명령은 기본 문자집합과 콜레이션으로 db_test라는 데이터베이스를 생성한다. 여기서 기본이라 함은 MySQL 서버의 "character_set_server" 시스템 변수에 정의된 문자집합을 사용한다는 의미다. 두 번째와 세 번째 명령은 별도의 문자집합과 콜레이션이 지정된 데이터베이스를 생성한다. 만약 이미 동일 이름의 데이터베이스가 있다면 이 DDL 문장은 에러를 유발할 것이다. 하지만 "IF NOT EXISTS"라는 키워드를 사용하면 데이터베이스가 없는 경우에만 생성하고, 이미 있다면 이 DDL은 그냥 무시된다.

데이터베이스 목록

```
SHOW DATABASES;
SHOW DATABASES LIKE '%emp%';
```

접속된 MySQL 서버가 가지고 있는 데이터베이스의 목록을 나열한다. 단, 권한을 가지고 있는 데이터 베이스의 목록만 표시하며, 이 명령을 실행하려면 "SHOW DATABASES" 권한이 있어야 한다. 두 번째 명령은 "emp"라는 문자열을 포함한 데이터베이스 목록만 표시한다.

데이터베이스 선택

```
USE employees;
```

기본 데이터베이스를 선택하는 명령이다. SQL 문장에서 별도로 데이터베이스를 명시하지 않고 테이블 이름이나 프로시저의 이름만 명시하면 MySQL 서버는 현재 커넥션의 기본 데이터베이스에서 주어진 테이블이나 프로시저를 검색한다. 만약 기본 데이터베이스에 존재하지 않는 테이블이나 프로시저를 사용하려면 다음과 같이 테이블이나 프로시저의 이름 앞에 데이터베이스 이름을 반드시 명시해야 한다.

```
SELECT * FROM employees.departments;
```

데이터베이스 속성 변경

```
ALTER DATABASE employees CHARACTER SET=euckr;
ALTER DATABASE employees CHARACTER SET=euckr COLLATE= euckr_korean_ci;
```

데이터베이스를 생성할 때 지정한 문자집합이나 콜레이션을 변경한다.

데이터베이스 삭제

```
DROP DATABASE [IF EXISTS] employees;
```

데이터베이스를 삭제한다. 지정한 이름의 데이터베이스가 존재하지 않는다면 에러가 날 것이다. 하지 만 "IF EXISTS" 키워드를 사용하면 해당 데이터베이스가 존재할 때만 삭제하고, 그렇지 않으면 이 명 령을 실행하지 않는다.

7.8.2 테이블

테이블 생성

다음 예제는 테이블을 생성하는 CREATE 문장이다. 설명을 위해 가능한 한 많은 옵션이 포함된 칼럼으로 테이블 생성 예제를 준비했다.

```
CREATE [TEMPORARY] TABLE [IF NOT EXISTS] tb_test (
    member_id BIGINT [UNSIGNED] [AUTO_INCREMENT],
    nickname CHAR(20) [CHARACTER SET 'utf8'] [COLLATE 'utf8_general_ci'] [NOT NULL],
    home_url VARCHAR(200) [COLLATE 'latin1_general_cs'],
    birth_year SMALLINT [(4)] [UNSIGNED] [ZEROFILL],
    member_point INT [NOT NULL] [DEFAULT 0],
    registered_dttm DATETIME [NOT NULL],
    modified_ts TIMESTAMP [NOT NULL] [DEFAULT CURRENT_TIMESTAMP],
    gender ENUM('Female','Male') [NOT NULL],
    hobby SET('Reading','Game','Sports'),
    profile TEXT [NOT NULL],
    session_data BLOB,
    PRIMARY KEY (member_id),
    UNIQUE INDEX ux_nickname (nickname),
    INDEX ix_registereddttm (registered_dttm)
) ENGINE=INNODB;
```

TEMORARY 키워드를 사용하면 해당 데이터베이스 커넥션(세션)에서만 사용 가능한 임시 테이블을 생성한다. 테이블의 생성 또한 데이터베이스와 마찬가지로 이미 같은 이름의 테이블이 있으면 오류가 발생하는데, "IF NOT EXISTS" 옵션을 사용하면 오류를 무시한다. MySQL은 테이블을 정의한 스크립트 마지막에 테이블이 사용할 스토리지 엔진을 결정하기 위해 ENGINE이라는 키워드를 사용할 수 있다. 위 쿼리에서는 ENGINE=InnoDB라고 정의했기 때문에 이 테이블은 InnoDB 스토리지 엔진을 사용하는 테이블로 생성된다.

각 칼럼은 "칼럼명+칼럼타입+[타입별 옵션]+[NULL여부]+[기본값]"의 순서대로 명시하고, 각 타입별로 다음과 같은 옵션을 추가로 사용할 수 있다.

- 모든 칼럼은 공통적으로 칼럼의 초기값을 설정하는 DEFAULT 절과, 칼럼이 NULL이 될 수 있는지 여부를 나타내고자 NULL 또는 NOT NULL 제약을 명시할 수 있다.
- 문자열 타입은 타입 뒤에 반드시 칼럼에 최대한 저장할 수 있는 문자 수를 명시해야 한다. 그리고 CHARACTER SET 절은 칼럼에 저장되는 문자열 값이 어떤 문자집합을 사용할지를 결정하고, COLLATE로 비교나 정렬 규칙을 나타내고자 콜레이션을 설정할 수 있다. CHARACTER SET만 설정되면 해당 문자집합의 기본 콜레이션이 자동으로 설정된다.
- 숫자 타입은 선택적으로 길이를 가질 수 있지만, 이는 실제 칼럼에 저장될 값의 길이를 의미하는 것이 아니다. 그리고 양수만 가질지 음수와 양수를 모두 저장할지에 따라 선택적으로 UNSIGNED 키워드를 명시할 수 있다. UNSIGNED 키워드를 명시하지 않으면 기본적으로 SIGNED가 되고, 음수와 양수 모두 저장할 수 있다. 숫자 타입은 ZEROFILL이라는 키워드도 선택적으로 가질 수 있는데, 이는 숫자 값의 왼쪽에 '0'을 패딩할지를 결정하는 옵션이다.
- 날짜 타입에서 DATE나 DATETIME 타입은 특별히 명시할 수 있는 옵션이 없다. 하지만 TIMESTAMP 타입은 어떤 조작을 할 때 값이 자동으로 현재 시간으로 업데이트할지를 결정하는 옵션을 추가로 명시할 수 있다.
- ENUM 또는 SET 타입은 타입의 이름 뒤에 해당 칼럼이 가질 수 있는 값을 괄호로 정의해야만 한다.

각 칼럼의 타입별로 사용할 수 있는 속성이나 특성에 대해서는 15장, "데이터 타입"에서 자세히 살펴보겠다.

테이블 구조 조회

MySQL에서 테이블의 구조를 확인하는 방법은 두 가지가 있다.

SHOW CREATE TABLE

SHOW CREATE TABLE 명령을 사용하면 테이블의 CREATE TABLE 문장을 표시해준다. 하지만 SHOW CREATE TABLE 명령으로 나온 출력값이 최초 테이블을 생성할 때 사용자가 실행한 내용을 그대로 보여주는 것은 아니다. MySQL 서버가 테이블의 메타 정보(*.FRM 파일)를 읽어서 이를 CREATE TABLE 명령으로 재작성해서 보여주는 것이다. 이 명령은 특별한 수정 없이 바로 사용할 수 있는 CREATE TABLE 명령을 만들어주기 때문에 상당히 유용하다.

```
mysql> SHOW CREATE TABLE employees;

CREATE TABLE 'employees' (
  'emp_no' INT(11) NOT NULL,
  'birth_date' DATE NOT NULL,
  'first_name' VARCHAR(14) NOT NULL,
  'last_name' VARCHAR(16) NOT NULL,
  'gender' ENUM('M','F') NOT NULL,
  'hire_date' DATE NOT NULL,
  PRIMARY KEY ('emp_no')
) ENGINE=INNODB DEFAULT CHARSET=utf8;
```

SHOW CREATE TABLE 명령은 칼럼의 목록과 인덱스, 그리고 외래키 정보를 동시에 보여주기 때문에 필자는 SQL을 튜닝하거나 테이블의 구조를 확인할 때 주로 이 명령을 사용한다.

DESC 또는 DESCRIBE

DESC 명령은 DESCRIBE의 약어 형태의 명령으로 둘 모두 같은 결과를 보여준다. DESC 명령은 테이블의 칼럼 정보를 보기 좋게 표 형태로 표시해준다. 하지만 인덱스나 외래키 그리고 테이블 자체의 속성을 보여주지는 않으므로 테이블의 전체적인 구조를 한 번에 확인하기는 어렵다.

```
mysql> DESC employees;
+------------+---------------+------+-----+---------+-------+
| Field      | Type          | Null | Key | Default | Extra |
+------------+---------------+------+-----+---------+-------+
| emp_no     | int(11)       | NO   | PRI | NULL    |       |
| birth_date | date          | NO   |     | NULL    |       |
| first_name | varchar(14)   | NO   |     | NULL    |       |
| last_name  | varchar(16)   | NO   |     | NULL    |       |
| gender     | enum('M','F') | NO   |     | NULL    |       |
| hire_date  | date          | NO   |     | NULL    |       |
+------------+---------------+------+-----+---------+-------+
```

테이블 구조 변경

테이블의 구조를 변경하려면 ALTER TABLE 명령을 사용한다. ALTER TABLE 명령은 테이블 자체의 속성을 변경할 수 있을 뿐더러 인덱스의 추가 삭제나 칼럼을 추가/삭제하는 용도로도 사용된다. ALTER TABLE 명령을 이용해 인덱스나 칼럼을 추가하거나 삭제하는 방법은 나중에 다시 살펴보겠다.

테이블 자체에 대한 속성 변경은 주로 테이블의 문자집합이나 스토리지 엔진, 그리고 파티션 구조 등의 변경인데, 파티션과 관련된 부분은 10장, "파티션"에서 자세히 알아보기로 하고, 여기서는 스토리지 엔진과 문자집합을 변경하는 예제를 한번 살펴보겠다.

```
ALTER TABLE employees CHARACTER SET 'euckr';
ALTER TABLE employees ENGINE=myisam;
```

테이블의 문자집합을 변경하는 첫 번째 명령은 테이블 내에 이미 존재하는 칼럼의 문자집합을 변경하는 것이 아니고 앞으로 추가될 칼럼의 기본 문자집합만 변경하는 명령이다. 일반적으로 칼럼의 문자집합이나 콜레이션을 변경하는 작업은 테이블의 데이터를 새로 재구성하는 작업이 필요하지만 첫 번째 예제와 같이 테이블의 기본 문자집합을 변경하는 쿼리는 즉시 처리가 완료된다. 하지만 칼럼 단위로 문자집합을 설정할 수 있기 때문에 테이블의 기본 문자집합을 변경할 일은 거의 없다.

두 번째 쿼리는 테이블의 스토리지 엔진을 변경하는 명령이다. 이 명령은 내부적인 테이블의 저장소를 변경하는 것이라서 항상 테이블의 모든 레코드를 복사하는 작업이 필요하다. ALTER TABLE 문장에 명시된 ENGINE이 기존과 같더라도 테이블의 데이터를 복사하는 작업은 실행되기 때문에 주의해야 한다. 이 명령은 실제 테이블의 스토리지 엔진을 변경하는 목적으로도 사용하지만, 테이블 데이터를 리빌드하는 목적으로도 사용한다. 테이블 리빌드 작업은 주로 레코드의 삭제가 자주 발생하는 테이블에서 데이터가 저장되지 않은 빈 공간(프래그멘테이션, Fragmentation)을 제거해 디스크의 공간을 줄이는 역할을 한다.

> **참고**
>
> 테이블이 사용하는 디스크 공간의 프래그멘테이션을 최소화하고, 테이블의 구조를 최적화하기 위한 OPTIMIZE TABLE이라는 명령이 있다. InnoDB 스토리지 엔진을 사용하는 테이블에 대해 OPTIMIZE TABLE이라는 명령을 사용하면 InnoDB 스토리지 엔진은 내부적으로 "ALTER TABLE … ENGINE=InnoDB" 명령과 동일한 작업을 수행한다. 결국 InnoDB 테이블에서 "테이블 최적화"란 테이블의 레코드를 한 건씩 새로운 테이블에 복사함으로써 테이블의 레코드를 컴팩트하게 만들어주는 것이다.
>
> 그런데 InnoDB 테이블에서 칼럼을 추가하거나 삭제하는 작업은 모두 이러한 테이블 리빌드 작업이 필요하다. 즉, InnoDB 테이블에 칼럼을 추가하거나 삭제하는 등 데이터 복사 작업이 필요한 스키마 변경 작업을 수행하면 테이블이 최적화된다는 의미다. 불필요하게 칼럼을 추가하는 DDL을 실행하고, 다시 바로 OPTIMIZE TABLE 명령을 실행할 필요가 없다는 것이다.

RENAME TABLE

RENAME TABLE 명령은 테이블의 이름을 변경하는 명령으로 주로 2가지 용도로 사용할 수 있다. 각각 용도별로 구분해서 사용법을 살펴보자.

테이블의 이름 변경

RENAME TABLE 명령을 이용해 테이블의 이름을 변경하는 기능이 어떤 경우에 유용하게 사용될 수 있는지 간단한 업무 시나리오를 만들어서 살펴보자.

> 입사 년도별로 사원의 수를 보여주는 프로그램이 있다. 이 프로그램은 아주 많은 사원들이 관심을 두기 때문에 아주 빈번하게 사원 테이블을 GROUP BY하는 SELECT 쿼리가 실행돼야 한다. 하지만 전체 사원의 수가 많고, GROUP BY도 적절히 인덱스를 사용하지 못해 MySQL 서버에 상당한 부하가 예상된다. 그래서 하루에 한 번씩 통계용 배치 프로그램을 실행해 전체 통계 정보를 생성한 뒤 그 결과를 사원들이 SELECT할 수 있게 하려고 한다.

이 시나리오를 실제 프로그램으로 구현할 때 가장 큰 문제점은 무엇일까? 새로운 통계 정보를 구하기 위해 새로운 테이블을 생성하고, 그 테이블에 통계 정보를 모두 저장했다고 가정해보자. 문제는 어제의 통계 테이블과 오늘 생성된 새로운 통계 테이블을 바꿔치기해야 한다는 점이다. 물론, 바꿔치기 하는 순간에 SELECT를 실행한 사용자는 무시하겠다고 한다면 간단하겠지만, 많은 사용자에게 에러를 표시해야 한다면 간단히 무시할 수 있는 문제가 아닐 것이다. 이런 부분을 해결하기 위해 테이블을 날짜별로 생성하거나 하나의 테이블에 플래그 칼럼을 넣어서 구현하는 방법을 생각할 수 있을 것이다. 하지만 이 역시 통계 수집을 위한 배치 작업이 언제 끝날지 모른다거나 또는 이 작업을 위해 2~3번씩 쿼리를 해야 하는 등의 문제점이 있다.

하지만 RENAME TABLE 명령을 이용하면 아주 쉽게 이 문제를 해결할 수 있다. 위에서 이야기한 시나리오를 RENAME TABLE 명령으로 구현한 예제를 살펴보자.

```
CREATE TABLE temp_emp_stat (hire_year INT NOT NULL, emp_count INT);

-- // employees 테이블을 SELECT해서 temp_emp_stat 테이블에 저장
RENAME TABLE emp_stat TO backup_emp_stat;
RENAME TABLE temp_emp_stat TO emp_stat;
```

임시 통계 저장을 위해 temp_emp_stat이라는 테이블을 만들고, 이 테이블에 통계 결과를 저장한다. 그리고 두 번째 명령으로 어제의 통계 테이블은 backup_emp_stat이라는 이름으로 바꾸고, 세 번째 명령으로 오늘의 통계가 저장된 임시 테이블을 서비스용 테이블인 emp_stat으로 변경한다. 하지만 이 구현에는 한 가지 문제가 있다. 두 번째 명령과 세 번째 명령 사이 잠깐의 시간 동안 emp_stat 테이블이 없어지는 순간이 발생하는데, 이 시간에 통계를 SELECT하는 쿼리는 "테이블이 없다"라는 에러를 받게 될 것이다.

이 문제는 RENAME TABLE 명령을 다음과 같이 변경해서 3개의 테이블을 하나의 RENAME TABLE 명령으로 동시에 처리함으로써 해결할 수 있다.

```
CREATE TABLE temp_emp_stat (hire_year INT NOT NULL, emp_count INT);

-- // employees 테이블을 SELECT해서 temp_emp_stat 테이블에 저장
RENAME TABLE emp_stat TO backup_emp_stat,
             temp_emp_stat TO emp_stat;
```

위의 예제에서 두 번째 쿼리는 하나의 RENAME TABLE 명령으로 두 테이블의 이름 변경 작업을 처리한 것이다. 즉, 하나의 트랜잭션으로 여러 테이블의 이름을 바꿀 수 있다는 의미다. MySQL에서는 RENAME TABLE 명령을 실행할 때 네임 락(Name lock)이라는 잠금을 사용해 RENAME TABLE 명령에 있는 모든 테이블에 대해 한 번에 잠금을 걸고 작업을 진행한다. 물론 이 쿼리도 잠깐 테이블이 없는 시점은 발생할 수 있다. 하지만 그 시점에서 실행된 SELECT 쿼리는 "테이블이 없다"라는 에러를 받는 것이 아니라 RENAME TABLE 명령이 완료될 때(네임 락이 해제될 때)까지 기다린다. 하지만 일반적으로 RENAME TABLE은 아주 짧은 시간에 처리되기 때문에 이는 그다지 큰 문제가 되지 않는다.

MySQL에서 테이블 이름을 변경하는 RENAME TABLE 명령은 시스템적으로(운영체제 레벨에서) 원자성(Atomicity) 작업이 아니다. MyISAM 테이블에서 RENAME TABLE 명령은 *.FRM 과 *.MYD, 그리고 *.MYI 파일 이름을 변경해야 한다. InnoDB에서는 *.FRM 파일 이름 변경 작업과 함께 InnoDB 스토리지 엔진 내에서 관리되는 딕셔너리 정보의 변경이 필요하다. MySQL 서버의 부하와 관계없이 MyISAM 테이블에서 RENAME TABLE 명령을 사용할 때 문제를 일으킨 적은 없었다. 하지만 InnoDB 테이블에서는 많은 데이터가 변경된 이후 바로 RENAME TABLE 명령을 실행하면 문제를 일으킬 때가 꽤 있었다. InnoDB 테이블에서 RENAME TABLE 명령이 실패하면 MySQL 엔진이 관리하는 *.FRM 파일과 InnoDB 스토리지 엔진이 관리하는 딕셔너리의 테이블 메타 정보가 불일치하는 현상이 발생할 수 있다. 이런 문제가 발생하면 17장, "응급처치"(978쪽)를 참조해서 해결하는 것이 좋다.

통계나 집계성 테이블은 쓰기와 읽기가 혼용되는 것이 아니라 읽기 위주로 사용되기 때문에 MyISAM 테이블로 생성해도 특별히 문제될 것이 없다. 만약 위에서 예를 든 시나리오의 기능이 필요하다면 MyISAM 스토리지 엔진을 사용하는 테이블을 사용할 것을 권장한다.

테이블의 DB 변경

RENAME TABLE 명령은 순수하게 테이블의 이름을 변경하는 것뿐만 아니라 테이블을 A 데이터베이스에서 B 데이터베이스로 옮길 때도 유용하게 사용될 수 있다. 예를 들어, 현재 db1이라는 데이터베이스에 생성돼 있는 employees 테이블을 db2라는 데이터베이스로 이동하려면 다음과 같은 RENAME TABLE 명령을 이용해 간단히 해결할 수 있다.

```
RENAME TABLE db1.employees TO db2.employees;
```

하나의 데이터베이스 내에서 테이블 이름만 변경한다면 RENAME TABLE 명령은 파일 시스템의 데이터 파일의 이름만 변경하는 형태로 처리할 것이다. 그리고 위의 예제와 같이 테이블의 이름은 그대로이지만 데이터베이스를 바꿀 때는 db1 디렉터리에 있는 employees 테이블의 데이터 파일을 db2 디렉터리로 이동시킨다. 어떤 방식이든 얼마나 많은 레코드를 가지고 있든 관계없이 RENAME TABLE 명령은 특별한 문제가 없는 한 즉시 완료된다.

> **주 의** MySQL 서버에 db1과 db2라는 데이터베이스가 있는데, 두 데이터베이스가 같은 운영체제의 서로 다른 파티션에 만들어졌다고 가정해보자. 일반적으로 유닉스나 윈도우에서 서로 다른 파티션으로 파일을 이동할 때는 데이터 파일을 먼저 복사하고 복사를 완료하면 원본 파티션의 파일은 삭제하는 형태로 처리한다. MySQL 서버의 RENAME TABLE에서도 똑같이 작동하게 된다.
>
> RENAME TABLE을 이용해 테이블을 db1에서 db2로 이동할 때 만약 db1과 db2가 서로 다른 운영체제의 파일 시스템을 사용하고 있었다면 이 RENAME TABLE 명령은 데이터 파일의 복사 작업이 필요하기 때문에 데이터 파일의 크기에 비례해서 시간이 소요될 것이다.

테이블의 상태 조회

MySQL의 모든 테이블은 만들어진 시간, 대략의 레코드 건수, 데이터 파일의 크기 등의 정보를 가지고 있다. 또한, 데이터 파일의 버전이나 레코드 포맷 등과 같이 자주 사용되지는 않지만 중요한 정보도 가지고 있는데, 이런 정보를 조회해볼 수 있는 명령이 "SHOW TABLE STATUS …"이다. SHOW TABLE STATUS 명령은 "LIKE '패턴'"과 같은 조건을 사용해서 특정 테이블의 상태만 조회하는 것도 가능하다.

```
mysql> SHOW TABLE status LIKE 'employees'\G
*************************** 1. row ***************************
           Name: employees
         Engine: InnoDB
        Version: 10
     Row_format: Compact
           Rows: 300141
 Avg_row_length: 50
    Data_length: 15220736
Max_data_length: 0
   Index_length: 0
      Data_free: 186646528
 Auto_increment: NULL
    Create_time: 2011-02-03 20:53:54
    Update_time: NULL
     Check_time: NULL
      Collation: utf8_general_ci
       Checksum: NULL
 Create_options:
        Comment:
```

위의 SHOW TABLE STATUS 명령 결과를 보면 테이블이 어떤 스토리지 엔진을 사용하는지, 그리고 데이터 파일의 포맷을 뭘 사용하고 있는지 등을 조회할 수 있다. 때로는 테이블의 크기가 너무 커서 테이블의 전체 레코드 건수가 궁금한 경우에도 SHOW TABLE STATUS 명령을 유용하게 사용할 수 있다. 위의 결과에서는 대략 30만건의 레코드를 가지고 있다는 것을 알 수 있다. 그리고 레코드 하나의 평균 크기가 대략 50바이트라는 점도 확인할 수 있다. 여기에 출력되는 레코드 건수나 레코드 평균 크기는 MySQL 서버가 예측하고 있는 값이라서 테이블이 너무 작거나 너무 크면 오차가 더 커질 수도 있다.

> **참 고** 위의 예제 쿼리 마지막에 사용된 "\G"는 레코드의 칼럼을 라인당 하나씩만 표현하게 하는 옵션이다. 또한 "\G"는 SQL 문장의 끝을 의미하기도 하기 때문에 "\G"가 있으면 별도로 ";"를 붙이지 않아도 쿼리 입력이 종료된 것으로 간주한다. 레코드의 칼럼 개수가 많거나 각 칼럼의 값이 너무 긴 경우에는 쿼리의 마지막에 "\G"를 사용해 결과를 좀 더 가독성 있게 출력할 수 있다.

테이블 구조 복사

테이블의 구조는 같지만 이름만 다른 테이블을 생성할 때는 "SHOW CREATE TABLE" 명령을 이용해 테이블의 생성 DDL을 조회한 후에 조금 변경해서 만들 수도 있다. 또한 "CREATE TABLE .. AS

SELECT .. LIMIT 0" 명령으로 테이블의 생성할 수도 있다. 하지만 "SHOW CREATE TABLE" 명령을 이용하면 조금 변경해야 하고 CREATE TABLE .. AS SELECT .. LIMIT 0은 인덱스가 생성되지 않는다는 단점이 있다. 데이터는 복사하지 않고 테이블의 구조만 동일하게 복사하는 명령으로 "CREATE TABLE .. LIKE"를 사용하면 구조가 같은 테이블을 손쉽게 생성할 수 있다.

```
CREATE TABLE temp_employees LIKE employees;
```

위의 명령은 employees 테이블에 존재하는 모든 칼럼과 인덱스가 같은 temp_employees라는 테이블을 생성하는 예제다. 만약 CREATE TABLE .. AS SELECT ..와 마찬가지로 데이터까지 복사하려면 CREATE TABLE .. LIKE 명령을 실행하고, 다음과 같은 INSERT .. SELECT 명령을 실행하면 된다.

```
INSERT INTO temp_employees SELECT * FROM employees;
```

테이블 구조 및 데이터 복사

"CREATE TABLE .. AS SELECT .." 명령을 이용하면 하나 이상의 다른 테이블로부터 SELECT된 결과를 이용해 새로운 테이블을 만들 수 있다. 이미 많은 사용자가 알고 있고 그다지 특별할 것 없는 기능이지만, 이 명령에서 주의해야 할 점이 하나 있다. MySQL의 CREATE TABLE .. AS SELECT .. 명령은 원본 테이블에서 SELECT한 값을 대상 테이블에 저장할 때 칼럼의 순서가 아니라 칼럼의 이름으로 매칭해서 저장한다는 것이다. CREATE TABLE 명령에서 칼럼의 이름을 명시하지 않는다면 특별히 문제가 되지 않지만 CREATE TABLE 절에 칼럼을 직접 명시해서 생성하는 경우에는 SELECT하는 칼럼의 이름을 그대로 이용해야 한다. 다음 예제를 한번 살펴보자.

```
CREATE TABLE temp_employees (
  birth_date DATE NOT NULL,
  hire_date DATE NOT NULL,
  last_name VARCHAR(16) NOT NULL,
  first_name VARCHAR(14) NOT NULL,
  emp_no INT(11) NOT NULL,
  gender ENUM('M','F') NOT NULL,
  PRIMARY KEY (emp_no)
) ENGINE=INNODB
AS
SELECT emp_no, birth_date, first_name, last_name, gender, hire_date
FROM employees LIMIT 10;

-- // temp_employees에 복사된 레코드의 내용
```

```
mysql> SELECT * FROM temp_employees;
+--------+------------+------------+-----------+--------+------------+
| emp_no | birth_date | first_name | last_name | gender | hire_date  |
+--------+------------+------------+-----------+--------+------------+
|  10001 | 1953-09-02 | Georgi     | Facello   | M      | 1986-06-26 |
|  10002 | 1964-06-02 | Bezalel    | Simmel    | F      | 1985-11-21 |
|  10003 | 1959-12-03 | Parto      | Bamford   | M      | 1986-08-28 |
...
```

임시로 레코드를 복사해 둘 temp_employees 테이블을 만들 때 칼럼의 이름은 employees 테이블과 같게 했지만 칼럼의 순서는 조금 다르게 만들어 두었다. 그리고 SELECT 쿼리에서 가져오는 칼럼의 순서는 temp_employees 테이블의 칼럼 순서와 조금 다르게 만들어서 쿼리를 실행했다. 그런데 결과는 기대했던 것 이상으로 SELECT된 결과가 temp_employees 테이블의 칼럼에 정상적으로 저장된 것을 확인할 수 있다.

테이블을 생성할 때 칼럼명을 SELECT되는 칼럼에 없는 칼럼명을 만들면 어떻게 될까? temp_employees 테이블의 일부 칼럼을 SELECT 절의 칼럼과 다른 이름으로 생성하고 테스트해보자.

```
CREATE TABLE temp_employees (
  birth_date1 DATE NOT NULL,
  hire_date DATE NOT NULL,
  last_name VARCHAR(16) NOT NULL,
  first_name VARCHAR(14) NOT NULL,
  emp_no INT(11) NOT NULL,
  gender ENUM('M','F') NOT NULL,
  PRIMARY KEY (emp_no)
) ENGINE=INNODB
AS SELECT emp_no, birth_date, first_name, last_name, gender, hire_date
FROM employees LIMIT 10;
```

이 쿼리의 결과로 만들어진 temp_employees 테이블의 데이터는 다음과 같다.

```
mysql> SELECT * FROM temp_employees;
+-------------+--------+------------+------------+-----------+--------+------------+
| birth_date1 | emp_no | birth_date | first_name | last_name | gender | hire_date  |
+-------------+--------+------------+------------+-----------+--------+------------+
| 0000-00-00  |  10001 | 1953-09-02 | Georgi     | Facello   | M      | 1986-06-26 |
| 0000-00-00  |  10002 | 1964-06-02 | Bezalel    | Simmel    | F      | 1985-11-21 |
| 0000-00-00  |  10003 | 1959-12-03 | Parto      | Bamford   | M      | 1986-08-28 |
...
```

SELECT 절에 존재하지 않았던 birth_date1 칼럼에는 아무것도 저장되지 않고 기본값이 저장됐다. birth_date1 칼럼이 NOT NULL로 정의됐기 때문에 모두 "0000-00-00"이 저장된 것이다. 그리고 temp_employees 테이블을 생성할 때는 만들지도 않았던 birth_date 칼럼이 테이블의 마지막에 자동으로 추가되고, 그 칼럼에 SELECT된 birth_date 칼럼의 값이 저장된 것을 알 수 있다.

결론적으로, CREATE TABLE .. AS SELECT .. 명령은 SELECT되는 칼럼과 저장할 칼럼의 이름이 일치해야 한다는 것을 알 수 있다.

테이블 삭제

일반적으로 MySQL에서 레코드가 많지 않은 테이블을 삭제하는 작업은 서비스 도중이라 하더라도 문제되지 않는다. 하지만 레코드 건수가 많은 테이블을 삭제하는 작업은 상당히 부하가 큰 작업에 속한다. 그래서 테이블이 크다면 서비스 도중에 삭제 작업(DROP TABLE ...)은 수행하지 않는 것이 좋다.

MySQL에서 테이블(대표적으로 InnoDB나 MyISAM)을 삭제하려면 반드시 LOCK_open이라는 잠금을 획득해야 한다. 그런데 문제는 MySQL 5.0이나 5.1에서 LOCK_open은 글로벌 잠금이라는 것이다. MySQL 서버에서 SELECT나 INSERT 등의 쿼리가 실행되려면 테이블을 열고 닫는 작업이 필요한데, 만약 어떤 테이블에 LOCK_open 잠금이 걸려 있다면 그 테이블을 열거나 닫는 작업을 수행하지 못하고 기다려야 한다. 즉 A, B, C라는 3개의 테이블이 있다고 가정해보자. 이때 "DROP TABLE" 명령으로 A라는 테이블을 삭제하는 동안 A 테이블에는 LOCK_open 잠금이 걸리는데, 이 잠금은 A 테이블과 무관한 B나 C 테이블을 열거나 닫는 작업도 블러킹하게 된다. 그래서 A 테이블의 DROP TABLE 명령이 완료될 때까지 MySQL 서버는 다른 커넥션의 쿼리를 전혀 처리하지 못하게 되는 것이다.

그런데 DROP TABLE 명령은 실제 운영체제의 파일 시스템에 존재하는 데이터 파일까지 삭제해야 하므로 데이터가 많이 담긴 테이블일수록 LOCK_open 잠금에 의한 쿼리 블러킹은 장시간 지속될 것이다. 더 심각한 문제는 EXT3 파일 시스템(리눅스의 기본 파일 시스템)은 파일의 메타 정보 변경이나 파일 삭제가 상당히 느리기 때문에 LOCK_open 잠금에 의한 대기는 더 길어질 수밖에 없다는 것이다. 어떤 웹 사이트에서는 TRUNCATE TABLE과 DROP TABLE 명령을 섞어서 실행하는 방법을 대안으로 제시하기도 하지만 사실 이 방법은 크게 도움이 되지 않는다. 이 문제를 해결하는 방법은 MySQL 서버를 5.5.6 이상의 버전으로 업그레이드하거나, MySQL 5.1 버전에서는 운영체제의 파일 시스템으로 EXT3가 아니라 XFS를 사용하는 것이다.

7.8.3 칼럼 변경

대부분의 테이블 구조 변경 작업은 칼럼을 추가하거나 칼럼 타입을 변경하는 작업이다. ALTER TABLE 명령을 이용한 칼럼 추가 및 삭제, 칼럼 이름 변경, 칼럼 타입 변경에 대해 간단히 살펴보자.

칼럼 추가

MySQL에서 칼럼을 추가하는 작업은 항상 테이블의 데이터를 새로운 테이블로 복사하는 형태로 처리한다. 따라서 테이블의 레코드 건수가 많아질수록 칼럼 추가 작업이 느려진다. 테이블에 칼럼을 새로추가할 때는 반드시 칼럼의 이름과 타입을 명시해야 하며, 선택적으로 해당 칼럼의 타입이 가질 수 있는 속성을 명시할 수도 있다. 다음의 ALTER TABLE 명령에서 COLUMN 키워드는 입력하지 않아도무방하다.

```
ALTER TABLE employees ADD COLUMN emp_telno VARCHAR(20);
ALTER TABLE employees ADD COLUMN emp_telno VARCHAR(20) AFTER emp_no;
```

위 쿼리에서 첫 번째 ALTER TABLE 명령은 테이블의 가장 마지막에 emp_telno 칼럼을 추가하는 예제다. ALTER TABLE 명령에서 별도로 추가되는 칼럼의 위치를 지정하지 않으면 항상 테이블의 가장마지막에 새로운 칼럼이 추가된다. 두 번째 ALTER TABLE 명령에서는 "AFTER emp_no" 절이 추가돼 있으므로 emp_no 칼럼 뒤에 emp_telno 칼럼을 추가한다.

칼럼 삭제

칼럼을 삭제하는 작업도 테이블의 데이터를 새로운 테이블로 복사하면서 칼럼을 제거하는 형태로 처리하기 때문에 레코드 건수에 따라 처리 시간이 달라진다. 칼럼을 삭제할 때는 단순히 삭제할 칼럼의 이름만 명시하면 된다. 다음의 ALTER TABLE 명령에서 COLUMN 키워드는 입력하지 않아도 무방하다.

```
ALTER TABLE employees DROP COLUMN emp_telno;
```

칼럼 이름이나 칼럼 타입 변경

테이블 칼럼을 변경하는 작업은 단순히 칼럼의 이름이나 타입만 변경하거나 또는 NOT NULL 여부만 변경하는 등의 여러 가지로 있을 수 있다. 칼럼명을 변경할 때와 칼럼명 이외의 타입이나 NULL 여부 등의 속성을 변경할 때는 ALTER TABLE 명령의 문법이 조금 달라지므로 나눠서 살펴보자. 다음의 ALTER TABLE 명령에서 COLUMN 키워드는 입력하지 않아도 무방하다.

칼럼명을 변경하는 경우

ALTER TABLE 명령으로 칼럼 이름을 변경할 때는 CHANGE COLUMN 키워드 뒤에 지금의 칼럼 이름과 새로운 칼럼의 이름을 순서대로 명시하면 된다. 또한, 새로운 칼럼의 뒤에는 해당 칼럼의 타입을 명시해야 한다. 만약 칼럼의 타입이 전혀 변경되지 않는다면 기존 테이블의 칼럼과 똑같이 타입을 명시하면 된다. 만약 칼럼명과 동시에 타입까지 변경된다면 새로운 칼럼의 이름 뒤에 변경하려는 칼럼의 타입을 명시하면 된다.

```
ALTER TABLE employees CHANGE COLUMN first_name name VARCHAR(14) NOT NULL;
```

칼럼의 이름만을 변경하는 작업은 실제 테이블의 데이터는 변경하지 않고 테이블의 구조 정보(메타 정보)만 변경하는 작업이다. 따라서 위와 같이 칼럼의 이름만 변경하는 작업은 테이블의 레코드 건수와 관계없이 빠르게 처리된다. 하지만 InnoDB에서는 임시 테이블로 데이터를 복사하는 작업이 실행되기 때문에 레코드 건수에 따라 상당히 느리게 처리될 수도 있다.

칼럼명 이외의 타입이나 NULL 여부를 변경하는 경우

칼럼의 타입이나 NULL 여부 등을 변경할 때는 CHANGE COLUMN 키워드 대신 MODIFY COLUMN 키워드를 사용해야 한다. MODIFY COLUMN 키워드 뒤에는 칼럼을 추가할 때와 같이 칼럼의 새로운 타입과 속성을 명시하면 된다.

```
ALTER TABLE employees MODIFY COLUMN first_name VARCHAR(200) NOT NULL;
```

다음과 같이 ENUM이나 SET과 같은 타입에 새로운 아이템이 추가될 때는 데이터를 복사하지 않고 테이블의 메타 정보만 변경하기 때문에 빠르게 처리된다.

```
CREATE TABLE tb_enum (
  member_id INT NOT NULL,
  member_hobby ENUM ('Tennis','Game'),
  PRIMARY KEY(member_id)
);
```

```
ALTER TABLE tb_enum MODIFY COLUMN member_hobby ENUM('Tennis', 'Game', 'Climbing');
```

하지만 타입 변환이나 NULL 여부 변경은 테이블의 데이터를 복사하면서 구조를 변경하는 형태로 처리하기 때문에 레코드의 건수에 따라 상당히 시간이 걸리는 작업이 될 수 있다.

칼럼 변경을 위한 ALTER TABLE 진행 상황

MySQL의 InnoDB나 MyISAM 스토리지 엔진을 사용하는 테이블에서 칼럼을 추가하거나 삭제 및 변경하는 작업은 모두 테이블의 레코드를 임시 테이블로 복사하면서 처리된다. 그래서 ALTER TABLE 명령의 실행 시간이 길어질 수 있는데, 문제는 지금 ALTER TABLE 작업이 어느 정도 진행됐고 얼마나 더 시간이 걸릴지를 MySQL 서버가 알려주지 않는다는 것이다. 만약 아주 큰 테이블이라면 ALTER TABLE 명령이 끝날 때까지 기다리는 동안 더 불안한 마음으로 기다려야 할 것이다.

하지만 MySQL 서버가 직접 알려주는 것은 아니지만 MySQL 서버의 상태 값을 확인해 보면 현재 어느 정도 ALTER TABLE이 진행됐고 얼마나 더 기다려야 할지 대략적으로 예측할 수 있다. 아래의 예제를 간단히 살펴보자.

```
mysql> SHOW GLOBAL STATUS LIKE 'Handler%';
+--------------------------+-------+
| Variable_name            | Value |
+--------------------------+-------+
...
| Handler_read_rnd_next    | 15    |
| Handler_write            | 0     |
+--------------------------+-------+

mysql> ALTER TABLE employees ADD COLUMN new_column INT;

mysql> SHOW GLOBAL STATUS LIKE 'Handler%';
+--------------------------+--------+
| Variable_name            | Value  |
+--------------------------+--------+
...
| Handler_read_rnd_next    | 300057 |
| Handler_write            | 300040 |
+--------------------------+--------+
```

"Handler" 키워드로 시작하는 글로벌 상태 값을 조회하면 여러 상태 값이 표시되는데, 이 중에서 "Handler_read_rnd_next"와 "Handler_write" 상태 값을 주의해서 관찰해 보면 된다. 위의 예제에서 ALTER TABLE 명령을 실행하기 전의 상태 값과 실행한 후의 상태 값이 크게 증가돼 있음을 확인할 수 있다.

- Handler_read_rnd_next 상태 값은 풀 테이블 스캔 방식으로 테이블의 모든 레코드를 읽을 때 읽은 레코드 건수를 보여준다.
- Handler_write 상태 값은 테이블에 INSERT되는 레코드 건수를 보여준다.

실제 ALTER TABLE 명령을 이용해 테이블의 칼럼을 추가하거나 삭제할 때는 우선 MySQL 서버에 두 개의 커넥션을 만들어 한쪽에서는 ALTER TABLE 명령을 실행하고, 다른 한쪽에서는 "SHOW GLOBAL STATUS LIKE 'Handler%'" 명령을 실행하면서 진행 상황을 확인하면 된다. 상태 값을 조회할 때는 GLOBAL 키워드를 꼭 넣어서 실행해야 한다. 그렇지 않으면 다른 커넥션에서 실행되는 ALTER TABLE 명령의 진행 상황을 볼 수 없기 때문이다.

> **참고**
>
> 현재 널리 사용되는 MySQL 5.x 버전에서 칼럼을 추가하거나 변경, 삭제하는 작업은 모두 테이블의 레코드를 임시 테이블로 복사하는 방식으로 처리된다. 그래서 ALTER TABLE 명령의 진행 상황을 상태 값뿐만 아니라 임시 테이블의 크기를 관찰하므로써 대략적인 진행 상황을 판단할 수 있다. ALTER TABLE 명령을 처리하기 위한 임시 테이블은 원본 테이블과 똑같은 데이터베이스에 만들어지며 "#sql—…."과 같은 이름으로 만들어진다.
>
> 그래서 만약 employees 테이블의 칼럼을 추가하는 작업의 진행 상황을 확인하고자 할 때는 다음과 같이 ls 명령으로 파일의 크기를 비교해 보면 된다. 만약 원본 테이블이 MyISAM 테이블이라면 "employees.MYD" 파일의 크기를 관찰하면 된다.
>
> ```
> ## employees 테이블이 저장되는 디렉터리로 이동
> shell> cd $MYSQL_HOME/data/employees
>
> ## 원본 테이블인 employees의 데이터 파일(*.ibd)과 임시 테이블의 크기 비교
> shell> ls -al employees.ibd "#sql*.ibd"
> ```

7.8.4 인덱스 변경

인덱스 추가

MySQL 5.0 이하의 버전에서는 테이블의 모든 레코드를 복사하는 형태로 인덱스를 생성하는 작업이 처리됐다. MySQL 5.1이나 5.5의 MyISAM 테이블에서 인덱스를 생성하는 작업은 MySQL 5.0과 마찬가지로 임시 테이블로 복사하는 형태로 처리된다. 하지만 InnoDB 테이블에 대해서는 MySQL 5.1 InnoDB 플러그인 버전부터 데이터 자체는 그대로 두고, 인덱스만 생성하는 형태로 개선됐다. 그래서 MySQL 5.1 버전의 인덱스를 생성하는 작업은 MySQL 5.0보다 훨씬 빠르게 처리한다. 예외적으로, InnoDB의 프라이머리 키가 새로 추가되는 경우에는 MySQL 5.0에서처럼 테이블의 모든 레코드를 복사하면서 처리한다.

인덱스를 생성하는 명령의 예제를 살펴보자. 인덱스나 칼럼을 생성할 때 ONLINE이나 OFFLINE 키워드를 지정할 수 있다. 하지만 이는 NDB 클러스터에서만 작동하는 기능이며, 또한 NDB 클러스터가 자동으로 ONLINE으로 처리할지 OFFLINE으로 처리할지를 결정하기 때문에 이 키워드는 사용자가 별도로 고민할 필요가 없다. 여기서는 ONLINE과 OFFLINE에 대한 설명은 생략한다.

```
ALTER TABLE employees ADD PRIMARY KEY [USING {BTREE | HASH}] (emp_no);
ALTER TABLE employees ADD UNIQUE INDEX [USING {BTREE | HASH}] ux_emptelno (emp_telno);
ALTER TABLE employees ADD INDEX [USING {BTREE | HASH}] ix_emptelno (emp_telno);
ALTER TABLE employees ADD FULLTEXT INDEX fx_emptelno (emp_telno);
ALTER TABLE employees ADD SPATIAL INDEX fx_emptelno (emp_telno);
```

인덱스를 새로 생성할 때도 ALTER TABLE 명령을 이용하는데, 이때 ADD 키워드 뒤에 인덱스 종류를 명시한다. 가능한 인덱스의 종류는 다음과 같다.

- PRIMARY KEY : 테이블의 프라이머리 키를 생성하는 키워드이며, 테이블이 어떤 스토리지 엔진이든지 사용할 수 있다.
- UNIQUE INDEX : 키 값의 중복을 허용하지 않는 인덱스를 생성하는 키워드이며, 테이블의 스토리지 엔진에 관계 없이 사용할 수 있다.
- FULLTEXT INDEX : 전문 검색 인덱스를 생성하는 키워드로, MyISAM 스토리지 엔진을 사용하는 테이블에서만 사용할 수 있다.
- SPATIAL INDEX : 공간 검색 인덱스를 생성하는 키워드로, MyISAM 스토리지 엔진을 사용하는 테이블에서만 사용할 수 있다.
- INDEX : 특별한 키워드를 명시하지 않고 INDEX 키워드만 사용하면, 중복이 허용되는 일반 보조 인덱스를 생성한다.

그리고 FULLTEXT나 SPATIAL 인덱스 이외에는 USING 키워드를 이용해 어떤 인덱스 알고리즘을 사용할지 명시할 수 있다. 여기서 인덱스 알고리즘은 일반적으로 B-Tree나 HASH가 사용된다. 만약 USING 절을 명시하지 않으면 각 스토리지 엔진별로 기본 인덱스 알고리즘이 사용된다. 즉, MyISAM과 InnoDB 테이블에 대해서는 B-Tree 인덱스가 기본으로 생성되며, MEMORY 테이블이나 NDB 클러스터 테이블에 대해서는 HASH 인덱스가 생성된다.

ALTER TABLE 명령의 마지막 부분에는 인덱스 이름과 인덱스를 구성하는 칼럼을 명시한다. 단, 프라이머리 키는 별도의 이름을 가질 수 없기 때문에 단순히 프라이머리 키를 구성할 칼럼만 입력한다. MySQL 매뉴얼의 인덱스 생성 문법에는 칼럼 뒤에 ASC와 DESC 키워드를 이용해 인덱스 내의 각 칼럼에 대해 별도로 정렬 순서를 설정할 수 있다고 돼 있다. 하지만 이는 다른 DBMS와의 호환성을 위해 제공하는 것일 뿐 실제로 MySQL은 각 칼럼의 정렬 순서는 무시하고 모두 정순(ASC)으로 인덱스를 생성한다.

> **주 의** 인덱스를 생성하고 "SHOW CREATE TABLE '테이블명'"과 같은 명령으로 조회했을 때 "KEY ix_emptelno
> (emp_telno(255))"와 같이 칼럼명 뒤에 길이(숫자 값)가 표시되는 것을 본 적이 있을 것이다. 이것은 인덱스를 구성하
> 는 칼럼의 길이가 너무 길어서(InnoDB에서는 최대 765바이트, MyISAM에서는 최대 1KB) 칼럼 전체의 값을 모두 인
> 덱스로 생성하지 못하고, 칼럼값 앞부분의 765바이트만으로 프리픽스(Prefix) 인덱스를 생성한 것이다.
>
> - CHAR나 VARCHAR, 그리고 TEXT 같은 타입은 문자집합이 적용되기 때문에 utf8 문자셋을 사용하는
>   VARCHAR(1000) 칼럼은 실제로 1000*3바이트를 사용하며, cp949(ms949)나 euckr을 사용하는 경우에는 1000*2바이
>   트를 사용한다. 즉, 기대했던 것과 다르게 프리픽스 인덱스가 생성될 때도 있기 때문에 주의해야 한다.
> - 프리픽스 인덱스가 생성돼야 할 정도로 길이가 긴 칼럼에 대해서는 유니크 인덱스를 생성할 수 없다. 즉, InnoDB 스토리
>   지 엔진을 사용하는 테이블에서는 길이가 765 바이트 이상의 문자열 칼럼에 유니크 인덱스를 생성할 수 없다. 그리고 프
>   라이머리 키 또한 유니키 인덱스의 일종이므로 이러한 제한 사항은 프라이머리 키에도 적용된다.

인덱스 조회

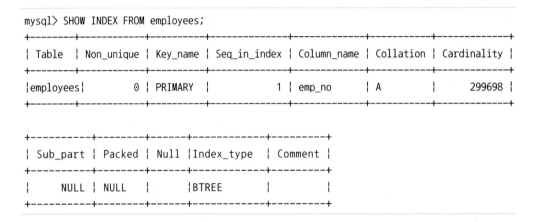

```
mysql> SHOW INDEX FROM employees;
+-----------+------------+----------+--------------+-------------+-------------+-------------+
| Table     | Non_unique | Key_name | Seq_in_index | Column_name | Collation   | Cardinality |
+-----------+------------+----------+--------------+-------------+-------------+-------------+
| employees |          0 | PRIMARY  |            1 | emp_no      | A           |      299698 |
+-----------+------------+----------+--------------+-------------+-------------+-------------+

+----------+--------+------+------------+---------+
| Sub_part | Packed | Null | Index_type | Comment |
+----------+--------+------+------------+---------+
|     NULL | NULL   |      | BTREE      |         |
+----------+--------+------+------------+---------+
```

SHOW INDEX FROM 명령을 이용하면 테이블의 인덱스를 조회할 수 있다. 이 명령의 결과는 인덱스
의 칼럼 단위로 한 라인씩 표시되며, 각 칼럼의 콜레이션이나 인덱스 알고리즘 등이 모두 표시된다. 그
리고 가장 중요한 인덱스의 기수성(Cardinality 정보)도 표시된다.

테이블을 생성할 때는 대부분 별도로 인덱스의 해시 알고리즘을 명시하지 않기 때문에 모든 인덱스가
B-Tree 인덱스인 것으로 생각해버리는 경우가 많다. 하지만 메모리 기반의 테이블은 기본 인덱스 알
고리즘이 HASH라서 가끔 혼동의 원인이 되기도 한다. SHOW CREATE TABLE 명령으로는 인덱스
가 사용하고 있는 알고리즘이 명확하게 알 수 없을 때도 많지만 SHOW INDEX FROM 명령으로는 쉽
게 확인할 수 있다.

인덱스 삭제

MySQL 5.0 이하 버전에서는 인덱스를 삭제하는 작업도 테이블 자체를 복사하면서 처리했기 때문에 인덱스를 생성하는 작업과 거의 비슷한 시간이 걸렸다. MySQL 5.1이나 5.5에서 MyISAM 테이블은 인덱스 생성이나 삭제 모두 기존 MySQL 5.0의 방식과 같다. 하지만 InnoDB 테이블은 MySQL 5.1 InnoDB 플러그인 버전부터 데이터 자체는 그대로 두고 인덱스만 삭제하기 때문에 MySQL 5.0의 방식보다 훨씬 빠르게 처리한다. 인덱스 삭제는 ALTER TABLE DROP INDEX 명령을 실행함과 거의 동시에 완료된다. 예외적으로, InnoDB의 프라이머리 키 삭제는 MySQL 5.0에서처럼 테이블의 모든 레코드를 복사하면서 처리한다. 이는 InnoDB의 프라이머리 키가 클러스터링 키이기 때문에 피할 수 없는 부분이다.

인덱스를 삭제할 때도 ALTER TABLE 명령을 이용한다. 인덱스를 삭제할 때는 DROP 키워드 뒤에 인덱스의 이름을 적으면 되는데, 별도의 이름이 없는 프라이머리 키는 "PRIMARY KEY"라고 지정하면 된다.

```
ALTER TABLE employees DROP PRIMARY KEY;
ALTER TABLE employees DROP INDEX ix_emptelno;
```

칼럼 및 인덱스 변경을 모아서 실행

ALTER TABLE 명령으로 칼럼이나 인덱스를 한꺼번에 생성하거나 삭제할 수 있다. 많은 사람들이 테이블의 변경을 각 ALTER TABLE 명령으로 나눠서 실행하고 있다. 최악의 경우 테이블의 전체 레코드를 임시 테이블로 복사하는 작업이 필요할 수도 있다. 다음 예제에서는 employees 테이블에 ix_firstname이란 인덱스를 삭제하고, ix_new_firstname 인덱스를 생성한다. 그리고 employees 테이블에 emp_telno라는 칼럼도 새로 추가하고자 한다.

```
ALTER TABLE employees DROP INDEX ix_firstname;
ALTER TABLE employees ADD INDEX ix_new_firstname (first_name);
ALTER TABLE employees ADD COLUMN emp_telno VARCHAR(15);
```

MySQL 5.0에서는 ALTER TABLE 명령을 하나씩 실행할 때마다 테이블의 전체 레코드가 임시 테이블로 복사된다. 또한 MySQL 5.1이나 5.5라 하더라도 첫 번째와 두 번째 명령은 데이터 데이터의 복사 작업은 필요하지 않지만 인덱스를 새로 만드는 작업이 필요하며, 세 번째 명령을 위해 임시 테이블 복사 작업이 필요하다. 위 예제의 세 가지 ALTER TABLE 명령을 묶어서 하나의 ALTER TABLE 명령으로 만들어보자.

```
ALTER TABLE employees
  DROP INDEX ix_firstname,
  ADD INDEX ix_new_firstname (first_name),
  ADD COLUMN emp_telno VARCHAR(15);
```

위 쿼리를 실행하면 3개의 테이블 변경 작업을 한꺼번에 수행한다. 이처럼 하나로 모아서 실행하는 방법은 각 명령으로 나눠서 실행할 때보다 빠르게 처리된다. 가능하다면 스키마 변경은 테이블 단위로 모아서 실행하자.

인덱스 생성을 위한 ALTER TABLE 진행 상황

칼럼 추가나 삭제와 같이 ALTER TABLE 명령으로 인덱스를 새로 생성하거나 삭제하는 작업도 MySQL 서버는 진행 상황을 알려주지 않는다. 하지만 칼럼의 변경과 똑같이 상태 변수를 이용해 대략의 진행 상황을 파악할 수 있는데, 칼럼의 추가나 삭제와는 조금 다르게 인덱스의 생성이나 삭제는 MySQL 서버의 버전에 따라 조금 다르다.

InnoDB 플러그인을 사용하는 MySQL 5.1과 MySQL 5.5 이상의 InnoDB 테이블

MySQL 5.1 이상의 InnoDB 플러그인을 사용하는 버전에서 InnoDB 테이블의 인덱스를 추가하고 삭제하는 작업은 더는 임시 테이블을 사용하지 않는다. 그리고 인덱스를 삭제하는 작업은 즉시 완료되므로 상태 값을 모니터링할 필요가 없다. 그나마 시간이 걸리는 작업은 인덱스를 신규로 생성할 때인데, 이때는 상태 값을 모니터링하면서 진행 상황을 파악할 수 있다. 그런데 InnoDB 테이블의 인덱스 생성은 임시 테이블을 사용하지 않으므로 더는 "Handler_write" 값은 변하지 않는다. 그래서 "Handler_read_rnd_next" 상태 값의 변화만으로 진행 상황을 확인할 수 있다.

MySQL 5.0의 InnoDB 테이블과 모든 버전의 MyISAM 테이블

MySQL 5.0 이하 버전에서 인덱스를 새로 생성하거나 삭제하는 ALTER TABLE 명령은 칼럼의 추가나 삭제와 같이 테이블의 레코드를 임시 테이블로 복사하면서 처리된다. 그래서 7.8.3절, "칼럼 변경"의 "칼럼 변경을 위한 ALTER TABLE 진행 상황"(537쪽)에서 소개한 상태 값을 관찰하면 된다.

7.8.5 프로세스 조회

MySQL 서버에 접속된 사용자의 목록이나 각 클라이언트 사용자가 현재 어떤 쿼리를 실행하고 있는지는 SHOW PROCESSLIST 명령으로 확인할 수 있다.

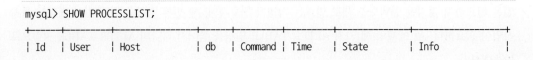

```
mysql> SHOW PROCESSLIST;
+----+------+------+----+---------+------+-------+------+
| Id | User | Host | db | Command | Time | State | Info |
```

```
+------+---------+----------------+------+---------+-------+--------------+------------------+
| 2740 | db_user | 192.168.0.1:14 | db1  | Sleep   |   527 |              | NULL             |
| 4228 | db_user | 192.168.0.1:15 | db1  | Query   | 53216 | Sending data | SELECT .....     |
| 6243 | root    | localhost      | NULL | Query   |     0 | NULL         | show processlist |
+------+---------+----------------+------+---------+-------+--------------+------------------+
```

SHOW PROCESSLIST 명령의 결과에는 현재 MySQL 서버에 접속된 클라이언트의 요청을 처리하고 있는 스레드 수만큼의 레코드가 표시된다. 각 칼럼에 포함된 값의 의미는 다음과 같다.

- Id : MySQL 서버의 스레드 아이디이며, 쿼리나 커넥션을 강제 종료시킬 때는 이 아이디 값을 식별자로 사용한다.
- User : 클라이언트가 MySQL 서버에 접속할 때 인증에 사용한 사용자 계정을 의미한다.
- Host : 클라이언트의 호스트명이나 IP 주소가 표시된다.
- db : 클라이언트가 기본으로 사용하고 있는 데이터베이스의 이름이 표시된다.
- Command : 해당 스레드가 현재 어떤 작업을 처리하고 있는지 표시한다.
- Time : Command 칼럼에 표시되는 작업이 얼마나 실행되고 있는지 표시한다. 위의 예제에서 두 번째 라인은 53216초 동안 SELECT 쿼리를 실행하고 있음을 보여주고, 첫 번째 라인은 이 스레드가 대기(Sleep) 상태로 527초 동안 아무것도 하지 않고 있음을 보여준다.
- State : Command 칼럼에 표시되는 내용이 해당 스레드가 처리하고 있는 작업의 큰 분류를 보여준다면, State 칼럼에는 소분류 작업 내용을 보여준다. 이 칼럼에 표시될 수 있는 내용은 상당히 많다. 자세한 내용은 MySQL 매뉴얼의 "스레드의 상태 모니터링(http://dev.mysql.md/doc/refman/5.1/en/thread-information.html)"을 참조하자.
- Info : 해당 스레드가 실행 중인 쿼리 문장을 보여준다. 쿼리는 화면의 크기에 맞춰서 표시 가능한 부분까지만 표시된다. 만약 쿼리의 모든 내용을 확인하려면 "SHOW FULL PROCESSLIST" 명령을 사용하면 된다.

SHOW PROCESSLIST 명령은 MySQL 서버가 어떤 상태인지를 판단하는 데도 많은 도움이 된다. 일반적으로 쾌적한 상태로 서비스되는 MySQL에서는 대부분 프로세스의 Command 칼럼이 Sleep 상태로 표시된다. 그런데, Command 칼럼의 값이 Query이면서 Time이 상당히 큰 값을 가지고 있다면 쿼리가 상당히 장시간 동안 실행되고 있음을 의미한다.

SHOW PROCESSLIST의 결과에서 특별히 관심을 가져야 할 부분은 State 칼럼의 내용이다. State 칼럼에 표시될 수 있는 값은 상당히 종류가 다양한데, 대표적으로 "Copying …" 그리고 "Sorting …"으로 시작하는 값들이 표시될 때는 주의깊게 살펴봐야 한다. 각 Command나 State 칼럼에 표시될 수 있는 내용은 "스레드의 상태 모니터링(http://dev.mysql.md/doc/refman/5.1/en/thread-information.html)"을 참고한다.

7.8.6 프로세스 강제 종료

SHOW PROCESSLIST 명령의 결과에서 "Id" 칼럼 값은 접속된 커넥션의 요청을 처리하는 전용 스레드 번호를 의미한다. 만약, 특정 스레드에서 실행 중인 쿼리나 커넥션 자체를 강제 종료하려면 KILL 명령을 사용하면 된다.

```
mysql> KILL QUERY 4228;
mysql> KILL 4228;
```

위 예제의 첫 번째 명령은, 아이디가 4228인 스레드가 실행 중인 쿼리만 강제 종료시키는 명령이다. 그리고 두 번째 명령은 해당 4228번 스레드가 실행하고 있는 쿼리뿐 아니라 해당 스레드까지 강제 종료시키는 명령이다. 스레드를 강제 종료시키면 그 스레드가 담당하고 있던 커넥션도 강제 종료된다. 커넥션까지 강제 종료하면 그 커넥션에서 처리하고 있던 트랜잭션이 정상적으로 종료되지 않을 수 있다. 가능하다면, 우선 KILL QUERY 명령으로 쿼리만 종료시켜서 클라이언트 애플리케이션이 쿼리의 오류를 감지하고 하던 작업을 정리할 수 있게 해주는 것이 좋다. 그리고 일정 시간 상황을 모니터링해보고, 그래도 문제가 지속적으로 발생한다면 KILL 명령으로 쿼리와 커넥션을 모두 강제 종료시키는 순서로 대처한다.

7.8.7 시스템 변수 조회 및 변경

MySQL 서버가 기동하면 기본 설정 파일(my.cnf 나 my.ini)이나 명령행 인자를 통해 읽어들인 설정 값을 시스템 변수라고 한다. 이러한 시스템 변수는 SHOW VARIABLES 라는 명령으로 조회할 수 있다.

```
SHOW GLOBAL VARIABLES;
SHOW GLOBAL VARIABLES LIKE '%connections%';
SHOW SESSION VARIABLES LIKE '%timeout%';
SHOW VARIABLES LIKE '%timeout%';
```

예제의 첫 번째 명령은 MySQL 서버에 포함된 모든 글로벌 시스템 변수의 목록과 현재 설정된 값을 출력한다. 대략 300여 개의 시스템 변수와 값이 쌍으로 출력되는데, 너무 많아서 필요한 변수만 찾아서 보기가 쉽지 않다. 이럴 때는 두 번째 예제 쿼리와 같이 LIKE 절을 추가해 필요한 시스템 변수만 필터링해서 출력할 수 있다. 두 번째 예제는 변수의 이름에 connections라는 단어가 포함된 변수를 조회한다.

"SHOW SESSION variables" 명령으로 세션 변수의 목록을 확인할 수 있다. GLOBAL이나 SESSION을 별도로 명시하지 않으면 기본적으로 현재 커넥션의 세션 변수 목록을 표시한다. 시스템 글로벌 변수를 조회할 때와 마찬가지로 LIKE 절을 이용해 패턴에 일치하는 세션 변수만 필터링해서 조회할 수 있다.

MySQL 시스템 변수(글로벌과 세션 모두) 중에서는 동적으로 변경할 수 있는 변수가 있는데, 이러한 변수를 동적으로 변경할 때는 SET 명령을 사용하면 된다. SET GLOBAL은 글로벌 시스템 변수의 값을 변경하며, SET 명령에 별도로 GLOBAL이나 SESSION 키워드를 명시하지 않으면 현재 커넥션의 세션(SESSION) 변수를 변경한다.

```
SET GLOBAL max_connections=500;
SET wait_timeout=100;
```

7.8.8 경고나 에러 조회

쿼리를 실행하는 도중 에러가 발생하면 쿼리의 실행을 중지하고, 에러 메시지를 화면에 자동으로 표시해준다. 하지만 에러가 아니라 경고나 정보성 메시지는 출력되지 않고, 경고나 정보성 메시지가 몇 개 발생했는지만 보여준다. 일반적으로 많은 사용자들이 경고성 메시지를 무시해버리지만, 사실 칼럼의 공간 부족으로 값이 잘려서 저장되거나, NULL로 저장됐다거나 하는 메시지도 있을 수 있다. 이런 메시지는 프로그램에서 간과해서는 안 될 중요한 부분이다. 경고 메시지를 조회하려면 다음 예제와 같이 SHOW WARNINGS 명령을 사용하면 된다.

```
mysql> INSERT INTO departments(dept_no, dept_name) VALUES ('12345','TestDepartments');
Query OK, 1 row affected, 1 warning (0.00 sec)

mysql> SHOW WARNINGS;
+---------+------+-------------------------------------------------+
| Level   | Code | Message                                         |
+---------+------+-------------------------------------------------+
| Warning | 1265 | Data truncated for column 'dept_no' at row 1    |
+---------+------+-------------------------------------------------+
```

에러가 발생했는데, 그 에러 메시지가 표시되지 않는 경우에는 "SHOW ERRORS" 명령으로 조회해 볼 수 있다.

7.8.9 권한 조회

MySQL 서버에서 사용할 수 있는 모든 종류의 권한은 "SHOW PRIVILEGES" 명령으로 조회할 수 있다. SHOW PRIVILEGES 명령을 실행하면 사용자에게 부여할 수 있는 모든 권한의 이름과 간단한 설명이 표시된다.

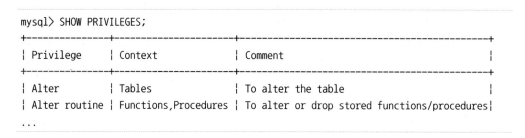

```
mysql> SHOW PRIVILEGES;
+---------------+---------------------+-------------------------------------------------+
| Privilege     | Context             | Comment                                         |
+---------------+---------------------+-------------------------------------------------+
| Alter         | Tables              | To alter the table                              |
| Alter routine | Functions,Procedures| To alter or drop stored functions/procedures    |
...
```

특정 사용자가 가지고 있는 권한을 조회해 보려면 "SHOW GRANTS" 명령을 사용하면 된다. 권한을 부여하는 방법은 2.6.2절, "권한"(85쪽)을 참고한다.

```
mysql> SHOW GRANTS FOR 'root'@'localhost';
+-------------------------------------------------------------------------+
| Grants for root@localhost                                               |
+-------------------------------------------------------------------------+
| GRANT ALL PRIVILEGES ON *.* TO 'root'@'localhost' WITH GRANT OPTION     |
+-------------------------------------------------------------------------+
```

7.9 SQL 힌트

SQL은 데이터베이스로부터 어떤 데이터를 가져올지 기술하는 언어이지, 어떻게 데이터를 가져올지를 기술하는 언어가 아니다. 실제 데이터를 어떻게 가져올지를 결정하는 것은 MySQL 서버의 옵티마이저다. 하지만 MySQL 서버의 옵티마이저는 아직 많은 한계점을 지니고 있으므로 최적의 방법으로 데이터를 읽지 못할 때가 많다. 이때 SQL 문장에 특별한 키워드를 지정해 MySQL 옵티마이저에게 어떻게 데이터를 읽는 것이 최적인지 알려줄 수 있다. 이러한 키워드를 SQL 힌트라고 한다.

아직 MySQL에서 사용할 수 있는 SQL 힌트는 그다지 많지 않은데, 그나마 실제로 쿼리의 성능 개선을 위해 자주 사용하는 것은 4~5개가 전부다. 하지만 이 힌트만으로도 쿼리의 성능을 상당히 개선할 수 있다. 또한 MySQL에서는 힌트가 옵티마이저에 미치는 영향력이 다른 DBMS보다는 훨씬 크므로 힌트를 잘못 사용하면 오히려 성능이 더 떨어지기도 한다. 이번 절에서는 중요하고 자주 사용되는 힌트 위주로 자세히 살펴보겠다.

7.9.1 힌트의 사용법

MySQL에서 옵티마이저 힌트는 종류별로 사용 위치가 정해져 있다. 그리고 힌트를 표기하는 방법은 크게 두 가지 방법이 있는데, 이 두 가지 방법 모두 잘못 사용하면 오류가 발생한다. 오라클처럼 힌트가 주석의 일부로 해석되는 것이 아니라 SQL의 일부로 해석되기 때문이다. 힌트가 SQL 주석으로 사용됐더라도 마찬가지로 오류가 발생할 수 있다.

```
SELECT * FROM employees USE INDEX (PRIMARY) WHERE emp_no=10001;
SELECT * FROM employees /*! USE INDEX (PRIMARY) */ WHERE emp_no=10001;
```

첫 번째 예제는 별도의 주석 표기 없이 SQL 문장의 일부로 작성하는 방식이며, 두 번째 예제는 주석 표기 방법으로 힌트를 사용했다. 주석 표기 방식은 주석 시작 표시(/*) 뒤에 공백 없이 "!"를 사용해 SQL 힌트가 기술될 것임을 MySQL 서버에게 알려준다. 다른 DBMS에서 이 쿼리를 실행하면 힌트를 주석으로 처리하겠지만 MySQL에서는 여전히 SQL의 일부로 해석하며, 잘못 사용한 경우에는 에러가 발생하고 쿼리 실행이 종료된다.

7.9.2 STRAIGHT_JOIN

STRAIGHT_JOIN은 옵티마이저 힌트이기도 한 동시에 (JOIN UPDATE나 JOIN DELETE에서 본 것처럼) 조인 키워드이기도 하다. STRAIGHT_JOIN은 SELECT나 UPDATE, DELETE 쿼리에서 여러 개의 테이블이 조인될 때 조인의 순서를 고정하는 역할을 한다. 다음의 쿼리는 3개의 테이블을 조인하지만 어느 테이블이 드라이빙 테이블이 되고, 어느 테이블이 드리븐 테이블이 될지 알 수 없다. 옵티마이저가 그때그때 각 테이블의 통계 정보와 쿼리의 조건을 토대로 가장 최적이라고 판단되는 순서로 조인하게 된다.

```
SELECT *
FROM employees e, dept_emp de, departments d
WHERE e.emp_no=de.emp_no AND d.dept_no=de.dept_no;
```

이 쿼리의 실행 계획을 확인해 보면 다음과 같다. 먼저 departments 테이블을 드라이빙 테이블로 선택했고, 두 번째로 dept_emp 테이블을 읽고, 마지막으로 employees 테이블을 읽었음을 알 수 있다.

일반적으로 조인을 하기 위한 칼럼의 인덱스 여부로 조인의 순서가 결정되며, 조인 칼럼의 인덱스에 아무런 문제가 없을 때는 레코드가 적은 테이블을 드라이빙으로 선택한다. 이 쿼리는 departments 테이블이 레코드 건수가 가장 적어서 드라이빙으로 선택된 것이다.

id	select_type	table	type	key	key_len	ref	rows	Extra
1	SIMPLE	d	index	dept_name	122		9	Using index
1	SIMPLE	de	ref	PRIMARY	12	d.dept_no	18436	
1	SIMPLE	e	eq_ref	PRIMARY	4	de.emp_no	1	

그러면 이제 STRAIGHT_JOIN 힌트를 이용해 쿼리의 조인 순서를 변경해보자. 다음 두 쿼리는 힌트의 표기법만 조금 다르게 한 것일뿐 같은 쿼리다.

```
SELECT STRAIGHT_JOIN e.first_name, e.last_name, d.dept_name
FROM employees e, dept_emp de, departments d
WHERE e.emp_no=de.emp_no AND d.dept_no=de.dept_no;

SELECT /*! STRAIGHT_JOIN */  e.first_name, e.last_name, d.dept_name
FROM employees e, dept_emp de, departments d
WHERE e.emp_no=de.emp_no AND d.dept_no=de.dept_no;
```

STRAIGHT_JOIN 힌트는 옵티마이저가 FROM 절에 명시된 테이블의 순서대로 조인을 수행하도록 유도한다. 이 쿼리의 실행 계획을 보면 FROM 절에 명시된 employees → dept_emp → departments 테이블 순서로 조인이 수행됐다는 것을 확인할 수 있다.

id	select_type	table	type	key	key_len	ref	rows	Extra
1	SIMPLE	e	ALL				300439	
1	SIMPLE	de	ref	ix_empno_fromdate	4	e.emp_no	1	
1	SIMPLE	d	eq_ref	PRIMARY	12	de.dept_no	1	

여기서 FROM 절이란 INNER JOIN이나 LEFT JOIN까지 모두 포함하는 것이다. 즉, 다음 예제와 같이 SQL 표준 문법으로 조인을 수행하는 쿼리에서 STRAIGHT_JOIN 힌트는 위의 쿼리와 동일하게 employees → dept_emp → departments 순서로 조인을 실행하도록 유도한다.

```
SELECT /*! STRAIGHT_JOIN */ e.first_name, e.last_name, d.dept_name
FROM employees e
  INNER JOIN dept_emp de ON de.emp_no=e.emp_no
  INNER JOIN departments d ON d.dept_no=de.dept_no;
```

MySQL의 힌트는 다른 DBMS의 힌트에 비해 옵티마이저에 미치는 영향이 큰 편이다. 조금 과장하면 힌트가 있으면 옵티마이저는 힌트를 맹신하고 (힌트가 쿼리를 실행 불가능하도록 유도하지 않는다면) 그 힌트에 맞게 쿼리를 실행한다는 것이다. 다음 쿼리를 한번 살펴보자.

```
EXPLAIN
SELECT /*! STRAIGHT_JOIN */
  e.first_name, e.last_name, d.dept_name
FROM employees e, departments d, dept_emp de
WHERE e.emp_no=de.emp_no AND d.dept_no=de.dept_no;
```

이 쿼리는 employees 테이블을 드라이빙으로 선택하고 departments 테이블과 조인한 후 dept_emp 테이블을 조인한다. 그런데 employees 테이블과 departments 테이블은 직접적인 조인 조건이 없는데도 다음과 같이 주어진 힌트대로 쿼리를 실행하려고 한다는 것을 알 수 있다.

id	select_type	table	Type	key	key_len	Ref	rows	Extra
1	SIMPLE	e	ALL				300439	
1	SIMPLE	d	Index	dept_name	122		9	Using index
1	SIMPLE	de	eq_ref	PRIMARY	16	d.dept_no, e.emp_no	1	

이 예제의 실행 계획과 그 위의 실행 계획의 rows 칼럼에 표시된 값을 이용해 조인 순서가 변경됨으로써 처리해야 하는 레코드 건수가 얼마나 차이나는지 한번 비교해 보자(이 예제는 단순히 테이블 3개를 조인만 하기 때문에 실행 계획의 rows 칼럼만 곱해 보면 된다.)

- employees → dept_emp → departments 순서대로 조인하는 경우는 300439(300439 * 1 * 1)건의 레코드를 처리한다.
- employees → departments → dept_emp 테이블 순서대로 조인하는 경우는 2703951(300439 * 9 * 1)건의 레코드를 처리해야 한다.

힌트를 잘못 사용한다면 훨씬 더 느려지게 만들 수도 있다. 실제로 쿼리를 실행해 보면 대략 5~8배 정도의 성능 차이가 발생한다는 사실을 알 수 있다. 즉, 이 예제에서 STRAIGHT_JOIN 힌트는 훨씬 더 많은 레코드를 처리하게 하는 힌트이지만 MySQL 서버는 힌트의 순서대로 조인을 수행했다.

즉, 확실히 옵티마이저가 잘못된 선택을 하지 않는다면 STRAIGHT_JOIN 힌트는 사용하지 않는 것이 좋다. 주로 다음 기준에 맞게 조인 순서가 결정되지 않을 때만 STRAIGHT_JOIN 힌트로 조인 순서를 강제해 주는 것이 좋다.

임시 테이블(인라인 뷰 또는 파생된 테이블)과 일반 테이블의 조인

이때는 임시 테이블을 드라이빙 테이블로 선정하는 것이 좋다. 일반 테이블의 조인 칼럼에 인덱스가 없는 경우에는 레코드 건수가 적은 쪽을 드라이빙으로 선택해 먼저 읽게 하는 것이 좋다. 대부분 MySQL 옵티마이저가 적절한 조인 순서를 결정하기 때문에 옵티마이저가 반대로 실행 계획을 수립하는 경우에만 힌트를 사용하자.

임시 테이블끼리의 조인

임시 테이블(서브 쿼리로 파생된 테이블)은 인덱스가 없으므로 어느 테이블을 먼저 드라이빙으로 읽어도 무관하다. 일반적으로 크기가 작은 테이블을 드라이빙으로 선택하는 것이 좋다.

일반 테이블끼리의 조인

양쪽 테이블 모두 조인 칼럼에 인덱스가 있거나 양쪽 테이블 모두 조인 칼럼에 인덱스가 없는 경우에는 레코드 건수가 적은 테이블을 드라이빙으로 선택하는 것이 좋다. 그 밖의 경우에는 조인 칼럼에 인덱스가 없는 테이블을 드라이빙으로 선택하는 것이 좋다.

여기서 언급한 레코드 건수라는 것은 조건을 만족하는 레코드 건수를 의미하는 것이지, 무조건 테이블 전체의 레코드 건수를 의미하지는 않는다. 다음 예제는 employees 테이블의 건수가 훨씬 많지만 조건을 만족하는 employees 테이블의 레코드 건수가 적기 때문에 employees가 드라이빙 테이블이 되는 것이 좋다.

```
SELECT /*! STRAIGHT_JOIN */
  e.first_name, e.last_name, d.dept_name
FROM employees e, departments d, dept_emp de
WHERE e.emp_no=de.emp_no AND d.dept_no=de.dept_no AND e.emp_no=10001;
```

InnoDB 스토리지 엔진을 사용하는 테이블에서는 가능하다면 보조 인덱스보다는 프라이머리 키(프라이머리 키는 클러스터링 키이므로)를 조인에 사용할 수 있게 해준다면 훨씬 더 빠른 수행 결과를 가져올 수 있다.

테이블의 데이터는 계속 변화하기 때문에 어제의 최적의 실행 계획이 오늘도 최적이라고 보장할 수는 없다. 그러므로 위의 3가지 중에서도 첫 번째를 제외한 나머지 케이스에서는 실행 계획이 조금 부적절하게 수립되는 쿼리라 하더라도 조인 순서를 옵티마이저가 결정하게 해주는 것이 좋다.

> **주의** 각자 개발 중인 프로젝트의 업무나 데이터의 성격이 다르기 때문에 지금까지 나열한 내용이 모든 조건에 100% 들어맞지 않을 수도 있다. 그래서 많은 책이나 게시물에서 항상 테스트를 강조하고 있다. 마찬가지로 이 책의 내용을 기준으로 쿼리를 작성하되, 항상 의심되는 부분은 직접 성능을 비교하는 습관을 들이는 것이 좋다. 성능을 비교하기 위한 쿼리도 잘못하면 정반대의 결과가 나올 수도 있기 때문에 주의해야 할 사항이 여럿 있다. 이와 관련해서 7.10절, "쿼리의 성능 테스트"(557쪽)를 꼭 참고하길 권장한다.

7.9.3 USE INDEX / FORCE INDEX / IGNORE INDEX

가끔 4개 이상의 칼럼으로 생성된 인덱스도 있다. 이때 똑같은 칼럼을 비슷한 순서나 조합으로 포함한 인덱스가 여러 개 있는 테이블에 대해 MySQL 옵티마이저가 최적의 인덱스를 선택하지 못할 때가 가끔 있다. 하지만 2~3개의 칼럼이 포함된 인덱스는 MySQL 옵티마이저가 최적의 인덱스를 충분히 선택할 수 있을 정도로 똑똑하기 때문에 너무 걱정하지 않아도 된다.

복잡한 인덱스에 대해 MySQL 옵티마이저가 적합한 인덱스를 선택하지 못할 때는 USE INDEX나 FORCE INDEX 힌트로 옵티마이저가 다른 인덱스를 사용하도록 유도할 수 있다. STRAIGHT_JOIN 힌트와는 달리, 인덱스 힌트는 사용하려는 인덱스가 포함된 테이블 뒤에 힌트를 명시해야 한다. 이 3가지 인덱스 힌트 모두 키워드 뒤에 인덱스의 이름을 괄호로 묶어서 사용하며, 괄호 안에 아무것도 없거나 존재하지 않는 인덱스 이름을 사용할 때는 문법 오류가 나면서 종료된다. 또한, 별도로 사용자가 이름을 부여할 수 없는 프라이머리 키는 "PRIMARY"라는 키워드를 사용하면 된다.

USE INDEX

가장 자주 사용되는 인덱스 힌트로, MySQL 옵티마이저에게 특정 테이블의 인덱스를 사용하도록 권장한다.

FORCE INDEX

USE INDEX와 비교해서 다른 점은 없으며, USE INDEX보다 옵티마이저에게 미치는 영향이 더 강한 힌트다. USE INDEX 힌트가 사용되면 MySQL 옵티마이저는 최대한 그 인덱스를 이용해 쿼리를 실행하려고 노력하기 때문에 USE INDEX보다 더 영향력이 큰 FORCE INDEX 힌트는 거의 사용할 일이 없다. 지금까지의 경험으로 보면 대체적으로 USE INDEX 힌트에도 불구하고 그 인덱스를 사용하지 않는다면 FORCE INDEX 힌트를 사용해도 해당 인덱스를 사용하지 않을 때가 더 많았다. MySQL 5.0 이하 버전에서는 "FORCE INDEX ()"와 같이 괄호에 아무런 인덱스 이름을 사용하지 않는 힌트는 옵티마이저에게 아무 인덱스도 사용하지 말라는 의미로도 사용됐다. 하지만 MySQL 5.1 이상 버전부터는 인자(인덱스 명)가 없는 인덱스 힌트는 문법 오류로 처리되므로 업그레이드할 때 주의해야 한다.

IGNORE INDEX

USE INDEX나 FORCE INDEX와는 반대로 특정 인덱스를 사용하지 못하게 하는 용도로 사용하는 힌트다. 옵티마이저가 풀 테이블 스캔을 사용하도록 유도하고 싶다면 IGNORE INDEX를 사용하면 된다.

또한, 3 종류의 인덱스 힌트 모두 어떤 용도로 인덱스를 이용할지 명시할 수 있다. 용도는 선택사항이며, 특별히 인덱스 힌트에 용도를 명시하지 않으면 (사용 가능한 경우) 주어진 인덱스를 다음의 3가지 용도로 전부 사용한다.

USE INDEX FOR JOIN

여기서 JOIN이라는 키워드는 테이블 간의 조인뿐 아니라 레코드를 검색하는 용도까지 포함한다. MySQL에서는 하나의 테이블로부터 데이터를 검색하는 작업도 JOIN이라고 표현하므로 여기서 FOR JOIN이라는 이름이 붙은 것으로 보인다.

USE INDEX FOR ORDER BY

명시된 인덱스를 ORDER BY 용도로만 사용하도록 제한한다.

USE INDEX FOR GROUP BY

명시된 인덱스를 GROUP BY 용도로만 사용하도록 제한한다.

이렇게 용도를 3가지로 나누긴 했지만 일반적으로 ORDER BY나 GROUP BY 작업에서 인덱스를 사용할 수 있다면 더 나은 성능을 보장할 수 있다. 인덱스를 레코드 검색에만 사용하도록 제한할 필요는 거의 없다. 그래서 인덱스 힌트를 사용할 때 이렇게 별도로 용도까지 명시하는 경우는 거의 없다. 예제로 인덱스 힌트의 사용법을 살펴보자. 다음 예제의 인덱스 힌트는 모두 성능과는 관계없이 사용법을 소개하기 위한 것이다.

```
SELECT * FROM employees WHERE emp_no=10001;
SELECT * FROM employees FORCE INDEX(primary) WHERE emp_no=10001;
SELECT * FROM employees USE INDEX(primary) WHERE emp_no=10001;
SELECT * FROM employees IGNORE INDEX(primary) WHERE emp_no=10001;
SELECT * FROM employees FORCE INDEX(ix_firstname) WHERE emp_no=10001;
```

- 첫 번째부터 세 번째까지의 쿼리는 모두 employees 테이블의 프라이머리 키를 이용해 쿼리를 처리할 것이다. 기본적으로 인덱스 힌트를 지정하지 않아도 "emp_no=10001" 조건이 있기 때문에 프라이머리 키를 사용하는 것이

최적이라는 것을 옵티마이저도 인식하기 때문이다. 여기에 나온 예제는 전부 예시를 위한 것일 뿐이므로 기본적으로 옵티마이저가 최적의 실행 계획을 선택하는 경우에는 힌트를 부여하지 않는 것이 좋다.

- 네 번째 쿼리는 일부러 인덱스를 사용하지 못하도록 힌트를 추가했다. 이 쿼리는 프라이머리 키를 통해 아주 빠르게 조회할 수 있는데도 MySQL 5.0과 5.1, 그리고 5.5 모두 풀 테이블 스캔으로 실행 계획이 표시됐다.
- 다섯 번째 예제에서는 이 쿼리와 전혀 무관한 인덱스를 강제로 사용하도록 FORCE INDEX 힌트를 사용했다. 결과는 프라이머리 키는 버리고 풀 테이블 스캔을 하는 형태로 실행 계획이 출력됐다.

예제에서는 살펴보지 못했지만 전문 검색(Fulltext) 인덱스가 지정된 테이블에서 MySQL 옵티마이저는 다른 일반 보조 인덱스(B-Tree 인덱스)를 사용할 수 있는 상황이라 하더라도 전문 검색 인덱스를 선택할 때가 많다. 이는 MySQL 옵티마이저가 다른 보조 인덱스보다 프라이머리 키나 전문 검색 인덱스에 대해 더 높은 가중치를 부여하기 때문이다.

인덱스 사용법을 모르거나 좋은 실행 계획이 어떤 것인지 판단하기 어렵다면 힌트를 사용하지 말고 옵티마이저가 최적의 실행 계획을 선택할 수 있게 해주는 것이 좋다. MySQL 옵티마이저도 인덱스나 조인을 처리할 때 상당히 신뢰할 만한 수준의 최적화를 수행하기 때문이다. 최적의 실행 계획이란 데이터의 성격이나 양에 따라 시시각각 변하기 때문에 지금 프라이머리 키를 사용하는 것이 좋은 계획이었다 하더라도 내일은 아닐 수도 있다. 가능하다면 그때그때 옵티마이저가 실행 시점의 통계 정보를 가지고 실행 계획을 선택하게 해주는 것이 가장 좋다.

7.9.4 SQL_CACHE / SQL_NO_CACHE

MySQL은 SELECT 쿼리에 의해 만들어진 결과를 재사용하기 위해 쿼리 캐시에 선택적으로 저장해 둔다. SELECT 쿼리의 결과를 쿼리 캐시에 담아 둘지 여부를 쿼리에서 직접 선택할 수도 있는데, 이때 사용하는 힌트가 SQL_CACHE / SQL_NO_CACHE다. query_cache_type이라는 시스템 변수의 설정에 의해 기본적으로 쿼리의 결과를 쿼리 캐시에 저장할지 말지가 결정된다. query_cache_type 변수의 설정 값과 쿼리 캐시 힌트의 사용 조합에 따라 다음 표와 같이 결정된다. 물론, 이 밖의 여러 가지 복잡한 조건에 의해서도 영향을 받지만 여기서 다른 조건들은 모두 배제했다.

	query_cache_type 시스템 변수의 설정 값		
	0 또는 OFF	1 또는 ON	2 또는 DEMAND
힌트 없음	캐시하지 않음	캐시함	캐시하지 않음
SQL_CACHE	캐시하지 않음	캐시함	캐시함
SQL_NO_CACHE	캐시하지 않음	캐시하지 않음	캐시하지 않음

만약 쿼리에 따라 쿼리 캐시가 선별적으로 작동하도록 세밀하게 조정하고자 할 때는 query_cache_type 시스템 변수의 값을 DEMAND로 설정하고 각 쿼리에 SQL_CACHE 힌트를 사용하면 된다. 하지만 일반적으로 쿼리 캐시가 사용 가능한 상태(query_cache_type=ON)로 운영하기 때문에 SQL_CACHE 힌트를 사용해야 할 경우는 거의 없다. 그래서 SQL_CACHE 힌트보다는 SQL_NO_CACHE 힌트가 자주 사용된다. SQL_NO_CACHE 힌트는 쿼리 캐시로부터 결과를 가져오지 못하게 하는 것이 아니라, 쿼리의 실행 결과를 쿼리 캐시에 저장하지 않게 하는 힌트다. 즉, SQL_NO_CACHE 힌트를 사용하더라도 쿼리가 실행될 때 쿼리 캐시를 검색하는 작업이 없어지지 않는다는 것을 의미한다.

SQL_NO_CACHE는 쿼리의 성능을 비교하거나 성능을 분석하는 데 자주 사용된다. 예를 들어 다음 예제 쿼리를 직접 실행해보고 대략 성능을 확인해보자.

```
SELECT COUNT(*)
FROM employees WHERE last_name='Facello';
```

위의 예제 쿼리는 인덱스를 사용하지 못하기 때문에 풀 테이블 스캔으로 실행될 것이다. 그래서 직접 쿼리를 실행해보면 처리 시간이 상당히 오래 걸릴 것이다. 하지만 다시 한번 동일한 쿼리를 실행해보면 쿼리를 실행한 순간 바로 결과가 나오는 것을 알 수 있다. 다시 한번 더 실행해봐도 결과가 빠르게 화면에 표시될 것이다. 도대체 어떤 결과가 이 쿼리의 진정한 성능일까? 처음 쿼리를 실행했을 때는 이 쿼리의 결과가 쿼리 캐시에 없었기에 MySQL 서버가 실제 employees 테이블을 풀 스캔하면서 결과를 만드느라 느리게 처리된 것이다. 하지만 두 번째 실행부터는 단순히 쿼리 캐시에 저장된 결과를 검색해서 바로 응답을 준 것이다.

항상 모든 쿼리가 쿼리 캐시를 사용할 수 있는 것은 아니다. 특이한 경우를 제외하면 쿼리 캐시를 사용하는 성능 향상은 크게 고려하지 않고 성능 튜닝을 하는 것이 좋다. 그래서 쿼리를 튜닝하고 성능을 분석하기 위해 테스트할 때는 쿼리에 SQL_NO_CACHE 힌트를 사용하는 것이 좋다. 그러면 쿼리 캐시 결과는 사용하지 않고, MySQL 서버가 쿼리를 실행해서 그 결과를 가져오는 전체 과정에서 소요된 시간을 확인할 수 있다.

SQL_NO_CACHE 힌트는 SELECT 쿼리 문장에서만 사용할 수 있으며, SELECT 키워드 바로 뒤에 입력해야 한다. 다른 힌트와 마찬가지로 힌트용 주석을 사용할 수도 있고, 그렇지 않고 SQL의 일부로 바로 SQL_NO_CACHE 키워드를 사용해도 된다.

```
SELECT SQL_NO_CACHE COUNT(*) FROM employees WHERE last_name='Facello';
SELECT /*! SQL_NO_CACHE */  COUNT(*) FROM employees WHERE last_name='Facello';
```

쿼리의 성능 테스트를 할 때는 쿼리 캐시뿐 아니라 InnoDB의 버퍼 풀이나 MyISAM의 키 캐시에 대한 부분도 함께 고려해야 하며, 정밀한 성능을 측정하기 위해서는 그 밖에도 많은 고려 사항이 있다. 쿼리의 성능을 테스트하기 전에 꼭 7.10절, "쿼리의 성능 테스트"(557쪽)를 참고해서 성능을 테스트할 때 어떤 부분을 고려해야 할지 명확히 하자.

7.9.5 SQL_CALC_FOUND_ROWS

SELECT 쿼리에 LIMIT 절이 사용될 때 조건을 만족하는 레코드가 LIMIT 절에 명시된 수보다 많다면 LIMIT에 명시된 건수만큼만 레코드를 찾고, 즉시 쿼리 수행을 멈춘다. 하지만 SQL_CALC_FOUND_ROWS 힌트가 사용된 쿼리에서는 LIMIT 절과 관계없이 검색 조건에 일치하는 모든 레코드를 검색해서 전체 조건에 일치하는 레코드가 몇 건이나 되는지 계산한다. 그렇지만 사용자에게는 LIMIT에 제한된 건수만큼의 레코드만 반환한다.

SQL_CALC_FOUND_ROWS 힌트가 사용된 쿼리를 실행한 다음에는 FOUND_ROWS( )라는 함수를 이용해 LIMIT 절과 관계없이 조건에 일치하는 전체 레코드가 몇 건이었는지 가져올 수 있다. SQL_CALC_FOUND_ROWS 힌트의 간단한 예제를 한번 살펴보자.

```
mysql> SELECT SQL_CALC_FOUND_ROWS * FROM employees LIMIT 5;
+--------+------------+------------+-----------+--------+------------+
| emp_no | birth_date | first_name | last_name | gender | hire_date  |
+--------+------------+------------+-----------+--------+------------+
|  10001 | 1953-09-02 | Georgi     | Facello   | M      | 1986-06-26 |
|  10002 | 1964-06-02 | Bezalel    | Simmel    | F      | 1985-11-21 |
...
+--------+------------+------------+-----------+--------+------------+

mysql> SELECT FOUND_ROWS() AS total_record_count;
+--------------------+
| total_record_count |
+--------------------+
|             300024 |
+--------------------+
```

첫 번째 쿼리에서는 조건에 만족하는 5건의 레코드만 화면에 표시될 것이다. 하지만 두 번째 쿼리에서는 "LIMIT 5"와 관계없이 SELECT 쿼리를 만족했던 모든 레코드의 건수를 화면에 출력한다. 두 번째 쿼리는 다시 한번 employees 테이블을 검색한 것이 아니라, 첫 번째 쿼리가 실행되면서 현재 커넥션의 세션 변수에 저장해둔 값을 가져와서 보여주기만 하는 것이다.

FOUND_ROWS() 함수는 "SQL_CALC_FOUND_ROWS" 힌트를 사용한 쿼리를 실행한 이후에만 사용할 수 있는 것은 아니다. 만약 "SQL_CALC_FOUND_ROWS" 힌트를 사용하지 않는 SELECT 쿼리를 실행하고 그 이후에 "SELECT FOUND_ROWS()" 쿼리를 실행하면 이전 SELECT 쿼리에서 조회됐던 레코드 건수를 반환한다. 이 기능은 가끔 셸 스크립트로 MySQL 서버에 접속해 어떤 작업을 처리해야 할 때 유용하게 활용할 수도 있다.

웹 프로그램에서 페이징 기능을 개발해본 사용자라면 이 기능이 상당히 효율적이고 편리해 보일 것이다. 하지만 편리할 수는 있지만 효율적인 경우는 별로 없다. 여기서 설명하려는 것은 이 힌트의 장점이 아니라 이 힌트를 사용하면 안 되는 경우다. 우선 SQL_CALC_FOUND_ROWS를 사용한 페이징 처리 예제와 레코드 건수를 구하기 위한 COUNT(*) 쿼리와 실제 표시해 줄 데이터를 별도로 SELECT하는 예제를 한번 비교해 보자.

SQL_CALC_FOUND_ROWS를 사용하는 방법

```
SELECT SQL_CALC_FOUND_ROWS *
FROM employees WHERE first_name='Georgi' LIMIT 0, 20;

SELECT FOUND_ROWS() AS total_record_count;
```

한 번의 쿼리 실행으로 필요한 정보 두 가지를 모두 가져오는 것처럼 보이지만 FOUND_ROWS() 함수의 실행을 위해 또 한 번의 쿼리가 필요하기 때문에 쿼리 실행 횟수는 2번이다. employees 테이블의 ix_firstname 인덱스를 레인지 스캔 방식을 사용해서 결과를 가져온다. 실제 employees 테이블에서 이 조건을 만족하는 레코드는 전체 253건이다. LIMIT 조건 때문에 처음 20건만 가져오지만, SQL_CALC_FOUND_ROWS 힌트 때문에 조건을 만족하는 레코드 전부를 읽어야만 한다("SHOW SESSION STATUS LIKE 'Innodb_rows_read%'" 명령으로 InnoDB가 쿼리를 실행할 때 레코드를 얼마나 읽었는지 확인해볼 수 있다). 253번의 읽기 작업은 인덱스 레인지 스캔후 나머지 칼럼을 읽기 위해 데이터 페이지를 읽는 랜덤 I/O까지 포함한 것이다.

기존 2개의 쿼리로 쪼개서 실행하는 방법

```
SELECT COUNT(*)
FROM employees WHERE first_name='Georgi';

SELECT *
FROM employees WHERE first_name='Georgi' LIMIT 0, 20;
```

이 방식 또한 마찬가지로 쿼리를 2번 실행하기 때문에 네트워크 통신은 2번이 발생한다. 우선 전체 조건을 만족하는 건수를 조회하기 위한 첫 번째 쿼리를 살펴보자. 이 쿼리 또한 employees 테이블의 ix_firstname 인덱스를 레인지 스캔하지만, 나머지 칼럼은 읽을 필요가 없기 때문에 커버링 인덱스로 처리된다. 즉 인덱스를 쭉 스캔하면서 253 건의 레코드를 읽었지만 데이터 레코드를 가져오기 위한 랜덤 I/O는 발생하지 않는다. 실제 데이터를 가져오기 위한 두 번째 쿼리도 employees 테이블의 ix_firstname 인덱스를 레인지 스캔으로 접근한 후, 나머지 칼럼을 읽기 위해 랜덤 I/O가 발생한다. 하지만 이 쿼리에서는 LIMIT 0, 20이라는 제한이 있기 때문에 랜덤 I/O를 253번 실행하는 것이 아니라 20번만 실행하게 된다.

결론적으로, SQL_CALC_FOUND_ROWS 힌트를 사용한 쿼리는 한번의 인덱스 레인지 스캔과 253번의 랜덤 I/O가 필요하지만 힌트를 사용하지 않은 쿼리는 두 번의 인덱스 레인지 스캔이 필요하지만 20번만 랜덤 I/O로 처리된다. 인덱스 레인지 스캔은 랜덤 I/O 2~4번으로 완료되는 상대적으로 가벼운 작업이다. 결국, 랜덤 I/O 작업 230번 정도의 차이로 힌트가 사용되지 않은 쿼리가 **빠르게** 처리될 것이다.

SQL_CALC_FOUND_ROWS 힌트는 UNION(DISTINCT)을 사용한 쿼리에서는 사용할 수 없다는 점도 주의해야 한다. 쿼리의 특성이나 데이터의 특성에 따른 많은 변수가 있겠지만 힌트를 사용하지 않는 쿼리가 힌트를 사용한 쿼리보다 느리게 실행될 때는 거의 쿼리의 인덱스 사용이 제대로 튜닝되지 않을 때일 것이다. 그러므로 가능하다면 SQL_CALC_FOUND_ROWS 힌트를 사용하기보다는 쿼리를 튜닝하는 데 더 집중하자. 사실 SQL_CALC_FOUND_ROWS는 성능 향상을 목적으로 만들어진 힌트가 아니라 개발자의 편의를 위해 만들어진 힌트라는 점을 생각하면 당연한 결과다.

7.9.6 기타 힌트

주요하게 언급되지는 않았지만 SQL_BIG_RESULT, SQL_SMALL_RESULT, SQL_BUFFER_RESULT, HIGH_PRIORITY 등의 힌트도 있다. 하지만 이러한 힌트는 거의 사용되지 않기 때문에 이 책을 모두 공부하고 그 이후에도 혹시나 시간적인 여유가 생긴다면 매뉴얼을 토대로 천천히 공부해보기 바란다.

7.10 쿼리 성능 테스트

작성된 쿼리가 얼마나 효율적이고 더 개선할 부분이 있는지 확인하려면 쿼리를 직접 실행해보는 방법이 가장 일반적일 것이다. 하지만 쿼리를 직접 실행해 보면서 눈으로 성능을 체크할 때는 여러 가지 방해 요소가 있는데, 이런 방해 요소를 간과하고 쿼리의 성능을 판단한다는 것은 매우 위험한 일이다. 이번 절에서는 복잡한 벤치마킹 기술을 언급하려는 것이 아니라, 간단하게 쿼리의 성능을 판단해보기 위해서는 어떠한 부분을 고려해야 하고, 어떤 변수가 있는지 살펴보겠다. 여기에 언급된 내용은 단순히 쿼리 테스트에만 필요한 지식이 아니라, 실제 쿼리가 실행될 때 거치는 과정을 이해하는 데도 도움될 것이다.

7.10.1 쿼리의 성능에 영향을 미치는 요소

직접 작성한 쿼리를 실행해보고 성능을 판단할 때 가장 큰 변수는 MySQL 서버가 가지고 있는 여러 종류의 버퍼나 캐시일 것이다. 어떤 종류의 버퍼나 캐시가 영향을 미치는지 살펴보고, 영향력을 최소화하는 방법도 알아보겠다.

운영체제의 캐시

MySQL 서버는 운영체제의 파일 시스템 관련 기능(시스템 콜)을 이용해 데이터 파일을 읽어온다. 그런데 일반적으로 대부분의 운영체제는 한 번 읽은 데이터는 운영체제가 관리하는 별도의 캐시 영역에 보관해 뒀다가 다시 해당 데이터가 요청되면 디스크를 읽지 않고 캐시의 내용을 바로 MySQL 서버로 반환한다. InnoDB 스토리지 엔진은 일반적으로 파일 시스템의 캐시나 버퍼를 거치지 않는 Direct I/O를 사용하므로 운영체제의 캐시가 그다지 큰 영향을 미치지 않는다. 하지만 MyISAM 스토리지 엔진은 운영체제의 캐시에 대한 의존도가 높기 때문에 운영체제의 캐시에 따라 성능의 차이가 큰 편이다.

운영체제에 포함된 캐시나 버퍼는 프로그램 단위로 관리되기 때문에 프로그램(MySQL 서버)이 종료되면 해당 프로그램을 위한 캐시는 자동적으로 해제된다. 운영체제가 가지고 있는 캐시나 버퍼가 전혀 없는 상태에서 쿼리의 성능을 테스트하려면 MySQL 서버를 재시작하거나, 다음과 같이 캐시 삭제 명령을 실행하고 테스트하는 것이 좋다.

```
## 캐시나 버퍼의 내용을 디스크와 동기화한다.
shell> sync

## 운영체제에 포함된 캐시의 내용을 초기화한다.
shell> echo 3 > /proc/sys/vm/drop_caches
```

MySQL 서버의 버퍼 풀(InnoDB 버퍼 풀과 MyISAM의 키 캐시)

운영체제의 버퍼나 캐시와 마찬가지로 MySQL 서버에서도 데이터 파일의 내용을 페이지(또는 블록) 단위로 캐시하는 기능을 제공한다. InnoDB 스토리지 엔진이 관리하는 캐시를 버퍼 풀이라고 하며, MyISAM 스토리지 엔진이 관리하는 캐시는 키 캐시라고 한다. InnoDB의 버퍼 풀은 인덱스 페이지는 물론이고 데이터 페이지까지 캐시하며, 쓰기 작업을 위한 버퍼링 작업까지 겸해서 처리한다. 그와 달리 MyISAM의 키 캐시는 인덱스 데이터에 대해서만 캐시 기능을 제공한다. 또한 MyISAM의 키 캐시는 주로 읽기를 위한 캐시 역할을 수행하며, 제한적으로 인덱스 변경만을 위한 버퍼 역할을 수행한다. 결국 MyISAM 스토리지 엔진에서는 인덱스를 제외한 테이블 데이터는 모두 운영체제의 캐시에 의존할 수밖에 없다. MySQL이 한번 기동된 상태에서는 InnoDB의 버퍼 풀과 MyISAM의 키 캐시 크기를 변경하거나 내용을 강제로 퍼지(Purge, 삭제)하는 명령이 없다. MySQL 서버에 포함된 키 캐시나 버퍼 풀을 초기화하려면 MySQL 서버를 재시작해야 한다.

쿼리 캐시를 사용하지 못하도록 힌트를 사용한 쿼리라 하더라도 처음 실행했을 때와 두 번째 실행했을 때 상당한 성능 차이가 발생할 수도 있다. 이는 버퍼 풀이나 키 캐시에 의한 성능 차이다. 일반적으로 서비스 쿼리는 버퍼 풀이나 키 캐시가 준비된 상태에서 실행되기 때문에 처음 실행했을 때의 결과는 버리고 여러 번 테스트해서 그 결과를 기준으로 판단하는 것이 좋다.

MySQL 쿼리 캐시

쿼리 캐시는 이전에 실행됐던 SQL 문장과 그 결과를 임시로 저장해두는 메모리 공간을 의미한다. 만약 어떤 쿼리의 결과가 이미 쿼리 캐시에 있었다면 그 쿼리는 전체 실행 과정을 건너뛰기 때문에 실제 부하와 관계없이 아주 빠르게 처리될 것이다. 쿼리 캐시에서 결과를 가져온 경우에는 대부분 0.00초 내에 쿼리 결과가 반환된다. 쿼리 캐시에 저장된 데이터를 비우려면 "RESET QUERY CACHE" 명령을 이용하면 되는데, 쿼리를 테스트할 때마다 쿼리 캐시를 비우

기란 번거로운 일일 것이다. 그래서 SELECT 쿼리에 SQL_NO_CACHE 힌트를 추가해서 쿼리의 성능을 테스트하는 것이 좋다.

RESET QUERY CACHE 명령은 MySQL 서버에 포함된 모든 쿼리 캐시 내용을 삭제하며, 삭제 작업이 진행되는 동안 (짧은 시간이겠지만) 모든 쿼리의 실행이 대기해야 한다. 따라서 서비스 중인 MySQL 서버에서는 이 명령을 실행할 때 주의해야 한다. 서비스 중인 MySQL 서버에서 쿼리의 성능을 확인해볼 때도 가끔 있다. 이때 서비스 중인 MySQL서버의 쿼리 캐시를 지워서는 안 되므로 SQL_NO_CACHE 힌트가 필요하다.

독립된 MySQL 서버

버퍼나 캐시에 관련된 부분은 아니지만, MySQL 서버가 기동 중인 장비에 웹 서버나 다른 배치용 프로그램이 실행되고 있다면 테스트하려는 쿼리의 성능이 영향을 받게 될 것이다. 이와 마찬가지로, MySQL 서버뿐 아니라 테스트 쿼리를 실행하는 클라이언트 프로그램이나 네트워크의 영향 요소도 고려해야 한다. MySQL 서버가 설치된 서버에 직접 로그인해서 테스트해 볼 수 있다면 이러한 요소를 쉽게 배제할 수 있을 것이다.

실제 쿼리의 성능 테스트를 MySQL 서버의 상태가 워밍업된 상태(위에서 언급한 캐시나 버퍼가 필요한 데이터로 준비된 상태)에서 진행할지 아니면 콜드 상태(캐시나 버퍼가 모두 초기화된 상태)에서 진행할지도 고려해야 한다. 일반적으로 쿼리의 성능 테스트는 콜드 상태가 아닌 워밍업된 상태를 가정하고 테스트하는 편이다. 어느 정도 사용량이 있는 서비스라면 콜드 상태에서 워밍업 상태로 전환되는 데 그다지 많은 시간이 걸리지 않기 때문에 실제 서비스 환경의 쿼리는 대부분 콜드 상태보다는 워밍업 상태에서 실행된다고 볼 수 있다. 간단한 쿼리의 성능 비교 테스트에서는 특별히 영향을 미칠 만한 프로세스나 다른 쿼리가 실행되고 있는지 확인한 후, 쿼리 캐시만 사용하지 않도록 설정하고 테스트를 진행해보면 충분할 것이다.

운영체제의 캐시나 MySQL의 버퍼 풀, 키 캐시는 그 크기가 제한적이라서 쿼리에서 필요로 하는 데이터나 인덱스 페이지보다 크기가 작으면 플러시 작업과 캐시 작업이 반복해서 발생하므로 쿼리를 1번 실행해서 나온 결과를 그대로 신뢰하기 어렵다. 테스트하려는 쿼리를 번갈아 가면서 6~7번 정도 실행한 후, 처음 몇 번의 결과는 버리고 나머지 결과의 평균 값을 기준으로 비교하는 것이 좋다. 첫 번째는 항상 운영체제 캐시나 MySQL의 버퍼 풀과 키 캐시가 준비되지 않을 때가 많기 때문에 대체로 많은 시간이 소요되는 편이어서 편차가 클 수 있기 때문이다.

이런 사항을 고려해 쿼리의 성능을 비교하는 것은 결국 상대적인 비교이지 절대적인 성능이 아니다. 그래서 그 쿼리가 어떤 서버에서도 그 시간 내에 처리된다고 보장할 수는 없다. 실제 서비스용 MySQL 서버에서는 현재 테스트 중인 쿼리만 실행되는 것이 아니라 동시에 4~50개의 쿼리가 실행 중인 상태일 것이다. 각 쿼리가 자원을 점유하기 위한 경합 등이 발생하므로 항상 테스트보다는 느린 처리 성능을 보이는 것이 일반적이다.

참 고 사용자가 실행하는 모든 프로그램은 윈도우나 유닉스 운영체제에서 기동된다. 그리고 이러한 프로그램에서 필요로 하는 작업 중에서 하드웨어와 연관되는 모든 작업은 운영체제의 도움을 받게 된다. 모든 프로그램은 개발할 때 키보드 입력을 읽어온다거나 디스크로부터 파일을 읽고 쓰는 작업 등을 위해 운영체제에서 제공하는 API를 이용한다. JDBC나 MySQL C API와 같은 라이브러리와 구분해서 운영체제에게 하드웨어를 제어하도록 요청하는 API를 "시스템 콜(System call)" 또는 "커널 콜(Kernel call)"이라고 표현한다.

7.10.2 쿼리의 성능 테스트

이제 직접 쿼리 문장의 성능을 비교해보자. 다음 예제 쿼리는 둘 모두 employees 테이블과 departments 테이블로부터 1개씩 칼럼을 읽어오는 쿼리인데, STRAIGHT_JOIN 힌트를 이용해 조인의 순서를 다르게 실행할 때 어느 정도의 성능 차이가 발생하는지를 테스트해 보자.

```
SELECT SQL_NO_CACHE  STRAIGHT_JOIN
   e.first_name, d.dept_name
FROM employees e, dept_emp de, departments d
WHERE e.emp_no=de.emp_no AND d.dept_no=de.dept_no;

SELECT SQL_NO_CACHE  STRAIGHT_JOIN
   e.first_name, d.dept_name
FROM departments d, dept_emp de, employees e
WHERE e.emp_no=de.emp_no AND d.dept_no=de.dept_no;
```

그런데 이 쿼리를 실제로 실행하면 30만 건의 레코드가 화면에 출력된다. 아마, 다 출력될 때까지 기다리면 테스트 해보기도 전에 지쳐버릴 것이다. 다음과 같이 쿼리를 조금 고쳐서 실행하는 방법을 생각해 볼 수 있다.

```
SELECT SQL_NO_CACHE COUNT(*) FROM
( SELECT STRAIGHT_JOIN
    e.first_name, d.dept_name
  FROM employees e, dept_emp de, departments d
  WHERE e.emp_no=de.emp_no AND d.dept_no=de.dept_no
) dt;

SELECT SQL_NO_CACHE COUNT(*) FROM
( SELECT STRAIGHT_JOIN
    e.first_name, d.dept_name
  FROM departments d, dept_emp de, employees e
  WHERE e.emp_no=de.emp_no AND d.dept_no=de.dept_no
) dt;
```

이렇게 쿼리를 변경하면 원본 쿼리는 임시 테이블을 사용하지 않지만 테스트를 위해 변경된 쿼리는 임시 테이블을 사용하는 만큼 조금의 오차는 발생할 수 있다. 쿼리 결과가 큰 경우에는 디스크에 임시 테이블을 만들기 때문에 테스트하고자 하는 내용보다 더 큰 오버헤드를 만들 수도 있으므로 주의해야 한다. 다른 방법으로는 LIMIT 0 조건을 SQL_CALC_FOUND_ROWS 힌트와 동시에 사용하는 것이다. LIMIT 0 조건 때문에 화면에 출력되는 레코드는 하나도 없다. 하지만 실제로 MySQL 서버는 SQL_CALC_FOUND_ROWS 힌트 때문에 끝까지 처리하므로 쿼리의 전체적인 처리 시간을 확인할 수 있다.

```
SELECT SQL_CALC_FOUND_ROWS  SQL_NO_CACHE  STRAIGHT_JOIN
  e.first_name, d.dept_name
FROM employees e, dept_emp de, departments d
WHERE e.emp_no=de.emp_no AND d.dept_no=de.dept_no
LIMIT 0;

SELECT SQL_CALC_FOUND_ROWS  SQL_NO_CACHE  STRAIGHT_JOIN
  e.first_name, d.dept_name
FROM departments d, dept_emp de, employees e
WHERE e.emp_no=de.emp_no AND d.dept_no=de.dept_no
LIMIT 0;
```

크게 중요한 요소는 아니지만, 위의 예제 쿼리는 모두 결과 데이터를 클라이언트로 가져오지 않으므로 네트워크 통신 비용만큼은 부하가 줄어든다는 점을 기억해야 한다. 별도의 GUI SQL 도구를 사용하는 것이 아니라면 MySQL 클라이언트의 PAGER 옵션을 변경해 결과의 출력을 다른 곳으로 보내거나 버리는 방법도 생각해 볼 수 있다. 유닉스 계열이라면 PAGER 옵션을 변경해서 출력되는 결과를 간단히 /dev/null로 리다이렉트할 수도 있다. 다음의 첫 번째 PAGER 명령은 가져온 결과를 /dev/null로 리다이렉트하게 한다. 그 결과 화면에는 소요된 시간만 출력될 것이다. 그리고 테스트가 완료되면 NOPAGER 명령으로 다시 쿼리 결과가 화면에 출력되게 할 수 있다.

```
mysql> PAGER  /dev/null
mysql> SELECT .. FROM employees …
➜ 2 rows in set (0.00 sec)

mysql> NOPAGER
```

이렇게 쿼리를 변경해서 6번씩 실행한 결과에서 첫 번째 결과는 버리고 2번째부터 6번째까지의 결과 평균을 계산했더니, 저자의 PC에서는 대략 첫 번째 쿼리가 12.1초 정도이며, 두 번째 쿼리가 대략 2.3초 정도 걸렸다. 여기서는 12.1초나 2.3초가 중요한 것이 아니라 두 쿼리의 성능이 대략 5.2배 정도의 차이가 난다는 점이 중요하다. 12.1초나 2.3초는 버퍼 풀의 크기나 CPU의 성능, 그리고 전체 메모리 크기 또는 디스크의 사양에 따라 달라지는 값이기 때문이다.

7.10.3 쿼리 프로파일링

MySQL에서 쿼리가 처리되는 동안 각 단계별 작업에 시간이 얼마나 걸렸는지 확인할 수 있다면 쿼리의 성능을 예측하거나 개선하는 데 많은 도움이 될 것이다. 이를 위해 MySQL은 쿼리 프로파일링 기능을 제공한다. 프로파일링은 MySQL 5.1 이상에서만 지원되는 기능으로, 기본적으로는 활성화돼 있지 않기 때문에 필요하다면 먼저 프로파일링을 활성화해야 한다. 프로파일링을 활성화하는 방법은 다음 예제와 같이 SET PROFILEING 명령을 실행하면 된다.

```
mysql> SHOW VARIABLES LIKE 'profiling';
+---------------+-------+
| Variable_name | Value |
+---------------+-------+
| profiling     | OFF   |
+---------------+-------+

mysql> SET PROFILING=1;

mysql> SHOW VARIABLES LIKE 'profiling';
+---------------+-------+
| Variable_name | Value |
+---------------+-------+
| profiling     | ON    |
+---------------+-------+
```

이제 프로파일링 기능을 활성화했으므로 간단하게 쿼리 한두 개를 실행하고 각 쿼리에 대한 프로파일 내용을 확인해 보자.

```
mysql> SELECT * FROM employees WHERE emp_no=10001;
mysql> SELECT COUNT(*) FROM employees WHERE emp_no BETWEEN 10001 AND 12000
       GROUP BY first_name;

mysql> SHOW PROFILES;
+----------+------------+----------------------------------------------------------------------------------------+
| Query_ID | Duration   | Query                                                                                  |
+----------+------------+----------------------------------------------------------------------------------------+
|        1 | 0.00026300 | SELECT * FROM employees WHERE emp_no=10001                                              |
|        2 | 0.00521400 | SELECT COUNT(*) FROM employees WHERE emp_no BETWEEN 10001 AND 12000 GROUP BY first_name |
+----------+------------+----------------------------------------------------------------------------------------+
```

분석된 쿼리의 목록을 확인하려면 SHOW PROFILES 명령을 사용하면 된다. 위 예제의 "SHOW PROFILES" 명령의 결과는 두 쿼리에 대한 프로파일링 정보가 저장돼 있음을 보여준다. 프로파일링 정보는 모든 쿼리에 대해 저장되는 것이 아니라 최근 15개의 쿼리에 대해서만 저장된다. 그 이상 저장하려면 profiling_history_size 시스템 설정 변수를 조정하면 되는데, 최대 가능한 값은 100이다.

저장된 프로파일링 정보는 한꺼번에 모든 것을 볼 수도 있고, 각 쿼리별로 시스템 자원의 영역별로 구분해서 조회하는 것도 가능하다. 특정 쿼리의 상세 프로파일링 정보를 조회하려면 "SHOW PROFILE FOR QUERY 〈쿼리번호〉" 명령을 실행하면 된다. 여기서 "쿼리번호"는 SHOW PROFILES 명령의 결과로 출력된 각 쿼리의 "Query_ID"다. 가장 최근에 실행된 쿼리의 상세 프로파일링 정보를 조회하려면 특정 "쿼리번호"를 지정할 필요 없이 "SHOW PROFILE" 명령만 실행하면 된다.

```
mysql> SHOW PROFILE FOR QUERY 1;
+------------------------------+----------+
| Status                       | Duration |
+------------------------------+----------+
| starting                     | 0.000028 |
| checking query cache for query | 0.000042 |
| Opening tables               | 0.000024 |
| System lock                  | 0.000004 |
| Table lock                   | 0.000027 |
| init                         | 0.000025 |
| optimizing                   | 0.000010 |
| statistics                   | 0.000042 |
| preparing                    | 0.000017 |
| executing                    | 0.000003 |
| Sending data                 | 0.000015 |
| end                          | 0.000003 |
| query end                    | 0.000002 |
| freeing items                | 0.000013 |
| storing result in query cache | 0.000005 |
| logging slow query           | 0.000001 |
| cleaning up                  | 0.000002 |
+------------------------------+----------+

mysql> SHOW PROFILE;
+------------------+----------+
| Status           | Duration |
+------------------+----------+
| starting         | 0.000063 |
| Opening tables   | 0.000012 |
| ...
+------------------+----------+
```

각 쿼리의 프로파일링 정보 가운데 CPU나 MEMORY 또는 DISK와 관련된 내용만 구분해서 확인할 수도 있다. 다음 예제는 CPU에 대한 프로파일링 상세 정보다. CPU 키워드 대신 "BLOCK IO" 또는 "MEMORY" 등의 키워드를 사용하면 해당 하드웨어에 대한 상세 프로파일링 정보를 확인할 수 있다.

```
mysql> SHOW PROFILE CPU FOR QUERY 2;
+--------------------+----------+----------+------------+
| Status             | Duration | CPU_user | CPU_system |
+--------------------+----------+----------+------------+
| starting           | 0.000063 | 0.000000 |   0.000000 |
| Opening tables     | 0.000012 | 0.000000 |   0.000000 |
| System lock        | 0.000004 | 0.000000 |   0.000000 |
| Table lock         | 0.000009 | 0.000000 |   0.000000 |
| init               | 0.000018 | 0.000000 |   0.000000 |
| optimizing         | 0.000006 | 0.000000 |   0.000000 |
| statistics         | 0.000010 | 0.000000 |   0.000000 |
| preparing          | 0.000009 | 0.000000 |   0.000000 |
| executing          | 0.000040 | 0.000000 |   0.000000 |
| Sending data       | 0.700681 | 0.696894 |   0.003999 |
| end                | 0.000016 | 0.000000 |   0.000000 |
| removing tmp table | 0.000008 | 0.000000 |   0.000000 |
| end                | 0.000003 | 0.000000 |   0.000000 |
| query end          | 0.000003 | 0.000000 |   0.000000 |
| freeing items      | 0.000432 | 0.000000 |   0.000000 |
| logging slow query | 0.000003 | 0.000000 |   0.000000 |
| cleaning up        | 0.000002 | 0.000000 |   0.000000 |
+--------------------+----------+----------+------------+
```

> **주의** 프로파일링의 결과에서 일반적으로 "Sending data" 항목의 소요 시간이 크게 표시될 때가 많은데, 이는 "Sending data" 처리가 단순하게 클라이언트로 데이터를 전송하는 것만 의미하는 것이 아니라 쿼리의 실행 결과 데이터를 테이블로부터 읽으면서 전송하는 것까지 포함하기 때문이다.

프로파일링 정보 조회 명령에서 CPU 대신 "SOURCE"라는 키워드를 지정하면 MySQL 소스 파일의 몇 번째 라인에 위치한 함수에서 얼마나 시간을 소모했는지도 확인해 볼 수 있다. MySQL 소스를 분석해 보고 싶다면 다음과 같은 프로파일링 결과로 어느 소스 파일의 어디를 확인해 봐야 할지 확인하는 데 크게 도움될 것이다.

```
mysql> SHOW PROFILE SOURCE FOR QUERY 2;
+--------------------+----------+-----------------+--------------+-------------+
| Status             | Duration | Source_function | Source_file  | Source_line |
+--------------------+----------+-----------------+--------------+-------------+
| starting           | 0.000063 | NULL            | NULL         |        NULL |
| Opening tables     | 0.000012 | unknown function | sql_base.cc  |        4515 |
| System lock        | 0.000004 | unknown function | lock.cc      |         258 |
| Table lock         | 0.000009 | unknown function | lock.cc      |         269 |
| init               | 0.000018 | unknown function | sql_select.cc |        2519 |
| optimizing         | 0.000006 | unknown function | sql_select.cc |         828 |
| statistics         | 0.000010 | unknown function | sql_select.cc |        1019 |
| preparing          | 0.000009 | unknown function | sql_select.cc |        1041 |
| executing          | 0.000040 | unknown function | sql_select.cc |        1775 |
| Sending data       | 0.700681 | unknown function | sql_select.cc |        2329 |
| end                | 0.000016 | unknown function | sql_select.cc |        2565 |
| removing tmp table | 0.000008 | unknown function | sql_select.cc |       10881 |
| end                | 0.000003 | unknown function | sql_select.cc |       10906 |
| query end          | 0.000003 | unknown function | sql_parse.cc |        5055 |
| freeing items      | 0.000432 | unknown function | sql_parse.cc |        6086 |
| logging slow query | 0.000003 | unknown function | sql_parse.cc |        1709 |
| cleaning up        | 0.000002 | unknown function | sql_parse.cc |        1677 |
+--------------------+----------+-----------------+--------------+-------------+
```

08

확장 기능

MySQL의 대표적인 확장 검색 기능으로 전문 검색과 공간 검색이 있는데, 이 두 가지 모두 최근의 소셜 네트워킹 서비스 관련해서 관심이 높아지고 있는 기능이다.

게시판의 게시물 내용이나 제목에 대해 단어를 검색하는 기능을 구현하려고 전문적인 검색 엔진을 구축하기에는 너무 큰 비용과 노력이 필요하다. 또한 루씬(Lucene)과 같은 라이브러리를 이용해 구축하는 것도 새로운 소프트웨어에 대한 학습이나 관리가 필요하다. 하지만 MySQL의 전문 검색 엔진은 별도의 소프트웨어나 많은 지식을 필요로 하지 않기 때문에 쉽게 구축할 수 있다. 또한 MySQL에 내장된 전문 검색 엔진의 단점을 보완하기 위해 트리톤(Tritonn)이나 mGroonga 또는 스핑크스(Sphinx)와 같은 도구를 이용할 수도 있다.

공간 검색은 일차원적인 데이터가 아닌 이차원적인 데이터를 저장하고 검색하는 기능을 의미한다. 공간 검색의 가장 대표적인 예는 아마도 위치 정보일 것이다. GPS가 내장된 스마트 폰이 일반화된 요즘에는 GPS로부터 받은 위도와 경도 정보를 데이터베이스의 공간 정보를 기준으로 관련 정보를 검색하는 서비스가 많이 개발되고 있다. 공간 검색은 이러한 서비스들을 위한 필수 기능이라고 볼 수 있다.

8.1 전문 검색

전문 검색이란 게시물의 내용이나 제목 등과 같이 문장이나 문서의 내용에서 키워드를 검색하는 기능이다. 또한 전문 검색은 이름이나 별명(닉 네임) 중에서 일부만 일치하는 사용자를 검색하는 기능으로도 사용할 수 있다. LIKE 같은 패턴 일치 검색은 인덱스를 사용하지 못할 수도 있지만, 전문 검색은 일부만 검색하는 경우에도 전문 검색 인덱스를 이용하기 때문에 빠른 검색이 가능하다. 여기서는 MySQL에서 사용할 수 있는 3가지 전문 검색 엔진을 비교하면서 살펴보겠다.

8.1.1 전문 검색 엔진의 종류와 특성

MySQL에서 전문 검색을 사용하는 방법은 누가 전문 검색 엔진을 개발했느냐에 따라 다음의 2가지 그룹으로 구분할 수 있다.

- MySQL 서버에 기본 내장된 전문 검색 엔진(줄여서 MySQL 빌트인 전문 검색 엔진으로 명시하겠다)
- 트리톤이나 mGroonga 등과 같이 MySQL 서버에 패치나 플러그인 형태로 내장할 수 있는 전문 검색 엔진(주로 MySQL 이외의 제3의 회사에서 개발했다)

우선 트리톤과 mGroonga, 그리고 MySQL 빌트인 전문 검색 엔진을 서로 비교해 가면서 차이와 기능을 살펴보자.

	MySQL 내장 전문 검색	트리톤	mGroonga
작동 방식	MySQL 내장	MySQL 내장(소스 패치)	플러그인 스토리지
사용 가능 MySQL 버전	모든 버전에서 가능	MySQL 커뮤니티 버전	MySQL 5.1 이상
UTF-8 지원	지원	지원	지원
지원 스토리지 엔진	MyISAM	MyISAM	MyISAM, InnoDB, Groonga
인덱싱 방식	구분자(Stop Word)	N-그램과 구분자 또는 Mecab	N-그램과 구분자 또는 Mecab
온라인 인덱싱 지원	지원 (온라인 인크리멘탈)	지원 (온라인 인크리멘탈)	지원 (온라인 인크리멘탈)
검색 모드	자연어 검색과 불리언 검색	자연어 검색과 불리언 검색	자연어 검색과 불리언 검색
테이블당 2개 이상의 인덱스 생성	가능	가능	가능
복합 칼럼 전문 인덱스	지원	지원	지원안함
다른 스토리지 엔진 테이블과의 조인 가능	지원	지원	지원
전문 인덱스 섹션화	지원안함	지원	지원안함
검색 결과 가중치	지원안함	지원	지원안함
문자열 일부 검색	지원안함	지원	지원
영문 대소문자 구분 및 구분안함	가능	가능	가능
라이선스	MySQL 버전 의존	GPL2	LGPLv2

작동 방식

전문 검색 기능이 어떤 방식으로 구현되고 어떻게 작동하는지를 의미한다. MySQL 내장 전문 검색 엔진과 트리톤은 MySQL에 내장된 형태로 구현돼 있다. 단 MySQL 내장 전문 검색 엔진은 MySQL 서버의 개발사인 오라클에서 MySQL 서버의 다른 기능과 함께 기본적으로 구현한 기능이지만, 트리톤은 오라클과 관련 없는 서드파티에서 개발한 검색엔진으로 MySQL의 소스 코드를 패치 형태로 변경하고 컴파일해서 설치하는 방법을 사용한다. 따라서 트리톤은

MySQL 서버 버전에 의존적일 수밖에 없다. 하지만 mGroonga는 플러그인 스토리지 엔진 방식으로 설치하기 때문에 MySQL 서버의 버전에 관계없이 플러그인 스토리지 엔진을 사용할 수 있는 MySQL 버전에서는 모두 사용 가능하다.

사용 가능한 MySQL 버전

MySQL 빌트인 전문 검색 엔진은 MySQL의 기본 기능이며, 오라클에서 계속적으로 버전에 맞게 업그레이드해서 릴리즈하므로 어떤 버전에서나 별도의 추가 설치 없이 그대로 사용할 수 있다. 반면 트리톤은 MySQL의 소스 코드를 패치해야 하므로 패치가 제공되는 MySQL 버전에서만 사용할 수 있다. 현재 트리톤은 MySQL 5.0.87 버전이 패치를 적용할 수 있는 최신 버전이며, 더는 패치를 제공하지 않을 것으로 보인다. 트리톤의 후속 버전으로 mGroonga를 출시했기 때문이다. mGroonga는 플러그인 스토리지 엔진을 사용할 수 있는 MySQL 5.1 이후 버전에서는 모두 사용할 수 있다.

테이블당 2개 이상의 인덱스 생성

하나의 테이블 내에서 여러 개의 전문 검색을 위한 전문 인덱스를 생성할 수 있는지를 의미한다. 위에서 비교하고 있는 3개의 전문 검색 엔진 모두 2개 이상의 전문 인덱스를 만들 수 있게 지원한다.

복합 칼럼 전문 인덱스

하나의 전문 검색 인덱스에 2개 이상의 칼럼을 포함하는 복합 칼럼 전문 인덱스를 생성할 수 있는지 여부다. 트리톤이나 MySQL 빌트인 전문 검색 엔진은 2개 이상의 칼럼을 포함하는 전문 인덱스를 생성할 수 있지만, mGroonga는 아직 초기 버전인 관계로 하나의 전문 인덱스에 2개 이상의 칼럼을 포함할 수 없다. 그렇지만 mGroonga가 트리톤의 후속 버전이라는 점을 감안하면, 아마도 mGroonga가 안정 버전에 접어들면 이러한 기능이 모두 구현될 것으로 예상한다.

다른 스토리지 엔진 테이블과의 조인 가능 여부

MySQL 빌트인 전문 검색 엔진을 사용하려면 MyISAM 스토리지 엔진을 사용하는 테이블을 생성해야만 한다. 트리톤 또한 마찬가지로 MyISAM 스토리지 엔진만 사용할 수 있다. MySQL 빌트인 전문 검색이나 트리톤의 전문 검색 결과는 MySQL에서는 일반적인 테이블로 간주되기 때문에 아무런 문제 없이 다른 테이블과 조인할 수 있다. 조금 방식이 다르긴 하지만 mGroonga 또한 MySQL 내에서 작동하는 하나의 스토리지 엔진이라서 전문 검색의 결과를 다른 일반 테이블과 조인하는 것이 가능하다.

전문 인덱스 섹션화(Sectionizing)

여러 개의 칼럼을 이용해 하나의 전문 검색 인덱스(복합 인덱스)를 생성했을 때 이 인덱스를 이용해 개별 칼럼 내용만으로 전문 검색하는 것이 가능한지를 나타낸다. 섹셔나이징(Sectionizing)이란 복합 칼럼으로 만들어진 전문 검색 인덱스이지만 내부적으로는 각 칼럼별로 구분되어 관리되는지를 의미한다. 예를 들어, 게시물의 제목이나 본문에 대해 따로 전문 검색을 수행할 때도 있지만 두 칼럼을 합쳐서 전문 검색을 수행해야 할 필요도 있다고 가정해 보자. 전문 인덱스의 섹셔나이징이 지원되지 않으면 전문 인덱스를 3개(제목, 본문, 제목+본문) 만들어야 한다. 하지만 인덱스의 섹셔나이징이 지원된다면 (제목+본문)으로 전문 인덱스를 하나만 만들어도 모든 조합의 검색이 가능한 것이다. 인덱스의 개수가 많아지면 INSERT나 UPDATE, 그리고 DELETE시에 발생하는 부하뿐 아니라 디스크의 사용 공간도 커질 것이다. 현재 전문 인덱스의 섹셔나이징은 트리톤만 지원하고 있지만, mGroonga도 버전 업그레이드가 되면서 지원할 수 있을 것으로 보인다.

검색 결과 사용자 정의 가중치(Custom Weighting) 설정

실제로 존재하지는 않지만 스코어라고 하는 일치율을 조회할 수 있다. 기본적으로 이 스코어 값은 검색어가 얼마나 해당 레코드의 내용에 일치되는지 또는 해당 레코드의 본문이 얼마나 일치된 단어를 많이 포함하고 있는지를 나타낸다. 기본적인 스코어 계산은 MySQL 빌트인 검색 엔진이나 트리톤, mGroonga를 모두 지원한다. 추가로 트리톤에서는 사용자 정의 가중치라는 기능을 제공한다. 제목에 검색어를 포함한 경우에는 더 높은 가중치를 부여하고, 내용에 검색어가 있는 경우에는 더 낮은 가중치를 부여하는 것처럼 칼럼별로 중요도를 차등해서 정렬할 때 효과적이다.

인덱싱 방식과 문자열 일부 검색

인덱싱 방식이란 본문에서 키워드를 분석해서 인덱스를 구축할 때 어떤 알고리즘을 사용할지를 의미한다. "Stop word"는 구분자라고도 표현하는데, 대표적으로 띄어쓰기나 문장 기호 등을 기준으로 키워드를 추출해내고 그 결과를 인덱스로 구축하는 방식을 의미한다. 이러한 "Stop word" 방식은 키워드가 전부 일치하거나 전방(prefix) 일치할 때만 결과를 가져올 수 있다. 즉 "컴퓨터"와 "수퍼컴퓨터"라는 키워드가 포함된 레코드 2건이 있을 때 "컴퓨터"라는 단어로 검색을 실행하면 "수퍼컴퓨터"는 검색 대상에서 제외된다. 이는 전문 검색 엔진에서는 큰 기능상의 제약이다. 사실 이 제약은 MySQL 빌트인 전문 검색 엔진을 많이 사용하지 않는 이유이기도 하다.

그에 반해 트리톤과 mGroonga는 N-그램 방식의 인덱싱을 지원하기 때문에 단어나 어휘를 고려하지 않고 본문의 내용을 모두 잘라서 인덱스를 만든다. 상당히 단순하고 과도한 방식이기도 하지만 전 세계적으로 사용되고 있는 언어의 개수와 문장의 복잡성을 고려해 본다면 이보다 확실한 방법은 없다. N-그램 방식에서는 "컴퓨터"라는 검색어로 전문 검색을 수행하면 "수퍼컴퓨터" 레코드까지 결과로 가져올 수 있다. 또한 트리톤이나 mGroonga의 구분자 방식의 인덱싱은 MySQL 빌트인 전문 검색 엔진과 같이 띄어쓰기나 특수 문자로 단어를 구분해서 전문 인덱스를 구축하는 방식을 의미한다. 이런 방식은 인위적으로 여러 개의 값을 구분자로 연결해서 문자열로 만들고, 그 문자열 값을 검색할 때 자주 사용된다.

8.1.2 MySQL 빌트인 전문 검색

MySQL의 빌트인 전문 검색 기능은 MyISAM 스토리지 엔진을 사용하는 테이블에서만 사용할 수 있다. 또한, 구분자(Stopword) 기반의 키워드 추출 알고리즘을 사용하기 때문에 지정된 구분자에 의해서만 인덱싱이 처리된다. MySQL 서버에는 이미 기본적인 구분자가 등록돼 있다. 대표적으로 "a", "the" 또는 "by" 등과 같이 검색어로서는 아무런 의미가 없는 단어나 띄어쓰기나 공백 또는 탭과 같은 문자로 구성돼 있다. 단순히 공백이나 띄어쓰기 또는 특수 문자로 키워드를 추출하는 데 충분하다면 별다른 변경 없이 MySQL 빌트인 전문 검색 엔진을 그대로 사용할 수 있다.

빌트인 전문 검색 엔진의 설정

MySQL 빌트인 전문 검색 엔진을 사용할 때 가장 중요한 설정은 다음 3가지 정도로 볼 수 있다.

ft_stopword_file

빌트인 전문 검색 엔진에서 사용되는 구분자는 기본적으로 영문자를 대상으로 준비돼 있는데, 여기에 새로운 구분자를 더하거나 빼기가 어렵다. 기본 구분자에서 삭제하거나 새로운 구분자를 추가하려면 새로운 구분자를 셋을 별도 파일로 저장하고, 그 파일의 경로를 MySQL 서버의 설정 파일에 있는 ft_stopword_file 시스템 설정 변수에 등록해야 한다. 설정 파일에서 ft_stopword_file이 상대 경로로 지정되면 MySQL 서버는 이 파일이 MySQL 데이터 디렉터리에 있다고 판단하며, 절대 경로가 명시되면 데이터 디렉터리와 관계없이 지정된 경로에서 구분자 파일을 읽어들인다. 이 설정 값이 별도로 지정되지 않으면 MySQL의 소스 코드에 정적으로 등록돼 있는 기본 구분자가 사용된다.

MySQL 서버의 기본 구분자를 사용하지 않고, 사용자가 직접 재정의해서 등록하는 방법을 한번 살펴보자. 구분자 파일의 내용은 아래 예제와 같이 각 구분자를 홑따옴표(')로 감싸고 쉼표(,)로 구분자를 구분하면 된다. 구분자가 홑따옴표를 포함해야 할 때는 "\" 문자로 이스케이프 처리해서 "\'"와 같이 표기해주면 된다.

```
'hash',
'key',
'partition\'s'
```

구분자 파일이 준비되면, 이 파일의 경로를 my.cnf 설정 파일의 ft_stopword_file 시스템 변수에 설정하고 MySQL 서버를 재시작하면 된다. MySQL 서버가 재시작되면 MySQL이 기본적으로 가지고 있던 구분자를 무시하고, 이 파일에 정의된 구분자를 사용한다. 위의 예제 파일을 구분자 파일로 저장하고, 간단한 테스트를 위해 예제 8-1과 같이 예제 테이블과 데이터를 준비하자. 위의 예제 구분자 파일의 경로를 MySQL 서버의 설정 파일에서 변경하고 MySQL 서버를 반드시 재시작해야 한다는 점에 주의하자.

[예제 8-1] MySQL 빌트인 전문 검색용 임시 테이블 생성

```
CREATE TABLE ft_article (
  doc_id INT NOT NULL,
  doc_title VARCHAR(1000) NOT NULL,
  doc_body TEXT,
  PRIMARY KEY (doc_id),
```

```
      FULLTEXT KEY fx_article (doc_title,doc_body)
) ENGINE=myisam DEFAULT CHARSET=utf8;

INSERT INTO ft_article VALUES
(1, 'it is possible', 'it is possible to subpartition tables that are partitioned by
RANGE or LIST'),
(2, 'Subpartitions may', 'Subpartitions may use either HASH or KEY partitioning'),
(3, 'This is also', 'This is also known as composite partitioning'),
(4, 'SUBPARTITION BY HASH', 'SUBPARTITION BY HASH and SUBPARTITION BY KEY generally
follow the same syntax rules'),
(5, 'An exception', 'An exception to this is that SUBPARTITION BY KEY (unlike PARTITION
BY KEY)');
```

MySQL 서버에 새로운 구분자 파일이 등록됐더라도 기존의 구분자로 생성된 전문 인덱스는 갱신되지 않고 그대로 남아 있다. 새로운 구분자가 등록돼도 기존의 전문 인덱스는 갱신되지 않고 그대로 남게 되는데, 기존의 전문 인덱스도 새로운 구분자로 인덱싱하고 싶다면 인덱스를 삭제하고 새로 만들어야 한다. 아니면 밑에서 설명할 "REPAIR TABLE" 명령으로 인덱스를 새로 빌드할 수도 있다.

전문 검색을 사용할 때는 일반적으로 사용하는 동등 비교(=)나 크다 작다 비교를 사용할 수 없고 MATCH(..) AGAINST(..)와 같은 전용 문법을 사용해야 한다. MATCH(..) AGAINST(..)가 하나의 비교 조건인데, MATCH(..)에는 전문 검색을 수행할 칼럼을 명시하고 AGAINST(..)에는 검색할 문자열 값을 명시하면 된다. 이때 AGAINST(..)에는 "IN BOOLEAN MODE"나 "IN NATURAL LANGUAGE MODE"를 명시해서 검색 모드를 선택할 수 있다. 그리고 전문 검색용 MATCH(..) AGAINST(..)를 사용할 때 MATCH(..)에 나열되는 칼럼은 반드시 전문 인덱스에 포함된 칼럼이 똑같이 순서대로 나열돼야 한다는 것을 기억하자. 이제 다음 쿼리를 실행해 보자.

```
mysql> SELECT doc_id, doc_title, doc_body
       FROM ft_article WHERE MATCH(doc_title, doc_body) AGAINST('hash' IN BOOLEAN MODE);
-> Empty set (0.00 sec)

mysql> SELECT doc_id, doc_title, doc_body
       FROM ft_article WHERE MATCH(doc_title, doc_body) AGAINST('key' IN BOOLEAN MODE);
-> Empty set (0.00 sec)

mysql> SELECT doc_id, doc_title, doc_body
       FROM ft_article WHERE MATCH(doc_title, doc_body) AGAINST('list' IN BOOLEAN MODE)\G
*************************** 1. row ***************************
    doc_id: 1
doc_title: it is possible
```

```
doc_body: it is possible to subpartition tables that are partitioned by RANGE or LIST
-> 1 row in set (0.00 sec)

mysql> SELECT doc_id, doc_title, doc_body
          FROM ft_article WHERE MATCH (doc_title, doc_body) AGAINST('range' IN BOOLEAN
MODE)\G
*************************** 1. row ***************************
   doc_id: 1
doc_title: it is possible
 doc_body: it is possible to subpartition tables that are partitioned by RANGE or LIST
-> 1 row in set (0.00 sec)

mysql> SELECT doc_id, doc_title, doc_body
        FROM ft_article WHERE MATCH (doc_title, doc_body) AGAINST('or' IN BOOLEAN MODE);
-> 2 rows in set (0.00 sec)

mysql> SELECT doc_id, doc_title, doc_body
        FROM ft_article WHERE MATCH(doc_title, doc_body) AGAINST('by' IN BOOLEAN MODE);
-> 3 rows in set (0.00 sec)
```

위의 각 예제 쿼리가 어떤 결과를 가져오는지 한번 살펴보자.

- 첫 번째와 두 번째 쿼리

  "hash"와 "key"라는 단어는 구분자 파일에서 구분자로 정의됐기 때문에 'hash'와 'key'로 검색하는 전문 검색 쿼리는 아무 결과도 가져오지 못했다.

- 세 번째와 네 번째 쿼리

  예제 쿼리에서 사용된 "range"와 "list" 검색어는 구분자로 등록되지 않았기 때문에 테이블에서 일치된 결과를 가져왔다.

- 다섯 번째와 여섯 번째 쿼리

  이 예제에서는 "or"나 "by"와 같은 전치사도 검색해봤다. "or"나 "by"는 MySQL의 기본 구분자에는 정의돼 있지만, 테스트를 위해 이 예제의 구분자 파일에서는 모두 제거했다. 기대했던 대로 "or"나 "by"와 같은 전치사도 구분자로 정의되지 않기 때문에 테이블에서 검색된 결과를 가져온다는 것을 확인할 수 있다.

ft_min_word_len

MySQL 빌트인 전문 검색 엔진에서는 인덱스에 추가할 키워드의 길이를 지정한다. 일반적으로는 기본 4글자 이상의 단어만 인덱스에 포함하지만 각 애플리케이션의 요건에 따라 한 글자나 두 글자 단어를 인덱스에 포함할 수 있다. 만약 두 글자도 인덱스에 포함하려면 MySQL 서버의 설정 파일에서 ft_min_ word_length 설정 값을 다음과 같이 2로 변경하고 MySQL 서버를 재시작하면, 그다음부터 INSERT되거나 UPDATE되는 칼럼의 값에 대해서는 두 글자 이상의 모든 키워드를 인덱스에 포함한다.

```
ft_min_word_len = 2
```

하지만 인덱스에 추가할 키워드의 길이가 변경되더라도 기존의 전문 검색 인덱스에 만들어져 있는 키워드들은 변경되지 않는다. 기존의 레코드에도 이 기준을 적용하려면 다음과 같은 명령으로 인덱스를 다시 재생성해야 한다.

```
mysql> REPAIR TABLE table_name QUICK;
```

ft__min_word_len 시스템 변수가 제대로 작동하는지 간단히 다음 예제를 확인해 보자.

```
CREATE TABLE ft_article (
  doc_id INT(11) NOT NULL,
  doc_title VARCHAR(1000) NOT NULL,
  doc_body TEXT,
  PRIMARY KEY (doc_id),
  FULLTEXT KEY fx_article (doc_title,doc_body)
) ENGINE=MyISAM DEFAULT CHARSET=utf8;

-- // ft_min_word_len  = 5 로 설정한 경우
-- // MySQL 서버의 설정 파일(my.cnf)을 변경하고 MySQL 서버를 재시작해야 함
mysql> INSERT INTO ft_article VALUES (5, 'lee','seunguck');

mysql> SELECT * FROM ft_article WHERE MATCH(doc_title, doc_body) AGAINST('lee');
Empty set (0.00 sec)

mysql> SELECT * FROM ft_article WHERE MATCH(doc_title, doc_body) AGAINST('seunguck');
+---------+------------+-----------+
| emp_no  | first_name | last_name |
+---------+------------+-----------+
| 9999999 | lee        | seunguck  |
+---------+------------+-----------+
1 row in set (0.00 sec)

-- // ft_min_word_len  = 2로 설정한 경우
-- // MySQL 서버의 설정 파일(my.cnf)을 변경하고 MySQL 서버를 재시작해야 함
mysql> SELECT * FROM ft_article WHERE MATCH(doc_title, doc_body) AGAINST('lee');
+--------+-----------+----------+
| doc_id | doc_title | doc_body |
+--------+-----------+----------+
|      5 | lee       | seunguck |
+--------+-----------+----------+
```

```
1 row in set (0.00 sec)

mysql> SELECT * FROM ft_article WHERE MATCH(doc_title, doc_body) AGAINST('seunguck');
+---------+------------+-----------+
| emp_no  | first_name | last_name |
+---------+------------+-----------+
| 9999999 | lee        | seunguck  |
+---------+------------+-----------+
1 row in set (0.00 sec)
```

ft_max_word_len

ft_min_word_len 설정 값과는 반대로 인덱스에 포함시킬 최대 문자열의 길이를 지정한다. 설정 값 이
상 길이의 문자열은 전문 검색 인덱스에서 제외된다. 이 값은 최소 10이상이 돼야 하며, 기본값으로는
84글자까지의 문자열을 인덱스에 포함하게 돼 있다. 위의 ft_min_word_len과 같은 방법으로 간단히
테스트해 볼 수 있다.

전문 검색 쿼리

전문 검색을 사용하려면 일반적으로 사용하는 SQL과는 조금 문법이 다른 MATCH( ) ... AGAINST( )
구문을 사용해야 한다. 일반적으로 전문 검색은 영문의 대소문자를 구분하지 않지만 만약 구분이 필요
하다면 전문 검색 대상 칼럼의 콜레이션을 "_bin"이나 "_cs" 계열로 변경하면 영문 대소문자를 구분한
검색을 수행할 수 있다. 전문 검색은 크게 자연어 모드와 불리언 모드로 구분되는데, 어떤 차이가 있는
지 예제와 함께 살펴보자. 이번 섹션의 예제 쿼리는 모두 예제 8-1에서 준비해둔 테이블에서 실행한 결
과다.

자연어 모드

자연어 검색은 입력된 검색어에서 키워드를 추출한 뒤에 키워드를 포함하는 레코드를 검색하는 방법이
다. 이때 입력된 검색어의 키워드가 얼마나 더 많이 포함돼 있는지에 따라 매치율(매치 스코어)이 결정
된다. 자연어 검색 모드에서는 전체 테이블에서 50% 이상의 레코드가 검색된 키워드를 가지고 있으면,
그 키워드는 검색어로서 의미가 없다고 판단하고 검색 결과에서 배제시킨다. 일반적으로 MATCH( )
... AGAINST( ) 구문에 별도의 옵션을 추가하지 않으면 자연어 검색 모드로 작동한다.

```
mysql> SELECT doc_id, doc_title, doc_body
       FROM ft_article
       WHERE MATCH(doc_title, doc_body) AGAINST('hash key');
+--------+------------------+-------------------------------------------+
| doc_id | doc_title        | doc_body                                  |
+--------+------------------+-------------------------------------------+
```

```
|      4 | SUBPARTITION BY HASH | ... BY HASH and SUBPARTITION BY KEY ... |
|      2 | Subpartitions may    | ... either HASH or KEY partitioning     |
+--------+---------------------+-----------------------------------------+

mysql> SELECT doc_id, doc_title, doc_body
       FROM ft_article
       WHERE MATCH(doc_title, doc_body) AGAINST('hash key' IN NATURAL LANGUAGE MODE);
+--------+---------------------+-----------------------------------------+
| doc_id | doc_title           | doc_body                                |
+--------+---------------------+-----------------------------------------+
|      4 | SUBPARTITION BY HASH | ... BY HASH and SUBPARTITION BY KEY ... |
|      2 | Subpartitions may    | ... either HASH or KEY partitioning     |
+--------+---------------------+-----------------------------------------+
```

전문 검색 쿼리에서 특별히 검색 모드를 지정하지 않으면 자연어 모드로 실행되므로 위의 두 쿼리는 사실 똑같이 자연어 모드로 전문 검색을 실행하는 쿼리다. 두 예제 쿼리의 결과 2건의 레코드가 검색됐는데, 첫 번째 레코드는 제목(doc_title)과 본문(doc_body) 칼럼에 "hash"나 "key"라는 단어가 사용됐기 때문이며 두 번째 레코드는 본문(doc_body) 칼럼에 "hash"와 "key" 단어가 사용되어 검색에 일치한 것이다.

자연어 검색 모드에서는 각 키워드별로 얼마나 매치된 단어가 많이 포함돼 있고, 얼마나 검색어의 키워드와 동일한 순서로 배치돼 있는지 등을 계산해서 매치율을 계산하고, 그 값을 조회할 수 있다. 매치율은 DOUBLE 타입으로 조회되는데, 매치율이 높을수록 사용자가 원하는 레코드일 가능성이 높다고 판단할 수 있다.

```
mysql> SELECT doc_id, doc_title, doc_body,
           MATCH(doc_title, doc_body) AGAINST('hash key') AS match_score
       FROM ft_article
       WHERE MATCH(doc_title, doc_body) AGAINST('hash key');
+--------+---------------------+-----------------------------------------+--------------------+
| doc_id | doc_title           | doc_body                                | match_score        |
+--------+---------------------+-----------------------------------------+--------------------+
|      4 | SUBPARTITION BY HASH | ... BY HASH and SUBPARTITION BY KEY ... | 0.49452269077301025 |
|      2 | Subpartitions may    | ... either HASH or KEY partitioning     | 0.31838133931159973 |
+--------+---------------------+-----------------------------------------+--------------------+
```

전문 검색 엔진을 사용할 때 반드시 MATCH( )의 괄호 안에는 만들어진 전문 인덱스에 포함된 모든 칼럼이 명시돼야 한다. 즉 위의 예제는 전문 인덱스가 doc_title과 doc_body 칼럼 둘이 합쳐져서 만들어져 있기 때문에 MATCH(doc_title, doc_body)가 항상 사용돼야 한다. 만약 둘 중에서 하나만 명시되거나 전문 인덱스에는 없는 칼럼이 명시되면 아래와 같은 에러 메시지가 출력하고 쿼리는 종료될 것이다.

```
mysql> SELECT doc_id, doc_title FROM ft_article WHERE MATCH(doc_body) AGAINST('upgrade');
ERROR 1191 (HY000): Can't find FULLTEXT index matching the column list
```

이는 자연어 검색뿐 아니라 불리언 검색 모드에서도 동일하게 적용되는 전문 검색 엔진의 특성이므로 주의하자.

불리언 모드

불리언 모드는 자연어 검색과는 달리 각 키워드의 포함 및 불포함 비교를 수행하고, 그 결과를 TRUE 또는 FALSE 형태로 연산해서 최종 일치 여부를 판단하는 전문 검색 방법이다. 연산자는 각 검색 키워드 앞에 표시하는데, 기본적으로 MySQL 전문 검색에서는 다음과 같은 3개의 연산자를 사용할 수 있다.

- + : 키워드 앞에 "+" 연산자가 표시되면 AND 연산을 의미한다.
- − : 키워드 앞에 "−"가 표시되면 NOT 연산을 의미한다.
- 연산자 없음 : 만약 키워드 앞에 아무 연산자도 명시되지 않고, 키워드만 명시되면 OR 연산을 의미한다.

각 키워드의 포함 여부를 AND와 OR, 그리고 NOT 연산자로 연산해서, 그 결과가 TRUE이면 검색 결과로 포함되는 것이다. 불리언 모드의 전문 검색을 사용하려면 AGAINST( )에 IN BOOLEAN MODE 키워드를 항상 명시해야 한다.

```
mysql> SELECT doc_id, doc_title, doc_body FROM ft_article
    WHERE MATCH(doc_title, doc_body) AGAINST('+hash +syntax' IN BOOLEAN MODE);
+--------+-------------------+-------------------------------------------+
| doc_id | doc_title         | doc_body                                  |
+--------+-------------------+-------------------------------------------+
|      4 | SUBPARTITION BY HASH | ... BY HASH and SUBPARTITION ... syntax ... |
+--------+-------------------+-------------------------------------------+

mysql> SELECT doc_id, doc_title, doc_body FROM ft_article
    WHERE MATCH(doc_title, doc_body) AGAINST('+hash -syntax' IN BOOLEAN MODE);
+--------+-------------------+-------------------------------------------+
| doc_id | doc_title         | doc_body                                  |
```

```
+--------+----------------+------------------------------------------+
|      2 | Subpartitions may | Subpartitions ... either HASH or KEY partitioning |
+--------+----------------+------------------------------------------+
```

```
mysql> SELECT doc_id, doc_title, doc_body FROM ft_article
       WHERE MATCH(doc_title, doc_body) AGAINST('hash syntax' IN BOOLEAN MODE);
+--------+---------------------+-----------------------------------------+
| doc_id | doc_title           | doc_body                                |
+--------+---------------------+-----------------------------------------+
|      4 | SUBPARTITION BY HASH | ... BY HASH and SUBPARTITION ... syntax ... |
+--------+---------------------+-----------------------------------------+
```

위의 첫 번째 예제는 "hash"와 "syntax"라는 키워드가 모두 "+" 연산자(AND 연산)를 가지고 있기 때문에 이 키워드 둘 다 포함하고 있는 레코드만 검색하는 쿼리다. 하지만 두 번째 쿼리는 "hash"라는 키워드는 가지고 있지만 "syntax"라는 키워드는 가지고 있지 않은 레코드만 검색하는 예제다. 그리고 마지막 쿼리에서처럼 각 키워드에 별도의 연산자가 표시되지 않으면 OR 연산이 적용돼서 "hash"나 "syntax" 중 하나라도 포함하고 있는 레코드를 가져오게 된다.

불리언 검색 모드에서도 매치율을 가져올 수 있다. 자연어 검색 모드와는 달리 검색어에 사용된 키워드의 순서와는 관계없이 포함하고 있는지 없는지만을 따지기 때문에 불리언 검색 모드에서는 정수 형태로 매치율을 보여준다.

```
mysql> SELECT doc_id, doc_title, doc_body,
       MATCH(doc_title, doc_body)
              AGAINST('hash syntax' IN BOOLEAN MODE) AS match_score
       FROM ft_article
       WHERE MATCH(doc_title, doc_body) AGAINST('hash syntax' IN BOOLEAN MODE);
+--------+----------------+------------------------------------------+-------------+
| doc_id | doc_title      | doc_body                                 | match_score |
+--------+----------------+------------------------------------------+-------------+
|      2 | Subpartitions... | Subpartitions ... HASH or KEY partitioning |           1 |
|      4 | SUBPARTITION ... | SUBPARTITION BY HASH and ... KEY ... syntax rules |           2 |
+--------+----------------+------------------------------------------+-------------+
```

8.1.3 트리톤 전문 검색

트리톤 전문 검색 엔진은 MySQL의 빌트인 전문 검색에서 제공하는 기능은 전부 지원한다. 추가로 인덱스의 섹셔나이징(Sectionizing)이나 정규화 등에 대한 기능과 이 책에서 언급하지는 않지만 문서의 미리 보기(Snippet, 스니핏) 기능도 제공한다.

전문 검색 인덱스 생성 옵션

트리톤에서 전문 검색 인덱스를 사용하려면 MyISAM 스토리지 엔진을 사용해야 한다. 트리톤은 N-그램과 MeCab 그리고 구분자(Delimiter) 방식의 인덱싱 알고리즘을 지원한다. MeCab 방식은 일본어에 제한적으로 사용할 수 있는 인덱싱 방식이므로 생략하고 N-그램과 구분자 방식의 인덱스를 만드는 부분을 살펴보자.

구분자를 이용한 전문 인덱스 생성

```
CREATE TABLE ft_article_delimiter (
  doc_id INT NOT NULL,
  doc_title VARCHAR(1000) NOT NULL,
  doc_body TEXT
  PRIMARY KEY (doc_id),
  FULLTEXT INDEX fx_article USING DELIMITER (doc_title, doc_body)
) ENGINE=MyISAM;
```

이 예제는 구분자 방식으로 전문 검색 엔진을 생성하는 아주 단순한 형태의 인덱싱 방식으로, 입력되는 레코드의 문자열의 단어를 띄어쓰기(공백) 문자를 기준으로 잘라서 인덱스를 생성한다.

N-그램을 이용한 전문 인덱스 생성

```
CREATE TABLE ft_article_delimiter (
  doc_id INT NOT NULL,
  doc_title VARCHAR(1000) NOT NULL,
  doc_body TEXT
  PRIMARY KEY (doc_id),
  FULLTEXT INDEX fx_article USING NGRAM (doc_title, doc_body)
) ENGINE=MyISAM;
```

N-그램 인덱싱 방식에 대한 자세한 내용은 5.7절, "전문 검색(Full Text search) 인덱스"(244쪽)를 참조하자.

인덱싱 알고리즘이 달라도 전문 검색을 수행하는 쿼리의 문법은 동일하다. 하지만 키워드를 추출하고 인덱스에 저장하는 방식이 인덱싱 알고리즘에 따라 다르기 때문에 검색 결과는 달라질 수 있다.

```
mysql> SELECT * FROM ft_article_ngram WHERE MATCH(doc_title, doc_body) AGAINST('mysql');
mysql> SELECT * FROM ft_article_ngram
         WHERE MATCH(doc_title, doc_body) AGAINST('+mysql -oracle' IN BOOLEAN MODE);
```

일반적으로 소규모 서비스에서 게시판의 제목이나 게시물의 내용을 전문 검색으로 구현하는 것을 가정해보자. 주로 구분자 방식의 전문 검색 인덱스보다는 N-그램의 전문 검색 인덱스가 많이 사용되며, 자연어 검색보다는 불리언 검색이 주로 사용된다.

N-그램 전문 인덱스의 사용

N-그램 인덱스의 간단한 사용법을 한번 살펴보자. 우선 예제 8-2와 같이 테이블을 생성하고 예제 데이터를 INSERT해보자. 예제의 테이블을 생성하려면 2장, "설치와 설정"에서 소개한 것처럼 트리톤 소스가 패치되어 컴파일된 MySQL 서버가 필요하다. 아울러 테이블을 생성할 때 "USING NGRAM" 옵션을 명시해야 N-그램 알고리즘의 전문 인덱스를 생성하게 된다. 그리고 "NO NORMALIZE" 옵션은 일본어인 경우에는 여러 가지 탁음이나 전각 문자에 대한 처리를 포함하지만 한글에 대해 특별히 영향을 미치는 부분은 없다. 하지만 영문의 대소문자에 대한 구분에는 영향을 미치기 때문에 일본어를 사용하지 않더라도 옵션을 명시해야 할 때도 있다. 영문 대소문자 구분 없이 검색하려면 "NORMALIZE" 옵션을 사용하면 된다.

[예제 8-2] 트리톤 전문 검색용 테이블 생성

```
mysql> CREATE TABLE tb_tritonn (
  doc_id INT NOT NULL AUTO_INCREMENT,
  doc_title VARCHAR(1000) NOT NULL,
  doc_body TEXT,
  PRIMARY KEY (doc_id),
  FULLTEXT INDEX fx_document USING NGRAM, NO NORMALIZE (doc_body)
) ENGINE=MyISAM DEFAULT CHARSET utf8;

mysql> INSERT INTO tb_tritonn VALUES
         (NULL, 'Tritonn full text search engine', '트리톤 전문 검색 엔진');
```

위와 같이 테이블을 생성하고 레코드를 저장하면 MySQL의 데이터 디렉터리에는 다음과 같은 파일이 생성될 것이다.

```
shell> ls -al /usr/local/mysql/data
-rw-rw---- 1 mysql mysql 8462336 Dec 30 17:23 tb_tritonn.001.SEN
-rw-rw---- 1 mysql mysql  430080 Dec 30 17:23 tb_tritonn.001.SEN.i
-rw-rw---- 1 mysql mysql  135168 Dec 30 17:23 tb_tritonn.001.SEN.i.c
-rw-rw---- 1 mysql mysql 8462336 Dec 30 17:23 tb_tritonn.001.SEN.l
-rw-rw---- 1 mysql mysql    8634 Dec 30 17:23 tb_tritonn.frm
-rw-rw---- 1 mysql mysql      76 Dec 30 17:23 tb_tritonn.MYD
-rw-rw---- 1 mysql mysql    2048 Dec 30 17:23 tb_tritonn.MYI
```

트리톤을 이용하는 테이블이 생성되면 MySQL 서버의 데이터 디렉터리에는 여러 종류의 파일이 생성된다. 각 파일은 트리톤 전문 검색 엔진에서 다음과 같은 용도로 사용되므로 함부로 삭제하지 않도록 주의하자.

- *.MYI 와 *.MYD 그리고 *.frm 파일은 MyISAM 테이블의 인덱스와 데이터 파일이다.
- *.SEN.* 파일은 트리톤이 사용하는 인덱스(nGram 인덱스) 파일이다. ".SEN" 파일은 MyISAM 테이블과 트리톤의 내부 문서 ID의 매핑 파일로서, 레코드가 증가할수록 파일 크기가 증가한다.
- *.SEN.i 파일은 인덱스 버퍼 용도로 사용되는 파일로, 인덱스를 생성할 때 크기를 지정할 수 있다.
- *.SEN.l 파일은 어휘와 어휘 ID의 매핑을 관리하는 파일로서, 등록된 어휘의 수가 늘어날수록 파일 크기가 증가한다.
- *.SEN.i.c" 파일은 인덱스를 저장하는 파일이다.

트리톤의 N-그램 인덱스를 이용하는 예제 8-2의 테이블에서 전문 검색을 이용한 쿼리 문장을 한번 테스트해보자. 기본적으로 트리톤을 이용한 전문 검색도 MySQL의 빌트인 전문 검색과 동일한 SQL 문법으로 작성하면 된다.

```
-- // 공백이나 구분자(Stopword)로 구분된 단위가 아니어도 검색이 가능
mysql> SELECT * FROM tb_tritonn WHERE MATCH (doc_body) AGAINST('리톤' IN BOOLEAN MODE);
+--------+----------------------------------+----------------------------------+
| doc_id | title                            | doc_body                         |
+--------+----------------------------------+----------------------------------+
|      1 | Tritonn full text search engine  | 트리톤 전문 검색 엔진             |
+--------+----------------------------------+----------------------------------+

-- // 중간에 공백이 있는 단어라 하더라도 검색이 가능
mysql> SELECT * FROM tb_tritonn WHERE MATCH (doc_body) AGAINST('색 엔' IN BOOLEAN MODE);
+--------+----------------------------------+----------------------------------+
| doc_id | title                            | doc_body                         |
+--------+----------------------------------+----------------------------------+
|      1 | Tritonn full text search engine  | 트리톤 전문 검색 엔진             |
+--------+----------------------------------+----------------------------------+

-- // Tritonn의 전문 검색 엔진 결과와 다른 MyISAM 또는 InnoDB 테이블과 조인이 가능
mysql> SELECT c.category_name, d.doc_id, d.doc_title, d.doc_body
       FROM tb_tritonn d, tb_category c
       WHERE MATCH (doc_body) AGAINST('리톤' IN BOOLEAN MODE)
       AND c.doc_id=d.doc_id;
+---------------+--------+----------------------------------+----------------------------------+
| category_name | doc_id | doc_title                        | doc_body                         |
+---------------+--------+----------------------------------+----------------------------------+
| MySQL         |      1 | Tritonn full text search engine  | 트리톤 전문 검색 엔진             |
+---------------+--------+----------------------------------+----------------------------------+
```

인덱스 섹셔나이징(Sectionizing)과 가중치 사용

전문 검색 인덱스는 여러 개의 칼럼을 이용해 복합 인덱스로 만들 수도 있으며, 또한 개별 칼럼에 대해 각각 전문 인덱스를 생성할 수도 있다. 하지만 어떤 경우에도 MATCH( ) 절의 괄호 안에는 사용하려는 전문 인덱스를 구성하는 칼럼이 모두 명시돼야 한다. 즉, doc_title 칼럼과 doc_body 칼럼으로 복합 전문 인덱스가 구성돼 있다면 반드시 MATCH(doc_title, doc_body)로 사용해야 한다는 의미다. 만약 doc_title에서만 일치하는 레코드를 찾고자 한다면 doc_title 칼럼만으로 구성된 전문 인덱스를 별도로 생성해야 한다.

인덱스가 많아지면 INSERT나 UPDATE 또는 DELETE 처리가 느려지고 테이블 저장 공간 사용량도 커질 것이다. 트리톤에서는 이러한 단점을 보완하기 위해 인덱스 섹셔나이징 기능을 제공한다. 이를 이용해 doc_title과 doc_body라는 두 개의 칼럼으로 복합 전문 인덱스를 섹셔나이징으로 만들면 두 개의 칼럼을 동시에 검색하는 것도 가능하지만 doc_title 칼럼만 검색하거나 doc_body 칼럼만 검색하는 것이 가능해진다.

```
CREATE TABLE ft_article_section (
  doc_id INT NOT NULL,
  doc_title VARCHAR(1000) NOT NULL,
  doc_body TEXT
  PRIMARY KEY (doc_id),
  FULLTEXT INDEX ft_article USING NGRAM, SECTIONALIZE (doc_title, doc_body)
) ENGINE=myisam;
```

위와 같이 전문 인덱스가 생성되면 doc_title과 doc_body 칼럼 각각에 대해 전문 검색을 사용할 수 있게 된다. 섹셔나이징된 인덱스를 이용한 전문 검색은 불리언 모드에서만 가능하다. AGAINST 괄호 안에 "*W" 예약어를 사용하고 그 뒤에 섹션의 번호를 명시해주면 된다. 섹션 번호란 전문 인덱스를 생성할 때 사용한 칼럼의 순서를 1부터 차례대로 붙인 순번을 의미한다. 위의 테이블에서 "*W1"이라고 표시하면 ft_article 전문 인덱스에서 doc_title 칼럼에 대해서만 검색을 수행한다는 뜻이며, "*W2"라고 표시하면 doc_body 칼럼에 대해서만 전문 검색을 수행하겠다는 것을 의미한다. 다음은 ft_article_section 테이블의 doc_title 칼럼에서 "mysql" 문자열이 포함된 레코드를 찾는 예제다.

```
mysql> SELECT * FROM ft_article_section
       WHERE MATCH(doc_title, doc_body) AGAINST('*W1 mysql' IN BOOLEAN MODE);
```

이렇게 전문 인덱스가 섹셔나이징되어서 생성되면 각 섹션별로 가중치를 별도로 설정할 수 있다. 각 섹션별로 가중치를 설정하는 방법은 "*W" 예약어 뒤에 "섹션번호:가중치" 포맷으로 값을 나열하면 된다. 다음은 "mysql"이라는 문자열을 (doc_title, doc_body)로 구성된 전문 인덱스에서 검색하는 예제다. 섹션 번호가 1인 doc_title 칼럼에서 "mysql" 키워드를 찾으면 가중치를 2로 부여하고, 섹션 번호가 2인 doc_body 칼럼에서 "mysql" 키워드를 찾으면 가중치를 1로 부여해서 매치율(점수)을 부여한다.

```
mysql> SELECT * FROM ft_article_section
       WHERE MATCH(doc_title, doc_body) AGAINST ('*W1:2,2:1 mysql' IN BOOLEAN MODE);
```

트리톤에서 매치율(검색 스코어, 점수)을 가져오는 방법은 MySQL 빌트인 검색 엔진과 마찬가지로 MATCH( ) ... AGAINST( ) 절을 그대로 사용하면 된다.

```
mysql> SELECT doc_id, doc_title, doc_body,
          MATCH(doc_title, doc_body) AGAINST('*W1:2,2:1 mysql' IN BOOLEAN MODE) AS match_
       score
       FROM ft_article_section
       WHERE MATCH(doc_title, doc_body) AGAINST('*W1:2,2:1 mysql' IN BOOLEAN MODE);
```

인덱스 정규화

트리톤에서 제공하는 인덱스 정규화는 사실 한글에서는 그다지 큰 의미가 없다. 하지만 영문 대소문자에 대한 구분 처리는 영향을 받기 때문에 잠깐 언급하겠다. 트리톤에서 제공하는 인덱스 정규화의 가장 큰 목적은 전각 문자와 반각 문자를 통일해서 인덱스로 만드는 데 있다. 일본에서는 아직도 전각 문자나 반각 문자를 모두 구분해서 사용하고 있으므로 이런 정규화 기능이 꼭 필요하다고 볼 수 있다.

정규화된 인덱스를 생성하려면 테이블을 생성할 때 전문 인덱스의 옵션을 조금 수정해야 한다. 인덱스 정규화 옵션은 기본적으로 활성화된 상태라서 별도로 옵션을 추가하지 않으면 대소문자를 구분하지 않는 정규화된 인덱스를 생성한다. 하지만 대소문자를 구분해서 인덱스를 생성해야 할 때는 NO NORMALIZE 옵션을 전문 인덱스 절에 추가하면 된다.

```
CREATE TABLE ft_article_section (
  doc_id INT NOT NULL,
  doc_title VARCHAR(1000) NOT NULL,
  doc_body TEXT
  PRIMARY KEY (doc_id),
  FULLTEXT INDEX ft_article USING NGRAM, SECTIONALIZE, NO NORMALIZE (doc_title, doc_body)
) ENGINE= MyISAM;
```

8.1.4 mGroonga 전문 검색

트리톤의 전문 검색 기능은 상당히 안정적이며 MySQL 빌트인 전문 검색 엔진보다 많은 기능과 빠른 성능을 보장한다. 하지만 트리톤은 MySQL의 소스 코드를 패치해서만 사용할 수 있기 때문에 MySQL 버전에 의존적이라는 단점이 있다. 현재 MySQL 5.0.87 버전에서만 트리톤을 사용할 수 있는 상태다. 이러한 단점을 보완하기 위해 mGroonga라는 해결 방법이 제시됐다. mGroonga는 플러그인 방식의 스토리지 엔진으로 구현돼 있기 때문에 MySQL 5.1 이상 버전에서는 제약이 거의 없는 편이다.

문제는 아직 안정 버전이 아니라는 점인데, mGroonga는 상당히 활발하게 진행되는 프로젝트라서 곧 해결될 것으로 보인다. mGroonga는 아직 트리톤만큼 많은 기능을 제공하지는 않는다. 현재는 단순한 형태의 N-그램 인덱스와 UTF-8 문자셋을 지원하는 수준이지만 안정 버전으로 접어들면 부가적인 기능들이 추가될 것이다.

mGroonga를 이용한 전문 검색 인덱스 생성

3.7.2절, "mGroonga 전문 검색 엔진(플러그인)"(155쪽)에서 소개한 것처럼 mGroonga에는 다음과 같이 두 가지 실행 모드가 있다.

- 스토리지 엔진(Storage engine) 모드 : mGroonga 스토리지 엔진이 전문 인덱스와 테이블 데이터를 모두 관리하는 방식
- 래퍼(Wrapper) 모드 : 테이블 데이터는 MyISAM이나 InnoDB에 저장하고 데이터의 인덱스만 mGroonga 스토리지 엔진이 관리하는 방식

두 가지 실행 모드 가운데 어떤 것을 사용할지는 테이블을 생성할 때 결정한다. 하지만 실행 모드와는 상관없이 전문 검색을 위한 SQL 문법은 동일하다.

스토리지 엔진 모드

mGroonga를 스토리지 엔진 모드로 사용해서 테이블을 생성할 때는 "ENGINE=groonga" 옵션을 테이블 생성 스크립트의 마지막에 명시하면 된다. 이 모드에서는 테이블의 전문 검색 인덱스뿐 아니라 테이블의 데이터까지 모두 mGroonga 스토리지 엔진이 관리하고 저장한다. 전문 검색용 인덱스를 생성하는 구문과 전문 검색 쿼리의 문법 모두 MySQL 빌트인에서와 동일하게 같은 방법으로 사용하면 된다. 예제 8-3은 스토리지 엔진 모드로 테이블을 생성하고, 전문 검색 쿼리를 실행하는 방법을 보여준다.

[예제 8-3] 스토리지 엔진 모드에서의 mGroonga 전문 검색 테이블 생성

```
mysql> CREATE TABLE tb_weather (
    id INT PRIMARY KEY,
```

```
  content VARCHAR(255),
  FULLTEXT INDEX (content)
) ENGINE=groonga DEFAULT CHARSET utf8;

mysql> INSERT INTO tb_weather VALUES(1, '내일 서울은 맑을 것입니다.');
mysql> INSERT INTO tb_weather VALUES(2, '내일 경남 지방은 비가 올 것입니다.');

mysql> SELECT * FROM tb_weather WHERE MATCH(content) AGAINST('서울');
+----+--------------------------------+
| id | content                        |
+----+--------------------------------+
|  1 | 내일 서울은 맑을 것입니다.        |
+----+--------------------------------+
```

래퍼(Wrapper) 모드

mGroonga를 래퍼(Wrapper) 모드로 사용하려면 "ENGINE=groonga" 옵션 뒤에 있는 COMMENT 옵션에 'engine "InnoDB"' 또는 'engine "MyISAM"'을 명시한다. 래퍼 모드에서는, mGroonga 스토리지 엔진은 전문 검색용 인덱스만 가지고 있고, 실제 테이블의 데이터는 MyISAM이나 InnoDB 테이블에 담긴다. 래퍼 모드의 장점은 InnoDB나 MyISAM와 같은 안정된 스토리지 엔진을 사용함과 동시에 전문 검색 엔진 기능까지 이용할 수 있다는 점이다. 예제 8-4는 래퍼 모드로 mGroonga 테이블을 생성하고 전문 검색 쿼리를 실행하는 방법을 보여준다.

[예제 8-4] 래퍼 모드에서의 mGroonga 전문 검색 테이블 생성

```
mysql> CREATE TABLE tb_weather (
        id INT PRIMARY KEY,
        content VARCHAR(255),
        FULLTEXT INDEX (content)
      ) ENGINE=groonga COMMENT='engine "innodb"' DEFAULT CHARSET utf8;

mysql> INSERT INTO tb_weather VALUES(1, '내일 서울은 맑을 것입니다.');
mysql> INSERT INTO tb_weather VALUES(2, '내일 경남 지방은 비가 올 것입니다.');

mysql> SELECT * FROM tb_weather WHERE MATCH(content) AGAINST('서울');
+----+--------------------------------+
| id | content                        |
+----+--------------------------------+
|  1 | 내일 서울은 맑을 것입니다.        |
+----+--------------------------------+
```

> **참고**
> mGroonga의 래퍼 모드에서, 실제 테이블의 데이터를 저장하는 데 어떤 스토리지 엔진을 사용할지를 명시하려면 테이블 생성 명령의 COMMENT를 사용한다. 사실 테이블 생성 명령에서 COMMENT는 테이블에 대한 설명을 위한 옵션이다. mGroonga에서는 테이블에 대한 설명을 위해 COMMENT 옵션을 사용하지 않는다. 스토리지 엔진별로 테이블 생성 문법이나 키워드를 마음대로 변경할 수 없기 때문에 이처럼 우회적인 방법을 이용하는 것이다.

mGroonga의 상태 값과 설정 변수

현재(2011년 말) 릴리즈된 가장 최신 버전인 mGroonga 0.8에는 2개의 상태 변수(groonga_count_skip, groonga_fast_order_limit)와 1개의 시스템 설정 변수(groonga_log_level)가 있다. 이 상태 값과 시스템 설정 변수는 사용자가 중요한 선택을 할 수 있게 해주는 것이 아니라 현재 mGroonga가 어떻게 최적화를 수행하고 있고, 로그를 어느 레벨로 설정할 것인지와 같은 간단한 것들이어서 크게 중요하지는 않다. 설정 값과 상태 값의 의미를 간단히 살펴보자.

groonga_log_level 시스템 설정

mGroonga는 성능이나 작동 방식을 결정하는 중요한 시스템 설정 값을 별도로 가지지 않는다. 유일하게 mGroonga의 로그를 어느 수준으로 남길지만 설정할 수 있다. 설정 가능한 로그 레벨로는 NONE, EMERG, ALERT, CRIT, ERROR, WARNING, NOTICE, INFO, DEBUG, DUMP가 있는데, 특별히 디버깅을 목적으로 하지 않는다면 NOTICE나 ERROR 수준이 적합하다.

```
mysql> SHOW GLOBAL VARIABLES LIKE 'groonga%';
+------------------+--------+
| Variable_name    | Value  |
+------------------+--------+
| groonga_log_level | NOTICE |
+------------------+--------+

mysql> SET GLOBAL goonga_log_level=ERROR;
```

groonga_count_skip 상태 값

전문 검색의 결과는 일반적으로 길이가 긴 VARCHAR나 TEXT와 같은 데이터 타입이다. 검색 결과의 크기가 상당히 크기 때문에 mGroonga 스토리지 엔진이 검색 결과를 읽어서 MySQL 엔진에게 전달하는 과정은 가벼운 작업은 아니다. 만약 단순히 전문 검색 결과 일치하는 레코드의 건수만 필요할 때는 mGroonga 스토리지 엔진이 레코드의 데이터를 읽어서 MySQL 엔진에게 전달하는 것은 불필요한 작업이 될 것이다. 단순히 전문 검색의 결과 레코드 건수만 필요한 쿼리는 테이블의 모든 칼럼이 아니라 최소로 필요한 칼럼만 MySQL 엔진에 전달한다.

groonga_count_skip 상태 값에는 이러한 최적화 처리가 몇 번이나 수행됐는지를 누적해서 가지고 있다. mGroonga의 최적화와 관련된 상태 값은 다음과 같이 확인해 볼 수 있다.

```
mysql> SHOW STATUS LIKE 'groonga_%';
+---------------------------+-------+
| Variable_name             | Value |
+---------------------------+-------+
| groonga_count_skip        | 1     |
| groonga_fast_order_limit  | 2     |
+---------------------------+-------+
```

groonga_fast_order_limit 상태 값

MySQL의 빌트인 전문 검색 엔진이나 트리톤에서 매치율(점수)에 대해 정렬을 수행하려면 별도의 정렬 작업이 필요하다. 전문 인덱스가 매치율로 정렬되지 않았다는 점을 생각하면 당연한 결과이고, 쿼리의 실행 계획을 살펴봐도 쉽게 알 수 있다.

mGroonga 스토리지 엔진에서도 이 점은 마찬가지다. 하지만 mGroonga 스토리지 엔진에서 내부적으로 매치율을 기준으로 정렬해서 LIMIT로 상위 몇 건만 가져온다면 LIMIT에서 필요한 만큼의 레코드만 mGroonga 스토리지 엔진이 읽도록 최적화를 수행한다. 이런 형태의 최적화가 몇 번이나 사용됐는지는 groonga_fast_order_limit 상태 값에 누적돼 있다. 이러한 ORDER BY .. LIMIT 최적화는 주로 다음과 같은 형태의 쿼리에 적용된다.

```
SELECT .. FROM tb_table WHERE MATCH(..) AGAINST(..) ORDER BY _score DESC LIMIT n;
```

8.2 공간 검색

공간 검색을 위해서는 R-Tree 인덱스가 필요하다. R-Tree 인덱스는 공간을 검색하기 위한 인덱스라고 해서 "Spatial index"라고도 한다. 이미 R-Tree 인덱스의 구조나 특성에 대해서는 살펴봤으므로 여기서는 R-Tree 인덱스를 사용하는 이유와 R-Tree 인덱스를 어떻게 생성하고 공간 검색을 위해 어떻게 쿼리를 작성해야 하는지 살펴보겠다.

8.2.1 R-Tree 인덱스를 사용하는 이유

좌표에 기반한 데이터를 검색하기 위해 꼭 R-Tree 인덱스를 사용해야 하는 것은 아니다. 다음과 같이 위도와 경도를 저장하는 테이블을 가정해 보자.

```
CREATE TABLE tb_ziplocation (
  zipcode_id INT UNSIGNED NOT NULL,
  post_code VARCHAR(10) NOT NULL,
  area_name VARCHAR(500) NOT NULL,
  loc_latitude FLOAT NOT NULL,
  loc_longitude FLOAT NOT NULL,
  PRIMARY KEY (zipcode_id)
);
```

이 테이블에서 위도와 경도 좌표 정보를 나타내고자 loc_latitude와 loc_longitude라는 칼럼을 FLOAT 타입으로 정의했다. 만약 위도가 34.1에서 34.5 사이이며, 경도가 137.5부터 137.9 사이의 모든 위치 정보를 가져오려면 R-Tree 인덱스가 아닌 B-Tree 인덱스를 (loc_latitude, loc_longitude) 칼럼으로 만들고 다음과 같이 쿼리를 사용하면 된다.

```
SELECT * FROM tb_ziplocation
WHERE loc_latitude BETWEEN 34.1 AND 34.5
  AND loc_longitude BETWEEN 137.5 AND 127.9 ;
```

하지만 위치 정보가 골고루 분포되지 않고 다음 그림과 같이 위도는 34.1과 34.5 사이에 값이 집중되며, 경도는 110.0부터 170.0까지 골고루 분포돼 있다고 가정해 보자.

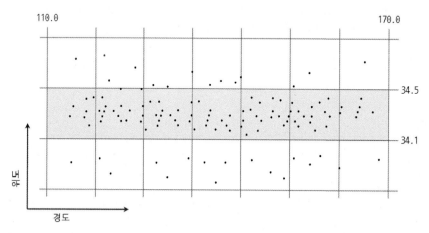

[그림 8-1] 위치 정보의 불규칙적인 분포

그림 8-1과 같이 위치 정보가 분포돼 있다면 위의 쿼리가 수행될 때 (loc_latitude, loc_longitude)의 순서대로 만들어진 B-Tree 인덱스는 그다지 효율적으로 작동하지 못한다. B-Tree의 좌측 기준 특성 (Left-most 일치)으로 인해 먼저 위도에 관련된 조건("loc_latitude BETWEEN 34.1 AND 34.5")으로 인덱스를 통해 범위를 검색하고, 그러고 나서 경도에 대한 검색을 수행할 것이기 때문이다. 즉 이 인덱스를 이용하면 결국 인덱스의 처음부터 끝까지 모두 풀 스캔 해야만 일치하는 레코드를 찾을 수가 있다는 것이다.

물론 모든 데이터가 이렇다면 B-Tree의 인덱스 순서를 (loc_longitude, loc_latitude)처럼 거꾸로 만들어서 해결할 수 있을 것이다. 하지만 수백, 수천만 건의 위치 정보가 어떻게 분포돼 있는지 확인하고 그에 맞게 인덱스를 설계하기란 쉬운 일이 아니다. 중간중간 데이터의 분포나 특성이 엇갈린다면 B-Tree로는 해결할 방법을 찾을 수가 없을 것이다. 하지만 R-Tree 인덱스는 위도와 경도를 하나의 정보로 2차원 형태로 관리하기 때문에 이러한 데이터 분포에서도 최적으로 작동한다.

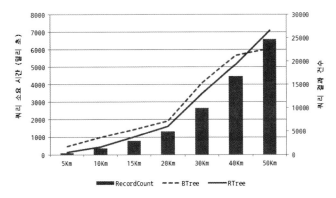

[그림 8-2] B-Tree와 R-Tree의 성능 벤치마크

그림 8-2는 대략 100만 건 정도의 위치 정보를 저장해 둔 테이블에서 B-Tree와 R-Tree 인덱스의 성능을 비교해 본 결과다. 20개의 클라이언트에서 동시에 B-Tree와 R-Tree 인덱스를 사용하는 쿼리의 성능을 벤치마킹해본 것인데, 검색 반경이 40km 미만일 때는 R-Tree 인덱스의 검색이 전반적으로 빠르게 처리된다는 것을 알 수 있다. 하지만 반경 50km를 넘어서면서 조회해야 할 레코드 건수가 많아지면 R-Tree의 성능상 장점이 약해진다는 것을 알 수 있다.

> **주 의**
> 그림 8-2에서 성능이 역전되는 "반경 50km"는 일반적으로 적용할 수 있는 기준은 절대 아니다. 단지 저자가 준비한 벤치마킹용 데이터의 밀집도나 특성 때문에 50km라는 결론이 도출된 것뿐이다. 여러분이 관리하는 데이터는 특성에 따라 성능 역전이 5km나 10km에서도 발생할 수 있다. 그림 8-2의 결과에서도 알 수 있겠지만, 위치 기반의 검색 결과 건수가 1~200백 건만 넘어도 거의 분별력이 없는 쿼리가 될 것이며, 쿼리가 0.2~0.3초를 넘어서는 순간 웹 서비스용으로는 적절하지 않게 될 것이다. 위치를 기반으로 하는 검색에서는 반경을 얼마나 좁혀서 의미 있는 쿼리를 만들고 또 그만큼 빠르게 만드는가가 중요하다.

8.2.2 위도나 경도 정보를 이용한 거리 계산

실제로 위치 정보를 관리하는 경우 위도나 경도 정보가 저장되지만 실제로 사용자에게 필요한 공간 검색은 위도나 경도 그 자체가 아니라 특정 위치에서 반경 5km 또는 반경 100m 등과 같이 사람이 인지할 수 있는 기준에 의한 검색일 것이다. 그렇다면 내가 있는 위치를 기준으로 반경 5km 내의 음식점이나 영화관을 검색하려면 반경 5km를 둘러싸는 사각형의 위도 경도 좌표를 계산해야만 쿼리를 작성할 수 있다. 실제 위도 1도와 경도 1도의 차이로 인해 발생하는 거리 차이는 아래와 같다.

- 위도(Latitude) 1°의 실제 지구상에서의 거리는 대략 69.1마일(= 111.2km) 정도이며.
- 경도(longitude) 1°의 실제 지구상에서의 거리는 대략 cos(Latitude) * 111.2km 정도다.

경도는 위도에 따라 실제 지구상의 거리가 달라지기 때문에 계산 방식이 조금 복잡(COS 연산)하다. 하지만 우리가 처리하려는 것은 정밀한 측량이 아니기 때문에 위도와 경도 1도의 차이는 모두 111.2km로 동일하다고 가정해도 무방하다. 이제 현재 있는 위치를 "위도 34.9981, 경도 137.2164"로 가정하고, 반경 5km의 사각형을 그리고 그 사각형의 각 꼭지점의 위도와 경도 좌표를 한번 계산해 보자.

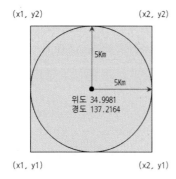

[그림 8-3] 거리를 기반으로 하는 위도 경도 계산

그림 8-3에서 x1, x2, y1, y2의 좌표는 다음과 같은 수식으로 계산할 수 있다. 수식에서 5km는 관심을 가지고 있는 반경 거리를 의미하며, 111.2km는 상수로서 위도 경도 1°의 실제 지구상 거리를 의미한다.

- x1(최소 경도 Longitude) = 137.2164 − (5km / abs(cos(radians(34.9981))*111.2km));
- x2(최대 경도 Longitude) = 137.2164 + (5km / abs(cos(radians(34.9981))*111.2km));
- y1(최소 위도 Latitude) = 34.9981 − (5km/111.2Km);
- y2(최대 위도 Latitude) = 34.9981 + (5km/111.2Km);

이 수식을 이용해 내가 위치한 지점에서 반경 5Km 이내의 영화관이나 음식점을 검색할 수 있다. 이 내용을 B-Tree 인덱스 기반의 테이블에서 사용할 수 있는 쿼리로 작성해 보면 다음과 같다.

```
SELECT * FROM tb_ziplocation
WHERE loc_latitude BETWEEN (34.9981 - (5/111.2)) AND (34.9981 + (5/111.2))
  AND loc_longitude BETWEEN (137.2164 - (5 / ABS(COS(RADIANS(34.9981))*111.2)))
                    AND (137.2164 + (5 / ABS(COS(RADIANS(34.9981))*111.2))) ;
```

이렇게 연산식이 모두 쿼리에 포함돼 있으면 쿼리의 가독성이 떨어져서 내용을 분석하고 기능을 변경하기가 쉽지 않을 것이다. 위 쿼리를 MySQL의 스토어드 함수로 대체시키기 위해 예제 8-5와 같이 보조 함수를 만들어 보자. 다음 스토어드 함수들은 기준 위치와 반경을 인자로 전달하면 사각형 상자의 꼭짓점에 해당하는 위치의 좌표를 반환해 준다. 이러한 기능을 스토어드 함수로 만들어 두면 여러 프로그램에서 공통으로 사용할 수 있으며, 또한 쿼리의 가독성도 높일 수 있다.

[예제 8-5] 위치 정보 검색을 위한 스토어드 함수

```
-- // 주어진 위치로부터 반경 몇 km에 속하는 최소 위도를 계산하는 함수
DROP FUNCTION GetMinLatitude;;
CREATE DEFINER='admin'@'localhost'
FUNCTION GetMinLatitude(p_lon DOUBLE, p_lat DOUBLE, p_radiuskilo FLOAT)
RETURNS DOUBLE
    NO SQL
    DETERMINISTIC
    SQL SECURITY INVOKER
BEGIN
  RETURN ROUND(p_lat - (p_radiuskilo / 111.2), 4);
END ;;

-- // 주어진 위치로부터 반경 몇 km에 속하는 최소 경도를 계산하는 함수
DROP FUNCTION GetMinLongitude;;
CREATE DEFINER='admin'@'localhost'
FUNCTION GetMinLongitude(p_lon DOUBLE, p_lat DOUBLE, p_radiuskilo FLOAT)
RETURNS DOUBLE
    NO SQL
    DETERMINISTIC
    SQL SECURITY INVOKER
BEGIN
  RETURN ROUND(p_lon - (p_radiuskilo / ABS(COS(RADIANS(p_lat))*111.2)), 4);
END ;;

-- // 주어진 위치로부터 반경 몇 km에 속하는 최대 위도를 계산하는 함수
DROP FUNCTION GetMaxLatitude;;
CREATE DEFINER='admin'@'localhost'
FUNCTION GetMaxLatitude(p_lon DOUBLE, p_lat DOUBLE, p_radiuskilo FLOAT)
RETURNS DOUBLE
    NO SQL
    DETERMINISTIC
    SQL SECURITY INVOKER
BEGIN
  RETURN ROUND(p_lat + (p_radiuskilo / 111.2), 4);
END ;;

-- // 주어진 위치로부터 반경 몇 km에 속하는 최대 경도를 계산하는 함수
```

```
DROP FUNCTION GetMaxLongitude;;
CREATE DEFINER='admin'@'localhost'
FUNCTION GetMaxLongitude(p_lon DOUBLE, p_lat DOUBLE, p_radiuskilo FLOAT)
RETURNS DOUBLE
    NO SQL
    DETERMINISTIC
    SQL SECURITY INVOKER
BEGIN
  RETURN ROUND(p_lon + (p_radiuskilo / ABS(COS(RADIANS(p_lat))*111.2)), 4);
END ;;
```

이제 B-Tree 인덱스를 이용해 위치 정보를 검색하는 쿼리를 보조 스토어드 함수를 이용해 다음과 같이 간단히 만들 수 있다.

```
SELECT * FROM tb_ziplocation
WHERE loc_latitude BETWEEN GETMINLATITUDE(137.2164, 34.9981, 5)
                       AND GETMAXLATITUDE(137.2164, 34.9981, 5)
  AND loc_longitude BETWEEN GETMINLONGITUDE(137.2164, 34.9981, 5)
                        AND GETMAXLONGITUDE(137.2164, 34.9981, 5);
```

8.2.3 R-Tree를 이용한 위치 검색

지금까지의 내용을 종합해서 R-Tree 인덱스를 이용한 공간 검색 방법을 한번 살펴보자. 우선 R-Tree 인덱스를 사용하려면 FLOAT이나 INTEGER와 같은 칼럼 타입으로 위치 정보를 저장해서는 안 된다. 공간 정보를 저장할 수 있는 POINT나 GEOMETRY 타입에 위치 정보를 저장해야 하고, 또한 R-Tree 인덱스를 생성하기 위해 MyISAM 스토리지 엔진을 사용하는 테이블을 생성해야 한다. R-Tree 인덱스는 "SPATIAL KEY" 키워드를 사용해서 생성한다.

```
CREATE TABLE tb_zip_location (
  zipcode_id INT UNSIGNED NOT NULL,
  post_code VARCHAR(10) NOT NULL,
  area_name VARCHAR(500) NOT NULL,
  loc_point POINT NOT NULL,
  PRIMARY KEY (zipcode_id),
  SPATIAL KEY sx_loc_point (loc_point),
) ENGINE=MyISAM DEFAULT CHARSET=utf8;
```

공간 인덱스가 포함된 테이블에 있는 POINT 타입의 loc_point 칼럼에 데이터를 저장하고 조회하는 방식은 다음과 같다. 자세한 내용은 15.6절, "공간(Spatial) 데이터 타입"(906쪽)을 참조하자.

```
mysql> INSERT INTO tb_zip_location (loc_point, ..) VALUES (point(137.2164, 34.9981), ..);
mysql> INSERT INTO tb_zip_location (loc_point, ..)
          VALUES (geomfromtext('POINT(137.2164 34.9981)'), ..);
mysql> SELECT X(POINT(137.2164, 34.9981)) AS loc_x, Y(POINT(137.2164, 34.9981)) AS loc_y,
          ASTEXT(POINT(137.2164, 34.9981)) AS as_text;
+---------+---------+------------------------+
| loc_x   | loc_y   | as_text                |
+---------+---------+------------------------+
| 137.2164 | 34.9981 | POINT(137.2164 34.9981) |
+---------+---------+------------------------+
```

이제 위치 정보 테이블에서 데이터를 조회하는 방법을 살펴보자. 우리가 필요로 하는 반경 몇 킬로미터 내의 위치 정보는 간단히 거리로 조회하면 되겠지만 안타깝게도 MySQL 공간 검색 기능에서는 거리 비교를 수행하는 함수는 제공하지 않는다. 그래서 MySQL에서는 두 위치 정보 간의 포함 관계를 비교하는 연산을 사용한다. 여기서 포함 관계라는 것은 하나의 공간 정보가 다른 공간 정보에 포함되는지를 비교하는 것으로, 주로 특정 위치가 특정 영역에 포함되는지를 비교한다.

Contains( )는 포함 관계를 비교하는 대표적인 함수다. 물론 다른 방법이나 함수도 제공되지만 R-Tree 인덱스를 효율적으로 사용할 수 있는 함수는 Contains( )가 유일하므로 이 함수만 이용하자. 현재 위치에서 반경 5km 이내의 모든 위치 정보를 조회하는 쿼리를 R-Tree를 사용하도록 변경해서 작성해 보면 다음과 같다.

```
SELECT post_code, area_name
FROM tb_zip_location
WHERE
  CONTAINS(
    GEOMFROMTEXT('POLYGON((137.1616 34.9532,
                           137.2712 34.9532,
                           137.2712 35.0430,
                           137.1616 35.0430,
                           137.1616 34.9532))')
  , loc_point );
```

Contains( ) 함수는 두 개의 인자를 받는데, 두 번째 인자의 공간 정보가 첫 번째 인자의 공간 정보에 포함되는지를 비교하는 함수다. 더 정확히는 두 번째 인자로 전달한 공간 정보의 최소 경계 상자(MBR) 가 첫 번째 인자로 전달한 공간 정보의 MBR에 포함되는지를 비교하는 것이다. 이 예제는 이미 반경 5km의 좌표를 미리 계산해서 입력한 쿼리이기 때문에 그나마 조금은 깔끔하다. 만약 반경 5km의 좌표를 계산하는 로직을 이 함수에 포함하면 더 복잡해지고 쿼리를 이해하기 어려울 것이다. 예제 8-6과 같이 위에서 작성한 거리 기반의 위도 경도를 반환하는 보조 스토어드 함수를 이용해 반경 5km 내의 사각형 영역의 좌표를 만들어 주는 스토어드 함수를 작성해 두면 편리하다.

[예제 8-6] 지정 반경의 영역 조회용 스토어드 함수

```
-- // 주어진 위치로부터 반경 몇 km에 해당하는 영역(Polygon)을 반환하는 함수
DROP FUNCTION GetRadianPolygon;;
CREATE DEFINER='admin'@'localhost'
FUNCTION GetRadianPolygon(p_lon DOUBLE, p_lat DOUBLE, p_radiuskilo FLOAT)
RETURNS VARCHAR(100)
    NO SQL
    DETERMINISTIC
    SQL SECURITY INVOKER
BEGIN
  DECLARE v_min_lat FLOAT DEFAULT 0;
  DECLARE v_min_lon FLOAT DEFAULT 0;
  DECLARE v_max_lat FLOAT DEFAULT 0;
  DECLARE v_max_lon FLOAT DEFAULT 0;

  SET v_min_lat = GetMinLatitude(p_lon,p_lat,p_radiuskilo);
  SET v_min_lon = GetMinLongitude(p_lon,p_lat,p_radiuskilo);
  SET v_max_lat = GetMaxLatitude(p_lon,p_lat,p_radiuskilo);
  SET v_max_lon = GetMaxLongitude(p_lon,p_lat,p_radiuskilo);

  RETURN
    CONCAT('POLYGON((',
      v_min_lat, ' ', v_min_lon, ',',
      v_min_lat, ' ', v_max_lon, ',',
      v_max_lat, ' ', v_max_lon, ',',
      v_max_lat, ' ', v_min_lon, ',',
      v_min_lat, ' ', v_min_lon, '))');
END ;;

-- // 이 스토어드 함수를 실행해보면 아래와 같은 결과를 받을 수 있다.
mysql> SELECT GetRadianPolygon(137.2164, 34.9981, 5);;
+--------------------------------------------------------------------------------+
| GetRadianPolygon(137.2164, 34.9981, 5)                                         |
+--------------------------------------------------------------------------------+
| POLYGON((34.9531 137.161,34.9531 137.271,35.0431 137.271,35.0431 137.161,34.9531 137.161)) |
+--------------------------------------------------------------------------------+
```

예제 8-6에서 준비한 스토어드 함수를 이용해 반경 5km 이내의 위치 정보를 조회하는 쿼리를 다음과 같이 깔끔하고 가독성 있게 만들 수 있게 되었다.

```
SELECT post_code, area_name
FROM tb_zip_location
WHERE CONTAINS(
    GEOMFROMTEXT(GetRadianPolygon(137.2164, 34.9981, 5)),
    loc_point);
```

MySQL에서는 두 위치 정보 간의 거리를 계산하는 Distance( ) 함수가 제공되지 않는데, 두 지점의 거리를 계산하는 함수도 아래 예제 8-7과 같이 준비해 두면 편리하게 사용할 수 있다.

[예제 8-7] 두 좌표 간의 거리 계산용 스토어드 함수

```
-- // 두 위도/경도 좌표 간의 실제 거리를 km 단위로 계산하는 함수
CREATE DEFINER='admin'@'localhost'
FUNCTION GeoDistance(p_lat1 DOUBLE, p_lon1 DOUBLE, p_lat2 DOUBLE, p_lon2 DOUBLE)
RETURNS DOUBLE
    SQL SECURITY INVOKER
BEGIN
  DECLARE v_theta DOUBLE;
  DECLARE v_dist DOUBLE;

  SET v_theta = p_lon1 - p_lon2;
  SET v_dist = SIN(p_lat1 * PI() / 180.0) * SIN(p_lat2 * PI() / 180.0) +
          COS(p_lat1 * PI () / 180.0) * COS(p_lat2 * PI() / 180.0) * COS(v_theta * PI() /
180.0);
  SET v_dist = ACOS(v_dist);
  SET v_dist = v_dist / PI() * 180.0;
  SET v_dist = v_dist * 60 * 1.1515;
  SET v_dist = v_dist * 1.609344;

  RETURN v_dist;
END ;;
```

09

사용자 정의 변수

MySQL의 변수는 누가 생성하는가에 따라 크게 시스템 변수와 사용자 변수로 구분하며, 변수의 적용 범위가 MySQL 서버 전체인지 아니면 커넥션에 종속적인지에 따라 글로벌 변수와 세션 변수로 나뉜다. 또한 동적(MySQL 서버가 재시작되지 않고)으로 변수를 변경할 수 있느냐에 따라 동적 변수와 정적 변수로 구분한다. MySQL 서버의 설정 파일이나 MySQL 서버의 명령행 인자를 통해 설정되는 변수는 시스템 변수라고 한다. 시스템 변수는 MySQL 서버에서 정의한 고정된 이름을 가지고 있지만, 사용자 정의 변수는 시스템 변수와 충돌되지만 않는다면 임의로 이름을 부여할 수 있다.

이번 장에서 살펴볼 사용자 변수는 MySQL 서버가 정의한 변수가 아니라 사용자가 정의하는 변수를 의미한다. 사용자 변수는 해당 커넥션에서만 유효하기 때문에 항상 세션 변수로 취급된다. 또한 사용자가 언제든지 값을 변경할 수 있기 때문에 동적 변수로 볼 수 있다.

다른 DBMS에서도 사용자 변수와 비슷한 기능을 제공하지만 MySQL에서는 다른 DBMS보다는 훨씬 더 유연하게 사용자 변수를 사용할 수 있다. 단순하게는 쿼리의 입력 변수처럼 사용할 수 있으며, 조금 복잡하게는 하나의 쿼리에서 값을 할당하고 다른 쿼리에서 참조할 수 있는 형태의 절차적인 목적으로 사용할 수도 있다. 집합 개념의 처리라고 볼 수 있는 SQL 문장에 절차적 기능을 부여할 수도 있기 때문에 SQL에 날개를 달아줄 수 있는 기능이라고 볼 수 있다. 이미 웹 사이트를 통해 사용자 정의 변수를 어떻게 활용할 수 있는지를 보여주는 방법이 꽤 많이 소개돼 있다. 하지만 여기에는 상당히 위험한 함정도 숨어 있다. 이번 장에서는 사용자 정의 변수의 강력한 기능을 살펴보고, 주의해야 할 부분도 함께 알아보겠다.

9.1 사용자 정의 변수 소개

MySQL이나 다른 DBMS의 스토어드 프로시저나 함수를 경험해 봤다면 프로그램에서 사용하는 변수에 대해 이미 잘 알고 있을 것이다. 이번 장에서 설명하는 사용자 정의 변수 또한 같은 목적으로 사용할 수도 있다. 하지만 사용자 정의 변수는 스토어드 프로시저나 함수뿐 아니라 SQL 문장에서도 사용할 수 있다. 하나의 커넥션에서 정의된 사용자 변수는 다른 커넥션과 공유하지 못하고 해당 커넥션에서만 사용할 수 있다. MySQL의 사용자 변수의 이름은 "@"로 시작한다.

사용자 변수는 일반적인 스크립트 언어와 마찬가지로 별도로 타입을 정의하지 않고 저장하는 값에 의해서 그 타입이 정해진다. 사용자 정의 변수에 저장할 수 있는 값은 Integer, Decimal, Float, Binary 와 문자열 타입만 가능하다. 또한 타입이 정해지지 않은 NULL도 저장할 수 있으며, 초기 값을 설정하지 않은 사용자 정의 변수는 기본값으로 NULL을 가진다. 변수는 SET 문장으로 값이 할당됨과 동시에 생성된다. 값을 할당하는 SET 문장은 "=" 또는 ":=" 연산자를 이용한다. MySQL 명령 프롬프트에서 변수를 생성(초기화)하고 사용하는 방법을 간단한 예제로 살펴보자.

```
SET @var := 'My first user variable';
SET @var1 = 'My first', @var2 = 'user variable';

SELECT @var AS var1, CONCAT(@var1, ' ', @var2) AS var2;
+-----------------------+-----------------------+
| var1                  | var2                  |
+-----------------------+-----------------------+
| My first user variable | My first user variable |
+-----------------------+-----------------------+
```

위의 예제와 같이 커넥션에서 정의된 사용자 변수는 SQL 문장에서 그 값을 참조해서 다른 연산을 수행할 수 있다. 또한 다음 예제와 같이 SQL 문장에서 연산 결과를 다시 사용자 변수에 할당하는 것도 가능하다. 즉 SQL 문장에서 표현식을 사용할 수 있는 곳에서는 언제나 사용자 변수를 사용할 수 있다.

```
mysql> SET @rownum=0;
Query OK, 0 rows affected (0.00 sec)

mysql> SELECT (@rownum:=@rownum+1) AS rownum, emp_no, first_name FROM employees LIMIT 5;
+--------+--------+------------+
| rownum | emp_no | first_name |
+--------+--------+------------+
|      1 |  11800 | Aamer      |
|      2 |  11935 | Aamer      |
|      3 |  12160 | Aamer      |
|      4 |  13011 | Aamer      |
|      5 |  15332 | Aamer      |
+--------+--------+------------+
```

위의 예제에서 우선 SET 명령으로 @rownum 변수를 생성하면서 초기값으로 0을 할당했다. 그리고 그 변수를 SELECT 문장에서 매 레코드마다 1만큼 증가시켜서 저장하고, 저장된 값을 rownum이라는 칼럼으로 조회하는 형태로 사용했다.

여기까지가 간단하게 MySQL의 사용자 정의 변수를 설명한 내용이다. 그런데 사용자 정의 변수를 사용하면서 반드시 기억해야 할 것이 있다. 매뉴얼에는 "절대 동일 SQL 문장에서 변수에 값을 할당하고 동시에 값을 참조하지 말라"라는 주의사항이 적혀 있다. 즉, 바로 위의 예제에 있는 (@rownum:=@rownum+1) 표현식이 바로 사용자 변수의 값을 참조하고 변경된 값을 다시 그 사용자 변수에 할당하고 있는 예다. 일반적으로 사용자가 기대하는 작동 결과를 보여주지만 이 결과는 MySQL에서 보증하지 않는 결과인 것이다. 물론 매뉴얼에서는 이 결과를 보장하지 않는다는 것은 MySQL 서버의 각 버전별 호환성이 없고, 버전별로 작동 방식도 달라질 수 있음을 의미하는 것이다. 하지만 적어도 하나의 버전에서는 똑같은 방식으로 처리되므로 일관된 결과를 보장받을 수 있는 것이다.

물론 지금부터 계속 이렇게 매뉴얼에 어긋나는 형태로 사용하는 방법을 소개하겠지만 사용자 정의 변수는 버전에 따라 일관되게 작동하지 않을 수 있다는 점을 항상 기억해두자. 다음 예제를 한번 살펴보자.

```
mysql> SET @rank:=0;
mysql> SELECT (@rank:=@rank+1) rank, emp_no
       FROM employees
       WHERE hire_date>'1999-12-01' AND GREATEST(1,(SELECT @rank:=0));
+------+--------+
| rank | emp_no |
+------+--------+
|    1 |  13246 |
|    2 |  13919 |
|    3 |  47291 |
|    4 |  48170 |
|    5 |  48358 |
|    6 |  48910 |
...

mysql> SET @rank:=0;
mysql> SELECT (@rank:=@rank +1) rank, emp_no
       FROM employees
       WHERE hire_date>'1999-12-01' AND GREATEST(1,(SELECT @rank:=@rank*0)) ;
+------+--------+
| rank | emp_no |
+------+--------+
|    1 |  13246 |
|    1 |  13919 |
|    1 |  47291 |
|    1 |  48170 |
|    1 |  48358 |
|    1 |  48910 |
...
```

거의 비슷한 두 개의 예제 쿼리가 있는데, 이 두 쿼리는 WHERE 절에 사용된 GREATEST( ) 함수의 표현식만 조금 차이가 있다. 같은 결과값을 반환하는 표현식(SELECT @rank:=0과 SELECT @rank:=@rank*0)을 조금 다르게 사용했을 뿐이다. 그런데도 rank 칼럼으로 반환된 값은 자동으로 증가할 때도 있고, 그렇지 않을 때도 있다. 이러한 부분 때문에 사용자 정의 변수를 사용할 때는 발생할 수 있는 예외 케이스를 여러 번 체크해야 한다.

그럼에도 사용자 정의 변수를 사용하는 이유는 그만큼 잠재된 효용 가치가 크기 때문이다. 사용자 변수는 애플리케이션처럼 고정적인 로직보다 일회성의 대량 작업에 더 적합할 때가 많다. 예를 들어 일회성으로 데이터를 마이그레이션하는 작업은 여러 차례 테스트를 진행하고 준비해서 단 한번 실행하지만 한번에 처리해야 하는 레코드 건수는 많다. 사용자 변수는 이러한 목적에 더 적합하게 사용할 수 있다.

사용자 정의 변수를 사용할 때는 반드시 다음 주의사항을 고려해야 한다.

- MySQL 5.0 미만의 버전에서는 변수명의 대소문자를 구분했지만 그 이상의 버전에서는 대소문자 구분을 하지 않는다.
- 사용자 정의 변수를 사용하는 쿼리는 MySQL의 쿼리 캐시 기능을 사용하지 못한다.
- 초기화되지 않은 변수는 문자열(VARCHAR) 타입의 NULL을 가진다.
- 사용자 정의 변수의 연산 순서는 정해져 있지 않다(물론 내부적으로는 결정돼 있지만 MySQL에서 이를 보장하지 않는 것이다).
- MySQL의 버전에 따른 작동 방식이나 순서에 차이가 있기 때문에 여러 버전에 걸쳐서 사용할 때는 주의해야 한다.

9.2 사용자 변수의 기본 활용

사용자 변수는 커넥션 간에는 공유되지 않지만 하나의 커넥션에서는 공유된다. 따라서 커넥션 풀을 사용하는 일반적인 웹 프로그램에서 변수를 사용할 때마다 초기화하지 않는다면 각 웹 프로그램 코드가 상호 영향을 미칠 수 있다. 그리고 이 영향으로 주로 의도하지 않은 문제가 발생하게 될 것이다. 사용자 변수를 사용하는 경우에는 매번 사용자 변수 값을 SET 명령으로 초기화하는 작업을 잊어서는 안 된다.

하지만 매번 사용자 변수를 사용할 때마다 초기화한다는 것은 상당히 번거로운 일일 것이다. 이러한 번거로움을 없애고자 SQL 문장에서 사용자 변수를 초기화하는 방법을 자주 사용한다. 다음 예제는 SQL 문장의 FROM 절에서 사용자 변수 @rownum을 초기화하는 방법을 보여준다.

```
SELECT (@rownum:=@rownum+1) AS rownum, emp_no, first_name
FROM employees, (SELECT @rownum:=0) der_tab
LIMIT 5;
```

위의 예제에서는 변수의 초기화를 위해 SET 명령이 아니라 단순히 SELECT 쿼리를 사용했다. 하지만 FROM 절의 "SELECT @rownum:=0"은 SET 명령과 동일한 역할을 수행한다. 또한 (SELECT @rownum:=0)은 SQL의 FROM 절에서 파생된 테이블로 만들어진 후, 아무런 조인 조건 없이 employees 테이블과 조인을 수행한다. 하지만 (SELECT @rownum:=0)의 파생 테이블은 하나의 값만 가지는 스칼라 서브 쿼리이므로 조인 조건 없이 그냥 사용해도 성능에 특별한 영향을 미치지는 않는다.

SQL 문장에서 FROM 절은 쿼리가 실행되는 동안 단 1번만 참조되기 때문에 사용자 변수를 초기화하기에 가장 좋은 위치다. 거의 대부분의 SQL 문장에서 이런 형태의 사용자 변수 초기화를 사용할 수 있지만 ORDER BY가 사용된 JOIN UPDATE나 JOIN DELETE 문장에서는 사용할 수 없다. 이는 JOIN UPDATE나 JOIN DELETE 문장에서는 FROM 절에 사용된 테이블이 2개 이상일 때는 ORDER BY 절을 사용할 수 없기 때문이다.

위 예제의 표현식 "(@rownum:=@rownum+1) as rownum"을 살펴보면 @rownum 변수 값에 1을 더해서 다시 그 값을 @rownum에 할당하고 있다. 표현식 "(@rownum:=@rownum+1)"은 할당 연산의 성공 여부를 반환하는 것이 아니라 대입 연산자로 할당한 값을 반환한다. 결국 이 표현식은 현재의 @rownum에 1이 증가된 값을 반환하는 것이다. 가끔 MySQL 매뉴얼에서 "L-Value"라는 표현을 사용하곤 하는데, 이처럼 표현식에서 대입 연산자를 기준으로 좌측에 있는 값이 반환되는 형태의 수식을 "L-value 표현식"이라고 한다.

이제 MySQL의 사용자 변수와 더불어 자주 사용되는 몇 가지 함수의 사용법을 살펴보자. IF( ) 함수는 3개의 인자를 필요로 한다. 각 인자는 칼럼이 될 수도 있고 사용자 정의 변수를 포함하는 표현식이 될 수도 있다. LEAST( )와 GREATEST( ) 함수는 2개 이상의 인자를 받는데, 인자는 모두 IF( ) 함수와 마찬가지로 칼럼이나 표현식을 사용할 수 있다.

@old_salary 변수에 현재 레코드의 salary 값을 저장하는 다음 쿼리를 한번 살펴보자.

```
mysql> SET @old_salary:=900000;
mysql> SELECT @old_salary, salary, @old_salary:=salary FROM salaries LIMIT 1;
```

```
+-------------+--------+-------------------+
| @old_salary | salary | @old_salary:=salary |
+-------------+--------+-------------------+
|      900000 |  38623 |             38623 |
+-------------+--------+-------------------+
```

위 SELECT 쿼리 결과를 보면 @old_salary 변수에 salary 값으로 "38623"이 저장됐음을 알 수 있다.
실제로 필요한 것은 salary값을 @old_salary 변수에 저장하는 작업이었지만 필요하지 않은 칼럼이
SELECT 결과에 포함된 것이다. 이런 불필요한 칼럼을 결과 셋에서 제거하기 위해 GREATEST( ) 함수
와 LEAST( ) 함수를 섞어서 사용한다. 다음 예제를 한번 살펴보자.

```
mysql> SET @old_salary:=900000;
mysql> SELECT @old_salary, GREATEST(salary, LEAST(-1, @old_salary:=salary)) AS salary
       FROM salaries LIMIT 1;
+-------------+--------+
| @old_salary | salary |
+-------------+--------+
|      900000 |  38623 |
+-------------+--------+

mysql> SELECT @old_salary;
+-------------+
| @old_salary |
+-------------+
|       38623 |
+-------------+
```

첫 번째 예제 쿼리의 결과에서는 필요하지 않았던 세 번째 칼럼이 없어졌다. 그렇지만 두 번째 쿼
리를 보면 여전히 @old_salary 변수에는 조회된 레코드의 salary 칼럼의 값이 저장된 것을 확인할
수 있다. 위의 예제 쿼리에서 조금 복잡해 보이는 부분은 "GREATEST(salary, LEAST(-1, @old_
salary:=salary))" 표현식인데, 내부의 LEAST( ) 함수는 -1과 직원의 급여(salary) 가운데 낮은 값을
반환하게 돼 있다. 하지만 직원의 급여는 0보다 항상 크기 때문에 항상 -1을 반환할 것이다. 그리고 다
시 LEAST( ) 함수의 결과로 반환된 -1과 직원의 급여 중에서 높은 값을 가져오도록 GREAST( ) 함수
가 사용됐다. 이때는 항상 직원의 급여인 salary 칼럼의 값이 반환될 것이다. 결론적으로 GREATEST(
)와 LEAST( ) 함수는 하나의 표현식으로 "@old_salary:=salary" 표현식을 수행해서 @old_salary값
을 salary 칼럼 값으로 초기화함과 동시에 salary 칼럼의 값만 결과 셋으로 가져오기 위해 사용한 트릭
이다.

즉 LEAST( )나 GREATEST( ) 함수가 반환할 값은 이미 정해져 있지만 MySQL 서버는 일단 함수에 주어진 모든 인자의 표현식을 수행해 본 후에야 어떤 값을 반환할지 알 수 있다. 즉, MySQL 서버가 LEAST( )나 GREATEST( ) 함수를 처리하면서 자동적으로 사용자 정의 변수의 값이 변화되는 원리를 이용하는 것이다.

위의 예제에서는 사용자 변수를 초기화하기 위해 항상 SELECT 쿼리 이전에 SET 명령을 실행해야 했다. 이러한 번거로운 절차 없이 변수 초기화를 SELECT 문장의 FROM 절로 집어넣어서 다음과 같이 하나의 SQL 문장으로 변환할 수 있다. 사용자 변수가 적용된 다음의 SQL 문장은 일반적인 사용자 변수가 사용된 SQL 문장의 기본 골격과 같은 형태이므로 확실히 이해해 두자. 다른 사용자 변수가 포함된 SQL 문장을 분석하거나 새롭게 개발할 때 많이 도움될 것이다.

```
SELECT @old_salary, GREATEST(salary, LEAST(-1, @old_salary:=salary)) AS salary
FROM salaries, (SELECT @old_salary:=900000) x
LIMIT 1;
```

9.3 사용자 변수의 적용 예제

지금까지 사용자 변수를 사용하는 SQL 문장의 기본 템플릿과 함께 자주 사용되는 함수에 대해 알아봤다. 이제 실제로 쓰임새가 있을 만한 예제 몇 개를 살펴보면서 사용자 변수를 응용하는 방법을 살펴보자.

9.3.1 N번째 레코드만 가져오기

일반적인 SQL 문장으로는 결과 셋에서 특정 몇 번째의 레코드만 가져오는 작업은 불가능하다. 하지만 사용자 변수를 이용하면 쉽게 해결할 수 있다. 다음 쿼리는 dept_name 순서대로 정렬해서 결과를 가져오면서 읽는 레코드 순서대로 번호를 붙이고 그 번호가 3인 레코드만 사용자에게 반환한다. 이 예제에서 주의해야 할 점은 사용자에게 반환되는 레코드는 3번째 레코드 한 건이지만 이것이 실제 내부적으로 1건의 레코드만 디스크에서 읽는다는 것을 의미하지는 않는다는 점이다. 이 예제는 departments 테이블 전체를 읽는다. 단순한 예제이므로 사용자 정의 변수를 학습하는 용도로만 참조하고, 실제 레코드 건수가 많은 테이블에서는 주의해서 사용하자.

```
SELECT *
```

```
FROM departments, (SELECT @rn:=0) x
WHERE (@rn:=@rn+1)=3
ORDER BY dept_name;
```

위와 같은 기능을 HAVING 절로도 구현할 수 있다. 직접 실행해 보면 같은 결과가 반환되지만 사실은 같지 않다. 위 WHERE 조건을 이용한 쿼리는 정렬을 하지 않고, 3번째 레코드만 읽어와서 결과를 반환한 것이며, 다음의 HAVING 조건을 사용한 쿼리는 전체 레코드를 dept_name으로 정렬한 다음 3번째 레코드만 가져온 것이다. 이것은 사용자 변수 특성 때문이 아니라 쿼리에서 각 절의 실행 순서와 연관이 있는 것이다. HAVING 절은 쿼리 실행의 거의 마지막 단계에서 적용된다. 물론 LIMIT는 HAVING의 뒤에 실행되지만 나머지 거의 모든 절은 HAVING보다 먼저 실행되는데, ORDER BY도 HAVING 절보다 빨리 실행되기 때문에 이런 차이가 생기는 것이다.

```
SELECT *
FROM departments, (SELECT @rn:=0) x
HAVING (@rn:=@rn+1)=3
ORDER BY dept_name;
```

9.3.2 누적 합계 구하기

사용자 정의 변수를 사용하면 읽어 오는 레코드 순서대로 누적 합계도 쉽게 처리할 수 있다. 다음 예제는 사원의 급여 테이블에서 10개의 레코드를 읽고, acc_salary라는 칼럼에는 레코드별로 누적된 salary 합계 값을 계산해서 가져오는 쿼리다.

```
mysql> SELECT emp_no, salary, (@acc_salary:=@acc_salary+salary) AS acc_salary
       FROM salaries, (SELECT @acc_salary:=0) x
       LIMIT 10;
+--------+--------+------------+
| emp_no | salary | acc_salary |
+--------+--------+------------+
| 253406 |  38623 |      38623 |
|  49239 |  38735 |      77358 |
| 281546 |  38786 |     116144 |
|  15830 |  38812 |     154956 |
|  64198 |  38836 |     193792 |
...
```

FROM 절의 (select @acc_salary:=0)는 누적 합계 값을 임시로 저장해 두는 @acc_salary 변수를 0으로 초기화하기 위한 서브 쿼리로 사용됐다. SELECT 절에서는 "(@acc_salary:=@acc_ salary+salary)" 표현식을 이용해 @acc_salary 사용자 변수에 각 레코드의 salary 칼럼 값을 더해서 조회하고 있다.

9.3.3 그룹별 랭킹 구하기

각 그룹별로 누적 합계나 랭킹(순위)을 부여하는 방법을 살펴보자. 실제로 사용자 변수는 이러한 요건을 처리할 때 가장 빈번히 사용되는 편이다. 그룹별로 누적 합계를 산출하거나 랭킹을 부여하는 것은 거의 동일하므로 여기서는 그룹별로 랭킹을 구현하는 쿼리를 예제로 살펴보겠다. 그룹별 랭킹 처리에서 가장 중요한 점은 각 그룹별로 랭킹이나 누적 값을 초기화하는 부분이다. 예제를 통해 각 그룹별로 사용자 변수를 어떻게 초기화하는지 한번 살펴보자.

[예제 9-1] 그룹별 랭킹 쿼리

```
SELECT
  emp_no, first_name, last_name,
  IF(@prev_firstname=first_name,
      @rank:=@rank+1, @rank:=1+LEAST(0,@prev_firstname:=first_name)) rank
FROM employees, (SELECT @rank:=0) x1, (SELECT @prev_firstname:='DUMMY') x2
WHERE first_name IN ('Georgi','Bezalel')
ORDER BY first_name, last_name;
```

```
+--------+------------+------------+------+
| emp_no | first_name | last_name  | rank |
+--------+------------+------------+------+
| 297135 | Bezalel    | Acton      |    1 |
|  25442 | Bezalel    | Adachi     |    2 |
| 446963 | Bezalel    | Aingworth  |    3 |
| 241970 | Bezalel    | Anandan    |    4 |
...
|  90035 | Georgi     | Aamodt     |    1 |
| 237102 | Georgi     | Anger      |    2 |
| 497592 | Georgi     | Ariola     |    3 |
| 420266 | Georgi     | Armand     |    4 |
...
```

위의 예제 쿼리는 employees 테이블에서 first_name이 'Georgi' 또는 'Bezalel'인 사원만 검색한 다음 first_name과 last_name으로 정렬해서 사원 정보를 가져오는 쿼리다. first_name이 똑같은 사원들끼리 그룹핑하고, 그 그룹 내에서 last_name 칼럼의 정렬 순서대로 순위를 부여하는 데 사용자 변수가 사용됐다.

우선 @rank와 @prev_firstname 사용자 변수를 초기화하기 위해 FROM 절에 두 개의 서브 쿼리가 사용됐다. 쿼리의 세 번째와 네 번째 줄에 사용된 표현식은 조금 복잡하지만 하나씩 풀어서 살펴보자. 우선 표현식의 가장 안쪽에 위치한 "LEAST(0, @prev_firstname:=first_name)" 표현식을 보자. 이 표현식의 LEAST() 함수에 사용된 2개 인자 중에서 @prev_firstname 변수는 (first_name 칼럼이 NOT NULL 이기 때문에) 항상 NOT NULL인 문자열 값을 갖게 되므로 LEAST() 함수의 결과는 항상 0만 반환한다. 그래서 "@rank:=1+LEAST(0, @prev_firstname:=first_name)" 표현식은 항상 "@rank:=1+0"가 되는 것이다. 하지만 LEAST() 함수에 의해 "@prev_firstname:=first_name" 표현식이 매번 실행되고 @prev_firstname 변수에는 마지막 읽었던 사원 정보의 first_name이 저장된다.

이제 IF() 함수의 내용을 한번 살펴보자. IF() 함수는 3개의 인자를 받는데, 항상 제일 첫 번째 인자를 평가하고, 그 결과가 참일 때는 두 번째 인자만 평가하고, 거짓일 때는 세 번째 인자만 평가한다. SELECT 쿼리에 의해 조회되는 각 레코드별로 IF() 함수가 수행하는 부분만 골라서 표로 살펴보자.

레코드 순번	first_name	@prev _firstname	IF() 함수	@rank
1	Bezalel	DUMMY	@rank:=1+LEAST(0, @prev_firstname:=first_name)	1
2	Bezalel	Bezalel	@rank:=@rank+1	2
..	..	..	..	
n	Georgi	Bezalel	@rank:=1+LEAST(0, @prev_firstname:=first_name)	1
n+1	Georgi	Georgi	@rank:=@rank+1	2
...	...	...	...	...

이 쿼리의 IF() 함수 처리에서 중요한 것은 매 레코드를 읽을 때마다 @prev_firstname에 first_name 칼럼의 값을 새로 할당하지 않고, first_name 칼럼의 값과 @prev_firstname 변수의 값이 다를 때만 저장한다는 점이다. 또한 IF() 함수의 첫 번째 인자가 평가된 이후와 세 번째 인자가 평가된 이후의 @prev_firstname의 변수 값은 달라진다는 것도 참조해서 이 쿼리를 이해하자.

물론 차근차근 표현식을 풀어서 보면 이해할 수 있지만 각 함수(IF, LEAST, GREATEST)에서 사용된 사용자 정의 변수를 직접 SELECT해서 결과를 확인해 보면 더 쉽게 이해할 수 있다. 위의 함수의 인자로 사용된 사용자 정의 변수 2개를 전부 조회하도록 SELECT 쿼리 문장을 변경해서 실행한 결과를 한번 살펴보자. 여기서 주의해야 할 점은 기존의 rank 값을 구하는 표현식은 그대로 두고 변화된 값을 알아보려는 사용자 변수는 rank의 표현식 이전과 이후에 두 번 표기했다는 것이다. 그래야만 이 rank를 계산하는 표현식이 실행되기 이전의 변수 값과 이후의 변수 값 변화를 확인할 수 있기 때문이다.

[예제 9-2] 그룹별 랭킹 쿼리2

```
SELECT
  emp_no, first_name, last_name,
  @prev_firstname, @rank,
  IF(@prev_firstname=first_name,
      @rank:=@rank+1, @rank:=1+LEAST(0,@prev_firstname:=first_name)) rank,
  @prev_firstname, @rank
FROM employees, (SELECT @rank:=0) x1, (SELECT @prev_firstname:=NULL) x2
WHERE first_name IN ('Georgi','Bezalel')
ORDER BY first_name, last_name;
```

```
+--------+------------+-----------+-----------------+-------+------+-----------------+-------+
| emp_no | first_name | last_name | @prev_firstname | @rank | rank | @prev_firstname | @rank |
+--------+------------+-----------+-----------------+-------+------+-----------------+-------+
| 297135 | Bezalel    | Acton     | NULL            |     0 |    1 | Bezalel         |     1 |
|  25442 | Bezalel    | Adachi    | Bezalel         |     1 |    2 | Bezalel         |     2 |
...
| 428804 | Bezalel    | Zallocco  | Bezalel         |   227 |  228 | Bezalel         |   228 |
|  90035 | Georgi     | Aamodt    | Bezalel         |   228 |    1 | Georgi          |     1 |
...
+--------+------------+-----------+-----------------+-------+------+-----------------+-------+
```

레코드 건수가 조금 많아서 중간 결과를 누락시켰다. 중요한 부분은 첫 번째 레코드(emp_no=297135)와 두 번째 레코드(emp_no=25442), 그리고 다섯 번째 레코드(emp_no=90035)다. 첫 번째 레코드와 다섯 번째 레코드의 값을 처음 쿼리의 표현식에 대입해서 결과를 직접 계산해보자.

첫 번째 : if(NULL='Bezalel', @rank:=0+1, @rank:=1+least(0,@prev_firstname:='Bezalel'))

➡ 1

두 번째 : if('Bezalel'='Bezalel', @rank:=1+1, @rank:=1+least(0,@prev_firstname:='Bezalel'))

➡ 2

다섯 번째 : if('Bezalel'='Georgi', @rank:=227+1, @rank:=1+least(0,@prev_firstname:=first_name))

→ 1

사용자 변수를 사용하는 표현식이 복잡할 때는 어느 부분이 잘못됐고 어떤 부분을 고쳐야 할지 난감할 때가 많다. 이 때에는 위의 예제와 같이 표현식의 각 부분을 잘라서 직접 SELECT해보면 쉽게 이해할 수 있다.

9.3.4 랭킹 업데이트하기

사용자 정의 변수는 SELECT에만 사용할 수 있는 것은 아니다. UPDATE 문장에서도 처리하는 레코드 단위로 순서를 부여해서 특정한 처리를 수행할 수 있다. 다음 예제를 통해 랭킹을 업데이트하는 방법을 살펴 보자.

```
CREATE TABLE tb_ranking (
  member_id INT NOT NULL,
  member_score INT NOT NULL,
  rank_no INT NOT NULL,
  PRIMARY KEY (member_id),
  INDEX ix_memberscore (member_score)
) ;
```

위의 예제와 같이 회원의 member_score로 랭킹을 저장하는 테이블을 가정해 보자. 각 회원의 member_score는 매번 게임에 참여할 때마다 업데이트하지만 rank_no는 실시간으로 업데이트하지 않고 몇 시간 단위로 한 번씩 집계한다고 가정해 보자. 이때 rank_no 칼럼에 전체 랭킹을 업데이트하려면 어떤 작업을 해야 할까? member_score 칼럼을 역순으로 읽으면서 순서대로 rank_no 칼럼을 업데이트하는 방법을 생각해 볼 수 있지만 애플리케이션에서 회원의 수만큼 업데이트 쿼리를 실행하기란 상당히 부담스러운 방법이 될 수 있다. 이러한 경우에도 다음 쿼리와 같이 사용자 정의 변수를 이용해 한 번의 쿼리 실행으로 rank_no를 일괄 업데이트할 수 있다.

```
SELECT @rank:=0;

UPDATE tb_ranking r
SET r.rank_no = (@rank:=@rank+1)
ORDER BY r.member_score DESC;
```

위의 예제 쿼리는 tb_ranking 테이블을 member_score 칼럼의 값으로 내림차순으로 정렬해서 UPDATE를 수행한다. 이때 레코드를 읽을 때마다 @rank 값을 1씩 증가시키면서 rank_no 칼럼에 @rank 값을 저장하는 것이다. 아주 단순한 UPDATE 문장이지만 이러한 처리를 애플리케이션으로 구현하려면 상당한 고민거리가 될 것이다.

위의 UPDATE 문장에서 사용자 정의 변수(@rank)를 초기화하는 부분을 UPDATE 문장 안으로 넣지 않았다. "SELECT @rank:=0" 부분을 다음과 같이 UPDATE 문에 포함하면 JOIN UPDATE 문장은 ORDER BY 절을 사용할 수 없는 MySQL의 제한 사항 때문이다. 실제로 다음 쿼리를 실행하면 MySQL 서버는 ORDER BY와 UPDATE를 동시에 사용할 수 없다는 메시지를 출력할 것이다. 이는 JOIN UPDATE에서 ORDER BY를 사용하지 못한다는 것을 의미한다.

```
UPDATE tb_ranking r, (SELECT @rank:=0) x
SET r.rank_no = (@rank:=@rank+1)
ORDER BY r.member_score DESC;

➡ ERROR 1221 (HY000): Incorrect usage of UPDATE and ORDER BY
```

9.3.5 GROUP BY와 ORDER BY가 인덱스를 사용하지 못하는 쿼리

사용자 변수는 결과가 클라이언트로 전송될 때 연산이 된다고 매뉴얼에서 소개하고 있지만, 일반적으로 MySQL의 사용자 변수는 레코드가 디스크로부터 읽힐 때 연산이 수행된다. 대표적으로 사용자 변수가 기대하지 않은 결과를 보이는 경우로는 GROUP BY와 ORDER BY가 함께 사용된 쿼리에서 그룹핑과 정렬이 인덱스를 사용하지 못하고 "Using temporary; Using filesort" 실행 계획이 사용되는 쿼리다. 다음 예제를 한번 살펴보자.

```
CREATE TABLE tb_uservars (rid VARCHAR(10));
INSERT INTO tb_uservars VALUES ('z'), ('y'), ('b'), ('c'), ('a'),
    ('z'), ('y'), ('a'), ('b'), ('m'), ('n');

mysql> SELECT rid, @rank:=@rank+1 AS rank
       FROM tb_uservars, (SELECT @rank:=0) x
       ORDER BY rid;
+------+------+
| rid  | rank |
+------+------+
| a    |    1 |
```

```
| a     |    2 |
| b     |    3 |
| b     |    4 |
...

mysql> SELECT rid, @rank:=@rank+1 AS rank
       FROM tb_uservars, (SELECT @rank:=0) x
       GROUP BY rid
       ORDER BY rid;
+------+------+
| rid  | rank |
+------+------+
| a    |    5 |
| b    |    3 |
| c    |    4 |
| m    |   10 |
...
```

첫 번째 쿼리에는 GROUP BY 없이 ORDER BY만 사용됐고, ORDER BY를 위해 인덱스를 사용하지 못하지만, 결과는 원하는 대로 1부터 순차적으로 증가되어 반환됐다. 하지만 두 번째 쿼리는 실행 계획을 확인해 보면 Extra 칼럼에 "Using temporary; Using filesort"가 출력되는 것으로 봐서 GROUP BY와 ORDER BY가 모두 인덱스를 통해 처리되지 못하고 임시 테이블과 별도의 정렬 작업을 통해 처리됐음을 알 수 있다. 그런데 두 번째 예제 쿼리는 중간에 누락된 번호가 있을 뿐더러 순서도 순차적으로 증가하지 않는다는 것을 알 수 있다.

이는 정렬이 수행되기 전에 임시 테이블에 저장된 순서대로 사용자 변수가 연산되어버렸기 때문이다. 이럴 때는 쿼리 전체를 임시 테이블(파생 테이블)로 만들어 주면 쉽게 원하는 결과로 만들어줄 수 있다.

```
SELECT rid, @rank:= @rank+1 AS rank
FROM (
  SELECT rid FROM tb_uservars
  GROUP BY rid
  ORDER BY rid
) x, (SELECT @rank:=0) y;

+------+------+
| rid  | rank |
+------+------+
| a    |    1 |
```

```
| b    |    2 |
| c    |    3 |
| m    |    4 |
...
```

만약 서브 쿼리의 결과가 많아서 임시 테이블로 결과를 한번 저장하는 과정이 부담스럽다면 다음 쿼리와 같이 GROUP BY와 ORDER BY가 인덱스를 이용할 수 있도록 개선해주는 것도 좋다.

```
ALTER TABLE tb_uservars ADD INDEX ix_rid (rid);

SELECT rid, @rank:= @rank+1 AS rank
  FROM tb_uservars, (SELECT @rank:=0) x
  GROUP BY rid
  ORDER BY rid;

+------+------+
| rid  | rank |
+------+------+
| a    |    1 |
| b    |    2 |
| c    |    3 |
| m    |    4 |
...
```

9.4 주의사항

다시 한번 이야기하지만 사용자 변수의 강력한 기능 뒤에는 위험이 있다는 사실을 항상 기억해야 한다. 즉, 지금까지 언급한 예제는 모두 쿼리 하나에서 변수에 대한 할당과 참조를 동시에 하고 있다. 하지만 MySQL에서는 이러한 사용자 변수의 사용에 대해 안정적인 결과를 보증하지 않는다. 또한 이는 MySQL 서버의 버전 간 호환성을 보장하지 않는다는 이야기도 되기 때문에 애플리케이션에서 고정적으로 사용할 때는 업그레이드에 주의해야 한다. 또한 다양한 케이스에 대한 테스트는 필수적이다.

사용자 변수에 대한 간략한 설명을 이것으로 끝내지만 인터넷에서 검색해 보면 상당히 많은 기능을 MySQL의 사용자 변수를 이용해 구현할 수 있다는 사실을 알게 될 것이다. 사용자 변수를 사용하면 오라클과 같은 DBMS에서만 제공하는 상당히 난이도 높은 분석 함수(Analytic function) 기능을 MySQL에서도 구현할 수 있다. 만약 필요하다면 웹 사이트를 통해 "MySQL Analytic function with user variables" 등과 같은 검색어로 참조하자.

10
파티션

파티션이란 MySQL 서버의 입장에서는 데이터를 별도의 테이블로 분리해서 저장하지만 사용자 입장에서는 여전히 하나의 테이블로 읽기와 쓰기를 할 수 있게 해주는 솔루션이다. 일반적으로 DBMS의 파티션은 하나의 서버에서 테이블을 분산하는 것이며, 원격 서버 간에 분산을 지원하는 것은 아니다. MySQL 5.1부터 제공되는 파티션 기능은 MyISAM과 InnoDB 테이블 등 대부분의 스토리지 엔진에서 사용할 수 있다. 기본적으로 해시와 리스트, 그리고 키와 레인지로 4가지 파티션 방법을 제공하고 있으며, 서브 파티셔닝 기능까지 사용할 수 있다.

10.1 개요

MySQL 파티션이 적용된 테이블에서 INSERT나 SELECT 등과 같은 쿼리가 어떻게 실행되는지 이해한다면 파티션을 어떻게 사용하는 것이 가장 최적일지 쉽게 익힐 수 있을 것이다. 이번 장에서는 파티션이 SQL 문장의 수행에 어떻게 영향을 미치는지, 그리고 파티션으로 기대할 수 있는 장점으로 무엇이 있는지 살펴보겠다.

10.1.1 파티션을 사용하는 이유

테이블의 데이터가 많아진다고 해서 무조건 파티션을 적용하는 것이 효율적인 것은 아니다. 하나의 테이블이 너무 커서 인덱스의 크기가 물리적인 메모리보다 훨씬 크거나, 데이터 특성상 주기적인 삭제 작업이 필요한 경우 등이 파티션이 필요한 대표적으로 예라고 할 수 있다. 각각의 예에 대해 지금부터 하나씩 자세히 살펴보겠다.

단일 INSERT 와 단일 또는 범위 SELECT의 빠른 처리

데이터베이스에서 인덱스는 일반적으로 SELECT를 위한 것으로 보이지만 UPDATE나 DELETE, 그리고 INSERT 쿼리를 위해 필요한 때도 많다. 물론 레코드를 변경하는 쿼리를 실행하면 인덱스의 변경을 위한 부가적인 작업이 발생하긴 하지만 UPDATE나 DELETE 처리를 위해 대상 레코드를 검색하려면 인덱스가 필수적이다. 하지만 이 인덱스가 커지면 커질수록 SELECT는 말할 것도 없고, INSERT나 UPDATE, 그리고 DELETE 작업도 당연히 느려진다는 점이 문제다.

특히 한 테이블의 인덱스 크기가 물리적으로 MySQL이 사용 가능한 메모리 공간보다 크다면 그 영향은 더 심각할 것이다. 테이블의 데이터는 실질적인 물리 메모리보다 큰 것이 일반적이겠지만 인덱스의 워킹 셋(Working set)이 실질적인 물리 메모리보다 크다면 쿼리 처리가 상당히 느려질 것이다. 그림

10-1은 큰 테이블을 파티셔닝하지 않고 그냥 사용할 때와 작은 파티션으로 나눠서 워킹 셋의 크기를 줄였을 때 인덱스의 워킹 셋이 물리적인 메모리를 어떻게 사용하는지를 보여준다. 파티셔닝하지 않고 하나의 큰 테이블로 사용하면 인덱스도 커지고 그만큼 물리적인 메모리 공간도 많이 필요해진다는 사실을 수 있다. 결과적으로 파티션은 데이터와 인덱스를 조각화해서 물리적 메모리를 효율적으로 사용할 수 있게 만들어준다.

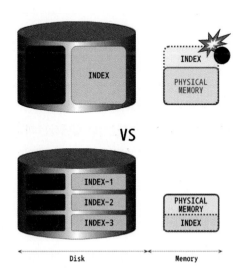

[그림 10-1] 인덱스와 데이터를 분리해서 물리 메모리에 맞게 조각화

> **참고** 테이블의 데이터가 10GB이고 인덱스가 3GB라고 가정해보자. 하지만 대부분의 테이블은 13GB 전체를 항상 사용하는 것이 아니라 그중에서 활발하게 사용하는 부분을 주로 다시 사용한다. 즉, 회원이 100만 명이라 하더라도 그중에서 활발하게 사용하는 회원은 2~30% 수준이라는 것이다. 거의 대부분의 테이블 데이터가 이런 형태로 사용된다고 볼 수 있는데, 활발하게 사용되는 데이터를 워킹 셋이라고 표현한다. 테이블의 데이터를 워킹 셋과 그렇지 않은 부류로 파티셔닝할 수 있다면 상당히 효과적으로 성능을 개선할 수 있을 것이다.

데이터의 물리적인 저장소를 분리

데이터 파일이나 인덱스 파일이 파일 시스템에서 차지하는 공간이 크다면 그만큼 백업이나 관리 작업이 어려워진다. 더욱이 테이블의 데이터나 인덱스를 파일 단위로 관리하고 있는 MySQL에서 더 치명적인 문제가 될 수도 있다. 이러한 문제는 파티션을 통해 파일의 크기를 조절하거나 각 파티션별 파일들이 저장될 위치나 디스크를 구분해서 지정해서 해결하는 것도 가능하다. 하지만 MySQL에서는 테이블의 파티션 단위로 인덱스를 순차적으로 생성하는 방법은 아직 허용되지 않는다.

이력 데이터의 효율적인 관리

요즘은 거의 모든 애플리케이션들이 로그라는 이력 데이터를 가지고 있는데, 이는 단기간에 대량으로 누적됨과 동시에 일정 기간이 지나면 쓸모가 없어진다. 로그 데이터는 결국 시간이 지나면 별도로 아카이빙하거나 백업한 후 삭제해버리는 것이 일반적이며, 특히 다른 데이터에 비해 라이프 사이클이 상당히 짧은 것이 특징이다. 로그 테이블에서 불필요해진 데이터를 백업하거나 삭제하는 작업은 일반 테이블에서는 상당히 고부하의 작업에 속한다. 하지만 로그 테이블을 파티션 테이블로 관리한다면 불필요한 데이터 삭제 작업은 단순히 파티션을 추가하거나 삭제하는 방식으로 간단하고 빠르게 해결할 수 있다.

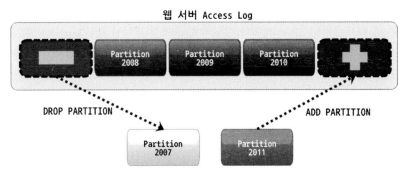

[그림 10-2] 파티션을 이용한 특정 기간의 로그 로테이션

대량의 데이터가 저장된 로그 테이블을 기간 단위로 삭제한다면 MySQL 서버에 전체적으로 미치는 부하뿐 아니라 로그 테이블 자체의 동시성에도 영향을 미칠 수가 있다. 하지만 파티션을 이용하면 이러한 문제를 대폭 줄일 수 있다.

10.1.2 MySQL 파티션의 내부 처리

파티션이 적용된 테이블에서 레코드의 INSERT와 UPDATE, 그리고 SELECT가 어떻게 처리되는지 확인해보기 위해 다음과 같은 간단한 테이블을 가정해 보자.

```
CREATE TABLE tb_article (
  article_id INT NOT NULL,
  reg_date DATETIME NOT NULL,
  ..
  PRIMARY KEY(article_id)
)
PARTITION BY RANGE ( YEAR(reg_date) ) (
  PARTITION p2009 VALUES LESS THAN (2010),
```

```
    PARTITION p2010 VALUES LESS THAN (2011),
    PARTITION p2011 VALUES LESS THAN (2012),
    PARTITION p9999 VALUES LESS THAN MAXVALUE
);
```

여기서 게시물의 등록 일자(reg_date)에서 연도 부분은 파티션 키로서 해당 레코드가 어느 파티션에 저장될지를 결정하는 중요한 역할을 담당한다. 이제 tb_article 테이블에 대해 INSERT와 UPDATE, 그리고 SELECT와 같은 쿼리 등이 어떻게 처리되는지 하나씩 살펴보자.

파티션 테이블의 레코드 INSERT

INSERT 쿼리가 실행되면 MySQL 서버는 INSERT되는 칼럼의 값 중에서 파티션 키인 reg_date 칼럼의 값을 이용해 파티션 표현식을 평가하고, 그 결과를 이용해 레코드가 저장될 적절한 파티션을 결정한다. 새로 INSERT되는 레코드를 위한 파티션이 결정되면 나머지 과정은 파티션되지 않은 일반 테이블과 마찬가지로 처리된다. 그림 10-3은 파티션 키를 이용해 레코드를 저장할 파티션을 결정하는 과정을 보여준다.

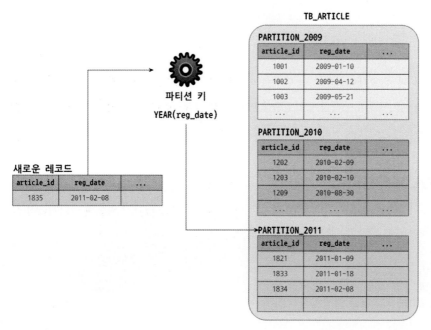

[그림 10-3] 파티션 테이블의 레코드 INSERT

파티션 테이블의 UPDATE

UPDATE 쿼리를 실행하려면 변경 대상 레코드가 어느 파티션에 저장돼 있는지 찾아야 한다. 이때 UPDATE 쿼리의 WHERE 조건에 파티션 키 칼럼이 조건으로 존재한다면 그 값을 이용해 레코드가 저장된 파티션에서 빠르게 대상 레코드를 검색할 수 있다. 하지만 WHERE 조건에 파티션 키 칼럼의 조건이 명시되지 않았다면 MySQL 서버는 변경 대상 레코드를 찾기 위해 테이블의 모든 파티션을 검색해야 한다. 그리고 실제 레코드의 칼럼을 변경하는 작업의 절차는 UPDATE 쿼리가 어떤 칼럼의 값을 변경하는지에 따라 큰 차이가 생긴다.

- 파티션 키 이외의 칼럼만 변경될 때는 파티션이 적용되지 않은 일반 테이블과 마찬가지로 칼럼 값만 변경한다.
- 파티션 키 칼럼이 변경될 때는 그림 10-4의 1번 단계와 같이 기존의 레코드가 저장된 파티션에서 해당 레코드를 삭제한다. 그리고 변경되는 파티션 키 칼럼의 표현식을 평가하고, 그 결과를 이용해 레코드를 이동시킬 새로운 파티션을 결정해서 레코드를 저장한다.

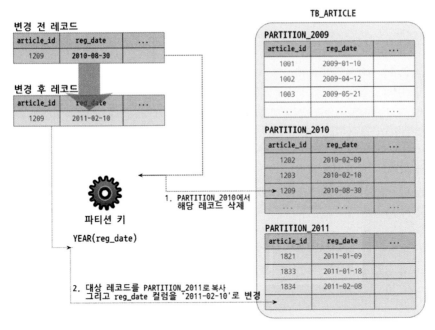

[그림 10-4] 파티션 키 칼럼이 변경되는 UPDATE 문장의 처리

파티션 테이블의 검색

SQL이 수행되기 위해 파티션 테이블을 검색할 때 성능에 크게 영향을 미치는 조건은 다음과 같다.

- WHERE 절의 조건으로 검색해야 할 파티션을 선택할 수 있는가?
- WHERE 절의 조건이 인덱스를 효율적으로 사용(인덱스 레인지 스캔)할 수 있는가?

두 번째 내용은 파티션 테이블뿐 아니라 파티션되지 않은 일반 테이블의 검색 성능에도 똑같이 영향을 미치는 것이다. 하지만 파티션 테이블에서는 첫 번째 선택사항의 결과에 의해 두 번째 선택사항의 작업 내용이 달라질 수 있다. 위의 두 가지 주요 선택사항의 각 조합이 어떻게 실행되는지 한번 살펴보자.

파티션 선택 가능 + 인덱스 효율적 사용 가능

두 선택사항이 모두 사용 가능할 때 쿼리가 가장 효율적으로 처리될 수 있다. 이때는 파티션의 개수에 관계없이 검색을 위해 꼭 필요한 파티션의 인덱스만 레인지 스캔한다.

파티션 선택 불가 + 인덱스 효율적 사용 가능

WHERE 조건에 일치하는 레코드가 저장된 파티션을 걸러낼 수 없기 때문에 우선 테이블의 모든 파티션을 대상으로 검색해야 한다. 하지만 각 파티션에 대해서는 인덱스 레인지 스캔을 사용할 수 있기 때문에 최종적으로 테이블에 존재하는 모든 파티션의 개수만큼 인덱스 레인지 스캔을 수행해서 검색하게 된다. 이 작업은 파티션 개수만큼의 테이블에 대해 인덱스 레인지 스캔을 한 다음 결과를 병합해서 가져오는 것과 같다.

파티션 선택 가능 + 인덱스 효율적 사용 불가

검색하려는 레코드가 저장된 파티션을 선별할 수 있기 때문에 파티션 개수에 관계없이 검색을 위해 필요한 파티션만 읽으면 된다. 하지만 인덱스는 이용할 수 없기 때문에 대상 파티션에 대해 풀 테이블 스캔을 한다. 이는 각 파티션의 레코드 건수가 많다면 상당히 느리게 처리될 것이다.

파티션 선택 불가 + 인덱스 효율적 사용 불가

WHERE 조건에 일치하는 파티션을 선택할 수가 없기 때문에 테이블의 모든 파티션을 검색해야 한다. 하지만 각 파티션을 검색하는 작업 자체도 인덱스 레인지 스캔을 사용할 수 없기 때문에 풀 테이블 스캔을 수행해야 한다.

위에서 살펴본 선택사항의 4가지 조합 가운데 마지막 세 번째와 네 번째 방식은 가능하다면 피하는 것이 좋다. 그리고 두 번째 조합 또한 하나의 테이블에 파티션의 개수가 많을 때는 MySQL 서버의 부하도 높아지고 처리 시간도 많이 느려지므로 주의하자.

파티션 테이블의 인덱스 스캔과 정렬

MySQL의 파티션 테이블에서 인덱스는 전부 로컬 인덱스에 해당한다. 즉, 그림 10-5와 같이 모든 인덱스는 파티션 단위로 생성되며, 파티션에 관계없이 테이블 전체 단위로 글로벌하게 하나의 통합된 인덱스는 지원하지 않는다는 것을 의미한다.

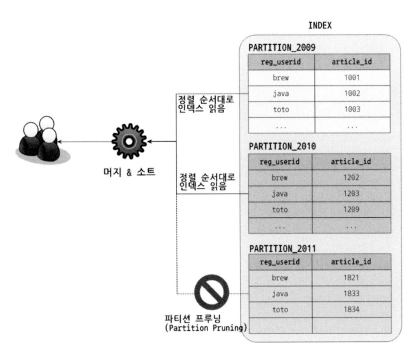

INDEX

PARTITION_2009

reg_userid	article_id
brew	1001
java	1002
toto	1003
...	...

PARTITION_2010

reg_userid	article_id
brew	1202
java	1203
toto	1209
...	...

PARTITION_2011

reg_userid	article_id
brew	1821
java	1833
toto	1834

정렬 순서대로
인덱스 읽음

정렬 순서대로
인덱스 읽음

머지 & 소트

파티션 프루닝
(Partition Pruning)

[그림 10-5] 인덱스와 데이터를 읽는 방법

그림 10-5는 tb_article 테이블의 reg_userid 칼럼으로 만들어진 인덱스가 어떻게 구성되고 인덱스도 tb_article 테이블과 같이 연도별로 파티션되어 저장된다는 것을 보여준다.

이 그림에서 reg_userid 칼럼의 값은 파티션의 순서대로 정렬돼 있지 않다는 사실을 알 수 있다. 즉, 파티션되지 않은 테이블에서는 인덱스를 순서대로 읽으면 그 칼럼으로 정렬된 결과를 바로 얻을 수 있지만 파티션된 테이블에서는 그렇지 않다는 것이다. 그렇다면 인덱스 레인지 스캔을 수행하는 쿼리가 여러 개의 파티션을 읽어야 할 때 그 결과는 인덱스 칼럼으로 정렬이 될지 다음 예제 쿼리로 한번 살펴보자.

```
SELECT * FROM tb_article
WHERE reg_userid BETWEEN 'brew' AND 'toto'
ORDER BY reg_userid;
```

위 쿼리의 실행 계획을 확인해보면 Extra 칼럼에 별도의 정렬 작업을 의미하는 "Using filesort" 코멘트가 표시되지 않는다는 것을 알 수 있다. 간단히 생각해 보면 PARTITION_2009와 PARTITION_2010으로부터 WHERE 조건에 일치하는 레코드를 가져온 후, 각 파티션의 결과를 병합하고 reg_userid 칼럼의 값으로 다시 한번 정렬해야 될 것처럼 보인다. 하지만 쿼리의 실행 계획에는 별도의 정렬을 수행했다는 메시지는 표시되지 않는다.

실제 MySQL 서버는 여러 파티션에 대해 인덱스 스캔을 수행할 때, 각 파티션으로부터 조건에 일치하는 레코드를 정렬된 순서대로 읽으면서 우선순위 큐(Priority Queue)에 임시로 저장한다. 그리고 우선순위 큐에서 다시 필요한 순서(인덱스의 정렬 순서)대로 데이터를 가져가는 것이다. 이는 각 파티션에서 읽은 데이터가 이미 정렬돼 있는 상태라서 가능한 방법이다. 결론적으로 파티션 테이블에서 인덱스 스캔을 통해 레코드를 읽을 때 MySQL 서버가 별도의 정렬 작업을 수행하지는 않는다. 하지만 일반 테이블의 인덱스 스캔처럼 결과를 바로 반환하는 것이 아니라 내부적으로 큐 처리가 한번 필요한 것이다. 그림 10-5에서 "머지 & 소트(Merge & Sort)"라고 표시한 부분이 바로 우선 순위 큐 처리 작업을 의미한다.

파티션 프루닝

그림 10-5에서 보는 것처럼 옵티마이저에 의해 3개의 파티션 가운데 2개만 읽어도 된다고 판단되면 불필요한 파티션에는 전혀 접근하지 않는다. 이렇게 최적화 단계에서 필요한 파티션만 골라내고 불필요한 것들은 실행 계획에서 배제하는 것을 파티션 프루닝(Partition pruning)이라고 한다. 이러한 파티션 프루닝 정보는 실행 계획을 확인해보면 옵티마이저가 어떤 파티션만 접근하는지 알 수 있다. 파티션 프루닝에 관련된 실행 계획을 확인할 때는 "EXPLAIN PARTITIONS" 명령을 사용해야 한다.

10.2 주의사항

MySQL의 파티션은 5.1 버전부터 도입됐지만 아직은 많은 제약을 지니고 있다. 물론 MySQL 5.5 버전에서 해결된 문제도 있지만 아직 MySQL의 파티션은 모두에게 익숙하지 않으므로 자세한 제약 사항을 한번 살펴보겠다.

10.2.1 파티션의 제한 사항

- 숫자 값(INTEGER 타입 칼럼 또는 INTEGER 타입을 반환하는 함수 및 표현식)에 의해서만 파티션이 가능함 (MySQL 5.5 부터는 숫자 타입뿐 아니라 문자열이나 날짜 타입 모두 사용할 수 있도록 개선됨)
- 키 파티션은 해시 함수를 MySQL이 직접 선택하기 때문에 칼럼 타입 제한이 없음
- 최대 1024개의 파티션을 가질 수 있음(서브 파티션까지 포함해서)

- 스토어드 루틴이나 UDF 그리고 사용자 변수 등을 파티션 함수나 식에 사용할 수 없음
- 파티션 생성 이후 MySQL 서버의 sql_mode 파라미터 변경은 추천하지 않음
- 파티션 테이블에서는 외래키 사용 불가
- 파티션 테이블은 전문 검색 인덱스 생성 불가
- 공간 확장 기능에서 제공되는 칼럼 타입(POINT, GEOMETRY, ..)은 파티션 테이블에서 사용 불가
- 임시 테이블(Temporary table)은 파티션 기능 사용 불가
- MyISAM 파티션 테이블의 경우 키 캐시를 사용할 수 없음(MySQL 5.5부터 이 버그는 보완됨)
- 파티션 키의 표현식은 일반적으로 칼럼 그 자체 또는 MySQL 내장 함수를 사용할 수 있는데, 여기서 MySQL 내장 함수를 모두 사용할 수 있는 것이 아니라 일부만 사용할 수 있다. (자세한 함수 목록은 현재 사용 중인 MySQL 버전의 매뉴얼을 참고한다). 하지만 이 함수 중에서도 정상적으로 파티션 프루닝(Pruning)을 지원하는 함수는 YEAR()와 TO_DAYS(), 그리고 TO_SECONDS()밖에 없으므로 제대로 파티션의 기능을 이용하려고 한다면 INTEGER 타입의 칼럼 그 자체 또는 이 3가지 내장 함수를 사용한 표현식을 파티션 키로 사용할 것을 권장한다 (TO_SECONDS 함수는 MySQL 5.5부터 지원됨).

MySQL의 파티션에서 인덱스는 로컬이나 글로벌의 의미가 없이 모두 로컬 인덱스이며, 같은 테이블에 소속돼 있는 모든 파티션은 같은 구조의 인덱스만 가질 수 있다. 즉 파티션 단위로 인덱스를 변경하거나 추가할 수 없다. 또한 하나의 테이블에 소속된 파티션은 다른 종류의 스토리지 엔진으로 구성하는 것을 추천하지 않는다. 위의 제약사항을 고려해 보면 MySQL 5.1에서는 INTEGER 칼럼과 DATE(또는 DATETIME) 타입의 칼럼으로 파티션된 테이블만 제대로 된 기능(파티션 생성 및 파티션 프루닝)을 활용할 수 있을 것으로 보인다.

> **참고**
> 매뉴얼을 살펴보면 파티션 키의 표현식에 사용 가능한 MySQL 내장 함수 목록을 각 버전별로 확인할 수 있다. 현재 MySQL 5.1 이상의 버전에서 파티션 표현식에 사용할 수 있는 함수는 아래와 같다.
>
> ABS(), CEILING(), DAY(), DAYOFMONTH(), DAYOFWEEK(), DAYOFYEAR(), DATEDIFF(), EXTRACT(), FLOOR(), HOUR(), MICROSECOND(), MINUTE(), MOD(), MONTH(), QUARTER(), SECOND(), TIME_TO_SEC(), TO_DAYS(), WEEKDAY(), YEAR(), YEARWEEK()
>
> 하지만 SUBSTRING()이나 ASCII() 등과 같은 대표적인 문자열 함수는 파티션 표현식에 사용할 수 없다.

10.2.2 파티션 사용 시 주의사항

파티션 테이블의 경우 프라이머리 키를 포함한 유니크 키에 대해서는 상당히 머리를 아프게 하는 제약사항이 있다. 파티션의 목적이 작업의 범위를 좁히기 위함인데, 유니크 인덱스는 중복 레코드에 대한

체크 작업 때문에 범위가 좁혀지지 않기 때문이다. 또한 MySQL의 파티션 또한 테이블과 같이 별도의
파일로 관리되기 때문에 MySQL 서버가 조작할 수 있는 파일의 개수와도 연관된 제약이 있다.

파티션과 유니크 키(프라이머리 키 포함)

종류에 관계없이 테이블에 유니크 인덱스(프라이머리 키 포함)가 있으면 파티션 키는 모든 유니크 인덱
스의 일부 또는 모든 칼럼을 포함해야 한다. 다음의 파티션 테이블 생성 스크립트로 이를 자세히 살펴
보자.

```
CREATE TABLE tb_partition (
  fd1 INT NOT NULL, fd2 INT NOT NULL, fd3 INT NOT NULL,
  UNIQUE KEY (fd1, fd2)
) PARTITION BY HASH (fd3)
PARTITIONS 4;

CREATE TABLE tb_partition (
  fd1 INT NOT NULL, fd2 INT NOT NULL, fd3 INT NOT NULL,
  UNIQUE KEY (fd1),
  UNIQUE KEY (fd2)
) PARTITION BY HASH (fd1 + fd2)
PARTITIONS 4;

CREATE TABLE tb_partition (
  fd1 INT NOT NULL, fd2 INT NOT NULL, fd3 INT NOT NULL,
  PRIMARY KEY (fd1)
  UNIQUE KEY (fd2, fd3)
) PARTITION BY HASH (fd1 + fd2)
PARTITIONS 4;
```

위의 예제는 모두 잘못된 테이블 파티션을 생성하는 방법이다. 유니크 키에 대해 파티션 키가 제대로
설정됐는지 체크하는 간단한 방법은 각 유니크 키에 대해 값이 주어지면 해당 레코드가 어느 파티션에
저장돼 있는지 계산할 수 있어야 한다는 점을 기억하면 된다. 위의 3가지 생성 스크립트 모두 이 방법
으로 체크해 보면 예제의 3개 테이블 모두 조금씩 부족하다는 점을 알 수 있다.

- 첫 번째 쿼리는 유니크 키와 파티션 키가 전혀 연관이 없기 때문에 불가능하다.
- 두 번째 쿼리는 첫 번째 유니크 키 칼럼인 fd1만으로 파티션 결정이 되지 않는다(fd2 칼럼 값도 같이 있어야 파티
  션의 위치를 판단할 수 있다). 두 번째 유니크 키 또한 첫 번째와 같은 이유로 불가능하다.
- 세 번째 쿼리 또한 두 번째 쿼리와 같이 프라이머리 키 칼럼인 fd1 값만으로 파티션 판단이 되지 않으며, 유니크 키
  인 fd2와 fd3로도 파티션 위치를 결정할 수 없다.

이제 파티션 키로 사용할 수 있는 예제를 몇 개 살펴보자.

```
CREATE TABLE tb_partition (
  fd1 INT NOT NULL, fd2 INT NOT NULL, fd3 INT NOT NULL,
  UNIQUE KEY (fd1, fd2, fd3)
) PARTITION BY HASH (fd1)
PARTITIONS 4;

CREATE TABLE tb_partition (
  fd1 INT NOT NULL, fd2 INT NOT NULL, fd3 INT NOT NULL,
  UNIQUE KEY (fd1, fd2)
) PARTITION BY HASH (fd1 + fd2)
PARTITIONS 4;

CREATE TABLE tb_partition (
  fd1 INT NOT NULL, fd2 INT NOT NULL, fd3 INT NOT NULL,
  UNIQUE KEY (fd1, fd2, fd3),
  UNIQUE KEY (fd3)
) PARTITION BY HASH (fd3)
PARTITIONS 4;
```

위의 예제 3개는 각 유니크 키를 구성하는 칼럼의 값이 결정되면 해당 레코드가 어느 파티션에 저장돼 있는지 계산할 수 있다는 사실을 알 수 있다. 모두 해시 파티션으로 예를 들었지만 이는 파티션 방식에 관계없이 모든 파티션 테이블에서 프라이머리 키나 유니크 키를 생성하기 위해 지켜야 할 요건이다.

> **참고** 테이블의 파티션 키가 유효한지는 위에서 설명한 방법으로 확인해 보면 된다. 그 반대로, 주어진 테이블에서 파티션 키를 직접 선택해야 할 때는 다음과 같이 진행하는 것이 좋다.
>
> 1. 테이블에서 중복을 허용하지 않는, 프라이머리 키와 유니크 인덱스만 선별한다.
> 2. 프라이머리 키와 유니크 인덱스에 공통적으로 포함돼 있는 칼럼만 수집한다. 테이블에 프라이머리 키만 있다면 프라이머리 키를 구성하는 칼럼만 수집한다.
> 3. 2번에서 수집한 칼럼 중에서 일부 또는 전체를 사용한 표현식은 파티션 표현식으로 사용할 수 있다. 물론 2번 단계에서 수집한 칼럼을 별도의 표현식 없이 그대로 파티션 키로 사용할 수도 있다.

파티션과 open_files_limit 파라미터

MySQL에서는 일반적으로 테이블을 파일 단위로 관리하기 때문에 MySQL 서버에서 동시에 오픈된 파일의 개수가 상당히 많아질 수 있다. 이를 제한하기 위해 open-files-limit 시스템 변수에 동시에 오푼할 수 있는 적절한 파일의 개수를 설정할 수 있다. 파티션되지 않은 일반 테이블은 테이블 1개당 오 픈된 파일의 개수가 2~3개 수준이지만 파티션 테이블에서는 (파티션의 개수 * 2~3)개가 된다. 예를 들어, 파티션이 1,024개 포함된 테이블을 생각해보자. 쿼리가 적절히 파티션 프루닝으로 최적화되어 1,024개의 파티션 가운데 2개의 파티션만 접근해도 된다고 하더라도 일단 동시에 모든 파티션의 데이 터 파일이 오픈돼야 한다. 그래서 파티션을 많이 사용하는 경우에는 open-files-limit를 적절히 높은 값으로 다시 설정해 줄 필요가 있다.

파티션 테이블과 잠금

MySQL에서는 파티션 테이블이 가지는 파티션의 개수가 늘어날수록 성능이 더 떨어질 수도 있다. 예를 들어, 파티션이 350개 정도인 테이블에 10000건의 레코드를 INSERT해 보면 오히려 파티션이 없는 테이블의 INSERT가 30% 정도 더 빠르게 처리된다. 이러한 성능 차이는 테이블의 파티션 개수에 따라 더 커질 수도 있다. 파티션 테이블의 INSERT 성능에 대해서는 나중에 다시 한번 자세히 살펴볼 것이므로 여기서는 파티션 테이블의 잠금이 어떤 형태로 처리되는지 주의해서 살펴보자.

MySQL에서 파티션 테이블에 쿼리가 수행되면 우선 테이블의 열고 잠금을 걸고 쿼리의 최적화를 수 행한다. 쿼리의 처리에 필요한 파티션만 선별하는 파티션 프루닝 작업은 쿼리의 최적화 단계에서 수 행되므로 테이블을 열고 잠금을 거는 시점에서는 어떤 파티션만 사용될지 MySQL 서버가 알아낼 방 법이 없다. 그래서 파티션된 테이블을 열고 잠금을 거는 작업은 파티션 프루닝이 적용되지 않는다. 즉 파티션 테이블에 쿼리가 실행되면 MySQL 서버는 테이블의 파티션 개수에 관계없이 모든 파티션을 열 고 잠금을 걸게 된다. 이는 테이블의 파티션 개수가 많아지면 많아질수록 더 느려지게 되므로 적정 수 준의 파티션이 있는 테이블에서는 오히려 더 느려지는 현상이 발생하는 것이다. 이런 현상은 MySQL 5.1과 5.5에서 똑같이 발생하며, 오라클에서는 이 문제를 버그로 등록하고 현재 개선 방법을 찾고 있 는 중이다.

여기서 언급한 잠금은 테이블 잠금을 이야기하는 것인데, InnoDB 테이블에서 테이블 잠금은 큰 역 할을 수행하지는 않는다. 하지만 여전히 모든 파티션에 테이블 잠금을 거는 추가적인 부하는 피할 수 없다. 만약 파티션이 많이 포함된 테이블에 한 번에 많은 레코드를 INSERT하거나 UPDATE한다면 LOCK TABLES 명령으로 테이블을 잠그고 INSERT나 UPDATE를 수행하면 조금은 더 빠르게 처리할 수 있다.

10.3 MySQL 파티션의 종류

다른 DBMS와 마찬가지로 MySQL에서도 다음과 같은 4가지 기본 파티셔닝 기법을 제공하고 있으며, 해시와 키 파티션에 대해서는 리니어(Linear) 파티션과 같은 추가적인 기법도 제공한다.

- 레인지 파티션
- 리스트 파티션
- 해시 파티션
- 키 파티션

각 파티션 종류별로 기본적인 용도와 방법을 예제를 통해 살펴보자.

10.3.1 레인지 파티션

파티션 키의 연속된 범위로 파티션을 정의하는 방법으로, 가장 일반적으로 사용되는 파티션 방법 중 하나다. 다른 파티션 방법과는 달리 MAXVALUE라는 키워드를 이용해 명시되지 않은 범위의 키 값이 담긴 레코드를 저장하는 파티션을 정의할 수 있다.

레인지 파티션의 용도

다음과 같은 성격을 지닌 테이블에서는 레인지 파티션을 사용하는 것이 좋다. 물론 마지막 항목은 모든 파티션에 일반적으로 적용되는 내용이지만 레인지나 리스트 파티션에 더 필요한 요건이다.

- 날짜를 기반으로 데이터가 누적되고 년도나 월 또는 일 단위로 분석하고 삭제해야 할 때
- 범위 기반으로 데이터를 여러 파티션에 균등하게 나눌 수 있을 때
- 파티션 키 위주로 검색이 자주 실행될 때

레인지 파티션 테이블 생성

레인지 파티션을 이용해 사원의 입사 일자별로 파티션 테이블을 만드는 방법을 살펴보자.

```
CREATE TABLE employees (
    id INT NOT NULL,
    first_name VARCHAR(30),
    last_name VARCHAR(30),
    hired DATE NOT NULL DEFAULT '1970-01-01',
    ...
```

```
) ENGINE=INNODB
PARTITION BY RANGE( YEAR(hired) ) (
  PARTITION p0 VALUES LESS THAN (1991) ENGINE=INNODB,
  PARTITION p1 VALUES LESS THAN (1996) ENGINE=INNODB,
  PARTITION p2 VALUES LESS THAN (2001) ENGINE=INNODB,
  PARTITION p3 VALUES LESS THAN MAXVALUE ENGINE=INNODB
);
```

- PARTITION BY RANGE 키워드로 레인지 파티션을 정의한다.
- PARTITION BY RANGE 뒤에 칼럼 또는 내장 함수를 이용해 파티션 키를 명시한다. 여기서는 사원의 입사 일자에서 년도만을 파티션 키로 사용했다.
- VALUES LESS THAN으로 명시된 값보다 작은 값만 해당 파티션에 저장하도록 설정한다. 단, LESS THAN 절에 명시된 값은 그 파티션에 포함되지 않는다.
- VALUES LESS THAN MAXVALUE로 명시되지 않은 레코드를 저장할 파티션을 지정한다. 이 예제에서 2001년부터 9999년 사이에 입사한 사원의 정보는 p3 파티션에 저장될 것이다. VALUES LESS THAN MAXVALUE 파티션은 선택사항이므로 지정하지 않아도 된다.
- VALUES LESS THAN MAXVALUE가 정의되지 않으면 hired 칼럼의 값이 '2011-02-30'인 레코드가 INSERT될 때 에러가 발생하면서 "Table has no partition for value 2011"이라는 메시지가 표시될 것이다.
- 테이블과 각 파티션은 같은 스토리지 엔진으로 정의한다. 각 파티션에 ENGINE을 명시하지 않으면 테이블의 스토리지 엔진이 자동으로 적용된다. 이 예제에서는 테이블의 스토리지 엔진이 InnoDB이므로 자동으로 모든 파티션의 스토리지 엔진은 InnoDB를 사용할 것이다.

파티션된 테이블에 레코드가 INSERT될 때는 다음과 같이 입사일자에 따라 각각 다른 파티션에 저장된다.

- P0 파티션 : 입사 일자가 1990년 이하인 레코드
- P1 파티션 : 입사 일자가 1991년 부터 1996년 이하인 레코드
- P2 파티션 : 입사 일자가 1996년 부터 2000년 이하인 레코드
- P3 파티션 : 입사 일자가 2001년 이후인 레코드

레인지 파티션의 분리와 병합

단순 파티션의 추가

다음은 employees 테이블에 입사 일자가 2001년부터 2010년 이하인 레코드를 저장하기 위한 새로운 파티션 p4를 추가하는 ALTER TABLE 명령이다.

```
ALTER TABLE employees ADD PARTITION (PARTITION p4 VALUES LESS THAN (2011));
```

하지만 테이블에 MAXVALUE 파티션이 이미 정의돼 있을 때는 테이블에 새로운 파티션을 추가할 수 없다. 이때는 MAXVALUE 파티션을 분리하는 방법으로 새로운 파티션을 끼워 넣어야 한다.

단순 파티션 삭제

레인지 파티션을 사용하는 테이블에서 파티션을 삭제하려면 다음과 같이 DROP PARTITION 키워드에 삭제하려는 파티션의 이름을 지정하면 된다. 레인지 파티션을 삭제하는 작업이나 밑에서 소개할 리스트 파티션 테이블에서 특정 파티션을 삭제하는 작업은 아주 빠르게 처리되므로 날짜 단위로 파티션된 테이블에서 오래된 데이터를 삭제하는 용도로 자주 사용된다.

```
ALTER TABLE employees DROP PARTITION p0;
```

기존 파티션의 분리

하나의 파티션을 두 개 이상의 파티션으로 분리하고자 할 때는 REORGANIZE PARTITION 명령을 사용하면 된다. 다음 예제는 MAXVALUE 파티션인 p3을 두 개의 파티션으로 나누는 명령이다. 2001년부터 2011년 입사한 사원들을 위한 p3 파티션과 2012년 이후에 입사한 사원을 위한 MAXVALUE (p4) 파티션을 추가한 것이다. 이렇게 파티션을 분리하면 기존의 MAXVALUE 파티션에 저장돼 있던 데이터는 파티션 키에 의해 데이터까지 p3과 p4 파티션으로 적절히 재배치되어 저장된다.

```
ALTER TABLE employees
  REORGANIZE PARTITION p3 INTO (
  PARTITION p3 VALUES LESS THAN (2012),
  PARTITION p4 VALUES LESS THAN MAXVALUE
);
```

MAXVALUE 파티션뿐 아니라 다른 파티션들도 REORGANIZE PARTITOIN 명령을 이용해 분리할 수 있다.

기존 파티션의 병합

여러 파티션을 하나의 파티션으로 병합하는 작업도 REORGANIZE PARTITOIN 명령으로 처리할 수 있다. 다음은 employees 테이블의 p2 파티션과 p3 파티션을 p23 파티션으로 병합하는 예제다.

```
ALTER TABLE employees
  REORGANIZE PARTITION p2, P3 INTO (
  PARTITION p23 VALUES LESS THAN (2012)
);
```

레인지 파티션 주의사항

레인지 파티션에서 NULL은 어떤 값보다 작은 값으로 간주된다. 만약 employees 파티션 테이블에 hired 칼럼이 NULL인 레코드가 INSERT된다면 이 레코드는 입사 일자가 가장 작은 값을 저장하는 p0

파티션으로 저장된다. 하지만 명시적으로 VALUES LESS THAN (NULL)은 사용할 수 없다. 날짜 칼럼의 값으로 파티션을 만들 경우, 다음과 같은 파티션 키를 사용하는 파티셔닝은 피하는 것이 좋다.

- UNIX_TIMESTAMP()를 이용한 변환 식을 파티션 키로 사용
- 날짜를 문자열로 포맷팅한 형태('2011-12-30')의 파티션 키
- YEAR()나 TO_DAYS() 함수 이외의 함수가 사용된 파티션 키

위와 같은 표현식으로 파티션된 테이블에서는 MySQL의 파티션 프루닝이 정상적으로 작동하지 않을 수도 있다.

날짜 칼럼에 대해 레인지 파티션을 적용할 경우 파티션 키로 다음 2개의 함수 중 하나를 사용하길 권장한다.

- YEAR(date_column)
- TO_DAYS(date_column)

위의 두 날짜 함수는 MySQL 서버 내부적으로 파티션 프루닝 처리가 최적화돼 있어 성능상의 문제가 발생하지 않는다.

10.3.2 리스트 파티션

리스트 파티션은 레인지 파티션과 많은 부분에서 흡사하게 동작한다. 둘의 가장 큰 차이는 레인지 파티션은 파티션 키 값의 연속된 값의 범위로 파티션을 구성할 수 있지만 리스트 파티션은 파티션 키 값 하나하나를 리스트로 나열해야 한다는 점이다. 또한, 리스트 파티션에서는 레인지 파티션과 같이 MAXVALUE 파티션을 정의할 수 없다.

리스트 파티션의 용도

테이블이 다음과 같은 특성을 지닐 때는 리스트 파티션을 사용하는 것이 좋다. 마지막 항목은 모든 파티션에 공통적인 사항이지만 레인지나 리스트 파티션에 더 필요한 사항이다.

- 파티션 키 값이 코드 값이나 카테고리와 같이 고정적일 때
- 키 값이 연속되지 않고 정렬 순서와 관계없이 파티션을 해야 할 때
- 파티션 키 값을 기준으로 레코드의 건수가 균일하고, 검색 조건에 파티션 키가 자주 사용될 때

리스트 파티션 테이블 생성

```
CREATE TABLE product(
    id INT NOT NULL,
    name VARCHAR(30),
    category_id INT NOT NULL
    ...
)
PARTITION BY LIST( category_id ) (
  PARTITION pappliance VALUES IN (3),
  PARTITION pcomputer VALUES IN (1,9),
  PARTITION psports VALUES IN (2,6,7),
  PARTITION petc VALUES IN (4,5,8,NULL)
);
```

위의 예제는 리스트 파티션 테이블을 생성하는 명령이다. 중요한 부분을 한번 살펴보자.

- PARTITION BY LIST 키워드로 생성할 파티션이 리스트 파티션이라는 것을 명시한다.
- PARTITION BY LIST 키워드 뒤에 파티션 키를 정의한다. 이 예제에서는 INT 타입의 category_id 칼럼 값을 그대로 파티션 키로 사용하고 있다.
- VALUES IN (…)을 사용해 각 파티션별로 저장할 파티션 키 값의 목록을 나열한다.
- 위 예제의 마지막 파티션과 같이 파티션별로 저장할 키 값 중에 NULL을 명시할 수도 있다.
- 레인지 파티션과는 달리, 나머지 모든 값을 저장하는 MAXVALUE 파티션은 정의할 수 없다.

위의 예제와 같이 MySQL 5.1에서는 파티션 키에 정수 타입만 사용할 수 있었다. 하지만 MySQL 5.5 부터는 다음과 같이 파티션 타입이 문자열 타입일 때도 리스트 파티션을 사용할 수 있다.

```
CREATE TABLE product(
    id INT NOT NULL,
    name VARCHAR(30),
    category_id VARCHAR(20) NOT NULL
    ...
)
PARTITION BY LIST ( category_id ) (
  PARTITION pappliance VALUES IN ('TV'),
  PARTITION pcomputer VALUES IN ('Notebook', 'Desktop'),
  PARTITION psports VALUES IN ('Tennis', 'Soccer'),
  PARTITION petc VALUES IN ('Magzine', 'Socks', NULL)
);
```

리스트 파티션의 분리와 병합

파티션을 정의하는 부분에서 VALUES LESS THAN이 아닌 VALUES IN을 사용한다는 것 말고는 레인지 파티션의 추가, 삭제, 병합 작업이 모두 같다. 그리고 특정 파티션의 레코드 건수가 많아져서 두 개 이상의 파티션으로 분리하거나 그 반대로 병합하려면 REORGANIZE PARTITION 명령을 사용하면 된다.

리스트 파티션 주의사항

- 명시되지 않은 나머지 값을 저장하는 MAXVALUE 파티션을 정의할 수 없다.
- 레인지 파티션과는 달리 NULL을 저장하는 파티션을 별도로 생성할 수 있다.
- MySQL 5.1 버전에서 파티션 키는 정수 타입의 칼럼 또는 정수 타입을 반환하는 표현식만 사용할 수 있지만 MySQL 5.5 이상부터는 문자열 타입의 칼럼도 파티션 키로 사용할 수 있다.

10.3.3 해시 파티션

해시 파티션은 MySQL에서 정의한 해시 함수에 의해 레코드가 저장될 파티션을 결정하는 방법이다. MySQL에서 정의한 해시 함수는 복잡한 알고리즘이 아니라 파티션 표현식의 결과 값을 파티션의 개수로 나눈 나머지로 저장될 파티션을 결정하는 방식이다. 해시 파티션의 파티션 키는 항상 정수 타입의 칼럼이거나 정수를 반환하는 표현식만 사용될 수 있다. 해시 파티션에서 파티션의 개수는 레코드를 각 파티션에 할당하는 알고리즘과 연관되기 때문에 파티션을 추가하거나 삭제하는 작업에는 테이블 전체적으로 레코드를 재분배하는 작업이 따른다.

해시 파티션의 용도

해시 파티션은 다음과 같은 특성을 지닌 테이블에 적합하다.

- 레인지 파티션이나 리스트 파티션으로 데이터를 균등하게 나누는 것이 어려울 때
- 테이블의 모든 레코드가 비슷한 사용 빈도를 보이지만 테이블이 너무 커서 파티션을 적용해야 할 때

해시 파티션이나 이어서 설명할 키 파티션의 대표적인 용도로는 회원 테이블을 들 수 있다. 회원 정보는 가입 일자가 오래돼서 사용되지 않는다거나 최신이어서 더 빈번하게 사용되거나 하지 않는다. 또한 회원의 지역이나 취미와 같은 정보 또한 사용 빈도에 미치는 영향이 거의 없다. 이처럼 테이블의 데이터가 특정 칼럼의 값에 영향을 받지 않고, 전체적으로 비슷한 사용 빈도를 보일 때 적합한 파티션 방법이다.

해시 파티션 테이블 생성

```
-- // 파티션의 개수만 지정할 때
CREATE TABLE employees (
    id INT NOT NULL,
    first_name VARCHAR(30),
    last_name VARCHAR(30),
    hired DATE NOT NULL DEFAULT '1970-01-01',
    ...
) ENGINE=INNODB
PARTITION BY HASH(id)
PARTITIONS 4;

-- // 파티션의 이름을 별도로 지정하고자 할 때
CREATE TABLE employees (
    id INT NOT NULL,
    first_name VARCHAR(30),
    last_name VARCHAR(30),
    hired DATE NOT NULL DEFAULT '1970-01-01',
    ...
) ENGINE=INNODB
PARTITION BY HASH(id)
PARTITIONS 4 (
  PARTITION p0 ENGINE=INNODB,
  PARTITION p1 ENGINE=INNODB,
  PARTITION p2 ENGINE=INNODB,
  PARTITION p3 ENGINE=INNODB
);
```

해시 파티션으로 테이블을 생성하는 위의 예제를 간단히 살펴보자.

- PARTITION BY HASH 키워드로 파티션 종류를 해시 파티션으로 지정한다.

- PARTITION BY HASH 키워드 뒤에 파티션 키를 명시한다. 해시 파티션의 파티션 키는 MySQL 서버 5.1 그리고 5.5 모두 정수 타입의 칼럼이나 표현식만 사용할 수 있다.

- PARTITIONS n으로 몇 개의 파티션을 생성할 것인지 명시한다. 어떤 DBMS에서는 해시 파티션의 개수가 2n이어야 한다는 제약이 있지만, MySQL의 해시 파티션에서는 그런 제약이 없으며 파티션의 개수가 1024보다 작은 값이면 된다.

- 파티션의 개수뿐 아니라 각 파티션의 이름을 명시하려면 위 예제의 두 번째 CREATE TABLE 명령과 같이 각 파티션을 나열하면 된다. 하지만 해시나 키 파티션에서는 특정 파티션을 삭제하거나 병합하는 작업이 거의 불필요하므로 파티션의 이름을 부여하는 것이 크게 의미는 없다. 만약 파티션의 개수만 지정하면 각 파티션의 이름은 기본적으로 "p0, p1, p2, p3, …"과 같은 규칙으로 생성된다.

해시 파티션의 분리와 병합

해시 파티션의 분리와 병합은 리스트 파티션이나 레인지 파티션과는 달리, 대상 테이블의 모든 파티션에 저장된 레코드를 재분배하는 작업이 필요하다. 파티션의 분리나 병합으로 인해 파티션의 개수가 변경된다는 것은 해시 함수의 알고리즘을 변경하는 것이므로 전체적인 파티션이 영향을 받는 것은 피할수 없다.

해시 파티션 추가

해시 파티션은 특정 파티션 키 값을 테이블의 파티션 개수로 MOD 연산한 결과 값에 의해 각 레코드가 저장될 파티션을 결정한다. 즉, 해시 파티션은 테이블에 존재하는 파티션의 개수에 의해 파티션 알고리즘이 변하는 것이다. 따라서 새로이 파티션이 추가된다면 기존의 각 파티션에 저장된 모든 레코드가 재배치돼야 한다. 다음 예제와 같이 해시 파티션을 새로 추가할 때는 별도의 영역이나 범위는 명시하지 않고 몇 개의 파티션을 더 추가할 것인지만 지정하면 된다.

```
-- // 파티션 1개만 추가하면서 파티션 이름을 부여하는 경우
ALTER TABLE employees ADD PARTITION(PARTITION p5 ENGINE=INNODB);
-- // 동시에 6개의 파티션을 별도의 이름 없이 추가하는 경우
ALTER TABLE clients ADD PARTITION PARTITIONS 6;
```

실제로 해시 파티션이 사용되는 테이블에 새로운 파티션을 추가하면 그림 10-6과 같이 기존의 모든 파티션에 저장돼있던 레코드를 새로운 파티션으로 재분배하는 작업이 발생한다. 즉, 해시 파티션에서 파티션을 추가하거나 생성하는 작업은 많은 부하를 발생시킨다.

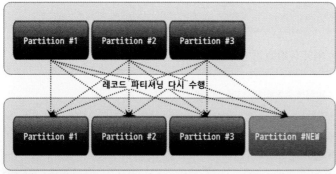

[그림 10-6] 해시 / 키 파티션 추가

해시 파티션 삭제

해시나 키 파티션은 파티션 단위로 레코드를 삭제하는 방법이 없다. 해시나 키 파티션을 사용하는 테이블에서 특정 파티션을 삭제하려고 하면 다음과 같은 에러 메시지가 발생하면서 종료할 것이다.

```
ALTER TABLE employees DROP PARTITION p0;
Error Code : 1512
DROP PARTITION can only be used on RANGE/LIST partitions
```

MySQL 서버가 지정한 파티션 키 값을 가공해서 데이터를 각 파티션으로 분산한 것이므로 각 파티션에 저장된 레코드가 어떤 부류의 데이터인지 사용자가 예측할 수가 없다. 결국 해시 파티션이나 키 파티션을 사용한 테이블에서 파티션 단위로 데이터를 삭제하는 작업은 의미도 없으며 해서도 안 될 작업이다.

해시 파티션 분할

해시 파티션이나 키 파티션에서 특정 파티션을 두 개 이상의 파티션으로 분할하는 기능은 없으며, 테이블 전체적으로 파티션의 개수를 늘리는 것만 가능하다.

해시 파티션 병합

해시나 키 파티션은 2개 이상의 파티션을 하나의 파티션으로 통합하는 기능을 제공하지 않는다. 단지 파티션의 개수를 줄이는 것만 가능하다. 파티션의 개수를 줄일 때는 COALESCE PARTITION 명령을 사용하면 된다. 명령어 자체로만 보면 파티션을 통합하는 것처럼 보이지만 원래 파티션 4개로 구성된 테이블에 다음 명령이 실행되면 3개의 파티션을 가진 테이블로 다시 재구성하는 작업이 수행된다.

```
ALTER TABLE employees COALESCE PARTITION 1;
```

COALESCE PARTITION 뒤에 명시한 숫자 값은 줄이고자 하는 파티션의 개수를 의미한다. 즉, 원래 employees 테이블이 4개의 파티션으로 구성돼 있었다면 COALESCE PARTITION 명령은 이 테이블이 파티션을 3개만 사용하도록 변경할 것이다. 하지만 삭제되는 파티션에 저장돼 있던 레코드가 남은 3개의 파티션으로 복사되는 것이 아니라 테이블의 모든 레코드가 재배치되는 작업이 수행돼야 한다.

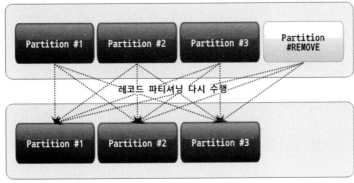

[그림 10-7] 해시 / 키 파티션 삭제 및 레코드 통합(COALESCE)

해시 파티션 주의사항

- 특정 파티션만 DROP하는 것이 불가능하다.
- 새로운 파티션을 추가하는 작업은 단순히 파티션만 추가하는 것이 아니라 기존의 모든 데이터의 재배치 작업이 필요하다.
- 해시 파티션은 레인지 파티션이나 리스트 파티션과는 상당히 다른 방식으로 관리하기 때문에 해시 파티션이 용도에 적합한 해결책인지 확인이 필요하다.
- 일반적으로 사용자들에게 익숙한 파티션의 조작이나 특성은 대부분 리스트 파티션나 레인지 파티션에 제한적인 것들이 많다. 해시 파티션이나 키 파티션을 사용하거나 조작할 때는 주의가 필요하다.

10.3.4 키 파티션

키 파티션은 해시 파티션과 사용법과 특성이 거의 같다. 해시 파티션은 해시 값을 계산하는 방법을 파티션 키나 표현식에 사용자가 명시한다. 물론, MySQL 서버가 그 값을 다시 MOD 연산을 수행해서 최종 파티션을 결정하기는 하지만 말이다. 하지만 키 파티션에서는 해시 값의 계산도 MySQL 서버가 수행한다. 키 파티션에서는 정수 타입이나 정수 값을 반환하는 표현식뿐 아니라 거의 대부분의 데이터 타입에 대해 파티션 키를 적용할 수 있다. MySQL 서버는 선정된 파티션 키의 값을 MD5( ) 함수를 이용해 해시 값을 계산하고, 그 값을 MOD 연산해서 데이터를 각 파티션에 분배한다. 이것이 키 파티션과 해시 파티션의 유일한 차이점이다.

키 파티션의 생성

```
-- // 프라이머리 키가 있는 경우 자동으로 프라이머리 키가 파티션 키로 사용됨
CREATE TABLE k1 (
    id INT NOT NULL,
    name VARCHAR(20),
    PRIMARY KEY (id)
)
-- // 괄호의 내용을 비워두면 자동으로 프라이머리 키의 모든 칼럼이 파티션 키가 됨
-- // 그렇지 않고 프라이머리 키의 일부만 명시할 수도 있음
PARTITION BY KEY()
PARTITIONS 2;

-- // 프라이머리 키가 없는 경우 유니크 키(존재한다면)가 파티션 키로 사용됨
CREATE TABLE k1 (
    id INT NOT NULL,
    name VARCHAR(20),
    UNIQUE KEY (id)
```

```
)
-- // 괄호의 내용을 비워두면 자동으로 프라이머리 키의 모든 칼럼이 파티션 키가 됨
-- // 그렇지 않고 프라이머리 키의 일부만 명시할 수도 있음
PARTITION BY KEY()
PARTITIONS 2;

-- // 프라이머리 키나 유니크 키의 칼럼 일부를 파티션 키를 명시적으로 설정(MySQL 5.1.6 이
상 버전)
CREATE TABLE dept_emp (
    emp_no INTEGER NOT NULL,
    dept_no CHAR(4)
...
PRIMARY KEY (dept_no, emp_no)
)
-- // 괄호의 내용에 프라이머리 키나 유니크 키를 구성하는 칼럼들 중에서
-- // 일부만 선택해 파티션 키로 설정하는 것도 가능하다.
PARTITION BY KEY(dept_no)
PARTITIONS 2;
```

키 파티션을 생성하는 위의 예제를 간단히 살펴보자.

- PARTITION BY KEY 키워드로 키 파티션을 정의한다.
- PARTITION BY KEY 키워드 뒤에 파티션 키 칼럼을 명시한다. 첫 번째나 두 번째 예제와 같이 PARTITION BY KEY()에 아무 칼럼도 명시하지 않으면 MySQL 서버가 자동으로 프라이머리 키나 유니크 키의 모든 칼럼을 파티션 키로 선택한다. 만약 테이블에 프라이머리 키가 있다면 프라이머리 키의 모든 칼럼으로, 프라이머리 키가 없는 경우에는 유니크 인덱스의 모든 칼럼으로 파티션 키를 구성한다.
- MySQL 5.1.6부터는 예제의 세 번째 쿼리와 같이 프라이머리 키나 유니크 키를 구성하는 칼럼들 중에서 일부만 파티션 키로 명시하는 것도 가능하다.
- PARTITIONS 키워드로 생성할 파티션 개수를 지정한다.
- 10.3.4.2 키 파티션의 주의 및 특이 사항
- 키 파티션은 MySQL 서버가 내부적으로 MD5() 함수를 이용해 파티셔닝하기 때문에 파티션 키가 반드시 정수 타입이 아니어도 된다. 해시 파티션으로 파티셔닝이 어렵다면 키 파티션 적용을 고려해보자.
- MySQL 5.1.6 미만의 버전에서 파티션 키는 항상 프라이머리 키나 유니크 키의 모든 칼럼을 명시해야 한다. 하지만 MySQL 5.1.6부터는 프라이머리 키나 유니크 키를 구성하는 칼럼 중 일부만으로도 파티션할 수 있다.
- 유니크 키를 파티션 키로 사용할 때 해당 유니크 키는 반드시 NOT NULL이어야 한다.
- 해시 파티션에 비해 파티션 간의 레코드를 더 균등하게 분할할 수 있기 때문에 키 파티션이 더 자주 사용된다.

10.3.5 리니어 해시 파티션/리니어 키 파티션

해시 파티션이나 키 파티션은 새로운 파티션을 추가하거나 파티션을 통합해서 개수를 줄일 때 대상 파티션만이 아니라 테이블의 전체 파티션에 저장된 레코드의 재분배 작업이 발생한다. 이러한 단점을 최소화하기 위해 리니어(Linear) 해시 파티션/리니어 키 파티션 알고리즘이 고안된 것이다. 리니어 해시 파티션/리니어 키 파티션은 각 레코드 분배를 위해 "Power-of-two(2의 승수)" 알고리즘을 이용하며, 이 알고리즘은 파티션의 추가나 통합 시 다른 파티션에 미치는 영향을 최소화될 수 있게 해준다.

리니어 해시 파티션/리니어 키 파티션의 추가 및 통합

리니어 해시 파티션이나 리니어 키 파티션의 경우, 단순히 나머지 연산으로 레코드가 저장될 파티션을 결정하는 것이 아니라 "Power-of-two" 분배 방식을 사용하기 때문에 파티션의 추가나 통합 시 특정 파티션의 데이터에 대해서만 이동 작업을 하면 된다. 그래서 파티션을 추가하거나 통합하는 작업에서 나머지 파티션의 데이터는 재분배 대상이 되지 않는 것이다.

리니어 해시 파티션/리니어 키 파티션의 추가

리니어 해시 파티션이나 리니어 키 파티션에 새로운 파티션을 추가하는 명령은 일반 해시 파티션이나 키 파티션과 동일하다. 하지만 리니어 해시 파티션이나 리니어 키 파티션은 "Power-of-two" 알고리즘으로 레코드가 분배돼 있기 때문에 새로운 파티션을 추가할 때도 그림 10-8과 같이 특정 파티션의 레코드만 재분배되면 된다. 다른 파티션 데이터는 레코드 재분배 작업과 관련이 없기 때문에 일반 해시 파티션이나 키 파티션의 파티션 추가보다 매우 빠르게 처리할 수 있다.

회원 (파티션 추가 전)

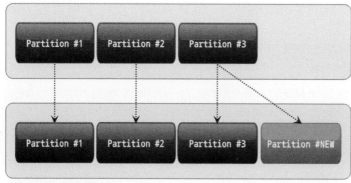

회원 (파티션 추가 후)

[그림 10-8] 리니어 해시 / 키 파티션 추가

리니어 해시 파티션/ 리니어 키 파티션의 통합

리니어 해시 파티션이나 리니어 키 파티션에서 여러 파티션을 하나의 파티션으로 통합하는 작업 또한 새로운 파티션을
추가할 때와 같이 일부 파티션에 대해서만 레코드 통합 작업이 필요하다. 그림 10-9와 같이 통합이 되는 파티션만 레
코드 이동이 필요하며, 나머지 파티션의 레코드는 레코드 재분배 작업에서 제외된다.

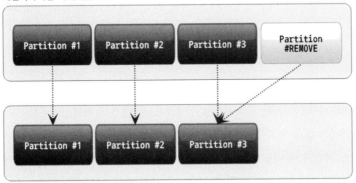

[그림 10-9] 리니어 해시 파티션/리니어 키 파티션 삭제 및 통합(COALESCE)

리니어 해시 파티션/리니어 키 파티션과 관련된 주의사항

일반 해시 파티션 또는 키 파티션은 데이터 레코드의 배치를 위해 단순히 해시 값의 결과를 파티션 수
로 나눈 나머지 값으로 배치하는 데 비해 리니어(Linear) 파티션은 "Power-of-two" 알고리즘을 사용
한다. 그래서 파티션을 추가하거나 통합할 때 작업의 범위를 최소화할 수 있는 대신 각 파티션이 가지
는 레코드의 건수는 일반 해시 파티션이나 키 파티션보다는 덜 균등해질 수 있다. 해시 파티션이나 키
파티션으로 파티션된 테이블에 대해 새로운 파티션을 추가하거나 삭제해야 할 요건이 많다면 리니어
해시 파티션 또는 리니어 키 파티션을 적용하는 것이 좋다. 만약 파티션을 조정할 필요가 거의 없다면
일반 해시 파티션이나 키 파티션을 사용하는 것이 좋다.

10.3.6 서브 파티션

다른 상용 DBMS와 같이 MySQL 또한 서브 파티션 기능을 제공한다. 서비스의 요건에 따라 기간 단
위로 레인지 파티션을 생성하고, 각 레인지 파티션 내에서 다시 지역별로 리스트 서브 파티션을 구성하
는 형태의 파티션이 가능한 것이다. 하지만 MySQL에서는 최대로 사용 가능한 파티션의 개수가 다른
DBMS보다 상당히 제한적이라서 서브 파티션으로 얻을 수 있는 이점은 별로 없다. 또한 서브 파티션이

사용된 테이블에서 적절히 파티션의 효과를 얻으려면 파티션의 특성을 이해하고 그에 맞는 쿼리 문장을 사용할 필요가 있다.

서브 파티션은 이 책에서 설명한 4가지 파티셔닝 기법을 이중으로 적용하는 것이라서 지금까지 설명한 파티셔닝 기법을 이해한다면 쉽게 서브 파티션을 적용할 수 있을 것이다. 서브 파티션에 관한 더 자세한 내용은 매뉴얼의 서브 파티셔닝(http://dev.mysql.com/doc/refman/5.6/en/partitioning-subpartitions.html)을 참조하길 바란다.

10.3.7 파티션 테이블의 실행 계획

파티션 테이블에 쿼리가 실행될 때 테이블의 모든 파티션을 읽는지 아니면 일부의 파티션만 읽는지는 성능에 아주 큰 영향을 미친다. 쿼리의 실행 계획이 수립될 때 불필요한 파티션은 모두 배제하고 꼭 필요한 파티션만을 걸러내는 과정을 파티션 프루닝이라고 하는데, 쿼리의 성능은 테이블에서 얼마나 많은 파티션을 프루닝할 수 있는지가 관건이다. 옵티마이저가 수립하는 실행 계획에서 어떤 파티션이 제외되고 어떤 파티션만을 접근하는지는 쿼리의 실행 계획으로 확인할 수 있다. 이때 파티션 프루닝 정보를 확인하려면 EXPLAIN PARTITIONS 명령을 사용해야 한다.

파티션 테이블의 실행 계획을 확인하고자 우선 테스트 용도로 다음과 같은 테이블을 준비하자.

```
CREATE TABLE employees (
    id INT NOT NULL,
    first_name VARCHAR(30),
    last_name VARCHAR(30),
    hired DATE NOT NULL DEFAULT '1970-01-01'
) ENGINE=INNODB
PARTITON BY range( YEAR(hired) ) (
  PARTITON p0 VALUES LESS THAN (1991) ENGINE=INNODB,
  PARTITON p1 VALUES LESS THAN (1996) ENGINE=INNODB,
  PARTITON p2 VALUES LESS THAN (2001) ENGINE=INNODB,
  PARTITON p3 VALUES LESS THAN MAXVALUE ENGINE=INNODB
);
```

준비된 예제 테이블에 대해 다음과 같이 파티션 키로 사용된 hired 칼럼을 검색하는 쿼리의 실행 계획을 한번 살펴보자.

```
EXPLAIN PARTITONS
SELECT * FROM employees
WHERE hired='1995-12-10';
```

EXPLAIN PARTITIONS 명령으로 쿼리의 실행 계획을 확인하면 "partitions"라는 칼럼이 추가로 표시된다. 이 칼럼에는 쿼리의 실행을 위해 어떤 파티션을 읽어야 할지 옵티마이저가 판단한 내용을 보여준다. 만약 파티션 프루닝을 사용하지 못하는 쿼리는 여기에 테이블의 모든 파티션 이름이 나열될 것이다. 실행 계획에 특별히 "파티션 프루닝이 적용됐다"라는 형태의 메시지는 출력되지 않기 때문에 partitions 정보에 테이블의 모든 파티션이 나열됐는지, 아니면 예측했던 일부 파티션만 나열됐는지 확인해야 한다.

employees 테이블은 전체 4개의 파티션으로 구성돼 있다. 하지만 쿼리의 실행 계획에는 p1 파티션만 표시됐기 때문에 이 쿼리는 기대했던 대로 파티션 프루닝이 적절히 수행됐음을 알 수 있다. 그런데 다음 실행 계획에서 type 칼럼의 값이 ALL로 표시된 것이 어떤 의미인지를 알아야 한다. 이것은 employees 테이블의 4개 파티션 가운데 p1 파티션만 읽지만, p1 파티션은 풀 테이블 스캔으로 검색해야 한다라는 것을 의미한다.

id	select _type	Table	partitions	type	key	key_len	ref	rows	Extra
1	SIMPLE	employees	p1	ALL	NULL	NULL	NULL	2	Using where

파티션 테이블에 실행되는 쿼리에서는 6장, "실행 계획"에서 배운 최적화 방법을 모두 확인해야 하며, 더불어 파티션 프루닝이 적절히 수행되는지도 함께 검토해야 한다. 위의 쿼리는 파티션 프루닝은 적절히 됐지만 하나의 파티션에 대해서는 풀 테이블 스캔을 수행하기 때문에 빠른 성능을 보장하기는 어렵다. 이 쿼리가 풀 테이블 스캔을 하지 않게 하려면 employees 테이블의 hired 칼럼에 인덱스가 필요하다는 것은 쉽게 예측할 수 있다. 다음과 같이 인덱스를 생성하고 실행 계획을 다시 한번 확인해보자.

```
ALTER TABLE employees ADD INDEX ix_hired (hired);
```

EXPLAIN PARTITIONS 명령으로 SELECT 쿼리의 실행 계획을 확인해 보자. 실행 계획의 type 칼럼이 ALL에서 ref로 바뀐 것으로 봐서 ix_hired 인덱스를 레인지 스캔으로 효율적으로 검색했음을 알 수 있다.

id	select_type	table	partitions	type	key	key_len	ref	rows	Extra
1	SIMPLE	employees	p1	ref	ix_hired	3	const	1	

파티션 테이블을 사용하는 쿼리에서 한 가지 더 주의해야 할 사항은 쿼리의 WHERE 절의 파티션 키 칼럼의 조건을 꼭 파티션 표현식과 같이 사용하지 않아도 된다는 것이다. 파티션 키 칼럼에 대한 조건 이라 하더라도 일반적으로 비교하던 형태로 사용하면 된다. 예를 들어 테이블이 YEAR(hired) 표현식 으로 파티션되어 생성됐을 때 다음과 같이 쿼리의 WHERE 절에 YEAR( ) 함수를 사용해서 비교하면 오히려 역효과만 불러온다. 다음 쿼리는 파티션 프루닝을 제대로 처리하지 못하고, employees 테이블 의 모든 파티션을 읽는 것으로 실행 계획이 출력될 것이다. 또한 hired 칼럼이 변형되어 비교되기 때문 에 hired 칼럼에 생성돼 있는 ix_hired 인덱스도 이용하지 못하게 된다.

```
SELECT * FROM employees
WHERE YEAR (hired)=2009
  AND emp_no=10 ;
```

파티션 테이블의 쿼리라 하더라도 파티션 키로 사용된 표현식과는 관계없이 다음 예제와 같이 일반적 인 비교를 하면 MySQL이 적절히 파티션 프루닝도 수행하고 인덱스도 효율적으로 사용할 수 있다.

```
SELECT * FROM employees
WHERE date_column='2009-01-21'
  AND emp_no=10;

SELECT * FROM employees
WHERE date_column BETWEEN '2009-01-01' AND '2009-01-30'
  AND emp_no=10;
```

10.3.8 파티션 테이블 관련 벤치마킹

지금까지는 상당히 이론적이고 매뉴얼에서 소개하는 공식적인 내용 위주로 MySQL 파티션을 살펴봤 다. 이제부터는 MySQL 파티션의 실질적인 성능에 대한 내용을 조금 살펴보자. 대표적으로 어느 정도 의 테이블 크기에서 파티션 적용이 효과가 있는지, 정말 물리적인 메모리보다 인덱스의 크기가 커졌을 때 INSERT 속도가 과도하게 떨어지는지, 그리고 파티션 적용으로 디스크 공간의 사용량 등이 어떻게 변화하는지 등에 대해 간단한 벤치마킹 결과를 살펴보자.

테이블 크기

그림 10-10은 대략 1,200만 건 정도의 레코드가 포함된 테이블의 데이터 파일의 크기를 비교한 것이다. KEY 파티션의 경우 일반 테이블과 거의 비슷했지만 레인지 파티션의 경우 좀 더 크기가 크다. 적어도 파티션을 이용한다고 해서 디스크의 공간적인 장점은 없다는 것을 알 수 있다. 이것은 단순히 디스크만의 문제가 아니다. 디스크에서 차지하는 공간이 크다는 것은 InnoDB의 버퍼 풀 메모리로 읽어들여야 할 데이터가 많다는 것과 동일한 의미다.

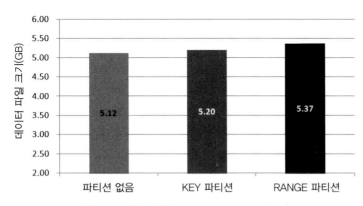

[그림 10-10] 파티션 종류별 데이터 파일의 크기

INSERT 성능 테스트

그림 10-11은 대략 1,200만 건의 레코드를 INSERT하는 테스트를 실행해 본 결과로, 레인지 파티션이 일반 테이블보다 35% 정도 더 빠른 결과를 확인할 수 있었다. MySQL 서버의 InnoDB 버퍼 풀 크기를 작게 설정한 다음 INSERT 테스트를 수행했기 때문에 이 성능은 인덱스나 데이터가 물리적인 메모리보다 훨씬 큰 상황에서 나타나는 성능과 비슷하다고 생각할 수 있다. 이 테스트에 사용된 INSERT 쿼리는 AUTO_INCREMENT 칼럼을 프라이머리 키로 포함한 테이블에 대해 수행된 것이다.

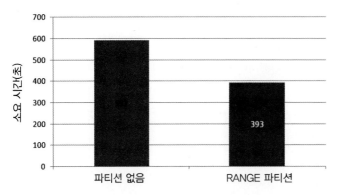

[그림 10-11] 파티션 종류별 INSERT 테스트(1,200만 건 INSERT)

이 테스트에서는 20개 미만의 파티션으로 구성된 테이블을 사용했다. 하지만 10.2절, "파티션 주의
사항"(620쪽)의 "파티션 테이블과 잠금"(624쪽)에서 살펴본 바와 같이 파티션이 많은 테이블에서는
INSERT나 UPDATE, 그리고 DELETE 등의 쿼리가 더 느려질 수 있다는 점에 주의한다.

SELECT 성능 테스트

Salaries 테이블의 from_date 칼럼으로 파티션된 테이블과 파티션되지 않은 일반 테이블의 SELECT
성능을 비교해 보자. 우선 다음과 같이 from_date 칼럼의 값으로 연도별로 파티션한 salaries 테이블
을 준비했다.

```
-- // 파티션되지 않은 salaries 테이블
CREATE TABLE salaries (
    emp_no    INT  NOT NULL,
    salary    INT  NOT NULL,
    from_date DATE NOT NULL,
    to_date   DATE NOT NULL,
    PRIMARY KEY (emp_no, from_date),
    KEY ix_empno (emp_no),
    KEY ix_fromdate (from_date)
) ENGINE=INNODB;

-- // from_date 칼럼으로 파티션된 salaries 테이블
CREATE TABLE partition_salaries (
    emp_no    INT  NOT NULL,
    salary    INT  NOT NULL,
    from_date DATE NOT NULL,
```

```
        to_date    DATE NOT NULL,
        PRIMARY KEY (emp_no, from_date),
        KEY ix_empno (emp_no) ,
        KEY ix_fromdate (from_date)
) ENGINE=INNODB
PARTITION BY RANGE (YEAR(from_date))
(
    PARTITION p01 VALUES LESS THAN (1985),
    PARTITION p02 VALUES LESS THAN (1986),
    PARTITION p03 VALUES LESS THAN (1987),
    PARTITION p04 VALUES LESS THAN (1988),
    PARTITION p05 VALUES LESS THAN (1989),
    PARTITION p06 VALUES LESS THAN (1990),
    PARTITION p07 VALUES LESS THAN (1991),
    PARTITION p08 VALUES LESS THAN (1992),
    PARTITION p09 VALUES LESS THAN (1993),
    PARTITION p10 VALUES LESS THAN (1994),
    PARTITION p11 VALUES LESS THAN (1995),
    PARTITION p12 VALUES LESS THAN (1996),
    PARTITION p13 VALUES LESS THAN (1997),
    PARTITION p14 VALUES LESS THAN (1998),
    PARTITION p15 VALUES LESS THAN (1999),
    PARTITION p16 VALUES LESS THAN (2000),
    PARTITION p17 VALUES LESS THAN (2001),
    PARTITION p18 VALUES LESS THAN (2002),
    PARTITION p19 VALUES LESS THAN (3000)
);
```

위의 파티션된 테이블과 그렇지 않은 테이블에 대해 다음 쿼리로 간단히 성능 테스트를 해봤다. 이 테스트에서는 InnoDB의 버퍼 풀을 아주 작게 설정해서 데이터와 인덱스의 크기가 물리적인 메모리보다 훨씬 클 때와 똑같은 상황으로 가정해 볼 수 있다.

```
SELECT SQL_NO_CACHE COUNT(*)
FROM salaries
WHERE from_date BETWEEN '1999-01-01' AND '1999-12-31';

SELECT SQL_NO_CACHE COUNT(*)
FROM partition_salaries
WHERE from_date BETWEEN '1999-01-01' AND '1999-12-31';
```

공정한 성능 비교를 위해 다음의 2가지 사항을 확인해 두었다.

- 위의 두 쿼리 모두 SQL_NO_CACHE 힌트를 사용해 쿼리 캐시를 전혀 사용하지 못하게 했다.
- 파티션 테이블을 SELECT하는 두 번째 쿼리는 "EXPLAIN PARTITIONS" 명령으로 아래와 같이 꼭 필요한 파티션(p16)만 참조한다는 것을 확인했다.

id	select_type	Table	partitions	type	key	key_len	ref	rows	Extra
1	SIMPLE	partition_salaries	p16	range	emp_no	4		21381	Using where; Using index

파티션되지 않은 salaries 테이블은 from_date 칼럼에 인덱스가 있기 때문에 인덱스 레인지 스캔으로 처리되며, 파티션된 partition_salaries 테이블의 쿼리는 파티션 프루닝과 인덱스 레인지 스캔 방식으로 처리된다. 두 쿼리 모두 최적의 상태로 실행될 수 있는 형태의 쿼리다. 그림 10-12는 각 쿼리의 성능 테스트 결과를 그래프로 표현한 것이다. 그림을 보면 파티션된 partition_salaries 테이블과 파티션되지 않은 salaries 테이블의 SELECT 성능은 거의 차이가 없음을 알 수 있다.

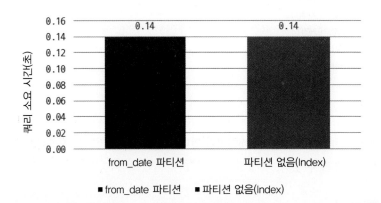

[그림 10-12] 파티션 테이블과 일반 테이블(파티션 없음)의 SELECT 성능 비교 (인덱스 있는 경우)

가끔 인터넷을 검색하다 보면 파티션 테이블과 파티션되지 않은 테이블의 비교를 위해 풀 테이블 스캔으로 SELECT하는 쿼리의 성능을 비교하는 게시물이 자주 보인다. 1억 건의 레코드가 담긴 테이블을 100개의 파티션으로 나눠서 저장하도록 생성했다. 그리고 이 파티션된 테이블에 파티션 프루닝을 통해 하나의 파티션만 접근해도 되는 쿼리는 결국 100(1억/100)만 건의 레코드가 담긴 테이블을 풀 스캔하는 것과 같은 성능을 보이는 것이 당연한 것이다. 그런데 이러한 인터넷 게시물에서는 100만 건씩 100개로 파티션된 테이블과 1억 건이 담긴 테이블을 풀 스캔하는 쿼리로 "파티션을 사용하면 이렇게 빨라진다"라는 결론을 내고 있다.

10.3.9 파티션 기능에 대한 결론

아직 MySQL에서 파티션은 그다지 오래되거나 성숙된 기술은 아니다. 이번 장에서 주로 언급한 파티션의 장점이나 주의사항은 상당히 이론 위주의 내용이었다. 파티션과 관련된 이런저런 성능 테스트를 해본 결과, MySQL의 파티션은 SELECT 쿼리의 성능에는 그다지 큰 도움을 주지 못했으며, 쓰기 성능에는 어느 정도 도움되는 것으로 보인다.

RDBMS에서 INSERT나 UPDATE, 그리고 DELETE 쿼리와 같은 쓰기 작업은 읽기에 비해 상대적으로 비용이 많이 드는 작업이다. 이는 인덱스나 칼럼의 개수가 많아지고 한 레코드의 크기가 커지면 추가 비용은 더 높아지기 마련이다. 또한 대부분의 RDBMS에서 공통적인 문제겠지만, 테이블의 레코드 건수가 어느 정도 이상이 되면 INSERT나 UPDATE, 그리고 DELETE와 같은 SQL은 급격하게 성능이 떨어진다. MySQL에서는 레코드의 평균 크기나 하드웨어의 성능에 따라 차이는 있겠지만 경험상 1~3억건 수준이 임계치라고 생각한다. 어떤 파티션 종류를 사용하든 모든 파티션을 골고루 읽고 써야 하는 테이블이라면 절대 파티션을 이용해 SELECT 성능을 향상시키기는 어렵다. 하지만 레코드의 건수가 너무 많아져서 INSERT나 DELETE와 같은 쓰기 작업이 심각하게 느려지고 있다면 파티션 적용을 고려해 보는 것이 좋다.

만약 날짜 칼럼을 이용해 레인지 파티션을 사용할 수 있고, 읽기나 쓰기 작업을 일부 파티션으로 모을 수 있다면 테이블의 크기에 관계없이 항상 파티션을 적용하는 것이 쓰기 및 읽기, 그리고 관리 작업에까지 상당히 도움될 것이다. 하지만 해시나 키 파티션을 사용해야 하는 상황이라면 무조건 파티션을 적용하기보다는 위에서 언급한 상황(쓰기 성능이 현저히 떨어졌을 때)에서 쓰기 성능의 개선을 위해 파티션 적용을 고려해 보는 것이 좋다.

언젠가 MySQL에서 병렬 처리가 도입되는 순간이 오면 MySQL의 파티션이 새로운 대안으로 다시 떠오를 것이다.

11

스토어드 프로그램

MySQL에서는 절차적인 처리를 위해 스토어드 프로그램을 이용할 수 있다. 스토어드 프로그램은 스토어드 루틴이라고도 하는데, 스토어드 프로시저와 스토어드 함수 그리고 트리거와 이벤트 등을 모두 아우르는 명칭이다. 스토어드 프로그램 가운데 스토어드 프로시저나 함수는 MySQL 5.0부터 추가된 기능이며, 스케줄러는 MySQL 5.1부터 추가된 기능이다. 스토어드 프로그램은 모두 똑같은 문법으로 작성할 수 있고, 서로 큰 차이가 없기 때문에 이번 장에서 모두 함께 살펴보겠다.

스토어드 프로그램의 문법이나 제어문은 매뉴얼이나 인터넷상의 예제로 쉽게 익힐 수 있으므로 여기서는 자주 사용하는 제어문과 스토어드 프로그램의 권한이나 보안 및 예외 핸들링 등과 같이 주의해야 할 사항에 더 집중해서 살펴보겠다.

마지막으로 스토어드 쿼리라고 하는 뷰를 살펴보겠다. 뷰는 절차적 로직을 사용할 수는 없지만 스토어드 프로그램의 일종으로 뷰를 정의할 때는 다른 스토어드 프로그램과 비슷한 옵션을 명시해야 한다.

11.1 스토어드 프로그램의 장단점

스토어드 프로그램은 절차적인 처리를 제공하긴 하지만 애플리케이션을 대체할 수 있을지 충분히 고려해 봐야 한다. 스토어드 프로그램을 사용하기로 했다면 어떤 기능에 주로 사용할 것인지도 고려해야 한다. 스토어드 프로그램의 용도를 정확하게 판단하려면 스토어드 프로그램의 장단점을 알아둘 필요가 있다. 이번 장에서는 스토어드 프로그램의 장단점을 살펴보고, 언제 스토어드 프로그램을 사용하는 것이 효율적이고 언제 사용하면 안 되는지를 판단하는 기준을 알아보겠다.

11.1.1 스토어드 프로그램의 장점

데이터베이스의 보안 향상

MySQL의 스토어드 프로그램은 자체적인 보안 설정 기능을 가지고 있으며, 스토어드 프로그램 단위로 실행 권한을 부여할 수 있다. 이런 보안 기능을 조합해서 특정 테이블의 읽기와 쓰기 또는 특정 칼럼에 대해서만 권한을 설정하는 등 세밀한 권한 제어가 가능하다. 애플리케이션의 모든 기능을 스토어드 프로그램으로 작성하기는 어렵겠지만 주요 기능을 스토어드 프로그램으로 작성한다면 SQL 인젝션과 같은 기본적인 보안 사고는 피할 수 있을 것이다. MySQL 서버의 스토어드 프로그램은 입력 값의 유효성을 체크한 후에야 동적인 SQL 문장을 생성하므로 SQL의 문법적인 취약점을 이용한 해킹은 어렵기 때문이다.

기능의 추상화

자바나 C/C++ 같은 객체지향 언어로 개발해본 경험이 있다면 이미 추상화라는 개념은 다 이해하고 있을 것이다. 주위에서 흔히 사용되는 추상화 예제를 한번 살펴보고, 스토어드 프로그램으로 어떻게 기능을 추상화할 수 있고 어떤 장점이 있는지도 함께 알아보자.

여러 테이블에 걸쳐 유일한 일련번호를 발급하되,
일련번호에 자체적인 헤더 값과 시간 정보를 덧붙여서 생성하려 한다.

여기서 필요한 일련번호의 생성 방식은 복잡해서, MySQL의 AUTO_INCREMENT를 이용할 수가 없다. 만약 애플리케이션에서 일련번호 생성용 모듈을 개발한다면 개발하는 언어별로 호환이 되지 않을뿐더러 직접 SQL 클라이언트에서는 사용할 수가 없다. 또한 일련번호 생성용 프로그램을 여러 가지 언어로 개발한다면 일관성이 없어지고 문제가 생길 가능성이 높다.

일련번호 생성용 프로그램을 MySQL 서버의 스토어드 프로그램으로 구현한다면 애플리케이션뿐 아니라 SQL 클라이언트에서도 쉽게 이용할 수 있다. 이뿐만 아니라 MySQL 서버에만 있으면 되기 때문에 동일한 기능을 이용하기 위해 여러 버전의 프로그램이 필요하지 않게 되므로 기능이 변경돼도 쉽게 대응할 수 있다. 각 애플리케이션에서는 일련번호가 어떻게 생성되고 어떤 구조인지 알 필요도 없으며, 그냥 스토어드 프로그램을 호출해서 값을 가져가기만 하면 된다.

네트워크 소요 시간 절감

일반적으로 애플리케이션과 데이터베이스 서버는 같은 네트워크 구간에 존재하므로 SQL의 실행 성능에서 네트워크를 경유하는 데 걸리는 시간은 그다지 중요하게 생각하지 않는다. 하지만 하나하나의 쿼리가 아주 가볍고 빠르게 처리될 수 있다면 네트워크를 경유하는 데 걸리는 시간이 문제가 될 것이다. 즉, 실행하는 데 1초가 걸리는 쿼리에서 0.1~0.3 밀리초 정도의 네트워크 경유 시간은 아무 문제가 되지 않는다. 하지만 0.01초 또는 0.001초 정도 걸리는 쿼리에서 0.1~0.3 밀리초는 무시할 수 없는 부분이다. 게다가 하나의 프로그램에서 이렇게 가벼운 쿼리를 100번 200번씩 실행해야 한다면 네트워크를 경유하는 시간은 횟수에 비례해 증가할 수밖에 없다. 만약 각 쿼리가 큰 데이터를 클라이언트로 가져와서 가공한 후, 다시 서버로 전송해야 한다면 더 큰 네트워크 경유 시간이 소모될 것이다. 하지만 하나의 프로그램에서 100번 200번씩 실행해야 하는 쿼리를 스토어드 프로그램으로 구현한다면 스토어드 프로그램을 호출할 때 한 번만 네트워크를 경유하면 되기 때문에 네트워크 소요 시간을 줄이고 성능을 개선할 수 있다.

절차적 기능 구현

DBMS 서버에서 사용하는 SQL 쿼리는 절차적인 기능을 제공하지 않는다. 즉, SQL 쿼리에서는 IF나 WHILE과 같은 제어 문장을 사용할 수 없다. 그에 반해 스토어드 프로그램은 DBMS 서버에서 절차적인 기능을 실행할 수 있는 제어 기능을 제공한다. 가끔 SQL 문장으로는 절대 처리할 수 없는 문제를 해결해야 할 때도 있다. 일반적으로 이런 상황에서는 데이터를 애플리케이션에서 가공한 후 다시 데이터베이스에 저장하는 형태로 개발을 진행한다. 하지만 이런 해결책은 결국 애플리케이션과 MySQL 서버 간의 네트워크 통신 횟수를 늘리고, 필요한 데이터를 클라이언트와 서버 간에 주고받아야 하기 때문에 네트워크를 경유하는 데 시간이 소모된다. 스토어드 프로그램을 이용해 절차적인 기능을 구현한다면 최소한 네트워크 경유에 걸리는 시간만큼은 줄일 수 있으며, 더 노력한다면 불필요한 애플리케이션 코드도 많이 줄일 수 있다.

개발 업무의 구분

순수하게 애플리케이션 개발 조직과 SQL 개발 조직이 구분돼 있는 회사도 있다. 만약 순수하게 애플리케이션을 개발하는 조직과 DBMS 관련 코드(SQL이나 스토어드 프로그램)를 개발하는 조직이 별도로 구분돼 있다면 DBMS 코드를 개발하는 조직에서는 트랜잭션 단위로 데이터베이스 관련 처리를 하는 스토어드 프로그램을 만들어 API처럼 제공하고, 애플리케이션 개발자는 스토어드 프로그램을 호출해서 사용하는 형태로 역할을 구분해서 개발을 진행할 수도 있다.

11.1.2 스토어드 프로그램의 단점

낮은 처리 성능

스토어드 프로그램은 MySQL 엔진에서 해석되고 실행된다. 하지만 MySQL 서버는 스토어드 프로그램과 같은 절차적 코드 처리를 주목적으로 하는 것이 아니라서 스토어드 프로그램의 처리 성능이 다른 프로그램 언어에 비해 상대적으로 떨어진다. 또한 다른 DBMS의 스토어드 프로그램과 비교해서도 MySQL의 스토어드 프로그램은 성능이나 최적화가 부족한 상태다. 그림 11-1은 단순한 문자열 조작이나 숫자 계산 등의 연산을 수행하는 능력을 벤치마킹한 결과다.

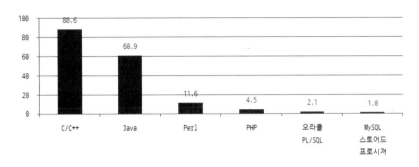

[그림 11-1] 프로그램 언어별 숫자 및 문자열 연산 성능(단위 시간당 처리 횟수)

위 그래프는 단위 시간당 연산 처리 능력을 보여주는데, 수치가 높을수록 처리가 빠르다는 것을 의미한다. 이 벤치마킹 결과에서도 알 수 있듯이 MySQL의 스토어드 프로그램보다 C/C++ 언어는 대략 80배, 자바 언어는 60배 정도 빠른 처리 성능을 보여준다. 또한 오라클의 PL/SQL도 MySQL의 스토어드 프로그램보다 대략 2배 정도 빠른 성능을 보여준다.

이 벤치마킹은 문자열 조작이나 숫자 연산과 같은 CPU 위주의 연산만 측정한 것이므로 실제 업무에 적용한다면 이 정도의 차이는 보이지 않을 것이다. 우리가 스토어드 프로그램을 사용하는 이유가 문자열이나 숫자 연산만 수십억 번 반복하려고 하는 것은 아니니까 말이다. 즉, 문자열 연산이나 숫자 연산에 스토어드 프로그램을 이용하는 것은 잘못된 선택인 것이다. 간단한 숫자나 문자열 연산 그리고 제어문을 이용하긴 하지만 한 번에 많은 쿼리를 실행해야 할 때 가장 효과가 높은 것이다.

애플리케이션 코드의 조각화

IT 서비스가 발전하면서 애플리케이션들은 복잡해지고 필요한 장비의 대수도 급격하게 늘고 있다. 즉, 애플리케이션의 설치나 배포 작업이 갈수록 복잡해지고 있다. 그런데 각 기능을 담당하는 프로그램 코드가 자바와 MySQL 스토어드 프로그램으로 분산된다면 애플리케이션의 설치나 배포가 더 복잡해지고 유지보수 또한 어려워질 수 있다.

11.2 스토어드 프로그램의 문법

프로그래밍 언어에서 사용하는 함수와 같이 스토어드 프로그램도 헤더 부분과 본문 부분으로 나눌 수 있다. 스토어드 프로그램의 헤더 부분은 정의부라고 하며, 주로 스토어드 프로그램의 이름과 입출력 값을 명시하는 부분이다. 추가적으로 스토어드 프로그램의 헤더 부분에는 보안이나 스토어드 프로그램의 작동 방식에 관련된 옵션도 명시할 수 있다. 본문 부분은 스토어드 프로그램의 바디(Body)라고도 하며, 스토어드 프로그램이 호출됐을 때 실행하는 내용을 작성하는 부분이다. 각 스토어드 프로그램은 종류별로 헤더 부분이 조금씩 차이가 있지만 보안이나 작동 방식에 관련된 옵션은 공통적으로 명시해야 한다. 하지만 스토어드 프로그램의 본문은 똑같은 문법으로 기능을 작성하는 것이므로 차이가 없다.

이번 절에서는 스토어드 프로그램의 종류별로 헤더의 정의부를 살펴보겠다. 또한 스토어드 프로그램의 종류를 막론하고 본문에서 사용할 수 있는 제어문이나 반복문, 그리고 커서와 같은 기능도 함께 살펴보겠다. 마지막으로 프로그램의 작성에서 아주 중요하지만 많은 사용자들이 크게 관심을 두지 않는 예외 처리에 대해서도 자세히 알아보겠다.

11.2.1 예제 테스트 시 주의사항

이 책의 스토어드 프로그램 예제를 테스트할 때 스택의 공간이 부족하거나 MySQL의 독특한 문법 탓에 에러가 발생할 수 있다. 그래서 스토어드 프로그램을 공부하기 전에 먼저 MySQL 서버의 설정을 조금 조정할 필요가 있다(스택의 크기 탓에 발생하는 문제는 윈도우를 포함해서 32비트 운영체제에서 자주 발생할 수 있다).

MySQL 서버를 처음 설치한 후, 별도로 시스템 설정을 변경하지 않았다면 스토어드 프로그램을 실행할 때 스토어드 프로시저나 함수의 이름과 파라미터를 입력하는 괄호 사이에 공백이 있으면 MySQL 서버가 프로시저나 함수를 인식하지 못할 때가 있다. 이때는 프로시저나 함수의 이름과 "(" 사이의 모든 공백을 제거하고 실행하자. MySQL 서버의 버그가 아니고 매뉴얼에 명시돼 있는 내용이기도 하다. 만약 스토어드 프로그램이나 함수와 괄호 사이의 공백을 무시하려면 7.1.1절, "SQL 모드"(378쪽)의 "IGNORE_SPACE"를 참고하자.

윈도우를 포함해서 32비트 운영체제에서 MySQL 서버를 사용하고 있다면 이 책에 있는 스토어드 프로그램 예제를 테스트하는 도중에 다음과 같은 에러 메시지가 발생할 수 있다.

```
ERROR 1436 (HY000): Thread stack overrun:  9120 bytes used of a 131072 byte stack,
   and 128000 bytes needed.  Use 'mysqld -O thread_stack=#' to specify a bigger stack.
```

에러가 나지 않게 하려면 이 책의 예제를 테스트하기 전에 MySQL 설정 파일에 다음과 같은 설정을 추가해서 MySQL의 각 스레드가 사용하는 스택의 크기를 늘리는 것이 좋다. 512KB 정도 크기의 스레드 스택이면 이 책의 예제 코드를 테스트하는 데 특별히 문제는 없을 것이다.

```
thread_stack = 512K
```

11.2.2 스토어드 프로시저

스토어드 프로시저는 서로 데이터를 주고받아야 하는 여러 쿼리를 하나의 그룹으로 묶어서 독립적으로 실행하기 위해 사용하는 것이다. 배치 프로그램에서 첫 번째 쿼리의 결과를 이용해 두 번째 쿼리를 실행해야 할 때를 대표적인 예로 볼 수 있다. 이처럼 각 쿼리가 서로 연관되어 데이터를 주고받으면서 반복적으로 실행돼야 할 때 스토어드 프로시저를 사용하면 MySQL 서버와 클라이언트 간의 네트워크 전송 작업을 최소화하고 수행 시간을 줄일 수 있다. 스토어드 프로시저는 반드시 독립적으로 호출돼야 하며, SELECT나 UPDATE와 같은 SQL 문장에서 스토어드 프로시저를 참조할 수 없다.

스토어드 프로시저 생성 및 삭제

스토어드 프로시저는 CREATE PROCEDURE 명령으로 생성할 수 있는데, 기본적인 형태로 구성된 다음 프로시저 예제를 한번 살펴보자.

```
CREATE PROCEDURE sp_sum (IN param1 INTEGER, IN param2 INTEGER, OUT param3 INTEGER )
BEGIN
  SET param3 = param1 + param2;
END
```

이 프로시저의 이름은 sp_sum이며, param1과 param2 그리고 param3라는 파라미터를 필요로 한다. 그리고 예제에서 두 번째 줄의 BEGIN부터 END까지는 스토어드 프로시저의 본문에 속한다. 위 예제의 처리 내용은 상당히 간단한데, 파라미터로 받은 param1과 param2를 더해 param3에 저장한다.

스토어드 프로시저를 생성할 때는 다음 두 가지 사항에 주의해야 한다.

- 스토어드 프로시저는 기본 반환값이 없다. 즉, 스토어드 프로시저 내부에서는 값을 반환하는 RETURN 명령을 사용할 수 없다.
- 스토어드 프로시저의 각 파라미터는 아래의 3가지 특성 중 하나를 지닌다.

- IN 타입으로 정의된 파라미터는 입력 전용 파라미터를 의미한다. IN 파라미터는 외부에서 스토어드 프로그램을 호출할 때 프로시저에 값을 전달하는 용도로 사용하고, 값을 반환하는 용도로 사용하지 않는다. 즉 IN 타입으로 정의된 파라미터는 스토어드 프로시저 내부에서는 읽기 전용으로 이해하면 된다.
- OUT 타입으로 정의된 파라미터는 출력 전용 파라미터다. OUT 파라미터는 스토어드 프로시저 외부에서 스토어드 프로시저를 호출할 때 어떤 값을 전달하는 용도로는 사용할 수 없다. 스토어드 프로시저의 실행이 완료되면 외부 호출자로 결과 값을 전달하는 용도로만 사용한다.
- INOUT 타입으로 정의된 파라미터는 입력 및 출력 용도로 모두 사용할 수 있다.

스토어드 프로시저를 포함한 스토어드 프로그램을 사용할 때는 특별히 SQL 문장의 구분자를 변경해야 한다. 일반적으로 MySQL 클라이언트 프로그램에서는 ";" 문자가 쿼리의 끝을 의미한다. 하지만 스토어드 프로그램은 본문 내부에 무수히 많은 ";" 문자를 포함하므로 MySQL 클라이언트가 CREATE PROCEDURE 명령의 끝을 정확히 찾을 수가 없다. 그래서 CREATE 명령으로 스토어드 프로그램을 생성할 때는 MySQL 서버가 CREATE 명령의 끝을 정확히 판별할 수 있게 별도의 문자열을 구분자로 설정해야 한다.

명령의 끝을 알려주는 종료문자를 변경하는 명령어는 DELIMITER다. 일반적으로 CREATE로 스토어드 프로그램을 생성할 때는 ";;" 또는 "//" 과 같이 연속된 2개의 문자열을 종료문자로 설정한다. 종료문자는 어떤 것이든 쓸 수 있지만 스토어드 프로그램에서는 사용되지 않은 문자열을 선택해야 한다. 다음의 예제는 종료 문자를 ";;"로 변경하고, 스토어드 프로그램을 생성하는 예제다.

```
-- // 종료 문자를 ";;"로 변경
DELIMITER ;;
CREATE PROCEDURE sp_sum (IN param1 INTEGER, IN param2 INTEGER, OUT param3 INTEGER )
BEGIN
  SET param3 = param1 + param2;
END;;

-- // 스토어드 프로그램의 생성이 완료되면 다시 종료 문자를 기본 종료 문자인 ";"로 복구
DELIMITER ;
```

예제와 같이 종료 문자가 ";;"로 변경되면 스토어드 프로그램의 생성 명령뿐 아니라 일반적인 SELECT나 INSERT와 같은 명령에서도 ";;"를 사용해야 한다. 이 상태에서는 귀찮은 실수가 자주 발생할 수 있으므로 다시 종료 문자를 기본 종료 문자인 ";"로 되돌리는 것이 좋다. 이때도 똑같이 DELIMITER 명령으로 종료 문자를 ";"로 설정하면 된다.

스토어드 프로시저를 변경할 때는 ALTER PROCEDURE 명령을 사용하고, 삭제할 때는 DROP PROCEDURE 명령을 사용하면 된다. 스토어드 프로시저에서 제공하는 보안 및 작동방식과 관련된 특성을 변경할 때만 ALTER PROCEDURE 명령을 사용할 수 있다. 다음 예제는 sp_hello 프로시저의 보안 옵션을 DEFINER로 변경하는 예제다. 스토어드 프로시저의 보안 옵션은 11.3.1절, "DEFINER와 SQL SECURITY 옵션"(693쪽)에서 자세히 살펴볼 것이므로 여기서는 ALTER PROCEDURE 명령을 어떻게 사용하는지만 살펴보겠다.

```
ALTER PROCEDURE sp_sum SQL SECURITY DEFINER;
```

하지만 스토어드 프로시저의 파라미터나 프로시저의 처리 내용을 변경할 때는 ALTER PROCEDURE 명령을 사용하지 못한다. 이때는 DROP PROCEDURE로 먼저 스토어드 프로시저를 삭제한 후 다시 CREATE PROCEDURE로 생성하는 것이 유일한 방법이다.

```
DROP PROCEDURE sp_sum;;
CREATE PROCEDURE sp_sum (IN param1 INTEGER, IN param2 INTEGER, OUT param3 INTEGER )
BEGIN
  SET param3 = param1 + param2;
END;;
```

스토어드 프로시저 실행

앞의 예제에서 생성한 스토어드 프로시저를 한번 실행해 보자. 스토어드 프로시저와 스토어드 함수의 큰 차이점 가운데 하나가 바로 프로그램을 "실행하는 방법"이다. 스토어드 프로시저는 SELECT 쿼리에 사용될 수 없으며, 반드시 CALL 명령어로 실행해야 한다. 위의 예제에서 생성한 sp_sum 프로시저를 호출하려면 3개의 파라미터를 제공해야 한다. MySQL 클라이언트에서 스토어드 프로시저를 실행할 때 IN 타입의 파라미터는 상수값을 그대로 전달해도 무방하지만 OUT이나 INOUT 타입의 파라미터는 세션 변수를 이용해 값을 주고받아야 한다.

```
SET @result:=0;
SELECT @result;
  →  0

CALL sp_sum(1,2,@result);
SELECT @result;
  →  3
```

위의 예제와 같이 sp_sum 스토어드 프로시저의 첫 번째와 두 번째 파라미터는 IN 타입의 파라미터라서 값을 다시 전달받을 필요가 없다. 그래서 다음과 같이 리터럴 형태로 바로 사용해도 무방하다. 하지만 세 번째 파라미터는 OUT 타입이므로 값을 넘겨받을 수 있어야 한다. 그래서 INOUT 이나 OUT 타입의 파라미터는 MySQL의 세션 변수를 사용해야 한다.

sp_sum 프로시저를 실행할 때 OUT 타입의 파라미터인 param3에는 0으로 초기화된 @result 세션 변수를 전달했다. 프로시저 실행이 완료되면 어떤 값도 자동으로 표시되지 않는다. 스토어드 프로시저의 실행 결과를 확인하려면 위 예제와 같이 @result 세션 변수 값을 SLELECT 문으로 조회해야 한다.

물론, sp_sum 스토어드 프로그램의 첫 번째와 두 번째 인자와 같이 IN 타입의 파라미터에 MySQL 세션 변수를 사용해도 문제가 되지는 않는다.

```
SET @param1:=1;
SET @param2:=2;
SET @result:=0;

CALL sp_sum(@param1, @param2, @result);
SELECT @result;
→   3
```

자바나 C/C++과 같은 프로그램 언어에서는 위와 같이 세션 변수를 사용하지 않고 바로 OUT이나 INOUT 타입의 변수 값을 읽어 올 수 있다. 각 언어별로 스토어드 프로시저의 각 인자를 주고받는 방법을 참고한다.

스토어드 프로시저의 커서 반환

MySQL 5.0, 5.1, 그리고 5.5 버전의 스토어드 프로그램은 명시적으로 커서를 파라미터로 전달받거나 반환할 수는 없다. MySQL 5.5 버전 이하에서 커서는 스토어드 프로그램 내부에서만 사용할 수 있다. 하지만 스토어드 프로시저 내에서 커서를 오픈하지 않거나 SELECT 쿼리의 결과 셋을 페치(Fetch)하지 않으면 해당 쿼리의 결과 셋은 클라이언트로 바로 전송된다.

다음의 예제 프로시저에서는 파라미터로 전달받은 사원번호를 이용해 SELECT 쿼리를 실행했지만 그 결과를 전혀 사용하지 않고 있다.

```
CREATE PROCEDURE sp_selectEmployees (IN in_empno INTEGER)
BEGIN
  SELECT * FROM employees WHERE emp_no=in_empno;
END;;
```

이 스토어드 프로시저를 CALL을 이용해 한번 실행해 보자.

```
CALL sp_selectEmployees(10001);;
+--------+------------+------------+-----------+--------+------------+
| emp_no | birth_date | first_name | last_name | gender | hire_date  |
+--------+------------+------------+-----------+--------+------------+
|  10001 | 1953-09-02 | Georgi     | Facello   | M      | 1986-06-26 |
+--------+------------+------------+-----------+--------+------------+
```

실행 결과를 보면 스토어드 프로시저에서 SELECT 쿼리의 결과 셋을 별도로 반환하는 OUT 변수에 담거나 화면에 출력하는 처리를 하지도 않았는데 쿼리의 결과가 클라이언트로 전송된 것을 확인할 수 있다. 물론 이 기능은 JDBC를 이용하는 자바 프로그램에서도 그대로 이용할 수 있으며, 하나의 스토어드 프로시저에서 2개 이상의 결과 셋을 반환할 수도 있다. 결과 셋을 반환하는 스토어드 프로시저를 자바 프로그램에서 사용하는 방법은 13장, "프로그램 연동"에서 자세히 살펴보겠다.

스토어드 프로시저에서 쿼리의 결과 셋을 클라이언트로 전송하는 기능은 스토어드 프로시저의 디버깅 용도로도 자주 사용한다. MySQL 스토어드 프로시저는 아직 메시지를 화면에 출력하는 기능을 제공하지 않으며, 별도의 로그 파일에 기록하는 기능도 없다. 그래서 가끔 스토어드 프로시저가 잘못돼서 디버깅하려고 해도 어느 부분이 잘못됐고 원인이 무엇인지 찾아내기가 쉽지 않다. 이럴 때 스토어드 프로시저 내에서 단순히 SELECT 쿼리만 사용하면 결과를 화면상에서 확인할 수 있기 때문에 변수 값을 트래킹하거나 상태의 변화 여부를 쉽게 확인할 수 있다.

다음 예제는 프로시저의 본문 처리가 시작되기 전에 입력된 값을 화면에 표시하도록 스토어드 프로시저의 내용을 조금 변경한 것이다.

```
CREATE PROCEDURE sp_sum (IN param1 INTEGER, IN param2 INTEGER, OUT param3 INTEGER )
BEGIN
SELECT '> Stored procedure started.' AS debug_message;
  SELECT CONCAT('  > param1 : ', param1) AS debug_message;
  SELECT CONCAT('  > param1 : ', param1) AS debug_message;
  SET param3 = param1 + param2;
```

```
    SELECT '> Stored procedure completed.' AS debug_message;
END;;
```

스토어드 프로시저를 실행하면 다음과 같이 입력 값을 SELECT한 쿼리 결과가 화면에 출력되는 것을
확인할 수 있다. 조금 부족하지만 스토어드 프로시저의 디버깅이 필요할 때는 이러한 내용을 참고한다.

11.2.3 스토어드 함수

스토어드 함수는 하나의 SQL 문장으로 작성이 불가능한 기능을 하나의 SQL 문장으로 구현해야 할 때
사용한다. 각 부서별로 가장 최근에 배속된 사원을 2명씩 가져오는 기능을 생각해 보자. dept_emp 테
이블의 데이터를 부서별로 그룹핑하는 것까지는 가능하지만, 해당 부서 그룹별로 최근 2명씩만 잘라서
가져오는 방법은 없다. 이럴 때 부서 코드를 인자로 입력받아 최근 2명의 사원 번호만 SELECT하고 문
자열로 결합해서 반환하는 함수를 만들어서 사용하면 된다. 만약 이런 스토어드 함수가 준비되면 다음
과 같이 사용하면 된다.

```
SELECT dept_no, sf_getRecentEmp(dept_no)
FROM dept_emp
GROUP BY dept_no;
```

SQL 문장과 관계없이 별도로 실행되는 기능이라면 굳이 스토어드 함수를 개발할 필요가 없다. 독립적으로 실행돼도 된다면 스토어드 프로시저를 사용하는 것이 좋다. 상대적으로 스토어드 함수는 스토어드 프로시저보다 제약 사항이 많기 때문이다. 스토어드 프로시저와 비교했을 때 스토어드 함수의 유일한 장점은 SQL 문장의 일부로 사용할 수 있다는 것이다.

스토어드 함수 생성 및 삭제

스토어드 함수는 CREATE FUNCTION 명령으로 생성할 수 있으며, 모든 입력 파라미터는 읽기 전용이라서 IN이나 OUT 또는 INOUT과 같은 형식을 지정할 수 없다. 그리고 스토어드 함수는 반드시 정의부에 RETURNS 키워드를 이용해 반환되는 값의 타입을 명시해야 한다. 다음 예제는 두 파라미터를 입력받고 그 합을 구한 뒤 반환하는 스토어드 함수다.

```
CREATE FUNCTION sf_sum(param1 INTEGER, param2 INTEGER)
  RETURNS INTEGER
BEGIN
  DECLARE param3 INTEGER DEFAULT 0;
  SET param3 = param1 + param2;
  RETURN param3;
END;;
```

스토어드 함수가 스토어드 프로시저와 크게 다른 부분은 다음 두 가지다.

- 함수 정의부에 RETURNS로 반환되는 값의 타입을 명시해야 한다.
- 함수 본문 마지막에 정의부에 지정된 타입과 동일한 타입의 값을 RETURN 명령으로 반환해야 한다.

스토어드 프로시저와는 달리 스토어드 프로그램의 본문(BEGIN … END의 코드 블록)에서는 다음과 같은 사항을 사용하지 못한다.

- PREPARE와 EXECUTE 명령을 이용한 프리페어 스테이트먼트를 사용할 수 없다.
- 명시적 또는 묵시적인 ROLLBACK/COMMIT을 유발하는 SQL 문장을 사용할 수 없다.
- 재귀 호출(Recursive call)을 사용할 수 없다.
- 스토어드 함수 내에서 프로시저를 호출할 수 없다.
- 결과 셋을 반환하는 SQL 문장을 사용할 수 없다.

결과 셋을 페치(Fetch)하지 않아서 결과 셋이 클라이언트로 전송되는 스토어드 함수를 생성하면 어떤 에러가 발생하는지 테스트로 한번 살펴보자. 스토어드 함수의 본문에서 커서나 SELECT 쿼리를 사용해도 특별히 문제되지 않지만 스토어드 프로시저에서와 같이 디버깅 용도로 화면에 메시지를 출력하기 위해서는 사용할 수 없다. 즉 스토어드 함수에서 커서를 정의하면 반드시 오픈해야 하며, "SELECT .. INTO .."가 아닌 단순히 SELECT 쿼리만을 실행해서는 안 된다. 스토어드 함수 내에서 오픈되지 않는 커서나 단순 SELECT 쿼리가 실행되는 것은 결과적으로 클라이언트로 쿼리의 결과 셋을 반환하는 것과 똑같기 때문이다. 동일한 효과를 만들어 내는 SHOW 또는 EXPLAIN 등의 명령도 사용할 수 없다.

```
CREATE FUNCTION sf_resultset_test()
  RETURNS INTEGER
BEGIN
  DECLARE param3 INTEGER DEFAULT 0;
  SELECT 'Start stored function' AS debug_message;

  RETURN param3;
END;;

ERROR 1415 (0A000): Not allowed to return a result set from a function
```

스토어드 프로시저와 마찬가지로 스토어드 함수도 ALTER FUNCTION 명령을 사용할 있다. 하지만 이 명령은 스토어드 함수의 입력 파라미터나 처리 내용을 변경할 수 없으며, 단지 스토어드 함수의 특성만 변경할 수 있다.

```
ALTER FUNCTION sf_sum SQL SECURITY DEFINER;
```

스토어드 함수에서 입력 파라미터를 변경하거나 함수의 처리 내용을 변경하려면 DROP FUNCTION 명령으로 먼저 함수를 삭제하고 다시 CREATE FUNCTION 명령으로 새로이 스토어드 함수를 생성해야 한다.

```
DROP FUNCTION sf_sum;;

CREATE FUNCTION sf_sum(param1 INTEGER, param2 INTEGER)
  RETURNS INTEGER
BEGIN
  DECLARE param3 INTEGER DEFAULT 0;
  SET param3 = param1 + param2;

  RETURN param3;
END;;
```

스토어드 함수 실행

스토어드 함수는 스토어드 프로시저와 달리 CALL 명령으로 실행할 수 없다. 스토어드 함수는 SELECT 문장을 이용해 실행한다.

```
SELECT sf_sum(1,2) as sum;
+------+
| sum  |
+------+
|    3 |
+------+
```

CALL 명령으로 스토어드 함수를 실행하면 MySQL 서버는 프로시저를 실행하는 것으로 해석하고 "스토어드 프로시저가 없다"라는 에러 메시지를 보여줄 것이다.

```
SELECT sf_sum(1,2);

ERROR 1305 (42000): PROCEDURE sf_sum does not exist
```

11.2.4 트리거

트리거는 테이블의 레코드가 저장되거나 변경될 때 미리 정의해둔 작업을 자동으로 실행해주는 스토어드 프로그램이다. 이름 그대로 데이터의 변화가 생길 때 다른 작업을 기동시켜주는 방아쇠인 것이다. MySQL의 트리거는 테이블 레코드가 INSERT나 UPDATE 또는 DELETE 될 때 시작되도록 설정할 수 있다. 대표적으로 칼럼의 유효성 체크나 다른 테이블로의 복사나 백업을 위해 트리거를 자주 사용한다.

트리거는 스토어드 함수나 프로시저보다는 필요성이 떨어지는 편이다. 사실 트리거가 없어도 애플리케이션을 개발하는 것이 크게 어려워지거나 성능 저하가 발생하지는 않는다. 오히려 트리거가 생성돼 있는 테이블에 칼럼을 추가하거나 삭제할 때 실행 시간이 훨씬 더 오래 걸린다. 테이블에 칼럼을 추가하거나 삭제하는 작업은 임시 테이블에 데이터를 복사하는 작업이 필요한데, 이때 매번 레코드마다 트리거를 한 번씩 실행해야 하기 때문이다. 또한 AUTO_INCREMENT 속성의 칼럼이 포함된 테이블에 INSERT하는 트리거는 마스터와 슬레이브의 데이터를 다르게 만들 가능성이 상당히 높으므로 특별히 주의해야 한다.

MySQL의 트리거는 테이블에 대해서만 생성할 수 있다. 특정 테이블에 트리거를 생성하면 해당 테이블에 발생하는 조작에 대해 지정된 시점(실제 그 이벤트의 실행 전 또는 후)에 트리거의 루틴을 실행한다. MySQL 5.1.6 이전 버전에서는 SUPER 권한을 지닌 사용자만 TRIGGER를 생성할 수 있었다. 하지만 그 이후의 버전부터는 SUPER 권한과 관계없이 TRIGGER 권한을 지닌 사용자는 모두 생성할 수 있다. 그리고 MySQL 5.x의 모든 버전에서는 테이블당 하나의 이벤트에 대해 2개 이상의 트리거를 등록할 수는 없다.

트리거 생성

트리거는 CREATE TRIGGER 명령으로 생성한다. 스토어드 프로시저나 함수와는 달리 BEFORE나 AFTER 키워드로 트리거가 실행될 이벤트(사건)를 명시할 수 있다. 그리고 트리거 정의부 끝에서 FOR EACH ROW와 FOR EACH STATEMENT라는 키워드로 레코드나 SQL 문장 단위로 트리거가 실행되도록 명시해준다. 예를 들어, 동시에 10개의 레코드를 변경하는 UPDATE 문장을 생각해보자. 이때 UPDATE 문장은 1개이고, 실제 변경된 레코드는 10건이다. 만약 트리거를 FOR EACH ROW로 정의했다면 트리거는 10번 실행되고, FOR EACH STATEMENT로 정의했다면 단 한 번만 트리거가 실행된다. SQL 표준에서는 FOR EACH STATEMENT로 SQL 문장 단위 트리거를 작동할 수도 있지만 현재 MySQL 5.x 버전에서는 FOR EACH ROW만 지원한다.

employees 테이블의 레코드가 삭제되기 전에 실행하는 on_delete 트리거를 생성하는 명령을 예제로 살펴보자.

```
CREATE
TRIGGER on_delete BEFORE DELETE ON employees
  FOR EACH ROW
BEGIN
  DELETE FROM salaries WHERE emp_no=old.emp_no;
END ;;
```

- 트리거 이름 뒤에는 "BEFORE DELETE"로 트리거가 언제 실행될지를 명시한다. BEFORE DELETE와 같은 형식으로 "[BEFORE | AFTER] [INSERT | UPDATE | DELETE]"의 6가지 조합이 가능하다. BEFORE 트리거는 대상 레코드가 변경되기 전에 실행되며, AFTER 트리거는 대상 레코드의 내용이 변경된 후 실행된다. BEFORE나 AFTER 뒤에는 트리거를 실행할 이벤트를 명시하는데, MySQL에서는 SELECT에 대한 트리거를 지원하지 않기 때문에 INSERT와 UPDATE 그리고 DELETE만 이벤트로 명시할 수 있다.
- 테이블명 뒤에는 트리거가 실행될 단위를 명시하는데, MySQL 5.x에서는 FOR EACH ROW만 가능하므로 모든 트리거는 항상 레코드 단위로 실행된다.

위 예제 트리거는 employees 테이블의 레코드를 삭제하는 쿼리가 실행되면, 해당 레코드가 삭제되기 전에 on_delete라는 트리거가 실행되고 트리거가 완료된 이후 테이블의 레코드가 삭제된다.

트리거를 사용하려면 각 SQL 문장이 어떤 이벤트를 발생시키는지 명확히 알고 있어야 한다. 다음의 표는 대표적인 쿼리에 대해 어떤 트리거 이벤트가 발생하는지 정리한 것이다. REPLACE와 INSERT INTO … ON DUPLICATE KEY UPDATE는 발생하는 이벤트가 선택적이지만, 특별히 문제되지는 않는다. 참고로 테이블에 대해 DROP이나 TRUNCATE가 실행되는 경우에는 트리거 이벤트는 발생하지 않는다.

SQL 종류	발생 트리거 이벤트 (➡는 발생하는 이벤트의 순서를 의미)
INSERT	BEFORE INSERT ➡ AFTER INSERT
LOAD DATA	BEFORE INSERT ➡ AFTER INSERT
REPLACE	중복이 없을 때 : BEFORE INSERT ➡ AFTER INSERT 중복이 있을 때 : BEFORE DELETE ➡ AFTER DELETE ➡ BEFORE INSERT ➡ AFTER INSERT
INSERT INTO ON DUPLICATE	중복이 없을 때 : BEFORE INSERT ➡ AFTER INSERT 중복이 있을 때 : BEFORE UPDATE ➡ AFTER UPDATE
UPDATE	BEFORE UPDATE ➡ AFTER UPDATE
DELETE	BEFORE DELETE ➡ AFTER DELETE
TRUNCATE	이벤트 발생 안 함
DROP TABLE	이벤트 발생 안 함

트리거의 BEGIN … END 블럭에서는 NEW 또는 OLD라는 특별한 객체를 사용할 수 있다. OLD는 해당 테이블에서 변경이 가해지기 전 레코드를 지칭하는 키워드이며, NEW는 변경이 가해진 이후의 레코드를 지칭할 때 사용한다. 트리거에서 OLD.emp_no라고 사용하면 변경되기 전의 emp_no 칼럼의 값이고, NEW.emp_no라고 하면 변경된 이후의 emp_no 칼럼의 값을 의미한다. 물론 트리거에서 각 칼럼에 입력되는 값을 체크해서 강제로 다른 값으로 변환해서 저장하는 것도 가능하다. 하지만 이처럼 칼럼의 값을 강제로 변환해서 테이블에 저장하는 것은 BEFORE 트리거에서만 가능하다. AFTER 트리거는 이미 해당 레코드의 칼럼이 변경 저장된 이후에 실행되는 트리거이므로 AFTER 트리거에서는 칼럼의 값을 변경하는 작업을 수행할 수 없다.

트리거의 BEGIN … END의 코드 블록에서 사용하지 못하는 몇 가지 유형의 작업이 있다.

- PREPARE와 EXECUTE 명령을 이용한 프리페어 스테이트먼트를 사용할 수 없다.
- 복제에 의해 슬레이브에 업데이트되는 데이터는 레코드 기반의 복제(Row based replication)에서는 슬레이브의 트리거를 기동시키지 않지만 문장 기반의 복제(Statement based replication)에서는 슬레이브에서도 트리거를 기동시킨다.

- 명시적 또는 묵시적인 ROLLBACK/COMMIT을 유발하는 SQL 문장을 사용할 수 없다.
- RETURN 문장을 사용할 수 없으며, 트리거를 종료할 때는 LEAVE 명령을 사용한다.
- mysql DB에 존재하는 테이블에 대해서는 트리거를 생성할 수 없다.
- 스토어드 함수 내에서 프로시저를 호출할 수 없다.

MySQL에서 다른 스토어드 프로그램은 모두 mysql DB의 proc 테이블에 저장되지만 트리거는 해당 데이터베이스의 데이터 파일이 저장된 디스크의 디렉터리에 *.TRG라는 파일로 생성된다. 만약 물리적인 복사로 데이터 파일을 다른 MySQL 서버로 복사하거나 백업할 때는 *.TRG 파일도 꼭 함께 복사해야 한다. 또한 RENAME TABLE 명령으로 데이터베이스 사이에 테이블을 이동할 때 트리거가 포함된 테이블은 에러를 출력하고 종료된다. 이때는 트리거를 삭제하고 RENAME TABLE 명령을 실행하는 것이 좋다.

트리거 실행
트리거는 스토어드 프로시저나 함수와 같이 작동을 확인하기 위해 명시적으로 실행해 볼 수 있는 방법이 없다. 트리거가 등록된 테이블에 직접 레코드를 INSERT하거나 UPDATE 또는 DELETE를 수행해서 작동을 확인해볼 수밖에 없다.

11.2.5 이벤트
주어진 특정한 시간에 스토어드 프로그램을 실행할 수 있는 스케줄러 기능을 이벤트라고 한다. 이벤트는 MySQL 5.1.6 버전부터 사용할 수 있으며, 특별히 이벤트의 스케줄링만 담당하는 스레드를 활성화해야 사용할 수 있다. 이벤트 스케줄러 스레드를 기동하려면 MySQL 서버의 설정 파일에서 event_scheduler라는 시스템 변수를 ON이나 1로 설정해서 활성화해야 한다.

MySQL의 이벤트는 별도로 실행 이력에 대한 정보를 보관하지 않고 가장 최근에 실행된 정보만 INFORMATION_SCHEMA.EVENTS 테이블에 기록해둔다. 실행 이력이 필요한 경우에는 별도로 사용자 테이블을 생성하고 이벤트의 처리 로직에서 직접 기록하는 것이 좋다. 경험으로 비춰 보면 필요하지 않더라도 기록해 두는 것이 좋다.

이벤트 생성
MySQL 매뉴얼에서 이벤트를 설명한 자료는 조금 복잡하고 애매한 부분도 있는데, 가장 일반적으로 사용할 수 있는 패턴의 예제를 보면 쉽게 이해할 수 있다. 이벤트는 반복 실행 여부에 따라 크게 일회성 이벤트와 반복성 이벤트로 나눠볼 수 있다.

반복성 이벤트

다음은 2011년 1월 1일 밤 12시 정각부터 하루 단위로 2011년 말까지 반복해서 실행하는 daily_ranking 이벤트를 생성하는 예제다.

```
CREATE EVENT daily_ranking
  ON SCHEDULE EVERY 1 DAY STARTS '2011-05-16 01:00:00' ENDS '2011-12-31 12:59:59'
DO
  INSERT INTO daily_rank_log VALUES (NOW(), 'Done');
```

각 이벤트가 2011년 5월 15일 18시에 생성됐다면 "2011-05-16 01:00:00"에 처음으로 이벤트가 실행될 것이다. 그리고 매일 똑같은 시간(새벽 1시)에 반복해서 실행된다. 이벤트 생성 명령의 EVERY 절에는 DAY뿐 아니라 YEAR, QUARTER, MONTH, HOUR, MINUTE, WEEK, SECOND, … 등의 반복 주기를 사용할 수 있기 때문에 원하는 형태의 반복 스케줄링을 쉽게 만들어 낼 수 있다.

일회성 이벤트

단 한 번만 실행되는 일회성 이벤트를 등록하려면 EVERY 절 대신 AT 절을 명시하면 된다. AT 절에는 '2011-05-16 01:00:00'와 같이 정확한 시각을 명시할 수도 있고, 현재 시점부터 1시간 뒤와 같이 상대 시간을 명시할 수도 있다. 다음의 예제는 현재 시점으로부터 1시간 뒤에 실행될 이벤트를 등록하는 명령이다.

```
CREATE EVENT onetime_job
  ON SCHEDULE AT CURRENT_TIMESTAMP + INTERVAL 1 HOUR
DO
  INSERT INTO daily_rank_log VALUES (NOW(), 'Done');
```

이 명령으로 등록된 이벤트는 생성했던 시점으로부터 1시간 뒤에 단 한번 실행된다. 그리고 일회성 이벤트이므로 다시는 스케줄링되지 않을 것이다.

반복성이냐 일회성이냐에 관계없이 이벤트의 처리 내용을 작성하는 DO 절은 여러 가지 방식으로 사용할 수 있다. DO 절에는 단순히 하나의 쿼리나 스토어드 프로시저를 호출하는 명령을 사용하거나 또는 BEGIN ... END로 구성되는 복합 절을 사용할 수 있다. 이 이벤트가 실행되면 DO 절에 정의된 INSERT 명령만 실행하고 종료한다. 단일 SQL만 실행하려면 별도로 BEGIN .. END 블록을 사용하지 않아도 무방하다.

```
CREATE EVENT daily_ranking
  ON SCHEDULE EVERY 1 DAY STARTS '2011-05-16 01:00:00' ENDS '2011-12-31 12:59:59'
DO
  CALL SP_INSERT_BATCH_LOG(NOW(), 'Done');
```

만약 여러 개의 SQL 문장과 연산 작업이 필요하다면 다음과 같이 BEGIN ... END 블록을 사용하면 된다.

```
CREATE
EVENT daily_ranking
  ON SCHEDULE EVERY 1 DAY STARTS '2011-05-16 01:00:00' ENDS '2011-12-31 12:59:59'
DO
  BEGIN
    INSERT INTO daily_rank_log VALUES (NOW(), 'Start');
    -- // 랭킹 정보 수집
    INSERT INTO daily_rank_log VALUES (NOW(), 'Done');
  END ;;
```

또한 이벤트의 반복성 여부에 관계없이 ON COMPLETION 절을 이용해 완전히 종료된 이벤트를 삭제할지 그대로 유지할지 선택할 수 있다. 기본적으로는 완전히 종료된 이벤트(지정된 스케줄에 의해 더는 실행될 필요가 없는 이벤트)는 자동적으로 삭제된다. 하지만 ON COMPLETION RESERVE 로 이벤트를 등록하면 이벤트 실행이 완료돼도 MySQL 서버는 그 이벤트를 삭제하지 않는다.

이벤트 실행 및 결과 확인

이벤트 또한 트리거와 같이 특정한 사건이 발생해야 실행되는 스토어드 프로그램이라서 테스트를 위해 강제로 실행시켜볼 수는 없다. 우선 이벤트를 등록하고, 스케줄링 시점을 임의로 설정해서 실행되는 내용을 확인해 봐야 한다. 이벤트 실행 이력을 확인하는 것은 조금 복잡한 부분이 있기 때문에 자세히 한번 살펴보자. 우선 테스트를 위해 다음의 테이블과 이벤트를 생성해 보자.

```
DELIMITER ;;

CREATE TABLE daily_rank_log (exec_dttm DATETIME, exec_msg VARCHAR(50));;

CREATE EVENT daily_ranking
  ON SCHEDULE EVERY 1 DAY STARTS '2011-05-16 16:30:00' ENDS '2011-12-31 12:59:59'
DO
  BEGIN
    INSERT INTO daily_rank_log VALUES (NOW(), 'Done');
  END ;;
```

위에서 등록한 이벤트의 스케줄링 정보나 최종 실행 시간 정보는 mysql DB의 event 테이블을 통해 조회하거나 INFORMATION_SCHEMA.events라는 테이블을 통해 조회할 수 있다. 각 테이블에 저장된 실행 이력을 조회한 결과는 다음과 같다. 예제로 등록된 이벤트가 단 한 번 실행된 이후에 실행 이력을 조회한 결과이며, 결과의 last_executed 칼럼은 마지막 실행되었던 시점의 시간이 기록돼 있다.

```
mysql> SELECT
          db, name, interval_value, interval_field, status, on_completion, time_zone,
          execute_at, starts, ends, last_executed, created, modified
       FROM mysql.event\G
*************************** 1. row ***************************
            db: test
          name: daily_ranking
interval_value: 1
interval_field: DAY
        status: ENABLED
 on_completion: DROP
     time_zone: SYSTEM
    execute_at: NULL
        starts: 2011-05-16 07:30:00
          ends: 2011-12-31 03:59:59
 last_executed: 2011-05-16 07:30:00
       created: 2011-05-16 16:14:47
      modified: 2011-05-16 16:14:47

mysql> SELECT
          event_schema, event_name, interval_value, interval_field, status,
          on_completion, time_zone, execute_at, starts, ends,
          last_executed, created, last_altered
       FROM information_schema.events\G
*************************** 1. row ***************************
  event_schema: test
    event_name: daily_ranking
interval_value: 1
interval_field: DAY
        status: ENABLED
 on_completion: NOT PRESERVE
     time_zone: SYSTEM
    execute_at: NULL
        starts: 2011-05-16 16:30:00
          ends: 2011-12-31 12:59:59
 last_executed: 2011-05-16 16:30:00
       created: 2011-05-16 16:14:47
  last_altered: 2011-05-16 16:14:47
```

이 결과에서 궁금한 정보는 이벤트의 유효 기간과 언제 실행됐는지 등의 시간일 것이다. 위 결과를 보면 하나의 이벤트가 단 한 번 실행된 이력인데, 두 쿼리의 결과에서 각 칼럼의 값을 비교해보면 조금씩 시간 값이 다르다는 것을 알 수 있다. 이는 mysql DB의 event 테이블에서 관리하는 시간과 INFORMATION_SCHEMA.events 테이블에서 관리되는 시간의 타임존(Timezone)이 조금씩 다르기 때문이다.

두 개의 테이블을 이용해 이벤트의 시간 정보를 확인하는 경우에는 타임존의 변환이 필요하다. 두 테이블에서 관리되는 타임존 정보는 MySQL의 버전에 따라 조금 차이가 있는데, MySQL 5.1.7 또는 그 이상의 버전에서는 각 시간 정보가 다음과 같은 타임존으로 표시된다.

칼럼명	mysql.event	INFORMATION_SCHEMA.EVENTS	SHOW EVENTS
EXECUTE_AT	UTC	ETZ	ETZ
STARTS	UTC	ETZ	ETZ
ENDS	UTC	ETZ	ETZ
LAST_EXECUTED	UTC	ETZ	표시 안 됨
CREATED	STZ	STZ	표시 안 됨
LAST_ALTERED (MODIFIED)	STZ	STZ	표시 안 됨

하지만 MySQL 5.1.7 이전의 버전까지는 다음과 같은 타임존으로 표시되기 때문에 이벤트의 시간 정보를 조회할 때는 주의해야 한다.

칼럼명	mysql.event	INFORMATION_SCHEMA.EVENTS	SHOW EVENTS
EXECUTE_AT	UTC	UTC	UTC
STARTS	UTC	UTC	UTC
ENDS	UTC	UTC	UTC
LAST_EXECUTED	UTC	UTC	표시 안 됨
CREATED	STZ	STZ	표시 안 됨
LAST_ALTERED (MODIFIED)	STZ	STZ	표시 안 됨

여기서 UTC는 세계 표준 협정 시를 기준하는 "+00:00"의 표준 타임존 이름이다. 그리고 ETZ(Event time zone)와 STZ(Session time zone)는 타임존의 이름이 아니라, 그냥 MySQL에서 축약어로 부르는 이름에 불과하다. STZ는 MySQL 커넥션의 세션 타임존을 의미하며, ETZ는 이벤트 타임존을 의미하는데, 이벤트 타임존은 해당 이벤트를 생성(CREATE EVENT …) 또는 변경(ALTER EVENT …)하는 SQL 문장을 실행했던 커넥션의 타임존을 의미하며, 커넥션 세션 타임존은 현재 커넥션(내용을 조회하는 커넥션)의 타임존을 의미한다. 현재 커넥션의 타임존은 "show global variables like 'time_zone';" 명령으로 확인할 수 있다. 결과 값이 SYSTEM이라고 표시되는 경우에는 time_zone 변수의 값이 system_time_zone과 동일하다는 것을 의미한다. 타임존에 관련된 자세한 내용은 15.3.2절, "타임존 등록 및 사용"(897쪽)을 참고하길 바란다.

결국 mysql.event 테이블이나 INFORMATION_SCHEMA.EVENTS 테이블을 특정 타임존(예를 들어, 한국 시간으로)으로 확인하려면 다음과 같이 버전에 맞게 타임존을 변경해서 쿼리를 조회해야 한다.

MySQL 5.1.7 이상의 버전

```
SELECT
    db, name, interval_value, interval_field, status, on_completion, time_zone,
    CONVERT_TZ(execute_at,'+00:00','+09:00') AS execute_at,
    CONVERT_TZ(starts,'+00:00','+09:00') AS starts,
    CONVERT_TZ(ends,'+00:00','+09:00') AS ends,
    CONVERT_TZ(last_executed,'+00:00','+09:00') AS last_executed,
    created, modified
FROM mysql.event;

SELECT
    event_schema, event_name, interval_value, interval_field, status, on_completion, time_zone, execute_at, starts, ends, last_executed, created, last_altered
FROM information_schema.events;
```

MySQL 5.1.7 이전의 버전

```
SELECT
    db, name, interval_value, interval_field, status, on_completion, time_zone,
    CONVERT_TZ(execute_at,'+00:00','+09:00') AS execute_at,
    CONVERT_TZ(starts,'+00:00','+09:00') AS starts,
    CONVERT_TZ(ends,'+00:00','+09:00') AS ends,
    CONVERT_TZ(last_executed,'+00:00','+09:00') AS last_executed,
```

```
  created, modified
FROM mysql.event;

SELECT
  event_schema, event_name, interval_value, interval_field, status, on_completion, time_
zone,
  CONVERT_TZ(execute_at,'+00:00','+09:00') AS execute_at,
  CONVERT_TZ(starts,'+00:00','+09:00') AS starts,
  CONVERT_TZ(ends,'+00:00','+09:00') AS ends,
  CONVERT_TZ(last_executed,'+00:00','+09:00') AS last_executed,
  created, last_altered
FROM information_schema.events;
```

11.2.6 스토어드 프로그램 본문(Body) 작성

지금까지 각 스토어드 프로그램을 생성하는 방법과 실행하는 방법을 살펴봤다. 위에서 언급한 네 가지 스토어드 프로그램은 생성하고 실행하는 방법에 조금씩 차이가 있지만 각 스토어드 프로그램으로 처리 하려는 내용을 작성하는 본문부(BEGIN … END 블록)는 모두 똑같은 문법을 사용한다. 이제부터는 모든 스토어드 프로그램이 본문에서 공통적으로 사용할 수 있는 제어문을 살펴보자.

BEGIN ... END 블록과 트랜잭션

스토어드 프로그램의 본문(Body)은 BEGIN으로 시작해서 END로 끝나며, 하나의 BEGIN … END 블록은 또 다른 여러 개의 BEGIN … END 블록을 중첩해서 포함할 수 있다.

BEGIN … END 블록 내에서 주의해야 할 것은 트랜잭션 처리다. MySQL에서 트랜잭션을 시작하는 명령으로는 다음 두 가지가 있다.

- BEGIN
- START TRANSACTION

하지만 BEGIN … END 블록 내에서 사용된 "BEGIN" 명령은 모두 트랜잭션의 시작이 아니라 BEGIN … END 블록의 시작 키워드인 BEGIN으로 해석한다. 결국 스토어드 프로그램의 본문에서 트랜잭션을 시 작할 때는 START TRANSACTION 명령을 사용해야 한다. 물론 트랜잭션을 종료할 때는 COMMIT 또는 ROLLBACK 명령을 똑같이 사용하면 된다. 그리고 스토어드 프로시저나 이벤트의 본문에서만 트랜잭션 을 사용할 수 있으며, 스토어드 함수나 트리거에서는 트랜잭션을 사용할 수 없다는 점에 주의하자.

SQL 표준에서는 BEGIN … END 블록을 다음과 같은 두 가지 방식으로 정의할 수 있다.

- BEGIN ATOMIC
- BEGIN NOT ATOMIC

BEGIN ATOMIC으로 시작하는 BEGIN … END 블록은 그 블록 자체가 하나의 트랜잭션 단위로 처리되도록 정의하는 것이다. 더 정확히는 BEGIN ATOMIC으로 시작된 블록은 그 자체가 하나의 SAVE-POINT로 처리된다. 하지만 BEGIN NOT ATOMIC으로 정의된 BEGIN … END 블록은 별도의 트랜잭션으로 해석되지 않고 단순히 명령을 하나의 집합으로 묶어주는 블록 역할만 한다.

MySQL의 스토어드 프로그램에서는 BEGIN ATOMIC이나 BEGIN NOT ATOMIC 키워드를 사용할 수 없으며, 모든 BEGIN … END 블록은 BEGIN NOT ATOMIC과 같은 성격으로, 별도의 트랜잭션 단위를 의미하지 않는다.

다음 예제는 스토어드 프로시저와 이벤트의 BEGIN … END 블록 내에서 트랜잭션을 시작하고 종료하는 방법을 보여준다.

```
CREATE PROCEDURE sp_hello ( IN name VARCHAR(50) )
BEGIN
  START TRANSACTION;
    INSERT INTO tb_hello VALUES (name, CONCAT('Hello ',name));
  COMMIT;
END ;;
```

위 예제의 프로시저는 실행되면서 tb_hello 테이블에 레코드를 INSERT하고 즉시 COMMIT을 실행해서 트랜잭션을 완료한다. 이와 같이 스토어드 프로시저 내부에서 트랜잭션을 완료하면 이 스토어드 프로시저를 호출한 애플리케이션이나 SQL 클라이언트 도구에서는 트랜잭션을 조절할 수가 없게 된다. 그래서 스토어드 프로시저 내부에서 트랜잭션을 완료할지 아니면 프로시저를 호출하는 애플리케이션이나 SQL 클라이언트 도구에서 트랜잭션을 완료할지를 명확히 해야 한다.

프로시저 내부에서 트랜잭션 완료

위의 예제에서와 같이 프로시저 내부에서 COMMIT이나 ROLLBACK 명령으로 트랜잭션을 완료하면 스토어드 프로시저 외부에서 COMMIT이나 ROLLBACK을 실행해도 아무런 의미가 없다.

프로시저 외부에서 트랜잭션 완료

프로시저 외부에서 트랜잭션을 완료하는 작업은 조금 더 상세하게 테스트해보자. 우선 위의 예제를 조금 수정해서 트랜잭션을 프로시저 외부에서 조절하도록 만들어 보자.

```
CREATE TABLE tb_hello (name VARCHAR(100), message VARCHAR(100)) ENGINE=InnoDB;
CREATE PROCEDURE sp_hello ( IN name VARCHAR(50) )
BEGIN
  INSERT INTO tb_hello VALUES (name, CONCAT('Hello ',name));
END ;;
```

위와 같이 프로시저를 생성하고, 이 프로시저를 호출하는 애플리케이션이나 SQL 클라이언트 도구에서
트랜잭션을 다음과 같이 실행한 뒤 tb_hello 테이블의 레코드를 확인해 보자. 아래의 프로시저 호출은
프로시저의 본문 내에서 실행되는 것이 아니므로 BEGIN TRANSACTION 대신 BEGIN으로 트랜잭
션을 시작해도 무방하다.

```
mysql> START TRANSACTION;
mysql> CALL sp_hello ('First');
mysql> COMMIT;
mysql> SELECT * FROM tb_hello;
+-------+-------------+
| name  | message     |
+-------+-------------+
| First | Hello First |
+-------+-------------+

mysql> START TRANSACTION;
mysql> CALL sp_hello ('Second');
mysql> ROLLBACK;
mysql> SELECT * FROM tb_hello;
+-------+-------------+
| name  | message     |
+-------+-------------+
| First | Hello First |
+-------+-------------+
```

첫 번째 트랜잭션의 결과로 프로시저에서 INSERT한 레코드가 저장되지만 두 번째 트랜잭션에서
INSERT한 결과는 저장되지 않았다. 만약 별도로 트랜잭션을 시작하지 않고 AutoCommit 모드에서
프로시저를 호출한다면 프로시저 내부의 각 SQL 문장이 실행되면서 커밋될 것이다. 당연한 예제지만
많은 사용자가 스토어드 프로시저의 트랜잭션 처리는 거의 고려하지 않고 사용하고 있다. 하지만 스토
어드 프로시저 내부에서 트랜잭션을 완료할지 또는 프로시저를 호출하는 클라이언트에서 확인 과정을
거친 후에 커밋이나 롤백할지는 중요한 문제이므로 주의해야 한다.

스토어드 함수와 트리거는 본문 내에서 트랜잭션을 커밋하거나 롤백할 수 없으므로 위의 두 가지 방식 중에서 "프로시저 외부에서 트랜잭션 완료"와 똑같은 형태로만 처리된다.

변수

스토어드 프로그램의 BEGIN … END 블록 사이에서 사용하는 변수는 사용자 변수와는 다르므로 혼동하지 않도록 주의하자. 여기서 언급하는 변수는 스토어드 프로그램의 BEGIN … END 블록 내에서만 사용할 수 있다. 혼동을 피하기 위해 스토어드 프로그램의 BEGIN … END에서 사용하는 변수를 스토어드 프로그램 로컬 변수 또는 줄여서 로컬 변수라고 표현하겠다.

> **주의** 9장, "사용자 정의 변수"에서 언급한 사용자 변수(세션 변수)도 스토어드 프로그램의 BEGIN … END 블록에서 사용할 수 있다. 스토어드 프로그램에서 사용자 변수와 로컬 변수는 거의 혼용해서 제한없이 사용할 수 있다. 하지만 프리페어 스테이트먼트를 사용하려면 반드시 사용자 변수를 사용해야 한다.
>
> 로컬 변수와 사용자 변수는 영향을 미치는 범위가 다르다. 사용자 변수는 현재 커넥션에서는 스토어드 프로그램 내부나 외부 어디서든 사용할 수 있다. 하지만 로컬 변수는 스토어드 프로그램 내부에서만 정의되고 사용한다. 사용자 변수는 적절히 용도에 맞게 사용하면 스토어드 프로그램의 내부와 외부 간의 데이터 전달 용도로도 사용할 수 있다. 하지만 스토어드 프로그램에서 사용자 변수를 너무 남용하면 다른 스토어드 프로그램이나 쿼리에 악영향을 미칠 수도 있다. 또한 사용자 변수보다 로컬 변수가 빠르게 처리되므로 스토어드 프로그램의 내부에서는 가능한 한 사용자 변수 대신 로컬 변수를 사용하는 편이 좋다.

로컬 변수는 DECLARE 명령으로 정의되고 반드시 타입이 함께 명시돼야 한다. 로컬 변수에 값을 할당하는 방법은 SET 명령 또는 SELECT .. INTO .. 문장으로 가능하다. 로컬 변수는 현재 스토어드 프로그램의 BEGIN … END 블록 내에서만 유효하며, 사용자 변수보다는 빠르며 다른 쿼리나 스토어드 프로그램과의 간섭을 발생시키지 않는다. 또한 로컬 변수는 반드시 타입과 함께 정의되기 때문에 컴파일러 수준에서 타입 오류를 체크할 수 있다.

DECLARE

스토어드 프로그램의 로컬 변수를 정의하려면 DECLARE 명령을 사용해야 하며, 동시에 초기 디폴트 값을 설정할 수도 있다. 디폴트 값을 명시하지 않으면 NULL로 초기화된다. 스토어드 프로그램의 변수 정의에서는 반드시 타입도 함께 명시한다.

```
DECLARE v_name VARCHAR(50) DEFAULT 'Lee';
```

SET

SET 명령은 DECLARE로 정의한 변수에 값을 저장하는 할당 명령이다. 하나의 SET 명령으로 여러 개의 로컬 변수에 값을 할당할 수도 있다.

```
SET v_name = 'Kim', v_email = 'kim@email.com';
```

SELECT ... INTO

SELECT한 칼럼 값을 로컬 변수에 할당하는 명령으로, 이때 SELECT 명령은 반드시 1개의 레코드를 반환하는 SQL이어야 한다. 만약 SELECT한 레코드가 한 건도 없거나 2건 이상인 경우에는 "No Data"(에러 코드 1392) 또는 "Result consisted of more than one row"(에러 코드 1172)와 같은 에러가 발생한다. 정확히 1건의 레코드가 보장되지 않는 쿼리에서는 밑에서 설명할 커서를 사용하거나, 또는 SELECT 쿼리에 LIMIT 1과 같은 조건을 추가해서 사용하는 것이 좋다.

```
SELECT emp_no, first_name, last_name INTO v_empno, v_firstname, v_lastname
FROM employees WHERE emp_no=10001
LIMIT 1;
```

스토어드 프로그램의 BEGIN ... END 블록에서는 스토어드 프로그램의 입력 파라미터와 DECLARE에 의해 생성된 로컬 변수 그리고 테이블의 칼럼명 모두 같은 이름을 가질 수 있다. 세 가지 변수가 모두 똑같은 이름을 가질 때는 다음과 같은 우선순위를 지닌다.

1. DECLARE로 정의한 로컬 변수
2. 스토어드 프로그램의 입력 파라미터
3. 테이블의 칼럼

다음 예제를 한번 살펴보자. 이 예제에서 first_name은 프로시저의 입력 파라미터의 이름으로도 사용됐고, 내부에서 정의(DECLARE)된 로컬 변수 명으로도 사용됐으며, 또한 이미 employees 테이블의 칼럼 명으로도 사용되고 있다.

```
CREATE PROCEDURE sp_hello ( IN first_name VARCHAR(50) )
BEGIN
  DECLARE first_name VARCHAR(50) DEFAULT 'Kim';
  SELECT CONCAT('Hello ', first_name) FROM employees LIMIT 1;
END ;;
```

이 스토어드 프로시저를 "Lee"라는 입력 파라미터로 실행해보자.

```
mysql> CALL sp_hello('Lee');;
+-----------------------------+
| Hello Kim                   |
+-----------------------------+
```

이 프로시저가 실행될 때 각 변수는 똑같이 first_name이라는 이름으로 정의되지만 다음과 같은 값을 각각 가진다.

- 테이블의 first_name 칼럼 ➜ "Georgi"
- 스토어드 프로그램의 first_name 입력 파라미터 ➜ "Lee"
- first_name 로컬 변수 ➜ "Kim"

각 변수의 우선순위에 의해 이 스토어드 프로시저의 호출 결과는 "Kim"이 된 것이다.

스토어드 프로그램이 복잡해지면 각 변수가 어떤 변수인지 혼동스러워질 때가 많다. 다음 예제와 같이 스토어드 프로그램에서 프로시저 입력 파라미터(p_)와 DECLARE로 정의되는 로컬 변수(v_)의 구분을 명확히 해주기 위해 변수의 프리픽스(Prefix)를 사용하는 것도 좋은 방법이다.

```
CREATE
PROCEDURE sp_hello ( IN p_first_name VARCHAR(50) )
BEGIN
  DECLARE v_first_name VARCHAR(50) DEFAULT 'Kim';
  SELECT CONCAT('Hello ', first_name) FROM employees LIMIT 1;
END ;;
```

중첩된 BEGIN ... END 블록은 각각 똑같은 이름의 로컬 변수를 정의할 수 있다. 이때 외부 블록에서는 내부 블록에 정의된 로컬 변수를 참조할 수 없다. 반대로 내부 블록에서 외부 블록의 로컬 변수를 참조할 때는 가장 가까운 외부 블록에 정의된 로컬 변수를 참조한다. 이는 일반적인 프로그래밍 언어의 변수 적용 범위(Scope)와 동일한 방식이라서 쉽게 익숙해질 것이다.

제어문

스토어드 프로그램에서는 SQL문과 달리 조건 비교 및 반복과 같은 절차적인 처리를 위해 여러 가지 제어 문장을 이용할 수 있다. 대부분의 프로그래밍 언어와 거의 흡사한 기능이므로 자주 사용되는 문장 위주로 간단히 살펴보자. 여기서 소개하는 제어문은 스토어드 프로그램의 BEGIN … END 블록 내부에서만 사용할 수 있다.

IF … ELSEIF … ELSE … END IF

IF 제어문은 일반적인 프로그램 언어의 포맷과 동일하기 때문에 별도의 설명 없이 간단한 예제만 살펴보겠다. 다음 예제는 2개의 정수 값을 입력받아 둘 중에서 큰 값을 반환하는 sf_greatest라는 함수다.

```
DELIMITER ;;

CREATE FUNCTION sf_greatest(p_value1 INT, p_value2 INT)
  RETURNS INT
BEGIN
  IF p_value1 IS NULL THEN
    RETURN p_value2;
  ELSEIF p_value2 IS NULL THEN
    RETURN p_value1;
  ELSEIF p_value1 >= p_value2 THEN
    RETURN p_value1;
  ELSE
    RETURN p_value2;
  END IF;
END;;
```

IF 문장은 "END IF" 키워드로 IF 블록을 종료해야 하며, 반드시 END IF 뒤에는 문장의 종료 표시(;)가 필요하다. 위의 예제는 스토어드 함수이므로 "SELECT sf_greatest(1, NULL);"과 같이 SQL 문장 내에서 스토어드 함수를 사용하는 형태로 테스트해 볼 수 있다.

CASE WHEN … THEN … ELSE … END CASE

CASE WHEN 또한 프로그램 언어의 SWITCH와 비슷한 형태의 제어문이지만 두 가지 형태로 사용할 수 있다. 첫 번째 형식은 동등 비교에서만 사용할 수 있기 때문에 두 번째 형태만 기억해도 된다.

```
CASE 변수
    WHEN 비교대상값1 THEN 처리내용1
    WHEN 비교대상값2 THEN 처리내용2
    ELSE 처리내용3
END CASE;

CASE
    WHEN 비교조건식1 THEN 처리내용1
    WHEN 비교조건식2 THEN 처리내용2
    ELSE 처리내용3
END CASE;
```

CASE WHEN 문법을 이용해 위의 IF ~ END IF 예제 프로그램을 다시 작성해보자.

```
DELIMITER ;;

CREATE FUNCTION sf_greatest1 (p_value1 INT, p_value2 INT)
  RETURNS INT
BEGIN
  CASE
    WHEN p_value1 IS NULL THEN
      RETURN p_value2;
    WHEN p_value2 IS NULL THEN
      RETURN p_value1;
    WHEN p_value1 >= p_value2 THEN
      RETURN p_value1;
    ELSE
      RETURN p_value2;
  END CASE;
END;;
```

IF 구문과 같이 CASE WHEN 구문도 END CASE로 종료하며, 마지막에 문장 종료 표시(;)가 필요하다. 프로그램 언어의 SWITCH와는 달리 각 WHEN .. THEN 절에서 별도의 BREAK와 같은 멈춤 명령은 필요하지 않다.

반복 루프

반복 루프 처리를 위해서는 LOOP와 REPEAT 그리고 WHILE 구문을 사용할 수 있다. LOOP 문은 별도의 반복 조건을 명시하지 못하는 반면 REPEAT와 WHILE은 반복 조건을 명시할 수 있다. LOOP 구문에서 반복 루프를 벗어나려면 LEAVE 명령을 사용하면 된다. 그리고 REPEAT 문은 먼저 본문을 처리하고 그 다음 반복 조건을 체크하지만 WHILE은 그 반대로 실행된다는 점이 다르다.

다음 예제는 팩토리얼 값을 구하기 위해 LOOP 문을 사용하는 스토어드 함수다. LOOP 문장 자체는 반복 비교 조건이 없고 무한 루프를 실행한다는 점에 주의해야 한다. 그래서 LOOP 문 내부의 IF ~ END IF와 같은 비교를 이용해 LOOP를 언제 벗어날지 판단해야 한다. 만약 LOOP를 벗어나고자 할 때는 LEAVE 명령을 사용하는데, LEAVE 명령어 다음에는 벗어나고자 하는 LOOP의 이름(레이블)을 입력한다. 예제에서는 LOOP의 시작 부분에서 LOOP의 이름을 factorial_loop로 이름을 주었으므로 LEAVE factorial_loop 명령으로 반복 루프를 벗어날 수 있다.

```
DELIMITER ;;

CREATE FUNCTION sf_factorial1 (p_max INT)
  RETURNS INT
BEGIN
  DECLARE v_factorial INT DEFAULT 1;

  factorial_loop : LOOP
    SET v_factorial = v_factorial * p_max;
```

```
        SET p_max = p_max - 1;
      IF p_max<=1 THEN
        LEAVE factorial_loop;
      END IF;
    END LOOP;

    RETURN v_factorial;
END;;
```

이제 똑같이 팩토리얼 값을 구하는 기능을 REPEAT 구문으로 한번 작성해 보자. REPEAT 반복문은 일단 반복 처리 내용을 실행한 다음, 반복 처리를 더 실행할지 멈출지를 판단므로 REPEAT 반복문(SET v_sum = v_sum + p_max; SET p_max = p_max − 1;)은 최소한 한 번은 실행된다. 이렇게 반복문의 내용이 먼저 실행된 후 UNTIL의 조건 식을 비교해 값이 FALSE인 동안은 루프를 반복 실행한다. 그리고 UNTIL의 표현식이 TRUE가 되는 순간 반복 루프를 벗어나는 것이다.

```
DELIMITER ;;

CREATE FUNCTION sf_factorial2 (p_max INT)
  RETURNS INT
BEGIN
  DECLARE v_factorial INT DEFAULT 1;

  REPEAT
    SET v_factorial = v_factorial * p_max;
    SET p_max = p_max - 1;
  UNTIL p_max<=1
  END REPEAT;

  RETURN v_factorial;
END;;
```

WHILE 구문으로 이 함수를 다시 작성해 보자. REPEAT 조건 식과는 반대로 WHILE은 반복 루프의 조건 식이 TRUE인 동안 반복해서 실행한다. 또한 WHILE의 경우 반복 루프의 내용보다 조건 비교를 먼저 실행하므로 처음부터 조건이 FALSE일 때는 반복 루프의 내용이 한 번도 실행되지 않는다.

```
DELIMITER ;;

CREATE FUNCTION sf_factorial3 (p_max INT)
  RETURNS INT
BEGIN
  DECLARE v_factorial INT DEFAULT 1;

  WHILE p_max>1 DO
```

```
        SET v_factorial = v_factorial * p_max;
        SET p_max = p_max - 1;
    END WHILE;

    RETURN v_factorial;
END;;
```

핸들러(HANDLER)와 컨디션(CONDITION)을 이용한 에러 핸들링

어느 정도 스토어드 프로그램을 작성해 봤지만 핸들러나 컨디션에 대해서는 잘 모르거나 관심이 없는 사용자가 많다. 하지만 안정적이고 견고한 스토어드 프로그램을 작성하려면 반드시 핸들러를 이용해 예외를 처리해야 한다. 핸들러를 정의하지 않고 작성한 스토어드 프로그램은 try ~ catch 없이 작성한 자바 프로그램과 같다고 볼 수 있다.

MySQL 매뉴얼에서도 "예외 핸들러"라고 표현하지 않는 이유는 핸들러는 예외 상황뿐 아니라 거의 모든 SQL 문장의 처리 상태에 대해 핸들러를 등록할 수 있기 때문이다. 핸들러는 이미 정의한 컨디션 또는 사용자가 정의한 컨디션을 어떻게 처리(핸들링)할지 정의하는 기능이다. 컨디션은 SQL 문장의 처리 상태에 대해 별명을 붙이는 것과 같은 역할을 수행한다. 컨디션은 꼭 필요한 것은 아니고 좀 더 스토어드 프로그램의 가독성을 높이는 요소로 생각할 수 있다. 우선 핸들러에 대해 살펴보고 그 이후 잠깐 컨디션을 살펴보겠다.

핸들러를 이해하려면 MySQL에서 사용하는 SQLSTATE와 에러 번호(Error No)의 의미와 관계를 알고 있어야 한다. 우선 간단하게 SQLSTATE와 에러 번호를 살펴보겠다.

SQLSTATE와 에러 번호(Error No)

PHP나 JDBC로 MySQL 데이터베이스를 이용하는 프로그램을 개발하다 보면 ErrorNo와 SqlState라는 용어를 자주 접하게 된다. 그런데 "에러 번호 하나만 있으면 될 텐데, 왜 혼동스럽게 에러 번호(ErrorNo)와 SQL 상태(SqlState)라는 두 개의 값이 필요할까?"라는 의문이 들 것이다. 간단하게 ErrorNo와 SqlState의 차이점과 대표적인 ErrorNo와 SqlState 값을 한번 살펴보자.

```
mysql> SELECT * FROM not_found_table;
ERROR 1146 (42S02): Table 'test.not_found_table' doesn't exist
```

위 예제에서 볼 수 있듯이 MySQL 클라이언트 프로그램을 이용해 쿼리를 실행하면 에러나 경고가 발생했을 때 "ERROR ERROR-NO (SQL-STATE): ERROR-MESSAGE" 같은 형태의 메시지를 확인할 수 있다. 각 부분의 출력 값의 의미는 다음과 같다.

- **ERROR-NO**

  4자리 (현재까지는) 숫자 값으로 구성된 에러 코드로, MySQL에서만 유효한 에러 식별 번호다. 즉, 1146이라는 에러 코드 값은 MySQL에서는 "테이블이 존재하지 않는다"라는 것을 의미하는데, 다른 DBMS와 호환되는 에러 코드는 아니다.

- **SQL-STATE**

  다섯 글자의 알파벳과 숫자(Alpha-Numeric)로 구성되며, 에러뿐 아니라 여러 가지 상태를 의미하는 코드다. 이 값은 DBMS 종류가 다르다 하더라도 ANSI SQL 표준을 준수하는 DBMS(ODBC, JDBC 포함)에서는 모두 똑같은 값과 의미를 가진다. 즉, 이 값은 표준 값이라서 DBMS 벤더에 의존적이지 않다. 대부분의 MySQL 에러 번호(ErrorNo)는 특정 SqlState 값과 매핑돼 있으며, 매핑되지 않는 ErrorNo는 SqlState 값이 "HY000"(General error)으로 설정된다. SqlState 값의 앞 2글자는 다음과 같은 의미를 가지고 있다.

  - "00" 정상 처리됨(에러 아님)
  - "01" 경고 메시지(Warning)
  - "02" Not found (SELECT나 Cursor에서 결과가 없는 경우에만 사용됨)
  - 그 이외의 값은 각자의 에러 케이스를 의미한다.

- **ERROR-MESSAGE**

  포맷팅된 텍스트 문장으로, 사람이 읽을 수 있는 형태의 에러 메시지다. 이 정보 또한 DBMS 벤더별로 내용이나 구조가 다르다.

MySQL의 에러 번호와 SQLSTATE 그리고 에러 메시지의 전체 목록은 MySQL 매뉴얼(http://dev.mysql.com/doc/refman/5.1/en/error-messages-server.html)에서 확인할 수 있다. 우선 MySQL의 대표적인 SQLSTATE와 에러 번호 몇 가지를 살펴보자.

ERROR NO	SQL STATE	ERROR NAME	설명
1242	21000	ER_SUBQUERY_NO_1_ROW	레코드를 1건만 반환해야 하는 서브 쿼리에서 1건 이상의 레코드를 반환할 때
1406	22001	ER_DATA_TOO_LONG	칼럼에 지정된 크기보다 큰 값이 저장되면 발생하는 에러(sql_mode 시스템 변수가 "STRICT_ALL_TABLES"로 설정된 경우에만 발생)
1022	23000	ER_DUP_KEY ❶	프라이머리 키 또는 유니크 키 중복 에러 (NDB 클러스터)
1062	23000	ER_DUP_ENTRY ❶	프라이머리 키 또는 유니크 키 중복 에러 (InnoDB, MyISAM)
1169	23000	ER_DUP_UNIQUE ❶	유니크 키 중복 에러(NDB클러스터)
1061	42000	ER_DUP_KEYNAME	테이블 생성이나 변경에서 중복된 이름의 인덱스가 발생할 때

1149	42000	ER_SYNTAX_ERROR	SQL 명령의 문법 에러
1166	42000	ER_WRONG_COLUMN_NAME	SQL 명령의 문법 에러(특히 칼럼명에 대해)
1172	42000	ER_TOO_MANY_ROWS	스토어드 프로그램의 SELECT .. INTO .. 문장에서 2개 이상의 레코드를 반환할 때
1203	42000	ER_TOO_MANY_USER_CONNECTIONS	접속된 커넥션이 max_connections 시스템 변수의 값보다 클 때
1235	42000	ER_NOT_SUPPORTED_YET	현재 MySQL 버전에서 지원되지 않는 기능을 사용할 때(문법적 오류는 없지만)
1064	42000	ER_PARSE_ERROR	SQL 명령의 문법 오류
1265	01000	WARN_DATA_TRUNCATED	sql_mode 시스템 변수에 "STRICT_ALL_TABLES"가 설정되지 않은 경우 칼럼의 지정된 크기보다 큰 값을 저장하는 경우에 발생하는 경고. 이때는 특별히 에러가 발생하지 경고 메시지만 반환하면서 정상 처리됨
1152	08S01	ER_ABORTING_CONNECTION	MySQL이나 네트워크의 문제로 커넥션이 비정상적으로 끊어졌을 때
1058	21S01	ER_WRONG_VALUE_COUNT	칼럼의 개수와 값의 개수가 일치하지 않을 때
1050	42S01	ER_TABLE_EXISTS_ERROR	이미 동일한 이름의 테이블이 존재할 때
1051	42S02	ER_BAD_TABLE_ERROR	테이블이 없을 때(DROP 명령문)
1146	42S02	ER_NO_SUCH_TABLE	테이블이 없을 때(INSERT, UPDATE, DELETE 등의 명령문)
1109	42S02	ER_UNKNOWN_TABLE	테이블이 없을 때(잘못된 mysqldump 명령문에서 주로 발생)
1060	42S21	ER_DUP_FIELDNAME	테이블 생성이나 변경에서 중복된 칼럼이 발생할 때
1028	HY000	ER_FILSORT_ABORT	정렬 작업이 실패함(메모리 부족이나 사용자 취소에 의해)
1205	HY000	ER_LOCK_WAIT_TIMEOUT	InnoDB에서 레코드 잠금 대기가 제한 시간(lock_wait_timeout 시스템 변수)을 초과했을 때

위 표에서 에러 메시지는 똑같은데 에러 번호(Error No)가 다른 사항을 눈여겨봐야 한다. 이는 똑같은 원인의 에러라 하더라도 MySQL 서버의 스토리지 엔진별로 혹은, SQL 문장의 종류별로 다른 에러 번

호를 가질 수 있기 때문이다. 위 표의 세 번째와 네 번째, 그리고 다섯 번째와 같이 에러의 원인은 똑같지만 에러 번호가 서로 다른 케이스를 눈여겨봐야 한다. ❶

스토어드 프로그램에서 핸들러를 정의할 때 에러 번호로 핸들러를 정의할 수도 있다. 이때 똑같은 원인에 대해 여러 개의 에러 번호를 가지는 경우, 에러 번호 중 하나라도 빠뜨리면 제대로 에러 핸들링을 못할 수도 있다. 이러한 문제를 해결할 수 있는 방법은 핸들러를 에러 번호로 정의하는 것이 아니라 SQL_STATE로 정의하는 것이다. 위의 중복 키 에러의 에러 번호는 1022, 1062, 1069로 3개가 존재하지만 이 세 개의 에러 모두 똑같이 SQL_STATE 값이 23000으로 매핑됐다. 이뿐만 아니라 다른 에러도 이렇게 중복된 에러 번호를 지닌 것들이 많기 때문에 에러 번호보다는 SQLSTATE를 핸들러에 사용하는 것이 좋다.

핸들러

스토어드 프로그램 또한 다른 프로그래밍 언어와 같이 여러 가지 에러나 예외 상황에 대한 핸들링이 필수적이다. 여기서는 MySQL 스토어드 프로그램에서의 핸들러 처리 중에서도 예외에 대한 핸들러를 정의하고 그 핸들러가 어떻게 작동하는지를 살펴보고자 한다. MySQL의 스토어드 프로그램에서는 DECLARE … HANDLER 구문을 이용해 예외를 핸들링한다. HANDLER를 정의하는 구문의 문법을 살펴보자.

```
DECLARE handler_type HANDLER
    FOR condition_value [, condition_value] ...
    handler_statements
```

핸들러 타입(Handler type)이 CONTINUE로 정의되면 handler_statements를 실행하고 스토어드 프로그램의 마지막 실행 지점으로 다시 돌아가서 나머지 코드를 처리한다. 만약 핸들러 타입이 EXIT로 정의됐다면 정의된 handler_statements를 실행한 뒤에 이 핸들러가 정의된 BEGIN … END 블록을 벗어난다. 만약 현재 핸들러가 최상위 BEGIN … END 블록에 정의됐다면 현재 스토어드 프로그램을 벗어나서 종료된다. 만약 스토어드 함수에서 EXIT 핸들러가 정의된다면 이 핸들러의 handler_statements 부분에서는 반드시 함수의 반환 타입에 맞는 적절한 값을 반환하는 코드가 포함돼 있어야 한다.

핸들러 정의 문장의 컨디션 값(Condition value)에는 다음과 같은 여러 가지 형태의 값이 사용될 수 있다.

- SQLSTATE sqlstate_value를 사용하면 스토어드 프로그램이 실행되는 도중 어떤 이벤트가 발생했을 때 해당 이벤트의 SQLSTATE 값이 일치할 때 실행되는 핸들러를 정의할 때 사용한다.
- SQLWARNING 키워드는 스토어드 프로그램에서 코드를 실행하던 중 경고(SQL Warning)가 발생했을 때 실행되는 핸들러를 정의할 때 사용한다. SQLWARNING 키워드는 SQLSTATE 값이 "01"로 시작하는 이벤트를 의미한다.
- NOT FOUND 키워드는 SELECT 쿼리 문의 결과 건수가 1건도 없거나, CURSOR의 레코드를 마지막까지 읽은 뒤에 실행하는 핸들러를 정의할 때 사용한다. NOT FOUND 키워드는 SQLSTATE 값이 "02"로 시작하는 이벤트를 의미한다.
- SQLEXCEPTION은 경고(SQL Warning)와 NOT FOUND 그리고 "00"(정상 처리)으로 시작하는 SQLSTATE 이외의 모든 케이스를 의미하는 키워드다.
- MySQL의 에러 코드 값을 직접 명시할 때도 있다. 코드 실행 중 어떤 이벤트가 발생했을 때 SQLSTATE 값이 아닌 MySQL의 에러 번호값을 비교해서 실행되는 핸들러를 정의할 때 사용된다.

사용자 정의 CONDITION을 생성하고 그 CONDITION의 이름을 명시할 수도 있는데, 이때는 스토어드 프로그램에서 발생한 이벤트가 정의된 컨디션과 일치하면 핸들러의 처리 내용이 수행된다. condition_value는 구분자(",")를 이용해 여러 개를 동시에 나열할 수도 있다. 값이 "00000"인 SQLSTATE와 에러 번호 0은 모두 정상적으로 처리됐음을 의미하는 값이라서 condition_value에 사용해서는 안 된다.

handler_statements에는 특정 이벤트가 발생했을 때 그 이벤트에 대한 처리 코드를 정의한다. handler_statements에는 단순히 명령문 하나만 사용할 수도 있으며, BEGIN ... END로 감싸서 여러 명령문이 포함된 블록으로 작성할 수도 있다. 간단한 핸들러 정의 문장을 몇 개 살펴보자.

```
DECLARE CONTINUE HANDLER FOR SQLEXCEPTION SET error_flag=1;
```

위의 핸들러는 SQLEXCEPTION(SQLSTATE가 "00", "01", "02" 이외의 값으로 시작되는 에러)이 발생했을 때 error_flag 로컬 변수의 값을 1로 설정하고, 마지막으로 실행했던 스토어드 프로그램의 코드로 돌아가서 계속 실행(CONTINUE)하게 하는 핸들러다.

```
DECLARE EXIT HANDLER FOR SQLEXCEPTION
  BEGIN
    ROLLBACK;
    SELECT 'Error occurred - terminating';
  END ;;
```

위의 핸들러는 SQLEXCEPTION(SQLSTATE가 "00", "01", "02" 이외의 값으로 시작되는 에러)이 발생했을 때 핸들러의 BEGIN … END 블록으로 감싸진 ROLLBACK과 SELECT 문장을 실행한 후 에러가 발생한 코드가 포함된 BEGIN … END 블록을 벗어나게 된다. 만약 에러가 발생했던 코드가 스토어드 프로그램의 최상위 블록에 있었다면 스토어드 프로그램은 종료된다. 특별히 스토어드 프로시저에서는 위의 예제에서처럼 결과를 읽거나 사용하지 않는 SELECT 쿼리가 실행되면 MySQL 서버는 이 결과를 즉시 클라이언트로 전송한다. 그래서 만약 스토어드 프로그램을 실행하는 도중에 문제가 있었다면 사용자의 화면에 "Error occurred – terminating"이라는 메시지가 출력되는 것이다. 이런 방식은 스토어드 프로시저의 디버깅 용도로도 사용할 수 있지만 스토어드 함수나 트리거 또는 이벤트에서는 이런 결과 셋을 반환하는 기능은 사용할 수 없다.

```
DECLARE CONTINUE HANDLER FOR 1022, 1062
    SELECT 'Duplicate key in index';
```

위의 핸들러는 에러 번호가 1022나 1062인 예외가 발생했을 때 클라이언트로 "Duplicate key in index"라는 메시지를 출력하고, 스토어드 프로그램의 원래 실행 지점으로 돌아가서 계속 나머지 코드를 실행한다. 이 예제 또한 SELECT 쿼리 문장을 이용해 커서를 호출자에게 반환하는 것이라서 스토어드 함수에서만 사용할 수 있다. 스토어드 함수 이외의 스토어드 프로그램에서 "DECLARE CONTINUE HANDLER FOR 1022, 1062"와 같은 핸들러를 사용하지 못한다는 것이 아니라 SELECT로 커서를 반환하는 형태의 명령을 사용하지 못한다는 것을 의미한다.

```
DECLARE CONTINUE HANDLER FOR SQLSTATE '23000'
    SELECT 'Duplicate key in index';
```

위 예제는 SQLSTATE가 "23000"인 이벤트가 발생했을 때 클라이언트로 "Duplicate key in index"라는 결과 셋을 출력하고, 스토어드 프로그램의 원래 실행 지점으로 돌아가서 계속 나머지 코드를 실행한다. MySQL에서 중복 키 오류는 여러 개의 에러 번호를 가지고 있으므로 "HANDLER FOR 1022, 1062"와 같이 여러 개의 에러 번호를 명시하는 핸들러보다는 "HANDLER FOR SQLSTATE '23000'"과 같이 SQLSTATE 값을 명시하는 핸들러를 사용하는 것이 좀 더 견고한 스토어드 프로그램을 만드는 방법일 것이다.

```
DECLARE CONTINUE HANDLER FOR NOT FOUND
    SET process_done=1;
```

위의 핸들러 예제는 SELECT 문을 실행했지만 결과 레코드가 없거나, CURSOR의 결과 셋에서 더는 읽어올 레코드가 남지 않았을 때 process_done 변수 값을 1로 설정하고 스토어드 프로그램의 마지막 실행 지점으로 돌아가서 나머지 코드를 계속 실행한다.

```
DECLARE CONTINUE HANDLER FOR SQLSTATE '02000'
  SET process_done=1;
```

위의 핸들러 예제도 SELECT 문을 실행했지만 결과 레코드가 없거나 CURSOR의 결과 셋에서 더는 읽어올 레코드가 남지 않았을 때 process_done 변수 값을 1로 설정하고 스토어드 프로그램의 마지막 실행 지점으로 돌아가서 계속 나머지 코드를 실행한다. 단, 이 예제에서는 "NOT FOUND"와 같이 MySQL 내부에서 이미 정의된 컨디션이 아니라 SQLSTATE 값을 명시한 것이 다르다. 즉, "02000"은 NOT FOUND를 의미하는 SQLSTATE 값이므로 HANDLER FOR NOT FOUND와 똑같은 효과를 내는 핸들러다.

```
DECLARE CONTINUE HANDLER FOR 1329
  SET process_done=1;
```

위의 핸들러 예제는 SELECT 문을 실행했지만 결과 레코드가 없거나 CURSOR의 결과 셋에서 더는 읽어올 레코드가 남지 않았을 때 process_done 변수 값을 1로 설정하고 스토어드 프로그램의 마지막 실행 지점으로 돌아가서 계속 나머지 코드를 실행한다. MySQL의 에러 번호 1329는 NOT FOUND시에 발생하는 에러 번호이므로 역시 HANDLER FOR NOT FOUND와 똑같은 효과를 내는 핸들러다.

```
DECLARE EXIT HANDLER FOR SQLWARNING, SQLEXCEPTION
  BEGIN
    ROLLBACK;
    SELECT 'Process terminated, Because error';
    SHOW ERRORS;
    SHOW WARNINGS;
  END ;;
```

위의 예제는 SQLWARNING이나 SQLEXCEPTION이 발생하면 지금까지의 데이터 변경을 모두 ROLLBACK하고 스토어드 프로그램의 호출자 화면에 에러와 경고 메시지를 출력한 후 스토어드 프로그램을 종료한다.

컨디션

MySQL의 핸들러는 어떤 조건(이벤트)이 발생했을 때 실행할지를 명시하는 여러 가지 방법이 있는데, 그 중 하나가 컨디션이다. 단순히 MySQL의 에러 번호나 SQLSTATE 숫자값만으로 어떤 조건을 의미하는지 이해하기 어려우므로 스토어드 프로그램의 가독성은 떨어질 것이다. 하지만 각 에러 번호나

SQLSTATE가 어떤 의미인지 예측할 수 있는 이름을 만들어 두면 훨씬 더 쉽게 코드를 이해할 수 있을 것이다. 바로 이러한 조건의 이름을 등록하는 것이 컨디션이다. 지금까지 예제에서 본 SQLWARNING 이나 SQLEXCEPTION 그리고 NOT FOUND 등은 MySQL 서버가 내부적으로 미리 정의해 둔 컨디 션이라고 볼 수도 있다. 간단히 컨디션을 정의하는 방법을 살펴보자.

```
DECLARE condition_name CONDITION FOR condition_value
```

위의 컨디션 정의 문법에서 condition_name은 사용자가 부여하려는 이름을 단순 문자열로 입력하면 되고, condition_value는 다음의 2가지 방법으로 정의할 수 있다.

- condition_value에 MySQL의 에러 번호를 사용할 때는 condition_value에 바로 MySQL의 에러 번호를 입력 하면 된다. CONDITION을 정의할 때는 에러 코드의 값을 여러 개 동시에 명시할 수 없다.
- condition_value에 SQLSTATE를 명시하는 경우에는 SQLSTATE 키워드를 입력하고 그 뒤에 SQLSTATE 값을 입력하면 된다.

다음은 중복 키 에러를 의미하는 CONDITION을 dup_key라는 이름의 컨디션으로 등록하는 예제다.

```
DECLARE dup_key CONDITION FOR 1062;
```

컨디션을 사용하는 핸들러 정의

사용자가 정의한 CONDITION을 스토어드 함수에서 어떻게 사용하는지 예제로 한번 살펴보자. 스토 어드 함수에서는 SELECT 문장을 이용해 메시지를 호출자에게 전달할 수 없으므로 핸들러의 처리 코드 를 조금 변경해서 작성해봤다.

```
DELIMITER ;;

CREATE FUNCTION sf_testfunc()
RETURNS BIGINT
BEGIN
  DECLARE dup_key CONDITION FOR 1062;
  DECLARE EXIT HANDLER FOR dup_key
    BEGIN
      RETURN -1;
    END;

  INSERT INTO tb_test VALUES (1);
  RETURN 1;
END ;;
```

위의 예제에서 사용된 tb_test 테이블은 프라이머리 키인 INT 형 칼럼 1개를 가지며, 이미 1이란 값이 저장돼 있을 때는 −1을 반환한다. tb_test 테이블에 칼럼 값이 1인 레코드가 없으면 1이 반환될 것이다. 스토어드 함수에서 사용되는 EXIT 핸들러의 처리 내용에는 반드시 해당 스토어드 함수가 반환해야 하는 타입의 값을 반환하는 RETURN 문장이 포함돼 있어야 한다.

시그널(SIGNAL)을 이용한 예외 발생(MySQL 5.5 이상)

컨디션이나 핸들러에 대한 부분을 살펴봤는데, 아마도 뭔가 하나 부족하다는 느낌이 남아 있을 것이다. 예외나 에러에 대한 핸들링이 있다면 반대로 예외를 사용자가 직접 발생시킬 수 있는 기능이 있어야 할 것이다. MySQL의 스토어드 프로그램에서 사용자가 직접 예외나 에러를 발생시키려면 시그널 명령을 사용해야 한다. 자바와 같은 객체지향 언어와 비교해 본다면 핸들러는 CATCH 구문에 해당하고, 시그널은 THROW 구문에 해당하는 기능 정도로 볼 수 있다.

하지만 안타깝게도 시그널 구문은 MySQL 5.5 이상의 버전에서만 지원된다. 시그널 구문을 지원하지 않는 MySQL 5.5 미만의 버전에서는 스토어드 프로그램에서 일부러 에러나 예외를 발생시키기 위해 다음 예제 스토어드 프로그램처럼 존재하지 않는 테이블을 SELECT한다거나 존재하지 않는 스토어드 프로그램을 호출하는 형태로 작성해서 사용하고 있었다.

```
DELIMITER ;;

CREATE FUNCTION sf_devide_old_style (p_dividend INT, p_divisor INT)
RETURNS INT
BEGIN
  IF p_divisor IS NULL THEN
    CALL __undef_procedure_divisor_is_null();
  ELSEIF p_divisor=0 THEN
    CALL __undef_procedure_divisor_is_0();
  ELSEIF p_dividend IS NULL THEN
    RETURN 0;
  END IF;

  RETURN FLOOR(p_dividend / p_divisor);
END;;
```

위의 예제에서는 만약 제수가 0이거나 NULL이면 이 스토어드 프로그램의 호출자에게 에러를 전달하기 위해 실제로는 존재하지 않는 프로시저를 호출해 의도적으로 에러를 발생시키는 형태로 구현했다. 이 스토어드 함수에 실제로 NULL이나 0을 두 번째 인자로 주고 실행해 보면 다음 결과와 같이 프로시

저가 존재하지 않는다는 에러 메시지가 나오고 스토어드 프로그램은 종료될 것이다. 기대하는 효과는
얻을 수 있지만 이러한 스토어드 프로그램을 처음 본 개발자는 이 프로시저의 의미를 파악하기 위해 한
참을 고민해야 할 것이다.

```
mysql> SELECT sf_devide_old_style(1, NULL);
ERROR 1305 (42000): PROCEDURE test.__undef_procedure_divisor_is_null does not exist

mysql> SELECT sf_devide_old_style(1, 0);
ERROR 1305 (42000): PROCEDURE test.__undef_procedure_divisor_is_0 does not exist
```

왜 이렇게 뒤늦게서야 구현됐는지 모르겠지만 MySQL 5.5부터는 이러한 문제를 해결하기 위해 시그널
이라는 기능을 제공한다. 스토어드 프로그램의 각 영역에서 SIGNAL 명령을 사용할 수 있는데, 각 위
치별로 SIGNAL의 사용법을 살펴보자.

스토어드 프로그램의 BEGIN … END 블럭에서 SINGAL 사용

DECLARE 구문이 아닌, 스토어드 프로그램의 본문 코드에서 SIGNAL 기능을 사용하는 예제를 살펴
보자. 나누기 연산에서 제수가 0이거나 NULL인지 비교해서 처리했던 예제를 시그널을 사용한 예제로
변환해서 살펴보겠다.

```
DELIMITER ;;

CREATE FUNCTION sf_devide (p_dividend INT, p_divisor INT)
RETURNS INT
BEGIN
  DECLARE null_divisor CONDITION FOR SQLSTATE '45000';

  IF p_divisor IS NULL THEN
    SIGNAL null_divisor SET MESSAGE_TEXT='Divisor can not be null', MYSQL_ERRNO=9999;
  ELSEIF p_divisor=0 THEN
    SIGNAL SQLSTATE '45000' SET MESSAGE_TEXT='Divisor can not be 0', MYSQL_ERRNO=9998;
  ELSEIF p_dividend IS NULL THEN
    SIGNAL SQLSTATE '01000' SET MESSAGE_TEXT='Dividend is null, so regarding dividend as
0', MYSQL_ERRNO=9997;
    RETURN 0;
  END IF;

  RETURN FLOOR(p_dividend / p_divisor);
END;;
```

SIGNAL 명령은 직접 SQLSTATE 값을 가질 수도 있으며, 또한 간접적으로 SQLSTATE를 가지는 컨디션(CONDITION)을 참조해서 에러나 경고를 발생시킬 수도 있다. 중요한 것은 항상 SIGNAL 명령은 SQLSTATE와 직접 또는 간접적으로 연결돼야 한다는 점이다.

- 예제의 첫 번째 SIGNAL 명령은 "null_divisor"라는 컨디션을 참조해서 에러를 발생시키는 예제다. 물론 "null_divisor" 컨디션은 그 이전에 정의돼 있어야 하는데, 이때 "null_divisor" 컨디션은 반드시 SQLSTATE로 정의된 컨디션이어야 한다. MySQL 에러 번호나 기타 SQLEXCEPTION과 같은 키워드로 정의돼서는 안 된다는 점에 주의하자. SIGNAL 명령은 뒤에 나오는 SET 절에는 MySQL의 에러 번호나 에러 메시지를 설정할 수 있다.

- 두 번째 SIGNAL 명령은 별도의 컨디션을 참조하지 않고 직접 SQLSTATE를 가지는 형태로 정의됐다. 그 뒤의 SET 절은 모두 마찬가지로 설정할 수 있다. 참고로 SQLSTATE "45000"은 "정의되지 않은 사용자 오류" 정도의 의미를 가지는 값이다. SQLSTATE 값은 5자리 문자열 타입이지, 정수 타입이 아니므로 반드시 홑따옴표로 문자열을 표기해 주자.

- SIGNAL 명령은 에러뿐 아니라 경고도 발생시킬 수 있는데, 마지막 세 번째 SIGNAL 명령이 에러가 아니라 경고를 발생시키는 예제다. SIGNAL 명령으로 경고를 발생시키면 스토어드 프로그램의 실행이 종료되지 않고 경고 메시지만 누적된다. 그리고 세 번째 SIGNAL 문장 바로 밑의 "RETURN 0;"가 실행돼서 실제 호출자에게는 0이 반환된다. 그리고 사용자의 화면에는 처리 중 경고가 발생했다는 메시지가 출력될 것이다.

SIGNAL 명령으로 에러를 발생시킬지 경고를 발생시킬지는 SQLSTATE 값으로 결정될 뿐 그 밖에는 아무런 차이가 없다. 이미 앞에서 살펴봤듯이 SQLSTATE 값은 5자리 문자열 타입의 데이터인데, 그 다섯 글자에서 앞의 두 글자는 SQLSTATE의 종류를 나타내며, 그 의미는 다음과 같다.

SQLSTATE 클래스(종류)	의미
"00"	정상 처리됨(Success)
"01"	처리 중 경고 발생(Warning)
그 밖의 값	처리 중 오류 발생(Error)

"00"으로 시작하는 SQLSTATE 값은 정상 처리를 의미하기 때문에 SIGNAL 명령문을 "00"으로 시작되는 SQLSTATE와 연결해서는 안 된다. "01"로 시작하는 SQLSTATE는 에러가 아니라 경고를 의미하므로 "01"로 연결된 SIGNAL은 스토어드 프로그램을 종료시키지 않는다. 다만 스토어드 프로그램이 종료된 이후 경고 메시지가 출력될 것이다. 그리고 그 밖의 모든 SQLSTATE 값은 에러로 간주해서 즉시 처리를 종료하고 에러 메시지와 에러 코드를 호출자에게 전달한다. 물론 해당 SQLSTATE 값이나 MySQL 에러 코드에 대해 핸들러를 정의했다면 그 핸들러에 명시된 처리가 실행될 것이다. 일반적으로 사용하는 SIGNAL 명령은 대부분 유저 에러나 예외일 것이므로 그에 해당하는 "45"로 시작하는 SQLSTATE를 사용할 것을 권장한다.

이제 SIGNAL로 예외 발생 기능이 대체된 스토어드 함수를 실행해 결과를 한번 확인해 보자.

```
mysql> SELECT sf_devide(1,NULL);
ERROR 9999 (45000): Divisor can not be null

mysql> SELECT sf_devide(1, 0);
ERROR 9998 (45000): Divisor can not be 0

mysql> SELECT sf_devide(NULL, 1);
+----------------+
| devide(NULL,1) |
+----------------+
|              0 |
+----------------+
1 row in set, 1 warning (0.00 sec)

mysql> SHOW WARNINGS;
+---------+------+-------------------------------------------------+
| Level   | Code | Message                                         |
+---------+------+-------------------------------------------------+
| Warning | 9997 | Dividend is null, so regarding dividend as 0    |
+---------+------+-------------------------------------------------+

mysql> SELECT sf_devide(0, 1);
+-------------+
| devide(0,1) |
+-------------+
|           0 |
+-------------+
```

핸들러 코드에서 SIGNAL 사용

핸들러는 스토어드 프로그램에서 에러나 예외에 대한 처리를 담당한다. 하지만 핸들러 코드에서 SIGNAL 명령을 사용해서 발생된 에러나 예외를 다른 사용자 정의 예외로 변환해서 다시 던지는 것도 가능하다. 다음 예제를 살펴보자.

```
DELIMITER ;;

CREATE PROCEDURE sf_remove_user (IN p_userid INT)
BEGIN
  DECLARE v_affectedrowcount INT DEFAULT 0;
```

```
DECLARE EXIT HANDLER FOR SQLEXCEPTION
  BEGIN
    SIGNAL SQLSTATE '45000'
            SET MESSAGE_TEXT='Can not remove user information', MYSQL_ERRNO=9999;
  END;

  -- // 사용자의 정보를 삭제
  DELETE FROM tb_user WHERE user_id=p_userid;

  -- // 위에서 실행된 DELETE 쿼리로 삭제된 레코드 건수 확인
  SELECT ROW_COUNT() INTO v_affectedrowcount;
  -- // 삭제된 레코드 건수가 1건이 아닌 경우에는 에러 발생
  IF v_affectedrowcount<>1 THEN
    SIGNAL SQLSTATE '45000';
  END IF;

END;;
```

위의 예제는 tb_user 테이블에서 레코드를 삭제하는 프로시저다. 만약 DELETE 문을 실행했는데, 한 건도 삭제되지 않으면 에러를 발생시키기 위해 핸들러를 사용하고 있다. SQLEXCEPTION에 대해 "EXIT HANDLER"가 정의돼 있으며, 이 핸들러는 발생한 에러의 내용을 무시하고 SQLSTATE가 "45000"인 에러를 다시 발생시킨다.

핸들러 정의 밑에서부터는 실제 업무를 처리하는 부분이 시작되는데, tb_user 테이블이 존재하지 않거나 권한이 부족한 등의 오류가 발생하면 SQLEXCEPTION이 발생하고 핸들러가 호출될 것이다. 그리고 DELETE 문이 정상적으로 실행되면 실제로 삭제된 레코드의 건수를 확인한 후 해당 건수가 한 건이 아니라면 SIGNAL 명령으로 핸들러에서와 똑같이 SQLSTATE가 "45000"인 에러를 발생시킨다. 하나의 작업을 처리하는데, 발생할 수 있는 에러의 종류나 원인은 여러 가지일 수 있다. 이 예제 스토어드 프로그램의 HANDLER와 SIGNAL은 여러 종류의 에러 코드를 똑같은 하나의 에러로 사용자에게 전달하는 데 사용됐다.

예제 스토어드 프로그램을 실행해보면 레코드가 없어서 삭제되지 못했거나 테이블이 없어서 삭제되지 못했을 때 프로시저를 호출한 애플리케이션은 항상 똑같은 SQLSTATE 값을 전달받게 된다.

```
mysql> CALL sf_remove_user(12);
ERROR 9999 (45000): Can not remove user information
```

이미 많은 프로그램 경험 덕분에 예외 핸들링의 중요성을 잘 알고 있을 것이다. 스토어드 프로그램의 SIGNAL이나 HANDLER 기능은 프로그램의 가독성을 높이고 예외에 대한 핸들링을 깔끔하게 처리해 줄 것이다. 또한 발생 가능한 예외들에 대한 핸들링 코드를 추가해두지 않는다면 조그마한 변수에도 그 스토어드 프로그램은 알지 못하는 에러나 예외를 발생시키고 유지보수를 더욱더 어렵게 만들 것이다.

커서

스토어드 프로그램의 커서(CURSOR)는 JDBC 프로그램에서 자주 사용하는 ResultSet으로 PHP 프로그램에서는 mysql_query( ) 함수로 반환되는 결과와 똑같은 것이다. 하지만 스토어드 프로그램에서 사용하는 커서는 JDBC의 ResultSet에 비해 기능이 상당히 제약적이다.

- 스토어드 프로그램의 커서는 전방향(전진) 읽기만 가능하다.
- 스토어드 프로그램에서는 커서의 칼럼을 바로 업데이트하는 것(Updatable ResultSet)이 불가능하다.

DBMS의 커서는 인센서티브(Insensitive) 커서와 센서티브(Sensitive) 커서로 구분할 수 있다.

- 센서티브 커서는 일치하는 레코드에 대한 정보를 실제 레코드의 포인터만으로 유지하는 형태다. 센서티브 커서는 커서를 이용해 칼럼의 데이터를 변경하거나 삭제하는 것이 가능하다. 또한 칼럼의 값이 변경돼서 커서를 생성한 SELECT 쿼리의 조건에 더는 일치하지 않거나 레코드가 삭제되면 커서에서도 즉시 반영된다. 센서티브 커서는 별도로 임시 테이블로 레코드를 복사하지 않기 때문에 빠르고 다른 트랜잭션과의 충돌이 없다.
- 인센서티브 커서는 일치하는 레코드를 별도의 임시 테이블로 복사해서 가지고 있는 형태다. 인센서티브 커서는 SELECT 쿼리에 부합되는 결과를 우선적으로 임시 테이블로 복사해야 하기 때문에 느리다. 그리고 이미 임시 테이블로 복사된 데이터를 조회하는 것이라서 커서를 통해 칼럼의 값을 변경하거나 레코드를 삭제하는 작업이 불가능하다. 하지만 다른 트랜잭션과의 충돌은 발생하지 않는다.

센서티브 커서와 인센서티브 커서를 혼용해서 사용하는 방식을 어센서티브(Asensitive)라고 하는데, MySQL의 스토어드 프로그램에서 정의되는 커서는 어센서티브에 속한다. 그래서 MySQL의 커서는 데이터가 임시 테이블로 복사될 수도 있고, 아닐 수도 있다. 하지만 만들어진 커서가 센서티브인지 인센서티브인지 알 수 없으며, 결론적으로 커서를 통해 칼럼의 삭제하거나 변경하는 것이 불가능하다.

커서는 일반적인 프로그래밍 언어에서 SELECT 쿼리의 결과를 사용하는 방법과 거의 흡사하다. 스토어드 프로그램에서도 SELECT 쿼리 문장으로 커서를 정의하고, 정의된 커서를 오픈(OPEN)하면 실제로 쿼리가 MySQL 서버에서 실행되고 결과를 가져온다. 이렇게 오픈된 커서는 페치(FETCH) 명령으로 레코드 단위로 읽어서 사용할 수 있다. 또한 사용이 완료된 후에 CLOSE 명령으로 커서를 닫아주면 관련 자원이 모두 해제된다. 이 모든 과정이 포함된 예제 11-1을 한번 살펴보자.

```
CREATE FUNCTION sf_emp_count(p_dept_no VARCHAR(10))
RETURNS BIGINT
BEGIN
  /* 사원 번호가 20000보다 큰 사원의 수를 누적하기 위한 변수 */
  DECLARE v_total_count INT DEFAULT 0;
  /* 커서에 더 읽어야 할 레코드가 남아 있는지 여부를 위한 플래그 변수 */
  DECLARE v_no_more_data TINYINT DEFAULT 0;
  /* 커서를 통해 SELECT된 사원번호를 임시로 담아 둘 변수 */
  DECLARE v_emp_no INTEGER;
  /* 커서를 통해 SELECT된 사원의 입사 일자를 임시로 담아 둘 변수 */
  DECLARE v_from_date DATE;

  /* v_emp_list라는 이름으로 커서 정의 */
  DECLARE v_emp_list CURSOR FOR
        SELECT emp_no, from_date FROM dept_emp WHERE dept_no=p_dept_no;
  /* 커서로부터 더 읽을 데이터가 있는지 여부를 나타내는 플래그 변경을 위한 핸들러 */
  DECLARE CONTINUE HANDLER FOR NOT FOUND SET v_no_more_data = 1;

  /* 정의된 v_emp_list 커서를 오픈 */
  OPEN v_emp_list;

  REPEAT
    /* 커서로부터 레코드 한 개씩 읽어서 변수에 저장 */
    FETCH v_emp_list INTO v_emp_no, v_from_date;
    IF v_emp_no > 20000 THEN
      SET v_total_count = v_total_count + 1;
    END IF;
  UNTIL v_no_more_data END REPEAT;

  /* v_emp_list 커서를 닫고 관련 자원을 반납 */
  CLOSE v_emp_list;

  RETURN v_total_count;
END ;;
```

예제 11-1의 스토어드 함수는 인자로 전달한 부서의 사원 중에서 사원 번호가 20000보다 큰 사원의 수
만 employees 테이블에서 카운터해서 반환한다. 물론 이 기능을 위해 스토어드 함수를 사용할 필요는
없지만 CURSOR를 설명하기 위해 스토어드 함수에 커서까지 사용했다. 대부분의 내용은 이미 주석으
로 추가해 뒀기 때문에 쉽게 이해할 수 있을 것이다. 예제에서 가장 중요한 부분은 DECLARE 명령으

로 v_emp_list라는 커서를 정의하고 커서를 사용하기 위해 OPEN과 FETCH 명령을 사용하는 방법이다. 그리고 커서의 사용이 완료되면 CLOSE 명령으로 커서를 닫아주는 방법이다.

또 하나 관심을 두고 봐야 할 부분은, 커서로부터 더 읽을 데이터가 남아 있는지 여부를 판단하기 위해 HANDLER를 사용했다는 점이다. 커서에 레코드가 더 남아 있는지를 판단하기 위해 NOT FOUND 이벤트에 대해 CONTINUE HANDLER를 정의했다. 커서로부터 더는 읽을 레코드가 없으면 NOT FOUND 이벤트가 발생하고, 핸들러가 실행되면서 v_no_more_data 변수의 값을 1(TRUE)로 변경하고 원래의 위치로 다시 돌아온다. 원래의 위치(REPEAT 반복문 내부)에서 v_no_more_data의 값이 TRUE인지 FALSE인지를 비교해 반복 여부를 결정하기 때문에 REPEAT 반복 루프를 벗어나게 되는 것이다.

그리고 DECLARE 명령으로 CONDITION이나 HANDLER, 그리고 CURSOR를 정의하는 순서에 주의해야 한다. 스토어드 프로그램에서 변수와 CONDITION, 그리고 CURSOR와 HANDLER는 모두 DECLARE 명령으로 선언되는데, 이들은 반드시 다음과 같은 순서대로 정의해야 한다.

1. 로컬 변수와 CONDITION
2. CURSOR
3. HANDLER

11.3 스토어드 프로그램의 권한 및 옵션

스토어드 프로시저나 함수 그리고 이벤트나 트리거는 각각 생성이나 변경 또는 실행에 관해서 서로 다른 권한들이 필요하다. MySQL 서버가 서비스용 계정과 관리자나 개발자용 계정이 각기 따로 존재할 때는 상당히 혼란스러울 때가 많다. 만약 SUPER 권한을 지닌 계정 하나로 데이터베이스 개발 및 서비스가 이뤄진다면 권한과 관련된 부분은 특별히 문제되지 않을 것이다. 하지만 서비스용 계정에 SUPER 권한을 부여하는 것은 흔치 않으므로 사용하는 스토어드 프로그램의 종류에 맞게 권한을 부여하는 작업이 필요하다. 그러자면 각 스토어드 프로그램의 생성 및 실행에 필요한 권한을 이해하고 있어야 한다. 또한 많은 사용자가 쉽게 지나치는데, 스토어드 프로그램에서 상당히 주의해야 할 옵션에 대해 자세히 알아보겠다.

11.3.1 DEFINER와 SQL SECURITY 옵션

각 스토어드 프로그램을 생성하고 실행하는 권한을 살펴보려면 우선 스토어드 프로그램의 DEFINER
와 SQL SECURITY 옵션을 이해해야 한다. 아마 대부분의 경우 스토어드 프로시저나 함수를 생성하면
서 DEFINER와 SQL SECURITY 옵션을 사용해 본 적은 거의 없을 것이다. 하지만 이 옵션을 놓치고
그냥 지나간다면 보안 관련 문제에 대한 대응뿐 아니라 스토어드 프로그램의 실행이 제대로 되지 않을
수도 있다.

- DEFINER는 스토어드 프로그램이 기본적으로 가지는 옵션으로 해당 스토어드 프로그램의 소유권과 같은 의미를
  지닌다. 또한 SQL SECURITY 옵션에 설정된 값에 따라 조금씩은 다르지만 스토어드 프로그램이 실행될 때의 권
  한으로 사용되기도 한다.

- SQL SECURITY 옵션은 스토어드 프로그램을 실행할 때 누구의 권한으로 실행할지 결정하는 옵션이다.
  INVOKER 또는 DEFINER 둘 중 하나로 선택할 수 있다. DEFINER는 스토어드 프로그램을 생성한 사용자를 의
  미하며, INVOKER는 그 스토어드 프로그램을 호출(실행)한 사용자를 의미한다.

예를 들어, DEFINER가 user1@% 으로 생성된 스토어드 프로그램을 user2@% 사용자가 실행한다
고 가정해 보자. SQL SECURITY가 INVOKER와 DEFINER일 때 이 스토어드 프로그램이 어느 사용
자의 권한으로 실행되는지 표로 간단히 살펴보자.

	SQL SECURITY=DEFINER	SQL SECURITY=INVOKER
스토어드 프로그램을 실행하는 사용자 계정	'user1'@'%'	'user2'@'%'
실행에 필요한 권한	user1에 스토어드 프로그램을 실행할 권한이 있어야 하며, 스토어드 프로그램 내의 각 SQL 문장이 사용하는 테이블에 대해서도 권한을 가지고 있어야 한다.	user2가 스토어드 프로그램을 실행할 권한이 있어야 하며, 스토어드 프로그램 내의 각 SQL 문장이 사용하는 테이블에 대해서도 권한을 가지고 있어야 한다.

DEFINER는 모든 스토어드 프로그램이 기본적으로 가지는 옵션이지만, SQL SECURITY 옵션은 스토
어드 프로시저와 스토어드 함수, 뷰만 가질 수 있다. SQL SECURITY 옵션을 가지지 않는 트리거나 이
벤트는 자동적으로 SQL SECURITY가 DEFINER로 설정되므로 트리거나 이벤트는 DEFINER에 명시
된 사용자의 권한으로 항상 실행되는 것이다.

스토어드 프로그램의 DEFINER와 SQL SECURITY 옵션을 조합해서 복잡한 권한 문제를 해결할 수도
있다. 예를 들어, mysql DB는 MySQL 서버의 유저 정보와 같이 보안에 민감한 정보가 저장돼 있는

데이터베이스다. 그런데 만약 일반 사용자에게 mysql DB에 있는 테이블 가운데 일부를 제한된 수준으로 조회하거나 변경하는 작업을 허용해야 할 때, 꼭 필요한 작업만 스토어드 프로그램으로 개발하고 DEFINER와 SQL SECURITY 옵션을 적절히 조절해주면 된다. 관리자 계정을 DEFINER로 설정하고 SQL SECURITY를 DEFINER로 설정하면, 그 스토어드 프로그램을 호출하는 사용자는 주요 테이블에 대해 권한을 전혀 갖고 있지 않아도 스토어드 프로그램으로 해당 작업을 수행할 수 있다. 이때 이 스토어드 프로그램은 일반 사용자가 실행하지만 사실은 관리자 계정의 권한으로 실행하는 것이다.

스토어드 프로그램의 SQL SECURITY를 DEFINER로 설정하는 것은 유닉스 운영체제의 setUID와 같은 기능이라고 이해하면 된다. 유닉스의 setUID가 그러하듯이 MySQL 스토어드 프로그램도 보안 취약점이 될 수도 있으므로 꼭 필요한 용도가 아니라면 SQL SECURITY를 DEFINER보다는 INVOKER로 설정하는 것이 좋다. SQL SECURITY를 INVOKER로 설정하면 해당 스토어드 프로그램을 누가 생성했느냐와 관계없이 항상 스토어드 프로그램을 호출하는 사용자의 권한으로 실행한다.

스토어드 프로그램을 생성하면서 DEFINER 옵션을 부여하지 않으면 기본적으로 현재 사용자로 DEFINER가 자동 설정된다. 하지만 DEFINER를 다른 사용자로 설정할 때는 스토어드 프로그램을 생성하는 사용자가 SUPER 권한을 가지고 있어야 한다. SUPER 권한을 가지지 않은 일반 사용자가 스토어드 프로그램의 DEFINER를 관리자 계정으로 생성하는 것은 불가능하다. 이러한 보안상의 이슈로 인해 SUPER 권한을 일반 사용자에게 부여하는 것은 상당히 위험하다.

11.3.2 스토어드 프로그램의 권한

스토어드 프로그램 중에서 스토어드 프로시저와 스토어드 함수는 거의 비슷한 권한을 사용하기 때문에 특별히 명시하지 않으면 스토어드 프로시저와 함수는 똑같은 것으로 이해하면 된다. 이번에는 자주 문제를 유발하는 트리거나 이벤트, 그리고 뷰에 대해 각각 생성할 수 있는 권한이나 실행할 수 있는 권한에 대해 알아보겠다.

스토어드 프로시저와 함수

스토어드 프로시저나 함수의 생성 및 실행에 관여하는 권한으로는 다음의 4개의 권한이 있다.

SUPER

SUPER 권한은 서버 전체적으로 영향력을 가지는 글로벌 권한이다. 이름에서도 알 수 있듯이, 읽기 전용 모드의 서버에서 쓰기가 가능해진다거나 커넥션이 꽉 찬 상태에서 추가로 1개의 커넥션을 더 사용할 수 있다거나 하는 등의 특권을 가지고 있다. 여기에 더해 SUPER 권한을 갖게 되면 스토어드 프로시저나 함수를 생성하고 실행할 수 있다. 물론 스토어드 프로그램에 대해서는 각 관련 권한이 있지만 추가적으로 SUPER 권한이 필요할 때가 자주 있다. 하지만 SUPER 권한만 가진다고 해서 관리자 계정이 되는 것은 아니다.

CREATE ROUTINE

CREATE ROUTINE은 DB 또는 오브젝트 단위로 부여되므로 DB 권한이 될 수도 있고 오브젝트 권한으로도 사용자에게 부여될 수도 있다. 일반적으로는 DB 수준으로 권한을 부여하며, 이 권한을 가진 사용자는 스토어드 프로시저나 함수를 생성(CREATE)할 수 있다.

ALTER ROUTINE

CREATE ROUTINE 또한 DB 또는 오브젝트 단위로 부여한다. 일반적으로는 DB 수준으로 권한을 부여하며, 이 권한을 가진 사용자는 스토어드 프로시저나 함수를 변경(ALTER)할 수 있다. 또한 ALTER ROUTINE 권한은 프로시저나 함수의 조회(SHOW PROCEDURE) 또는 삭제(DROP PROCEDURE)를 위해 필요한 권한이다.

EXECUTE

EXECUTE 또한 CREATE ROUTINE이나 ALTER ROUTINE 권한과 같이 DB 또는 오브젝트 단위로 부여하는 권한이다. 일반적으로는 DB 수준으로 권한을 부여하며, 이 권한을 가진 사용자는 스토어드 프로시저나 함수를 실행(CALL 또는 SELECT)할 수 있다.

스토어드 프로그램 중에서 스토어드 프로시저와 함수만 묶어서 스토어드 루틴(Stored Routine)이라고도 하는데, 위에서 설명한 ROUTINE이라는 단어도 그 의미로 사용된 것이다. 위의 SUPER 이외의 권한은 모두 DB 또는 오브젝트 단위로 부여할 수 있는 권한이다. 스토어드 루틴(프로시저나 함수)에 대해 개별적으로 권한을 가지거나 또는 해당 스토어드 루틴이 포함된 DB에 대해 적절한 권한(CREATE ROUTINE, ALTER ROUTINE, EXECUTE)이 있다면 스토어드 루틴을 생성하거나 실행할 수 있다.

예외적으로 바이너리 로그가 활성화된 MySQL 5.1 미만의 버전에서는 스토어드 함수를 생성할 때 다음과 같은 오류가 발생할 수도 있다. 이때는 우선 log_bin_trust_function_creators라는 MySQL의 글로벌 시스템 변수의 값을 변경해야 하는데, 이때 SUPER 권한이 필요하다.

```
ERROR 1418 (HY000): This function has none of DETERMINISTIC, NO SQL, or READS SQL DATA in
its declaration and binary logging is enabled (you *might* want to use the less safe log_
bin_trust_function_creators variable)
```

"SET GLOBAL log_bin_trust_function_creators = 1;" 명령으로 시스템 변수의 설정을 변경하면 함수를 생성할 수 있다.

트리거

트리거와 관련된 권한으로는 두 가지가 있다. 트리거는 별도의 SQL문으로 실행되는 것이 아니라 지정된 테이블에 어떠한 변화가 생겼을 때 자동적으로 실행되는데, 트리거가 포함된 테이블에 INSERT나 UPDATE 또는 DELETE와 같은 변경을 가할 때는 권한 설정에 특별히 주의해야 한다.

SUPER
MySQL 5.1.6 이전의 버전에서는 트리거를 생성하거나 실행하기 위해 SUPER 권한이 필요하다.

TRIGGER
MySQL 5.1.6 버전부터 추가된 권한으로 트리거를 생성하거나 실행, 그리고 삭제하는 데 필요한 권한이다.

MySQL에서 트리거 기능은 5.0부터 제공됐지만 TRIGGER라는 권한은 MySQL 5.1.6부터 제공됐다. 이러한 이유로 MySQL 5.0에서 트리거를 사용하려면 조금 어색한 방법을 사용해야 한다. 만약 MySQL 5.0 버전에서 트리거를 사용할 계획이라면 다음 내용을 꼭 참조하자.

조작	최소 필요 권한
트리거의 생성 및 삭제	MySQL 5.1.6 이전 : SUPER 권한 필요 MySQL 5.1.6 이상 : TRIGGER 권한 필요
트리거의 실행	MySQL 5.0.17 이전 : TRIGGER를 작동시킨 쿼리의 소유자가 아래 권한 필요 MySQL 5.0.17 이상 : 트리거의 DEFINER로 정의된 유저가 아래 권한 필요 -- 아래 권한 -- MySQL 5.1.6 이전 버전 : SUPER 권한 + 대상 테이블의 SELECT, UPDATE MySQL 5.1.6 이후 버전 : TRIGGER 권한 +대상 테이블의 SELECT, UPDATE

MySQL 5.0에서는 트리거 적용이 사용자 권한 관리 정책과 충돌이 발생하거나 불편한 경우가 많았다. 또한 서비스용 계정에 SUPER 권한을 부여한다거나 관리자 계정으로 트리거를 만들 때가 많았다. 하지만 MySQL 5.1.6 이후부터는 TRIGGER라는 별도의 권한이 도입되면서 이러한 부분이 많이 해결됐다.

이벤트

이벤트는 MySQL 5.1.6부터 추가된 스케줄러 기능으로 이벤트에 관련된 권한인 EVENT는 MySQL 5.1.12부터 추가됐다. MySQL 5.1.6 ~ 5.1.12까지의 버전에서는 트리거와 마찬가지로 이벤트 생성이나 삭제에 SUPER 권한이 필요하다. 이벤트와 관련된 권한은 다음 두 가지가 있다.

SUPER

다른 스토어드 프로그램과 마찬가지로 EVENT 권한이 제공되지 않았을 때 이를 대체하기 위해 사용했으며, SUPER 권한의 효력은 EVENT 권한이 지원되는 MySQL 5.1.12 이후의 버전에서도 계속 유지되고 있다.

EVENT

이벤트를 생성하거나 변경 또는 삭제하는 데 필요한 권한으로 MySQL 5.1.12 버전부터 지원됐다.

조작	최소 필요 권한
생성과 변경 및 삭제	MySQL 5.1.12 이전 : SUPER 권한 소유자 MySQL 5.1.12 이상 : EVENT 권한 소유자
실행 (Activation)	이벤트 본문에 사용된 SQL 문장들이 접근하는 테이블에 대해 읽기 또는 쓰기 권한 필요

실질적으로 이벤트를 기동시키는 것은 MySQL의 이벤트 스케줄러 스레드이지만, 이벤트의 DEFINER에 명시된 사용자의 권한으로 이벤트가 실행된다. 그래서 이벤트가 실행되는 시점에서는 DEFINER에 명시된 사용자가 SQL 문장 실행을 위한 권한을 각각 가지고 있어야 한다.

이벤트도 트리거와 마찬가지로 DEFINER 옵션 이외의 나머지 보안 옵션은 정의할 수 없다. DEFINER를 명시하지 않으면 현재 이벤트를 생성하는 사용자가 DEFINER로 설정된다.

뷰

MySQL에서 뷰를 생성할 때는 DEFINER와 SQL SECURITY 보안 옵션을 명시해야 한다. 또한 생성된 뷰를 실행할 때는 11.3.1절, "DEFINER와 SQL SECURITY 옵션"(693쪽)에서 언급한 권한 체크 절차를 똑같이 거치게 된다. 뷰를 생성하거나 삭제하려면 다음의 세 가지 권한을 적절히 가지고 있어야 한다.

CREATE VIEW

뷰를 생성하거나 변경(ALTER, CREATE OR REPLACE VIEW)하는 데 필요한 권한이다.

DROP

뷰를 삭제(DROP VIEW)하는 데 필요한 권한이다.

SHOW VIEW

뷰의 내용을 조회(SHOW CREATE VIEW)하는 데 필요한 권한이다. 여기서 내용의 조회라는 의미는 뷰를 통해 참조할 수 있는 데이터 레코드를 의미하는 것이 아니라 어떠한 SQL로 해당 뷰가 정의됐는지를 의미하는 것이다.

11.3.3 DETERMINISTIC과 NOT DETERMINISTIC 옵션

또 하나 중요한 스토어드 프로그램 옵션은 DETERMINISTIC과 NOT DETERMINISTIC이다. 이러한 옵션은 스토어드 프로그램의 보안에 관련된 옵션이 아니라 성능에 관련된 옵션이다. 이 두 옵션은 서로 배타적이라서 둘 중에서 반드시 하나를 선택해야 한다.

- DETERMINISTIC이란 "스토어드 프로그램의 입력이 같다면 시점이나 상황에 관계 없이 결과가 항상 같다(결정적이다)"라는 것을 의미하는 키워드다.
- 반대로 NOT DETERMINISTIC이란 입력이 같아도 시점에 따라 결과가 달라질 수도 있음을 의미한다.

일반적으로 일회성으로 실행되는 스토어드 프로시저는 이 옵션의 영향을 거의 받지 않는다. 하지만 SQL 문장에서 반복적으로 호출될 수 있는 스토어드 함수는 영향을 많이 받게 되며, 쿼리의 성능을 급격하게 떨어뜨리기도 한다. DETERMINISTIC과 NOT DETERMINISTIC으로 정의된 스토어드 함수의 차이를 간단한 예제 쿼리로 비교해 보자.

```
CREATE FUNCTION sf_getdate1() RETURNS DATETIME
NOT DETERMINISTIC
BEGIN
  RETURN NOW();
END ;;

CREATE FUNCTION sf_getdate2() RETURNS DATETIME
DETERMINISTIC
BEGIN
  RETURN NOW();
END ;;
```

위의 두 스토어드 함수의 차이는 DETERMINISTIC이냐 NOT DETERMINISTIC이냐의 차이뿐이다. 그럼 이제 다음 쿼리를 한번 실행해보자. 쿼리에서 사용하는 dept_emp 테이블은 from_date 칼럼에 인덱스가 있으므로 당연히 인덱스 레인지 스캔을 사용해 빠르게 처리될 것이라고 생각한다.

```
EXPLAIN SELECT * FROM dept_emp WHERE from_date>sf_getdate1();
EXPLAIN SELECT * FROM dept_emp WHERE from_date>sf_getdate2();
```

다음이 NOT DETERMINISTIC 옵션으로 정의된 sf_getdate1() 함수를 사용하는 첫 번째 쿼리의 실행 계획이다.

id	select_type	table	type	key	key_len	ref	rows	Extra
1	SIMPLE	dept_emp	ALL				334776	Using where

그리고 다음 실행 계획이 DETERMINISTIC으로 정의된 스토어드 함수를 사용하는 두 번째 쿼리의 실행 계획이다.

id	select_type	table	type	Key	key_len	ref	rows	Extra
1	SIMPLE	dept_emp	range	ix_fromdate	3		1	Using where

위의 실행 계획에서 두 SELECT 쿼리 모두 명백히 인덱스 레인지 스캔으로 실행 계획을 수립할 것이라고 생각했는데, NOT DETERMINISTIC 옵션으로 정의된 스토어드 함수를 사용하는 쿼리는 풀 테이블 스캔을 사용하고 있다. NOT DETERMINISTIC 옵션의 숨겨진 비밀이 바로 이것이다. NOT DETERMINISTIC 옵션의 의미는 앞에서도 언급했지만 입력값이 같아도 호출되는 시점에 따라 값이 달라진다는 사실을 MySQL에 알려 주는 것이다.

DETERMINISTIC으로 정의된 sf_getdate2( ) 함수는 쿼리를 실행하기 위해 딱 한 번만 스토어드 함수를 호출하고, 함수의 결과값을 상수화해서 쿼리를 실행한다. 하지만 NOT DETERMINISTIC으로 정의된 sf_getdate1( ) 스토어드 함수는 WHERE 절이 비교를 수행하는 레코드마다 매번 값이 재평가(호출)돼야 한다. NOT DETERMINISTIC 옵션으로 입력값이 같더라도 시점에 따라 스토어드 함수의 결과가 달라진다고 MySQL 서버에 알려줬기 때문이다. 결국 NOT DETERMINITIC으로 정의된 스토어드 함수는 절대 상수가 될 수 없는 것이다. 그래서 WHERE 조건절에 사용된 sf_getdate1( ) 함수의 결과 값으로 인덱스 레인지 스캔을 할 수가 없는 것이다.

더 중요한 점은 이렇게 풀 테이블 스캔을 유도하는 NOT DETERMINISTIC 옵션이 스토어드 함수의 디폴트 옵션이라는 것이다. 즉 DETERMINISTIC이라고 정의해 주지 않으면 자동으로 스토어드 함수를 NOT DETERMINISTIC으로 생성해버린다는 것이다. 이는 자칫 잘못하면 상당한 성능 저하를 유발한다. 꼭 기억해 뒀다가 어떠한 형태로 스토어드 함수를 사용하더라도 DETERMINISTIC 옵션은 꼭 설정하자. 사실 위의 예제에서 sf_getdate1( ) 스토어드 함수가 작동하는 방식과 같이, 매번 비교하는 레코드마다 스토어드 함수의 결과 값을 새로 계산해야 하는 요건은 일반적인 애플리케이션에서는 거의 없다.

스토어드 프로그램 내부에서 어떤 데이터 변경 작업을 하는지 등을 MySQL 서버에게 알려줄 수 있는 다음과 같은 속성이 있다.

- CONTAINS SQL
- NO SQL
- READS SQL DATA
- MODIFIES SQL DATA

하지만 이러한 옵션은 MySQL 서버에게 정보성으로 전달만 할 뿐이다. 내부적으로 이 정보를 이용해 별다른 권한 처리를 하지도 않고, 스토어드 프로그램의 성능이나 처리 방법에 아무런 영향을 주지 않는다. 스토어드 프로그램을 개발할 때는 크게 고려하지 않아도 된다.

11.4 스토어드 프로그램의 참고 및 주의사항

가끔 스토어드 프로그램에 한글이나 아시아권 언어를 사용할 때 글자가 깨지는 현상이 발생할 수 있다. 이밖에 스토어드 프로그램을 특수한 형태로 사용하는 방법과 그렇게 할 때의 주의사항을 간단하게 살펴보자.

11.4.1 한글 처리

스토어드 프로그램의 소스 코드 자체에 한글 문자열 값이 사용되지 않는다면 스토어드 프로시저나 함수의 결과 값의 글자가 깨진다거나 하는 현상은 별로 나타나지 않는다. 하지만 스토어드 프로그램의 소스 코드에 한글 문자열 값을 사용해야 한다면 스토어드 프로그램을 생성하는 클라이언트 프로그램이 어떤 문자집합으로 MySQL 서버에 접속돼 있는지가 중요해진다. 한국어에 특화된 GUI 클라이언트라면 이런 부분을 자동으로 처리해주겠지만 그래도 확인해 두는 편이 좋다.

MySQL 클라이언트에서 현재 연결된 커넥션과 데이터베이스 서버가 어떤 문자집합을 사용하는지는 다음과 같이 MySQL 클라이언트의 세션 변수를 확인해 보면 된다.

```
SHOW VARIABLES LIKE 'character%';
+-------------------------+---------+
| Variable_name           | Value   |
+-------------------------+---------+
| character_set_client    | latin1  |
| character_set_connection | latin1 |
```

```
| character_set_database   | utf8   |
| character_set_filesystem | binary |
| character_set_results    | latin1 |
| character_set_server     | utf8   |
| character_set_system     | utf8   |
+--------------------------+--------+
```

문자집합과 관련된 여러 세션 변수가 출력되는데, 각 변수의 자세한 의미와 연관 관계는 15.1.3절, "문자집합(캐릭터 셋)"(871쪽)을 참조하자. 여기서 스토어드 프로그램을 생성하는 데 관여하는 부분은 character_set_connection과 character_set_client 세션 변수 정도다. 이 세션 변수는 특별히 설정을 해주지 않으면 "latin1"을 기본값으로 갖게 된다. 하지만 "latin1"은 영어권 알파벳을 위한 문자집합이지, 한글을 포함한 아시아권의 멀티 바이트를 사용하는 언어를 위한 문자집합은 아니다. 그래서 이 상태로 한글 문자열 값이 사용된 스토어드 프로그램을 생성하면 스토어드 프로그램을 실행할 때 한글이 깨져서 알아볼 수 없는 형태로 반환될 수도 있다. 그런데 이런 문제가 발생하면 많은 사람들이 스토어드 프로그램의 코드 자체보다는 테이블의 데이터가 잘못됐다고 생각하고 원인을 엉뚱한 곳에서 찾는다. 스토어드 프로그램의 코드 내에 한글로 된 문자열 상수 값을 사용할 때는 스토어드 프로그램을 생성할 때 커넥션이나 서버가 사용하는 문자집합을 확인하는 것이 중요하다.

다음과 같이 직접 하나씩 문자집합 관련 변수를 변경해도 되고, 제일 밑의 예제처럼 하나의 설정 명령으로 세 개의 변수를 한꺼번에 똑같은 문자집합으로 변경할 수도 있다.

```
SET character_set_client = 'utf8';
SET character_set_results = 'utf8';
SET character_set_connection = 'utf8';

SET names 'utf8';
```

일반적인 MySQL 클라이언트 도구는 한동안 사용하지 않으면 커넥션이 끊어진 상태로 남아 있다가 사용자가 쿼리를 실행하면 그 순간에 다시 커넥션을 생성한다. 하지만 SET NAMES 'utf8' 명령은 이렇게 재접속하는 경우에는 효과가 없어진다. 만약 새로 접속돼도 설정한 문자집합을 그대로 유지하려면 SET NAMES 명령보다는 "CHARSET utf8"과 같은 명령을 사용하는 것도 좋다. 하지만 이 명령도 영구적인 것은 아니다. MySQL 클라이언트가 완전히 종료했다가 다시 접속하면 그 설정이 다시 초기화될 것이다.

그리고 스토어드 프로시저나 함수에서 값을 넘겨 받을 때도 다음 예제와 같이 넘겨받는 값에 대해서도 문자집합을 별도로 지정해 이런 문제를 피해야 한다는 점도 기억해두자.

```
CREATE FUNCTION sf_getstring()
RETURNS VARCHAR(20) CHARACTER SET utf8
BEGIN
  RETURN '한글 테스트';
END;;
```

11.4.2 스토어드 프로그램과 세션 변수

스토어드 프로그램에서는 DECLARE 명령을 이용해 스토어드 프로그램의 로컬 변수를 정의할 수 있다. 또한 스토어드 프로그램 내에서는 "@"로 시작하는 사용자 변수를 사용할 수도 있다. DECLARE로 스토어드 프로그램의 변수를 정의할 때는 정확한 타입과 길이를 명시해야 하지만 사용자 변수는 이런 제약이 없다. 그래서 스토어드 프로그램에서 로컬 변수는 전혀 사용하지 않고 사용자 변수만 사용할 때도 있다.

```
CREATE FUNCTION sf_getsum(p_arg1 INT, p_arg2 INT)
RETURNS INT
BEGIN
  DECLARE v_sum INT DEFAULT 0;
  SET v_sum=p_arg1 + p_arg2;
  SET @v_sum=v_sum;
  RETURN v_sum;
END;;

mysql> SELECT sf_getsum (1,2);;
+-------------+
|           3 |
+-------------+
1 row in set (0.00 sec)

mysql> SELECT @v_sum;;
+--------+
|      3 |
+--------+
```

사용자 변수는 타입을 지정하지 않기 때문에 데이터 타입에 대해 안전하지 않고, 영향을 미치는 범위가 넓기 때문에 그만큼 느리게 처리된다. 또한 사용자 변수는 적어도 그 커넥션에서는 계속 그 값을 유지한 채 남아 있기 때문에 항상 사용하기 전에 적절한 값으로 초기화하고 사용해야 한다는 것도 주의하자. 가능하다면 사용자 변수보다는 스토어드 프로그램의 로컬 변수를 사용하자. 스토어드 프로그램에서 프리페어 스테이트먼트를 실행하려면 반드시 세션 변수를 사용할 수밖에 없다. 하지만 이러한 경우가 아니라면 가능한 한 세션 변수보다는 스토어드 프로그램의 로컬 변수를 사용하자.

11.4.3 스토어드 프로시저와 재귀 호출(Recursive call)

스토어드 프로그램에서도 재귀 호출을 사용할 수 있는데, 스토어드 프로시저에서만 사용 가능하며 스토어드 함수와 트리거 그리고 이벤트에서는 사용할 수 없다. 또한 프로그래밍 언어에서처럼 재귀 호출이 무한 반복되거나 너무 많이 반복해서 호출되면 스택의 메모리 공간이 모자라서 오류가 발생할 수도 있다.

MySQL에서는 이러한 재귀 호출의 문제를 막기 위해 최대 몇 번까지 재귀 호출을 허용할지를 설정하는 시스템 변수가 있다. 이 시스템 변수의 이름은 max_sp_recursion_depth인데, 기본적으로 이 값이 0으로 설정돼 있으므로 이 설정값을 변경하지 않으면 MySQL의 스토어드 프로시저에서 재귀 호출을 사용할 수 없다. 만약 이 설정값이 0인 상태에서 재귀 호출이 실행되면 다음과 같은 에러 메시지가 출력되고 프로시저의 실행은 종료된다. 예제 11-2와 같이 필요한 설정 값을 스토어드 프로시저의 내부에서 변경하는 것도 오류를 막는 방법이다.

```
ERROR 1456 (HY000): Recursive limit 0 (as set by the max_sp_recursion_depth variable) was
exceeded for routine decreaseAndSum
```

예제 11-2는 재귀 호출을 이용해 팩토리얼을 구하는 스토어드 프로시저다. 이 스토어드 프로시저에서는 인자로 지정한 값을 1씩 줄여 가면서 팩토리얼 값을 구하는 형태의 재귀 호출을 사용한다. 다음 예제에서는 "SET max_sp_recursion_depth=50;"를 이용해 최대 재귀 호출 가능 횟수를 50회로 설정했다 (❶). 예제의 스토어드 프로시저는 1씩 감소하면서 재귀 호출을 수행하므로 max_sp_recursion_depth 시스템 변수가 50으로 설정되면 재귀 호출도 50 이상은 할 수 없다는 것을 의미한다. 그리고 재귀 호출에서 반복 횟수만 문제되는 것이 아니다. MySQL 서버에서 할당한 스택의 메모리가 다 소모돼 버린다면 "스택 메모리가 부족하다(Thread stack overrun)"라는 에러 메시지와 함께 종료될 것이다.

[예제 11-2] 재귀 호출을 이용하는 스토어드 프로시저

```
DELIMITER ;;

CREATE PROCEDURE sf_getfactorial(IN p_max INT, OUT p_sum INT)
BEGIN
  SET max_sp_recursion_depth=50; /* 최대 재귀 호출 횟수는 50회 */ ❶
  SET p_sum=1;

  IF p_max>1 THEN
    CALL sf_decreaseandmultiply(p_max, p_sum);
  END IF;
END;;
```

```
CREATE PROCEDURE sf_decreaseandmultiply(IN p_current INT, INOUT p_sum INT)
BEGIN
  SET p_sum=p_sum * p_current;

  IF p_current>1 THEN
    CALL sf_decreaseandmultiply(p_current-1, p_sum);
  END IF;
END;;

mysql> CALL sf_getfactorial(10, @factorial);;
mysql> SELECT @factorial;;
+------------+
| @factorial |
+------------+
|        120 |
+------------+
```

11.4.4 중첩된 커서 사용

일반적으로는 하나의 커서를 열고 사용이 끝나면 닫고 다시 새로운 커서를 열어서 사용하는 형태도 많이 사용하지만 중첩된 루프 안에서 두 개의 커서를 동시에 열어서 사용해야 할 때도 있다. 기본적으로 이렇게 두 개의 커서를 동시에 열어서 사용할 때는 특별히 예외 핸들링 부분에 주의해야 한다. 예제 11-3을 한번 살펴보자.

[예제 11-3] 중첩된 커서 사용

```
DELIMITER ;;

CREATE PROCEDURE sp_updateemployeehiredate()
BEGIN
  -- // 첫 번째 커서로부터 읽은 부서 번호를 저장
  DECLARE v_dept_no CHAR(4);
  -- // 두 번째 커서로부터 읽은 사원 번호를 저장
  DECLARE v_emp_no INT;
  -- // 커서를 끝까지 읽었는지 여부를 나타내는 플래그를 저장
  DECLARE v_no_more_rows BOOLEAN DEFAULT FALSE;

  -- // 부서 정보를 읽는 첫 번째 커서
  DECLARE v_dept_list CURSOR FOR
    SELECT dept_no FROM departments;
```

```
    -- // 부서별 사원 1명을 읽는 두 번째 커서
DECLARE v_emp_list CURSOR FOR
  SELECT emp_no FROM dept_emp WHERE dept_no=v_dept_no LIMIT 1;

    -- // 커서의 레코드를 끝까지 다 읽은 경우에 대한 핸들러
DECLARE CONTINUE HANDLER FOR NOT FOUND SET v_no_more_rows := TRUE;

OPEN v_dept_list;

LOOP_OUTER: LOOP            -- // 외부 루프 시작 ❶
  FETCH v_dept_list INTO v_dept_no;
  IF v_no_more_rows THEN    -- // 레코드를 모두 읽었으면 커서 종료 및 외부 루프 종료
    CLOSE v_dept_list;
    LEAVE loop_outer;
  END IF;

  OPEN v_emp_list;

  LOOP_INNER: LOOP          -- // 내부 루프 시작 ❷
    FETCH v_emp_list INTO v_emp_no;
    -- // 레코드를 모두 읽었으면 커서 종료 및 내부 루프를 종료
    IF v_no_more_rows THEN
      -- // 반드시 no_more_rows를 FALSE로 다시 변경해야 한다.
      -- // 그렇지 않으면 내부 루프 때문에 외부루프까지 종료돼 버린다.
      SET v_no_more_rows := FALSE;
      CLOSE v_emp_list;
      LEAVE loop_inner;
    END IF;
  END LOOP loop_inner;      -- // 내부 루프 종료

END LOOP loop_outer;        -- // 외부 루프 종료

END;;
```

예제 11-3에서는 LOOP_OUTER❶와 LOOP_INNER❷가 각각 동시에 커서를 하나씩 사용하고 있다. 하지만 커서를 끝까지 읽었는지를 판단하는 핸들러는 하나만 정의해서 공통으로 사용하고 있다. 이러한 이유로 LOOP_INNER의 반복이 끝나고 나면 반드시 v_no_more_rows를 FALSE로 변경해야만 LOOP_OUTER가 계속 반복 실행할 수가 있다. 즉, 하나의 로컬 변수로 두 개의 반복 루프를 제어하다 보니 이런 이해하기 힘든 조작이 필요해진 것이다.

이처럼 반복 루프가 여러 번 중첩되어 커서가 사용될 때는 LOOP_OUTER와 LOOP_INNER를 서로 다른 BEGIN … END 블록으로 구분해서 작성하면 쉽고 깔끔하게 해결할 수 있다. 스토어드 프로시저 코드의 처리 중 발생한 에러나 예외는 항상 가장 가까운 블록에 정의된 핸들러가 사용되므로 각 반복 루프를 블록으로 해결할 수 있는 것이다. 이렇게 하면 예제 11-3의 예제에서 사원을 조회하는 커서와 부서를 조회하는 각 커서에 대해 예외 핸들러를 정의할 수 있다. 예제 11-4는 이와 같이 각 커서에 대한 핸들러 처리가 보완된 스토어드 프로시저다.

[예제 11-4] 중첩된 커서 사용(핸들러 처리 보완)

```
DELIMITER ;;

CREATE PROCEDURE sp_updateemployeehiredate1()
BEGIN

  -- // 첫 번째 커서로부터 읽은 부서 번호 저장
  DECLARE v_dept_no CHAR(4);

  -- // 커서를 끝까지 읽었는지 여부를 나타내는 플래그를 저장
  DECLARE v_no_more_depts BOOLEAN DEFAULT FALSE;

  -- // 부서 정보를 읽는 첫 번째 커서
  DECLARE v_dept_list CURSOR FOR
    SELECT dept_no FROM departments;

  -- // 부서 커서의 레코드를 끝까지 다 읽은 경우에 대한 핸들러
  DECLARE CONTINUE HANDLER FOR NOT FOUND SET v_no_more_depts := TRUE;

  OPEN v_dept_list;

  LOOP_OUTER: LOOP          -- // 외부 루프 시작
    FETCH v_dept_list INTO v_dept_no;
    IF v_no_more_depts THEN    -- // 레코드를 모두 읽었으면 커서 종료 및 외부 루프 종료
      CLOSE v_dept_list;
      LEAVE loop_outer;
    END IF;

    BLOCK_INNER: BEGIN       -- // 내부 프로시저 블록 시작
    -- // ------------------------------------------------------------
      -- // 두 번째 커서로부터 읽은 사원 번호 저장
      DECLARE v_emp_no INT;
```

```
    -- // 사원 커서를 끝까지 읽었는지 여부를 위한 플래그 저장
    DECLARE v_no_more_employees BOOLEAN DEFAULT FALSE;

    -- // 부서별 사원 1명을 읽는 두 번째 커서
    DECLARE v_emp_list CURSOR FOR
      SELECT emp_no FROM dept_emp WHERE dept_no=v_dept_no LIMIT 1;

    -- // 사원 커서의 레코드를 끝까지 다 읽은 경우에 대한 핸들러
    DECLARE CONTINUE HANDLER FOR NOT FOUND SET v_no_more_employees := TRUE;

    OPEN v_emp_list;

    LOOP_INNER: LOOP          -- // 내부 루프 시작
      FETCH v_emp_list INTO v_emp_no;
      -- // 레코드를 모두 읽었으면 커서 종료 및 내부 루프를 종료
      IF v_no_more_employees THEN
        CLOSE v_emp_list;
        LEAVE loop_inner;
      END IF;
    END LOOP loop_inner;     -- // 내부 루프 종료
  -- // -------------------------------------------------------------
    END block_inner;          -- // 내부 프로시저 블럭 종료

  END LOOP loop_outer;        -- // 외부 루프 종료

END;;
```

예제 11-4의 스토어드 프로시저에서는 BLOCK_INNER라는 이름의 내부 프로시저 블록을 생성하고, 프로시저 블록 안에서 사원의 정보를 읽어오도록 변경했다. 또한 사원의 정보를 읽는 데 필요한 변수나 예외나 에러 핸들러도 이 프로시저 블록 안으로 함께 옮겨졌다. 이렇게 중첩된 커서를 각 프로시저 블럭에 작성함으로써 각 커서별로 이벤트 핸들러를 생성할 수 있게 된 것이다.

이 코드에서는 사원 정보에 대한 커서가 끝까지 읽히면 v_no_more_employees라는 변수가 TRUE로 설정되며, 부서 정보에 대한 커서가 끝까지 읽히면 v_no_more_depts라는 변수가 TRUE로 설정되기 때문에 예제 11-3에서와 같이 플래그 변수의 값을 다시 조정하는 조잡한 작업을 하지 않아도 된다.

12

쿼리 종류별 잠금

다른 DBMS와 달리 MySQL은 여러 가지 스토리지 엔진을 사용할 수 있도록 설계돼 있다. 또한 이러한 스토리지 엔진이 모두 서로 각자의 잠금과 트랜잭션 기능을 지원하고 있어서, MySQL에서 특히 잠금과 관련된 문제는 다루기가 조금 까다롭다. 게다가 MySQL에서 복제(특히 SBR, Statement Based Replication)를 위한 바이너리 로그는 이 문제를 더 복잡하게 만들어서 다른 DBMS에는 존재하지 않는 갭 락(Gap lock)이나 넥스트 키 락(Next key lock)을 사용하고 있다.

물론 이런 내용을 전부 이해해야만 MySQL이나 InnoDB를 사용할 수 있는 것은 아니다. 하지만 내용을 조금 더 알고 있다면 잠금 대기를 조금이라도 줄이고 빠른 속도로 처리되도록 쿼리를 개선할 수 있을 것이다. InnoDB의 갭 락이나 넥스트 키 락과 같은 잠금 방식은 4장, "트랜잭션과 잠금"에서 이미 간단히 소개했으므로 여기서는 대표적인 SQL 문장별로 어떤 잠금이 사용되고 이러한 잠금을 어떻게 우회할 수 있는지도 함께 살펴보겠다.

여기서 언급되는 대부분의 잠금 관련 내용은 InnoDB 스토리지 엔진을 사용하는 테이블에 대한 내용이며, 그 밖의 스토리지 엔진에는 적용되지 않는다. MyISAM 스토리지 엔진은 트랜잭션 자체를 지원하지 않고 테이블 단위의 잠금을 사용하므로 SQL의 처리 성능은 떨어지지만 잠금 방식이 복잡하지는 않다.

12.1 InnoDB의 기본 잠금 방식

MySQL에서 일반적으로 사용 가능한 스토리지 엔진 가운데 InnoDB를 제외한 모든 스토리지 엔진은 대부분 테이블 잠금을 지원하고 있기 때문에 각 쿼리가 사용하는 잠금이 복잡하지도 않고 이해하기 어렵지도 않다. 하지만 InnoDB에서는 각 쿼리의 패턴별로 사용하는 잠금이 다르다. 예를 들어 평소에는 잠금을 사용하지 않는 쿼리가 추가로 어떤 기능이 포함되면 잠금을 사용하게 되는 등 복잡한 부분이 있기 때문에 주의해야 한다. 우선 여기서는 InnoDB 테이블에서 기본적인 SQL 문장이 어떤 잠금을 필요로 하는지 살펴보자.

12.1.1 SELECT

REPEATABLE-READ 이하의 트랜잭션 격리 수준에서 InnoDB 테이블에 대한 SELECT 쿼리는 기본적으로 아무런 잠금을 사용하지 않는다. 또한 이미 잠긴 레코드를 읽는 것도 아무런 제약이 없다. REPEATABLE-READ보다 더 높은 격리 수준인 SERIALIZABLE 격리 수준에서는 모든 SELECT 쿼리에 자동적으로 LOCK IN SHARE MODE가 덧붙여져서 실행되는 효과를 내기 때문에 이 격리 수준에서 모든 SELECT 쿼리는 읽기 잠금을 걸고 레코드를 읽는다. 그래서 SERIALIZABLE 격리 수준에서는 MySQL 서버의 처리 성능이 떨어지게 된다. 하지만 일반적으로 MySQL에서는 REPEATABLE-READ나 READ-COMMITTED 격리 수준을 사용하므로 SERIALIZABLE 격리 수준의 성능 저하는 크게 걱정하지 않아도 된다. SELECT 쿼리로 읽은 레코드를 잠그는 방법은 읽기 모드와 쓰기 모드 잠금으로 두 가지가 있다.

```
SELECT * FROM employees WHERE emp_no=10001 LOCK IN SHARE MODE;
SELECT * FROM employees WHERE emp_no=10001 FOR UPDATE;
```

두 가지 방법 모두 SELECT 쿼리로 읽은 레코드를 다른 커넥션의 트랜잭션에서 변경하지 못하게 막는 역할을 한다. 하지만 LOCK IN SHARE MODE는 읽기 잠금만 걸기 때문에 잠금을 획득한 트랜잭션에서도 변경하려면 쓰기 잠금을 다시 획득해야 한다. 다시 쓰기 잠금을 획득해야 한다는 것은 쓰기 잠금을 획득하기 위해 기다려야 할 수도 있다는 것을 의미한다. 읽기 잠금을 가진 상태에서 다시 쓰기 잠금을 획득하는 과정은 데드락을 유발하는 가장 일반적인 형태다. 만약 읽은 다음 변경까지 해야 한다면 LOCK IN SHARE MODE를 사용하기보다 처음부터 FOR UPDATE를 사용해 쓰기 잠금을 거는 것이 좋다. FOR UPDATE는 SELECT 쿼리 문장으로 읽은 레코드를 쓰기 모드로 잠그는데, 이는 다른 트랜잭션에 대한 영향도가 크기 때문에 반드시 읽은 레코드를 변경해야 할 때만 사용하는 것이 좋다.

LOCK IN SHARE MODE나 FOR UPDATE와 같은 잠금 읽기 기능은 COMMIT이나 ROLLBACK이 실행되면 잠금이 해제되므로 반드시 하나의 단위 프로그램(하나의 트랜잭션)에서만 유효하다는 점도 기억해야 한다. 여기서 단위 프로그램이란 웹 프로그램으로 비유한다면 한 번의 사용자 요청으로 처리되는 프로그램 단위를 의미한다. 만약 그림 12-1과 같이 하나의 작업 단위가 여러 번의 사용자 요청으로 완료되는 프로그램에서는 LOCK IN SHARE MODE나 FOR UPDATE와 같은 읽기 잠금을 사용해서는 안 된다.

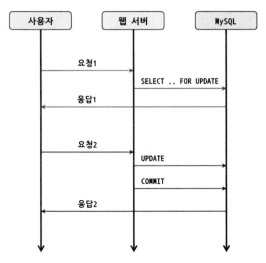

[그림 12-1] 두 번의 단위 프로그램에 걸친 잠금 읽기

그림 12-1에서와 같이 두 번의 사용자 요청에 걸쳐서 하나의 작업(트랜잭션)이 완료되는 프로그램에서 잠금(LOCK IN SHARE MODE 또는 FOR UPDATE)을 사용하면 첫 번째 요청 이후 그 커넥션은 다른 용도로 사용할 수 없게 된다. 특히나 이런 제약 사항은 기본적으로 커넥션 풀을 사용하는 웹 프로그램에서는 상당한 문제가 될 수 있다. 또한 사용자가 두 번째 요청을 하지 않고 웹 브라우저를 종료한다면 첫 번째 요청에서 잠겨진 레코드는 영원히 잠금이 해제되지 않을 것이고, 이로 인해 다른 사용자가 잠겨진 레코드를 변경할 수 없게 되어 버린다.

LOCK IN SHARE MODE나 FOR UPDATE를 사용하는 잠금 읽기는 TRY ~ FINALLY 구문으로 작성하고 FINALLY 구문에서는 COMMIT이나 ROLLBACK을 사용해 반드시 트랜잭션 종료가 보장되도록 프로그램을 작성하는 것이 좋다. 물론 이러한 부분은 잠금 읽기뿐 아니라 모든 트랜잭션을 사용할 때 지켜야 할 기본적인 규칙이므로 꼭 기억해 두자. 만약 이러한 부분에서 해제되지 않는 잠금의 누수가 발생하면 MySQL 서버에서는 다른 모든 커넥션이 잠금 대기 상태로 빠지고, 그로 인해 MySQL의 커넥션 수가 계속 증가하다가 결국 MySQL 서버는 아무런 처리도 할 수 없는 상태에 빠질 것이다.

12.1.2 INSERT, UPDATE, DELETE

INSERT와 UPDATE, DELETE 쿼리는 모두 기본적으로 쓰기 잠금을 사용하며, 필요 시에는 읽기 잠금을 사용할 수도 있다. 즉, 커넥션의 AutoCommit이 활성화된 상태라 하더라도 SQL을 처리하기 위해 잠금을 걸고 해제하는 작업은 생략하지 않는다. 단 AutoCommit 모드에서는 각 SQL 문장별로 자동으로 트랜잭션이 시작되고 종료되는 것이다. AutoCommit이 비활성화된 상태에서는 SQL 문장의 실행과 함께 자동으로 트랜잭션이 시작되지만 트랜잭션의 종료는 반드시 COMMIT이나 ROLLBACK 명령을 사용해 수동으로 종료시켜야 한다. AutoCommit이 활성화된 상태에서도 BEGIN이나 START TRANSACTION 명령을 실행해 명시적으로 트랜잭션을 시작할 수도 있는데, 이때는 AutoCommit이 비활성된 상태에서와 같이 반드시 COMMIT이나 ROLLBACK 명령을 이용해 수동으로 트랜잭션을 종료해야 한다.

InnoDB에서 UPDATE와 DELETE 문장을 실행할 때 SQL 문장이 조건에 일치하는 레코드를 찾기 위해 참조(스캔)하는 인덱스의 모든 레코드에 잠금을 건다. 여기서 참조(스캔)한 레코드에 잠금을 걸었다는 사실은 실제로 해당 쿼리 문장의 WHERE 조건에 일치하지 않는 레코드도 잠금의 대상이 될 수 있음을 의미한다. 실제 SQL 문장이 레코드를 검색하기 위한 조건을 10개 가지고 있더라도 InnoDB 는 인덱스를 이용해 조건에 일치하는 레코드를 찾을 때 10개의 조건을 전부 사용하지 않을 수도 있다. MySQL은 쿼리에 사용된 조건 중에서 인덱스를 적절히 사용할 수 있는 조건만 스토리지 엔진으로 전달하기 때문이다. InnoDB는 쿼리의 WHERE 절에 명시된 모든 조건에 일치하는 레코드만 선별적으로 잠그는 것이 불가능하다. InnoDB 스토리지 엔진은 WHERE절에 포함된 모든 조건이 아니라 인덱스를 사용할 수 있는 조건만 MySQL 엔진으로부터 전달받기 때문에 인덱스를 사용할 수 있는 조건만 일치하면 모두 잠그게 되는 것이다.

InnoDB가 레코드를 잠그는 방식을 예제로 한번 살펴보자.

```
UPDATE employees
SET last_name='...'
WHERE first_name='Georgi' AND gender='F';
```

위의 UPDATE 문장은 employees 테이블에서 first_name이 'Georgi'이면서 성별이 여자인 사원만 last_name을 변경하는 쿼리다. 하지만 employees 테이블에는 first_name 칼럼과 gender 칼럼을 동시에 포함하는 인덱스는 없고, first_name 칼럼만 가진 인덱스만 있다. 결국 예제 쿼리는 WHERE 조건절에 명시된 2개의 조건 가운데 "first_name='Georgi'" 조건만 인덱스를 이용할 수 있다. 이 내용은 다음 실행 계획의 key 칼럼에 ix_firstname 인덱스가 명시된 것으로도 쉽게 알 수 있다.

id	select_type	table	type	Key	key_len	Ref	rows	Extra
1	SIMPLE	employees	ref	ix_firstname	44	const	253	Using where

예제의 UPDATE 문장은 어떤 레코드를 잠그고 어떤 레코드를 변경할까? 이 UPDATE 문장을 실행하기 위해 레코드에 잠금을 거는 주체는 InnoDB 스토리지 엔진이고, 업데이트할 레코드를 최종 결정하는 주체는 MySQL 엔진이다. InnoDB 스토리지 엔진에서는 first_name이 'Georgi'인 모든 레코드를 잠그지만 최종적으로는 first_name이 'Georgi'이면서 성별이 'F'인 사원의 last_name만 변경하게 된다. 즉, 결과적으로 그림 12-2와 같이 InnoDB의 UPDATE나 DELETE 문장이 실행될 때는 항상 잠금 대상 레코드가 변경 대상 레코드보다 범위가 크거나 같다.

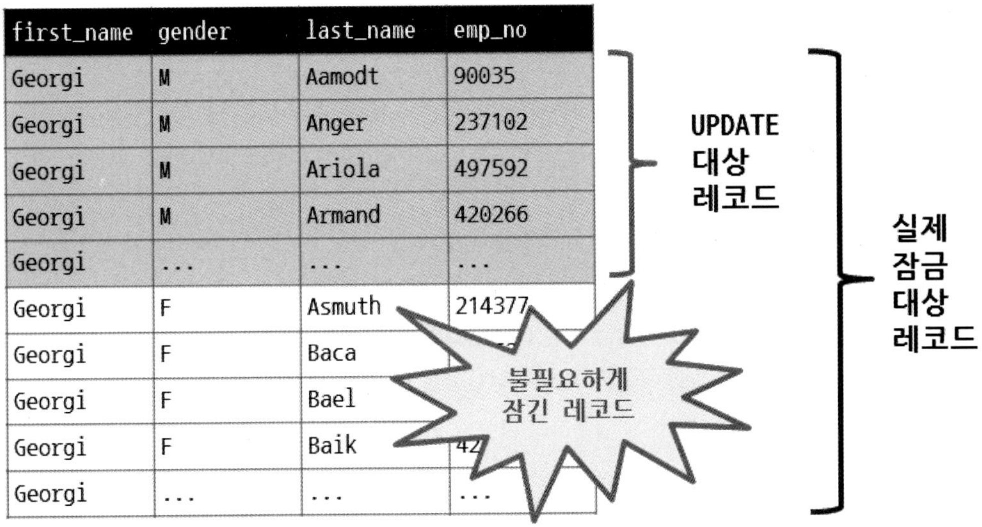

first_name	gender	last_name	emp_no
Georgi	M	Aamodt	90035
Georgi	M	Anger	237102
Georgi	M	Ariola	497592
Georgi	M	Armand	420266
Georgi	...	...	...
Georgi	F	Asmuth	214377
Georgi	F	Baca	
Georgi	F	Bael	
Georgi	F	Baik	42
Georgi	...	...	...

[그림 12-2] UPDATE나 DELETE 쿼리에서 잠금 대상과 변경 대상 구분

이는 MySQL에서 UPDATE나 DELETE 문장이 실행될 때 어떤 인덱스를 사용하는지에 따라 얼마나 큰 차이가 발생할 수 있는지 보여준다. 때때로 UPDATE나 DELETE 문장은 튜닝할 필요가 없다고 생각하는 사람들도 있는데, 이는 아주 위험한 생각이다. SELECT 쿼리에서는 필요하지 않더라도 UPDATE나 DELETE 문장을 위해 인덱스를 만들어야 할 때도 있다. 만약 UPDATE나 DELETE 문장이 제대로 된 인덱스를 사용하지 못하면 그 쿼리는 상당히 비효율적으로 실행될뿐더러 쿼리의 동시성도 상당히 나빠질 것이다. 가끔 새로 오픈하는 서비스를 대상으로 쿼리를 튜닝하거나 검토할 때 SELECT 쿼리만 검토하고 완료하는 사람들도 있는데, UPDATE나 DELETE 쿼리 문장도 꼭 함께 검토할 것을 권장한다.

위의 내용과 같은 맥락이지만, 작은 테이블이라고 별도로 인덱스를 생성하지 않을 때도 많다. 하지만 만약 UPDATE나 DELETE 문장의 조건으로 사용되는 칼럼이 있다면 그 칼럼에는 꼭 인덱스를 생성하길 권장한다. 다음 예제와 같이 인덱스를 사용하지 못하는 UPDATE나 DELETE 문장이 어떤 현상을 유발하는지 한번 살펴보자.

```
UPDATE employees SET last_name='...'
WHERE last_name='Facello' AND gender='M';
```

last_name이 'Facello'이고 남자인 사원은 전체 사원 중에서 118명이 있다. 이 사원들의 last_name을 변경하는 UPDATE 문장을 위와 같이 작성했다고 가정해 보자. 이 UPDATE 문장은 적절히 사용할 수 있는 인덱스가 전혀 없다. 실행 계획을 살펴봐도 접근 방식이 풀 테이블 스캔인 "ALL"로 표시될 것이다. InnoDB에서는 UPDATE가 실행될 때 인덱스를 기반으로 레코드를 잠근다. 그런데 사용할 수 있는 인덱스가 전혀 없으면 어떻게 될까? 이해하기 어렵겠지만 InnoDB는 사원 테이블의 모든 레코드에 잠금을 걸고, 조건에 일치하는 118건의 레코드만 last_name 칼럼의 값을 변경할 것이다.

테이블의 레코드 건수가 많다면 신경 써서 인덱스를 생성해 둘 것이다. 하지만 레코드 건수가 많지 않으면 별도로 인덱스를 준비하지 않은 상태에서 UPDATE나 DELETE 문장을 실행하려고 할 때도 많을 것이다. 이처럼 인덱스를 전혀 사용하지 못하는 UPDATE나 DELETE 문장은 테이블의 모든 레코드에 잠금을 걸게 되므로 테이블 수준의 잠금을 사용하는 MyISAM보다 동시성이 더 떨어질 수도 있다. "테이블의 레코드 건수가 적어서 인덱스를 생성하지 않아도 된다"라는 생각보다는 "테이블의 레코드 건수가 적어서 인덱스를 더 생성해도 테이블에 무리가 가지 않을 것이다"라고 생각을 바꾸자. 이렇게 레코드 건수가 적은 테이블은 일반적으로 쓰기나 변경도 거의 발생하지 않고, 문제가 된다면 언제든지 인덱스를 삭제하거나 변경할 수 있으니 더 문제될 것이 없다.

InnoDB 스토리지 엔진에서 인덱스는 빠른 검색이나 정렬 등의 목적으로도 사용되지만 InnoDB 내부적으로는 레코드 잠금의 기준으로도 사용된다는 것을 지금까지 알아봤다. 이 내용은 상당히 중요한 개념이므로 꼭 기억해두자. 그런데 복제를 사용하지 않는 MySQL 서버는 바이너리 로그가 필요하지 않을 수도 있다. 이처럼 바이너리 로그를 기록하지 않는다면 InnoDB의 트랜잭션 격리 수준을 REPEATABLE-READ가 아니라 READ-COMMITTED로 사용할 수도 있다. 트랜잭션 격리 수준이 READ-COMMITTED에서는 인덱스와 관계없이 실제 변경되는 레코드만 잠금을 걸게 된다. 복제를 사용하지 않는다면 불필요한 바이너리 로그를 사용하지 않도록 설정하고, 트랜잭션 격리 수준을 READ-COMMITTED로 사용하는 것도 고려해 본다.

주 의 바이너리 로그를 사용하지 않고 격리 수준이 READ-COMMITTED인 MySQL 서버에서는 InnoDB 테이블의 UPDATE나 DELETE 시에 실제 변경되는 레코드만 잠금을 걸게 된다. 하지만 이는 인덱스를 이용해 검색하면서 인덱스 조건에 일치하는 모든 레코드는 잠금을 걸었다가 실제 나머지 조건에 일치하지 않아서 변경 대상이 아닌 레코드는 다시 잠금을 해제하는 방식이다. 즉 바이너리 로그나 트랜잭션 격리 수준에 관계없이 UPDATE나 DELETE 쿼리는 최대한 인덱스를 사용할 수 있게 해주는 것이 좋다.

이번 장에서는 계속 UPDATE나 DELETE 문장만 언급했지만 사실 FOR UPDATE나 LOCK IN SHARE MODE를 사용하는 SELECT 쿼리 또한 동일한 방식으로 작동한다는 점도 기억하자.

12.2 SQL 문장별로 사용하는 잠금

InnoDB 테이블은 각 쿼리의 종류별로 사용하는 잠금 방식이 다르고, 전혀 잠금을 사용하지 않을 것으로 예상되는 쿼리도 잠금을 사용하는 것이 있다. 이로 인한 실수가 서비스를 멈추게 만드는 경우도 가끔씩 발생한다. 일반적으로 많이 사용되는 쿼리의 각 패턴이 어떤 잠금을 사용하는지 알고 있어야 이런 실수를 막을 수 있다.

12.2.1 SELECT 쿼리의 잠금

SELECT … FROM …

InnoDB 테이블에서 기본 형태의 SELECT 쿼리(잠금 옵션이나 INSERT와 같이 사용하지 않는)는 별도의 잠금을 사용하지 않는다. 만약 읽어야 할 레코드가 다른 트랜잭션에 의해 변경되거나 삭제되는 중이라면 InnoDB에서 관리하고 있는 데이터의 변경 이력(언두 로그)을 이용해 레코드를 읽는다. 이처럼 InnoDB 테이블에서 SELECT만 수행할 때는 다른 트랜잭션의 쿼리에 영향을 받지 않으며, 별도로 레코드를 읽기 위해 대기하지도 않는다. 또한 레코드를 읽을 때 별도의 잠금을 걸지도 않으며, DDL 문장으로 테이블의 구조가 변경되는 중에도 SELECT … FROM …은 처리될 수 있다. 하지만 트랜잭션의 격리 수준이 SERIALIZABLE인 경우에는 아무런 잠금 옵션이 없는 SELECT 쿼리라 하더라도 LOCK IN SHARE MODE 옵션이 자동으로 덧붙여져서 실행되므로 읽기 잠금을 획득 후 읽기를 실행한다.

SELECT … FROM … LOCK IN SHARE MODE

LOCK IN SHARE MODE 옵션이 사용된 SELECT 쿼리 문장은, WHERE 절에 일치하는 레코드뿐 아니라 검색을 위해 접근한 모든 레코드에 대해 공유 넥스트 키 락(Shared next-key lock)을 필요로 한다. 만약 읽기 잠금을 걸어야 하는 레코드가 다른 트랜잭션에 의해 쓰기 잠금이 걸려 있다면 그 잠금이 해제될 때까지 기다려야 한다. 하지만 다른 트랜잭션에 의해 읽기 잠금이 걸려있을 때는 읽기 잠금끼리는 상호 호환이 되므로 별도의 대기 없이 읽기 잠금을 획득할 수 있다. LOCK IN SHARE MODE로 획득한 읽기 잠금은 COMMIT이나 ROLLBACK 명령으로 트랜잭션이 종료되면 자동으로 해제된다. DDL 문장은 실행이 완료되면 자동으로 트랜잭션을 종료시키므로 같은 트랜잭션에서 DDL 문장이 실행되면 자동으로 획득된 잠금이 해제된다.

12장 _ 쿼리 종류별 잠금 **715**

SELECT … FROM … FOR UPDATE

FOR UPDATE 옵션이 사용된 SELECT 쿼리 문장도 WHERE 조건절에 일치하는 레코드를 검색하기 위해 접근한 모든 레코드에 대해 배타적 넥스트 키 락(Exclusive next-key lock)을 걸게 된다. 그래서 대상 레코드가 다른 트랜잭션에 의해 읽기 잠금이나 쓰기 잠금으로 사용되고 있다면 반드시 그 잠금이 해제될 때까지 대기해야 한다. LOCK IN SHARE MODE로 획득한 잠금은 COMMIT이나 ROLLBACK 명령으로 트랜잭션이 종료되면 자동으로 해제된다. 같은 트랜잭션에서 DDL 문장이 실행될 때도 자동으로 잠금이 해제된다. FOR UPDATE가 사용되면 SELECT 쿼리는 스냅 샷을 이용한 읽기를 사용하지 못하기 때문에 일관된 읽기(Consistent read)가 무시된다. 일관된 읽기에 대한 자세한 내용은 3.2.7절, "잠금 없는 일관된 읽기(Non-locking consistent read)"(127쪽)를 참조하자.

12.2.2 INSERT 쿼리의 잠금

INSERT …

INSERT 문장은 기본적으로 배타적 레코드 잠금을 사용한다. 만약 해당 테이블에 프라이머리 키나 유니크 키가 존재한다면 중복 체크를 위해 공유 레코드 잠금을 먼저 획득해야 한다. 또한 MySQL의 INSERT 문장은 추가적으로 인서트 인텐션 락(INSERT INTENTION LOCK)이라는 조금 색다른 잠금 방식도 사용한다.

인서트 인텐션 락은 INSERT를 실행할 의도를 지닌 쿼리가 획득해야 하는 잠금으로, 모든 INSERT 쿼리는 인서트 인텐션 락을 획득한 후 INSERT를 실행한다. 그리고 INSERT된 레코드에 대해서는 배타적 레코드 잠금을 자동으로 획득하게 된다. 인서트 인텐션 락은 갭락의 일종으로, 인서트 인텐션 락끼리는 서로 호환된다. 즉 여러 트랜잭션이 동시에 인서트 인텐션 락을 획득할 수 있다는 것을 의미한다. 하지만 이미 다른 트랜잭션이 레코드나 갭 락을 걸고 있다면 인서트 인텐션 락을 걸기 위해 기다려야 한다.

> **주의** 여기서 설명하는 인서트 인텐션 락은 InnoDB의 인텐션 락(INTENTION LOCK)과는 다른 것이다. 인텐션락은 InnoDB에서 MyISAM의 테이블 락과의 호환을 위해 가지고 있는 잠금의 일종이다. 또한 인텐션 락은 InnoDB에서 사용되는 테이블 레벨의 잠금이며, 이는 특별히 잠금 대기나 성능 문제의 원인이 되지는 않는다.

InnoDB에서 인서트 인텐션 락을 사용하는 이유는 InnoDB의 갭 락으로 인한 동시성 감소를 최소화하기 위해서다. 예제로 한번 살펴보자.

```
CREATE TABLE tb_test (
    fdpk INT NOT NULL,
    PRIMARY KEY(fdpk)
```

```
);
INSERT INTO tb_test VALUES (1), (6), (8), (9);
```

위와 같은 레코드를 가진 테이블에 대해 다음 세 개의 INSERT 문장을 실행할 때 인서트 인텐션 락이
어떻게 사용되는지 살펴보자.

```
-- // 트랜잭션 -1 :
BEGIN;
INSERT INTO tb_test VALUES (5);

-- // 트랜잭션 -2 :
BEGIN;
INSERT INTO tb_test VALUES (3);

-- // 트랜잭션 -3 :
BEGIN;
INSERT INTO tb_test VALUES (4);
```

tb_test 테이블에 4개의 레코드가 존재하는 상태에서 새로운 키 값이 3과 4, 그리고 5를 각각 다른 트
랜잭션에서 INSERT를 실행한다고 가정해 보자. 이때 인서트 인텐션 락이 없다고 가정했을 때 어떻게
처리되고 인서트 인텐션 락이 있을 때 어떻게 처리가 달라지는지 살펴보자. 인서트 인텐션 락이 없을
때의 처리 시나리오는 설명을 돕기 위해 가정한 것이며, 실제 InnoDB는 인서트 인텐션 락을 사용하는
시나리오로 INSERT 문장이 처리한다.

인서트 인텐션 락이 없다면

InnoDB는 프라이머리 키 값 1부터 6 사이에 새로운 프라이머리 키 값을 INSERT하기 위해 간격을
잠가야 하며, 이때 배타적 갭 락을 사용할 것이다. 그런데 이렇게 배타적 갭 락을 사용하면 위 3개의
INSERT 쿼리는 서로 전혀 충돌되지 않는 값을 INSERT함에도 순차적으로만 실행돼야 할 것이다. 즉,
각 트랜잭션은 다음과 같은 절차로만 실행될 수 있다.

1. tb_test 테이블에서 fdpk 칼럼 값이 1인 레코드부터 6인 레코드까지의 간격을 배타적 갭 락으로 잠근다.
2. 새로운 프라이머리 키 값(3,4,5)을 INSERT한다.
3. 새로 INSERT된 프라이머리 키 값(3,4,5)에 대해 배타적 레코드 잠금을 건다.

위의 예제의 3개 트랜잭션은 각 작업이 끝나기까지 기다려야 하므로 직렬화되어 동시에 실행되지 못하
고 순차적으로 실행된다.

인서트 인텐션 락을 사용하면

이런 불합리한 문제점을 해결하기 위해 InnoDB는 인서트 인텐션 락이라는 잠금 방식이 도입됐다. 위의 예제와 같이 실제 InnoDB에서는 3개의 트랜잭션이 모두 1부터 6사이의 간격에 대한 인서트 인텐션 락을 동시에 획득하게 된다. 서로 충돌하는 값을 INSERT하지 않는 이상, 동일 간격에 대해 서로 간섭을 받지 않고 동시에 INSERT가 처리될 수 있는 것이다.

INSERT를 실행하는 도중에 프라이머리 키나 유니크 키와 같이 중복이 허용되지 않는 칼럼에 대해 중복된 값이 이미 존재한다면 InnoDB는 반드시 기존의 중복된 레코드에 공유 레코드 락을 걸어야 한다. 이는 중복 키 오류를 발생시킨 트랜잭션이 COMMIT이나 ROLLBACK 명령으로 종료될 때까지는 중복된 값을 가진 레코드가 다른 트랜잭션에 의해 변경되거나 삭제되면 안 되기 때문이다. 그래서 중복 키 오류가 발생하면 해당 레코드에 대해 공유 잠금을 먼저 획득해야 하는 것이다. 그런데 이 과정으로 인해 데드락이 발생할 수도 있다. 공유 잠금을 획득하는 것 자체가 문제가 아니라 공유 잠금을 가지고 있는 상태에서 다시 배타적 잠금도 걸어야 할 때가 있는데, 이것이 데드락의 원인이 되는 경우가 상당히 많다.

> **참고**
>
> 여기서 잠깐 배타적 잠금(Exclusive-Lock, Write-Lock, X-Lock)과 공유 잠금(Shared-Lock, Read-Lock, S-Lock)에 대해 조금 더 생각해보자. 배타적 잠금은 해당 트랜잭션에서 그 레코드나 간격을 변경하기 위해 획득해야 하는 잠금이고, 공유 잠금은 그 레코드나 간격을 읽을 때 다른 트랜잭션이 변경하지 못하게 하는 용도의 잠금이다. 여기서 읽는 용도라는 것은 SELECT만을 의미하는 것이 아니라, INSERT나 UPDATE 그리고 DELETE 문장을 실행할 때도 읽기가 필요하다는 것을 말한다. 많은 사람들이 여기까지는 당연하다는 듯이 잘 알고 있다. 하지만 더 정확하게는 배타적 잠금은 내가 쓰기를 하는 동안 남들이 쓰지 못하게 하는 것이며, 공유 잠금은 내가 읽는 동안 남들이 내가 읽고 있는 데이터를 변경하거나 삭제하지 못하게 막는 장치다. 이렇게 생각을 바꿔야 InnoDB의 잠금을 조금 더 쉽게 이해할 수 있다.
>
> 프라이머리 키나 유니크 키가 존재하는 테이블에 INSERT를 수행할 때 공유 잠금을 걸어야 하는 이유는 INSERT를 전제로 한 읽기 작업 중에 다른 트랜잭션에서 레코드를 변경하거나 삭제하면 일관성이 깨지기 때문이다.

그러면 어떤 경우에 공유 잠금을 가진 상태에서 다시 배타적 잠금을 필요로 하게 되는지 살펴보자. 여기서 언급하는 예제에서 주의깊게 살펴봐야 할 부분은 공유 잠금을 가진 상태에서 배타적 잠금까지 획득하는 과정이다. 바로 위의 예제에서 사용한 tb_test 테이블에 3개의 트랜잭션에서 다음과 같이 같은 값을 INSERT하는 시나리오를 다시 한번 생각해 보자.

```
-- // 트랜잭션 -1 :
BEGIN;
INSERT INTO tb_test VALUES (1);

-- // 트랜잭션 -2 :
BEGIN;
INSERT INTO tb_test VALUES (1);

-- // 트랜잭션 -3 :
BEGIN;
INSERT INTO tb_test VALUES (1);
```

INSERT 쿼리가 실행되면 프라이머리 키나 유니크 키에 대해서는 중복 체크를 수행해야 한다. 각 트랜잭션별로 순차적으로 INSERT 쿼리가 실행된 후 COMMIT이나 ROLLBACK 명령이 수행되지 않으면 다음과 같은 상태가 될 것이다.

- 1번 트랜잭션에서는 fdpk가 1인 레코드에 대해 배타적 레코드 잠금을 갖게 되며,
- 트랜잭션 2번과 3번은 1번에서 점유한 레코드 잠금 때문에 공유 잠금을 획득하기 위해 대기하게 된다.

이때 트랜잭션 2번과 3번은 공유 레코드 잠금을 획득하기 위해 잠금 요청 큐(Lock queue)에 요청을 해 둔 상태로 멈춰 있게 된다. 이 상태에서 트랜잭션 1번에서 다음과 같이 ROLLBACK 명령을 실행해 보자.

```
-- // 트랜잭션 -1 :
ROLLBACK;
```

그러면 트랜잭션 1번이 가지고 있던 배타적 레코드 잠금이 해제됨과 동시에 트랜잭션 2번과 3번은 프라이머리 키값이 1인 레코드에 대해 공유 레코드 잠금을 걸게 된다. 그리고 트랜잭션 2번과 3번은 동시에 프라이머리 키 값이 1인 레코드가 없다는 것을 알고 바로 레코드를 INSERT하기 위해 배타적 잠금을 요청하게 된다. 이때 누가 먼저 배타적 레코드 잠금을 먼저 요청하게 될지 모르지만, 2번과 3번 트랜잭션 모두 배타적 잠금을 획득하지는 못한다. 이미 2번 트랜잭션과 3번 트랜잭션이 모두 읽기 잠금을 가지고 있기 때문에 어느 트랜잭션으로도 배타적 잠금을 허용해줄 수 없게 된다. 데드락 자체는 나중에 다시 한번 살펴볼 예정이므로 여기서는 INSERT가 실행되려면 어떤 잠금이 필요한지에 집중하자.

위의 예제에서 2번과 3번 트랜잭션에서 INSERT를 실행한 상태에서 일정 시간이 초과되면 2번과 3번 트랜잭션은 "Lock wait timeout" 에러를 발생시키고 종료할 것이다. 이는 innodb_lock_wait_timeout이라는 MySQL 시스템 설정 변수에 지정된 시간(기본적으로 50초로 설정돼 있음) 동안 레코드 잠금을 기다렸는데, 잠금을 획득하지 못할 때 발생하는 에러다. 위 예제 시나리오 테스트를 위해서는 2번과 3번 트랜잭션에서 INSERT를 수행한 후, 50초 이내에 1번 트랜잭션에서 ROLLBACK을 수행해야 한다.

그리고 innodb_lock_wait_timeout은 InnoDB의 레코드 레벨의 잠금에서만 사용되며, InnoDB와 MyISAM, 그리고 MEMORY 테이블 등의 테이블 레벨의 잠금을 기다릴 때는 적용되지 않는다. 즉 ALTER TABLE 명령으로 테이블의 구조를 변경하는 작업은 아무리 오랫동안 실행돼도 해당 테이블에 대해 실행되는 INSERT나 UPDATE, 그리고 DELETE 쿼리를 Lock wait timeout으로 종료시키지는 않는다.

INSERT INTO ··· ON DUPLICATE KEY UPDATE ···

INSERT하려는 레코드에 대해 중복된 키 값이 이미 있는지 판단하기 위해 공유 잠금을 걸어야 한다. 레코드가 존재한다면 배타적 잠금을 걸고 업데이트를 수행하며, 레코드가 존재하지 않는다면 일반적인 INSERT 문장과 같이 인서트 인텐션 락을 걸고 INSERT를 실행하며, 새로이 INSERT된 레코드에 대해서는 배타적 잠금을 획득한다.

REPLACE ···

REPLACE 문장에서는 중복된 키 값이 이미 있는지 판단하기 위해 공유 잠금을 걸어야 한다. 그리고 중복된 레코드가 존재한다면 배타적 잠금을 걸고 레코드를 삭제한다. 그리고 나머지 과정에서 필요한 잠금은 INSERT 문장과 마찬가지로 처리된다.

INSERT INTO tb_new ··· SELECT ··· FROM tb_old ···

tb_new 테이블에는 INSERT 때와 마찬가지로 새로 INSERT되는 레코드에 대해 배타적 레코드 락을 획득해야 한다. 또한 레코드를 읽어오는 tb_old 테이블의 대상 레코드에는 공유 넥스트 키락을 설정한다. 이는 이 쿼리가 실행되는 동안 tb_old 테이블에서 복사하는 원본 레코드가 변경되지 않도록 보장해 주기 위해서다. INSERT가 수행되는 동안 읽어 오는 대상 레코드의 변경을 막는 것은 팬텀 레코드를 막기 위한 것이며, 사실 이는 복제의 무결성을 보장해 주기 위한 필수 조건이다. 만약 데이터를 읽어 오는 tb_old 테이블의 레코드가 실행 도중에 변경되면 복제 마스터의 tb_new 테이블과 복제 슬레이브의 tb_new 테이블의 레코드 건수가 서로 달라질 수도 있다.

일반적으로 하나의 테이블에서 다른 테이블로 레코드를 복사할 때 읽어오는 테이블에 걸리는 공유 잠금이 자주 문제가 된다. 실제 tb_old 테이블이 애플리케이션에 의해 빈번하게 변경된다면 이 쿼리는 애플리케이션에서 사용되는 다른 쿼리들의 실행을 방해하게 된다. 이렇게 테이블 간에 데이터를 복사해야 할 때 tb_old 테이블의 공유 잠금을 피할 수 있는 방법으로는 다음의 세 가지가 있다.

- 첫 번째는 MySQL의 트랜잭션 격리 수준을 READ-COMMITTED로 변경하고 innodb_locks_unsafe_binlog를 활성화하는 방법이다. 이는 실질적으로 마스터와 슬레이브 사이에 발생할 수 있는 데이터 오차를 묵인하는 방법이므로 복제가 사용되고 있는 서버에서는 적용하기 어려운 해결 방법이다. 만약 현재 MySQL 서버가 복제되지 않고 바이너리 로그를 사용하지 않는다면 간단히 격리 수준을 READ-COMMITTED로만 변경해도 읽기 테이블의 공유 잠금은 사용하지 않는다.

- 두 번째는 MySQL의 복제 방식을 SBR(Statement Based Replication)이 아닌 RBR(Record Based Replication)로 변경하는 것이다. 하지만 이 방식 또한 아직 레코드 기반의 복제 방식을 많이 사용하지 않기 때문에 적용하는 것이 쉽지는 않다. 레코드 기반의 복제 방식으로 변경하기 어려운 것은 이 기능이 불안한 것보다는 SBR(Statement Based Replication) 기반의 복제 방식이 마스터와 슬레이브 간의 네트워크 트래픽을 상당히 줄여 주기 때문이라고 볼 수 있다. 단순히 INSERT INTO … SELECT … 쿼리를 사용하기 위해 복제의 방식을 변경한다는 것은 쉽지 않을 듯하다.

- 세 번째는 INSERT INTO … SELECT … 쿼리를 두 개의 쿼리로 나눠서 실행하는 방법이다. 우선 SELECT … INTO OUTFILE … 명령을 이용해 읽어 올 데이터를 파일로 저장하고, 저장된 파일을 LOAD DATA INFILE … 명령으로 INSERT해야 할 테이블에 적재하는 것이다. 이 방식 또한 별도의 디스크 I/O를 만들어 낸다는 것을 생각하면 그다지 효율적인 방법은 아니지만 읽어야 하는 테이블이 실시간으로 빈번하게 변경되는 테이블이라면 지금으로서는 이 방법이 가장 효과적인 방법이다.

REPLACE INTO tb_new … SELECT … FROM tb_old …

이 쿼리는 INSERT INTO … SELECT … 쿼리 문장과 마찬가지로 읽어 오는 테이블인 tb_old 테이블에는 공유 잠금이 걸리고 tb_new 테이블의 레코드는 배타적 레코드 락이 걸린다. 이 쿼리에서도 읽어 오는 테이블의 잠금을 회피하는 방법은 같다. 위의 세 가지 해결 방법 중에서 두 개의 쿼리로 나눠서 실행하는 세 번째 방법은 LOAD DATA INFILE … 명령에 REPLACE 옵션을 사용해야만 REPLACE INTO tb_new … 쿼리와 같은 효과를 낼 수 있다.

12.2.3 UPDATE 쿼리의 잠금

UPDATE … WHERE …

단순 UPDATE 문장은 WHERE 조건에 일치하는 레코드를 찾기 위해 참조(스캔)한 모든 레코드에 배타적 넥스트 키 락을 걸게 된다. 단순 레코드만 잠그지 않고 간격까지 잠그는 것은 팬텀 레코드의 발생을 막기 위한 것이다. 일반적으로 넥스트 키 락(레코드와 레코드 간의 갭을 동시에 잠그는 락)을 설정하는 이유는 이 처리가 수행되는 동안 다른 트랜잭션에 의해 처리 범위의 레코드가 영향을 받지 않게 하기 위해서다.

UPDATE tb_test1 a, tb_test2 b ON … SET a.column = b.column …

JOIN UPDATE 문장에서는 여러 개의 테이블이 동시에 사용되는데, 최종적으로 UPDATE되는 칼럼이 포함된 모든 테이블의 레코드에는 배타적 넥스트 키 락이 걸리고, 그 밖의 단순 참조용으로만 사용되는 테이블에는 공유 넥스트 키 락이 설정된다. 단순 참조 테이블에 공유 넥스트 키 락을 거는 이유는 INSERT INTO … SELECT … 쿼리와 같이 팬텀 레코드의 발생을 방지하고 복제에서 마스터와 슬레이브의 데이터 동기화를 유지하기 위해서다. "UPDATE tb_test1 a, tb_test2 b ON … SET a.column = b.column …" 문장에서는 tb_test1 테이블의 칼럼이 변경되므로 tb_test1 테이블에는 배타적 잠금이 걸리고, 단순 참조만 하는 tb_test2 테이블에서 조인에 참여한 레코드는 공유 잠금이 걸린다.

12.2.4 DELETE 쿼리의 잠금

DELETE FROM … WHERE …

단순 DELETE 문장은 UPDATE 문장과 똑같이 WHERE 조건에 일치하는 레코드를 찾기 위해 참조(스캔)한 모든 레코드에 대해 배타적 넥스트 키 락을 건다. 단순 레코드만 잠그지 않고 간격까지 잠그는 것은 복제에서 마스터와 슬레이브의 동기화를 유지하기 위해서다. 일반적으로 넥스트 키 락(레코드와 레코드 간의 갭을 동시에 잠그는 락)을 설정하는 이유는 이 처리가 수행되는 동안 다른 트랜잭션에 의해 처리 범위의 레코드가 변경되지 않게 하는 데 있다.

DELETE a FROM tb_test1 a, tb_test2 b …

JOIN DELETE 쿼리 문장도 JOIN UPDATE와 같이 하나의 쿼리에 여러 테이블이 동시에 사용된다. 이때 최종적으로 DELETE되는 레코드가 포함된 모든 테이블의 레코드에는 배타적 넥스트 키 락이 걸리고, 그 이외의 단순 참조용으로만 사용되는 테이블에는 공유 넥스트 키 락이 설정된다. 단순 레코드 잠금이 아니라 넥스트 키 락이 사용되는 이유는 다른 트랜잭션의 영향으로 팬텀 레코드의 생성을 방지해서 복제의 마스터 MySQL과 슬레이브 MySQL 간의 데이터 동기화를 유지하기 위해서다.

"DELETE a FROM tb_test1 a, tb_test2 b …" 쿼리에서는 tb_test1 테이블의 레코드만 삭제되므로 tb_test1 테이블에서 삭제되는 레코드는 배타적 잠금이 걸리고, tb_test2 테이블에서 조인의 참조용으로 사용되는 레코드는 공유 잠금이 걸린다.

12.2.5 DDL 문장의 잠금

CREATE TABLE tb_new … SELECT … FROM tb_old …

이 쿼리 또한 INSERT INTO … SELECT … 쿼리 문장과 마찬가지로 읽어 오는 테이블인 tb_old 테이블에는 읽기 잠금이 걸리고, tb_new 테이블에 INSERT되는 레코드는 배타적 레코드 락이 설정된다. "CREATE TABLE .. SELECT …" 문장은 DDL 명령이라서 쿼리가 완료됨과 동시에 트랜잭션도 자동으로 COMMIT된다. 이 쿼리에서도 읽어 오는 테이블의 잠금을 회피하는 방법은 "INSERT INTO … SELECT …" 예제에서 살펴본 세 가지 방법 모두 적용할 수 있다. 단 "INSERT INTO … SELECT …" 예제의 세 번째 방법을 적용할 때는 우선 테이블을 먼저 생성해야 하므로 다음과 같이 세 개의 쿼리로 나눠서 실행해야 한다.

```
CREATE TABLE tb_new…
SELECT … FROM tb_old INTO OUTFILE …
LOAD DATA INFILE … INTO tb_new …
```

RENAME TABLE tb_test TO tb_backup, tb_swap TO tb_test, …

RENAME TABLE 명령은 하나의 명령으로 여러 개의 테이블에 대해 RENAME하는 작업이 가능하다. RENAME TABLE 절에 명시된 모든 테이블에 대해 네임 락(Name lock)을 건다. 네임 락은 테이블 수준의 잠금이며 DDL 문장이라서 작업이 완료되면 트랜잭션을 자동으로 COMMIT되고 즉시 모든 잠금은 해제된다. RENAME TABLE 명령에 사용된 모든 테이블에 대해 먼저 네임 락을 획득하기 때문에 테이블의 이름을 변경하는 동안 해당 테이블의 레코드를 읽거나 쓰는 트랜잭션은 모두 대기하게 된다.

12.2.6 InnoDB에서 여러 쿼리 패턴 간의 잠금 대기

InnoDB 테이블의 레코드를 변경하는 두 개의 트랜잭션이 상호 잠금 대기를 유발하게 될지 간단히 표로 비교해 보자. 먼저 선행 트랜잭션에서 UPDATE 문장을 실행해서 레코드의 잠금을 걸게 된다. 이때 선행 트랜잭션을 COMMIT하지 않은 상태에서, 후행 트랜잭션(다른 커넥션)에서 INSERT와 UPDATE, 그리고 SELECT SQL을 실행한다. 후행 트랜잭션이 선행 트랜잭션에서 걸고 있는 잠금 때문에 대기해야 하는지 아니면 선행 트랜잭션과 관계없이 실행될 수 있는지를 표로 정리한 것이다.

우선, 위의 시나리오를 테스트하기 위해 다음과 같이 간단한 형태의 employees 테이블과 예제 레코드 3건을 INSERT하자. 실제 테스트를 진행할 때는 반드시 선행 트랜잭션의 UPDATE 쿼리가 AUTO_COMMIT이 아닌 상태여야 한다. 선행 트랜잭션에서는 "BEGIN" 명령을 실행하고, UPDATE 쿼리를 실행하면 된다. 물론 후행 트랜잭션의 SQL 테스트가 완료될 때까지 선행 트랜잭션은 COMMIT이나 ROLLBACK이 실행되면 안 된다.

```
CREATE TABLE employees (
  emp_no INT NOT NULL,
  last_name VARCHAR(16) DEFAULT NULL,
  PRIMARY KEY (emp_no)
) ENGINE=INNODB;

INSERT INTO employees VALUES (90,'Rodham'), (100, 'Piazza'), (110, 'Hockney');
```

여기서는 바이너리 로그의 포맷이 문장 기반(Statement based replication)인지 레코드 기반(Row based replication)인지를 구분해서 테스트를 진행했다. 물론 레코드 기반의 바이너리 로그 포맷에는 혼합 형태인 "MIXED"도 포함된다. 그리고 각 바이너리 로그 포맷별로 트랜잭션의 격리 수준을 "READ-COMMITTED(RC)"와 "REPEATABLE-READ(RR)" 그리고 "SERIALIZABLE(S)"로 구분해서 진행했다. 다음 표의 결과는 MySQL 5.1과 MySQL 5.5에서 모두 테스트됐으며, 결과도 똑같았다. 그리고 MySQL 5.1이나 5.5 버전에서는 문장 기반(Statement based replication) 바이너리 로그 포맷이 사용되면 "READ-COMMITTED(RC)" 격리 수준을 사용하지 못하므로 이 테스트 대상에서는 제외했다.

선행 트랜잭션	후행 트랜잭션	SBR		RBR (Mixed 포함)		
		RR	S	RC	RR	S
UPDATE employees SET last_name='Lenart' WHERE emp_no=100	SELECT * FROM employees WHERE emp_no=100	O	X	O	O	X
	UPDATE employees SET last_name='Baaz' WHERE emp_no=90	O	O	O	O	O
	UPDATE employees SET last_name='Baaz' WHERE emp_no=110	O	O	O	O	O
	INSERT INTO employees VALUES (99, 'Baaz')	O	O	O	O	O
	INSERT INTO employees VALUES (101, 'Baaz')	O	O	O	O	O
UPDATE employees SET last_name='Lenart' WHERE emp_no<100	SELECT * FROM employees WHERE emp_no<100	O	X	O	O	X
	UPDATE employees SET last_name='Baaz' WHERE emp_no=100	X(*)	X(*)	X(*)	X(*)	X(*)
	UPDATE employees SET last_name='Baaz' WHERE emp_no=110	O	O	O	O	O
	INSERT INTO employees VALUES (99, 'Baaz')	X	X	O(*)	X	X
	INSERT INTO employees VALUES (101, 'Baaz')	O	O	O	O	O

트랜잭션	쿼리					
UPDATE employees SET last_name='Lenart' WHERE emp_no>100	SELECT * FROM employees WHERE emp_no>100	O	X	O	O	X
	UPDATE employees SET last_name='Baaz' WHERE emp_no=90	O	O	O	O	O
	UPDATE employees SET last_name='Baaz' WHERE emp_no=100	O	O	O	O	O
	INSERT INTO employees VALUES (99, 'Baaz')	O	O	O	O	O
	INSERT INTO employees VALUES (101, 'Baaz')	X	X	O(*)	X	X
UPDATE employees SET last_name='Lenart' WHERE emp_no<=100	SELECT * FROM employees WHERE emp_no<=100	O	X	O	O	X
	UPDATE employees SET last_name='Baaz' WHERE emp_no=110	X(*)	X(*)	X(*)	X(*)	X(*)
	INSERT INTO employees VALUES (99, 'Baaz')	X	X	O(*)	X	X
	INSERT INTO employees VALUES (101, 'Baaz')	X(*)	X(*)	O(*)	X(*)	X(*)
UPDATE employees SET last_name='Lenart' WHERE emp_no>=100	SELECT * FROM employees WHERE emp_no>=100	O	X	O	O	X
	UPDATE employees SET last_name='Baaz' WHERE emp_no=90	O	O	O	O	O
	INSERT INTO employees VALUES (99, 'Baaz')	O	O	O	O	O
	INSERT INTO employees VALUES (101, 'Baaz')	X	X	O(*)	X	X

위의 테스트 결과에서 "(*)" 표시가 된 항목이 주의깊게 살펴봐야 할 부분이다.

X(*)

넥스트 키 락이나 갭 락이 존재하지 않는 RDBMS에서는 잠금 대기가 발생하지 않지만 MySQL의 InnoDB에서는 넥스트 키 락으로 인해 잠금 대기가 발생하는 상황을 의미한다.

O(*)

넥스트 키 락이나 갭 락으로 InnoDB에서 잠금이 발생해야 하지만 레코드 기반(RBR이나 MIXED)의 바이너리 로그 포맷과 READ-COMMITTED 격리 수준을 사용함으로써 잠금 대기가 발생하지 않는 상황을 의미한다.

이렇게 MySQL 서버의 바이너리 로그 포맷과 InnoDB의 격리 수준을 조정해서 테스트해 본 결과, 잠금이 발생하는 케이스만 카운터해 보면 다음 표와 같다. 숫자가 높을수록 잠금의 범위가 넓으며, 그와 동시에 InnoDB의 동시 처리 성능이 떨어지는 것을 의미한다. 다음 표에서 보는 바와 같이 InnoDB의 동시성을 최대로 만들려면 레코드 기반의 복제를 사용하고 격리 수준은 READ-COMMITTED로 조정하는 것이 가장 좋다. 다만, 레코드 기반의 복제는 아직 그렇게 넓게 사용되지는 않으므로 반드시 여러 가지 테스트를 거쳐서 적용하는 것이 좋다.

문장 기반 복제(SBR)		레코드 기반 복제(RBR, MIXED)		
REPEATABLE-READ	SERIALIZABLE	READ-COMMITTED	REPEATABLE-READ	SERIALIZABLE
7	12	2	7	12

12.3 InnoDB에서 데드락 만들기

InnoDB는 다른 DBMS와는 달리 레코드 간의 간격을 잠그는 갭 락이나 넥스트 키 락이 있다. 이로 인해 InnoDB의 잠금은 순수한 레코드 레벨의 잠금만 사용하는 DBMS보다는 잠금의 범위가 넓은 편이며, 그 영향으로 데드락도 더 자주 발생하는 편이다. 이번 절에서는 InnoDB 테이블에서 주로 발생할 수 있는 데드락 상황을 살펴보면서 InnoDB의 잠금을 살펴보고자 한다.

InnoDB에서 대부분의 데드락은 공유 잠금을 가진 상태에서 다시 배타적 잠금을 얻으려고 하는 잠금 업그레이드 상황에서 자주 발생한다. 또한 프로그램에서 하나의 기능이 동시에 병렬로 실행되면서 서로 간섭을 일으키는 경우가 많다. DBMS에서 데드락을 만들어 내는 케이스는 무수히 많겠지만 여기서는 대표적으로 많이 알려진 것들을 한번 살펴보고자 한다. 애플리케이션을 개발하면서 데드락을 강제로 발생시킬 일은 없겠지만 데드락을 강제로 발생시켜보면서 데드락의 원인이나 패턴을 알 수 있다면 회피하는 방법 또한 쉽게 찾을 수 있을 것이다. 여기서 소개하는 데드락은 안티 패턴으로 생각하고 이해하면 될 듯하다.

12.3.1 패턴 1(상호 거래 관련)

가장 많이 알려진 데드락 패턴일 것이다. 학교의 수업에서도 예제로 빈번히 나오는 형태의 데드락 패턴이다. A 사용자가 B 사용자에게 10 포인트를 전달하고, 그와 동시에 B 사용자도 A 사용자에게 10 포인트를 전달하는 시나리오를 생각해 보자.

다음 예제와 같이, 트랜잭션 1번에서는 user_id='A'에 대해 배타적 잠금을 가지고 있고, 동시에 트랜잭션 2번은 user_id='B'에 대해 배타적 잠금을 가지고 있다. 이 상태에서 다시 각자 상대방 트랜잭션에서 가지고 있는 레코드를 변경하기 위해 배타적 잠금을 요청하면 데드락이 발생한다.

트랜잭션 1	트랜잭션 2
BEGIN;	
	BEGIN;
UPDATE tb_user SET point_balance = point_balance - 10 WHERE user_id='A';	
	UPDATE tb_user SET point_balance = point_balance - 10 WHERE user_id='B';
UPDATE tb_user SET point_balance = point_balance + 10 WHERE user_id='B';	
	UPDATE tb_user SET point_balance = point_balance + 10 WHERE user_id='A';
-- 데드락 발생 지점 --	
COMMIT;	
	COMMIT;

많이 알려져 있기도 하고 자주 겪는 데드락이기도 하지만, 사실 이런 패턴의 데드락은 아주 간단하게 피해갈 수 있다. 일반적으로 애플리케이션에서는 대부분 포인트를 차감시키는 쿼리를 먼저 수행하고, 그다음 포인트를 증가시키는 순서대로 개발하게 된다. 하지만 이렇게 구현된 애플리케이션에서는 빈번하지는 않겠지만 위와 같은 데드락이 발생할 가능성이 있는 것이다.

이런 패턴의 데드락을 피하는 방법은 애플리케이션에서 업무(포인트의 차감과 증가) 순서가 아니라 테이블의 프라이머리 키인 user_id 값을 기준으로 처리해주면 된다. 즉 위의 예제에서 트랜잭션 1번은 예제의 순서대로 UPDATE를 진행하고, 트랜잭션 2번에서는 B 사용자의 포인트 차감 UPDATE 문장보다 A 사용자의 포인트 증가 UPDATE 문장을 먼저 실행하면 되는 것이다. 그러면 어떤 트랜잭션에서도 차감 후 증가 순서의 UPDATE가 아니라 user_id의 순서대로 처리되기 때문에 잠금에 대한 대기는 발생할지는 몰라도 절대 데드락은 발생하지 않는다.

12.3.2 패턴 2(유니크 인덱스 관련)

이번에 살펴볼 데드락은 공유 잠금과 배타적 잠금이 혼합된 형태다. 이 패턴의 데드락은 테이블에 프라이머리 키 또는 유니크 키가 존재할 때 발생할 수 있는 데드락이다. 다음의 예제를 한번 살펴보자. 이 예제에서 트랜잭션의 시작(BEGIN 명령)은 어떤 트랜잭션에서 먼저 실행하든 관계없다.

트랜잭션-1	트랜잭션-2	트랜잭션-3
BEGIN;	BEGIN;	BEGIN;
INSERT INTO tb_test VALUES(9);		
	INSERT INTO tb_test VALUES(9);	
		INSERT INTO tb_test VALUES(9);
ROLLBACK;		
-- 데드락 발생 지점 --		

위의 시나리오에서는 트랜잭션 1번이 ROLLBACK을 실행하기 바로 직전까지는 프라이머리 키가 9인 레코드에 대한 배타적 잠금은 트랜잭션 1번이 가지고 있고, 트랜잭션 2번과 3번은 공유 레코드 잠금을 획득하기 위해 대기하고 있는 상태다. 이 상태에서 트랜잭션 1번에서 ROLLBACK을 실행하면 프라이머리 키가 9인 레코드가 없어짐과 동시에 트랜잭션 1번이 걸었던 배타적 잠금이 해제된다. 이때 트랜잭션 2번과 3번은 동시에 가상의 레코드(실제로 존재하지 않지만 프라이머리 키 값이 9인 레코드)에 대해

공유 잠금을 획득하고, 프라이머리 키가 9인 레코드가 없다는 사실을 알게 된다. 그래서 트랜잭션 2번과 3번은 새로운 레코드를 INSERT하기 위해 배타적 잠금을 걸려고 할 것이다.

이때 트랜잭션 2번과 3번 중에서 어느 트랜잭션이 먼저 배타적 잠금을 요청하느냐에 관계없이 둘 중 아무도 배타적 잠금을 걸지 못한다. 이미 트랜잭션 2번과 3번이 각자 공유 잠금을 가지고 있기 때문에 서로의 공유 잠금으로 인해 배타적 잠금을 걸지 못하고 서로 대기하게 된다. 이 상황이 데드락 상황인 것이다. 이는 공유 잠금끼리는 호환이 되므로 트랜잭션 2번과 3번이 동시에 공유 잠금을 걸 수 있었지만 공유 잠금과 배타적 잠금은 서로 호환되지 못하기 때문에 발생하는 데드락이다.

실제로 InnoDB에서 발생하는 데드락 상황은 첫 번째 패턴보다는 이러한 종류의 패턴이 더 많다. 첫 번째 패턴은 쉽게 프로그램의 코드를 수정해서 회피할 수 있지만 이 경우에는 특별한 방법이 없다. 이러한 데드락을 줄일 수 있는 방법은 최대한 유니크 인덱스의 사용을 자제하는 것이다. 불필요한 유니크 인덱스는 피할 수 있지만, 프라이머리 키까지 생략할 수는 없다. 만약 이런 패턴의 데드락이 자주 발생한다면 다음과 같은 방법을 한번 고려해보자.

- 이러한 패턴의 데드락을 유발하는 프로그램이 배치 프로그램이라면 실행 시간을 변경해 보자.
- 만약 웹 서비스와 같은 OLTP 환경의 프로그램이 이러한 데드락을 유발한다면 프로그램 코드에 데드락에 대한 핸들링 코드를 추가하는 것이 가장 적절한 방법이다. 여기서 핸들링 코드는 자바 언어의 try ~ catch 문과 같은 형태로, SQLException을 이용해 MySQL 에러 번호나 SQL-STATE 값을 체크하고 데드락이 발생했는지 조사해야 한다.

InnoDB 스토리지 엔진이 활성화된 MySQL 서버에서는 "SHOW ENGINE INNODB STATUS;"라는 명령을 이용해 InnoDB 스토리지 엔진의 여러 가지 상태 정보를 확인할 수 있다. 이 명령의 결과로 출력된 내용의 위쪽에 가장 최근에 발생했던 데드락 정보가 나오는데, 이 정보를 확인하면 대략 프로그램 코드의 어느 부분에서 발생한 데드락인지는 판단할 수 있다. 하지만 데드락의 모든 정보가 출력되는 것이 아니기 때문에 이 정보만으로 모든 상황을 판단할 수는 없다. 각 트랜잭션이 어떤 잠금을 기다리고 있는지는 알려주지만 어떤 잠금을 가지고 있는지는 명확히 보여주지 않기 때문이다. 관련된 쿼리를 사용하는 프로그램의 트랜잭션에 포함된 쿼리를 모두 조사해서 가능한 데드락의 케이스를 예측해보는 것이 가장 빠른 해결 방법일 것이다. 만약 InnoDB에 상당히 익숙하지 않다면 더욱 그럴 것이다.

InnoDB에서 데드락의 원인을 조사할 때 또 한 가지 팁은 데드락은 애플리케이션에서 하나의 코드 블록(하나의 트랜잭션)이 병렬로 여러 스레드에서 동시에 실행되면서 서로 간섭을 일으켜 발생하는 경우가 대부분이라는 것이다.

12.3.3 패턴 3(외래키 관련)

DBMS의 종류에 관계없이 실제 물리적으로 DBMS에서 FOREIGN KEY를 생성해서 사용하는 시스 템은 사실 별로 경험한 적이 없다. MySQL의 InnoDB에서도 마찬가지인데, 이번 예제는 FOREIGN KEY 때문에 잠금이 관련 테이블로 전파되면서 발생하는 데드락을 한번 살펴보겠다. 우선 다음과 같이 FOREIGN KEY 관계를 가진 두 개의 테이블을 생성해 보자. tb_board 테이블은 게시판의 목록 데이 터를 저장하는 테이블로, 이 테이블의 article_count 칼럼은 tb_article 테이블에서 게시물 건수를 미 리 카운터해서 저장해두는 추출 칼럼이다.

```sql
CREATE TABLE tb_board (
  board_id INT NOT NULL,
  article_count INT NOT NULL DEFAULT 0,
  PRIMARY KEY (board_id)
);

CREATE TABLE tb_article (
  article_id INT NOT NULL,
  board_id INT NOT NULL,
  PRIMARY KEY (article_id),
  CONSTRAINT FOREIGN KEY fx_boardid (board_id) REFERENCES tb_board(board_id)
);

INSERT INTO tb_board (board_id, article_count) VALUES (1,0);
```

위의 예제에서 tb_article 테이블은 tb_board 테이블의 board_id 칼럼을 FOREIGN KEY로 가지고 있다. 이때 트랜잭션 1번에서 자식 테이블(tb_article)에 INSERT를 먼저 실행한 다음 부모 테이블(tb_ board)의 게시물 건수(article_count)를 업데이트하는 시나리오를 한번 살펴보자.

트랜잭션 1	트랜잭션 2
BEGIN;	BEGIN;
INSERT INTO tb_article VALUES (1,1);	
	INSERT INTO tb_article VALUES (2,1);
UPDATE tb_board SET article_count=article_count+1 WHERE board_id=1;	

```
UPDATE tb_board
SET article_count=article_count+1
WHERE board_id=1;
```

-- 데드락 발생 지점 --

트랜잭션 1번의 "INSERT INTO tb_article VALUES (1,1)" 쿼리가 실행되면 tb_article 테이블에서 article_id=1인 레코드에는 배타적 잠금이 걸리고, 동시에 tb_board 테이블의 board_id=1인 레코드가 공유 잠금이 걸린다. 즉 트랜잭션 1번에서 INSERT한 레코드가 참조하는 tb_board 테이블에서 board_id=1인 레코드는 트랜잭션 1번이 완료되기 전까지 변경되면 안 되기 때문에 공유 잠금이 걸리는 것이다. 그런데 이 상황에서 각 트랜잭션은 tb_board 테이블의 article_count를 누적시키기 위해 배타적 잠금을 요청하고 있는 것이다. 이렇게 각 트랜잭션에서 tb_board 테이블의 레코드에 대해 공유 잠금을 걸고 있는 상태에서 다시 tb_board 테이블에 배타적 잠금을 요청하는 것은 두 번째 데드락 패턴에서 본 잠금의 업그레이드 현상과 같다고 볼 수 있다. 단, 차이는 읽기 잠금이 사용자의 쿼리에 의해 직접적으로 걸린 것이 아니라 FOREIGN KEY로 인해 걸렸다는 것이다.

이런 FOREIGN KEY로 인한 데드락은 INSERT와 UPDATE의 순서를 반대로 실행해주면 해결된다. 하지만 실제 사용량이 많은 서비스에서는 tb_board 테이블을 UPDATE하는 쿼리가 너무 빈번하게 실행되기 때문에 tb_board 테이블에 잠금 경합(Lock contention)이 상당히 높아질 수 있다. 그래서 이런 요건을 위해서는 tb_board 테이블의 카운터를 UPDATE하는 쿼리는 일정 주기로 모아서 실행하는 것이 좋다.

12.3.4 패턴 4(서로 다른 인덱스를 통한 잠금)

지금까지 살펴본 데드락 패턴은 모두 하나의 트랜잭션에서 쿼리가 2개 이상일 때 발생하는 것들이었다. 이번에는 단 하나의 UPDATE 문장만 포함된 트랜잭션에서 데드락이 발생하는 예제를 한번 살펴보자. 하지만 이 예제의 데드락이 발생하려면 시점이 아주 중요하기 때문에 실제 테스트를 해보기는 쉽지 않을 것이다. 간단하게 머릿속으로만 확인해보자. 테스트를 위해 다음과 같은 예제 테이블을 생성하자. 이 테이블에서 프라이머리 키와 별도의 인덱스가 데드락의 원인이므로 꼭 함께 생성해야 한다.

```
CREATE TABLE tb_user (
  user_id INT NOT NULL,
  user_name VARCHAR(20) NOT NULL,
  user_status TINYINT NOT NULL,
  PRIMARY KEY (user_id),
```

```
    INDEX ix_status (user_status)
);

INSERT INTO tb_user VALUES (1, 'Ronald', 0), (2, 'John', 1),
                          (3, 'Jane', 1), (4, 'Lara', 1), (5, 'Rula', 0);
```

위 예제를 실행하면 프라이머리 키와 인덱스가 지정된 회원 테이블에 5개의 레코드가 저장된다. 다음 시나리오로 두 트랜잭션에서 쿼리를 실행한다고 가정해보자.

트랜잭션 1	트랜잭션 2
SET AUTOCOMMIT=1;	SET AUTOCOMMIT=1;
UPDATE tb_user SET user_status=4 WHERE user_status=1 ORDER BY user_id LIMIT 1;	UPDATE tb_user SET user_status=2 WHERE user_id=2;
-- 데드락 발생 지점 --	

이 시나리오에서 각 트랜잭션이 변경하고 있는 조건은 다르지만, 사실 두 업데이트 문장은 공통적으로 user_id=2인 회원 정보를 변경하고 있다. 그런데 트랜잭션 1번의 업데이트 문장은 정상적으로 실행됐고, 트랜잭션 2번의 문장은 데드락으로 인해 종료됐다. 이 시나리오에서 왜 데드락이 발생했는지 살펴보기 위해 각 트랜잭션의 쿼리가 어떤 처리와 어떤 잠금을 걸었는지 순서대로 한번 살펴보자.

트랜잭션 1	트랜잭션 2
ix_status 인덱스를 레인지 스캔해서 user_status=1인 레코드의 배타적 잠금 획득 (이때 ix_status 인덱스에 잠금 설정함) 그리고 프라이머리 키를 읽어 옴	
	프라이머리 키를 검색해서 user_id=2인 레코드의 배타적 잠금 획득 (이때 PRIMARY KEY 인덱스에 잠금 설정함) 그리고 user_status 값을 읽어 옴
변경 작업을 수행하기 위해 프라이머리 키 값이 2인 레코드의 배타적 잠금을 획득해야 하는데, 이미 2번 트랜잭션이 점유 상태이므로 대기	user_status 값을 1에서 2로 변경하기 위해 user_status=1인 인덱스(ix_status) 레코드의 배타적 잠금을 획득해야 하는데, 이미 1번 트랜잭션이 점유 상태이므로 대기
-- 데드락 발생 지점 --	

그림 12-3은 조금 더 이해하기 쉽게 그림으로 표현해본 것이다.

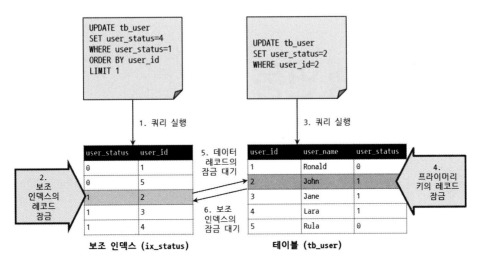

[그림 12-3] 단일 레코드 업데이트 시 발생하는 데드락 시나리오

이런 패턴의 데드락은 발생 빈도가 낮지만 각 트랜잭션에서 UPDATE 쿼리 하나씩만 실행하는 과정 중에도 데드락이 발생할 수 있음을 확인할 수 있다. 또한 단일 레코드의 UPDATE 문장이더라도 InnoDB 내부적으로는 절대 단일 작업(한번의 잠금 획득으로 모든 처리가 완료되는 작업)이 아니라는 점도 기억해 두자.

마지막으로, 데드락은 절대 애플리케이션이나 MySQL 서버의 버그가 아니라는 인식 또한 중요하다. 데드락이 발생하면 그 데드락을 해결할 수 있는 처리 내용을 넣으면 된다. 실제로 어떤 DBMS를 사용하든 해당 애플리케이션이 절대 데드락을 유발하지 않으리라 보장할 수는 없다. 이렇게 정말 절묘한 시점 차이로 인해 발생하는 데드락은 해결하기 어렵다. 그렇다고 프로그램 코드의 모든 트랜잭션 처리에서 데드락에 대한 대응 코드를 넣는다는 것은 더 어려운 일일 것이다. 데드락이 예상될 때 별도의 해결 방법이 있으면 좋겠지만 그렇지 않다면 MySQL 서버의 에러 코드를 감지해서 재처리하도록 프로그래밍하는 것은 절대 편법이 아니다.

13

프로그램 연동

애플리케이션에서 MySQL을 사용할 때 관심을 가져야 할 부분은 SQL만이 아니다. 실제로 현장에서 가장 취약한 부분은 애플리케이션과 데이터베이스를 연결하는 인터페이스 부분이다. 데이터 모델이나 SQL의 튜닝은 데이터베이스 담당자가, 그리고 애플리케이션의 성능이나 최적화는 개발자가 책임지고 진행한다. 하지만 그 누구도 인터페이스의 라이브러리나 프레임워크에 대해서는 크게 관심을 두지 않으며, 실제로 깊이 있게 알고 있는 사람도 많지 않다.

JDBC 드라이버를 이용해 프로그램을 만든 경험이 아무리 많아도 아마 JDBC 드라이버의 작동 방식을 변경하기 위한 옵션으로 어떤 것이 있고 어느 부분을 주의해야 하는지 거의 알지 못하는 경우가 많다. 또한 JDBC와 같은 인터페이스 부분은 애플리케이션과 MySQL 데이터베이스의 중간에 위치하고 있어서 양쪽의 특성을 잘 알지 못하면 최적의 옵션을 선택하기가 쉽지 않다. 이번 장에서는 JDBC 드라이버나 MySQL의 C API를 이용해 프로그램을 작성할 때 고려해야 할 부분과 주의해야 할 사항을 살펴보자.

13.1 자바

자바 프로그램 언어로 MySQL 데이터베이스에 접속해서 SQL을 실행하려면 자바에서 제공하는 표준 데이터베이스 접속 API인 JDBC를 이용해야 한다. 자바에서 제공하는 JDBC는 것은 사실은 껍데기(Interface)일 뿐이며, 실제 각 DBMS에 접속해 필요한 작업을 하는 알맹이(Implementation)는 각 DBMS 제조사에서 제공하는 JDBC 드라이버다. 각 DBMS 제조사가 자바에서 제정해 둔 표준에 맞게 알맹이를 구현하므로 실제 JDBC를 이용하는 개발자는 DBMS 벤더에 신경쓰지 않고 데이터베이스 프로그램을 개발할 수 있는 것이다.

13.1.1 JDBC 버전

JDBC 드라이버는 DBMS가 발전함에 따라 기능도 확장되고 새로운 기능이 추가되면서 버전이 올라가고 있다. 일반적으로 JDBC 버전은 JDBC-1 또는 JDBC-3과 같이 드라이버의 주요 버전(Major version)만 언급해서 표현한다. 현재 JDBC 드라이버는 1부터 4까지 나온 상태이며, 현재는 대부분 JDBC-3 또는 JDBC-4를 사용하고 있다. 현재 대부분의 DBMS는 JDBC-4까지 지원하고 있으며, MySQL JDBC 드라이버 또한 JDBC-4를 지원한다.

MySQL의 JDBC 드라이버도 자체적인 버전을 가지고 있는데, 모든 버전이 JDBC-4를 지원하는 것은 아니다. 예전에 출시된 MySQL JDBC 드라이버를 사용하고 있다면 JDBC-3 표준만 지원하는 드라이버일 수도 있다. JDBC 표준은 버전이 올라가더라도 예전 버전의 기능을 대부분 지원하고 있으므로 JDBC-3 버전을 이용해 개발한 애플리케이션을 JDBC-4 버전 환경에서 운영하는 데 문제가 없지만, 그 반대의 경우는 문제가 될 수 있다. MySQL의 JDBC 드라이버 버전별로 어떤 JDBC 표준을 지원하고, MySQL의 JDBC 드라이버 버전별로 필요한 JRE(Java runtime environment) 버전이 무엇인지 다음 표를 통해 살펴보자.

MySQL JDBC 버전	표준 JDBC 버전	MySQL 서버 버전	지원 상태
3.0 (Connector/J)	3.0	3.x, 4.1	버그 및 기능 개선 종료됨
3.1 (Connector/J)	3.0	4.1, 5.0	버그 및 기능 개선 종료됨
5.0 (Connector/J)	3.0	4.1, 5.0	사용 가능 버전
5.1 (Connector/J)	3.0, 4.0	4.1, 5.0, 5.1, 5.4, 5.5	사용 가능 버전 (추천)

MySQL의 JDBC드라이버 이름은 Connector/J라고 하는데, Connector/J는 JDBC 표준과는 무관하게 자체적인 버전 체계를 가지고 있다. 그래서 Connector/J의 버전만으로는 어떤 JDBC 표준을 지원하는지 파악하기는 쉽지 않다. 가끔 JDBC의 아주 기본적인 기능만을 사용할 때는 JDBC 버전을 크게 고려하지 않고 사용하기도 한다. 하지만 JDBC 버전이 올라갈수록 효율적인 기능이 추가되는데, 이런 기능을 사용할 때는 Connector/J와 JDBC 표준의 버전을 확인하는 것이 좋다. 현재 가장 널리 사용되는 JDBC 표준은 JDBC-3와 JDBC-4이며, MySQL Connector/J의 버전은 5.1 또는 5.0 버전이다. 만약 5.0 버전의 Connector/J를 사용하고 있다면 JDBC-3 표준을 사용하고 있는 셈이다.

다음 표는 MySQL Connector/J의 버전별로 개발 및 실행하는 데 필요한 자바 버전이다.

MySQL JDBC 버전	자바 실행 환경	자바 개발(Build) 환경
3.0 (Connector/J)	1.4.x, 1.5.x, 1.6.x	1.6.x, 1.5.x (또는 그 이전)
3.1 (Connector/J)	1.3.x, 1.4.x, 1.5.x, 1.6.x	1.4.2, 1.5.x, 1.6.x
5.0 (Connector/J)	1.2.x, 1.3.x, 1.4.x, 1.5.x, 1.6.x	1.4.2, 1.5.x, 1.6.x
5.1 (Connector/J)	1.2.x, 1.3.x, 1.4.x, 1.5.x, 1.6.x	1.4.2, 1.5.x, 1.6.x

위의 표에서 실행 및 개발을 위한 자바 버전을 보면 MySQL Connector/J를 이용해 프로그램을 실행할 때는 자바의 버전에 대한 제약이 별로 없지만, 개발할 때는 JDK 1.4.x 이상 버전이 필요하다는 것을 알 수 있다.

13.1.2 MySQL Connector/J를 이용한 개발

MySQL Connector/J를 이용해 개발하는 코드 예제나 API는 이미 인터넷에 많이 알려져 있으므로 자세한 부분은 언급하지 않고 기본적으로 알아 둬야 할 부분에 대해서만 살펴보겠다. 앞부분에서는 주로 기본적인 INSERT나 SELECT와 같은 쿼리 실행 방법에 대해 소개하고 있으므로 JDBC 프로그래밍 경험이 많다면 그냥 넘어가도 된다. 하지만 뒷부분에서는 많이 알려지지 않았지만 중요한 내용이 함께 소개되므로 꼭 참고하길 바란다.

MySQL 서버 접속

Connector/J를 이용해 MySQL 서버에 접속하려면 JDBC URL이라는 개념을 알아야 한다. 여기서 URL은 일반적으로 HTTP나 FTP에서 사용하는 URL이 아니라 접속할 MySQL 서버의 정보를 표준 포맷으로 조합한 문자열이다. 때로는 이를 커넥션 스트링(Connection string)이라고 표현하기도 한다. MySQL Connector/J를 이용해 MySQL 서버에 접속하는 예제 13-1을 한번 살펴보자. 최근에는 자바의 커넥션 풀을 많이 사용하므로 데이터베이스에 접속하는 코드를 이렇게 직접 작성하는 경우는 거의 없을 것이다. 하지만 기본적인 내용은 반드시 알고 있어야 한다.

[예제 13-1] MySQL 서버 접속

```
import java.sql.*;

public class JDBCTester {
  public static void main(String[] args) {
    Connection conn = null;
    try { ❻
      conn = (new JDBCTester()).getConnection();
      System.out.println("Connection is ready");

      conn.close(); ❺
    }catch(SQLException ex){ ❼
      System.out.println("Can't open connection, because " + ex.getMessage());❽
    }
  }

  public Connection getConnection() throws SQLException {
    String driver = "com.mysql.jdbc.Driver"; ❶
    String url = "jdbc:mysql://localhost:3306/test_db"; ❷
    String uid = "userid";
    String pwd = "password";
```

```
        Class.forName(driver).newInstance(); ❸
        Connection conn = DriverManager.getConnection(url, uid, pwd); ❹

        return conn;
    }
}
```

아주 예전 버전의 Connector/J가 아니라면 MySQL JDBC 드라이버 클래스는 항상 "com.mysql. jdbc.Driver"를 사용하면 된다. ❶ 다음으로 MySQL 서버 접속을 위해 JDBC URL을 설정해야 한다. URL 문자열의 선두 부분에 사용된 "jdbc:mysql://"는 고정된 값으로 MySQL 서버에 접속하기 위한 JDBC URL임을 알려주는 프로토콜 역할을 한다. 그리고 그 뒤에는 접속하고자 하는 MySQL 서버의 IP 주소나 도메인 네임을 명시한다. IP 주소나 도메인 네임 뒤에는 ":" 문자와 MySQL 서버의 포트 번호, 그리고 기본으로 사용하고자 하는 DB명을 명시한다. ❷

예제 13-1에는 없지만 성능이나 작동 방식을 변경하기 위해 Connector/J에 별도의 옵션을 설정해야 할 때도 있다. 이때는 JDBC URL 문자열의 마지막에 "?" 표시를 하고 키/값(Key/Value) 쌍으로 "변수 명=값"과 같은 형태의 설정을 한다. 만약 설정하려는 옵션이 여러 개일 때는 "&" 문자로 각 키/값 쌍을 구분해주면 된다.

Class.forName( ) 명령은 MySQL JDBC 드라이버 클래스를 동적으로 자바 가상 머신(Java virtual machine)으로 로딩시킨다. ❸ MySQL JDBC 드라이버 클래스의 로딩이 정상적으로 완료되면 DriverManager.getConnection( ) 명령을 이용해 애플리케이션이 MySQL 서버에 접속한다. ❹ 자바 에서는 많은 자원이나 변수가 자동으로 소멸(Garbage collection)되지만 예제 13-1의 데이터베이스 커넥션과 같은 네트워크 자원은 사용이 끝나면 즉시 해제하는 것이 좋다. 특히 데이터베이스 커넥션과 같은 자원은 프로그램 코드에서 사용 직전에 가져와서, 사용이 완료됨과 동시에 반납하는 것이 좋다. 예제 13-1에서도 데이터베이스에 접속한 후 간단히 메시지를 화면에 출력하고 conn.close( ) 명령을 이용해 커넥션을 종료하고 있다. ❺

그리고 데이터베이스 관련된 작업을 처리하는 명령은 반드시 try~catch로 예외 처리를 하자. ❻ 즉 try~catch 구문으로 SQLException을 걸러내고, SQLException의 getMessage( )나 getSQLState( ) 그리고 getErrorCode( ) 함수를 이용해 발생한 예외 상황을 명확히 로깅하거나 재처리 코드를 작성 하는 것이 좋다. ❼ 애플리케이션에서 재처리 과정을 구현할 때는 getSQLState( )나 getErrorCode( ) 함수를 이용해 지정된 에러 코드로 예외 상황을 판단하는 것이 좋다. MySQL의 SQLSTATE 값이나 에 러 코드값은 11장, "스토어드 프로그램"의 "핸들러(HANDLER)와 컨디션(CONDITION)을 이용한 에러 핸들링"(677쪽)을 참고하도록 하자. getMessage( ) 함수의 결과는 사람이 읽을 수 있도록 만들어진 문자열이며, 애플리케이션의 로케일이 변경되면 메시지의 언어가 변경될 수도 있다. ❽

때때로 애플리케이션에서 DBMS와 관련해서 에러나 장애가 발생했는데 애플리케이션에서 DBMS의 에러 코드나 정확한 메시지를 로깅하지 않아 문제의 원인을 분석하는 데 어려움을 겪을 때가 있다. 애플리케이션에서 에러나 장애를 로깅할 때는 반드시 MySQL 서버나 JDBC 드라이버로부터 전달받은 에러 코드나 메시지를 그대로 기록하자. 사용자가 재정의한 에러 메시지를 포함하는 것은 괜찮지만 MySQL 에러 메시지를 다른 메시지로 덮어 써서 로깅하는 것은 피해야 한다.

SELECT 실행

MySQL 서버의 커넥션이 준비되면 SELECT나 INSERT와 같은 SQL 문장을 실행할 수 있다. 다음의 예제 13-2는 Statement라는 클래스를 이용해 SELECT 쿼리를 실행하고 결과를 참조하는 프로그램이다.

[예제 13-2] JDBC를 이용한 SELECT 실행

```
import java.sql.*;

public class JDBCTester {
  public static void main(String[] args) {
    Connection conn = null;
    Statement stmt = null;
    ResultSet rs = null;
    try {
      conn = (new JDBCTester()).getConnection();
      stmt = conn.createStatement(); ❶
      rs = stmt.executeQuery("SELECT * FROM employees LIMIT 2"); ❷

      while(rs.next()){ ❸
          System.out.println("[" + rs.getString(1) + "][" + rs.getString("first_name") +
"]"); ❹
      }
    }catch(SQLException ex){
      System.out.println("Can't open connection, because " + ex.getMessage());
    }finally{
      try{if(rs!=null){rs.close();}}catch(SQLException ignore){}
      try{if(stmt!=null){stmt.close();}}catch(SQLException ignore){}
      try{if(conn!=null){conn.close();}}catch(SQLException ignore){}
```

```
        }
    }

    public Connection getConnection() throws SQLException{
        …
    }
}
```

예제 13-2에서 커넥션을 생성하는 부분은 이미 예제 13-1에서 살펴봤으므로 예제 코드에서 생략했다. 우선 JDBC Connection의 createStatement( ) 함수를 이용해 Statement 객체를 생성했다.❶ Statement 객체는 JDBC를 사용하는 애플리케이션에서 SELECT뿐 아니라 모든 SQL과 DDL 문장을 실행하는 데 필요한 객체다. 그리고 Statement와 비슷한 방식으로 사용하지만 프리페어 스테이트먼트를 실행할 때 사용하는 PreparedStatement 객체와 스토어드 프로시저를 실행할 때 사용하는 CallableStatement 객체도 있다. 이것들은 조금 뒤에서 다시 살펴보겠다.

Statement 클래스는 execute( )와 executeQuery( ), 그리고 executeUpdate( )라는 세 가지 주요 함수를 제공한다. 결과 셋(ResultSet)을 반환하는 SELECT 쿼리 문장은 executeQuery( ) 함수를 사용하며, 결과 셋(ResultSet)을 반환하지 않는 INSERT와 UPDATE, 그리고 DELETE 및 DDL 문장은 executeUpdate( ) 함수를 이용한다. 만약 실행하려는 쿼리가 SELECT 인지 INSERT인지 모를 때는 execute( ) 함수를 사용할 수 있다. 이 예제에서 사용한 쿼리는 결과 셋(ResultSet)을 반환하는 SELECT 문이므로 executeQuery( ) 함수를 사용한 것이다.❷ executeQuery( ) 함수는 스토어드 프로시저에서 살펴본 커서와 거의 흡사한 기능을 제공하는 ResultSet이라는 객체를 반환한다. 즉 SELECT 쿼리의 결과를 레코드 단위로 하나씩 페치할 수 있는 기능을 제공하는 객체다.

ResultSet의 next( ) 함수는 결과 셋(ResultSet)에 아직 읽지 않은 레코드가 더 있는지 확인할 수 있게 해준다.❸ 만약 아직 읽지 않은 레코드가 남아 있다면 ResultSet의 getString( ) 또는 getInt( ) 등의 함수를 이용해 칼럼 값을 가져올 수 있다. 칼럼 이름이나 SELECT 절에 나열된 칼럼의 순번을 인자로 해서 getString( )이나 getInt( ) 등의 함수로 칼럼 값을 가져올 수 있다. ❹

문자열 인자를 사용할 때는 SELECT 쿼리에서 조회하는 칼럼명을 함수의 인자로 사용하면 된다. 만약 SELECT 쿼리에서 칼럼명에 대해 별명(Alias)을 사용했다면 칼럼명 대신 별명을 인자로 사용해야 한다.

getInt( )나 getString( ) 등의 함수로 조회된 값을 가져올 때는 칼럼명이나 별명에 관계없이 SELECT 절에 나열된 순서대로 값을 가져올 수도 있다. 이때는 1부터 시작하는 순번을 함수의 인자로 사용하면 된다.

INSERT/UPDATE/DELETE 실행

SELECT 쿼리와는 달리 INSERT와 UPDATE, 그리고 DELETE 문장은 별도의 결과 셋(ResultSet)을 반환하지 않으므로 Statement.executeQuery( ) 함수 대신 Statement.executeUpdate( ) 함수를 사용해서 실행한다. 또한 DDL이나 MySQL의 SET 명령과 같이 결과 셋을 반환하지 않는 SQL 명령은 모두 executeUpdate( ) 함수를 사용해 실행할 수 있다.

executeUpdate( ) 함수는 INSERT나 UPDATE, 그리고 DELETE 문장에 의해 변경된 레코드 건수를 반환한다. executeUpdate( ) 함수의 반환값은 별도로 확인하지 않고 무시해버릴 때가 많다. 하지만 실제로 DELETE 쿼리로 단 한 건만 삭제돼야 하는데, 한 건도 삭제되지 않았다거나 두 건 이상의 레코드가 삭제됐다면 어떻게 해야 할까? 만약 이런 상황이 문제가 될 소지가 있다면 변경된 레코드 건수를 반드시 체크해서 COMMIT이나 ROLLBACK을 수행하게 해주는 것이 좋다. 예제 13-3에서 UPDATE 문장을 실행하고 변경된 레코드 건수를 확인하는 방법을 한번 살펴보자.

[예제 13-3] JDBC를 이용한 UPDATE 실행

```java
import java.sql.*;

public class JDBCTester {
  public static void main(String[] args) {
    Connection conn = null;
    Statement stmt = null;
    int affectedRowCount = 0;
    try {
      conn = (new JDBCTester()).getConnection();
      conn.setAutoCommit(false); ❶
      stmt = conn.createStatement();
      affectedRowCount = stmt.executeUpdate(❷
        "UPDATE employees SET first_name='Lee' WHERE emp_no=10001");

      if(affectedRowCount==1){ ❸
        System.out.println("사원명이 변경되었습니다.");
        conn.commit();
      }else{
        System.out.println("사원을 찾을 수 없습니다.");
        conn.rollback();
      }
    }catch(SQLException ex){
      System.out.println("처리 중 오류 발생 : " + ex.getMessage());
```

```
        try{if(conn!=null){conn.rollback();}}catch(SQLException ignore){}

    }finally{
      try{if(stmt!=null){stmt.close();}}catch(SQLException ignore){}
      try{if(conn!=null){conn.close();}}catch(SQLException ignore){}
    }
  }

  public Connection getConnection() throws SQLException{
    ...
  }
 }
}
```

예제에서 UPDATE 문장을 실행하기 전에 conn.setAutoCommit(false)라는 함수가 호출됐다.❶ MySQL에서는 매 쿼리가 정상적으로 실행되면 자동으로 트랜잭션이 COMMIT된다. 이를 AutoCommit이라고 표현하는데, 별도로 AutoCommit 모드를 변경하지 않았다면 이것이 기본 작동 모드다. 만약 하나의 트랜잭션으로 여러 개의 UPDATE나 DELETE 문장을 묶어서 실행하려면 AutoCommit 모드를 FALSE로 설정해야 한다. conn.setAutoCommit(false) 명령은 MySQL 서버가 매 쿼리마다 자동으로 COMMIT을 실행하지 않도록 AutoCommit 모드를 FALSE로 변경하는 것이다.

다음으로 UPDATE 문장을 executeUpdate( ) 함수로 실행하고 UPDATE 문장의 실행으로 변경된 레코드 건수를 affectedRowCount 변수에 할당했다.❷ 예제의 UPDATE 쿼리 문장은 프라이머리 키로 업데이트하는 쿼리라서 반드시 한 건만 변경돼야 한다. 한 건만 변경됐는지 체크하기 위해 affectedRowCount에 할당된 값이 1인지 확인한 뒤에❸ 최종적으로 UPDATE 작업을 COMMIT할지 ROLLBACK할지 결정하도록 예제 코드가 작성돼 있다.

affectedRowCount에 대해 한 번 더 생각해봐야 할 부분이 있다. 다음의 예제를 한번 살펴보자. UPDATE 문장을 테스트하기 위해 tb_test 테이블을 생성하고 테스트용 데이터로 레코드 한 건을 INSERT해 두자.

```
CREATE TABLE tb_test (fd1 int, fd2 int, PRIMARY KEY(fd1));
INSERT INTO tb_test(fd1, fd2) VALUES (1,2);

UPDATE tb_test SET fd2=2 WHERE fd1=1;
➡ Rows matched: 1  Changed: 0  Warnings: 0

UPDATE tb_test SET fd2=9 WHERE fd1=1;
➡ Rows matched: 1  Changed: 1  Warnings: 0
```

이제, 두 UPDATE 문장을 자세히 살펴보자.

- 첫 번째 UPDATE 예제는 fd2 칼럼 값을 2로 변경하고 있다. 하지만 이 값은 지금 UPDATE 문장으로 변경하려는 값과 똑같은 값이다. 이때에 MySQL 클라이언트는 두 가지 메시지를 출력하고 있다. Rows matched는 WHERE 조건에 일치한 레코드 건수를 의미하며, Changed는 실제 디스크에 저장돼 있는 칼럼의 값을 덮어쓴 레코드 건수를 의미한다. 그런데 이 예제에서 WHERE 절에 일치한 레코드 건수는 한 건이지만 실제 칼럼의 값이 디스크로 기록된 건수는 0건이다. MySQL에서는 이렇게 변경하려는 값이 기존 값과 똑같다면 실질적인 변경 작업을 생략해버린다.

- 두 번째 UPDATE 문장에서는 칼럼이 원래 가지고 있는 값과 다른 값을 업데이트하려고 한다. 그래서 실행 결과에서 WHERE 조건절에 일치하는 레코드 건수가 한 건이며, 실질적으로 업데이트된 레코드 건수도 한 건이라고 표시됐다.

executeUpdate( ) 함수의 호출 결과 반환되는 변경된 레코드 건수는 WHERE 조건에 일치하는 레코드의 건수(Matched)를 의미하는 것일까, 아니면 실질적으로 칼럼의 값이 변경된 건수(Changed)를 의미하는 것일까? MySQL Connector/J의 executeUpdate( ) 함수는 일반적으로 WHERE 조건에 일치하는 레코드 건수(Matched rows)를 반환한다. 하지만 SQL의 종류에 따라 조금씩 다른 값을 반환하기도 하는데, 다음의 tb_duplicate 테이블에 종류별로 쿼리를 실행해보고 executeUpdate( ) 함수가 반환하는 결과 값을 살펴보자.

```
CREATE TABLE tb_duplicate (
  fdpk INT NOT NULL,
  fd   INT NOT NULL,
  PRIMARY KEY(fdpk)
) ENGINE=innodb;

INSERT INTO tb_duplicate (fdpk, fd) VALUES (1,1), (2,2), (3,3);
```

참고로 다음 결과는 MySQL Connector/J 5.0과 5.1에서 테스트된 결과다. 다음의 결과는 Connector/J의 버전에 따라 차이가 발생할 수도 있으므로 사용 중인 Connector/J가 테스트와 다른 버전이라면 직접 테스트해보는 것이 좋다.

SQL 종류	executeUpdate( ) 반환 값 (affected row count)	설명
INSERT INTO tb_duplicate VALUES (4,4)	1	프라이머리 키의 중복 없이 정상적으로 INSERT되면 반환 값은 1이다.

INSERT INTO tb_duplicate VALUES (5,5) ON DUPLICATE KEY UPDATE fd=5	1	INSERT INTO … ON DUPLICATE KEY 문장에서도 프라이머리 키의 중복이 없이 정상 INSERT되면 반환값은 1이다.
INSERT INTO tb_duplicate VALUES (1,1) ON DUPLICATE KEY UPDATE fd=1	2	INSERT INTO … ON DUPLICATE KEY 문장에서 프라이머리 키의 중복이 발생해서 UPDATE 처리가 될 때, 다른 칼럼의 변화가 없으면 반환값은 2다.
INSERT INTO tb_duplicate VALUES (1,2) ON DUPLICATE KEY UPDATE fd=2	3	INSERT INTO … ON DUPLICATE KEY 문장에서 프라이머리 키의 중복이 발생해 UPDATE 처리가 될 때, 다른 칼럼의 변화가 있으면 반환값은 3이다.
UPDATE tb_duplicate SET fd=2 WHERE fdpk=2 update tb_duplicate SET fd=4 WHERE fdpk=2	1	단순 UPDATE 문장에서는 칼럼의 값이 변화가 있든 없든 관계없이 항상 매치된 건수를 반환한다.
UPDATE tb_duplicate SET fd=4 WHERE fdpk=0	0	단순 UPDATE에서 WHERE 절에 일치하는 매치 건수가 없으면 반환값은 0이다.
REPLACE INTO tb_duplicate VALUES (6,6)	1	REPLACE 문장에서 프라이머리 키의 중복이 없으면 반환값은 1이다.
REPLACE INTO tb_duplicate VALUES (3,3)	1	REPLACE 문장에서 프라이머리 키의 중복으로, 레코드를 삭제하고 새로 INSERT를 해도 반환값은 1이다.
REPLACE INTO tb_duplicate VALUES (3,6)	2	REPLACE 문장에서 프라이머리 키의 중복으로 레코드를 삭제하고 다시 INSERT할 때 다른 칼럼의 값이 바뀌면 반환값은 2다.
DELETE FROM tb_duplicate WHERE fdpk=1	1	단순 DELETE 문장에서는 삭제된 레코드 건수가 반환된다. 프라이머리 키가 1인 레코드 1건을 삭제했으므로 반환값은 1이다.
DELETE FROM tb_duplicate WHERE fdpk=0	0	프라이머리 키 값이 0인 레코드가 없으므로 반환값은 0이다.

MySQL의 C/C++ API는 WHERE 조건절에 일치하는 레코드 건수를 넘겨받을지 아니면 실질적으로 값이 변경된 레코드 건수를 받을지 옵션으로 조정할 수 있다. 자세한 내용은 MySQL C/C++ API에서 다시 살펴보겠다.

Statement와 PreparedStatement의 차이

Statement와 PreparedStatement의 차이를 알아보려면 우선 MySQL 서버가 쿼리를 처리하는 각 단계를 이해해야 한다. 그림 13-1은 MySQL 서버가 쿼리를 실행하기 위해 수행하는 각 태스크를 간단히 나열해 본 것이다. MySQL 서버로 쿼리를 요청하면 MySQL 서버는 쿼리를 분석해 파스 트리를 만들고 그 정보를 분석해 권한 체크나 쿼리의 최적화 작업을 수행한다. 그리고 최종적으로 준비된 쿼리의 실행 계획을 이용해 쿼리를 실행한다.

[그림 13-1] 쿼리 실행의 각 단계

자바 프로그램에서 Statement로 실행되는 쿼리는 위의 모든 단계를 매번 거쳐서 쿼리가 실행되는데, 쿼리 분석이나 최적화와 같은 작업은 상대적으로 시간이 걸리는 작업이다. 하지만 PreparedStatement(프리페어 스테이트먼트)를 사용하면 쿼리 분석이나 최적화의 일부 작업을 처음 한 번만 수행해 별도로 저장해 두고, 다음부터 요청되는 쿼리는 저장된 분석 결과를 재사용한다. 이렇게 함으로써 매번 쿼리를 실행할 때마다 거쳐야 했던 쿼리 분석이나 최적화의 일부 작업을 건너뛰고 빠르게 처리할 수 있는 것이다.

프리페어 스테이트먼트를 사용할 때 쿼리의 분석 정보를 MySQL 서버의 메모리에 저장해둔다. 만약 다음과 같이 쿼리의 모든 부분은 똑같지만 WHERE 절의 상수 값만 다른 쿼리가 PreparedStatement 를 이용해 100번 실행된다고 가정해보자.

```
SELECT * FROM employees WHERE emp_no=10001;
SELECT * FROM employees WHERE emp_no=10002;
SELECT * FROM employees WHERE emp_no=10003;
...
```

똑같은 패턴의 쿼리임에도 MySQL 서버에서는 100개의 쿼리 분석 결과를 보관해야 한다. 이런 부분을 보완하고자 PreparedStatement에서는 쿼리에 변수를 사용할 수 있다. 다음 예제를 보면 WHERE 조건절의 상수가 물음표("?")로 대체된 것을 확인할 수 있다.

```
SELECT * FROM employees WHERE emp_no=?;
```

PreparedStatement에서 "?"는 바인딩 변수 또는 변수 홀더(Variable holder)라고 표현하는데, 실제 쿼리를 실행할 때는 변수 대신에 상수 값을 대입해야 한다. 이렇게 바인딩 변수를 사용하면 쿼리를 최대한 템플릿화할 수 있고, 템플릿화된 쿼리는 상수 값을 직접 사용한 쿼리보다 쿼리 문장의 수를 대폭적으로 줄일 수 있게 만들어준다. 상수를 직접 사용할 때는 쿼리 문장이 100개가 필요했지만 쿼리를 템플릿화한 다음에는 하나로 줄어들었다. 애플리케이션에서 사용하는 쿼리 문장의 개수가 줄어든다는 것은 MySQL 서버에서 보관해야 하는 쿼리의 분석 정보가 줄어들어 메모리 사용량을 줄일 수 있다는 의미이기도 하다.

이렇게 변수를 사용하는 쿼리를 프리페어 스테이트먼트 또는 바인딩 쿼리라 하고, 바인딩 변수 없이 상수만 사용하는 쿼리를 동적 쿼리 또는 다이나믹 쿼리라고 한다. 다이나믹 쿼리는 가끔 애드-혹 쿼리라고도 한다. 우선 Statement와 PreparedStatement의 설명은 여기까지 하고, PreparedStatement를 사용하는 예제 13-4를 한번 살펴보자.

[예제 13-4] 프리페어 스테이트먼트 사용

```
import java.sql.*;

public class JDBCTester {
  public static void main(String[] args) {
    Connection conn = null;
    PreparedStatement pstmt = null;
    ResultSet rs = null;
    try {
      conn = (new JDBCTester()).getConnection();
      pstmt = conn.prepareStatement("SELECT * FROM employees WHERE emp_no=?");❶
      pstmt.setInt(1, 10001);
      rs = pstmt.executeQuery();
      System.out.println("First name : " + rs.getString("first_name"));
      rs.close();

      pstmt.setInt(1, 10002); ❷
      rs = pstmt.executeQuery();
      System.out.println("First name : " + rs.getString("first_name"));
      rs.close();
      rs = null;
    }catch(SQLException ex){
      System.out.println("Error : " + ex.getMessage());
```

```
    }finally{
      try{if(rs!=null){rs.close();}}catch(SQLException ignore){}
      try{if(pstmt!=null){pstmt.close();}}catch(SQLException ignore){}
      try{if(conn!=null){conn.close();})}catch(SQLException ignore){}
    }
  }

  public Connection getConnection() throws SQLException{
   …
  }
}
```

PreparedStatement를 사용할 때는 SQL 쿼리 문장을 이용해 PreparedStatement 객체를 먼저 준비해야 한다. 예제 13-4에서 conn.prepareStatement("SELECT …") 함수를 호출하면 Connector/J는 주어진 SQL 문장을 서버로 전송해서 쿼리를 분석하고 그 결과를 저장해둔다.❶ 그리고 MySQL 서버는 쿼리의 분석 결과의 포인터와 같은 해시 값을 Connector/J로 반환한다. Connector/J는 반환받은 해시 값을 이용해 PreparedStatement 객체를 생성한다. 이렇게 생성된 PreparedStatement는 바인딩 변수의 값만 변경하면서 계속 사용하게 된다.❷ 하지만 MySQL 서버는 이미 이 쿼리 패턴에 대한 분석 정보를 가지고 있으므로 매번 쿼리를 분석하지 않고 단축된 경로로 쿼리를 실행하기 때문에 Statement보다 빠르게 처리된다.

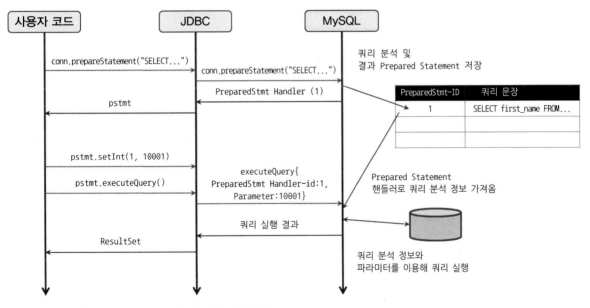

[그림 13-2] PreparedStatement의 실행 시퀀스 다이어그램

그림 13-2는 PreparedStatement를 이용하는 과정을 보여준다. 애플리케이션에서 실행하려는 쿼리와 함께 prepareStatement( ) 함수를 호출하면 MySQL 서버는 그 쿼리를 미리 분석해서 별도로 저장해 두고, 분석 정보가 저장된 주소(해시 키)를 애플리케이션으로 반환한다. 이렇게 PreparedStatement를 이용해 쿼리를 실행하면 애플리케이션에서는 쿼리 문장을 서버로 전달하지 않고 분석 정보가 저장된 주소(해시 키)와 쿼리에 바인딩할 변수 값만 서버로 전달한다. MySQL 서버는 전달받은 해시 키를 이용해 분석 정보를 찾아 전달된 바인드 변수를 결합하고 쿼리를 실행한다.

결론적으로 PreparedStatement의 성능적인 장점은 한 번 실행된 쿼리는 매번 쿼리 분석 과정을 거치지 않고 처음 분석된 정보를 재사용한다는 점이다. SQL 문장의 길이가 길어서 성능상의 문제가 되는 경우는 그다지 없겠지만 매번 쿼리를 실행할 때 SQL 문장 자체가 네트워크로 전송되지 않고 바인딩할 변수 값만 전달되므로 네트워크 트래픽 측면에서도 조금은 효율적이라고 볼 수 있다. PreparedStatement의 또 다른 장점은 바이너리 프로토콜을 사용한다는 것이다. PreparedStatement를 지원하지 않던 MySQL Connector/J의 초기 버전에서는 모든 Statement(PreparedStatement 포함)가 클라이언트(JDBC)와 서버(MySQL) 간의 통신에서 문자열 기반의 프로토콜을 사용했다. 그래서 사용자 프로그램에서 타입을 지정해서 값을 설정하더라도 내부적으로 MySQL 서버에 전송하기 위해 문자열 타입으로 데이터를 변환했으며, 서버에서는 다시 그 문자열 값을 지정된 타입으로 변환하는 과정을 거쳐야 했다. 즉 내부적으로 불 필요한 타입 변환을 수행했으며, 그로 인해 데이터의 크기가 커지는 문제가 발생했던 것이다. 하지만 MySQL 5.0 이상의 버전에서는 PreparedStatement를 사용하면 별도의 타입 변환을 수행하지 않는 바이너리 통신 프로토콜을 사용하게 된다. 하지만 Statement 객체를 사용하면 바이너리 통신 프로토콜을 사용하지 않고 예전과 같이 문자열로 변환해서 통신을 한다.

지금까지는 PreparedStatement의 성능상의 장점을 설명했고, 이번에는 보안상의 장점을 잠깐 살펴보자. MySQL뿐 아니라 SQL 문장을 사용하는 경우 SQL 인젝션(SQL Injection)이라는 취약성이 있다. 간단하게 SQL 인젝션의 예를 한번 살펴보자.

[예제 13-5] SQL 인젝션

```
import java.sql.*;

public class LoginAction {
  public void processLogin(String userid, String password) throws Exception{
    String checkQuery =
    "SELECT * FROM user WHERE userid='"+userid+"' AND password='"+password+"'";
```

```
      Connection conn = null;
      Statement stmt = null;
      ResultSet rs = null;
      try{
        conn = getConnection();
        stmt = conn.createStatement();
        rs = stmt.executeQuery(checkQuery);

        // 실행된 쿼리의 결과를 기준으로 로그인 성공 및 실패 여부 판정
      }catch(SQLException ex){
        // 쿼리 실행 실패에 대한 예외 핸들링
      }finally{
        // ResultSet, Statement, Connection 등의 자원 해제
      }
    }

    public Connection getConnection() throws SQLException{
      ...
    }
  }
```

예제 13-5는 Statement를 이용해 회원 아이디와 비밀번호가 일치하는 회원 정보를 읽어 오는 간단한
자바 프로그램이다. 물론 실제로는 이보다 더 복잡한 형태로 처리되겠지만, 설명을 위해 아주 간략한
형태로 예제를 준비했다. 만약 이러한 회원 인증 프로그램을 사용하는 사이트에서 로그인 창에 있는 회
원 아이디에 "admin' --" 라고 입력하고 비밀번호에는 아무런 값이나 입력 후 "로그인" 버튼을 클릭
하면 어떤 현상이 발생할까? 실제 MySQL 서버에서 실행되는 쿼리는 다음과 같이 조합이 될 것이다.

```
SELECT * FROM USER WHERE userid='admin' --' AND password='xxx'
```

만약, 이 사이트의 관리자 아이디가 admin이었거나 admin이라는 아이디를 사용하는 회원이 있었
다면 바로 그 회원으로 로그인되어 버릴 것이다. 이런 형태의 보안 공격 방식을 SQL 인젝션이라
고 하는데, 이러한 보안 공격을 피하려면 반드시 사용자 입력 값에 홑따옴표(')나 쌍따옴표("), 그
리고 역 슬래시(\) 등과 같은 문자가 있는지 체크해야 한다. 만약 이러한 문자가 발견되면 이스케
이프 문자(Escape sequence)를 추가로 붙여 쿼리를 실행해야 한다. 프로그램을 개발할 때 이러한
부분은 여간 귀찮은 부분이 아니며, 만약 하나라도 이러한 처리가 누락된다면 보안상의 문제가 될
수 있다. 하지만 Statement가 아니라 PreparedStatement를 사용해 코드를 개발하면 이러한 이스케
이프 문자 처리를 MySQL Connector/J에서 대신해서 처리해 주므로 개발자가 직접 이러한 부분을
고려하지 않아도 된다.

프리페어 스테이트먼트의 종류

MySQL Connector/J의 프리페어 스테이트먼트에는 서버 프리페어 스테이트먼트라는 기능이 있다. 별도로 매뉴얼에서 언급하지는 않지만 그 반대의 개념을 클라이언트 프리페어 스테이트먼트라고 할 수 있다. 이전 절에서 언급한 프리페어 스테이트먼트의 장점 또한 모두 서버 프리페어 스테이트먼트를 사용할 때 얻을 수 있는 장점이다.

클라이언트 프리페어 스테이트먼트

MySQL Connector/J를 이용하는 자바 애플리케이션에서 PreparedStatement 객체를 이용해 변수가 포함된 SQL 문장을 실행할 때 Connector/J가 자체적으로 SQL 문장의 바인딩 변수에 값을 맵핑해 하나의 완성된 SQL 문장으로 만들어 서버에 전송하는 방식이다. 이 방식을 이용하면 애플리케이션 개발자는 프리페어 스테이트먼트를 사용한다고 느끼지만 실제 MySQL 서버는 매번 쿼리 문장을 분석하고 실행 계획을 수립해서 쿼리를 실행한다.

서버 프리페어 스테이트먼트

MySQL의 서버 프리페어 스테이트먼트를 다른 DBMS에서는 일반적으로 프리페어 스테이트먼트라고 표현한다. MySQL에서 서버 프리페어 스테이트먼트를 사용하면 매번 쿼리를 실행할 때마다 클라이언트는 SQL 문장에 바인딩 할 변수 값만 전송하고, MySQL 서버는 저장된 쿼리의 분석 정보에 변수 값을 바인딩해서 쿼리를 실행한다.

JDBC 표준에 프리페어 스테이트먼트 기능이 도입됐을 때 MySQL 서버에는 프리페어 스테이트먼트를 처리하는 기능이 없었다. 그래서 JDBC 표준의 프리페어 스테이트먼트를 지원하기 위해 클라이언트에서 프리페어 스테이트먼트인 것처럼 에뮬레이트하는 기능이 필요했는데, 그것이 클라이언트 프리페어 스테이트먼트다. MySQL 서버와 Connector/J의 기능이 업그레이드되면서 JDBC 표준에서 제시하는 형태의 프리페어 스테이트먼트를 구현했는데, 이를 기존의 기능과 비교하기 위해 서버 프리페어 스테이트먼트라는 이름으로 표현하는 것이다.

오라클과 같은 다른 DBMS에서는 당연히 프리페어 스테이트먼트를 사용하는 것이 효율적이지만 MySQL에서는 그렇지 않다. 이는 MySQL의 쿼리의 분석 작업이 그다지 무겁지 않아서 프리페어 스테이트먼트로 줄어 드는 작업이 오라클보다는 적기 때문이다. 또 다른 이유로는 MySQL 5.0 버전까지는 서버 프리페어 스테이트먼트를 사용하면 MySQL의 쿼리 캐시를 사용하지 못했기 때문이기도 했다. 사실 MySQL 5.0 버전까지는 프리페어 스테이트먼트로 얻을 수 있는 성능 향상보다 쿼리 캐시로 얻을 수 있는 성능 향상이 더 컸다고 볼 수 있다. 하지만 MySQL 5.1 이상의 버전에서는 프리페어 스테이트먼트로 실행되는 쿼리도 쿼리 캐시를 사용할 수 있게 개선됐다. 즉 프리페어 스테이트먼트의 장점과 MySQL 쿼리 캐시의 장점을 모두 활용할 수 있게 됐으므로 반드시 두 기능을 모두 사용하길 권장한다.

한 가지 중요한 것은 별도의 옵션 설정 없이 JDBC 커넥션을 생성하면 서버 프리페어 스테이트먼트 기능을 사용하지 못하고 클라이언트 프리페어 스테이트먼트로 작동한다는 것이다. 이는 MySQL사에서 기존 버전과의 호환성을 위해 클라이언트 프리페어 스테이트먼트를 기본값으로 설정해 둔 탓이다. 그러면 서버 프리페어 스테이트먼트를 사용하려면 어떠한 설정이 필요한지 예제로 한번 살펴보자.

```java
import java.sql.*;

public class JDBCTester {
  public static void main(String[] args) {
    // 커넥션을 이용해 PreparedStatement로 쿼리를 실행하는 코드
    …
  }

  public Connection getConnection() throws SQLException {
    String driver = "com.mysql.jdbc.Driver";
    String url = "jdbc:mysql://localhost:3306/test_db?useServerPrepStmts=true"; ❶
    String uid = "userid";
    String pwd = "password";

    Class.forName(driver).newInstance();
    Connection conn = DriverManager.getConnection(url, uid, pwd);

    return conn;
  }
}
```

서버 프리페어 스테이트먼트를 사용하려면 최초 커넥션을 생성하는 시점에 JDBC URL 부분에 "useServerPrepStmts=true" 옵션을 추가해야 한다. ❶ Connector/J의 커넥션 옵션 추가는 JDBC URL의 마지막 부분에 "?"를 추가하고, 그 뒤에 "키=값" 형식으로 추가하면 된다. 이렇게 생성된 커넥션에서 실행하는 프리페어 스테이트먼트는 이제 흉내만 내는 클라이언트 프리페어 스테이트먼트가 아니라 진정한 서버 프리페어 스테이트먼트로 작동한다.

> **주의** 프리페어 스테이트먼트는 세션 단위로 관리되므로 애플리케이션에서 생성한 프리페어 스테이트먼트 객체는 하나의 MySQL 커넥션에서만 사용할 수 있다. 그리고 MySQL의 프리페어 스테이트먼트에 관해 많이 잘못 이해하고 있는 부분이 있다. MySQL 서버에서는 자바나 C/C++로 개발된 애플리케이션에서 생성한 PreparedStatement 객체별로 SQL 분석 정보가 관리된다. 다음의 간단한 예제를 한번 살펴보자.
>
> ```java
> public static void main(String[] args) throws Exception{
>     Connection conn = getConnection("localhost", "3306", "tester", "", "test");
> ```

```
        PreparedStatement pstmt1 = conn.prepareStatement("SELECT * FROM employees WHERE
    emp_no=?");
        PreparedStatement pstmt2 = conn.prepareStatement("SELECT * FROM employees WHERE
    emp_no=?");
        PreparedStatement pstmt3 = conn.prepareStatement("SELECT * FROM employees WHERE
    emp_no=?");
        ...
```

위의 예제에서는 하나의 커넥션에서 똑같은 SQL 문장을 사용하는 프리페어 스테이트먼트 세 개를 생성했다. 하지만 MySQL 서버에서는 하나의 SQL 분석 정보가 아니라 각 프리페어 스테이트먼트별로 한 개씩 SQL 분석 정보가 생성된다. 결국 MySQL 서버에서도 똑같이 세 개의 분석 정보가 생성되는 것이다. 하나의 커넥션에서 똑같은 SQL 문장을 사용하면 MySQL 서버에서 SQL 분석 정보가 공유될 것으로 예상하지만 사실은 그렇지 않은 것이다.

웹 프로그램에서는 사용자의 요청이 오면 요청의 종류별로 처리를 담당하는 단위 프로그램이 개발된다. 흔히 커넥션은 커넥션 풀을 사용하므로 각 단위 프로그램이 공유하지만 Statement나 PreparedStatement는 매번 각 단위 프로그램에서 생성하고 더는 필요하지 않으면 폐기(Close)하는 형태로 사용된다. 위의 간단한 예제에서도 확인했듯이 각 단위 프로그램에서 매번 PreparedStatement를 생성해서 한번 쿼리를 실행하고 PreparedStatement를 폐기한다면 프리페어 스테이트먼트의 장점인 분석 정보 재활용의 효과는 얻지 못하는 것이다.

애플리케이션에서 서버 프리페어 스테이트먼트를 사용하는지는 다음과 같이 관련 상태 값을 조회해보면 간단히 확인할 수 있다.

```
SELECT * FROM information_schema.global_status
WHERE variable_name IN ('Com_stmt_prepare', 'Com_stmt_execute', 'Prepared_stmt_
count');


+---------------------+----------------+
| VARIABLE_NAME       | VARIABLE_VALUE |
+---------------------+----------------+
| COM_STMT_EXECUTE    | 2264           |
| COM_STMT_PREPARE    | 798            |
| PREPARED_STMT_COUNT | 268            |
+---------------------+----------------+
```

위의 결과에서 각 상태 값이 의미하는 바는 다음과 같다.

1. Com_stmt_prepare : 서버 사이드 프리페어 스테이트먼트에서 Connection.prepareStatement() 함수 호출에 의해 PreparedStatement 객체가 만들어진 횟수

2. Com_stmt_execute : 서버 사이드 프리페어 스테이트먼트에서 Connection.execute(), executeUpdate(), executeQuery() 함수 호출에 의해 PreparedStatement 쿼리가 실행된 횟수

3. Prepared_stmt_count : MySQL 서버에 현재 만들어져 있는 프리페어 스테이트먼트 객체의 수. 이 상태 값은 MySQL 5.1.14부터 추가됐다.

이 상태 값을 이용해 위의 결과를 해석해 보면 MySQL 서버가 시작된 이후로 프리페어 스테이트먼트를 생성하기 위해 전체 798번 SQL 문장이 분석됐다. 그리고 준비된 프리페어 스테이트먼트는 2264번 실행됐으며, 현재 MySQL 서버에는 268개의 프리페어 스테이트먼트가 만들어져 있음을 알 수 있다. 이를 자바 프로그램 언어의 함수와 비교해본다면 Connection.prepareStatement()가 798번 호출됐으며 PreparedStatement.execute()와 executeQuery(), 그리고 executeUpdate()가 전체 2264번 호출됐음을 의미한다.

만약 아이바티스(iBatis)나 하이버네이트(Hibernate) 등과 같은 ORM 도구나 JDBC 프레임워크를 사용한다면 이런 정보를 분석해 정상적으로 서버 프리페어 스테이트먼트를 사용하는지 알아보고, 원하는 바대로 사용되도록 튜닝하는 것이 좋다.

스토어드 프로시저 실행 및 다중 결과 셋 조회

자바 프로그램에서 스토어드 프로시저를 실행하려면 CallableStatement를 사용해야 한다. CallableStatement는 사용법이 PreparedStatement와 많이 비슷하지만 CallableStatement는 OUT 이나 INOUT 타입의 파라미터를 추가로 등록하는 작업이 필요하다. 만약 스토어드 프로시저에 OUT 이나 INOUT 파라미터가 없다면 PreparedStatement를 사용하는 방법과 똑같은 절차로 사용할 수도 있다.

다음과 같이 sp_multiple_resultset이라는 프로시저를 작성하자. 스토어드 프로시저의 이름에서도 알 수 있듯이 이 프로시저는 내부적으로 두 번의 SELECT 쿼리를 실행하지만 결과 셋을 참조하지 않는다. 결국 스토어드 프로시저의 두 SELECT 쿼리의 결과는 자바 프로그램으로 다운로드된다. 이번 절에서 살펴볼 예제 13-6 프로그램은 다중 결과 셋을 가져오는 방법을 보여주는 예제이기도 하다.

예제 프로시저는 첫 번째 파라미터로 입력된 사원 번호의 사원 정보를 SELECT하고, 해당 사원 번호에 1을 더해 똑같은 SELECT 쿼리를 실행한다. 하지만 스토어드 프로시저에서 SELECT한 결과를 별도로 참조하지 않으므로 두 SELECT 쿼리의 결과는 자바 프로그램으로 전달될 것이다. 예제 스토어드 프로시저의 두 번째 파라미터는 SELECT된 두 사원의 번호를 문자열로 연결해서 출력하는 OUT 파라미터다.

```
DELIMITER ;;

CREATE PROCEDURE sp_multiple_resultset(IN in_empno INTEGER, OUT out_empno_list
VARCHAR(100))
BEGIN
  SELECT emp_no, first_name, last_name FROM employees WHERE emp_no=in_empno;
  SELECT emp_no, first_name, last_name FROM employees WHERE emp_no=(in_empno + 1);
```

```
      SET out_empno_list=concat(in_empno, ',', (in_empno+1));
END ;;

DELIMITER ;
```

예제 스토어드 프로시저는 MySQL 클라이언트에서 다음과 같이 간단하게 테스트해 볼 수 있다.

```
SET @out_empnos='';
CALL sp_multiple_resultset(10001, @out_empnos);
SELECT @out_empnos;
```

이제 위의 스토어드 프로시저를 호출하는 자바 프로그램을 한번 살펴보자. 프로그램 코드의 내용은 조금 복잡하지만 밑에서 설명하는 각 함수의 호출 순서를 참조하면 쉽게 이해할 수 있을 것이다.

[예제 13-6] CallableStatement를 이용한 스토어드 프로시저 실행

```
import java.sql.CallableStatement;
import java.sql.Connection;
import java.sql.DriverManager;
import java.sql.ResultSet;

public class Tester {
  public static void main(String[] args) throws Exception {
    Connection conn = getConnection("127.0.0.1", "3306", "tester", "", "employees");
    // CallableStatement를 생성
    CallableStatement cstmt = conn.prepareCall("CALL sp_multiple_resultset(?, ?)"); ❶
    cstmt.setInt(1, 10001); // CallableStatement의 입력 파라미터 설정 ❷
    cstmt.registerOutParameter(2, java.sql.Types.VARCHAR); // 출력 파라미터 등록 ❸

    // execute()를 이용해 CallableStatement 실행
    boolean isResultSet = cstmt.execute();❹
    String empNoList = cstmt.getString(2); // 출력 파라미터 값을 조회
    System.out.println(">> 사원 번호 : " + empNoList);
    // 스토어드 프로시저의 첫 번째 결과가 ResultSet인지 비교
    if (!isResultSet) {❹
      System.out.println(">> 첫 번째 결과가 ResultSet이 아닙니다.");
      return;
    }

    // 스토어드 프로시저의 첫 번째 ResultSet을 화면에 출력
    System.out.println(">> 첫 번째 결과 셋:");
```

```java
    ResultSet res = cstmt.getResultSet(); ❺
    while (res.next()) {
      System.out.println(res.getString("first_name") + ", "
          + res.getString("last_name"));
    }
    res.close();

    // 스토어드 프로시저의 다음(두 번째) 결과가 ResultSet인지 비교
    isResultSet = cstmt.getMoreResults(); ❻
    if (!isResultSet) {
      System.out.println(">> 두 번째 결과가 ResultSet이 아닙니다.");
      return;
    }

    // 스토어드 프로시저의 두 번째 ResultSet을 화면에 출력
    System.out.println(">> 두 번째 결과 셋:");
    res = cstmt.getResultSet(); ❻
    while (res.next()) {
      System.out.println(res.getString("first_name") + ", "
          + res.getString("last_name"));
    }
    res.close();

    // CallableStatement 종료
    cstmt.close(); ❼
    // 커넥션 종료
    conn.close();
  }

  protected static Connection getConnection(String host, String port, String userId,
      String userPassword, String db) throws Exception {
    String driver = "com.mysql.jdbc.Driver";
    String url = "jdbc:mysql://" + host + ":" + port + "/" + db;

    Class.forName(driver).newInstance();

    Connection conn = DriverManager.getConnection(url, userId, userPassword);
    conn.setAutoCommit(true);

    return conn;
  }
}
```

예제 13-6 프로그램에서 CallableStatement를 실행하는 데 필요한 함수를 호출하는 순서대로 한번 정리해 보자. 다음 절차대로 예제 13-6 프로그램을 따라서 분석해보면 쉽게 이해할 수 있을 것이다.

1. prepareCall() 함수를 호출해 CallableStatement 객체를 생성한다. prepareCall() 함수를 호출할 때는 "CALL 프로시저명(파라미터1, 파라미터2, ..)"와 같은 형태로 SQL 문장을 사용한다. "CALL"은 스토어드 프로시저를 호출하기 위한 키워드이며, 파라미터는 PreparedStatement를 사용할 때처럼 "?"를 바인드 변수로 등록해준다. ❶

2. CallableStatement의 입력 파라미터의 값을 setInt()나 setString() 등의 함수로 등록한다. ❷

3. CallableStatement가 출력 파라미터를 registerOutParameter() 함수로 등록해준다. registerOut Parameter()는 출력 파라미터를 등록하는 것이므로 입력 값을 설정하지는 않지만 어떤 타입의 값이 반환되는지 명시해야 한다. 예제 스토어드 프로시저의 두 번째 파라미터가 VARCHAR 타입이므로 java.sql.Types.VARCHAR 타입의 클래스를 등록해준다. ❸

4. execute() 함수를 호출해 프로시저를 실행한다. execute() 함수는 불리언 값을 반환하는데, 이 정수값이 TRUE이면 ResultSet이 있다는 것을 의미하며 FALSE이면 ResultSet이 없다는 것을 의미한다. ❹

5. execute() 함수를 호출한 후, ResultSet을 가져갈 때는 getResultSet() 함수를 호출하면 된다.❺ MySQL의 스토어드 프로시저는 여러 개의 결과 셋(ResultSet)을 클라이언트로 전달할 수 있는데, 이때 첫 번째 ResultSet을 가져올 때는 getResultSet() 함수만 호출하면 되지만, 두 번째 ResultSet부터는 getMoreResults() 함수를 호출해 가져오지 않은 ResultSet이 남아 있는지 반드시 먼저 확인해야 한다. ❻ getMoreResults() 함수도 execute() 함수와 똑같이 ResultSet이 남아 있는지 여부를 의미하는 불리언 값을 반환한다.

6. ResultSet이나 CallableStatement가 더는 필요하지 않다면 close() 함수로 자원을 해제한다.❼

배치 처리

아마도 mysqldump를 이용해 데이터 파일을 덤프한 적이 한번쯤은 있을 것이다. MySQL에서는 많은 데이터를 한꺼번에 INSERT하기 위해 배치 형태의 INSERT 문장으로 실행하는 것이 가능하다.

```
INSERT INTO employees VALUES
    (1000000, 'Brandon', 'Lee'),
    (1000001, 'Brandon', 'Kim'),
    (1000002, 'Brandon', 'Cho');
```

CSV 파일과 같이 구분자로 만들어진 데이터 파일은 LOAD DATA INFILE과 같은 명령으로 적재할 수 있으므로 위와 같은 배치 형태의 INSERT 기능은 별로 효용성이 없으리라 생각할 수도 있다. 하지만 JDBC 드라이버에서 제공하는 addBatch( )나 executeBatch( ) 함수를 이용해 평범한 INSERT 문장을 모아서 한 번의 INSERT 문장으로 실행할 수도 있다. 다음 예제 프로그램을 한번 살펴보자.

```
Connection conn = DriverManager.getConnection("jdbc:mysql://mysql_server_ip:3306/
employees?" +
    "rewriteBatchedStatements=true&useServerPrepStmts=false", userid, userpassword); ❶

Statement stmt = conn.createStatement();

PreparedStatement pstmt = conn.prepareStatement("INSERT INTO employees VALUES (?, ?, ?)");
for(int idx=0; idx<empList.size(); idx++){
  Map empMap = (Map)empList.get(idx);
  pstmt.setString(2, (String)empMap.get("first_name"));
  pstmt.setString(3, (String)empMap.get("last_name"));
  pstmt.addBatch();❷
}

pstmt.executeBatch();❸
```

JDBC 커넥션을 생성할 때 rewriteBatchedStatements 옵션을 TRUE로 설정하면❶ MySQL
Connector/J가 addBatch( ) 함수로 누적된 레코드를 모아 다음과 같은 형태의 구문으로 실행한다.
rewriteBatchedStatements가 활성화되면 useServerPrepStmts는 비활성화해야 한다. 그렇지 않으
면 JDBC 프로그램이 오작동을 일으킬 때가 많다.

```
INSERT INTO employees VALUES
    (1000000, 'Brandon', 'Lee'),
    (1000001, 'Brandon', 'Kim'),
    (1000002, 'Brandon', 'Cho');
```

JDBC 커넥션을 만드는 데 필요한 파라미터에 대해서는 나중에 다시 한번 자세히 설명하겠다. 다음은
rewriteBatchedStatements 옵션의 활성화 여부에 따른 INSERT 성능에 대한 벤치마킹 결과다. 위의
예제에서 INSERT 문장으로 처리되는 레코드 하나의 평균 크기는 대략 375 바이트 정도였다.

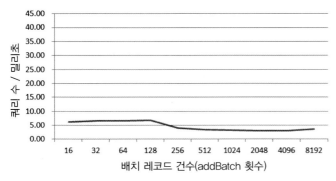

[그림 13-3] 옵션 비활성화(rewriteBatchedStatements=false) 상태에서 배치 레코드 건수와 처리 성능과의 관계

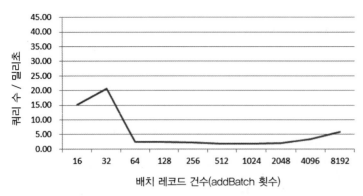

[그림 13-4] 옵션 활성화(rewriteBatchedStatements=true) 상태에서 배치 레코드 건수와 처리 성능과의 관계

그림 13-3은 rewriteBatchedStatements 옵션이 비활성화된 상태에서 테스트된 결과이며, 그림 13-4는 이 옵션이 활성화된 상태에서 테스트된 결과다. 두 그래프 모두 세로 축은 밀리초당 실행된 쿼리의 수를 의미하므로 높은 값일수록 빠른 성능을 의미한다. 그리고 가로 축은 executeBatch( ) 함수로 실제 쿼리를 실행하기 전에 addBatch( ) 함수❷에 의해 몇 건의 레코드가 배치로 누적됐는지를 보여준다.

그림 13-3과 같이 rewriteBatchedStatements가 비활성화된 상태에서는 addBatch( ) 함수❷에 의해 배치로 처리된 레코드 건수에 거의 관계없이 비슷한 성능을 보여준다. 하지만 그림 13-4에서는 addBatch( ) 함수❷에 의해 배치로 처리된 레코드 건수에 따라 상당한 성능 차이를 보여준다. 그림 13-4에서는 executeBatch( )❸로 쿼리를 실행하기 전에 addBatch( ) 함수❷가 32번 실행됐을 때가 가장 빠른 성능을 보여준다는 사실을 알 수 있다. 그렇다면 여기서 32라는 수치는 어떤 의미일까? 이 테스트에서 사용된 데이터의 평균 레코드 크기는 375바이트였다. 375 * 32를 해보면 12,000바이트가 된다. 즉 executeUpdate( )❸를 실행하기 전에 addBatch( )❷로 누적된 데이터가 12KB에 근접할 때 가장 빠른 성능을 보인 것이다.

대략 레코드 크기를 90바이트 정도로 해서 벤치마크했을 때는 128개의 레코드가 addBatch( )❷로 누적됐을 때 가장 빠른 성능을 보여줬다. 만약 애플리케이션에서 INSERT를 배치 형태로 처리해야 할 때는 executeBatch( ) 함수❸로 실제 쿼리를 실행하기 전에 addBatch( )를 몇 번 실행하느냐가 중요하다. 배치를 실행할 때 한 번에 몇 개의 레코드를 배치로 실행하는 것이 최적인지는 다음과 같이 간단히 계산해보면 된다.

```
배치 적정 레코드 건수 = (12 * 1024) / (평균 레코드 크기)
```

이러한 형태로 배치를 만들어서 실행하는 경우 LOAD DATA INFILE보다는 빠르진 않겠지만 상대적으로 빠른 속도로 데이터를 적재하는 배치 프로그램을 만들어 낼 수도 있다. 매일 또는 매시간 반복되는 배치 프로그램이라면 작은 노력으로 큰 효과를 얻을 수 있을 것으로 보인다.

트랜잭션

어떤 DBMS를 어떤 용도로 사용하든 하나의 단위 처리가 쿼리 하나로 완료되는 작업은 거의 없다. 대부분 INSERT와 UPDATE, 때로는 DELETE 등의 쿼리가 여러 번 사용되어 하나의 처리가 완료된다. 또한 이 작업들은 원자성(Atomicity)으로 처리돼야 하는 것들이 일반적이다. 즉 모두 완벽하게 처리되거나 모두 변경 이전의 상태로 100% 돌아가든 둘 중 하나다. 일반적으로 이러한 INSERT나 UPDATE 등의 처리는 특이한 문제 상황이 아니면 문제를 유발하지 않고 정상적으로 실행되기 때문에 트랜잭션의 필요성을 느끼지 못하는 사용자들도 많다. 하지만 느끼지 못하는 사이에 하나의 작업에서 일부 쿼리만 실행되고 나머지는 실패하면서 데이터의 정합성이 손상되고, 나중에는 이런 레코드가 하나씩 쌓이면서 문제의 원인이 될 것이다.

여기서는 간단히 MySQL Connector/J를 이용해 트랜잭션을 시작하고 종료하는 방법을 살펴보겠다. 기본적으로 MySQL Connector/J를 이용할 때 트랜잭션 관련해서 아무런 설정을 하지 않으면 자동으로 AutoCommit 모드에서 트랜잭션을 처리한다. AutoCommit 모드에서는 각 스토리지 엔진별로 다음과 같이 쿼리가 처리된다.

InnoDB 테이블에 대해서는 쿼리 하나하나에 대해서는 트랜잭션이 보장되지만 연속해서 실행되는 쿼리의 묶음에 대해서는 트랜잭션이 보장되지 않는다.

MyISAM이나 MEMORY 테이블은 AutoCommit의 모드와 관계 없이 항상 트랜잭션이 보장되지 않는다. 이 테이블에서는 쿼리 하나에 대해서도 트랜잭션이 보장되지 않는다. 즉 MyISAM 테이블에서 UPDATE 쿼리 문장으로 10건의 레코드를 업데이트하는 중에 다른 커넥션에서 해당 쿼리의 실행을 중지한다거나 급작스러운 문제로 업데이트 작업이 멈추면 반쯤 실행된 상태로 그대로 남게 된다. 일부는 변경되고 일부는 변경되지 않은 상태로 남는 것이다.

다음의 트랜잭션 사용 예제는 InnoDB 테이블에 대해서만 사용할 수 있으며, MyISAM이나 MEMORY 테이블에 대해서는 적용되지 않는다. 회원 간의 포인트를 주고받는 간단한 다음 예제를 살펴보자.

```java
import java.sql.*;

public class PointTransferAction {
  public void transfer (String fromId, String toId, int howMuch) throws SQLException{
    Connection conn = null;
    Statement stmt = null;
    int affectedRowCount = 0;
    try{
      conn = getConnection();
      stmt = conn.createStatement();
      affectedRowCount = stmt.executeUpdate (
        "UPDATE user_point SET point=point-"+howMuch+" WHERE user_id='"+fromId+"'");
      affectedRowCount = stmt.executeUpdate (
        "UPDATE user_point SET point=point+"+howMuch+" WHERE user_id='"+toId+"'");
    }catch(SQLException ex){
      // 여기서 어떻게 다시 원래 상태로 되돌릴 수 있을까?
    }finally{
      // Statement, Connection 등과 같은 자원 해제
    }
  }

  public Connection getConnection() throws SQLException {
    ...
  }
}
```

위 예제는 사용자 간에 포인트를 전달하기 위해 한 사용자로부터는 지정된 포인트만큼 차감하고 다른 사용자에게는 그만큼 더해 주는 두 개의 UPDATE 쿼리 문장을 실행하는 예제다. InnoDB 테이블이라 하더라도 별도의 트랜잭션 설정이 없이 사용됐으므로 둘 다 성공하거나 아니면 둘 다 취소할 수 있는 방법이 없다. 위의 예제와 같이 트랜잭션을 사용하지 않으면 다시 원래대로 복구하기 위해서는 뺀 만큼 더해 주거나 더한 만큼 빼 주는 부가적인 작업이 필요하다. 그런데 조금만 생각해 보면 이 부가 작업 자체가 얼마나 어이없는 것인지 쉽게 알 수 있다. 만약 원래대로 되돌리는 부가 작업이 실패하면 어떻게 할 것인가? 로그를 남겨서 관리자가 다시 수동으로 복구하는 형태의 프로그램을 만드는 것 말고는 방법이 없다. 그래서 트랜잭션이 필수적으로 필요하며, 이를 위해 InnoDB 스토리지 엔진과 트랜잭션을 사용해야 하는 것이다. 이미 한번 언급했듯이 트랜잭션은 개발자의 머릿속을 더 혼동스럽게 만드는 귀찮은 존재가 아니라, 개발을 좀 더 빠르고 정확하게, 그리고 편리하게 할 수 있게 만들어주는 기능이다.

위의 예제에서 발생 가능한 문제를 트랜잭션으로 한번 바꿔서 살펴보자.

```java
import java.sql.*;

public class PointTransferAction {
  public void transfer (String fromId, String toId, int howMuch) throws SQLException{
    Connection conn = null;
    Statement stmt = null;
    int affectedRowCount = 0;
    try{
      conn = getConnection();
      stmt = conn.createStatement();
      conn.setAutoCommit(false); ❶
      affectedRowCount = stmt.executeUpdate (
        "UPDATE user_point SET point=point-"+howMuch+" WHERE user_id='"+fromId+"'");
      affectedRowCount = stmt.executeUpdate (
        "UPDATE user_point SET point=point+"+howMuch+" WHERE user_id='"+toId+"'");
      // COMMIT을 실행해 위의 두 쿼리의 변경 내용을 영구히 적용
      conn.commit();
    }catch(SQLException ex){
      // ROLLBACK을 실행해 위의 두 쿼리를 전부 취소
      conn.rollback();
    }finally{
      // Statement, Connection 등과 같은 자원 해제
    }
  }

  public Connection getConnection() throws SQLException {
    ...
  }
}
```

원자적으로 실행해야 할 여러 쿼리를 conn.setAutoCommit(false)와 conn.commit( ) 함수 사이에서 실행하면 그 사이의 모든 쿼리는 하나의 트랜잭션으로 묶이게 된다. 이렇게 하나로 묶인 트랜잭션 내의 모든 쿼리는 모두 성공하거나 모두 실패(취소)하는 형태(All or Nothing)로만 처리가 가능해진다.

conn.setAutoCommit(false)을 이용해 AutoCommit 모드를 FALSE로 변경하는 작업에 대해 조금 더 자세히 살펴보자. ❶ AutoCommit이 FALSE인 상태에서는 SELECT 쿼리 문장이 MySQL 서버에 어떤 영향을 미치는가에 대한 문제다. AutoCommit이 FALSE 상태에서는 어떤 쿼리를 실행하

든 트랜잭션이 바로 시작되고, 고유한 트랜잭션 번호가 발급된다. 물론 INSERT나 UPDATE, 그리고 DELETE와 같은 SQL 문장은 트랜잭션으로 COMMIT 또는 ROLLBACK을 해야 한다는 사실을 모두 잘 알고 있을 것이다. 그래서 INSERT나 UPDATE 등과 같이 데이터를 변경하는 쿼리를 실행한 다음에는 COMMIT이나 ROLLBACK을 잊지 않고 실행한다. 하지만 SELECT 쿼리 문장은 ROLLBACK이나 COMMIT을 수행해도 아무런 데이터 변화가 없기 때문에 SELECT 쿼리를 사용한 후 COMMIT이나 ROLLBACK 없이 그냥 커넥션을 반납하는 형태로 많이 사용한다. 하지만 AutoCommit이 FALSE인 상태에서는 무슨 쿼리가 실행되든 트랜잭션은 시작되고, 이 커넥션이 살아 있는 동안은 그 트랜잭션은 계속 유효한 상태로 남아 있는 것이다.

트랜잭션의 격리 수준이 REPEATABLE-READ인 MySQL 서버에서는 특정 트랜잭션이 유효한 동안에는 해당 트랜잭션이 처음 시작했던 시점의 데이터를 동일하게 보여줘야 한다. 이것이 REPEATABLE-READ 격리 수준의 기본적인 작동 방식이다. 이렇게 REPEATABLE READ를 보장하기 위해 InnoDB 스토리지 엔진은 다른 트랜잭션에서 그 데이터를 변경했다 하더라도 변경하기 전의 데이터를 계속적으로 쌓아둬야 한다. 만약 하나의 트랜잭션이 상당히 오랜 시간 동안 유지된다면 MySQL 서버는 데이터가 변경될 때마다 그 데이터를 계속 누적해서 보관해야 하므로 불필요한 자원 소모가 많이 발생하게 된다. 그러므로 가능하다면 AutoCommit이 FALSE인 상태에서는 쿼리의 종류에 관계없이 한번 실행됐다면 끝낼 때는 COMMIT이나 ROLLBACK을 수행해주는 것이 좋다.

AutoCommit이 TRUE인 상태에서는 자동으로 COMMIT이 수행되기 때문에 이런 고민은 필요하지 않다. AutoCommit이 TRUE인 상태에서도 특정 필요한 부분에서만 트랜잭션을 사용하는 것이 가능하다. 다음 예제와 같이 MySQL에서 트랜잭션을 시작하는 "BEGIN"이나 "START TRANSACTION" 명령을 stmt.execute( ) 함수나 stmt.executeUpdate( ) 함수로 실행하면 명시적으로 트랜잭션을 시작할 수 있다.

```java
import java.sql.*;

public class PointTransferAction {
  public void transfer (String fromId, String toId, int howMuch) throws SQLException{
    Connection conn = null;
    Statement stmt = null;
    int affectedRowCount = 0;
    try{
      conn = getConnection();
      stmt = conn.createStatement();
      conn.setAutoCommit(true); ❶
      stmt.execute("BEGIN");
```

```
            affectedRowCount = stmt.executeUpdate (
               "UPDATE user_point SET point=point-"+howMuch+" WHERE user_id='"+fromId+"'");
            affectedRowCount = stmt.executeUpdate (
               "UPDATE user_point SET point=point+"+howMuch+" WHERE user_id='"+toId+"'");
            // COMMIT을 실행해 위의 두 쿼리의 변경 내용을 영구히 적용
            conn.commit();
         }catch(SQLException ex){
            // ROLLBACK을 실행해서 위의 두 쿼리를 전부 취소
            conn.rollback();
         }finally{
            // Statement, Connection 등과 같은 자원 해제
         }
      }

      public Connection getConnection() throws SQLException {
         ...
      }
   }
```

예제와 같은 형태는 프로그램 전반적으로는 AutoCommit 모드를 TRUE로 해서 트랜잭션을 별도로 사용하지 않고 꼭 필요한 프로그램에서만 트랜잭션을 사용할 수 있다. 또한 트랜잭션이 꼭 필요할 때만 conn.setAutoCommit(false) 함수를 실행해 트랜잭션을 사용할 수도 있다. 그리고 작업이 완료되면 다시 conn.setAutoCommit(true)로 AutoCommit 모드로 돌려 두면 된다.

> **주의** 많은 사람들이 AutoCommit의 성능에 대해 잘못 이해하고 있다. 많은 개발자들이 AutoCommit을 TRUE로 설정하면 쿼리의 성능이 훨씬 더 빨라질 것으로 기대한다. 하지만 결과는 정반대다. MySQL의 InnoDB 스토리지 엔진에서는 COMMIT이 실행될 때마다 테이블의 데이터나 로그 파일(InnoDB의 리두 로그나 MySQL의 바이너리 로그 등)이 디스크에 동기화되도록 작동할 때가 많다.
>
> 만약 하나의 프로그램에서 동시에 쿼리 100개를 실행한다고 가정해 보자. AutoCommit이 TRUE인 상태에서는 이 작업을 위해 100번의 디스크 동기화 작업(Flush)을 실행하지만 AutoCommit이 FALSE이거나 명시적으로 트랜잭션이 시작된 상태에서는 마지막 COMMIT 단계에서 한 번만 디스크 동기화 작업을 실행한다. 물론 이때 트랜잭션을 사용한다고 성능이 100배가 빨라지는 것은 아니지만 디스크 동기화 작업의 고비용을 고려한다면 AutoCommit이 FALSE일 때와 같이 명시적으로 트랜잭션을 사용했을 때가 최소 2~3배 이상은 빨리 실행될 것이다.

Connector/J 설정 옵션

일반적으로 MySQL Connector/J를 사용할 때 기본적인 접속 정보인 JDBC URL과 MySQL의 계정 및 비밀번호만으로 데이터베이스 커넥션을 생성해서 사용하는 사용자가 많다. 하지만 위에서 살펴본

서버 PreparedStatement와 같은 옵션이 여러 가지 있으며, 배치 프로그램 등과 같이 목적에 맞게 사용할 만한 옵션도 있다. 간단하게 주요 옵션의 내용을 한번 살펴보자.

옵션 이름	옵션 설명
useCompression (true / false)	애플리케이션과 MySQL 서버 사이에 전송되는 데이터를 압축할지 선택하는 옵션이다. 만약 애플리케이션과 MySQL 서버가 원격지로 떨어져 있고 네트워크가 좋지 않다면 TRUE로 설정해 데이터 전송 시 압축하는 것이 좋다. 하지만 데이터 압축을 위한 CPU 작업이 예상외로 크기 때문에 같은 IDC나 네트워크 대역 내에 있다면 압축 기능을 사용하지 않는 것이 좋다. 기본값은 FALSE다.
allowMultiQueries (true / false)	여러 개의 SQL 문장을 구분자 ";"로 구분해서 한 번에 실행할 수 있도록 허용하는 기능이다. 기본값은 FALSE이므로 한 번에 여러 개의 쿼리 문장을 실행할 수 없다.
allowLoadLocalInfile (true / false)	MySQL JDBC 드라이버(Connector/J)를 이용하는 자바 프로그램에서 "LOAD DATA LOCAL INFILE …" 명령을 사용할 수 있도록 허용할 것인지를 설정하는 옵션으로 기본값은 TRUE로 설정돼 있다.
allowUrlInLocalInfile (true / false)	MySQL JDBC 드라이버(Connector/J)를 이용하는 자바 프로그램에서 "LOAD DATA LOCAL INFILE …" 명령을 사용할 때 INFILE 옵션에 URL을 사용할 수 있도록 허용할지 여부를 설정하는 옵션으로 기본값은 FALSE로 설정돼 있다.
useCursorFetch (true / false)	MySQL 5.0.2 이상 버전에서 사용할 수 있으며, Connector/J에서 일반적으로 사용하는 클라이언트 커서(Cursor) 대신 서버 커서(Cursor)를 사용하도록 설정한다. 기본값은 FALSE이므로 별도로 옵션 값을 설정하지 않으면 모두 클라이언트 커서를 이용한다. useCursorFetch를 활성화하려면 defaultFetchSize 옵션 또한 0보다 큰 값으로 설정해야 한다. 이 옵션에 대해서는 다시 한 번 자세히 다루겠다.
defaultFetchSize	서버 커서를 사용할 때 MySQL 서버로부터 한 번에 몇 개씩 레코드를 읽어올지를 설정한다. 기본값은 0이며 서버 커서를 사용하지 않고 클라이언트 커서를 사용하도록 돼 있다.

holdResultsOpenOverStatementClose (true / false)	가끔 Statement가 닫혔지만 그 Statement로부터 생성된 ResultSet을 참조해야 할 때 이 옵션을 활성화하면 된다. 물론 이때는 ResultSet이 불필요해지는 시점에 꼭 명시적으로 닫아(ResultSet.close()) 주어야 한다. Statement가 닫히면 그 Statement로부터 생성된 ResultSet은 자동으로 닫히는 것이 JDBC 표준이며, 이 설정은 JDBC 표준을 벗어나는 설정이다. 기본값은 FALSE다.
rewriteBatchedStatements (true / false)	여러 개의 INSERT 문장을 한꺼번에 실행할 때 PreparedStatement의 addBatch() 함수로 누적된 레코드를 하나의 INSERT 문장으로 변환해서 실행하는 기능을 활성화하는 옵션이다. 기본값은 FALSE이며, 이 옵션은 서버 PreparedStatement와 동시에 사용하면 에러가 발생할 수 있으므로 주의해서 적용해야 한다. 예) INSERT INTO tb_table VALUES (1,2), (2,3), (3,4), (4,5), …;
useServerPrepStmts (true / false)	서버 PreparedStatement를 사용할지 말지를 설정하는 옵션이다. 기본값은 FALSE이므로 특정 설정이 없으면 모든 PreparedStatement는 클라이언트 PreparedStatement로 작동한다.
traceProtocol (true / false)	Connector/J가 MySQL 서버와 통신하기 위해 주고받는 패킷을 Log4J를 이용해 로깅할 수 있다. 기본값은 FALSE다.

이 밖에도 수많은 커넥션 옵션이 있으므로 각자 서비스 특성에 맞게 성능이나 보안을 위해 적용할 만한 옵션이 있는지 MySQL 매뉴얼을 한 번씩 읽어 보는 것이 좋다.

대량 데이터 가져오기

가끔 JDBC를 이용하는 배치 프로그램에서 상당히 많은 레코드를 가져와야 할 때가 있다. JDBC 표준에서 제공하는 Statement.setFetchSize( )라는 함수는 MySQL 서버로부터 SELECT된 레코드를 클라이언트인 애플리케이션으로 가져올 때 한 번에 가져올 레코드의 건수를 설정하는 역할을 한다. 하지만 MySQL의 Connector/J도 JDBC의 표준 기능을 모두 지원하고 있지는 못한데, 그 중 하나가 setFetchSize( ) 함수다. 우선 MySQL Connector/J로 SELECT 쿼리를 실행하면 MySQL 서버로부터 어떻게 결과를 가져오는지 그림 13-5를 살펴보자.

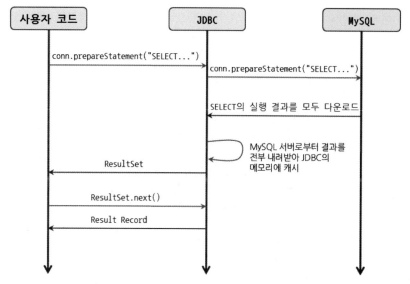

[그림 13-5] MySQL Connector/J의 SELECT 결과를 가져오는 방식

그림 13-5에서 보다시피 Connector/J를 이용해 쿼리를 실행(Statement.executeQuery)하면 Connector/J는 그 SELECT 쿼리의 결과를 MySQL 서버로부터 모두 내려받아 Connector/J가 관리하는 캐시 메모리 영역에 그 결과를 저장한다. 이렇게 SELECT 쿼리의 결과가 다운로드되는 동안 Statement.executeQuery( ) 함수는 블록(blocking)돼 있다가 Connector/J가 모든 결과 값을 내려받아 캐시에 저장하고 나면 그때서야 비로소 Statement.executeQuery( ) 함수가 SELECT 쿼리 문장의 결과(ResultSet)의 핸들러를 애플리케이션에게 반환한다. 그 이후 애플리케이션에서 ResultSet. next( ) 함수나 ResultSet.getString( ) 등과 같은 함수가 호출되면 MySQL 서버까지 그 요청이 가지 않고, Connector/J가 캐시해 둔 값을 애플리케이션 쪽으로 반환한다. 클라이언트 커서라고 하는 이러한 방식은 상당히 빠르기 때문에 MySQL Connector/J의 기본 작동 방식으로 채택돼 있다.

그런데 이러한 방식은 한 가지 문제가 있다. 만약 SELECT 쿼리의 결과가 너무 클 때는 클라이언트로 다운로드하는 데 많은 시간이 걸린다. 또한 웹 서버나 배치 서버의 메모리에 SELECT 쿼리의 결과를 담아야 하기 때문에 가끔은 메모리가 부족해서 "Out of memory" 에러가 나면서 프로그램이 종료되기도 한다. MySQL에서는 Statement.setFetchSize( )를 예약된 값(Integer.MIN_VALUE)으로 설정하면 한 번에 쿼리의 결과를 모두 다운로드하지 않고 MySQL 서버에서 한 건 단위로 읽어서 가져가게 할 수 있다. 이러한 방식을 결과 셋 스트리밍(ResultSet Streaming)이라고도 한다. 결과 셋 스트리밍 방식의 처리는 그림 13-6과 같은 시퀀스 다이어그램으로 표현할 수 있다.

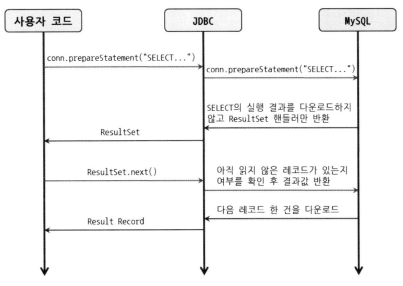

[그림 13-6] 결과 셋 스트리밍 방식

결과 셋의 스트리밍 방식은 매번 레코드 단위로 MySQL 서버와 통신해야 하므로 Connector/J의 기본적인 처리 방식에 비해 상당히 느리다. 하지만 레코드가 아주 대량이라면 이 방법으로 처리할 수밖에 없을 수도 있다. 결과 셋의 스트리밍 방식을 위해서는 다음과 같이 자바 프로그램의 코드를 조금 변경해야 한다.

```
...
Connection conn = getConnection();
Statement stmt = conn.createStatement(java.sql.ResultSet.TYPE_FORWARD_ONLY, ❶
                                      java.sql.ResultSet.CONCUR_READ_ONLY ❷);
stmt.setFetchSize(Integer.MIN_VALUE); ❸

ResultSet rs = stmt.executeQuery("SELECT * FROM employees");
...
```

우선 conn.createStatement( ) 함수로 Statement를 생성할 때 ResultSet이 읽기 전용(두 번째 인자 ❷)이며, 또한 ResultSet을 앞쪽 진행 방향으로만 읽을 것(첫 번째 인자❶)이라는 옵션을 설정해야 한다. 그리고 stmt.setFetchSize( )라는 함수를 이용해 레코드의 페치 크기를 예약된 값(Integer.MIN_VALUE)으로 설정해 주면❸ MySQL 서버는 클라이언트가 결과 셋을 레코드 한 건 단위로 다운로드하리라는 것을 알아채고 결과 셋을 준비해둔다. 그리고 클라이언트에서 ResultSet.next( ) 함수가 호출될 때마다 한 건씩 클라이언트로 내려 보내게 된다. 여기서 Integer.MIN_VALUE는 특별한 의미를 가지지 않는 그냥 지정된 값일 뿐이다. MySQL Connector/J에서는 setFetchSize( ) 함수에 100을 설정하거나 10을 설정한다고 해서 100건이나 10건 단위로 데이터를 가져올 수는 없다.

이렇게 SELECT 쿼리의 결과 셋이 아주 대용량일 때 또 다른 해결 방법이 있다. 바로 서버 커서를 사용하는 방법이다. 서버 커서를 사용하려면 Statement 수준의 옵션을 설정하는 것이 아니라 커넥션 자체를 생성할 때 JDBC URL에 옵션을 설정해야 한다. 또한 이 방식은 서버 커서를 이용하는 방식이므로 MySQL 서버에서 결과 셋에 상응하는 크기의 임시 테이블(Fully materialized table)을 만든다. 서버 커서를 사용하는 방법을 예제로 살펴보자.

```java
import java.sql.*;

public class HugeDataDownloader {
  public static void main(String[] args) throws Exception {
    // 대용량 쿼리를 실행하는 부분
  }

  protected Connection getConnection() throws Exception {
    String driver = "com.mysql.jdbc.Driver";
     String url = "jdbc:mysql://localhost:3306/db1?useCursorFetch=true&defaultFetchSize=1000"; ❶
    String uid = "userid";
    String pwd = "password";

    Class.forName(driver).newInstance();
    Connection conn = DriverManager.getConnection(url, uid, pwd);

    return conn;
  }
}
```

JDBC의 URL 설정에서 useCursorFetch 설정 옵션을 TRUE로 변경하고 defaultFetchSize 값을 반드시 0보다 큰 값으로 설정해야만❶ 서버 커서 방식으로 대용량의 결과 셋을 클라이언트로 가져올 수 있다. 추가로 서버 커서 방식은 반드시 서버 PreparedStatement 방식으로 처리돼야 하기 때문에 useCursorFetch가 TRUE로 설정되면 useServerPrepStmts 설정 옵션까지 자동으로 TRUE로 변경된다. 이 방식과 결과 셋의 스트리밍 방식의 차이는 스트리밍 방식은 한 건씩 서버에서 읽어 오지만 서버 커서 방식은 defaultFetchSize에 명시된 레코드 건수 만큼씩 Connector/J의 캐시 메모리 영역에 내려받아 애플리케이션에게 제공한다. 즉, SELECT 쿼리의 건수가 100만 건이었다면 스트리밍 방식은 MySQL 서버와의 통신이 100만 번 발생하지만 서버 커서 방식은 1000번(100만 / 1000)에 대해서만 통신이 필요하다는 의미다.

결과 셋의 스트리밍 방식과 서버 커서를 사용하는 방식의 큰 차이는 MySQL 서버가 작업 결과를 담아 둘 임시 테이블을 사용하는지 여부다. 또한 그로 인한 장단점이 있으므로 상황에 맞게 필요한 방식을 선택해서 사용하면 된다.

- 스트리밍 방식은 MySQL 서버에서 임시 테이블을 생성하지 않는다는 장점이 있다. 하지만 이 때문에 JDBC 애플리케이션에서 데이터를 모두 가져갈 때까지 쿼리가 실행 중인 상태로 남아 있게 된다. 그래서 JDBC 애플리케이션에서 데이터를 모두 가져가기 전(더 정확히는 ResultSet이 닫히기 전)에는 동일 커넥션에서 새로운 쿼리를 실행하지 못한다. 만약 이미 스트리밍 방식의 쿼리를 실행한 상태에서 다시 새로운 쿼리를 실행하면 다음과 같은 에러 메시지가 출력될 것이다.

```
java.sql.SQLException:
    Streaming result set com.mysql.jdbc.RowDataDynamic@1d4c61c is still active.
No statements may be issued when any streaming result sets are open and in use on a given
connection. Ensure that you have called .close() on any active streaming result sets
before attempting more queries.
```

- 서버 커서를 사용하는 방법은 쿼리가 실행될 때 MySQL 서버는 그 결과를 임시 테이블로 복사해 두게 된다. 이렇게 MySQL 서버에서 데이터의 복사가 완료되면 그 결과가 클라이언트로 다운로드되지 않아도 즉시 executeQuery() 함수의 호출은 완료된다. 하지만 MySQL 서버에 존재하는 커서를 위한 임시 테이블은 JDBC 애플리케이션에서 ResultSet을 종료하기 전까지는 계속 유지될 수밖에 없다. 이렇게 서버 커서를 사용하는 방식은 JDBC 애플리케이션에서 ResultSet의 결과 데이터를 모두 가져갔는지에 관계 없이 임시 테이블로 결과 데이터를 복사하고 쿼리는 종료되므로 대량의 쿼리를 여러 번 중첩해서 실행할 수 있다는 장점이 있다.

클라이언트 서버 프로토콜 트레이스(덤프)

JDBC를 이용한 애플리케이션을 개발하다 보면 Connector/J가 의도한 대로 작동하지 않는다거나 때로는 Connector/J가 MySQL 서버와 어떤 내용을 주고받는지 살펴봐야 할 때도 있을 것이다. 이때는 MySQL의 Connector/J 소스코드를 찾아보는 방법이 가장 확실할 것이다. 하지만 이는 쉽게 선택할 수 있는 방법도 아니고 그다지 효율적인 방법은 아니다. Connector/J의 소스를 분석해보기 전에 Connector/J가 MySQL 서버와 주고받는 패킷을 분석해 보는 것으로 쉽게 원하는 바를 얻을 수 있을지도 모른다.

Connector/J에서 제공하는 패킷 트레이스 기능은 tcpdump보다는 조금 더 상세하고 보기 쉽게 정보를 출력해 준다. Connector/J에서 제공하는 traceProtocol 옵션을 이용하면❶ Connector/J와 MySQL 서버가 주고받는 패킷을 쉽게 분석해볼 수 있다. 예제 13-7은 Connector/J의 traceProtocol 옵션을 사용하는 방법을 보여준다.

[예제 13-7] JDBC 패킷 덤프

```java
import java.io.*;
import java.util.*;
import java.sql.*;
import org.apache.log4j.PropertyConfigurator;

public class ConnectorProtocolTracer {
  public static void main(String[] args) throws Exception {
    initializeLogger();
    for (int idx = 0; idx < 1; idx++) {
      System.out.println("Connection trying .. ");
      Connection conn = getConnection();
      System.out.println("Connection established ..");
      conn.close();
    }
  }


  protected static void initializeLogger() {
    String log4jConfig = "log4j.rootCategory=DEBUG,console\n"
        + "log4j.appender.console=org.apache.log4j.ConsoleAppender\n"
        + "log4j.appender.console.layout=org.apache.log4j.PatternLayout\n"
          + "log4j.appender.console.layout.ConversionPattern=[%d TH:%t LV:%5p CL:%c]
%m%n\n";
    InputStream is = null;
    try {
      is = new ByteArrayInputStream(log4jConfig.getBytes("UTF-8"));
      Properties prop = new Properties();
      prop.load(is);
      PropertyConfigurator.configure(prop);
    } catch (Exception ex) {
        throw new IllegalArgumentException("Logger configuration parse failed : " +
ex.toString());
    } finally {
        try {is.close();} catch (Exception ignore) {}
```

```
        }

        System.out.println(">> Logger initialized");
    }

    protected static Connection getConnection() throws Exception {
        String driver = "com.mysql.jdbc.Driver";
        String url = "jdbc:mysql://localhost:3306/db_name?" +
                      "logger=com.mysql.jdbc.log.StandardLogger&traceProtocol=true"; ❶
        String uid = "userid";
        String pwd = "password";

        Class.forName(driver).newInstance();
        Connection conn = DriverManager.getConnection(url, uid, pwd);

        return conn;
    }
}
```

예제 13-7의 프로그램으로 Connector/J가 MySQL 서버와 통신하기 위해 주고받는 데이터의 패킷을
다음과 같은 형태로 모니터링해 볼 수 있다. MySQL Connector/J를 이용해 다른 도구를 만든다거나
JDBC 프로그램을 더 최적화하려 할 때 많이 도움될 것이다.

```
[2011-02-25 18:18:06,719 TH:main LV:DEBUG CL:MySQL] send() packet payload:
11 00 00 00 03 53 45 54      . . . . . S E T
20 61 75 74 6f 63 6f 6d      . a u t o c o m
6d 69 74 3d 31               m i t = 1

...

[2011-02-25 18:18:06,719 TH:main LV:DEBUG CL:MySQL] send() packet payload:
23 00 00 00 03 53 45 54      # . . . . S E T
20 73 71 6c 5f 6d 6f 64      . s q l _ m o d
65 3d 27 53 54 52 49 43      e = ' S T R I C
54 5f 54 52 41 4e 53 5f      T _ T R A N S _
54 41 42 4c 45 53 27         T A B L E S '
```

복제 MySQL을 위한 ReplicationDriver

MySQL Connector/J 3.1.7 버전부터 복제가 구축된 MySQL 서버에서 사용할 수 있는 JDBC Driver
가 지원되기 시작했다. 이 JDBC Driver는 데이터를 변경하는 쓰기 쿼리는 마스터 MySQL에서 실행

하고, 읽기 쿼리는 슬레이브 MySQL에서 실행하게 해준다. 이 기능을 사용하려면 일반적인 "com.
mysql.jdbc.Driver"를 사용하지 않고 "com.mysql.jdbc.ReplicationDriver" 클래스를 이용해
MySQL 서버에 접속해야 한다. ReplicationDriver는 단순히 읽기와 쓰기 쿼리를 마스터와 슬레이
브 MySQL로 나눠서 전송 및 실행해주는 역할 말고도 여러 개의 슬레이브를 지정해서 돌아가면서
(Round-robin 방식) 쿼리를 실행할 수 있게 해주는 기능도 지원한다. 쿼리가 마스터 MySQL에서 실
행되기를 원한다면 쿼리를 실행하기 전에 "Connection.setReadOnly(false)"를 실행하면 된다. 그러
면 Connector/J의 ReplicationDriver는 그 커넥션에서 실행되는 쿼리를 마스터 MySQL로 전송해서
실행한다. 반대로 "Connection.setReadOnly(true)"를 실행하면 ReplicationDriver는 읽기 전용 쿼
리로 간주하고, 슬레이브 MySQL로 쿼리를 전송한다. 사용 방법도 아주 간단한데, 예제 13-8의 코드
를 살펴보자.

[예제 13-8] ReplicationDriver 사용

```java
import java.sql.*;
import java.util.*;

import com.mysql.jdbc.ReplicationDriver;

public class ReplicationDriverTester{
  public static void main(String[] args) throws Exception {
    ReplicationDriver driver = new ReplicationDriver(); ❸

    Properties props = new Properties();

    // 만약 연결이 끊어진 경우에는 자동으로 재접속하도록 설정
    props.put("autoReconnect", "true");

    // 슬레이브가 여러 개인 경우에는 Round-robin으로 사용하도록 설정
    props.put("roundRobinLoadBalance", "true");

    props.put("user", "mysql_account");
    props.put("password", "mysql_password");
    // ReplicationDriver를 위해서는 커넥션 스트링의 제일 앞쪽 프로토콜 부분을
    //    "jdbc:mysql:replication://"로 설정한다.
    // 프로토콜 뒤에 첫 번째 호스트명이나 IP는 마스터 MySQL을 반드시 기재하고,
    //    그 뒤에는 슬레이브 MySQL의 호스트명이나 IP 주소를 기재하는데,
    //    슬레이브가 여러 개인 경우에는 콤마로 구분해서 기재한다.
    // 나머지 부분은 일반적인 MySQL JDBC Driver와 동일하다.
```

```
        Connection conn =
              driver.connect("jdbc:mysql:replication://master,slave1,slave2,slave3/test",
    props); ❶

        // 커넥션의 속성에서 읽기 전용을 해제하면 마스터 MySQL로 쿼리가 전송된다.
        conn.setReadOnly(false); ❷
        conn.setAutoCommit(false);
        conn.createStatement().executeUpdate("DELETE FROM master_table WHERE ...");
        conn.commit();

        // 커넥션의 속성을 읽기 전용(ReadOnly)로 설정하면 슬레이브 MySQL로 쿼리가 전송된다.
        conn.setReadOnly(true); ❷
        ResultSet rs =
          conn.createStatement().executeQuery("SELECT fd1, fd2 FROM slave_table WHERE ...");

        // 나머지 처리 코드 ...
    }
}
```

자세한 내용을 주석으로 추가해 뒀으므로 아마 내용의 대부분은 바로 이해될 것이다. 중요한 것은 커
넥션 스트링에서 마스터 MySQL 호스트명과 슬레이브 호스트의 이름을 나열하고❶, Connection.
setReadOnly( ) 함수로 커넥션의 읽기 전용 모드 변경으로 마스터와 슬레이브 쿼리를 조절할
수 있다는 것이다❷. 예제 13-8은 일반적인 "java.sql.DriverManager" 방식을 사용하지 않고
ReplicationDriver를 직접 생성해서 사용하는 예제지만❸ MySQL JDBC Driver가 하나만 등록된 상
태라면 DriverManager를 이용해 커넥션을 생성하는 것도 가능하다. DriverManager를 사용하면 일
반적인 커넥션 풀을 지원하는 프레임워크와도 함께 사용할 수 있게 된다. ReplicationDriver를 DBCP
와 함께 이용하는 예제 13-8의 코드를 한번 살펴보자.

[예제 13-9] ReplicationDriver를 커넥션 풀에서 사용

```
import java.sql.*;
import javax.sql.DataSource;
import org.apache.commons.dbcp.BasicDataSource;

public class ReplicationDriverTester {
  public static void main(String[] args) throws Exception{
    DataSource ds = prepareDatasource();❶
    String query = "SELECT NOW()";

    Connection conn = ds.getConnection();      // ConnectionPool로부터 Connection을 가져옴
```

```
      Statement stmt = conn.createStatement();
      ResultSet rs = stmt.executeQuery(query);
      while(rs.next()){
        System.out.println("  >> Current datetime : "+ rs.getString(idx));
      }

      rs.close();
      stmt.close();
      conn.close();
      closeDatasource(ds);
    }

  /* ConnectionPool을 초기화 */
  public static DataSource prepareDatasource() throws Exception{ ❶
    /* com.mysql.jdbc.ReplicationDriver를 사용해도 무방 */
    String driver = "com.mysql.jdbc.Driver"; ❷
     /* master_host와 slave_host1, slave_host2로 구성된 복제된 MySQL 서버의 연결을 위한
URL */
    String url =
        "jdbc:mysql:replication://master_host:3306,slave_host1:3306,slave_host2:3306/db_
name";

    BasicDataSource ds = new BasicDataSource();
    ds.setMaxActive(2);
    ds.setMaxIdle(2);
    ds.setDriverClassName(driver);
    ds.setUsername("account");
    ds.setPassword("password");
    ds.addConnectionProperty("autoReconnect", "true");
    ds.addConnectionProperty("roundRobinLoadBalance", "true");
    ds.setUrl(url);

    return ds;
  }

  /* ConnectionPool을 종료 */
  public static void closeDatasource(DataSource ds) throws SQLException {
    BasicDataSource bds = (BasicDataSource) ds;
    bds.close();
  }
}
```

예제 13-9도 BasicDataSource를 이용해 ConnectionPool을 구현했다는 점❶ 말고는 앞에서 살펴본 예제와 크게 다르지 않다. MySQL Connector/J 5.0.6 버전 이후부터는 커넥션 스트링으로 필요한 Driver Class를 자동으로 선택해서 사용하기 때문에 ConnectionPool을 위해 DriverManager를 사용할 때 JDBC Driver 클래스를 "com.mysql.jdbc.Driver" 클래스나 "com.mysql.jdbc.ReplicationDriver" 중에서 아무 클래스나 사용해도 무방하다.❷ 하지만 그 이전 버전에서는 꼭 ReplicationDriver를 사용해야 한다.

ReplicationDriver 클래스를 사용할 때 반드시 기억해야 할 점이 두 가지 있다.

- ReplicationDriver를 사용하면 ReplicationConnection 객체가 생성되는데, 이는 Connection 객체의 래퍼 클래스(Wrapper Class)로서 하나의 ReplicationConnection은 항상 마스터 MySQL에 대한 커넥션 1개와 슬레이브 MySQL에 대한 커넥션 1개를 동시에 가진다. 어느 한 시점을 기준으로는 둘 중에서 반드시 하나만 사용할 수 있으므로 어느 쪽 하나의 커넥션은 불필요하게 낭비되는 것일 수도 있다.

- DBCP와 같은 커넥션 풀을 사용할 때 커넥션의 타임 아웃을 방지하거나 유효성 체크를 위해 ValidationQuery를 설정할 수 있다. 일반적으로 자주 사용하는 "SELECT 1"과 같은 ValidationQuery는 ReplicationDriver를 사용할 때는 적합하지 않다. "SELECT 1"과 같은 쿼리는 ReplicationConnection이 가지고 있는 두 개(마스터와 슬레이브)의 커넥션 가운데 "현재 사용 중"으로 표시된 커넥션에 대해서만 유효성 체크를 수행하므로 "현재 사용 중" 상태가 아닌 나머지 커넥션은 KeepAlive 역할이나 Validation 역할을 하지 못한다. 결국 나머지 커넥션은 타임아웃으로 인해 서버로부터 연결이 해제될 수 있다.

  문제는 이 상태에서 쿼리가 실행되면 쿼리 실행은 실패하고 오류가 발생하지만 끊어진 커넥션을 다시 연결하지 못하는 버그가 있다는 것이다. 이 버그에 대한 자세한 버그 레포트는 "http://bugs.mysql.com/bug.php?id=22643"를 참조하길 바란다. 이를 해결하기 위해 (위의 버그 레포트에도 기재돼 있지만) ReplicationDriver를 사용하는 커넥션 풀의 ValidationQuery는 반드시 "/* ping */ SELECT 1"과 같이 "/* ping */" 키워드로 시작해야 한다.❶ 이렇게 ReplicationConnection에 지정된 키워드("/* ping */)로 시작하는 쿼리가 실행되면 두 개의 커넥션에 대해 순차적으로 JDBC의 ping( ) 함수를 실행하고, 숫자 1을 값으로 가지는 스칼라 결과 셋(이 결과는 쿼리의 내용과 전혀 무관하게 MySQL Connector/J가 임의로 만들어내는 거짓 결과 셋임)을 반환한다. 이 기능으로 ReplicationConnection이 내부적으로 가지고 있는 두 개의 커넥션 모두에 대해 커넥션 유효화나 KeepAlive 유지가 가능해진다.

예제 13-10은 ReplicationConnection에 대해 ValidationQuery를 사용하는 방법을 보여준다. 예제 13-9의 코드와 크게 다르지 않지만 커넥션 풀을 초기화하는 함수에서 setValidationQuery("/* ping */ SELECT 1") 코드가 추가된 것을 눈여겨보자.❶

```java
import java.sql.*;
import javax.sql.DataSource;
import org.apache.commons.dbcp.BasicDataSource;

public class ReplicationDriverTester {
  public static void main(String[] args) throws Exception{
    DataSource ds = prepareDatasource();
    String query = "SELECT NOW()";

    Connection conn = ds.getConnection();
    Statement stmt = conn.createStatement();
    ResultSet rs = stmt.executeQuery(query);
    while(rs.next()){
      System.out.println("  >> Current datetime : "+ rs.getString(idx));
    }

    rs.close();
    stmt.close();
    conn.close();
    closeDatasource(ds);
  }

  public static DataSource prepareDatasource() throws Exception{
    String driver = "com.mysql.jdbc.Driver"; // com.mysql.jdbc.ReplicationDriver를 사용해
도 무방
    String url =
        "jdbc:mysql:replication://master_host:3306,slave_host1:3306,slave_host2:3306/db_
name";

    BasicDataSource ds = new BasicDataSource();
    ds.setMaxActive(2);
    ds.setMaxIdle(2);
    ds.setDriverClassName(driver);
    ds.setUsername("account");
    ds.setPassword("password");
    ds.addConnectionProperty("autoReconnect", "true");
    ds.addConnectionProperty("roundRobinLoadBalance", "true");
    ds.setValidationQuery("/* ping */ SELECT 1"); ❶
    ds.setUrl(url);

    return ds;
  }
```

```
    public static void closeDatasource(DataSource ds) throws SQLException {
      BasicDataSource bds = (BasicDataSource) ds;
      bds.close();
    }
  }
```

MySQL 클러스터 (NDB)를 위한 ReplicationDriver

복제 구성의 MySQL 서버를 위해 ReplicationDriver를 사용할 수 있지만 MySQL 클러스터 환경에서
도 ReplicationDriver를 사용할 수 있다. 모든 부분이 같지만 커넥션 스트링의 프로토콜 부분이 조금
다르다. 또한 MySQL 클러스터 환경에서 ReplicationDriver를 사용할 때는 커넥션의 읽기 전용 여부
를 변경하는 것은 의미가 없다. 실제로 어느 커넥션을 사용하게 될지는 사용자가 조절할 수 없고 단순
히 MySQL 클러스터 중에서 한쪽이 문제가 발생해서 연결이 비정상적일 때는 다른 연결이 사용되도록
유도된다. MySQL 클러스터로 접속하면 커넥션이 한꺼번에 여러 개씩 생성되는 것이 아니라 현재 커
넥션이 문제가 있어 정상적으로 작동하지 않을 때만 다른 SQL 노드로 새로운 커넥션이 생성된다. 예제
13-11은 MySQL 클러스터에서 ReplicationDriver를 로드 밸런스나 커넥션 페일오버(Fail-over) 용
도로 사용하는 프로그램이다.

[예제 13-11] 로드 밸런스 JDBC Driver

```
import java.sql.*;
import java.util.*;
import com.mysql.jdbc.ReplicationDriver;

public class ReplicationDriverTester{
  public static void main(String[] args) throws Exception {
    ReplicationDriver driver = new ReplicationDriver();

    Properties props = new Properties();

    // 만약 연결이 끊어진 경우에는 자동으로 재접속하도록 설정
    props.put("autoReconnect", "true");

    // loadBalanceStrategy 옵션에는 "bestResponseTime"이나 "random"을 사용할 수 있는데,
    // "bestResponseTime"는 이전 트랜잭션에서 처리가 가장 빨랐던
    // MySQL 클러스터 서버로 연결을 유도
    // "random"은 각 요청별로 임의의 MySQL 클러스터로 연결을 유도
```

```
        props.put("loadBalanceStrategy", "bestResponseTime");

        props.put("user", "mysql_account");
        props.put("password", "mysql_password");

        // 클러스터를 위한 ReplicationDriver를 위해서는 커넥션 스트링의 제일 앞쪽 프로토콜 부분을
        //       "jdbc:mysql::loadbalance//"로 설정한다.
        // 프로토콜 뒤에 첫 번째 호스트명이나 IP는 마스터 MySQL을 반드시 기재하고,
        //       그 뒤에는 클러스터에 소속된 MySQL의 호스트명이나 IP 주소를 기재하면 된다.
        // 나머지 부분은 일반적인 MySQL JDBC Driver와 동일하다.
        Connection conn = driver.connect(
          "jdbc:mysql:loadbalance://cluster_host1:port,cluster_host2:port/test", props);

        conn.setAutoCommit(false);
        conn.createStatement().executeUpdate("DELETE FROM master_table WHERE ...");
        conn.commit();

        // 나머지 처리 코드 ...
    }
}
```

MySQL 클러스터를 위한 로드 밸런스용 ReplicationDriver는 아직 일반적으로 많이 사용되지는 않는 편이며, 때로는 각 서버별로 커넥션을 적절히 분배하지 못하고 한쪽 서버로 쏠리는 현상도 있다. 만약 서비스에 적용할 예정이라면 충분한 테스트나 검토 후에 적용하자.

13.2 C/C++

C/C++ 언어로 MySQL 서버에 접속하려면 MySQL에서 제공하는 C/C++ API를 사용해야 한다. 자바의 JDBC와 같이 표준화된 형태는 아니지만 대부분 비슷한 기능을 제공하고 있으므로 쉽게 이용할 수 있다. 또한 C/C++ 언어를 위해 MySQL 서버 자체를 프로그램에 임베드할 수도 있으므로 다양한 방법으로 MySQL을 이용한 프로그램을 작성할 수 있다. 이 책에서는 C 언어를 이용해 MySQL 서버에 접속하고, 간단한 쿼리들을 어떻게 실행할 수 있는지 살펴보겠다. 일반적인 프로그램을 작성할 때 필요한 에러 판정 및 처리, 그리고 MySQL 설정 파일을 읽는 것과 같은 공통적인 기능도 함께 살펴보겠다. 아주 복잡한 MySQL 클라이언트 프로그램을 어떻게 작성하는지는 언급하지 않겠지만 C/C++ 언어에 대한 이해만 있다면 여기서 언급한 내용을 활용해 필요한 기능을 충분히 확장해 나갈 수 있을 것이다.

이 책에서 언급되는 예제는 모두 레드 햇 5 계열의 CentOS 5.4에서 gcc를 이용해 빌드하는 것을 기준으로 소개하고 있으며, 다른 종류의 리눅스나 운영체제에서는 각 운영체제에 맞는 빌드 방법이나 컴파일러를 사용해야 한다.

13.2.1 주요 헤더 파일과 MySQL 예제

C/C++ 프로그램에 필요한 라이브러리나 헤더 파일은 MySQL이 설치된 디렉터리의 include와 lib 디렉터리에 설치된다. 만약 MySQL 서버가 설치돼 있지 않다면 필요한 헤더 파일과 라이브러리를 RPM으로 설치할 수 있다. RPM과 같은 패키지를 통해 개발용 라이브러리를 별도로 설치했다면 더 쉽게 프로그램을 컴파일할 수 있다. 패키지를 사용해서 컴파일하고 링크하는 데 필요한 RPM 패키지를 살펴보자. 우선 MySQL 클라이언트 라이브러리를 사용하는 애플리케이션을 컴파일하고 링크하려면 mysql-devel 패키지가 꼭 필요하다.

- mysql : MySQL 클라이언트 프로그램과 관련 공유 라이브러리를 포함하는 패키지
- mysql-libs : MySQL 프로그램을 위한 공유 라이브러리의 패키지
- mysql-devel : MySQL과 연동하는 애플리케이션을 개발하는 데 필요한 헤더 파일과 정적 라이브러리 패키지
- mysql-server : MySQL 서버 패키지

이 책에서는 직접 소스를 빌드해 MySQL 서버를 설치한 환경을 가정하고, 컴파일하고 링크하는 방법을 살펴보겠다. 하지만 컴파일 옵션을 쉽게 만들어 낼 수 있게 mysql_config라는 유틸리티가 제공되기 때문에 RPM으로 설치했든지 소스를 직접 컴파일해서 설치했든지 전혀 차이는 없다.

MySQL의 헤더 파일은 MySQL의 홈 디렉터리 하위의 include/mysql 디렉터리에 저장된다. 일반적인 애플리케이션에서 필요한 주요 헤더 파일은 mysql.h와 my_global.h다.

- mysql.h 파일은 MySQL의 C API와 관련된 구조체나 함수의 정의가 포함돼 있다.
- my_global.h 파일에는 기본적인 타입과 매크로 및 stdio.h와 같은 필수 표준 C 헤더 파일의 include가 포함돼 있다.

그다음으로 중요한 헤더 파일로는 my_sys.h가 있으며, 이는 MySQL 함수에서 사용하는 유틸리티 성격의 구조체나 매크로가 정의돼 있다. C 언어로 MySQL 애플리케이션을 작성할 때 도움이 될 만한 소스는 MySQL 소스 배포판의 tests 디렉터리에서 찾아볼 수 있다. 간단하게 설치된 MySQL 서버의 버전에 맞게 SQL을 실행하는 예제를 참고할 수 있다.

13.2.2 에러 처리

개발 경험이 있다면 예외나 에러에 대한 처리가 견고한 프로그램을 만드는 데 얼마나 중요한지 이미 잘 알고 있을 것이다. MySQL의 C API에서도 자바와 같이 에러 번호나 예외 상태 및 에러 메시지를 조회하는 API를 제공한다. 또한 모든 MySQL API 함수는 반환되는 값으로 이상 상태를 확인할 수 있는 규칙을 가지고 있으므로 어렵지 않게 예외 처리를 할 수 있다. MySQL의 API 함수는 포인터(구조체)를 반환하는 함수와 정수 값만 반환하는 함수로 구분해서 볼 수 있는데, 이 두 가지 타입에 따라 함수가 정상적으로 처리됐는지 에러가 있었는지를 판별하는 방법이 달라진다.

정수를 반환하는 함수는 정상 처리됐다면 0을 반환하며, 그렇지 않으면 0이 아닌 지정된 에러 코드를 반환한다. 하지만 모든 API 함수가 그런것은 아니다. 대표적으로 SQL에 의해 변경된 레코드 건수를 가져오는 mysql_affected_rows( ) 함수는 변경된 건수를 가져오기 때문에 정상 처리된 경우에도 0 이상의 값을 반환할 수 있다. 정수를 반환하는 API 함수는 다음과 같이 결과 값이 0인지 아닌지 비교해 에러를 감지할 수 있다.

```
if( mysql_query(...) != 0 ){
  // 에러 처리
}

if( mysql_query(...) ){
  // 에러 처리
}
```

정수가 아니라 C 언어의 포인터를 반환하는 함수에서는 정상적으로 처리됐다면 유효한 구조체나 객체의 포인터를 반환하지만 에러가 발생하거나 비정상적으로 함수가 종료됐다면 NULL 포인터를 반환한다. 포인터를 반환하는 대표적인 함수인 mysql_init( ) 함수의 예제를 한번 살펴보자.

```
MYSQL* conn = mysql_init(NULL);
if( conn == NULL){
  // 에러 처리
}
```

MySQL C API에서도 mysql_error( )나 mysql_errno( ) 또는 mysql_sqlstate( )와 같은 함수를 이용해 SQL 실행 후 에러 메시지나 상태를 조회할 수 있다.

- mysql_error() 함수는 에러 메시지를 반환하는 함수다.
- mysql_errno()는 MySQL에서 자체적으로 관리하는 에러 번호를 반환하는 함수다.
- mysql_sqlstate() 함수는 DBMS 종류에 의존하지 않는 표준적인 에러 코드를 반환하는 함수다.

C API를 이용하는 프로그램에서도 자바와 마찬가지로 에러 번호보다는 SQL 상태 값을 이용해 에러 여부를 확인하는 것이 여러 DBMS뿐 아니라 MySQL 내의 스토리지 엔진 간의 호환성을 유지하는 데 좋다. 에러 처리에 대한 더 자세한 내용은 11.2.6절, "스토어드 프로그램 본문(Body) 작성"(677쪽)의 "핸들러(Handler)와 컨디션(Condition)을 이용한 에러 핸들링"를 참조하길 바란다.

```
MYSQL* conn = mysql_init(NULL);
...
if( mysql_query(...) != 0 ){
  // 에러 처리
  fprintf(stderr,
    "요청된 처리 도중 에러가 발생했습니다. [내부 에러 %u (%s) : %s]",
    mysql_errno(conn), mysql_sqlstate(conn), mysql_error(conn));
}
```

13.2.3 프로그램 컴파일

MySQL C API를 이용하는 C 프로그램은 MySQL에서 제공되는 헤더 파일과 라이브러리를 이용해 컴파일하고 링크해야 한다. 먼저, 애플리케이션 코드를 컴파일하고 링크하는 옵션에 대해 간단히 살펴보자. 그리고 이 옵션들을 자동으로 생성하는 유틸리티도 함께 살펴보겠다.

컴파일 옵션을 살펴보고자 간단한 예제 프로그램을 하나 작성해 보자. 다음의 예제 프로그램은 MySQL 서버에 접속하지 않고, 사용하는 MySQL 클라이언트 라이브러리 정보만 출력하는 mysql_get_client_info( ) 함수를 호출해 보는 간단한 예제다.

```
#include <my_global.h>
#include <mysql.h>

int main(int argc, char **argv){
  printf("MySQL 클라이언트 버전 : %s\n", mysql_get_client_info());
}
```

이 프로그램을 client_info.c라는 파일로 저장하고, 헤더 파일과 라이브러리의 위치를 다음과 같이 지정한 뒤에 프로그램을 컴파일해 보자. 다음의 컴파일 옵션은 MySQL이 /mysql 디렉터리에 설치돼 있다고 가정한 상태에서 작성한 것이다. 만약 다른 디렉터리에 MySQL을 설치했다면 적절히 디렉터리로 변경할 필요가 있다. 다음과 같은 옵션을 사용해서 컴파일하면 client_info라는 실행 프로그램이 만들 어진다.

```
shell> gcc client_info.c -o client_info \
  -I/mysql/include/mysql \
  -L/mysql/lib/mysql -lmysqlclient -lz -lcrypt -lnsl  - lm
```

MySQL과 연동하는 애플리케이션을 빌드하는 데 필요한 헤더 파일이나 라이브러리를 이렇게 직접 입 력하는 것은 처음 접하는 사용자에게는 상당히 어렵고 번거로운 작업일 것이다. MySQL에서는 이러한 옵션을 직접 입력하지 않고 필요한 옵션이 자동으로 입력될 수 있게 mysql_config라는 유틸리티를 제 공한다. 다음 예제는 MySQL의 mysql_config 유틸리티를 이용해 C 플래그와 필요 라이브러리를 단 순히 조회하는 방법을 보여준다.

```
shell> echo 'mysql_config --cflags'
-I/mysql/include/mysql -DUNIV_LINUX -DUNIV_LINUX

shell> echo 'mysql_config --libs'
-rdynamic -L/mysql/lib/mysql -lmysqlclient -lz -lcrypt -lnsl -lm

shell> echo 'mysql_config --cflags --libs'
-I/mysql/include/mysql -DUNIV_LINUX -DUNIV_LINUX -rdynamic -L/mysql/lib/mysql
-lmysqlclient -lz -lcrypt -lnsl  - lm
```

실제로 MySQL 애플리케이션을 빌드할 때는 다음 예제와 같이 mysql_config 유틸리티를 빌드 명령에 인라인으로 포함해서 사용할 수 있다. 다음 예제는 client_info 애플리케이션을 빌드하기 위해 mysql_config 유틸리티를 이용하는 방법을 보여준다. 예제에서 역따옴표(`)를 홑따옴표와 혼동하지 않도록 주의하자.

```
shell> gcc client_info.c -o client_info 'mysql_config --cflags --libs'
```

mysql_config 유틸리티를 사용하면 항상 MySQL 라이브러리가 애플리케이션에 포함되지 않는 동적 링크 방식을 사용하게 된다. 만약 MySQL 라이브러리가 정적으로 포함된 실행 프로그램을 만들고자 한다면 mysql_config 유틸리티의 실행 결과를 편집해 애플리케이션의 컴파일 옵션으로 사용하는 것 이 좋다.

C/C++ 언어를 이용해 실행 가능한 애플리케이션을 생성하는 작업을 일반적으로 컴파일이라고 표현한다. 하지만 실행 가능한 애플리케이션을 생성하는 전체 과정은 빌드라고 표현하는 것이 더 적합하며, 빌드 과정은 컴파일과 링크 단계로 나눠 볼 수 있다.

- 컴파일 단계는 소스 파일을 이용해 목적 코드를 생성하는 단계를 의미한다. 이 단계에서 생성된 목적 코드는 아직 즉시 실행할 수 있는 수준의 산출물이 아니라 실행 프로그램을 만들기 위한 중간 단계 정도로 생각해볼 수 있다. 이 중간 단계의 산출물을 라이브러리(Library 또는 Lib)라고도 한다.

- 링크 단계에서는 컴파일을 거쳐서 만들어진 라이브러리와 (필요하다면) 따로 제공되는 라이브러리를 함께 묶어서 실제 실행 가능한 애플리케이션을 만드는 과정이다. 이 단계에서 따로 제공되는 라이브러리를 실행 프로그램에 포함시킬 수도 있고, 단순히 연결 고리만 갖게 할 수도 있다. 이때 다른 라이브러리를 모두 실행 프로그램에 포함시키는 방법을 정적 링크라고 하고, 다른 라이브러리의 연결 고리만 갖게 하는 방법을 동적 링크라고 한다. 정적 링크는 실행 프로그램의 크기가 커지는 대신 다른 라이브러리와의 의존도를 최소화할 수 있다. 동적 링크는 실행 프로그램의 크기가 적어지는 반면 실행 시점에 다른 라이브러리가 필요해질 수 있다.

위에서 살펴본 client_info 프로그램에서 "error while loading shared libraries: libmysqlclient.so.16" 에러가 발생하는 이유는 client_info 프로그램은 동적으로 빌드됐지만 실행 시점에 연결된 MySQL 공유 라이브러리를 찾지 못했기 때문이다.

이제 빌드된 client_info 애플리케이션을 한번 실행해서 결과를 확인해보자. 그런데 client_info 프로그램을 실행하면 "error while loading shared libraries: libmysqlclient.so.16"와 같이 공유 라이브러리를 찾을 수 없다는 에러가 발생할 수도 있는데, 이것은 아래의 두 가지 이유 때문이다.

- client_info라는 프로그램이 MySQL 공유 라이브러리를 가지고 있지 않고 단순히 연결 고리만 가지고 있도록 빌드됐다.
- client_info 프로그램이 실행되는 시점에 필요한 MySQL 라이브러리를 찾지 못했다. 이는 주로 소스를 직접 컴파일해서 MySQL 서버를 설치했을 때 발생한다. 이러한 문제를 해결하려면 client_info 프로그램을 정적으로 링크하거나 MySQL의 공유 라이브러리 경로를 LD_LIBRARY_PATH에 등록하면 된다.

client_info 프로그램을 정적으로 빌드하려면 "-static" 옵션을 빌드 옵션에 추가해 링크를 수행하면 된다. 정적으로 빌드된 애플리케이션은 MySQL 공유 라이브러리가 설치되지 않은 서버에서도 실행할 수 있다는 장점이 있다. 그리고 공유 라이브러리를 이용하도록 동적으로 빌드된 애플리케이션은 운영체제의 기본 공유 라이브러리 디렉터리에서 필요한 라이브러리를 찾는데, 만약 필요한 라이브러리가 없으면 오류가 발생한다. 필요한 라이브러리가 운영체제의 기본 디렉터리가 아니라 개별 디렉터리에 존재한다면 명시적으로 공유 라이브러리의 경로를 지정해야 한다. 개별로 공유 라이브러리의 디렉터리를 지정하는 방법은 다음과 같다.

```
shell> export LD_LIBRARY_PATH=${LD_LIBRARY_PATH}:/mysql/lib/mysql
shell> client_info
MySQL 클라이언트 버전: 5.1.54
```

위의 예제는 MySQL이 /mysql 디렉터리에 직접 MySQL 소스를 빌드해서 설치돼 있다고 가정한 것이다. RPM과 같은 패키지로 MySQL이나 라이브러리를 설치했다면 운영체제의 기본 라이브러리 디렉터리에 저장되고, 애플리케이션은 필요한 라이브러리를 별도의 옵션이 없어도 찾을 수 있게 된다.

13.2.4 MySQL 서버 접속

MySQL과 연동하는 애플리케이션을 빌드하고 실행하는 방법을 모두 살펴봤으므로 지금부터는 MySQL에 접속해 쿼리를 처리하는 예제를 살펴보겠다. MySQL 서버에서 쿼리를 실행하려면 먼저 MySQL 서버에 연결돼 있어야 한다. MySQL 서버에 접속하는 애플리케이션을 한번 작성해보자.

[예제 13-12] C API를 이용한 MySQL 서버 접속

```
#include <my_global.h>
#include <mysql.h>
#include <my_sys.h>

int main(int argc, char **argv){
  char* host_name="localhost";
  char* user_name="root";
  char* user_password="";
  char* socket_file="/tmp/mysql.sock";
  unsigned int port_no=3306;
  unsigned int flags=0;

  MYSQL *conn;

  MY_INIT(argv[0]);    ❶
  if(mysql_library_init(0, NULL, NULL)){
    fprintf(stderr, "MySQL 라이브러리를 읽을 수 없습니다.");
    return;
  }

  conn = mysql_init(NULL);    ❷
  if(conn == NULL){    ❸
    printf("에러 %u (%s): %s\n", mysql_errno(conn), mysql_sqlstate(conn), mysql_
error(conn));
```

```
            return;
        }

        if(mysql_real_connect(conn, host_name, user_name, user_password, NULL,
                              port_no, socket_file, flags) == NULL){ ❹
            printf("MySQL 서버에 접속할 수 없습니다. \n");
            printf("에러 %u (%s): %s\n", mysql_errno(conn), mysql_sqlstate(conn), mysql_
error(conn));
            mysql_close(conn);    ❺
            return;
        }

        fprintf(stdout, "MySQL 서버(%s:%d)에 접속되었습니다. \n", host_name, port_no);
        fprintf(stdout, "MySQL 서버와의 연결을 종료합니다. \n");
        mysql_close(conn);
        mysql_library_end();
}
```

예제 13-12에서는 몇 가지 주의 깊게 살펴봐야 할 사항이 있다.

- 첫 번째로 MY_INIT이라는 매크로다. 여기서는 MY_INIT 매크로의 인자로 현재 실행되는 프로그램의 이름 (server_connect)을 전달하고 있다.❶ MySQL 프로그램에서 출력되는 에러 메시지 중에서는 애플리케이션의 이름을 포함해 출력되는 메시지가 있는데, MY_INIT 매크로는 이러한 메시지에 대입될 이름을 설정하는 기능을 한다. 필수적으로 필요한 작업은 아니지만 나중에 에러 메시지를 검토할 때 필요할 수 있으므로 가독성이 있는 이름으로 설정해 두자.

- 두 번째로 MySQL 애플리케이션에서 사용하는 "mysql_"로 시작하는 C API 라이브러리의 초기화를 위해 mysql_library_init() 함수를 호출한다.❷ 그래서 다른 함수들보다 먼저 이 함수를 호출해야 한다.

- 세 번째로 애플리케이션의 실행이 완료되면 mysql_library_end() 함수를 이용해 라이브러리나 사용했던 자원을 종료하거나 해제하자.

이제 예제 13-12에서 사용된 MySQL API 함수의 기능과 사용법을 간단하게 살펴보자.

- MySQL 서버에 접속하려면 우선 MYSQL이라는 연결 핸들러 구조체를 초기화해야 한다. 이는 실제 MySQL 서버에 접속하는 과정이 아니라 접속 정보를 관리하는 핸들러 구조체를 초기화하는 작업인데, mysql_init()이라는 함수로 이 작업을 처리한다. mysql_init() 함수는 구조체의 포인터를 반환하는 함수이므로 반환 결과가 NULL인지 아닌지로 정상 처리 여부를 판단해야 한다.❸

- 이제 MySQL 서버와의 연결 정보를 담을 수 있는 MYSQL 구조체가 준비됐기 때문에 MySQL 서버에 접속할 수 있다. MySQL 서버와의 접속은 mysql_real_connect()라는 API를 통해 실행되며, 이 함수 또한 구조체를 반환하기 때문에 결과가 NULL인지 아닌지로 정상 처리 여부를 판단할 수 있다. mysql_real_connect 함수는 MySQL

서버의 접속 정보와 관련한 여러 인자를 필요로 한다. ❹대표적으로 MySQL 서버의 호스트명이나 IP 주소 그리고 MySQL 서버의 사용자 계정및 포트 정보. 호스트명은 별도로 제공되지 않으면 현재 애플리케이션이 실행되는 서버를 지칭하게 된다. 이미 알고 있는 것과 같이 로컬 서버의 MySQL 서버로 접속 시 호스트명이 "localhost"인 경우에는 소켓 파일의 경로가 필요하며, 호스트명이 "127.0.0.1"이거나 외부의 원격지 MySQL 서버인 경우에는 포트 번호가 필요하다.

- 마지막으로 MySQL 애플리케이션을 종료하기 전에 mysql_close() 함수로 접속된 커넥션을 종료해 준다.❺

예제 13-12의 소스코드를 server_connect.c 파일로 저장하고, 다음의 명령을 이용해 빌드하자. 예제 13-12를 직접 빌드해서 테스트하려면 다음의 정보를 여러분의 환경에 맞게 적절히 수정해서 빌드해야 한다.

char* host_name="localhost";

server_connect 프로그램이 접속하는 MySQL 서버의 IP 주소나 도메인 이름을 명시한다.

char* user_name="root"; char* user_password="";

MySQL 서버에 접속하려면 가장 먼저 계정을 인증할 필요가 있다. 계정 인증을 위해 미리 MySQL 서버 사용자 계정과 계정의 비밀번호를 알고 있어야 한다.

char* socket_file="/tmp/mysql.sock"; unsigned int port_no=3306;

접속하려는 MySQL 서버가 "localhost"라면 반드시 socket_file의 정확한 경로가 명시돼야 한다. "localhost" 대신 MySQL 서버에 도메인 이름이나 IP 주소가 사용된다면 port_no를 명시해야 한다.

```
shell> gcc server_connect.c -o server_connect 'mysql_config --cflags --libs'
shell> ./server_connect
MySQL 서버(localhost:3306)에 접속되었습니다.
MySQL 서버와의 연결을 종료합니다.
```

13.2.5 설정 파일 읽기

예제 13-12에서 살펴본 프로그램은 접속할 서버의 정보가 프로그램의 소스코드에 적혀 있으므로 접속할 서버 정보가 달라지면 소스코드를 수정하고 다시 빌드해야 한다. 이런 불편을 없애고자 MySQL C API에서는 MySQL 설정 파일(my.cnf 나 my.ini)을 참조할 수 있게 API 함수를 제공한다. 다음의 예제 13-13을 보면서 자세한 사용법을 살펴보자.

[예제 13-13] 설정 파일 읽기

```
#include <my_global.h>
#include <my_sys.h>
#include <mysql.h>

static const char* config_groups[] = { "client",  NULL };

int main(int argc, char *argv[]){
  MY_INIT (argv[0]);
  load_defaults("my", config_groups, &argc, &argv);  ❶

  int param_idx=0;
  for (param_idx = 0; param_idx < argc; param_idx++){
    printf ("    파라미터 %d: %s\n", param_idx, argv[param_idx]);
  }
}
```

예제 13-13은 MySQL 라이브러리를 사용하는 데 필요한 코드를 모두 제거하고, MySQL 설정 파일을 읽어와서 화면에 출력하는 기능만 있는 프로그램이다. 이 예제 프로그램에서 사용하는 load_defaults( ) 함수는 MySQL C/C++ 클라이언트 라이브러리가 설정 파일을 읽어오게 하는 API 함수다.❶ load_defaults( ) 함수는 4개의 인자를 필요로 한다.

- 첫 번째 인자는 상수로 항상 "my"를 입력해야 하는데, 여기서 "my"를 임의의 값으로 변경한다고 해서 my.cnf가 아닌 다른 설정 파일을 읽는 것은 아니다. 예를 들어 "my"를 "your"로 변경한다고 해서 "your.cnf" 파일을 읽는 것이 아니라는 의미다.

- 두 번째 인자는 설정 파일에서 읽을 설정 그룹을 입력한다. 그룹은 1개 이상을 설정할 수 있으며, 마지막 배열의 인자는 항상 NULL로 종료해서 그룹 목록의 끝임을 알려줘야 한다.

- 세 번째 인자와 네 번째 인자는 프로그램의 명령행 인자를 가지고 있는 argc와 argv를 넘겨준다. 이렇게 프로그램의 명령행 인자를 전달하면 load_defaults() 함수가 MySQL 설정 파일의 해당 그룹에서 읽은 설정 내용을 명령행 인자에 덧붙여 준다.

예제 13-12를 실행해 보려면 예제로 사용할 MySQL 설정 파일이 지정된 위치에 있어야 한다. 우선 예제 13-14의 내용으로 my.cnf라는 이름의 파일을 만들어서 저장해두자. 이때 설정 파일은 사용자가 임의로 지정할 수 있는 것이 아니라 MySQL 라이브러리가 내부적으로 가지고 있는 미리 정의된 디렉터리에서 읽는다. MySQL 라이브러리에 미리 정의된 디렉터리는 여러 경로인데, 다음 순서대로 디렉터리를 검색한다. 순서대로 검색하면서 가장 먼저 발견된 설정 파일을 참조하게 된다. 마지막으로 파일의 이름은 다른 설정 파일과 달리 "."으로 시작하는 숨겨진 파일이라는 점에 주의해야 한다.

1. MYSQL_HOME/my.cnf
2. MYSQL_HOME/etc/my.cnf
3. /etc/my.cnf
4. ~/.my.cnf

테스트를 위해 다음의 예제 13-14의 설정 파일을 현재 사용자의 홈 디렉터리에 ".my.cnf"라는 이름으로 저장하자.

[예제 13-14] 설정 파일 읽기용 예제 파일

```
## ---------------------------------------------------------------------
## [CLIENT] MySQL Common Client Configuration
## ---------------------------------------------------------------------
[client]
socket            = /tmp/mysql.sock
port              = 3306
default-character-set = utf8
## 다른 불필요한 설정들은 모두 생략됨
```

이제 다음 명령을 이용해 load_config1 프로그램을 빌드하고, 직접 한번 실행해보자.

```
shell> gcc load_config1.c -o load_config1 'mysql_config --cflags --libs'
shell> ./load_config1
        파라미터 0: ./load_config1
        파라미터 1: --socket=/tmp/mysql.sock
        파라미터 2: --port=3306
        파라미터 3: --default-character-set=utf8
```

load_config1 프로그램을 실행하면 위와 같이 전체 4개의 인자가 출력됐다. 이 중에서 첫 번째 파라미터(parameter 0)는 load_config1 애플리케이션이 실행될 때 전달된 인자다. 하지만 두 번째부터 네 번째 파라미터는 load_config1 프로그램을 실행하면서 입력한 파라미터가 아니라 load_defaults() 함수가 예제 13-14에서 준비해둔 MySQL 설정 파일(my.cnf)의 내용이다. 즉 load_defaults() 함수는 MySQL 설정 파일 중에서 필요한 그룹의 설정 변수만 읽어 load_defaults() 함수의 세 번째와 네 번째 변수에 저장한 것이다.

예제 13-13의 프로그램을 실행해 보면, 뭔가 조금 부족하다는 느낌이 들 것이다. 예제 13-3에 덧붙여서 다음 질문에 대한 답을 지금부터 예제를 통해 알아보자.

- 다른 설정 그룹도 더 읽을 수는 없을까?
- 설정 파일의 경로를 MySQL API 함수에서 결정하는 것이 아니라 사용자가 직접 지정하는 방법은 없을까?
- 이렇게 읽은 설정 값을 어떻게 사용할 수 있을까?

다른 설정 그룹을 더 지정하면 어떻게 될까?

이를 확인하려면 예제 13-13과 예제 13-14를 조금 변경해서 테스트해 보는 것이 가장 이해가 빠를 것이다. 우선 예제 13-14의 설정 파일에 "custom_group"이라는 새로운 설정 그룹을 만들고, "client" 그룹과 같은 이름의 설정 값을 넣어서 다시 결과를 확인해 보자. 예제 13-14의 설정 파일에 [custom_group] 그룹을 새로 추가하고, port라는 설정을 3307이라는 값으로 추가해서 다음과 같은 새로운 설정 파일을 만들었다. 이 설정 파일 또한 현재 사용자의 홈 디렉터리에 ".my.cnf"라는 이름으로 저장하자.

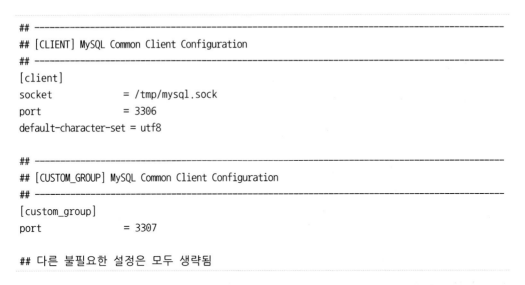

```
## --------------------------------------------------------------------
## [CLIENT] MySQL Common Client Configuration
## --------------------------------------------------------------------
[client]
socket              = /tmp/mysql.sock
port                = 3306
default-character-set = utf8


## --------------------------------------------------------------------
## [CUSTOM_GROUP] MySQL Common Client Configuration
## --------------------------------------------------------------------
[custom_group]
port                = 3307

## 다른 불필요한 설정은 모두 생략됨
```

이제 예제 13-13의 load_config1.c 소스 파일의 내용을 조금 변경해서 예제 13-15를 작성해 보자. 예제 13-15는 프로그램에서 참조할 설정 그룹의 목록에 "custom_group"을 추가하는 부분만 변경한 것이다. ❶ 예제 13-15의 내용을 load_config2.c라는 이름으로 저장하자.

```
#include <my_global.h>
#include <my_sys.h>
#include <mysql.h>

static const char* config_groups[] = { "custom_group", "client",  NULL }; ❶

int main(int argc, char *argv[]){
  MY_INIT (argv[0]);
  load_defaults("my", config_groups, &argc, &argv);

  int param_idx=0;
  for (param_idx = 0; param_idx < argc; param_idx++){
    printf ("    파라미터 %d: %s\n", param_idx, argv[param_idx]);
  }
}
```

예제 13-13의 load_config1 프로그램을 빌드할 때와 같은 명령으로 예제 13-15의 소스코드를 빌드하고, 한번 실행해보자.

```
shell> gcc load_config2.c -o load_config2 'mysql_config --cflags --libs'
shell> ./load_config2
    파라미터 0: ./load_config2
    파라미터 1: --socket=/tmp/mysql.sock
    파라미터 2: --port=3306  ❷
    파라미터 3: --default-character-set=utf8
    파라미터 4: --port=3307  ❷
```

위의 결과에서 알 수 있듯이 각 그룹에 중복된 설정 값이 있을 때 MySQL의 load_defaults( ) 함수는 중복된 설정이더라도 모두 읽어서 변수에 담았다.❷ 하지만 안타깝게도 우리가 작성하는 애플리케이션에서는 이 설정을 어느 그룹에서 읽었는지 구분할 방법이 없다. 출력되는 설정 값의 순서는 소스코드의 config_groups 변수에 명시된 설정 그룹의 이름 순서가 아니라 MySQL 설정 파일에 기록된 순서대로 출력되므로 구분하기가 더 어렵다. 이러한 문제를 해결하려면 load_defaults( ) 함수를 그룹별로 호출해서 각 설정의 오버라이드(덮어쓰기) 여부를 여러분이 직접 결정하는 것이 좋을 것이다.

사용자가 설정 파일의 경로를 지정할 수 있을까?

MySQL C API를 이용하는 애플리케이션을 위해 MySQL 서버의 설정 파일을 참조하는 기능을 제공한다면 아주 유용할 것이다. 그런데 load_defaults( ) 함수가 설정 파일을 읽는 디렉터리를 변경할 수 있는 MySQL C API 함수가 없다. 그래서 설정 파일이 MySQL C API가 인식하지 못하는 곳에 있을 때는 애플리케이션을 실행할 때 명령행 인자를 이용해 MySQL 라이브러리가 최우선적으로 그 파일을 참조하게 할 수 있다. 사실 이 방법이 소스코드상으로 처리하는 것보다 더 유연하게 사용할 수 있기 때문에 우리의 수고를 덜어주는 방법이라고 볼 수 있다. 예제 13-15의 load_config2 프로그램을 다음과 같이 "defaults-file"이라는 명령행 인자를 추가해서 다시 한번 실행해 보자.

```
shell> ./load_config2 --defaults-file=./my.cnf
    파라미터 0: ./load_config2
    파라미터 1: --socket=/tmp/mysql.sock
    파라미터 2: --port=3306
    파라미터 3: --default-character-set=utf8
    파라미터 4: --port=3307
```

예제 13-15와 똑같은 결과지만 이번에 화면에 출력된 내용은 --default-file 옵션에 설정된 현재 디렉터리의 my.cnf 파일로부터 읽은 내용이다. 더 정확하게 확인하려면 현재 디렉터리의 my.cnf 파일 내용을 조금 다르게 설정해 한 번씩 직접 실행해보고 결과를 확인해 보길 권장한다.

참 고 애플리케이션의 명령행 인자는 실행 시점에 사용자에 의해 입력되므로 설정 파일의 경로를 상당히 유연하게 결정할 수 있다. 하지만 보안상의 이유로 설정 파일의 경로를 애플리케이션에서 강제로 고정해 둬야 할 때도 있다. 이때는 프로그램 소스코드의 main() 함수에서 명령행 인자(argc와 argv)를 다음과 같이 강제로 변경하면 된다.

```c
#include <my_global.h>
#include <my_sys.h>
#include <mysql.h>

static const char* config_groups[] = { "custom_group", "client",  NULL };
static const char* config_path = "--defaults-file=/home/app/my.cnf";

int main(int argc, char *argv[]){
  MY_INIT (argv[0]);

  // 설정 파일의 경로를 강제로 변경
  for(int idx=0; idx<argc; idx++){
    if(strnicmp(argv[idx], "--defaults-file", 15)==0){
      argv[idx]=config_path;
    }
  }

  load_defaults("my", config_groups, &argc, &argv);
  // 나머지 처리 수행 ...
}
```

load_defaults()로 읽은 설정 값을 어떻게 사용할 수 있는가?

이제 load_defaults( ) API 함수를 이용해 읽은 설정 값을 어떻게 이용하는지 한번 살펴보자. load_defaults( ) 함수로 읽은 내용을 가공할 수 있게 MySQL C API에서 handle_options( )라는 함수도 제공한다. handle_options( ) 함수는 load_defaults( ) 함수의 결과로 읽은 설정이 담긴 argc와 argv를 인자로 받으며, 추가로 각 설정 변수(옵션)의 값이 가져야 할 규격이나 타입을 정의하는 구조체 배열도 정의해야 한다. 자세한 사항은 이어지는 예제로 살펴보겠다.

handle_options( ) 함수는 마지막 네 번째 인자로 함수의 포인터를 필요로 한다. 이 함수 포인터가 가리키는 함수는 MySQL 서버의 설정 파일에서 읽은 설정 값의 규격이나 타입이 맞지 않을 때 추가로 값을 더 입력받을 수 있는 보조 장치 역할을 한다. 이때 보조 장치 역할을 하는 함수는 MySQL C API로 구현된 함수가 아니라 우리가 직접 작성해야 한다.

우선 예제 13-16에서 load_defaults( ) 함수로 읽은 설정 값을 검증하는 방법을 한번 살펴보자.

[예제 13-16] 설정 파일의 내용 검증

```
#include <my_global.h>
#include <my_sys.h>
#include <mysql.h>
#include <my_getopt.h>

const char* config_groups[] = { "client",  NULL };

char* host_name=NULL;
char* user_name=NULL;
char* user_password=NULL;
char* socket_file=NULL;
unsigned int port_no=0;
char* charset=NULL;
unsigned int flags=0;

struct my_option mysql_configs[] = {❷
  {"host", 'h', "MySQL 서버", (uchar **)&host_name, NULL, NULL,
     GET_STR, REQUIRED_ARG, 0, 0, 0, 0, 0, 0},
  {"user", 'u', "사용자 계정", (uchar **)&user_name, NULL, NULL,
     GET_STR, REQUIRED_ARG, 0, 0, 0, 0, 0, 0},
  {"password", 'p', "사용자 비밀번호", (uchar **)&user_password, NULL, NULL,
     GET_STR, OPT_ARG, 0, 0, 0, 0, 0, 0},
```

```
   {"socket", 'S', "소켓 파일", (uchar **)&socket_file, NULL, NULL,
       GET_STR, REQUIRED_ARG, 0, 0, 0, 0, 0, 0},
   {"default-character-set", 'c', "기본 문자집합", (uchar **)&charset, NULL, NULL,
       GET_STR, OPT_ARG, 0, 0, 0, 0, 0, 0},
   {"port", 'P', "MySQL 포트", (uchar **)&port_no, NULL, NULL,
       GET_UINT, REQUIRED_ARG, 0, 0, 0, 0, 0, 0},
   { NULL, 0, NULL, NULL, NULL, NULL, GET_NO_ARG, NO_ARG, 0, 0, 0, 0, 0, 0 }
};

my_bool aux_config_reader(int config_id, const struct my_option* config, char *arg){
   // 아무런 처리 없이 그냥 반환
   return 0;
}

int main(int argc, char *argv[]){
   MY_INIT (argv[0]);
   load_defaults("my", config_groups, &argc, &argv);

   int config_error = handle_options(&argc, &argv, mysql_configs, aux_config_reader); ❶
   if(config_error!=0){
     fprintf(stderr, "MySQL 서버 설정 파일을 읽을 수 없습니다.");
     return;
   }

   fprintf(stdout, "검증된 MySQL 설정 변수 \n");
   fprintf(stdout, "     host : %s\n", host_name);
   fprintf(stdout, "     user: %s\n", user_name);
   fprintf(stdout, "     password: %s\n", user_password);
   fprintf(stdout, "     socket: %s\n", socket_file);
   fprintf(stdout, "     port: %d\n", port_no);
}
```

예제 13-16은 handle_options( ) MySQL API 함수를 이용해 MySQL 설정 파일로부터 읽어온 설정 값의 규칙이나 값의 타입이 우리가 필요한 형태의 값인지 여부를 검증한다. 그리고 특별히 문제가 없다면 이 프로그램에 정의된 전역 변수인 host_name과 user_name, user_password, socket_file, port_no, charset에 저장한다. 마지막으로는 전역 변수에 저장된 값을 화면에 출력하고 이 프로그램은 종료한다.

예제 13-16의 예제 코드에서 중요한 부분은 MySQL C API에서 제공하는 handle_options( ) 함수❶ 와 mysql_configs라는 구조체다❷. mysql_configs 구조체는 각 설정 변수 값의 유효성을 검증하기 위해 변수의 타입이나 길이 그리고 허용 가능한 값의 범위 등을 정의하는 용도로 사용하는데, 이 구조체는 MySQL 서버에서 자동으로 정의해주는 것이 아니라 우리가 목적에 맞게 직접 정의해야 한다. 이렇게 정의된 mysql_configs 구조체를 이용해 MySQL C API인 handle_options( ) 함수를 호출하면 handle_options( ) 함수는 mysql_configs 구조체에 정의된 규칙을 이용해 설정 값을 검증한다. 검증 결과 특별히 문제가 없다면 설정 값을 반환한다. 만약 규칙에 어긋나는 값을 가지고 있다면 handle_options( ) 함수는 새로운 값을 읽기 위해 우리가 정의한 aux_config_reader( ) 함수를 자동으로 호출할 것이다.

my_option 구조체를 배열로 갖는 mysql_configs 변수에 대해 조금 더 자세히 살펴보자. my_option 구조체는 하나의 설정 값에 대한 유효성 검증에 필요한 정보를 명시하는데, handle_options( ) 함수에는 이 구조체의 배열을 전달해야 한다. 즉 우리가 검증하려는 변수의 개수만큼 my_option 구조체를 담은 배열을 handle_options( ) 함수에 전달하는 것이다. my_option 구조체에 명시할 수 있는 유효성 검증 규칙을 자세히 살펴보자.

```
struct my_option {
  const char *name;               /* 설정 변수의 이름 */
  int        id;                  /* 설정 변수의 정수 값의 아이디 */
  const char *comment;            /* 설정 변수의 설명 */
  uchar      **value;             /* handle_options( ) 처리를 통과한 값을 저장할 변수 포인터 */
  uchar      **u_max_value;       /* 설정 값이 가질 수 있는 최대 길이 */
  struct st_typelib *typelib;     /* 사용 안함 - 일반적으로 NULL 설정 */
  ulong      var_type;            /* 설정 값의 타입 */
  enum get_opt_arg_type arg_type; /* 설정 값의 필수 또는 사용 안함 여부 */
  longlong   def_value;           /* 옵션의 기본값 */
  longlong   min_value;           /* 최소 허용 값 */
  longlong   max_value;           /* 최대 허용 값 */
  longlong   sub_size;            /* 무시할 것 - 일반적으로 0으로 설정*/
  long       block_size;          /* 무시할 것 - 일반적으로 0으로 설정*/
  void       *app_type;           /* 무시할 것 - 일반적으로 0으로 설정*/
};
```

my_option 구조체에서 항상 모든 값을 설정해야 하는 것은 아니다. 특히 중요하고 자주 사용되는 요소는 다음과 같다.

name

이 값이 MySQL 설정 파일로부터 읽어들이는 변수명과 같아야 한다. 여기에 명시되는 이름이 my_option 규칙과 설정 파일의 설정 변수와 매핑하는 기준이 되는 값이다. 즉 my.cnf 파일의 각 설정 변수명이 name이라는 변수의 값에 명시되고 일치해야 그 변수의 규칙이라고 판단하고 적용하는 것이다.

id

이 값은 aux_config_reader() 함수가 호출되면서 전달되는 첫 번째 인자의 값이 된다. aux_config_reader() 함수에서는 이 값을 기준으로 어떤 설정의 값을 더 읽어야 할지, 혹은 어떤 처리를 해야 할지 판단하게 된다.

value

handle_options() 함수의 처리 과정을 거치고 규칙 검사를 통과한 설정 값을 어느 변수에 저장할지를 명시한다.

var_type

설정 값의 타입이 문자열인지 정수값인지 등의 타입을 명시한다. 명시할 수 있는 타입은 여러 가지이지만 대표적인 것만 정리하면 다음과 같다.

var_type	C 언어의 타입	설명
GET_BOOL	my_bool	불리언 값
GET_INT	Int	정수(Integer) 값
GET_UNIT	unsigned int	양의 정수(Integer) 값
GET_LONG	long	정수(Long) 값
GET_ULONG	unsigned long	양의 정수(Long) 값
GET_STR	char*	문자열 값
GET_DOUBLE	double	부동 소수점(Double) 값

arg_type

설정 값이 필수인지 아닌지 또는 사용하지 않는 설정인지 여부를 명시한다. 명시할 수 있는 타입은 다음 3가지다.

arg_type	설명
NO_ARG	이 설정은 사용하지 않음(설정하면 안 됨)
OPT_ARG	이 설정은 선택 사항임(설정하거나 설정하지 않아도 무방함)
REQUIRED_ARG	이 설정은 필수 사항임(반드시 설정돼 있어야 함)

my_option 구조체를 이용해 애플리케이션에서 필요한 설정 값이 어떤 타입이나 범위, 그리고 그 값이 필수적으로 필요한지 여부를 결정할 수 있는 것이다.

예제 13-16에서는 아무런 처리도 하지 않고 0만 반환하지만 aux_config_reader( ) 함수를 이용해 유효하지 않은 설정 파일의 값에 대해 추가로 더 입력을 받거나 에러 처리를 할 수 있다. aux_config_ reader( ) 함수를 이용하면 대화형 애플리케이션에서 비밀번호를 설정 파일로부터 가져오는 것이 아니라 사용자로부터 직접 입력받는 형태의 기능을 구현할 수 있다. 이 함수는 우리가 직접 개발해야 하는 함수이지만, 함수의 타입은 아래와 같은 형태를 반드시 갖춰야 한다. 여기서 형태라 함은 함수의 입력 인자의 개수와 타입, 그리고 반환값의 타입을 의미한다. 실제 함수의 이름은 중요하지 않은데, 이는 함수 포인터의 기본적인 특성이므로 쉽게 이해할 수 있을 것이다.

```
my_bool custom_function_name(int, const struct my_option*, char*) ;
```

예제 13-16을 실행해 보고자 예제 13-17의 내용을 my.cnf 파일로 생성하자. 여기서 my.cnf 파일은 예제 13-16의 실행 프로그램과 같은 디렉터리에 저장해야 한다.

[예제 13-17] 설정 파일 예제

```
## -------------------------------------------------------------------------
## [CLIENT] MySQL Common Client Configuration
## -------------------------------------------------------------------------
[client]
socket              = /tmp/mysql.sock
port                = 3306
default-character-set = utf8

host=localhost
user=toto
password=mypass
## -------------------------------------------------------------------------
## [CUSTOM_GROUP] MySQL Common Client Configuration
## -------------------------------------------------------------------------
[custom_group]
port                = 3307
```

load_config3 프로그램을 다음 명령으로 빌드하고 실행해 보면 다음과 같은 결과를 얻을 수 있을 것이다. 프로그램 개발은 눈으로 확인하기보다는 직접 손으로 입력해서 개발하고 테스트해보는 것이 좋다. 프로그램의 코드를 조금씩 변경해가면서 기능을 개선해보는 것도 많은 도움이 될 것이다.

```
shell> ./load_config3 --defaults-file=./my.cnf
검증된 MySQL 설정 변수
    host : localhost
    user: toto
```

```
        password: mypass
        socket: /tmp/mysql.sock
        port: 3306
```

여기까지 해서 MySQL과 연동하는 애플리케이션에서 MySQL 설정 파일을 참조하거나 별도로 애플리케이션에서 필요한 정보를 변수화하는 방법을 살펴봤다. 애플리케이션이 설정 파일을 사용하도록 구현하는 것은 프로그램의 활용성이나 유연성을 상당히 높이는 필수적인 기능이다. 여기서는 MySQL C API를 이용해 설정 파일을 이용하는 기본적인 내용 위주로 살펴봤지만 이러한 내용을 활용해 여러분만의 라이브러리나 템플릿으로 만들어 둔다면 많이 도움될 것이다.

13.2.6 SELECT 실행

MySQL C API에서는 mysql_query( ) 함수나 mysql_real_query( ) 함수를 이용해 쿼리를 실행한다. 여기서 쿼리라 함은 SELECT뿐 아니라 INSERT나 UPDATE, 그리고 DELETE 등과 같은 모든 SQL을 의미한다. 자바와는 달리 C API에서는 INSERT나 UPDATE, 그리고 DELETE 문장을 실행하는 함수가 따로 존재하지 않는다. 위의 두 함수를 이용해 SELECT 쿼리를 실행했다면 SELECT의 결과 셋을 가져오는 함수를 한번 더 호출하는 형태로 사용한다.

mysql_query( ) 함수와 mysql_real_query( ) 함수는 똑같은 역할을 하지만, 필요로 하는 인자의 개수가 조금 다르다. 두 함수 모두 첫 번째 인자로는 MySQL 서버와의 연결 정보가 제공돼야 하며, 두 번째 인자에는 실행하려는 SQL 문장이 명시돼야 한다. 두 함수의 나머지 차이는 용도별로 구분해서 살펴보자.

- mysql_query() 함수에는 MySQL 서버의 연결 정보와 실행할 SQL 문장만 전달하면 된다. 이때 두 번째 인자로 전달되는 SQL 문장은 반드시 NULL 문자로 종료되는 문자열 값이어야 한다. 즉 중간에 NULL 문자가 포함된 SQL 문장은 mysql_query() 함수로 실행할 수 없다는 것이다.

- mysql_real_query() 함수는 mysql_query() 함수와는 달리, 세 번째 인자가 필요하다. mysql_real_query() 함수의 세 번째 인자에는 두 번째 인자로 전달된 SQL 문장의 길이가 얼마나 되는지 명시한다. 두 번째 인자로 전달한 문자열 변수의 중간에 NULL 문자가 포함돼 있더라도 SQL 문장의 끝으로 인식하지 않고 세 번째 인자의 길이만큼을 유효한 SQL 문장으로 인식한다.

```
int mysql_query(MYSQL *mysql, const char *query);
int mysql_real_query(MYSQL *mysql, const char *query, unsigned long length);
```

일반적으로는 우리가 실행하는 SQL 문장은 대부분 NULL 문자를 포함하지 않기 때문에 간단히 mysql_query( ) 함수를 사용해도 무방할 것이다. 만약 실행하려는 SQL 문장에 NULL 문자(ASCII 코드 값이 0인 문자, \0)가 포함돼 있다면 mysql_query( ) 함수로는 실행할 수 없으므로 mysql_real_
query( ) 함수를 사용하자.

mysql_query( ) 함수나 mysql_real_query( ) 함수는 다른 MySQL C API 함수와 같이 쿼리의 실행
이 실패하면 0이 아닌 정수 값을 반환한다. 예제 13-18을 통해 간단히 SELECT 쿼리 문장을 실행하고
그 결과를 읽어오는 방법을 살펴보자. 참고로 지면 관계상 예제에서는 load_defaults( ) 함수를 이용해
설정 파일을 읽는 방법을 사용하지 않았다. load_defaults( ) 함수를 사용하도록 예제 프로그램을 직접
변경해보는 것도 많이 도움될 것이다.

[예제 13-18] C API를 이용한 SELECT 실행

```c
#include <my_global.h>
#include <mysql.h>
#include <my_sys.h>

int main(int argc, char **argv){
  char* host_name="localhost";  // 접속할 MySQL 서버가 설치된 호스트의 이름이나 IP
  char* user_name="root";       // MySQL 사용자 계정
  char* user_password="";       // MySQL 사용자 비밀번호
  char* database="test";        // 접속 후, 사용할 DB 명
  char* socket_file="/tmp/mysql.sock"; // MySQL 소켓 파일의 경로
  unsigned int port_no=3306;            // MySQL 서버 접속 포트
  unsigned int flags=0;                 // MySQL 접속 시 사용할 옵션. 기본적으로 특별히 설
정 없음

  MYSQL *conn;            // MySQL 커넥션 핸들러(포인터)
  MYSQL_RES* res;         // SELECT 쿼리 결과 셋의 핸들러(포인터)
  MYSQL_ROW record;       // 결과 셋의 레코드를 임시로 담아 둘 레코드 핸들러(포인터)
```

```
// mysql_query() 함수를 이용해 실행할 쿼리 문장
char* query = "SELECT article_id, article_title, write_ts, modify_ts FROM tb_article";
int row_count=0; // 결과 셋의 레코드 건수를 저장할 변수
int col_count=0; // 결과 셋의 칼럼 건수를 저장할 변수

MY_INIT(argv[0]);
if(mysql_library_init(0, NULL, NULL)){
  fprintf(stderr, "MySQL 라이브러리를 읽을 수 없습니다");
  return;
}

conn = mysql_init(NULL);
if(conn == NULL){
  fprintf(stderr, "에러 %u (%s): %s\n", mysql_errno(conn), mysql_sqlstate(conn),
                                  mysql_error(conn));
  return;
}

if(mysql_real_connect(conn, host_name, user_name, user_password,
                          database, port_no, socket_file, flags) == NULL){
  fprintf(stderr, "MySQL 서버에 접속할 수 없습니다.\n");
  fprintf(stderr, "에러 %u (%s): %s\n",
      mysql_errno(conn), mysql_sqlstate(conn), mysql_error(conn));
  mysql_close(conn);
  return;
}
fprintf(stdout, "MySQL 서버(%s:%d)에 접속되었습니다.\n", host_name, port_no);

if(mysql_query(conn, query)){ ❶
  fprintf(stderr, "쿼리(%s)를 실행할 수 없습니다.\n", query);
  fprintf(stderr, "에러 %u (%s): %s\n",
      mysql_errno(conn), mysql_sqlstate(conn), mysql_error(conn));

}else{
  res = mysql_store_result(conn);
  if(res==NULL){
    fprintf(stderr, "쿼리 결과 셋을 읽을 수 없습니다.\n");
    fprintf(stderr, "에러 %u (%s): %s\n",
        mysql_errno(conn), mysql_sqlstate(conn), mysql_error(conn));
  }else{
    col_count = mysql_num_fields(res); ❷
    fprintf(stdout, "\n\n>> 쿼리 결과\n");
```

```
      while((record=mysql_fetch_row(res))!=NULL){ ❸
        int cidx=0;
        for(cidx=0; cidx<col_count; cidx++){
          fprintf(stdout, "%s\t", (record[cidx]==NULL) ? "<NULL>" : record[cidx]);
        }
        fprintf(stdout, "\n");
      }

      if(mysql_errno(conn) != 0){
        fprintf(stderr, "레코드를 읽을 수 없습니다.\n");
        fprintf(stderr, "에러 %u (%s): %s\n",
            mysql_errno(conn), mysql_sqlstate(conn), mysql_error(conn));
      }else{
        row_count = mysql_num_rows(res);
        fprintf(stdout, "\n%lu 건의 레코드가 조회되었습니다.", (unsigned long)row_count);
      }
    }

    mysql_free_result(res); ❹
  }

  fprintf(stdout, "MySQL 서버와의 연결을 종료합니다.\n");
  mysql_close(conn);
  mysql_library_end();
}
```

예제 13-18은 내용이 조금 길지만 사실 대부분은 에러를 체크하고 화면에 표시하는 코드이며, 중요한 부분은 mysql_query( ) 함수의 실행과 결과를 가져오기 위해 사용하는 mysql_store_result( )와 mysql_fetch_row( ) 함수 정도다. 다음 예제는 13-18 예제의 내용을 간단히 하기 위해 의사 코드로 정리해본 것이다. MySQL C API 함수와 변수의 이름은 그대로 사용했으므로 쉽게 흐름을 이해할 수 있을 것이다.

```
int main(int argc, char **argv){
  MYSQL_RES* res;            // SELECT 쿼리 결과 셋의 핸들러(포인터)
  MYSQL_ROW record;          // 결과 셋의 레코드를 임시로 담아 둘 레코드 핸들러(포인터)
  ...
  mysql_query(conn, query); ❶
  res = mysql_store_result(conn);
  col_count = mysql_num_fields(res); ❷
  while((record=mysql_fetch_row(res))!=NULL){ ❸
```

```
    int cidx=0;
    for(cidx=0; cidx<col_count; cidx++){
      fprintf(stdout, "%s\t", (record[cidx]==NULL) ? "<NULL>" : record[cidx]);
    }
  }

  row_count = mysql_num_rows(res);
  fprintf(stdout, "\n%lu 건의 레코드가 조회되었습니다.", (unsigned long)row_count);

  mysql_free_result(res); ❹
  ...
}
```

MySQL 서버로의 커넥션이 만들어지면 다음과 같은 순서대로 쿼리를 실행하고 결과를 애플리케이션에서 참조할 수 있다.

- mysql_query() 함수로 쿼리를 실행한다. 쿼리 실행이 정상적으로 완료되면 mysql_store_result() 함수를 호출해 쿼리의 결과 셋을 MySQL 서버에서 애플리케이션으로 가져온다. 가져온 결과 셋은 MYSQL_RES 타입의 구조체 포인터로 핸들링한다. ❶

- mysql_num_fields(res) 함수를 이용하면 가져온 결과 셋에 칼럼이 몇 개나 있고 mysql_num_rows(res) 함수를 이용해 이 결과 셋에 레코드가 몇 건이 있는지 확인할 수 있다. 일반적으로 레코드나 칼럼을 페치하는 작업은 반복 루프로 처리하기 때문에 레코드의 건수나 칼럼의 개수는 확인해 두는 편이 좋다. 칼럼의 개수는 특별한 문제가 없지만 조회된 레코드의 건수는 결과 셋을 가져오는 데 사용된 함수의 종류에 따라 사용하지 못할 수도 있다. 이는 다음 절에서 살펴보겠다. ❷

- 가져온 결과 셋으로부터 mysql_fetch_row(res) 함수를 이용해 순차적으로 레코드를 페치(fetch)할 수 있다. mysql_fetch_row() 함수가 반환하는 MYSQL_ROW 타입의 값은 SELECT된 칼럼의 순서대로 배열에 저장돼 있다. 그래서 "record[cidx]"와 같은 형태로 배열의 인덱스를 이용해 칼럼을 값을 참조할 수 있다. ❸

  mysql_fetch_row() 함수가 더는 페치할 레코드가 없다면 NULL을 반환한다. 이때 반환된 NULL이 페치 오류를 의미하는지, 아니면 더 읽을 레코드가 없다는 것을 의미하는지는 알 수 없다. 그래서 항상 mysql_fetch_row() 함수로 모든 레코드를 읽은 후, mysql_errno(conn) 함수로 어떠한 에러가 있었는지 검증하는 작업이 필요하다.

- 결과 셋을 모두 읽어서 사용이 완료되면 mysql_free_result() 함수를 이용해 결과 셋이 사용하는 메모리 공간을 해제한다. ❹

MYSQL_ROW를 이용해 칼럼의 값을 읽을 때 MYSQL_ROW를 통해 가져오는 결과 셋의 경우 칼럼 값은 모두 문자열로 처리된다는 점에 주의해야 한다. 실제 서버에서는 숫자 타입이나 날짜 타입의 칼럼 값이라 하더라도 C API를 통해 읽을 때는 항상 문자열로 변환해서 가져온다. 만약 칼럼의 값 중간에 NULL 문자가 포함돼 있다면 칼럼 값의 중간쯤 읽고 멈출 것이다. 즉 위의 코드에서와 같이

record[cidx]의 값을 fprintf와 같은 문자열 처리 함수를 통해 화면으로 출력할 때 칼럼 값의 중간에 있는 NULL 문자를 만나면 화면 출력을 멈출 것이다.

이는 개발자에게 상당한 혼란을 초래하고 찾아내기 힘든 버그를 만들 것이다. 이러한 부분을 해결하려면 결과 셋의 메타 정보를 이용해 그 칼럼 값의 유효한 길이가 얼마인지를 확인하는 것이 중요하다. 결과 셋의 메타 정보에는 그 밖에도 칼럼의 이름이나 칼럼 값의 최대 길이 등과 같은 많은 정보가 포함돼 있다. 추가적으로 더 필요한 정보가 있다면 메타 정보 관련 API를 찾아 보면 많이 도움될 것이다.

> **참고** MySQL의 스토어드 프로시저는 명시적으로 결과 셋 타입의 값을 입출력 파라미터로 정의할 수 없다. 하지만 단순히 SELECT 쿼리나 커서를 실행해 결과를 스토어드 프로그램 내에서 읽지 않으면 그 결과 셋은 호출자에게 전달된다. 만약 MySQL C API를 이용해 스토어드 프로시저를 실행했는데, 그 스토어드 프로시저에 이런 형태의 SELECT 쿼리나 커서가 있었다면 결과 셋이 C API를 사용하는 애플리케이션으로 전달된다. 이때 애플리케이션에서 결과 셋을 읽을 때도 SELECT 쿼리를 실행한 후 결과 셋을 가져오는 것과 동일한 방법으로 가져와서 사용하면 된다.

mysql_store_result()와 mysql_use_result()

mysql_query() 함수나 mysql_real_query() 함수를 이용해 SELECT 쿼리를 실행한 후 결과 셋을 가져올 때 mysql_store_result() 함수나 mysql_use_result() 함수 중에서 하나를 사용할 수 있다. 실제로 이 두 함수는 (많은 기능을 사용하지 않는 경우) 사용자 입장에서는 별로 차이가 느껴지지 않을 것이다. mysql_store_result()와 mysql_use_result() 함수의 가장 큰 차이는 함수의 이름이 의미하듯이 결과 셋 전체를 MySQL 서버로부터 한꺼번에 가져올지 여부다.

예제 13-18에서 살펴본 mysql_store_result()는 이름 그대로 SELECT 쿼리의 결과 셋을 애플리케이션의 메모리 영역으로 모두 가져온 다음에야 반환한다. 즉 SELECT한 결과 셋이 전체 1GB 정도의 크기라면 1GB의 데이터를 모두 MySQL 서버로부터 클라이언트로 전송받아 메모리에 적재한 후 반환한다.

mysql_use_result() 함수는 SELECT 쿼리의 결과 셋을 한 번에 모두 클라이언트로 내려받지는 않는다. mysql_use_result() 함수는 mysql_fetch_row() 함수를 위한 결과 셋 핸들러(MYSQL_RES)만 가져오는 것으로 이해하면 된다. 결과 셋을 즉시 클라이언트로 가져오는 것이 아니라 사용(use)할 수 있는 준비만 해주는 함수다. mysql_use_result() 함수로 가져온 결과 셋은 mysql_fetch_row() 함수로 레코드를 한 건씩 페치할 때마다 서버로부터 레코드를 한 건씩 가져오는 형태로 처리한다.

mysql_store_result() 함수로 결과 셋을 가져올 때 주의할 점을 하나 살펴보자. 실제로 쿼리를 실행하는 함수는 mysql_store_result() 함수가 아니라 mysql_query() 함수다. 그래서 많은 사용자들은 아무리 쿼리가 무겁다 하더라도 mysql_query() 함수에서 시간이 많이 소모될 것이라 생각한다. 만약 쿼리 자체의 실행에 상당히 많은 시간이 소모되지만 결과 셋의 크기가 작다면 mysql_query() 함수가 대부분의 처리 시간을 소모하게 될 것이다. 하지만 테이블의 모든 데이터를 아무런 조건 없이 읽는 쿼리와 같이 반대의 상황에서는 mysql_query() 함수는 매우 빨리 실행되지만 mysql_store_result() 함수는 쿼리의 모든 결과 셋을 다운로드해야 하므로 훨씬 많은 시간을 소모하게 되는 것이다.

사실 mysql_store_result( ) 함수와 mysql_use_result( ) 함수의 차이는 단순히 먼저 결과를 다운로드해 두는지 또는 시간이 얼마나 걸리는지의 문제보다 더 큰 차이와 제약사항을 가지고 있다. 때로는 SELECT 쿼리의 결과 셋에서 첫 번째 레코드부터가 아니라 마지막 레코드부터 읽어야 한다거나, 한번 읽은 레코드를 다시 읽어야 할 때도 있을 것이다. 이렇게 결과 셋의 레코드를 무작위로 이동하면서 읽는 것을 결과 셋 스크롤링(ResultSet Scrolling)이라고 하는데, 이러한 기능은 모든 결과 셋이 클라이언트에 다운로드돼 있지 않으면 사용할 수 없는 기능이다. mysql_use_result( ) 함수로 결과 셋을 가져왔다면 이러한 무작위 접근 방법을 사용할 수 없다.

하지만 mysql_use_result( ) 함수는 단점만 가지고 있는 것이 아니다. 위에서 잠깐 언급한 것처럼 만약 SELECT하는 결과 셋이 10GB 정도의 크기라면 mysql_store_result( ) 함수로 결과 셋을 한꺼번에 모두 다운로드해서 메모리에 저장할 때 서버의 메모리 부족 현상으로 프로그램이 강제로 종료돼 버릴 것이다. mysql_store_reusult( ) 함수와 mysql_use_result( ) 함수 중에서 적절한 것을 선택하려면 각 함수의 장단점을 명확히 이해하고 있어야 할 것이다.

	장점	단점
`mysql_store_ result()`	• 빠른 레코드 페치(Fetch) • 결과 셋의 무작위 접근 가능 • 동시에 여러 개의 결과 셋 생성 가능 • 결과 레코드 수를 페치하기 전에 알 수 있음 • 결과 셋을 한 번에 모두 다운로드하기 때문에 전체 처리 과정이 `mysql_ use_result()`보다 빠름	• 많은 메모리를 사용하게 되므로 서버를 위험하게 만들 수 있음

| mysql_use_result() | • 최소한의 메모리로 큰 결과 셋을 가져올 수 있음 | • 매 레코드마다 네트워크 전송이 필요하므로 레코드 페치가 느림
• 결과 셋의 무작위 접근 불가능
• 동시에 mysql_use_result()를 이용해 여러 개의 결과 셋을 만들 수 없음
• MySQL 서버에서 결과를 커서 형태로 보관해야 할 경우도 있으므로 MySQL 서버에 임시 테이블을 생성하는 경우도 있음
• 결과 셋의 레코드를 가져올 때마다 네트워크 통신이 필요하므로 전체 처리 과정이 mysql_store_result() 보다 느림 |

mysql_store_result( ) 함수의 장점이 바로 mysql_use_result( ) 함수의 단점이 되는 형태로 각각 장단점이 반대로 엇갈리게 된다. mysql_store_result( )를 사용할지 mysql_use_result( )를 사용할지는 SELECT 쿼리로 가져오고자 하는 결과 셋의 크기가 얼마나 큰지에 따라 결정해야 한다. 만약 애플리케이션이 실행되고 있는 서버의 메모리 여유가 있어서 어떤 SELECT 쿼리의 결과를 몽땅 한 번에 가져와도 문제되지 않는다면 mysql_store_result( ) 함수만 사용하는 것이 가장 좋다. 네트워크 전송으로 인한 지연이 없고 동시에 MySQL 서버에도 특별한 부담이 되지 않으며, 결과 셋의 다른 부가적인 기능을 사용할 수 있기 때문이다. 하지만 애플리케이션이 실행되는 서버의 메모리 여유가 없다면 mysql_use_result( ) 함수를 사용할 수밖에 없다.

C/C++ 언어로 배치 프로그램을 작성한다면 대부분 크기가 작지 않은 결과 셋을 가져와서 가공할 때가 많다. 쿼리의 결과 셋 크기가 얼마나 될지, 그리고 서버의 여유 메모리가 얼마나 되는지는 배치 프로그램을 적용하기 전에 조사해 두는 것이 좋다.

> **참고**
> MySQL 서버에 기본으로 포함돼 있는 백업 유틸리티인 mysqldump 프로그램도 MySQL C API를 이용하는 프로그램 가운데 하나다. mysqldump 프로그램도 MySQL 서버로부터 데이터를 가져올 때 기본적으로 mysql_store_result() 방식을 사용한다. 하지만 이는 큰 테이블을 백업하는 경우 mysqldump가 많은 메모리를 점유하게 될 수 있음을 의미한다. 그래서 만약 상당히 큰 테이블을 백업하기 위해 mysqldump를 실행할 때 "--quick" 옵션을 명시해 주면 내부적으로 mysql_store_result() 함수가 아니라 mysql_use_result() 함수를 사용한다.

13.2.7 INSERT / UPDATE / DELETE 실행

MySQL C API를 이용하면 모든 종류의 SQL 문장을 mysql_query( ) 함수나 mysql_real_query( ) 함수로 실행할 수 있다. 즉, 예제 13–18에서 살펴본 프로그램 코드를 INSERT나 UPDATE, 그리고 DELETE 문장을 실행하는 데도 사용할 수 있다. 또한 INSERT나 UPDATE, 그리고 DELETE 문장은 결과 셋을 반환하지 않기 때문에 MYSQL_RES를 가져오거나 처리할 필요가 없으므로 SELECT 쿼리보다는 훨씬 간단하다. 예제 13–19는 C API를 이용해 간단한 UPDATE 문장을 실행하는 프로그램이다.

[예제 13–19] C API를 이용한 UPDATE 실행

```
#include <my_global.h>
#include <mysql.h>
#include <my_sys.h>

int main(int argc, char **argv){
  char* host_name="localhost";
  char* user_name="root";
  char* user_password="";
  char* database="test";
  char* socket_file="/tmp/mysql.sock ";
  unsigned int port_no=3306;
  unsigned int flags=0;

  MYSQL *conn;
  int affected_row_count=0;

  char* query = "UPDATE tb_article SET article_title='new article' WHERE article_id=1";

  MY_INIT(argv[0]);
  if(mysql_library_init(0, NULL, NULL)){
    fprintf(stderr, "MySQL 라이브러리를 읽을 수 없습니다.");
    return;
  }

  conn = mysql_init(NULL);
  if(conn == NULL){
    fprintf(stderr, "에러 %u (%s): %s\n", mysql_errno(conn), mysql_sqlstate(conn),
                                          mysql_error(conn));
    return;
  }
```

```
    if(mysql_real_connect(conn, host_name, user_name, user_password,
database, port_no, socket_file, flags) == NULL){
      fprintf(stderr, "MySQL 서버에 접속할 수 없습니다.\n");
      fprintf(stderr, "에러 %u (%s): %s\n", mysql_errno(conn), mysql_sqlstate(conn),
                                      mysql_error(conn));
      mysql_close(conn);
      return;
    }
    fprintf(stdout, "MySQL 서버(%s:%d)에 접속되었습니다.\n", host_name, port_no);

    if(mysql_query(conn, query)){
      fprintf(stderr, "쿼리(%s)를 실행할 수 없습니다.\n", query);
      fprintf(stderr, "에러 %u (%s): %s\n", mysql_errno(conn), mysql_sqlstate(conn),
                                      mysql_error(conn));
    }else{
      affected_row_count = mysql_affected_rows(conn); ❶
       fprintf(stdout, "%lu 건의 레코드가 업데이트되었습니다.\n", (unsigned long)affected_
row_count);
    }

    fprintf(stdout, "MySQL 서버와의 연결을 종료합니다.\n");
    mysql_close(conn);
    mysql_library_end();
}
```

예제 13-19는 예제 13-18과 거의 비슷한 내용이므로 쉽게 이해할 수 있을 것이다. 이 예제에서 처음으로 나온 mysql_affected_rows( )라는 함수는 INSERT나 UPDATE, 그리고 DELETE 문장이 실행되면서 변경되거나 삭제된 레코드의 건수를 가져오는 함수다. ❶

일반적으로 INSERT나 UPDATE, 그리고 DELETE 문장을 실행한 후 프로그램의 문법적 오류와 업무적 오류를 구분하지 않을 때가 많다. 즉 프로그램이 아무런 문제 없이 실행되면 업무상으로도 정상 처리된 것으로 간주한다. 예제 13-19에서는 UPDATE 문장을 실행한 후 UPDATE 문장으로 몇 건의 레코드가 변경됐는지 mysql_affected_rows( ) 함수로 확인해서 비교한다.❶ 여기서 업무적인 오류라는 것은 반드시 이 쿼리로 1건의 레코드가 변경돼야 함에도 변경된 레코드가 2건 이상이거나 한 건도 없을 때를 의미한다. 또 한 가지 mysql_affected_rows( ) 함수의 결과 값은 실행하는 문장의 종류에 따라 그 값의 의미가 다르다는 점도 꼭 기억해야 한다.

쿼리 문장의 종류	mysql_affected_rows() 반환값의 의미
INSERT, REPLACE	테이블에 추가되거나 대체된 레코드 건수
UPDATE	값이 변경된 레코드 건수
DELETE	삭제된 레코드 건수

위의 표에 명시된 내용이 "너무 당연한 거 아닌가"라고 생각하는 사람들도 있을 것이다. 하지만 UPDATE 문장에서 "값이 변경된 레코드 건수"는 절대 WHERE 절의 조건에 따라 일치한 레코드의 건수를 의미하는 것이 아니다. MySQL 서버는 업데이트하려는 값이 기존 값과 같다면 실제 변경 작업을 수행하지 않는다. 다음 예제는 MySQL 클라이언트 프로그램으로 UPDATE 문장을 실행한 결과다. WHERE 절에 일치한 레코드의 건수와 실제 값이 변경된 레코드의 건수에 대해 잠깐 살펴보자.

```
mysql> CREATE TABLE tb_affectedrowcount (fd INT);
mysql> INSERT INTO tb_affectedrowcount(fd) VALUES (1);

mysql> UPDATE tb_affectedrowcount SET fd=1;
Query OK, 0 rows affected (0.03 sec)
Rows matched: 1  Changed: 0  Warnings: 0

mysql> UPDATE tb_affectedrowcount SET fd=2;
Query OK, 1 row affected (0.04 sec)
Rows matched: 1  Changed: 1  Warnings: 0
```

위의 예제에서 칼럼의 값이 "1"인 레코드가 있다. 이 레코드의 값을 다시 "1"로 변경하는 UPDATE 문장을 실행하면 실제 MySQL 서버는 내부적으로 변경 작업을 하지 않고 건너뛴다. 이럴 때 WHERE 조건 절에 일치하는 변경 대상 레코드는 있었지만 mysql_affected_rows() 함수는 0을 반환한다. 위의 예제는 MySQL 클라이언트 프로그램으로 테스트해본 결과인데, 친절하게도 변경된 레코드("0 rows affected")와 변경 대상 검색에 일치한 레코드("Rows matched: 1")를 구분해서 보여준다. 하지만 MySQL C API를 통해서는 이 두 값을 동시에 가져올 수 없다. 이 내용은 UPDATE 문장을 실행하는 예제 13-19의 프로그램을 두세 번 실행한 결과로도 확인할 수 있다.

```
shell> ./query_update1
MySQL 서버(localhost:3306)에 접속되었습니다.
1 건의 레코드가 업데이트되었습니다. <-- 새로운 값으로 업데이트되어
    affected_row_count=0이 반환
MySQL 서버와의 연결을 종료합니다.
```

```
shell> ./query_update1
MySQL 서버(localhost:3306)에 접속되었습니다.
0 건의 레코드가 업데이트되었습니다. <-- 기존의 값과 똑같은 값으로 업데이트되어
    affected_row_count=0이 반환
MySQL 서버와의 연결을 종료합니다.
```

그런데 실제로 값이 변경된 건수가 아니라 조건에 일치한 레코드의 건수를 확인해야 할 때도 있을 것이다. 이때는 mysql_affected_rows( ) 함수가 값이 변경된 레코드 건수가 아니라 조건에 일치한 레코드 건수를 반환하도록 MySQL 커넥션의 옵션을 조정할 수 있다. 다음의 예제는 MySQL 서버와 커넥션을 생성할 때 사용하는 플래그를 설정하는 부분만 표시한 것이다.

```c
int main(int argc, char **argv){
  char* host_name="localhost";
  char* user_name="root";
  char* user_password="";
  char* database="test";
  char* socket_file="/tmp/mysql.sock";
  unsigned int port_no=3306;
  unsigned int flags=CLIENT_FOUND_ROWS;

  MYSQL *conn;
  int affected_row_count=0;
  ...
```

MySQL의 커넥션을 생성할 때, mysql_real_connect( ) 함수에 전달하는 flags 변수의 값을 CLIENT_FOUND_ROWS로 변경하면 된다. MySQL의 이러한 특성은 다른 DBMS와 호환되는 부분은 아니기 때문에 주의하도록 하자. 예제 13-19의 예제에서 flags 변수의 값만 CLIENT_FOUND_ROWS로 수정해서 query_update2.c로 저장하고 빌드해서 실행해 보자.

```
shell> ./query_update2
MySQL 서버(localhost:3306)에 접속되었습니다.
1 건의 레코드가 업데이트되었습니다.
MySQL 서버와의 연결을 종료합니다.

shell> ./query_update2
MySQL 서버(localhost:3306)에 접속되었습니다.
1 건의 레코드가 업데이트되었습니다.
MySQL 서버와의 연결을 종료합니다.
```

```
shell> ./query_update2
MySQL 서버(localhost:3306)에 접속되었습니다.
1 건의 레코드가 업데이트되었습니다.
MySQL 서버와의 연결을 종료합니다.
```

13.2.8 다중 문장 실행과 다중 결과 셋 가져오기

MySQL C API에서는 한 번의 mysql_query( ) 함수 호출로 2개 이상의 쿼리를 실행할 수 있다. 그리고 여러 개의 결과 셋을 차례대로 가져올 수 있게 API 함수를 제공한다. 지금까지는 거의 커넥션 옵션(flags 변수)을 설정하지 않고 테스트했다. 다중 문장을 실행해 1개 이상의 결과 셋을 가져오려면 MySQL의 커넥션을 생성할 때 전달되는 flags 인자로 커넥션의 옵션을 변경해야 한다.❷ 그리고 C API로 스토어드 프로시저를 실행할 계획이라면 반드시 커넥션의 옵션에 CLIENT_MULTI_RESULTS를 설정해야 한다. 다중 문장의 실행과 다중 결과 셋을 위한 커넥션 옵션 설정 예제를 살펴보자.

```
int main(int argc, char **argv){
  ...
  unsigned int flags=CLIENT_MULTI_STATEMENTS;
  flags |= CLIENT_MULTI_RESULTS; ❶

  if(mysql_real_connect(conn, host_name, user_name, user_password,
database, port_no, socket_file, flags) == NULL){ ❷
    fprintf(stderr, "MySQL 서버에 접속할 수 없습니다.\n");
    fprintf(stderr, "에러 %u (%s): %s\n", mysql_errno(conn), mysql_sqlstate(conn), mysql_
error(conn));
    mysql_close(conn);
    return;
  }
```

위의 예제와 같이 커넥션을 생성하는 mysql_real_connect( ) 함수의 마지막 인자로 커넥션의 옵션을 선택해야 하는데, 이 옵션은 여러 개의 플래그 값을 "|"(BIT-OR) 연산으로 동시에 설정할 수 있다.❶ 예제 13-20은 여러 개의 쿼리 문장을 동시에 실행하고, 여러 개의 결과 셋을 차례대로 가져오는 프로그램이다.

[예제 13-20] 여러 쿼리를 한 번에 실행

```
#include <my_global.h>
#include <mysql.h>
#include <my_sys.h>
```

```
int main(int argc, char **argv){
  char* host_name="localhost";
  char* user_name="root";
  char* user_password="";
  char* database="test";
  char* socket_file="/tmp/mysql.sock";
  unsigned int port_no=3306;
  unsigned int flags=CLIENT_MULTI_STATEMENTS | CLIENT_MULTI_RESULTS;

  MYSQL *conn;
  MYSQL_RES* res;
  MYSQL_ROW record;
  int has_more_resultset = -1;
  int resultset_idx=1;

  char* multi_query = "SELECT count(*) as cnt FROM tb_article;\
      SELECT article_id, article_title, write_ts, modify_ts FROM tb_article;";

  MY_INIT(argv[0]);
  if(mysql_library_init(0, NULL, NULL)){
    fprintf(stderr, "MySQL 라이브러리를 읽을 수 없습니다.");
    return;
  }

  conn = mysql_init(NULL);
  if(conn == NULL){
    fprintf(stderr, "에러 %u (%s): %s\n",
        mysql_errno(conn), mysql_sqlstate(conn), mysql_error(conn));
    return;
  }

  if(mysql_real_connect(conn, host_name, user_name, user_password,
                        database, port_no, socket_file, flags) == NULL){
    fprintf(stderr, "MySQL 서버에 접속할 수 없습니다.\n");
    fprintf(stderr, "에러 %u (%s): %s\n",
        mysql_errno(conn), mysql_sqlstate(conn), mysql_error(conn));
    mysql_close(conn);
    return;
  }
  fprintf(stdout, "MySQL 서버(%s:%d)에 접속되었습니다.\n", host_name, port_no);
  if(mysql_query(conn, multi_query)){
    fprintf(stderr, "쿼리(%s)를 실행할 수 없습니다.\n", multi_query);
```

```
        fprintf(stderr, "에러 %u (%s): %s\n",
            mysql_errno(conn), mysql_sqlstate(conn), mysql_error(conn));
    }else{
        do {
          res = mysql_store_result(conn); ❹
          if(res==NULL){ // 실행된 SQL이 INSERT나 UPDATE 그리고 DELETE 일때
            if(mysql_field_count(conn) == 0){
              fprintf(stdout, "%lld 건의 레코드가 변경되었습니다.\n", mysql_affected_
rows(conn));
            }else{
              fprintf(stderr, "쿼리 결과 셋을 읽을 수 없습니다. \n");
              fprintf(stderr, "에러 %u (%s): %s\n",
                    mysql_errno(conn), mysql_sqlstate(conn), mysql_error(conn));
            }
          }else{            // 실행된 SQL이 SELECT 일때
            fprintf(stdout, "\n\n>>쿼리 결과 (레코드 번호:%d)\n", resultset_idx++);
            while((record=mysql_fetch_row(res))!=NULL){
              fprintf(stdout, "%s\n", (record[0]==NULL) ? "<NULL>" : record[0]);
            }
            mysql_free_result(res);
          }

          if((has_more_resultset = mysql_next_result(conn)) > 0){ ❸
            fprintf(stderr, "쿼리 결과 셋을 읽을 수 없습니다.\n");
            fprintf(stderr, "에러 %u (%s): %s\n",
                  mysql_errno(conn), mysql_sqlstate(conn), mysql_error(conn));
          }
        }while(has_more_resultset==0);
    }

    fprintf(stdout, " MySQL 서버와의 연결을 종료합니다.\n");
    mysql_close(conn);
    mysql_library_end();
}
```

예제 13-20에서 사용된 mysql_next_result( )는 아직 읽지 않은 결과 셋이 남아 있는지를 확인하는 함수다. ❸ 이 함수는 정수 값을 반환하는데, 그 의미는 다음의 표와 같다.

mysql_next_result() 반환값	의미
-1	mysql_next_result() 함수가 정상적으로 실행됐지만, 더 이상 읽지 않은 결과 셋이 없음

0	mysql_next_result( ) 함수가 정상적으로 실행됐으며, 읽지 않은 결과 셋이 아직 남아 있음
>0 (0이 아닌 양의 정수)	mysql_next_result( ) 함수의 실행 중 에러 발생 (더 이상 읽지 않은 결과 셋이 있는지 없는지 모름)

mysql_query( ) 함수나 mysql_real_query( ) 함수의 결과로 여러 결과 셋이 MySQL 서버로부터 반환됐다면 첫 번째 결과 셋은 mysql_store_result( ) 함수나 mysql_use_result( ) 함수를 이용해 가져올 수 있다.❹ 하지만 두 번째 결과 셋부터는, 먼저 mysql_next_result( ) 함수를 호출해 결과의 유무를 확인한 다음 mysql_use_result( )나 mysql_store_result( )를 호출해서 가져와야 한다. 일반적으로 여러 개의 SQL 문장을 실행할 때는 예제 13-20의 반복 루프(do ~ while) 구문을 그대로 사용하면 된다.

13.2.9 커넥션 옵션

MySQL C API의 커넥션 옵션은 자바에 비해서는 상당히 적은 편이지만, 하나하나 중요한 의미와 용도를 가지고 있으므로 한번쯤 살펴보는 것이 좋다. 옵션별로 예제를 살펴보자면 내용이 너무 길어지므로 각 옵션을 어떤 용도로 사용하는지만 살펴보자. 만약 MySQL C API로 개발하는 프로그램에서 어떤 기능이 필요할 때, 간단히 그 기능이 어떤 옵션과 연관이 있는지만 기억해도 쉽게 인터넷을 통해 상세한 정보를 찾아볼 수 있을 것이다.

CLIENT_COMPRESS

개발하는 MySQL 애플리케이션과 MySQL 서버 간의 네트워크 상황이 좋지 않을 경우 데이터를 압축해서 주고받는다면 훨씬 더 빠른 성능을 낼 수 있다. CLIENT_COMPRESS는 네트워크로 주고받는 데이터를 압축할지 여부를 선택하는 옵션이다. 하지만 데이터를 압축하고 압축을 해제하는 작업은 생각보다 많은 CPU 자원을 소비하기 때문에 네트워크 성능이 나쁘지 않다면 사용하지 않는 것이 좋다.

CLIENT_FOUND_ROWS

이 옵션은 이미 INSERT나 UPDATE, 그리고 DELETE 문장을 실행하는 예제에서 한번 살펴봤다. 예제 13-19를 참조하자.

CLIENT_IGNORE_SIGPIPE

MySQL 클라이언트 라이브러리는 내부적으로 SIGPIPE 시그널에 대한 핸들러를 자동으로 설정한다. 만약 이 핸들러를 여러분의 애플리케이션에서도 사용한다면 충돌이 발생할 것이다. 유닉스 계열의 운영체제에서 프로세스 간의 통신(IPC, Inter Process Communication)을 위해 제공하는 파이프라는 기능에 문제가 있을 때 SIGPIPE라는 시그널이 발생한다.

CLIENT_IGNORE_SPACE

MySQL에서는 함수를 호출할 때 함수명과 괄호 사이에 공백이 있으면 함수를 인식하지 못할 수도 있다. MySQL에서 간단히 "SELECT NOW()"와 "SELECT NOW ()"라는 두 쿼리를 비교해가면서 실행해보자. MySQL에서는 기본적으로 함수의 이름 뒤에 오는 공백을 함수명의 일부로 가정하는데, 이는 다른 DBMS와는 조금 다른 방식이다. 만약 이런 부분이 혼동스럽다면 이 옵션을 설정해 함수명 뒤의 공백이 무시될 수 있도록 설정하자. 이 옵션은 7.1.1절, "SQL 모드"(378쪽)에서 설명된 IGNORE_SPACE와 같은 기능을 수행한다.

CLIENT_INTERACTIVE

MySQL GUI 클라이언트나 MySQL 클라이언트 라이브러리를 사용한 애플리케이션에서는 인터랙티브한 프로그램인지 아닌지를 설정할 수 있다. 이 설정으로 인해 쿼리 커넥션의 생성이나 실행 방법이 크게 달라지는 것은 없다. 이 옵션으로 가장 크게 영향을 받는 부분은 커넥션의 타임 아웃이다. 클라이언트가 MySQL 서버로 일정 시간 동안 아무런 요청을 하지 않으면 MySQL 서버는 자동으로 해당 클라이언트와 연결된 커넥션을 종료시킨다. MySQL C API를 이용해 애플리케이션을 작성할 때도 별도의 옵션을 설정하지 않으면 MySQL 서버의 wait_timeout 시스템 설정에 정의된 시간 동안 대기했다가 연결을 종료한다. 하지만 이 옵션을 설정하면 MySQL 서버는 인터랙티브(대화형) 클라이언트로 인식해 wait_timeout이 아니라 interactive_timeout 시스템 설정 값에 지정된 시간 동안 대기하다가 커넥션을 종료한다. 일반적으로 우리가 작성하는 프로그램에서는 크게 중요한 의미는 없으므로 가능하면 사용하지 않는 편이 좋다.

CLIENT_LOCAL_FILES

MySQL에서는 CSV 형태의 데이터 파일을 빠르게 적재하기 위해 LOAD DATA …라는 기능을 사용할 수 있다. 기본적으로 이 명령은 적재할 데이터 파일을 MySQL 서버가 실행되고 있는 장비의 로컬 디스크에서 찾는다. 하지만 LOAD DATA LOCAL …이라는 명령을 사용하면 MySQL 서버는 적재할 데이터 파일이 클라이언트 컴퓨터의 디스크에 있다고 인식한다. MySQL C API에서는 기본적으로 LOAD DATA LOCAL 명령을 사용할 수 없게 돼 있는데, 만약 사용하고자 한다면 커넥션 옵션에 CLIENT_LOCAL_FILES를 설정하면 된다. LOAD DATA LOCAL 명령에 대한 자세한 내용은 7.5.6절, "LOAD DATA (LOCAL) INFILE …"(506쪽)을 참조하자.

CLIENT_MULTI_RESULTS

한 번에 여러 개의 결과 셋을 가져올 수 있도록 설정하는 옵션이다. 자세한 설명은 예제 13-20을 참조하자.

CLIENT_MULTI_STATEMENTS

mysql_query() 함수나 mysql_real_query() 함수를 한 번 호출해서 여러 개의 쿼리를 실행할 수 있도록 허용할지 설정하는 옵션이다. 자세한 설명은 예제 13-20을 참조하자. 이 옵션이 커넥션에 설정되면 그 커넥션은 자동으로 CLIENT_MULTI_RESULTS 옵션도 활성화된다.

CLIENT_NO_SCHEMA

일반적으로 SQL에서 테이블명을 지칭할 때 테이블명 앞에 DB명을 포함시키기도 한다. 하지만 ODBC에서는 "db_ name.table_name" 형식의 표기법을 지원하지 않는다. 이 옵션이 설정되면 MySQL C API에서도 ODBC 표준과 같이 테이블 이름의 앞에 DB명을 명시하지 못한다.

CLIENT_ODBC

사용하지 않는 옵션이다.

CLIENT_SSL

MySQL 애플리케이션을 작성하는 개발자를 위한 옵션이 아니라 MySQL 클라이언트 라이브러리가 설정하는 옵션이므로 개발자가 명시적으로 커넥션에 이 옵션을 설정해서는 안 된다. 만약 암호화된 채널로 MySQL 서버와 통신하려면 mysql_real_connect() 함수를 호출하기 전에 mysql_ssl_set() 함수를 호출하면 된다.

CLIENT_REMEMBER_OPTIONS

MySQL에서는 커넥션의 문자집합(Character set)이나 SSL 설정 또는 프로토콜에 대한 옵션을 추가로 설정할 수 있게 mysql_options()라는 API 함수를 제공한다. 이 함수는 반드시 mysql_init() 함수와 mysql_real_connect() 함수 사이에 호출돼야 한다. 하지만 mysql_options() 함수에 의해 설정된 옵션은 mysql_real_connect()가 실패하면 모두 초기화된다. 이런 불편함을 막기 위해 CLIENT_REMEMBER_OPTIONS 옵션이 제공된다. 이 옵션은 mysql_real_connect()가 실패하더라도 mysql_options()의 설정 내용이 유지될 수 있게 해준다.

13.2.10 프리페어 스테이트먼트 사용

프리페어 스테이트먼트에 대한 자세한 설명은 13.1.2절, "MySQL Connector/J를 이용한 개발"의 "Statement와 PreparedStatement의 차이"(745쪽)와 "프리페어 스테이트먼트의 종류"(750쪽)를 참조하자.

MySQL C API를 이용해 쿼리를 실행할 때도 프리페어 스테이트먼트를 사용할 수 있다. 하지만 MySQL C API에서 모든 종류의 SQL 문장을 프리페어 스테이트먼트로 실행할 수 있는 것은 아니다. 각 버전별로 조금씩 차이는 있지만 기본적인 데이터 조작을 위한 INSERT나 UPDATE, DELETE, SELECT 등의 쿼리는 모두 프리페어 스테이트먼트를 사용할 수 있다. 버전별로 지원되는 SQL의 종류는 다음의 표를 참조하자.

버전	지원 가능 SQL 종류
MySQL 5.0	CALL, CREATE TABLE, DELETE, DO, INSERT, REPLACE, SELECT, SET, UPDATE, 그리고 SHOW로 시작하는 대부분의 명령들

MySQL 5.1.10	ANALYZE TABLE, OPTIMIZE TABLE, REPAIR TABLE
MySQL 5.1.12 이상	CACHE INDEX, CHANGE MASTER, CHECKSUM TABLE, DATABASE CREATE or DROP, USER CREATE or DROP, FLUSH로 시작되는 대부분의 명령, GRANT, REVOKE, KILL, LOAD INDEX INTO CACHE, RESET MASTER or SLAVE or QUERY CACHE, SLAVE START or STOP, INSTALL PLUGIN, UNINSTALL PLUGIN

MySQL C API를 이용해 프리페어 스테이트먼트를 사용하려면 상당히 많은 작업이 필요한데, 어떤 API 함수가 사용되고 어떤 작업이 필요한지 순서대로 한번 살펴보자. 이번 예제에서 실행해 볼 쿼리는 SELECT 쿼리다. 이 쿼리를 실행하려면 입력해야 하는 변수가 1개(article_id INT) 있으며, 쿼리의 실행 결과 셋은 2개의 칼럼(article_id INT, article_title VARCHAR)을 가진다. MySQL C API로 프리페어 스테이트먼트를 실행하려면 입력 변수뿐 아니라 결과 셋의 각 칼럼에 대해서도 모두 파라미터(MYSQL_BIND)를 바인딩해야 한다. 다음의 예제에서는 프리페어 스테이트먼트를 사용할 때 꼭 필요한 코드만 주석을 포함해서 나열했으며, 실제 실행 가능한 예제는 다시 살펴보겠다.

```
int main(int argc, char **argv){
  ...
  MYSQL_STMT* stmt;          /* PreparedStatement 핸들러 */
  MYSQL_BIND in_param[1];    /* 쿼리 문장의 입력 변수용 파라미터 */
  MYSQL_BIND res_param[2];   /* 쿼리의 실행 결과 셋을 위한 파라미터 */

  char* query = "SELECT article_id, article_title FROM tb_article WHERE article_id=?";
  int in_param_article_id = 1; /* 쿼리 문장의 실제 입력 값 */
  int res_param_article_id;    /* 쿼리 결과 셋의 첫 번째 칼럼 값을 저장할 INTEGER 변수 */
  my_bool res_param_article_id_isnull; /* 결과 셋의 첫 번째 칼럼의 NULL 여부 저장용 변수 */
  char res_param_article_title[200];    /* 결과 셋의 두 번째 칼럼 값을 저장할 문자열 변수 */
  unsigned long res_param_article_title_real_length; /* 결과 셋의 두 번째 칼럼값의
                                          실제 길이 저장용 */
  my_bool res_param_article_title_isnull;  /* 결과 셋의 두 번째 칼럼의
                                          NULL 여부 저장용 변수 */

  stmt = mysql_stmt_init(conn);  /* PreparedStatement 핸들러의 생성 */❶
  mysql_stmt_prepare(stmt, query, strlen(query)); /* 주어진 쿼리 문장으로
                                          PreparedStatement 준비 */❷

  memset((void*)in_param, 0, sizeof(in_param));  /* 입력 파라미터 구조체의 내용 초기화 */
```

```
in_param[0].buffer_type=MYSQL_TYPE_LONG;   /* 첫 번째 입력 변수의 타입 설정 - 정수 */
in_param[0].buffer = (void*) &in_param_article_id; /* 첫 번째 입력 변수의 실제 값 설정 */
in_param[0].is_unsigned = 0;   /* 첫 번째 입력 변수가 Unsigned(양의 정수)인지 여부 설정 */
in_param[0].is_null = 0;        /* 첫 번째 입력 변수가 NULL인지 여부 설정 */

mysql_stmt_bind_param(stmt, in_param); /* 준비된 입력 파라미터를 PreparedStatement에
                                          바인드 */❸

memset((void*)res_param, 0, sizeof(res_param)); /* 결과 셋을 위한 출력 파라미터 구조체
                                                   초기화 */
res_param[0].buffer_type=MYSQL_TYPE_LONG;         /* 결과 셋의 첫 번째 칼럼의 타입 설정 */
res_param[0].buffer = (void*) &res_param_article_id; /* 첫 번째 칼럼의 값을 저장할
                                                        변수 바인드 */
res_param[0].is_null = &res_param_article_id_isnull; /* 첫 번째 칼럼의 NULL 여부를 저장할
                                                        변수 바인드 */

res_param[1].buffer_type=MYSQL_TYPE_STRING; /* 두 번째 칼럼의 타입 설정(CHAR, VARCHAR)*/
res_param[1].buffer = (void*) &res_param_article_title; /* 두 번째 칼럼 값을 저장할
                                                           변수 바인드 */

res_param[1].buffer_length= sizeof(res_param_article_title); /* 두 번째 칼럼용 변수의
                                                                버퍼 길이 설정 */
res_param[1].length = &res_param_article_title_real_length;  /* 두 번째 칼럼 값의 실제
                                                                길이 저장용 변수 바인드 */
res_param[1].is_null = &res_param_article_title_isnull; /* 두 번째 칼럼 값의 NULL 여부를
                                                           저장할 변수 바인드 */
mysql_stmt_bind_result(stmt, res_param); /* 결과 셋을 위한 파라미터 배열 바인드 */❹
mysql_stmt_execute(stmt);                /* PreparedStatement 실행 */❺
/* mysql_stmt_store_result() 함수의 호출은 선택사항이며, 자세한 내용은 아래의 설명 참조 */

mysql_stmt_store_result(stmt);          /* 결과 셋의 모든 데이터를
                                           클라이언트로 가져옴 */❼

fprintf(stdout, "\n\n>> 쿼리 결과 \n");
while(mysql_stmt_fetch(stmt)==0){        /* 쿼리의 결과 셋의 다음 레코드 페치 */❻
  /* mysql_stmt_fetch() 함수가 정상적으로 호출되면 위의 결과 셋 파라미터에 바인드된 */
  /* 변수에 필요한 값이 자동으로 저장되는데, 그러한 값을 이용해 화면에 출력 */
  fprintf(stdout, "%d\t%*.*s\n", res_param_article_id,
      res_param_article_title_real_length, res_param_article_title_real_length,
      res_param_article_title);
}
```

```
        mysql_stmt_free_result(stmt);      /* PreparedStatement를 통해 가져온 결과 셋 해제 */❽
        mysql_stmt_close(stmt);            /* PreparedStatement 해제 */❾
        ...
    }
```

위의 예제를 C API 함수가 사용되는 순서대로 살펴보자.

1. mysql_stmt_init() 함수로 프리페어 스테이트먼트 객체를 생성한다. ❶

2. 1번 단계에서 생성한 프리페어 스테이트먼트 객체로 mysql_stmt_prepare() 함수를 호출하면 주어진 쿼리를 MySQL 서버로 전송하고 MySQL 서버로부터 분석 정보에 대한 핸들러를 반환받는다. ❷

3. 다음으로 mysql_stmt_bind_param() 함수를 호출해 프리페어 스테이트먼트를 실행할 때 사용할 입력 값을 설정한다. ❸

4. 또한 mysql_stmt_bind_result() 함수를 호출해 이 프리페어 스테이트먼트의 실행 결과 셋에 어떤 타입의 칼럼이 포함되는지 정의해 준다. ❹

5. 프리페어 스테이트먼트의 입출력 정의가 완료되면 mysql_stmt_execute() 함수를 이용해 쿼리를 실행한다. ❺

6. 쿼리의 실행이 완료되면 mysql_stmt_fetch() 함수를 호출한다. mysql_stmt_fetch() 함수가 실행되면 mysql_bind_result() 함수로 등록했던 res_param 변수에 쿼리의 결과 셋이 저장된다. 이때 mysql_stmt_fetch() 함수가 호출될 때마다 한 건씩 레코드 서버로부터 가져온다. ❻

7. 만약 쿼리의 결과 셋을 한 번에 모두 클라이언트로 가져온 후, 레코드를 한 건씩 페치하려면 mysql_stmt_fetch() 함수를 실행하기 전에 mysql_stmt_store_result() 함수를 호출하면 된다. 즉 mysql_stmt_store_result() 함수는 호출해도 되고 그렇지 않아도 되는 선택사항이다. 결과 셋이 크지 않다면 mysql_stmt_store_result() 함수를 호출해서 결과 셋을 클라이언트로 받아 두고 레코드를 페치하는 방법이 전체적으로 더 빠르게 동작한다. ❼

8. 쿼리의 결과 셋을 더는 사용하지 않는다면 mysql_stmt_free_result() 함수로 결과 셋을 메모리에서 해제한다. ❽

9. 마지막으로 더는 프리페어 스테이트먼트를 사용하지 않는다면 mysql_stmt_close()를 호출해 프리페어 스테이트먼트까지 해제하면 된다. ❾

만약 한 번 생성된 프리페어 스테이트먼트로 여러 번의 쿼리를 실행하려면 처음에는 1번부터 8번까지 실행하고 두 번째 실행부터는 3번부터 8번까지를 계속적으로 반복해서 실행하면 된다. 일반적으로 프리페어 스테이트먼트의 장점은 똑같은 쿼리는 매번 분석하지 않고 쿼리를 실행함으로써 조금 더 빠른 성능을 얻는 것이다. 위의 과정에서 3번부터 8번까지를 많이 반복할수록 프리페어 스테이트먼트의 사용 효과가 커진다.

그럼 이제 실제 프리페어 스테이트먼트를 사용하는 전체 과정을 예제 13-21로 한번 확인해보자.

[예제 13-21] C API를 이용한 프리페어 스테이트먼트

```c
#include <my_global.h>
#include <mysql.h>
#include <my_sys.h>
#include <m_string.h>

int main(int argc, char **argv){
  char* host_name="localhost";
  char* user_name="root";
  char* user_password="";
  char* database="test";
  char* socket_file="/tmp/mysql.sock";
  unsigned int port_no=3306;
  unsigned int flags=0;

  MYSQL *conn;

  MYSQL_STMT* stmt;
  MYSQL_BIND in_param[1];
  MYSQL_BIND res_param[2];

  char* query = "SELECT article_id, article_title FROM tb_article WHERE article_id=?";
  int in_param_article_id = 1;
  int res_param_article_id;
  my_bool res_param_article_id_isnull;
  char res_param_article_title[200];
  unsigned long res_param_article_title_real_length;
  my_bool res_param_article_title_isnull;

  MY_INIT(argv[0]);
  if(mysql_library_init(0, NULL, NULL)){
    fprintf(stderr, " MySQL 라이브러리를 읽을 수 없습니다.");
    return;
  }

  conn = mysql_init(NULL);
  if(conn == NULL){
    fprintf(stderr, "에러 %u (%s): %s\n", mysql_errno(conn), mysql_sqlstate(conn), mysql_
error(conn));
```

```
      return;
   }

   if(mysql_real_connect(conn, host_name, user_name, user_password, database,
            port_no, socket_file, flags) == NULL){
      fprintf(stderr, " MySQL 서버에 접속할 수 없습니다.\n");
      fprintf(stderr, "Error %u (%s): %s\n",
         mysql_errno(conn), mysql_sqlstate(conn), mysql_error(conn));
      mysql_close(conn);
      return;
   }
   fprintf(stdout, " MySQL 서버(%s:%d)에 접속되었습니다.\n", host_name, port_no);

   stmt = mysql_stmt_init(conn);  ❶
   if(stmt==NULL){
      fprintf(stderr, "프리페어 스테이트먼트를 생성할 수 없습니다.\n");
      fprintf(stderr, "에러 %u (%s): %s\n",
         mysql_errno(conn), mysql_sqlstate(conn), mysql_error(conn));
      mysql_close(conn);
      return;
   }

   if(mysql_stmt_prepare(stmt, query, strlen(query)) != 0){  ❷
      fprintf(stderr, "프리페어 스테이트먼트를 생성할 수 없습니다.\n");
      fprintf(stderr, "에러 %u (%s): %s\n",
         mysql_errno(conn), mysql_sqlstate(conn), mysql_error(conn));
      mysql_stmt_close(stmt);
      mysql_close(conn);
      return;
   }

   memset((void*)in_param, 0, sizeof(in_param));
   in_param[0].buffer_type=MYSQL_TYPE_LONG;
   in_param[0].buffer = (void*) &in_param_article_id;
   in_param[0].is_unsigned = 0;
   in_param[0].is_null = 0;

   if(mysql_stmt_bind_param(stmt, in_param) != 0){  ❸
      fprintf(stderr, "프리페어 스테이트먼트의 입력 값을 설정할 수 없습니다.\n");
      fprintf(stderr, "에러 %u (%s): %s\n",
         mysql_errno(conn), mysql_sqlstate(conn), mysql_error(conn));
      mysql_stmt_close(stmt);
```

```
    mysql_close(conn);
    return;
}

memset((void*)res_param, 0, sizeof(res_param));
res_param[0].buffer_type=MYSQL_TYPE_LONG;
res_param[0].buffer = (void*) &res_param_article_id;
res_param[0].is_null = &res_param_article_id_isnull;

res_param[1].buffer_type=MYSQL_TYPE_STRING;
res_param[1].buffer = (void*) &res_param_article_title;
res_param[1].buffer_length= sizeof(res_param_article_title);
res_param[1].length = &res_param_article_title_real_length;
res_param[1].is_null = &res_param_article_title_isnull;

if(mysql_stmt_bind_result(stmt, res_param) != 0){ ❹
    fprintf(stderr, "프리페어 스테이트먼트의 출력 값을 등록할 수 없습니다.\n");
    fprintf(stderr, "에러 %u (%s): %s\n",
        mysql_errno(conn), mysql_sqlstate(conn), mysql_error(conn));
    mysql_stmt_close(stmt);
    mysql_close(conn);
    return;
}

if(mysql_stmt_execute(stmt) != 0){ ❺
    fprintf(stderr, "프리페어 스테이트먼트를 실행할 수 없습니다.\n");
    fprintf(stderr, "에러 %u (%s): %s\n",
        mysql_errno(conn), mysql_sqlstate(conn), mysql_error(conn));
    mysql_stmt_close(stmt);
    mysql_close(conn);
    return;
}

if(mysql_stmt_store_result(stmt) != 0){ ❼
    fprintf(stderr, "결과 셋을 읽을 수 없습니다.\n");
    fprintf(stderr, "에러 %u (%s): %s\n",
        mysql_errno(conn), mysql_sqlstate(conn), mysql_error(conn));
    mysql_stmt_close(stmt);
    mysql_close(conn);
    return;
}
```

```
    fprintf(stdout, "\n\n>> 쿼리 결과 \n");
    while(mysql_stmt_fetch(stmt)==0){ ❻
        fprintf(stdout, "%d\t%.*s\n", res_param_article_id, res_param_article_title_real_
length,
            res_param_article_title_real_length, res_param_article_title);
    }
    mysql_stmt_free_result(stmt); ❽
    mysql_stmt_close(stmt); ❾

    fprintf(stdout, "MySQL 서버와의 연결을 종료합니다.\n");
    mysql_close(conn);
    mysql_library_end();
}
```

예제 13-21의 소스코드를 query_prepare_select.c로 저장하고, 빌드 후 실행하면 다음과 같은 결과
를 얻을 수 있다.

```
shell> ./query_prepare_select
MySQL 서버(localhost:3306)에 접속되었습니다.
>> 쿼리 결과
1       new article
MySQL 서버와의 연결을 종료합니다.
```

프리페어 스테이트먼트를 실행하기 위해 입출력 변수를 바인드하는 작업이 상당히 번거롭다. 만약 C
API로 프리페어 스테이트먼트를 자주 사용한다면 바인드 변수의 각 타입별로 도우미(Helper) 함수를
만들어 두는 것이 좋다. MySQL C API에 대한 설명은 여기까지 해서 끝내고자 한다. 내용은 많지 않지
만 기본적이면서 중요한 내용이 많이 언급됐으므로 여기서 언급한 내용만 이해한다면 MySQL 매뉴얼
이나 인터넷을 통해 쉽게 여러분의 애플리케이션에 기능을 추가하고 확장할 수 있을 것이다.

14

데이터 모델링

데이터 모델링은 DBMS 사용에 가장 중요한 부분이면서도 가장 쉽게 간과하는 부분이기도 하다. 많은 기능을 최대한 빨리 개발해서 서비스를 시작해야 하는 대부분 프로젝트에서 프로그램 개발과 직접적인 연관이 없는 부분은 무시되기도 하지만, 사실 데이터 모델링은 그렇게 가볍게 넘길 수 있는 과정은 아니다. 많은 경험을 통해 최고의 모델을 얻을 수 있다면 좋겠지만 최고는 아니라 하더라도 더 좋은 결과물을 얻기 위해서는 기본적인 지식과 기술이 뒷받침돼야 할 것이다.

서비스의 전체적인 개발 과정에서 데이터베이스 관련 부분만 단계별로 나눈다면 개념 설계, 논리 설계, 물리 설계, 그리고 마지막으로 DBMS 구축으로 구분해서 생각해볼 수 있다. 이 책에서는 간략하게 개념 설계와 논리 설계 단계를 묶어서 논리 모델링으로, 물리 단계와 DBMS의 구축을 묶어서 물리 모델링으로 구분해서 살펴보고, 특히 물리 모델링에서는 MySQL 위주로 내용을 살펴보겠다. 일반적으로 논리 설계는 한글로 테이블이나 칼럼명을 작성하고, 물리 설계는 DBMS에서 사용할 수 있는 영문으로 작성한다. 하지만 논리 모델링과 물리 모델링의 구분 기준은 테이블이나 칼럼의 이름이 영어냐 한글이냐가 아니라 모델에 표현하려는 것이 업무냐 시스템이느냐다. 데이터베이스 종류와 관련 없이 업무를 분석하고 그에 대한 데이터 집합과 그 집합 간의 관계를 중점적으로 표현하는 것이 논리 모델링이고, 논리 모델링의 산출물을 시스템으로 어떻게 표현할지를 고려하는 것을 물리 모델링이라고 볼 수 있다.

하지만 거의 대부분의 데이터 모델링 도구가 논리 모델과 물리 모델을 별개로 관리하지 않는다. 대부분 논리 모델과 물리 모델이 병합된 형태의 ERD 디자인을 지원하고 있으며, 또한 업무를 표현할 수 있을 정도로 상세한 표현 기능을 제공하지 않는 것이 대부분이다. 일반적으로 모델링 도구를 이용해 그리는 ERD는 논리보다는 물리 모델링에 가까운 경우가 대부분이다. 또한 논리 모델링과 물리 모델링을 별도로 담당하는 모델러를 채용하는 프로젝트도 본 적이 없다. 그보다 모델러 자체가 없는 프로젝트가 대부분이다. 소규모 프로젝트에서 개념 모델부터 논리 모델과 물리 모델을 별도로 작성하고 관리한다는 것은 자원의 낭비일 것이다. 하지만 프로젝트의 규모나 업무의 복잡도에 따라 적절한 수준의 모델링이 진행돼야 한다는 것이 저자의 생각이다.

14.1 논리 모델링

논리 모델링에서는 주로 개념적으로 엔터티와 속성, 그리고 엔터티 간의 관계를 도출하고 통합하는 방법을 비롯해 그것들을 어떻게 ERD에 표현하는지(혹은 그 반대로 표현된 ERD를 어떻게 해석하고 읽는지) 등을 살펴보겠다. 그리고 이후에는 조금은 주관적인 명칭 부여 규칙과 같은 내용을 다루겠다.

논리 모델링 단계에서는 최대한 다음과 같은 내용을 집중적으로 진행하겠다.

- 엔터티의 범위 확정
- 필수 속성 정의
- 각 엔터티의 의미상 식별자를 선정
- 각 엔터티 간의 관계를 최대한 간결히 표현

마지막에 표현한 '간결'이라는 의미는 엔터티 간의 선(관계 선)을 ERD에서 생략하라는 의미가 아니라 최대한 통합해서 표현하라는 의미이며, 관계뿐 아니라 엔터티에도 마찬가지로 적용되는 이야기다. ERD의 생명은 가독성이다. 최대한 간결하게 표현해서 다른 사람이 그림만 봐도 그 업무를 어느 정도까지는 이해할 수 있게 하는 것이 목적이기 때문이다. ERD는 위에서 언급한 꼭 필요한 내용을 명확히 표현하는 것이 가장 중요하며, 그다음으로는 얼마나 엔터티와의 관계를 예쁘고 간결하게 표현하느냐가 중요하다. 엔터티와 관계 선을 깔끔하게 정리하는 것도 모델링 능력이고 기술이다.

14.1.1 모델링 용어

ERD 상에 표현되는 오브젝트는 모두 이름을 두 개씩 가지고 있다. 하나는 논리 모델링 단계에서 사용하는 이름이며, 다른 하나는 물리 모델에서 사용하는 이름이다. 간단하게 논리 모델과 물리 모델에서 사용되는 이름을 비교해 보자.

논리 모델	물리 모델	비고
주제 영역(Subject Area)	주제 영역(Subject area)	
엔터티(Entity)	테이블(Table)	논리 모델과 물리 모델에서 하나의 오브젝트 (엔터티 또는 테이블)는 항상 1:1의 관계가 아닐 수도 있다.
속성, 어트리뷰트(Attribute)	칼럼(Column)	일반적으로는 논리 모델인지 물리 모델인지 별로 구분 없이 사용하므로 둘 다 같은 의미로 인식해도 무방하다.
관계, 릴레이션(Relation)	관계, 릴레이션(Relation)	관계 또는 릴레이션이라는 용어는 논리 물리 구분 없이 모두 공통적으로 사용한다.
키 그룹(Key group)	인덱스(Index)	키 그룹이라는 표현은 잘 사용하지 않고 논리나 물리 모델 전부 인덱스라고 표현한다.

위의 표에서 언급된 이름 중에서 조금 생소한 용어만 다시 한번 살펴보자.

- 주제 영역

  관리 용이성이나 가독성을 위해 엔터티를 업무 분류별로 나눠서 그룹핑을 하는데, 이를 주제 영역이라고 한다. 하나의 시스템에서 엔터티가 200개라 하더라도 모든 엔터티가 서로 관계를 가지는 것이 아니라, 직접적인 연관성을 가지는 엔터티는 대개 4~5개 정도가 일반적이다. 이런 관계성을 업무 기준으로 나눠서 주제 영역으로 분류하곤 하는데, 큰 시스템을 개발할 때는 주제 영역 단위로 조직이 움직이기 때문이기도 하다.

- 엔터티와 테이블 하나의 논리 모델은, 관계형 데이터베이스(RDBMS)를 위한 물리 모델로 진화할 수 있고 객체지향 데이터베이스(OO-DBMS)를 위한 물리 모델로 변화할 수도 있다. 그리고 때로는 클래스 다이어그램으로 발전할 수도 있다. 즉 논리 모델에서는 하나의 엔터티가 물리 모델에서는 테이블이 될 수도 있고 클래스(Class)가 될 수도 있는 것이다. 하지만 일반적으로 ERD는 관계형 데이터베이스를 목적으로 만들어지는 경향이 있기 때문에 엔터티나 테이블은 사실 똑같은 객체를 지칭하는 용어로 해석되기도 하는 것이다.

참 고

레코드와 로우(Row)는 모델링 요소가 아니다. 논리나 물리 모델링 단계에서 레코드나 로우(Row)라는 단어는 언급되지 않으며, 단지 구현된 DBMS에서 테이블에 발생하는 객체를 의미할 뿐이다. 또한 레코드를 인스턴스라고 표현할 때도 있다. 프로그램 언어와 비교해 본다면 엔터티나 테이블은 클래스(Class)로 볼 수 있고, 테이블의 멤버인 레코드는 클래스로부터 생성된 인스턴스로 이해하면 된다.

14.1.2 용어집

산출물의 종류나 개발 방법론에 관계없이 항상 모든 프로젝트의 시작 지점은 "용어집"이라는 엑셀 파일이었다. 그때는 이 문서를 왜 만드는지, 무슨 용도로 사용되는지 알 길이 없었다. 그걸 알려 주는 사람 또한 없었다. 지금 생각하면 참 우스운 일이 아닐 수 없다. 상당히 부끄럽지만 그때 개발 초창기 시절에 만들던 용어집의 간단한 예제를 한번 살펴보자.

번호	용어	용어 설명
1	고객	우리 회사의 고객
2	상품	우리 회사가 판매하는 상품
…	…	…

"고객"이라는 용어를 정의하고 설명하기 위해 "고객"이라는 단어가 사용된 것만 봐도 이 문서는 아무런 의미가 없다는 것을 알 수 있다. 결국 이 시스템에서 사용하는 단어만 나열한 것이다. 이런 문서를 작성했으니 용어집의 의미를 알아채지 못한 것이 당연한 일이었던 것 같다.

그런데 왜 갑자기 용어집이라는 이야기가 나왔을까? 용어집은 그 시스템이나 업무를 잘 모르는 관련자의 이해도를 높이는 데도 사용될 수 있지만, 사실은 이 시스템이 다루는 업무의 범위를 정의하는 가장 기본적인 문서다. 이제 조금 보완한 용어집을 다시 한번 살펴보자.

번호	용어	용어 설명
1	고객	my-shop.com 온라인 몰의 회원으로 가입한 만 19세 이상의 모든 국내 거주 개인 사용자
2	상품	…
…	…	

우선 이 프로젝트에서 고객이라 함은 my-shop.com이라는 온라인 쇼핑몰(현재 개발 중인 프로젝트)의 회원으로, 국내 거주중인 모든 개인이라고 정의하고 있다. 그렇다면 이 시스템은 법인 사용자를 위한 기능을 구현할 필요가 없고, 국적에 관계없이 국내에 거주 중인 개인에 대해서만 고려하면 된다. 이렇게 프로그램의 개발의 범위도 한정하지만 용어를 명확하게 정의하는 것은 데이터베이스의 모델링을 하는 가장 근간 자료가 될 수 있다. 이 시스템의 데이터베이스에서 고객 테이블은 법인 고객의 정보를 관리할 필요가 없고, 주민등록번호와 외국인 등록증 번호를 가진 국내 거주 주소를 지닌 사용자를 위해 설계하면 되는 것이다. 상품과 같은 용어는 사실 정의하기가 더 어렵다. 돈을 지불하고 살 수 있는 유무형의 모든 것을 상품으로 정의할지, 돈을 지불하지 않아도 되는 무료 서비스도 상품으로 포함할 것인지 등등 무수히 많은 예외 조건이 있는데, 어디까지를 상품으로 정의할 것인지를 결정해야 한다. 이처럼 단어를 명확히 하고 그 범위를 제한하는 것은 데이터 모델링에서 엔터티의 범위를 정하는 필수적인 정보가 된다.

지금부터라도 용어집을 제대로 만들라는 의미로 이번 절을 준비한 것은 아니다. 데이터를 모델링할 때 각 개체가 어디서부터 어디까지를 포함할 것인지를 명확히 하는 것이 매우 중요하기 때문이다. 범위가 결정되지 않은 상태에서는 엔터티의 속성이나 식별자를 선정할 수 없는 것은 물론이고, 엔터티의 이름마저도 붙이기 어렵다. 이처럼 의미나 범위가 명확하지 않은 상태에서 회원 테이블의 식별자를 주민등록번호로 선택했다면 시스템을 오픈하기가 무섭게 주민등록번호 칼럼에 법인등록번호를 저장해야 하는 상황이 벌어지게 된다. 어느 순간에는 주민등록번호라는 칼럼에 이메일 주소가 저장돼야 할지도 모를 일이다.

ERD를 그리기 이전 또는 이후에(적어도 코드를 작성을 시작하기 전에) 모든 주요 단어에 대해 명확히 그 범위를 제한하는 작업을 한 번씩 진행하길 적극 권장한다. 특히나 주요 용어에 대해서는 모든 가능한 경우의 관련 단어를 나열하고, 그 의미를 포함할지 뺄지를 체크하자. 그리고 그에 걸맞는 이름을 부여하고, 그에 맞춰 물리 모델에서 데이터 타입이나 기타 옵션을 적용하는 것이 좋다.

14.1.3 엔터티

엔터티는 객체지향 개발 언어의 클래스와 동급의 의미다. 또한 엔터티는 2개 이상의 속성을 가지고 1개이상의 레코드를 가지는 것이 일반적이다. 우리가 일반적으로 테이블이라고 칭하는 개체가 바로 엔터티이지만 사실 엔터티와 테이블은 항상 1:1의 관계로 구현되는 것은 아니다. 2개 이상의 엔터티가 물리 모델링 단계에서 통합되기도 하고, 하나의 엔터티가 여러 개의 물리적 테이블로 구현되기도 한다. 엔터티를 도출할 때 가장 중요한 것은 용어의 정의다. 해당 용어가 의미하는 범위가 어디까지인지를 명확히하고 그에 걸맞는 이름을 부여하는 것이다. 그래야만 밑에서 설명할 속성이나 식별자, 그리고 엔터티간의 관계가 명확해질 수 있다.

엔터티의 종류와 표현 방법

엔터티는 ERD에서 3개의 영역으로 나뉜 사각형 상자로 표시한다. 그림 14-1과 같이 사각형 상자 외부의 최상단에는 엔터티의 이름을 명시하며, 사각형 상자 내부에는 해당 엔터티의 멤버 속성을 나열한다. 이때 사각형 상자의 상단에는 그 엔터티의 식별자(프라이머리 키)를 구성하는 속성을 작성하고, 하단 영역에는 식별자가 아닌 일반 속성을 나열한다.

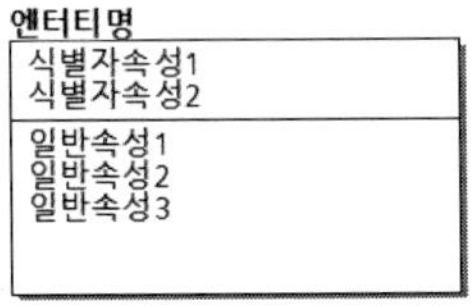

엔터티명

식별자속성1
식별자속성2

일반속성1
일반속성2
일반속성3

[그림 14-1] ERD에서의 엔터티의 표현 방법

엔터티는 업무의 흐름이나 중요도에 따라 크게 키 엔터티와 메인 엔터티, 그리고 액션 엔터티로 구분할 수 있다.

- 키 엔터티는 관리 대상 데이터 중에서 가장 최상위에 존재하는 엔터티로서, 일반적으로 메인 엔터티와 액션 엔터티를 만들어 내는 부모 역할을 한다. 키 엔터티는 일반적으로 현실에 존재하는 객체를 표현하는 것들이 많다. 우리가

일반적으로 생각하는 사원이나 고객 또는 상품 등과 같이 현실 세계에 존재하는 객체가 키 엔터티로 정의된다.

- 키 엔터티 간의 작용(관계)으로 만들어지는 엔터티를 액션 엔터티라고 표현한다. ERD에서 키 엔터티는 각이 진 사각형(그림 14-2의 왼쪽 사각형)으로 표시하며, 액션 엔터티는 원형의 동그란 사각형(그림 14-2의 오른쪽 사각형)으로 표시한다. 하지만 Erwin과 같은 모델링 도구에서는 식별 관계(뒤에 관계에 대한 설명 참조)의 부모가 있으면 액션 엔터티로 표시하기 때문에 이 차이가 항상 절대적이진 않다.

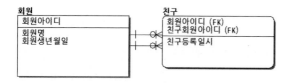

[그림 14-2] 키 엔터티(회원)와 액션 엔터티(친구)

액션 엔터티이지만 서비스에서 상당히 중요한 역할을 하는 엔터티가 가끔 있다. 이것들을 별도로 메인 엔터티라는 이름으로 구분하기도 한다. 고객과 상품이라는 키 엔터티에 의해 발생할 수 있는 구매 또는 계약과 같은 엔터티는 메인 엔터티의 가장 대표적인 예다. 액션 엔터티와 메인 엔터티는 키 엔터티 간의 어떠한 작용이나 관계에 의해 생성된다는 공통점이 있으며, 키 엔터티와 메인 엔터티는 다시 서로 간의 관계에 의해 새로운 액션 엔터티를 만들어 낸다는 공통점이 있다. 메인 엔터티는 자신의 식별자에 부모의 식별자를 사용할 때도 있지만, 많은 자식 엔터티(액션 엔터티)를 가질 때는 자체적인 식별자를 부여한다. 그림 14-3은 고객과 상품의 관계에서 발생한 구매라는 엔터티의 관계를 보여주는 ERD다.

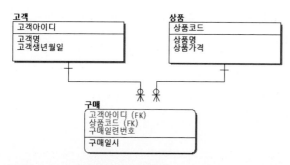

[그림 14-3] 실질 식별자가 있는 구매 엔터티

그림 14-3의 ERD에서 구매 엔터티는 식별자로 (고객아이디+상품코드+구매일련번호)를 가진다. 이처럼 해당 엔터티(구매)의 레코드가 생성될 수 있는 기본 조건에 해당하는 어트리뷰트의 조합을 본질 식별자라고 표현한다. 그림 14-3 ERD의 구매 엔터티는 상당히 많은 자식 엔터티를 만들어낼 수 있는데, 이미 구매 엔터티의 식별자에는 어트리뷰트가 3개나 된다. 자식 엔터티로 내려갈수록 자식 엔터티의

식별자는 더 많은 어트리뷰트로 만들어져야 하는데, RDBMS로의 구현을 고려하면 상당히 문제가 될 수 있다. 따라서 구매 엔터티와 같이 자식 엔터티가 많은 메인 엔터티는 별도의 식별자를 할당하는 것이 좋다. 그림 14-4와 같이 본질 식별자를 빼고 인조 값을 식별자(구매 일련번호)로 사용하는 것을 인조 식별자라고 표현한다.

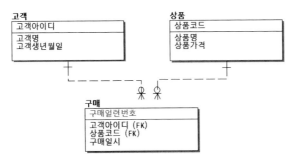

[그림 14-4] 인조 식별자를 사용하는 구매 엔터티

기존의 여러 가지 장표나 기획자의 설명 등을 통해 개체를 선별하고, 그중에서 엔터티 후보를 뽑아서 최종 엔터티를 선별해내는 작업을 엔터티 도출이라고 한다. 엔터티가 도출된 이후에도 해당 엔터티가 관리하는 데이터의 범위가 어디까지인지를 명확히 하는 작업은 절대 잊어서는 안 된다.

엔터티의 작명

엔터티의 이름은 복수형 표현을 사용하지 않고 별도의 수식어가 없는 단순 또는 복합 명사 형태를 사용한다. 하나의 엔터티가 여러 개의 엔터티로 분리되어 모델링됐을 때 주로 엔터티의 이름에 수식어가 사용된다. 만약 엔터티의 이름에 수식어가 있다면 주의해서 검토하고 필요하다면 통합하는 것이 좋다. 예를 들어, "상품"이라는 엔터티는 적합하지만 "직원용상품"과 "고객용상품" 또는 "상품"과 "삭제상품"과 같이 별도의 수식어로 범위를 제한해서 여러 개의 엔터티를 정의하는 것은 좋지 않다.

논리와 물리 모델 모두, 복수형 표현이나 "리스트" 또는 "목록" 등과 같이 복수를 의미하는 단어는 사용하지 않는 것이 좋다. 이미 엔터티라는 것 자체가 해당 레코드의 목록을 저장하는 개체인데 굳이 "리스트"나 "목록"과 같은 단어를 포함할 필요는 없다. 또한 엔터티의 이름을 지을 때 "정보"와 같이 범위가 상당히 애매모호한 단어도 피하는 것이 좋다. "사원정보"라는 테이블은 "사원"이라는 테이블과 뭐가 다를까? 엔터티의 이름은 좀 더 간결하면서도 명확하게 범위를 한정하는 것으로 선정하는 것이 좋다. ERD를 설명하기 위한 문서가 더 필요하지 않도록 개체의 이름을 부여하는 것이 좋다.

14.1.4 어트리뷰트(속성)

어트리뷰트란 더는 분리될 수 없는 최소의 데이터 보관 단위다. 하나의 엔터티 내에서 다른 어트리뷰트와 비교했을 때 독자적인 성질을 가지는 것이어야 한다. 즉 다른 어트리뷰트와 구별되는 뭔가를 가지고 있어야 한다. 또한 어트리뷰트는 가공하지 않은 그대로의 값이라는 의미도 함께 포함하고 있다. 가공하지 않은 값의 반대 의미로 자주 사용하는 단어로는 추출 칼럼이 있다. 추출 칼럼이란 하나의 엔터티나 다른 엔터티의 어트리뷰트로부터 계산된 값을 의미한다. 예를 들면, 게시물의 코멘트 개수나 게시판에 등록된 게시물의 개수 등과 같이 성능을 위해 미리 계산해서 저장해 두거나, 다른 엔터티의 어트리뷰트를 임의로 복사해 두는 것을 의미한다. RDBMS의 데이터 모델 정규화는 중복된 데이터를 제거하기 위해 진행하지만 추출 칼럼은 반대로 데이터의 중복을 더 만들어낸다.

어트리뷰트의 이름은 반드시 의미가 명확한 명칭을 부여해야 한다. 그렇지 않으면 ERD의 가독성이 떨어지고 불필요한 작업거리만 늘어날 것이다. 또한 어트리뷰트는 항상 최소의 데이터 단위이므로 항상 하나의 값만 가져야 한다. 어트리뷰트의 이름을 복수형으로 부여한다는 것은 명명이 잘못됐거나 모델링이 잘못됐음을 의미한다.

어트리뷰트의 원자성

어트리뷰트는 반드시 독자적인 성질을 가지는 하나의 값만을 저장해야 한다. 그런데 여기서 한 가지 문제가 있다. 최소 단위라는 표현이 서비스에 따라 상대적으로 달라질 수 있다는 것이다. 가장 대표적인 예로, 주소와 일시 등과 같은 복합 정보를 들 수 있다. 주소를 시군구와 읍면동 단위로까지 구분할 것인지, 일시 또한 년월일 시분초로 모두 구분할 것인지의 문제가 생긴다.

만약 어떤 서비스에서 시군구 단위 또는 읍면동 단위로 데이터 조작한다면, 이 서비스에서는 시군구 그리고 읍면동 단위로 나눈 정보가 최소 단위가 된다. 하지만 일반적으로는 이러한 정보는 거의 함께 사용되고 변경되므로 너무 잘게 나눠서 관리의 어려움만 초래할 필요는 없다. 또한 어트리뷰트의 최소 단위의 기준은 한 서비스에서 전체적으로 일괄 적용되는 것이 아니라, 엔터티의 어트리뷰트 단위로 결정된다. 예를 들어 회원 엔터티에서는 주소 그 자체로 조작하지만, 사원 엔터티는 잘게 나누어진 행정 구역 단위로 관리된다고 가정해보자. 그렇다면 회원 엔터티에서는 주소 전체가 최소 단위가 될 것이며, 사원 엔터티에서는 시군구와 읍면동 단위로 구분된 값이 최소 단위가 되는 것이다.

하나의 어트리뷰트에 여러 개의 값을 동시에 저장하는 방법도 어트리뷰트의 원자성에 위배된다. 예를 들어, 회원의 취미 정보를 하나의 어트리뷰트에 구분자를 사용해서 한꺼번에 저장할 때도 있다. 하지만 이 방법은 항상 어트리뷰트의 기본 조건에 위배되는 모델링 방법이며, 나중에 물리 모델링 단계나 인덱스 설계에 나쁜 영향을 미칠 때가 많다. 프로그램이 개발 중일 때 고쳐진다면 다행이지만 이러한 모델링 실수는 주로 프로그램이 서비스되고 사용자가 많이 늘어나면 문제가 제기될 때가 많다.

어트리뷰트의 원자성에 대해 두 가지를 살펴봤는데, 정리해 보면 다음과 같다.

- 하나의 어트리뷰트는 해당 업무 요건에 맞게 최소 단위의 값 하나만 가져야 한다.
- 하나의 어트리뷰트에 복수형으로 값을 저장해서는 안 된다.

위의 두 가지 모두, 물리 모델 단계에서는 성능을 위해 조금씩 위배해서 설계할 수도 있지만, 논리 모델에서는 이러한 원자성을 위배하는 추출 칼럼은 고려하지 않는 것이 좋다. 논리 모델은 애플리케이션의 다양한 요건에 대응할 수 있는지 쉽게 검증할 수 있게 복잡도를 줄이고 가독성 있게 유지하는 것이 좋다.

어트리뷰트의 작명

한번이라도 DBA나 모델러로서 모델링을 해본 사람이라면 어트리뷰트의 이름을 부여하는 것이 얼마나 많은 갈등을 유발하는지 잘 알 것이다. 어트리뷰트의 이름을 결정하는 것은 타협과 원칙의 싸움이며, 결국 타협과 원칙의 결합으로 속성명이 결정된다. 속성 이름은 원칙을 최대한 준수하려고 노력하는 것이 좋다. 그래야만 ERD의 가독성이 높아지고 커뮤니케이션을 위한 기본 자료로 의미를 갖기 때문이다. 그림 14-5의 예제를 한번 살펴보자.

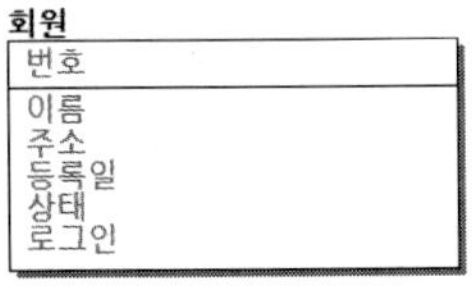

[그림 14-5] 의미를 파악하기 힘든 속성명 사용 예

많은 사람들이 속성의 이름을 최대한 간단히 작명하려는 경향을 보이곤 한다. 하지만 그림 14-5의 ERD와 같이 이름을 너무 간략화한 나머지 의미 전달이 명확하지 않은 어트리뷰트 명을 사용하면 이 ERD를 작성한 담당자도 며칠 지나지 않아 어떤 의미인지 혼동하기 시작하고 프로그램의 소스코드를 찾아봐야 할 것이다. 갈수록 서비스의 종류가 많아지고, 프로젝트 기간도 짧아지고 있어서 한 사람이

짧은 기간 동안 여러 프로젝트에 참여할 때가 많다. 3달 전에 개발한 프로그램을 다시 유지보수하거나 기능을 개선해야 할 때 ERD의 어트리뷰트의 의미를 얼마나 기억해낼 수 있을까? 아무런 지식이 없는 새로운 멤버가 프로젝트에 참여했을 때는 더 말할 것도 없다. 각 엔터티와 어트리뷰트에 대한 정의를 별도의 문서로 정의하지 않을 것이라면 최대한 어트리뷰트의 이름만으로 그 의미를 이해할 수 있게 이름을 짓는 것이 좋다. 그림 14-5의 각 어트리뷰트의 이름을 하나씩 살펴보자.

번호

이 모델을 작성한 사람은 "당연히 회원 번호지!!"라고 생각한다. 하지만 이 ERD에 대해 전혀 지식이 없는 독자는 "전화 번호인가?"라고 생각할 것이다. 그만큼 주관적으로 작명된 이름이 객관화되기 힘들다는 의미. 최소한 어트리뷰트의 이름은 "범위를 한정하는 한정자"와 "값을 표현하는 명사"로 구성해야 한다. 여기서 사용된 "번호"는 값을 표현하는 명사만 사용되어 가독성이 떨어지는 것이다. 이 어트리뷰트의 이름은 회원의 유일한 번호라는 의미로 "회원아이디" 또는 "회원일련번호" 등으로 변경하는 것이 좋다.

또한 각 개발자마다 이러한 인조 식별자를 위해 "아이디" 또는 "일련번호", 그리고 더러는 "번호"라는 용어를 혼용해서 사용하고 있을 것이다. 어떤 독자는 "이런 건 일련번호라고 불러야지"라고 생각하는 반면 "이건 아이디야"라고 생각하는 독자도 있을 것이다. 적어도 같은 프로그램을 개발하는 프로젝트 멤버라면 이러한 의식도 어느 정도는 통일돼야 한다. 그래서 밑에서 설명할 표준 단어라는 개념이 필요한 것이다.

주소

이것은 어느 정도 전달력이 있는 이름이지만, 만약 주소라는 어트리뷰트가 하나의 엔터티에 2개 이상 존재할 때를 가정해보자. 하나는 이름이 "주소"인데 다른 하나는 "사무실주소"라고 돼 있다면 "주소"라는 이름의 어트리뷰트는 자택주소인 것이 확실하다는 보장이 없다. 또한 동일한 어트리뷰트인데, 하나는 한정자가 없고 하나는 한정자를 가진다는 것도 어색하고 더 혼란스럽다. 단어 하나로만 구성된 어트리뷰트는 배제하도록 노력하자.

등록일, 상태

이 어트리뷰트 이름도 마찬가지다. "등록일"이라는 어트리뷰트 명은 어느 정도 전달력이 있지만 여전히 부족하다. "상태" 어트리뷰트는 두말할 필요도 없다. 어떤 상태인지 이 ERD만 보고 알아내는 사람은 그 모델을 작성한 사람뿐일 것이다. 이름이 애매모호한 속성에 여러 의미의 값이 섞여서 사용된다면 이 어트리뷰트는 거의 쓰레기 수준으로 관리될 것이고, 얼마 지나지 않아 이 칼럼의 값은 쓸모없어질 것이다.

로그인

이 이름은 지금까지와는 반대로, 값의 종류를 표현하는 명사는 없고 한정자만 가진다. 이 또한 의미 전달이 어렵기는 마찬가지다. 로그인 일시를 의미하는지 로그인 IP를 의미하는지 알아낼 방법이 없다.

어트리뷰트의 이름은 반드시 "한정자 + 값을 표현하는 명사"로 구성하는 것이 가장 이상적이다. 그래도 의미 전달이 부족하다면 추가 한정자를 더 붙여야 한다. 그런데 어트리뷰트의 이름이 너무 길어지면 물리 모델로 넘어가면서 칼럼의 이름을 부여하는 것이 까다로워질 수 있으므로 단어 2~4개 정도로 적절히 결합해서 만드는 것이 좋다. 그림 14-5에서 살펴본 "로그인"이라는 이름을 "로그인일시"로 변경했다고 해보자. 그런데 일반적인 서비스에서 한 회원은 여러 번 로그인을 할 수 있다는 것을 감안하면 이 어트리뷰트는 회원이 로그인할 때마다의 시간을 구분자를 이용해 하나의 칼럼에 저장하는 것처럼 보이게 된다. 이때는 속성의 이름에 한정자를 더 추가해 "최종로그인일시" 또는 "최초로그인일시" 등으로 더 명확히 해주는 것이 좋다.

엔터티나 어트리뷰트의 이름을 하나씩 작성하다 보면 일관성을 유지하지 못할 때가 상당히 많다. 여러 사람이 모델링에 참여한다면 이런 현상은 더 심각해질 것이다. "표준 단어"는 ERD에서 사용하는 개체의 이름을 표준화하는 데 사용된다. 표준 단어는 프로그램 단위로 만들기도 하지만 회사 자체적으로 하나의 전사 표준 단어집을 만들어서 사용하는 것이 일반적이다. 표준 단어집은 유의어와 동의어, 그리고 사용해서는 안 되는 금칙어 등으로 구성되어 유사한 단어가 사용되는 것을 막고 표준화된 이름을 사용할 수 있게 해준다.

표준 단어가 준비돼 있다면 모델링 작업이 상당히 빠르게 진행될 수 있다. 지금까지의 경험을 되돌려 생각해 보면 ERD를 작성하면서 엔터티나 어트리뷰트의 이름과 타입을 선정하는 작업에서 가장 많은 시간을 소모했던 것 같다. 표준 단어를 사용하면 어트리뷰트의 이름을 물리 모델의 칼럼 이름으로 변환하는 작업을 자동화할 수도 있다. 또한 표준 단어와 같이 칼럼의 타입을 표준화하는 "표준 도메인"을 수립할 수도 있다. 표준 단어집에 등록된 각 단어의 특성에 따라 표준 도메인의 데이터 타입과 연결해서 관리하면 논리 모델에서 어트리뷰트의 이름만으로 물리 모델의 칼럼 명과 데이터 타입을 자동으로 생성할 수 있는 것이다.

엔터티와 어트리뷰트의 구분

어트리뷰트를 엔터티로 혼동하는 경우는 별로 없지만 엔터티를 어트리뷰트로 잘못 생각해서 다른 엔터티의 어트리뷰트로 추가해 둔 모델은 상당히 자주 보인다. 때로는 이름을 잘못 붙인 어트리뷰트도 많다. 엔터티를 만들고 해당 엔터티에 포함된 어트리뷰트를 나열해서 어트리뷰트의 기본적인 조건을 만족하는지 검토하는 작업이 꼭 필요하다. 그림 14-6의 고객 엔터티를 한번 살펴보자.

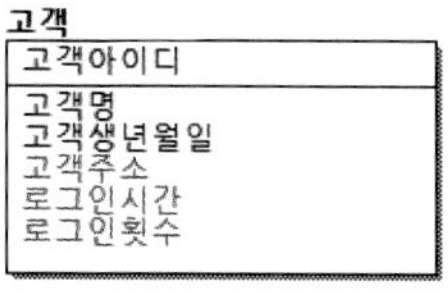

고객
고객아이디
고객명
고객생년월일
고객주소
로그인시간
로그인횟수

[그림 14-6] 고객 ERD

한 명의 고객에 대한 고객명과 고객의 생년월일은 단 하나의 값만 가질수 있다고 가정하자. 물론 고객의 영문 이름과 한글 이름까지로 나누고, 생년 월일도 음력과 양력으로 나눈다면 여러 개의 값을 가질 수 있겠지만 이 또한 엔터티나 어트리뷰트의 정확한 범위 설정에 관련된 문제다.

고객주소와 로그인시간 어트리뷰트는 모두 여러 개의 값을 가질 수 있다는 점을 감안하면 고객 엔터티의 어트리뷰트로는 부적합하다고 볼 수 있다.

만약 별도의 엔터티로 로그인 이력이 모두 관리된다면 로그인횟수 어트리뷰트는 추출된 정보가 될 것이다. 하지만 모든 로그인 이력이 관리되지 않고 최초나 최종 로그인 일시 정보만 고객 엔터티에서 관리된다면 로그인횟수 어트리뷰트는 추출된 값이 아니라 하나의 어트리뷰트가 되는 것이다. 즉 로그인 정보가 어떻게 관리되느냐에 따라 로그인횟수 어트리뷰트가 필요할 수도 있고 아닐 수도 있다는 의미다.

그림 14-6의 고객 엔터티는 어트리뷰트 하나하나에 대해 그 범위와 의미를 명확히 하는 것이 얼마나 중요한지 보여준다. 어트리뷰트의 이름이나 의미가 조금이라도 다르게 해석될 수 있다면 이는 ERD를 참조하는 다른 사람들에게 혼란을 불러일으킬 것이다. 결국 프로그램의 소스를 찾거나 프로그램을 최초 개발한 개발자까지 거슬러 올라가서 물어야 하는 상황이 발생할 것이다. 업무 성격에 따라 차이는 있겠지만 그림 14-6의 고객 엔터티는 그림 14-7과 같이 변경돼야 할 것이다.

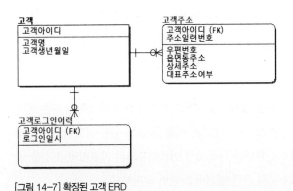

[그림 14-7] 확장된 고객 ERD

14.1.5 식별자(프라이머리 키)

프라이머리 키 또는 식별자는 하나의 엔터티에서 개별 레코드를 식별할 수 있는 어트리뷰트의 조합을 의미한다. 일반적으로 키 엔터티는 식별자로 어트리뷰트 하나만 가질 때가 많다. 하지만 메인 엔터티나 액션 엔터티는 두 개 이상의 어트리뷰트가 조합되어 식별자 역할을 할 때가 많다. 그렇지 않다면 아마도 OID(Object ID)와 같은 인조키를 남용한 것이라고 볼 수 있다.

식별자는 본질 식별자(또는 의미상의 식별자)와 실질 식별자라는 말로 나눌 수 있다. 본질 식별자는 그 엔터티의 레코드가 생성되는 조건을 알려주는 식별자를 의미한다. 예를 들어 그림 14-8에 있는 고객과 주문이라는 엔터티가 포함된 ERD를 살펴보자. 주문 엔터티에서는 고객과 상품 정보가 있어야만 레코드를 생성할 수 있다. 그래서 고객과 상품의 식별자인 "고객아이디"와 "상품코드"의 조합이 주문 엔터티의 실질적인 식별자가 되는 것이다. 물론 상품코드와 고객아이디만을 식별자로 선정하게 되면 고객은 단 한번의 주문밖에 못하므로 주문일시와 같은 정보를 덧붙여 식별자로 생성한다.

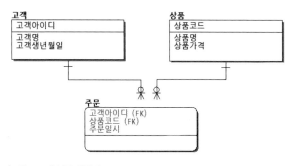

[그림 14-8] 본질 식별자

하지만 주문 엔터티는 주문의 이력이나 상태 변화 등과 같은 수많은 자식 엔터티를 만들어낼 가능성이 상당히 높다. 주문 엔터티의 식별자가 3개의 어트리뷰트로 구성된다면 자식 엔터티는 식별자로 5~6개의 어트리뷰트를 사용해야 할지도 모른다. 그래서 주문 엔터티는 그림 14-9와 같이 별도로 인위적인 숫자 값(주문번호)을 식별자로 대체해서 사용할 때가 많다. 결국, 그림 14-19에서 볼 수 있듯이 주문번호가 주문 엔터티의 실질적인 식별자가 된다. 하지만 여전히 주문 번호의 본질적인 식별자가 (고객아이디+상품코드)인 것은 변하지 않는다. 주문 엔터티의 주문번호와 같이, 인위적으로 생성한 어트리뷰트가 식별자일 때는 인조 식별자라고도 한다.

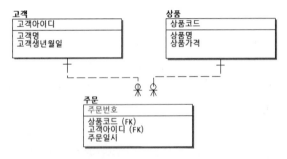

[그림 14-9] 실질 식별자

본질 식별자가 실질 식별자가 될 수도 있고, 인위적으로 생성한 인조 식별자가 실질 식별자가 될 수도 있다. 만약 인조 식별자를 도입했다면 본질 식별자는 프라이머리 키로 생성하지 못하고 대체키(유니크 인덱스)로 생성하는데, 꼭 유일성이 보장되지 않아도 되고 업무상 필요하지 않다면 단순히 중복이 허용되는 인덱스로 생성하기도 한다. 논리 모델의 결과를 똑같이 물리 모델이나 RDBMS의 스키마로 가져가야 할 필요는 없다. 그리고 가끔 서로게이트 키(Surrogate key)라는 표현도 사용하는데, 이는 인조 식별자의 동의어다.

14.1.6 관계(릴레이션)

ERD는 엔터티(Entity)와 관계(Relation)의 다이어그램이다. 관계 선이 없고 엔터티만 표시된 다이어그램은 ERD라고 볼 수 없으며, 엔터티 사각 상자만 보고 데이터의 특성을 이해하기란 불가능하다. 엔터티가 독립적인 데이터의 집합이라면 관계는 각 데이터 집합 간의 상호작용을 표현하는 것이다. 우리가 개발하는 애플리케이션은 독립적인 데이터 집합을 저장하고 삭제하기도 하지만 대부분 이런 엔터티 간의 상호작용을 처리하는 역할을 하는 것이다.

엔터티는 중요하고 관계는 중요하지 않다는 생각은 잘못된 생각이다. 관계는 다른 엔터티의 어트리뷰트로 참여하기도 하지만 관계 자체가 별도의 엔터티로 구현돼야 할 때도 많다. 즉 관계 자체도 RDBMS에서는 하나의 데이터 집합으로 구현되므로, 엔터티와 똑같이 중요하고 엔터티를 검증하듯이 관계도 똑같은 검증 작업을 필요로 한다.

식별 관계와 비식별 관계

엔터티 간의 관계는 부모 엔터티가 자식 엔터티에 미치는 영향도에 따라 식별 관계와 비식별 관계로 구분한다. 엔터티 간에 관계가 형성되면 식별이나 비식별 구분 없이 부모 엔터티의 식별자는 자식 엔터티로 넘어가야(복사돼야) 한다.

식별 관계

부모의 식별자가 자식 엔터티의 레코드를 식별하는 데 꼭 필요하다면 그 관계는 식별 관계다. 이때 부모 엔터티의 식별자는 자식 엔터티의 식별자로 포함돼야 한다. 똑같은 의미이지만 반대로 부모 엔터티의 식별자가 자식 엔터티 레코드의 생성 근원이 될 때 이를 식별 관계라고 한다. 식별 관계에서는 항상 부모 엔터티의 식별자는 자식 엔터티의 식별자의 일부로 넘어오게 된다. 이를 식별자 상속이라고 한다. ERD에서 식별 관계는 실선으로 표시한다.

비식별 관계

부모 엔터티의 식별자가 없어도 자식 엔터티의 레코드가 생성될 수 있을 때 비식별 관계를 사용한다. 이때 부모 엔터티의 식별자는 자식 엔터티의 식별자가 아니라 일반 어트리뷰트로 참여하게 된다. ERD에서 비식별 관계는 점선으로 표시한다.

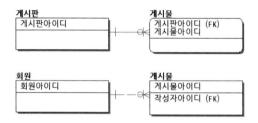

[그림 14-10] 식별 관계와 비식별 관계

두 엔터티 간에 어떤 관계가 있는데, 식별 관계인지 비식별 관계인지 잘 모르겠다면 부모 엔터티가 자식 엔터티를 만들어 내는 데 필수적인 역할을 하고 있는지 살펴보면 된다. 만약 필수적인 역할을 하고 있다면 식별 관계의 후보로 가정할 수 있다. 자식 엔터티의 레코드가 생성되는 데 꼭 부모 엔터티가 필요하더라도 모두 식별 관계를 적용해야 하는 것은 아니다. 그림 14-10의 ERD에서 게시판과 게시물의 관계는 식별 관계로 표현했다. 모든 게시물은 반드시 어떤 하나의 게시판에 소속되어서만 존재할 수 있다는 의미로 사용한 것이다.

그런데 그림 14-10의 회원과 게시물의 관계에서 게시물은 반드시 작성자로서의 회원 정보가 꼭 필요하지만 비식별 관계를 사용했다. 회원이나 사원 등과 같은 어떤 작업의 주체에 해당하는 엔터티는 ERD의 거의 모든 엔터티에 결정적인 영향을 미치게 된다. 즉 모든 엔터티의 식별자에 회원아이디나 사원번호가 포함돼야 하는 것이다. 하지만 ERD의 모든 엔터티가 회원아이디나 사원번호를 식별자에 포함한다는 것은 그다지 효용 가치가 없다. 그뿐만 아니라 엔터티의 식별자는 그 엔터티를 가장 잘 대표할 수 있는 최소의 어트리뷰트로 구성돼야 하는데, 회원아이디는 게시물 엔터티에서 최소의 요건을 만족하지 못한다. 하나의 엔터티는 다른 많은 부모 엔터티를 가질 수 있는데, 이 모든 관계를 식별 관계로 선택하는 것이 좋은 것은 아니다. 각 관계 중에서 유일성을 보장할 수 있는 최소한의 대표 관계만 식별 관계로 선택하고, 나머지 관계는 모두 비식별 관계가 되는 것이다.

식별 관계라고 해서 무조건 부모의 실질 식별자(프라이머리 키)만 자식 엔터티로 넘어갈 수 있는 것은 아니다. 그림 14-11의 ERD에서 회원 엔터티는 회원아이디를 실질 식별자로 가지고 있으며, 본질 식별자인 주민등록번호는 대체키(AK, Alternative Key)로 선택됐다. 이때 일반적으로는 예제의 위쪽과 같이 회원 엔터티의 식별자인 회원아이디가 항상 자식인 주문 엔터티의 식별자로 상속된다. 즉 부모 엔터티의 식별자가 자식 엔터티의 식별자의 일부가 됨과 동시에 외래키가 되는 것인데, 이를 식별자 상속이라고 한다. 하지만 예제의 아래쪽과 같이 회원의 대체키 역할을 하는 주민등록번호를 주문 엔터티의 식별자로 상속할 수도 있다.

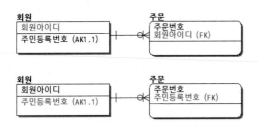

[그림 14-11] 관계의 키 선택

프로젝트에서 데이터 모델링을 위해 충분한 시간을 할당하는 일은 거의 없다. 급박하게 진행되는 프로젝트에서 짧은 시간 내에 ERD를 작성하다 보면 대부분의 관계를 비식별 관계(점선 관계선)로 표현해 버릴 때가 많다. 관계가 전혀 표시되지 않은 것보다는 낫겠지만 비식별 관계는 각 엔터티 간의 중요한 영향 관계를 보여주지 못하므로 ERD를 판독하는 데 사실 거의 도움이 되지 않는다. ERD를 작성할 때는 반드시 식별 관계는 잊지 않고 표기하자. 한 번이라도 다른 사람이 작성한 ERD를 해석해보려고 노력해본 적이 있다면 식별 관계와 비식별 관계가 ERD의 가독성에 미치는 차이를 잘 알고 있을 것이다.

관계의 기수성

관계의 기수성이란 부모 엔터티의 레코드 하나에 대해 자식 엔터티의 레코드가 얼마나 만들어질 수 있는시(발생 빈도)를 의미한다. 부모 엔터티의 레코드 한 건당 자식 엔터티의 레코드가 정확히 몇 건 발생할 수 있는지를 표현하는 것이 아니라 주로 0 또는 1, 그리고 1건 이상(N 또는 M으로 표시)의 수준으로 구분해서 표시한다. 관계의 기수성은 엔터티 간의 점선 또는 실선의 양쪽 끝에 표현하는데, 다음 표는 각 빈도별로 사용하는 표기법을 보여준다.

빈도	표기법
0개	0
1개	┼
1개 이상	⪕

각 빈도별 표기법은 서로 배타적으로 하나만 사용되는 것이 아니라, 하나나 둘, 때로는 셋 모두 사용할 수도 있다. 그림 14-12는 회원 엔터티와 주문 엔터티를 1 대 0 또는 1의 관계로 표시한 ERD다.

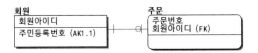

[그림 14-12] 관계의 기수성(1 : 0 또는 1 : 1)

그림 14-12에서 회원 엔터티에는 기수성이 세로 줄(발생 빈도 1)만 표시돼 있고, 주문 엔터티 쪽은 세로 줄(발생 빈도 1)과 동그라미(발생 빈도 0)가 함께 표기돼 있다. 즉, 회원 엔터티의 레코드 1개는 주문 엔터티의 레코드 하나와만 관계를 갖거나 관계가 없을 수 있음을 표현하고 있다. 이 관계를 업무적으로 해석해보면 "회원은 한 번도 주문을 하지 않을 수 있고, 만약 주문을 한다면 단 1번만 할 수 있다"가 되는 것이다. 만약 어떤 서비스의 ERD가 이와 같이 표현돼 있다면 그 서비스에서 모든 회원은 구매를 딱 한 번만 허용하는 셈이다. 일반적으로 주문을 단 한번만 허용하는 쇼핑몰은 없으므로 이처럼 명확한 오류는 ERD가 잘못 표현됐구나, 라고 생각할 수 있다. 하지만 서비스나 회사별 특성에 따라 달라질 수 있는 부분에 대해 이런 실수가 있다면 그 ERD는 오히려 많은 사람들을 더 혼란스럽게 만들것이다.

그림 14-12의 회원과 주문의 관계를 조금 보완해서, 그림 14-13과 같이 관계의 빈도 표기법을 수정해 봤다. 그림 14-13의 ERD에서는 관계선의 주문 엔터티쪽 발생 빈도 표기에 0 또는 1, 그리고 1 이상을 의미하는 표기법이 모두 나열돼 있다. 일반적으로 우리가 생각하는 것처럼 한 명의 회원은 한 번도 구매를 하지 않을 수도 있지만 1번 이상 구매할 수 있음을 표현한 것이다.

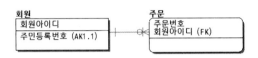

[그림 14-13] 관계의 기수성 (1 : N)

때로는 관계를 왼쪽으로 읽느냐 또는 오른쪽으로 읽느냐로 인해 상당히 혼동스러운 때도 많다. 일반적으로 정보 공학 방법론으로 표기된 ERD에서는 관계선의 자기쪽 끝을 해석하면 된다. 즉 "회원은 항상 1만 관계에 참여하고, 주문은 0 또는 1, 그리고 M이 관계에 참여할 수 있다"로 해석하는 것이 가장 쉽게 판독하는 방법이다.

> **참고** 데이터 모델링 도구에 따라 ERD 표기법이 서로 다를 수도 있다. 서로 다른 ERD 표기법을 노테이션(Notation)
> 이라고도 하는데, 주로 "정보공학 방법론(IE, Information Engineering)" 또는 "IDEF1X(Intergration Definition
> for Information modeling)" 표기법이 많이 사용된다. 하지만 국내에서는 거의 모든 ERD 노테이션이 정보 공학 방
> 법론으로 사용되므로 IDEF1X는 크게 고려하지 않아도 된다. 대부분의 데이터 모델링 도구는 여러 가지 노테이션을 동
> 시에 지원하고 있으므로 만약 기본적으로 표시되는 노테이션이 익숙하지 않다면 설정에서 노테이션을 변경하면 된다.

관계의 형태

모델링을 하다 보면 아주 다양한 형태의 관계가 도출되겠지만 대표적으로 많이 나타나는 몇 개의 패턴을 뽑아 본다면 다음과 같은 것이 있다. 여기서 언급하는 관계의 형태는 프로그래밍에서 자주 사용되는 디자인 패턴과 같은 것으로 생각하면 된다.

계층 관계

계층 관계란 상당히 일반적인 구조로서 그림 14-14와 같이 부모와 자식 간의 직선적인 관계가 연속되는 형태를 의미한다.

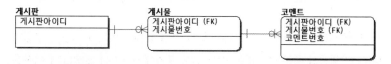

[그림 14-14] 계층형 관계

주로 계층 관계에서는 각 엔터티 간의 식별 관계가 반복되면서 자식 엔터티는 부모 엔터티의 식별자를 상속받게 된다. 결국 자식 엔터티로 갈수록 식별자를 구성하는 어트리뷰트의 개수가 많아지는데, 이럴 때는 적절한 수준에서 자식 엔터티의 식별자를 인조 키로 식별자를 대체하는 것이 좋다. 업무에 따라 다르겠지만 2~4단계 정도에서 인조 키를 대체하는 것이 일반적이다.

순환 관계

그림 14-15의 ERD에서와 같이 하나의 엔터티가 부모임과 동시에 자식 엔터티가 되는 재귀적인 형태의 관계를 순환 관계라고 한다. 순환 관계는 절대 식별 관계가 될 수 없다. 이는 프로그래밍 언어의 재귀 함수가 서로 다른 함수 구조를 가질 수 없는 것과 똑같은 이유다.

[그림 14-15] 순환 관계

많은 사용자가 MySQL에서는 재귀 쿼리(Recursive query)가 지원되지 않는다는 이유로 사용을 피하는 경향이 있다. 실제로 순환 관계로 만들어져야 할 엔터티와 관계를, 여러 개의 엔터티로 늘어두고 계층형 관계로 구현해 둔 서비스가 많다. 순환 관계는 계층형 관계와 상당히 닮은 꼴이므로 쉽게 계층형으로 오해할 수 있다. 재귀 쿼리가 지원되느냐 안 되느냐의 문제가 모델링에 영향을 미쳐서도 안 되지만 순환 관계를 계층형 관계로 고친다고 해서 나아지는 것은 아무것도 없다. 오히려 UNION 쿼리만 더 발생해서 역효과를 가져오기 일쑤다. 엔터티가 잘게 쪼개져서 개수가 많아지면 많아질수록 쿼리의 개수도 비례해서 많아지고 복잡한 집합 연산이 필요해진다. 그리고 이런 쿼리는 DBMS나 DBA 차원에서 해결되지 못하고 결국 모델링을 고치고 애플리케이션을 수정하는 형태로 해결되는 것이 대부분이다.

M:M 관계

일반적인 데이터 모델에서 1:M 관계가 거의 90% 정도를 차지할 정도로 가장 많이 존재한다. 하지만 가끔 1:M 관계에서 조금 변형된 M:M 관계도 나타나는데, RDBMS에서 M:M 관계는 다른 관계와는 조금 다른 방법으로 처리된다. 관계 자체가 특이한 것은 아니므로 여기서는 M:M 관계를 물리적으로 구현하는 방법을 간단히 살펴보자.

그림 14-16은 학사 관리 시스템에서 학생과 각 수강 과목 간의 관계를 보여준다. 한 학생이 여러 개의 과목을 수강할 수 있고, 반대로 하나의 과목은 여러 학생들이 동시에 수강할 수 있으므로 두 엔터티의 관계는 M:M이다.

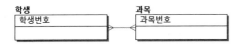

[그림 14-16] M:M 관계(논리 표현)

일반적으로 1:1이나 1:M 관계는 부모의 식별자가 자식 엔터티의 어트리뷰트로 참여하는 형태로 RDBMS에서 구현된다. 하지만 어트리뷰트는 하나 이상의 값을 가지지 못하므로 M:M 관계를 1:M과 같이 어트리뷰트로 표현할 수는 없다. 논리 모델에서는 그림 14-16과 같이 M:M 관계를 표기하기도 하지만 물리 모델에서는 M:M 관계를 표시하는 표기법이 존재하지 않는다. 즉 물리 모델에서 M:M 관계는 모두 다른 방법으로 해결돼야 함을 의미한다.

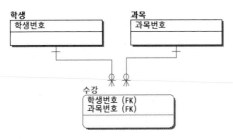

[그림 14-17] M:M 관계(물리 표현)

그림 14-16의 M:M 관계는 물리 모델로 넘어 오면서 그림 14-17과 같이 두 개의 1:M 관계로 풀어줘야 하는데, 이를 "M:M 관계 해소"라고 한다. M:M 관계 해소는 논리 모델링 단계에서 물리 모델링 단계로 넘어가면서 진행해도 되지만, 논리 모델링 단계에서 모두 엔터티로 표현해서 제거해 버릴 수도 있다. 여기서 눈여겨봐야 할 것은 그림 14-16의 관계 선이 그림 14-17에서는 엔터티로 변환됐다는 것이다. "수강"이라는 단어는 학생이 어떤 과목을 듣기 위해 참여하는 것을 의미하므로 수강은 엔터티가 아니라 관계임이 확실하다. 하지만 RDBMS의 구조적 한계로 이를 수강이라는 엔터티로 변환한 것이다. 수강과 같이 관계를 저장하는 엔터티를 관계 엔터티(테이블)라고도 한다.

M:M 관계는 자식 엔터티가 두 개의 관계를 가지는 것이 특징이다. 그림 14-17과 같이 각 관계의 부모 엔터티가 다른 엔터티일수도 있지만, 그림 14-18의 모델과 같이 두 관계 모두가 똑같은 부모로부터 시작될 수도 있다.

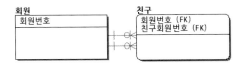

[그림 14-18] 각 관계의 부모가 동일한 엔터티인 M:M 관계

최근에는 소셜 네트워크 서비스가 많이 출시되고 있는데, 이런 소셜 네트워크 서비스의 가장 핵심적인 기능인 친구나 팔로우(Follower) 관계가 그림 14-18의 대표적인 예다. 그리고 M:M 관계는 밑에서 살펴볼 BOM 관계에서도 사용된다.

BOM 관계

제조 공정에서 시작된 모델링 패턴으로, 부품을 결합해서 하나의 또 다른 부분(중간 조립 부품, Component)을 만들고, 만들어진 새로운 부품은 또 다시 다른 부품의 조립 시에 사용되는 형태의 업무를 표현하는 데 주로 사용한다. BOM은 "Bill Of Material"의 약자로 어떤 하나의 중간 조립 부품을 만들어 내기 위해 어떤 부품이 몇 개나 소요되는지 등을 표기하는 자재 명세서에서 시작된 말이다.

BOM 구조는 각 부품들이 M:M 관계를 가지므로 논리 단계에서는 그림 14-19의 모델과 같이 표현할 수 있다. 하지만 그림 14-19의 M:M 관계는 물리적인 모델링 단계로 넘어오면 그림 14-20의 모델과 같이 M:M 관계가 해소돼야 한다.

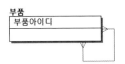

[그림 14-19] BOM 관계(논리 표현)

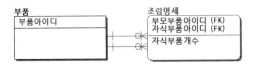

[그림 14-20] BOM 관계(물리 표현)

배타 관계

두 엔터티 간에 여러 개의 관계가 있다 하더라도, 각 관계는 상호 연관성을 가지지 않는 것이 일반적이다. 그런데 때로는 어떤 엔터티가 서로 다른 두 부모 엔터티로부터 관계를 가지고 있는데, 각 관계가 서로 배타적으로만 존재할 때도 있다. 하나의 엔터티에 두 개 이상의 관계가 동시에 존재할 수 없는 형태를 배타 관계라고 표현한다. ERD에서 배타 관계는 두 관계선을 하나로 묶는 의미로 그냥 선을 긋거나 원호와 같이 표시하기도 하는데, 배타 관계는 아크(Arc) 관계라고 부르기도 한다.

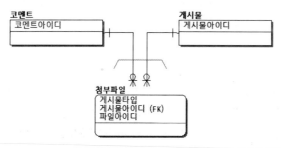

[그림 14-21] 배타 관계(아크 관계)

그림 14-21의 모델과 같이 코멘트와 게시물이라는 엔터티는 모두 첨부 파일을 가질 수 있는데, 첨부 파일을 별도의 엔터티로 통합해서 관리하고자 할 때 배타 관계가 사용될 수 있다. 그림 14-21의 모델에서 자식 엔터티인 첨부파일의 각 레코드는 반드시 코멘트와 게시물 엔터티 중에서 하나의 엔터티와만 연결될 수 있다. 배타 관계에서 자식 엔터티는 부모 엔터티의 식별자를 위해 각 어트리뷰트를 정의할 수 있도 있고, 하나의 어트리뷰트로 통합해서 관리할 수도 있다. 그림 14-21의 모델에서는 첨부파일 엔터티의 "게시물아이디"는 부모 엔터티가 코멘트일 때는 코멘트아이디가 저장되고, 부모가 게시물일 때는 게시물 아이디 값을 가지게 된다. 배타 관계에서 부모 엔터티의 식별자는 자식 엔터티의 식별자에 포함되므로 하나의 어트리뷰트로 모아서 관리한다. 그리고 배타 관계에서 자식 엔터티는 각 레코드별로 부모 엔터티가 무엇인지를 구분하기 위해 "타입" 또는 "구분"과 같은 어트리뷰트를 가진다. 때로는 부모의 식별자 자체로 구분할 수 있다면 부가적인 구분이나 타입 속성을 가지지 않을 수도 있다.

서비스의 업무 요건을 기반으로 모델링을 진행하다 보면, 이런저런 다양한 형태의 모델 구조가 도출되는 것이 당연하다. 하지만 지금까지 위에서 언급한 관계와는 달리 배타적 관계는 좋지 않은 관계일 때가 상당히 많다. 배타 관계는 실제 개발 단계로 넘어가면 항상 UNION 또는 아우터 조인(LEFT JOIN)을 사용하는 쿼리를 만들어 낸다. 모델에 배타적 관계가 있다면, 각 부모 엔터티를 하나의 엔터티로 통합할 수 있는지를 검토해 보는 것이 좋다. 하지만 업무 요건을 제대로 분석하고 모델링을 진행했는데,

이런 배타 관계가 만들어졌다면 통합할 수 있는 방법이 없을 수도 있다. 업무가 제대로 반영된 배타적 관계는 UNION과 같은 작업을 많이 필요로 하지 않는 것이 일반적이므로 배타적 관계를 일부러 피해 가면서 모델링할 필요는 없다.

14.1.7 엔터티의 통합

업무 요건을 분석하면서 엔터티를 도출하고 이를 메모장이나 모델링 도구로 표현할 때, 이미 도출된 엔터티와 새롭게 도출된 엔터티가 동일 엔터티인지 아니면 전혀 관계없는 별도 엔터티인지를 판단하기란 쉽지 않다. 엔터티의 통합은 전체 모델링 작업 전 과정에서 항상 염두에 두고 진행하는 것이 좋다. 모델링의 각 진행 단계별로 또는 업무에 대한 이해도가 깊어질수록 관점이 달라지기 때문이다. 그래서 처음 엔터티를 도출할 때는 수많은 엔터티가 나열됐다가 모델링이 진행될수록 엔터티의 개수가 줄어드는 것이 일반적이다.

ERD를 작성하다 보면 엔터티를 구성하는 어트리뷰트와 관계가 비슷한 엔터티를 자주 보게 된다. 우선 이러한 엔터티는 통합의 대상이 아닌지 주의 깊게 살펴보는 것이 좋다. 여기서 비슷한 관계를 가진다는 것은 엔터티가 비슷한 용도로 사용된다는 것을 의미한다. 그리고 결국 이는 각 엔터티가 원래 하나의 엔터티였는데, 모델을 작성하는 도중 분리됐을 가능성이 높은 것들이다.

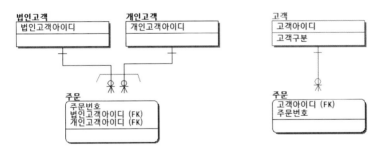

[그림 14-22] 엔터티 통합(통합 전과 통합 후)

그림 14-22의 모델에서 법인고객과 개인고객을 나눠서 엔터티로 도출했는데, 조금씩 관계를 표현하다 보니 두 엔터티가 상당히 많은 것들을 공유하고 있다는 사실을 알 수 있다. 개인고객이나 법인고객 모두 주문을 할 수 있고, 두 고객 엔터티 모두 CS(고객 센터)와 관련된 작업과도 연관된다. 일반적으로 이러한 엔터티는 통합하는 편이 좋다. 두 엔터티의 어트리뷰트가 너무 차이가 많아서 엔터티를 일부러 분리할 때도 있는데, 이럴 때는 법인고객과 개인고객의 공통 속성을 모아서 하나의 통합 엔터티로 만들고

나머지 개별 속성은 각각 별도의 엔터티로 구현하는 방법도 생각해 볼 수 있다. 어트리뷰트의 차이가 있더라도 개별적으로 어트리뷰트가 많지 않다면 그냥 하나의 엔터티로 통합해도 무방하다.

결국 아무리 논리 모델링이니 물리 모델링이니 해도 RDBMS의 구현이나 프로그램을 무시하고 진행하기란 어려우므로 실제 이 서비스에서 어떤 형태로 엔터티나 어트리뷰트에 접근하게 될 것인지도 대략적으로 고려하면서 그에 맞게 적절하게 분리 또는 통합을 선택하는 것이 가장 좋다.

> **주 의** 엔터티를 통합하면서 간략화하는 것이 좋다고 했는데, 여기서 간략화라는 것이 엔터티 한두 개로 모든 데이터를 관리하게 하는 무모한 방법을 추천하는 것은 아니다. 가끔 일부 솔루션이나 도구에서는 칼럼의 이름이나 테이블의 이름과 같은 메타 정보까지 모두 데이터화해서 테이블 1~2개만으로 구현한 것들이 있다. 여기서 설명하는 통합과 간략화가 이것을 의미하는 것은 아니다.

14.1.8 관계의 통합

관계도 결국 하나의 집합이며, 엔터티와 똑같은 속성으로 취급될 수 있으므로 엔터티의 통합과 같이 관계도 통합하는 과정을 거치는 것이 좋다. 가끔 부모와 자식 엔터티 사이에서 관계가 여러 번 나타날 때도 있는데, 이러한 관계를 하나의 관계로 통합할 수도 있다. 그림 14-23의 모델은 보험 관련 데이터 모델인데, 하나의 보험 계약에는 여러 명의 고객이 참여하게 된다. 계약 당사자로서의 고객과 피보험자로서의 고객, 그리고 그 보험의 수익자로서의 고객이 참여하게 된다. 물론 이 밖에도 더 많이 있을 수도 있다.

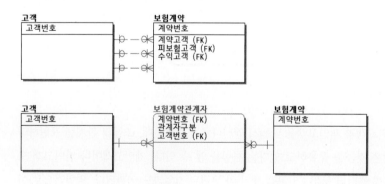

[그림 14-23] 관계의 통합(통합 전과 통합 후)

그림 14-23의 모델에서는 단순히 계약 고객이나 피보험 고객이 한 명이라고 가정했지만, 만약 계약 고객이나 피보험 고객이 2명 이상이 될 수 있다면 관계는 더 늘어날 것이다. 이러한 관계를 모아서 보험

계약 관계자라는 이름으로 통합할 수 있다. 이처럼 여러 개의 관계가 하나로 통합되면 그러한 관계가 별도의 관계 엔터티로 변환된다.

그런데 이렇게 관계를 통합하면 SQL 문장을 작성할 때는 조인해야 하거나 저장해야 하는 테이블이 하나 더 늘어나기 때문에 개발하기가 더 번거로워질 수도 있다. 관계의 통합은 성능적인 이슈보다는 업무 요건의 변화에 유연하게 대응하기 위한 것이다. 그림 14-23의 모델에서 하나의 보험 계약에 대해 3명의 고객이 참여하지만, 이 부분의 업무 요건이 언제 4명이나 5명으로 늘어날지 알 수 없다. 또한 이렇게 많은 관계를 가진 엔터티는 서비스 도중에 더 늘어날 가능성이 높다. 만약 그렇게 요건이 변경된다면 테이블의 구조를 변경해야만 요건을 해결할 수 있다.

관계가 통합되지 않은 모델에서는 새로운 관계를 추가하기 위해 자식 엔터티에 새로운 어트리뷰트를 추가할 필요가 있지만 관계가 통합돼 있다면 이 요건을 구현하기 위해 모델을 변경할 필요는 없다. 모델이 변경되지 않아도 되는 만큼 자연히 프로그램의 변경도 적어진다. 다른 예제도 마찬가지로 여기서 예제로 드는 것들은 쉽게 이해가 되는 예제지만, 실제 데이터 모델링에서 찾아내기란 쉽지 않다. 모델링을 진행하는 동안에는 데이터 모델을 볼 때마다 엔터티나 관계의 통합을 검토하는 것이 좋다.

14.1.9 모델 정규화

데이터 모델링뿐 아니라 애플리케이션을 개발할 때도 정규화라는 말을 자주 들어왔을 것이다. 데이터 모델링의 정규화는 단어 자체가 어렵고 복잡한 작업 같은 느낌을 주는 것이 사실이다. 하지만 모델 정규화는 말이 난해할 뿐 정규화라는 작업 자체는 크게 어려운 과정은 아니다. 그리고 이미 자신도 모르는 사이에 ERD를 그리면서 정규화라는 과정을 거치면서 모델을 그리고 있을 수도 있다. 그림 14-24는 정규화되지 않은 회원 엔터티를 보여준다.

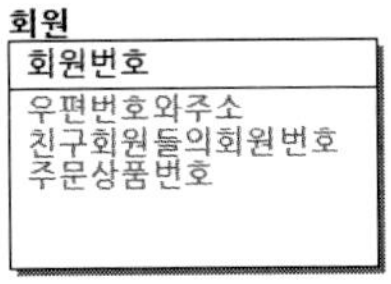

회원

회원번호
우편번호와주소
친구회원들의회원번호
주문상품번호

[그림 14-24] 정규화되지 않은 모델

대부분의 독자가 그림 14-24의 예제를 보면서 "엔터티의 어트리뷰트가 왜 이렇지?"라고 생각할 것이다. 그건 이미 우리 모두가 기본적인 모델에 대해 95%의 정규화를 머릿속에서 다 하고 있기 때문이다.

그림 14-24의 각 어트리뷰트에 대해 간단히 살펴보자.

- "우편번호와주소"라는 어트리뷰트를 살펴보자. 하나의 어트리뷰트에 2개의 복합된 정보를 저장하고 있다. 각 어트리뷰트는 하나의 고유한 정보만 가지고 있어야 하므로 "우편번호"와 "주소"라는 어트리뷰트로 분리해야 한다.
- "친구회원들의회원번호"라는 어트리뷰트 또한 여러 개의 정보를 하나의 어트리뷰트에 담고 있기 때문에 문제가 있다.
- "주문상품번호" 어트리뷰트는 회원 엔터티와 전혀 관계없는 정보이므로, 회원 엔터티에서 제거해야 한다.

이미 머릿속에 있는 내용만 그대로 그려도 정규화의 거의 대부분을 수행하고 있는 것이다. 하지만 나머지 5%의 정규화는 이렇게 간단히 얻어지지 않는다. 대략 4% 정도의 정규화는 조금씩 고민해서 얻을 수 있다. 나머지 1%는 몇 배로 더 많은 시간을 요할지도 모른다. 마지막 1%까지 얻을 수 있다면 좋겠지만 대부분의 모델에서는 조금만 고민해서 99%의 정규화만 적용해도 충분하다.

그렇다면 정규화를 하는 이유는 무엇일까? 정규화의 가장 큰 목적은 모델에서 중복된 데이터를 최소화하고 일반적으로 납득될 수 있는 모델로 만드는 것이다. 정규화는 크게 1부터 6단계까지 있으며 그 중간중간에 또 다른 정규화 규칙들이 있다. 각 어트리뷰트가 적절한 엔터티에 배치되고 각 어트리뷰트가 중복된 데이터를 갖지 않게 하는 것이 가장 큰 목적이다.

논리 모델링에서 진행하는 정규화는 데이터의 저장 비용을 최소화하는 역할을 담당하고, 물리 모델링에서 진행하는 반정규화는 데이터를 읽어 오는 비용을 최소화하는 역할을 한다. 데이터를 저장하는 작업과 읽어 오는 작업이 똑같이 중요하듯이 정규화해서 데이터의 중복을 제거하는 작업과 반정규화를 통해 데이터를 효율적으로 읽어올 수 있게 하는 것 둘 다 필수적으로 필요한 과정이다. 정규화를 수행하지 않으면 데이터의 중복이 많아지고, 그로 인해 하나의 트랜잭션에서 중복된 데이터를 모두 변경해야 하므로 성능이 떨어질 수밖에 없는 것이다.

이제 1단계부터 3단계까지의 정규화를 하나씩 살펴보자. 이 책에서는 설명을 위해 각 단계별로 구분돼 있지만 실제 모델링을 수행하면서 이것이 1단계 정규화인지 제3정규화인지 고민할 필요는 없다. 조금만 정규화를 수행해 보면 쉽게 익숙해질 수 있을 것이다.

제1정규화(No Repeating Group)

"모든 속성은 반드시 하나의 값을 가져야 한다"라는 것이 제1정규화의 검증 기준이다. 이 표현은 여러 가지로 해석될 수 있겠지만 대표적으로 다음의 두 가지를 생각해 볼 수 있다.

[그림 14-25] 중복된 값을 가진 엔터티

첫 번째로 그림 14-25의 회원 엔터티에서 "친구회원들의회원번호" 어트리뷰트는 한 명 이상의 친구들 정보를 갖게 된다. 실제로 RDBMS에서는 하나의 칼럼을 만들고, 구분자를 이용해 여러 개의 값을 저장 하기도 한다. 하지만 이러한 어트리뷰트는 제1정규화를 위반한 것이므로 그림 14-26과 같이 별도의 자 식 엔터티로 분리하는 형태로 설계해야 한다.

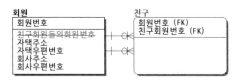

[그림 14-26] "친구회원들의회원번호" 속성의 정규화

두 번째로 그림 14-25의 회원 엔터티에서 우편번호나 주소도 반복해서 어트리뷰트로 정의했다. 실제 로는 이런 형태가 많이 사용되는데, 이를 무조건 잘못됐다고 판단하기는 어렵다. 회원 엔터티에서 자택 주소나 회사 주소를 동시에 검색하지 않고(다음의 주의사항 참조) 더는 다른 주소가 추가되지 않는다면 이대로 둬도 무방하다. 하지만 항상 서비스는 유지보수와 기능 추가가 발생하므로 "절대 그런 기능은 추가되지 않을 것이다"라는 기획자의 말은 신뢰하기 어렵다라는 것이 문제다. 가능하다면 반복되는 정 보도 그림 14-27의 모델과 같이 자식 엔터티로 분리해서 독립시켜야 한다.

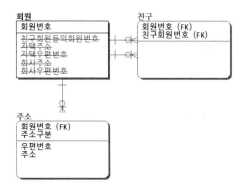

[그림 14-27] 주소와 우편번호 속성의 정규화

하나의 어트리뷰트에 여러 개의 값을 저장하거나, 하나의 엔터티에서 똑같은 성격의 어트리뷰트가 여러 번 나열되는 것은 일반적으로 제1정규화를 위반한 것이다. 제1정규화의 결과는 반복된 성격의 어트리뷰트로 이뤄진 별도의 자식 엔터티로 해결한다.

> **주의** 물론 그림 14-26과 같이 자택주소와 회사주소가 회원 엔터티에 별도의 칼럼으로 테이블이 설계된다고 해서 동시에 검색을 못하는 것은 아니다. 하지만 그림 14-26과 같이 정규화되지 않은 테이블로 인해 다음의 SELECT 쿼리와 같이 WHERE 절에 OR 조건을 사용해야 할 때가 많다.
>
> ```
> SELECT * FROM 회원 WHERE 자택주소='...' OR 회사주소='...'
> ```
>
> 하지만 그림 14-26을 그림 14-27과 같이 정규화하게 되면 다음의 예제 쿼리와 같이 OR 조건을 제거할 수 있다. 다음의 쿼리는 OR로 조건을 연결한 쿼리보다는 훨씬 효율적이고 빠르게 처리된다.
>
> ```
> SELECT * FROM 회원 WHERE 주소='...'
> ```

제2정규화(Whole Key Dependent)

제2정규화의 요건은 "식별자 일부에 종속되는 어트리뷰트는 제거해야 한다"이다. 어떤 엔터티의 식별자를 구성하는 어트리뷰트가 2개일 때 그 엔터티의 모든 어트리뷰트가 식별자(를 구성하는 두 개의 속성)에 모두 완전하게 종속적인지를 확인하는 것이 제2정규화다.

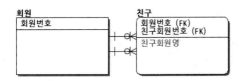

[그림 14-28] 일부 식별자에만 종속된 속성을 가진 모델

그림 14-28의 모델을 보면서 "뭐가 잘못 됐지?"라고 생각하는 사람도 있을 것이다. 친구 엔터티는 두 개의 속성으로 식별자가 구성돼 있다. 하지만 "친구회원명"이라는 어트리뷰트는 식별자를 구성하는 두 개의 어트리뷰트 중에서 친구회원번호에만 종속 관계를 가지고, 식별자의 나머지 어트리뷰트인 회원번호와는 어떠한 종속 관계도 없다는 사실을 알 수 있다. 이처럼 식별자의 일부에만 종속 관계를 가지고 있는 어트리뷰트는 제거해야 한다는 것이 제2정규화다.

"친구회원명" 어트리뷰트는 원래 있어야 할 회원 엔터티로 이동해야 한다. 그림 14-28에서는 이미 회원이라는 엔터티가 있으므로 친구회원명이라는 속성을 회원 엔터티로 옮기면 된다. 일반적으로 제2정규화의 결과는 새로운 부모 엔터티가 생성된다는 것이 특징이다. 그림 14-28 모델에 있는 회원과 같이 중요한 엔터티는 대부분 먼저 도출되므로 어렵지 않지만 크게 드러나지 않는 엔터티는 초기 단계에 도출되지 못하고 그냥 하나의 어트리뷰트로 취급될 때가 허다하다.

나중에 물리 모델링이 완료되면 조회 성능의 향상을 위해 일부 어트리뷰트를 복사해 두는 형태의 반정규화를 많이 사용하게 된다. 이렇게 어트리뷰트를 다른 엔터티로 복사해 두는 것은 일반적으로 제2정규화를 벗어나는 대표적인 예다. 그림 14-28의 "친구회원명"도 그러한 용도였을 것이다. 그렇다 하더라도 정규화를 수행하기 전에 미리 반정규화를 해두는 방법은 혼란만 초래할 수 있으므로 좋은 방법은 아니다.

제3정규화(Non-Key Independent)

제3정규화의 검증 규칙은 "식별자 이외의 속성간에 종속 관계가 존재하면 안 된다"이다. 식별자가 아닌 모든 어트리뷰트는 식별자에 종속성을 가져야 함과 동시에 식별자가 아닌 모든 어트리뷰트 간에는 어떠한 종속 관계도 없이 모두 독립적이어야 한다.

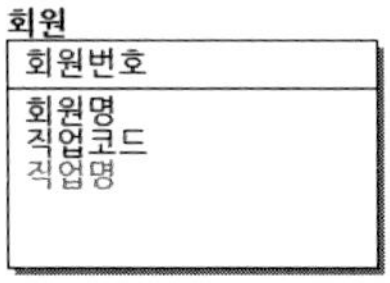

회원

회원번호
회원명
직업코드
직업명

[그림 14-29] 상호 종속 관계의 속성을 가진 엔터티

그림 14-29의 회원 엔터티에서는 회원의 직업 코드도 관리되지만 그 회원의 직업명도 관리되고 있다. 이 모델에서 직업코드와 직업명 어트리뷰트는 모두 회원번호에 종속적이므로 제2정규화에는 위배되지 않는다. 하지만 직업명과 직업코드는 서로 같은 정보를 관리하는 어트리뷰트이고, 직업명은 직업코드에 의존적이라는 것을 알 수 있다. 그래서 이 모델의 직업명 어트리뷰트는 그림 14-30의 모델과 같이 별도로 직업이라는 부모 엔터티로 분리해야 한다.

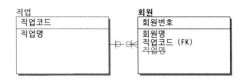

[그림 14-30] 제3정규화를 적용한 모델

주로 제3정규화의 위배는 코드와 관련된 어트리뷰트에서 자주 발생한다.

14.2 물리 모델링

물리 모델링에서는 논리 모델링을 통해 나온 산출물을 RDBMS의 특성에 맞게 변환하는 작업을 수행한다. 대표적인 작업 내용은 다음과 같다.

- 논리 모델에서 신경 쓰지 않았던 M:M 관계와 같이 RDBMS에 구현할 수 없는 구조를 해소하는 작업
- 프라이머리 키의 칼럼 순서 선정
- 칼럼의 이름 부여
- 칼럼의 데이터 타입 선정
- 조회 성능을 위한 반정규화

M:M 관계의 해소는 이미 논리 모델에서도 간단히 언급했기 때문에 생략하겠다. 이번 절에서는 각 테이블의 프라이머리 키 선택이나 데이터 타입 선정, 그리고 조회 성능을 위한 반정규화를 살펴보겠다.

14.2.1 프라이머리 키 선택

논리 모델링에서 식별자는 최대한 간결하면서도 엔터티의 레코드를 대표할 수 있는 어트리뷰트의 집합으로 선정했다. 하지만 논리 모델링에서 선정한 식별자가 항상 물리 모델의 프라이머리 키가 되는 것은 아니다. 또한 논리 모델에서는 식별자를 구성하는 각 속성의 순서가 크게 관심 대상이 아니지만 물리 모델에서는 프라이머리 키를 구성하는 칼럼의 순서가 매우 중요하다.

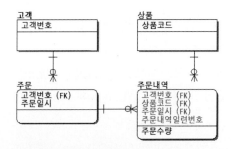

[그림 14-31] 프라이머리 키의 선택

그림 14-31의 모델을 보면, 관계의 제일 마지막에 있는 주문내역 테이블은 4개의 칼럼으로 프라이머리 키가 구성돼 있다. 만약 주문내역이 다시 자식 테이블을 가진다면 그 테이블은 5개나 6개의 칼럼으로 구성된 프라이머리 키를 가질 것이다. 테이블의 프라이머리 키를 복합 칼럼으로 구성할 때는 너무 많

은 칼럼이 프라이머리 키로 참여하지 않게 적절히 끊어줄 필요가 있다. 자식 테이블 중에서도 액션(관계)을 많이 가지는 중요 테이블에서 부모와의 프라이머리 키 상속을 끊고, 새로운 프라이머리 키를 갖게 해주는 것이 좋다. 주로 이렇게 부모와의 프라이머리 키 상속을 끊게 되면 시퀀스나 자동 증가 칼럼(Auto-Increment)과 같은 인조 키를 부여하는 방법이 사용된다.

그림 14-31의 모델에서는 주문 테이블이 많은 액션과 관계를 가지고 자식 테이블이 많이 발생할 것으로 예상되므로 주문 테이블의 프라라이머리 키를 주문번호와 같은 인조 키로 대체하는 것이 좋다. MyISAM 스토리지 엔진과 같이 프라이머리 키가 클러스터링의 기준이 되지 않는 스토리지 엔진에서는 프라이머리 키를 구성하는 칼럼의 개수가 조금 많아도 그다지 큰 악영향은 없다. 하지만 InnoDB 스토리지 엔진과 같이 기본적으로 프라이머리 키에 의해 클러스터링되는 스토리지 엔진에서는 테이블의 레코드 주소 대신 프라이머리 키가 레코드의 주소로 사용된다. 그래서 모든 보조 인덱스가 프라이머리 키 값을 데이터 레코드의 포인터로 가지므로 프라이머리 키의 길이가 길어질수록 프라이머리 키뿐만 아니라 다른 모든 보조 인덱스의 크기도 커진다. 클러스터링 인덱스에 대한 자세한 내용은 5.9절, "클러스터링 인덱스"(250쪽)를 참조하자.

예를 들어, 프라이머리 키가 50바이트이고 보조 인덱스가 10개인 테이블을 MyISAM으로 만들 때와 InnoDB로 만들 때 인덱스가 차지하는 디스크 크기는 대략 레코드당 420바이트 정도 차이가 발생한다. 레코드가 1~2천 건이라면 큰 차이가 아니지만 레코드가 1억 건이라고 가정하면 대략 42GB의 차이가 발생한다. 디스크를 차지하는 크기가 크다는 것은 그만큼 많은 디스크 입출력을 필요로 하고 메모리에 캐시나 버퍼링을 하기 위해 더 많은 물리적 메모리가 필요하다는 것을 의미한다.

프라이머리 키도 하나의 인덱스로써 사용되므로 반드시 SELECT의 조건 절에 자주 사용되는 칼럼 위주로 순서를 배치해야 한다. 만약 그림 14-31의 모델에서, 주문 테이블이 상품코드 위주로 검색된다면 상품코드를 프라이머리 키의 제일 앞쪽(왼쪽)에 배치해야 한다. 하지만 일반적으로 주문 테이블은 고객 위주의 검색이 많으므로 고객번호를 프라이머리 키의 제일 앞쪽(왼쪽)에 배치하는 편이 좋다. 또한 InnoDB의 프라이머리 키는 클러스터링 키로 사용되므로 다른 보조 인덱스의 레인지 스캔보다 훨씬 빠르게 처리된다. 테이블을 대표하는 칼럼으로 프라이머리 키를 선정하는 것은 당연하지만 프라이머리 키 후보가 여러 개라면 조회 조건으로 가장 많이 사용되는 것을 프라이머리 키로 선정하는 것이 좋다.

14.2.2 데이터 타입 선정

물리 모델링에서 칼럼의 데이터 타입은 가능한 한 최소 단위의 타입을 부여해야 한다. 가끔 VARCHAR(10)이나 VARCHAR(100) 모두 필요한 만큼의 공간을 사용하는 것인데, 왜 VARCHAR(10)을 사용해야 하는가? 라는 질문을 한다. 이미 이 질문에 대한 대답은 6.3.5절, "임시 테이블(Using temporary)"(354쪽)에서 자세히 언급했다.

테이블의 레코드 건수가 많지 않다면 사실 어떤 칼럼이 프라이머리 키로 선정되고, 각 칼럼의 타입이 어떻게 설정되든 큰 차이가 없다. 하지만 테이블의 레코드 건수가 많아지면 데이터 타입을 한 바이트라도 크게 설정하면 많은 차이를 만들어 낸다. 테이블의 레코드가 1억 건이라면 한 바이트로 인해 100MB의 디스크 공간과 그에 상응하는 메모리 공간이 낭비될 수 있다. 각 데이터 타입의 특성이나 주의점에 대해서는 15장, "데이터 타입"에서 자세히 살펴보겠다.

데이터의 타입

어떤 데이터를 관리하기 위해 사용할 수 있는 데이터 타입은 여러 가지가 있을 수 있다. 여기서는 이렇게 선택 가능한 여러 데이터 타입 가운데 어떤 것을 선정해야 하는지 살펴보자. 각 데이터를 성격별로 나눠본다면 문자, 숫자, 날짜, 이진 데이터 등으로 생각해 볼 수 있다. 만약 각 데이터 타입별로 차지하는 공간이나 성격을 잘 모른다면 저장하려는 데이터 성격별로 그대로 타입을 선정하는 것이 가장 좋다. 숫자만으로 구성된 데이터는 숫자 타입으로, 날짜 데이터는 숫자나 문자가 아닌 날짜 타입에 저장하는 것이 가장 쉬우면서도 가장 좋은 방법이다.

숫자와 날짜 데이터를 모두 문자 타입의 칼럼에 저장해도 아무런 차이가 없다면 처음부터 MySQL 서버가 이렇게 여러 가지 데이터 타입을 제공하지 않았을 것이다. 데이터의 성격에 맞는 데이터 타입을 선정해야 하는 것은 의심할 여지가 없다.

문제는 최적의 타입이 명확하지 않고 문자와 숫자 또는 문자와 이진 데이터, 그리고 숫자와 이진 데이터의 중간쯤에 위치한 데이터의 저장 공간을 어떤 타입으로 선정할 것인지다. 대표적으로 IP 주소 정보와 16진수의 문자열(Hex string)을 생각해 볼 수 있다. IP 주소 정보는 실제 컴퓨터 내부적으로는 숫자로(부호 없는 4바이트 정수) 처리하지만 일반적으로 사람들 사이에서는 4개의 숫자 영역으로 구분된 문자열로 통용되고 있다. 그래서 IP주소를 저장하는 칼럼을 문자 타입으로 할지 숫자 타입으로 할지 고민하게 된다. 어떤 사람들은 무조건 숫자 타입으로 관리해야 한다고 이야기하기도 한다. 하지만 편의성과 성능, 그리고 레코드 건수 등을 따져서 적절한 방법을 선택해야 한다. 어떤 선택을 하든 장단점이 있게 마련인데, 업무적인 용도를 분석해 그에 맞게 장단점을 조율한 후에 선택해야 한다.

IP 주소를 정수로 관리할 때의 장단점을 살펴보자. 물론 그 반대가 문자 타입으로 관리할 때의 장단점이 될 것이다. 다음의 장단점 비교를 보면 대부분의 경우 IP 주소를 정수로 관리하는 쪽으로 선택할 수도 있을 것이다. 하지만 레코드 건수가 많지 않고, 프로그램보다는 사용자가 직접 SQL을 실행해서 조회해보는 용도로 사용된다면 매번 정수를 문자열 포맷의 IP주소로 변환하기 위해 INET_NTOA( ) 함수를 사용해야 한다는 것은 여간 귀찮은 일이 아닐 수 없다. 이럴 때는 숫자 타입이 아니라 문자열 타입으로 관리하는 편이 더 나을 것이다. INET_NTOA( ) 함수에 대한 자세한 설명은 7.3.5절, "MySQL 내장 함수"의 "IP 주소 변환(INET_ATON, INET_NTOA)"(412쪽)을 참고하자.

장점

칼럼의 길이가 15 글자에서 4바이트로 줄어듦

칼럼의 길이 축소로 성능 향상이 기대됨

IP 주소를 A, B, C 등과 같은 대역(Class)별로 검색하는 기능이 가능

단점

값을 저장하거나 조회할 때 INET_NTOA() 또는 INET_ATON() 함수의 도움이 필요함

단순한 문자열 패턴 검색(LIKE)을 사용할 수 없음

16진수 문자열도 문자열과 이진 데이터 타입 가운데 어떤 것을 선택해야 할지 고민되는 데이터 중 하나다. 16진수 문자열은 단순히 문자열 타입(CHAR, VARCHAR)의 칼럼뿐 아니라 이진 타입(BINARY, VARBINARY)의 문자열로도 관리할 수 있다. MySQL에서 제공하는 내장 함수 중에서 이러한 16진수 문자열을 이진 데이터로 또는 그 반대로 변환할 수 있는 HEX( )나 UNHEX( )라는 함수가 있다. 이러한 함수를 이용하면 16진수 문자열을 이진 데이터로 변환할 수 있으며, 이렇게 이진 데이터로 변환하면 데이터 공간을 반으로 줄일 수 있다. 하지만 IP 주소의 데이터 타입 선정과 똑같이 그만큼의 불편이 따른다.

칼럼의 길이

칼럼의 데이터 타입이 결정되면 다음의 고민거리는 각 데이터 타입별로 길이를 설정하는 것이다. 문자열에 대해 CHAR나 VARCHAR로 타입을 선정했다면 길이는 얼마로 설정할 것인지, 또는 숫자 타입을 사용하기로 결정했다면 TINYINT를 사용할 것인지 아니면 BIGINT를 사용할 것인지 결정해야 한다.

항상 우리는 칼럼에 저장될 데이터의 최대 길이만을 먼저 생각한다. 예를 들어 URL을 저장하는 칼럼이라고 가정해 보자. 도대체 URL 칼럼은 얼마의 길이가 적당할까? 웹 관련 표준의 RFC 문서에는 길이에 제한이 없고, 인터넷 익스플로러 웹 브라우저는 최대 2038 바이트까지 사용할 수 있다. 그런데 이게 끝이 아니다. 아파치 웹 서버는 대략 8000 바이트까지 최대로 정하고 있지만 대부분의 프락시 서버는 255 바이트까지 지원한다. 도대체 데이터 타입은 몇 바이트로 해야 할까?

그런데 사실 이러한 판단은 별로 중요하지 않을 때가 많다. 우리가 관리하는 URL 데이터가 어떤 특성을 가지는냐에 따라 칼럼의 길이를 결정해야 한다. 우리가 관리하는 URL이 업로드된 파일의 URL이라면 이미 파일명의 길이를 제외하고는 대략 어느 정도 길이가 될지 예상할 수 있으며 제어할 수도 있다. 그러면 대략 예측된 길이에 파일명의 길이를 합쳐서 가능한 최소 길이를 결정할 수 있다. 이처럼 데이터의 특성을 조금만 고려해보면 쉽게 데이터 타입의 길이를 최소화할 수 있다.

또 다른 예로, 숫자 타입의 칼럼에서 INTEGER와 BIGINT 중 어떤 타입을 선택할지의 문제가 있다. INTEGER 타입은 4바이트 저장 공간을 사용하는 타입이고, BIGINT는 8바이트 저장 공간을 가진다. INTEGER는 부호가 없는 정수를 저장한다고 가정하면 대략 42억까지 저장할 수 있는 데이터 타입이다. 하지만 많은 사람들이 INTEGER로는 부족할 것이라 생각하고 2배나 공간을 할당해 BIGINT를 칼럼의 타입으로 선택한다. 이런 부분은 저자도 마찬가지인데, 가장 큰 원인은 앞으로 어떤 변화가 올지 모른다는 두려움 때문일 것이다. 데이터 모델링뿐 아니라 프로그램 개발에서도 가끔은 너무 불필요하게 멀리 생각하는 경향이 있는 것 같다.

문자집합(캐릭터 셋)

칼럼의 데이터 타입은 CHAR인지 VARCHAR인지 또는 길이가 10인지 20인지 결정하는 것이 전부는 아니다. 문자열 타입에서는 칼럼에 저장되는 문자열이 어떤 문자집합을 가지는지도 상당히 중요한 문제다. 문자집합에 따라 저장 공간의 길이가 두세 배씩 늘어날 수도 있고, 정렬이나 검색 규칙도 바뀔 수 있다. 일반적으로 문자 타입의 칼럼에서 아시아권 언어는 한 글자당 1~2바이트 정도를 차지하며, UTF-8은 1~3바이트까지 디스크 공간을 차지한다.

테이블이나 칼럼을 생성할 때 칼럼의 문자집합을 지정하지 않으면 MySQL 서버의 "default-character-set" 시스템 설정에 지정된 문자집합이 적용된다. 하나의 DB에서 문자집합을 혼용하지 않는 것이 좋다고 이야기하는 사람도 있다. 하지만 개인적으로는 명확한 기준만 있다면, 2개의 문자집합 정도는 혼용해도 무방하다고 생각한다. 기본적으로 자국의 언어를 위해 UTF-8이나 euckr을 기본으로 채택하고, 코드나 16진수 해시 값과 같이 알파벳과 숫자로만 구성된 문자열은 Latin1으로 데이터 타입을 선정하는 것도 나쁘지 않다. 물론 여러 문자집합 사용으로 인해 혼동이 예상된다면, 하나의 문자집합만을 선택하는 것이 좋다. 제대로 문자집합 관리가 되지 않는다면 쿼리의 성능만 떨어뜨리게 될 수도 있다.

칼럼의 길이나 문자집합에 대해 언급하는 이유는 사실 데이터가 디스크를 많이 사용하는 것을 막기 위함이 아니다. MySQL에서는 정렬이나 그룹핑과 같은 임시 테이블 또는 버퍼 작업을 위해 별도의 메모리 할당이 필요하다. 이때 MySQL 서버는 실제 칼럼에 저장된 데이터의 길이로 메모리를 할당하고 사용하는 것이 아니라 데이터 타입에 명시된 길이를 기준으로 메모리 공간을 할당하고 사용한다. 그리고 해당 메모리 공간이 일정 크기 이상을 초과하면 메모리가 아니라 디스크에서 처리하게 된다. 즉 테이블의 칼럼이 과도하게 크게 설정되면 메모리로 처리할 수 있는 작업이 디스크에서 처리될 가능성이 높아지는 것이다. 이는 MySQL이 내부적으로 MEMORY 스토리지 엔진을 임시 테이블 작업용으로 사용하기 때문이다. MEMORY 스토리지 엔진은 VARCHAR나 VARBINARY와 같은 동적 칼럼을 지원하지 못하므로 VARCHAR(200) 타입을 위해서는 CHAR(200)을 사용한다.

최적의 데이터 타입을 선정하고 칼럼의 길이를 줄이고 최적의 문자집합을 선정하는 노력들이 항상 눈에 보이는 성능 향상으로 연결되지는 않는다. 하지만 데이터베이스의 성능은 이런 작은 것들이 모여서 최종 성능으로 연결된다는 사실을 기억해야 한다. 쿼리 한두 개 튜닝해서 DBMS의 자원 사용율을 20~30% 줄였다는 것은 처음부터 그러한 DBMS에 대해 아무런 관심을 가지지 않았다는 것을 의미한다. 이런 작업은 MySQL 매뉴얼을 조금만 살펴보면 누구나 할 수 있는 것들이다.

NULL과 NOT NULL

우선 MySQL에서 NULL이 어떻게 저장되는지 스토리지 엔진별로 잠깐 살펴보자.

MyISAM 스토리지 엔진

MyISAM 테이블에서는 NULL을 저장하든 NULL을 대체해서 빈 문자열을 저장하든 사용하는 디스크 공간의 차이는 없다.

InnoDB 스토리지 엔진

InnoDB 테이블에서는 칼럼이 NULL이면 길이가 고정된 타입(INT, BIGINT, 등)이나 가변 타입(VARCHAR, DECIMAL 등) 모두 NULL이 저장되는 칼럼은 전혀 디스크 공간을 사용하지 않는다. 즉 InnoDB에서는 NULL을 저장함으로써 실제 디스크의 공간 절약을 할 수 있다.

그리고 MySQL의 InnoDB나 MyISAM 스토리지 엔진 모두 NULL을 인덱스에 포함하므로 NULL로 검색되는 조건은 인덱스 레인지 스캔이 가능하다.

MyISAM이나 InnoDB 테이블이 NULL을 관리하는 방식을 보면 NULL을 사용해도 아무런 손해가 없을 것으로 판단하기 쉽다. 하지만 중요한 것은 NULL이 저장됨으로 인해 발생하는 부수적인 처리 내용이다. 대표적으로 NULL이 저장될 수 있는 칼럼에 대해 IN (서브 쿼리) 형태의 조건을 사용하면 MySQL은 우리가 상상하지도 못했던 이상한 비교 작업을 내부적으로 하게 된다. 관련 내용은 이미 7.4.9절, "서브 쿼리"의 "WHERE 절에 IN과 함께 사용된 서브 쿼리 – IN (subquery)"(481쪽)에서 언급했으므로 기억나지 않는다면 다시 읽어보길 바란다. NULL과 NOT NULL의 선택은 디스크 공간 절약의 문제가 아니라 옵티마이저가 얼마나 쿼리를 더 최적화할 수 있게 환경을 만들어줄 것이냐의 관점에서 고려해야 한다.

MySQL 서버의 옵티마이저를 잘 알고 NULL의 철학적인 의미를 DBMS에 적용하고자 한다면 NULLABLE 칼럼을 사용해도 무방하다. 특히, 검색 조건으로 사용하지 않는 칼럼이라면 NULLABLE 칼럼으로 사용해도 특별히 문제되지 않는다. 하지만 검색 조건으로 자주 사용되는 칼럼에서 조금이라도 옵티마이저가 더 좋은 실행 계획을 선택할 수 있게 해주고 싶다면 칼럼을 NOT NULL로 선택하자. NOT NULL로 선택해서 저장되는 값 1~2바이트는 충분히 희생의 가치가 있으므로 이럴 때는 디스크 공간 절약을 과감히 포기하자.

도메인

도메인은 논리 모델이나 물리 모델에 크게 종속적이지는 않지만 데이터 타입과 연관이 있으므로 여기서 잠깐 살펴보자. 데이터 모델링에서 각 칼럼 하나하나마다 적합한 타입을 선정해야 한다. 하지만 이런 방식은 자주 일관되지 않은 데이터 타입의 사용이라는 문제를 만들어 내곤 한다. 한 회사에서 사용하는 두 개의 프로그램에서 똑같이 사원 번호 칼럼이 있는데, 한 프로그램에서는 INTEGER 타입으로 저장되고 다른 프로그램에서는 VARCHAR로 저장돼 있는 것과 같이 일관되지 않은 데이터 타입의 사용은 시스템 통합이나 데이터웨어 하우스와 같은 작업을 어렵게 만든다. 이런 일관되지 않은 데이터 타입 설정은 하나의 프로그램을 위한 데이터베이스에서도 상당히 빈번히 발생한다.

일관되지 않은 데이터 타입의 사용을 막기 위해 전사적으로 사용하는 데이터의 성격을 적절한 수준으로 분류해 도메인이라는 개념으로 그룹핑하고 DBMS의 데이터 타입을 부여한다. 데이터 모델링 단계에서는 각 칼럼의 타입을 선정하는 것이 아니라 칼럼에 도메인을 맵핑하는 것이다. 이렇게 함으로써 하나의 프로그램뿐 아니라 한 회사의 모든 서비스나 애플리케이션에서 사용되는 데이터베이스의 칼럼 타입을 일관성 있게 통일해서 사용할 수 있다.

14.2.3 반정규화

모델의 정규화는 최대한 중복되는 칼럼을 제거하므로 INSERT나 UPDATE와 같은 데이터 변경 작업에 최적화된 모델을 만들어 낸다. 하지만 모델을 정규화할수록 SELECT 쿼리에서 필요한 테이블의 수뿐만 아니라 GROUP BY나 쿼리 자체의 개수도 증가한다. 현재 출시되는 MySQL 5.x 버전은 조인이 상당히 최적화돼 있으므로 크게 문제되지 않지만 많은 레코드를 GROUP BY하는 쿼리는 실시간으로 실행하기에는 부담스러울 수도 있다. GROUP BY나 COUNT(*)와 같이 많은 레코드를 대상으로 하는 작업을 빠르게 조회하기 위해 미리 건수를 집계해서 별도의 테이블이나 칼럼으로 저장해두는 것을 반정규화라고 한다.

반정규화에서 주의해야 할 것은 어떻게 반정규화된 칼럼이나 테이블을 유지할 것인가다. 일반적으로 반정규화된 칼럼은 실시간으로 업데이트하는 방식으로 유지하는데, 이는 INSERT나 UPDATE, 그리고 DELETE 작업을 할 때 또 다른 쿼리를 필요로 하므로 변경 작업의 부하가 커지고 잠금의 경합도 많이 일으킨다. 때로는 반정규화된 칼럼의 값을 유지하기 위해 실행하는 쿼리 때문에 다른 작업이 영향을 받아서 쿼리가 지연되는 현상이 발생하기도 한다. 반정규화된 칼럼의 값을 유지하려면 최대한 모아서 배치 형태로 실행하거나 백그라운드 작업으로 처리하는 것이 좋다.

반정규화의 종류와 방법은 여러 가지가 있겠지만 대표적인 몇 가지 예를 살펴보자.

칼럼 복사

원본 칼럼의 값을 변경하지 않고 그대로 다른 테이블로 복사해 두는 형태의 반정규화는 조인을 없애거나 GROUP BY나 ORDER BY 등을 인덱스로 처리할 수 있도록 유도하기 위해서다. 그런데 조인을 줄이기 위해 반정규화를 하는 것은 그다지 효율적이지 않다. 만약 반정규화해서 복사해 온 칼럼이 자주 변경된다면 비효율적인 작업이 될 것이다. 하지만 복사한 칼럼을 이용해 GROUP BY나 ORDER BY 처리를 인덱스로 할 수 있다면 성능상 상당히 도움될 수 있다. 물론 이때도 반정규화되어 복사된 칼럼이 자주 변경될 수 있다면 대략적으로 읽기와 변경의 비율을 따져보고 반정규화를 수행하는 것이 좋다.

그림 14-32에서 조인과 정렬을 목적으로 회원 테이블의 회원명 칼럼을 게시물 테이블로 복사하는 반
정규화를 보여준다.

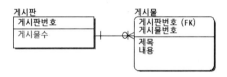

[그림 14-32] 칼럼 복사 반정규화

조인을 제거하기 위한 용도

게시물 테이블을 조회할 때 회원 테이블과 조인하지 않기 위해 회원의 이름을 게시물 테이블에 복사해두는 형태다. 하
지만 최근에는 조인의 횟수를 줄이기 위해 칼럼을 복사해두는 반정규화는 거의 사용하지 않는다. 만약 회원명 칼럼이
자주 변경된다면 효율성은 더 떨어지고, 데이터 정합성에 문제가 생길 소지만 더 늘어나는 꼴이 될 수 있기 때문이다.

정렬을 위한 용도

다음의 쿼리와 같이, 게시물 테이블에서 게시판 번호로 검색해 "작성회원명"으로 정렬하는 쿼리를 생각
해 보자.

```
SELECT * FROM 게시물, 회원
WHERE 회원.회원번호=게시물.작성회원번호
    AND 게시물.게시판번호=1
ORDER BY 회원.작성회원명
LIMIT 10;
```

위의 쿼리는 우선 처리 범위를 줄이기 위해 "게시물.게시판번호=1" 조건으로 게시물 테이블을 검색해
야 한다. 그리고 "회원.작성회원명" 칼럼으로 정렬을 수행하는데, 이때 (6.3.1절, "풀 테이블 스캔"의
"정렬의 처리 방식(임시 테이블을 이용한 정렬)"(337쪽)에서 살펴봤듯이) ORDER BY 처리는 인덱스
를 이용하지 못하고 Filesort 과정을 거쳐야 한다. 하지만 그림 14-32와 같이 게시물 테이블에 "작성
회원명" 칼럼을 복사해 두고, "게시판번호"+"작성회원명"으로 인덱스를 생성한다면 검색과 정렬 모두
인덱스를 이용해 처리할 수 있다. 물론 쿼리는 다음과 같이 "ORDER BY 회원.작성회원명"이 아니라
"ORDER BY 게시물.작성회원명"으로 변경해서 쿼리를 사용해야 한다.

```
SELECT * FROM 게시물, 회원
WHERE 회원.회원번호=게시물.작성회원번호
    AND 게시물.게시판번호=1
ORDER BY 게시물.작성회원명
```

요약 칼럼(Summary 칼럼)

요약 칼럼이란 어떠한 계산의 결과로 만들어진 값을 저장하기 위한 반정규화한 칼럼을 의미하는데, 대부분 여러 레코드로부터 최대 최솟값이나 건수 등을 미리 계산해서 저장해 두는 데 사용한다. 그림 14-33의 모델에서 각 게시판에 작성된 게시물의 수를 카운터해서 "게시물수" 칼럼에 저장해 두고 SELECT에서 필요할 때 참조하고자 한다.

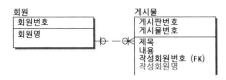

[그림 14-33] 게시판 데이터 모델

그림 14-33의 반정규화 모델을 다음의 2가지 요건으로 한번 살펴보자.

게시판의 목록을 조회할 때 게시물 수를 함께 출력해야 할 때

게시물의 목록을 보여줄 때는 동시에 여러 개의 게시판이 SELECT되는데, 동시에 각 게시판의 게시물 건수를 출력하려면 게시물 테이블에서 상당히 많은 레코드를 한번에 읽어서 게시물의 수를 카운트해야 한다. 만약 한 번의 쿼리로 원하는 결과를 가져오려면 GROUP BY 작업도 필요해 보인다. 이럴 때는 각 게시판별로 게시물의 건수를 반정규화해서 가지고 있는 것이 좋다. 하지만 게시판의 목록을 조회하는 기능이 일부 사용자(관리자)에 의해서만 가끔 실행된다면 반정규화를 수행하지 않는 것이 좋다. 일반적으로 이렇게 계산된 값과 같은 반정규화 칼럼은 제대로 관리되지 않아서 정확성이 떨어질 때도 많다.

특정 게시판의 상세 내용을 출력할 때 게시물 수를 함께 출력해야 할 때

어떤 하나의 게시판에 대해 상세 내용을 조회하는 화면에서 게시물의 건수를 보여 줘야 한다면 요청 시점에 게시물 테이블을 조회해 건수를 산출해도 크게 사용자가 느끼는 성능 저하는 없을 것이다. 그렇다면 굳이 게시물 수를 반정규화해서 게시판 테이블에 관리할 필요는 없다. 하지만 이 기능이 상당히 빈번히 호출된다거나 게시판별로 게시물의 건수가 상당히 많다면 미리 계산된 값을 저장하는 반정규화 칼럼을 가져가는 것이 좋다. 빈번히 호출된다면 작은 부하라도 모여서 서버에 큰 부담을 주게 될 가능성이 있다. 그리고 특정 게시판의 게시물 건수가 너무 많을 때는 실시간으로 조회해서 응답을 주기에는 너무 많은 시간이 소모될 수 있다.

그림 14-33의 모델과 같이 반정규화된 칼럼의 값을 유지하는 방법은 다음 세 가지 방법 중 하나일 것이다.

원본 데이터가 변경될 때마다 실시간으로 요약 칼럼의 값을 증가

원본 데이터가 변경될 때 동시에 같은 트랜잭션에서 "게시물수" 칼럼의 값을 1씩 증가시키는 것은 가장 간단한 방법이지만 사용자의 대기 시간을 늘릴뿐더러 게시물 테이블뿐 아니라 게시판 테이블의 레코드까지 잠금이 확장된다. 만약 특정 게시판에 게시물의 작성이 집중되면 게시물 테이블에 INSERT하는 작업보다는 게시판 테이블의 게시물수 칼럼을 업데이트하기 위해 더 많은 시간을 기다려야 하는 상황이 발생할 것이다.

백 그라운드 프로세스로 요약 칼럼의 값을 증가

사용자의 응답 시간을 단축시키기 위해 요약 칼럼의 값을 백그라운드 프로세스로 처리하도록 유도할 수도 있다. 하지만 사용자 응답 시간은 단축되겠지만 결국 실행해야 하는 쿼리는 첫 번째 방법과 다르지 않으므로 게시판 테이블의 잠금 경합은 줄어들지 않을 것이다.

2~30분 단위로 모아서 배치 형태로 요약 칼럼의 값을 증가

게시물 테이블의 INSERT나 UPDATE가 빈번하다면 웹 서버나 별도의 큐(Queue)를 이용해 작성된 게시물의 수를 누적했다가 2~30분 단위로 한 번씩 요약 칼럼의 값을 증가시키는 것도 좋은 방법이다. 실제로 잠금 경합이나 테이블의 쓰기 부하 때문에 이와 같이 묶어서 배치 형태로 처리해서 요약 칼럼을 관리하는 방법이 많이 사용된다. 구현하기가 크게 어렵지 않고 효율적인 방법이다.

해시 인덱스

해시 인덱스는 동등 비교(Equal)를 가장 빠르게 처리할 수 있는 인덱싱 방식이다. 해시 인덱스는 칼럼의 원래 값을 인덱싱하는 것이 아니라 길이를 훨씬 줄인 해시 값으로 인덱스를 구성한다. 그래서 칼럼의 값이 길수록 B-Tree 인덱스보다 효율적으로 작동한다. 하지만 MySQL에서 가장 자주 사용되는 MyISAM이나 InnoDB 스토리지 엔진은 해시 인덱스를 지원하지 않는다. 여기서는 해시 인덱스를 흉내 내는 T-Tree 인덱스를 만들기 위해 반정규화를 사용하는 방법을 살펴보겠다.

[그림 14-34] 해시 값을 위한 추출 칼럼

그림 14-34의 모델과 같이 "레퍼러URL" 칼럼의 해시 값을 저장하는 용도로 "레퍼러URL해시"라는 칼럼을 추가했다. 그리고 레코드가 INSERT되거나 UPDATE될 때마다 MD5( )와 같은 해시 함수를 이용해 해시 값을 계산해서 "레퍼러URL해시" 칼럼에 저장한다.

```
INSERT INTO access_log (log_no, client_ip, access_dttm, referrer_url, referrer_url_hash, …)
VALUES (1, '192.168.0.1', '2011-06-26 18:29:21', 'http:// …', MD5('http:// …'), …);
```

URL 주소를 검색할 때는 다음과 같이 MD5 해시의 결과를 "레러퍼URL해시" 칼럼과 비교해서 조회하는 SELECT 쿼리를 사용한다. 당연히 웹서버접근이력 테이블에는 "레퍼러URL" 칼럼이 아니라 "레퍼러URL해시" 칼럼에 인덱스가 생성돼 있어야 한다.

```
SELECT *
FROM access_log
WHERE referrer_url_hash=MD5('http:// …');
```

MD5( ) 함수로 해시 값을 계산하더라도 충돌이 발생할 수 있다. 이를 감안해서 더 정확한 결과를 가져오고자 한다면 다음 쿼리와 같이 "레퍼러URL해시" 칼럼과 "레퍼러URL" 칼럼을 모두 WHERE 조건절에 명시하는 것이 좋다.

```
SELECT *
FROM access_log
WHERE referrer_url_hash=MD5('http:// …')
  AND referrer_url='http:// …';
```

하지만 위의 SELECT 쿼리에서도 "레퍼러URL" 칼럼에는 별도로 인덱스를 생성할 필요가 없다. 이미 "레퍼러URL해시" 칼럼에 저장된 해시 값은 충돌 가능성이 상당히 낮으므로 "referrer_url_hash=MD5('http:// …')" 조건에 일치한 레코드는 거의 모두 "referrer_url='http:// …'" 조건도 만족할 것이다. 즉 이미 "레퍼러URL해시" 칼럼의 인덱스가 충분히 분별력 있는 검색 조건 역할을 하므로 "레퍼러URL" 칼럼의 조건은 필터링 역할만 해도 성능을 떨어뜨리지 않는 것이다.

이러한 해시 칼럼은 URL 값을 유니크하게 관리해야 할 때도 유용하게 사용할 수 있다. 예를 들어 referrer_url 칼럼을 VARCHAR(1000)으로 생성하고, referrer_url 칼럼에 유니크 인덱스를 생성하도록 CREATE TABLE 명령을 실행해 보자. 그러면 다음과 같이 유니크 키는 767바이트 이상의 데이터 타입에 대해서는 생성하지 못한다는 에러를 출력할 것이다.

```
ERROR 1071 (42000): Specified key was too long; max key length is 767 bytes
```

이는 기본적으로 InnoDB 테이블의 인덱스가 767바이트(MyISAM은 대략 1000바이트)까지만 인덱스로 생성할 수 있기 때문이다. 일반적인(UNIQUE가 아닌) 인덱스는 칼럼 값의 앞쪽 767바이트만 잘라서 인덱스로 생성할 수 있지만 UNIQUE 인덱스는 이런 프리픽스(Prefix) 인덱스를 생성할 수 없으므로 에러가 발생한 것이다. 이때 referrer_url_hash 칼럼에 해시 값을 저장하고, 이 해시 칼럼에 유니크 인덱스를 생성하는 방법으로 우회할 수 있다.

> **주의** 해시 값을 생성하려면 CRC32() 함수나 MD5()와 같은 함수를 사용하는데, CRC32() 함수는 해시 값의 충돌(원본 값은 다르지만 해시 결과 값이 동일한 경우)이 자주 발생한다. 그래서 MD5()와 같은 비대칭 암호화에 사용되는 함수를 자주 사용한다. MD5()의 해시 결과 값은 이론적으로 충돌이 존재할 수 있지만 왠만큼 다양한 값이 대량으로 저장되지 않는다면 충돌은 거의 발생하지 않는다.

반정규화된 테이블

단어가 조금 생소할 뿐 반정규화된 테이블은 이미 통계 테이블이라는 이름으로 더 많이 알려져 있다. 커뮤니티의 여러 가지 참여도에 따라 때로는 게임의 이력을 이용해 랭킹을 미리 집계해 두는 형태의 테이블이 여기에 속한다.

이렇게 반정규화된 테이블에 데이터를 복사할 때는 서비스용으로 사용되는 테이블의 잠금과 경합이 발생하지 않게 주의해야 한다. 배치용 프로그램에서는 주로 INSERT … SELECT …와 같은 쿼리나 INSERT INTO … ON DUPLICATE KEY UPDATE …와 같은 쿼리를 많이 사용하는데, 이러한 쿼리는 SELECT되는 테이블의 레코드에 대해 읽기 잠금을 걸어야 한다. 만약 동시에 쓰기 작업이 실행되고 있다면 잠금 대기를 유발할 수 있으므로 사용할 때 주의해야 한다. 이러한 주의사항이나 우회 방법에 대해서는 12.2.2절, "INSERT 쿼리의 잠금"의 "INSERT INTO tb_new … SELECT … FROM tb_old …" 섹션(720쪽)을 참조하자.

15

데이터 타입

칼럼의 데이터 타입을 선정하는 작업은 물리 모델링에서 빼놓을 수 없는 중요한 작업이다. 칼럼의 데이터 타입과 길이를 선정할 때 가장 주의해야 할 사항은 다음과 같다.

- 저장되는 값의 성격에 맞는 최적의 타입을 선정
- 가변 길이 칼럼은 최적의 길이를 지정
- 조인 조건으로 사용되는 칼럼은 똑같은 데이터 타입을 선정

칼럼의 데이터 타입을 선정할 때 실제 저장되는 값의 특성을 고려하지 않고 가능한 최대 길이 값을 기준으로 칼럼의 길이를 선택하는 것이 일반적이다. 하지만 무분별하게 칼럼의 길이가 크게 선정되면 디스크의 공간은 물론 메모리나 CPU의 자원도 함께 낭비된다. 또한 그로 인해 SQL의 성능이 저하되는 것은 당연한 결과일 것이다.

또한 칼럼의 타입이 잘못 선정되거나 길이가 너무 부족하다면 서비스 도중에 스키마 변경이 필요할 수도 있다. 그런데 스키마 변경 작업은 서비스 중지나 읽기 전용 모드로의 전환 작업이 필요해질 수도 있다. 데이터 타입의 길이는 너무 넉넉하게 선택해도 문제가 되고, 부족하게 선택해도 문제가 된다. 항상 실제로 저장되는 값의 성격을 정확히 분석하고 최적의 타입과 길이를 선정하는 것이 중요하다.

15.1 문자열(CHAR와 VARCHAR)

문자열 칼럼을 사용할 때는 우선 CHAR 타입과 VARCHAR 타입 중 어떤 타입을 사용할지 결정해야 한다. 그래서 CHAR와 VARCHAR 타입의 차이가 무엇이고 어떤 타입을 사용하는 것이 좋은지에 관한 질문도 많은 편이다. 처음 데이터베이스를 사용할 때는 둘 중에서 뭘 선택해야 할지 고민하다가 결국 VARCHAR만 쭉 사용하는 사람들도 있다. 하지만 지금까지 모든 DBMS에서 CHAR나 VARCHAR 타입을 구분해서 제공하는 것을 보면 그만큼의 장단점을 가지고 있음을 짐작할 수 있을 것이다. 우선 저장 공간과 비교 방식의 관점에서 CHAR와 VARCHAR를 한번 비교해보고, MySQL 내부적으로 어떤 차이가 있는지도 한번 살펴보자.

15.1.1 저장 공간

우선 CHAR와 VARCHAR의 가장 큰 공통점은 문자열을 저장할 수 있는 데이터 타입이라는 점이고, 가장 큰 차이는 고정 길이인지 가변 길이인지 여부다.

- 고정 길이는 실제 입력되는 칼럼 값의 길이에 따라 사용하는 저장 공간의 크기가 변하지 않는다. CHAR 타입은 이미 저장 공간의 크기가 고정적이다. 실제 저장된 값의 유효 크기가 얼마인지 별도로 저장할 필요가 없으므로 추가로 공간이 필요하지 않다.

- 가변 길이는 최대로 저장할 수 있는 값의 길이는 제한돼 있지만, 그 이하 크기의 값이 저장되면 그만큼 저장공간이 줄어든다. 하지만 VARCHAR 타입은 저장된 값의 유효 크기가 얼마인지를 별도로 저장해 둬야 하므로 1~2바이트의 저장 공간이 추가로 더 필요하다.

하나의 글자를 저장하기 위해 CHAR(1)과 VARCHAR(1) 타입을 사용할 때 실제 사용되는 저장 공간의 크기를 한번 살펴보자. 우선 두 문자열 타입 모두 한 글자를 저장할 때 사용하는 문자집합에 따라 실제 저장 공간은 1~3바이트까지 사용하게 된다. 여기서 하나의 글자가 CHAR 타입에 저장될 때는 추가적인 공간이 더 필요하지 않지만 VARCHAR 타입에 저장할 때는 문자열의 길이를 관리하기 위한 1~2바이트의 공간을 추가적으로 더 사용한다. VARCHAR 타입의 길이가 255바이트 이하이면 1바이트만 사용하고 타입의 길이가 256바이트 이상으로 설정되면 2바이트를 길이를 저장하는 데 사용한다. VARCHAR 타입의 최대 길이는 2바이트로 표현할 수 있는 이상은 사용할 수 없다. 즉 VARCHAR 타입의 최대 길이는 65,536 이상으로 설정할 수 없다.

> **주 의**
> MySQL에서는 하나의 레코드에서 TEXT와 BLOB 타입을 제외한 칼럼의 전체 크기가 65KB를 초과할 수 없다. 만약 테이블에 VARCHAR 타입의 칼럼 하나만 있다면 이 VARCHAR 타입은 최대 64KB 크기의 데이터를 저장할 수 있다. 하지만 이미 다른 칼럼에서 40KB의 크기를 사용하고 있다면 VARCHAR 타입은 24KB만 사용할 수 있다. 이때 만약 24KB를 초과하는 크기의 VARCHAR 타입을 생성하려고 하면 에러가 발생하거나 자동으로 VARCHAR 타입이 TEXT 타입으로 대체된다. 그래서 칼럼을 새로 추가할 때는 VARCHAR 타입이 TEXT 타입으로 자동적으로 변환되지 않았는지 확인해 보는 것이 좋다.
>
> 문자열 타입의 저장 공간을 언급할 때는 1문자와 1바이트를 구분해서 사용하고 있다. 1문자는 실제 저장되는 값의 문자집합에 따라 1~3바이트까지 공간을 사용할 수 있기 때문이다. 위의 VARCHAR 타입의 칼럼 하나만 가지는 테이블의 예에서 VARCHAR 타입은 최대 64KB 크기의 데이터를 저장할 수 있다고 했는데, 이 수치는 바이트 수를 의미하므로 실제 65,536 글자까지 저장할 수 있다는 것은 아니다. 실제 저장되는 문자가 아시아권의 언어라면 저장 가능한 글자 수는 반으로 줄고, UTF-8 문자를 저장한다면 실제 저장 가능한 글자 수는 1/3로 줄어들 것이다.

문자열 값의 길이가 항상 일정하다면 CHAR를 사용하고 가변적이라면 VARCHAR를 사용하는 것이 일반적이다. 왜 길이가 고정적일 때 CHAR를 사용하면 좋을까? VARCHAR 타입을 선택해도 기껏 디스크에서 1바이트만 더 사용할 뿐인데, 이렇게 고민해가면서 시간을 투자할 가치가 있는 것일까? 실제 문자열 값의 길이가 정적이냐 가변적이냐만으로 CHAR와 VARCHAR 타입을 결정하는 것은 적절하지 않다. CHAR 타입과 VARCHAR 타입을 결정할 때 중요한 판단 기준은 다음과 같다.

- 저장되는 문자열의 길이가 대개 비슷한가?
- 칼럼의 값이 자주 변경되는가?

CHAR와 VARCHAR 타입의 선택 기준은 값의 길이도 중요하지만, 해당 칼럼의 값이 얼마나 자주 변경되는지가 타입 선택의 기준이 되어야 한다. 칼럼의 값이 얼마나 자주 변경되는지가 왜 중요한지 그림으로 한번 살펴보자. 우선 다음과 같이 테스트용 테이블이 있고, 그 테이블에 레코드 1건이 저장된다고 가정해보자.

```
CREATE TABLE tb_test (
  fd1 INT,
  fd2 CHAR(10),
  fd3 DATETIME
);
INSERT INTO tb_test (fd1, fd2, fd3) VALUES (1, 'ABCD', '2011-06-27 11:02:11');
```

tb_test 테이블에 레코드 1건을 저장하면 내부적으로 디스크에는 그림 15-1과 같이 저장될 것이다.

[그림 15-1] CHAR 타입이 저장된 상태

fd1 칼럼은 INTEGER 타입이므로 고정 길이로 4바이트를 사용하며, fd3 또한 DATETIME이므로 고정 길이로 8바이트를 사용한다. 지금 여기서 관심사는 fd1과 fd3 칼럼이 아니라 그 사이에 위치한 fd2 칼럼이다. fd2 칼럼이 사용하고 있는 공간을 눈여겨보자. 그림 15-1에서 fd2 칼럼은 정확히 10바이트를 사용하면서 앞쪽의 4바이트만 유효한 값으로 채워졌고 나머지는 공백 문자로 채워져 있다(그림 15-1에서 공백 문자(Space character)는 이해를 돕기 위해 "_" 문자로 대체해서 표기했다).

그러면 이번에는 tb_test 테이블의 fd2 칼럼만 CHAR(10) 대신 VARCHAR(10)으로 변경해서 똑같은 데이터를 저장했을 때는 디스크에 어떻게 저장되는지 그림 15-2로 살펴보자.

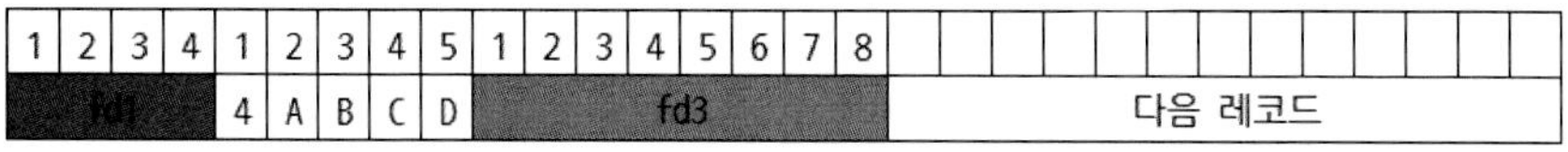

1	2	3	4	1	2	3	4	5	1	2	3	4	5	6	7	8									
fd1				4	A	B	C	D				fd3					다음 레코드								

[그림 15-2] VARCHAR 타입의 칼럼이 저장된 상태

fd1 칼럼과 fd3 칼럼 사이에서 fd2 칼럼은 5바이트의 공간을 차지하고 있는데, 첫 번째 바이트에는 저장된 칼럼 값의 유효한 바이트 수인 숫자 4(문자 '4'가 아님)가 저장되고 두 번째 바이트부터 다섯 번째 바이트까지 실제 칼럼 값이 저장된다.

그림 15-1이나 그림 15-2는 이미 대략 예측하고 있는 사실일 것이다. 하지만 중요한 것은 레코드 한 건이 저장된 상태가 아니라 fd2 칼럼의 값이 변경될 때 어떤 현상이 발생하느냐다. fd2 칼럼의 값을 "ABCDE"로 UPDATE했다고 가정해 보자.

- CHAR(10) 타입을 사용하는 그림 15-1에서는 fd2 칼럼을 위해 공간이 10바이트가 준비돼 있으므로 그냥 변경되는 칼럼의 값을 업데이트만 하면 된다.
- VARCHAR(10) 타입을 사용하는 그림 15-2에서는 fd2 칼럼에 4바이트밖에 저장할 수 없는 구조로 만들어져 있다. 그래서 "ABCDE"와 같이 길이가 더 큰 값으로 변경될 때는 레코드 자체를 다른 공간으로 옮기거나(Row migration) 칼럼 값의 나머지 부분을 다른 공간에 저장(Row chaining)해야 한다.

물론 주민등록번호처럼 항상 값의 길이가 고정적일 때는 당연히 CHAR 타입을 사용해야 한다. 또한 값이 2~3바이트씩 차이가 나더라도 자주 변경될 수 있는 부서 번호나 게시물의 상태 값 등은 CHAR 타입을 사용하는 것이 좋다. 자주 변경돼도 레코드가 물리적으로 다른 위치로 이동시키거나 분리하지 않아도 되기 때문이다. 레코드의 이동이나 분리는 CHAR 타입으로 인해 발생하는 2~3바이트 공간 낭비보다 더 큰 공간이나 자원을 낭비하게 만든다.

문자열 데이터 타입을 사용할 때 또 하나 주의해야 할 사항이 있다. CHAR나 VARCHAR 키워드 뒤에 인자로 전달하는 숫자 값의 의미를 알아야 한다는 점이다. 다른 DBMS에 익숙한 사용자에게는 상당히 혼란스러울 수 있는데, MySQL에서 CHAR나 VARCHAR 뒤에 지정하는 숫자는 그 칼럼의 바이트 크기가 아니라 문자의 수를 의미한다. 즉 CHAR(10) 또는 VARCHAR(10)으로 칼럼을 정의하면, 이 칼럼은 10바이트를 저장할 수 있는 공간이 아니라 10글자(문자)를 저장할 수 있는 공간을 의미한다. 그래서

CHAR(10) 타입을 사용하더라도 이 칼럼이 실제적으로 디스크나 메모리에서 사용하는 공간은 각각 달라진다.

- 일반적으로 영어를 포함한 서구권 언어는 각 문자가 1바이트를 사용하므로 10바이트를 사용한다.
- 한국어나 일본어와 같은 아시아권 언어는 각 문자가 최대 2바이트를 사용하므로 20바이트를 사용한다.
- UTF-8과 같은 유니코드는 최대 3바이트까지 사용하므로 30바이트까지 사용할 수 있다.

> **주의** 사실 UTF-8은 저장하는 문자에 따라 최소 1바이트부터 최대 4바이트까지 사용할 수 있다. 주로 4바이트를 사용하는 문자는 확장 문자로 구분하기도 한다. 하지만 MySQL 5.1 버전까지는 UTF-8의 모든 문자를 저장할 수 있는 것이 아니라 3바이트를 사용하는 UTF-8 문자까지만 저장할 수 있었다. 그 밖에 4바이트까지 사용하는 UTF-8 문자를 MySQL 5.1 이하의 버전에서 저장하려고 하면 "알 수 없는 문자"라는 에러가 출력된다. 대표적으로 애플의 스마트폰의 운영체제인 iOS 5.x의 그림 문자나 최신의 안드로이드에서 사용되는 문자 중에는 4바이트까지 사용하는 UTF-8 문자가 있어서 자주 이런 문제의 원인이 되기도 한다. 4바이트를 사용하는 UTF-8 문자는 MySQL 5.5 이상의 버전에서부터 사용할 수 있으므로 필요하다면 MySQL 5.1보다는 MySQL 5.5를 사용하자.

15.1.2 비교 방식

MySQL에서 문자열 칼럼을 비교하는 방식은 CHAR와 VARCHAR가 거의 같다. CHAR 타입의 칼럼을 SELECT를 실행했을 때 다른 DBMS처럼 사용되지 않는 공간에 공백 문자가 채워져서 나오지 않는다. 그리고 MySQL에서는 CHAR 타입이나 VARCHAR 타입을 비교할 때 칼럼 값의 뒷쪽에 붙은 공백 문자는 모두 제거하고 비교를 수행한다. 다음의 간단한 예제를 보면 더 쉽게 이해할 수 있을 것이다.

```
mysql> SELECT 'ABC'='ABC   ' AS is_equal;
+----------+
|        1 |    TRUE
+----------+

mysql> SELECT 'ABC'='   ABC' AS is_equal;
+----------+
|        0 |    FALSE
+----------+
```

첫 번째 예제 쿼리의 결과를 보면 "ABC"라는 문자열 뒤에 붙어 있는 3개의 공백은 있어도 없는 것처럼 비교했다는 것을 알 수 있다. 그리고 두 번째 쿼리의 결과를 보면 "ABC"라는 문자열의 앞쪽에 위치하는 공백 문자는 유효한 문자로 비교되고 있다는 사실을 알 수 있다. 이러한 문자열 비교 방식은 문자열의 크다(>) 작다(<) 비교와 문자열 비교 함수인 STRCMP( )에서도 똑같이 적용된다.

문자열 비교의 경우 예외적으로 LIKE를 사용한 문자열 패턴 비교에서는 공백 문자가 유효 문자로 취급된다. LIKE 조건으로 비교하는 예제를 한번 살펴보자.

```
mysql> SELECT 'ABC   ' LIKE 'ABC' AS is_same_pattern;
+-----------------+
|               0 | FALSE
+-----------------+
mysql> SELECT '   ABC' LIKE 'ABC' AS is_same_pattern;
+-----------------+
|               0 | FALSE
+-----------------+
mysql> SELECT 'ABC   ' LIKE 'ABC%' AS is_same_pattern;
+-----------------+
|               1 | TRUE
+-----------------+
```

위의 비교 예제를 보면, 첫 번째와 두 번째 쿼리에서 문자열의 앞뒤에 있는 공백이 모두 유효한 문자 값으로 인식됐음을 알 수 있다. 그리고 실제 이런 값을 비교하려면 세 번째 쿼리와 같이 검색어 앞 뒤로 와일드 카드("%") 문자를 사용해야 한다는 것을 알 수 있다. MySQL의 독특한 문자열 비교 방식은 주로 회원의 아이디나 닉네임과 같이 다른 DBMS와 연동해야 하는 서비스에서 문제가 되곤 하므로 주의해야 한다.

15.1.3 문자집합(캐릭터 셋)

MySQL 서버에서 각 테이블의 칼럼은 모두 서로 다른 문자집합을 사용해 문자열 값을 저장할 수 있다. 문자집합은 문자열을 저장하는 CHAR와 VARCHAR, 그리고 TEXT 타입의 칼럼에만 설정할 수 있다. MySQL에서 최종적으로는 칼럼 단위로 문자집합을 관리하지만 관리의 편의를 위해 MySQL 서버와 DB, 그리고 테이블 단위로 기본 문자집합을 설정할 수 있게 기능을 제공한다. 즉 테이블의 문자집합을 UTF-8로 설정하면 칼럼의 문자집합을 별도로 지정하지 않아도 해당 테이블에 속한 칼럼은 UTF-8 문자집합을 사용한다. 물론 테이블의 기본 문자집합이 UTF-8이라 하더라도 각 칼럼에 대해 문자집합을 EUC-KR이나 ASCII 등을 별도 지정할 수 있다.

한글 기반의 서비스에서는 euckr 또는 utf8 문자집합을 사용하며, 일본어인 경우에는 cp932 또는 utf8을 적용하는 것이 일반적이다. 한글 윈도우에서 기본적으로 사용되는 MS949(MSWIN949) 문자집합은 EUC-KR보다는 조금 확장된 형태의 문자집합으로 유닉스 계열의 운영체제에서 사용하는 CP949와 똑같은 문자집합이다. MySQL 서버에서는 별도로 CP949라는 이름의 문자집합은 지원하지 않고, EUC-KR만 지원한다. 실제로 CP949는 EUC-KR보다 더 많은 문자를 표현할 수 있는 문자집합이다. 하지만 MySQL 5.1.38 버전과 그 이후 버전에서는 euckr 문자집합이 보완되어 CP949가 표현하는 모든 문자 집합을 지원하므로 CP949 대신 euckr을 사용해도 아무런 문제없이 사용할 수 있다.

최근의 웹 서비스나 스마트폰 애플리케이션(앱, App)은 여러 나라의 언어를 동시에 지원하기 위해 기본적으로 UTF-8을 많이 사용하는 추세다. ANSI 표준에서는 하나의 문자집합만을 기본으로 사용할 수 있는 DB에서 다국어를 지원할 수 있게끔 NCHAR 또는 NATIONAL CHAR와 같은 칼럼 타입을 정의하고 있다. MySQL에서도 NCHAR 타입을 지원하지만 기본적으로 MySQL에서는 칼럼 단위로 문자집합을 선택할 수 있기 때문에 NCHAR 타입을 사용할 필요는 없다. MySQL에서 NCHAR 타입을 사용하면 UTF-8 문자집합을 사용하는 CHAR 타입으로 생성된다.

MySQL 서버에서 사용 가능한 문자집합은 다음과 같이 "SHOW CHARACTER SET" 명령으로 확인해볼 수 있다.

```
mysql> SHOW CHARACTER SET;
+----------+---------------------------+--------------------+---------+
| Charset  | Description               | Default collation  | Maxlen  |
+----------+---------------------------+--------------------+---------+
| latin1   | cp1252 West European      | latin1_swedish_ci  |       1 |
| euckr    | EUC-KR Korean             | euckr_korean_ci    |       2 |
| utf8     | UTF-8 Unicode             | utf8_general_ci    |       3 |
...
```

출력 내용을 확인해보면 여러 가지 문자집합이 다양하게 사용되고 있다. 하지만 한국에서 MySQL을 사용한다면 대부분 Latin 계열의 문자집합(latin1, latin2, latin7)과 euckr, 그리고 utf8만 사용하면 충분할 것이다.

- latin 계열의 문자집합은 알파벳이나 숫자, 그리고 키보드의 특수 문자로만 구성된 문자열만 저장해도 될 때 저장 공간을 절약하면서 사용할 수 있는 문자집합이다(대부분 해시 값이나 16진수로 구성된 헥사 스트링 또는 단순한 코드 값을 저장하는 용도로 사용한다).

- euckr은 한국어 전용으로 사용되는 문자집합이며, 모든 글자는 1~2바이트를 사용한다.

- utf8은 다국어 문자를 포함할 수 있는 칼럼에 사용하기에 적합하다. 칼럼의 문자집합이 utf8로 생성되면 일반적으로 디스크에 저장할 때는 한 글자를 저장하기 위해 1~3바이트까지 사용한다. 하지만 utf8 문자집합을 사용하는 문자열 값이 메모리에 기록(MEMORY 테이블이나 정렬 버퍼 등과 같은 용도에서)될 때는 무조건 3바이트로 공간이 할당된다.

SHOW CHARACTER SET 명령의 결과에서 "Default collation" 칼럼에는 해당 문자집합의 기본 콜레이션이 무엇인지 표시해 준다. 기본 콜레이션이란 칼럼에 콜레이션은 명시하지 않고, 문자집합만 지정했을 때 설정되는 콜레이션을 의미한다. 콜레이션에 대해서는 잠시 후에 다시 자세히 살펴보겠다.

MySQL에서는 문자집합을 설정하는 시스템 변수가 여러 가지가 있는데, 모두 제각기 목적이 다르므로 주의해야 한다. 간략하게 MySQL에서 설정 가능한 문자집합 관련 변수를 살펴보고, 서로 어떻게 상호 작용하는지 그림 15-3으로 살펴보자.

character_set_system

MySQL 서버가 식별자(Identifier, 테이블명이나 칼럼명 등)를 저장할 때 사용하는 문자집합이다. 이 값은 항상 utf8로 설정되며, 사용자가 설정하거나 변경할 필요가 없다.

character-set-server

MySQL 서버의 기본 문자집합이다. DB나 테이블 또는 칼럼에 아무런 문자집합이 설정되지 않을 때 이 시스템 설정 변수에 명시된 문자집합이 기본으로 사용된다.

character_set_database

MySQL DB의 기본 문자집합이다. DB를 생성할 때 아무런 문자집합이 명시되지 않았다면 이 시스템 변수에 명시된 문자집합이 기본값으로 사용된다. 만약 이 변수가 정의되지 않으면 character-set-server 설정 변수에 명시된 문자집합이 기본으로 사용된다.

character_set_filesystem

LOAD DATA INFILE … 또는 SELECT … INTO OUTFILE 문장을 실행할 때 인자로 지정되는 파일의 이름을 해석할 때 사용되는 문자집합이다. 여기서 주의해야 할 것은 데이터 파일의 내용을 읽을 때 사용하는 문자집합이 아니라, 파일의 이름을 찾을 때 사용하는 문자집합이라는 점이다. 이 설정 값은 각 커넥션에서 임의의 문자집합으로 변경해서 사용할 수 있다.

character_set_client

MySQL 클라이언트가 보낸 SQL 문장은 character_set_client에 설정된 문자집합으로 인코딩해서 MySQL 서버로 전송한다. 이 값은 각 커넥션에서 임의의 문자집합으로 변경해서 사용할 수 있다.

character_set_connection

MySQL 서버가 클라이언트로부터 전달받은 SQL 문장을 처리하기 위해 character_set_connection의 문자집합으로 변환한다. 또한 클라이언트로부터 전달받은 숫자 값을 문자열로 변환할 때도 character_set_connection에 설정된 문자집합이 사용된다. 이 변수 값 또한 각 커넥션에서 임의의 문자집합으로 변경해서 사용할 수 있다.

character_set_results

MySQL 서버가 쿼리의 처리 결과를 클라이언트로 보낼 때 사용하는 문자집합을 설정하는 시스템 변수다. 이 시스템 변수도 각 커넥션에서 임의의 문자집합으로 변경해서 사용할 수 있다.

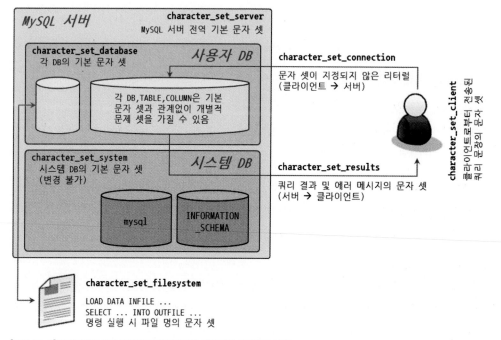

[그림 15-3] 문자집합의 적용 범위 및 클라이언트와 서버 간의 문자집합 변환

클라이언트로부터 쿼리를 요청했을 때의 문자집합 변환

MySQL 서버는 클라이언트로부터 받은 메시지(SQL 문장과 변수 값)가 character_set_client에 지정된 문자집합으로 인코딩돼 있다고 판단하고, 받은 문자열 데이터를 character_set_connection에 정의된 문자집합으로 변환한다. 하지만 SQL 문장에 별도의 문자집합이 지정된 리터럴(문자열)은 변환 대상에 포함하지 않는다.

SQL 문장에서 별도로 문자집합을 설정하는 지정자를 "인트로듀서"라고 하며, 사용법은 다음과 같다.

```
SELECT emp_no, first_name FROM employees WHERE first_name='Smith';
SELECT emp_no, first_name FROM employees WHERE first_name =_latin1'Smith';
```

첫 번째 쿼리에서 fd1 칼럼의 비교 조건으로 사용한 "DEF" 문자열은 character_set_connection으로 문자집합이 변환된 이후 처리될 것이다. 하지만 두 번째 쿼리는 인트로듀서(_latin1)가 사용됐으므로 "DEF" 문자열은 character_set_connection이 아니라 latin1 문자집합으로 fd1 칼럼의 값과 비교가 실행된다. 일반적으로 인트로듀서는 "_문자셋이름"과 같이, 문자열 리터럴 앞에 언더스코어 기호("_")와 문자집합의 이름을 붙여서 표현한다.

처리 결과를 클라이언트로 전송할 때의 문자집합 변환

character_set_connection에 정의된 문자집합으로 변환해 SQL을 실행한 다음, MySQL 서버는 쿼리의 결과(결과 셋이나 에러 메시지)를 character_set_results 변수에 설정된 문자집합으로 변환해 클라이언트로 전송한다. 이때 결과 셋에 포함된 칼럼의 값이나 칼럼명과 같은 메타 데이터도 모두 character_set_results로 인코딩되어 클라이언트로 전송된다.

그림 15-3의 전체 과정에서 변환 전의 문자집합과 변환해야 할 문자집합이 똑같다면 별도의 문자집합 변환 작업은 모두 생략한다. 예를 들어, 쿼리를 MySQL 서버로 전송할 때 character_set_client와 character_set_connection의 문자집합이 똑같이 utf8이라면 MySQL 서버가 클라이언트로부터 쿼리 요청을 받아도 문자집합은 변환하지 않는다. 결과를 클라이언트로 전송할 때도 character_set_results와 칼럼의 문자집합이 똑같다면 별도의 변환이 필요하지 않게 된다. 여기서 문자집합이라고만 표현했지만 문자집합은 물론이고 콜레이션까지 포함해서 같은지 다른지를 비교한다.

character_set_client와 character_set_results, 그리고 character_set_connection이라는 3개의 시스템 설정 변수에 대해서는 클라이언트 프로그램이나 클라이언트 GUI 도구에서 마음대로 변경할 수 있다. 즉 이 시스템 설정 변수는 모두 세션 변수이면서 동적 변수다. 다음과 같이 이들 변수의 값을 한 번에 설정하거나 또는 개별적으로 변경할 수 있다.

```
SET character_set_client = 'utf8';
SET character_set_results = 'utf8';
SET character_set_connection = 'utf8';
SET names 'utf8';
CHARSET utf8;
```

위의 예제에서 처음 3개의 SET 명령은 각 설정 값을 개별적으로 변경하는 명령이며, 나머지 2개의 명령은 3개의 설정 값을 한 번에 변경할 수 있는 명령이다. 예제 밑에 있는 2개의 명령도 조금 차이가 있다. SET NAMES 명령은 현재 접속된 커넥션에서만 유효하지만 CHARSET 명령은 같은 프로그램에서 재접속할 때도 문자집합 설정이 유효하도록 만들어 준다.

15.1.4 콜레이션(Collation)

콜레이션은 문자열 칼럼의 값에 대한 비교나 정렬 순서를 위한 규칙을 의미한다. 즉 비교나 정렬 작업에서 영문 대소문자를 같은 것으로 처리할지 아니면 더 크거나 작은 것으로 판단할지에 대한 규칙을 정의하는 것이다.

MySQL의 모든 문자열 타입의 칼럼은 독립적인 문자집합과 콜레이션을 가진다. 각 칼럼에 대해 독립적으로 문자집합이나 콜레이션을 지정하든 그렇지 않든 독립적인 문자집합과 콜레이션을 가지는 것이다. 각 칼럼에 대해 독립적으로 지정하지 않으면 MySQL 서버나 DB의 기본 문자집합과 콜레이션이 자동으로 설정된다. 콜레이션이란 문자열 칼럼의 값을 비교하거나 정렬하는 기준이 된다. 그래서 각 문자열 칼럼의 값을 비교하거나 정렬할 때는 항상 문자집합뿐 아니라 콜레이션의 일치 여부에 따라 결과가 달라지며, 쿼리의 성능 또한 상당한 영향을 받는다.

문자집합은 2개 이상의 콜레이션을 가지고 있는데, 하나의 문자집합에 속한 콜레이션은 다른 문자집합과 공유해서 사용할 수 없다. 또한 테이블이나 칼럼에 문자집합만 지정하면 해당 문자집합의 디폴트 콜레이션이 해당 칼럼의 콜레이션으로 지정된다. 반대로 칼럼의 문자집합은 지정하지 않고 콜레이션만 지정하면, 그 콜레이션이 소속된 문자집합이 묵시적으로 그 칼럼의 문자집합으로 사용된다. MySQL 서버에서 사용 가능한 콜레이션의 목록은 "SHOW CHARACTER SET" 명령을 이용해 다음과 같이 확인해 볼 수 있다.

```
mysql> SHOW COLLATION;
+--------------------+---------+----+---------+----------+---------+
| Collation          | Charset | Id | Default | Compiled | Sortlen |
+--------------------+---------+----+---------+----------+---------+
| latin1_bin         | latin1  | 47 |         | Yes      |       1 |
| latin1_general_ci  | latin1  | 48 |         | Yes      |       1 |
| latin1_general_cs  | latin1  | 49 |         | Yes      |       1 |
| utf8_general_ci    | utf8    | 33 | Yes     | Yes      |       1 |
| utf8_bin           | utf8    | 83 |         | Yes      |       1 |
| euckr_korean_ci    | euckr   | 19 | Yes     | Yes      |       1 |
| euckr_bin          | euckr   | 85 |         | Yes      |       1 |
...
+--------------------+---------+----+---------+----------+---------+
```

콜레이션의 이름은 2개 또는 3개의 파트로 구분돼 있으며, 각 파트는 다음과 같은 의미로 사용된다.

3개의 파트로 구성된 콜레이션 이름

- 첫 번째 파트는 문자집합의 이름이다.
- 두 번째 파트는 해당 문자집합의 하위 분류를 나타낸다.
- 세 번째 파트는 대문자나 소문자의 구분 여부를 나타낸다. 즉, 세 번째 파트가 "ci"이면 대소문자를 구분하지 않는 콜레이션(Case Insensitive)을 의미하며, "cs"이면 대소문자를 별도의 문자로 구분하는 콜레이션(Case Sensitive)이다.

2개의 파트로 구성된 콜레이션 이름

- 첫 번째 파트는 마찬가지로 문자집합의 이름이다.
- 두 번째 파트는 항상 "bin"이라는 키워드가 사용된다. 여기서 "bin"은 이진 데이터(binary)를 의미하며, 이진 데이터로 관리되는 문자열 칼럼은 별도의 콜레이션을 가지지 않는다. 콜레이션이 "xxx_bin"이라면 비교 및 정렬은 실제 문자 데이터의 바이트 값을 기준으로 수행된다.

콜레이션이 대소문자를 구분하지 않는다고 해서 실제 칼럼에 저장되는 값이 모두 소문자나 대문자로 변환되어 저장되는 것은 아니며, 콜레이션과 관계 없이 입력된 데이터의 대소문자는 별도의 변환없이 그대로 저장된다.

자주 사용하게 되는 Latin1이나 euckr, 그리고 utf8 문자집합의 디폴트 콜레이션은 각각 latin1_swedish_ci, euckr_korean_ci, 그리고 utf8_general_ci다. 이들은 모두 대소문자를 구분하지 않는 콜레이션이라서 대소문자를 구분해서 비교나 정렬해야 하는 칼럼에서는 "_cs" 계열의 콜레이션을 명시적으로 지정해야 한다. 하지만 utf8 문자집합이나 euckr과 같이 별도로 "_cs" 계열의 콜레이션을 가지지 않는 문자집합도 있는데, 이때는 utf8_bin 또는 euckr_bin과 같이 "_bin" 계열의 콜레이션을 사용하면 된다. 일반적으로 각 국가의 언어는 그 나라 국민에게 익숙한 순서대로 문자 코드값이 부여돼 있으므로 대소문자를 구분해야 할 때는 "_bin" 계열의 콜레이션을 적용해도 특별히 문제되지는 않는다.

MySQL의 문자열 칼럼은 콜레이션 없이 문자집합만 가질 수는 없다. 콜레이션을 명시적으로 지정하지 않았다면 지정된 문자집합의 기본 콜레이션이 묵시적으로 적용된다. 그리고 문자열 칼럼의 정렬이나 비교는 항상 해당 문자열 칼럼의 콜레이션에 의해 판단하므로 문자열 칼럼에서는 CHAR나 VARCHAR와 같은 타입의 이름과 길이만 같다고 해서 똑같은 타입이라고 판단해서는 안 된다. 타입의 이름과 문자열의 길이, 그리고 문자집합과 콜레이션까지 일치해야 똑같은 타입이라고 할 수 있다. 문자열 칼럼에서는 문자집합과 콜레이션이 모두 일치해야만 앞에서 배운 조인이나 WHERE 조건이 인덱스를 효율적으로 사용할 수 있다. 조인을 수행하는 양쪽 테이블의 칼럼이 문자집합이나 콜레이션이 다르다면 비교 작업에서 콜레이션의 변환이 필요하기 때문에 인덱스를 효율적으로 이용하지 못할 때가 많으므로 주의 해야 한다.

테이블을 생성할 때 문자집합이나 콜레이션을 적용하는 방법을 한 번 살펴보자.

```
CREATE DATABASE db_test CHARACTER SET=utf8;

CREATE TABLE tb_member (
  member_id VARCHAR(20) NOT NULL collate latin1_general_cs,
  member_name VARCHAR(20) NOT NULL COLLATE utf8_bin,
  member_email VARCHAR(100) NOT NULL,
  ...
);
```

문자집합이나 콜레이션은 DB 수준에서 설정할 수도 있으며, 테이블 수준으로 설정할 수도 있다. 그리 고 마지막으로 칼럼 수준에서도 개별적으로 설정할 수 있다.

- 첫 번째 "CREATE DATABASE" 명령으로 기본 문자집합이 utf8인 DB를 생성한다. 이 명령에서 콜레이션은 명 시적으로 정의하지 않았지만 utf8의 기본 콜레이션인 utf8_general_ci가 기본 콜레이션이 된다. db_test DB내 에서 생성되는 테이블이나 칼럼 중에서 별도로 문자집합이나 콜레이션을 정의하지 않으면 모두 utf8 문자집합과 utf8_general_ci 콜레이션을 사용하도록 자동 설정된다.

- 두 번째 "CREATE TABLE" 명령에서는 각 칼럼이 서로 다른 문자집합이나 콜레이션을 사용하도록 정의했다. 각 칼럼의 비교나 정렬 특성을 살펴보자.

  - tb_member 테이블을 생성하면서 member_id 칼럼의 콜레이션을 latin1_general_cs로 설정했다. 그래서 member_id 칼럼은 숫자나 영문 알파벳, 그리고 키보드의 특수 문자 위주로만 저장할 수 있고, "_cs" 계열의 콜 레이션이므로 대소문자 구분을 하는 정렬이나 비교를 수행한다.

  - member_name 칼럼은 콜레이션이 utf8_bin으로 설정됐으므로 한글이나 다른 나라의 언어를 사용할 수 있지 만 "_bin" 계열의 콜레이션이 사용됐으므로 대소문자를 구분하는 정렬과 비교를 수행한다.

  - member_email 칼럼은 아무런 문자집합이나 콜레이션을 정의하지 않았으므로 DB의 기본 문자집합과 콜레이 션을 그대로 사용한다. 그래서 email 칼럼은 utf8_general_ci 콜레이션을 사용하고, 비교나 정렬 시 대소문자를 구분하지 않는다.

대표적으로 Latin 계열의 문자집합에 대해 _ci와 _cs, 그리고 _bin 콜레이션의 정렬 규칙을 테스트해 보기 위해 tb_collate 테이블에 여러 종류의 콜레이션을 섞어서 테이블을 생성해봤다. 칼럼명은 이해를 위해 콜레이션의 이름을 포함해서 생성했다.

```
CREATE TABLE tb_collate (
  fd_latin1_general_ci VARCHAR(10) collate latin1_general_ci,
  fd_latin1_general_cs VARCHAR(10) COLLATE latin1_general_cs,
  fd_latin1_bin VARCHAR(10) COLLATE latin1_bin,
  fd_latin7_general_ci VARCHAR(10) COLLATE latin7_general_ci
);

INSERT INTO tb_collate VALUES ('a','a','a','a'), ('A','A','A','A'),
      ('b','b','b','b'), ('B','B','B','B'),
      ('_','_','_','_') , ('-','-','-','-') ,
      ('.','.','.','.') , ('~','~','~','~');
```

테이블에서 각 칼럼별로 정렬한 결과를 한번 확인해 보자.

```
mysql> SELECT fd_latin1_general_ci FROM tb_collate ORDER BY fd_latin1_general_ci;
+----------------------+
| fd_latin1_general_ci |
+----------------------+
| -                    |
| .                    |
| a                    |
| A                    |
| b                    |
| B                    |
| _                    |
| ~                    |
+----------------------+

mysql> SELECT fd_latin1_general_cs FROM tb_collate ORDER BY fd_latin1_general_cs;
+----------------------+
| fd_latin1_general_cs |
+----------------------+
| -                    |
| .                    |
| A                    |
| a                    |
| B                    |
| b                    |
| _                    |
| ~                    |
+----------------------+
```

```
mysql> SELECT fd_latin1_bin FROM tb_collate ORDER BY fd_latin1_bin;
+---------------+
| fd_latin1_bin |
+---------------+
| -             |
| .             |
| A             |
| B             |
| _             |
| a             |
| b             |
| ~             |
+---------------+

mysql> SELECT fd_latin7_general_ci FROM tb_collate ORDER BY fd_latin7_general_ci;
+----------------------+
| fd_latin7_general_ci |
+----------------------+
| -                    |
| .                    |
| _                    |
| ~                    |
| a                    |
| A                    |
| b                    |
| B                    |
+----------------------+
```

위의 예제 쿼리에서 각 정렬이 어떻게 수행됐고 각 콜레이션에서 주의해야 할 사항으로 어떤 것이 있는지 살펴보자.

- 첫 번째 예제는 Latin1_general_ci 콜레이션을 사용하는 칼럼을 기준으로 정렬했다. 출력된 정렬 순서로 보면 'a'와 'A' 중에서 소문자가 먼저인 것처럼 보이지만, 사실 대소문자 구분이 없이 정렬된 것이다.

- 두 번째 예제는 Latin1_general_cs 콜레이션으로 정렬한 것인데, 대문자 'A'와 소문자 'a'는 모두 'B'보다 먼저 정렬됐다. 그런데 같은 알파벳에서는 대문자가 소문자보다 먼저 정렬됐다.

- 세 번째 예제는 Latin1_bin 콜레이션으로 정렬한 예제로 대문자만 먼저 정렬되고 그다음으로 소문자가 정렬됐다.

- 네 번째 예제는 조금 다른 성격의 정렬인데, 첫 번째부터 세 번째 정렬은 모두 특수 문자의 정렬 위치가 알파벳의 앞뒤로 분산돼 있다. 그런데 특수문자만 먼저 정렬하고 알파벳이 그다음으로 정렬하기를 원할 수도 있다. 이때는 Latin1이 아니라 Latin7 문자셋을 사용하면 특수문자가 알파벳보다 먼저 정렬된다.

때로는 WHERE 조건의 검색은 대소문자를 구분하지 않고 실행하되 정렬은 대소문자를 구분해서 해야할 때도 있는데, 이때는 검색과 정렬 작업 중에서 하나는 인덱스를 이용하는 것을 포기할 수밖에 없다. 주로 이때는 칼럼의 콜레이션을 _ci로 만들어 검색은 인덱스를 충분히 이용할 수 있게 해주고 정렬 작업은 인덱스를 사용하지 않는 (Using filesort) 형태로 처리하는 것이 일반적이다. 만약 검색과 정렬 모두 인덱스를 이용하려면 정렬을 위한 콜레이션을 사용하는 칼럼을 하나 더 추가하고 검색은 원본 칼럼을, 그리고 정렬은 복사된 추출 칼럼을 이용하는 방법도 생각해볼 수 있다. 데이터의 양이나 업무의 중요도를 적절히 반영해 방법을 선택하면 될 것이다.

테이블의 구조는 "SHOW CREATE TABLE" 명령으로 확인할 수 있다. 만약 어떤 칼럼이 디폴트 문자집합이나 콜레이션을 사용할 때는 별도로 표시해주지 않으므로 조금 분석하기가 어려울 수 있다. 각 칼럼의 문자집합이나 콜레이션을 정확히 확인하려면 INFORMATION_SCHEMA DB의 COLUMNS 테이블을 확인해 보면 된다. INFORMATION_SCHEMA DB는 MySQL 5.1 이상의 버전에서만 지원되므로 MySQL 5.0에서는 직접 DB나 테이블의 디폴트 문자집합이나 콜레이션을 따져봐야 한다.

```
SELECT table_name, column_name,
  column_type, character_set_name, collation_name
FROM information_schema.columns
WHERE table_schema='test' AND table_name='tb_collate';
```

TABLE_NAME	COLUMN_NAME	COLUMN_TYPE	CHARACTER_SET_NAME	COLLATION_NAME
tb_collate	fd_latin1_general_ci	varchar(10)	latin1	latin1_general_ci
tb_collate	fd_latin1_general_cs	varchar(10)	latin1	latin1_general_cs
tb_collate	fd_latin1_bin	varchar(10)	latin1	latin1_bin
tb_collate	fd_latin7_general_ci	varchar(10)	latin7	latin7_general_ci

15.1.5 문자열 이스케이프 처리

MySQL에서 SQL 문장에 사용하는 문자열은 프로그래밍 언어에서처럼 "\"를 이용해 이스케이프 처리를 해주는 것이 가능하다. 즉 "\t"나 "\n"으로 탭이나 개행문자를 표시할 수 있다. 각 특수문자를 어떻게 이스케이프 처리하는지 살펴보자.

이스케이프 표기	의미
\0	아스키(ASCII) NULL 문자(0x00)
\'	홑따옴표(')
\"	쌍따옴표(")
\b	백스페이스 문자
\n	개행문자(라인 피드)
\r	캐리지 리턴 문자 유닉스 계열 운영체제에서는 "\n"만 개행문자로 사용하며, 윈도우 계열 운영체제에서는 "\r\n"의 조합으로 개행문자를 사용한다.
\t	탭 문자
\\	백 슬래시(\ ) 문자
\%	퍼센트(%) 문자(LIKE의 패턴에서만 사용함)
_	언더 스코어(_) 문자(LIKE의 패턴에서만 사용함)

마지막의 "\%"와 "_"는 LIKE를 사용하는 패턴 검색 쿼리의 검색어에서만 사용할 수 있다. LIKE 패턴 검색에서는 "%"와 "_"를 와일드 카드를 표현하기 위한 패턴 문자로 사용하므로 실제 "%" 문자나 "_" 문자를 검색하려면 "\"를 이용해 이스케이프 처리를 해야 한다.

MySQL에서는 다른 DBMS에서와 같이 홑따옴표와 쌍따옴표의 경우에는 홑따옴표나 쌍따옴표를 두 번 연속으로 표기해서 이스케이프 처리할 수도 있다. MySQL에서는 문자열을 표시하기 위해 홑따옴표와 쌍따옴표를 모두 사용할 수 있는데, 홑따옴표로 문자열을 표현할 때는 홑따옴표를 두 번 연속으로 표기해서 이스케이프 처리할 수 있다. 그리고 홑따옴표로 문자열을 감쌀 때는 쌍따옴표는 두 번 연속으로 표기해도 이스케이프 용도로 해석되지 않는다. 그 반대로도 똑같이 적용된다. 간단하게 따옴표를 두 번 연속해서 이스케이프 처리하는 예제를 한번 살펴보자.

```
CREATE TABLE tb_char_escape (fd1 VARCHAR(100));
INSERT INTO tb_char_escape VALUES ('ab''ba');
INSERT INTO tb_char_escape VALUES ("ab""ba");
INSERT INTO tb_char_escape VALUES ("ab\"ba");
INSERT INTO tb_char_escape VALUES ('ab\'ba');
INSERT INTO tb_char_escape VALUES ('ab"ba');
INSERT INTO tb_char_escape VALUES ("ab'ba");
```

```
SELECT * FROM tb_char_escape;
+--------+
| fd1    |
+--------+
| ab'ba  |
| ab"ba  |
| ab'ba  |
| ab"ba  |
| ab""ba |
| ab''ba |
+--------+
```

위의 예제에서 하단의 마지막 두 INSERT는 홑따옴표와 쌍따옴표를 연속 두 번 표기해도 이스케이프 처리되지 않는 예를 보여준다.

15.2 숫자

숫자를 저장하는 타입은 크게 값의 정확도에 따라 참값(Exact value data type)과 근사값 타입으로 나눌 수 있다.

- 참값은 소수점 이하 값의 유무에 관계없이 정확히 그 값을 그대로 유지하는 것을 의미한다. 참값을 관리하는 데이터 타입으로는 INTEGER를 포함해 INT로 끝나는 타입과 DECIMAL이 있다.

- 근사값은 흔히 부동 소수점이라고 불리는 값을 의미하며, 처음 칼럼에 저장한 값과 조회된 값이 정확하게 일치하지 않고 최대한 비슷한 값을 관리하는 것을 의미한다. 근사값을 관리하는 타입으로는 FLOAT과 DOUBLE이 있다.

또한 값이 저장되는 포맷에 따라 십진 표기법(DECIMAL)과 이진 표기법으로 나눠 볼 수 있다.

- 이진 표기법이란 흔히 프로그래밍 언어에서 사용하는 정수나 실수 타입을 의미한다. 이진 표기법은 한 바이트로 한 자리 또는 두 자리 숫자만 저장하는 것이 아니라 28까지의 숫자를 저장할 수 있는 특징이 있기 때문에 숫자 값을 적은 메모리나 디스크 공간에 저장할 수 있다. MySQL의 INTEGER나 BIGINT 등 대부분의 숫자 타입은 모두 이진 표기법을 사용한다.

- 십진 표기법(DECIMAL)은 숫자 값의 각 자리 값을 표현하기 위해 4비트나 한 바이트를 사용해서 표기하는 방법이다. 이는 우리가 흔히 이야기하는 십진수가 아니라 디스크나 메모리에 십진 표기법으로 저장된다는 것을 의미한다. MySQL의 십진 표기법을 사용하는 타입은 DECIMAL뿐이며, DECIMAL 타입은 금액(돈)처럼 정확하게 소수점까지 관리돼야 하는 값을 저장할 때 사용한다. 또한 DECIMAL 타입은 65자리 숫자까지 표현할 수 있으므로 BIGINT로도 저장할 수 없는 값을 저장할 때 사용된다.

DBMS에서는 근사값은 저장할 때와 조회할 때의 값이 정확히 일치하지 않고, 유효 자리수를 넘어서는 소수점 이하의 값은 계속 바뀔 수 있으므로 복제에서도 마스터와 슬레이브에서 차이가 발생할 수도 있다. MySQL에서 FLOAT이나 DOUBLE과 같은 부동 소수점 타입은 잘 사용하지 않는다. 또한 십진 표기법을 사용하는 DECIMAL 타입은 이진 표기법을 사용하는 타입보다 저장 공간을 2배 이상을 필요로 한다. 매우 큰 숫자 값이나 고정 소수점을 저장해야 하는 것이 아니라면 일반적으로 INTEGER나 BIGINT 타입을 자주 사용하는 편이다.

15.2.1 정수

DECIMAL 타입을 제외하고 정수를 저장하는 데 사용할 수 있는 데이터 타입으로는 5가지가 있다. 이것들은 저장 가능한 숫자 값의 범위만 다를 뿐 다른 차이는 거의 없다. 정수 타입의 값을 위한 타입은 아주 직관적이다. 입력이 가능한 수의 범위 내에서 최대한 저장 공간을 적게 사용하는 타입을 선택하면 된다.

타입	필요 저장 공간	저장 가능한 수의 범위(Unsigned)
TINYINT	1 바이트	-128 ~ 127 (0 ~ 255)
SMALLINT	2 바이트	-32768 ~ 32767 (0 ~ 65535)
MEDIUMINT	3 바이트	-8388608 ~ 8388607 (0 ~ 16777215)
INTEGER	4 바이트	-2147483648 ~ 2147483647 (0 ~ 4294967295)
BIGINT	8 바이트	-9223372036854775808 ~ 9223372036854775807 (0~ 18446744073709551615)

정수 타입은 UNSIGNED라는 칼럼 옵션을 사용할 수 있다. 정수 칼럼을 생성할 때 UNSIGNED 옵션을 명시하지 않으면 기본적으로 음수와 양수를 동시에 저장할 수 있는 숫자 타입(SIGNED)이 된다. 하지만 UNSINGED 옵션을 정의한 정수 칼럼은 0보다 큰 양의 정수만 저장할 수 있게 되면서 저장할 수 있는 최댓값은 SINGED 타입보다 2배가 더 커진다. AUTO_INCREMENT 칼럼과 같이 음수가 될 수 없는 값을 저장하는 칼럼에 UNSIGNED 옵션을 명시하면 작은 데이터 공간으로 더 큰 값을 저장할 수 있다.

물론 정수 타입에서 UNSIGNED 옵션은 조인할 때 인덱스의 사용 여부에까지 영향을 미치지는 않는다. 즉 UNSIGNED 정수 칼럼과 SIGNED 정수 칼럼을 조인할 때 인덱스를 이용하지 못한다거나 하는 문제는 발생하지 않는다. 하지만 서로 저장되는 값의 범위가 다르므로 외래 키로 사용하는 칼럼이나 조인의 조건이 되는 칼럼은 SIGNED나 UNSIGNED 옵션을 일치시켜 주는 것이 좋다.

15.2.2 부동 소수점

MySQL에서는 부동 소수점을 저장하기 위해 FLOAT과 DOUBLE 타입을 사용할 수 있다. 부동 소수점이라는 이름에서 부동(浮動, Floating point)은 소수점의 위치가 고정적이지 않다는 의미인데, 숫자 값의 길이에 따라 유효 범위의 소수점 자리수가 바뀐다. 그래서 부동 소수점을 사용하면 정확한 유효 소수점 값을 식별하기 어렵고 그 값을 따져서 크다 작다 비교를 하기가 쉽지 않은 편이다. 부동 소수점은 근사값을 저장하는 방식이라서 동등 비교(Equal)는 사용할 수 없다. 이 밖에도 MySQL 매뉴얼 (B.5.5.8. Problems with Floating-Point Values)을 살펴보면 부동 소수점을 사용할 때 주의해야 할 내용이 많이 있으므로 사용하기 전에는 반드시 참조할 것을 권장한다.

FLOAT은 일반적으로 정밀도를 명시하지 않으면 4바이트를 사용해 유효 자리 수를 8개까지 유지하며, 정밀도가 명시된 경우에는 최대 8바이트까지 저장 공간을 사용할 수 있다. DOUBLE의 경우 8바이트의 저장 공간을 필요로 하며 최대 유효 자리 수를 16개까지 유지할 수 있다.

```
mysql> CREATE TABLE tb_float (fd1 FLOAT);
mysql> INSERT INTO tb_float VALUES (0.1);

mysql> SELECT * FROM tb_float WHERE fd1=0.1;
-> Empty set (0.00 sec)
```

복제에 참여하는 MySQL 서버에서 부동 소수점을 사용할 때는 특별히 주의해야 한다. 부동 소수점 타입의 데이터는 MySQL의 텍스트 기반(바이너리 로그 파일의 쿼리가 텍스트 기반이므로) 복제에서는 마스터와 슬레이브 간의 데이터가 달라질 수 있다. 물론 유효 정수부나 소수부는 달라지지 않겠지만 위에서도 언급했듯이 유효 정수부나 소수부를 눈으로 판별하기는 쉽지 않다.

만약 부동 소수점 값을 저장해야 한다면 유효 소수점의 자리수만큼 10을 곱해서 정수로 만들어 그 값을 정수 타입의 칼럼에 저장하는 방법도 생각해볼 수 있다. 예를 들어 소수점 4자리까지 유효한 GPS 정보를 저장한다고 했을 때 소수점으로 된 좌표 값에 10000을 곱해서 저장하고 조회할 때는 10000으로 나눈 결과를 사용하면 된다.

```
CREATE TABLE tb_location (
  latitude INT UNSIGNED,
  longitude INT UNSIGNED
  ...
);
```

```
INSERT INTO tb_location (latitude, longitude, ..) VALUES (37.1422 * 10000, 131.5208 *
10000, ..);

SELECT latitude/10000 AS latitude, longitude/10000 AS longitude
FROM tb_location
WHERE latitude=37.1422 * 10000 AND longitude=131.5208 * 10000;
```

15.2.3 DECIMAL

부동 소수점에서 유효 범위 이외의 값은 가변적이므로 정확한 값을 보장할 수 없다. 즉, 금액이나 대출 이자 등과 같이 고정된 소수점까지만 정확하게 관리해야 할 때는 FLOAT나 DOUBLE 타입을 사용해 서는 안 된다. 그래서 소수점의 위치가 가변적이지 않은 고정 소수점 타입을 위해 DECIMAL 타입을 제공한다. 비슷한 성격의 타입으로 NUMERIC 타입도 있다. MySQL에서는 NUMERIC과 DECIMAL 은 내부적으로 같은 방식으로 처리되므로 동의어 정도로 이해하면 된다.

MySQL에서 소수점 이하의 값까지 정확하게 관리하려면 DECIMAL이나 NUMERIC 타입을 이용해 야 한다. DECIMAL 타입은 숫자 하나를 저장하는 데 1/2바이트가 필요하므로 한 자리나 두 자리 수 를 저장하는 데 1바이트가 필요하고 세 자리나 네 자리 숫자를 저장하는 데는 2바이트가 필요하다. 즉 DECIMAL로 저장하는 (숫자의 자리 수)/2의 결과값을 올림 처리한 만큼의 바이트 수가 필요하다. 그 리고 DECIMAL 타입과 BIGINT 타입의 값을 곱하는 연산을 간단히 테스트해 보면 아주 미세한 차이 지만 DECIMAL보다는 BGINT 타입이 더 빠르다는 사실을 알 수 있다. 결론적으로 소수가 아닌 정수 값을 관리하기 위해 DECIMAL이나 NUMERIC 타입을 사용하는 것은 성능상으로나 공간 사용면에서 좋지 않다. 단순히 정수를 관리하고자 한다면 INTEGER나 BIGINT를 사용하는 것이 좋다.

15.2.4 정수 타입의 칼럼을 생성할 때의 주의사항

부동 소수점이나 DECIMAL 타입을 이용해 칼럼을 정의할 때는 타입의 이름 뒤에 괄호로 정밀도를 표 시하는 것이 일반적이다. 예를 들어 DECIMAL(20, 5)이라고 정의하면 정수부를 15(=20−5)자리까 지, 그리고 소수부를 5자리까지 저장할 수 있는 DECIMAL 타입을 생성한다. 그리고 DECIMAL(20)이 라고 정의하는 경우에는 소수부 없이 정수부만 20자리까지 저장할 수 있는 타입의 칼럼을 생성한다. FLOAT이나 DOUBLE 타입은 저장 공간의 크기가 고정형이므로 정밀도를 조절한다고 해서 저장 공간 의 크기가 바뀌는 것은 아니다. 하지만 DECIMAL 타입은 저장 공간의 크기가 가변적인 데이터 타입이 어서 DECIMAL 타입에 사용하는 정밀도는 저장 가능한 자리 수를 결정함과 동시에 저장 공간의 크기 까지 제한한다.

그런데 부동 소수점(FLOAT, DOUBLE)이나 고정 소수점(DECIMAL)이 아닌, 정수 타입을 생성할 때도 똑같이 BIGINT(10)과 같이 괄호로 값의 크기를 명시할 수 있는 문법을 지원한다. 정수 칼럼에서 BIGINT(10)과 같이 타입을 정의하면 저장되는 정수 값의 길이를 10자리로 제한할 수 있을 것이라고 잘못 생각하는 사람들이 많다. 하지만 모든 정수 타입(BIGINT, INTEGER, SMALLINT, TINYINT 등)은 이미 고정형 데이터 타입이며, 정수 타입 뒤에 명시되는 괄호는 화면에 표시할 자리 수를 의미할 뿐 저장 가능한 값을 제한하는 용도가 아니다. 여기서 자리 수라는 것도 ZEROFILL을 얼마나 할지를 의미하는 자리 수다.

다음 예제는 ZEROFILL 옵션과 타입 뒤의 길이 지정을 동시에 정수 타입에 사용한 것이다.

```
mysql> CREATE TABLE tb_bigint (fd1 BIGINT(10) ZEROFILL);
mysql> INSERT INTO tb_bigint VALUES (123), (12345), (123456789), (1234567899),
(12345678999);

mysql> SELECT * FROM tb_bigint;
+-------------+
| fd1         |
+-------------+
|  0000000123 |
|  0000012345 |
|  0123456789 |
|  1234567899 |
| 12345678999 |
+-------------+
```

위의 예제에서 SELECT 쿼리의 결과를 보면 BIGINT 타입 뒤에 명시된 10만큼 0이 숫자 값의 왼쪽에 패딩되어 조회된다는 것을 알 수 있다. 그리고 10자리를 넘어서는 수라고 해서 앞이나 뒤를 잘라내고 10자리까지만 표시하는 것이 아니라, 모두 표시한다는 사실을 알 수 있다. ZEROFILL 옵션은 실질 숫자 값의 앞쪽에 0을 패딩해서 가져올 것인지를 설정하는 옵션이다. ZEROFILL을 사용할 때 몇 자리까지 패딩할지를 결정하는 것이 정수 타입 뒤의 명시된 숫자 크기(괄호 안의 숫자 값)의 역할이다.

정수 타입 뒤의 길이 지정은 ZEROFILL 옵션이 없으면 아무런 의미가 없다. ZEROFILL 옵션이 사용되면 자동으로 그 칼럼의 타입은 양의 숫자만 저장할 수 있는 UNSIGNED 타입이 되어 버리기 때문에 주의해야 한다.

15.2.5 자동 증가(AUTO_INCREMENT) 옵션 사용

테이블의 프라이머리 키를 구성하는 칼럼의 크기가 너무 크거나 프라이머리 키로 사용할 만한 칼럼이 없을 때는 숫자 타입의 칼럼에 자동 증가 옵션을 사용해 인조 키를 생성할 수 있다. MySQL 서버의 auto_increment_increment와 auto_increment_offset 시스템 설정을 이용해 AUTO_INCREMENT 칼럼의 자동 증가 값이 얼마씩 증가될지 변경할 수 있다. 일반적으로 이 두 설정 값은 모두 1로 사용되지만, 만약 auto_increment_offset을 5로 auto_increment_increment를 10으로 변경하면 자동 생성되는 값은 5, 15, 25, 35, 45, ...과 같이 증가한다.

AUTO_INCREMENT 옵션을 사용한 칼럼은 반드시 그 테이블에서 프라이머리 키나 유니크 키의 일부로 정의해야 한다. 그런데 프라이머리 키나 유니크 키가 여러 개의 칼럼으로 구성되면 AUTO_INCREMENT 속성의 칼럼의 값이 증가하는 패턴이 MyISAM 스토리지 엔진과 InnoDB 스토리지 엔진에서 각각 달라진다.

- MyISAM 스토리지 엔진을 사용하는 테이블에서는 자동 증가 옵션이 사용된 칼럼이 프라이머리 키나 유니크 키의 아무 위치에나 사용될 수 있다.
- InnoDB 스토리지 엔진을 사용하는 테이블에서는 반드시 AUTO_INCREMENT 칼럼이 프라이머리 키 또는 유니크 키 중 적어도 하나의 인덱스에서는 제일 앞에 위치해야 한다. 즉, 다음 예제와 같이 InnoDB 테이블에서 AUTO_INCREMENT 칼럼을 프라이머리 키의 뒤쪽에 배치하면 오류가 발생한다.

```
CREATE TABLE tb_autoinc_innodb (
  fdpk1 INT,
  fdpk2 INT AUTO_INCREMENT,
  PRIMARY KEY(fdpk1, fdpk2)
) ENGINE=INNODB;

ERROR 1075 (42000): Incorrect table definition; there can be only one auto column and it
must be defined as a key
```

InnoDB 스토리지 엔진과 MyISAM 스토리지 엔진에서 AUTO_INCREMENT 칼럼 하나만으로 프라이머리 키나 유니크 키로 사용하면 작동 방식의 차이는 없다. 하지만 AUTO_INCREMENT 칼럼과 다른 일반 칼럼을 조합해서 프라이머리 키나 유니크 키를 구성하면 InnoDB와 MySQL 테이블에서 증가하는 값의 패턴이 달라진다. 다음 예제에서 두 테이블 모두 AUTO_INCREMENT 칼럼이 프라이머리 키의 뒤쪽으로 배치된 테이블에 INSERT를 실행한 것이다.

```
mysql> CREATE TABLE tb_autoinc_innodb (
         fdpk1 INT,
         fdpk2 INT AUTO_INCREMENT,
         PRIMARY KEY (fdpk1,fdpk2),
         UNIQUE KEY ux_fdpk2 (fdpk2)
       ) ENGINE=INNODB;

mysql> CREATE TABLE tb_autoinc_myisam (
         fdpk1 INT,
         fdpk2 INT AUTO_INCREMENT,
         PRIMARY KEY (fdpk1,fdpk2)
       ) ENGINE=MyISAM;

mysql> INSERT INTO tb_autoinc_innodb VALUES (1, NULL), (1, NULL), (2, NULL), (2, NULL);
mysql> INSERT INTO tb_autoinc_myisam VALUES (1, NULL), (1, NULL), (2, NULL), (2, NULL);

mysql> SELECT * FROM tb_autoinc_innodb;
+--------+--------+
| fdpk1  | fdpk2  |
+--------+--------+
|     1  |     1  |
|     1  |     2  |
|     2  |     3  |
|     2  |     4  |
+--------+--------+

mysql> SELECT * FROM tb_autoinc_myisam;
+--------+--------+
| fdpk1  | fdpk2  |
+--------+--------+
|     1  |     1  |
|     1  |     2  |
|     2  |     1  |
|     2  |     2  |
+--------+--------+
```

위의 예제를 보면 InnoDB 테이블에서는 프라이머리 키의 앞쪽에 위치한 칼럼(fdpk1)의 값에 관계없이 항상 1씩 증가된 값이 AUTO_INCRMENT 칼럼(fdpk2)에 저장됐다. 하지만 MyISAM 테이블의 SELECT 결과를 보면 프라이머리 키의 앞쪽에 위치한 칼럼(fdpk1)의 값에 의존해 AUTO_INCREMENT 칼럼(fdpk2)의 값이 1부터 다시 시작됐다.

AUTO_INCREMENT 칼럼은 테이블당 단 하나만 사용할 수 있다. AUTO_INCREMENT 칼럼이 없는 테이블에 새로운 AUTO_INCREMENT 칼럼을 추가하면 새로 추가된 칼럼은 1부터 자동으로 증가된 값이 할당된다. AUTO_INCREMENT 칼럼의 현재 증가 값은 테이블의 메타 정보에 저장돼 있는데, 다음 증가 값이 얼마인지는 "SHOW CREATE TABLE tb_autoinc_myisam;" 명령으로 조회할 수 있다. 때로는 개발용 MySQL 서버에서 SHOW CREATE TABLE 명령으로 조회한 DDL 명령을 그대로 서비스용 MySQL 서버에 실행할 때가 있다. SHOW CREATE TABLE 명령의 결과에는 다음과 같이 CREATE TABLE 명령에 지금 사용 중인 최종 AUTO_INCREMENT 값이 함께 포함된다. 이 결과를 그대로 서비스용 MySQL 서버에서 실행하면 서비스용 MySQL 서버에서는 AUTO_INCREMENT가 1부터가 아니라 7부터 시작하게 될 것이다. 이와 같이 개발용 MySQL 서버에서 서비스용 MySQL로 스키마를 복사할 때는 AUTO_INCREMENT의 초기 값에 주의하자.

```
CREATE TABLE tb_autoinc_innodb (
  fd_pk1 INT(11) NOT NULL DEFAULT '0',
  fd_pk2 INT(11) NOT NULL AUTO_INCREMENT,
  PRIMARY KEY (fd_pk1,fd_pk2),
  UNIQUE KEY ux_fdpk2 (fd_pk2)
) ENGINE=INNODB AUTO_INCREMENT=7 DEFAULT CHARSET=utf8
```

15.3 날짜와 시간

MySQL에서는 날짜만 저장하거나 시간만 따로 저장할 수도 있으며, 날짜와 시간을 합쳐서 하나의 칼럼에 저장할 수 있게 여러 가지 타입을 지원한다. 다음 표는 MySQL에서 지원하는 날짜나 시간에 관련된 데이터 타입으로 DATE와 DATETIME 타입이 많이 사용된다.

타입	필요 저장 공간	저장 가능한 값의 범위
YEAR	1바이트	YEAR(2) : 70(1970) ~ 69(2069) YEAR(4) : 1901 ~ 2155
TIME	3바이트	'-838:59:59' ~ '838:59:59'
DATE	3바이트	'1000-01-01' ~ '9999-12-31'
TIMESTAMP	4바이트	'1970-01-01 00:00:01' ~ '2038-01-19 03:14:07' (UTC)
DATETIME	8바이트	'1000-01-01 00:00:00' ~ '9999-12-31 23:59:59'

MySQL 5.0과 5.1, 그리고 5.5 버전에서는 위의 데이터 타입 모두 밀리초 이하의 단위는 저장할 수 없다. MySQL의 내장 함수 중에는 밀리초나 마이크로초 단위의 연산을 수행하는 함수가 있기 때문에 밀리초 단위의 값을 저장하는 칼럼이 있을 것으로 예상하는 사용자가 많다. 하지만 MySQL 5.6.4 버전부터 마이크로초(1/1,000,000초) 단위의 값을 관리할 수 있는 기능이 추가됐다. 그 이하의 버전에서 밀리초 이하의 값을 관리하려면 BIGINT 타입의 칼럼에 타입 스탬프 값을 저장하는 방법으로 우회해서 사용해야 한다. 또한 MySQL에서는 밀리초 이하의 값을 구할 수도 없으므로 직접 프로그램으로부터 시간을 구해서 저장할 수밖에 없다.

```
CREATE TABLE tb_millisecond (
  reg_date BIGINT,
  ..
);

INSERT INTO tb_millisecond (reg_date, ..) VALUES (1325135407*1000+129, …);

SELECT CONCAT(FROM_UNIXTIME(FLOOR(reg_date/1000)),".", (reg_date%1000)) AS reg_date
FROM tb_millisecond;
➡ 2011-12-29 14:10:07.129
```

참 고

UTC(Universal Coordinated Time)는 세슘의 원자 진동수를 이용한 시간으로 "국제 표준시"라고도 한다. GMT(Greenwich Mean Time)는 태양의 시간을 기준으로 판단한 시각으로 "평균 태양시"라고도 한다. 일반적으로 UTC와 GMT는 구분 없이 사용하지만, 엄연히 둘의 차이는 있기 때문에(이를 윤초라고 부른다) 정밀 과학에서는 GMT보다 UTC를 사용하는 것이 일반적이다.

MySQL의 날짜 타입은 자체적으로 타임존을 관리하지 않으므로 DATETIME이나 DATE 타입은 현재 DBMS 커넥션의 타임존에 관계없이 클라이언트로부터 입력된 값을 그대로 저장하고 조회할 때도 변환 없이 그대로 출력한다. 하지만 TIMESTAMP는 항상 UTC 타임존으로 저장되므로 타임존이 달라져도 값이 자동으로 보정된다. 다음 예제는 한국에 있는 사용자가 DATETIME 타입과 TIMESTAMP 타입에 저장한 날짜 값을 미국의 로스엔젤레스의 사용자가 조회하는 과정을 보여준다. 여기서는 각 사용자의 위치(타임존)를 설정하기 위해 "SET time_zone=…" 명령을 사용한다.

```
mysql> CREATE TABLE tb_timezone (fd_datetime DATETIME, fd_timestamp TIMESTAMP);

-- // 현재 세션의 타입 존을 한국(Asia/Seoul)으로 변경
mysql> SET time_zone='Asia/Seoul';
```

```
-- // now() 함수를 이용해 DATETIME 칼럼과 TIMESTAMP 칼럼에
-- // 현재 일시(2011-07-01 09:41:23)를 저장
mysql> INSERT INTO tb_timezone VALUES (NOW(), NOW());

-- // 저장된 시간 정보를 확인
mysql> SELECT * FROM tb_timezone;
+---------------------+---------------------+
| fd_datetime         | fd_timestamp        |
+---------------------+---------------------+
| 2011-07-01 09:41:23 | 2011-07-01 09:41:23 |
+---------------------+---------------------+

-- // 그리고 같은 커넥션에서 타임존을 미국의 로스엔젤레스로 변경(America/Los_Angeles)
mysql> SET time_zone='America/Los_Angeles';

-- // 타임존이 미국 로스엔젤레스로 변경된 상태로 한국의 타임존으로 입력된 일시 정보를 확인
mysql> SELECT * FROM tb_timezone;
+---------------------+---------------------+
| fd_datetime         | fd_timestamp        |
+---------------------+---------------------+
| 2011-07-01 09:41:23 | 2011-06-30 17:41:23 |
+---------------------+---------------------+
```

위에 예제에서 DATETIME에 저장된 날짜와 시간 정보는 커넥션의 타임존이 한국에서 미국의 로스엔
젤레스로 변경돼도 전혀 차이가 없이 똑같은 값이 조회된다. 이는 DATETIME 칼럼은 타임존에 대해
아무런 보정 처리가 수행되지 않음을 의미한다. 그런데 TIMESTAMP 칼럼은 타임존이 변경됨에 따라
그에 맞게 시간이 보정되어 조회됐다.

만약 글로벌하게 사용되는 소프트웨어를 개발 중이라면 반드시 각 나라별로 날짜와 시간 정보, 그리고
타임존에 관련된 정보까지 관리해야 한다. 이때 TIMESTAMP 타입을 사용한다면 커넥션의 타임존 설
정만 제대로 된다면 특별히 문제되지는 않지만 DATETIME 타입은 커넥션의 타임존 변경으로 보완되
지 않는다. 그래서 결국은 미국이나 캐나다의 사용자들은 미래에 작성된 게시물을 보게 되는 결과가 발
생할 수도 있다. 그렇다고 MySQL 데이터베이스의 모든 날짜 값을 TIMESTAMP 타입으로만 저장할
수도 없다.

가장 좋은 해법은 DATETIME의 값은 항상 MySQL 서버의 타임존으로 변환해서 저장하는 것이다.
그리고 프로그램에서 사용하는 MySQL 커넥션의 타임존(커넥션의 time_zone 변수)은 그 지역에 맞

게 정확하게 설정하고, 날짜나 시간 값을 저장할 때는 CONVERT_TZ( )와 같은 함수로 로컬 시간을 MySQL 서버의 타임존으로 변환해서 저장하는 것이다. 물론 DATETIME이나 DATE 타입의 값을 조회할 때도 CONVERT_TZ( ) 함수로 변환하는 작업이 필요하다. 하지만 TIMESTAMP 칼럼의 값은 자동으로 커넥션의 타임존에 의해 변환되므로 걱정하지 않아도 된다.

이미 데이터를 가지고 있는 MySQL 서버의 타임존(system_time_zone 변수)을 변경해야 한다면 타임존 설정뿐 아니라 테이블의 DATETIME 타입의 칼럼이 가지고 있는 값도 CONVERT_TZ( )와 같은 함수를 이용해 변환해야 한다. 하지만 TIMESTAMP 타입의 값은 MySQL 서버의 타임존에 의존적이지 않고 항상 UTC로 저장되므로 MySQL 서버의 타임존을 변경한다고 해서 별도로 변환 작업을 해줄 필요는 없다.

MySQL 서버의 기본 타임존을 확인하거나 변경하는 방법은 다음와 같다.

```
mysql> SET time_zone='America/Los_Angeles';

mysql> SHOW variables LIKE '%time_zone%';
+------------------+---------------------+
| Variable_name    | Value               |
+------------------+---------------------+
| system_time_zone | JST                 |
| time_zone        | America/Los_Angeles |
+------------------+---------------------+
```

system_time_zone 시스템 변수는 MySQL 서버의 타임존을 의미하며, 일반적으로 이 값은 운영체제의 타임존을 그대로 상속받는다. 시스템 타임존은 MySQL을 기동하는 운영체제 계정의 환경 변수(일반적으로 운영체제 계정의 타임존 환경 변수의 이름은 "TZ"다)를 변경하거나 mysqld_safe를 시작할 때 "--timezone" 옵션을 이용해 변경하는 것이 가능하다. MySQL의 time_zone 변수가 'America/Los_Angeles'라면 여기에 접속하는 MySQL 클라이언트는 'America/Los_Angeles' 타임존을 기본적으로 가진다.

15.3.1 TIMESTAMP 타입의 옵션

TIMESTAMP 타입이 지닌 또 하나의 차이는 TIMESTAMP 타입의 칼럼 값은 레코드가 UPDATE되거나 INSERT될 때 자동으로 현재 시간으로 변경된다는 것이다. TIMESTAMP 타입의 이름대로 각 레코드의 INSERT나 UPDATE 시점의 도장을 찍는 역할을 한다. 아무런 옵션 없이 TIMESTAMP 타입의 칼럼을 만들어두면 특별히 TIMESTAMP 타입의 값을 변경하지 않고 다른 칼럼의 값만 변경했는데도 변경된 시점의 시간으로 업데이트된다. TIMESTAMP의 용도를 명확히 모르는 사용자에게는 제멋대로 값이 업데이트돼서 이상하겠지만 아래의 TIMESTAMP 타입의 특성을 정확히 이해하면 예상외의 장점과 용도를 발견할 것이다.

우선 아무런 옵션도 설정하지 않은 두 개의 TIMESTAMP 칼럼을 가진 tb_article 테이블에 대해 INSERT와 UPDATE가 실행된 후, 두 TIMESTAMP 칼럼의 값이 어떻게 변하는지 한번 살펴보자.

```
mysql> CREATE TABLE tb_article (
  article_id INT AUTO_INCREMENT,
  article_title VARCHAR(100) NOT NULL,
  write_ts TIMESTAMP,
  modify_ts TIMESTAMP,
  PRIMARY KEY (article_id)
);

mysql> INSERT INTO tb_article (article_title) VALUES ('Article 1');

mysql> SELECT * FROM tb_article;
+------------+---------------+---------------------+---------------------+
| article_id | article_title | write_ts            | modify_ts           |
+------------+---------------+---------------------+---------------------+
|          1 | Article 1     | 2011-07-02 11:22:43 | 0000-00-00 00:00:00 |
+------------+---------------+---------------------+---------------------+

mysql> UPDATE tb_article SET article_title='Article 1-1' WHERE article_id=1;

mysql> SELECT * FROM tb_article;
+------------+---------------+---------------------+---------------------+
| article_id | article_title | write_ts            | modify_ts           |
+------------+---------------+---------------------+---------------------+
|          1 | Article 1-1   | 2011-07-02 11:24:07 | 0000-00-00 00:00:00 |
+------------+---------------+---------------------+---------------------+
```

위의 예제에서 tb_article 테이블의 write_ts와 modify_ts라는 두 칼럼은 데이터 타입도 모두 TIMESTAMP이고 아무런 옵션이 명시되지 않았으므로 똑같아 보인다. 그리고 write_ts 칼럼과 modify_ts 칼럼을 변경하지 않는 INSERT 문장을 실행한 결과를 보면 write_ts는 현재 시간으로 업데이트됐지만 modify_ts 칼럼의 값은 0으로 초기화됐다. 그리고 UPDATE 문장을 실행해 봐도 write_ts는 다시 UPDATE 문장이 실행되던 시점의 값으로 변경됐지만 modify_ts 칼럼의 값은 전혀 변화가 없다.

TIMESTAMP 타입의 가장 큰 특징이 바로 이것이다. TIMESTAMP 타입의 칼럼이 하나만 존재하는 테이블에서는 레코드가 INSERT되거나 UPDATE되는 시점의 시간이 TIMESTAMP 타입의 칼럼에 자동으로 업데이트된다. 하지만 하나의 테이블에 2개 이상의 TIMESTAMP 칼럼이 모두 아무런 옵션을 가지지 않으면 테이블에서 먼저 명시된 칼럼만 진짜 타임스탬프 역할을 하고 나머지 TIMESTAMP 타입의 칼럼은 타임 스탬프의 기능(시간 도장)을 잃게 된다. 타임스탬프 타입의 역할을 가진 칼럼이든 아니든, 사용자가 명시적으로 특정 시간을 저장하면 시간 도장의 기능과 관계없이 사용자가 명시한 값이 저장된다. 다음 예제에서 실제 쿼리를 실행한 시간은 '2011-07-02 11:35:16'이지만 write_ts 칼럼에 저장된 값은 강제로 입력한 '2011-07-02 11:22:43'임을 알 수 있다.

```
-- // 현재 이 쿼리가 실행되는 시점은 '2011-07-02 11:35:16'임
mysql> UPDATE tb_article
       SET article_title='Article1-1-1', write_ts='2011-07-02 11:22:43'
       WHERE article_id=1;

mysql> SELECT * FROM tb_article;
+------------+---------------+---------------------+---------------------+
| article_id | article_title | write_ts            | modify_ts           |
+------------+---------------+---------------------+---------------------+
|          1 | Article1-1-1  | 2011-07-02 11:22:43 | 0000-00-00 00:00:00 |
+------------+---------------+---------------------+---------------------+
```

사실 TIMESTAMP 타입에는 INSERT나 UPDATE 쿼리에 대해 어떻게 값이 바뀔지를 명시하는 두 개의 옵션이 있다. 이 두 가지 옵션을 하나의 TIMESTAMP 칼럼에 동시에 설정하거나 또는 개별적으로 설정하는 것이 가능하다. TIMESTAMP 타입에 아무런 옵션을 명시하지 않으면 기본적으로는 두 옵션을 모두 가지고 있는 것으로 정의된다. 만약 TIMESTAMP 타입의 칼럼이 시간 도장의 역할을 전혀 하지 않도록 설정하는 방법은 다른 옵션을 명시하는 것이다. TIMESTAMP 타입의 두 가지 옵션을 조합해서 4가지 특징을 지닌 TIMESTAMP 칼럼을 만들 수 있다. 각 조합별로 TIMESTAMP 타입이 어떻게 작동하는지 한번 살펴보자.

col_ts TIMESTAMP DEFAULT CURRENT_TIMESTAMP ON UPDATE CURRENT_TIMESTAMP

TIMESTAMP 칼럼의 두 가지 옵션을 모두 적용한 예제다. 레코드가 초기 생성될 때 col_ts 칼럼에 값이 직접 입력되지 않으면 자동으로 현재 시간으로 저장되며, 레코드의 다른 칼럼이 변경되는 시점마다 col_ts 칼럼의 값은 변경 시점의 시간으로 자동 업데이트된다. 만약 TIMESTAMP 칼럼을 정의하면서 (위의 tb_article 테이블에서처럼) TIMESTAMP 칼럼에 아무런 옵션을 명시하지 않으면 이 두 가지 옵션을 묵시적으로 정의한 것으로 간주된다.

col_ts TIMESTAMP DEFAULT CURRENT_TIMESTAMP

TIMESTAMP 칼럼을 생성할 때 "DEFAULT CURRENT_TIMESTAMP" 옵션만 부여되면 UPDATE 문장을 실행할 때 시간이 자동으로 업데이트되는 옵션은 비활성화되며, 레코드가 초기 생성되는 시점에만 현재 시간이 col_ts 칼럼에 저장된다.

col_ts TIMESTAMP DEFAULT 0 ON UPDATE CURRENT_TIMESTAMP

"DEFAULT CURRENT_TIMESTAMP" 옵션과는 반대로, TIMESTAMP 칼럼의 옵션으로 "ON UPDATE CURRENT_TIMESTAMP"만 명시되면 초기 기본값의 설정은 비활성화되고, 레코드가 처음 생성되는 시점의 기본값은 자동으로 저장되지 않고 변경될 때만 col_ts 칼럼에 변경 시점의 시간이 저장된다.

col_ts TIMESTAMP DEFAULT 0

TIMESTAMP 칼럼의 두 가지 옵션을 모두 사용하지 않으려면 이와 같이 다른 옵션 없이 "DEFAULT 0" 옵션을 부여하면 된다. 여기서는 초기 디폴트 값을 0으로 설정했지만 "DEFAULT '2011-07-02 12:00:00'"와 같은 상수 값을 설정해도 된다.

한 가지 주의해야 할 사항은 하나의 테이블에서 TIMESTAMP 타입이 여러 번 사용되면 테이블에서 처음으로 사용된 TIMESTAMP 타입과 그 이후에 사용된 TIMESTAMP 타입의 초기화나 자동 업데이트 특성이 달라진다는 것이다. 아래와 같이 TIMESTAMP 타입을 가지는 칼럼이 두 개를 가지는 테이블을 한번 살펴보자. 우선 첫 번째 예제(tb_timestamp2)에서 첫 번째 칼럼인 col_ts1 칼럼은 DEFAULT 0 으로 정의되었기 때문에 자동 초기화나 업데이트는 되지 않고, 두 번째 칼럼인 col_ts2는 자동 초기화와 업데이트 옵션을 명시했으므로 기대한 대로 작동할 것이다. 두 번째 테이블 예제(tb_timestamp3) 에서도 첫 번째 칼럼인 col_ts1은 첫 번째 테이블과 똑같이 아무런 자동 초기화나 업데이트가 작동하지 않을 것이다. 하지만 하나의 테이블에서 두 번째부터 그 이후의 TIMESTAMP 타입 칼럼(tb_timestamp3.col_ts2)은 아무런 옵션이 명시되지 않으면 자동 초기화나 업데이트를 사용하지 않도록 (마치 첫 번째로 사용된 TIMESTAMP 칼럼에 DEFAULT 0 옵션 사용처럼) 칼럼이 정의된다는 것이다.

```
CREATE TABLE tb_timestamp2 (
  col_ts1 TIMESTAMP DEFAULT 0,
  col_ts2 TIMESTAMP DEFAULT CURRENT_TIMESTAMP ON UPDATE CURRENT_TIMESTAMP
);

CREATE TABLE tb_timestamp3 (
  col_ts1 TIMESTAMP DEFAULT 0,
  col_ts2 TIMESTAMP /* 두 번째 이후 TIMESTAMP에서 아무런 옵션이 없으면, 자동 초기화나 업
데이트 안됨 */
);
```

15.3.2 타임존 등록 및 사용

리눅스나 솔라리스 같은 유닉스 계열의 운영체제나 맥 OS X 운영체제는 자체적인 타임존 정보를 가지고 있는데, 이러한 타임존 정보를 mysql_tzinfo_to_sql이라는 MySQL 유틸리티를 이용해 MySQL의 타임존으로 등록할 수 있다.

```
shell> mysql_tzinfo_to_sql /usr/share/zoneinfo | mysql -u root mysql
mysql> SELECT name FROM time_zone_name;
+--------------------+
| name               |
+--------------------+
...
| America/Los_Angeles |
| Asia/Seoul          |
| UTC                 |
...
+--------------------+
```

그 밖의 운영체제에서는 이미 만들어져 있는 타임존 관련 테이블을 내려받아 설치하면 된다. 이미 만들어져 있는 타임존 테이블은 http://dev.mysql.com/downloads/timezones.html 사이트에서 내려받으면 된다. 하지만 위의 명시된 운영체제에서와 같이 자체적인 타임존 정보를 가지고 있다면, 위 사이트의 미리 만들어진 타임존 관련 테이블을 사용하지 말고 mysql_tzinfo_to_mysql 유틸리티를 사용해 직접 로드해야 한다. 타임존이 제대로 등록됐는지 확인하는 방법은 다음과 같이 CONVERT_TZ라는 함수를 이용해 타임존을 변경한 뒤 시간을 확인해 보면 된다. 다음 예제는 한국의 서울 시간으로 '2011-06-30 11:00:00'를 미국의 로스엔젤레스 시간으로 변환하는 예제다.

```
mysql> SELECT
    CONVERT_TZ('2011-06-30 11:00:00', 'Asia/Seoul','America/Los_Angeles') AS losangeles_
time;
+--------------------+
| LosAngeles_Time    |
+--------------------+
| 2011-06-29 19:00:00 |
+--------------------+
```

타임존 정보를 MySQL 서버에 등록하지 못했다거나, 이 작업이 귀찮다면 "+09:00"과 같이 타임존의 이름이 아닌 시간차를 그대로 타임존으로 설정할 수도 있다. 만약 특정 MySQL 커넥션에서 미국 라스

베가스의 타임존을 설정해야 하는데, 타임존 이름과 정보가 MySQL 서버에 없다면 다음과 같이 커넥션의 타임존을 변경해도 동일한 효과를 얻을 수 있다.

```
mysql> SET time_zone='-08:00';

mysql> SHOW variables LIKE '%time_zone%';
+------------------+--------+
| Variable_name    | Value  |
+------------------+--------+
| system_time_zone | JST    |
| time_zone        | -08:00 |
+------------------+--------+
```

위의 결과를 보면 현재 DB 커넥션의 타임존이 "-08:00"으로 변경된 것을 확인할 수 있다. 물론 이렇게 숫자로 표시된 시간차가 사용되면 가독성이 떨어지므로 가능하면 타임존 정보를 MySQL 서버에 적재해서 사람이 읽을 수 있는 형태로 타임존을 설정하는 것이 좋다. 혹시 긴급한 상황에 대비해 주요 국가나 미국의 주에 대해 국제 표준시(UTC)를 기준으로 시간 차이를 표로 정리했다.

시간 차	예제(예제의 기준 시간 : 2011-06-30 21:37:12)	국가 명(미국의 경우 주 이름)
00:00 (UTC)	2011-06-30 21:37:12	영국, 아이슬랜드
-08:00	2011-06-30 13:37:12	캐나다 밴쿠버, 워싱턴, 포틀랜드, 라스베가스, 캘리포니아
-07:00	2011-06-30 14:37:12	콜로라도, 아리조나
-06:00	2011-06-30 15:37:12	시카고, 달라스, 멕시코시티
-05:00	2011-06-30 16:37:12	오타와, 토론토, 몬트리올, 보스턴, 뉴욕, 노스캐롤라이나, 워싱턴D.C. , 마이애미, 콜롬비아, 페루
-03:00	2011-06-30 18:37:12	리오데자네이로, 상파울로
+01:00	2011-06-30 22:37:12	알바니아, 슬로베니아, 노르웨이, 스웨덴, 덴마크, 독일,
+02:00	2011-06-30 23:37:12	핀란드, 우크라이나, 그리스, 터키, 이집트, 남아프리카
+04:00	2011-07-01 01:37:12	아랍에미레이트, 모스크바

+05:30	2011-07-01 03:07:12	인도, 스리랑카
+07:00	2011-07-01 04:37:12	태국, 베트남, 자카르타
+08:00	2011-07-01 05:37:12	울란바토르, 중국, 타이완, 홍콩, 필리핀, 말레이시아, 싱가폴, 호주(서부)
+09:00	2011-07-01 06:37:12	일본, 한국
+09:30	2011-07-01 07:07:12	호주(남부)
+12:00	2011-07-01 09:37:12	피지, 뉴질랜드

15.4 ENUM과 SET

ENUM과 SET은 모두 문자열 값을 MySQL 내부적으로 숫자 값으로 맵핑해서 관리하는 타입이다. 일반적으로 데이터베이스를 사용하다 보면 타입이나 상태 등과 같이 수많은 코드 형태의 칼럼을 사용하게 되는데, 실제 데이터베이스에는 이미 인코딩된 알파벳이나 숫자 값만 저장되므로 그 의미를 바로 파악하기가 쉽지 않다는 단점이 있다.

15.4.1 ENUM

ENUM 타입은 반드시 하나의 값만 저장할 수 있는데, 이는 다른 일반적인 칼럼과 같은 특성이므로 쉽게 이해할 수 있을 것이다. ENUM 타입의 가장 큰 용도는 코드화된 값을 관리하는 것이다. 다음의 예제로 ENUM 타입의 특성을 한번 살펴보자.

```
mysql> CREATE TABLE tb_enum ( fd_enum ENUM('orange','apple','grape') );
mysql> INSERT INTO tb_enum VALUES ('orange'), ('grape');

mysql> SELECT * FROM tb_enum;
+---------+
| fd_enum |
+---------+
| orange  |
| grape   |
+---------+

-- // enum이나 set 타입의 칼럼에 대해 숫자 연산을 수행하면
-- // 맵핑된 문자열 값이 아닌 내부적으로 저장된 숫자 값으로 연산이 실행된다.
mysql> SELECT fd_enum*1 AS real_value FROM tb_enum;
```

```
+------------+
| REAL_VALUE |
+------------+
|          1 |
|          3 |
+------------+

mysql> SELECT * FROM tb_enum WHERE fd_enum=1;
+---------+
| fd_enum |
+---------+
| orange  |
+---------+

mysql> SELECT * FROM tb_enum WHERE fd_enum='orange';
+---------+
| fd_enum |
+---------+
| orange  |
+---------+
```

ENUM 타입의 fd_enum 칼럼을 가지는 테이블을 생성하고, 예제로 2건의 레코드를 INSERT했다. 여기서 만들어진 fd_enum 칼럼은 값으로 'orange'와 'apple', 그리고 'grape'를 가질 수 있게 정의됐다. ENUM 타입은 INSERT나 UPDATE, 그리고 SELECT 등의 쿼리에서 CHAR나 VARCHAR 타입과 같이 문자열처럼 비교하거나 저장할 수 있다. 하지만 MySQL 서버가 실제로 값을 디스크나 메모리에 저장할 때는 사용자로부터 요청된 문자열이 아니라 그 값에 맵핑된 정수 값을 사용한다. ENUM 타입에 사용할 수 있는 최대 문자열의 개수는 65,535개이며, 문자열의 종류가 255개 미만이면 ENUM 타입은 저장 공간으로 1바이트를 사용하고, 그 이상인 경우에는 2바이트까지 사용한다.

ENUM 타입을 사용할 때 일반적으로 특정 문자열 값이 어떤 정수 값으로 맵핑됐는지는 알 필요가 없다. 하지만 필요하다면 위 예제의 두 번째 SELECT 쿼리에서와 같이 1을 곱한다거나 0을 더하는 산술 연산을 적용하는 방법으로 ENUM 타입의 실제 값을 확인할 수 있다. ENUM 타입에서 맵핑되는 정수 값은 일반적으로 테이블 정의에 나열된 문자열 순서대로 1부터 할당되며, 빈 문자열("")은 항상 0으로 맵핑된다. 프로그램의 성격에 따라 다르겠지만 MySQL을 사용하는 프로그램에서는 별도의 코드 테이블을 사용하지 않을 때가 많다. 이때 실제 테이블에 저장된 코드 값이 어떤 의미인지 이해하기가 쉽지 않은데, ENUM 타입은 이러한 단점을 보완해줄 수 있는 상당히 유용한 타입이라고 생각된다. ENUM

타입은 저장해야 하는 문자열 값이 길면 길수록 저장 공간을 더 많이 절약할 수 있다.

하지만 ENUM 타입의 가장 큰 단점은 칼럼에 저장되는 문자열 값이 테이블의 구조(메타 정보)가 되면서 기존의 ENUM 타입에 새로운 값(예를 들어 'mango'를 추가해야 하는 경우)을 추가해야 한다면 테이블의 구조를 변경해야 한다는 점이다. 테이블의 레코드가 많지 않다면 테이블 구조를 변경하는 것은 큰 문제가 아니지만 테이블의 레코드 건수가 많다면 서비스를 멈추고 테이블의 구조를 변경해야 할지도 모른다. ENUM 타입에 새로운 문자열 값이 추가만 될 때는 MySQL에서 새로운 테이블을 만들어 FRM 파일만 바꿔주는 비정상적인 방법도 있지만 별로 권장하고 싶지는 않다.

MySQL 5.1부터는 ENUM 타입이 기존 값은 변경되지 않고 새로운 문자열 값이 마지막에 추가되면 MySQL 서버는 테이블의 데이터는 변경하지 않고 MySQL 테이블의 메타 정보만 변경하므로 빠르게 처리된다. ENUM('orange', 'apple', 'grape')로 정의된 ENUM 타입의 마지막에 'mango'를 추가하는 것은 데이터 변경 없이 테이블의 구조만 변경하면 되지만 'apple'과 'grape' 사이에 'mango'를 넣는 것과 같이 기존의 맵핑된 정수 값이 달라져야 할 때는 테이블의 구조뿐 아니라 테이블의 데이터까지 모두 변경돼야 하므로 상당한 시간이 걸릴 수 있다. 기존에 ENUM 타입에 정의된 문자열 중에서 하나를 제거하는 작업도 마찬가지로 테이블의 데이터를 변경해야 하는 작업이기 때문에 주의해야 한다.

ENUM 타입은 우리가 일반적으로 사용하는 상태나 카테고리와 같이 코드화된 칼럼을 MySQL이 자체적으로 제공하는 기능이다. 그래서 ENUM 타입의 칼럼 값으로 정렬을 수행하면 맵핑되기 전의 문자열 값 기준으로 정렬되는 것이 아니라 맵핑된 코드 값으로 정렬이 수행된다. ENUM 타입은 마치 CHAR나 VARCHAR와 같은 문자열 타입처럼 보이지만 사실은 정수 타입의 칼럼이기 때문이다. 가장 좋은 방법은 ENUM 타입의 칼럼에 대해서는 정렬을 수행하지 않는 것이 가장 좋겠지만, 만약 꼭 ENUM 타입의 인코딩된 값이 아니라 문자열 기준으로 정렬해야 한다면 테이블을 생성할 때 필요한 정렬 기준으로 ENUM 타입의 문자열 값을 나열하면 된다. 만약 이미 만들어진 테이블의 ENUM 타입의 문자열 값으로 강제 정렬을 해야 한다면 다음 예제와 같이 CAST( ) 함수로 변환해서 정렬할 수밖에 없다. 이때 인덱스를 이용한 정렬을 사용할 수 없으므로 주의해서 사용해야 한다.

```
mysql> SELECT fd_enum*1 AS real_value, fd_enum FROM tb_enum ORDER BY fd_enum;
+------------+---------+
| REAL_VALUE | fd_enum |
+------------+---------+
|          1 | orange  |
|          3 | grape   |
+------------+---------+
```

```
mysql> SELECT fd_enum*1 AS real_value, fd_enum FROM tb_enum ORDER BY CAST(fd_enum AS
CHAR);
+------------+---------+
| REAL_VALUE | fd_enum |
+------------+---------+
|          3 | grape   |
|          1 | orange  |
+------------+---------+
```

15.4.2 SET

SET 타입도 문자열 값을 정수 값으로 맵핑해서 저장하는 방식은 똑같다. SET과 ENUM의 가장 큰 차이는 SET은 하나의 칼럼에 1개 이상의 값을 저장할 수 있다는 점이다. MySQL 서버는 내부적으로 BIT-OR 연산을 거쳐 1개 이상의 선택된 값을 값을 저장한다. 즉 SET 타입의 칼럼은 여러 개의 값을 저장할 수는 있지만 실제 여러 개의 값을 저장하는 공간을 가지는 것이 아니다. 그래서 각 문자열 값에 맵핑되는 정수 값은 1씩 증가되는 정수 값이 아니라 2n의 값을 갖게 된다. SET 타입은 문자열 값의 멤버 수가 8개 이하이면 1바이트의 저장 공간을 사용하며, 9개에서 16개 이하이면 2바이트를 사용하고 똑같은 방식으로 최대 8바이트까지 저장 공간을 사용한다. 간단히 SET 타입을 정의하고 사용하는 방법을 다음 예제로 살펴보자.

```
mysql> CREATE TABLE tb_set (
         fd_set SET('tennis','soccer','golf','table-tennis','basketball','billard')
       );

mysql> INSERT INTO tb_set (fd_set) VALUES ('soccer'), ('golf,tennis');

mysql> SELECT * FROM tb_set;
+-------------+
| fd_set      |
+-------------+
| soccer      |
| tennis,golf |
+-------------+

mysql> SELECT * FROM tb_set WHERE FIND_IN_SET('golf', fd_set);
+-------------+
| fd_set      |
+-------------+
| tennis,golf |
+-------------+
```

```
mysql> SELECT * FROM tb_set WHERE fd_set LIKE '%golf%';
+-------------+
| fd_set      |
+-------------+
| tennis,golf |
+-------------+
```

위의 예제에서 첫 번째 INSERT 문장은 "soccer"라는 하나의 값만 저장하거나 "golf"와 "tennis"라는 두 개의 값을 하나의 칼럼에 저장하는 방법을 보여준다. 여러 개의 값을 하나의 SET 타입 칼럼에 저장할 때는 ","로 구분해서 문자열 값을 나열해서 입력하면 된다. 그리고 SELECT 쿼리의 결과에서도 똑같이 ","를 구분자로 해서 연결된 문자열을 반환한다. SET 타입의 칼럼에서 "golf"라는 문자열 멤버를 가진 레코드를 검색해야 할 때는 두 번째나 세 번째의 SELECT 쿼리에서와 같이 FIND_IN_SET( ) 함수나 LIKE 검색을 이용할 수 있다.

SET 타입의 칼럼에 대해 동등 비교(Equal)를 수행하려면 칼럼에 저장된 순서대로 문자열을 나열해야만 검색할 수 있다. 또한 SET 타입의 칼럼에 인덱스가 있더라도 동등 비교 조건을 제외하고 FIND_IN_SET( ) 함수나 LIKE를 사용하는 쿼리는 인덱스를 사용할 수 없다.

```
mysql> SELECT * FROM tb_set WHERE fd_set='tennis,golf';
+-------------+
| fd_set      |
+-------------+
| tennis,golf |
+-------------+

mysql> SELECT * FROM tb_set WHERE fd_set='golf,tennis';
Empty set (0.00 sec)
```

동시에 여러 개의 값을 갖는 SET 타입의 칼럼에 대해 하나의 특정 값을 포함하고 있는지는 아래와 같이 FIND_IN_SET( ) 함수를 사용하면 된다.

```
mysql> SELECT * FROM tb_set WHERE FIND_IN_SET('tennis', fd_set) >= 1;
  2
```

하지만 위 예제와 같이 FIND_IN_SET( ) 함수의 사용은 fd_set 칼럼에 인덱스가 있어도 효율적으로 해당 인덱스를 이용할 수 없다. 만약 이러한 형태의 검색이 빈번이 사용된다면 SET 타입의 칼럼을 정규화해서 별도로 인덱스를 가진 자식 테이블을 생성하는 것이 좋다.

15.5 TEXT, BLOB

MySQL에서 대량의 데이터를 저장하려면 TEXT나 BLOB 타입을 사용해야 하는데, 이 두 타입은 많은 부분에서 거의 똑같은 설정이나 방식으로 작동한다. TEXT 타입과 BLOB 타입의 유일한 차이점은 TEXT 타입은 문자열을 저장하는 대용량 칼럼이라서 문자집합이나 콜레이션을 가진다는 것이고, BLOB 타입은 이진 데이터 타입이라서 별도의 문자집합이나 콜레이션을 가지지 않는다는 것이다. 다음의 표와 같이 TEXT와 BLOB 타입 모두 다시 내부적으로 저장 가능한 최대 길이에 따라 4가지 타입으로 구분한다.

데이터 타입	필요 저장 공간 (L = 저장하고자 하는 데이터의 바이트 수)	최대 저장 가능한 바이트 수
TINYTEXT, TINYBLOB	L + 1 바이트	2^8-1 (255)
TEXT, BLOB	L + 2 바이트	2^{16}-1 (65,535)
MEDIUMTEXT, MEDIUMBLOB	L + 3 바이트	2^{24}-1 (16777,215)
LONGTEXT, LONGBLOB	L + 4 바이트	2^{32}-1 (4,294,967,295)

LONG이나 LONG VARCHAR라는 타입도 있는데, MEDIUMTEXT의 동의어이므로 특별히 기억할 필요는 없다. 이진 데이터를 저장하기 위한 데이터 타입과 문자열을 저장하기 위한 데이터 타입은 다음과 같이 고정 길이나 가변 길이 타입이 정확하게 매핑된다.

	고정 길이	가변 길이	대용량
문자 데이터	CHAR	VARCHAR	TEXT
이진 데이터	BINARY	VARBINARY	BLOB

오라클 DBMS의 영향인지 많은 사람들이 BLOB 타입에 대해서는 대용량 칼럼이라는 인식을 가지고 주의하는 데 반해, TEXT 타입은 그다지 부담을 가지지 않고 사용하는 경향도 있다. MySQL의 TEXT 타입은 오라클에서 CLOB라고 하는 대용량 타입과 동일한 역할을 하는 데이터 타입이므로, TEXT와 BLOB 칼럼은 똑같이 사용할 때 주의하고 너무 남용해서는 안 된다. TEXT나 BLOB 타입은 주로 다음과 같은 상황에서 사용하는 것이 좋다.

- 칼럼 하나에 저장되는 문자열이나 이진 값의 길이가 예측할 수 없이 클 때 TEXT나 BLOB을 사용한다. 하지만 다른 DBMS와는 달리 MySQL에서는 값의 크기가 4000바이트를 넘을 때 반드시 BLOB이나 TEXT를 사용

해야 하는 것은 아니다. MySQL에서는 레코드의 전체 크기가 64KB를 넘지 않는 한도 내에서는 VARCHAR 나 VARBINARY의 길이는 제한이 없다. 그래서 용도에 따라서는 4000바이트 이상의 값을 저장하는 칼럼도 VARCHAR나 VARBINARY 타입을 이용할 수 있다.

- MySQL에서는 버전에 따른 조금씩의 차이는 있지만 일반적으로 하나의 레코드는 전체 크기가 64KB를 넘어설 수 없다. VARCHAR나 VARBINARY와 같은 가변 길이 칼럼은 최대 저장 가능 크기를 포함해 64KB로 크기가 제한된다. 만약 레코드의 전체 크기가 64KB를 넘어서서 더 큰 칼럼을 추가할 수 없다면 일부 칼럼을 TEXT나 BLOB 타입으로 전환해야 할 수도 있다.

MySQL에서 인덱스 레코드의 모든 칼럼은 최대 제한 크기(MyISAM은 1000바이트, InnoDB의 경우에는 767바이트)를 가지고 있다. 자주 사용되지는 않지만 BLOB나 TEXT 타입의 칼럼에 인덱스를 생성할 때는 칼럼 값의 몇 바이트까지 인덱스를 생성할 것인지를 명시해야 할 때도 있다. 물론 최대 제한 크기를 넘어서는 인덱스는 생성할 수 없다. 만약 TEXT 타입의 문자집합이 utf8이라면 최대 255글자까지만 인덱스로 생성할 수 있고, latin1 문자셋의 TEXT 타입이라면 767 글자까지 인덱스로 생성할 수 있다. 또한 BLOB이나 TEXT 칼럼으로 정렬을 수행할 때도 칼럼에 저장된 값이 10MB라 하더라도 실제 정렬은 MySQL 서버의 "max_sort_length" 시스템 설정에 명시된 길이까지만 정렬을 수행한다. 일반적으로 이 설정 값은 1024바이트로 설정돼 있는데, 만약 TEXT 타입의 정렬을 더 빠르게 실행하려면 이 값을 더 줄여서 설정하는 것이 좋다.

MySQL에서는 쿼리의 특성에 따라 임시 테이블을 생성해야 할 때도 있다. 이때 사용되는 임시 테이블은 메모리에 저장될 수도 있고 디스크에 저장될 수도 있다. 임시 테이블을 메모리에 저장할 때는 MEMORY 스토리지 엔진을 사용하게 된다. 하지만 MEMORY 스토리지 엔진은 VARCHAR나 VARBINARY와 같은 가변 길이 타입뿐 아니라 TEXT나 BLOB과 같은 타입을 지원하지 않는다. 따라서 임시 테이블에 BLOB나 TEXT 타입이 필요하다면 이 임시 테이블은 메모리에 생성하지 못하고 디스크를 사용할 수밖에 없다. 임시 테이블이 디스크를 사용하면 메모리보다는 처리 속도가 느려질뿐더러 성능 면에서 다른 쿼리의 처리 작업에도 영향을 미치게 될 것이다. TEXT나 BLOB와 같은 칼럼이 포함된 테이블에서는 "SELECT * FROM …"과 같은 쿼리보다는 꼭 필요한 칼럼만 조회하는 쿼리를 사용하길 권장한다.

만약 SELECT 쿼리를 통해 가져오려는 BLOB이나 TEXT 타입 칼럼의 값이 크지 않거나 일부만 조회해도 될 때가 있다. 이럴 때는 CAST( )나 SUBSTRING( ) 함수 등을 이용해 강제로 CHAR나 VARCHAR로 변환해서 조회한다면 필요한 임시 테이블이 메모리에 생성되도록 유도할 수 있다.

BLOB이나 TEXT 타입 칼럼 값의 길이에 따라 디스크에 저장하는 방식도 달라질 수 있다.

InnoDB 스토리지 엔진

MySQL 5.0과 이전 버전의 파일 포맷(Antelope 파일 포맷의 COMPACT 레코드 포맷)에서는 BLOB이나 TEXT 칼럼 값의 앞쪽 768바이트는 다른 레코드와 함께 기록하고, 나머지는 별도의 공간(데이터 페이지)에 저장한다. 하지만 MySQL 5.1 이후 버전의 InnoDB에서 도입된 새로운 파일 포맷(Barracuda 파일 포맷의 DYNAMIC 레코드 포맷)에서는 BLOB이나 TEXT 칼럼의 값 전체를 다른 데이터 페이지에 저장한다. 그래서 DYNAMIC 레코드 포맷을 사용하는 테이블에서는 SQL에서 BLOB이나 TEXT 칼럼을 별도로 명시하거나 사용하지 않으면 BLOB이나 TEXT가 저장된 데이터 페이지를 접근하거나 읽지 않으므로 꼭 필요할 때만 BLOB이나 TEXT 칼럼을 SQL에 사용하자. 또한 InnoDB의 Barracuda 파일 포맷에서는 BLOB이나 TEXT 타입의 칼럼을 레코드와 완전히 분리된 데이터 페이지에 저장할 수도 있기 때문에 일부러 BLOB이나 TEXT 칼럼을 위해 별도의 테이블로 분리할 필요는 없다.

MyISAM 스토리지 엔진

MyISAM 스토리지 엔진을 사용하는 테이블은 고정(FIXED) 길이 포맷과 가변(DYNAMIC) 길이 포맷을 선택할 수 있는데, BLOB이나 TEXT, 그리고 VARCHAR와 같은 가변 길이 칼럼이 있는 테이블에는 고정 길이 포맷을 사용할 수 없다. 가변 길이 포맷에서는 BLOB이나 TEXT 칼럼의 데이터는 다른 일반 칼럼과는 다른 데이터 블록에 저장되므로 BLOB이나 TEXT가 아닌 일반 칼럼만 변경하거나 읽는 SQL에서는 BLOB이나 TEXT 칼럼의 데이터에 접근하지 않는다.

BLOB이나 TEXT 타입의 칼럼이 포함된 테이블에 실행되는 INSERT나 UPDATE 문장 중에서 BLOB 이나 TEXT 칼럼을 조작하는 SQL 문장은 매우 길어질 수 있는데, MySQL 서버의 max_allowed_packet 시스템 설정에 정의된 값보다 큰 SQL 문장은 MySQL 서버로 전송되지 못하고 오류가 발생하게 된다. 만약 대용량 BLOB이나 TEXT 칼럼을 사용하는 쿼리가 있다면 MySQL 서버의 max_allowed_packet 시스템 설정을 필요한 만큼 충분히 늘려 주는 것이 좋다.

15.6 공간(Spatial) 데이터 타입

MySQL에서는 공간 데이터 관리를 위해 OpenGIS의 일부 기능을 지원한다. 공간 데이터라는 것은 요즘 흔히 사용되는 GPS를 이용한 위치 정보를 포함해 모든 좌표 형식의 데이터를 관리할 수 있는 개념이다. 예를 들어 장기 게임에서 각 말들은 장기판 위에서 각 위치(X좌표와 Y좌표를 가지는 점 정보)를 가지게 되는데, 이 정보들까지 모두 MySQL의 공간 데이터 타입으로 저장할 수 있다. 물론 이 예제처럼 간단한 위치 정보 처리는 복잡하지 않으므로 굳이 공간 데이터 타입을 고려하지 않아도 된다.

MySQL의 공간 정보 관리 기능은 라인이나 점 또는 다각형과 같은 정보를 저장할 수 있는 데이터 타입과, 공간 데이터의 연산을 위한 확장 함수를 제공한다. 또한 공간 데이터의 빠른 검색을 위한 인덱싱 알고리즘(R-Tree)도 제공한다. 여기서는 간단히 공간 정보의 저장을 위한 데이터 타입을 살펴보겠다. 공간 데이터 관리를 위한 더 많은 정보는 MySQL의 공식 매뉴얼(http://dev.mysql.com/doc/refman/5.1/en/gis-introduction.html)을 참조하길 바란다.

MySQL에서 제공하는 공간 정보 저장용 데이터 타입은 GEOMETRY, POINT, LINESTRING, POLYGON 등이 있으며, 이 타입들은 대부분 하나의 단위 정보를 저장할 수 있다. 그리고 부가적으로 MULTIPOINT, MULTILINESTRING, MULTIPOLYGON, GEOMETRYCOLLECTION 타입과 같이 여러 개의 단위 정보를 저장할 수 있는 타입도 지원되는데, 이 책에서는 단위 데이터 타입만 간단히 살펴보겠다.

15.6.1 POINT 타입

공간 데이터 타입 가운데 가장 기본적인 데이터 타입으로 X와 Y의 좌표로만 구성된 하나의 점 정보를 저장할 수 있는 데이터 타입이다. GIS 시스템과 같이 복잡한 기능이 아니라면 이 정보만으로도 충분히 필요한 기능을 구현할 수 있을 정도로 활용도가 높다. POINT 타입에 값을 저장하려면 다음과 같이 좌표 (x,y)를 POINT 타입으로 변환하는 함수를 이용해 값을 변환해야 한다.

POINT(x, y)
POINT() 함수는 숫자 값으로 된 두 개의 인자(X좌표와 Y좌표)를 이용해 POINT 타입의 데이터를 생성하는 방법이다.

GeomFromText('POINT(x y)')
문자열로 표현된 좌표 값을 이용해 POINT 데이터를 생성하는 방법으로, 이 함수는 하나의 문자열만을 인자로 사용한다. 좌표를 표현하는 좌표 값 사이에는 구분자가 없다는 것에 주의해야 한다. GeomFromText() 함수의 인자로 사용되는 문자열은 WKT(Well known text)라고 하는 지정된 규칙에 맞게 작성해야 한다.

MySQL의 공간 데이터 타입은 모두 이진 값으로 저장되므로 SQL 도구에서 직접 조회하면 결과가 깨지는 것처럼 보일 것이다. 공간 데이터 값을 조회할 때는 AsText( ) 함수를 이용해 지정된 문자열 포맷(Well known text)으로 조회하거나 X( ) 또는 Y( ) 함수를 이용해 위치 정보의 X와 Y좌표를 조회해 볼 수 있다. 간단히 POINT 타입의 칼럼이 포함된 테이블을 만들고, 값을 저장하고 조회하는 다음의 예제를 살펴보자.

```
mysql> CREATE TABLE tb_point (loc POINT);

mysql> INSERT INTO tb_point VALUES (POINT(2,3));
mysql> INSERT INTO tb_point VALUES (GEOMFROMTEXT('POINT(20 30)'));

mysql> SELECT ASTEXT(loc) FROM tb_point;
+--------------+
| AsText(loc)  |
+--------------+
| POINT(2 3)   |
| POINT(20 30) |
+--------------+
```

특별히 어려운 내용은 없으므로 직접 한 번씩 예제에 있는 테이블을 생성하고 SQL 문을 한 번씩 실행해 보면 쉽게 사용법을 이해할 수 있을 것이다.

15.6.2 LINESTRING 타입

LINESTRING 타입은 하나의 직선뿐 아니라 여러 개의 꺾임이 있는 연결된 선도 모두 저장할 수 있다. POINT 타입과 마찬가지로 LINESTRING 타입의 데이터를 생성하는 방법도 다음과 같이 두 가지가 있다.

LINESTRING()
LINESTRING() 함수를 사용할 때는 라인의 시작 점(POINT)과 중간의 꺾임이 발생하는 점(POINT)을 연속해서 나열하고 마지막에는 종료 점(POINT)를 명시한다. 각 점은 POINT() 함수를 이용해 표현해야 한다.

LineStringFromText()
WKT라고 하는 지정된 규칙에 맞게 작성된 문자열을 이용해 LINESTRING 데이터를 생성하는 방법이다. POINT 데이터의 생성과 같이, WKT 문자열의 각 점 좌표는 콤마(,)로 구분하되 각 점의 X좌표와 Y좌표는 공백으로 구분한다는 것에 주의하자.

LINESTRING 타입의 칼럼 값을 조회할 때는 POINT 타입과 똑같이 AsText( ) 함수를 통해 바이너리로 저장된 값을 문자열로 변환해서 조회할 수 있다. 다음의 예제를 직접 한 번씩 실행하면서 LINESTRING 타입의 사용법을 익혀보자.

```
mysql> CREATE TABLE tb_line( line LINESTRING );

mysql> INSERT INTO tb_line
        VALUES (LINESTRING(POINT(0,0), POINT(2,3), POINT(30,20), POINT(100,100)));
```

```
mysql> INSERT INTO tb_line VALUES (LINESTRINGFROMTEXT('LINESTRING(0 0, 2 3, 30 20, 100
100)'));

mysql> SELECT ASTEXT(line) FROM tb_line;
+--------------------------------+
| AsText(line)                   |
+--------------------------------+
| LINESTRING(0 0,2 3,30 20,100 100) |
| LINESTRING(0 0,2 3,30 20,100 100) |
+--------------------------------+
```

15.6.3 POLYGON 타입

POLYGON 타입은 다각형을 저장할 수 있는 데이터 타입으로, 여기서 다각형이란 반드시 시작 시
점과 종료 지점이 일치하는 닫힌 도형을 의미한다. 또한 POLYGON 타입은 내부가 채워진 다각형
뿐 아니라 내부가 빈 도너츠 모양의 다각형도 표현할 수 있다. POLYGON 타입의 값을 생성하는 방
법 또한 POINT와 같이 두 가지 방법이 있지만 좌표를 이용하는 POLYGON( ) 함수는 POINT와
LINESTRING( ) 함수를 여러 번 이용해야 하므로 상당히 복잡해진다. 그래서 WKT 문자열을 이용
해 POLYGON 타입의 데이터를 생성하는 방법이 더 가독성이 높고 작성하기도 쉽다. 다음 예제에서
PolygonFromText( ) 함수로 POLYGON 타입의 데이터를 생성하는 방법을 살펴보자.

```
mysql> CREATE TABLE tb_polygon ( poly POLYGON );

mysql> INSERT INTO tb_polygon
         VALUES (POLYGONFROMTEXT('POLYGON((0 0,10 0,10 10,0 10,0 0))'));
mysql> INSERT INTO tb_polygon
         VALUES (POLYGONFROMTEXT('POLYGON((0 0,10 0,10 10,0 10,0 0),(4 4,6 4,6 6,4 6, 4
4))'));

mysql> SELECT ASTEXT(poly) FROM tb_polygon;
+-----------------------------------------------------------+
| AsText(poly)                                              |
+-----------------------------------------------------------+
| POLYGON((0 0,10 0,10 10,0 10,0 0))                        |
| POLYGON((0 0,10 0,10 10,0 10,0 0),(4 4,6 4,6 6,4 6, 4 4)) |
+-----------------------------------------------------------+
```

위의 예제에서 첫 번째 INSERT 문장의 POLYGON은 내부가 채워진 다각형을 생성하는 것이며, 두 번째 INSERT 문장은 내부가 비워진 도너츠 형태의 다각형을 생성하는 예제다. POLYGON 타입의 데이터를 조회할 때는 ASTEXT( ) 함수를 이용해 지정된 규칙의 문자열로 가져올 수 있다.

15.6.4 GEOMETRY 타입

GEOMETRY 타입은 지금까지 소개한 데이터 타입을 모두 포함할 수 있는 수퍼 타입이다. GIS처럼 다양한 공간 정보를 저장해야 하는 칼럼이 필요할 때는 단순히 점(위치)이나 라인뿐 아니라 복잡하고 다양한 다각형 데이터가 담길 것이다. 이때 GEOMETRY 타입을 이용하면 된다. GEOMETRY 타입으로 테이블을 생성하는 것 말고는 다른 공간 데이터 타입과 똑같이 사용할 수 있으므로 예제는 생략하겠다.

16

베스트 프랙티스

시퀀스나 함수 기반의 인덱스처럼 다른 DBMS에는 있지만 MySQL에는 없는 기능들, 그리고 임의 정렬 기능처럼 자주 사용되지만 비효율적일 수밖에 없는 쿼리 등과 같이 MySQL을 사용하면서 헤쳐나가야 할 문제가 많이 있다. 이번 장에서는 특별히 주제에 연관되지 않고 문제와 그러한 문제를 해결하거나 우회하는 방법을 살펴보겠다. 또한 MySQL 서버를 사용하는 환경에 따라 더 최적화된 장비나 설정 등도 함께 살펴보겠다. 여기서 제시되는 내용이 정답은 아니겠지만, 이러한 내용을 참고로 더 나은 해결책이나 구축 방법을 찾아가는 데 도움될 것이라 기대한다.

16.1 임의(랜덤) 정렬

일반적으로 정렬은 미리 정의된 기준으로 순서대로 나열하는 것을 의미하는데, 이와 달리 임의 정렬은 이런 기준을 아무것도 적용하지 않은 임의의 순서대로 가져오는 것을 의미한다. 그렇다면 그냥 쿼리에서 ORDER BY만 제거하면 되지 않을까라고 생각할 수도 있지만, 사실 ORDER BY가 없는 SELECT 문장이더라도 DBMS의 옵티마이저가 결정한 작업 순서대로 레코드를 가져오게 된다. 즉 ORDER BY가 없는 쿼리더라도 매번 똑같은 SELECT 쿼리를 실행해 보면 똑같은 순서대로 조회된다는 것을 알 수 있다.

임의 정렬은 똑같은 쿼리를 여러 번 실행해도 실행할 때마다 쿼리 결과의 레코드 순서가 무작위가 되도록 하는 것이 목적인데, 실제 이런 작업은 예상외로 많이 사용된다. 대표적으로 "랜덤 블로그 이동" 또는 "랜덤 추천" 등과 같은 기능으로 사용되고 있는데, 단 1건의 레코드를 가져와야 하는 이런 작업에서도 DBMS는 정렬 과정을 필요로 한다. 여기서는 임의 정렬을 위해 자주 사용하는 방법과 이를 어떻게 개선해야 더 좋은 성능을 낼 수 있을지 살펴보겠다.

16.1.1 지금까지의 구현

지금까지는 MySQL에서 제공하는 RAND( )라는 함수를 이용해 랜덤 정렬을 개발했다. 이 함수를 이용하면 다음과 같이 상당히 간단하게 랜덤 레코드 1건을 가져올 수 있다.

```
SELECT * FROM tb_member
ORDER BY RAND()
LIMIT 1;
```

하지만 이 쿼리는 tb_member 테이블의 모든 레코드를 읽고, 각 레코드별로 RAND( ) 함수로 발급된 임의의 값으로 정렬해 그중에서 최상위 한 건의 레코드만 가져온다. 만약 tb_member 테이블의 건수가 많지 않다거나 WHERE 조건으로 정렬해야 할 대상 레코드 건수를 대폭 줄일 수 있다면 ORDER BY RAND( )를 사용한다고 해서 성능상 문제가 되지는 않을 것이다. 하지만 대용량 테이블에서 WHERE 조건이 없다거나 WHERE 조건으로도 정렬 대상 건수를 많이 줄이지 못한다면 상당한 시간과 자원을 소비하는 쿼리가 될 것이다.

16.1.2 인덱스를 이용한 임의 정렬

인덱스는 항상 정렬된 상태를 유지하고 그 순서대로 레코드를 읽어야 하므로 ORDER BY RAND( )와 같이 임의의 값을 정렬하는 작업을 인덱스를 이용해 처리하는 것이 불가능하리라 생각하기 쉽다. 하지만 상황을 거꾸로 만들면 대량의 레코드에 대해서도 ORDER BY RAND( )와 같은 효과를 만들어 낼 수 있다.

임의의 정렬이 필요한 테이블에 대해서는 테이블을 생성할 때 새로운 칼럼을 추가하고 임의의 값을 미리 각 레코드에 부여해 두는 것이다. 그리고 SELECT하는 쿼리에서는 임의의 값이 저장된 칼럼을 기준으로 정렬해 레코드를 가져오는 것이다. 여기서 그다지 랜덤이 정교하지 않아도 된다면 굳이 랜덤한 값을 담는 칼럼을 추가하지 않고 적당한 분포도를 가진 칼럼을 기준으로 정렬해도 된다. 그리고 그 칼럼이 문자열이든 숫자든 크게 관계없다.

여기서는 임의의 랜덤 값을 저장하는 칼럼이 포함된 테이블을 예로 살펴보자. 다음 예제의 회원 테이블에는 랜덤 처리를 위해 rand_val이라는 칼럼을 추가해 두고, 회원이 등록될 때마다 INSERT 쿼리에서 RAND( ) 함수로 임의의 7자리 정수로 만들어 함께 저장하고 있다. 물론 임의의 값에 대해 정렬할 수 있게 칼럼 인덱스를 생성해 두었다. RAND( ) 함수는 0과 1사이의 부동 소수점 값을 반환하므로 이 값에 10,000,000을 곱해서 정수부가 7자리가 되도록 만들고 나머지 소수점 이하는 FLOOR( ) 함수로 버린 것이다.

```sql
CREATE TABLE tb_member (
  member_id INT NOT NULL AUTO_INCREMENT,
  rand_val INT NOT NULL,
  PRIMARY KEY (member_id),
  INDEX ix_randval(rand_val)
);
```

```
INSERT INTO tb_member (member_id, rand_val) VALUES (NULL, FLOOR((RAND()*10000000)))
    (NULL, floor((rand()*10000000))), (NULL, floor((rand()*10000000))),
    (NULL, floor((rand()*10000000))), (NULL, floor((rand()*10000000))),
    (NULL, floor((rand()*10000000))), (NULL, floor((rand()*10000000))),
    (NULL, floor((rand()*10000000)));
```

이제 tb_member 테이블에서 임의로 레코드 3건을 가져오는 쿼리는 쉽게 만들 수 있다. rand_val 칼럼에는 인덱스가 준비돼 있으므로 rand_val 칼럼의 값이 특정 값보다 큰 레코드 3건만 정렬해서 가져오면 된다. 이때 검색 기준이 되는 특정 값이 고정적이면 매번 SELECT 쿼리의 결과가 똑같아질 것이다. 그래서 검색의 기준이 되는 값을 RAND() 함수로 생성해 WHERE 조건을 만드는 것이 중요하다. 그림 16-1은 tb_member 테이블에서 무작위로 레코드 3건을 가져오는 방법을 그림으로 표현해 본 것이다.

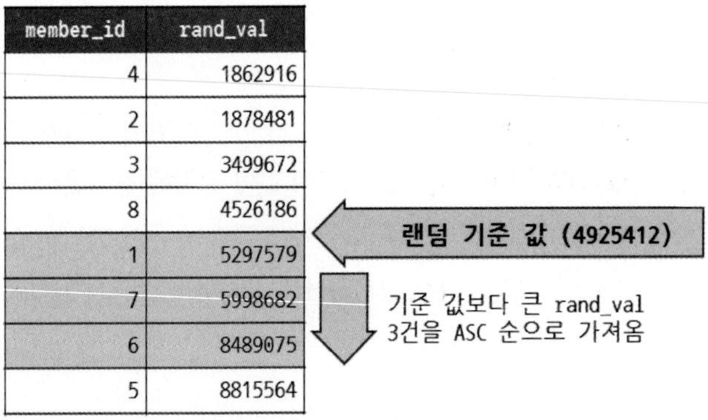

[그림 16-1] 랜덤 기준 값보다 큰 레코드 3건 읽기

그림 16-1에서 설명한 방법을 구현하는 쿼리는 다음과 같다. 다음의 쿼리에서 rand_val 칼럼의 7자리 임의의 숫자 값을 만들어낼 때 사용한 "FLOOR((RAND()*10000000))"를 그대로 사용하면 된다.

```
mysql> SELECT * FROM tb_member
       WHERE rand_val>= FLOOR((RAND()*10000000))
       ORDER BY rand_val ASC LIMIT 3;
+-----------+----------+
| member_id | rand_val |
+-----------+----------+
|         2 |  1878481 |
|         8 |  4526186 |
|         1 |  5297579 |
+-----------+----------+
```

인덱스를 이용해 랜덤하게 회원 3명을 가져오는 쿼리를 쉽게 작성해 봤다. 하지만 이 쿼리는 RAND( ) 함수로 생성하는 랜덤 기준 값에 따라 결과가 3건 미만이거나 한 건도 못 가져올 수도 있다는 문제가 있다. 물론 필요한 임의의 3건을 만족할 때까지 쿼리를 여러 번 실행해도 되지만 조금만 쿼리를 변경해서 쉽게 해결할 수도 있다.

랜덤 기준 값보다 큰 레코드 가운데 3건, 그리고 더 작은 레코드 중에서 3건으로 가져오도록 쿼리를 변경하면 된다. 즉 랜덤 기준 값을 중심으로 아래 위로 각각 3건씩 가져와서 UNION ALL을 이용해 두 결과를 결합하고, 그중에서 필요한 3건의 레코드만 가져오는 것이다. 그림 16-2는 보완된 쿼리가 어떻게 레코드를 임의의 순서대로 가져오는지 보여준다.

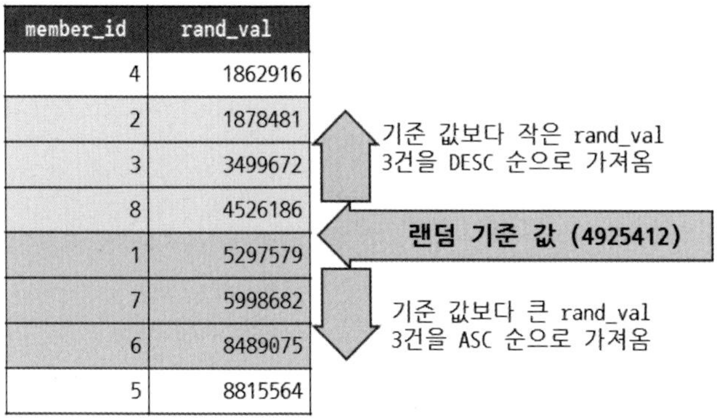

[그림 16-2] 랜덤 기준 값을 중심으로 아래 위로 각각 3건씩 가져오기

그림 16-2의 보완된 방법으로 쿼리를 변경해보자. 여기서는 임의의 기준 값보다 큰 레코드 3건과 작은 레코드 3건씩을 가져오는 2개의 쿼리가 필요하다. 그리고 이 결과를 하나의 집합으로 만들기 위해 UNION ALL 집합 연산이 필요하다. 그리고 이 쿼리에서 한 가지 중요한 것은 UNION ALL로 결합되는 두 쿼리에서 사용되는 임의의 기준 값은 똑같아야 한다는 점이다. 그래야만 최소 레코드 건수를 가져오도록 보장할 수 있다. UNION ALL로 연결되는 두 쿼리가 똑같은 임의의 값을 사용하게 하려면 다음의 두 가지 방법 중 하나를 사용하면 된다. 예제에서는 첫 번째 방법으로 MySQL의 RAND( ) 함수를 이용하도록 구현해 봤다.

- MySQL의 사용자 정의 변수(세션 변수)를 정의해 쿼리에 사용
- 애플리케이션에서 임의의 기준 값을 직접 생성해 쿼리에 사용

```
mysql> SET @random_base= floor((rand()*10000000));

mysql> SELECT * FROM (
        (SELECT * FROM tb_member WHERE rand_val>=@random_base
         ORDER BY rand_val ASC LIMIT 3)
        UNION ALL
        (SELECT * FROM tb_member WHERE rand_val<@random_base
         ORDER BY rand_val DESC LIMIT 3)
    ) tb_rand
LIMIT 3;

+-----------+----------+
| member_id | rand_val |
+-----------+----------+
|         1 |  5297579 |
|         7 |  5998682 |
|         6 |  8489075 |
+-----------+----------+
```

크게 어렵지 않게 SELECT 쿼리가 항상 3건의 레코드를 가져올 수 있게 개선됐다. 이제 이 쿼리의 실행
계획을 한번 확인해 보자.

id	select_type	Table	type	key	key_len	rows	Extra
1	PRIMARY	\<derived2\>	ALL			6	
2	DERIVED	tb_member	range	ix_randval	4	4	Using where; Using index
3	UNCACHEABLE UNION	tb_member	range	ix_randval	4	4	Using where; Using index
NULL	UNION RESULT	\<union2,3\>	ALL				

위의 실행 계획에서 주의 깊게 확인해야 할 부분이 2번과 3번이다. 이 두 라인이 각 UNION ALL로 연
결된 서브 쿼리의 실행 계획인데, 이 두 개의 서브 쿼리가 모두 ix_randval 인덱스를 이용해 별도의 정
렬 없이 3건씩만 읽고 있다는 사실을 알 수 있다. 그리고 실행 계획의 아이디인 1번 라인은 두 쿼리의
결과를 합쳐 LIMIT 3으로 제한하는 작업을 의미하는데, 이 작업에서 실제 부하가 유발되지는 않으므로
그냥 무시해도 된다.

위 쿼리의 실행 계획에서 rows 칼럼에 표시되는 4는 옵티마이저가 각 서브 쿼리를 처리하기 위해 4건의 레코드
를 읽어야 한다고 예측했음을 의미한다. 만약 이 테이블의 레코드 건수가 많아질수록 rows 칼럼의 수치는 계속 높아
질 것이다. 하지만 일반적으로 LIMIT 절이 사용된 쿼리의 실행 계획에서 rows 칼럼의 수치는 정확성이 상당히 떨어
지므로 실제 쿼리가 rows에 명시된 레코드만큼 읽었다고 판단해서는 안 된다.

위의 SELECT 문장만큼만 구현해도 이미 충분히 랜덤하게 레코드를 가져오도록 구현됐다고 볼 수 있
다. 여기에 한 가지만 더 보완해 보자. 만약 랜덤하게 레코드를 두 건 이상 가져와야 한다면 SELECT
되는 레코드는 이미 부여된 랜덤 값(rand_val 칼럼의 값)이 기준 값과 붙어있는 레코드만 가져올 것이
다. 만약 이 쿼리를 여러 번 실행하다 보면 WHERE 조건에 사용된 기준 값이 중복 사용되면서 똑같
은 결과를 만들어 낼 가능성이 있다. 이를 막기 위해 두 쿼리에서 가져오는 레코드의 건수를 더 늘리고
UNION ALL의 결과 집합을 다시 한 번 섞어서 최종 결과를 가져오는 것이다. 다음의 쿼리를 한번 살
펴보자.

```
mysql> SET @random_base= floor((rand()*10000000));

mysql> SELECT * FROM (
          (SELECT * FROM tb_member WHERE rand_val>=@random_base
           ORDER BY rand_val ASC LIMIT 30)
          UNION ALL
          (SELECT * FROM tb_member WHERE rand_val<@random_base
           ORDER BY rand_val DESC LIMIT 30)
    ) tb_rand
ORDER BY RAND()
LIMIT 3;
```

위의 쿼리는 랜덤 기준 값을 중심으로 아래 위로 각각 30건의 레코드를 가져와서 UNION ALL로 결
과를 결합한다. 그리고 최대 60건의 레코드를 대상으로 ORDER BY RAND( )를 이용해 다시 한번 임
의의 레코드를 걸러내는 작업을 하는 것이다. 두 서브 쿼리에서 추출된 레코드 건수가 크지 않으므로
ORDER BY RAND( )를 처리하는 데는 거의 시간이 걸리지 않을 것이다. 성능상의 손실을 보지 않고
랜덤 SELECT의 품질은 높일 수 있는 방법이다.

지금까지는 별도로 임의의 값을 저장하는 칼럼을 추가하고, 그 칼럼에 대해 임의 기준 값을 적용해 랜
덤 정렬을 구현해 봤다. 하지만 새로운 칼럼을 추가하기가 어려운 상황이라면 기존의 테이블에 존재하
는 프라이머리 키나 다른 인덱싱된 칼럼(값의 분포도가 좋아야 함)을 랜덤 칼럼이라고 가정하고 이 방
법을 똑같이 적용할 수도 있다.

- 예제와 같이 회원의 아이디가 정수 값이라면 이 칼럼을 랜덤 값이 저장된 칼럼이라고 가정하고 위에서 살펴본 똑같은 방법으로 랜덤 정렬을 구현할 수 있다.

- 정수 값이 아니라 영문자나 숫자로 구성된 알파-뉴메릭으로 구성된 문자열 칼럼에 대해서도 이 방법을 적용해 볼 수 있는데, 이때는 단순히 RAND() 함수로 임의의 문자열 값을 만들어 낼 수 없을 것이다. 그래서 다음과 같이 임의의 문자열을 만들어 내는 쿼리를 생각해 볼 수 있으며, 이를 이용해 문자열 칼럼을 위한 랜덤 기준값을 생성하면 위의 방법을 그대로 적용할 수 있다. 필요하다면 이 쿼리를 스토어드 함수로 만들어 사용해도 편리할 것이다. 참고로 다음 쿼리에 사용된 ELT()라는 함수는 첫 번째 인자로 전달된 숫자 값 번째의 인자를 반환하는 함수다. 즉 "ELT(2, 'a', 'b', 'c')"로 사용하면 제일 첫 번째 인자 "2"를 제외하고, 2번째 인자의 값('b')을 반환한다.

```
SELECT CONCAT(
    ELT(1 + FLOOR(RAND() * 38),
        '$', '_', 'a', 'b', 'c', 'd', 'e', 'f', 'g', 'h', 'i', 'j', 'k', 'l',
        'm', 'n', 'o', 'p', 'q', 'r', 's', 't', 'u', 'v', 'w', 'x', 'y', 'z',
        '0', '1', '2', '3', '4', '5', '6', '7', '8', '9'),
    ELT(1 + FLOOR(RAND() * 38),
        '$', '_', 'a', 'b', 'c', 'd', 'e', 'f', 'g', 'h', 'i', 'j', 'k', 'l',
        'm', 'n', 'o', 'p', 'q', 'r', 's', 't', 'u', 'v', 'w', 'x', 'y', 'z',
        '0', '1', '2', '3', '4', '5', '6', '7', '8', '9'),
    ELT(1 + FLOOR(RAND() * 38),
        '$', '_', 'a', 'b', 'c', 'd', 'e', 'f', 'g', 'h', 'i', 'j', 'k', 'l',
        'm', 'n', 'o', 'p', 'q', 'r', 's', 't', 'u', 'v', 'w', 'x', 'y', 'z',
        '0', '1', '2', '3', '4', '5', '6', '7', '8', '9')
) AS random_string;
```

16.2 페이징 쿼리

웹 프로그램에서는 테이블의 내용을 10건이나 20건 단위로 나눠서 화면에 보여주는 것이 일반적이다. 이를 위해서는 테이블의 레코드를 일정 단위로 잘라서 조회하는 기능이 필요하다. 이를 페이징 쿼리라고 하며, MySQL 서버에서 페이징하려면 LIMIT 기능을 많이 사용한다. LIMIT가 사용된 페이징 쿼리가 인덱스를 이용할 수 있다면 크게 성능상의 문제 없이 사용할 수 있다.

하지만 인덱스를 사용한다 하더라도 계속해서 다음 페이지로 넘어가면 조금씩 조회 쿼리가 느려질 수밖에 없는 구조다. 단순히 LIMIT의 오프셋만 변경해 다음 페이지의 레코드를 조회하는 쿼리는 실제 필요하지 않은 레코드까지 모두 읽는 방식으로 처리된다. 예를 들어 어떤 사용자가 100페이지를 조회한다고 가정하면 이 쿼리는 "LIMIT (100*20), 20"과 같은 LIMIT 절을 사용해야 한다. 그러면 MySQL 서버는 2000번째 레코드부터 20개의 레코드만 읽는 것이 아니라, 첫 번째 레코드부터 2000번째 레코드까지는 읽어서 버리고 그 위치에서 20개의 레코드를 더 읽어서 클라이언트로 반환하는 것이다. 이 현상은 뒷 페이지로 넘어갈수록 더 심해질 것이다.

주로 페이징 처리된 웹 화면에서 사용자들은 일반적으로 1페이지부터 10페이지 이내의 게시물만 본다. 실제로 저자는 게시판에서 세 번째 이후의 페이지는 거의 본 적이 없다. 하지만 최근의 스마트폰 애플리케이션은 페이지 번호로 클릭해서 이동하는 개념이 아니라 "다음 더보기" 또는 "이전 더보기"와 같은 기능으로 구현되고 조작도 간단해서 쉽게 2~30페이지 뒤로 이동할 수 있게 됐다. 조금만 고민해 본다면 쉽게 이런 불필요한 작업을 쉽게 제거할 수 있다. 어떻게 페이징 처리에서 불필요한 작업을 제거할 수 있을지 살펴보자. 참고로 페이징 쿼리는 InnoDB 테이블과 MyISAM 테이블에서 조금은 다른 방법으로 처리되며, 불필요한 작업을 제거하는 방법도 조금은 다르다.

16.2.1 지금까지의 방법

일반적으로 자주 사용되는 게시판 테이블의 구조와 페이징을 처리하는 쿼리를 한번 살펴보자.

```
CREATE TABLE tb_article (
  board_id INT NOT NULL,
  article_id INT NOT NULL AUTO_INCREMENT,
  article_title VARCHAR(100) NOT NULL,
  ...
  PRIMARY KEY (article_id),
  INDEX ix_boardid (board_id, article_id)
);
```

위의 테이블은 게시판(board) 단위로 조회되는 페이징 쿼리가 많을 것으로 가정해서 board_id에 대해서도 인덱스를 생성해 뒀다. 애플리케이션에서는 게시판 단위로 게시물의 목록을 조회하기 위해 다음과 같은 쿼리가 사용될 것이다.

```
SELECT *
FROM tb_article WHERE board_id=1
ORDER BY article_id DESC LIMIT n, m;
```

여기서 "LIMIT n, m"에서 n 값은 게시판에서 첫 번째에서 두 번째 페이지로, 그리고 두 번째에서 세 번째 페이지로 이동할 때마다 페이지당 게시물 건수만큼 증가할 것이다. 페이지당 게시물의 건수가 10 건이고 이동하려는 페이지가 7페이지라면 MySQL 서버는 어떻게 이 게시물을 가져오는지 그림 16-3 으로 한번 살펴보자. 이때 SELECT 쿼리에서 LIMIT 조건은 "LIMIT 70, 10"으로 사용될 것이다.

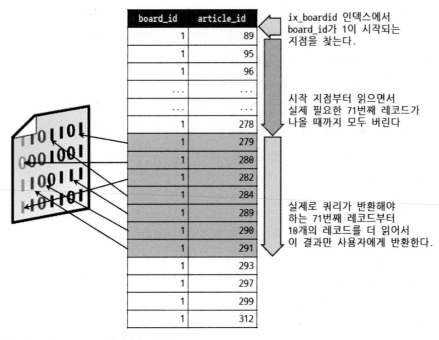

[그림 16-3] LIMIT 70,10이 처리되는 방식

그림 16-3에서도 알 수 있듯이, 이 쿼리는 실제 필요하지도 않은 70건의 레코드를 읽어서 그냥 버린다. 이 쿼리에서와 같이 WHERE 조건이 인덱스의 칼럼만으로 처리(커버링 인덱스)될 수 있다면 그나마 다 행이다. 하지만 페이징 쿼리가 커버링 인덱스로 처리되지 못한다면 이 쿼리는 쓸모없는 70건의 레코드 에 대해 데이터 파일까지 읽어야 한다. 그림 16-4는 커버링 인덱스로 처리되지 못할 때 추가적으로 발 생하는 부하를 표현하는데, 이는 인덱스를 통해 검색한 70건의 레코드에 대해 매번 랜덤하게 디스크를 읽는 작업이 필요하다는 것을 의미한다.

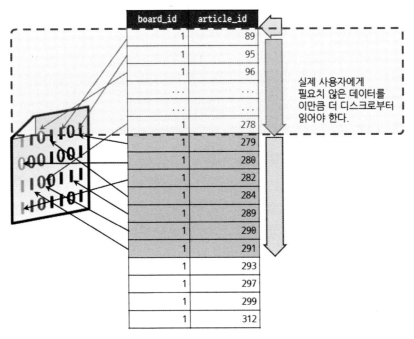

[그림 16-4] 커버링 인덱스로 처리되지 못하는 경우

16.2.2 불필요한 접근을 제거하기 위한 페이징 쿼리

페이징 쿼리에서 지금까지 살펴본 불필요한 작업을 제거하려면 어떻게 해야 할까? 이 방법을 사용하려면 제약 조건이 조금 있지만 해결 방법은 의외로 간단하다. 페이징 쿼리를 실행할 때 게시물 테이블의 프라이머리 키인 article_id를 SELECT 쿼리의 조건절에 넣어주기만 하면 된다. 다음 페이징 쿼리에서는 현재 페이지의 가장 작은 article_id 값보다 작은 article_id만 쿼리하도록 변경했다. 다음의 예제를 한 번 살펴보자.

```
SELECT *
FROM tb_article WHERE board_id=1 AND article_id<165 /* 이전 페이지의 가장 마지막 article_
id 값 */
ORDER BY article_id DESC LIMIT 0, 20;
```

위의 페이징 쿼리에서처럼 "article_id<165" 조건을 WHERE 절에 추가하면 MySQL 서버는 board_id가 1인 레코드에 대해 article_id가 312인 것부터 165인 레코드까지는 전혀 읽지 않고 그냥 건너뛰게 된다. 그리고 게시물 번호가 163번인 레코드부터 20개만 읽어서 반환한다. 아주 간단한 내용이지만 자주 사용되는 쿼리라면 디스크의 읽기 부하를 상당량 줄일 수 있다.

- MyISAM 테이블에서는 프라이머리 키가 보조 인덱스에 자동으로 추가되지 않는다. 그래서 이 쿼리를 위해 board_id와 article_id 칼럼을 모두 포함하는 인덱스를 생성해야 한다.

- 프라이머리 키가 클러스터링 키인 InnoDB 테이블에서는 board_id 칼럼만으로 인덱스를 생성하면 자동적으로 프라이머리 키인 article_id가 인덱스의 마지막 칼럼으로 추가된다. 이 부분의 자세한 내용은 5.9절, "클러스터링 인덱스"(250쪽)를 참조하길 바란다.

다음 예제와 같이 페이징 쿼리의 검색 조건에서 LIKE나 IN 또는 BETWEEN과 같은 범위 조건이 사용할 때 주의해야 한다. ORDER BY 절에서 사용된 칼럼과 WHERE 절의 범위 조건에 사용된 칼럼이 서로 다른 쿼리는 인덱스를 어떻게 만들든 검색과 정렬 작업 모두 인덱스를 이용하는 것이 불가능하다. 예를 들어, (board_id, article_status, article_id)로 인덱스가 만들어져 있는 상태에서 다음 쿼리에 article_id를 페이징 쿼리의 조건에 추가하면 잘못된 결과를 만들어 낼 수 있으므로 주의해야 한다.

```
SELECT *
FROM tb_article
WHERE board_id=1
  AND article_status IN ('A', 'B')
ORDER BY article_id
DESC LIMIT 0, 20;
```

16.3 MySQL에서 시퀀스 구현

RDBMS에서 일련번호를 발급하는 기능으로는 오라클에서 제공되는 시퀀스(Sequence)와 MySQL에서 제공되는 AUTO_INCREMENT로 두 가지가 있다. 이 두 가지 방법 모두 각기 장단점이 있는데, 가끔은 오라클의 시퀀스와 같이 특정 테이블에 의존적이지 않고 독립적으로 일련번호만 발급하는 기능이 MySQL에서 필요할 때도 있다. AUTO_INCREMENT 기능은 테이블의 일부라서 관리하기가 용이하지만 가장 큰 단점은 여러 테이블에 걸쳐 유일한 일련번호를 만들어 낼 수 없다는 점이다. 개인적으로는 MySQL도 시퀀스 기능을 제공했으면 하는 바램이 있지만 지금으로서는 이 기능이 제공되지 않으므로 조금 우회해서 사용하는 방법밖에 없는 듯하다.

인터넷에서 "MySQL Sequence generator"라고 검색해 보면 이미 많은 결과를 얻을 수 있다. 하지만 이 책에서 다루는 이유는 인터넷의 게시물을 잘못 이해하거나 테이블의 엔진을 잘못 선택하면 상당한 부작용을 유발할 수 있기 때문이다. 또한 MySQL 서버가 복제로 구성된 환경에서 잘못 사용하면 마스터와 슬레이브의 데이터가 달라지는 현상도 발생할 수 있다. MySQL에서 시퀀스를 구현하는 방법은 조금씩 차이는 있지만 현재 가능한 방법은 테이블을 생성하고 그 테이블에 시퀀스의 현재 값을 유지하는 방법이다. 여기서는 "MySQL 시퀀스"의 템플릿을 제시하고, 주의사항을 한번 살펴보겠다.

16.3.1 시퀀스용 테이블 준비

MySQL에서 시퀀스를 구현하려면 현재의 시퀀스 값이 저장된 테이블이 필요하다. 필요한 시퀀스별로 별도의 테이블을 만들어 관리할 수도 있지만 테이블 하나로 여러 개의 시퀀스의 값을 관리하는 형태로 구현하는 것도 가능하다. 만약 시퀀스 값을 상당히 빈번히 읽어야 한다면 시퀀스별로 테이블을 분리하는 것이 좋다. 시퀀스를 가져오기 위한 테이블의 구조는 다음과 같다.

```
CREATE TABLE mysql_sequences (
    seq_name VARCHAR(10) NOT NULL,
    seq_currval BIGINT UNSIGNED NOT NULL,
    PRIMARY KEY (seq_name)
) ENGINE=MyISAM;
```

위의 테이블은 시퀀스의 개수만큼 레코드가 생성되며, 시퀀스가 하나만 사용된다면 1건의 레코드만 존재할 것이다. 이 테이블의 seq_name 칼럼은 시퀀스의 이름을 저장하는 칼럼이다. seq_currval 칼럼은 각 시퀀스의 현재 값을 저장하고 있는 칼럼인데, BIGINT로 타입을 지정했다. 만약 이렇게 큰 값을 사용하지 않는다면 그냥 INTEGER로 타입을 변경해도 된다. 위의 시퀀스 테이블에서 가장 중요한 점은 seq_name이 프라이머리 키로 정의된 것과 이 테이블의 스토리지 엔진은 MyISAM이라는 것이다. 주로 InnoDB 스토리지 엔진을 사용하는 애플리케이션에서는 이 테이블의 스토리지 엔진을 InnoDB로 선택하기도 하는데, 이는 시퀀스 테이블의 잠금 때문에 성능 저하를 유발할 수 있다는 것을 기억하자.

16.3.2 시퀀스를 위한 스토어드 함수

MySQL 시퀀스 테이블로부터 일련번호를 가져오려면 그냥 INSERT 문장을 사용해도 된다. 하지만 조금 더 복잡한 형태로 번호를 가져와야 한다면 이 기능을 스토어드 함수로 캡슐화해서 구현해두는 편이 좋다. 테이블로부터 시퀀스를 가져올 때 가장 핵심이 되는 부분은 mysql_sequences 테이블에 레코드를 INSERT해서 만약 프라이머리 키에 중복이 발생하면 seq_currval 값만 1만큼 증가시켜서 mysql_sequences 테이블에 업데이트하는 것이다. 즉, 한 번도 사용하지 않은 시퀀스의 값을 가져갈 때는 프라이머리 키의 중복이 없으므로 seq_currval 칼럼에 1이 저장될 것이며, 한 번이라도 사용된 시퀀스는 seq_name 칼럼(프라이머리 키)의 값이 이미 테이블에 존재하므로 중복이 발생하고 ON DUPLICATE KEY 부분의 처리가 실행되는 것이다. 이 내용을 쿼리로 작성해 보면 다음과 같다.

```
INSERT INTO mysql_sequences
   SET seq_name='시퀀스이름', seq_currval=(@v_current_value:=1)
on duplicate KEY
   UPDATE seq_currval=(@v_current_value:=seq_currval+1);
```

위의 쿼리에서는 새로운 레코드가 INSERT되든 seq_currval 칼럼의 값만 업데이트되든 seq_currval 칼럼에 업데이트된 값은 @v_current_value 사용자 정의 변수(세션 변수)에 그 값을 업데이트한 후 실제 mysql_sequences 테이블에 저장한다. 그래서 이 쿼리에 의해 증가된 시퀀스 번호는 mysql_sequences 테이블을 SELECT하지 않고 사용자 정의 변수만 확인하면 바로 알아낼 수 있다.

```
mysql> INSERT INTO mysql_sequences
          SET seq_name='DEFAULT', seq_currval=(@v_current_value:=1)
          ON DUPLICATE KEY
          UPDATE seq_currval=(@v_current_value:=seq_currval+1);
mysql> SELECT @v_current_value AS nextval;
+---------+
| nextval |
+---------+
|       1 |
+---------+
```

매번 INSERT INTO .. ON DUPLICATE KEY ... 쿼리를 실행하고, @v_current_value 값을 조회하는 것도 방법이겠지만 조금 더 실수를 줄일 수 있는 방법으로 구현하기 위해 이 내용을 스토어드 함수로 캡슐화하는 것이 좋다. 다음의 예제는 위의 기능을 nextval( )이라는 함수로 구현한 것이다.

```
DELIMITER ;;

CREATE FUNCTION nextval()
  RETURNS BIGINT UNSIGNED
  MODIFIES SQL DATA
  SQL SECURITY INVOKER
BEGIN
  INSERT INTO mysql_sequences
    SET seq_name='DEFAULT', seq_currval=(@v_current_value:=1)
  ON DUPLICATE KEY
    UPDATE seq_currval=(@v_current_value:=seq_currval+1);

  RETURN @v_current_value;
END ;;
```

위의 nextval( ) 함수는 별도의 인자를 받지 않으며, 호출되면 무조건 'DEFAULT'라는 이름의 시퀀스 값을 증가시키고 증가한 값을 반환한다. 이 스토어드 함수를 이용하면 다음과 같이 간단하게 시퀀스 값을 가져올 수 있다.

```
mysql> SELECT nextval();
+-----------+
| nextval() |
+-----------+
|         2 |
+-----------+
```

여기서 알아본 시퀀스 기능은 mysql_sequences 테이블에 초기 데이터가 필요하지 않으며, mysql_sequences 테이블과 스토어드 함수만 만들어 두면 된다. 처음 사용하는 시퀀스라 하더라도 별도의 초기 데이터를 INSERT해둘 필요가 없으며, 단순히 nextval( )이라는 스토어드 함수를 SELECT 문장에서 호출해 주기만 하면 되므로 서비스 초기에 에러나 실수를 최소화할 수 있다.

16.3.3 여러 시퀀스 처리하기

지금까지 살펴본 스토어드 프로그램은 시퀀스 하나만 사용할 수 있는 예제였다. 만약 여러 개의 시퀀스를 동시에 사용하려면 스토어드 함수의 내용을 조금 변경해서 증가시키려는 시퀀스의 이름을 인자로 받을 수 있게 해주면 된다. 다음의 nextval2( ) 스토어드 함수를 한 번 살펴보자.

```
DELIMITER ;;

CREATE FUNCTION nextval2(p_seq_name CHAR(10) CHARSET latin1)
  RETURNS BIGINT UNSIGNED
  MODIFIES SQL DATA
  SQL SECURITY INVOKER
BEGIN
  INSERT INTO mysql_sequences
    SET seq_name=IFNULL(p_seq_name, 'DEFAULT'), seq_currval=(@v_current_value:=1)
  ON DUPLICATE KEY
    UPDATE seq_currval=(@v_current_value:=seq_currval+1);

  RETURN @v_current_value;
END ;;
```

nextval2( ) 함수는 시퀀스 이름을 인자로 필요로 하는데, 지정된 시퀀스 이름이 NULL일 때는 기본 시퀀스(DEFAULT) 값을 가져가도록 작성돼 있다. 이제 필요에 따라 여러 개의 시퀀스를 사용할 수 있게 준비됐으므로 다음 예제와 같이 여러 시퀀스의 번호를 동시에 가져올 수 있다.

```
mysql> SELECT nextval2('ARTICLE') AS article_nextval;
-> 1
mysql> SELECT nextval2(NULL) AS default_nextval;
-> 5
mysql> SELECT nextval2(NULL) AS default_nextval;
-> 6
```

16.3.4 시퀀스 사용 시 주의사항

인터넷을 통해 찾을 수 있는 대부분의 MySQL 시퀀스는 이와 비슷한 방식으로 별도의 테이블을 사용한다. 여기서 주의해야 할 부분이 mysql_sequences 테이블은 절대 InnoDB와 같이 트랜잭션을 지원하는 스토리지 엔진을 사용하면 안 된다는 것이다. 시퀀스 테이블은 많은 클라이언트로부터 동시에 시퀀스 번호를 읽어야 할 수도 있다. 이 테이블을 InnoDB 스토리지 엔진을 사용하게 만들면 한 클라이언트에서 시퀀스 번호를 가져오는 트랜잭션이 끝나기 전까지는 다른 트랜잭션에서 시퀀스를 번호를 가져갈 수 없게 된다. 그래서 mysql_sequences 테이블은 반드시 MyISAM과 같이 트랜잭션을 지원하지 않는 스토리지 엔진을 사용해야 한다.

복제가 사용되는 MySQL 서버에서는 하나 더 주의해야 할 사항이 있다. 복제가 구축된 환경의 MySQL 서버에서는 이 시퀀스로부터 일련번호를 읽음과 동시에 그 값을 다른 테이블에 INSERT해서는 안 된다. 즉, 다음의 예제와 같이 시퀀스를 가져오는 스토어드 함수("nextval( )")를 INSERT 문장에 함께 사용하면 안 된다.

```
INSERT INTO tb_article (article_id, ...) VALUES (nextval(), ... );
```

예를 들어, 현재 시퀀스의 마지막 번호가 15이고, 2개의 클라이언트 A와 B가 다음과 같은 시나리오로 이 쿼리를 실행할 때를 한번 살펴보자.

클라이언트 A	클라이언트 B
BEGIN;	BEGIN;
INSERT INTO tb_article (article_id, ...) VALUES (nextval(), ...); -- // 여기서 생성된 시퀀스 값은 16이 됨	

```
                                            INSERT INTO tb_article (article_id, ...)
                                            VALUES (nextval(), ... );
                                            -- // 여기서 생성된 시퀀스 값은 17이 됨

                                            COMMIT;

 COMMIT;
```

위의 시나리오에서 클라이언트 A가 먼저 INSERT 쿼리를 실행했으므로 게시물 번호는 16(15+1)으로 INSERT될 것이다. 그리고 A 클라이언트가 커밋을 수행하기 전에 B 클라이언트가 이 쿼리를 실행하면 B클라이언트는 게시물 번호 17을 받게 될 것이다. 그런데 A 클라이언트보다 B클라이언트가 먼저 COMMIT을 해버리면 마스터의 바이너리 로그에는 실제 마스터 MySQL에서 실행된 반대의 순서로 기록되고, 이로 인해 슬레이브에서는 B 클라이언트의 게시물이 16번을 받게 되고 A 클라이언트의 게시물이 17번을 갖게 될 것이다. 즉 COMMIT하는 순서에 따라 슬레이브 MySQL에서는 가져오는 시퀀스 번호의 순서가 달라지게 된다. 이러한 문제를 막기 위해 복제가 구축된 MySQL에서는 다음 예제와 같이 일련번호를 가져오는 작업과 시퀀스 값을 INSERT하는 작업을 별도의 쿼리로 분리해야 한다. 그리고 INSERT할 때는 반드시 nextval( ) 스토어드 함수가 아닌, 가져온 시퀀스 번호 값을 설정해야 한다. 그리고 nextval( ) 스토어드 함수를 이용해 시퀀스 값을 가져오는 SQL은 다른 트랜잭션 쿼리보다 제일 먼저 실행해야 한다.

```
SELECT NEXTVAL() AS article_id; /* 여기서 가져온 artcle_id가 16이라고 가정 */
INSERT INTO tb_article (article_id, ... ) VALUES (16, ...);
```

이와 같이 처리함으로써 시퀀스 값의 읽기 순서나 COMMIT의 순서에 관계없이 하나의 게시물은 마스터나 슬레이브에서 같은 일련번호를 갖게 된다.

MySQL에서 시퀀스를 사용하는 방법을 소개하는 온라인 게시물 중에는 AUTO_INCREMENT를 사용할 때와 똑같이 LAST_INSERT_ID( ) 함수를 사용할 수 있게 시퀀스를 구현할 수 있다고 소개하는 글도 있다. 즉, nextval( )이나 nextval2( ) 스토어드 함수 내에서 시퀀스의 증가된 값을 세션 변수에 담아두고, 사용자가 그 번호를 조회할 수 있게 해주는 것처럼 말이다. 하지만 MySQL의 스토어드 함수에서 변경된 세션 변수의 값은 스토어드 함수가 종료되면 자동으로 초기화되므로 LAST_INSERT_ID( ) 함수를 이용하는 스토어드 함수는 정상적으로 작동하지 않을 것이다.

16.4 큰 문자열 칼럼의 인덱스(해시)

가끔 매우 긴 문자열을 저장하는 칼럼에 대해 인덱스를 생성하거나 검색을 수행해야 할 때가 있다. 이러한 요건은 주로 URL 정보를 관리할 때 필요한데, 일반적으로 URL 정보는 인덱스를 생성하기에는 상당히 부담스러울 정도로 큰 데이터가 많다. 때로는 긴 문자열 칼럼을 프라이머리 키로 사용해야 할 때도 있다. 하지만 MyISAM이나 InnoDB 테이블의 인덱스는 하나의 레코드가 767바이트 이상을 넘을 수 없다. 이때는 칼럼의 앞 부분 767바이트만 잘라서 프라이머리 키나 유니크 키로 생성할 수 있는데, 이를 프리픽스(Prefix) 인덱스라고 한다. 그런데 프리픽스 인덱스에서는 반드시 칼럼의 앞 부분 767바이트만으로 유니크해야 한다는 제약이 따른다. 그래서 칼럼의 앞 부분 767바이트가 중복될 수 있다면 유니크 인덱스나 프라이머리 키를 사용하지 못하게 된다. 이럴 때는 긴 문자열의 해시 값으로 프라이머리 키나 유니크 인덱스를 생성하는 방법을 사용하면 쉽게 해결할 수 있다.

해시 값을 생성하려면 CRC32( )와 같은 단순한 함수를 사용할 수도 있지만 CRC32( ) 함수는 4바이트의 해시 값을 만들어 내기 때문에 중복된 값으로 인한 충돌이 많이 발생할 수 있다. 그래서 일반적으로 해시 값을 생성하기 위해 MD5( )나 SHA( )와 같은 암호화 해시 함수가 자주 사용된다. MySQL의 MD5( ) 함수는 16바이트의 해시 코드를 생성하며, SHA( ) 함수는 20바이트의 해시 코드를 생성하기 때문에 MD5( ) 함수나 SHA( ) 함수를 이용해 생성된 해시 값을 저장하려면 다음과 같은 타입의 칼럼이 필요하다.

	문자열(16진 헥사 스트링)로 저장했을 때	바이너리 값을 저장했을 때
MD5( ) 함수를 이용했을 때	CHAR(32)	BINARY(16)
SHA( ) 함수를 이용했을 때	CHAR(40)	BINARY(20)

간단히 MD5( ) 함수를 이용하는 예제를 통해 해시 칼럼을 추가하고 사용하는 방법을 살펴보자. 다음 예제의 테이블은 해시 칼럼을 적용하기 전의 테이블이다.

```
CREATE TABLE tb_accesslog (
  access_id BIGINT NOT NULL AUTO_INCREMENT,
  access_url VARCHAR(1000) NOT NULL,
  access_dttm DATETIME NOT NULL,
  PRIMARY KEY (access_id),
  INDEX ix_accessurl (access_url)
) ENGINE=INNODB;
```

위의 테이블에서 access_url 칼럼은 길이가 상당히 길지만 이 칼럼에 인덱스를 생성해야 한다. 그래서 테이블에 다음과 같이 access_url_hash CHAR(32) 타입의 칼럼을 추가해서 인덱스를 생성하는 형태로 변경해 테이블을 생성했다. 해시 값은 숫자나 알파벳만으로 구성된 16진수 문자열이므로 access_url_hash 칼럼은 latin1 문자집합을 사용해 최대한 디스크 사용 공간을 줄였다.

```
CREATE TABLE tb_accesslog (
  access_id BIGINT NOT NULL AUTO_INCREMENT,
  access_url VARCHAR(1000) NOT NULL,
  access_url_hash CHAR(32) NOT NULL collate latin1_general_cs,
  access_dttm DATETIME NOT NULL,
  PRIMARY KEY (access_id),
  INDEX ix_accessurlhash (access_url_hash)
) ENGINE=INNODB;
```

이제 이 테이블에 레코드를 INSERT하거나 SELECT할 때는 다음과 같이 쿼리를 사용하면 된다.

```
-- // INSERT를 할 때는 MD5 함수를 이용해 생성된 해시 값을 access_url_hash 칼럼에 저장
mysql> INSERT INTO tb_accesslog
       VALUES (NULL, 'http://intomysql.blogspot.com',
                     MD5('http://intomysql.blogspot.com'), NOW());

mysql> SELECT * FROM tb_accesslog\G
*************************** 1. row ***************************
      access_id: 1
     access_url: http://intomysql.blogspot.com
access_url_hash: 41cd170b498fcb0a6fac86253ea3b488
    access_dttm: 2011-09-04 22:36:47

-- // URL을 이용해 검색하는 경우에는 입력된 값을 MD5() 함수로 해시 값을 생성해 비교 실행
mysql> SELECT access_id, access_url
       FROM tb_accesslog
       WHERE access_url_hash=MD5('http://intomysql.blogspot.com');
+-----------+------------------------------+
| access_id | access_url                   |
+-----------+------------------------------+
|         1 | http://intomysql.blogspot.com |
+-----------+------------------------------+

-- // 가능성은 상당히 희박하지만 MD5() 함수의 결과 값도 충돌이 발생할 수 있다.
-- // 이런 문제를 막기 위한 더 확실한 비교는 다음과 같이 해주면 된다.
mysql> SELECT access_id, access_url
       FROM tb_accesslog
```

```
      WHERE access_url_hash=MD5('http://intomysql.blogspot.com')
            AND access_url='http://intomysql.blogspot.com';
+-----------+-----------------------------+
| access_id | access_url                  |
+-----------+-----------------------------+
|         1 | http://intomysql.blogspot.com |
+-----------+-----------------------------+
```

위의 예제에서는 해시 값을 16진수 문자열(헥사 스트링)로 저장하는 방식을 사용했다. 실제 MD5( ) 함수는 16바이트 바이너리 값을 반환하지만 MySQL의 MD5( ) 함수는 바이너리 값을 사람이 읽을 수 있는 16진수 문자열로 변환해서 반환하도록 조금 변형된 것이다. 만약 레코드의 건수가 많아질 것을 대비해 칼럼의 크기를 더 줄이고자 한다면 16진수 문자열이 아니라 바이너리 값을 저장하면 디스크 공간을 16바이트만 필요로 하게 된다. 해시 값을 바이너리 값으로 저장하도록 BINARY 타입 칼럼으로 한번 변환해 보자.

```
CREATE TABLE tb_accesslog1 (
   access_id BIGINT NOT NULL AUTO_INCREMENT,
   access_url VARCHAR(1000) NOT NULL,
   access_url_hash BINARY(16) NOT NULL,
   access_dttm DATETIME NOT NULL,
   PRIMARY KEY (access_id),
   INDEX ix_accessurlhash (access_url_hash)
) ENGINE=INNODB;
```

우선 access_url_hash 칼럼을 CHAR가 아닌 BINARY 타입으로 변경해 테이블을 준비했다. 이제 이 테이블에 INSERT하거나 SELECT하는 예제를 한번 살펴보자. MD5( ) 함수나 SHA( ) 함수는 주어진 데이터의 해시 값을 생성해서 16진수 문자열을 반환하는데, 이 값을 BINARY 타입에 저장하려면 이진 값으로 변환해야 한다. 이때 필요한 함수가 UNHEX( )이며, 반대로 바이너리 값을 16진수 문자열로 변환하는 함수는 HEX( )다. 다음 예제는 위에서 살펴본 방법과 비슷하지만 값을 칼럼에 저장하기 위해 해시 값을 UNHEX( ) 함수로 변환했고, 반대로 조회할 때는 HEX( ) 함수를 사용해 16진수 문자열로 변환하는 처리가 더 포함된 것이다.

```
-- // INSERT할 때는 MD5 함수를 이용해 생성된 해시 값을 access_url_hash 칼럼에 저장
-- // MD5()나 SHA() 함수의 결과 헥사 스트링을 이진 값으로 변환하기 위해 UNHEX() 함수 사용
mysql> INSERT INTO tb_accesslog1
       VALUES (NULL, 'http://intomysql.blogspot.com',
                 UNHEX(MD5('http://intomysql.blogspot.com')), NOW());
```

```
-- // BINARY 타입의 값을 헥사 스트링으로 변환하기 위해 HEX() 함수 사용
mysql> SELECT access_id, access_url, HEX(access_url_hash), access_dttm
       FROM tb_accesslog1\G
*************************** 1. row ***************************
       access_id: 1
      access_url: http://intomysql.blogspot.com
access_url_hash: 41CD170B498FCB0A6FAC86253EA3B488
   access_dttm: 2011-09-04 22:36:47

-- // URL을 이용해 검색하는 경우에는 입력된 값을 MD5() 함수로 해시 값을 생성해서 비교 실행
-- // MD5()나 SHA() 함수의 결과 헥사 스트링을 이진 값으로 변환하기 위해 UNHEX() 함수 사용
mysql> SELECT access_id, access_url, HEX(access_url_hash) AS url_hash
       FROM tb_accesslog1
       WHERE access_url_hash=UNHEX(MD5('http://intomysql.blogspot.com'));
+-----------+-------------------------------+----------------------------------+
| access_id | access_url                    | url_hash                         |
+-----------+-------------------------------+----------------------------------+
|         1 | http://intomysql.blogspot.com | 41CD170B498FCB0A6FAC86253EA3B488 |
+-----------+-------------------------------+----------------------------------+

-- // CHAR 타입으로 관리하는 경우와 동일하게 해시 값 충돌의 문제를 해결하기 위해
-- // access_url 칼럼을 값을 한 번 더 비교하는 쿼리
mysql> SELECT access_id, access_url
       FROM tb_accesslog
       WHERE access_url_hash=UNHEX(MD5('http://intomysql.blogspot.com'))
             AND access_url='http://intomysql.blogspot.com';
+-----------+-------------------------------+
| access_id | access_url                    |
+-----------+-------------------------------+
|         1 | http://intomysql.blogspot.com |
+-----------+-------------------------------+
```

만약 긴 문자열을 저장하는 칼럼을 프라이머리 키나 유니크 인덱스로 생성하면 다음과 같은 오류가 발생하면서 생성이 실패할 수도 있다. 이때는 SHA() 함수나 MD5() 함수를 이용해 해시 값을 별도 칼럼으로 관리하는 방식이 유용한 해결책이 될 것이다.

```
ERROR 1071 (42000): Specified key was too long; max key length is 767 bytes
```

16.5 테이블 파티션

MySQL의 파티션은 5.1 버전부터 지원되기 시작했지만 많이 사용되는 MySQL 5.1이나 5.5 버전의 파티션 기능은 상당히 제약이 많은 상태다. 특히 파티션 키를 선정하는 것은 더 제약이 심해서 날짜 타입이나 숫자 타입 이외의 칼럼으로 파티션 키를 사용하는 것은 거의 불가능해 보일 정도다. 만약 파티션하려는 기준 값이 날짜나 숫자 타입이라면 레인지(RANGE) 파티션을 사용하거나 리스트 파티션을 사용하면 된다. 하지만 만약 그 이외의 타입으로 테이블을 파티션해야 할 때는 어떻게 해야 할까?

MySQL에서는 해시 파티션의 일종으로 키(KEY) 파티션 기능을 제공하는데, 이는 테이블의 프라이머리 키나 유니크 키 칼럼을 이용해 파티션하는 방법이다. 특히 MySQL 5.1.5 버전부터는 프라이머리 키나 유니크 키의 일부만으로 키 파티션을 구현할 수도 있게 되면서 활용도가 더 높아졌다고 볼 수 있다.

다음의 테이블은 웹 서비스에서 사용자의 게시물 작성이나 답변과 같은 참여 이력을 기록해 두기 위한 이력 테이블이다. 이 테이블이 특정 사용자의 활동 내역을 시간에 관계없이 조회하는 용도로 주로 사용한다고 가정했을 때 이 테이블을 어떻게 파티션하는지 한 번 살펴보자.

```
CREATE TABLE tb_user_action_history(
  user_id CHAR(20) NOT NULL,
  action_type INT NOT NULL,
  action_dttm DATETIME NOT NULL,
  target_object_id BIGINT NOT NULL,
  ...
  PRIMARY KEY (user_id, action_type, action_dttm),
  INDEX ix_userid_targetobjectid (user_id, target_object_id)
);
```

우선 이 테이블은 날짜(action_dttm)보다는 사용자 단위(user_id)로 주로 사용된다. 그러므로 user_id 칼럼으로 파티션을 적용하는 것이 가장 좋아 보인다. 그런데 user_id 칼럼은 CHAR 타입이어서 레인지나 리스트 파티션은 물론이고 해시 파티션도 적용하기 어렵다. MySQL 5.1 버전의 파티션에서 파티션 키는 숫자 타입으로 제한돼 있기 때문이다. 하지만 키 파티션은 파티션 키의 타입에 제한이 없다. 그래서 다음과 같이 쉽게 키 파티션을 적용할 수 있다.

```
CREATE TABLE tb_user_action_history(
  user_id CHAR(20) NOT NULL,
  action_type INT NOT NULL,
  action_dttm DATETIME NOT NULL,
  target_object_id BIGINT NOT NULL,
  ...
```

```
    PRIMARY KEY (user_id, action_type, action_dttm),
    INDEX ix_userid_targetobjectid (user_id, target_object_id)
) ENGINE=INNODB
PARTITION BY KEY() PARTITIONS 20 ;
```

일반적으로 키 파티션을 적용할 때 "PARTITION BY KEY( )"와 같이 파티션 키를 명시하지 않으면 기본적으로 프라이머리 키를 구성하는 모든 칼럼이 파티션 키가 된다. 그런데 위와 같이 3개(user_id, action_type, action_dttm)의 칼럼으로 파티션된 테이블에서 다음과 같은 쿼리는 파티션의 장점인 파티션 프루닝 기능을 이용할 수 없게 된다.

```
partitions
SELECT * FROM tb_user_action_history
WHERE user_id='toto';
```

위 쿼리의 실행 계획을 확인해 보면 다음과 같이 partitions 칼럼에 모든 파티션의 목록이 나열되면서 파티션 프루닝이 적용되지 않고 모든 파티션이 검색 대상이 되어 버린다는 것을 알 수 있다.

id	select_type	Table	partitions	…	Extra
1	SIMPLE	tb_user_action_history	p0,p1,p2,p3,p4,p5,p6,p7, p8,p9,p10,p11,p12,p13, p14,..	…	Using where

위의 파티션 테이블이 user_id 기반의 SELECT 쿼리를 최적으로 실행할 수 있게 하려면 프라이머리 키의 모든 칼럼을 그대로 파티션 키로 사용하는 것이 아니라 user_id 칼럼만으로 파티션해야 한다. 이때는 다음의 예제와 같이 파티션 키에 특정 칼럼만 명시해 주면 된다.

```
CREATE TABLE tb_user_action_history(
  user_id CHAR(20) NOT NULL,
  action_type INT NOT NULL,
  action_dttm DATETIME NOT NULL,
  target_object_id BIGINT NOT NULL,
  ...
  PRIMARY KEY (user_id, action_type, action_dttm),
  INDEX ix_userid_targetobjectid (user_id, target_object_id)
) ENGINE=INNODB
PARTITION BY KEY(user_id) PARTITIONS 20 ;
```

위와 같이 SELECT의 기준이 되는 user_id 칼럼을 키 파티션의 기준 키 칼럼으로 지정하면 된다. 키 파티션의 키 칼럼은 반드시 프라이머리 키에 속한 칼럼이어야 한다. 위 예제에서와 같이 파티션 키 칼럼이 다른 보조 인덱스에도 사용되는 칼럼이라면 더 좋다. 하나의 파티션 키가 여러 용도의 쿼리에 사용될 수 있으니 말이다. 다음의 예는 위에서 살펴본 SELECT 쿼리의 실행 계획인데, partitions 칼럼에는 꼭 필요한 파티션 하나(p2)만 접근한다는 것을 알 수 있다.

id	select_type	table	partitions	…	Extra
1	SIMPLE	tb_user_action_history	p2	…	Using where

16.6 SNS의 타임라인 구현

이미 트위터나 페이스북 등의 서비스를 많이 사용하고 있어서 잘 알고 있겠지만 소셜 네트워킹 서비스(Social networking service)는 친구나 팔로우 등과 같은 관계를 중요시하는 서비스다. 이들 서비스의 기본적인 기능은 우리가 지금까지 사용해오던 게시판과 기능이 전혀 다를 것이 없다. 그런데 친구나 팔로우라는 관계를 구현하면서 관리해야 할 데이터는 기하급수적으로 불어난다. 팔로우나 친구 개념을 이용해 게시물을 공유할 사용자를 개별로 지정하고, 자기에게 공유된 게시물을 시간 순서대로 보는 타임라인(Timeline) 기능이 RDBMS에서는 가장 큰 문젯거리가 되고 있다.

사실 타임라인 기능은 다음의 두 가지 측면에서 RDBMS에 적합하지 않은 데이터라고 볼 수 있다.

- RDBMS는 쓰기는 느리지만 읽기는 빠르게 처리하는 것이 장점이자 특성인데, 타임라인 기능은 읽기보다 쓰기의 비중이 훨씬 많다. 타임라인의 이런 특성은 사용자의 수나 관계가 불어날수록 더 심해진다.
- RDBMS의 정렬은 인덱스를 이용하지 못하면 정렬 대상 건수에 비례해 상당히 느려질 수밖에 없는데, SNS의 타임라인의 정렬은 인덱스를 이용할 수 없다. 사실 이는 RDBMS의 특성이라기보다 현재 사용되는 하드웨어의 한계로 인한 모든 소프트웨어의 특성이라고 볼 수 있다.

RDBMS의 이런 문제점을 해결하기 위해 NoSQL이라고 불리는 읽기보다 쓰기 위주의 데이터베이스가 출시되기 시작했다. NoSQL 도구는 SNS 서비스를 제공하는 회사로부터 시작되어 지금은 주로 오픈소스 기반으로 프로젝트가 진행되고 있다. 일반적으로 SNS 서비스는 사용자별로 데이터를 미리 정렬해서 중복 저장하는 방식으로 위의 두 번째 문제점을 해결하고 있다. 이 방식은 상당히 많은 쓰기 작업을 필요로 하지만 NoSQL 도구는 일반적으로 쓰기 성능이 매우 빠르므로 이는 특별히 문제되지 않는다. 하지만 NoSQL은 기본적으로 분산 기능을 가지고 있어서 관리나 사용이 어렵다. 또한 시장에 나온 지가 그리 오래되지 않아서 안정성이나 문제 해결이 쉽지 않기 때문에 중·소규모의 프로그램에 적용하는 것이 쉽지 않다. 여기서는 중·소규모의 SNS 서비스에서 MySQL 서버만으로 타임라인을 조금 더 빠르게 구현할 수 있는 방법을 살펴보겠다.

16.6.1 예제 시나리오

예제로 살펴볼 타임라인은 아주 단순한 형태로, 다음과 같은 요건을 구현해보고자 한다.

- 등록된 모든 회원은 자신의 게시물을 작성할 수 있으며, 또한 본인과 친구로 등록한 회원의 게시물을 조회할 수 있다.
- 특정 사용자가 게시물을 조회할 때는 본인과 친구로 등록한 사용자의 게시물을 작성 시간 역순으로 타임라인을 보여주고자 한다.

그림 16-15는 위의 요건을 그림으로 표현해본 것이다. 그림의 왼쪽 표는 전체 게시물이 저장된 테이블을 의미하고 오른쪽 표는 "이성욱"이라는 사용자의 타임라인에서 보여줘야 할 게시물의 목록을 표현하고 있다. 이 예제에서 타임라인의 주인공인 "이성욱"이란 사용자는 "홍길동"과 "마동탁"을 친구로 등록해 뒀다. 그래서 "이성욱"의 타임라인에는 "홍길동"과 "마동탁", 그리고 자신이 작성한 게시물을 작성 시간의 역순으로 정렬하고 지정된 건수만큼 페이징해서 보여주면 된다. 결론적으로 그림 16-5에서 왼쪽 표와 같은 테이블에서 오른쪽 표와 같은 결과를 조회하는 것이 목적이다.

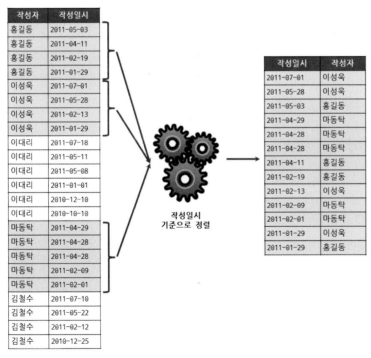

[그림 16-5] 타임라인 데이터 가져오기

그림 16-5의 게시물 테이블에서 "홍길동"과 "마동탁"이라는 사용자를 친구로 등록한 "이성욱"이라는 사용자의 타임라인 게시물을 가져오는 쿼리는 다음과 같다.

```
SELECT *
FROM tb_article
WHERE 작성자 IN ('홍길동', '마동탁', '이성욱')
ORDER BY 작성일시;
```

위의 쿼리는 게시물 작성자를 기준으로 검색하지만 검색된 결과를 작성 일시로 정렬해야 한다. 이 쿼리를 실행하려면 우선 게시물 테이블에서 작성자 칼럼에 인덱스가 필요하다. 하지만 이 쿼리의 WHERE 조건은 범위 조건이어서 (작성자 + 작성일시)로 인덱스를 생성한다 하더라도 정렬은 인덱스를 이용할 수 없다. 결국 실시간으로 "이성욱"을 포함한 3명의 모든 게시물을 작성일시 역순으로 정렬해야만 원하는 결과를 얻을 수 있다. 하지만 친구 관계의 사용자 수가 늘어나거나 각 친구들의 게시물 건수가 많다면 MySQL 서버는 적절한 시간내에 결과를 만들어 내지 못할 것이다.

16.6.2 인덱스 테이블 사용

그림 16-5에서 살펴본 타임라인을 구현하기 위한 가장 단순한 해결책은 그림 16-6의 오른쪽 표와 같이 각 사용자별로 타임라인 테이블을 미리 만들어 두고 (회원 + 작성일시) 칼럼으로 인덱스를 생성하는 방법이다. 여기서 "타임라인 테이블"의 실체는 테이블이지만 인덱스와 같은 목적으로 사용되므로 인덱스 테이블이라고 이름을 붙여두자. 이 인덱스 테이블을 이용하면 "이성욱"이라는 사용자의 타임라인을 조회하기 위해 별도의 실시간 정렬 작업은 생략할 수 있게 된다.

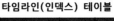

게시물 테이블		
게시물번호	작성자	작성일시
16	홍길동	2011-05-03
12	홍길동	2011-04-11
11	홍길동	2011-02-19
5	홍길동	2011-01-29
21	이성욱	2011-07-01
20	이성욱	2011-05-28
10	이성욱	2011-02-13
6	이성욱	2011-01-29
23	이대리	2011-07-18
18	이대리	2011-05-11
17	이대리	2011-05-08
4	이대리	2011-01-01
2	이대리	2010-12-10
1	이대리	2010-10-10
15	마동탁	2011-04-29
13	마동탁	2011-04-28
14	마동탁	2011-04-28
8	마동탁	2011-02-09
7	마동탁	2011-02-01
22	김철수	2011-07-10
19	김철수	2011-05-22
9	김철수	2011-02-12
3	김철수	2010-12-25

타임라인(인덱스) 테이블			
회원	작성일시	작성자	게시물번호
이성욱	2011-07-01	이성욱	21
이성욱	2011-05-28	이성욱	20
이성욱	2011-05-03	홍길동	16
이성욱	2011-04-29	마동탁	15
이성욱	2011-04-28	마동탁	13
이성욱	2011-04-28	마동탁	14
이성욱	2011-04-11	홍길동	12
이성욱	2011-02-19	홍길동	11
이성욱	2011-02-13	이성욱	10
이성욱	2011-02-09	마동탁	8
이성욱	2011-02-01	마동탁	7
이성욱	2011-01-29	홍길동	5
이성욱	2011-01-29	이성욱	6

[그림 16-6] 타임라인을 위한 인덱스 테이블

그림 16-6의 오른쪽 인덱스 테이블에서 "이성욱"이라는 사용자의 타임라인 게시물을 가져오는 작업은 다음과 같이 아주 간단한 쿼리로 해결할 수 있다.

```
SELECT *
FROM tb_timeline_index
WHERE 회원='이성욱'
ORDER BY 작성일시
LIMIT 0,20;
```

가장 이상적인 방법이지만 가장 큰 문제는 인덱스 테이블이 게시물이나 회원 테이블의 레코드 건수보다 훨씬 빠른 속도로 불어난다는 것이다. 회원 테이블의 레코드와 게시물 테이블의 레코드 건수의 거의 두 배로 불어날 것이다. 인덱스 테이블의 레코드의 건수가 많아지는 것만이 문제가 아니다. 게시물이나 친구 관계의 신규 등록 및 삭제, 그리고 회원의 탈퇴 등과 같은 이벤트가 발생하면 인덱스 테이블의 쓰기(INSERT와 DELETE) 작업은 다음과 같이 매우 빈번하게 발생할 것이다.

- 새로운 게시물이 작성되면 그 회원을 친구로 가진 모든 회원의 타임라인을 INSERT해야 한다.
- 게시물이 삭제되면 그 회원을 친구로 가진 모든 회원의 타임라인에서 DELETE해야 한다.
- 친구 관계가 삭제되면 그 회원의 타임라인에서 삭제된 회원의 게시물 정보를 모두 DELETE해야 한다.
- 친구 관계가 새로 추가되면 그 회원의 게시물을 모두 타임라인에 INSERT해야 한다.
- 회원이 탈퇴하면 그 회원을 친구로 가진 모든 회원의 타임라인을 DELETE해야 한다.

사실 이와 같이 인덱스 테이블을 구현하는 방법은 NoSQL에서 타임라인을 구현하는 것과 거의 흡사한 방식이다. NoSQL 도구는 읽기보다 쓰기가 더 빈번한 환경에 적합하도록 설계되어 이런 방법을 사용할 수 있는 것이다. 하지만 MySQL을 포함한 RDBMS로 이런 인덱스 테이블을 구현하는 것은 사용자가 많이 늘어났을 때는 사용할 수 없는 임시적인 방법일 뿐이다. 수많은 INSERT와 DELETE 쿼리를 실행해야 하는 이 방법은 쓰기 부하를 분산할 수 없는 MySQL에서는 얼마 지나지 않아 곧 한계에 부딪힐 것이다. 그런데 밑에서 살펴볼 Try & Fail 쿼리 방법은 쓰기 부하를 늘리는 것이 아니라 읽기 부하를 늘리는 방법이므로 MySQL의 복제 기능으로 쉽게 보완될 수 있는 방법이다.

16.6.3 Try & Fail 쿼리

실시간으로 정렬을 하기에는 너무 느리고, 그렇다고 미리 타임라인을 위한 인덱스 테이블을 만들어 두기에는 시스템적으로나 관리상 너무 부담스럽다. 그래서 생각해 본 방법이 Try & Fail 쿼리 방법이다. Try & Fail이라는 이름은 공식적인 이름이 아니라 저자가 그냥 언뜻 떠오른 느낌으로 붙인 이름이므로 기억하지 않아도 된다. Try & Fail 쿼리 방법에서는 타임라인을 저장하는 인덱스 테이블이 필요하지 않으며, 게시물 테이블과 친구 관계가 저장된 테이블만 있으면 된다.

Try & Fail 쿼리 방식은 실시간으로 처리할 수 있는 만큼만 조금씩 잘라서 정렬하고, 필요한 만큼의 레코드가 조회될 때까지 여러 번 SELECT 쿼리를 실행하자는 것이 기본 원리다. 즉 한 번에 보여줘야 할 소량의 레코드(타임라인)를 조회하기 위해 수백에서 수 천만 건의 모든 친구들의 게시물을 정렬하지 않게 하자는 것이다. 결국 사용자의 웹 페이지나 스마트폰의 화면에서도 수십만 건의 게시물을 한 번에 보여 주지 않을 것이므로 이 방법은 수많은 노력과 시스템 자원의 낭비를 줄일 수 있을 것이다. 그러면 Try & Fail 쿼리를 구현하기 위한 방법을 하나씩 살펴보자.

적당한 시간 범위 자르기

타임라인에서 필요한 게시물 20개를 가져오고자 한다. 그런데 타임라인의 게시물은 작성 시간의 역순이라는 것이 기본 조건이다. 그렇다면 시간의 역순으로 이 20개를 가져오기 위해 언제부터 언제까지의 데이터를 검색해야 할지가 가장 큰 관건이다. 사실 이 문제에는 답이 없다. "이성욱"이라는 사용자와 이 사용자의 친구들이 언제 어느 시점에 게시물을 많이 작성했는지 또는 언제 게시물을 적게 작성했는지 정확하게 파악하지 못하는 이상 알아낼 방법이 없다. 이런 이유로 대략의 검색 범위(시간 범위)를 예측해서 선택해야 한다. 그래서 이 방법의 이름이 Try & Fail 쿼리인 것이다.

게시물 테이블에서 게시물 작성 일시에 대해 아래와 같이 시간 범위를 예측해 보자. 이 작업을 하려면 기존 데이터의 특성이나 게시물이 하루 몇 건 정도 등록되는지 등의 여러 가지 통계를 조사해 그 정보들을 기준으로 설정하는 것이 좋다. 쿼리를 실행하는 현재 시점이 "2011-07-08 00:00:00"이라고 가정하고 시간별로 범위를 다음과 같이 설정해보자.

쿼리 시도 횟수	검색 대상 시간 범위
1차	"2011-07-17 12:00:00" ~ "2011-07-08 00:00:00" (12 시간)
2차	"2011-07-06 12:00:00" ~ "2011-07-17 12:00:00" (1 일)
3차	"2011-07-04 12:00:00" ~ "2011-07-06 12:00:00" (2 일)
4차	"2011-06-30 12:00:00" ~ "2011-07-04 12:00:00" (4 일)
5차	"2011-06-22 12:00:00" ~ "2011-06-30 12:00:00" (8 일)
6차	"2011-01-01 00:00:00" ~ "2011-06-22 12:00:00" (나머지 전체, 서비스 시작 ~ 8일 전)

위의 표에서 지정된 시간 범위만큼 쿼리를 한 번씩 실행하는데, 여기서 범위는 대략 12시간, 1일, 2일, 4일, 8일 순서의 범위로 선정했다. 선정된 범위에 대해 순서대로 쿼리를 실행하는데, 만약 필요한 개수인 20개의 레코드를 모두 채우지 못하면 다음 범위의 SELECT 쿼리를 실행한다. 다음 범위로 넘어가면 넘어갈수록 일부러 범위가 더 커지도록 설정해 뒀다. 이는 게시물 작성을 활발히 하는 사용자와 그렇지 않은 사용자에게 모두 적절한 시간 범위가 선택될 수 있게 하기 위함이며, 각 범위 간의 시간 연장 비율은 데이터의 통계를 이용해 적절히 조정해 주는 것이 좋다.

이제 각 범위의 시작 일시와 종료 일시를 아래 쿼리에 대입한 후, 한 번씩 실행해서 나오는 결과를 순서대로 모으기만 하면 된다. 이렇게 각 범위의 단계별로 실행하면서 필요한 건수만큼 모이면 그 결과를 반환하고 조회를 멈추면 된다.

```
SELECT *
FROM tb_article
WHERE 작성자 IN ('홍길동', '마동탁', '이성욱')
  AND 작성일시 > ?  /* 검색 범위 시작 일시 */
  AND 작성일시 <= ?  /* 검색 범위 종료 일시 */
ORDER BY 작성일시 DESC
LIMIT 20;
```

위의 쿼리를 위해 게시물 테이블에는 (작성자 + 작성일시) 칼럼으로 인덱스가 생성돼야 한다. 이 쿼리는 보여줘야 할 게시물 가운데 최근에 작성된 일부 게시물만 조회하고 정렬을 수행하므로 인덱스를 효율적으로 이용할 수 있으며, 아주 소량의 레코드만 처리하면 된다. 만약 주어진 시간 범위 내에서 필요한 건수만큼의 레코드를 찾아내지 못했다면 다음 시간 범위의 쿼리를 한 번 더 실행해야 할 것이다. 하지만 쿼리가 여러 번 실행되는 것에 대해서는 크게 걱정하지 않아도 된다. 어차피 쿼리가 데이터를 가져오지 못했다는 것은 그만큼 쿼리가 한 일이 없다는 것이며, 또한 그만큼 빨리 실행 완료될 것이기 때문이다.

3~4번 Try & Fail 형태로 쿼리가 실행되는 것은 무리가 없겠지만 10~20번의 쿼리를 매번 프로그램에서 실행한다면 프로그램과 MySQL 서버 간의 네트워크 통신이 그만큼 발생하게 될 것이다. 아무리 네트워크가 빠르다 하더라도 MySQL 서버와의 통신 횟수가 많아지면 OLTP 서비스에 영향을 미칠 것이다. Try & Fail 쿼리를 실행할 때 부가적인 비용을 최대한 줄일 수 있다면 줄이는 것이 좋다. 그래서 이 Try & Fail 쿼리를 스토어드 프로시저로 구현하는 것을 생각해 볼 수 있다.

Try & Fail 쿼리를 스토어드 프로시저로 구현

Try & Fail 쿼리를 반복 실행하는 기능을 스토어드 프로시저로 구현하는 방법은 크게 어렵지 않다. 하지만 스토어드 프로시저의 특성으로 인해 결과 셋을 통째로 반환하는 방법으로는 구현하기 힘들다. 여기서는 검색된 게시물의 번호만 문자열로 연결(CONCAT)해서 스토어드 프로시저의 출력 파라미터로 반환하는 방법을 사용하겠다. 프로그램에서는 이 스토어드 프로시저를 실행하고 그 결과를 받아 해당 번호의 게시물만 다시 한번 SELECT해서 사용자에게 전달하면 된다.

회원의 친구 관계를 저장하는 테이블인 tb_friend와 게시물이 저장되는 tb_article 테이블을 만들고 다음과 같이 각 테이블에 테스트용 데이터를 생성하자. 이 예제를 설명할 때 회원 테이블은 꼭 필요하지 않으므로 생략했다. 예제 16-1의 제일 밑에 추가된 주석과 같이 회원 정보가 저장돼 있다고 가정하자.

[예제 16-1] Try & Fail 쿼리 테스트용 테이블 생성

```
CREATE TABLE tb_article (
  article_id INT NOT NULL AUTO_INCREMENT,
  write_memberid INT NOT NULL,
  write_dttm DATETIME NOT NULL,
  PRIMARY KEY (article_id),
  KEY ix_writememberid_writedttm (write_memberid,write_dttm)
) ENGINE=INNODB;

CREATE TABLE tb_friend (
  member_id INT NOT NULL,
  friend_member_id INT NOT NULL,
  PRIMARY KEY (member_id,friend_member_id)
) ENGINE=INNODB;

INSERT INTO tb_article (article_id, write_memberid, write_dttm) VALUES
        ('16','5','2011-05-03 02:12:11'), ('12','5','2011-04-11 23:11:59'),
        ('11','5','2011-02-19 02:12:16'), ('5','5','2011-01-29 12:00:06') ,
        ('21','4','2011-07-01 12:00:06'), ('20','4','2011-05-28 16:11:25'),
        ('10','4','2011-02-13 02:12:16'), ('6','4','2011-01-29 16:11:22') ,
        ('23','3','2011-07-18 12:00:06'), ('18','3','2011-05-11 16:11:25'),
        ('17','3','2011-05-08 02:12:16'), ('4','3','2011-01-01 16:11:25') ,
        ('2','3','2010-12-10 02:12:16') , ('1','3','2010-10-10 12:00:06') ,
        ('15','2','2011-04-29 16:11:25'), ('13','2','2011-04-28 02:12:16'),
        ('14','2','2011-04-28 02:12:15'), ('8','2','2011-02-09 23:11:63'),
        ('7','2','2011-02-01 12:00:06') , ('22','1','2011-07-10 16:11:25'),
        ('19','1','2011-05-22 02:12:16'), ('9','1','2011-02-12 23:11:64') ,
        ('3','1','2010-12-25 12:00:07');

INSERT INTO tb_friend (member_id, friend_member_id) VALUES (4,2),(4,4),(4,5);

-- // 회원 테이블은 꼭 필요하지 않으므로 생략함
-- // 단 회원의 번호와 회원의 이름은 아래와 같이 준비돼 있다고 가정하자.
-- // 회원번호    회원명
-- // 1          김철수
-- // 2          마동탁
-- // 3          이대리
-- // 4          이성욱
-- // 5          홍길동
```

위의 예제 테이블로부터 타임라인을 조회하는 스토어드 프로시저를 살펴보자. 이 스토어드 프로시저에서는 쿼리가 여러 번 실행될 것을 감안해 PREPARE나 EXECUTE와 같은 명령을 이용해 프리페어 스테이트먼트로 실행하도록 구현했다. 프리페어 스테이트먼트의 바인드 변수는 로컬 변수를 사용할 수 없으므로 스토어드 프로그램의 로컬 변수뿐 아니라 사용자 정의 변수(세션 변수)도 혼용되어 사용했다. 예제 16-2의 스토어드 프로시저에서 각 변수의 프리픽스는 다음의 의미로 사용하고 있으므로 코드를 분석할 때 참조하자.

- in_... : 스토어드 프로시저의 파라미터 중에서 입력 전용
- out_... : 스토어드 프로시저의 파라미터 중에서 출력 전용
- v_... : 스토어드 프로시저의 로컬 전용 변수
- @ : "@" 표시는 사용자 정의 변수를 의미하는 키워드

[예제 16-2] Try & Fail 쿼리를 사용하는 스토어드 프로시저

```
CREATE PROCEDURE getTimelineArticle(
  IN in_memberid INT,                     /* 회원 번호 */
  IN in_base_dttm DATETIME,               /* 검색 기준 시간 - 이 시간 이전의 데이터부터 검색 */
  OUT out_articleids VARCHAR(2000))       /* 타임라인 게시물들의 번호를 반환하는 출력 인자 */
BEGIN
  DECLARE v_fetched_count INT DEFAULT 0; /* 지금까지 읽은 게시물 건수 */
  DECLARE v_start_dttm DATETIME;          /* 검색 범위의 시작 일시 */
  DECLARE v_end_dttm DATETIME;            /* 검색 범위의 종료 일시 */
  DECLARE v_process_done BOOLEAN DEFAULT FALSE; /* 타임라인 검색 작업의 완료 여부 */
  DECLARE v_hour_range INT DEFAULT 1;     /* 검색 범위의 시간 차이 */
  DECLARE v_base_dttm DATETIME;           /* 검색 기준 시간 */
  SET group_concat_max_len=1024*32;       /* GROUP_CONCAT 함수의 버퍼 크기를 32KB로 조정 */

  IF ISNULL(in_base_dttm) THEN /* 검색 기준 시간이 지정되지 않으면 처음부터 조회 */
    SET v_base_dttm=NOW();
  ELSE                         /* 검색 기준 시간이 지정되면 그 시간부터 검색 */
    SET v_base_dttm=in_base_dttm;
  END IF;

  SET out_articleids='';       /* 프로시저 출력 인자의 값 초기화 */
  SET @_q_fetched_count=0;     /* Try & Fail 쿼리로 가져온 게시물 건수를 저장할 세션 변수 */
  SET @_q_articleid_buffer='';/* Try & Fail 쿼리로 가져온 게시물 번호를 저장할 세션 변수 */
  SET @_q_memberid=in_memberid; /* Try & Fail 쿼리의 변수 (회원 번호) */
```

```
SET @_q_record_per_page=5;      /* 타임라인에서 한 페이지당 필요한 레코드 건수 */
/* 쿼리를 프리페어 스테이트먼트 방식으로 실행하기 위해 쿼리 문자열 조립 */
SET @query=CONCAT("SELECT COUNT(*), GROUP_CONCAT(article_id) INTO @_q_fetched_count,",
                                "@_q_articleid_buffer ",
                "FROM (SELECT ta.article_id ",
                "       FROM tb_friend tf ",
                "         INNER JOIN tb_article ta ON ta.write_memberid=tf.friend_
member_id ",
                "           AND ta.write_dttm>? ",   /* v_start_dttm */
                "           AND ta.write_dttm<=? ",  /* v_end_dttm */
                "       WHERE tf.member_id=? ",      /* in_memberid */
                "       ORDER BY ta.write_dttm DESC ",
                "       LIMIT ? ) tb_derrived ");    /* LIMIT n, record_per_page */

PREPARE v_stmt FROM @query; /* 프리페어 스테이트먼트 준비 */

/* 미리 선정된 검색용 시간 범위를 재설정 */
WHILE v_process_done=FALSE DO
  IF v_hour_range<12 THEN
    SET v_hour_range=12;
  ELSEIF v_hour_range<24 THEN     /* 1 day */
    SET v_hour_range=24;
  ELSEIF v_hour_range<24*2 THEN   /* 2 day */
    SET v_hour_range=24*2;
  ELSEIF v_hour_range<24*4 THEN   /* 4 day */
    SET v_hour_range=24*4;
  ELSEIF v_hour_range<24*8 THEN   /* 8 day */
    SET v_hour_range=24*8;
  ELSEIF v_hour_range>=24*8 THEN  /* All range */
    SET v_hour_range=0;           /* 0 ==> 전체 기간을 의미하는 상수로 사용됨 */
  END IF;

  /* 각 반복 회차별로 검색 범위의 시작일시와 종료일시 재설정 */
  SET v_end_dttm=v_base_dttm;
  SET v_start_dttm=DATE_SUB(v_base_dttm, INTERVAL v_hour_range HOUR);
  IF v_hour_range=0 THEN /* 만약 검색 범위 시간이 0이면 모든 레코드를 검색 */
    /* 현재 서비스 시작 일시(2011년 01월 01일)를 가장 오래된 게시물 작성 일시로 간주 */
    SET v_start_dttm='2011-01-01 00:00:00';
  END IF;
  SET @_q_start_dttm=v_start_dttm; /*프리페어 스테이트먼트용 바인드 변수 준비 */
  SET @_q_end_dttm=v_end_dttm;     /*프리페어 스테이트먼트용 바인드 변수 준비 */
```

```
    /* 프리페어 스테이트먼트와 바인드 변수를 이용해 쿼리 실행 */

    EXECUTE v_stmt USING @_q_start_dttm, @_q_end_dttm, @_q_memberid, @_q_record_per_page;
    SET v_fetched_count=v_fetched_count + @_q_fetched_count; /* 가져온 게시물 건수 누적 */

    IF @_q_fetched_count>0 THEN /* 가져온 게시물 번호가 있으면 출력 변수에 값 저장 */
      SET out_articleids=concat(out_articleids, ',', @_q_articleid_buffer);
    END IF;

    /* 한 페이지에서 필요한 레코드 건수만큼 조회됐거나, 더는 검색할 시간 범위가 없으면 */
    IF (v_fetched_count>=@_q_record_per_page) OR (v_hour_range=0) THEN
      /* 더 이상 검색 대상이 없거나, 필요한 만큼의 레코드를 읽었다면 처리를 끝낸다 */
      SET v_process_done=TRUE;
    END IF;
    /* 계속해서 다음 검색 범위를 실행해야 하는 경우를 위해 검색 기준 일시 재설정 */
    SET v_base_dttm=v_start_dttm;
  END WHILE;

  DEALLOCATE PREPARE v_stmt;  /* 프리페어 스테이트먼트를 해제 */
END;;
```

예제 16-2의 스토어드 프로시저는 크게 다음과 같은 흐름으로 실행된다.

1. 필요한 로컬 변수 정의 및 초기화
2. 게시물의 타임라인 조회를 위해 반복 실행할 쿼리의 프리페어 스테이트먼트 준비
3. 반복 루프를 돌면서 SELECT 쿼리의 대상 시간 범위를 변수에 설정하고 프리페어 스테이트먼트를 실행
4. 필요한 레코드 20건이 채워지면 반복 루프를 종료하고 프리페어 스테이트먼트를 해제

나머지 스토어드 프로시저의 코드는 주석으로 설명을 추가해 뒀으므로 자세한 설명은 생략하겠다. 이 스토어드 프로시저를 실행해 보려면 타임라인을 조회할 회원의 회원 번호와 타임라인의 초기 검색 시점의 정보가 필요하다. 검색 대상인 "이성욱" 회원의 회원 번호는 4번이며, 처음 검색에서 기준 일시는 NULL로 설정하면 된다. 프로시저 실행이 완료된 이후에 프로시저의 세 번째 인자인 @article_ids 값을 참조하면 필요한 타임라인의 게시물 번호를 가져갈 수 있다. 이 결과를 이용해 tb_article 테이블을 다시 한번 SELECT하면, 최종 사용자에게 보여줄 타임라인이 게시물 목록이 준비되는 것이다. 간단히 예제 16-2의 스토어드 프로시저를 호출해서 사용하는 방법을 살펴보자.

```
mysql> CALL getTimelineArticle(4, NULL, @article_ids);
mysql> SELECT @article_ids;
+-----------------+
| @article_ids    |
+-----------------+
| ,21,20,16,15,13 |
+-----------------+

mysql> SELECT * FROM tb_article WHERE article_id IN (21,20,16,15,13)
       ORDER BY article_id DESC;
+------------+----------------+---------------------+
| article_id | write_memberid | write_dttm          |
+------------+----------------+---------------------+
|         21 |              4 | 2011-07-01 12:00:06 |
|         20 |              4 | 2011-05-28 16:11:25 |
|         16 |              5 | 2011-05-03 02:12:11 |
|         15 |              2 | 2011-04-29 16:11:25 |
|         13 |              2 | 2011-04-28 02:12:16 |
+------------+----------------+---------------------+
```

만약 두 번째 페이지의 타임라인을 보여주고자 할 때는 위의 첫 번째 스토어드 프로시저 호출에서 두 번째 기준일시 파라미터만 변경해서 호출하면 된다. 두 번째 입력 파라미터 값은 첫 번째 조회된 게시물 목록에서 마지막 게시물의 작성 일시에 1초를 뺀 값을 전달하면 된다.

```
mysql> CALL getTimelineArticle(4, '2011-04-28 02:12:15', @article_ids);
mysql> SELECT @article_ids;
+------------------+
| @article_ids     |
+------------------+
| ,14,12,11,10,7,6 |
+------------------+

mysql> SELECT * FROM tb_article WHERE article_id IN (14,12,11,10,7,6)
       ORDER BY article_id DESC;
+------------+----------------+---------------------+
| article_id | write_memberid | write_dttm          |
+------------+----------------+---------------------+
|         14 |              2 | 2011-04-28 02:12:15 |
|         12 |              5 | 2011-04-11 23:11:59 |
|         11 |              5 | 2011-02-19 02:12:16 |
|         10 |              4 | 2011-02-13 02:12:16 |
```

```
|           7 |              2 | 2011-02-01 12:00:06 |
|           6 |              4 | 2011-01-29 16:11:22 |
+-------------+----------------+---------------------+
```

주의 및 개선 사항

지금까지 살펴본 타임라인 스토어드 프로시저에서 설명을 간단히 하기 위해 누락했거나 더 보완하면
좋을 사항들이 몇 가지 있다.

게시물의 누락

예제에서 사용된 쿼리는 만약 작성 일시가 동일한 게시물이 있을 때 하나 이상의 게시물이 누락될 가능성이 있다. 이러
한 누락 데이터를 막기 위해 일시를 기준으로 하지 않고, 작성 일시와 게시물 번호를 함께 범위로 사용하는 것이 좋다.
구현의 편의를 위해 게시물이 작성된 시점의 타임스탬프 값과 별도의 시퀀스 값을 조합해 게시물 일련번호를 부여하는
것이 좋을 수도 있다.

반대로 타임라인의 최근 게시물 가져오기

지금까지 살펴본 내용은 타임라인에서 이전 게시물로 이동하는 경우의 프로시저만 알아봤는데, 그 반대로 최근 타임라
인으로 돌아가는 것도 이 프로시저를 조금만 수정하면 어렵지 않게 구현할 수 있다. 이 예제에서 시간 간격을 계산하
기 위해 DATE_SUB()라는 함수를 사용했는데, 반대로 최근의 타임라인을 가져오고 싶을 때는 기준 일시에 DATE_
ADD() 함수를 적용하면 된다. 물론 이때는 작성 일시를 ASC로 정렬해서 가져와야 한다는 것도 기억해야 한다.

회원별 게시물 작성의 불규칙성

Try & Fail 쿼리 방식의 가장 큰 문제는 회원의 게시물 작성 일시가 불규칙적일 때 처리 범위가 넓어질 수도 있다는 점
이다. 또한 어떤 회원은 30분당 한 건씩 작성하는 반면 어떤 회원은 일주일에 한 건씩 작성하는 것과 같이, 회원별로
불규칙적인 게시물 작성 패턴도 많이 있을 수 있다. 만약 Try & Fail 쿼리 방식을 사용하기로 했다면 실시간 통계 테이
블을 별도로 생성해서 스토어드 프로시저가 참조할 수 있게 구현하는 것도 이런 불규칙성을 피할 수 있는 방법이다. 예
를 들어 "이성욱"이라는 회원의 타임라인을 조회해 본 결과 이 회원은 필요한 게시물 20개를 수집하기 위해 쿼리가 3
번까지 필요했다,라고 가정해보자. 그러면 통계 테이블에 이 회원의 평균 Try & Fail 쿼리의 실행 횟수를 평균해서 저
장해 두는 것이다. 그리고 그 다음부터 그 회원의 타임라인 조회를 위해 프로시저가 호출되면 그 회원의 평균 실행 횟
수를 참조해 시간 간격을 그에 맞춰서 가변적으로 적용하면 된다.

16.7 MySQL 표준 설정

표준화라고 하는 것이 모든 서버에 똑같은 기준을 획일적으로 적용하는 것을 의미하진 않는다. 여기서
의미하는 표준이란 MySQL 서버의 용도나 서비스의 특성별로 초기의 설정을 표준화한다는 의미다. 즉

MySQL 서버의 초기 설정 기준을 준비해 두자라는 것이다. MySQL 서버로 서비스를 운영하면서 조금씩 서비스의 특성이 변하면 그에 맞게 설정을 변화시켜서 MySQL 서버를 서비스에 최적화하는 방법을 적용하기 위해서다. 서비스가 시작되기도 전부터 서비스의 특성을 100% 반영하는 MySQL 서버 설정을 만들자면 너무 많은 노력과 시간이 필요할 것이다.

16.7.1 MySQL 표준 설정의 필요성

MySQL 서버의 특성상 기본 확장 방식은 하드웨어의 성능을 업그레이드하는 방법(스케일 업)이 아니라 똑같은 성능의 하드웨어를 장착한 서버의 대수를 늘리는 형태(스케일 아웃)다. MySQL 서버의 이런 특성으로 인해 MySQL 서버는 하나의 인스턴스에 많은 데이터가 관리되기보다는 복수의 MySQL 인스턴스에 골고루 데이터를 분포시키는 방식이 많이 사용된다. 이런 이유로 MySQL 서버를 위한 장비나 인스턴스의 개수가 많아져서 MySQL 서버의 설치와 설정이 아주 빈번하게 발생한다. 이때마다 MySQL 서버를 빌드해서 설치하고 설정 파일을 그때그때마다 작성한다면 아마도 중요한 설정뿐 아니라 중요하지 않은 설정까지도 자주 잊어버리거나 누락할 때가 많을 것이다.

아마 대부분 새로운 MySQL을 설치할 때 이미 서비스에 사용되고 있는 MySQL 서버로부터 설정 파일을 가져와서 그 내용을 조금 변경해 또 다른 서비스에 투입하는 것이 일반적일 것이다. 하지만 이 설정 파일은 이미 그 서비스에만 최적화된 설정이어서 새로운 서비스에서는 어디서부터 최적화해야 할지 모호해지기 십상이다.

예를 들어 sort_buffer_size 설정 값을 한번 살펴보자. 이 값은 아마 모든 쿼리의 내용을 다 알고 있다 하더라도 어떤 값이 최적일지 판단하기는 쉽지 않을 것이다. 그렇다면 초기 설정 값(일반적으로 가능한 최소 값)을 56KB로 설정하고, 서비스에서 사용되는 동안 여러 가지 모니터링이나 상태 값 분석 등을 통해 조금씩 확장해 나가는 방법이 최선이 될 것이다. 하지만 설정 파일을 다른 서비스용 MySQL에서 가져오면 초기 시작 값이 얼마인지도 모르고 원래 사용되던 서비스 기준의 값을 사용할 것이다. 그러면 DW용 MySQL 서버의 설정을 웹 서버용 MySQL 서버에서도 그대로 사용하는 실수를 만들어 낼 수도 있는 것이다.

MySQL 서버의 설정 중에서 하드웨어의 성능이나 특성별로 고려해야 할 옵션은 대략 4~5개, MySQL 서버의 복제 용도별로 고려해야 할 옵션 또한 4~5개 수준이며, 그 밖의 옵션은 거의 고정이거나 설치 초기에는 최적의 값을 선정할 수 없는 것들이다. 그렇다면 MySQL 서버의 표준 설정 파일을 준비해 두

고 MySQL 서버가 필요할 때 그 설정 파일을 기준으로 조금씩 변경해서 서비스에 투입한다면 설정의
누락 없이 빠르게 서비스 환경을 구축할 수 있을 것이다.

16.7.2 표준 설정의 예시

이 내용은 이미 2장, "설치와 설정"에서도 언급한 내용이지만 다시 한번 더 중요한 설정 내용만 예제로
살펴보자.

```
## ----------------------------------------------------------------------
## [SERVER] MySQL Server Configuration
## ----------------------------------------------------------------------
[mysqld]
## MySQL Base options ----------------------------------------------------
server-id               = 1

user                    = mysql
port                    = 3306
basedir                 = /usr/local/mysql
datadir                 = /usr/local/mysql/data
tmpdir                  = /usr/local/mysql/tmp
socket                  = /usr/local/mysql/tmp/mysql.sock

character-set-server    = utf8
default-storage-engine  = InnoDB
skip-name-resolve
skip-external-locking

## MySQL 이벤트 스케줄러가 필요하면 ON으로 설정할 것
event-scheduler         = OFF
sysdate-is-now
...
sort_buffer_size        = 128K
join_buffer_size        = 256K
read_buffer_size        = 256K
read_rnd_buffer_size    = 128K
...
## MyISAM 설정 ----------------------------------------------------------
## MyISAM이 주로 사용되는 경우에는 물리 메모리에 맞게 적절히 설정할 것(최대 4GB까지)
key_buffer_size         = 32M
## InnoDB 설정 ----------------------------------------------------------
```

```
## InnoDB를 주로 사용하는 경우 메모리의 50~70% 수준을 innodb_buffer_pool로 설정할 것
innodb_buffer_pool_size     = 10G

...


## MYSQL GENERAL LOG가 필요한 경우,
## 필요한 시간 동안만 MySQL 서버에서 "SET GLOBAL general_log=1" 명령어로 활성화할 것
general_log                 = 0
general_log_file            = /usr/local/mysql/logs/general_query.log
log_slow_admin_statements
slow-query-log              = 1
long_query_time             = 1
slow_query_log_file         = /usr/local/mysql/logs/slow_query.log


## 마스터 MySQL 서버의 설정 --------------------------------------------------------
## 마스터 MySQL 인 경우에는 아래 내용의 주석을 모두 해제할 것
# log-bin                     = /usr/local/mysql/logs/binary_log
# binlog_cache_size           = 5M
# max_binlog_size             = 512M
# expire_logs_days            = 14
# log-bin-trust-function-creators = 1
# sync_binlog                 = 0


## 슬레이브 MySQL 서버의 설정 ------------------------------------------------------
## 슬레이브 MySQL 인 경우에는 아래 내용의 주석을 모두 해제할 것
# relay-log                   = /usr/local/mysql/logs/relay_log
# relay_log_purge             = TRUE
# read_only


## 마스터이면서 동시에 슬레이브인 MySQL 서버의 설정 --------------------------------------
## 이 MySQL 서버의 마스터로부터 받은 바이너리 로그를 슬레이브로 보내려면 아래 내용 주석
해제할 것
# log-slave-updates
```

일반적으로 고정적으로 사용하는 설정

MySQL 서버의 OS 유저나 디렉터리, 그리고 이벤트 스케줄러나 "skip-name-resolve" 및 "sysdate-is-now"
와 같은 성능상의 이슈나 실수를 만들어 내기 쉬운 부분은 거의 고정적으로 통일해서 사용하는 것이 좋다. 이렇게 모든
MySQL 서버에 표준 설정이 적용되면 설치에서 사용자 실수를 최소화하고 MySQL 서버의 버그나 문제점에 대해 일
괄적으로 대응할 수 있을 것이다. 이러한 형태의 표준화된 초기 설정 파일은 운영하면서 알게 되는 지식의 창고가 될
수도 있을 것이다.

복제 용도별로 사용하는 설정

설정 파일의 최하단 내용과 같이 복제 용도별로 사용할 수도 있고 사용하지 않을 수도 있는 설정은 모두 주석으로 처리해 두자. 그리고 필요한 때만 활성화해서 사용하는 것이 좋다. 이러한 설정은 놓치기 쉬운 부분까지 잊지 않고 설정할 수 있게 해주며, 설치되는 MySQL 서버마다 제각기 다른 디렉터리나 파일명을 사용하게 되는 혼란을 막을 수 있다.

하드웨어의 특성이나 서비스의 특성에 맞게 변경하는 설정

MyISAM의 키 캐시 또는 InnoDB 스토리지 엔진의 InnoDB 버퍼 풀의 크기는 성능에 큰 영향을 미치며, 꼭 하드웨어의 특성에 맞게 설정해야 한다. 이 설정 값들은 별도의 주석으로 표기해 두고, 잊지 않고 변경할 수 있게 해주는 것이 좋다. 그리고 MySQL 서버는 상대적으로 작은 규모의 많은 대수의 장비를 사용하게 된다. 그래서 미리 장비의 하드웨어까지 표준화해 둔다면 MySQL 서버의 설정 파일에서 대부분의 내용을 변경없이 그대로 사용할 수 있게 될 것이다.

여기서 보여준 설정 파일이나 설명은 일부 설정에 대한 단순한 예일 뿐이며, 여러분이 직접 MySQL 서버의 표준 설정을 준비하고자 한다면 2.3.5절, "my.cnf 설정 파일"(51쪽)에서 예제로 제시한 설정 파일을 참조해서 준비해 보는 것도 좋다. 만약 MySQL 서버에 대해 경험이 많지 않다면 이 책의 예제 설정 값을 초기 설정으로 그대로 적용하는 것도 나쁘지 않을 것이다.

16.8 복제를 사용하지 않는 MySQL의 설정

MySQL에서 복제를 사용하려면 바이너리 로그 파일이 활성화돼야 한다. MySQL의 시스템 설정 값 중에 "log-bin"이라는 설정에 파일 이름이나 파일 경로가 명시되면 MySQL은 무조건 바이너리 로그를 활성화한다. 하지만 밑에서도 살펴보겠지만 MySQL의 바이너리 로그는 상당히 고비용의 디스크 I/O 작업을 필요로 한다. 또한 바이너리 로그가 안전하게 슬레이브 MySQL 서버에 전달되게끔 MySQL 서버는 내부적으로 갭 락과 넥스트 키 락을 사용한다. 즉 바이너리 로그는 I/O 부하뿐 아니라 InnoDB 테이블의 잠금까지도 영향을 미치게 되며, 이는 MySQL 서버의 전체적인 성능과 동시성까지 저하시키는 효과를 가져오게 된다는 것을 의미한다. 또한 바이너리 로그는 증분 백업(Incremental backup)을 위해 사용되는 경우도 가끔 있는데, MySQL 서버의 부하가 크다면 증분 백업은 MySQL 엔터프라이즈 백업에 포함된 ibbackup 도구를 이용하는 방법을 검토해 보는 것도 좋을 듯하다.

결론적으로 복제를 사용하지 않는 MySQL 서버에서는 바이너리 로그를 비활성화하고, InnoDB가 갭 락과 넥스트 키 락을 사용하지 않게 트랜잭션 격리 수준을 READ-COMMITTED로 사용하는 것이 가장 좋다. 이렇게 바이너리 로그가 비활성화되고 트랜잭션의 격리 수준이 READ-COMMITTED로 설정되면 InnoDB는 갭 락이나 넥스트 키 락을 사용을 모두 제거하고, 오라클과 같이 순수하게 레코드만을 잠그는 방식을 사용하게 된다. 이는 INSERT INTO ... SELECT ...와 같은 쿼리에서 SELECT 대상 테이블에 대한 읽기 잠금이 없어지는 것을 의미한다. 하지만 이렇게 설정하더라도 UNIQUE 인덱스나 프라이머리 키에 대한 중복 체크나 외래키 제약에 대한 체크 작업에서는 여전히 갭락이나 넥스트 키락이 사용될 것이다. InnoDB를 주로 사용하는 MySQL에서는 디스크의 부하를 줄임과 동시에 동시성을 높여 줄 것이며, 그 밖의 MyISAM과 같은 스토리지 엔진을 주로 사용하는 MySQL에서는 적어도 디스크의 부하는 줄여 줄 것이다.

16.9 MySQL 복제 구축

예전에 "MySQL에서 2대의 장비를 복제로 연결하고 읽기 작업을 슬레이브에서 해도 될까요?"라는 질문을 본 적이 있다. MySQL의 큰 장점 중의 하나인 복제를 어떻게 사용하는지 모르고 있다는 것은 안타까운 일이다. 물론 중요도가 크지 않은 통계나 로그 등과 같은 데이터는 복제되지 않는 MySQL 서버에 저장할 수도 있다. 하지만 서비스용으로 사용되는 데이터는 기본적으로 여러 가지 목적으로 복제를 구성해서 서비스에 적용하는 것이 일반적이다. 여기서 여러 가지 목적이라 함은 가용성과 확장(스케일 아웃), 그리고 백업 등을 모두 포함한다. 백업은 복제의 슬레이브 자체가 백업이라는 것이 아니라 해당 슬레이브 장비로부터 백업을 실행하는 것을 의미한다. MySQL의 복제는 상당히 유연해서 필요에 따라 다양한 형태의 구성이 가능하다.

16.9.1 MySQL 복제의 형태

MySQL의 복제는 MS-SQL의 로그 쉬핑(Log shipping)이나 오라클의 데이터 가드(Data guard)보다 훨씬 유연하고 구성도 간단하다. MySQL의 복제는 "하나의 슬레이브 MySQL이 둘 이상의 마스터 MySQL을 가질 수 없다"라는 제약만 피한다면 어떤 형태로든 구성할 수 있다. 10대의 MySQL 서버를 차례대로 줄을 세워서 일렬로 복제를 구성하는 것도 가능하며, 두 대의 장비가 각각 다른 장비의 마스터가 되는 마스터-마스터 형태의 복제도 가능하다. 물론 이 두 가지 복제 형태는 MySQL의 복제의 유연함을 설명하려고 예를 든 것뿐이며, 자주 사용되는 형태는 아니다.

여기서는 가장 일반적으로 사용되는 복제의 형태를 한두 가지만 살펴보겠다. 그리고 어떠한 복제 형태를 적용하든 마스터는 쓰기 부하가 집중되는 구조이므로 최대한 읽기를 위한 쿼리는 슬레이브로 유도하는 것(슬레이브는 얼마든지 장비만 있다면 추가할 수 있으므로)처럼 높은 부하에도 멈추지 않는 견고한 서비스를 만들 수 있는 초석이 될 것이다.

1:M 복제

그림 16-7과 같이 하나의 마스터 MySQL 서버에 2개 이상의 슬레이브 MySQL을 연결시키는 복제 형태를 말한다.

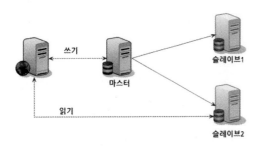

[그림 16-7] 가장 일반적인 형태의 복제

그림 16-7의 복제 형태가 서비스용으로 가장 자주 사용되는 복제의 형태인데, 쿼리의 요청 수가 아주 많다면 마스터와 슬레이브 간에 적절히 분산해서 실행하는 것이 가능하다. 또는 백업이나 통계, 그리고 배치 프로그램의 용도로 슬레이브를 사용하는 데 이 구조를 사용하기도 한다.

일반적으로 MySQL의 복제 구성에서 슬레이브 MySQL 서버는 읽기 전용으로 설정해서 마스터와 슬레이브의 데이터가 달라지지 않게 해준다. 그래서 프로그램에서도 데이터 변경이 필요한 트랜잭션은 마스터 MySQL에서 실행하고, SELECT만 필요한 작업은 슬레이브에서 실행하도록 역할을 구분해서 사용한다. 슬레이브 MySQL 서버는 설정 파일에 "read_only" 시스템 설정을 추가해 일반 사용자가 데이터를 변경할 수 없도록 MySQL 서버를 읽기 전용으로 만들어준다. 하지만 "read_only" 시스템 설정으로 읽기 전용으로 기동된 MySQL 서버에서도 SUPER 권한을 가진 사용자는 데이터를 변경할 수 있으므로 SUPER 권한을 일반 사용자에게 부여하는 것은 주의해야 한다.

MySQL의 복제는 비동기 방식으로 마스터의 데이터가 슬레이브로 전달된다. 즉, 마스터 MySQL 서버에서 이미 커밋된 데이터라 하더라도 커밋된 시점에 슬레이브에는 그 데이터가 아직 전달되지 않았을 수도 있다는 것을 의미한다. 그래서 만약 INSERT나 UPDATE 문장의 실행과 동시에 변경된 데이터를 SELECT하는 쿼리를 슬레이브 MySQL에서 실행하면 "데이터가 없다"라는 응답을 받을 수도 있다. 따라서 데이터를 변경함과 동시에 SELECT하는 쿼리는 마스터 MySQL 서버에서 실행하는 것이 좋다.

일반적으로 특별한 문제가 없다면 마스터 MySQL 서버에서 실행된 쿼리는 늦어도 1초 미만의 짧은 시간 내에 슬레이브 MySQL 서버에도 적용된다. 기본적으로 웹 브라우저에서 하나의 페이지를 모두 가져오는 데 걸리는 시간은 평균적으로 2~3초 이상 소요되므로 1초 미만의 동기화 성능이라면 웹 프로그램 환경에서는 특별히 문제되지 않는다. 예를 들어 1초를 언급한 것이며, 보통 마스터 MySQL에서 실행된 내용이 슬레이브 MySQL 서버에서 실행되는 데 0.1초도 안 걸릴 것이다.

MySQL의 1:M 복제 구조에서 슬레이브 MySQL 서버의 대수가 많아지면 마스터 MySQL 서버가 복제를 위해 바이너리 로그를 슬레이브로 전달하는 작업이 느려질 수도 있다. 만약 하나의 마스터 MySQL 서버에 연결된 슬레이브 MySQL 서버가 10대 이상으로 많다면 다음 절에서 살펴볼 1:M:M 구조의 복제를 고려해보는 것이 좋다.

1:M:M 복제

1:M 복제 구조에서 슬레이브 MySQL 서버가 너무 많아서 마스터 MySQL 서버의 성능에 악영향이 예상된다면 그림 16-8과 같이 1:M:M 구조의 복제를 고려해 볼 수 있다.

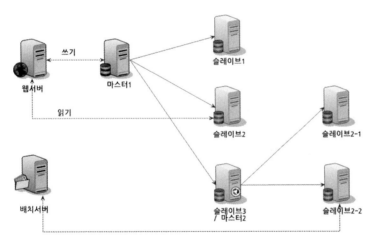

[그림 16-8] 슬레이브 MySQL이 많을 때를 위한 복제 형태

MySQL 복제에서 마스터 MySQL은 슬레이브 MySQL이 요청할 때마다 계속 바이너리 로그를 읽어서 전달해야 한다. 그래서 만약 하나의 마스터 MySQL에 연결된 슬레이브 MySQL의 개수가 많다면 바이너리 로그를 읽고 전달하는 작업 자체가 부하가 될 수도 있다. 이럴 때는 그림 16-8의 "슬레이브3/마스

터2" 장비와 같이 마스터 MySQL 서버가 해야 할 바이너리 로그 배포 역할을 새로운 MySQL 서버로 넘길 수 있다. 그림 16-8에서 마스터 MySQL을 기준으로 1차 복제 그룹에는 슬레이브1, 슬레이브2 그리고 슬레이브3/마스터2 MySQL 서버가 연결돼 있다. 그리고 2차 복제 그룹에는 슬레이브2-1, 슬레이브2-2가 연결돼 있다. 1차 복제 그룹은 그만큼 마스터 MySQL의 변경이 빠르게 적용될 것이므로 웹 서비스와 같은 OLTP 서비스 용도로 사용하고, 2차 복제 그룹은 통계나 배치, 그리고 백업 용도로 구분해서 사용할 수 있다.

또한 이 복제 형태는 MySQL 서버를 업그레이드하거나 장비를 일괄 교체할 때도 많이 사용된다. 기존 장비의 MySQL은 그대로 두고, 새로운 장비에 업그레이드한 MySQL을 설치하고 데이터를 신장비로 옮기는 형태의 업그레이드는 이 복제 구조로 서비스 멈춤 없이 진행할 수도 있다. 마스터1과 슬레이브1, 그리고 슬레이브2는 기존 버전의 MySQL 서버이고, 슬레이브3(마스터2)과 슬레이브2-1, 그리고 슬레이브2-2 서버가 새로이 업그레이드하려는 버전의 MySQL이라고 보면 된다.

그림 16-9와 같이 마스터 1대와 슬레이브 2대로 서비스를 진행하고 있었다고 가정해 보자. 이 상태에서 하드웨어나 MySQL 서버의 버전을 업그레이드하고자 한다.

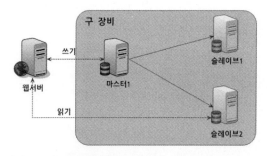

[그림 16-9] 장비 교체 1단계 (초기 상태)

우선 업그레이드된 장비 3대를 그림 16-10과 같은 구조로, 기존의 복제에 투입해서 복제가 동기화되게 하자.

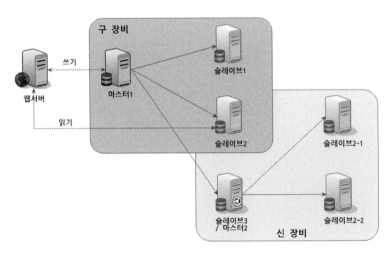

[그림 16-10] 장비 교체 2단계(새로운 MySQL 장비를 복제에 투입)

그림 16-10과 같은 구조로 복제가 준비되면 웹 서버나 애플리케이션에서 기존 MySQL 서버에 접속하는 데 사용하던 도메인 네임이나 IP 주소만 변경하고 웹 서버를 한 대씩 돌아가면서 재시작(Rolling restart)하면 된다. 아직 재시작되기 전의 웹 서버는 기존의 MySQL 서버로 접속해 쿼리를 실행하지만 변경 내용은 모두 새로운 MySQL 서버로도 자동으로 전달될 것이다. 그리고 재시작된 웹 서버는 새로운 MySQL 서버로 접속해서 쿼리를 실행하게 된다.

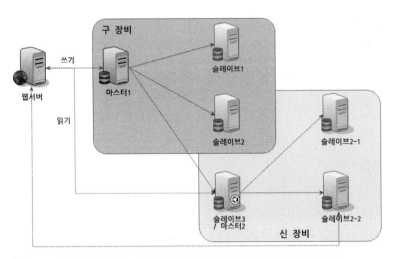

[그림 16-11] 장비 교체 3단계(웹 서버나 애플리케이션을 새로운 MySQL 서버로 접속 유도)

웹 서버나 애플리케이션이 재시작되면 그림 16-11의 기존 MySQL 서버 3대는 모두 복제에서 빼주기만 하면 된다. 최종적으로 그림 16-12와 같이 업그레이드된 MySQL 서버만으로 서비스를 수행한다.

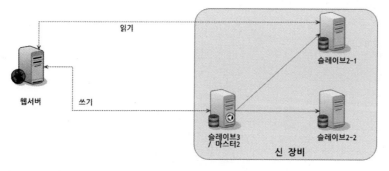

[그림 16-12] 장비 교체 4단계(구 MySQL 장비를 복제에서 제거 및 이전 작업 완료)

이와 같이 1:M:M 복제 구조에서 "슬레이브3(마스터2)"은 슬레이브 MySQL이면서 동시에 마스터 MySQL이 된다. 기본적으로 "마스터1"에서 "슬레이브3(마스터2)"로 복제된 SQL은 "슬레이브2-1"이나 "슬레이브2-2"로 전달되지 않는다. 그래서 "마스터1"에서 실행된 SQL이 "슬레이브2-1"과 "슬레이브 2-2"로 전달되게 하려면 "슬레이브3(마스터2)" MySQL 서버의 설정 파일에 log-slave-updates 시스템 옵션을 활성화해야 한다.

> **주 의**
> 1:M:M 복제 구조를 이용해 MySQL 서버를 업그레이드할 때 빈번하게 INSERT되는 AUTO_INCREMENT 칼럼이 포함된 테이블이 있다면 "Duplicate key error"로 인해 슬레이브3(마스터2)의 MySQL 서버의 복제가 멈출 수도 있으므로 주의해야 한다. 만약 AUTO_INCREMENT 칼럼이 있다면 최대한 빨리 웹 서버나 애플리케이션을 재시작하는 것이 좋다. 중복 키 에러를 무시하거나 업그레이드 완료 이후에 복구할 수 있다면 그 방법이 많이 도움될 것이다.

16.9.2 확장(스케일 아웃)

MySQL의 복제는 읽기(SELECT)를 확장하는 방법이지 쓰기(INSERT, UPDATE, DELETE)를 확장하는 방법은 아니다. 복제가 구축된 MySQL 서버라 하더라도 쓰기 작업은 마스터 MySQL로 집중될 수밖에 없으므로 최대한 읽기 작업을 슬레이브로 옮겨야 마스터 MySQL이 쓰기 작업에만 집중할 수 있다. 그래야만 마스터 MySQL의 쓰기 작업의 병목으로 인한 서비스 장애를 최대한 줄일 수 있을 것이다.

16.9.3 가용성

지금까지 저자는 아주 특수한 목적을 제외하고는 MyISAM이나 MEMORY 테이블을 사용한 적이 거의 없다. 대부분 InnoDB 스토리지 엔진을 사용하는 테이블을 사용해왔는데, InnoDB 스토리지 엔진이 깨진다거나 서비스 장애를 일으켰던 때는 사용자의 실수를 제외하고는 거의 없었다. 하지만 하드웨어나 주변 상황의 문제로 마스터 MySQL 서버에 문제가 발생한다면 관련된 모든 서비스가 멈춰버리는 심각한 상황이 발생할 것이다.

이때 슬레이브 MySQL 서버가 있다면 슬레이브 MySQL을 마스터로 승격(프로모션)시켜서 간단히 서비스를 복구하는 것이 가능하다. 물론 슬레이브를 마스터로 승격시키기 위해 읽기 전용 모드를 해제하고 바이너리 로그를 활성화하는 등의 작업이 필요하지만 어느 정도 준비만 돼 있다면 2~3분 내외의 시간 안에 충분히 처리할 수 있다. 또한 이렇게 마스터 MySQL 서버가 장애를 일으켰을 때 자동으로 슬레이브를 마스터로 승격하는 MMM(Multi-Master replication Manager)이라는 도구를 사용할 수 있다. 하지만 데이터의 정합성이 생명인 DBMS에서 슬레이브를 자동으로 마스터로 변경해 버리는 것은 상당히 위험성이 있는 작업이므로 많은 주의와 테스트가 필요하다.

16.9.4 복제가 구축된 MySQL에서의 작업

MySQL의 복제에서 마스터 MySQL에서 사용자가 동시 다발적(Concurrent, Parallel)으로 실행한 SQL이 슬레이브 MySQL에서는 하나의 스레드에 의해 직렬화(Serialization)되어 하나씩 순차적으로 실행된다. 그래서 시간이 오래 걸리는 인덱스나 칼럼 추가와 같은 작업은 마스터 MySQL 서버에서만 실행하는 방법보다는 마스터와 슬레이브 각각의 MySQL 서버에서 별도로 실행해 주는 것이 좋다. 이는 LOAD DATA INFILE... 명령과 같이 파일로부터 대량의 레코드를 적재할 때도 마찬가지다. LOAD DATA INFILE... 명령으로 적재하는 데이터 파일은 MySQL 복제 프로세스로 슬레이브에 복사해야 하므로 ALTER TABLE 명령보다 더 큰 복제 지연을 만들수도 있다.

만약 슬레이브 MySQL 서버를 서비스용으로 사용하지 않는다면 크게 문제되지 않는다. 하지만 슬레이브 MySQL을 서비스용으로 사용하고 있다면 마스터 MySQL에서 인덱스를 생성하는 작업은 슬레이브 MySQL에서도 그 만큼의 시간을 소모하게 되므로 인덱스를 생성하는 시간 동안은 복제가 멈춰 있는 것과 같은 효과를 낸다. 이런 문제를 막기 위해 서비스 도중에 인덱스나 칼럼을 추가하는 작업은 복제에 참여하는 각각의 MySQL 서버에서 개별적으로 수행하는 것이 좋다. 이때 주의해야 할 점은 마스터

MySQL에서 실행되는 인덱스나 칼럼 추가 명령이 슬레이브 MySQL로 넘어가지 않게 해야 한다는 것이다. 이를 위해 sql_log_bin 세션 변수를 사용할 수 있는데, 간단한 사용법은 다음과 같다.

```
mysql> SET sql_log_bin = OFF;
mysql> ALTER TABLE employees ADD INDEX ix_lastname (last_name);
mysql> SET sql_log_bin = ON;
```

위의 예제와 같이 마스터 MySQL에서 "SET sql_log_bin= OFF;" 명령을 실행하면 sql_log_bin 세션 변수가 OFF인 동안 실행된 SQL은 슬레이브 MySQL로 복제되지 않는다. sql_log_bin 변수는 현재 작업을 하는 커넥션(세션)에만 영향력을 가지므로 다른 커넥션에서 실행되는 쿼리는 여전히 슬레이브 MySQL로 전달된다. 물론 작업이 끝나면 sql_log_bin을 다시 ON 상태로 되돌려 두거나 커넥션을 종료하는 것이 안전하다.

16.10 SQL 작성 표준

여기서 언급하려는 SQL 작성 표준은 "키워드는 대문자로 표기" 또는 "FROM이나 WHERE 절은 새로운 라인에서 시작"과 같은 시시콜콜한 내용이 아니라 실수나 결과의 오류를 만들어 내기 쉬운 형태의 쿼리를 작성하지 않게 하기 위한 내용이다.

16.10.1 조인 조건은 항상 ON 절에 기재

MySQL의 조인 조건은 WHERE 절에 모두 모아서 표기할 수도 있고, JOIN 키워드를 이용해 각 ON절에 명시할 수도 있다. 하지만 다음 예제 쿼리와 같이 LEFT JOIN 키워드를 사용해 아우터 조인을 수행하면서 WHERE 절에 조건을 표기하는 실수가 상당히 많았다.

```
SELECT *
FROM employees e
  LEFT JOIN dept_manager dm
WHERE e.first_name='Smith'
  AND dm.emp_no=e.emp_no;
```

"누가 이런 쿼리를 이렇게 작성하겠어?"라고 생각하겠지만 프로그램의 코드 작성에 너무 집중해서 그런지 의외로 이런 실수가 많았다. 실제로 이런 형태의 쿼리는 MySQL 옵티마이저가 LEFT JOIN이 아니라 INNER JOIN으로 고쳐서 실행해 버리므로, 의도한 결과와는 다른 결과가 나오게 된다. LEFT

JOIN뿐 아니라 INNER JOIN에서도 가능하면 SQL 표준 조인 표기법으로 작성하고 반드시 조인 조건은 WHERE 절이 아니라 조인의 ON 절에 명시하는 습관을 들이는 것이 좋다. 그러면 자연히 이런 실수도 없어질 것이다.

16.10.2 테이블 별칭(Alias) 사용 및 칼럼 명에 테이블 별칭 포함

일반적으로 테이블이 하나만 사용되는 쿼리에서는 특정 칼럼이 어느 테이블의 칼럼인지 고민할 필요가 없지만, 여러 테이블이 조인되는 쿼리에서는 테이블의 별칭을 표기하지 않으면 구분하기가 쉽지 않다. 결국은 ERD를 보거나 테이블의 스키마를 확인해야만 식별을 할 수 있다. 물론 모든 ERD를 다 외우고 있다면 문제가 없겠지만 여러 서비스를 개발하거나 관리해야 하는 사람들에게는 쉬운 일이 아니다. 또한 긴급한 상황에서는 쿼리만 보고 그 쿼리를 튜닝하거나 변경해야 할 때도 많다. 다음과 같이 employees와 dept_manager라는 두 테이블을 조인하는 쿼리를 잘 사용하고 있었는데, 어느 날 갑자기 dept_manager 테이블에 first_name이라는 칼럼이 추가됐다고 가정해보자.

```
SELECT first_name, last_name
FROM employees e INNER JOIN dept_manager dm ON dm.emp_no=e.emp_no
WHERE first_name='Smith';
```

dept_manager 테이블에 first_name 칼럼이 추가되는 순간부터 이 쿼리는 "칼럼명이 모호(Ambiguous)하다"라는 에러를 발생하면서 실행이 멈춰 버릴 것이다. 가능하다면 여러 테이블의 조인 여부와 상관없이 짧은 이름으로 테이블의 별칭(Alias)를 부여하고, 모든 칼럼의 이름 앞에는 테이블의 별칭을 붙이는 습관을 들이자. 테이블의 별칭을 붙이는 작업 때문에 투자해야 할 시간은 그리 많지 않지만 붙이지 않았을 때 발생할 수 있는 불편함은 작지 않다.

16.10.3 서버 사이드 프리페어 스테이트먼트 사용

MySQL의 JDBC 드라이버는 두 가지 방식의 프리페어 스테이트먼트 기능을 제공한다. 하지만 MySQL 5.0 또는 그 이전의 버전에서 프리페어 스테이트먼트를 사용하면 MySQL의 쿼리 캐시를 사용할 수 없다는 단점이 있었다. 쿼리 캐시를 위해 프리페어 스테이트먼트를 포기하기도 했지만 MySQL 5.1부터는 프리페어 스테이트먼트를 사용하는 쿼리도 쿼리 캐시를 사용할 수 있게 개선됐다.

MySQL의 JDBC 드라이버에서는 서버 사이드 프리페어 스테이트먼트와 클라이언트 사이드 프리페어 스테이트먼트가 있다. 우리가 흔히 알고 있는 프리페어 스테이트먼트는 서버 사이드 프리페어 스테이트먼트에 해당하지만 서버 사이드 프리페어 스테이트먼트는 디폴트 옵션으로는 활성화되지 않는다. 이에 대한 자세한 내용은 13.1.2절, "MySQL Connector/J를 이용한 개발"(737쪽) "프리페어 스테이트먼트의 종류(클라이언트 vs. 서버)"(750쪽)에서 확인할 수 있으니 기억이 나지 않는다면 꼭 한번 더 살펴보기 바란다.

16.10.4 FULL GROUP BY 사용

MySQL의 GROUP BY는 FULL GROUP BY의 제약이 없다. 오라클과 같은 DBMS에서는 쿼리에 GROUP BY를 사용하면 GROUP BY 절에 명시된 칼럼 이외의 모든 칼럼은 집합 함수를 통해서만 조회할 수 있는데, 이를 FULL GROUP BY라고 한다. FULL GROUP BY를 사용하지 않는 쿼리는 가독성을 떨어뜨리고 사용자의 실수를 유발시킬 가능성이 높으므로 가능하다면 FULL GROUP BY 조건을 충족해서 쿼리를 작성하는 습관을 들이자. FULL GROUP BY를 사용했을 때 발생할 수 있는 문제점이나 해결 방법은 7.4.7절, "GROUP BY"(461쪽)의 설명을 참조하자.

16.10.5 DELETE, UPDATE 쿼리에서 ORDER BY .. LIMIT.. 사용 자제

MySQL 5.0까지는 DELETE나 UPDATE 쿼리에 ORDER BY .. LIMIT .. 형태의 쿼리를 실행해도 아무런 문제가 없었다. 하지만 복제가 구축된 MySQL에서는 이러한 쿼리가 마스터와 슬레이브의 데이터를 달라지게 만들 수도 있었다. 그래서 MySQL 5.1부터는 이러한 쿼리가 마스터 MySQL에서 실행되면 경고 메시지를 출력하고, 때로는 MySQL 서버가 에러를 발생시키고 쿼리를 강제 종료할 때도 있다. 경고 메시지는 쿼리가 실행될 때마다 MySQL 서버의 에러 로그에도 기록하는데, 이렇게 쌓인 에러 로그 때문에 디스크의 여유 공간이 남지 않아서 MySQL 서버가 아무것도 처리하지 못하는 상황이 발생할 수도 있다.

실제로 프라이머리 키나 유니크 키로 정렬하지 않는 이상 마스터와 슬레이브의 데이터가 달라질 가능성은 여전하기 때문에 복제를 사용하고 있는 MySQL에서는 이런 형태의 쿼리를 사용하지 않는 것이 좋다. MySQL 5.1에서도 복제로 구축된 MySQL 서버에서 프라이머리 키로 정렬을 수행하더라도 여전히 경고 메시지를 기록하게 돼 있으므로 주의할 필요가 있다.

16.10.6 문자열 리터럴 표기는 홑따옴표만 사용

SQL 표준에서는 문자열 리터럴은 홑따옴표만 사용 가능하고, 쌍따옴표는 식별자(Identifier)에 사용하지만 MySQL에서는 문자열 리터럴 표기를 위해 쌍따옴표까지 사용할 수 있다. MySQL에서는 식별자

(Identifier)를 표기할 때 역따옴표(`)를 사용하므로 문자열 리터럴로 표기에 홑따옴표와 쌍따옴표를 모두 사용할 수 있는 것이다. 하지만 문자열 리터럴에서 홑따옴표를 사용할 때와 쌍따옴표를 사용할 때의 문자의 이스케이프 방식이 조금 달라서 혼란을 초래할 수 있고, 이로 인해 잘못된 데이터가 저장될 가능성도 있다.

더 자세한 내용은 15.1.5절, "문자열 이스케이프 처리"(881쪽)를 참조하길 바란다. 문자열 리터럴은 하나만 선정해서 사용하는 것이 좋은데, 가능하다면 SQL 표준인 홑따옴표를 사용할 것을 권장한다.

16.10.7 서브쿼리는 조인으로 변경

쿼리를 작성할 때 많은 사람들의 공통적인 성향 중 하나가 뼈대 쿼리를 작성하고, 그 쿼리를 괄호로 묶어서 서브쿼리(주로 인라인 뷰)로 만들어 버린다는 것이다. 그런데 문제는 현재 많이 사용되고 있는 MySQL 5.0, 5.1, 그리고 5.5 버전 모두 이러한 서브 쿼리를 최적화하는 능력이 상당히 부족하다는 것이다. 쿼리를 작성할 때 FROM 절에 사용된 괄호의 개수만큼 MySQL 서버는 임시 테이블을 만들어 처리한다고 가정하면 될 정도로 취약하다.

임시 테이블은 가급적 사용하지 않는 편이 좋은데, 이를 위해서는 가장 먼저 이처럼 불필요한 FROM 절의 서브 쿼리를 제거하는 것이 좋다. 또한 MySQL의 최근 버전에서는 조인의 최적화가 상당히 높은 수준이므로 서브 쿼리보다는 조인을 사용하는 것이 여러모로 좋다. 서브 쿼리로만 해결할 수밖에 없는 요건이 아니라면 반드시 쿼리 개발 후 조인으로 다시 풀어서 작성하는 습관을 들이는 것이 좋다.

16.10.8 UNION [ALL]은 사용 자제

MySQL의 UNION은 (UNION DISTINCT든지 UNION ALL이든지 관계없이) 항상 내부적으로 임시 테이블을 만들어 버퍼링한 다음에 사용자에게 결과를 반환한다. 이 작업은 대량의 레코드를 처리하는 쿼리에서는 상당히 부담될 것이다. 여러 집합의 중복된 레코드를 제거해야 하는 UNION (UNION DISTINCT)을 꼭 사용해야 한다면 특별한 우회 방법은 없다. 하지만 중복 제거 없이 UNION ALL로 가능한 쿼리는 두 개의 쿼리 문장으로 분리해서 쿼리를 실행하는 편이 훨씬 더 효율적으로 처리될 수 있다는 점을 기억하자.

16.10.9 스토어드 함수는 가능하면 DETERMINISTIC으로 정의

이미 11.3.3절, "DETERMINISTIC과 NOT DETERMINISTIC 옵션"(698쪽)에서도 강조했지만 스토어드 함수나 프로시저를 개발할 때는 반드시 DETERMINISTIC 키워드를 추가해서 그 함수나 프로시저가 입력 값이 똑같으면 출력 값도 같다는 것을 옵티마이저에게 알려주는 것이 좋다. 그렇지 않으면 MySQL 옵티마이저는 칼럼과 비교 조건에 사용된 함수에 대해 접근하는 레코드의 수만큼 함수를 호출할 것이다. 이는 단순히 함수의 호출 횟수만 많아지는 것이 아니라 비교 대상 칼럼의 인덱스를 사용하지 못하게 만들어 버리므로 상당한 성능 저하를 초래할 것이다. DETERMINISTIC이나 NOT DETERMINISTIC 중 아무것도 명시하지 않으면 디폴트로 NOT DETERMINISTIC 옵션을 갖게 되므로 반드시 DETERMINISTIC 옵션을 잊지 말고 명시하자.

16.10.10 스토어드 프로그램에서는 예외 처리 코드를 작성

스토어드 프로시저나 함수는 의외로 디버깅이 쉽지 않다. 예외 핸들링이 적절하지 않아서 스토어드 프로시저나 함수에 버그가 있어도 찾아내지 못하고 잘못된 데이터가 누적될 수도 있다. 그래서 항상 스토어드 프로그램을 작성할 때는 예외 핸들러 코드를 포함시켜야 한다. 스토어드 프로그램의 예외 핸들러 코드를 작성하는 방법은 11.2.6절, "스토어드 프로그램 본문(Body) 작성"의 "핸들러(HANDLER)와 컨디션(CONDITION)을 이용한 에러 핸들링"(677쪽)에 자세히 설명돼 있으니 참조하자.

16.10.11 UPDATE, DELETE 쿼리와 적용 건수(Affected row counts) 체크

일반적으로 한 건의 레코드를 INSERT하는 쿼리는 성공하면 1, 실패하면 0으로 처리된 레코드 건수가 에러 여부에 따라 상당히 명확하다. 하지만 UPDATE나 DELETE 문장은 쿼리의 성공적인 실행 여부를 업무적인 정상 처리 여부로 판단하기에는 부족할 수 있다. 반드시 1건이 UPDATE되거나 DELETE돼야 하는데, 적용된 건수는 체크해보지도 않고 무조건 COMMIT해버린다면 나중에 문제가 될 수도 있다.

그래서 프로그램을 작성할 때는 처리된 레코드 건수(Affected row count)를 반드시 검증하는 형태의 프로그램 로직을 추가하는 습관을 들이자. MySQL의 적용 건수는 WHERE 조건절에 매치된 레코드의 건수가 될 수도 있으며, WHERE 조건절에 매치되어 최종적으로 다른 값으로 변경된 레코드의 건수가 될 수도 있다. 이 또한 설정을 통해 선택할 수 있으므로 이 부분도 꼭 한번 확인하자(C/C++ API에서는 가능하지만 JDBC에서는 안 됨). 13.2.7절, "INSERT / UPDATE / DELETE 실행"의 예제 13-19(805

쪽)에서 "CLIENT_FOUND_ROWS" 커넥션 플래그를 자세히 언급해두었으므로 기억이 나지 않는다면 다시 한번 읽어보자.

16.10.12 숫자 값은 반드시 숫자 타입의 칼럼으로 정의

처음에는 알파벳만 저장하는 용도로 CHAR 또는 VARCHAR 타입을 사용했는데, 서비스의 요건이 변경되면서 그 칼럼의 값이 숫자와 문자가 혼용되어 사용되거나 숫자만 사용되는 케이스가 자주 발생한다. 이렇게 문자열 타입에 숫자 값이 저장될 때, 문자열 타입에 저장된 숫자 값을 비교하기 위해 "char_type_column=2"와 같은 형태로 쿼리를 사용할 때가 많다. 하지만 이 조건을 위해 MySQL 옵티마이저는 뒤의 숫자 값을 문자열로 바꿔서 비교하는 것이 아니라 앞의 문자열 칼럼을 모두 숫자로 변환해서 비교를 수행한다. 그래서 칼럼에 인덱스가 있어도 이를 이용하지 못하고 풀 테이블 스캔을 수행하거나 인덱스 풀 스캔을 수행할 때가 많다.

이런 실수를 막으려면 순수한 숫자 값은 숫자 타입에 저장하고 알파벳이나 숫자가 혼용되는 값은 CHAR나 VARCHAR 타입에 저장하자. 이러한 코드 형태의 값은 MySQL의 ENUM 타입을 사용하는 것도 좋은 해결책이 될 수 있다.

16.11 하드웨어와 플랫폼 선정

LAMP 스택(Linux, Apache, MySQL, PHP)이라는 말이 생길 정도로 MySQL 서버는 리눅스 운영체제상에서 사용될 때가 많다. 그만큼 리눅스 기반의 MySQL이 버그도 많이 발견되고 패치되면서 한층 더 안정적으로 개선되기 때문일 것이다. 이번 절에서는 리눅스 운영체제에서 작동하는 MySQL 서버의 하드웨어나 파일 시스템에 대해 간단히 알아보겠다.

16.11.1 하드웨어 선정

운영체제 자체나 하드웨어의 상세한 내용을 살펴보고자 하는 것은 아니다. 단지 지금까지 MySQL을 사용하면서 경험한 내용 중에서 특별히 신경 써야 할 하드웨어에 대해 간단히 살펴보고자 한다. 여기서 언급하는 내용은 일반적인 서비스에서 MySQL의 성능에 크게 영향을 미치는 순서대로 나열했는데, 상호 의존도가 높아서 다 중요하다고 볼 수 있다.

RAID 컨트롤러

DBMS는 여러 소프트웨어 종류 중에서 디스크 I/O의 의존도가 높은 종류 중 하나일 것이다. DBMS는 한번에 많은 디스크 I/O를 유발하는 것이 아니라, 아주 빈번하게 자그마한 디스크 I/O를 유발하는 특징이 있다. 이런 DBMS의 디스크 I/O 특징을 감안하면 DBMS용 장비에서 RAID 컨트롤러는 필수라고 볼 수 있다. RAID 컨트롤러가 단순히 디스크의 RAID 구성을 위해서만 필요한 것이 아니라 RAID 컨트롤러에 장착된 읽기/쓰기용 캐시가 더 중요한 역할을 하게 된다.

캐시 메모리가 장착되지 않은 RAID 컨트롤러는 단순히 디스크를 스트라이핑하거나 이중화하는 역할만 할 수 있다. 쓰기 작업을 버퍼링해서 성능 향상을 유도하지는 못한다. 일반적으로 MySQL 서버 용도로는 256MB 이상의 캐시가 장착돼 있는 RAID 컨트롤러를 사용하길 권장한다. RAID 컨트롤러에 장착된 캐시는 읽기와 쓰기용으로 공간을 나눠서 사용한다. 이때 읽기와 쓰기용 공간을 RAID 컨트롤러가 자동적으로 조절하게 할 수도 있으며, 명시적으로 지정할 수도 있다. MySQL 용도의 장비라면 RAID 컨트롤러의 캐시를 읽기보다는 쓰기에 집중시켜야 한다. 그래서 만약 명시적으로 읽기와 쓰기의 공간을 설정한다면 쓰기와 읽기의 캐시 크기를 대략 8:2 정도로 설정하는 것이 좋다.

캐시 메모리가 장착된 RAID 컨트롤러에서는 쓰기 방식을 "Write-through"와 "Write-back"이라는 두 가지 방식 중에서 선택할 수 있다.

- "Write-through"는 MySQL의 쓰기를 RAID 컨트롤러의 캐시 메모리에 버퍼링하지 않고 즉시 디스크로 내려 쓰고 난 다음에야 MySQL 서버로 응답을 보내는 방식이다. "Write through" 모드에서는 디스크에 모든 데이터가 기록되고서야 MySQL 서버에게 응답이 전달되므로, 이는 RAID 컨트롤러의 캐시 메모리를 전혀 활용하지 못하는 방식이라고 볼 수 있다. 그림 16-13은 RAID 컨트롤러를 단순히 경유해서 디스크까지 쓰기를 실행하는 Write-through 방식을 표현한 것이다.

[그림 16-13] RAID 컨트롤러의 Write-Through 쓰기 정책

- "Write-back"은 쓰기 요청된 데이터를 RAID 컨트롤러의 캐시 메모리에 기록하면 그 내용이 디스크에 기록됐는지 확인하지 않고 MySQL 서버에 응답을 보내는 방식이다. 캐시 메모리에 기록된 내용을 디스크로 내려 쓰는 작업은 RAID 컨트롤러에게 일임하고, MySQL이나 운영체제는 관여하지 않는다. 이 방식에서는 MySQL로부터 오는

디스크 쓰기 요청은 일단 RAID 컨트롤러의 캐시 메모리에 버퍼링되고, RAID 컨트롤러는 적절히 모아서 디스크에 기록하게 된다. 그림 16-14는 RAID 컨트롤러까지만 쓰기를 실행하고 반환하는 Write-back 방식을 간단히 그림으로 표현한 것이다.

[그림 16-14] RAID 컨트롤러의 Write-Back 쓰기 정책

RAID 컨트롤러의 쓰기 방식이 "Write-back"일 때는 데이터가 순간적으로 RAID 컨트롤러의 캐시 메모리에만 존재할 수도 있다. 즉 MySQL 서버는 디스크에 완전히 기록됐다고 판단하지만, 실제로 디스크에는 기록되지 않은 순간(RAID 컨트롤러가 데이터를 버퍼링하는 순간)이 존재하게 된다. 만약 이 시점에 MySQL 서버가 기동 중인 장비에 전원이 공급되지 않는다면 데이터는 사라지고 복구할 수 없게 된다. 이러한 문제를 막기 위해 캐시 메모리의 데이터를 일정 시간 동안 보존할 수 있는 배터리가 함께 장착된 RAID 컨트롤러도 있다. RAID 컨트롤러에 장착된 메모리를 BBU(Battery Backup Unit)라고 한다.

MySQL의 InnoDB 스토리지 엔진에서는 디스크 쓰기를 DIRECT I/O 모드로 설정(innodb_flush_method=O_DIRECT로 설정)할 수 있다. 이는 운영체제의 캐시나 버퍼를 거치지 않고, MySQL 서버와 디스크가 직접적으로 데이터를 읽고 쓰기를 수행하는 방식을 의미한다. InnoDB 스토리지 엔진에서 DIRECT I/O를 사용하면 이중 버퍼링을 제거하고 운영체제의 캐시로 사용되는 메모리 영역을 MySQL이 사용할 수 있게 유도할 수 있다. InnoDB의 DIRECT I/O 모드는 캐시 메모리와 BBU가 장착된 RAID 컨트롤러를 가진 장비에서 사용하는 것이 좋다.

메모리

MySQL에서 어떤 스토리지 엔진을 사용하든지 물리적인 메모리는 많으면 많을수록 좋다.

- MyISAM 스토리지 엔진에서는 기본 키 캐시를 4GB밖에 사용하지 못한다. MySQL 서버에서 MyISAM 테이블을 주로 사용한다면 MySQL 서버가 그다지 많은 메모리를 사용하지는 못할 것이다. 하지만 운영체제의 캐시가 데이터 파일을 캐시하므로 InnoDB보다는 효율이 떨어지겠지만 도움은 될 것이다.

- InnoDB 스토리지 엔진을 사용한다면 16GB ~ 32GB까지 장착하는 것이 좋다. 메모리 공간이 클수록 부족한 디스크 I/O를 많이 보완할 수 있으므로 가능하면 16GB 정도는 유지하는 편이 좋다. 데이터베이스의 전체 데이터가 크다면 물리적 메모리를 더 장착해서 나쁠 것은 없다.

디스크

디스크 또한 많으면 많을수록 좋다. 디스크의 용량이 큰 것이 좋다는 것이 아니라 디스크의 개수(결국 디스크 헤더의 개수)가 많은 것이 좋다는 의미다. 물론 용량도 크면 좋겠지만, 이는 데이터의 크기에 따라 선택하면 충분할 것이다. 디스크 헤더가 많으면 많을수록 동일 시점에 더 많은 데이터 쓰기나 읽기를 처리할 수 있을 것이다. 일반적으로 장비에 내장되는 디스크는 4~8개 정도가 최대이며, 그 이상의 디스크 I/O 처리 능력이 필요하다면 DAS(Direct Access Storage)나 SAN과 같은 스토리지 장비를 고려해 보는 것도 좋다.

CPU

MySQL은 병렬 처리나 동시 처리 성능이 그다지 뛰어나지 않으므로 CPU 개수가 많은 것보다는 높은 성능의 CPU에 집중하는 것이 좋다. MySQL은 인텔 CPU 기반의 리눅스 환경에서 많이 사용되며, 일반적으로 쿼드 코어 CPU 1~2장 정도가 사용되지만 정렬이나 InnoDB 스토리지 엔진의 압축 기능을 이용한다면 개수나 성능에 더 투자하는 것이 좋다.

MySQL 5.5에서는 동시 처리 성능이 상당히 개선됐다. 그래서 현재 사용 중인 버전이 MySQL Enterprise 5.5 이상의 버전이라면 CPU 개수도 충분히 늘려주는 것이 좋다.

16.11.2 운영체제의 파일 시스템 선정

운영체제를 리눅스로 사용할 때는 일반적으로 EXT3를 기본 파일 시스템으로 사용한다. 2008년 말부터 출시되는 리눅스 2.6.28 버전부터 EXT4 파일 시스템이 정식으로 포함됐는데, 이제 곧 EXT4가 리눅스 운영체제의 기본 파일 시스템으로 자리 잡게 될 것으로 보인다. 그런데 MySQL 서버의 바이너리 로그 기록 방식은 EXT3나 EXT4와는 조금 궁합이 맞지 않는 부분이 있다. 마스터 MySQL 서버에서 SQL이 실행될 때마다 그 내용을 바이너리 로그에 기록하는데, 이때 지속적으로 바이너리 로그의 파일 크기가 증가하는 구조다. 이렇게 파일의 크기가 계속적으로 증가하는 파일에서 디스크 I/O가 빈번하게 발생하면 EXT3나 EXT4에서는 상대적으로 느리게 작동한다.

MySQL 서버의 바이너리 로그 기록 방식과 관련해서 sync_binlog라는 시스템 설정 변수가 있다. sync_binlog 시스템 변수에 설정되는 값은 MySQL 서버의 바이너리 로그 동기화 빈도를 결정한다. sync_binlog 시스템 변수에 설정 가능한 값과 그 의미는 다음과 같다.

sync_binlog=0

바이너리 로그를 기록은 하지만 직접적으로 플러시(동기화)를 실행하지는 않는다. 이때는 바이너리 로그의 동기화를 운영체제에게 맡기게 되는데, 일반적으로 리눅스 계열의 운영체제에서는 3~5초 간격으로 자동 플러시를 수행한다. 이때는 별도의 동기화 작업이 없기 때문에 바이너리 로그 파일의 쓰기 작업이 매우 빠르게 처리된다. 하지만 급작스러운 정전이 발생하거나 운영체제가 종료되면 디스크에 동기화되지 않은 바이너리 로그는 사라지게 된다.

sync_binlog=1

sync_binlog가 1로 설정되면 매번 바이너리 로그의 쓰기가 발생할 때마다 디스크 동기화를 수행한다. 매번 바이너리 로그 파일의 쓰기마다 디스크 동기화를 실행하므로 바이너리 로그가 손실될 가능성은 없다. 하지만 디스크 동기화가 자주 수행되므로 디스크 I/O를 많이 유발하고 그만큼 느려지게 된다.

sync_binlog= (〉1)

sync_binlog의 값이 1보다 큰 값이 설정되면 그 횟수만큼 바이너리 로그 쓰기가 발생하면 MySQL 서버가 한 번씩 바이너리 로그 파일의 동기화를 수행한다. 예를 들어 sync_bin 로그가 5로 설정되면 MySQL 서버가 바이너리 로그 파일에 쓰기를 5번 수행했을 때 한 번씩 디스크 동기화를 수행한다. 일반적으로 이 값이 높아질수록 손실될 수 있는 바이너리 로그의 양은 많아지고 바이너리 로그의 쓰기 성능은 올라간다.

sync_binlog 설정 값은 글로벌이면서 동적으로 변경 가능한 설정 값이라서 "SET GLOBAL sync_binlog=0"과 같이 MySQL 서버 실행 중에 변경할 수 있다. sync_binlog 시스템 변수에 설정되는 값에 따라 실제 마스터와 슬레이브 간의 데이터 복제가 지연이 발생하는 것은 아니다. 복제 지연 시간 때문에 sync_binlog를 1로 설정할 필요는 없다. 즉, sync_binlog 값이 0으로 설정된다고 해서 3~5초 이후에 그 데이터가 슬레이브로 넘어가는 것을 의미하지는 않는다.

그림 16-15는 EXT3와 EXT4, 그리고 XFS 파일 시스템에 설치된 MySQL 서버의 쿼리 처리 성능을 테스트해 본 결과다. MySQL 서버는 모두 바이너리 로그가 활성화된 상태에서 sync_binlog 옵션이 0일 때와 1일 때를 비교해 본 결과다. 이 벤치마크에서 XFS 파일 시스템의 "nobarrier" 옵션(파일 시스템의 마운트 옵션)의 성능도 함께 테스트해 보았다. 그림 16-15의 Y축은 초당 실행된 쿼리의 수를 나타내며, 값이 높을수록 빠른 성능을 의미한다.

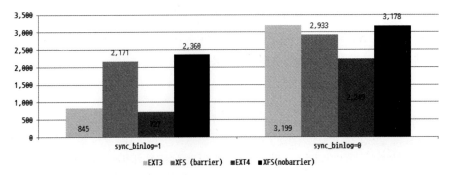

[그림 16-15] EXT3와 EXT4, XFS 파일 시스템에서의 처리 성능

그림 16-15의 그래프에서 MySQL 서버의 바이너리 로그의 쓰기 방식이 "동기화"일 때는 XFS 파일 시스템이 EXT3나 EXT4보다는 거의 1.8배 높은 성능을 보여준다. XFS(barrier)는 XFS 파일 시스템을 기본 모드로 마운트한 것이며, XFS(nobarrier)는 XFS 파일 시스템의 마운트 옵션에 nobarrier를 적용한 것을 의미한다. 그리고 XFS나 EXT3, 그리고 EXT4 모두 noatime 옵션으로 파일의 액세스 시간을 변경하지 않게 설정된 상태에서 벤치마크가 진행됐다. 불필요한 I/O를 줄이기 위해 파일의 접근 시간을 기록하지 않도록 파일 시스템의 noatime 마운트 옵션을 적용해 사용하는 것이 일반적이다. 그림 16-15의 벤치마킹 결과에서도 알 수 있듯이 XFS 파일 시스템에서는 "nobarrier" 옵션으로 마운트되면 그렇지 않을 때보다 대략 9% 정도의 성능 향상을 보여준다.

> **참고** 일반적으로 리눅스에서는 EXT3나 EXT4를 기본 파일 시스템으로 많이 사용한다. XFS는 SGI(Silicon Graphics, Inc.)에서 IRIX라는 유닉스 운영체제를 대상으로 개발된 파일 시스템이다. 하지만 IRIX 운영체제는 1998년 6.5 버전을 마지막으로 더 이상 출시되지 않고, XFS 파일 시스템은 2000년도에 GNU 그룹에 의해 GPL(GNU General Public License)로 릴리즈됐다. 그리고 현재는 대부분의 리눅스에서 사용할 수 있는 파일 시스템으로 포팅됐다. 일반적으로 XFS는 메타 정보(파일의 크기나 변경 일시 등과 같은)의 변경을 EXT3나 EXT4보다 훨씬 빠르게 처리할 수 있는 것으로 알려져 있다.
>
> 리눅스에서 사용되는 대부분의 파일 시스템은 nobarrier라는 옵션을 가진다. 파일 시스템에서 파일의 메타 정보는 매우 중요한데, 리눅스에서는 이런 메타 정보의 변경을 안전하게 처리하기 위해 "Write barrier"라는 기술을 이용한다. 하지만 "Write barrier"는 또 한 번의 fsync(파일 동기화)를 호출하게 되므로 성능이 더 느려지게 된다. 일반적으로 현재 사용되는 하드웨어에서는 "Write barrier"를 사용하지 않아도 메타 정보가 손상되는 경우는 거의 없다.

그림 16-16은 sync_binlog 시스템 변수의 값을 1부터 증가시켜 가면서 쿼리 처리 성능을 테스트해본 결과다. 이 벤치마크 결과를 보면 마스터 MySQL 서버의 바이너리 로그의 동기화가 얼마나 성능에 영향을 미치는지 알 수 있다.

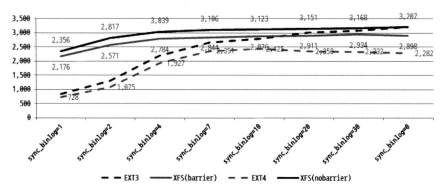

[그림 16-16] 바이너리 로그의 동기화 설정(sync_binlog)에 따른 성능 차이

일반적으로 복제가 적용된 마스터 MySQL 서버는 데이터의 쓰기뿐 아니라 바이너리 로그 파일까지 기록해야 하므로 마스터 MySQL의 디스크 I/O는 슬레이브 MySQL보다 높은 편이다. 또한 복제를 구축한다 하더라도 MySQL 서버의 쓰기 성능을 확장할 수는 없으므로 마스터 MySQL 서버의 쓰기 성능은 매우 중요하다. 그래서 EXT3나 EXT4보다 XFS 파일 시스템을 적용해 MySQL 서버의 성능을 개선하는 것은 상당한 이득이라고 볼 수 있다.

16.12 백업 및 모니터링

MySQL 서버를 전담하는 DBA가 없다면 가장 취약해질 수 있는 부분이 백업과 모니터링일 것이다. 여기서는 MySQL 서버의 백업이나 모니터링에 대해 개괄적인 내용만 살펴보겠다. 하지만 백업이나 모니터링이 중요하지 않다는 의미는 아니다. 프로그램의 개발과 MySQL 서버의 운영까지 함께 해야 한다면 한번쯤 시간을 내서 백업이나 모니터링 스크립트나 도구를 점검해 보길 권장한다. 장애는 아주 가끔 발생하지만 한번 발생하면 연쇄 반응을 일으켜 여러 가지 문제가 동시에 발생할 가능성이 높다는 점을 기억하자.

16.12.1 백업(EnterpriseBackup과 mysqldump)

지금까지 MySQL에서 가장 취약한 부분이 백업이 아니었나 생각될 정도로 MySQL의 백업 도구는 빈약했다. 데이터베이스의 백업은 mysqldump에만 의존할 수밖에 없었는데, mysqldump도 InnoDB 백업 도구로는 상당히 부족했다. 하지만 MySQL이 오라클에 인수된 이후 InnoBase(InnoDB 개발사)에서 유료로 판매되던 ibbackup(InnoDB Hot Backup)이 MySQL Enterprise backup으로 패키징 됐다. MySQL Enterprise backup이 출시되면서 MySQL의 백업도 조금씩 자리를 잡아가고 있는 것으로 보인다. mysqldump는 MySQL 서버로부터 레코드를 SELECT해서 그 결과를 파일로 기록하는 형태의 논리적인 백업을 수행하는 프로그램이다. 그래서 백업 속도가 느리고, MySQL 서버의 서비스에도 영향을 미칠 수밖에 없는 구조였다. 하지만 MySQL Enterprise Backup은 InnoDB 데이터 파일을 물리적으로 복사함으로써 빠르고 MySQL 서버의 서비스 영향도를 낮출 수 있게 됐다.

MySQL Enterprise backup을 설치하면 mysqlbackup과 ibbackup, 그리고 innobackup이라는 실행 프로그램이 설치된다. 각 프로그램의 역할은 다음과 같다.

- ibbackup은 InnoDB 데이터 파일을 물리적으로 백업하는 프로그램이다.
- innobackup은 펄(Perl)로 작성된 스크립트인데, 내부적으로 ibbackup을 호출해서 InnoDB 테이블을 백업한다. 그리고 MyISAM 스토리지 엔진을 사용하는 테이블을 물리적으로 복사하는 형태로 백업을 수행한다.
- mysqlbackup은 C/C++로 작성된 프로그램으로, 현재는 innobackup 스크립트와 동일하게 작동한다.

그런데 MySQL Enterprise backup이 3.6 버전으로 업그레이드되면서, 위에서 소개한 3가지 백업 프로그램이 mysqlbackup이라는 프로그램으로 통합됐다. 또한 MySQL Enterprise backup 3.5 이하의 버전에서는 백업을 수행할 때 잠금에 대한 문제가 있었는데, MySQL Enterprise backup 3.6부터는 이런 문제가 개선됐다. MySQL Enterprise backup은 엔터프라이즈 버전에 대한 라이선스가 있어야 사용할 수 있지만, 오라클 사이트의 계정만 있다면 테스트 버전으로 다운로드해서 사용해볼 수 있다. mysqldump의 부족함에 많이 시달렸거나 서비스에 미치는 악영향 때문에 백업을 못하고 있다면 한번쯤 MySQL Enterprise backup을 테스트해보길 권장한다.

mysqldump 도구를 이용해 백업을 수행한다면 mysqldump에서 제공되는 다음과 같은 옵션은 꼭 검토해 볼 것을 권장한다. 이 밖에도 중요한 옵션이 많이 있으므로 필요하다면 MySQL의 매뉴얼을 참조하자.

--extended-insert

INSERT되는 레코드를 VALUES 뒤에 연속해서 연결하는 배치 INSERT SQL 문장 형태로 덤프하며, 나중에 다시 적재할 때 빠르게 처리될 수 있기 때문에 꼭 사용하는 것이 좋다.

--quick

덤프하려는 테이블이 매우 크다면 mysqldump가 실행되는 서버의 메모리를 많이 사용하게 된다. 이 옵션을 사용하면 가져온 테이블 레코드를 한꺼번에 모두 캐시하지 않고 레코드 단위로 MySQL 서버로부터 가져와서 디스크에 기록하므로 메모리를 많이 사용하지 않고 큰 테이블을 백업할 수 있다. 만약 테이블들의 레코드 건수가 아주 많지 않다면 이 옵션을 사용하지 않는 편이 더 빠르게 백업을 수행할 수 있다.

--lock-tables

MyISAM이나 MEMORY 스토리지 엔진 위주의 DB를 백업할 때는 백업이 수행되는 도중 데이터가 변경되는 것을 막기 위해 이 옵션이 필요할 수 있다. 만약 MyISAM이나 MEMORY 스토리지 엔진의 테이블을 백업할 때 이 옵션을 사용하지 않으면 각 테이블의 백업 시점이 달라져서 데이터의 정합성이 손상될 수 있다. 하지만 이 옵션을 사용하면 백업 대상 테이블이 잠기기 때문에 서비스용 쿼리가 이 테이블의 레코드를 변경하지 못하게 된다.

--single-transaction

InnoDB 스토리지 엔진을 주로 사용하는 DB의 백업에서는 데이터 정합성을 보장하기 위해 이 옵션을 반드시 사용할 것을 권장한다. MyISAM 스토리지 엔진과는 달리 이 옵션을 사용해 백업을 수행할 때는 테이블을 잠그지 않으므로 서비스용 쿼리가 테이블의 레코드를 변경하는 것이 가능하다.

--all-databases

mysqldump로 현재 MySQL 서버의 모든 DB를 백업할 때 사용한다.

--master-data

복제를 구축하기 위해 mysqldump 프로그램으로 마스터 MySQL에서 백업을 수행할 때는 백업 시점의 바이너리 로그를 꼭 확인해야 하는데, 이때는 "--master-data=1" 또는 "master-data=2" 옵션을 사용해야 한다. "--master-data" 옵션을 지정하면 mysqldump는 "FLUSH TABLES WITH READ LOCK" 명령으로 글로벌 락을 걸고, 백업 시점의 바이너리 로그의 위치를 읽는다. "--master-data=2" 옵션이 사용되면 백업된 파일의 맨 앞부분에 백업 시점의 바이너리 로그 파일명과 바이너리 로그의 위치 정보가 SQL 주석으로 기록된다. 그리고 "--master-data=1"을 사용하면 백업 시점의 바이너리 로그 정보를 이용해 복제를 연결하는 명령이 백업 파일에 기록되기 때문에 가능하면 "--master-data=2" 옵션을 사용하는 것이 좋다.

만약 "--master-data" 옵션이 "--single-transaction" 옵션과 함께 사용됐다면 mysqldump는 바이너리 로그 위치를 읽고 나면 즉시 글로벌 락을 해제하고 백업을 시작하게 된다. 하지만 "--master-data" 옵션이 "--lock-all-tables" 옵션과 함께 사용됐다면 mysqldump는 백업이 완료되는 시점까지 글로벌 락을 해제하지 않는다. 글로벌 락은 MySQL 서버에 존재하는 모든 테이블에 대해 읽기 잠금을 걸어야 하기 때문에 장시간 실행되는 쿼리가 있을 때는 글로벌 락을 거는 것 자체에도 상당히 시간이 걸릴 수도 있으므로 주의해야 한다. 또한 글로벌 락은 모든 테이블의 변경을 불가능하게 만들기 때문에 빈번하게 서비스용 쿼리가 실행되는 MySQL 서버에서는 주의해야 한다.

--opt

mysqldump에서 또 하나 주의해야 할 것이 "--opt" 옵션인데, 이는 다른 여러 개의 옵션을 모아둔 세트 옵션으로 기본적으로 활성화되는 옵션이다. 문제는 이 옵션에 "--lock-tables" 옵션이 포함돼 있어 사용자를 혼란스럽게 만들 때가 많다. 즉, 사용자는 아무런 잠금을 걸지 않고 백업한다고 생각하지만, 사실은 mysqldump가 "--lock-tables" 옵션과 함께 실행되면 DB에 포함된 모든 테이블에 읽기 잠금을 걸고 백업을 수행한다.

mysqldump로 데이터를 백업할 때 많은 사용자들이 간과하는 부분이 백업된 데이터의 일관성인데, mysqldump 프로그램으로 백업한 데이터의 일관성을 보장하는 방법은 스토리지 엔진별로 다르다.

- MyISAM이나 MEMORY 스토리지 엔진과 같이 테이블 잠금을 사용하는 테이블만 있다면 "--lock-all-tables" 나 "--lock-tables" 옵션을 사용해 mysqldump를 실행해야 한다. 그런데 "--lock-tables" 옵션을 사용하면 MySQL 서버의 DB 단위로 테이블을 잠그기 때문에 MySQL 서버에 여러 개의 DB가 있을 때는 각 DB별로는 데이터의 일관성이 보장되지 않는다.

  즉 db1과 db2라는 DB가 담긴 MySQL 서버에서 "--lock-tables" 옵션으로 mysqldump를 실행하면 db1 데이터베이스의 모든 테이블을 "LOCK TABLES tb1 READ LOCAL, tb2 READ LOCAL, …" 명령으로 잠금을 걸고 백업을 수행한다. 그리고 db1의 백업이 끝나면 db1 테이블의 모든 잠금을 해제하고 똑같은 절차로 db2의 데이터를 백업한다. 그래서 "--lock-tables" 명령으로 받은 백업은 DB 단위로는 동일 시점이 되지만 MySQL 서버의 전체 데이터에 대해서는 동일 시점이 되지 못한다.

  반면 "--lock-all-tables"를 사용하면 하나의 MySQL 서버 내에 존재하는 모든 DB 간의 데이터를 일관되게 백업할 수 있다. 그런데 "--lock-all-tables" 명령은 백업을 수행하기 전에 "FLUSH TABLES WITH READ LOCK" 명령으로 MySQL 서버의 모든 테이블에 대해 읽기 잠금을 걸고 백업을 수행하기 때문에 백업을 수행하는 동안 아무도 데이터를 변경하지 못하게 된다.

- InnoDB 테이블만 있다면 "--single-transaction" 옵션을 사용해 mysqldump 프로그램을 실행해야 한다. mysqldump 명령에 "--single-transaction"이 제공되면 "--lock-tables" 옵션은 자동으로 무시되며, MySQL 서버의 모든 InnoDB 테이블에 대해서는 아무런 잠금없이 일관된 백업을 만들 수 있다. 또한 "--single-transaction"과 "--lock-all-tables" 옵션은 함께 사용할 수 없다.

- InnoDB와 MyISAM 테이블이 혼합되어 사용되는 MySQL 서버에서 모든 테이블의 데이터를 일관되게 백업하려면 "--lock-all-tables" 옵션을 사용해야 하는데, 이는 MySQL 서버의 글로벌 락(FLUSH TABLES WITH READ LOCK)을 필요로 하기 때문에 테이블의 스토리지 엔진의 종류에 관계없이 백업이 수행되는 동안 테이블의 변경이 불가능해진다.

mysqldump를 이용할 때 최소의 잠금으로 데이터베이스를 백업하고자 한다면 아래와 같이 테이블의 특성별로 옵션을 다르게 사용하는 것이 좋다.

InnoDB 테이블만 일관되게 백업하고자 할 때(DB가 하나든 여러 개든 무관)

```
mysqldump --user=root --opt --single-transaction --all-databases > backup_all.sql
```

MyISAM이나 MEMORY 테이블까지 모두 일관되게 백업하고자 할 때(특정 DB에 대해서만)

```
mysqldump --user=root --opt db1 > backup_db.sql
```

MyISAM이나 MEMORY 테이블까지 모두 일관되게 백업하고자 할 때(MySQL 서버의 모든 DB에 대해)

```
mysqldump --user=root --add-drop-table --add-locks --create-options --disable-keys
        --extended-insert --quick --set-charset --all-databases > backup_all.sql
```

16.12.2 모니터링

MySQL에서는 한눈에 각 MySQL 서버의 상태를 모니터링할 수 있게 MySQL Enterprise Monitor 도구를 제공한다. MySQL DBMS의 성능이나 관리성이 다른 DBMS보다 떨어지진 않지만 여타 DBMS보다 월등히 나은 부분이 모니터링 도구가 아닐까 한다. MySQL Enterprise monitor는 서버와 클라이언트 모듈로 나뉘어 있는데, 그림 16-17과 같은 구조로 작동한다.

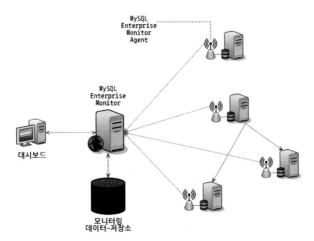

[그림 16-17] MySQL Enterprise monitor의 작동 구조

MySQL Enterprise monitor는 그림 16-18과 같이 전체 MySQL 서버의 상태를 보여 주는 대시보드를 제공하며, 각 모니터링 대상 MySQL 서버의 상태 값을 수집해서 문제가 될 만한 부분을 해결책과 함께 알람으로 보내 준다. MySQL Enterpsrise monitor에서는 이런 어드바이저리(Advisory) 기능

이 150여 가지 이상 제공되는데, 이 가운데 필요한 항목만 선택해서 각 MySQL 서버에 적용할 수 있다. MySQL Enterprise monitor의 더 강력한 기능은 모니터링을 등록하고 삭제하는 것이다. 모니터링하려는 서버에 에이전트 프로그램을 설치하면 그때부터 즉시 모니터링이 가능해진다. MySQL Enterprise monitor는 모니터링 대상 서버마다 에이전트를 설치해야 하지만 그다지 어렵거나 복잡한 과정이 아니다.

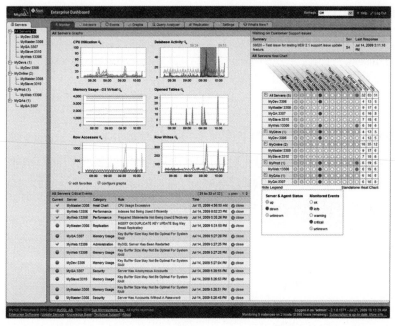

[그림 16-18] MySQL Enterprise monitor 대시보드

MySQL Enterprise monitor의 또 다른 장점은 각 모니터링 대상 MySQL 서버의 상태를 모두 수집해서 데이터베이스에 저장해 두고, 그림 16-19와 같이 언제든지 조회할 수 있는 기능을 제공한다는 점이다. 그래서 간밤에 또는 지난 주말에 MySQL 서버에 어떤 일들이 있었는지 조사할 수 있다. 그리고 몇 주간의 쿼리 사용량 변화나 메모리 사용량 또는 디스크 I/O 등을 관찰할 수도 있다. MySQL Enterprise monitor는 상당히 유연하게 설계돼 있어, MySQL Enterprise monitor에서 제공하지 않는 부분의 알람이나 모니터링 또한 사용자가 직접 별도로 추가할 수 있다. MySQL Enterprise monitor는 MySQL Enterprise backup과 함께 MySQL 서버를 양쪽에서 지탱해 주며 여러분을 도와줄 아주 중요한 도구가 될 것이다.

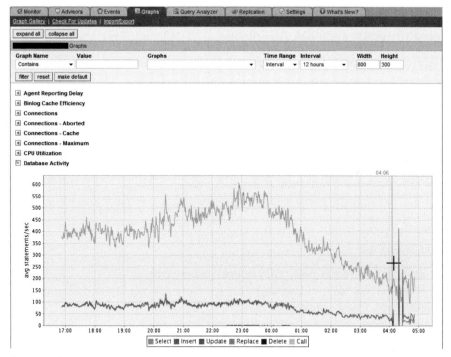

[그림 16-19] MySQL 서버의 상태 그래프

16.13 스키마 검토

MySQL 서버에 테이블을 만들고, 조금씩 서비스의 기능을 업그레이드하거나 수정하다 보면 테이블의 구조가 조금씩 변경될 때가 많다. 또한 빠르게 진행해야 하는 프로젝트에서는 조금씩 기능이 추가될 때마다 칼럼 간의 타입 불일치가 발생할 때가 있다. 조인을 하는 칼럼끼리 타입이 일치하지 않는다거나, 문자열 타입의 문자집합이나 콜레이션 등의 문제가 있어 쿼리의 성능이나 데이터의 일관성이 손상되기도 한다.

그래서 서비스를 오픈하거나 새로운 기능 업그레이드가 있었다면 운영용이나 개발용 MySQL 서버에서 대표적으로 사용되는 주요 칼럼이나 조인의 키로 사용되는 칼럼에 대해서는 스키마 검토를 한번 정도 진행해 보는 것이 좋다. 데이터베이스의 특성상 한번 잘못된 데이터 타입은 변경하기가 어렵고, 때로는 영원히 고치지 못할 수도 있다. 물론 ERD를 직접 하나씩 점검하는 것이 가장 좋겠지만, 시간적인 문제로 어렵다면 MySQL의 딕셔너리 정보를 이용해 간단하게 확인해 보는 것도 도움될 것이다.

MySQL 5.0 이상 버전에서는 사용자 DB의 테이블에 포함된 칼럼의 스키마 정보가 저장된 INFORMATION_SCHEMA라는 DB가 제공된다. 이 DB는 읽기 전용으로, 테이블이나 칼럼의 정보를 SQL로 조회하는 기능을 제공한다. 가장 필수적으로 점검해야 할 부분은 조인의 키가 되는 칼럼의 타입이 일치하는지 여부일 것이다. 여기서 타입의 일치라는 것은 단순히 데이터 타입의 일치뿐 아니라, 문자열 타입의 경우 반드시 문자집합이나 콜레이션까지 동일한지, 숫자 타입은 SIGNED/UNSIGNED 까지 정확하게 일치하는지 여부를 말한다. INFORMATION_SCHEMA DB의 COLUMNS라는 테이블을 SELECT하면 주요 칼럼의 타입을 예제 16-3과 같이 쉽게 확인해볼 수 있다. 또한 일반적으로 조인이 되는 칼럼은 이름이 똑같이 부여될 때가 많으므로 조인이 되는 키 칼럼을 한꺼번에 조회해서 비교해 볼 수도 있다.

[예제 16-3] 문자열 타입의 스키마 체크

```
mysql> SELECT table_schema, table_name, column_name, column_type,
              character_set_name, collation_name
       FROM information_schema.columns
       WHERE table_schema='employees' AND column_name='%dept_no%';
+--------------+-------------+-------------+--------------------+------------------+
| table_name   | column_name | column_type | character_set_name | collation_name   |
+--------------+-------------+-------------+--------------------+------------------+
| departments  | dept_no     | char(4)     | latin1             | latin1_general_ci |
| dept_emp     | dept_no     | char(4)     | utf8               | utf8_general_ci  |
| dept_manager | dept_no     | char(4)     | utf8               | utf8_general_ci  |
+--------------+-------------+-------------+--------------------+------------------+
```

[예제 16-4] 숫자 타입의 스키마 체크

```
mysql> SELECT table_schema, table_name, column_name, column_type
       FROM information_schema.columns
       WHERE table_schema='employees' AND column_name='%emp_no%';
+--------------+---------------+-------------+------------------+
| table_schema | table_name    | column_name | column_type      |
+--------------+---------------+-------------+------------------+
| employees    | dept_emp      | emp_no      | int(11)          |
| employees    | dept_manager  | emp_no      | int(11)          |
| employees    | employee_name | emp_no      | int(11)          |
| employees    | employees     | emp_no      | int(11)          |
| employees    | salaries      | emp_no      | int(11)          |
| employees    | titles        | emp_no      | int(10) unsigned |
+--------------+---------------+-------------+------------------+
```

17
응급 처치

MySQL 서버를 사용하면서 발생할 수 있는 문제는 매우 다양해서 저자가 경험해보지 못한 문제를 겪고 있는 독자들도 있을 것이다. 이 책에서 모든 종류의 문제를 언급한다는 것은 무리가 있을 것이다. 대신 일반적인 상황에서 자주 발생할 수 있는 문제를 나열하고, 그러한 문제를 어떻게 해결할지 살펴보자. 문제는 크게 개발을 하는 도중 발생하는 문제와 서비스 운영 도중 발생하는 문제로 구분해볼 수 있는데, 개발 도중에 발생하는 문제는 충분한 시간적 여유가 있으므로 크게 문제되지 않는다. 하지만 서비스 운영 중에 발생하는 문제는 대부분 시간적인 여유가 없어서 기본 지식이나 장애에 대한 대처가 준비돼 있지 않다면 결국 MySQL 서버를 재시작하는 방법으로 해결하려고 할 것이다.

그런데 대부분의 문제는 원인을 정확히 파악하고 대처해 두지 않으면 똑같은 문제가 또 발생할 가능성이 높다. 이번 장에서 언급하는 내용이 많진 않지만 여기서 다루는 내용을 참조하면 기본적인 장애에 대처하거나 사전에 예방하는 데 도움될 것이다.

17.1 서버 과부하

실제 사용자의 수가 늘었거나 사용자의 행동 패턴이 바뀌었을 때 MySQL 서버의 부하가 높아질 수 있다. 사용자의 행동 패턴이 바뀌는 것은 주로 애플리케이션의 업그레이드나 기능 개선으로 발생할 때가 많은데, 이는 쿼리나 실행 빈도를 적절히 튜닝한 후 애플리케이션을 배포하거나 릴리즈해서 충분히 예방할 수 있다. 사용자의 수가 늘어나는 부분에 대비해서는 MySQL 서버가 평상시에는 대략 2~30%의 자원만 사용하도록 유지하기도 한다. 하지만 너무 과다하게 서버를 투입하는 것은 비용적인 문제도 있으므로 사용자 수가 급작스럽게 증가할 때를 대비해 확장 가능한 구성으로 준비해 두는 편이 좋다.

어떤 원인이든지 MySQL 서버의 과부하 상태로 인해 어떤 쿼리도 처리하지 못하고 운영체제에 로그인할 수도 없는 상황이라면 장비 자체를 재시작하는 것이 좋다. 운영체제에 로그인할 수 있다면 다음의 순서대로 운영체제나 MySQL 서버의 상태를 점검하자. 물론 장애 상황에 대해 각 담당자와 의견을 교환하면서, MySQL 서버 내외부적으로 문제의 원인을 병행해서 찾는 것이 좋다.

17.1.1 운영체제의 유틸리티를 이용해 장비의 부하 확인

우선 서버에 접속한 뒤 운영체제의 유틸리티를 이용해 하드웨어 상태를 확인하는 것이 좋다. 만약 서버에 MySQL 이외에 웹 서버와 같이 부하를 발생시킬 수 있는 소프트웨어가 함께 설치돼 있다면 과부하의 원인이 MySQL 서버인지 먼저 확인해야 한다. 그리고 다음의 운영체제 명령을 이용해 CPU나 메모리, 그리고 디스크의 부하 정도를 확인해보는 것이 좋다.

시스템의 전체적인 부하 확인

유닉스 계열의 운영체제에서는 uptime 명령으로 해당 서버의 CPU가 처리해야 하는 작업이 얼마나 쌓여 있는지 확인할 수 있는데, 이 결과로 대략 이 서버의 부하가 어느 정도인지 판단해볼 수 있다.

```
shell> uptime
 12:16:50 up 30 days, 10:39,  1 user,  load average: 3.34, 1.80, 0.59 ❶
```

uptime 명령의 결과에서 "load average"는 최근 1분, 5분 그리고 15분 간의 CPU 작업 대기 큐에서 처리를 기다리는 프로세스의 평균 개수를 나타낸다. load average에 표시되는 세 개의 값(3.34, 1.80, 0.59 ❶)을 비교해보면 이 서버의 부하가 언제부터 이렇게 높아졌는지 대략적으로 판단해 볼 수 있다. 위의 결과에서 최근 1분간의 부하는 3.34이고 5분간의 부하는 1.80이며, 15분간의 부하는 0.59다. 그러면 이 장비는 15분 전까지는 정상적으로 쾌적환 환경에서 서비스되고 있었는데, 5분 전부터 부하가 높아지기 시작해서 최근 1~2분 사이에 현재의 부하 상태가 만들어졌다는 것을 알 수 있다. 이 값이 얼마가 안정권이며, 얼마가 위험한 범위인지를 명확히 말하기란 쉽지 않지만 일단 이 값이 1 이상이라는 것은 운영체제가 처리해야 작업이 평균적으로 하나는 큐에서 기다리고 있음을 의미한다.

현재 CPU가 어떤 작업에 주로 사용되고 있는지를 알아보려면 vmstat라는 유틸리티를 이용하면 된다. 일반적으로 vmstat 명령은 초 단위의 시간 간격을 파라미터로 사용한다. 다음의 예제와 같이 "1"을 파라미터로 사용하면 vmstat 명령은 1초 동안 샘플링된 상태 값을 1초 단위로 출력한다. vmstat은 가상 메모리(Vritual Memory)의 상태를 보여주는 명령이지만, CPU나 프로세스 큐를 확인하는 용도로 더 많이 사용한다.

```
shell> vmstat 1
procs -----------memory---------- ---swap-- -----io---- --system-- -----cpu-----
 r  b   swpd   free   buff  cache   si   so    bi    bo   in   cs us sy id wa st
 0  0   3532 441880  71288 4257648    0    0    46    91    1    0  1  0 99  0  0
 1  0   3532 441892  71288 4257664    0    0     0  1488 1900 5884  0  0 100  0  0
 1  0   3532 439876  71304 4257764    0    0     0   714 1357 3771  0  0 100  0  0
 0  0   3532 439716  71308 4257760    0    0     0   772 1539 4657  0  0 100  0  0
```

vmstat 명령은 현재 CPU가 어떠한 작업을 주로 처리하고 있는지 보여준다. 물론 메모리나 스왑의 사용량도 보여주지만 이 정보들은 다른 유틸리티로 더 쉽게 알아볼 수 있으므로 vmstat 유틸리티의 결과에서는 "procs" 섹션과 "cpu" 섹션을 주로 참고하면 된다.

- procs − r : 프로세스 큐에서 CPU가 실행해주기를 기다리는 프로세스의 수

- procs − b : 지정된 이벤트가 발생하기 전까지는 실행될 수 없는 프로세스의 수

- cpu − us : 사용자 프로세스를 위해 사용한 CPU 사용률로 MySQL 서버의 코드와 같이 애플리케이션의 코드가 사용한 CPU 시간을 의미한다. 대표적으로 정렬이나 GROUP BY 작업, 그리고 압축과 같은 작업이 많이 발생하는 장비에서는 사용자 CPU가 높게 나타난다.

- cpu − sy : 커널이 사용한 CPU 시간을 의미한다. 일반적으로 디스크의 입출력이나 메모리 할당 등과 같이 운영체제의 커널 코드를 실행하는 데 소요된 CPU 시간을 의미한다.

- cpu − id : CPU가 아무것도 하지 않고 대기(idle)하는 데 사용한 CPU 사용률이다. 아무런 작업도 하지 않는 장비에서는 이 값이 높게 나타난다.

- cpu − wa : 디스크 입출력을 기다리는 데(wait) 사용한 CPU 사용률을 의미한다. 주로 DBMS 서버가 실행 중인 장비에서 관심을 둬야 할 값인데, "wa(wait I/O)" 값이 높으면 디스크 I/O가 과도하게 많이 발생해 CPU가 데이터의 입출력을 기다리는 시간이 많다는 것을 의미한다.

- cpu − st : 가상 머신으로부터 빼앗긴 시간을 의미하는데, 크게 신경 쓰지 않아도 된다.

메모리 사용률

운영체제가 사용하는 물리적 메모리나 스왑 영역의 상태를 확인하려면 free 유틸리티를 사용하면 된다. free 명령은 주로 "−m"과 "−t" 옵션을 함께 사용하는데, "−m" 옵션은 단위를 MB로 표시하게 하고 "−t" 옵션은 다음 결과와 같이 "Total" 라인을 표시한다.

```
shell> free -m -t
                total      used      free    shared   buffers    cached
Mem:            16041     15580       461         0        68      4130
-/+ buffers/cache:        11381      4660
Swap:            4094         3      4091
Total:          20136     15583      4552
```

free 명령의 결과 표에서, 가로는 메모리가 사용되는 용도를 표시하고 세로는 물리적 메모리(Mem)와 스왑 영역(Swap)의 메모리의 구분을 표시해준다. 스왑 영역은 물리적인 메모리가 아니라 디스크에 준비된 가상의 메모리 공간을 의미한다.

- total : 위의 결과를 보면 전체 물리적 메모리는 16GB 정도이며, 디스크에 상주하는 스왑 공간은 대략 4GB 정도라는 것을 알 수 있다.

- used : 전체 물리적 메모리 16GB 중에서 대략 15.2GB(15580MB)가 사용되고 있으며, 스왑 공간은 3MB 정도 사용되고 있다는 의미다.

- free : 운영체제가 아무런 용도로도 사용하지 않고 남아 있는 물리적 메모리는 461MB이며, 스왑 공간 4GB는 거의 사용되지 않고 free 상태임을 알 수 있다. 일반적으로 리눅스 계열의 운영체제에서는 물리적 메모리의 가능한 최대의 여유 공간을 운영체제의 버퍼나 캐시 공간으로 활용하기 때문에 free에 표시되는 메모리 크기는 전체 물리적 메모리의 1% 미만일 때가 많다. 그렇다고 MySQL 서버와 같은 프로그램이 사용할 수 있는 미사용(free) 영역이 전혀 없음을 의미하는 것은 아니다. 운영체제의 캐시나 버퍼 영역은 다른 프로그램에서 메모리를 필요로 할 때 언제든지 사용 가능한 공간이기도 하다.
- buffers와 cached : 운영체제가 자체적으로 관리하는 버퍼나 캐시 공간으로 사용되는 물리적 메모리의 크기를 보여준다. 이 메모리 공간은 프로그램을 위해 언제든지 활용될 수 있는 공간이기도 하다.

free 명령의 결과에서 "-/+ buffers/cache" 표시는 운영체제의 버퍼나 캐시로 사용되는 공간을 여유 메모리 공간으로 해석해 계산한 결과를 보여준다. 실제 이 서버에서 MySQL 서버와 같은 프로그램이 사용할 수 있는 여유 메모리 공간은, 이 라인의 free 칼럼에 표시되는 값이다. 위 결과에서는 대략 4.5GB(4660MB)가 어떤 프로그램에서든 가져다 쓸 수 있는 free 메모리 공간이 된다. 만약 이 값이 0에 가까워지면 물리적 메모리 부족으로 디스크의 스왑 공간을 사용하는 것이 일반적이다.

> **주 의** 스왑 영역은 물리적인 메모리가 부족할 때를 대비해 디스크의 특정 공간을 가상 메모리처럼 사용할 수 있게 할당해 둔 공간이다. 가능하면 사용하지 않는 것이 좋은데, 물리적인 메모리가 부족한 때는 스왑의 사용량(Swap 라인의 used 값)이 높아진다. 하지만 리눅스의 스왑 메모리의 사용량은 예전에 한번 사용됐던 적이 있다면 계속 사용 중으로 표시될 수도 있다. 그래서 스왑의 사용량이 높다고 해서 그것을 현재 상태로 판단하는 데는 조금 어려움이 있다.

디스크 사용량

iostat 명령은 장착된 디스크가 얼마나 사용되고 있는지 보여 준다. "-dx" 옵션은 확장된 형태의 보고서를 출력해주며, 마지막의 "1" 옵션은 1초 단위로 결과를 출력하는 옵션이다.

```
shell> iostat -dx 1
Linux 2.6.18-164.el5 (호스트명)       07/23/2011
Device:    rrqm/s  wrqm/s    r/s    w/s    rsec/s   wsec/s  avgrq-sz  avgqu-sz  await  svctm  %util
sda         0.02    1.94   18.01  237.24  1476.66  2905.37    17.17     0.15     0.58   0.31   7.85
sda1        0.01    1.56    0.09    2.29     2.02    30.80    13.83     0.00     0.96   0.53   0.12
sda2        0.00    0.00    0.00    0.00     0.01     0.00    56.11     0.00    20.59  15.36   0.00
sda3        0.01    0.38   17.93  234.96  1474.64  2874.56    17.20     0.15     0.58   0.31   7.79
```

위의 iostat 유틸리의 결과가 어떤 의미인지 각 항목별로 살펴보자.

- r/s와 w/s : 초당 읽고 쓰기 요청된 횟수만을 의미하며, 실제로 쓰고 읽은 바이트 수를 의미하지는 않는다.

- rsec/s와 wsec/s : 초당 읽고 쓰기 요청된 섹터 수를 의미하며, 초당 몇 바이트의 데이터를 쓰고 읽었는지를 표시한다. iostat 명령의 "-dx" 옵션을 "-dxk"로 바꾸면 초당 입출력된 데이터의 크기를 섹터 수 대신 KB 단위로 표시한다. 이때는 iostat 명령의 결과에 rsec/s나 wsec/s 대신 rKB/s 와 wKB/s 칼럼이 표시된다.

- avgrq-sz : 쓰기나 읽기 요청의 평균적인 섹터 수인데, 이 값은 (wsec/s + rsec/s) / (w/s + r/s) 수식으로 계산된다.

- avgqu-sz : 큐에 누적된 읽고 쓰기 요청의 수다.

- svctm : 읽고 쓰기 요청이 처리되는 데 소요된 밀리초 단위의 시간으로 큐에서 대기했던 시간을 포함하지는 않는다.

- await : 읽고 쓰기 요청이 완료되는 데 소요된 밀리초 단위의 시간으로, svctm에 표기된 시간과 큐에서 대기한 시간까지 모두 합쳐진 시간이다. 이는 실제 읽고 쓰기의 요청 시점부터 완료된 시점까지의 전체 시간을 의미한다.

- %util : 읽고 쓰기 작업에 소요된 시간을 백분율로 계산해서 보여주는 값으로, 산출하는 계산식은 (r/s + w/s) * svctm / 1000(ms) * 100(%)이다. 위의 sda3 파티션의 결과를 계산식에 대입해 보면 (17.93 + 234.96) * 0.31 / 1000 * 100 = 7.84%다. 이 수치의 의미는 1초당 7.84 밀리초 동안은 일을 하고 있다는 것을 의미한다.

%util 값으로 모든 것을 판단하기는 어렵지만, 이 값이 100%에 가까워질수록 디스크 I/O의 한계에 가까워진 것을 의미한다. 한계에 가까워질수록 입출력 요청 큐에 머무르는 시간이 늘어나면서, 입출력 처리 시간은 지연될 것이다.

17.1.2 MySQL 서버의 에러 로그 확인

많은 사용자가 쉽게 간과하는 부분이지만, MySQL 서버에서 특별히 이상 징후나 에러가 발생하면 기본적으로 에러 로그에 기록하게 돼 있다. 그래서 긴급한 상황일수록 에러 로그의 마지막 부분은 반드시 확인해 보는 것이 좋다. MySQL 에러 로그 파일은 별도로 파일명을 지정하지 않으면 MySQL 서버의 데이터 디렉터리에 "호스트명.err"이라는 파일로 기록된다. 에러 로그가 너무 크다면 유닉스의 "less" 명령을 이용해 파일의 마지막 부분만 열어 보는 것이 가능하다.

```
shell> less +G mysqld.err
```

> **주의** less 명령으로 바로 파일을 열면 파일의 앞쪽을 제일 먼저 보여 주지만 "+G" 옵션을 사용하면 파일의 마지막부터 보여 준다. 에러 로그 파일이 매우 클 때 less 명령은 파일의 라인 수를 계산한다는 메시지를 하단에 출력하는데, 이 큰 파일에서 우리가 관심을 가지는 부분은 마지막이므로 파일의 라인 수를 계산할 필요가 없다. 그래서 라인의 수를 계산한다는 메시지가 나오면 "Ctrl+c"를 눌러서 라인 계산을 멈추자. 이렇게 "less +G" 명령으로 파일의 마지막을 보다가 이전 페이지를 참조해야 한다면 "b" 키를 눌러 주면 이전 페이지로 이동해서 보여 주고 다시 다음 페이지로 돌아와야 하는 경우에는 "f" 키를 사용하면 된다.

17.1.3 MySQL 서버의 프로세스 리스트 확인

로그 파일을 확인했는데, 특별한 문제가 없다면 MySQL 서버에 로그인해서 상태를 확인한다. 우선 MySQL 서버가 어떤 쿼리를 실행하고 있는지, 어떤 프로세스가 특히 오랜 시간 동안 실행되고 있는지 확인하는 것이 좋다. MySQL의 "show processlist"라는 명령은 다음과 같은 다양한 프로세스의 정보를 보여주므로 MySQL 서버에 로그인해서 가장 먼저 확인해 보는 것이 좋다.

- 현재 MySQL 서버에 존재하는 전체 프로세스 목록
- 각 프로세스가 어떤 작업(SQL)를 실행하고 있는지
- 각 작업의 현재 상태
- 각 작업의 실행 시간

"show processlist" 명령은 MySQL 서버에 접속된 클라이언트 수만큼의 레코드를 출력한다. 이때 스레드라 함은 실제 클라이언트와 연결돼 있는 상태의 스레드만을 의미한다. 즉 이 명령의 결과로 출력되는 내용에서 한 레코드는 하나의 프로세스를 의미함과 동시에 하나의 커넥션을 의미한다.

```
mysql> SHOW PROCESSLIST;
+------+---------+------------------+------+---------+-------+--------------+-----------------+
| Id   | User    | Host             | db   | Command | Time  | State        | Info            |
+------+---------+------------------+------+---------+-------+--------------+-----------------+
| 1465 | db_user | 192.168.0.1:12   | db1  | Sleep   |    52 |              | NULL            |
| 2739 | db_user | 192.168.0.1:13   | db1  | Sleep   |   527 |              | NULL            |
| 2740 | db_user | 192.168.0.1:14   | db1  | Sleep   |   527 |              | NULL            |
| 4228 | db_user | 192.168.0.1:15   | db1  | Query   | 53216 | Sending data | SELECT .....    |
| 4247 | db_user | 192.168.0.1:16   | db1  | Sleep   |  1698 |              | NULL            |
| 5682 | db_user | 192.168.0.1:17   | db1  | Sleep   |   405 |              | NULL            |
| 6243 | root    | localhost        | NULL | Query   |     0 | NULL         | show processlist|
+------+---------+------------------+------+---------+-------+--------------+-----------------+
```

위의 내용은 MySQL 서버에서 "show processlist" 명령을 실행한 결과다. 주의 깊게 봐야 할 항목은 Command 칼럼의 값과 Time 칼럼이며, 때로는 Info 칼럼에 출력되는 SQL도 간단히 문제의 원인을 찾는 데 많은 도움이 된다.

- Command가 "Sleep"이나 "Binlog Dump" 상태가 아닌 프로세스는 대부분 클라이언트의 요청으로 SQL을 실행하고 있음을 의미하는데, 이때 Time 칼럼의 값이 그 작업을 몇 초 동안 실행하고 있는지 알려 준다.
- 만약 여기서 특정 쿼리를 실행하고 있는 프로세스가 오랜 시간 동안 실행되고 있다면 해당 프로세스의 State 칼럼 값을 확인하자. State 칼럼은 그 작업이 현재 어떤 상태인지를 보여 주는데, 주로 다음 2가지가 자주 표시된다.

- State 칼럼의 값이 "Waiting ..."일 때는 다른 프로세스가 선점하고 있는 잠금을 기다리는 것을 의미한다. "Waiting ..." 상태의 프로세스가 많을 때는 대부분 테이블의 잠금을 획득하고 해제하지 않아서 이런 현상이 발생한다. 또한 갑자기 너무 많은 사용자가 테이블 한두 개를 집중적으로 읽고 쓸 때도 이런 현상이 나타난다. State가 "Wating ..." 상태로 표시되는 것은 테이블 잠금을 기다릴 때만 해당되며, InnoDB 스토리지 엔진의 레코드 잠금은 "Waiting ..."으로 표시되지 않고 "update"라고만 표시된다.

- State 칼럼의 값이 "Copy to tmp table"일 때는 쿼리의 처리를 위해 내부적인 임시 테이블로 복사하는 작업이 실행되고 있음을 의미한다. "Copy to tmp table" 상태는 테이블의 구조를 변경하는 ALTER TABLE 명령이 실행되거나 적절히 튜닝되지 못한 쿼리가 동시에 많이 실행될 때 발생한다.

- 많은 프로세스가 Command 칼럼의 값이 모두 비슷하고 Info 칼럼에 똑같은 SQL이 표시될 때가 많다. 일반적으로 이런 현상은 최적화되지 못한 한두 개의 쿼리가 MySQL 서버의 부하를 유발할 때 자주 나타난다. 프로세스 목록에서 Command나 State, 그리고 Info의 내용이 똑같은 값이 많이 출력된다면 그러한 처리의 병목을 예상해볼 수 있다. 이럴 때는 쉽게 그 문제만 해결하면 MySQL 서버가 정상 상태로 돌아올 가능성이 높다.

- 프로세스 목록에 다양한 값의 Command나 State가 출력된다면, 이는 단순히 한두 개의 쿼리가 부하를 유발하는 것이 아니라 여러 쿼리가 전체적으로 부하를 유발하고 있다고 볼 수 있다. 이때는 MySQL 서버를 느리게 만드는 MySQL 서버상의 외부적인 요인이 있는지 확인해보는 것이 좋다.

- MySQL 서버의 부하가 전체적으로 높은 상태임에도 프로세스 목록에 Command 칼럼이 대부분 "Sleep" 상태이고 Time 칼럼의 값이 0이라면 이는 MySQL 서버가 빠르게 처리되는 쿼리를 아주 빈번히 처리하고 있음을 보여준다. 이는 일반적으로 쿼리는 최적화돼 있지만 사용자의 수나 쿼리의 요청이 증가한 상황으로 해석해볼 수 있다. 이럴 때는 MySQL 서버의 확장을 고려해 보는 것이 좋다.

MySQL의 "SHOW PROCESSLIST" 명령은 MySQL 서버의 각 스레드가 현재 실행 중인 쿼리의 앞부분만 잘라서 Info 칼럼에 보여준다. 만약 쿼리의 앞부분만으로는 명확히 어떤 SQL이 문제인지 파악하기 어렵다면 "SHOW FULL PROCESSLIST" 명령을 이용하면 된다. 이 명령이 실행되면 MySQL 서버의 각 스레드가 현재 실행 중인 SQL 문의 모든 내용을 자르지 않고 보여준다.

쿼리의 실행 빈도나 MySQL 서버의 상태를 확인해 보는 가장 좋은 방법은 MySQL Enterprise Monitor와 같은 모니터링 도구를 이용하는 것이다. 만약 모니터링 도구가 설치돼 있지 않다면 mysqladmin 명령으로 간단히 어느 정도의 쿼리나 단위 작업이 처리되는지 살펴볼 수 있다. mysqladmin 명령은 밑에서 다시 한번 살펴보겠다.

17.1.4 MySQL 서버의 최대 커넥션 설정 확인

외부의 광고나 뉴스 기사로 인해 사용자가 갑작스럽게 유입되면 커넥션을 더 생성하지 못하는 현상이 나타날 수 있다. 이때는 평상시보다 많은 사용자가 웹 서버로 유입되고, 웹 서버는 많은 처리를 동시에 수행하기 위해 MySQL 서버의 커넥션을 더 많이 생성하는 과정에서 비정상적으로 커넥션을 요청하기 때문이다. 이런 상황에서는 단순히 MySQL 서버를 재시작한다고 해서 문제가 해결되지는 않는다.

MySQL 서버에서 허용하는 최대 커넥션의 수를 터무니없이 크게 설정해 뒀다면 MySQL 서버는 동시에 너무 많은 요청을 받아 제대로 처리하지 못하는 현상이 발생할 수 있다. 이럴 때는 최대 허용 커넥션의 수를 적절히 줄여서 가능한 범위 내에서 MySQL 서버가 최대한 요청을 처리할 수 있게 해주는 것이 좋다. 만약 초기 최대 허용 커넥션 수가 너무 낮게 설정돼 있어 서버의 처리 용량에 여유가 있다면 최대 커넥션 수를 조금 더 늘려서 설정해주는 것이 좋다. 당장 MySQL 서버에 슬레이브를 추가해서 부하를 분산할 수 없다면 다음과 같이 MySQL 서버의 최대 커넥션 수를 조정하는 것이 좋다. MySQL 서버의 최대 커넥션 수는 max_connections 시스템 설정 변수로 조정할 수 있다. 이 시스템 설정 변수는 동적 변수이므로 MySQL 서버의 재시작 없이 즉시 적용할 수 있다.

```
mysql> SHOW GLOBAL VARIABLES LIKE 'max_connections';
+-----------------+-------+
| Variable_name   | Value |
+-----------------+-------+
| max_connections | 1000  |
+-----------------+-------+

mysql> SET GLOBAL max_connections=500;

mysql> SHOW GLOBAL VARIABLES LIKE 'max_connections';
+-----------------+-------+
| Variable_name   | Value |
+-----------------+-------+
| max_connections | 500   |
+-----------------+-------+
```

17.1.5 MySQL 서버의 슬로우 쿼리 분석

지금까지 특별히 문제가 되는 부분을 찾지 못했다면 MySQL 서버의 슬로우 쿼리 로그를 확인해 보는 것이 좋다. MySQL 서버는 슬로우 쿼리 로그 설정을 통해 지정된 시간 이상 실행되는 느린 쿼리를 별도의 로그 파일로 기록할 수 있다. 이 로그 파일을 통해 어떠한 쿼리가 얼마나 느리게 실행됐는지 확인하고, 그중에서 처리 시간이 오래 걸리거나 자주 실행된 빈도순으로 쿼리를 필터링할 수 있다.

우선은 간략하게 파일을 직접 열어서 마지막 부분에서 자주 나타나는 쿼리 위주로 성능에 문제가 있는 쿼리인지 아닌지를 검토해 보는 것이 좋다. 만약 슬로우 쿼리 로그의 파일이 너무 크다면 "less +G" 명령을 사용해 마지막 몇 페이지 부분만 검토해 봐도 된다. 만약 이 부분에서 특별히 큰 문제가 될 만한 쿼리를 찾지 못했다면 mysqldumpslow 유틸리티를 이용해 슬로우 쿼리 로그의 통계를 확인할 수 있다. mysqldumpslow 명령은 유닉스 계열의 운영체제에 설치된 MySQL 서버에는 기본적으로 포함돼 있으므로 별도의 설치 없이 바로 사용할 수 있다.

```
shell> mysqldumpslow -r -s c slow-query.log > parsed_slowquery.log
```

위의 명령은 slow-query.log 파일을 분석해서 실행된 횟수(-s c 옵션)를 역순(-r 옵션)으로 정렬해 그 결과를 parsed_slowquery.log 파일로 저장한다. 이 밖에도 mysqldumpslow 유틸리티에서는 다음과 같이 여러 가지 정렬 기준을 사용할 수 있다.

쿼리 실행 횟수

"mysqldumpslow -r -s c" 옵션을 사용하면 쿼리가 많이 실행된 순서대로 슬로우 쿼리를 분석해서 결과를 출력한다.

쿼리의 잠금 시간(lock time)

"mysqldumpslow -r -s l" 옵션을 사용하면 쿼리가 실행되면서 오랜 시간 동안 잠금을 가지고 있었던 순서대로 슬로우 쿼리를 분석해서 결과를 출력한다. MySQL의 슬로우 쿼리에서 출력되는 잠금 시간은 잠금을 획득하기 위해 기다린 시간이 아니라, 쿼리가 실행되면서 잠금을 획득해서 가지고 있었던 시간을 의미한다. 테이블 수준의 잠금만 해당하므로 InnoDB 테이블의 레코드 잠금은 해당되지 않는다.

쿼리로 조회한 레코드(row sent)

"mysqldumpslow -r -s r" 옵션으로 mysqldumpslow 유틸리티를 사용하면 쿼리가 실행된 후 클라이언트로 결과 레코드를 많이 보내 준 순서대로 정렬해서 출력한다.

17.1.6 쿼리의 실행 빈도 확인

MySQL Enterprise Monitor와 같은 모니터링 도구가 설치돼 있다면 MySQL 서버나 해당 장비에 로그인하지 않아도 여러 가지 수집된 내용을 확인할 수 있으므로 MySQL 서버에 로그인할 수 없을 때나 이미 지난 시점의 장애를 분석할 때 아주 유용하다. 만약 모니터링이나 MySQL 서버의 상태를 수집하는 도구가 준비돼 있지 않다면 MySQL 서버에 직접 로그인해서 상태를 수집해야 한다. 이때 가장 손쉽게 사용할 수 있는 도구가 mysqladmin 명령이다. Mysqladmin 유틸리티는 여러 가지 기능을 제공하는데, 그중에서 다음 예제와 같이 일정 시간 간격으로 MySQL 서버의 글로벌 상태 값이 얼마나 변했는가를 보여주는 기능이 있다.

```
shell> mysqladmin -uroot -p -r -i10 extended-status
+----------------------------------------+----------------+
| Variable_name                          | Value          |
+----------------------------------------+----------------+
...
| Com_delete                             | 65914222       |
| Com_insert                             | 998321968      |
| Com_replace                            | 3224135        |
| Com_select                             | 82428520       |
| Com_update                             | 13676798       |
...
+----------------------------------------+----------------+


+----------------------------------------+----------------+
| Variable_name                          | Value          |
+----------------------------------------+----------------+
...
| Com_delete                             | 3              |
| Com_insert                             | 3008           |
| Com_replace                            | 0              |
| Com_select                             | 585            |
| Com_update                             | 84             |
...
+----------------------------------------+----------------+
```

"extended-status" 옵션은 mysqladmin 유틸리티가 MySQL 서버의 상태 값을 출력하게 한다. 이때 mysqladmin 유틸리티에 다음과 같은 옵션을 사용하면 지정된 시간 동안의 상태 값 변화를 출력할 수 있다.

- "-r" 옵션은 두 번째 출력부터는 첫 번째 상태 값으로부터 상대적으로 변화된 값(이전 상태 값을 조회했을 때와 지금 상태 값을 조회했을 때의 차이)을 출력해준다.
- "-i10" 옵션은 10초 간격으로 이 상태 값을 수집해서 출력해준다. 하지만 처음에 출력되는 상태 값은 비교 대상이 없기 때문에 현재의 누적치를 그대로 보여 주며, 두 번째부터 출력되는 상태 값은 차이를 계산해서 화면에 출력한다.

mysqladmin으로 출력되는 상태 값에는 상당히 많은 정보가 출력되며, 서버의 상태를 이해하는 데 많은 도움이 된다. MySQL 서버의 상태 값은 그 종류의 의미가 매우 다양해서 모두 언급하기란 어렵다. 6.3절, "MySQL의 주요 처리 방식"(330쪽)에서 각 주요 처리별로 변화하는 중요한 상태 변수만 살펴봤으므로 참조하자. mysqladmin 유틸리티의 실행 결과에서 Com_delete, Com_insert, Com_ replace, Com_select, Com_update 상태 값을 살펴보면, 대략 초당 쿼리가 얼마나 실행되는지 확인할 수 있다. 대략 평상시에 초당 어느 정도의 쿼리가 실행되는지는 모니터링 도구가 없다면 별도로 기록해 두거나 기억하고 있는 편이 좋다.

MySQL 서버에서 실행되는 쿼리가 아무리 최적화돼 있더라도 처리할 수 있는 쿼리의 수에는 한계가 있다. 만약 현재 처리되는 초당 쿼리의 수가 평상시에 비해 차이가 많이 난다면 사용량이 해당 장비의 처리 한계를 넘어선 것이 아닌지 확인해보는 것이 좋다. 그리고 이때는 슬레이브 MySQL 서버를 투입해 부하를 분산하거나, 위에서 언급했듯이 최대 커넥션의 수를 강제로 줄여 MySQL 서버가 응답 불능 상태가 되는 것을 막는 것이 좋다.

17.1.7 각 원인별 조치

지금까지 소개된 운영체제나 MySQL 서버의 유틸리티를 이용해 어느 정도는 서버 과부하의 원인을 찾을 수 있다. 대부분의 MySQL 서버 과부하는 다음 세 가지 중의 하나가 원인이며, 각 상황별로 대처법을 간단히 살펴보자.

튜닝되지 않은 쿼리

튜닝되지 않은 쿼리가 서버 과부하의 원인이라면 일반적으로는 서비스에서 사용되는 쿼리 중에서 상대적으로 부하가 더 높은 쪽에 속한 쿼리가 "SHOW PROCESSLIST" 항목에 많이 표시된다. 이럴 때는 "SHOW PROCESSLIST"에 많이 표시되는 쿼리를 집중적으로 찾아서 튜닝하면 된다. 그리고 MySQL 서버의 슬로우 쿼리 로그를 mysqldumpslow 유틸리티로 분석해 높은 부하를 유발하는 쿼리 순서대로 튜닝을 하는 것이 좋다.

이때는 시간이 많지 않으므로 인덱스를 생성하는 형태로 튜닝을 진행하는 것이 좋다. 그리고 인덱스만으로는 튜닝이 불가능하거나 변경이 필요한 쿼리는 개발자가 조치를 취하는 것이 좋다. 만약 당장 서비스가 불가능할 정도로 실행 중인 고부하의 쿼리가 많은 상태라면 애플리케이션의 서비스를 중지시키고 튜닝을 진행하는 것이 좋다. 고부하 상태의 MySQL 서버에서는 인덱스 생성 자체도 거의 진행이 안 될 가능성이 높다.

잘못 사용된 쿼리

잘못 사용된 쿼리란 애플리케이션의 버그나 사용자의 실수로 트랜잭션이 종료되지 않고 잠금이 계속 유지되면서 다른 서비스용 쿼리에 영향을 미치는 것을 의미한다. 주로 이런 상황에서는 "SHOW PROCESSLIST" 결과를 보면 특정 테이블에 대해 INSERT나 UPDATE, 또는 DELETE 쿼리가 "Waiting…" 또는 "updating …" 상태(State)로 표시될 때가 많다. 이렇게 하나의 잘못된 쿼리가 다른 서비스용 쿼리에 영향을 미친다면 잠금을 해제하지 않는 해당 트랜잭션을 찾아서 종료해주면 된다. MyISAM이나 MEMORY 스토리지 엔진을 사용하는 테이블의 테이블 수준 잠금에 대한 처리는 4.3.3절, "테이블 수준의 잠금 확인 및 해제"(175쪽)에, 그리고 InnoDB 스토리지 엔진을 사용하는 테이블의 레코드 수준 잠금에 대한 처리는 4.4.5절, "레코드 수준의 잠금 확인 및 해제"(184쪽)에 상세하게 설명돼 있으니 참조하자.

실제 사용자가 많은 경우

쿼리는 적절히 튜닝됐지만 실제 사용자가 많아서 MySQL 서버가 과부하 상태로 된 것이라면 최대한 빨리 MySQL 서버를 더 투입해서 부하를 분산하는 것이 좋다. 만약 빠른 시간 내에 장비를 투입하기가 어렵다면 다음 예제와 같이 임시 방편으로 바이너리 로그의 동기화 방식이나 InnoDB 트랜잭션 커밋의 동기화 방식을 조금 느슨한 형태로 변경해서 디스크의 병목을 줄여 서비스를 유지하는 것도 한 가지 방법이다. 이 방법은 임시 방편이므로 MySQL 서버의 설정 파일을 변경해 영구히 느슨한 상태로 작동하게 할 필요는 없다. 또한 이 방법은 실제 MySQL 서버 장애가 발생했을 때 데이터의 손실이 발생할 수 있는 방법이라는 것도 잊어서는 안 된다.

```
mysql> SET GLOBAL sync_binlog=0;
mysql> SET GLOBAL innodb_flush_log_at_trx_commit=2;
```

다행히 위 예제의 두 시스템 변수는 모두 동적 변수이므로 MySQL 서버를 재시작하지 않고도 바로 변경할 수가 있다. 물론 이미 이 상태로 MySQL 서버가 작동하고 있었다면 MySQL 서버로서는 최대 커넥션 (max_connections)의 수를 줄여서 최소한의 모드로 서비스를 유지하는 것 말고는 별다른 방법이 없다. 둘 중에서 sync_binlog 설정이 그래도 조금은 덜 위험하므로 우선 sync_binlog를 0으로 변경하고 MySQL 서버의 상태를 모니터링하자. 그래도 MySQL 서버의 상태가 나아지지 않는다면 innodb_flush_log_at_trx_commit을 2로 변경해 보자.

위의 세 가지와도 전혀 연관이 없다면 MySQL 서버가 실행되고 있는 장비의 하드웨어 설정이 변경된 것이 없는지 또는 MySQL 서버를 사용하는 애플리케이션에서 뭔가 변화가 있는지 검토해 봐야 한다. 이는 MySQL 서버 내부적으로 원인을 찾을 수 있는 것이 아니라서 하드웨어를 담당하는 시스템 담당자와 개발자 모두의 협업이 필요하다. 서비스에 심각한 영향을 주는 장애가 발생했다면 장애 발생 시점부터 각 담당자들끼리 긴밀하게 협조하면서 상황을 공유하고 함께 문제의 원인을 찾는 것이 좋다.

17.2 MySQL 서버 셧다운

최근에는 MySQL 서버가 많이 안정화되어 MySQL 서버의 코드 버그로 인한 MySQL 서버의 비정상적인 셧다운은 거의 발생하지 않는다. 하지만 MySQL 서버에 별도의 플러그인 또는 여러분이 직접 C/C++로 개발한 UDF 등을 사용할 때는 이들의 영향으로 MySQL 서버 자체가 비정상적으로 종료돼 버릴 수도 있다. 물론 하드웨어의 장애로 인해 MySQL 서버가 종료될 수도 있다.

만약 특별히 명령이 없었는데도 MySQL 서버가 재시작된다면 MySQL 서버의 에러 로그 파일을 확인하고 "Segmentation fault" 메시지가 있는지 확인해 보는 것이 좋다. 또한 MySQL 서버가 세그멘테이션 폴트를 일으키고 종료하면 데이터 파일이나 InnoDB의 로그 파일이 손상될 수도 있다. 데이터 파일의 손상은 또다른 문제의 원인이 될 수 있으므로 갑자기 MySQL 서버가 비정상적으로 종료됐을 때는 MySQL 서버의 에러 로그 파일을 통해 어떤 부분이 문제인지 확인하는 것이 중요하다. 이때 MySQL의 기술 지원을 받을 수 있다면 좋겠지만 그렇지 못하다면 에러의 주요 키워드를 이용해 인터넷을 검색해 보는 편이 가장 빠를 것이다.

17.3 MySQL 복구(데이터 파일 손상)

MySQL 서버에서 데이터 파일의 손상은 MyISAM 테이블(ARCHIVE와 CSV 테이블 포함)과 InnoDB 테이블에 대해서 나눠서 생각해 볼 수 있다.

17.3.1 MyISAM

MyISAM 테이블에서는 잘못된 조작으로 인해 인덱스나 데이터 파일이 손상될 수 있다. 이때는 REPAIR TABLE 명령으로 MyISAM의 데이터 파일이나 인덱스 파일을 다시 복구하는 것이 가능하다. 하지만 데이터 페이지가 손상됐다면 테이블의 일부를 복구하지 못할 수도 있다.

17.3.2 InnoDB

InnoDB 테이블은 하드웨어나 운영체제의 문제가 아니라면 InnoDB 데이터 파일이나 로그 파일이 손상될 가능성은 상당히 낮은 편이다. 하지만 한번 문제가 생기면 복구하기가 쉽지 않다. InnoDB 데이터 파일은 기본적으로 MySQL 서버가 시작될 때 항상 자동 복구를 수행한다. 이 단계에서 자동으로 복구될 수 없는 손상이 있다면 자동 복구를 멈추고 MySQL 서버는 종료돼 버린다.

이때는 MySQL 서버의 설정 파일에 "innodb_force_recovery" 옵션을 추가해 MySQL 서버를 시작해야 한다. 이 설정 값은 MySQL 서버가 시작될 때 InnoDB 스토리지 엔진이 데이터 파일이나 로그 파일의 손상 여부 검사 과정을 선별적으로 진행할 수 있게 한다.

- 만약 InnoDB의 로그 파일이 손상됐다면 6으로 설정하고 MySQL 서버를 기동한다.
- InnoDB 테이블의 데이터 파일이 손상됐다면 1로 설정하고 MySQL 서버를 기동한다.
- 만약 어떤 부분의 문제인지 알 수 없다면 "innodb_force_recovery" 설정 값을 1부터 6까지 변경하면서 MySQL을 재시작해 본다. 즉 "innodb_force_recovery" 설정 값을 1로 설정한 후 MySQL 서버를 재시작해 보고, MySQL이 시작되지 않으면 다시 2로 설정하고 재시작해 보는 방식이다. "innodb_force_recovery" 값이 커질수록 그만큼 심각한 상황이어서 데이터 손실 가능성이 높아지고 복구 가능성은 낮아진다.

일단 MySQL 서버가 기동되고 InnoDB 테이블이 인식된다면 mysqldump를 이용해 데이터를 가능한 만큼 백업하고 그 데이터로 MySQL 서버의 DB와 테이블을 다시 생성하는 것이 좋다.

InnoDB의 복구를 위해 innodb_force_recovery 옵션에 설정 가능한 값은 1부터 6까지인데, 각 숫자 값으로 복구되는 장애 상황과 해결 방법을 살펴보자. innodb_force_recovery가 0이 아닌 복구 모드 에서는 SELECT 이외의 INSERT나 UPDATE, 그리고 DELETE와 같은 쿼리는 수행할 수 없게 된다.

1 (SRV_FORCE_IGNORE_CORRUPT)

InnoDB의 테이블 스페이스의 데이터나 인덱스 페이지에서 손상된 부분이 발견돼도 무시하고 MySQL 서버를 시작 한다. 에러 로그 파일에 "Database page corruption on disk or a failed" 메시지가 출력될 때는 대부분 이 경우 에 해당한다. 이때는 mysqldump 프로그램이나 SELECT INTO OUTFILE... 명령을 이용해 덤프해서 데이터베이 스를 다시 구축하는 것이 좋다.

2 (SRV_FORCE_NO_BACKGROUND)

InnoDB는 쿼리의 처리를 위해 여러 종류의 백그라운드 스레드를 동시에 사용한다. 이 복구 모드에서는 이러한 백그 라운드 스레드 가운데 메인 스레드를 시작하지 않고 MySQL 서버를 시작한다. InnoDB는 트랜잭션의 롤백을 위해 언두(Undo) 데이터를 관리하는데, 트랜잭션이 커밋되어 불필요한 언두 데이터는 InnoDB의 메인 스레드에 의해 주기 적으로 삭제(이를 Undo purge라고 함)된다. 만약 InnoDB의 메인 스레드가 언두 데이터를 삭제하는 과정에서 장애 가 발생한다면 이 모드로 복구하면 된다.

언두 데이터는 InnoDB의 시스템 테이블 스페이스에 저장되므로 메인 스레드가 언두 데이터를 삭제할 수 없을 때는 시스템 테이블 스페이스를 새로 구축해야 한다. InnoDB에서 시스템 테이블 스페이스를 새로 구축하려면 mysqldump를 이용해 전체 데이터를 덤프받고 데이터베이스를 새로 구축해야 한다.

3 (SRV_FORCE_NO_TRX_UNDO)

InnoDB에서 트랜잭션이 실행되면 롤백에 대비해 변경 전의 데이터를 언두 영역에 기록하게 된다. 일반적으로 MySQL 서버는 다시 시작하면서 언두 영역의 데이터를 먼저 데이터 파일에 적용하고 그다음 리두 로그의 내용을 다 시 덮어쓰기해서 장애 시점의 데이터 상태를 만들어낸다. 그리고 정상적인 MySQL 서버의 시작에서는 최종적으로 커 밋되지 않은 트랜잭션은 롤백을 수행하지만, innodb_force_recovery가 3으로 설정되면 커밋되지 않은 트랜잭션의 작업을 롤백하지 않고 그대로 놔두게 된다. 즉, 커밋되지 않고 종료된 트랜잭션은 계속 그 상태로 남아 있도록 MySQL 서버를 시작하는 모드다. 이때도 우선 MySQL 서버가 시작되면 mysqldump를 이용해 데이터를 백업해서 다시 데 이터베이스를 구축하는 것이 좋다.

4 (SRV_FORCE_NO_IBUF_MERGE)

InnoDB는 INSERT, UPDATE, DELETE 등의 데이터 변경으로 인한 인덱스 변경 작업을 상황에 따라 즉시 처리할 수도 있고 인서트 버퍼에 저장해두고 나중에 처리할 수도 있다. 이렇게 인서트 버퍼에 기록된 내용은 언제 데이터 파일 에 병합(Merge)될지 알 수 없다. MySQL을 종료해도 병합되지 않을 수 있는데, 만약 MySQL이 재시작되면서 인서 트 버퍼의 손상을 감지하게 되면 InnoDB는 에러를 발생시키고 MySQL 서버는 시작하지 못한다.

이때 innodb_force_recovery를 4로 설정하면 InnoDB 스토리지 엔진이 인서트 버퍼의 내용을 무시하고 강제로 MySQL이 시작되게 해준다. 인서트 버퍼는 실제 데이터와 관련된 부분이 아니라 인덱스에 관련된 부분이므로 테이블을 덤프한 후 다시 데이터베이스를 구축하면 데이터의 손실 없이 복구할 수 있다.

5 (SRV_FORCE_NO_UNDO_LOG_SCAN)

MySQL 서버가 장애나 정상적으로 종료되는 시점에 진행 중인 트랜잭션이 있었다면 MySQL은 그냥 단순히 그 커넥션을 강제로 끊어 버리고 별도의 정리 작업 없이 종료한다. MySQL이 다시 시작하게 되면 InnoDB 엔진은 언두 레코드를 이용해 데이터 페이지를 복구하고 리두 로그를 적용해 종료 시점이나 장애 발생 시점의 상태를 재현해 낸다. 그리고 InnoDB는 마지막으로 커밋되지 않은 트랜잭션에서 변경한 작업은 모두 롤백 처리를 한다. 그런데 InnoDB의 언두 로그를 사용할 수 없다면 InnoDB 엔진의 에러로 MySQL 서버를 시작할 수 없다.

이때 innodb_force_recovery 옵션을 5로 설정하면 InnoDB 엔진이 언두 로그를 모두 무시하고 MySQL을 시작할 수 있다. 하지만 이 모드로 복구되면 MySQL 서버가 종료되던 시점에 커밋되지 않았던 작업도 모두 커밋된 것처럼 처리되므로 실제로는 잘못된 데이터가 데이터베이스에 남는 것이라고 볼 수 있다. 이때도 mysqldump를 이용해 데이터를 백업하고, 데이터베이스를 새로 구축해야 한다.

6 (SRV_FORCE_NO_LOG_REDO)

InnoDB 스토리지 엔진의 리두 로그가 손상되면 MySQL 서버가 시작되지 못한다. 이 복구 모드로 시작하면 InnoDB 엔진은 리두 로그를 모두 무시한 채로 MySQL 서버가 시작된다. 또한 커밋됐다 하더라도 리두 로그에만 기록되고 데이터 파일에 기록되지 않은 데이터는 모두 무시된다. 즉 마지막 체크 포인트 시점의 데이터만 남게 되는 것이다. 이때는 기존의 InnoDB의 리두 로그는 모두 삭제(또는 별도의 디렉터리에 백업)하고 MySQL 서버를 시작하는 것이 좋다. MySQL 서버가 시작하면서 리두 로그가 없다면 새로 생성하므로 별도로 파일을 만들어 줄 필요는 없다. 이때도 mysqldump를 이용해 데이터를 모두 백업해서 MySQL 서버를 새로 구축하는 것이 좋다

위와 같이 진행했음에도 MySQL 서버가 시작되지 않으면 백업을 이용해 다시 구축하는 방법밖에 없다. 백업이 있다면 마지막 백업으로 데이터베이스를 새로 구축하고, 바이너리 로그를 사용해 최대한 장애 시점까지의 데이터를 복구할 수도 있다. 만약 마지막 풀 백업 시점부터 장애 시점까지의 바이너리 로그가 있다면 InnoDB의 복구를 이용하는 것보다 풀 백업과 바이너리 로그로 복구하는 편이 데이터 손실이 더 적을 수 있다. 만약 백업은 있지만 바이너리 로그가 없거나 손실됐다면 마지막 백업 시점까지만 복구할 수 있다.

백업도 없고 복제된 슬레이브도 사용 불가능한 상황이라면 기존의 손상된 데이터 파일을 복구하는 방법이 유일한 해결책일 것이다. 이때는 오라클에서 제공하는 도구는 아니지만 "http://www.percona.com/docs/wiki/innodb-data-recovery-tool:mysql-data-recovery:start" 사이트를 참조해서 InnoDB 복구 도구(InnoDB recovery tool)를 한번 확인해 보자. C/C++ 언어에 대해 조금은 전문적

인 지식이 필요하겠지만 그래도 해보지 않는 것보다는 나을 것이다. 이는 이 책의 범위가 아닌 관계로 설명은 생략하겠다.

17.4 테이블 메타 정보의 불일치

MySQL의 구조적인 원인으로 인해 ALTER나 RENAME 명령으로 테이블의 구조를 변경하는 작업은 가끔 트랜잭션을 보장하지 못할 때가 있다. 대표적으로 데이터 파일이나 인덱스 파일 또는 테이블의 메타 정보를 담고 있는 파일의 이름을 변경하는 RENAME TABLE 등과 같은 명령은 이러한 위험이 조금 더 큰 편이다. 게다가 InnoDB 테이블은 MySQL의 구조상 테이블의 정보를 파일로도 관리하지만 InnoDB 스토리지 엔진에서 자체적으로 가지고 있는 딕셔너리 정보에서도 이중으로 관리하고 있다. 그래서 MySQL 서버가 부하가 높은 시점에는 테이블의 스키마 변경이나 RENAME TABLE과 같은 명령은 사용하지 않는 것이 좋다.

만약 RENAME TABLE 명령과 같이 테이블의 이름을 변경하는 도중에 문제가 생기면 MySQL에서 관리하는 테이블의 메타 정보와 InnoDB 스토리지 엔진에서 관리하는 메타 정보가 동기화되지 못하는 문제가 발생하기도 한다. 이 상황에서는 MySQL의 테이블 정보를 저장하는 *.FRM 파일은 삭제됐지만 InnoDB의 딕셔너리 정보에서는 지워지지 않는 현상이 발생한다. 그래서 이후로는 그 이름의 테이블을 삭제할 수도, 새로 생성할 수도 없게 된다. 이 문제가 발생하면 MySQL 서버의 에러 로그 파일에 다음과 같은 메시지가 기록된다.

```
InnoDB: Warning: tablespace './DB명/테이블명.ibd' has i/o ops stopped for a long time 25113
...
InnoDB: Have you deleted the .frm file and not used DROP TABLE?
InnoDB: You can look for further help from
InnoDB: http://dev.mysql.com/doc/refman/5.1/en/innodb-troubleshooting.html
...
```

위의 에러 로그에서 첫 번째 라인은 특정 DB의 테이블 변경 작업(대부분 테이블명 변경)을 하는데, 실제 디스크의 파일명을 알 수 없는 이유로 변경하지 못하고 계속 반복해서 시도를 여러 번 하고 있다는 의미다. 그러다가 지정된 횟수 내에 처리되지 못하면 그 밑의 메시지를 출력하고 InnoDB 스토리지 엔진은 이 작업을 포기하게 된다. 그 결과 InnoDB 스토리지 엔진의 딕셔너리에는 테이블 정보가 남아 있지만 이미 *.FRM 파일이 삭제됐으므로 MySQL 서버는 그 파일을 찾지 못한다. 이러한 메타 정보 불일치는 다음의 두 가지로 나눠서 해결 방법을 생각해 볼 수 있다.

MySQL(.FRM 파일)은 테이블 정보를 가지고 있지만 InnoDB에는 없을 때

이때는 MySQL 서버에 로그인해서 해당 테이블을 DROP 명령으로 삭제하면 MySQL 서버는 *.FRM 파일을 삭제한다. 그리고 InnoDB 스토리지 엔진으로 삭제 명령을 보내는데, InnoDB는 해당 테이블 정보가 딕셔너리에 없으면 그냥 무시해버리므로 특별히 문제되지 않는다.

InnoDB는 테이블 정보를 가지고 있지만 MySQL(.FRM 파일)에는 없을 때

InnoDB 스토리지 엔진에 포함된 딕셔너리 정보는 MySQL 엔진을 통하지 않고서는 제어할 수 없다. 그래서 MySQL 엔진이 인식하지 못하는 테이블 정보를 InnoDB 스토리지 엔진이 가지고 있다면 정상적인 방법으로는 이를 해결할 수 없다. 또한 이런 상황에서는 문제의 테이블과 똑같은 이름의 테이블을 생성할 수도 없다. 이때 테이블을 생성하려면 "Table './DB명/테이블명' already exists "와 같은 오류 메시지를 반환하고 명령이 종료될 것이다.

이때는 우선 MySQL 서버에 로그인해서 다른 DB로 이동한다. 만약 다른 DB가 없다면 임시로 생성해서 사용하자. 그리고 나서 지금 문제가 되는 테이블과 똑같은 구조와 이름의 테이블을 하나 생성하고, 이 테이블의 .FRM 파일을 복사해서 원래 그 테이블이 있었던 것처럼 MySQL 엔진을 속이는 것이다. 그러면 이제 그 테이블을 DROP TABLE 명령으로 삭제할 수 있는데, 이렇게 삭제가 되면 MySQL 엔진이나 InnoDB 스토리지 엔진에서 모두 해당 테이블의 정보가 삭제되어 동기화가 된다. 자세한 방법은 다음 내용을 참조하자.

```
-- // 임시로 준비된 DB로 이동
mysql> USE test_db;

-- // 문제가 되는 테이블과 이름과 구조가 같은 테이블 생성
mysql> CREATE TABLE tb_trouble (... ) ENGINE=INNODB;
mysql> exit;

-- // 운영체제로 빠져 나와서 방금 생성한 테이블의 frm 파일을 문제가 되는 DB로 복사
shell> cp $MYSQL_HOME/data/test_db/tb_trouble.frm $MYSQL_HOME/data/svc_db/

-- // 만약 MySQL 서버의 프로세스 유저와 다른 유저로 이 작업을 했다면,
-- // 파일의 소유권과 권한을 변경해 줘야 한다.
shell> chown mysql:dba $MYSQL_HOME/data/svc_db/tb_trouble.frm
shell> chmod 660 $MYSQL_HOME/data/svc_db/tb_trouble.frm

-- // 이제 문제가 되는 테이블을 삭제할 수 있다.
mysql> USE svc_db;
mysql> DROP TABLE tb_trouble;

-- // 작업이 완료되면 임시로 만들었던 테이블은 삭제
mysql> USE test_db;
mysql> DROP TABLE tb_trouble;
```

17.5 복제가 멈췄을 때

복제가 구축된 MySQL 서버에서 쿼리나 시스템적인 오류로 인해 슬레이브의 복제가 진행되지 않고 멈추는 문제가 자주 발생할 수 있다. 만약 서비스용으로 사용하지 않는 슬레이브라면 하루 이틀 정도(마스터의 바이너리 로그가 남아 있는 동안은)는 특별히 문제되지 않을 것이다. 하지만 슬레이브 MySQL 서버를 서비스용 애플리케이션에서 사용한다면 사용자에게 잘못된 결과를 보여 주게 되므로 큰 문제가 될 것이다.

슬레이브 MySQL은 마스터 데이터와의 동기화를 위해 "SQL 스레드"와 "IO 스레드"라는 2개의 스레드를 사용하는데, 이 두 스레드의 상태가 모두 정상일 때만 복제가 정상적으로 진행된다. 만약 복제가 되지 않는다면 이 두 스레드 중 하나가 오류로 인해 복제가 멈춰 있기 때문일 것이다. 만약 복제가 진행되지 않고 멈춰 있다면 이 두 스레드 가운데 어떤 스레드가 멈춰 있는지에 따라 원인과 대처 방법이 달라진다. 우선 다음 예제와 같이 슬레이브 MySQL에 로그인해서 "show slave status"라는 명령으로 슬레이브 MySQL 서버의 복제 상태를 확인해보자.

```
mysql> SHOW SLAVE STATUS\G
*************************** 1. row ***************************
               Slave_IO_State: Waiting for master to send event
                  Master_Host: master_host
                  Master_User: repl_user
                  Master_Port: 3306
...
             Slave_IO_Running: Yes
            Slave_SQL_Running: No
...
                   Last_Errno: 1146
                   Last_Error: Error 'Table 'svc_db.tb_trouble' doesn't exist' on query.
...
        Seconds_Behind_Master: 0
...
```

이 명령의 결과로 복제와 관련된 여러 가지 정보를 확인할 수 있는데, 그중에서 가장 중요한 것은 "Slave_IO_Running"과 "Slave_SQL_Running" 스레드의 상태 값이다. 이 값이 "Yes"이면 해당 스레드가 정상적으로 작동하고 있음을 의미하고, 둘 중 하나라도 상태가 "No"라면 복제가 멈춰 있는 상태를 의미한다. 또한 SHOW SLAVE STATUS 명령의 결과에서 "Seconds_Behind_Master"라는 상태의 값은 현재 슬레이브 MySQL 서버의 데이터가 마스터보다 얼마나(몇 초나) 지연돼 있는지 보여준다.

슬레이브 MySQL 서버에 특별한 오류가 없더라도 마스터에서 너무 많은 트랜잭션이 실행되거나 무거운 쿼리가 실행되면 복제 지연이 발생해 "Seconds_Behind_Master" 값은 0보다 큰 값을 표시할 수도 있다.

IO 스레드가 멈췄을 때

IO 스레드는 마스터 MySQL로부터 바이너리 로그를 가져오는 일을 담당하는 스레드다. 이 스레드의 상태가 "No"일 때는 슬레이브 MySQL이 마스터 MySQL 서버에 접속하지 못하거나 로그인을 못하고 있음을 의미한다. 이때는 네트워크가 정상적인지, 마스터 MySQL 서버가 정상적으로 작동하고 있는지, 그리고 복제용 MySQL 계정이 사용 가능한지 확인해 보는 것이 좋다.

SQL 스레드가 멈추었을 때

SQL 스레드는 IO 스레드가 가져온 바이너리 로그를 슬레이브 MySQL 서버에서 재실행(Replay)하는 역할을 수행한다. 이때 재실행하는 쿼리 중에서 오류가 발생한다면 SQL 스레드는 더는 진행하지 않고 멈춰 있게 된다. 위의 "show slave status" 명령의 출력 결과가 이 상황을 보여준다. 이때 쿼리 실행에서 무슨 문제가 있었는지는 "Last_Error" 칼럼에 표시되는데, 일반적으로 문제의 쿼리도 같이 표시되므로 쉽게 원인을 찾을 수 있다. 그리고 "Last_Errno"에는 그 에러의 에러 번호를 기록하고 있다.

이 에러의 종류에 따라 적절한 조치가 필요하다.

- "Lock wait timeout exceeded"으로 인한 오류라면 단순히 아래의 명령으로 복제 슬레이브를 재시작하는 것만으로 대부분 해결된다.

```
mysql> STOP SLAVE;
mysql> START SLAVE;
```

- AUTO_INCREMENT가 아닌 프라이머리 키의 "Duplicate key error"로 인한 오류라면 이미 슬레이브에 저장된 데이터를 또 저장하려는 것일 가능성이 높다. 이때는 프라이머리 키 값을 기준으로 기존 테이블의 레코드와 복제 도중 에러가 발생한 쿼리의 각 칼럼 값을 비교해서 그냥 버릴지 기존의 레코드를 SQL의 칼럼 값으로 업데이트할지 결정하면 된다. 레코드의 복구 처리가 완료되면 슬레이브 MySQL가 복제 도중 에러를 발생시킨 쿼리는 무시하고 바이너리 로그의 다음 쿼리부터 계속 복제를 수행하게 해주면 된다. SQL 스레드가 쿼리 하나를 무시하고 다음으로 진행시키는 방법은 다음과 같다. 만약 sql_slave_skip_counter는 슬레이브 MySQL 서버가 바이너리 로그에서 몇 개의 쿼리를 무시하고, 복제를 계속 진행할지를 결정한다. 즉, sql_slave_skip_counter를 3으로 설정하면 슬레이브 MySQL 서버는 바이너리 로그에서 3개의 쿼리를 건너뛰고 복제를 진행하게 된다.

```
mysql> STOP SLAVE;
mysql> SET GLOBAL sql_slave_skip_counter=1;
mysql> START SLAVE;
```

- AUTO_INCREMENT 프라이머리 키나 유니크 키의 "Duplicate key error"로 인한 오류라면 간단히 해결하기는 어렵다. AUTO_INCREMENT 칼럼은 쿼리가 실행될 때마다 증가되는 값이므로 마스터 MySQL과 슬레이브 MySQL에서 동기화되지 못해서 발생한 에러일 가능성이 높다. 우선 SQL 스레드에서 실행하려고 했던 SQL 문장의 각 칼럼을 이용해 기존 테이블에 똑같은 칼럼 값을 가지는 레코드가 있는지 찾아보아야 한다. 또한 AUTO_INCREMENT 프라이머리 키나 유니크 키로도 검색해 똑같은 레코드인지 비교해 봐야 한다. 이 두 가지 경우를 모두 고려해서 적절히 슬레이브 MySQL 서버의 테이블에 INSERT하거나 UPDATE하면 된다. 적용이 완료되면 sql_slave_skip_counter를 1로 설정해서 바이너리 로그의 쿼리 1개를 무시하고 복제가 다음으로 진행하게 해주면 된다.

- 이 밖의 원인으로 에러가 발생하고 SQL 스레드가 다음으로 진행하지 못하고 있다면 적절히 에러의 원인을 파악하고 해당 쿼리를 무시해도 될지 결정해야 한다.

17.6 경고 메시지로 에러 로그 파일이 커질 때

MySQL 5.0 버전까지는 슬레이브 MySQL 서버와의 데이터 동기화를 깨뜨릴 소지가 있는 쿼리도 아무런 문제없이 정상적으로 실행됐다. 하지만 MySQL 5.1 버전 이상의 MySQL 서버에서는 실행을 중지시키거나 실행돼도 경고 메시지를 출력한다. 이때 MySQL 서버의 에러 로그 파일에도 다음과 같은 내용의 경고 메시지가 함께 기록된다.

```
110723 18:24:25 [Warning] Statement may not be safe to log in statement format.
Statement: INSERT INTO tb_random (rand_val) VALUES (FLOOR((rand()*10000000)))
```

MySQL 서버에서 문제의 쿼리가 아주 빈번히 실행된다면 금방 디스크의 여유 공간이 MySQL 서버의 에러 로그 파일로 꽉 차 버릴 것이다. 이때는 MySQL 서버의 설정 파일에 "log-warnings = 0" 옵션을 추가해 경고 메시지를 MySQL 서버의 에러 로그에 기록하지 못하게 할 수 있다. MySQL 서버를 재시작하지 않고도 다음과 같은 SET 명령으로 즉시 경고 메시지를 MySQL 서버의 에러 로그에 기록하지 않도록 설정할 수 있다.

```
mysql> SET GLOBAL log_warnings = 0;
```

물론 최종적으로는 이런 경고 메시지를 유발하는 쿼리는 다른 방법으로 개선하는 것이 좋다. 에러 로그의 경고 메시지를 기록하는 SQL에 대해서는 7.6.1절, "UPDATE ⋯ ORDER BY ⋯ LIMIT n"(516쪽)과 7.7.1절, "DELETE ⋯ ORDER BY ⋯ LIMIT n"(520쪽)을 참조하자.

만약 이미 에러 로그나 슬로우 쿼리 로그가 너무 커서 삭제하거나 새로운 파일로 대체할 때 로그 파일을 삭제만 하면 로그 파일이 생성되지 않거나 다시 기록되지 않을 수도 있다. 이때는 에러 로그 파일이나 슬로우 로그 파일을 삭제한 후, 반드시 다음과 같이 로그의 내용을 플러시해야 한다.

```
mysql> FLUSH LOGS;
```

17.7 바이너리 로그로 디스크가 꽉 찬 경우

마스터 MySQL 서버에서는 복제를 위해 바이너리 로그를 기록한다. 데이터를 변경하는 쿼리가 많이 실행되는 서버에서는 바이너리 로그 파일의 개수나 크기가 그만큼 빨리 증가하게 된다. 이 때문에 기본적으로 필요한 요건에 따라 적절히 바이너리 로그 파일이 자동으로 삭제될 수 있게 시스템 설정을 적용하는 것이 좋다. MySQL 서버의 설정 파일에 "expire_logs_days = 7"이라고 명시하면 MySQL 서버는 7일 이전의 바이너리 로그 파일은 자동적으로 삭제해 버린다.

만약 바이너리 로그 파일이 너무 많아서 삭제할 때 그냥 운영체제의 명령으로 파일을 삭제해서는 안 된다. 바이너리 로그 파일의 목록은 MySQL 서버에 의해 별도로 관리되므로 MySQL 서버에 로그인해서 다음 명령으로 삭제하는 것이 좋다. 다음 명령은 2011년 7월 23일 10시 이전까지의 바이너리 로그를 모두 삭제하고, 바이너리 로그 파일의 목록을 관리하는 바이너리 로그 인덱스 파일까지 그에 맞춰서 업데이트해준다.

```
mysql> PURGE BINARY LOGS BEFORE '2011-07-23 10:00:00';
```

만약 실수로 바이너리 로그 파일을 운영체제 명령으로 삭제했다면 바이너리 로그 파일의 목록을 관리하는 인덱스 파일(*.index)에도 삭제된 파일의 내용을 업데이트해야 한다. 만약 인덱스 파일을 업데이트하지 않거나 잘못 수정하면 MySQL의 복제에도 영향을 미칠 수 있으므로 주의하자.

17.8 마스터 MySQL 서버에서 함수 생성 오류

스토어드 함수는 SQL 문장의 일부로 사용할 수 있다. 이때 만약 스토어드 함수에 INSERT나 UPDATE 등과 같은 데이터를 변경하는 SQL 문장이 포함돼 있다면 복제의 마스터와 슬레이브 MySQL 서버의 데이터가 달라질 수 있다. 바이너리 로그가 활성화된 마스터 MySQL 서버에서 스토어드 함수나 이벤트는 "DETERMINISTIC"이나 "NO SQL" 또는 "READS SQL DATA" 옵션 가운데 하나로 정의됐을 때만 문제없이 생성될 수 있다. 실제로 MySQL 서버는 스토어드 함수 내에 INSERT나 UPDATE와 같은 문장이 실행되는지 분석하지 않고 스토어드 함수에 "DETERMINISTIC"이나 "NO SQL" 또는 "READS SQL DATA" 옵션이 명시됐는지로 데이터를 변경하는 기능이 포함돼 있는지 판단하기 때문이다. 만약 스토어드 함수나 트리거를 생성할 때 이러한 옵션이 없다면 MySQL 서버는 다음과 같은 에러 메시지를 출력하고 생성 작업은 실패한다.

```
ERROR 1418 (HY000): This function has none of DETERMINISTIC, NO SQL, or READS SQL DATA in
its declaration and binary logging is enabled (you *might* want to use the less safe log_
bin_trust_function_creators variable)
```

이들 옵션은 명시되지 않았지만 별도로 스토어드 함수나 트리거에 INSERT나 UPDATE와 같이 데이터를 변경하는 문장이 없다면 "DETERMINISTIC"이나 "NO SQL" 또는 "READS SQL DATA" 옵션을 명시해서 스토어드 함수나 트리거를 생성하는 것이 좋다. 하지만 이렇게 하기 어렵다면 다음과 같이 log_bin_trust_function_creators 설정 옵션을 1로 변경하고 스토어드 함수나 트리거를 생성하면 된다.

```
mysql> SET GLOBAL log_bin_trust_function_creators = 1;
```

17.9 MySQL의 DB명 변경

MySQL의 매뉴얼에는 "RENAME DATABASE"라는 명령이 있지만 이 명령은 일시적으로 지원됐다가 잠재된 문제점이 많아서 이제는 지원되지 않는다. 이 명령은 자체적으로도 상당히 문제가 있지만 지원된다 하더라도 수많은 문제를 야기했을 것으로 보인다. 만약 긴급하게 데이터베이스 명을 변경해야 한다면 다음과 같이 RENAME TABLE 명령을 이용해 기존 DB의 테이블을 모두 새로운 DB로 옮기는 것이 유일한 방법이다. 물론 현재 서비스에서 이용되고 있는 테이블을 RENAME TABLE 명령으로 옮기는 방법은 권장하지 않는다.

```
mysql> CREATE DATABASE db_new;
mysql> RENAME TABLE db_old.tb_member TO db_new.tb_member;
```

17.10 DB의 테이블 생성 DDL만 덤프

개발용 MySQL 서버에서 서비스용 MySQL 서버로 테이블이나 스토어드 프로시저와 같은 스키마만 옮길 때는 mysqldump를 이용해 쉽게 옮길 수 있다. mysqldump 명령에 있는 수많은 옵션 가운데

"--no-data" 옵션을 사용하면 데이터를 제외하고 나머지 모두를 덤프받을 수 있다. 그러한 덤프 파일을 서비스용 MySQL 서버에서 실행만 해주면 된다.

```
shell> mysqldump -uroot -p --opt --routines --triggers --databases DB1 DB2 > schema.sql
```

위와 같이 mysqldump 유틸리티로 테이블의 DDL문을 덤프하면 각 테이블의 AUTO_INCREMENT 값이 1부터 설정되지 않고 개발용 MySQL 서버에서 사용되던 마지막 자동 증가 값이 명시되어 덤프된다. 그래서 DDL을 덤프받아서 생성할 때는 반드시 AUTO_INCREMENT 값을 1로 모두 초기화하거나 CREATE TABLE 문장에서 "AUTO_INCREMENT=xxx" 옵션을 제거하고 사용하는 것이 좋다.

17.11 mysqldump의 결과를 다른 이름의 DB로 적재

mysqldump 유틸리티에 "--databases" 또는 "--all-databases" 옵션을 사용해서 덤프를 실행하면 덤프 파일에 "CREATE DATABASE ..." 문장이 포함된다. 하지만 덤프 파일의 크기가 크면 vi와 같은 에디터로 이 내용을 편집할 수가 없기 때문에 다른 이름의 DB로 적재하는 데 이 파일을 사용할 수가 없다. 만약 이렇게 덤프 파일을 이용해 다른 이름의 DB로 적재하고자 할 때는 다음과 같이 "--databases"나 "--all-databases" 옵션은 제거하고 DB명만 명시해서 덤프를 받는 것이 좋다. 또한 "--no-create-db" 옵션을 이용해 덤프된 내용에 "CREATE DATABASE…" 명령이 포함되지 않게 하는 것이 중요하다.

```
shell> mysqldump -uroot -p --opt --routines --triggers --no-create-db DB1 > backup_db1.sql
```

이렇게 만들어진 덤프 파일에는 "CREATE DATABASE DB1 ..." 명령이나 "USE DB1" 등과 같은 명령이 포함돼 있지 않으므로 데이터 적재 명령을 수행하는 커넥션의 기본 DB로 적재하게 된다. 덤프 파일을 새로운 DB로 적재할 때는 먼저 새로운 DB를 생성하고 "USE …" 명령으로 기본 DB로 선택한 다음 실행하면 된다.

```
mysql> CREATE DATABASE DB_NEW;
mysql> USE DB_NEW;
mysql> SOURCE backup_db1.sql
```

17.12 테이블이나 레코드의 잠금 해결

InnoDB 테이블에서 UPDATE나 DELETE와 같은 문장이 레코드를 잠근 상태에서 COMMIT/ROLLBACK으로 트랜잭션을 종료하지 않아 문제가 발생할 때가 종종 있다. 풀리지 않는 잠금으로 인해 다른 트랜잭션에서 그 테이블의 레코드를 변경할 수 없어서 계속 대기 상태로 빠지거나 "Lock wait timeout exceeded"와 같은 에러 메시지가 발생한다.

물론 이런 문제는 애플리케이션에서 트랜잭션을 명확히 종료하지 않아서 발생할 수도 있지만 사용자가 직접 쿼리를 실행하고 트랜잭션을 종료하지 않아서 발생할 때가 더 많다. 애플리케이션의 문제라면 당연히 프로그램을 고쳐서 해결해야겠지만 사용자의 실수는 SQL을 실행할 때 주의하는 것만이 유일한 방법이다. 하지만 아무리 주의해도 사용자의 실수를 100% 방지하기란 쉽지 않다.

이 문제에 대한 해결 방법은 테이블이 사용하는 스토리지 엔진의 종류별로 잠금의 추적 및 해제 방법이 다르며, InnoDB 스토리지 엔진에서는 MySQL 버전(정확히는 MySQL InnoDB Plugin의 적용 여부)에 따라 잠금의 추적 및 해제 방법이 달라진다. MyISAM이나 MEMORY 스토리지 엔진을 사용하는 테이블의 테이블 수준 잠금에 대한 처리는 4.3절, "MyISAM과 MEMORY 스토리지 엔진의 잠금"(174쪽)에서, 그리고 InnoDB 스토리지 엔진을 사용하는 테이블 레코드 수준 잠금에 대한 처리는 4.4.5절, "레코드 수준의 잠금 확인 및 해제"(184쪽)에 상세하게 설명돼 있으니 참조하길 바란다.

17.13 InnoDB의 잠금 대기 시간 초과

InnoDB에서는 어떤 한 트랜잭션에서 레코드를 변경하는 중에 다른 트랜잭션에서 똑같은 레코드를 동시에 수정할 수 없다. 그래서 기존의 트랜잭션이 완료될 때까지 기다려야 하는데, 이때 InnoDB에서는 무한정 레코드의 잠금이 해제될 때까지 기다리는 것이 아니라 MySQL 서버의 innodb_lock_wait_timeout 시스템 설정에 정의된 시간만큼 기다린다. 만약 이 시간 동안 기다렸음에도 레코드의 잠금을 획득하지 못한다면 MySQL 서버는 "Lock wait timeout exceeded; try restarting transaction" 에러 메시지를 출력하고 쿼리를 강제로 종료시킨다.

그런데 위의 에러가 발생했다고 해서 레코드의 잠금 해제를 기다리던 트랜잭션 자체가 롤백(Rollback)된 것이 아니다. 단순히 잠금을 걸기 위해 기다리던 SQL 문장만 실패한 것인데, 이는 잠금 획득에 실패한 쿼리를 한 번 더 실행할 기회를 주기 위해서다. 만약 이 에러가 발생했을 때 다시 쿼리를 재실행하지 않고 트랜잭션을 끝낼 때는 반드시 ROLLBACK이나 COMMIT 명령을 실행해야 한다.

"Lock wait timeout exceeded" 에러는 레코드 레벨 잠금의 대기에 대해서만 발생하는 에러다. 어떤 트랜잭션이 레코드를 변경하려는데, 다른 트랜잭션이 해당 레코드가 포함된 테이블 자체를 잠그고 있다면 이때는 "Lock wait timeout exceeded" 에러가 발생하지 않고 계속 대기한다. 즉 ALTER TABLE로 칼럼이나 인덱스를 추가하는 작업이 실행되고 있다면 INSERT나 UPDATE, 또는 DELETE 문장은 잠금을 걸기 위해 기다려야 한다. 하지만 이렇게 테이블 잠금을 기다리는 INSERT나 UPDATE, 그리고 DELETE 문장은 아무리 오랜 시간을 기다리더라도 "Lock wait timeout exceeded" 에러를 발생시키지 않는다. "Lock wait timeout exceeded" 에러는 데드락 상황과는 전혀 관련이 없다. 데드락이 발생하면 곧바로 InnoDB 스토리지 엔진이 데드락을 감지하고 둘 중에서 하나의 트랜잭션을 강제 종료해서 해결한다.

17.14 MySQL 서버의 호스트 잠금

MySQL 서버에서는 각 클라이언트별로 발생한 각종 에러의 카운터를 가지고 있다. 만약 각 클라이언트 호스트별 에러 카운터의 값이 MySQL 서버의 시스템 변수인 max_connect_errors에 설정된 값을 초과하면 MySQL 서버는 "Host '호스트명' is blocked because of many connection errors" 에러 메시지를 출력하면서 접속을 차단한다. 그런데 에러 카운터를 증가시키는 에러의 종류가 많고 의도하지 않게 자주 발생하는 것들이 많아서 카운터가 쉽게 증가하게 된다. max_connect_errors 설정은 기본적으로 10이기 때문에 별도로 설정을 변경하지 않는다면 쉽게 클라이언트가 접속하지 못하게 될 가능성이 있다.

커넥션과 관련한 오류에는 우리가 MySQL 서버의 에러 로그 파일에서 상당히 자주 보게 되는 "Aborted connection ..."도 포함되므로 디폴트 값을 조금 더 높여서 설정해두는 것이 좋다. 그리고 만약 이와 같은 오류로 클라이언트가 MySQL 서버에 접속하지 못하고 있다면 다음의 명령어 중 하나를 실행해 각 클라이언트의 에러 로그 카운터를 초기화하면 된다.

```
shell> mysqladmin -uroot -p flush-hosts
mysql> FLUSH HOSTS;
```

max_connect_errors 시스템 설정은 동적 변수이므로 MySQL 서버를 재시작하지 않고도 다음과 같은 명령으로 설정 값을 늘릴 수 있다.

```
mysql> SET GLOBAL max_connect_errors = 999999;
```

부록 A

MySQL 5.1 (InnoDB Plugin 1.0)의 새로운 기능

MySQL 5.0은 이전 버전에 비해 상당히 안정적이어서 널리 사용됐으며, 그만큼 MySQL을 세상에 알린 아주 중요한 버전이라고 볼 수 있다. MySQL 5.0의 기능을 더 확장시킨 MySQL 5.1은 2005년 11월에 릴리즈됐으며, 현재 많이 사용되는 MySQL 5.1.50 이상의 버전은 2010년 릴리즈됐다. MySQL 5.1은 InnoDB 스토리지 엔진으로서는 아주 중요한 변화의 출발점임과 동시에 과도기적인 버전이라고 볼 수 있다. MySQL 5.1부터는 스토리지 엔진에 플러그인 아키텍처를 적용함으로써 각 스토리지 엔진을 MySQL 서버의 버전에 무관하게 손쉽게 업그레이드하고 다운그레이드할 수 있게 됐다.

이미 이 책은 MySQL 5.1과 MySQL 5.5를 기반으로 썼기 때문에 책 전반에 걸쳐 주요 새로운 기능은 대부분 언급되고 있다. 하지만 MySQL 5.1의 새로운 기능을 MySQL 5.0과 비교하면서 살펴보면 새로운 기능뿐 아니라 기존 버전의 처리 방식도 더 쉽게 이해할 수 있다.

A.1 MySQL 5.1의 새로운 기능

MySQL 5.1에서는 많은 기능이 추가되고 기존 버전의 버그도 수정됐다. InnoDB 스토리지 엔진에 대한 내용은 다시 자세히 살펴보기로 하고, 우선 스토리지 엔진에 관계없이 일반적으로 사용 가능한 기능 중에서 주요한 내용만 간단히 살펴보자.

A.1.1 파티션

많은 사용자가 기대했던 MySQL 5.1의 새로운 기능 중 하나인데, MySQL 5.1에서 처음으로 추가되어 사용상 제약사항이 많은 것도 사실이다. 파티션에 대한 자세한 내용은 10장, "파티션"(613쪽)을 참조하자.

A.1.2 레코드 기반의 복제(Row-based replication)

MySQL 5.0에서 복제는 항상 마스터 MySQL 서버에서 실행된 SQL 문장을 그대로 슬레이브 MySQL 서버로 전달해 재실행함으로써 처리됐다. 이처럼 SQL 문장을 슬레이브로 전달하는 방식은 InnoDB 스토리지 엔진의 갭락이나 넥스트 키락을 유발해 동시성을 떨어뜨릴뿐더러 부동 소수점 타입(FLOAT, DOUBLE)의 값은 마스터 MySQL의 값이 그대로 슬레이브 MySQL 서버로 전달되지 못하는 등과 같은 여러 가지 문제점을 지니고 있었다.

MySQL 5.1에서는 마스터에서 변경된 데이터의 값을 슬레이브 MySQL 서버로 전달해 복제를 수행하는 레코드 기반의 복제(Row-based replication) 방식이 구현됐다. 레코드 기반의 복제는 갭락

이나 넥스트 키락과 같은 레인지 락(범위를 잠그는 락)의 사용을 최소화할 수 있게 해주며, AUTO_
INCREMENT나 부동 소수점 등 여러 가지 문제점을 해결할 수 있게 해준다. 물론 하나의 SQL로 변경
되는 데이터의 양이 많다면 레코드 기반의 복제는 마스터와 슬레이브 MySQL 서버 간의 데이터 전송
량이 많아져서 새로운 문제점이 발생할 수도 있다. MySQL 5.1에서는 이런 문제점을 해결하고자 문장
기반의 복제(Statement-based replication)와 레코드 기반의 복제(Row-based replication)를 섞어
서 사용하는 혼합(Mixed) 복제 모드도 지원한다.

A.1.3 플러그인 API

MySQL 5.1에서는 모든 스토리지 엔진이 플러그인 방식으로 사용될 수 있게 아키텍처가 바뀌었다. 그
래서 MySQL 5.1부터는 간단히 MySQL 서버의 설정을 변경하고 재시작만 하면 새로운 InnoDB 스토
리지 엔진을 사용할 수 있게 됐다. 즉, 각 스토리지 엔진의 버그 등을 해결하기 위해 쉽게 업그레이드하
거나 다운그레이드할 수 있게 된 것이다.

A.1.4 이벤트 스케줄러

MySQL 5.0에서는 MySQL 서버의 배치 작업을 위해 운영체제별로 지원하는 스케줄러(크론이나 윈도
우 스케줄러) 프로그램을 이용해야 했다. MySQL 5.1에서는 운영체제의 스케줄러에 의존하지 않고 규
칙적인 배치나 통계 작업을 실행할 수 있게 이벤트 스케줄러 기능이 추가됐다. 이벤트 스케줄러에 대한
자세한 내용은 11.2.5절, "이벤트"(662쪽)를 참조하자.

A.1.5 서버 로그 테이블

MySQL 5.1부터는 슬로우 쿼리 로그나 제너럴 쿼리 로그를 파일뿐 아니라 테이블로도 저장할 수 있게
개선됐다. 슬로우 쿼리 로그를 테이블로 저장함으로써 쉽게 슬로우 쿼리에 대한 통계나 특정 시간의 슬
로우 쿼리 로그를 조회해볼 수 있게 된 것이다.

A.2 InnoDB 플러그인 1.0의 새로운 기능

MySQL 5.1은 스토리지 엔진에 플러그인(Plug-in) 개념을 적용한 첫 번째 버전이다. 플러그인 아키
텍처로 넘어가는 과도기적인 특성으로 인해 MySQL 5.1은 내장 InnoDB(Builtin InnoDB) 스토리지
엔진과 플러그인 방식의 InnoDB(InnoDB 플러그인) 스토리지 엔진을 함께 포함하고 있다. 그래서

MySQL 5.1 버전에서는 플러그인 버전의 InnoDB를 사용할지 기존과 같이 내장 InnoDB를 사용할지 결정해야 하는데, 이에 대해 사용자가 특별히 설정하지 않으면 MySQL 5.0과 같이 내장된 InnoDB를 자동으로 사용하게 된다.

지금부터 소개할 MySQL 5.1의 InnoDB의 새로운 기능은 InnoDB 플러그인 버전에서만 사용할 수 있는 것들이 많다. 그래서 만약 여러분이 MySQL 5.1 버전을 사용하더라도 별도로 InnoDB 플러그인을 위한 설정을 하지 않았다면 MySQL 5.0과 같이 내장 InnoDB(Builtin InnoDB)를 사용하고 있을 가능성이 높다. 만약 지금 MySQL 5.1을 사용 중이라면 InnoDB 플러그인을 사용하고 있는지 확인하고, 그렇지 않다면 InnoDB 플러그인으로 대체해서 사용할 것을 권장한다.

A.2.1 InnoDB의 빠른 인덱스 생성

MySQL 5.0의 InnoDB 테이블에 인덱스를 생성하거나 삭제하는 작업은 테이블의 모든 데이터를 다른 테이블로 복사하는 방식으로 처리된다. 즉, 추가하거나 삭제하고자 하는 인덱스가 적용된 임시 테이블을 생성하고, 원본 테이블의 레코드를 한 건씩 임시 테이블로 복사해서, 원본 테이블은 삭제(DROP)하고 임시 테이블로 원본 테이블을 대체하는 방식이다. 그런데 이 방식은 불필요한 데이터 레코드의 복사 뿐 아니라 정렬되지 않은 순서대로 인덱스 키가 삽입되므로 상당히 많은 랜덤 I/O가 유발되고 느리게 처리된다. 특히 인덱스를 삭제하는 작업도 단순히 인덱스 자체만 삭제하는 방법으로 아주 빠르게 처리될 수 있음에도 이런 불필요한 과정을 모두 거쳐야 했다.

InnoDB 플러그인 1.0을 사용하는 MySQL 5.1부터는 보조 인덱스의 삭제는 테이블의 레코드 건수에 관계없이 매우 빠르게 처리된다. 그리고 보조 인덱스를 생성하는 작업도 더는 테이블의 레코드를 복사하는 형태가 아니라 추가하는 인덱스 자체만 생성하는 방법으로 개선됐다. InnoDB 플러그인에서 개선된 인덱스 생성 방법은 MySQL 5.0의 인덱스 생성보다는 아주 많이 빨라진 성능을 보여준다.

InnoDB 플러그인이더라도 프라이머리 키의 생성이나 삭제는 MySQL 5.0과 같이 테이블의 레코드를 임시 테이블로 복사하면서 처리된다. 물론 테이블의 칼럼 추가나 삭제도 MySQL 5.0과 같이 테이블의 레코드를 임시 테이블로 복사하는 방식으로 처리된다.

MySQL에서는 ALTER TABLE 명령으로 인덱스를 삭제하거나 추가하는 명령은 하나로 묶어서 실행할 수 있는데, 이렇게 해서 여러 인덱스를 생성할 때도 원본 테이블의 데이터는 한 번만 스캔하면 되기 때문에 상대적으로 처리 속도가 빠르다. 이렇게 여러 인덱스 생성이나 삭제 명령을 하나의 ALTER

TABLE 명령에 모아서 사용하는 방법은 MySQL 5.0에서 자주 사용됐는데, InnoDB 플러그인 버전의 MySQL 5.1에서도 이렇게 모아서 실행한다면 개별 ALTER TABLE 명령으로 인덱스를 생성하는 것보다는 훨씬 빠르므로 가능하다면 모아서 한 번에 실행하는 방법을 권장한다.

A.2.2 InnoDB 데이터 압축

오랜 시간에 걸쳐서 프로세서와 캐시 메모리는 매우 빨라졌지만 디스크 원판(Platter)의 회전을 기반으로 하는 대용량 스토리지는 CPU나 메모리의 성능을 따라가지 못하고 있다. 디스크 스토리지의 용량은 지난 10년 동안 대략 1000배 정도 늘어났지만 랜덤 I/O 시간과 데이터 전송률은 여전히 기계적인 제약을 심하게 받고 있다. 대부분의 DBMS 작업은 디스크 I/O에 의존적일 때가 많아서 디스크의 성능은 DBMS 서버의 처리 성능에 심각한 영향을 미칠 수밖에 없다.

InnoDB 플러그인의 데이터 압축 기술은 데이터를 압축해서 디스크에 저장함으로써 디스크로부터 읽고 써야 하는 데이터의 양을 경감시키는 기술이다. 물론 데이터의 압축을 위해서는 CPU의 사용량이 조금 더 높아지겠지만 대량의 데이터에 대해서는 상당한 성능 개선 효과를 얻을 수 있다. InnoDB 플러그인의 압축 기술을 이용하면 저장될 데이터의 크기를 줄여서 디스크의 사용률을 더 높일 수 있다는 부수적인 장점도 있다.

A.2.3 BLOB이나 TEXT 타입 관리

MySQL 5.0과 그 이전 버전의 InnoDB에서 사용되는 데이터 파일 포맷(밑에서 소개할 Antelope 파일 포맷)에서는 크기가 매우 큰 TEXT나 BLOB 칼럼의 값은 앞쪽 768바이트만 잘라서 레코드의 다른 칼럼과 함께 저장하고, 768바이트 이후의 값은 다른 데이터 페이지(블록)에 저장하는 방법을 사용했다. InnoDB 테이블을 생성할 때 ROW_FORMAT을 명시할 수 있는데, ROW_FORMAT이 "COMPACT"나 "REDUNDANT"로 명시되면 이와 같이 TEXT나 BLOB 칼럼의 값을 잘라서 관리하는 방식을 사용하게 된다. 이런 저장 방식은 MySQL 5.0까지의 InnoDB 테이블에서 기본적으로 사용하는 방식이다.

InnoDB 플러그인을 사용하는 MySQL 5.1에서부터는 TEXT나 BLOB 타입의 칼럼 값을 모두 새로운 페이지에 저장한다. 이렇게 TEXT나 BLOB 칼럼의 값이 별도로 저장된 데이터 페이지를 "off-page"라고 한다. 그리고 TEXT나 BLOB 이외의 칼럼이 저장된 페이지에는 TEXT나 BLOB 칼럼의 값을 전혀 저장하지 않고, 단순히 "off-page"의 주소만 갖게 된다. 이처럼 TEXT나 BLOB 타입의 칼럼 값을 "off-page"에 저장하려면 테이블을 생성할 때 다음의 2가지 요건을 만족해야 한다.

- InnoDB 플러그인에서 파일 포맷으로 "Barracuda"를 사용
- ROW_FORMAT을 "DYNAMIC" 또는 "COMPRESSED"로 설정

그런데 InnoDB 플러그인을 사용하는 MySQL 5.1 이상 버전에서는 위의 두 번째와 같이 ROW_FORMAT으로 "DYNAMIC"이나 "COMPRESSED"가 사용되면 자동으로 InnoDB 테이블의 파일 포맷으로 "Barracuda"가 사용된다. "Barracuda" 파일 포맷에 대해서는 밑에서 다시 살펴보겠다.

A.2.4 InnoDB 파일 포맷 관리

MySQL 5.1에서는 InnoDB의 기능이 개선되면서 디스크에 저장되는 InnoDB 데이터 파일의 구조(포맷)도 개선됐다. InnoDB 플러그인에서 사용하는 새로운 파일 포맷은 "Barracuda"라는 이름이 붙여졌으며, MySQL 5.0과 그 이전 버전의 InnoDB에서 사용하던 파일 포맷의 이름은 "Antelope"로 명명하기로 했다. 원래 MySQL 5.0에서 사용하던 InnoDB 파일 포맷에는 이름이 없었는데, MySQL 5.1에서 새로운 파일 포맷이 도입되면서 기존의 파일 포맷과 새로운 파일 포맷을 구분하고자 "Antelope"라는 이름을 부여한 것이다. "Barracuda" 파일 포맷과 "Antelope" 파일 포맷은 서로 호환되지 않으므로 MySQL 서버를 다운그레이드할 때는 주의해야 한다.

InnoDB 플러그인의 새로운 데이터 파일 포맷은 다음 2가지 새로운 기능을 위해 반드시 사용해야 한다.

- InnoDB 데이터 압축
- BLOB이나 TEXT 타입의 칼럼을 레코드의 다른 일반 칼럼(BLOB이나 TEXT 타입이 아닌)과 완전히 분리된 블록에 저장

위의 2가지 기능을 사용하지 않는다면 InnoDB 플러그인의 새로운 기능을 사용하기 위해 "Barracuda" 파일 포맷을 꼭 사용할 필요는 없다. 위의 2가지를 제외한 InnoDB 플러그인의 새로운 기능은 모두 InnoDB의 데이터 파일 포맷과 무관하기 때문이다.

A.2.5 InnoDB INFORMATION_SCHEMA 테이블

InnoDB 플러그인이 사용되는 MySQL 5.1부터는 테이블의 압축이나 잠금에 대한 정보를 보여주는 다음의 테이블이 INFORMATION_SCHEMA DB에 새로 추가됐다.

INNODB_CMP와 INNODB_CMP_RESET

InnoDB 데이터 압축과 관련된 처리 횟수에 관한 정보를 가지고 있다. 이 두 테이블은 사실 똑같은 내용을 담고 있지만 INNODB_CMP_RESET 테이블을 조회하면 압축 데이터 관련 상태값을 사용자에게 보여줌과 동시에 지금까지의 누적된 상태 값을 모두 초기화한다. 하지만 INNODB_CMP 테이블은 압축과 해제에 대한 상태 값을 보여주지만 기존의 상태 값을 초기화하지는 않는다.

INNODB_CMPMEM와 INNODB_CMPMEM_RESET

압축된 데이터 페이지가 InnoDB 버퍼 풀에 얼마나 상주하고 있는가에 관한 상태 정보를 담고 있다. INNODB_CMP_RESET 테이블과 같이, INNODB_CMPMEM_RESET 테이블을 조회하면 가지고 있는 누적된 상태 정보를 보여주고 동시에 누적된 상태 값을 모두 초기화한다. INNODB_CMPMEM 테이블은 상태 값을 초기화하지 않고 조회할 수 있는 테이블이다.

INNODB_TRX, INNODB_LOCKS, INNODB_LOCK_WAITS

MySQL 5.0 버전에서는 InnoDB의 트랜잭션이나 잠금에 대한 상세한 정보를 조회하기가 매우 어렵고 불편했다. 그런데 InnoDB 플러그인이 적용된 MySQL 5.1부터는 INFORMATION_SCHEMA의 이 테이블을 이용해 현재 발생하는 잠금의 경합이나 진행 중인 트랜잭션의 목록을 조회할 수 있게 됐다. 이에 대한 자세한 내용은 4.4.5절, "레코드 수준의 잠금 확인 및 해제"(184쪽)를 참조하자.

A.2.6 확장성 개선을 위한 빠른 잠금 처리

MySQL에서는 여러 스레드가 동시에 하나의 데이터에 접근하기 때문에 Mutex와 RW-Lock을 이용해 동기화를 처리한다. InnoDB에서는 Mutex와 RW-Lock을 묶어서 경량화된 잠금(Light-weight lock)이라는 의미로 래치라고 한다. 유닉스나 리눅스 계열의 운영체제에서 작동하는 MySQL 5.0의 InnoDB에서는 Pthread mutex를 이용해 동기화를 수행했지만, InnoDB 플러그인이 적용된 MySQL 5.1부터는 CPU의 Atomic-operation을 사용해 기존의 Pthread mutex보다 훨씬 효율적으로 여러 스레드의 동기화를 처리할 수 있다.

Atomic-operation은 간단한 몇 개의 CPU 명령으로 동기화를 처리할 수 있기 때문에 공유된 데이터에 접근하기 위해 스레드가 동기화 작업을 할 때 시간 낭비를 줄일 수 있다. 리눅스에서는 GCC 4.1.2 이상 버전에서 컴파일된 MySQL 서버는 Atomic-operation을 이용해 동기화를 처리하게 된다. Atomic-operation에 대한 더 자세한 설명은 "http://gcc.gnu.org/onlinedocs/gcc-4.1.2/gcc/Atomic-Builtins.html" 사이트를 참조하자. 윈도우 2000 이상에서 작동하는 InnoDB 또한 GCC에서 제공되는 Atomic-operation과 비슷한 상호 잠금(Interlocked Variable Access, http://msdn.microsoft.com/en-us/library/ms684122(VS.85).aspx)을 사용하므로 효율적으로 처리된다.

A.2.7 운영체제의 메모리 할당 기능 사용

InnoDB가 개발될 당시에는 운영체제에서 제공하는 메모리 할당 기능은 성능이나 멀티 코어 CPU 에서의 확장성이 부족했다. 그래서 InnoDB는 자체적으로 메모리 할당 기능을 구현했는데, 이 기능 은 Mutex에 의해서 내부적으로 동기화되는 방식이었다. 하지만 자체적인 메모리 할당에서 사용되는 Mutex 또한 병목을 발생시키는 원인이 되어버렸다.

최근에는 멀티 코어 시스템이 널리 사용되고, 그로 인해 운영체제에서 제공하는 멀티 코어 관련 라이브 러리의 성능이나 확장성도 크게 개선됐다. InnoDB 플러그인에서는 innodb_use_sys_malloc 시스템 설정을 이용해 운영체제에서 제공하는 메모리 할당 기능을 사용할지 InnoDB에 내장된 메모리 할당 기능을 사용할지 결정할 수 있다. innodb_use_sys_malloc 시스템 설정을 활성화하면 InnoDB 플러 그인은 InnoDB에 내장된 메모리 할당 기능이 아니라 운영체제에서 제공하는 메모리 할당 기능을 사 용하게 된다.

또한 innodb_use_sys_malloc 시스템 설정을 활성화하고 JEMalloc이나 TCMalloc 같은 훨씬 더 우 수한 메모리 할당 기술을 InnoDB가 사용하도록 설정할 수도 있게 됐다. JEMalloc나 TCMalloc 같은 메모리 할당 기술을 이용하려면 해당 라이브러리를 설치하고, LD_PRELOAD 또는 LD_LIBRARY_ PATH 옵션을 이용해 InnoDB가 그 라이브러리를 사용하게 할 수 있다. 더 자세한 내용은 각 메모리 할당 기능을 제공하는 라이브러리의 홈페이지를 참조하자.

A.2.8 InnoDB 인서트 버퍼 제어

InnoDB 테이블에 레코드가 INSERT되면 새로운 레코드의 키 값은 보조 인덱스에 즉시 반영되지 않 을 수도 있다. InnoDB에서는 보조 인덱스에 반영해야 할 데이터를 인서트 버퍼에 임시로 저장해 두 고, 나중에 여유가 될 때 실제 인덱스에 병합하는 방식으로 처리하는데, 이를 인서트 버퍼링이라고 한 다. 일반적으로 인서트 버퍼링은 디스크 I/O를 줄이기 때문에 효율적으로 작동한다. 하지만 인서트 버 퍼 자체도 메모리에 별도의 저장 공간을 차지하므로 부작용이 있을 수 있다. 대표적으로 전체 데이터나 데이터베이스의 활성화된 워킹 셋(Working-set)이 InnoDB의 버퍼 풀보다 작을 때는 인서트 버퍼링 이 비효율적일 수도 있는데, 이럴 때는 인서트 버퍼를 비활성화하는 것이 좋다.

MySQL 5.0까지는 인서트 버퍼를 비활성화하는 방법이 없었기 때문에 원하든 원하지 않든 인서트 버 퍼링 기능을 사용해야 했다. 하지만 InnoDB 플러그인에서는 innodb_change_buffering 시스템 설 정을 이용해 인서트 버퍼링을 사용할지 말지를 사용자가 결정할 수 있다. InnoDB 플러그인 1.0에서 innodb_change_buffering에 설정할 수 있는 값은 "none"과 "inserts"인데, "none"은 인서트 버퍼링을 비활성화하고 "inserts"는 활성화하는 설정 값이다. 아무것도 설정하지 않으면 기본적으로 "inserts"가 적용되어 인서트 버퍼링은 활성화된다.

A.2.9 Adaptive Hash Index 제어

전체 테이블이 메모리에 로드될 수 있다면 그 테이블을 검색하는 가장 빠른 방법은 B-Tree 인덱스가 아니라 해시 인덱스를 사용하는 방법이다. InnoDB는 테이블에 정의된 각 인덱스의 검색을 모니터링하면서 만약 특정 인덱스 값이 자주 사용된다면 인덱스 키 값의 앞 부분(Prefix)을 이용해 맞춤형 해쉬 인덱스를 만들어 낸다. 이 맞춤형 해시 인덱스를 "Adaptive hash index"라 하는데, B-Tree 인덱스의 모든 레코드 키를 저장하는 것이 아니라 자주 검색되는 부분 집합에 대해서만 해시 인덱스를 생성하는 것이므로 작은 메모리 사용으로 빠른 검색을 제공할 수 있게 되는 것이다.

그러나 동시 다발적인 조인과 같은 쿼리가 아주 빈번하게 실행되는 부하가 높은 시스템에서는 "Adaptive hash index"의 접근을 동기화하는 RW-Lock이 잠금 경합의 원인이 되기도 한다. innodb_adaptive_hash_index 시스템 설정을 이용해 "Adaptive hash index" 기능을 사용할지 말지를 결정할 수 있다. MySQL 5.0에서는 innodb_adaptive_hash_index 시스템 설정을 변경하려면 MySQL 서버를 재시작해야 했지만 InnoDB 플러그인에서는 시스템 설정을 동적으로 MySQL 서버의 재시작 없이 변경할 수 있게 개선됐다.

A.2.10 Read Ahead 알고리즘의 개선

Read ahead는 특정 페이지가 곧 필요하게 될 것이라는 예측에 의해 백그라운드 스레드가 한꺼번에 여러 페이지를 InnoDB 버퍼 풀에 미리 읽어서 저장해 두는 기능이다. MySQL 5.0의 InnoDB는 I/O 성능 향상을 목적으로 두 개의 Read ahead 알고리즘을 사용하고 있다.

- Random read ahead는 버퍼 풀에서 특정 개수의 페이지를 하나의 익스텐트(extent - 64개의 연속된 페이지)에서 연속적으로 읽었을 때 Read ahead를 수행한다. Random read ahead는 InnoDB 코드의 불필요한 복잡성을 유발했으며, 때로는 성능의 향상보다는 저하를 유발할 때도 많았다.

- Linear read ahead는 읽어온 페이지의 수가 아니라 버퍼 풀의 페이지에 대한 접근 패턴을 기반으로 Read ahead를 수행하는 알고리즘이다. 어떤 익스텐트에 속한 대부분의 페이지가 순차적으로 접근됐다면 InnoDB는 다음 익스텐트의 페이지를 백그라운드 스레드가 읽어오도록 Read ahead를 수행한다.

InnoDB 플러그인에서는 성능상의 문제를 유발하는 Random read ahead 알고리즘은 제거됐으며, Linear read ahead 방식은 innodb_read_ahead_threshold 시스템 설정을 이용해 백그라운드 스레드가 대량으로 데이터를 가져오기 위한 조건을 사용자가 조정할 수 있게 개선됐다. innodb_read_ahead_threshold에는 숫자 값을 설정하는데, 이 숫자 값에 설정된 수만큼의 연속된 페이지가 읽히면 InnoDB 엔진은 자동으로 Read ahead를 작동시키게 된다.

A.2.11 다중 백그라운드 I/O 스레드

InnoDB에서는 사용자의 요청을 처리하는 포그라운드 스레드 말고도 다양한 I/O 요청을 처리하기 위해 백그라운드 스레드를 사용하고 있다. MySQL 5.0의 InnoDB에서는 디스크로부터 데이터를 읽기 위한 전용 스레드 1개와 데이터를 쓰기 위한 전용 스레드 1개가 사용된다. 하지만 이는 쉽게 I/O 처리의 병목을 만들어내는데, InnoDB 플러그인에서는 읽기와 쓰기를 위한 백그라운드 스레드의 개수를 사용자가 직접 설정할 수 있게 됐다. innodb_read_io_threads와 innodb_write_io_threads 시스템 설정을 이용해 읽기와 쓰기 전용의 백그라운드 스레드 개수를 조절할 수 있다.

유닉스나 리눅스에서 작동하는 MySQL 5.0이나 MySQL 5.1(InnoDB 플러그인 1.0 포함)은 모두 동기화된 I/O 방식을 사용하지만 디스크의 읽고 쓰기 작업을 위해 여러 개의 백그라운드 스레드를 사용함으로써 비동기화된 디스크 I/O의 효과를 그대로 얻을 수 있는 것이다. InnoDB 플러그인 1.1을 사용하는 MySQL 5.5부터는 모든 운영체제에서 InnoDB 엔진이 비동기 I/O를 지원하도록 개선됐다.

A.2.12 그룹 커밋

다른 ACID 호환 데이터베이스 엔진과 같이 InnoDB 또한 커밋되기 전에 리두 로그를 플러시해야 한다. 여러 클라이언트가 동시에 트랜잭션을 커밋할 때 트랜잭션마다 리두 로그에 대한 플러시를 수행하면 디스크의 I/O의 부하가 높아진다. InnoDB 엔진은 실행하는 커밋마다 플러시를 실행하는 것을 막기 위해 동시에 커밋되는 트랜잭션은 모아서 쓰기를 하는데, 이를 그룹 커밋(Group commit)이라고 한다. 그룹 커밋 기술이 사용되면 InnoDB는 동시에 실행되는 커밋에 대해서는 로그 파일의 쓰기를 한 번에 모두 처리하게 되므로 처리 성능이 상당히 향상된다.

MySQL 4.x 버전의 InnoDB에서는 그룹 커밋이 사용됐지만 MySQL 5.0의 InnoDB 엔진에서는 분산 트랜잭션과 2단계 커밋(Two Phase Commit)이 도입되면서 InnoDb의 그룹 커밋 기능은 제대로 작동하지 않았다. InnoDb 플러그인 1.0부터 다시 InnoDB의 그룹 커밋 기능은 MySQL의 2단계 커밋 프로토콜과 연동해 작동할 수 있게 개선됐다. InnoDB 플러그인의 그룹 커밋은 InnoDB의 리두 로그와 MySQL 바이너리 로그의 커밋을 안정적으로 보장하게 된 것이다.

A.2.13 마스터 스레드의 I/O 성능 제어

InnoDB의 마스터 스레드는 버퍼 풀의 변경된 페이지를 플러시하거나 버퍼링된 인서트 버퍼를 보조 인덱스에 병합하는 것과 같은 I/O 관련 작업을 처리하는 백그라운드 스레드다. 마스터 스레드의 이러한 작업은 사용자의 쿼리 실행을 담당하는 포그라운드 스레드의 안정적인 처리에 부정적인 영향을 미칠 때가 많았다.

InnoDB에서는 사용하지 않는 I/O 대역폭을 예측해 마스터 스레드의 작업을 수행하는 형태로 최적화하는데, MySQL 5.0의 InnoDB에서는 최대 가능한 IOPs(초당 디스크 입출력 조작 가능 횟수)를 100으로 MySQL 소스코드에 고정돼 있었다. InnoDb 플러그인에서는 InnoDB가 가용할 수 있는 전체 I/O 용량을 innodb_io_capacity라는 시스템 설정으로 사용자가 직접 설정할 수 있게 됐다. innodb_io_capacity 시스템 설정에는 MySQL 서버의 장비에 장착된 디스크의 개수나 RAID 구성에 맞게 적절한 초당 IOPs를 설정하면 된다. 그러면 InnoDB 플러그인은 설정된 IOPs를 기준으로 가용한 I/O 대역폭을 예측해 마스터 스레드의 작업 속도를 조절하게 된다. InnoDB 플러그인에서 만약 사용자가 innodb_io_capacity 값을 별도로 설정하지 않으면 200이 기본적으로 적용된다.

A.2.14 더티 페이지의 플러시 제어

InnoDB의 버퍼 풀에는 사용자의 SQL 조작으로 변경됐지만 아직 디스크에 쓰여지지 않은 데이터 페이지도 존재하는데, 이를 더티 페이지라고 한다. InnoDB에서는 innodb_max_dirty_pages_pct 시스템 설정으로 버퍼 풀에 남아 있을 수 있는 더티 페이지의 비율을 조절할 수 있다. 그런데 MySQL 5.0의 InnoDB에서는 버퍼 풀의 더티 페이지의 비율이 innodb_max_dirty_pages_pct 시스템 설정 값을 넘어서면 더티 페이지를 매우 공격적으로 디스크로 쓰기를 실행한다. 이런 공격적인 더티 페이지 쓰기는 과도한 디스크 I/O를 유발하면서 쿼리 처리를 느리게 만드는 원인이 되곤 했다.

InnoDB 플러그인에서는 InnoDB 엔진이 리두 로그의 발생량을 모니터링하면서 버퍼 풀의 더티 페이지를 디스크로 쓰는 작업의 속도를 조절하도록 개선됐다. InnoDB 플러그인에서는 이 기능을 "Adaptive flushing"이라고 하며, innodb_adaptive_flushing 시스템 설정을 조절해서 "Adaptive flushing" 기능을 활성화할 수 있다.

A.2.15 Spin loop에서 PAUSE 사용

InnoDB에서 사용자의 요청을 처리하는 포그라운드 스레드는 멀티 스레드로 작동하며, 여러 스레드가 동시에 하나의 데이터에 접근하거나 변경해야 할 때도 있다. 여러 스레드 간의 공유 데이터를 보호하기 위해 락을 사용하는데, 다른 스레드가 이미 락을 걸어둔 데이터는 락이 해제될 때까지 기다려야 한다. 이때 락을 대기하는 스레드가 운영체제의 대기(Wait) 상태로 넘어가는 것을 막기 위해 InnoDB는 Spin loop를 사용한다. Spin loop란 CPU의 자원을 소비하면서 계속 반복해서 락이 해제됐는지를 체크하는 것을 말한다.

많은 스레드에서 과도하게 Spin loop를 실행하면 CPU의 자원이 낭비될 수 있는데, 요즘에 출시되는 CPU에서는 PAUSE라는 명령을 이용해 CPU의 자원 소모 없이 Spin loop를 수행할 수 있는 기능을 제공한다. InnoDB 플러그인에서는 프로세스나 운영체제의 커널에서 제공하는 이런 PAUSE 명령을 사용해 Spin loop를 구현하도록 개선됐다.

A.2.16 버퍼 풀의 관리 기능 개선

MySQL 5.0의 InnoDB 엔진에서 관리하는 버퍼 풀의 모든 페이지는 하나의 리스트로 관리된다. 이 버퍼 풀의 리스트는 앞에서부터 5/8 지점을 기준으로 앞쪽 영역을 "young" 또는 "new" 영역이라고 하고 뒤쪽의 3/8 영역을 "old" 영역이라고 한다. 또한 앞쪽의 5/8 영역의 리스트를 MRU 리스트(Most recently used list), 뒤쪽의 3/8 영역의 리스트를 LRU 리스트(Least recently used list)라고도 한다. InnoDB에서 버퍼 풀의 페이지를 이렇게 3/8 지점으로 나눈 것은 풀 테이블 스캔이나 인덱스 풀 스캔이 수행될 때 아주 빈번히 사용되는 중요한 페이지가 버퍼 풀에서 제거되지 않게 하기 위해서다. 즉 견고한 버퍼 풀을 구축하기 위해 디스크로부터 처음 읽혀진 페이지는 먼저 LRU 리스트로 등록된다. 그리고 그 이후 포그라운드 스레드에 의해 그 페이지가 사용되면 MRU 리스트로 옮겨지는 것이다.

하지만 이런 방식도 풀 테이블 스캔이나 인덱스 풀 스캔과 같이 순간적으로만 사용되는 페이지도 LRU 리스트에서 MRU 리스트로 쉽게 이동하기 때문에 풀 테이블 스캔이나 인덱스 풀 스캔에 대해서는 효율적이지 못했다. 그래서 InnoDB 플러그인에서는 innodb_old_blocks_time라는 시스템 설정을 이용해 LRU 리스트에서 MRU 리스트로 옮겨지기 전에 잠깐 대기하게 할 수 있는 기능을 추가했다. 즉 LRU 리스트에 등록된 페이지가 풀 테이블 스캔이나 인덱스 풀 스캔으로 아주 짧은 시간에 여러 번 접근됐더라도 즉시 MRU 리스트로 옮기는 것이 아니라 innodb_old_blocks_time 시스템 설정에 정의된 밀리초만큼 기다렸다가 MRU 리스트로 옮기는 것이다. 만약 풀 테이블 스캔이나 인덱스 풀 스캔에 의해 순간적으로 필요했다가 그 이후에는 전혀 사용되는 않는 페이지라면 대기 시간 내에 버퍼 풀에서 자연적으로 사라지는 알고리즘을 구현한 것이다. 이는 아주 기발한 버퍼 풀 관리 방식인데, 웹과 같은 OLTP 성격의 쿼리와 배치 형태의 쿼리가 동시에 실행되는 서버에서는 아주 높은 성능 향상을 보이기도 한다.

또한 MySQL 5.0의 InnoDB에서는 LRU 리스트와 MRU 리스트의 분기점인 5/8 지점을 변경하는 것이 불가능했지만 InnoDB 플러그인에서는 innodb_old_blocks_pct 시스템 설정을 이용해 LRU 리스트 영역의 범위를 조정할 수 있게 개선됐다. innodb_old_blocks_pct 시스템 설정을 특별히 변경하지 않으면 MySQL 5.0에서와 같이 37(3/8 지점)이 설정되는데, 만약 풀 테이블 스캔이나 인덱스 풀 스캔이 빈번하다면 innodb_old_blocks_pct 값을 적절히 조절해 OLTP 쿼리와 배치 형태의 쿼리 성능을 조절할 수 있다.

A.2.17 여러 시스템 설정의 동적인 제어

MySQL 5.0의 InnoDB에서는 다음의 시스템 설정값을 변경하려면 MySQL 서버를 재시작해야만 했다. 그런데 MySQL 서버의 설정을 변경하기 위해 서비스를 멈추고 MySQL 서버를 재시작하기란 쉽지 않은 일이어서 시스템 설정을 변경해야 하는데도 그냥 방치할 수밖에 없는 경우가 많았다.

- innodb_file_per_table
- innodb_stats_on_metadata
- innodb_lock_wait_timeout
- innodb_adaptive_hash_index

하지만 InnoDB 플러그인 버전에서는 MySQL 서버의 재시작 없이 위의 설정값을 변경할 수 있게 개선됐다.

A.2.18 TRUNCATE TABLE 시에 테이블 스페이스 공간 반납

MySQL 5.0의 InnoDB에서는 TRUNCATE TABLE 명령으로 테이블의 모든 레코드를 삭제할 때도 그 테이블의 테이블 스페이스가 사용하던 디스크 공간을 운영체제로 반납하지 않고 그대로 가지고 있었다. 즉 employees 테이블이 전체 디스크 공간을 10GB를 사용하고 있었는데, employees 테이블을 TRUNCATE하더라도 employees 테이블은 여전히 10GB의 디스크 공간을 사용한다.

InnoDB 플러그인부터는 테이블이 TRUNCATE되면 그 테이블의 테이블 스페이스가 사용하던 디스크 공간을 모두 운영체제로 반납하도록 개선됐다. 이로써 데이터베이스의 백업 크기뿐 아니라 백업 시간을 절약할 수 있고, 디스크의 공간 낭비를 막을 수 있게 된 것이다.

A.2.19 InnoDB의 통계 수집을 위한 페이지 샘플링 수 조절

MySQL의 옵티마이저는 사용자가 요청한 쿼리를 효율적으로 처리하기 위해 쿼리를 분석하고 실행 계획을 수립한다. 쿼리의 실행 계획 수립에서 가장 중요한 부분은 쿼리의 각 조작이 얼마나 많은 레코드를 읽어야 하는지 분석하는 것이다. 각 조작이 얼마나 많은 레코드를 읽고 처리해야 하는지를 예측하기 위해 InnoDB 엔진은 각 테이블이나 인덱스의 전체 레코드 건수와 유니크한 키 값의 건수 등을 파악하고 있어야 하는데, 이를 통계 정보라고 한다.

MySQL 5.0의 InnoDB 엔진은 각 테이블에서 8개의 페이지를 샘플링해서 분석하고 통계 정보를 수립하는데, 8개의 페이지 분석만으로 데이터의 특성을 분석하기에 부족할 수도 있다. 그래서 InnoDB 플러그인에서는 통계 정보 수집을 위해 분석할 페이지의 개수를 조절할 수 있게 개선됐다. InnoDB 플러그인에서는 innodb_stats_sample_pages 시스템 설정에 분석할 페이지의 개수를 설정하는데, 아무런 값을 설정하지 않으면 MySQL 5.0과 같이 8개의 페이지만으로 통계 정보를 분석하게 된다. 통계 정보를 분석하는 도중에는 테이블의 변경이 불가능해지므로 샘플링 페이지의 수를 너무 크게 하는 것은 절대 좋지 않다. 또한 InnoDB의 통계 정보는 아주 빈번하게 업데이트되기 때문에 아무리 정확하게 통계 정보를 수집하더라도 그 효과는 긴 시간 동안 지속되지는 않는다.

부록 B

MySQL 5.5 (InnoDB Plugin 1.1)의 새로운 기능

MySQL 5.5는 오라클이 썬마이크로시스템즈를 인수한 후 처음으로 릴리즈된 버전이다. MySQL 5.5는 InnoDB 플러그인 1.1 버전과 함께 릴리즈됐다. 매뉴얼에서는 아주 많은 새로운 기능이 MySQL 5.5에 추가된 것처럼 언급돼 있지만, 사실은 InnoDB 관련 대부분의 새로운 기능은 MySQL 5.1의 InnoDB 플러그인 1.0에서부터 추가된 기능이다. 주로 MySQL 5.5에서는 MySQL 5.1의 새로운 기능을 안정화하고 고속화하는 데 집중한 것으로 보인다.

B.1 MySQL 서버의 개선 사항

MySQL 5.5 버전에서 주요한 내용은 스레드 풀 기능과 반동기 복제(Semi-synchronous replication)일 것이다. 반동기 복제 기능은 많은 사용자가 기다려왔던 기능이며, 스레드 풀은 MySQL 서버의 동시 처리 성능을 상당히 개선한 기능이다.

B.1.1 스레드 풀

MySQL 5.0과 5.1에서 모든 커넥션은 각자의 전담 스레드를 가지는 구조였다. 즉, MySQL 서버에서 커넥션의 수와 스레드의 수는 1:1이었다. 그래서 커넥션의 수가 많아지면 많아질수록 스레드의 수가 많아지고, 각 스레드의 스택 메모리 사용량도 커지며, CPU가 컨텍스트 스위치를 수행할 때 CPU의 캐시 히트율이 낮아질 수밖에 없는 구조였다. MySQL 5.5에서는 각 커넥션별로 전담 스레드를 가지는 것이 아니라 스레드 풀을 이용해 요청된 쿼리가 처리돼야 하는 커넥션에만 스레드를 할당하는 형태로 개선됐다.

MySQL 5.0이나 5.1 서버에서 1000개 이상의 많은 커넥션을 가진 상태에서 동시 다발적으로 쿼리를 실행할 때는 동시 처리 성능이 떨어지는 현상이 있었다. 이러한 성능 저하는 MySQL 5.5의 커넥션 풀을 이용하면 큰 성능 향상을 얻을 수 있다. MySQL 5.5의 스레드 풀 기능은 Enterprise Edition에서만 사용할 수 있으며, 플러그인 구조로 작동한다.

B.1.2 사용자 인증 플러그인 아키텍처

MySQL 5.5부터는 사용자의 인증 절차를 플러그인으로 사용자가 개별적으로 개발해서 적용할 수 있게 개선됐다. 플러그인 인증 아키텍처에서는 사용자의 아이디와 비밀번호 인증 과정을 LDAP이나 윈도우 인증 또는 각 회사별 SSO 시스템을 유연하게 사용할 수 있게 해준다. 또한 플러그인 인증 아키텍처는 프락시 유저 개념을 제공하는데, 이 기능을 이용하면 각 회사의 SSO 인증을 이용해 MySQL 서버의 특정 사용자 계정으로 매핑해서 관리하는 것이 가능하다.

B.1.3 반동기 복제(Semi-synchronous Replication)

MySQL 5.0과 5.1의 복제에서 바이너리 로그는 항상 비동기 방식으로 작동됐다. 즉 마스터 MySQL에서 INSERT나 UPDATE 등의 쿼리 실행 후 커밋이 됐다고 해서 그 쿼리가 슬레이브 MySQL 서버에 정상적으로 전달되어 실행 완료됐음을 보장하지는 않는다. 그래서 MySQL 5.0이나 5.1에서는 마스터 MySQL에서 INSERT를 실행하고 즉시 슬레이브 MySQL 서버에서 INSERT된 결과를 조회하는 것은 불가능했다. 또한 마스터 MySQL의 바이너리 로그가 슬레이브 MySQL 서버로 정상적으로 복제됐다는 보장이 없기 때문에 마스터 MySQL 서버에 복구 불가능한 장애가 발생했을 때 슬레이브 MySQL로 어디까지 복구됐는지 보장하지 못하고 데이터가 손실될 가능성도 있었다.

하지만 MySQL 5.5부터는 반동기 복제(Semi-synchronous replication) 기능이 추가됐다. 반동기 방식이 적용된 복제에서 마스터 MySQL은 항상 트랜잭션이 커밋되기 전에 그 트랜잭션과 관련된 모든 바이너리 로그가 슬레이브로 전달됐는지 확인한다. 즉, 마스터 MySQL에서 커밋된 트랜잭션은 반드시 슬레이브 MySQL 서버의 릴레이 로그로 전달됐음을 보장한다. 하지만 바이너리 로그가 슬레이브 MySQL 서버로 전달됐다는 것이 반드시 슬레이브 MySQL 서버에서 실행됐음을 보장하는 것은 아니다. 그래서 이 기능의 이름이 반동기(Semi-synchronous) 복제인 것이다.

반동기 복제에서 여러 대의 슬레이브 MySQL 서버가 존재할 때는 모든 슬레이브에 바이너리 로그가 전달되어야만 마스터 MySQL 서버에서 커밋되는 것은 아니다. 여러 대의 슬레이브 MySQL 서버 중에서 하나의 슬레이브만이라도 바이너리 로그가 안정적으로 전달되면 커밋이 완료된다는 것은 꼭 기억하자.

B.1.4 유니코드 지원 확장

MySQL 5.1까지는 3바이트 UTF-8 문자까지만 지원했었지만 MySQL 5.5부터는 4바이트 UTF-8 문자까지 지원하도록 개선됐다. MySQL 5.5에서는 UTF-8 관련 문자집합이 utf8과 utf8mb3, 그리고 utf8mb4로 3가지 문자집합으로 확장됐다. utf8과 utf8mb3은 MySQL 5.0과 5.1에서 사용하던 utf8과 똑같은 문자집합이다. 하지만 utf8mb4는 최대 4바이트 문자까지 저장할 수 있는 UTF-8 문자집합이다. iOS 5 운영체제를 사용하는 아이폰에서 입력할 수 있는 이모티콘에는 4바이트 UTF-8 문자를 사용하는 것들도 있는데, 이런 이모티콘 문자를 저장하려면 MySQL 5.5의 utf8mb4 문자집합을 사용하는 것이 가장 적절한 해결책이다.

B.1.5 기본 스토리지 엔진의 변경

MySQL 5.0이나 5.1까지는 테이블을 생성할 때 별도로 스토리지 엔진을 명시하지 않으면 MyISAM 테이블이 만들어졌다. MySQL 5.5부터는 InnoDB가 기본 스토리지 엔진으로 설정됐기 때문에 별도로 스토리지 엔진을 명시하지 않는 테이블은 InnoDB 스토리지 엔진을 사용하도록 만들어진다. 일반적으로 MySQL 서버의 설정 파일에 default-storage-engine 시스템 설정으로 기본 스토리지 엔진 타입을 명시해 두기 때문에 사실 사용자 입장에서 느끼는 차이점은 별로 없을 수도 있다. 하지만 그 정도로 InnoDB 스토리지 엔진이 안정화됐고 일반적인 용도로 적합하다는 것을 반증하는 것이기 때문에 InnoDB가 MySQL 서버의 기본 스토리지 엔진이 됐다는 것은 중요하다고 볼 수 있다.

InnoDB가 MySQL의 기본 스토리지 엔진으로 채택됐다고 해서 MySQL의 사용자 정보나 권한 등의 정보가 저장되는 "mysql" DB나 쿼리가 실행될 때 내부적으로 생성되는 임시 테이블까지 기본적으로 InnoDB가 사용되는 것은 아니다. MySQL 5.5에서도 이들 테이블은 모두 MyISAM 스토리지 엔진을 사용한다.

B.1.6 SIGNAL과 RESIGNAL 기능 추가

MySQL 5.0이나 5.1의 스토어드 루틴에서는 처리 중 발생한 에러를 감지하고 처리하는 기능은 있었지만 사용자가 직접 에러나 예외를 발생시킬 수 있는 기능은 없었다. 그래서 MySQL의 스토어드 루틴에서는 자바나 C/C++ 프로그램에서와 같은 유연한 예외 핸들링에 어려움이 있었다. MySQL 5.5부터는 자바 프로그램의 "throw" 명령처럼 SIGNAL과 RESIGNAL 명령을 이용해 사용자가 예외 상황을 의도적으로 발생시키는 것이 가능해졌다.

B.1.7 파티션 기능 개선

MySQL의 파티션은 MySQL 5.1 버전에 처음으로 구현됐는데, MySQL 5.1에서 테이블의 파티션 키는 반드시 숫자 타입의 칼럼이나 표현식만 사용할 수 있었다. 하지만 MySQL 5.5부터는 숫자 타입이 아닌 칼럼이나 표현식으로도 레인지나 리스트 파티션을 생성할 수 있게 개선됐다.

B.2 InnoDB 플러그인 1.1의 개선 사항

MySQL 5.5에 내장된 InnoDB 플러그인 1.1은 주로 성능과 진단 도구의 개선 위주로 진행됐다고 볼 수 있다. 간단하게 InnoDB 플러그인 1.1의 새로운 기능을 간단하게 살펴보자.

B.2.1 인덱스 생성 방식 변경

InnoDB 플러그인 1.0에서 이미 InnoDB의 인덱스 생성 및 삭제 기능은 상당히 많이 개선됐다. InnoDB 플러그인 1.0에서는 보조 인덱스를 생성할 때 테이블의 레코드를 한 건씩 읽으면서 키 칼럼이 정렬되지 않은 상태로 B-Tree 인덱스에 추가하는 방식이었지만, InnoDB 플러그인 1.1에서는 먼저 테이블의 키 칼럼을 정렬한 다음에 순차적으로 B-Tree 인덱스에 저장하는 방식으로 개선됐다. 안타깝게도 이 방식은 인덱스의 생성 시간을 크게 줄여주지는 못하는 것으로 보인다. 하지만 인덱스 키를 정렬해서 저장하기 때문에 인덱스의 크기나 프레그멘테이션을 최소화할 수 있다는 장점은 있다.

B.2.2 트랜잭션 복구 성능 향상

MySQL 서버가 재시작될 때는 마지막으로 MySQL 서버가 종료되던 시점에 진행 중이던 완료되지 않은 트랜잭션의 정리 작업이 필요하다. 또한 트랜잭션이 완료됐더라도 더티 페이지로 남아 있었던 트랜잭션은 모두 재처리돼야 한다. 이런 작업은 주로 InnoDB 스토리지 엔진과 연관된 부분인데, INSERT 나 UPDATE 또는 DELETE와 같이 데이터를 변경하는 쿼리가 아주 빈번하게 수행되는 MySQL 서버가 종료됐다가 다시 시작될 때는 이런 작업에 상당한 시간이 소요될 수도 있다.

MySQL 5.5에서는 이러한 InnoDB의 트랜잭션 복구 알고리즘을 개선해 MySQL 서버의 재시작을 상당히 빠르게 진행할 수 있게 바뀌었다. 일반적으로 InnoDB 버퍼 풀의 더티 페이지의 수는 InnoDB 의 리두 로그 파일의 크기와 비례할 때가 많아서 MySQL 서버를 재시작할 때 소모되는 시간 때문에 일부러 InnoDB의 리두 로그 파일의 크기를 줄여서 사용하는 경우도 있었다. 하지만 MySQL 5.5의 InnoDB 플러그인 1.1부터는 MySQL 서버의 복구 시간을 걱정할 필요 없이 InnoDB의 리두 로그 파일의 크기를 결정할 수 있게 된 것이다.

B.2.3 InnoDB 성능 진단을 위한 PERFORMANCE_SCHEMA

MySQL 5.5에서는 InnoDB 플러그인 1.1의 각 작업에 대해 프로파일링할 수 있는 PERFORMANCE_SCHEMA가 구현됐다. PERFORMANCE_SCHEMA는 InnoDB 플러그인이 요청된 작업을 처리하면서 발생하는 각종 이벤트를 수집하는 테이블을 모아둔 DB다. 사용자는 단순히 PERFORMANCE_SCHEMA DB에 존재하는 테이블을 SELECT해봄으로써 InnoDB가 어떤 작업에서 병목을 유발하는지 검사할 수 있다. PERFORMACE_SCHEMA가 각 이벤트를 수집하려면 performance_schema라는 시스템 설정을 활성화하고 MySQL 서버를 재시작해야 한다.

B.2.4 다중 버퍼 풀

InnoDB의 버퍼 풀은 테이블의 데이터를 메모리에 캐시해두는 아주 중요한 기능이다. 일반적으로 InnoDB를 주로 사용하는 MySQL에서는 서버에 장착된 대부분의 메모리를 버퍼 풀로 사용한다. 그런데 버퍼 풀로 사용되는 메모리 공간이 10GB든 30GB든 관계없이 항상 통째로 하나의 버퍼 풀로 관리됐다. 버퍼 풀에는 LRU 리스트나 플러시 리스트 등과 같은 데이터의 동기화에 뮤텍스를 사용하는데, 버퍼 풀의 크기가 커질수록 뮤텍스에 대한 경합이 많아지고 병목 지점(Hot spot)이 될 가능성도 높아진다.

InnoDB 플러그인 1.1부터는 여러 개의 버퍼 풀을 사용할 수 있게 개선됐다. innodb_buffer_pool_instances 시스템 설정에 사용하고자 하는 버퍼 풀의 개수를 설정하면 InnoDB 엔진이 지정된 개수만큼의 버퍼 풀을 사용한다. 각 버퍼 풀은 InnoDB 엔진이 자동으로 적절히 배분해서 사용하므로 사용자는 버퍼 풀을 몇 개 사용할 것인지만 지정하면 된다. 이렇게 분리된 여러 개의 버퍼 풀은 각 LRU 리스트나 플러시 리스트를 관리하기 때문에 뮤텍스에 대한 경합이 줄어들어 MySQL 서버의 동시 처리 성능을 높여준다.

B.2.5 다중 롤백 세그먼트

롤백 세그먼트는 InnoDB에서 트랜잭션을 시작하면 변경하기 전의 데이터를 백업해 두는 메모리 공간인데, 트랜잭션이 시작되려면 반드시 필요한 요소다. InnoDB 플러그인 1.0이나 MySQL 5.0의 내장 InnoDB 스토리지 엔진의 롤백 세그먼트는 슬롯이 1023개로 고정돼 있었다. 그래서 기존의 InnoDB에서는 데이터를 변경하는 트랜잭션은 동시에 1023개까지만 허용됐다. 하지만 InnoDB 플러그인 1.1부터는 131,072(128K)개의 트랜잭션까지 동시 처리가 가능하도록 롤백 세그먼트의 슬롯이 확장됐다.

B.2.6 버퍼 풀 관련 뮤텍스 개선

InnoDB 플러그인 1.0까지는 버퍼 풀의 페이지를 변경하는 작업과 버퍼 풀의 플러시 리스트를 관리하는 작업이 하나의 뮤텍스로 관리됐다. 이는 불필요한 동기화 작업이나 처리 지연을 만들어내는 부분이 있는데, InnoDB 플러그인 1.1부터는 버퍼 풀의 변경 작업과 플러시 리스트를 관리하는 뮤텍스가 분리됐다. 그로 인해 불필요한 잠금 대기나 처리 지연이 많이 개선됐다.

B.2.7 인서트 버퍼 처리 개선

InnoDB 플러그인 1.0에서는 인서트 버퍼를 사용할지 말지를 사용자가 결정할 수 있게 innodb_change_buffering이라는 시스템 설정이 도입됐다. MySQL 5.0과 MySQL 5.1의 InnoDB에서는 INSERT 문장으로 보조 인덱스의 키 값이 추가되는 작업만 인서트 버퍼를 이용할 수 있었는데, MySQL 5.5의 InnoDB 플러그인 1.1부터는 INSERT뿐 아니라 DELETE로 인한 보조 인덱스 키 삭제 작업에도 인서트 버퍼를 이용할 수 있게 됐다. InnoDB 플러그인 1.1부터는 innodb_change_buffering 시스템 설정에 inserts나 deletes 또는 changes(inserts와 deletes 모두)를 설정해 어떤 보조 인덱스 작업에 인서트 버퍼를 사용할지를 결정할 수 있게 됐다.

B.2.8 비동기화된 디스크 I/O

유닉스나 리눅스 계열의 운영체제에서 작동하는 InnoDB 플러그인 1.0이나 MySQL 5.0의 InnoDB의 디스크 I/O 작업은 동기화 방식으로 처리됐다. 물론 InnoDB 플러그인 1.0에서는 디스크 I/O를 위해 여러 개의 백그라운드 스레드를 사용해 비동기화된 I/O를 에뮬레이트하고 있었다. InnoDB 플러그인 1.1부터는 리눅스 계열의 운영체제에서도 네이티브 비동기 I/O를 사용하도록 개선됐다. innodb_use_native_aio 시스템 설정을 이용해 운영체제에서 제공하는 네이티브 비동기 I/O를 사용할지 설정할 수 있다.

부록 C

MySQL 5.6의 새로운 기능

MySQL 5.6은 2012년 2월 현재 알파(Alpha) 버전으로 릴리즈된 상태이며, 아직 정식으로 릴리즈된 버전은 없다. 하지만 MySQL 5.6에는 몇 가지 상당히 기대되는 기능이 있어서 스토리지 엔진 구분 없이 간단히 살펴보겠다.

C.1 InnoDB 테이블을 위한 풀 텍스트 검색

MySQL에서 MyISAM 테이블의 풀 텍스트 검색은 이미 오래 전부터 제공되던 기능이다. 하지만 MyISAM 스토리지 엔진의 특성상 INSERT나 UPDATE와 SELECT가 동시에 빈번하게 사용되는 웹 환경에는 조금 적합하지 않은 부분이 있었다. 그래서 MySQL 5.0이나 5.1에서는 원본 데이터를 InnoDB 테이블로 관리하고, 일단위나 매시간 단위로 원본 InnoDB 테이블에서 전문 검색 인덱스를 가지는 MyISAM 테이블로 복사하는 형태로 전문 검색을 사용해 왔다. MySQL 5.6부터는 InnoDB 테이블에 전문 검색 인덱스를 생성하고, MATCH .. AGAINST .. 검색 조건을 이용해 전문 검색을 수행하는 것이 가능해질 것으로 보인다.

C.2 InnoDB의 리두 로그 파일 크기

InnoDB 스토리지 엔진에서 리두 로그 파일의 크기는 버퍼 풀에 캐시된 데이터 페이지를 얼마나 오랫동안 재사용할 수 있을지를 결정하는 아주 중요한 요소다. MySQL 5.5의 InnoDB 플러그인 1.1까지는 리두 로그 파일의 크기를 최대 4GB까지만 사용할 수 있었지만 MySQL 5.6부터는 리두 로그 파일의 크기를 최대 2TB까지 사용할 수 있게 개선됐다.

C.3 언두 테이블 스페이스

InnoDB 스토리지 엔진에서는 트랜잭션에서 데이터를 변경하면 사용자가 트랜잭션을 롤백할 것을 대비해 변경하기 전의 데이터를 다른 공간으로 백업해둔다. 이렇게 백업된 데이터를 언두 데이터라 하는데, MySQL 5.5까지의 InnoDB에서는 언두 데이터를 InnoDB의 시스템 테이블 스페이스에 함께 저장했다. 하지만 언두 데이터는 랜덤 디스크 I/O 위주의 작업인데 비해, InnoDB 시스템 테이블 스페이스에 존재하는 다른 데이터는 순차 디스크 I/O 위주의 작업이다. 그래서 언두 데이터가 InnoDB 시스템 테이블 스페이스에 함께 포함돼 있어 디스크 I/O 작업을 최적화하기가 쉽지 않았다.

MySQL 5.6에서는 언두 데이터에 자체적으로 별도 테이블 스페이스를 사용할 수 있게 개선됐다. 그래서 언두 데이터 전용 디스크를 할당하거나 SSD를 적용해 최적화할 수 있게 됐다.

C.4 InnoDB 버퍼 풀의 자동 워밍 업

MySQL 서버를 재시작하면 초기의 InnoDB 버퍼 풀은 텅 빈 상태가 된다. 그런데 쿼리가 아주 빈번히 실행되는 MySQL 서버에서는 버퍼 풀이 비어 있는 상태에서는 쿼리에 필요한 데이터를 매번 디스크에서 모두 읽어와야 하기 때문에 쿼리의 처리 성능이 매우 떨어지고 디스크의 사용량은 급격하게 올라간다. 때로는 디스크로부터 데이터를 읽어오는 작업 때문에 MySQL 서버가 마비될 수도 있다. 그래서 MySQL 5.1이나 5.5에서는 MySQL 서버를 재시작한 후 풀 테이블 스캔을 이용해 테이블의 데이터를 버퍼 풀로 적재하는 워밍 업 작업을 해줘야 할 때가 많았다.

MySQL 5.6부터는 MySQL 서버를 재시작하면 MySQL 서버가 종료되기 직전에 InnoDB 버퍼 풀에 적재돼 있던 데이터 페이지의 리스트를 별도로 디스크에 저장해 둔다. 그리고 MySQL 서버가 시작되면서 버퍼 풀의 데이터 페이지 리스트를 읽어서 버퍼 풀을 워밍업하도록 기능이 추가됐다. MySQL 서버가 종료될 때 별도로 백업되는 페이지 리스트에는 데이터 페이지의 주소만 저장되므로 디스크를 많이 사용하지 않으며, 부하가 많이 발생하지도 않는다.

C.5 InnoDB의 페이지 크기 조정

InnoDB의 페이지(블록) 크기는 16KB로 고정돼 있으며, 이는 MySQL 서버를 새로 컴파일하지 않는 이상 변경할 수가 없었다. MySQL 5.6부터는 페이지의 크기를 4KB와 8KB, 그리고 16KB와 64KB까지 사용자가 설정할 수 있게 개선됐다. 주로 SSD와 같은 플래시 메모리를 사용하는 저장 매체는 16KB보다 좀 더 작은 데이터 크기인 4KB나 8KB 단위의 입출력에서 더 나은 성능을 보여준다. 그래서 MySQL 5.6부터는 저장 매체의 종류에 맞게 페이지 크기를 조정해서 사용할 수 있게 되는 것이다.

C.6 멀티 스레드 슬레이브

복제(Replication)는 MySQL의 가용성이나 확장성을 높이는 아주 강력한 기능이다. 복제는 읽기 확장성은 상당히 높여주지만, 쓰기 성능은 확장하지 못한다. 더욱이 MySQL의 복제는 단일 스레드에 의해 처리되므로 쓰기가 많은 MySQL 서버의 복제는 슬레이브의 지연으로 마스터와 슬레이브 데이터 간의 시간 간격이 생길 수도 있다.

MySQL 5.6에서는 MySQL에서 2개 이상의 스레드를 사용해 병렬로 복제를 수행하도록 기능이 개선됐다. 하지만 병렬로 복제를 수행하더라도 기존의 MySQL 5.1이나 5.5보다 2배나 3배 이상 빠르게 복제를 수행할 수 있는 것은 아니다. 마스터와 슬레이브 MySQL 서버 간의 데이터 복제에서 가장 중요한 문제는 쿼리의 실행 순서인데, 아무리 병렬로 처리된다 하더라도 이 순서를 어길 수는 없기 때문이다. MySQL 5.6에서 복제의 병렬 처리는 여러 개의 DB가 존재할 때 각 DB별로 별도의 스레드가 병렬로 복제를 수행하게 되는 것이다.

C.7 Memcached를 통한 NoSQL 확장

MySQL 서버를 프라이머리 키나 보조 인덱스를 통해 소량의 레코드를 아주 빠르고 빈번하게 처리하는 용도로 사용하는 회사도 많다. 이처럼 상당히 빈번하게 단순 쿼리를 실행하는 MySQL 서버에서는 SQL 문장의 분석 및 최적화 단계에서 상대적으로 많은 시간을 소비하게 된다. 즉, 1초가 걸리는 쿼리에서 0.01초의 SQL 분석 시간과 0.05초가 걸리는 쿼리에서 0.01초의 SQL 분석 시간은 차원이 다른 문제인 것이다.

MySQL 5.6부터는 이렇게 아주 단순한 형태의 데이터의 저장과 조회를 위해 MySQL 서버에 Memcached 캐시 서버를 연동할 수 있게 기능이 추가됐다. Memcached는 키/값(Key/Value) 방식의 캐시 서버인데, 아주 단순한 텍스트 기반의 프로토콜을 사용하기 때문에 쉽게 사용할 수 있으면서도 아주 빠른 데이터 조회를 보장한다. 즉, MySQL 5.6부터는 Memcached 서버를 MySQL 서버의 NoSQL 인터페이스로 활용할 수 있게 되는 것이다.

찾·아·보·기

[C]

[D]